Detlef Ridder

AutoCAD 2023 und LT 2023 für Architekten und Ingenieure

Das umfassende Praxisbuch

Bibliografische Information der Deutschen Nationalbibliothek
Die Deutsche Nationalbibliothek verzeichnet diese Publikation in der Deutschen Nationalbibliografie; detaillierte bibliografische Daten sind im Internet über <http://dnb.d-nb.de> abrufbar.

Bei der Herstellung des Werkes haben wir uns zukunftsbewusst für umweltverträgliche und wiederverwertbare Materialien entschieden.
Der Inhalt ist auf elementar chlorfreiem Papier gedruckt.

ISBN 978-3-7475-0596-0
1. Auflage 2022

www.mitp.de
E-Mail: mitp-verlag@sigloch.de
Telefon: +49 7953 / 7189 - 079
Telefax: +49 7953 / 7189 - 082

Lektorat: Janina Bahlmann
Sprachkorrektorat: Petra Heubach-Erdmann
Covergestaltung: Christian Kalkert
Coverbild: : © newb1 / stock.adobe.com
Satz: III-satz, Kiel, www.drei-satz.de
Druck: Plump Druck & Medien GmbH

Inhaltsverzeichnis

Einleitung

Neu in AutoCAD 2023 und AutoCAD LT 2023

Dieses Jahr Ende März erschien nun wieder eine neue AutoCAD-Version im üblichen Jahresrhythmus. Das Programm ist schon länger nicht mehr einzeln erhältlich, sondern nur noch im Dauerabonnement mit kontinuierlichen Updates. Das aktuelle Release 2023 arbeitet noch mit dem Dateiformat der Version 2018. Es gibt zwar keine grundlegenden Neuerungen mehr, aber immer wieder kleine Arbeitserleichterungen für *schnellere Bedienung* und insbesondere im *Bereich* WEB & MOBILE und zur besseren *Zusammenarbeit im Team*:

- Schon beim Start einer neuen Zeichnung über die START-Oberfläche erhalten Sie unter NEU eine QUICK-INFO über die vorgegebene bzw. zuletzt benutzte Zeichnungsvorlage. In der Drop-Down-Liste ▼ rechts daneben können Sie eine andere Vorlage auswählen.
- Die Zeichnungsfenster sind jetzt frei verschiebbar und können mit einem kleinen Ruck am Register oben aus der Verankerung im Programmfenster weggezogen werden. Über das Kontextmenü AUF DATEIREGISTERKARTE VERSCHIEBEN werden sie wieder angedockt.
- Etwas weiter unterhalb des Befehls NEU erreichen Sie MEINE EINBLICKE. Darunter werden Ihnen Tipps zur effektiven AutoCAD-Nutzung gegeben, die das Programm aus Ihrer Nutzung der Befehle ermittelt.
- Unter ANSICHT|PALETTEN|BEFEHLSMAKROS werden Ihnen auch nach Beobachtung durch AutoCAD Befehlsfolgen als Makros für Ihre Arbeit angeboten. Über das Kontextmenü können Sie diese dann noch mit einem BEFEHLSMAKRO-EDITOR bearbeiten und auch in eine neue Multifunktionsleiste AUTOMATISIERUNG einbauen lassen.
- Falls Sie eine sehr leistungsfähige Grafikkarte besitzen, können Sie umfangreiche Zeichnungen in den Darstellungsmodi SCHATTIERT und SCHATTIERT MIT KANTEN mittels der Systemvariable FASTSHADEDMODE beschleunigt anzeigen und schwenken lassen.
- Mit der Funktion BAND (ZUSAMMENARBEITEN|BÄNDER|BANDPALETTE) können Sie Zeichnungen mit Bearbeitungshinweisen versehen und über WEB & MOBILE für andere Kollegen freigeben.

- Unter ZUSAMMENARBEITEN|BÄNDER|MARKIERUNGSIMPORT erhalten Sie die Möglichkeit, Zeichnungsmarkierungen in Form von Fotos oder Scan-Daten (PDF-, PNG-, JPG-Format) zu Ihrer Zeichnung hinzuzufügen. Sie werden dann in einem neuen BAND mit transparenter Oberfläche über Ihre Zeichnung gelegt. Mit einer Assistentenfunktion können Sie dann die Markierungsobjekte auch als ABSATZTEXTE, MULTIFÜHRUNGSLINIEN oder REVISIONSWOLKEN in die Zeichnung integrieren.
- Die Funktion START|ZWISCHENABLAGE|▼MIT BASISPUNKT AUSSCHNEIDEN ermöglicht, gewählte Objekte aus der Zeichnung unter Angabe eines *Basispunkts* auszuschneiden und dann aus der Zwischenablage einzufügen.
- Eine neue Option MTEXT bei der MULTIFÜHRUNGSLINIE erlaubt Ihnen, ein bestehendes MTEXT-Objekt auszuwählen und mit einer Führungslinie zu versehen.
- Für Endpunkte einer POLYLINIE gibt es eine neue GRIFF-Option SCHEITELPUNKT DEHNEN, um mit einem zusätzlichen Punkt ein weiteres Segment hinzuzufügen.
- Die Funktion ANSICHT|PALETTEN|ANZAHL zur Auflistung von Blöcken in der Zeichnung ist nun mit einem *Auswahlrahmen* ausgestattet worden.

Preisfrage: Wie heißt ein Befehl?

Als AutoCAD noch ein ganz kleines Programm war, das anfangs sogar auf eine Diskette mit 1,44 MB passte, war es noch ganz einfach, über einen Befehl zu schreiben. Da gab es nur einen einzigen eindeutigen Namen, und das war auch die Bezeichnung, die man in der Befehlszeile eintippen musste. Dazu kamen dann noch die Abkürzungen für wichtige Befehle.

Heute sieht das anders aus. Da gibt es:

- *Name*: erscheint als oberster Text in der Quick-Info beim Berühren des Icons.
- *Beschreibung*: wird als Erläuterung des Befehls in der nächsten Zeile angeboten.
- *Befehls-Anzeigename*: Das ist der einzutippende Text für die Befehlszeile. Er wird fett hervorgehoben. An dieser Stelle sind durch das enorme Wachstum des Befehlsumfangs langsam immer komplexere Ausdrücke entstanden, die dann zum alltäglichen Gebrauch nicht mehr taugen und höchstens für Programmierer interessant sind, die solche Ausdrücke in Änderungen der Benutzeroberfläche benötigen.

Während anfangs *Name* und *Befehls-Anzeigename* identisch oder wenigstens sehr ähnlich waren, wird heute immer mehr der *Name* bevorzugt, um einen Befehl zu zitieren.

Beispiel:

- *Name*: Polylinie
- *Beschreibung*: erstellt 2D-Polylinien.
- *Befehls-Anzeigename*: PLINIE

Während die *Befehls-Anzeigenamen* über die Jahre hinweg meist gleich bleiben, ändert sich der *Name* immer wieder mal.

Beispiel:

- *Name*: Skalieren
- *Beschreibung*: Vergrößert oder verkleinert ausgewählte Objekte, ...
- *Befehls-Anzeigename*: VARIA

Es gibt aber auch Problemfälle:

Beispiel:

- *Name*: Neu
- *Beschreibung*: Neue Zeichnung
- *Befehls-Anzeigename*: SNEU

Hier wäre als Befehl SNEU einzutippen, aber als Name erscheint NEU. Das ist besonders verwirrend, weil es einen Befehl mit Befehls-Anzeigenamen NEU auch gibt. In solchen Fällen muss man dann genau hinschauen, wo der jeweilige Befehl in den Multifunktionsleisten etc. aufzurufen ist. In der Regel werde ich im Buch den Namen eines Befehls verwenden, und durch die Angabe, in welcher Multifunktionsleiste oder in welchem Werkzeugkasten er erscheint, wird es dann hoffentlich immer eindeutig:

SCHNELLZUGRIFF-WERKZEUGKASTEN|NEU entspricht dann dem getippten Befehl SNEU

A CAD |NEU|ZEICHNUNG entspricht dann dem getippten Befehl NEU

Für wen ist das Buch gedacht?

Dieses Buch wurde in der Hauptsache als Buch zum Lernen und zum Selbststudium konzipiert. Es soll AutoCAD-Neulingen einen Einstieg und Überblick über die Arbeitsweise der Software geben, unterstützt durch viele Konstruktionsbeispiele. Die grundlegenden Bedienelemente werden schrittweise in den Kapiteln erläutert. Spezielle trickreiche Vorgehensweisen werden am Ende der Kapitel mit kurzen Tipps vorgestellt.

Das Buch wendet sich nicht nur an *Architekten*, sondern an Konstrukteure aus verschiedenen Fachrichtungen wie *Metallbau, Holzbearbeitung, Maschinenbau und auch Elektronik*. Die Beispiele wurden aus verschiedensten Branchen gewählt, wobei ein gewisses Schwergewicht auf dem oft vernachlässigten Bereich Architektur liegt.

In den Anfangskapiteln wird besonders darauf Wert gelegt, dem Benutzer für die ersten Schritte mit präzise und detailliert dokumentierten Beispielen das erfolgreiche Konstruieren zu garantieren. Jede einzelne Eingabe wird in den ersten Kapiteln dokumentiert und kommentiert. Das Buch führt somit von Anfang an in die CAD-Arbeit für Architekten, Handwerker und Ingenieure ein und stellt die AutoCAD-Grundfunktionen in diesen Bereichen dar. Insbesondere soll durch die *authentisch wiedergegebenen Bedienbeispiele* in Form von Befehlsprotokollen auch ein schnelles autodidaktisches Einarbeiten erleichtert werden. Der Leser wird im Laufe des Lesens einerseits die Befehle und Bedienelemente von AutoCAD in kleinen Schritten erlernen, aber darüber hinaus auch ein Gespür für die vielen Anwendungsmöglichkeiten entwickeln. Wichtig ist es insbesondere, die Funktionsweise der Software unter verschiedenen praxisrelevanten Einsatzbedingungen kennenzulernen. In vielen besonders markierten Tipps werden dann auch die kleinen Besonderheiten und Raffinessen zur effizienten und flüssigen Arbeit erwähnt, die Ihnen langwierige und mühsame Experimente mit verschiedenen Befehlen ersparen sollen.

In zahlreichen Kursen, die ich für die *Handwerkskammer für München und Oberbayern* abhalten durfte, habe ich erfahren, dass gute Beispiele für die Befehle mehr zum Lernen beitragen als die schönste theoretische Erklärung. Erlernen Sie die Befehle und die Vorgehensweisen, indem Sie gleich Hand anlegen und mit dem Buch vor sich jetzt am Computer die ersten Schritte gehen. Sie finden hier zahlreiche Demonstrationsbeispiele, aber auch Aufgaben zum Selberlösen. Wenn darunter einmal etwas zu Schwieriges ist, lassen Sie es zunächst weg. Sie werden sehen, dass Sie etwas später nach weiterer Übung die Lösungen finden. Benutzen Sie die Dokumentationen und insbesondere das Register am Ende auch immer wieder zum Nachschlagen.

Arbeiten mit dem Buch

Das Buch ist in 16 Kapitel gegliedert und kann, sofern genügend Zeit (ganztägig) vorhanden ist, vielleicht in zwei bis drei Wochen durchgearbeitet werden. Am Ende vieler Kapitel finden Sie Übungsaufgaben zum Konstruieren und immer auch Übungsfragen zum theoretischen Wissen. In beiden Fällen liegen auch die Lösungen vor, sodass Sie sich kontrollieren können. Nutzen Sie diese Übungen im Selbststudium und lesen Sie ggf. einige Stellen noch mal durch, um auf die Lösungen zu kommen. An vielen Stellen waren auch kleine Tipps nötig, die extra hervorgehoben wurden. Auch wurden kleine Ergänzungen zu spezielleren Tricks und Vorgehensweisen am Ende mehrerer Kapitel hinzugefügt unter dem Titel *Was gibt's sonst noch?* Darin finden Sie Hinweise auf Details, die vielleicht für das eine oder andere Konstruktionsgebiet interessant sein können, aber keinen Platz mit einer ausführlichen Darstellung im Buch gefunden haben. Das sind oft Dinge, die Sie beim ersten Lesen auslassen können.

Die Konstruktionsbeispiele wurden so dokumentiert, dass Sie den kompletten Befehlsablauf mit den AutoCAD-Ausgaben in normalem Listing-Druck und die nötigen Eingaben Ihrerseits in Fettdruck finden. Dazu wurden ausführliche Erklärungen und Begründungen für Ihre Eingaben ebenfalls im Fettdruck abgedruckt. Bei den meisten Befehlsaufrufen sind die Werkzeugbilder oder Icons dargestellt. Um den Text in den protokollierten Beispielen kompakt zu halten, wurden sich wiederholende Teile des Dialogs durch »...« ersetzt. Auch für Optionen, die für die aktuelle Eingabe nicht wichtig sind, steht oft »...«.

Weitere dokumentierte Übungsbeispiele, Übungszeichnungen und Video-Tutorials stehen auf der Homepage des *mitp-Verlags* unter `www.mitp.de/0596` zum Download zur Verfügung.

Kapitel nach Wichtigkeit

Nicht jeder wird genügend Zeit haben, das Buch von vorn bis hinten durchzuarbeiten. Da AutoCAD in der Hauptsache für zweidimensionale Konstruktionen verwendet wird, sind die Kapitel 13 und Kapitel 14 zur 3D-Oberfläche etwas komprimierter angesetzt. Eine Übersicht soll hier kurz zeigen, wo Sie welche wichtigen Informationen finden:

- Kapitel 1 – Installation der Software und Beschreibung der Benutzeroberfläche
- **Kapitel 2** – wichtige 2D-Zeichenbefehle unter Benutzung des Zeichenrasters, erste einfache Übung der wichtigen Zeichenbefehle
- **Kapitel 3** – Verwendung exakter Koordinateneingaben mit Befehlen Linie und Kreis
- **Kapitel 4** – Änderungsbefehle, sehr wichtig im CAD-Bereich, weil Änderungen schnell und akkurat zu neuen Konstruktionen führen
- **Kapitel 5** – Verwaltung der Layer, eine Einteilung der Zeichnung in logische Schichten entsprechend den Linienstärken und Linientypen der Zeichnung
- **Kapitel 6** – weitere 2D-Zeichenbefehle (Erweiterung zu Kapitel 3)
- **Kapitel 7** – weitere Ändern-Befehle (Erweiterung zu Kapitel 4)
- **Kapitel 8** – Gestaltung für das Plotten mit Layouts
- **Kapitel 9** – Textbefehle und Schraffur
- Kapitel 10 – Parametrik, eine Möglichkeit zur Gestaltung von Variantenteilen
- Kapitel 11 – Blöcke und externe Referenzen, die Erzeugung von Standard- und Wiederholteilen für mehrfache Verwendung
- **Kapitel 12** – Bemaßungsbefehle

- Kapitel 13 – 3D-Grundlagen
- Kapitel 14 – 3D-Modellierung
- Kapitel 15 – Benutzeranpassungen inclusive der Expresstools mit Beschreibungen auf Deutsch
- Kapitel 16 – nützliche Funktionen für die Zusammenarbeit.

Die *grundlegenden Kapitel* sind in dieser Auflistung **fett** markiert. Diese Kapitel 2 bis 9 und 12 sollte jeder lesen bzw. inhaltlich beherrschen. Die übrigen Kapitel empfehle ich, nach Bedarf zu studieren.

Lernreihenfolge

2D

Für *Anfänger*, die noch nie mit der Materie CAD zu tun gehabt haben, wäre es interessant, zunächst mit *Kapitel 1 einen Überblick* über die Oberfläche zu gewinnen, ohne aber zu tief einzusteigen. Dann sollte das *zweite Kapitel mit den einfachen Zeichenübungen* anhand der Rastereingabe durchgearbeitet werden und danach die fett markierten Kapitel. Vielleicht sollten Sie auch schon recht früh aus *Kapitel 12* die einfachsten *Bemaßungsarten* benutzen.

Nach diesem Grundstudium sind alle möglichen Zeichenaufgaben lösbar. Dann wären als Erweiterung die Kapitel 10 und Kapitel 11 mit *Parametrik* und *Blöcken* interessant.

3D

Für Konstruktionen *dreidimensionaler Objekte* sollte dann mit Kapitel 13 und Kapitel 14 fortgefahren werden.

Anpassen und erweitern

Wer sich mit der *Erweiterung* der Möglichkeiten, die AutoCAD bietet, beschäftigen will, sollte nun in Kapitel 15 sehen, was alles machbar ist, und versuchen, seine eigenen Ideen zu realisieren.

Einen Überblick darüber, was die *Cloud* und *Datenaustausch* noch so bieten, liefert schließlich *Kapitel 16*.

Selbstständig weitermachen

Sie werden natürlich feststellen, dass dieses Buch nicht alle Befehle und Optionen von AutoCAD beschreibt. Sie werden gewiss an der einen oder anderen Stelle tiefer einsteigen wollen. Den Sinn des Buches sehe ich eben darin, Sie für die selbstständige Arbeit mit der Software vorzubereiten. Sie sollen die Grundlinien und Konzepte der Software kennenlernen. Mit dem Studium des Buches haben Sie dann die wichtigen Vorgehensweisen und Funktionen kennengelernt, sodass Sie sich auch mit den *Online-Hilfsmitteln* der Software weiterbilden können.

Für weitergehende Fragen steht Ihnen eine umfangreiche *Hilfefunktion* in der Software selbst zur Verfügung. Dort können Sie nach weiteren Informationen suchen. Es hat sich gezeigt, dass man ohne eine gewisse Vorbereitung und ohne das Vorführen von Beispielen nur sehr schwer in diese komplexe Software einsteigen kann. Mit etwas Anfangstraining aber können Sie leicht Ihr Wissen durch Nachschlagen in der Online-Dokumentation oder über die Online-Hilfen über das Internet erweitern, und darauf soll Sie das Buch vorbereiten.

Probleme?

Über die E-Mail-Adresse `DRidder@t-online.de` erreichen Sie den Autor bei wichtigen *Problemen* direkt. Auch für Kommentare, Ergänzungen und Hinweise auf eventuelle Mängel bin ich immer dankbar. Geben Sie als Betreff den Buchtitel an.

Übungsbeispiele, dynamische Eingabe und andere Zeichenhilfen (wichtig!)

Sie finden bei AutoCAD in der Statusleiste unten eine große Anzahl von *Zeichenhilfen*. Von denen sind standardmäßig etliche voreingestellt für den professionellen Einsatz. Für den Anfang wäre es aber besser, davon erst einmal die meisten abzuschalten. Hier gilt auch die Devise »weniger ist mehr«. Was Sie in den einzelnen Kapiteln davon aktivieren sollten, ist jeweils dort beschrieben.

Darstellung der Icons, Dialogfelder und Schreibweise für die Befehlsaufrufe

Die *Icons* für die verschiedenen Befehle und Werkzeuge werden in AutoCAD meist auf dunkelgrauem Hintergrund dargestellt und können beim Buchdruck ohne Farbinformationen schwer erkennbar sein. Deshalb wurden sie mit hellem Hintergrund dargestellt. Sie können die *Farbdarstellung im Programm* selbst ändern. Mit dem Befehl

- OPTIONEN,
- Register ANZEIGE
- kann unter FARBSCHEMA
- zwischen DUNKEL (Vorgabe) und HELL gewählt werden.

Gleichfalls können Sie auch den Zeichenhintergrund auf Weiß oder eine andere helle Farbe umstellen mit

- OPTIONEN,
- Register ANZEIGE
- unter FARBEN

für 2D-MODELLBEREICH und EINHEITLICHER HINTERGRUND die FARBE auf Weiß einstellen.

Dialogfelder wurden für die effektive Darstellung im Buch teilweise unterbrochen und verkleinert, um Platz zu sparen. Sie erkennen das meist an den Bruchlinien.

Da die *Befehle* auf verschiedene Arten eingegeben werden können, die *Multifunktionsleisten* sich aber wohl als normale Standardeingabe behaupten, wird hier generell die Eingabe für die Multifunktionsleisten beschrieben, sofern nichts anderes erwähnt ist.

Ein *typischer Befehlsaufruf* wäre beispielsweise

START|ZEICHNEN|LINIE (REGISTER|GRUPPE|FUNKTION).

Als *Arbeitsbereich* wird dann ZEICHNEN UND BESCHRIFTUNG vorausgesetzt, nur für die Kapitel 13 und 14, in denen es um 3D-Konstruktion geht, wird der Arbeitsbereich 3D-GRUNDLAGEN bzw. 3D-MODELLIERUNG vorausgesetzt.

Allerdings ist zu beachten, dass die *Beschriftungen einzelner Werkzeuge* in der Multifunktionsleiste *von der Breite Ihres Bildschirms abhängig* sind. Bei zu schmalem Bildschirm oder Programmfenster können die zusätzlichen Texte der Werkzeuge fehlen. Man kann mit *Rechtsklick auf die Gruppentitel* der Multifunktionsleiste ggf. einzelne *nicht benötigte Gruppen deaktivieren* und damit mehr Platz für die wichtigen Befehlsgruppen mit ihren Texten schaffen.

Oft gibt es in den Befehlsgruppen noch Funktionen mit Untergruppierungen, sogenannten *Flyouts*, oder weitere Funktionen hinter der Titelleiste der Gruppe. Wenn solche aufzublättern sind, wird das mit dem Zeichen ▼ angedeutet. Oft findet sich auch in der rechten Ecke des Gruppentitels ein spezieller Verweis auf besondere Funktionen, mit denen meist Voreinstellungen vorzunehmen sind. Das Zeichen dafür ist ein kleines Pfeilsymbol nach rechts unten, auch als Süd-Ost-Pfeil bezeichnet. Es wird im Buch mit ↘ dargestellt.

Die Befehle können prinzipiell *auch* über die sehr schön logisch gegliederte *Menüleiste* aufgerufen werden. Da diese aber inzwischen von der modernen Oberfläche mit *Multifunktionsleisten* verdrängt wurde, werden *Menüleistenaufrufe* in diesem Buch nicht mehr referenziert. Die *Menüleiste* kann über die Dropdown-Liste des SCHNELLZUGRIFF-WERKZEUGKASTENS ▼ aktiviert werden. Die Menüs haben den Vorteil, dass darin die *Befehle in sehr logischer Weise* gegliedert sind. Damit eröffnet sich ein Weg, Befehle zu finden, die über die Multifunktionsleisten vielleicht nicht so einfach zu lokalisieren sind.

Wie geht's weiter?

Mit einer AutoCAD-Testversion oder einer Studentenversion vom Internet und den hier angebotenen Lernmitteln, nämlich dem Buch und den Beispielen darin, hoffe ich, Ihnen ein effektives Instrumentarium zum Erlernen der Software zu bieten. Benutzen Sie auch den Index zum Nachschlagen und unter AutoCAD die

Hilfefunktion zum Erweitern Ihres Horizonts. Dieses Buch kann bei Weitem nicht erschöpfend sein, was den Befehlsumfang von AutoCAD betrifft. Probieren Sie daher immer wieder selbst weitere Optionen der Befehle aus, die ich in diesem Rahmen nicht beschreiben konnte. Arbeiten Sie viel mit Kontextmenüs und Griffen sowie deren Menüs. Das Buch hat viel Mühe gekostet, aber ich hoffe, dass es sich lohnen wird, um Ihnen als Leser eine gute Hilfe zum Start in das Thema AutoCAD 2023 zu geben. Ich wünsche Ihnen damit viel Spaß und Erfolg bei der Arbeit mit dem Buch und mit der AutoCAD-Software.

Detlef Ridder

Germering, den 11.07.2022

Kapitel 1

AutoCAD starten und loslegen

In diesem einleitenden Kapitel wird grundlegend in die Programmbenutzung eingeführt. Sie lernen zuerst den AutoCAD-Bildschirm mit seinen Bedienelementen kennen. Schließlich wird auch die grundlegende Dateiverwaltung erläutert.

1.1 Die Testversion: Download und Installation

Testversionen von AutoCAD 2023 für 64-Bit-Betriebssysteme erhalten Sie direkt von AUTODESK über das Internet. Sie können 30 Kalendertage (gerechnet ab dem Installationstag) zum Testen benutzt werden. Die Testversion kann auf einem PC nur ein einziges Mal installiert werden. Obwohl Sie zur Ausführung von AutoCAD nur einfache Benutzerrechte benötigen, müssen Sie für die Installation Administratorrechte besitzen. Vor der Installation schließen Sie bitte alle Programme.

Hinweis

Der im Folgenden beschriebene Download- und Installationsvorgang gibt den aktuellen Stand bei Drucklegung des Buches wieder. Da die Firma Autodesk ständig ihre Internet-Präsenz und Download-Dialoge optimiert, kann der aktuelle Vorgang vom hier beschriebenen abweichen.

1. Wählen Sie in Ihrem INTERNET-BROWSER die Adresse `http://www.autodesk.de`.
2. Klicken Sie auf der Autodesk-Homepage auf die Schaltfläche PRODUKTE▼ und darunter dann auf TOP PRODUKTE|AUTOCAD oder TOP PRODUKTE|AUTOCAD LT.
3. Im darauf folgenden Fenster klicken Sie auf KOSTENLOSE TESTVERSION HERUNTERLADEN▼.
4. Im neuen Fenster können Sie wählen zwischen
   - GESCHÄFTSZWECKE – Versionen zur späteren professionellen Nutzung.
   - SCHULUNGSZWECKE – Versionen für Schüler und Studenten und
   - DATEIVIEWER – ein Viewer zur reinen Betrachtung einer AutoCAD-Zeichnung.
5. Wenn Sie bei GESCHÄFTSZWECKE auf AUSWÄHLEN klicken, können Sie noch zwischen AUTOCAD und AUTOCAD FOR MAC (der Titel klingt zwar englisch, aber Sie

erhalten eine deutschsprachige Version) und AutoCAD-Versionen mit spezialisierten Fachausrichtungen wählen. Mit WEITER geht's zum Anmelde-Dialog.

6. Geben Sie Ihre *Email-Adresse* und ein *Kennwort* ein und beantworten Sie ggf. weitere Fragen zur Personalisierung. Als Nächstes werden Firmenname, Bundesland, Postleitzahl und Telefonnummer abgefragt.
7. Im folgenden Fenster DOWNLOAD können Sie bei WINDOWS 2023 DEUTSCH▼ noch die Sprache ändern. Unter INSTALLIEREN▼ können Sie dann wählen zwischen
   - INSTALLIEREN – Bei guter Internetverbindung wird hier Download und Installation automatisch gestartet – und
   - HERUNTERLADEN – Bei nicht so guter Internetverbindung werden hier zunächst zwei Dateien in Ihr Download-Verzeichnis heruntergeladen. Die erste Datei starten Sie dann mit einem Doppelklick und stimmen dem Entpacken in ein Verzeichnis Ihrer Festplatte zu.
8. Es folgt ein LIZENZ- UND DIENSTLEISTUNGSVERTRAG, den Sie mit ICH STIMME ZU NUTZUNGSBEDINGUNGEN und WEITER bestätigen (Abbildung 1.1).

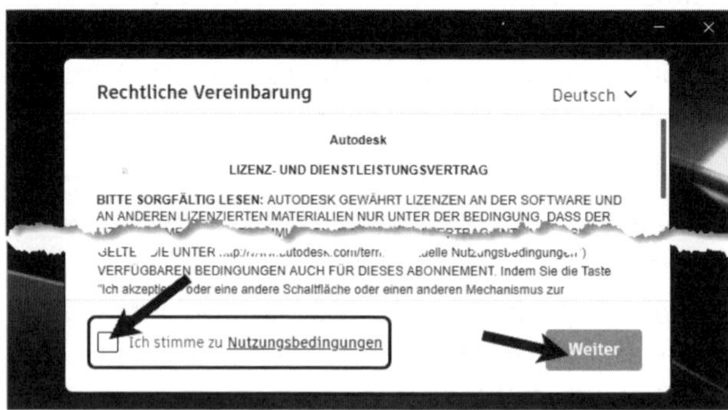

Abb. 1.1: Lizenzbedingungen akzeptieren

9. Das nächste Dialogfenster heißt INSTALLATIONSORT WÄHLEN (Abbildung 1.2), wo Sie im Sonderfall einen anderen Platz für Ihre installierten Programme wählen können.

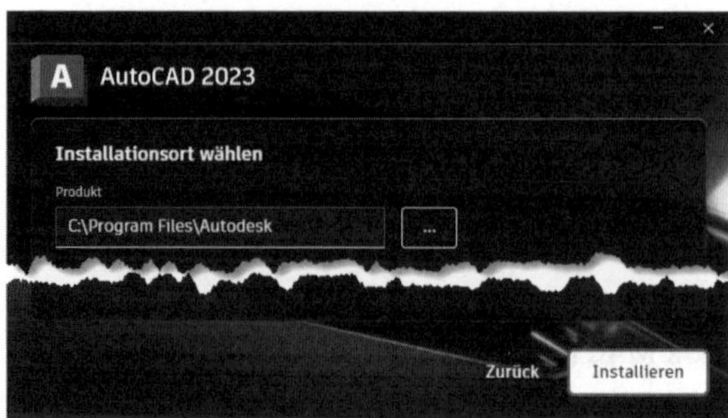

Abb. 1.2: AutoCAD-2023-Installation starten

10. Nach Abschluss der Installation können Sie mit START Ihre Arbeit beginnen. Eventuell werden Sie dann aufgefordert, den Computer neu zu starten. Nach dem Neustart finden Sie das AutoCAD-Icon für den Programmaufruf auf dem Desktop.
11. Falls Sie schon eine Vorgängerversion installiert hatten, erscheint beim ersten Start eine Dialogfläche BENUTZERDEFINIERTE EINSTELLUNGEN MIGRIEREN. Damit können Sie bereits vorgenommene Anpassungen der Benutzeroberfläche auf die neue Version übernehmen (Abbildung 1.5). Falls Sie das nicht wollen, beenden Sie diese Dialogfläche mit einem Klick auf X.
12. Wenn Sie *AutoCAD* zum ersten Mal starten, müssten Sie sich noch mal mit Ihrer *AutoCAD-ID* im Internet anmelden und erhalten das *Willkommen bei der Testversion.*

Tipp:Strikte 30-Kalendertage-Test-Phase!

Bedenken Sie bei der Installation auch, dass die Test-Phase exakt vom Installationstag an in Kalendertagen zählt und eine spätere Neuinstallation zur Verlängerung der Test-Phase keinen Zweck hat. Nach den 30 Tagen ab Erstinstallation kann und darf die Software nur noch nach Kauf benutzt werden! Die Zeitspanne für die 30-Tage-Testperiode lässt sich nicht durch Neuinstallation umgehen!

1.2 Die Studentenversion

Um eine länger nutzbare Studentenversion zu erhalten, besuchen Sie

- `students.autodesk.com` und schalten Sie ggf. auf die angebotene deutsche Seite um,
- wählen Sie PRODUKTE HERUNTERLADEN, dann ERSTE SCHRITTE und KONTO ERSTELLEN.
- Im nächsten Dialog wählen Sie Land, Funktion (Student/Lehrkraft) und Schulart.
- Danach geben Sie Namen, Email und ein neues Kennwort ein.
- Dann folgen die Angabe Ihrer Ausbildungsstätte und eine Bescheinigung über Ihre Tätigkeit dort, die an Autodesk gefaxt wird. Wählen Sie das gewünschte Produkt.
- Sie erhalten dann innerhalb einiger Tage eine Mail mit der freigegebenen Lizenz.
- Die Erstinstallation der Software muss auf dem Rechner erfolgen, auf den Sie die Software heruntergeladen haben. Sie können die Lizenz später auf einen anderen Rechner übertragen.

Die Lizenz gilt für 1 Jahr und kann mit einer erneuten Bescheinigung der Ausbildungsstätte verlängert werden.

Hinweis

Bitte beachten Sie, dass der Verlag weder technischen noch inhaltlichen Support für die AutoCAD-Test- oder -Studentenversionen übernehmen kann. Bitte wenden Sie sich ggf. an den Hersteller Autodesk: `www.autodesk.de` und die dort angebotenen Hilfen und Communitys. Da Autodesk sich bemüht, ständig die Download- und Installationsprozeduren weiter zu optimieren, kann sich der oben beschriebene Prozess auch zwischenzeitlich ändern.

1.3 Hard- und Software-Voraussetzungen

AutoCAD 2023 bzw. LT 2023 läuft unter Microsoft- und Mac-Betriebssystemen:

Grafikkarte und Treiber werden beim ersten Start auf ihre Leistung überprüft und die Voreinstellungen für fortgeschrittene 3D-Darstellungen ggf. angepasst. AutoCAD bietet dann auch die Möglichkeit zum Treiber-Update übers Internet. Wenn die Grafikkarte nicht allen Ansprüchen der Software genügt, können die Darstellungsfeatures heruntergeschaltet werden.

Sie können anstelle der normalen Maus auch die *3D-Maus* von *3D-Connexion* verwenden. Diese Maus kann mit ihren Funktionen dann auch in die Navigationsleiste rechts am Bildschirmrand integriert werden.

Wer viel mit 3D-Modellen, Punktwolken oder großen Datenmengen arbeitet, sollte mit RAM-Speicher nicht sparen und vielleicht auf mehr als 8 GB aufrüsten, ebenso mindestens 3-GHz-Prozessoren und eine Grafikauflösung ab 1920x1080 Pixel verwenden.

	AutoCAD und AutoCAD-LT auf PC	AutoCAD und AutoCAD-LT auf Mac
Betriebssystem	64-Bit-Windows-10 oder -11	64 Bit, V10.15 / V11 Big Sur / V12 Monterey
Prozessor	Keine ARM-Prozessoren, 2.5–2.9 GHz, empfohlen >3 GHz, Multi-Prozessor	64 Bit Intel, empfohlen i7 und höher oder M-Serie
RAM-Speicher	8 GB, empfohlen 16 GB und mehr	4 GB, empfohlen 8 GB und mehr
Plattenplatz	10 GB	5 GB
Monitor	1920x1080 Pixel True Color bis 3840x2160 Pixel	Mac-spezifische, auch 3840x2160 Pixel (4K) und mehr
Zeigegerät	Microsoft-Maus und kompatible	Apple-kompatible Maus oder Trackpad, Microsoft- kompatible Maus
Netzwerk	Microsoft- oder Novell-TCP/IP-Protokoll	TCP/IP-Protokoll

1.3.1 Unterschiede der Mac-Oberfläche

Die meisten Befehle und Bedienungen auf dem Mac sind die gleichen wie bei der im Folgenden beschriebenen PC-Oberfläche. In Abschnitt 15.16 *AutoCAD unter Mac* finden Sie einige nützliche Bedienhinweise für den Mac.

1.4 Die AutoCAD-Umgebung

AutoCAD legt beim ersten Start für jeden Benutzer private Verzeichnisstrukturen an, in denen die Dateien gehalten werden, die der Benutzer ggf. anpassen möchte. Die unten gezeigten Verzeichnisbäume wurden unter dem aktuellen Benutzer angelegt. Die meisten Dateien liegen unter `C:Benutzer/Benutzername/AppData/Roaming` im Unterverzeichnis `Autodesk/.../Support`. Die typischen Dateien sind:

- `acad.cuix` (bei LT: `acadlt.cuix`) – Datei für die Benutzeroberfläche
- `acad.pgp` (bei LT: `acadlt.pgp`) – Datei mit den Befehlsabkürzungen
- `acadiso.lin` (bei LT: `acadltiso.lin`) – Linientypdatei
- `acadiso.pat` (bei LT: `acadltiso.pat`) – Schraffurmusterdatei
- `sample.cus` – Benutzerwörterbuch für die Rechtschreibprüfung

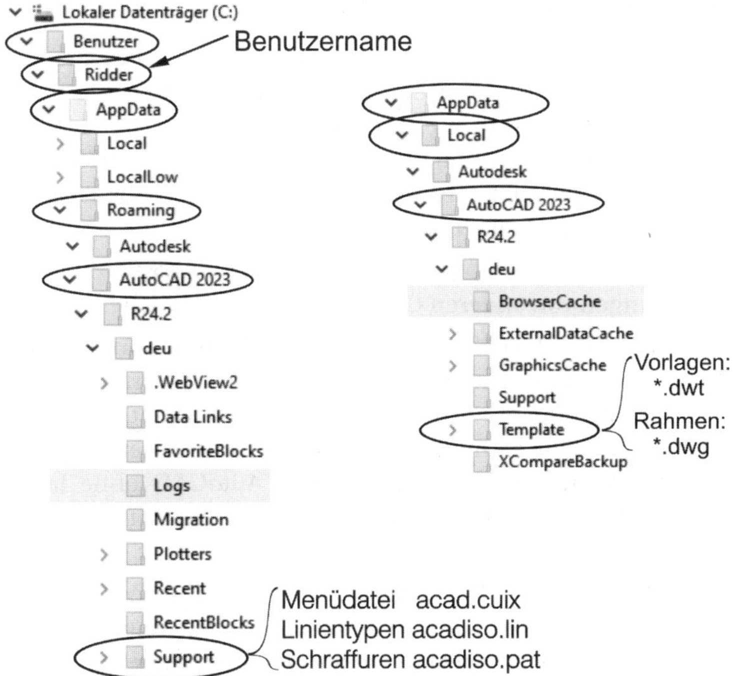

Abb. 1.3: Benutzerverzeichnisse SUPPORT und TEMPLATE für anpassbare Dateien

Hier sind auch die Verzeichnisse für Plotstile, Plotter und Werkzeugpaletten, die Sie während Ihrer Arbeit ändern oder einrichten. Die Zeichnungsvorlagen (zum Beispiel `acadiso.dwt`, `acadiso3D.dwt` oder bei der LT-Version `acadltiso.dwt`) und Zeichnungsrahmen (zum Beispiel `Generic 24in x 36in Title Block.dwg`) werden unter dem Pfad `AppData/Local` im Unterverzeichnis `Autodesk/.../Template` ebenfalls benutzerspezifisch verwaltet.

Tipp

Um diese Dateistrukturen zu sehen, müssen Sie die Sichtbarkeit für *ausgeblendete Elemente und Ordner* aktivieren. Bei Windows müssten Sie im *Windows-Explorer* unter Register ANSICHT|EIN-/AUSBLENDEN die Option AUSGEBLENDETE ELEMENTE aktivieren. Und wenn Sie schon hier sind, dann schalten Sie vielleicht auch die DATEINAMENERWEITERUNGEN ein, damit Sie bei den Dateinamen auch die Art der einzelnen Dateien an der Erweiterung am Dateiende erkennen können.

1.5 Installierte Programme

Nach erfolgter Installation stehen Ihnen neben AutoCAD oder AutoCAD LT noch weitere Programme zur Verfügung, die Sie bei Windows unter START, dem Buchstaben A und dann unter AUTOCAD 2023 – DEUTSCH (GERMAN) finden:

- AUTOCAD 2023-EINSTELLUNGEN EXPORTIEREN – dient zum Exportieren benutzerdefinierter Einstellungen zu anderen Computern mit der gleichen Version. Sie können individuelle Einstellungen und Anpassungen der Menüdatei (`CUIX`-Datei) inklusive eigener Werkzeugsymbole, Linientypen (`ACADISO.LIN`-Datei), Schraffurmuster (`ACADISO.PAT`-Datei) und Befehlsabkürzungen (`ACAD.PGP`-Datei) nach entsprechender Auswahl übernehmen.
- AUTOCAD 2023-EINSTELLUNGEN IMPORTIEREN – dient zum Importieren benutzerdefinierter Einstellungen von anderen Computern mit der gleichen Version.
- DIENSTPROGRAMM FÜR LIZENZÜBERTRAGUNG – Das ist ein Programm, mit dem Sie eine AutoCAD-Lizenz von einem Rechner auf einen anderen übergeben können. Das Programm benutzt als Transfermedium das Internet. Sie parken also die Lizenz von einem Quellcomputer im Internet. Damit verliert dieser seine AutoCAD-Lizenz. Vom Zielcomputer, auf dem AutoCAD ohne Lizenz installiert ist, holen Sie sich dann mit dem gleichen Programmaufruf die Lizenz ab.
- DIGITALE SIGNATUREN ZUORDNEN – Das Programm versieht Ihre Zeichnungen mit digitalen Signaturen, einer Art softwaremäßiger Versiegelung, damit Sie erkennen können, ob jemand nach Versand einer Zeichnung Änderungen vorgenommen hat. Dafür müssen Sie aber einen extra Signaturdienst abonniert haben.

- EINSTELLUNGEN AUF VORGABE ZURÜCKSETZEN – Eine sehr nützliche Funktion zum Rücksetzen der AutoCAD-Einstellungen auf »Werkseinstellungen«, wenn Sie etwas verstellt haben und nichts mehr so recht klappt!
- REFERENZMANAGER (nicht bei AutoCAD LT) – Ein Programm zur Anzeige von Zeichnungen oder Bildern, die in anderen Zeichnungen als Referenzen verwendet werden.
- STAPELWEISE STANDARDSPRÜFUNG (nicht bei AutoCAD LT) – Ein Programm, das die Einhaltung von Standard-Vorgaben für Layer und Stile überprüft, die in einer Standards-Datei festgelegt sind.
- VON FRÜHEREM RELEASE MIGRIEREN – dient zum Importieren benutzerdefinierter Einstellungen von älteren Versionen.

Abb. 1.4: Mit AutoCAD installierte Programme

1.6 AutoCAD 2023 und AutoCAD LT 2023

Zwischen der Vollversion von AutoCAD und der Light-Version gibt es wichtige Unterschiede. Im Buch werden beide Versionen beschrieben. Funktionen, die bei der Light-Version nicht vorhanden sind, werden im Text mit *nicht LT* gekennzeichnet. Einige wenige Funktionen sind auch umgekehrt *nur* in der Light-Version vorhanden. Dies wird dann mit *nur LT* markiert. Generell ist die LT-Version nur für zweidimensionale Konstruktionen geeignet, die Vollversion enthält auch 3D-Modelliermöglichkeiten und Möglichkeiten für Programmerweiterungen. Die wichtigsten Unterschiede sind folgende:

- Die LT-Version verfügt über *keine Volumenkörper* und dazugehörige Bearbeitungsfunktionen, zeigt aber vorhandene Volumenkörper aus einer DWG an, die mit der Vollversion erstellt wurde.

- In der LT-Version sind *keine Programmierschnittstellen* wie AutoLISP, Visual Basic oder ARX (für C++-Programme) vorhanden.
- *Parametrische Konstruktionen* können in der LT-Version *nicht erstellt* werden, aber es können mit Parametern und Abhängigkeiten versehene Konstruktionen der Vollversion mit dem Parametermanager *verwaltet* werden.
- Der *Aktionsrekorder* zum Aufnehmen von Befehlsabläufen als wieder abspielbare Makros ist *nicht* enthalten.
- Es gibt *keinen Referenzmanager* (als Zusatzprogramm) zur Anzeige und Überprüfung referenzierter Dateien wie Zeichnungen, Bilder, Zeichensätze und Plotkonfigurationen.
- Es gibt *keine stapelweise Standardsüberprüfung* (als Zusatzprogramm) zur Überprüfung der Einhaltung benutzer- oder firmenspezifischer Standards.
- Eine *Netzwerklizenz* ist mit LT *nicht* möglich.
- Darstellungsoptionen für *Präsentationsgrafik* sind *nicht* enthalten.
- Mehrere Produktivitätshilfsmittel, insbesondere die *erweiterte Attribut-Extraktion* zur Erstellung von Stücklisten, werden in LT *nicht* angeboten.

In der LT-Version haben die Dateipfade etwas andere Namen: `...\Autodesk\AutoCAD LT 2023\R29\deu...`. Auch die Namen für die Programmdatei, Supportdateien und einige Vorlagen lauten anders: `acadlt.exe`, `acadlt.cuix`, `acadltiso.lin`, `acadltiso.pat`, `acadltiso.dwt`. Wo es bei der Vollversion »acad« heißt, steht bei der LT-Version dann »acadlt«.

1.7 AutoCAD starten

Nach der Installation finden Sie das AUTOCAD 2023- bzw. AUTOCAD LT 2023-Symbol entweder auf dem Bildschirm oder unter Ihren Apps. Mit einem *Doppelklick* starten Sie das Programm (Abbildung 1.5).

Nun startet AutoCAD mit der Registerkarte START mit den wichtigen Funktionen NEU zum Beginnen neuer Zeichnungen und ÖFFNEN zur Weiterbearbeitung alter Zeichnungen. Bei NEU zeigt eine *Quick-Info* die aktuelle Vorlage an, standardmäßig *acadiso.dwt*. Andere Vorlagen können über ▼ gewählt werden. An mehreren Stellen können Sie auch schnell auf die *zuletzt bearbeiteten Zeichnungen* zugreifen (Abbildung 1.6).

Unter MEINE EINBLICKE und auch auf der rechten Seite finden Sie nützliche Hinweise, die Autodesk nach Analyse Ihrer Befehlshistorie als Vorschläge zur besseren Softwarenutzung zusammenstellt. Darunter können auch *Befehlsmakros* sein, die Sie mit der Funktion ANSICHT|PALETTEN|BEFEHLSMAKROS verwenden und in eine eigene Multifunktionsleiste AUTOMATISIERUNG stellen können.

Nach NEU oder ÖFFNEN aktiviert AutoCAD seine Benutzeroberfläche.

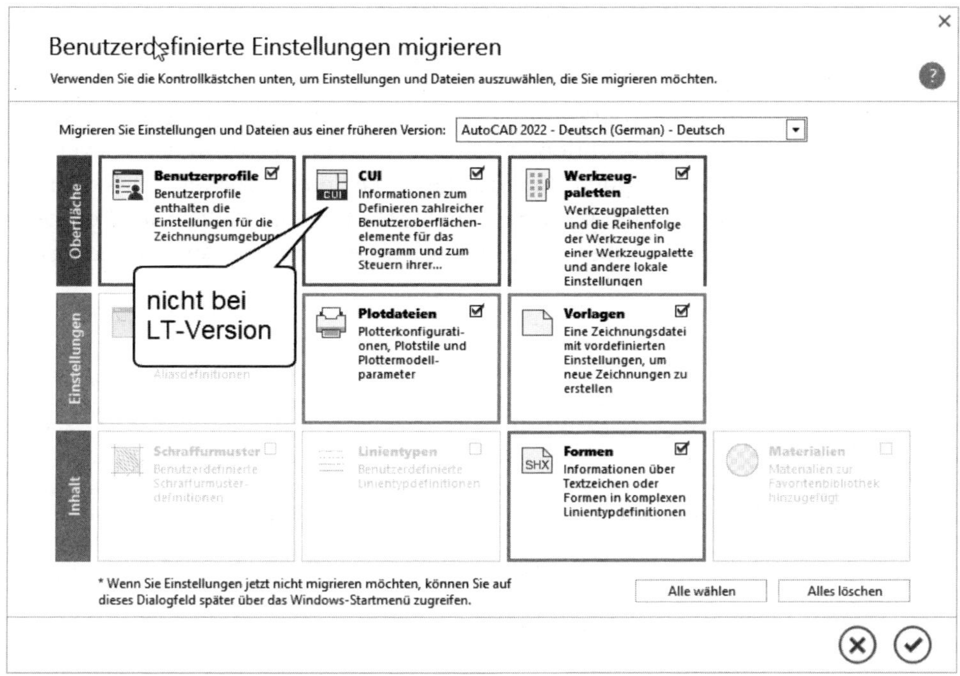

Abb. 1.5: Migrieren älterer benutzerspezifischer Einstellungen

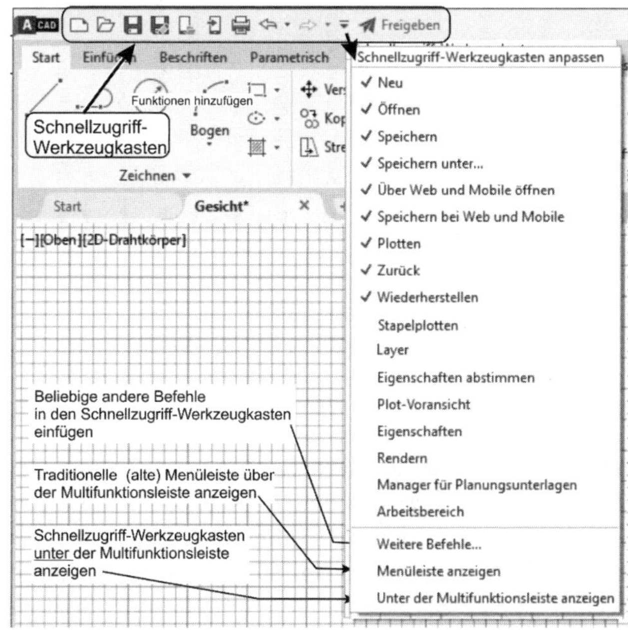

Abb. 1.6: Registerkarte START, zum Starten einfach auf NEU klicken, zum Lernen links auf SCHULUNGEN klicken

1.8 Die AutoCAD-Benutzeroberfläche

Die AutoCAD-Benutzeroberfläche kann mithilfe der *Arbeitsbereiche* unterschiedlich gestaltet werden. Das Programm startet mit dem *Arbeitsbereich* ZEICHNEN UND BESCHRIFTUNG für 2D-Konstruktionen. Für 3D-Arbeiten gibt es in der Vollversion zwei weitere *Arbeitsbereiche* (nicht LT): für die einfacheren Arbeiten 3D-GRUNDLAGEN und für die komplexeren Konstruktionen 3D-MODELLIERUNG. Das Werkzeug zum Umschalten der Arbeitsbereiche ⚙ liegt unten rechts in der *Statusleiste* des Programmfensters.

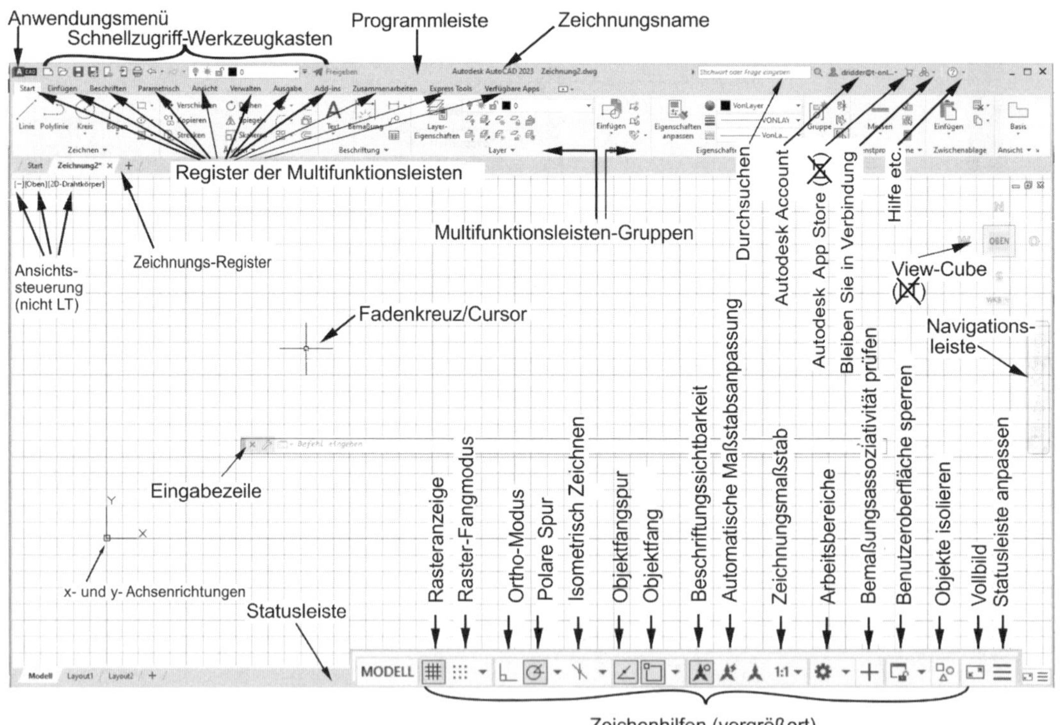

Abb. 1.7: AutoCAD-Bildschirm der Vollversion, Arbeitsbereich ZEICHNEN UND BESCHRIFTUNG

1.8.1 Programmleiste

Als oberste Leiste erkennt man die *Programmleiste*. In dieser Leiste wird einerseits der Programmname angezeigt, hier *AutoCAD 2023*, andererseits der Name der gerade in Arbeit befindlichen Zeichnung, zu Beginn `Zeichnung1.dwg`. AutoCAD legt beim Start von selbst eine leere Zeichnung dieses Namens an. Wenn Sie diese Zeichnung dann erstmalig selbst speichern, können Sie einen individuellen Namen eingeben. Die Dateiendung für AutoCAD-Zeichnungen ist stets `*.DWG` (von engl. **D**ra**W**in**G**).

1.8.2 Anwendungsmenü

Ganz links oben in der *Programmleiste* liegt in der Schaltfläche mit dem AutoCAD-Symbol das ANWENDUNGSMENÜ. Dieses Werkzeug (Abbildung 1.8) bietet

- ganz oben rechts ein Listenfeld zur Suche nach Befehlen, wenn Sie Befehlsnamen, Teile davon oder Teile der Befehlsbeschreibung eintippen ,
- einen schnellen Zugriff auf LETZTE DOKUMENTE , GEÖFFNETE DOKUMENTE ,
- die wichtigsten Dateiverwaltungsbefehle wie NEU , ÖFFNEN , SPEICHERN , SPEICHERN UNTER , IMPORTIEREN und EXPORTIEREN , PUBLIZIEREN , DRUCKEN ,
- speziell unter dem Titel ZEICHNUNGSPROGRAMME einige grundlegende Funktionen
  - ZEICHNUNGSEIGENSCHAFTEN zur Verwaltung von Zusatzinformationen zur Zeichnungsdatei,
  - DWG VERGLEICHEN ein neues Werkzeug zum Markieren der Unterschiede zwischen zwei Zeichnungen,
  - EINHEITEN zum Einstellen der Zeichnungseinheiten und Nachkommastellen,
  - ÜBERPRÜFEN zum Prüfen und Reparieren fehlerbehafteter Zeichnungen,
  - STATUS (NICHT LT) zur Anzeige statistischer Daten der Zeichnung,
  - BEREINIGEN zum Entfernen von unnötigen unbenutzten Objekten,
  - WIEDERHERSTELLEN zum Öffnen beschädigter Zeichnungen,
  - ZEICHNUNGSWIEDERHERSTELLUNGS-MANAGER (nicht LT) wird automatisch nach einem Programmabsturz zum Wiederherstellen von Zeichnungen aktiviert.
- unter SCHLIEßEN die Möglichkeit zum Schließen der aktuellen oder aller Zeichnungen,
- unten mittig die Schaltfläche OPTIONEN mit Zugriff auf viele *Grundeinstellungen* des Programms
- und ganz rechts unten eine Schaltfläche zum BEENDEN der AutoCAD-Sitzung.

Vorsicht

Wenn Sie versehentlich einen Doppelklick auf dieses Anwendungsmenü machen, wird die unterste Funktion ausgeführt, nämlich AUTODESK AUTOCAD 2023 BEENDEN. Falls Sie noch nicht gespeichert hatten, wird Ihnen das aber angeboten.

1.8.3 Umstellung auf helle Icons und hellen Hintergrund

Über OPTIONEN können Sie leicht auf die freundlichere Darstellung mit *hellen Icons* und *hellem Hintergrund* umstellen. Stellen Sie für helle Icons im Register ANZEIGE unter FENSTERELEMENTE das FARBSCHEMA **Dunkel** auf **Hell** um. Für weißen Hintergrund klicken Sie weiter unten auf FARBEN und wählen für KONTEXT: **2D-Modellbereich** und BENUTZEROBERFLÄCHENELEMENT: **Einheitlicher Hintergrund** die FARBE: **Weiß**.

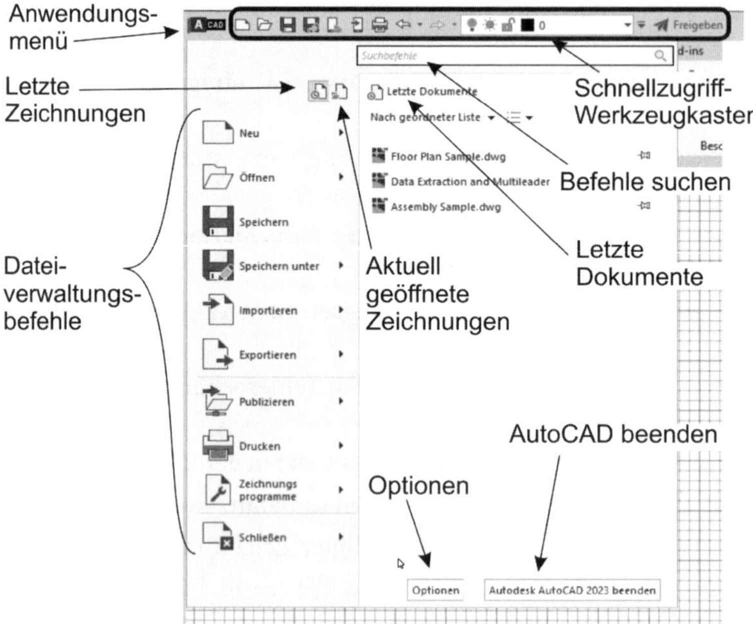

Abb. 1.8: ANWENDUNGSMENÜ und seine Funktionen

1.8.4 Schnellzugriff-Werkzeugkasten

Gleich rechts neben dem ANWENDUNGSMENÜ finden Sie den SCHNELLZUGRIFF-WERKZEUGKASTEN. Darin liegen die wichtigsten und meistgebrauchten Befehlswerkzeuge wie

- die Dateiwerkzeuge
  - NEU (SNEU),neue Zeichnung mit Standardvorlage,
  - ÖFFNEN (ÖFFNEN),
  - SPEICHERN (KSICH) und
  - SICHERN ALS (SICHALS) Speichern unter neuem Namen,
  - ÜBER WEB UND MOBILE ÖFFNEN ,
  - SPEICHERN BEI WEB UND MOBILE

- der Ausgabe-Befehl
  - PLOT zur Zeichnungsausgabe,
- ferner die beiden Werkzeuge
  - ZURÜCK Befehle zurücknehmen mit Zugriff auf die Befehlshistorie ▼ und
  - WIEDERHERSTELLEN. ebenfalls mit ▼.
- Rechts daneben finden Sie die Dropdown-Liste SCHNELLZUGRIFF-WERKZEUGKASTEN ANPASSEN, um folgende weitere Werkzeuge aufzunehmen:
  - STAPELPLOTTEN – ist eine Funktion zum Ausgeben mehrerer Plots, auch von mehreren Zeichnungsdateien, was für den professionellen Betrieb interessant wäre.
  - LAYER 0 – ist die kleine und *sehr nützliche Layersteuerung zum schnellen Ändern von Layerzuständen.*
  - EIGENSCHAFTEN ABSTIMMEN – ist ein *sehr empfehlenswertes Werkzeug,* mit dem Sie später die Eigenschaften von einem Objekt auf andere übertragen können.
  - PLOT-VORANSICHT – ist *nützlich zur Vorschau vorm Abschicken eines Plots,* um beispielsweise Linienstärken zu beurteilen.
  - EIGENSCHAFTEN – ist der EIGENSCHAFTEN-MANAGER zum nachträglichen *Bearbeiten von allgemeinen und geometrischen Eigenschaften gewählter Objekte,* wieder eine sehr nützliche Funktion.
  - RENDERN (nicht LT) – startet für 3D-Objekte die Berechnung einer fotorealistischen Darstellung, ist also erst für 3D-Konstruktionen sinnvoll.
  - MANAGER FÜR PLANUNGSUNTERLAGEN – dient der Verwaltung von ganzen Zeichnungssätzen mit vielen Einzelzeichnungen und ist für professionelle Großprojekte nützlich.
  - ARBEITSBEREICH (ARBEITSBER) – dient zum Wechseln des Arbeitsbereichs für die 2D- oder 3D-Oberfläche.
  - WEITERE BEFEHLE – startet den Befehl SCUI, aus dessen Dialogfenster Sie beliebige AutoCAD-Befehle per *Drag&Drop* hier einfügen können. Zum Entfernen solcher Befehle brauchen Sie sie nur mit der rechten Maustaste anzuklicken und AUS SCHNELLZUGRIFF-WERKZEUGKASTEN ENTFERNEN zu wählen.
  - MENÜLEISTE ANZEIGEN – bietet die traditionelle Leiste mit den alten Pulldown-Menüs an.
  - UNTER DER MULTIFUNKTIONSLEISTE ANZEIGEN – legt den SCHNELLZUGRIFF-WERKZEUGKASTEN unter die *Multifunktionsleiste.*
- Am rechten Ende des SCHNELLZUGRIFF-WERKZEUGKASTENS liegt das Werkzeug FREIGEBEN Freigeben. Damit können Sie die Zeichnung unter *web.autocad.com*

ablegen und einen Link dorthin erzeugen, den Sie dann Mitarbeitern zur Bearbeitung senden können.

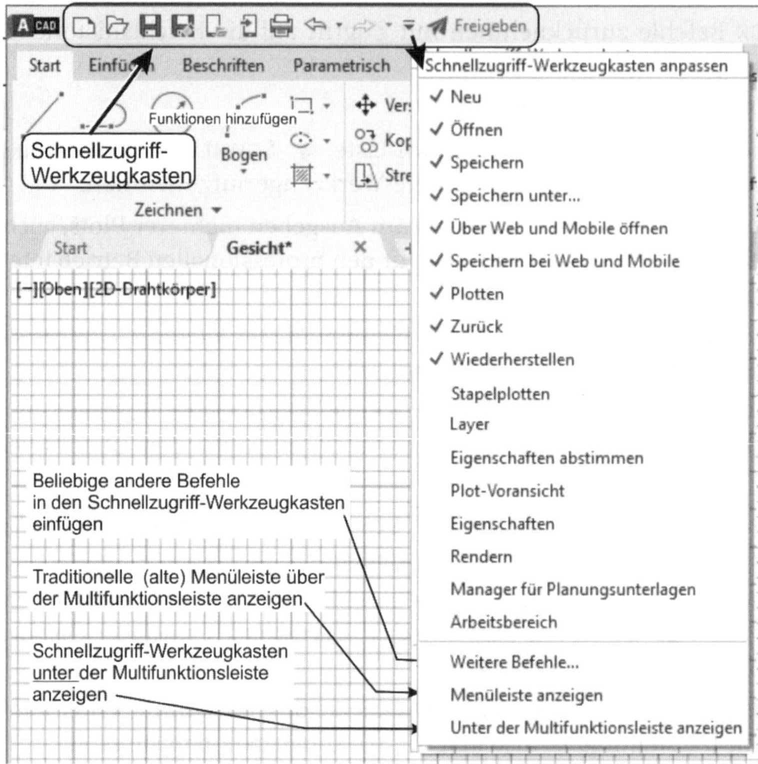

Abb. 1.9: Kontextmenü des SCHNELLZUGRIFF-WERKZEUGKASTENS

1.8.5 Infoleiste: Durchsuchen, Autodesk Account, Autodesk App Store, Bleiben Sie in Verbindung und ?

Oben rechts in der Programmleiste finden Sie fünf Werkzeuge.

- DURCHSUCHEN *Stichwort oder Frage eingeben* – ermöglicht die Suche nach Begriffen in der *AutoCAD-Hilfe-Dokumentation* und bei *Autodesk-Online* im Internet. Sie können dort einen Begriff eingeben und dann auf das Fernglassymbol klicken. Die Fundstellen werden durchsucht und Sie können sie zum Nachschlagen anklicken.
- AUTODESK ACCOUNT dridder@t-onl... – dient zur Anmeldung bei Autodesk mit Ihrer Autodesk-Kunden-ID. Sie können dort Ihre Lizenzen verwalten und Ihre Konto-Details bearbeiten.
- AUTODESK APP STORE (nicht LT) – Über dieses Werkzeug gelangen Sie in den AUTODESK APP STORE, wo Sie zahlreiche Zusatzfunktionen gratis oder gegen Gebühr herunterladen können.

- BLEIBEN SIE IN VERBINDUNG – Hier können Sie in Verbindung zu Ihrem AUTODESK-ACCOUNT treten, Ihre *Hardware auf Zertifizierung prüfen* lassen oder zur AUTOCAD-SEITE im Internet gehen. AutoCAD-Seiten in YOUTUBE, Facebook und Twitter werden hier auch angeboten.
- ? – bietet mit *Hilfe* die übliche Online-Hilfe zur Information über Befehle und Verfahren an. Mit OFFLINE-HILFE HERUNTERLADEN können Sie die Hilfefunktion auch ohne Netzwerk für den PC verfügbar machen.

1.8.6 Multifunktionsleiste, Register, Gruppen und Flyouts

Unterhalb der Programmleiste erscheint die *Multifunktionsleiste* mit zahlreichen *Registern* (Abbildung 1.10). Jedes *Register* enthält thematisch gegliederte *Gruppen* von Befehlen. Diese *Gruppen* können teilweise noch aufgeblättert werden. Das erkennt man dann am kleinen schwarzen Dreieck ▼ im unteren Rand. Das Aufblättern kann über eine Pin-Nadel fixiert werden. Im aufgeblätterten Bereich finden sich üblicherweise die selteneren Befehle der Gruppe.

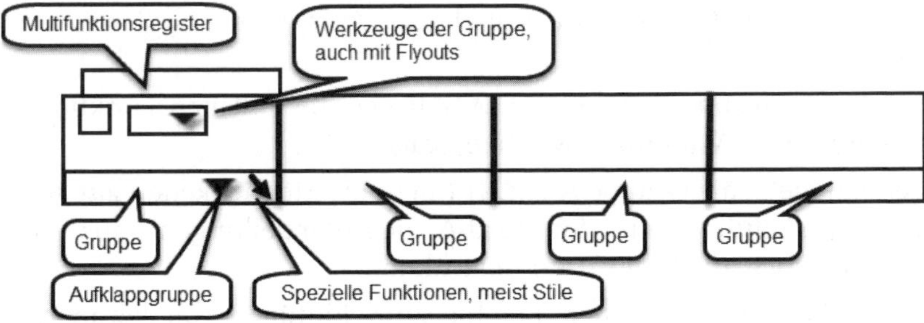

Abb. 1.10: Struktur der Multifunktionsleisten

Auch innerhalb der Gruppe können die Werkzeuge noch in sogenannten *Flyouts* organisiert sein. Das *Flyout* wird wieder durch ein Dreieckssymbol ▼ gekennzeichnet. Klicken Sie darauf, um zum gewünschten Befehl zu navigieren. Danach bleibt der zuletzt benutzte Befehl als sichtbares Symbol stehen.

Sie können auch eine Gruppe aus der Multifunktionsleiste heraus auf die Zeichenfläche bewegen, indem Sie *mit gedrückter Maustaste* am *Gruppentitel nach unten* ziehen. Dadurch bleibt die Gruppe auch dann erhalten, wenn Sie das Multifunktionsregister wechseln. Mit einem Klick auf das *kleine Symbol in der rechten oberen Ecke* der Berandung lässt sich die Gruppe später wieder zurückstellen. Diese Berandung erscheint erst, wenn Sie mit dem Cursor die Gruppenfläche berühren.

Nicht immer sind alle Gruppen einer Multifunktionsleiste aktiviert. Mit einem Rechtsklick in einen *Gruppentitel* lassen sich weitere unter GRUPPEN ANZEIGEN per Klick aktivieren.

In manchen *Gruppentiteln* finden Sie rechts einen kleinen schrägen Pfeil ↘. Dahinter befinden sich üblicherweise spezielle Einstellungen und Stile für die Befehle dieser Gruppe.

Im Arbeitsbereich ZEICHNEN UND BESCHRIFTUNG werden folgende Register angeboten:

- START
  - enthält die grundlegenden Konstruktionsbefehle in den Gruppen ZEICHNEN und ÄNDERN,
  - unter BESCHRIFTUNG einige Text- und Bemaßungsbefehle,
  - in LAYER die Layerverwaltung und
  - in der Gruppe BLOCK die Verwaltung von Blöcken, das sind zusammengesetzte Objekte für Normteile o.Ä.
  - Daneben sehen Sie in EIGENSCHAFTEN die Farben, Linientypen und Linienstärken von Objekten.
  - Es folgt unter GRUPPEN die Verwaltung von Objektgruppen.
  - In DIENSTPROGRAMME liegen Hilfsmittel zum Abmessen und Auswählen von Objekten.
  - In der nächsten Gruppe ZWISCHENABLAGE liegen die üblichen Funktionen zur Verwendung der Windows-Zwischenablage.
  - Abschließend bietet die Gruppe ANSICHT (nicht LT) Möglichkeiten zur automatischen Erstellung von Standard-Ansichtsdarstellungen aus *3D-AutoCAD* oder auch aus INVENTOR-Konstruktionen.
- EINFÜGEN – enthält alle möglichen Befehle zum Einfügen von komplexen Objekten.
  - Das können *Blöcke* sein,
  - andere Zeichnungen als sogenannte *externe Referenzen* oder
  - auch *PDF-Anhänge mit der Möglichkeit zum Umwandeln in AutoCAD-Elemente,*
  - der *Import von anderen CAD-Systemen* (nicht LT).
  - Hier werden auch die *Attribute* – zusätzliche Textinformationen für Blöcke – verwaltet und die Werte in Tabellen wie etwa Stücklisten zusammengefasst.
  - Auch die Möglichkeit zu *Datenverknüpfungen* und *Datenextraktion* (nicht LT) in interne und/oder externe Tabellen ist hier vorhanden.
  - In einer letzten Gruppe können Sie für Ihre Zeichnung einen *geografischen Referenzpunkt* setzen und die Landkarte verknüpfen.
- BESCHRIFTEN – umfasst Befehlsgruppen
  - für *Textbefehle,*
  - alle *Bemaßungsbefehle,*

  - *Mittellinien,*
  - *Führungslinien* und
  - *Tabellen.*
  - Zwei *Markierungsfunktionen* finden Sie hier: ABDECKEN, eine Art Tipp-Ex, und die REVISIONSWOLKE zum Hervorheben.
  - Die *Maßstabsverwaltung* kann zum Ändern des Maßstabs eines Beschriftungsobjekts verwendet werden.
- PARAMETRISCH – Dieses Register enthält Funktionen
  - zur Erzeugung (nicht LT) und Verwaltung *geometrischer Abhängigkeiten* und
  - von *Bemaßungsabhängigkeiten* (nicht LT) und
  - zum Verwalten der *Parametertabelle* (auch LT). Durch diese Befehle ist es möglich, nun parametrisch änderbare Konstruktionen in 2D zu erstellen (nicht LT) bzw. zu verwalten (in LT möglich)
- ANSICHT – Zuerst treffen Sie hier auf
  - die Befehle zum Aktivieren des BKS-SYMBOLS, des ANSICHTSWÜRFELS (VIEWCUBE) (nicht LT) und der NAVIGATIONSLEISTE.
  - Als Nächstes können ANSICHTEN und ANSICHTSFENSTER verwaltet werden.
  - In der Gruppe VERGLEICHEN finden Sie eine Funktion zum Vergleich zweier Zeichnungen, die aber auch im Register ZUSAMMENARBEITEN enthalten ist,
  - Unter VERLAUF können Vorgänger-Versionen einer Zeichnung betrachtet werden, sofern sie unter *Drop-Box, OneDrive* oder *Box* abgelegt wurden.
  - Danach folgen weitere Befehlsgruppen zur *Verwaltung diverser Paletten* und der verschiedenen Zeichenfenster.
- VERWALTEN – Hier finden Sie vier Gruppen von Befehlen.
  - Da wäre einmal der AKTIONSREKORDER (nicht LT), ein Hilfsmittel zum Aufnehmen und Abspielen von Befehlsabläufen.
  - Unter BENUTZERANPASSUNG finden Sie Funktionen zur Umgestaltung aller Elemente der Benutzeroberfläche und der Befehlsabkürzungen.
  - Mit ANWENDUNGEN (nicht LT) können Sie Zusatzprogramme verwalten und AutoLISP-Programme entwickeln.
  - CAD-STANDARDS (nicht LT) schließlich enthält drei Werkzeuge, um die Einhaltung gewisser Standard-Vorgaben zu sichern.
  - Die Gruppe BEREINIGEN fasst verschiedene Funktionen zur Entfernung unnötiger bzw. überlagernder Objekte zusammen.
- AUSGABE – Hier sind
  - alle Befehle zum PLOTTEN, zum STAPELPLOTTEN, zur SEITENEINRICHTUNG und für weitere Ausgaben im Design-Web-Format (.DWF) oder PDF-Format zusammengefasst.

- ADD-INS (nicht LT) – Dieses Register enthält den APP MANAGER. Damit können Sie die vom Autodesk App Store geladenen Apps anzeigen, aktualisieren, deinstallieren und sich Hilfe holen.
- ZUSAMMENARBEITEN – enthält mehrere Funktionsgruppen zur Unterstützung der Teamarbeit über Cloud-Funktionen
  - Unter FREIGEBEN können Sie *Zeichnungen* oder *Ansichten* ins Internet in den Cloud-Bereich bringen, verwalten, wieder herunterladen und auch für Kollegen zur Bearbeitung freigeben.
  - Bei AUTODESK DOCS werden Zeichnungen oder Layouts (Pläne) in einen Online-Viewer zur Bearbeitung gestellt.
  - BÄNDER sind Sammlungen verschiedener Anmerkungen und Änderungswünsche, die auf einer normalerweise unsichtbaren Bearbeitungsebene verwaltet werden. Sie tragen den Namen des jeweiligen Benutzers und können aus verschiedenen Dokumenten am PC oder unter WEB UND MOBILE in die Bänder eingefügt werden.
  - Das unter ANSICHT schon erwähnte Werkzeug DWG VERGLEICHEN erlaubt es, Zeichnungen zu vergleichen und die Unterschiede zu markieren.
- EXPRESS TOOLS (nicht LT) – enthält viele nützliche von Anwendern entwickelte Zusatzfunktionen. Sie werden nicht übersetzt und bleiben in englischer Sprache.
- VERFÜGBARE APPS (nicht LT) – enthält das Werkzeug APP STORE, um *Apps* aus dem Internet herunterzuladen. Alle aus dem APP STORE geladenen Apps würden hier dann erscheinen. Vorgeschlagene und beworbene Apps erscheinen hier automatisch.
- LAYOUT (erscheint nur, wenn Sie im Layoutbereich arbeiten) – bietet Funktionen zum Einrichten des Plots und der Ansichtsfenster. Für 3D-Konstruktionen bieten sich weitere Befehle (nicht in LT) zur Gestaltung korrekter Ansichten und orthogonaler Projektionen an sowie von Schnitt- und Detailansichten.

Tipp

MFLEISTE aktiviert die Multifunktionsleiste, falls sie mal fehlen sollte. *Falls die Leiste nicht wie gewohnt dargestellt wird*, können Sie rechts *neben den Registertiteln* über ▾ in einem *Flyout-Menü* wählen, wie detailliert die Darstellung sein soll. Wenn das Dropdown-Icon ▼ rechts auf DURCH ALLE WECHSELN eingestellt ist, blättert das Flyout-Menü zyklisch durch, beginnt also immer wieder von vorn, bis Sie die gewünschte Darstellung erreicht haben.

1.8.7 Zeichnungsregister und -fenster

Unterhalb der Multifunktionsleiste bzw. am oberen Rand des Zeichenfensters erscheinen das Register START mit der *Begrüßungsseite* und daneben die ZEICHNUNGSREGISTER für alle geöffneten Zeichnungen. Damit kann schnell zwischen verschiedenen Zeichnungen hin- und hergeschaltet werden. Zeichnungen, die seit dem Öffnen bearbeitet wurden, sind hier mit einem * markiert. Über das äußerste Register mit dem +-Zeichen können Sie weitere neue Zeichnungen erstellen (entspricht dem Befehl SNEU), ebenso über die Registerkarte START. Einzelne ZEICHNUNGSREGISTER können auch aus diesem Bereich mit gedrückter Maustaste herausgezogen werden, um mehrere Zeichnungen nebeneinander oder auch auf einem zweiten Bildschirm zu betrachten. Ebenso können sie wieder in diesem Bereich angedockt werden.

Wenn Sie mit dem Cursor auf einem ZEICHNUNGSREGISTER stehen bleiben, werden automatisch der *Modellbereich* zur Zeichnungserstellung und die *Layout*-Bereiche für die Plot-Aufbereitung angezeigt und können gewählt werden.

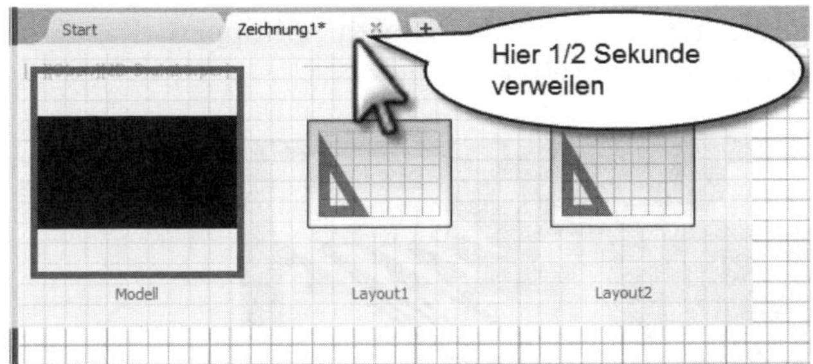

Abb. 1.11: Zeichnungsregister mit den Registerkarten START, NEUE ZEICHNUNG (+) und den Modell- und Layout-Bereichen einer geöffneten Zeichnung

In der aktuellen Version können Zeichenfenster von der Fixierung an die Registerleiste gelöst werden, wenn sie mit gedrückter Maustaste am Reiter weggezogen werden. Sie können dann noch mit dem Fixiersymbol auf den AutoCAD-Zeichenbereich fixiert werden oder völlig frei wie ein eigenes Windows-Fenster behandelt werden. Das Kontextmenü AUF DATEIREGISTERKARTE VERSCHIEBEN hängt das Fenster wieder fest ein.

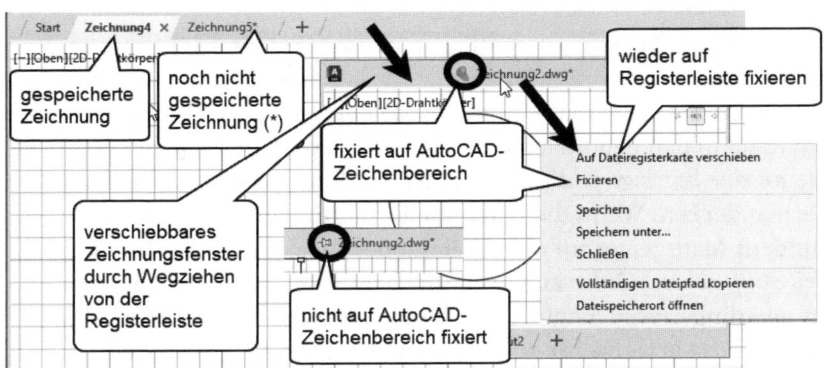

Abb. 1.12: Verschiebbares Zeichenfenster

Zeichnungen, die noch nicht gespeichert sind, werden im Reiter mit einem Sternchen gekennzeichnet.

1.9 Wie kann ich Befehle eingeben?

Zur Bedienung von AutoCAD gibt es viele Alternativen der Befehlseingabe. Das Programm erhielt im Laufe der Zeit immer wieder neue und schnellere Bedienmöglichkeiten, die mit etwas Übung eine sehr intuitive Arbeit erlauben. Deshalb sollen hier einmal in einer Übersicht die verschiedenen Möglichkeiten aufgezeigt werden.

1.9.1 Befehle eintippen

Grundsätzlich kann man natürlich jeden AutoCAD-Befehl eintippen. Das Eingabe-Echo erscheint dann direkt neben dem Fadenkreuz.

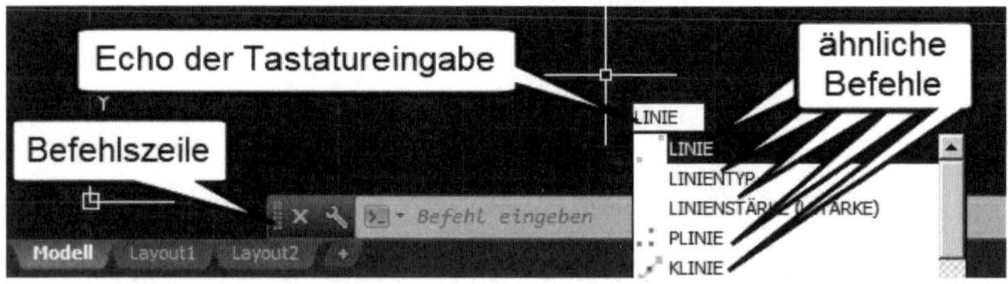

Sie tippen hier den Befehl ein und drücken dann die [Enter]-Taste: [↵] (auch *Return-* oder *Eingabe-Taste* genannt). Der weitere Befehlsdialog fragt dann sowohl am Fadenkreuz als auch in der Befehlszeile nach weiteren Eingaben oder grafischen Aktionen wie Auswahl von Objekten oder Punkten.

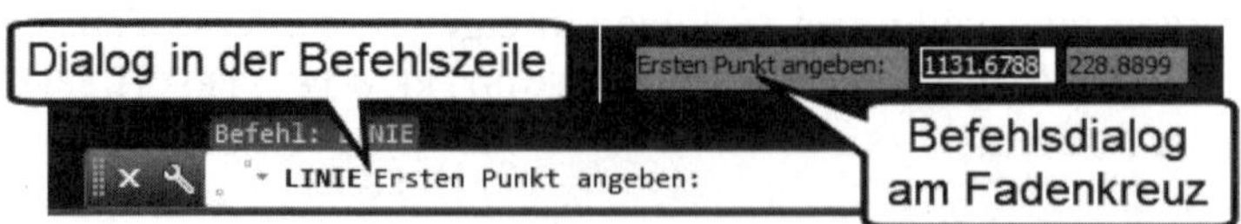

Tipp

Die *Befehlszeile* kann flexibel gestaltet werden. Sie können hier mit dem Mauszeiger im linken Rand in den gepunkteten Bereich gehen und die Zeile mit gedrückter Maustaste *an eine beliebige Bildschirmposition verschieben* oder auch in den Bildschirmrändern andocken. Wenn die Befehlszeile am unteren Rand angedockt ist, erscheint mit dem Mauszeiger im oberen Rand der Befehlszeile ein Doppelpfeil, um die *Anzeige auf mehrere Zeilen* zu erweitern. Dieses Auseinanderziehen der Befehlszeile ist allerdings *nicht* möglich, sobald sie *oben am* Bildschirmrand *angedockt* ist. Das müssen Sie *vorher* im *unten angedockten* Zustand bewerkstelligen.

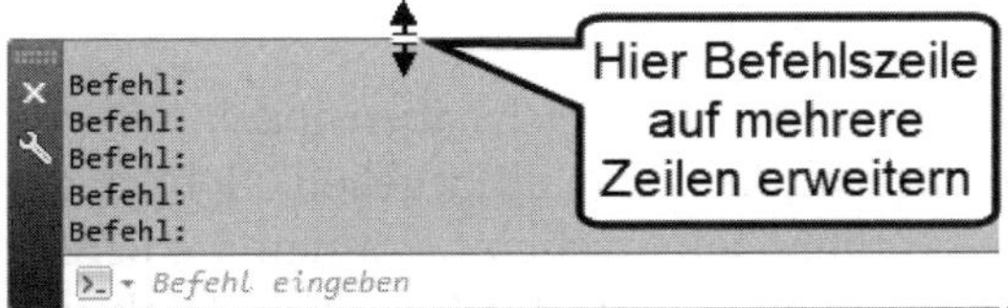

Der komplette Befehlsdialog kann oft nur im mehrzeiligen Befehlsbereich verfolgt werden. Um sich als Anfänger in die Befehlsabläufe und deren Logik einzuarbeiten, lohnt es sich, diese im mehrzeiligen Eingabefeld zu verfolgen.

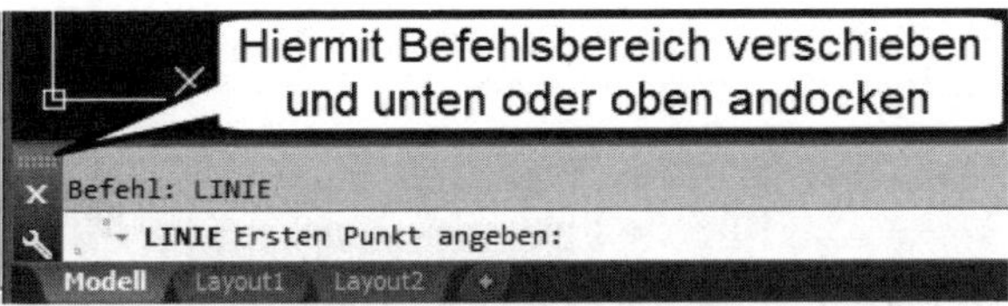

Tipp

Sind *Befehlszeile* oder *Multifunktionsleiste* einmal abhandengekommen, helfen die Befehle BEFEHLSZEILE und MFLEISTE weiter. Die wirken auch, wenn keine Befehlszeile da ist. Die Befehlszeile aktivieren oder deaktivieren Sie auch mit [Strg]+[9].

1.9.2 Befehle und automatisches Vervollständigen

Es ist auch möglich, einen Befehl nur teilweise einzugeben. Nach den ersten Buchstaben des Befehls erscheint automatisch eine Liste möglicher Befehlsvervollständigungen (Auto-Vervollständigen). Aus dieser Liste können Sie dann den gewünschten Befehl durch Anklicken mit der Maus auswählen. Die Liste enthält nun auch Befehle, die Ihren eingetippten Begriff in der Mitte des Wortes enthalten. Die erleichterte Befehlseingabe kann über das Werkzeug ANPASSEN vielseitig konfiguriert werden. Allerdings sind die vorgegebenen Einstellungen schon sehr sinnvoll. Diese Liste enthält auch noch eine AUTOKORREKTUR-Liste, die benutzerspezifisch angepasst werden kann (siehe Kapitel 15 *Benutzeranpassungen*).

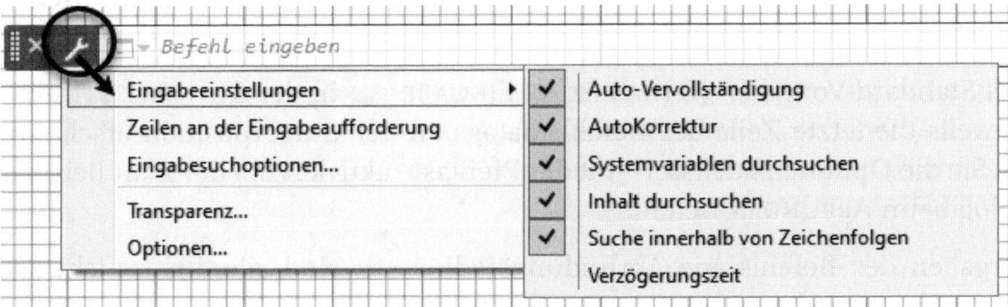

1.9.3 Befehlsabkürzungen

Die meisten Befehle können durch ein, zwei oder drei Buchstaben abgekürzt werden. Zum Beispiel wird Ab für den Befehl Abstand eingegeben. Sobald der gewünschte Befehl in der Vorschau hervorgehoben erscheint, können Sie bereits mit [Enter] abschließen. Diese Abkürzungen werden im Buch bei den Befehlsbeschreibungen präsentiert.

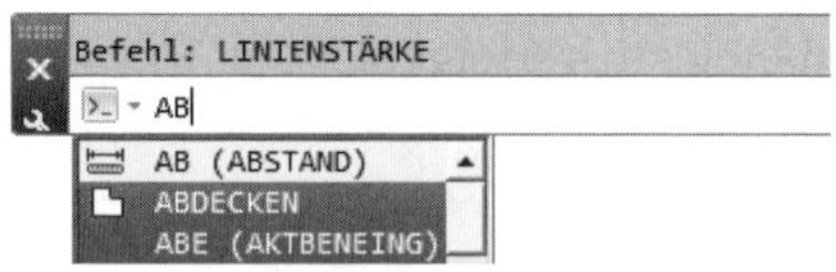

Wichtig: Dialog mit dem Computer – Befehlszeile beachten

Sie sollten wenigstens in der Lernphase die kompletten Befehlsabläufe *in der Befehlszeile verfolgen*. Nur hier erhalten Sie nämlich bei vielen Befehlen Informationen über Voreinstellungen wie etwa den aktuellen Radius beim Abrunden oder auch die *Fehlermeldungen*, wenn Sie etwas Falsches eingegeben haben.

1.9.4 Befehlsoptionen

Die meisten Befehle bieten in ihrem Dialog zahlreiche Optionen in eckigen Klammern zwischen »[« und »]« an. Eine solche Option wird entweder dadurch aufgerufen, dass Sie die Buchstaben eingeben, die bei der betreffenden Option großgeschrieben sind, gefolgt von [Enter] bzw. [↵].

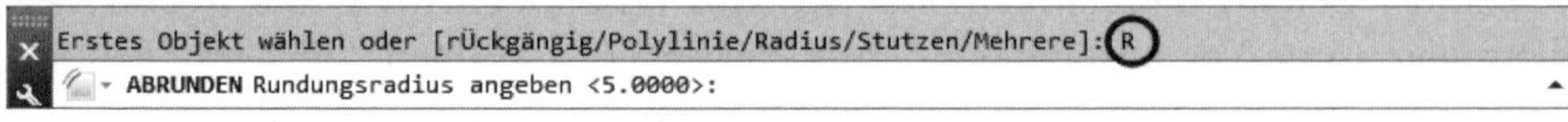

Alternativ können Optionen auch angeklickt werden.

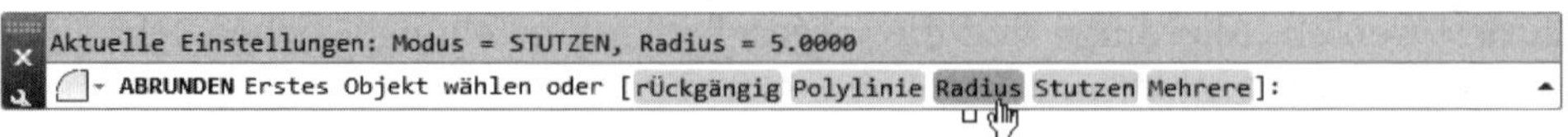

Auf jeden Fall können sie per Rechtsklick im Befehl auch in einer Drop-down-Liste angezeigt und aktiviert werden.

Da nach Standard-Vorgaben (Dynamische Eingabe in der Statusleiste aktiviert) jeweils die letzte Zeile des Befehlsdialogs an der Cursorposition erscheint, können Sie die Optionen auch dort mit der Pfeiltaste aktivieren. Hier zum Beispiel der Dialog beim Abrunden-Befehl.

Die Vorgaben des Befehls wie Abrundungsradius etc. sind allerdings nicht am Cursor zu sehen, sondern nur in der Befehlszeile.

1.9.5 Befehlsvorgaben

Einige Befehle zeigen eine *Vorgabeeinstellung* in spitzen Klammern »<« und »>« an. Eine solche Vorgabe wird durch Eingabe von [Enter] bzw. [↵] gewählt. In Beispiel wird beim Befehl RING der Innendurchmesser mit `0.5` als Vorgabe angeboten.

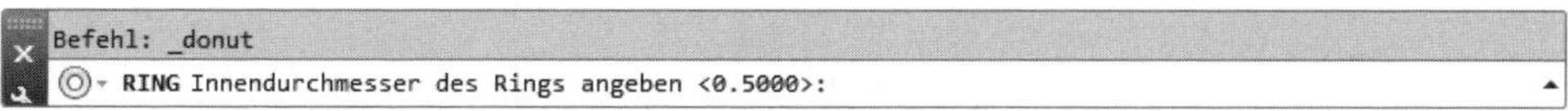

1.9.6 Befehlszeile ein- und ausschalten

Da die meisten Anfragetexte und Optionswahlen aus der Befehlszeile an der Fadenkreuzposition erscheinen, kann man bei genügend Erfahrung dann auf die Befehlszeile verzichten. Sie können die Befehlszeile mit [Strg]+[9] wegschalten. Mit der Funktionstaste [F2] kann man die Befehlszeile zum *Textfenster* vergrößern. Ein weiterer Druck auf [F2] lässt es wieder verschwinden.

ZEICHNEN UND BESCHRIFTUNG	Icon	Befehl	Tastenkürzel
ANSICHT|PALETTEN|BEFEHLSZEILE		BEFEHLSZEILE, BEFEHLSZEILEAUSBL	[Strg]+[9]
ANSICHT|PALETTEN ▼ TEXTFENSTER		TEXTBLD	[F2]

1.9.7 Multifunktionsleisten

Die häufigste Befehlseingabe geschieht durch Anklicken der Icons für die Befehle in den Multifunktionsleisten. Sie können die MULTIFUNKTIONSLEISTE mit MFLEISTESCHL wegschalten und mit MFLEISTE wieder aktivieren.

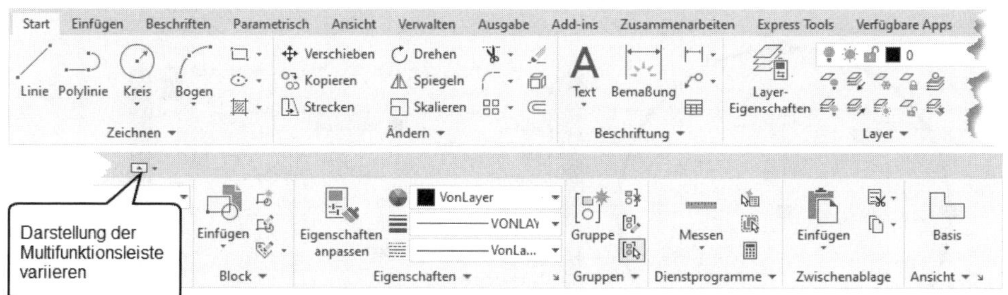

1.9.8 Kontextmenüs

Mit einem Rechtsklick aktivieren Sie ein *Kontextmenü*. Das Beispiel zeigt das Kontextmenü, wenn gerade *kein Befehl aktiv* ist. Es bietet dann an erster Stelle die *Wiederholung des letzten Befehls*. Eine Zeile tiefer können Sie *einen aus mehreren letzten*

Befehlen auswählen. Dann folgen die Operationen mit der *Zwischenablage,* in die Sie etwas speichern oder aus der Sie etwas abholen können. Ganz unten liegt der wichtige Befehl OPTIONEN, mit dem Voreinstellungen für das Programm verändert werden können. Näheres dazu in Abschnitt 4.10.1 *Kontextmenü ohne aktiven Befehl.*

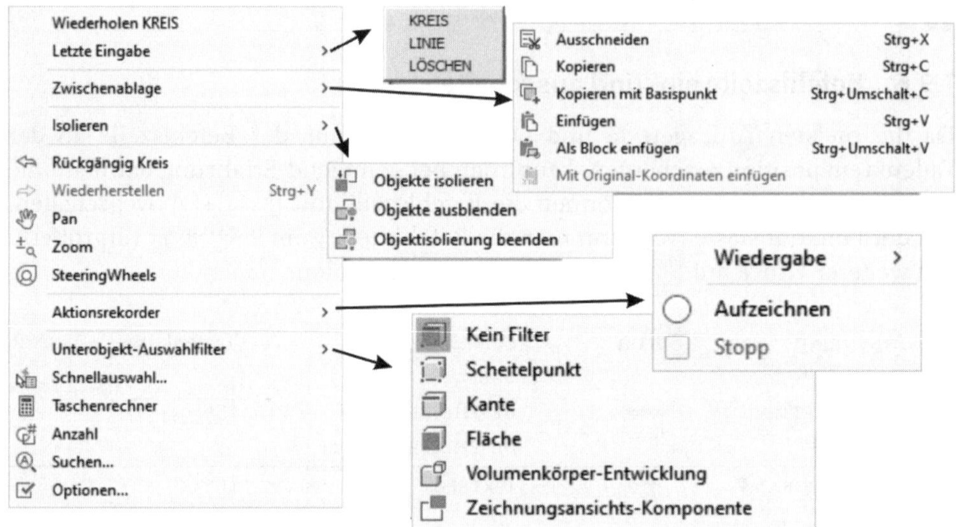

1.9.9 Doppelklicken auf Objekte zum Bearbeiten

Um Objekte zu bearbeiten, müssen Sie nicht immer unbedingt Befehle eintippen oder Werkzeuge anklicken, oft genügt ein Doppelklick auf das betreffende Objekt. Bei einfachen Objekten wie Linie, Kreis, Bogen und Bemaßung erscheinen dann die *Schnelleigenschaften,* über die Sie Objektdaten verändern können.

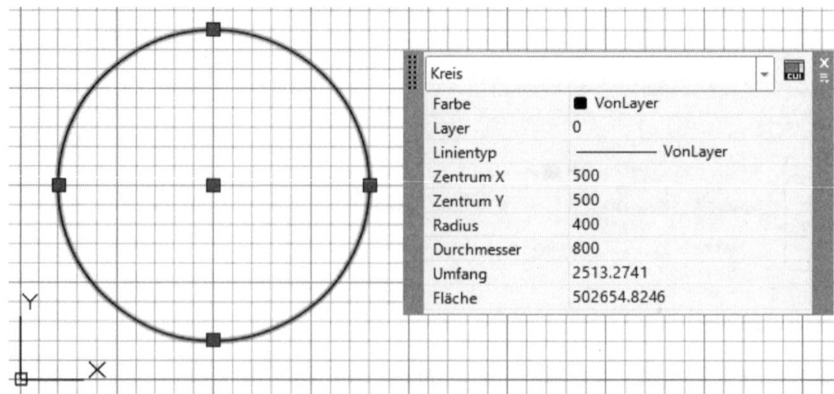

Bei komplexeren Objekten wie Polylinien oder Texten erscheinen nach Doppelklick dann die passenden Bearbeitungsbefehle (z.B. PEDIT zum Bearbeiten der

Polylinie) oder gar kontextspezifische Multifunktionsleisten. Zum Bearbeiten von Schraffuren genügt das einfache Anklicken, mit Doppelklick werden zusätzlich die Schnelleigenschaften aktiviert.

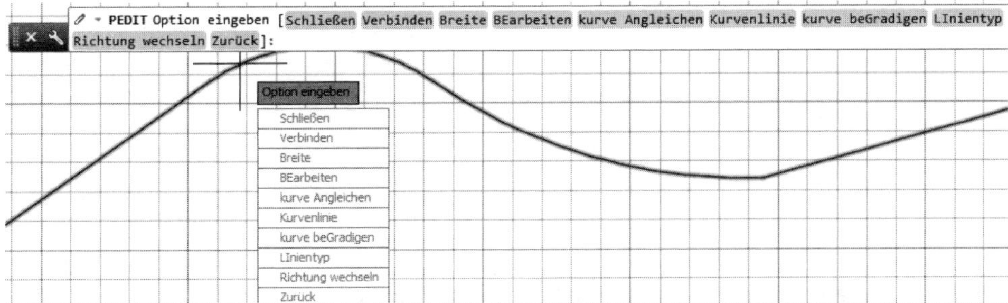

1.9.10 Griffmenüs bei markierten Objekten

Wenn Sie ein Objekt mit einem Klick markieren, erscheinen kleine blaue Kästchen, die Griffe. Bei bestimmten Objekten und Griffen erscheint ein spezifisches Menü mit Funktionen, sobald Sie mit dem Fadenkreuz einen dieser Griffe berühren (nicht anklicken!). In diesem Menü können Sie dann eine von mehreren Funktionen zum Verändern anklicken.

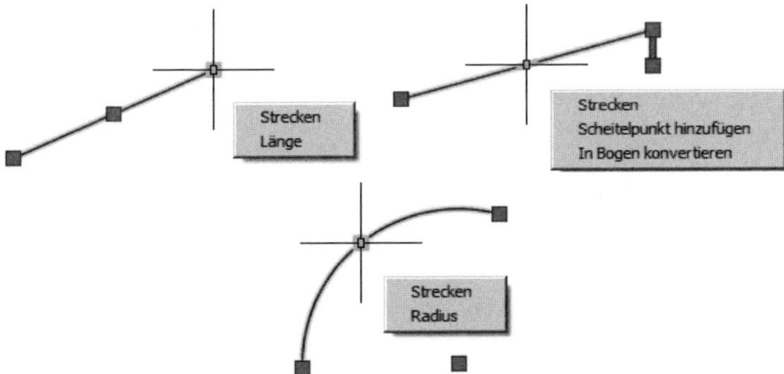

Das Griffmenü für Endpunkte von Linien bietet eine Funktion zum Ändern der LÄNGE, bei der die Richtung der Linie erhalten bleibt, und eine Funktion STRECKEN zum Verschieben des Endpunkts in beliebige Richtung an.

1.9.11 Heiße Griffe

Nach Anklicken eines Objekts können Sie in einen der blauen Griffe noch einmal hineinklicken. Er wechselt dann die Farbe nach *Rot* und wird als *»heißer« Griff* bezeichnet. Wenn Sie danach mit der rechten Maustaste ein Kontextmenü aktivieren, erscheinen dort auch die allgemeinen Transformationsbefehle wie STRECKEN, LÄNGE, VERSCHIEBEN, DREHEN, SKALIEREN und SPIEGELN.

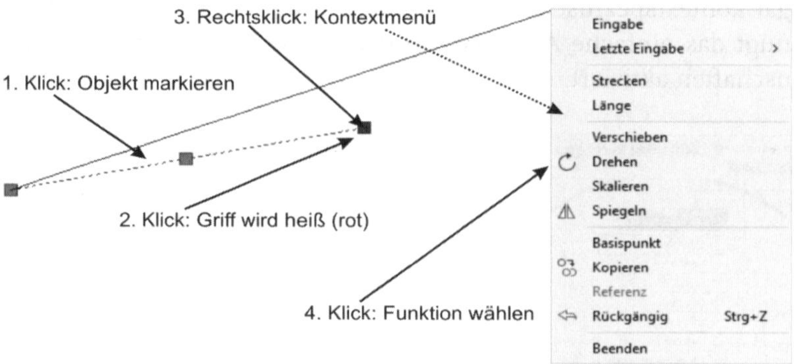

1.9.12 Kontextmenü: Ausgewähltes hinzufügen

Auch wenn Sie mit Klick ein Objekt aktiviert haben, erscheint nach Rechtsklick ein Kontextmenü mit den grundlegenden Bearbeitungsbefehlen wie LÖSCHEN, VERSCHIEBEN, KOPIEREN, SKALIEREN und DREHEN. Außerdem gibt es hier den Befehl AUSGEWÄHLTES HINZUFÜGEN. Damit wird der zum markierten Objekt passende Zeichenbefehl aktiviert. Also wenn Sie beispielsweise eine Ellipse angeklickt hatten, wird damit der Befehl ELLIPSE zum Zeichnen einer neuen Ellipse aufgerufen. Gleichzeitig wird auch der Layer verwendet, auf dem diese Ellipse liegt.

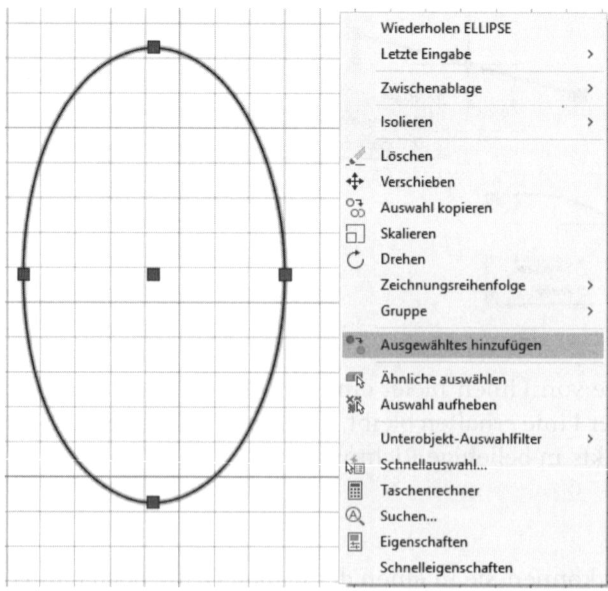

1.9.13 Die Statusleiste

Als letzte Leiste von AutoCAD sehen Sie am unteren Rand die STATUSLEISTE. Sie dient zur Aktivierung und Einstellung wichtiger Hilfsmittel während Ihrer Zeichenarbeit, der sogenannten ZEICHENHILFEN. Welche der Werkzeuge Sie aktivieren, hängt davon an, ob Sie in 2D arbeiten oder in 3D und wie elegant oder raffiniert Sie vorgehen möchten. Abbildung 1.13 zeigt die *standardmäßig voreingestellte Statusleiste* und zum Vergleich eine Version mit *allen aktivierten Werkzeugen*. Zur Aktivierung der Werkzeuge klicken Sie in das Feld ganz rechts ≡.

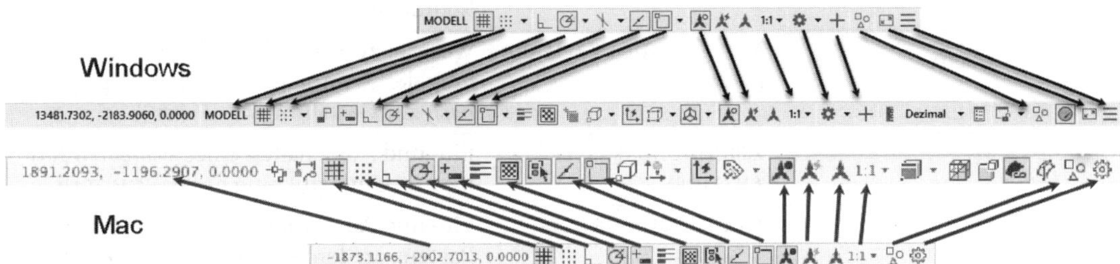

Abb. 1.13: Statusleiste mit Standard-Werkzeugen und mit maximaler Bestückung

Eine sinnvolle Auswahl von Werkzeugen für 2D-Konstruktionen zeigt Abbildung 1.6. Für verschiedene Werkzeuge gibt es noch individuelle Einstellungen, die im Laufe des Buches vorgestellt werden.

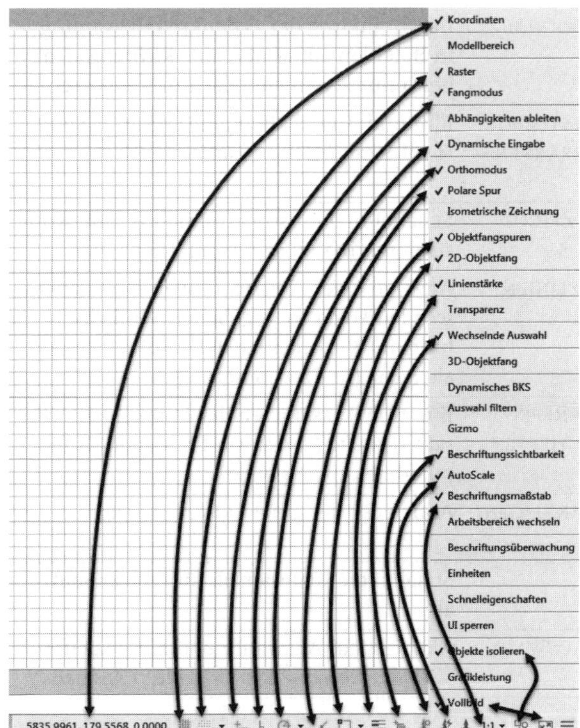

Abb. 1.14: Vorschlag für eine nützliche Gestaltung der Statusleiste

Die Bedeutung der Schaltflächen sei kurz tabellarisch wiedergegeben (Tabelle 1.1). Nähere Details folgen dann in nachfolgenden Kapiteln mit Beispielen.

Symbol	Tooltip	Bedeutung
68.3003, -3.0605, 0.0000	ZEICHNUNGSKOORDINATEN	Koordinaten des Fadenkreuzes absolut oder relativ anzeigen, ggf. als geografische Koordinaten
MODELL	MODELL- ODER PAPIERBEREICH	Wechsel zwischen *Modellbereich* zur Erstellung der *Konstruktion* und dem *Papierbereich* zur Gestaltung des *Plots*
	ZEICHNUNGSRASTER ANZEIGEN	Ein- und Ausschalten eines *sichtbaren Rasters* zur Unterstützung des FANGMODUS
	FANGMODUS EIN/AUS	Ein- und Ausschalten eines unsichtbaren Rasters, an dem das *Fadenkreuz einrastet*
	ABHÄNGIGKEITEN ABLEITEN (nicht LT)	Automatisches Ableiten von *geometrischen Abhängigkeiten* wie z.B. lotrecht oder konzentrisch während Ihrer Konstruktion für parametrische Konstruktionen
	DYNAMISCHE EINGABE	Aktivieren der dynamischen Eingabemöglichkeiten mit *Eingabefeldern* und *Dialog am Cursor*
	CURSOR ORTHOGONAL EINSCHRÄNKEN	Beschränkung der Fadenkreuzbewegung in Befehlen auf *orthogonale Richtungen*, das heißt nur senkrecht oder nur waagerecht
	CURSOR AUF BESTIMMTE WINKEL EINSCHRÄNKEN – POLARE SPUR	Ein- und Ausschalten eines polaren SPURMODUS mit *festen erlaubten Winkeln*
	ISOMETRISCHE ZEICHNUNG – EIN/AUS	Schaltet in den Isometriemodus zum Konstruieren in den drei Isometrieebenen
	FANG-REFERENZLINIEN ANZEIGEN	Anzeige einer *Fangspur durch charakteristische Punkte* in vorgegebenen Winkelrichtungen (Winkel einzustellen unter POLAR) als Basis für Positionierungen
	CURSOR AN 2D-REFERENZPUNKTE ANHEFTEN	Ein- und Ausschalten der Möglichkeit, *charakteristische Punkte* wie End- oder Mittelpunkte etc. *einzufangen*
	LINIENSTÄRKE ANZEIGEN/AUSBLENDEN	Aktivieren der *Linienstärken-Anzeige*
	TRANSPARENZ	Schaltet die *Transparenz* für Objekte ein/aus
	WECHSELNDE AUSWAHL	Aktiviert ein Auswahlmenü zur gezielten *Wahl bei übereinander liegenden Objekten.*

Tabelle 1.1: Werkzeuge für die Statusleiste

Symbol	Tooltip	Bedeutung
(nicht LT)	CURSOR AN 3D-REFERENZPUNKTE ANHEFTEN	Ein- und Ausschalten der Möglichkeit, *charakteristische Punkte an 3D-Objekten* einzufangen (z.B. Knoten auf Splines oder Mittelpunkte von Flächen)
(nicht LT)	BKS AN AKTIVE VOLUMENKÖRPEREBENE ANHEFTEN	Dynamisches *Ausrichten der xy-Ebene an* vorhandenen *Flächen* bei 3D-Modellierungen
(nicht LT)	FILTERT DIE OBJEKTAUSWAHL	Filter für Ecken, Kanten, Flächen oder Volumen zur Objektwahl in 3D setzen
(nicht LT)	GIZMOS ANZEIGEN	Aktiviert dynamische Hilfsmittel (Gizmos) für Schieben, Drehen, Skalieren in 3D, nicht im visuellen Stil 2D-DRAHTKÖRPER
	BESCHRIFTUNGSOBJEKTE ANZEIGEN	Zeigt Beschriftungsobjekte (Texte, Maßtexte) auch dann an, wenn Sie nicht zum aktuellen Maßstab passen
	MAẞSTÄBE ZU BESCHRIFTUNGSOBJEKTEN HINZUFÜGEN WENN SICH DER BESCHRIFTUNGSMAẞSTAB ÄNDERT	Fügt während einer Maßstabsänderung den neuen Maßstab zu Beschriftungsobjekten hinzu
1:1	BESCHRIFTUNGSMAẞSTAB DER AKTUELLEN ANSICHT	Aktueller Maßstab
	ARBEITSBEREICH WECHSELN	Wechselt zwischen Arbeitsbereichen für 2D und 3D (nicht LT) oder aktiviert die Anpassung der Benutzeroberfläche
	BESCHRIFTUNGSÜBERWACHUNG	Zeigt ein Warnsymbol an, wenn der *Bezug einer Bemaßung zum zugehörigen Objekt* (ASSOZIATIVITÄT) verloren geht, z.B. durch Löschen
Dezimal	AKTUELLE ZEICHNUNGSEINHEITEN	Einheitensystem wählen, nur DEZIMAL ist sinnvoll
	SCHNELLEIGENSCHAFTEN	Anzeige der *Schnelleigenschaften* schon bei einfachem Anklicken
(nicht LT)	UI SPERREN	Modifikationen an Paletten der Benutzeroberfläche (UI) sperren
	OBJEKTE ISOLIEREN	Objekte können isoliert, verborgen und wieder sichtbar gemacht werden
	GRAFIKLEISTUNG	Aktiviert die Hardwarebeschleunigung zur Verbesserung der Grafikleistung
	VOLLBILD	Schaltet Multifunktionsleisten und alle Paletten aus/ein

Tabelle 1.1: Werkzeuge für die Statusleiste (Forts.)

Symbol	Tooltip	Bedeutung
☰	ANPASSUNG	Verwaltet die Anzeige der obigen Statusleistensymbole

Tabelle 1.1: Werkzeuge für die Statusleiste (Forts.)

Die angebotenen Hilfsmittel hängen davon ab, ob Sie im normalen Konstruktionsmodus im Bereich MODELL arbeiten oder im LAYOUT die Plotausgabe im PAPIERBEREICH aufbereiten. Es kommen in bestimmten Situationen noch spezielle Werkzeuge hinzu.

1.9.14 ViewCube

Rechts oben im Zeichenbereich finden Sie den VIEWCUBE (nicht LT), der bei 3D-Konstruktionen zum Schwenken der Ansicht verwendet werden kann. Im 2D-Bereich sind rechts daneben die beiden Schwenkpfeile interessant, um Hoch- oder Queransicht zu wählen.

Für dreidimensionale Objekte sind die Darstellungen mit Projektion PARALLEL und PERSPEKTIVISCH interessant. Die Option PERSPEKTIVE MIT ORTHO-FLÄCHEN bedeutet grundsätzlich eine perspektivische Darstellung, nur wird automatisch in Parallelprojektion umgeschaltet, wenn Sie über den VIEWCUBE eine der orthogonalen Richtungen wie OBEN, LINKS etc. aktivieren.

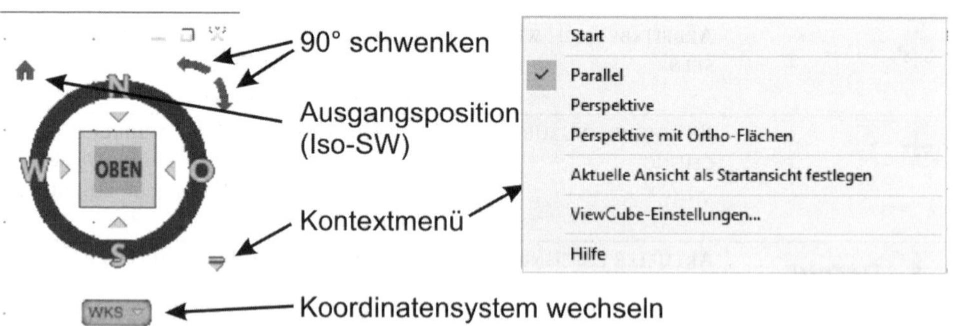

Abb. 1.15: VIEWCUBE mit Bedienelementen

1.9.15 Navigationsleiste

Am rechten Rand befindet sich die Navigationsleiste mit folgenden Werkzeugen:

- VOLL-NAVIGATIONSRAD – und weitere Navigationsräder bieten verschiedene Optionen zum Schwenken und Variieren der Ansichtsrichtung.
- PAN – Mit dieser Funktion können Sie den aktuellen Bildschirmausschnitt verschieben. Sie können das Gleiche aber auch erreichen, indem Sie das Mausrad drücken und mit gedrücktem Mausrad dann die Maus bewegen.

- ZOOM GRENZEN – zoomt die Bildschirmanzeige so, dass alles Gezeichnete sichtbar wird. Als GRENZEN bezeichnet man den Bereich, der von den kleinsten bis zu den größten Koordinatenwerten Ihrer Zeichnungsobjekte definiert wird. Die GRENZEN werden von AutoCAD automatisch bestimmt und aktualisiert. Dieselbe Aktion können Sie auch mit der Maus durch einen Doppelklick aufs Mausrad tätigen. Normales Zoomen geschieht durch Rollen des Mausrads. Weitere Zoom-Funktionen finden sich hier im Flyout.
- ORBIT (nicht LT) – Diese Funktion ermöglicht für 3D-Konstruktionen das dynamische Schwenken der Ansicht. Es kann aber auch mit der Maus ausgeführt werden, indem Sie `Shift` halten und dann die Maus bei gedrücktem Mausrad bewegen. Mit FREIER ORBIT kann auch über die +/-Z-Richtung hinweg geschwenkt werden.
- SHOWMOTION (nicht LT) – aktiviert das Animieren von Ansichten, die mit einer Art Filmvorspann versehen sind.

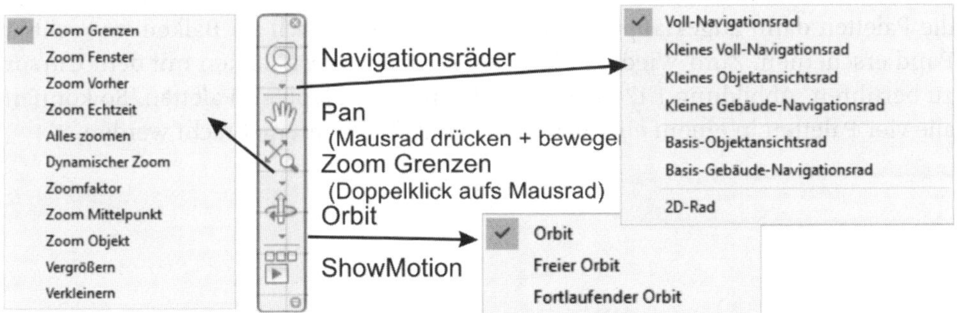

Abb. 1.16: Funktionen der Navigationsleiste (bei LT nur ZOOM, PAN und 2D-NAVIGATIONSRAD)

Tipp

Im Register ANSICHT können Sie über die Gruppe ANSICHTSFENSTER-WERKZEUGE die Bedienelemente VIEWCUBE (*Ansichtswürfel*) (nicht LT), NAVIGATIONSLEISTE (reduziert in LT) und ACHSENKREUZ (*BKS-Symbol*) ein- und ausschalten.

1.9.16 Ansichtssteuerung

Oben links im Zeichenfenster finden Sie die STEUERELEMENTE DES ANSICHTSFENSTERS (nicht LT) in der Form: [-] [OBEN] [2D-DRAHTKÖRPER]

Hinter jeder eckigen Klammer liegt eine Optionsliste zur Auswahl verschiedener Ansichtsfenstereinstellungen:

- [-] oder [+] – bietet die Wahl einer Ansichtsfensterkonfiguration mit einem oder mehreren Ansichtsfenstern (z.B. verschiedene 3D-Ansichten). Außerdem können hier die Steuerelemente VIEWCUBE, STEERINGWHEEL und NAVIGATIONS-

LEISTE ein- und ausgeschaltet werden. Lässt sich eins der Steuerelemente nicht aktivieren, sollte man es nochmals ab- und dann wieder einschalten.

- [OBEN] – listet die Standard-Ansichten OBEN, VORNE, LINKS, ISO-ANSICHT SW etc. auf.
- [2D-DRAHTKÖRPER] – fordert zur Wahl eines visuellen Stils auf, der besonders für 3D-Konstruktionen interessant ist, um beispielsweise mit VERDECKT die verdeckten Kanten auszublenden oder mit KONZEPTUELL schattierte Oberflächen anzuzeigen.

1.9.17 Paletten

Mehrere Befehle benutzen Paletten, die sich praktischerweise am Rand der Zeichenfläche andocken lassen. Die gebräuchlichsten Paletten gehören zu den Befehlen LAYER, EIGENSCHAFTEN, EINFÜGE (für Blöcke) und XREF (für externe Referenzen). Sie können die Paletten mit diesen Befehlen aktivieren und dann an den rechten Rand ziehen, damit sie dort andocken. Mit dem Werkzeug können die Paletten dann zugeklappt werden, sodass sie nur noch als Balken im rechten Rand erscheinen. Zum Wiederaufklappen reicht es, diese Balken mit dem Cursor zu berühren. Abbildung 1.17 zeigt die auf- und zugeklappten Paletten. So können alle vier Paletten in einem einzigen Balken am Rand untergebracht werden.

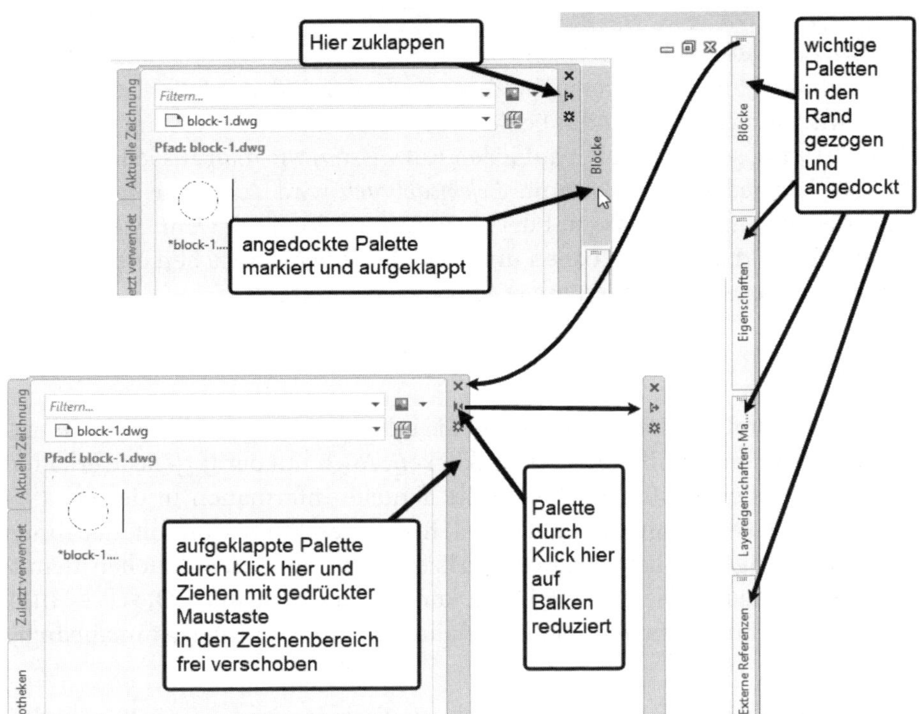

Abb. 1.17: Gängige Paletten für Layer, Eigenschaften, Blöcke und Xrefs lösen, andocken oder zum Balken reduzieren

1.9.18 Bereichswahl: Modell-Layout

Unterhalb des Zeichenbereichs sind noch zwei oder drei Registerfähnchen zu sehen: Modell, Layout1, Layout2. Hiermit können Sie aus dem normalen Zeichenmodus – Modell genannt – dann später in bestimmte noch einzustellende *Plot-Voransichten* umschalten – hier Layout... genannt. Ihre Konstruktion gehört auf jeden Fall in den Bereich Modell, der normalerweise aktiviert ist. Es sind beliebig viele Plot-Layouts möglich. Wenn die gleichzeitige Anzeige von Layouts auf der einen und Zeichnungshilfen auf der anderen Seite platzmäßig nicht möglich ist, können die Layouts über ein Rechtsklick-Menü *oberhalb* der Statusleiste fixiert werden.

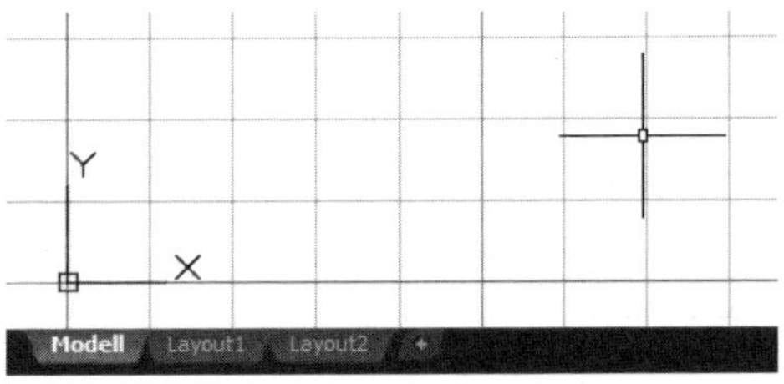

Tipp: Abbruch einer Funktion

Vielleicht haben Sie gerade versucht, den einen oder anderen Befehl anzuwählen und wissen nicht, wie Sie ihn bedienen sollen. Da das alles erst im weiteren Text erklärt wird, sollten Sie aber auf jeden Fall wissen, wie man aus jedem beliebigen Befehl wieder herauskommt: *Befehlsabbruch* wird durch die [Esc]-Taste (Escape-Taste) ganz oben links auf der Tastatur erreicht. Auch wenn Sie mal ein Zeichnungsobjekt angeklickt haben und nun kleine blaue Kästchen erscheinen, hilft die [Esc]-Taste weiter, die diese »Griffe« wieder entfernt.

1.9.19 Hilfe

Hilfe zu allen AutoCAD-Befehlen können Sie erhalten, wenn Sie das Menü HILFE oder oben rechts im Info-Bereich [?] anklicken. Auch mit der [F1]-Taste erhalten Sie schnell zu jedem laufenden Befehl die aktuelle Information in der ONLINE-HILFE. Im HILFE-Fenster gibt es zu den Befehlen einen FINDEN-Button, der Ihnen nach Klick die Lage des betreffenden Werkzeugicons auf Ihrer aktuellen Benutzeroberfläche anzeigt. Die ONLINE-HILFE können Sie auch mit ?|OFFLINE-HILFE HERUNTERLADEN auf Ihrem Computer installieren, um vom Internet unabhängig zu sein.

Eine Einführung und Informationen über neue Features der Version 2023 finden Sie auf der REGISTERKARTE START. Dort können Sie dann auf die Rubrik NEUE FUNKTIONEN klicken und Tipps anschauen oder Videos aktivieren:

1.10 Tastenkürzel

Tastenkürzel	Funktion
[Strg]+[0]	Zeichenbereich maximieren
[Strg]+[1]	EIGENSCHAFTEN-Palette ein/aus
[Strg]+[2]	DESIGNCENTER ein/aus
[Strg]+[3]	WERKZEUGPALETTEN ein/aus
[Strg]+[4]	PLANSATZMANAGER ein/aus
[Strg]+[6]	DATENBANKVERBINDUNG ein/aus
[Strg]+[7]	MARKIERUNGSSATZ-MANAGER ein/aus
[Strg]+[8]	TASCHENRECHNER ein/aus
[Strg]+[9]	BEFEHLSZEILE ein/aus
[Strg]+[A]	Alle Objekte wählen
[Strg]+[B]	FANG Rasterfang ein/aus
[Strg]+[C]	In Zwischenablage kopieren

Tastenkürzel	Funktion
Strg+D	DYNAMISCHES BKS ein/aus (DBKS)
Strg+E	ISOEBENE wechseln
Strg+F	OBJEKTFANG ein/aus
Strg+G	RASTER Rasteranzeige ein/aus
Strg+H	Gruppenwahl ein/aus (PICKSTYLE 1/0)
Strg+I	Koordinatenanzeige wechseln
Strg+K	HYPERLINK
Strg+L	ORTHO-Mode ein/aus
Strg+N	NEU
Strg+O	ÖFFNEN
Strg+P	PLOT
Strg+Q	QUIT AutoCAD beenden
Strg+R	Ansichtsfenster wechseln
Strg+S	SICHERN
Strg+T	TABLETT
Strg+U	POLARE SPUR ein/aus
Strg+V	Aus Zwischenablage einfügen
Strg+W	WECHSELNDE AUSWAHL ein/aus
Strg+X	Ausschneiden
Strg+Z	ZURÜCK

1.11 Weitere Zusatzprogramme

Weitere kostenlose Programme im Zusammenhang mit AutoCAD sind:

- DWG TRUEVIEW 2023 – ein Viewer-Programm, mit dem DWG- und DXF-Dateien betrachtet und ausgedruckt, nicht aber weiter bearbeitet werden können. Hiermit lassen sich auch Dateien konvertieren, damit sie mit älteren AutoCAD-Versionen geöffnet werden können.
- AUTODESK DESIGN REVIEW – ein Viewer-Programm, mit dem DWG-, DXF-, DWF-Dateien und viele Bilddateiformate betrachtet und ausgedruckt, nicht bearbeitet, aber kommentiert werden können. Die Kommentare einer DWF-Datei kann der Besitzer der Original-DWG wahlweise mit MARKIERUNG bzw. ANSICHT|PALETTEN|MARKIERUNGSSATZ-MANAGER einlesen.

1.12 Übungsfragen

1. Wie unterscheiden sich Testversion, Studenten-Version und lizenzierte Version?
2. Wo liegen die wichtigsten benutzerspezifischen Dateien?
3. Was sind neben dem Preis die wichtigsten Unterschiede zwischen LT- und Vollversion?
4. Was versteht man unter Migrieren?
5. Wie reaktivieren Sie eine »verlorene« Befehlszeile?
6. Was ist der Unterschied zwischen *Befehlsoptionen* und *Befehlsvorgaben*?
7. Was ist der Unterschied zwischen *Kontextmenüs* und *Griffmenüs*?
8. Wo erscheint die *Koordinatenanzeige* der Fadenkreuzposition?
9. Womit können Sie die STATUSLEISTE konfigurieren?
10. Wo finden Sie die ANSICHTSSTEUERUNG und was ist enthalten?

Kapitel 2

Einfache Zeichenbefehle

In diesem Kapitel wird grundlegend in das Zeichnen mit AutoCAD eingeführt. Sie lernen einige Grundeinstellungen für Zeichnungen sowie das Starten einer neuen Zeichnung kennen. Die einfachen Zeichenbefehle LINIE, KREIS, RECHTECK, POLYLINIE, RING und SOLID werden mit *Positionseingabe im Raster* vorgestellt.

Es gibt im Prinzip viele verschiedene Möglichkeiten, um Positionen für Geometrieelemente einzugeben.

- Um möglichst einfach zu beginnen, sollen in diesem Kapitel nur die Punkte eines ZEICHNUNGSRASTERS mit Rasterfang verwendet werden.
- In den folgenden Kapiteln werden dann die Möglichkeiten zur Positionsbestimmung erweitert über die Eingabe *absoluter* und *relativer Koordinaten*.
- Schließlich wird dann auch mit den ZEICHENHILFEN die Verwendung existierender Punktpositionen über den OBJEKTFANG gezeigt und
- die Benutzung von Positionen auf SPURLINIEN.

Der Sinn dieser verschiedenen Möglichkeiten zur Eingabe von Punktpositionen liegt darin, dass Sie möglichst in jeder Situation eine passende geometrische Lösung finden sollten, anstatt mit dem Taschenrechner Koordinaten auszurechnen. Zuerst aber werden alle raffinierteren Eingabeoptionen in der Statusleiste unten abgeschaltet und erst in den nachfolgenden Kapiteln schrittweise aktiviert.

In diesem Kapitel wird auch die grundlegende *Dateiverwaltung* erläutert.

2.1 Vorbereitung für die Zeichenarbeit

Vor unseren ersten Zeichenarbeiten ist es sinnvoll, einige wichtige Grundeinstellungen vorzunehmen. Einige müssen Sie nur *einmal* vornehmen, andere sind zunächst bei jeder neuen Zeichnung zu wiederholen. Die Ersteren werden nämlich in der *Windows-Registry* gespeichert, die übrigen könnten in einer geeignet vorbereiteten Vorlage gespeichert werden.

2.1.1 Hintergrundfarbe

Die Hintergrundfarbe für den Bildschirm und die Befehlsicons ist standardmäßig auf ein dunkles Grau eingestellt. Für dieses Buch, aber auch für die tägliche Arbeit benutze ich üblicherweise einen weißen Hintergrund:

- Über Rechtsklick mit Fadenkreuz bzw. Cursor im Zeichenfenster erscheint ein Kontextmenü. Wenn kein Befehl aktiv ist, enthält es unten den OPTIONEN-Befehl. Gemäß ❶ bis ❸ in Abbildung 2.1 werden die Multifunktionsleisten hell eingestellt und ❹ bis ❿ aktivieren den weißen Hintergrund.

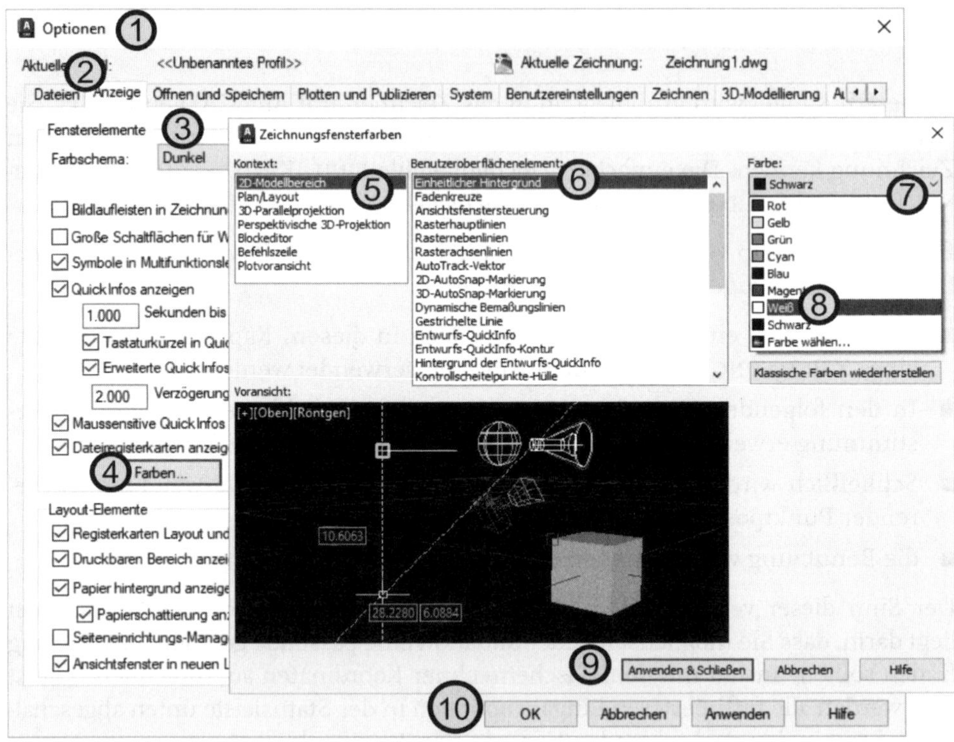

Abb. 2.1: Einstellung für helle Icons und weißen Hintergrund

Diese Einstellung bleibt dauerhaft erhalten, weil sie in der Windows-Registry als zeichnungsübergreifend gespeichert wird.

2.1.2 Die Zeichenhilfen

Beim Start von AutoCAD sind standardmäßig nützliche ZEICHENHILFEN unten in der STATUSLEISTE aktiviert. Sie erkennen das an der bläulichen Markierung. Da ich deren Wirkung aber in einzelnen Schritten erst in den nachfolgenden Kapiteln vorstellen möchte, empfehle ich, per Klick alle blau markierten ZEICHENHILFEN zu *deaktivieren*. Sie müssen danach also alle *in reinem Grau* erscheinen.

2.1.3 Zeichnungsraster anzeigen und Fangmodus

Es gibt einige Unterstützungsfunktionen, die für einfache Zeichnungen, Skizzen und Entwürfe sehr nützlich sind. Hier ist an erster Stelle das Einstellen eines rechtwinkligen Rasters gemeint. Damit kann man sich, ähnlich wie bei der Erstellung einer Handskizze auf kariertem Block, von einem Raster leiten lassen.

Zur sinnvollen Nutzung dieses Rasters gehören zwei Einstellungen. Zum einen muss *das sichtbare Raster aktiviert* werden, zum anderen muss dafür gesorgt werden, dass in den Zeichenfunktionen das *Fadenkreuz nur auf diesen Positionen einrastet.*

- Das sichtbare Raster wird in der Statusleiste mit dem Werkzeug ZEICHNUNGSRASTER ANZEIGEN # oder dem Befehl RASTER eingeschaltet, bewirkt aber noch nicht das Einrasten des Fadenkreuzes.
- Damit das Einrasten wirkt, muss zusätzlich FANGMODUS ⁝⁝⁝ oder Befehl FANG aktiviert werden.

Statusleiste	Befehl	Kürzel	Funktionstaste
# ZEICHNUNGSRASTER ANZEIGEN – EIN/AUS (GRIDMODE)	RASTER	Strg+G	F7
⁝⁝⁝ FANGMODUS – EIN/AUS (SNAPMODE)	FANG	F	F9

Für beide Funktionen sind vorgabemäßig Raster- und Fangabstand von 10 Einheiten in x- und y-Richtung, also waagerecht und senkrecht, eingestellt.

In der Architektur stellt man für Rohbauentwürfe das Raster beispielsweise auf 12.5 x 12.5 ein (wenn in Zentimetern gezeichnet wird).

Hinweis

Wenn ein *verschobenes oder gedrehtes Raster* verwendet werden soll, kann das mit X und Y markierte KOORDINATENSYSTEMSYMBOL links unten auf der Zeichenfläche nach Anklicken über die blauen Griffe oder mit dem Befehl BKS manipuliert werden. Das Raster richtet sich immer nach dem *aktuellen Koordinatensystem.*

Stellen Sie FANG und RASTER gemäß Abbildung 2.2 ein:

- Dazu klicken Sie neben FANGMODUS ⁝⁝⁝ auf ▼ und wählen FANGEINSTELLUNGEN. Das Dialogfenster enthält noch weitere Register für verschiedene wichtige Einstellungen zur Zeichenarbeit und kann auch verbreitert werden.
- Zu empfehlen ist, dass FANGABSTAND und RASTERABSTAND auf gleichen Werten stehen. Auf keinen Fall sollten Sie die Einstellung bei FANG sehr viel enger setzen als bei RASTER.
- Die Option ADAPTIVES RASTER bedeutet, dass es sich später beim Zoomen jeweils mit einem Faktor 5 ändert (siehe HAUPTLINIE ALLE: **5**), um auf dem Bild-

schirm nicht zu eng und nicht zu weit zu erscheinen. Sie wissen also nie genau, ob Sie echte 10x10 als Raster sehen oder 50x50 oder 250x250. Das sollte in den ersten Übungen eher ausgeschaltet sein (Abbildung 2.2).

- Dagegen ist die Option RASTER ÜBER BEGRENZUNG ANZEIGEN sehr nützlich, weil damit die sogenannten LIMITEN als Grenzen für die Anzeige des Rasters *ignoriert* werden. Die LIMITEN sind in der benutzten Vorlagendatei *acadiso.dwt* mit dem Befehl LIMITEN bereits mit 0,0 bis 420,287 eingestellt, also auf ein DIN-A3-Blatt in Millimetern.

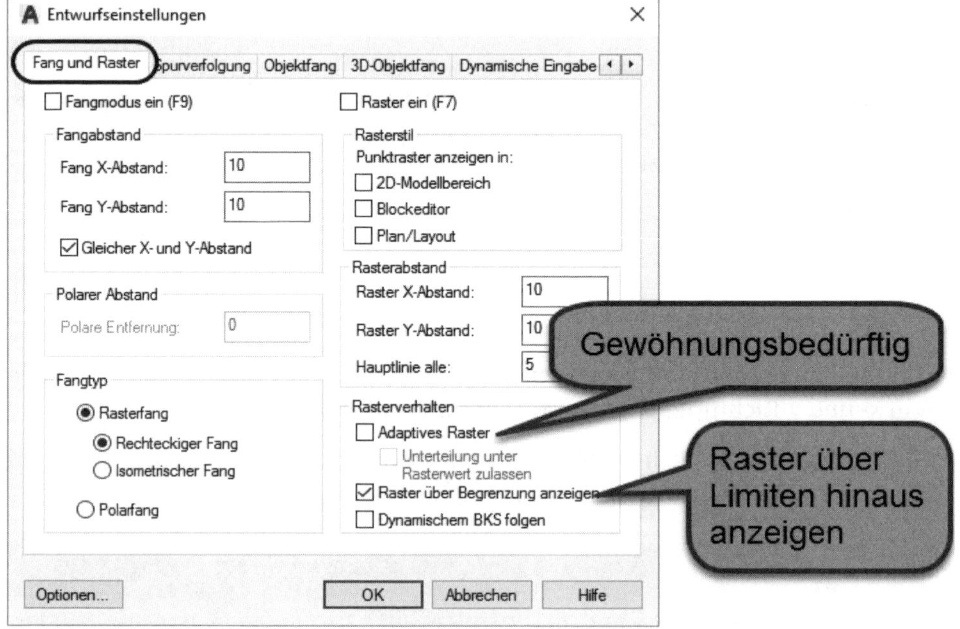

Abb. 2.2: Einstellungen für RASTER und FANGMODUS

- Im gleichen Dialogfenster (Abbildung 2.3) wechseln Sie nun zum Register DYNAMISCHE EINGABE ❶, um die Koordinatenanzeige und -eingabe auf *absolute und rechtwinklige Koordinaten* umzustellen.
- Deaktivieren Sie WO MÖGLICH, BEMAẞUNGSEING. AKTIVIEREN ❷.
- Klicken Sie links auf EINSTELLUNGEN ❸ und schalten Sie auf KARTESISCHES FORMAT (rechtwinklig) und ABSOLUTE KOORDINATEN um ❹.
- Aktivieren Sie das Feld für die PUNKTEINGABE ❺.
- Beenden Sie die Einstellungen mit OK.
- Für die nachfolgenden Konstruktionen aktivieren Sie nun die *Koordinatenanzeige am Cursor* durch Aktivieren der DYNAMISCHEN EINGABE in der Statusleiste.

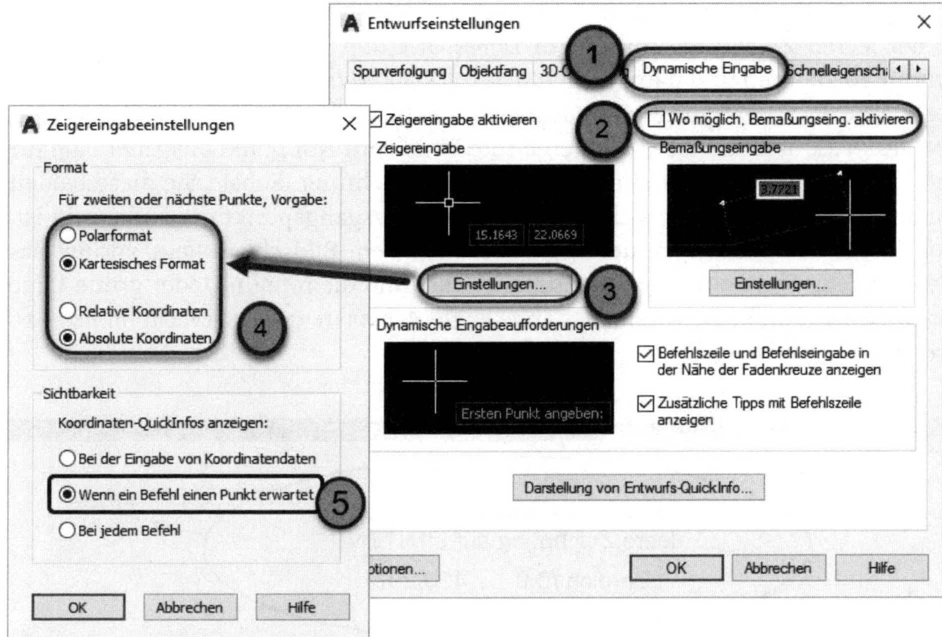

Abb. 2.3: Einstellungen für absolute rechtwinklige Koordinatenanzeige und -eingabe

2.1.4 Zoom, Pan und Achsenkreuz

Beim normalen Start von AutoCAD ohne besondere Vorlagenauswahl wird automatisch `acadiso.dwt` als Zeichenvorlage verwendet und es erscheint ein Zeichenfenster, das ungefähr 5000 Einheiten breit und 3000 hoch ist. Dabei liegt der Nullpunkt links außerhalb des sichtbaren Bereichs. Der Bildschirm zeigt immer nur einen Ausschnitt von einem unendlich großen Zeichnungsblatt. Sie können diesen Ausschnitt aber beliebig verschieben, vergrößern oder verkleinern. Dazu eignen sich folgende Aktionen:

- MAUSRAD ROLLEN – Dieser ZOOM-Modus bewirkt eine dynamische Vergrößerung oder Verkleinerung des Bildschirmausschnitts. Fixiert bleibt dabei die Position, auf der gerade Ihr Fadenkreuz steht.
- MAUSRAD DRÜCKEN UND MAUS BEWEGEN – Sie sind dann im PAN-Modus und können das gesamte Zeichenblatt in beliebige Richtungen verschieben. Die Koordinaten gezeichneter Objekte verändern sich dabei nicht, weil Sie das ganze Zeichnungsblatt mitsamt Nullpunkt verschieben.
- DOPPELKLICK AUFS MAUSRAD – Nun wird ein Zoom auf die sogenannten *Zeichnungsgrenzen* ausgeführt. Die *Zeichnungsgrenzen* sind die größten und kleinsten Koordinaten in x- und y-Richtung, die in Ihren bisher gezeichneten Objekten vorkommen. Damit sehen Sie alles bisher Gezeichnete auf dem Bildschirm. Wenn noch nichts gezeichnet wurde, wird auf die LIMITEN gezoomt (Vorgabe ist 0,0 bis 420,297).

Um den Nullpunkt zu sehen und im Auge zu behalten, ist es nützlich, zu Beginn in der leeren Zeichnung mit einem *Doppelklick aufs Mausrad* auf einen A3-Ausschnitt zu zoomen und dann auch *mit gedrücktem Mausrad* etwa 10 mm in y-Richtung eine PAN-Bewegung zu machen. Sie sehen – sofern ZEICHNUNGSRASTER ANZEIGEN # aktiviert ist – dann eine rote Linie vom Nullpunkt ausgehen, die für die x-Richtung steht, und eine grüne für die y-Richtung. Sobald Sie diese beiden Linien sehen, können Sie sicher sein, dass ihr Ausgangspunkt der Nullpunkt ist. Sobald der Nullpunkt eventuell nicht mehr auf dem Bildschirm liegt, springt das Achsenkreuz-Symbol in die linke untere Ecke, und die rote und/oder grüne Linie ist dann nicht mehr zu sehen. Das angezeigte *Achsenkreuz* besagt *nicht immer, dass hier der Nullpunkt liegt!*

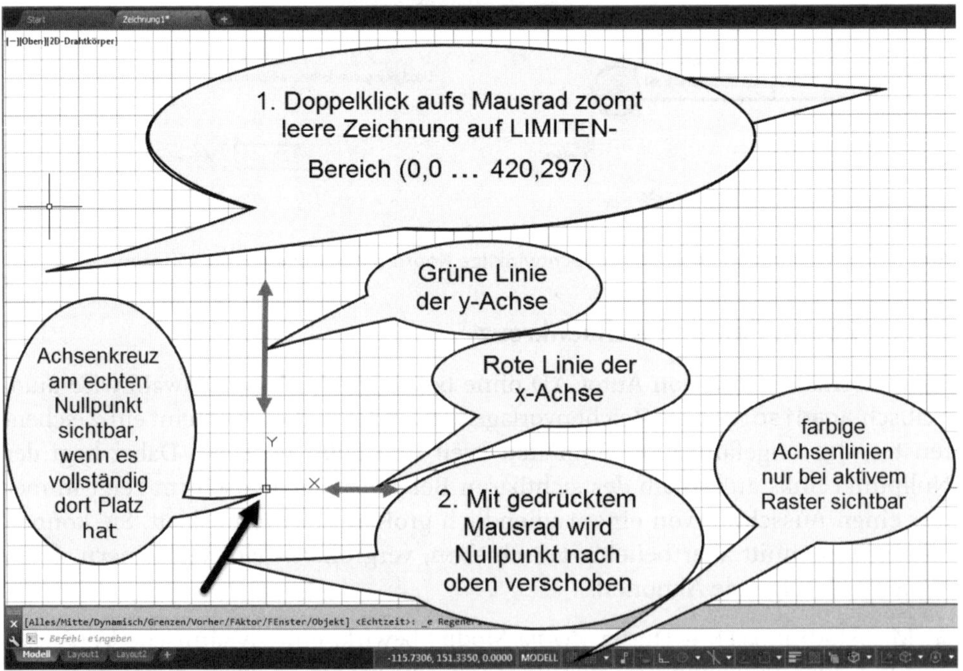

Abb. 2.4: Anpassung des Zeichenbereichs auf A3-Format mit sichtbarem Nullpunkt

Tipp: Transparente Befehle

Einige Befehle in AutoCAD können auch aufgerufen werden, während andere Befehle aktiv sind. Dazu gehören die Befehle ZOOM und PAN. Wenn Sie einen solchen Befehl bei laufendem anderen Befehl eintippen wollen, müssen Sie ein Hochkomma davor setzen: 'ZOOM Enter. Wenn Sie für PAN und ZOOM die Maus oder die Icons benutzen, dann sind diese Aktionen immer automatisch transparent und damit jederzeit auch im laufenden Befehl möglich.

2.2 Erste Konstruktion mit Linien

Mit den eingestellten Fang- und Rasterwerten sollen nun einfache Linienkonstruktionen erstellt werden. Wir wollen uns in den ersten Versuchen noch nicht mit den unterschiedlichen Eingabemethoden für Koordinaten auseinandersetzen. Sie können unter Benutzung der ZEICHENHILFEN FANGMODUS ⁝⁝⁝ und # ZEICHNUNGSRASTER ANZEIGEN einfach die geforderten Positionen anfahren, am Cursor oder in der Statusleiste die Koordinatenwerte überprüfen und die Positionen anklicken.

Abbildung 2.5 zeigt unser erstes Probeobjekt. Um diese Konstruktion zu zeichnen, werden Sie nun den ersten Zeichenbefehl kennenlernen: LINIE. Die Tabelle zeigt die verschiedenen Möglichkeiten, den Befehl aufzurufen.

ZEICHNEN UND BESCHRIFTUNG	Icon	Befehl	Kürzel
START|ZEICHNEN	╱	LINIE	L

Um eine gefundene Position zu übernehmen, klicken Sie diese dann im Befehl LINIE mit der linken Maustaste an.

Die Koordinaten der Fadenkreuzposition lesen Sie einerseits in der KOORDINATENANZEIGE der Statusleiste ab (siehe Einstellung über ☰ (Windows) bzw. ⚙ (Mac) gemäß Abbildung 1.12). Falls die Anzeige nicht mitläuft, sollten Sie mit Rechtsklick auf dieses Feld die Option ABSOLUT aktivieren. Andererseits erhalten Sie mit aktivierter DYNAMISCHER EINGABE ⊞ auch eine Anzeige am Cursor.

Der Befehl LINIE erzeugt eine einzelne Linie oder auch mehrere Liniensegmente hintereinander, wenn mehr als zwei Punktpositionen eingegeben werden.

```
Befehl: ╱ LINIE Ersten Punkt angeben:   Position 50,50 anfahren und Klick
LINIE Nächsten Punkt angeben oder [Zurück]:   Position 50,110 anfahren, Klick
LINIE Nächsten Punkt angeben oder [Zurück]:   Position 70,130 anfahren, Klick
LINIE Nächsten Punkt angeben oder [Schließen Zurück]: Position 90,130 anfahren,
Klick
LINIE Nächsten Punkt angeben oder [Schließen Zurück]: Position 110,110 anfahren,
Klick
LINIE Nächsten Punkt angeben oder [Schließen Zurück]: Position 110,50 anfahren,
Klick
LINIE Nächsten Punkt angeben oder [Schließen Zurück]: Position 90,50 anfahren,
Klick
LINIE Nächsten Punkt angeben oder [Schließen Zurück]: Position 90,100 anfahren,
Klick
LINIE Nächsten Punkt angeben oder [Schließen Zurück]: Position 80,110 anfahren,
Klick
```

```
LINIE Nächsten Punkt angeben oder [Schließen Zurück]: Position 70,100 anfahren,
Klick
LINIE Nächsten Punkt angeben oder [Schließen Zurück]: Position 70,50 anfahren,
Klick
LINIE Nächsten Punkt angeben oder [Schließen Zurück]: S[Enter]
```

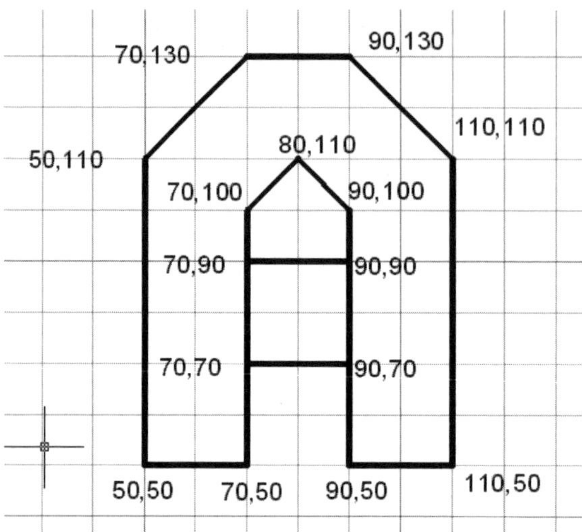

Abb. 2.5: x- und y-Positionen für die Linien

Nach Anwahl des ersten Punkts erscheint im LINIE-Befehl eine *Gummibandlinie*, um die Verbindung der aktuellen Position mit dem letzten Punkt anzudeuten. Die erzeugten Objekte sind mehrere Liniensegmente, d.h. einzelne Linienobjekte. Weiter im Befehlsablauf sehen Sie, dass *Optionen* in eckigen Klammern angeboten werden. Die *Option* ZURÜCK bietet die Möglichkeit, die letzte Punkteingabe zurückzunehmen.

Tipp: Option wählen

Sie aktivieren eine *Option* aus der eckigen Klammer, indem Sie diese direkt in der Befehlszeile *anklicken* oder *diejenigen Zeichen eintippen, die als Großbuchstaben* erscheinen.

Sie können aber alternativ die *Option* auch über das *Kontextmenü* des Befehls aktivieren, indem Sie die rechte Maustaste drücken und aus dem erscheinenden Menü mit der linken Maustaste die gewünschte *Option* anklicken (Abbildung 2.6).

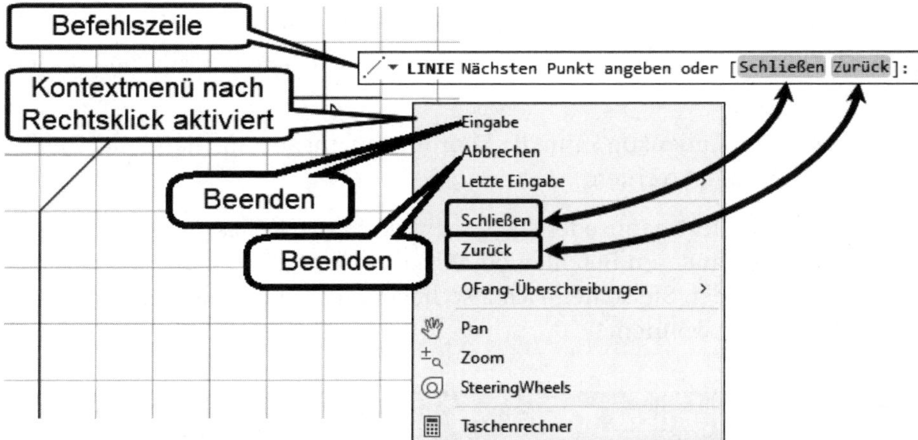

Abb. 2.6: Optionen in Befehlszeile und Kontextmenü (nach Rechtsklick) bei LINIE

Die Option SCHLIEẞEN bewirkt, dass ein letztes Liniensegment von der aktuellen Position bis zum ersten Punkt des aktuellen LINIE-Befehls gezeichnet wird und der Befehl LINIE damit auch automatisch endet:

- `LINIE Nächsten Punkt angeben oder [Schließen Zurück]:` **S** [Enter]

  Dadurch wird eine abschließende Linie hin zum ersten Punkt – erzeugt durch `Ersten Punkt eingeben:` – gezeichnet und der Befehl ist beendet. Diese Option ist sinnvollerweise erst möglich, nachdem drei Punkte eingegeben wurden. Es ist dann kein abschließendes [Enter] nötig, um den Befehl zu beenden.

- `LINIE Nächsten Punkt angeben oder [... Zurück]:` **Z** [Enter]

  Solange Sie sich im LINIE-Befehl befinden, können Sie mit **Z** das letzte Segment zurücknehmen. Das geht auch mehrfach, sodass Sie rückwärts alle erzeugten Punkte bis einschließlich des ersten Punkts wieder entfernen können. Das gilt aber nur, solange Sie den Befehl LINIE noch nicht beendet haben.

- `LINIE Nächsten Punkt angeben oder [Schließen Zurück]:` [Enter]

  Die Eingabetaste [Enter] beendet den Befehl und der Linienzug bleibt offen.

Tipp: Befehle beenden

Es gibt zwei Arten von Befehlen. Die einen enden automatisch nach der letzten Eingabe, andere warten auf erneute Eingaben und müssen mit [Enter] beendet werden. Beim Befehl LINIE tritt beides auf:

Die Eingabe der Option **S** (SCHLIEẞEN) führt zum geometrischen Schließen und zur automatischen Beendigung des Linienzugs.

Beachten Sie nach dem Beenden der Linie mit SCHLIEßEN, dass kein [Enter] mehr einzugeben ist. [Enter] nach einem beendeten Befehl wiederholt diesen nämlich!

Für einen offenen Linienzug kann die Koordinateneingabe und damit der Befehl durch [Enter] beendet werden.

ABBRUCH im Kontextmenü oder [Esc] bewirkt genauso das Befehlsende, hat aber bei manchen anderen Befehlen die Wirkung, dass die gesamte Eingabe des Befehls verschwindet. Sie sollten sich also lieber an die normale Befehlsbeendigung mit [Enter] gewöhnen.

Tipp: Rechte Maustaste, Kontextmenü

Die Optionen, die in der Befehlszeile in eckigen Klammern erscheinen, können ganz einfach über das Kontextmenü angewählt werden (Abbildung 2.6). Beim Befehl LINIE erscheint nach Drücken der rechten Maustaste das *Kontextmenü* mit den Optionen: EINGABE, ABBRECHEN, LETZTE EINGABE|SCHLIEßEN, ZURÜCK| .... Mit einem normalen Mausklick kann dort beispielsweise die Option SCHLIEßEN aufgerufen werden. Das erspart die Tastatureingabe von **S** oder den Klick in die Befehlszeile

Bei einzelnen Linien oder offenen Linienzügen beendet man den Befehl einfach mit [Enter] anstelle einer Punkteingabe. Damit lassen sich auch die beiden fehlenden Linien des Buchstabens A schnell zeichnen (Abbildung 2.5). Die Positionen, die Sie bei den übrigen Buchstaben anfahren müssen, sind in den folgenden Abbildungen angegeben. Versuchen Sie, diese ähnlich wie vorgeführt zu konstruieren.

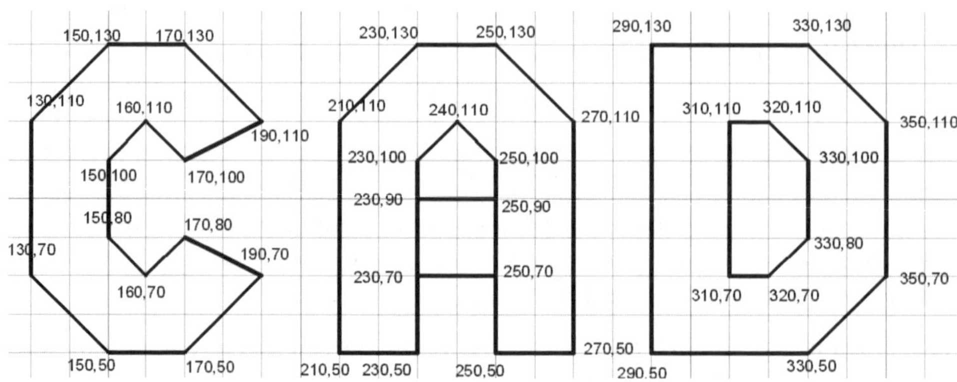

Abb. 2.7: Anzuklickende Koordinaten für Buchstaben-CAD

2.3 Zeichnungen beginnen und speichern

Sobald Sie eine vorzeigbare Zeichnung erstellt haben, wollen Sie Ihr »Erstlingswerk« natürlich auch in Sicherheit bringen und speichern. Danach wollen Sie dann weitere Zeichnungen beginnen. Aus diesen Gründen sollten wir uns nun die Befehle zur Dateiverwaltung vornehmen.

ZEICHNEN UND BESCHRIFTUNG	Icon	Name/Befehl	Kürzel
A CAD |NEU|ZEICHNUNG	-	NEU/NEU	Strg+N
SCHNELLZUGRIFF-WERKZEUGKASTEN		NEU/SNEU	-
SCHNELLZUGRIFF-WERKZEUGKASTEN		ÖFFNEN	Strg+O
SCHNELLZUGRIFF-WERKZEUGKASTEN		SPEICHERN/KSICH	Strg+S
SCHNELLZUGRIFF-WERKZEUGKASTEN oder A CAD |SPEICHERN UNTER| ZEICHNUNG		SPEICHERN UNTER/ SICHALS	Strg+Shift+S
SCHNELLZUGRIFF-WERKZEUGKASTEN oder A CAD |ÖFFNEN|ZEICHNUNG AUS AUTOCAD WEB UND MOBILE ...		ÜBER WEB UND MOBILE ÖFFNEN OPENFROMWEB-MOBILE	
SCHNELLZUGRIFF-WERKZEUGKASTEN oder A CAD |SPEICHERN UNTER| ZEICHNUNG IN AUTOCAD WEB UND ...		SPEICHERN BEI WEB UND MOBILE SAVETOWEBMO-BILE	

Tabelle 2.1: Befehle zur Dateiverwaltung

2.3.1 Speichern und Speichern unter...

Zunächst ist zu bemerken, dass beim Start von AutoCAD eine erste leere Zeichnung automatisch eingerichtet worden ist. Auch ohne explizite Wahl einer Vorlage wird die deutsche Vorlage `acadiso.dwt` benutzt. Der Name der Zeichnung wird dann mit `ZEICHNUNG1.DWG` vorgegeben. Dieser Name wird von AutoCAD generiert, damit für eventuelle Zwischensicherungen schon mal ein Dateiname existiert. Dieser Name ist ein *vorläufiger* Name. Den richtigen Namen für Ihre Zeichnung vergeben Sie erst, wenn Sie *zum ersten Mal* selbst SPEICHERN/KSICH aufrufen. In diesem Moment merkt AutoCAD, dass die Zeichnung noch keinen endgültigen vom Benutzer vergebenen Namen besitzt, und führt eigentlich den Befehl SPEICHERN ALS/SICHALS aus. Sie erhalten nun im Dialogfenster die Möglichkeit, einen eigenen Zeichnungsnamen einzugeben.

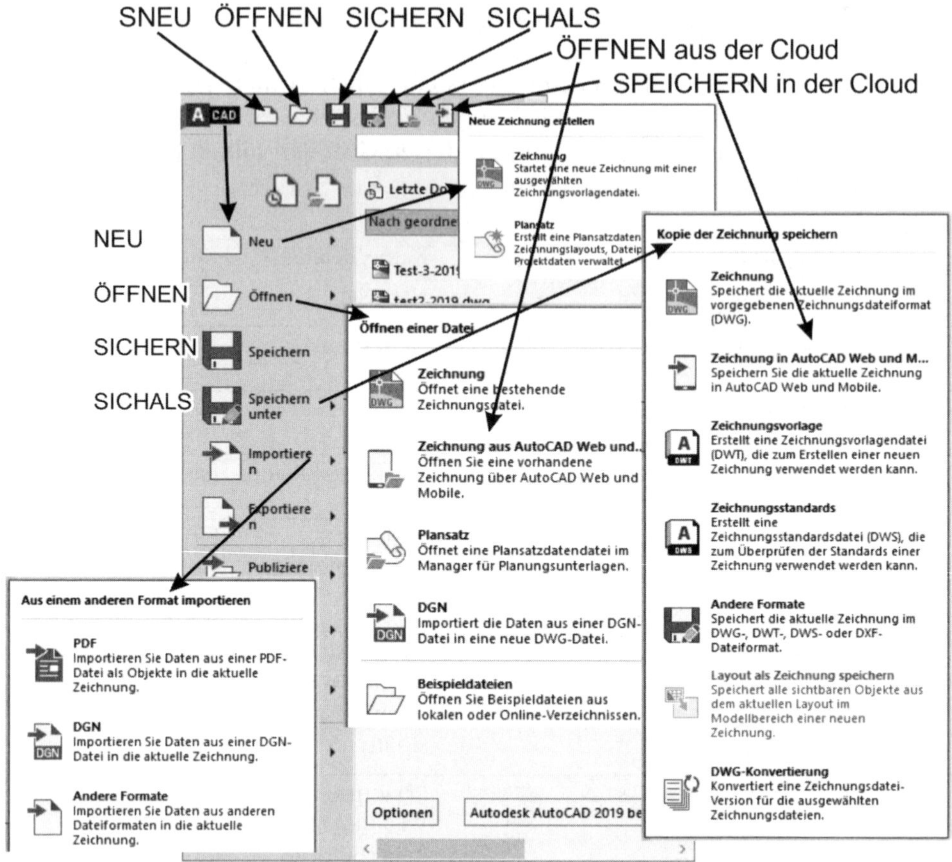

Abb. 2.8: Dateiverwaltungsbefehle

Das Dialogfenster bietet als vorgegebenen Namen natürlich `Zeichnung1.dwg` an, aber Sie können ihn überschreiben. Der Dateiname ist bei Aufruf des Dialogfensters schon blau markiert. Das bedeutet, dass Sie nun einfach den neuen Namen eingeben können. Im Beispiel wurde **02-02** eingetragen. Man kann die Dateiendung `.dwg` weglassen, sie wird aufgrund des eingestellten Dateityps automatisch ergänzt. Der normale Speicherort für die Zeichnungen ist das Verzeichnis `Dokumente`, das standardmäßig von den meisten Programmen beim Speichern verwendet wird. Sie könnten auch ein eigenes Verzeichnis einstellen. AutoCAD merkt sich Ihr Verzeichnis auch für die nachfolgenden Speichervorgänge.

Sobald Sie Ihrer Zeichnung einmal einen eigenen Namen verpasst haben, können Sie natürlich noch weiter daran arbeiten. Um dann wieder den Zeichnungsfortschritt zu sichern, brauchen Sie nur [Speichern-Symbol] aufzurufen. Nun allerdings merkt AutoCAD, dass Ihre Konstruktion schon einen eigenen Namen besitzt, und speichert automatisch unter dem bestehenden Namen und überschreibt somit Ihre vorherige Speicherung. Ein Dialogfenster erscheint diesmal nicht mehr, weil ja nichts mehr anzugeben ist. Dass das Speichern geklappt hat, erkennen Sie nur an dem Befehlsecho in der Befehlszeile Befehl: _QSAVE.

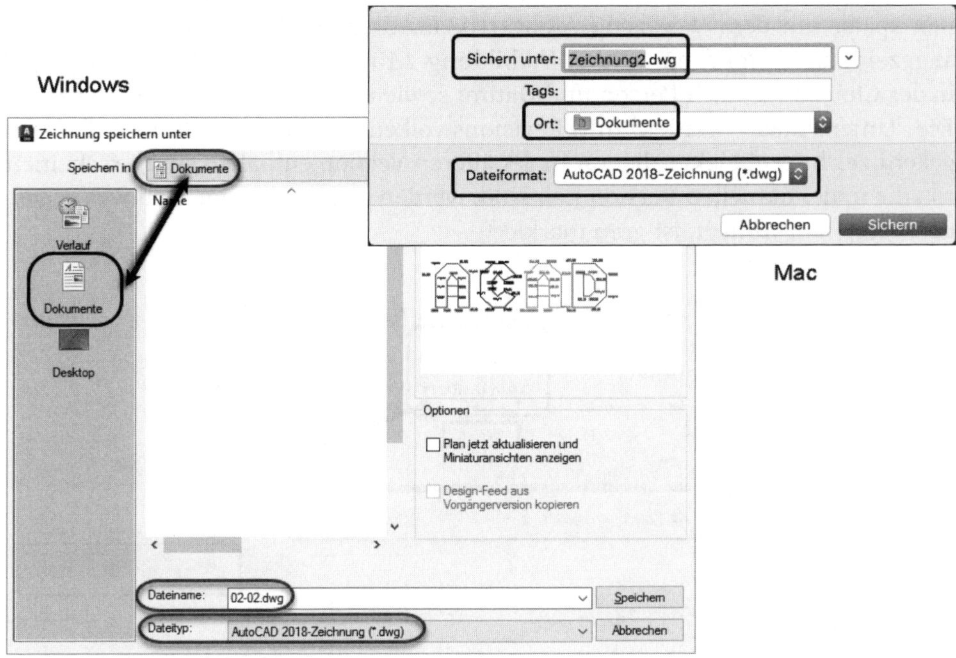

Abb. 2.9: Dialogfenster von SICHALS

Wenn Sie eine Zeichnung unter einem *anderen* Namen speichern wollen, dann brauchen Sie allerdings den Befehl SPEICHERN ALS/SICHALS, der nach einem neuen Namen fragt und speichert.

2.3.2 Speichern in Web und Mobile

Sie können die Zeichnungen auch in der Cloud AUTODESK WEB UND MOBILE speichern, wenn Sie dort angemeldet sind. Die Anmeldung geschieht schon bei der Installation, spätestens beim AutoCAD-Start. Diese Zeichnungen dort können Sie dann auch unterwegs ohne AutoCAD über Ihren Browser CHROME oder FIREFOX unter der Adresse `https://web.autocad.com` nach Anmeldung bei Autodesk öffnen und bearbeiten. Beim Speichern von Dateien mit externen Referenzen, also mit Verknüpfungen mit weiteren Zeichnungen, können Sie die Option REFERENZIERTE DATEIEN MIT ZEICHNUNG VERPACKEN aktivieren, um die Referenzen mitzunehmen.

2.3.3 Speichern in Cloud-Diensten

Wenn Sie bei den Cloud-Diensten DROPBOX, BOX oder MICROSOFT ONEDRIVE speichern, dann werden auch mehrere Versionen Ihrer Zeichnung abgelegt und können später mit dem Werkzeug ANSICHT|VERLAUF|ZULETZT GEÖFFNETE DWG angezeigt und verglichen werden (Abbildung 2.10). Sie können die Zeichnungen in der Cloud auch nach Person und Datum sowie nach zeitlichem Abstand filtern. Die Unterschiede werden mit Revisionswolken hervorgehoben und farblich gekennzeichnet. Objekte, die nur in der älteren Version enthalten sind, erscheinen rot, die in der aktuellen Version neu sind, werden grün angezeigt, und was in beiden Versionen vorliegt, ist grau markiert.

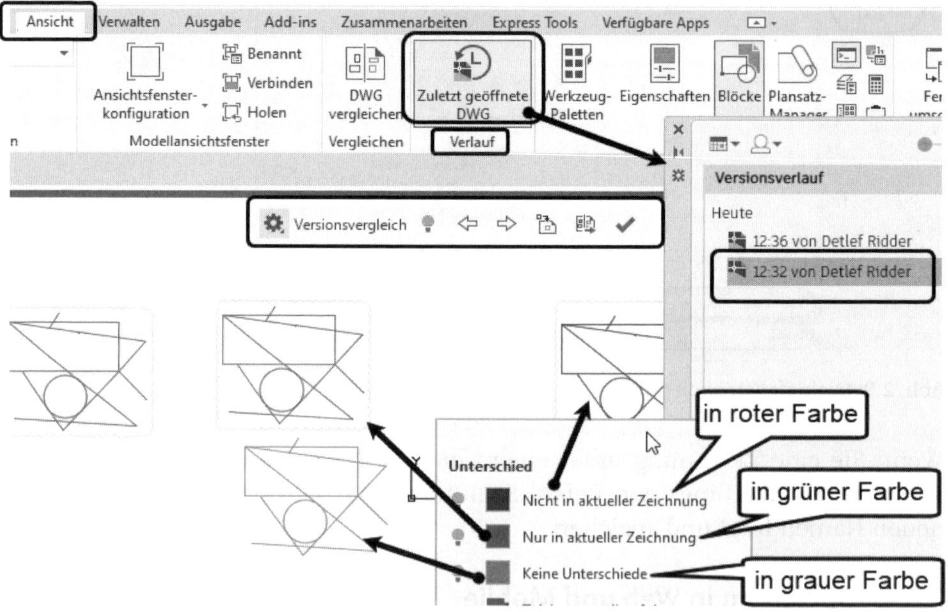

Abb. 2.10: Vergleich der aktuellen mit einer älteren Zeichnungsversion in der Cloud (hier Microsoft OneDrive)

Wichtig: Alte Versionen

Die aktuelle Zeichnung wird automatisch als AUTOCAD 2018-ZEICHNUNG gespeichert. Bei der aktuellen Version 2023 hat sich seit der Version 2018 nichts am Dateiformat geändert. Damit der Benutzer einer älteren Version Ihre aktuelle Zeichnung lesen kann, müssen Sie explizit beim Speichern beispielsweise AUTOCAD 2013/LT 2013-ZEICHNUNG(*.DWG) als DATEITYP wählen. Es gibt die DWG-Formate 2000, 2004, 2007, 2010, 2013 und die aktuelle 2018. Für die Jahrgänge vor 2000 gäbe es noch das Format R14 (entspricht etwa 1997) und davor gäbe es die Möglichkeit, den Typ AUTOCAD R12/LT 2 DXF(*.DXF) (etwa 1991) zu verwenden.

2.3.4 Schließen und beenden

Wollen Sie eine Zeichnung nicht mehr weiterbearbeiten, dann sollten Sie sie mit dem Befehl SCHLIESSEN beenden. Alternativ klicken Sie auf das Symbol *am Rand der Zeichenfläche* oben rechts. Damit ist aber das Programm AUTOCAD noch nicht beendet. Sie können danach weitere Zeichnungen neu beginnen oder alte Zeichnungen öffnen und weiterbearbeiten.

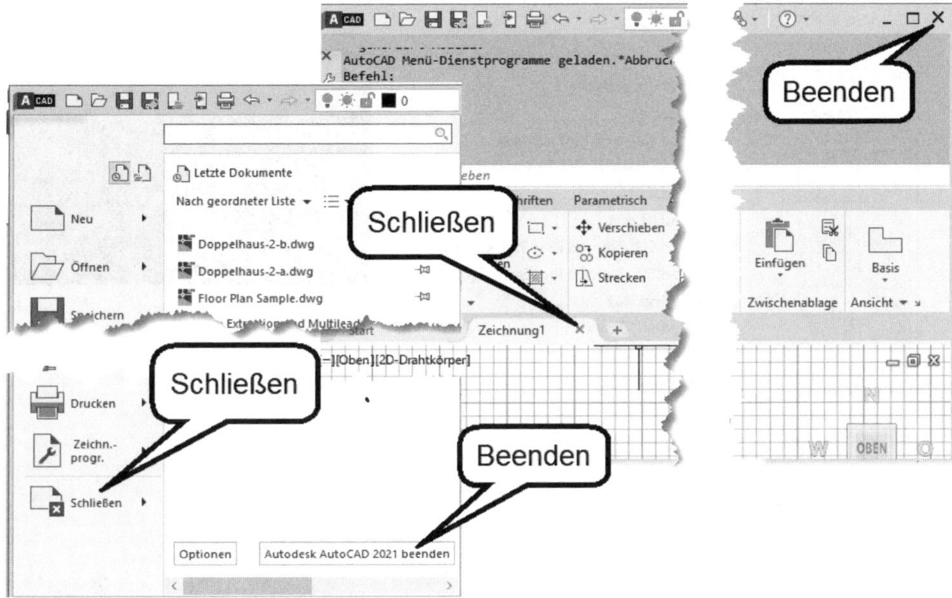

Abb. 2.11: SCHLIEẞEN und BEENDEN

Um AUTOCAD zu beenden, können Sie in der *Programmleiste* oben rechts auf ✕ klicken. AUTOCAD wird dabei für alle noch geöffneten und bearbeiteten Zeichnungen fragen, ob sie nun gespeichert werden sollen. Ob eine Zeichnung bearbeitet wurde und die Änderungen noch nicht gespeichert wurden, erkennen Sie im Reiter oben an *einem Stern hinter dem Dateinamen*: test-1-15*.

2.3.5 Neue Zeichnung mit NEU oder SNEU beginnen

Wenn Sie eine neue Zeichnung beginnen wollen, dann können Sie:

- auf das Pluszeichen neben dem Zeichnungsregister klicken. Wenn schon eine spezielle Vorlage über OPTIONEN vereinbart wurde, wird diese benutzt, ansonsten die Vorlage *acadiso.dwt*, die schon mal auf metrische Einheiten eingestellt ist.

Abb. 2.12: Neue Zeichnung

- auf das Werkzeug im SCHNELLZUGIRFF-WERKZEUGKASTEN klicken, das dem Befehl SNEU entspricht. Solange Sie keine Standard-Vorlage eingestellt haben (s.u. Befehl OPTIONEN), fragt SNEU zuerst nach der zu verwendenden Vorlage (Abbildung 2.13). Normalerweise wählt man *acadiso.dwt* für metrische 2D-Zeichnungen.

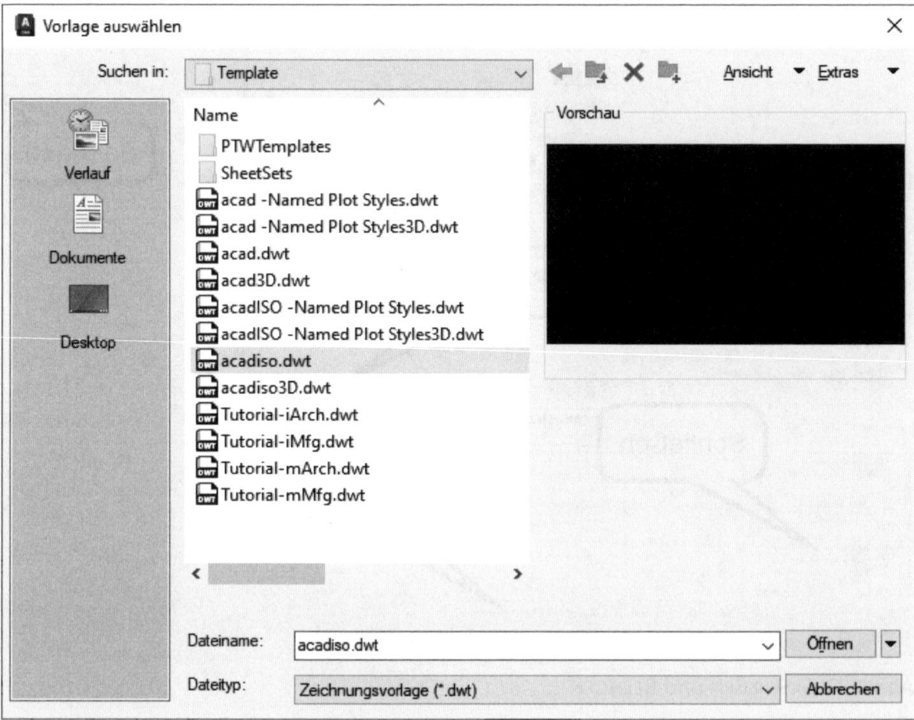

Abb. 2.13: Wahl der Vorlage im Befehl NEU

- Alternativ können Sie auch den Befehl NEU eintippen oder |NEU|ZEICHNUNG oder das Tastenkürzel Strg+N. Dieser Befehl wird *immer* nach einer Vorlage fragen, egal ob Sie eine Standard-Vorlage eingestellt haben oder nicht.

Der feine Unterschied zwischen den beiden Alternativen, Befehl SNEU bzw. Werkzeug im SCHNELLZUGRIFF-WERKZEUGKASTEN einerseits und dem Befehl NEU besteht darin, dass SNEU schneller abläuft, weil er eine voreingestellte Vorlage verwenden kann und NEU jedes Mal nach der gewünschten Vorlage fragt.

Eine *Zeichnungsvorlage* kann schon viele Dinge enthalten, die Sie später in jeder neuen Zeichnung brauchen, wie etwa einen Zeichnungsrahmen oder Layer etc. Eine sinnvolle Vorlage können wir deshalb erst gestalten, wenn wir mehr über die Komponenten einer Zeichnung wissen.

Die Vorlage für SNEU müssen Sie aber erst einmal über den OPTIONEN-Befehl einstellen.

- Gehen Sie dazu ins ANWENDUNGSMENÜ links oben und klicken Sie unten auf die Schaltfläche OPTIONEN. Alternativ können Sie, solange kein Befehl aktiv ist, auch rechtsklicken, damit Sie im Kontextmenü OPTIONEN finden.
- Im Register DATEIEN klicken Sie auf den Knoten (+-Zeichen) VORLAGENEINSTELLUNGEN und dann auf VORGEGEBENER VORLAGENDATEINAME FÜR SNEU.
- Dort steht KEINER als Vorgabe.
- Nach Doppelklick darauf wählen Sie eine bestimmte Vorlage, die beim Befehl SNEU automatisch verwendet werden soll.
- Wählen Sie `acadiso.dwt`, solange wir nichts Besseres eingerichtet haben, aus dem angebotenen Verzeichnis `Template` und
- aktivieren Sie die Vorlage mit ÖFFNEN.

Diese Vorlage ist auf metrische Einheiten, und zwar Millimeter eingestellt und enthält noch keinen Zeichnungsrahmen.

Sie sehen, dass eine Vorlagendatei die Endung `*.DWT` anstelle `*.DWG` trägt. Ansonsten ist es eine normale AutoCAD-Zeichnung. Ihre Funktion besteht eben darin, dass Voreinstellungen und natürlich Geometrieobjekte wie später dann Zeichnungsrahmen und Schriftfelder beim Anlegen neuer Zeichnungen mit SNEU oder mit oder über die START-Seite bei NEU übernommen werden.

Nur beim Befehl NEU oder |NEU|ZEICHNUNG erscheint auch in Zukunft immer die Anfrage nach einer individuellen Vorlage.

Im OPTIONEN-Dialogfenster sehen Sie unter POSITION DER ZEICHNUNGSVORLAGENDATEI übrigens auch, wo AutoCAD seine Vorlagen gespeichert hat, nämlich im Verzeichnis `Template` unter `C:/Users/...Template` (siehe Abbildung 2.14).

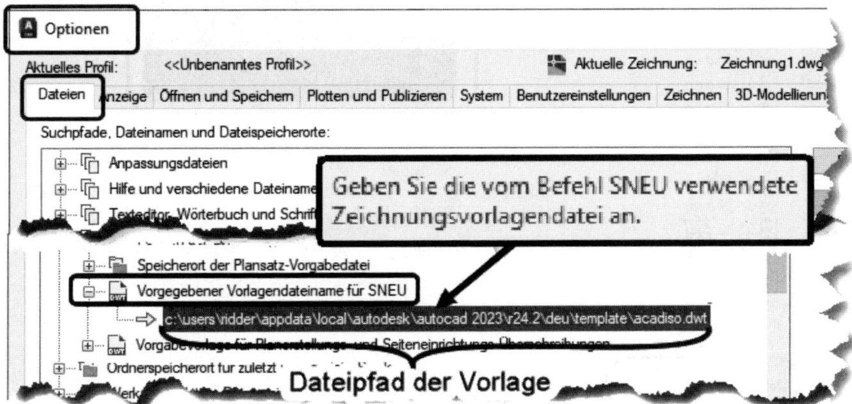

Abb. 2.14: Einstellung der Vorlage für SNEU

2.3.6 Zeichnung öffnen

Wenn Sie keine neue Zeichnung beginnen, sondern eine alte Zeichnung fortsetzen wollen, dann wählen Sie den Befehl ÖFFNEN oder das Werkzeug im SCHNELLZUGRIFF-WERKZEUGKASTEN. Der Befehl greift standardmäßig auf das Verzeichnis `Dokumente` bzw. `Documents` zu. Sie klicken nun den gewünschten Dateinamen an und klicken dann auf ÖFFNEN. Es ist auch möglich, die Datei gleich mit einem Doppelklick auf den Dateinamen zu öffnen. Das Dialogfenster des Befehls ÖFFNEN zeigt standardmäßig eine *Voransicht* der markierten Zeichnung an.

Wichtig: Zeichnungen nur einmal öffnen!

Bevor Sie eine Zeichnung öffnen, sollten Sie stets sicher sein, dass diese Zeichnung nicht schon geöffnet ist. AutoCAD kann ja mehrere Zeichnungen zugleich geöffnet halten. Für manche Bearbeitungen ist das auch wichtig und sinnvoll. Wenn Sie aber ein und dieselbe Zeichnung, z.B. `02-03.dwg`, die bereits geöffnet ist, noch mal öffnen, dann erhalten Sie einen Warnhinweis und können die Zeichnung nur mit Schreibschutz öffnen. Das würde bedeuten, dass Sie diese zweite Version der Zeichnung – hier dann gekennzeichnet durch `02-03.dwg:2` – nicht mehr unter dem Originalnamen speichern können. Nur die Version `02-03.dwg:1` lässt sich speichern. Die Version `02-03.dwg:2` können Sie höchstens unter einem neuen Namen speichern. In der Startleiste sollten Sie sich informieren, welche Zeichnungen Sie bereits geöffnet haben.

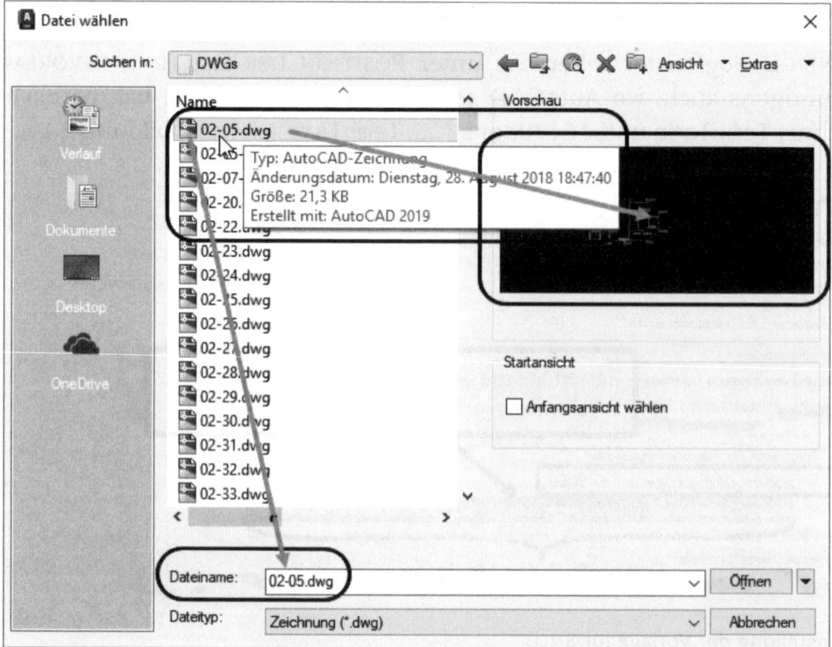

Abb. 2.15: Voransicht bei ÖFFNEN

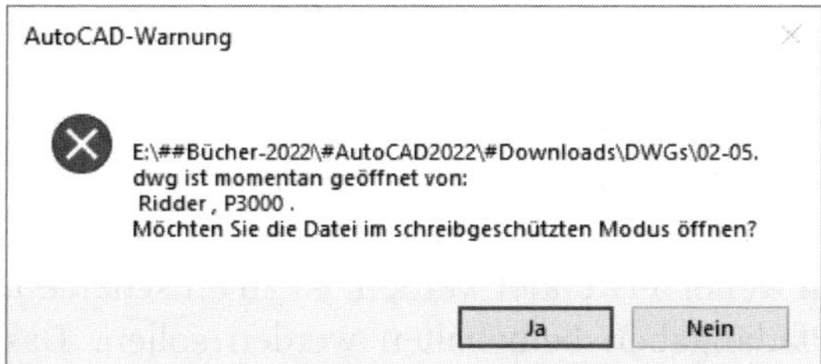

Abb. 2.16: Warnhinweis beim nochmaligen Öffnen einer Datei

2.3.7 Weitergeben mit ETRANSMIT

Zum Weitergeben von Zeichnungen, insbesondere per E-Mail, eignet sich der Befehl ETRANSMIT.

Anwendungsmenü	Icon	Befehl
PUBLIZIEREN|ETRANSMIT		PAKET, ETRANSMIT

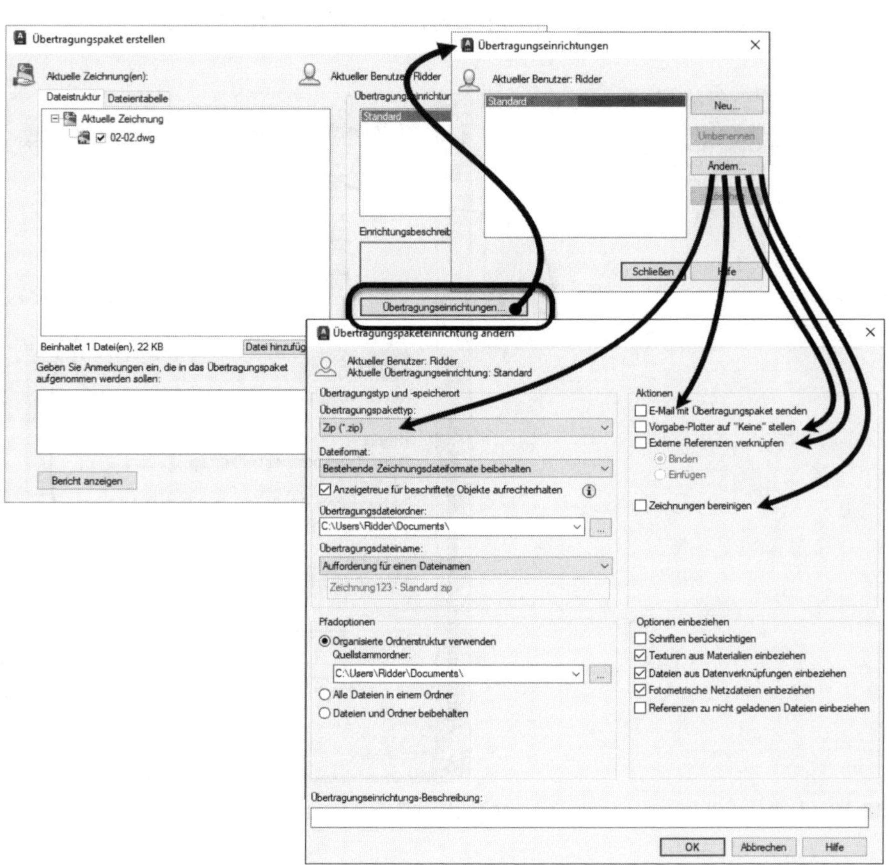

Abb. 2.17: Dialogfenster PAKET oder ETRANSMIT

Hiermit können eine Zeichnung und auch weitere mit ihr verbundene Dateien und andere Zeichnungen wie externe Referenzen (siehe Abschnitt 11.11 *Externe Referenzen*) zu einer Übertragungsdatei zusammengepackt werden. Wenn Sie eine eigene ÜBERTRAGUNGSEINRICHTUNG erstellen, können Sie als Typ ZIP (*.ZIP) wählen. Der Empfänger braucht dann nur noch die erzeugte Zip-Datei zu entpacken. Je nachdem, wie die enthaltenen Dateien weiterverwendet werden, ist zu entscheiden, ob die Verzeichnisstrukturen und Pfadangaben beibehalten werden sollen. Das Register DATEIENTABELLE bietet eine Übersicht über die zu versendenden Dateien.

2.3.8 Was tun nach einem Absturz?

Wenn Sie bei der Benutzung von AutoCAD doch einmal abgestürzt sind, wird sich beim nächsten Programmstart der Wiederherstellungsmanager melden und mögliche Zeichnungsvarianten in einem Fenster anbieten. Maximal vier Varianten stehen zur Verfügung:

- `Zeichnungsname.dwg` – ist die letzte Version der Zeichnung, vor dem letzten Öffnen.
- `Zeichnungsname.bak` – ist eine Sicherungsdatei, die automatisch erstellt wurde, als Sie die DWG-Datei zum letzten Mal gespeichert haben.

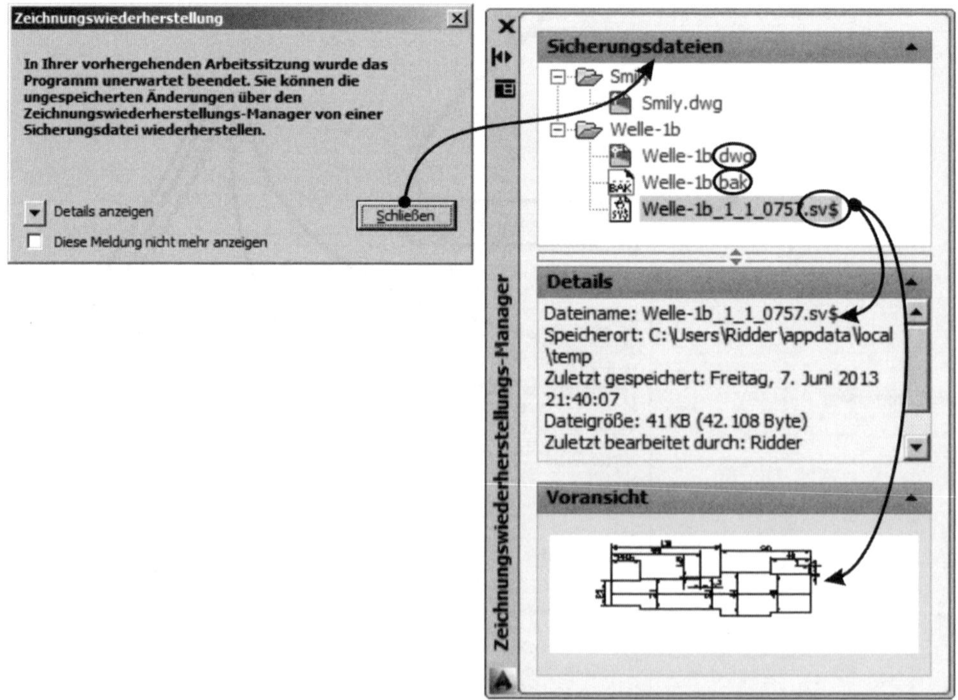

Abb. 2.18: Wiederherstellungsmanager mit möglichen Zeichnungsversionen

- `Zeichnungsname-x-x-xxx.sv$` – ist eine automatische Sicherung, die in regelmäßigen Zeitabständen gespeichert wird. Der Zeitabstand ist in der Systemvariablen SAVETIME mit 10 Minuten vorgegeben.
- `Zeichnungsname-recover.dwg` – ist eine automatische Sicherung, die AutoCAD dann erstellt, wenn es den Absturz »vorausahnt«.

Aus diesen Möglichkeiten können Sie diejenige auswählen, die die neueste oder korrekteste Zeichnungsinformation enthält und dann den Wiederherstellungsmanager schließen. Vergessen Sie nicht, die Zeichnung dann eventuell unter dem Originalnamen oder einem sinnvollen neuen Namen zu speichern.

	Icon	Befehl
A CAD |ZEICHNUNGSPROGRAMME|ZEICHNUNGS-WIEDERHERSTELLUNGS-MANAGER		ZCHNGWDHERST

2.4 Objekte löschen, Befehle zurücknehmen

An dieser Stelle ist es angebracht, die nützlichen Befehle ZURÜCK, ZLÖSCH und LÖSCHEN vorzustellen, mit denen Sie Befehle zurücknehmen und gezeichnete Objekte löschen können. Man hat leicht etwas verkehrt eingegeben und möchte es ungeschehen machen oder man hat so viel herumexperimentiert, dass der ganze Bildschirm voll ist. Auf jeden Fall müssen Sie unsere Zeichnungsobjekte und Befehlsabläufe manipulieren können.

ZEICHNEN UND BESCHRIFTUNG	Icon	Befehl	Kürzel
SCHNELLZUGRIFF-WERKZEUGKASTEN		Z	Z oder Strg+Z
SCHNELLZUGRIFF-WERKZEUGKASTEN		ZLÖSCH	
START|ÄNDERN		LÖSCHEN	LÖ oder Entf
		HOPPLA	

Da haben wir an erster Stelle den nützlichen Befehl Z. Mit ihm kann man *komplette Befehle* rückgängig machen. Also: Haben Sie gerade mit dem Befehl LINIE einige Liniensegmente erzeugt und den Befehl mit Enter beendet, dann können Sie als nächsten Befehl Z eingeben oder das Werkzeug wählen, um die Aktion des Befehls LINIE rückgängig zu machen. Es verschwinden dann alle in diesem Befehl gezeichneten Liniensegmente.

Z macht den *letzten Befehl* rückgängig. Zu beachten ist, dass *alle Aktionen* des letzten Befehls zurückgenommen werden, auch Umstellungen in den Zeichenbefehlen, die Sie während des Befehlsablaufs vorgenommen haben! Der Befehl Z kann mehrfach gegeben werden, und zwar so oft, bis der Beginn Ihrer Zeichnungssitzung oder die letzte Speicherung wieder erreicht wurde. So lange wird nämlich die Befehlshistorie aufgezeichnet.

Sie können auch mehrere Befehle auf einen Schlag zurücknehmen. Dazu klicken Sie im SCHNELLZUGRIFF-WERKZEUGKASTEN auf ▼ neben ⇦ und wählen in der Liste die Befehle aus.

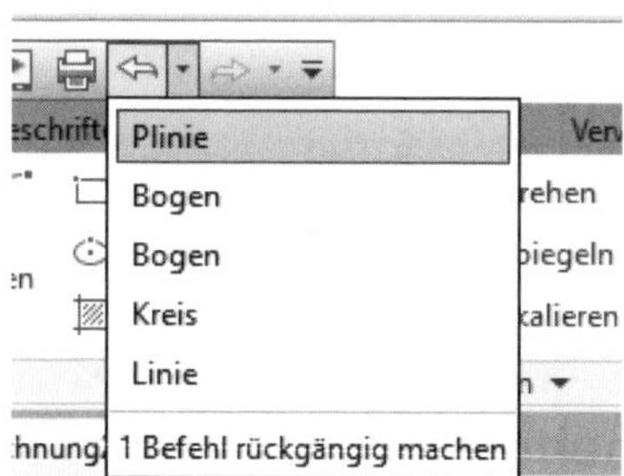

Abb. 2.19: Befehlsliste am Werkzeug Z

Was tun, wenn Sie zu viel zurückgenommen haben? Hierzu gibt es den Befehl ZLÖSCH ⇨. Auch der kann wie Z mehrere Befehle behandeln und verfügt neben dem Werkzeug auch über eine Befehlsliste. Mit Z und ZLÖSCH können Sie also notfalls mehrfach hin- und herwerkeln.

Von ganz anderer Natur ist der Befehl LÖSCHEN. Mit dem Befehl LÖSCHEN kann man Zeichnungsobjekte auf dem Bildschirm löschen. Hiermit können Sie also gezielt einzelne Liniensegmente löschen. Es ist dabei egal, von welchem Befehl sie erzeugt wurden oder in welcher Reihenfolge. Sie klicken einfach nach der Aufforderung OBJEKTE WÄHLEN: die zu löschenden Objekte an, beenden den Befehl mit [Enter], und schon sind die gewählten Objekte gelöscht. Die Objekte, die in dem Befehl angeklickt werden, erscheinen auf dem Bildschirm dann sofort ganz hellgrau als Vorschau für die Lösch-Aktion. Gelöscht werden die Objekte aber erst, wenn der Befehl mit [Enter] abgeschlossen wird.

```
Befehl: LÖSCHEN[Enter]
LÖSCHEN Objekte wählen: Das zu löschende Objekt mit der Objektwahlbox anklicken
LÖSCHEN Objekte wählen: Das nächste zu löschende Objekt mit der Objektwahlbox anklicken
LÖSCHEN Objekte wählen: Das nächste ...
LÖSCHEN Objekte wählen: [Enter] Hiermit wird der Befehl beendet und nun erst das Löschen ausgeführt.
Befehl:
```

Alle durch Anklicken mit der Objektwahlbox gewählten Objekte werden gelöscht. Beim Befehl Löschen werden Sie neben der quadratischen *Pickbox* am Cursor noch ein kleines rotes x als Löschindikator sehen, sobald die Box über einem wählbaren Objekt schwebt. Dann macht der Klick einen Sinn und das Objekt wird hellgrau als quasi schon gelöscht markiert.

Abb. 2.20: Löschaktion mit Pickbox (□), Lösch-Indikator (rotes x) und Aktionsvorschau in Hellgrau

Sie können aber auch Objekte löschen wie in anderen Programmen, indem Sie sie ohne einen aktiven Befehl einfach anklicken und dann die Taste [Entf] drücken. Die Objekte werden durch das Anklicken zunächst mit blauer Umrandung hervorgehoben und auch mit den sogenannten Griffen, kleinen blauen Kästchen, angezeigt. Nach Drücken von [Entf] sind sie dann sofort gelöscht.

Wichtig: Objektwahl und Hervorhebung

Wenn ein Befehl wie LÖSCHEN die Wahl von Objekten verlangt, wird das Fadenkreuz in eine Objektwahlbox (PICKBOX) umgewandelt. Mit dieser Box müssen Sie die gewünschten Objekte anklicken. Die erfolgreich gewählten Objekte erscheinen nur beim LÖSCHEN-Befehl schon praktisch wie ausgelöscht, bei anderen Befehlen werden die gewählten Objekte mit einer dickeren blauen Markierung versehen, sodass sie sich von den übrigen Objekten abheben. Man nennt das die *Hervorhebung der Objekte*. Die Objektwahl beendet man stets mit [Enter]. Man kann auch die rechte Maustaste dazu benutzen.

Tipp: Größe der Objektwahlbox

Die Größe der Objektwahlbox können Sie variieren. Dazu machen Sie einen Rechtsklick auf der Zeichenfläche (es darf kein Befehl mehr aktiv sein, ggf. vorher [Esc]) und wählen im Kontextmenü OPTIONEN, Register AUSWAHL und stellen dort mit einem Schieberegler die PICKBOX-GRÖSSE ein.

Abb. 2.21: Pickboxgröße

Nun könnte man fragen, ob es auch einen Befehl gibt, mit dem man den Befehl LÖSCHEN rückgängig machen kann. Ja, es gibt ihn: HOPPLA nimmt den letzten Löschbefehl wieder zurück. Sie können zwischendurch ruhig andere Befehle benutzt haben. Mit HOPPLA wird genau die letzte LÖSCHEN-Aktion rückgängig gemacht, auch wenn sie im Befehlsablauf schon etwas länger zurückliegt. Der Befehl HOPPLA kann aber nur *einen einzigen* Löschbefehl rückgängig machen.

```
Befehl: HOPPLA[Enter]
```

Tipp: Systemvariable Pickfirst

Die Systemvariable PICKFIRST ist mit dem Wert **1** voreingestellt, damit Sie Objekte *auch vor* dem Befehlsaufurf wählen können. Das ist für das Löschen mit [Entf] wichtig. Sollten Sie diese Variable mal auf den Wert **0** gesetzt haben und dann versuchen, mit [Entf] etwas zu löschen, erhalten Sie eine Warnmeldung, die Ihnen den Wert wieder auf **1** setzen kann.

2.5 Architekturbeispiel

Beginnen Sie nun eine neue Zeichnung für eine zweite Übungskonstruktion. Im Architekturbereich können Sie das RASTER mit einem Abstand von 12.5 für Rohbau-Entwürfe nutzen.

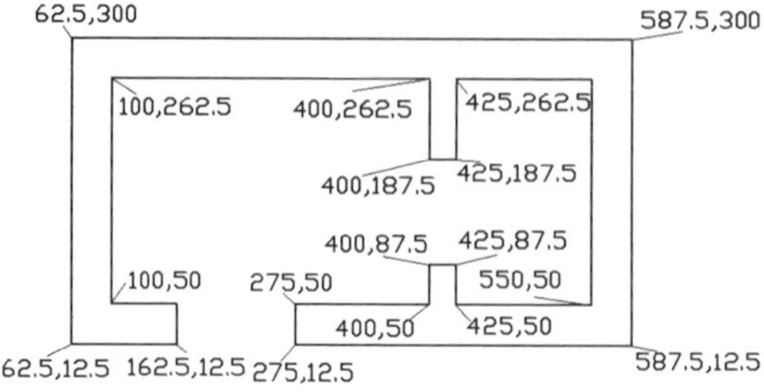

Abb. 2.22: Konstruktion mit Rasterabstand 12.5

Damit erreichen Sie, dass gleich korrekte Baumaße entstehen. Das gezeigte Beispiel können Sie mit FANG- und RASTER-Einstellungen von **12.5** für die x- und y-Abstände leicht erstellen. Die Fertigbaumaße erreicht man später durch entsprechendes Verschieben einiger Kanten um die Fugenbreite von 1 cm.

2.6 Kreise

Der nächste wichtige Zeichenbefehl heißt KREIS. Der Standard-Aufruf des KREIS-Befehls fragt nach Mittelpunktposition und Radius. Zu beachten ist nur, dass es hier *Mittelpunkt* heißt, später beim Objektfang dann aber *Zentrum*. Der KREIS-Befehl besitzt zahlreiche Optionen, die am besten über START|ZEICHNEN|KREIS|... zu sehen sind.

ZEICHNEN UND BESCHRIFTUNG	Icon	Befehl	Kürzel
START|ZEICHNEN		KREIS	K

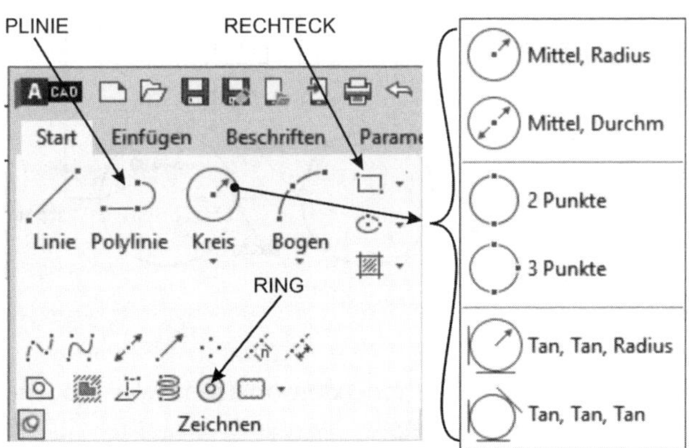

Abb. 2.23: Optionen des KREIS-Befehls

Das Konstruktionsbeispiel (Abbildung 2.24) ist wieder mit eingestellten Fang- und Rasterabständen von **10** entstanden. Die Linien werden leicht mit dem Befehl LINIE gezeichnet, wie im ersten Beispiel gezeigt. Das Rad auf der linken Seite ist mit dem Standard-Aufruf des KREIS-Befehls entstanden:

```
In der Gruppe ZEICHNEN anklicken
Befehl: _circle
▼ KREIS Mittelpunkt für Kreis angeben oder [3P 2P Ttr (Tangente Tangente
Radius)]: Position 110,30 anfahren und Klick
Radius für Kreis angeben oder [Durchmesser]: 20 Enter
```

Das linke der beiden Hinterräder wird nach der 2-Punkte-Methode gezeichnet. Danach werden zwei Punkte angegeben, die auf dem Durchmesser des Kreises liegen. Diese Methode wird am schnellsten das KREIS-Flyout in der Multifunktionsleiste START aufgerufen:

```
Befehl: Start|Zeichnen|Kreis▼|2 Punkte
_circle
⌚▼ KREIS Mittelpunkt für Kreis angeben oder [3P 2P Ttr (Tangente Tangente Radius)]: _2p Ersten Endpunkt für Durchmesser des Kreises angeben: Position 240,30 anfahren und Klick
⌚▼ KREIS Zweiten Endpunkt für Durchmesser des Kreises angeben: Position 280,30 anfahren und Klick
```

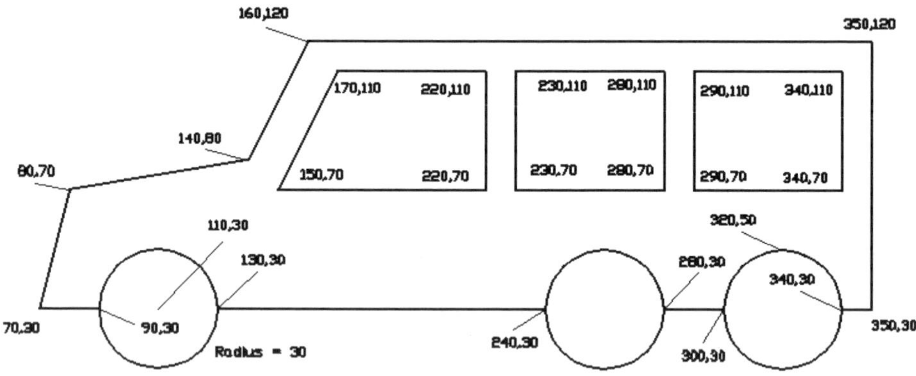

Abb. 2.24: Konstruktion mit Kreisen

Mit dem letzten Rad soll noch die 3-Punkte-Methode demonstriert werden, die hier auch über das Register START aufgerufen wird:

```
Befehl: Start|Zeichnen|Kreis▼|3 Punkte
_circle
⌚▼ KREIS Mittelpunkt für Kreis angeben oder 3P 2P Ttr (Tangente Tangente Radius)]: _3p Ersten Punkt auf Kreis angeben: Position 300,30 anfahren und Klick
⌚▼ KREIS Zweiten Punkt auf Kreis angeben: Position 320,50 anfahren und Klick
⌚▼ KREIS Dritten Punkt auf Kreis angeben: Position 340,30 anfahren und Klick
```

2.7 Rechteck

Zum Zeichnen von Rechtecken gibt es einen speziellen Befehl, bei dem nur zwei diagonale Positionen für die Eckpunkte eingegeben werden müssen. Abbildung 2.25 zeigt einen kleinen Hocker, der mit FANG- und RASTER-Abständen von **2** und mit dem Befehl RECHTECK schnell und einfach gezeichnet wird.

Zeichnen und Beschriftung	Icon	Befehl	Kürzel
Start|Zeichnen		Rechteck	RE

Der Dialog läuft wie folgt:

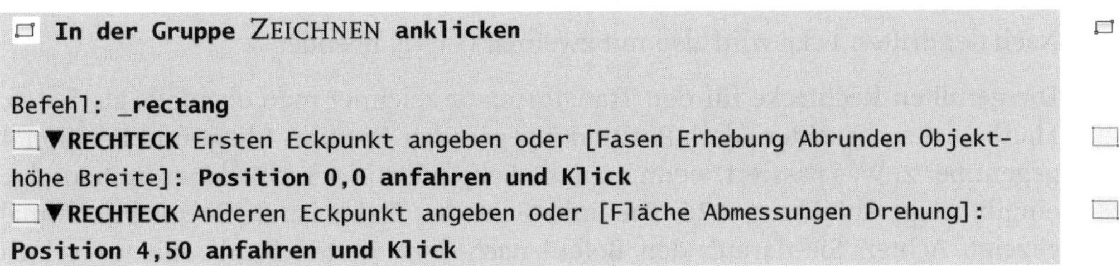

```
In der Gruppe ZEICHNEN anklicken

Befehl: _rectang
▼RECHTECK Ersten Eckpunkt angeben oder [Fasen Erhebung Abrunden Objekt-
höhe Breite]: Position 0,0 anfahren und Klick
▼RECHTECK Anderen Eckpunkt angeben oder [Fläche Abmessungen Drehung]:
Position 4,50 anfahren und Klick
```

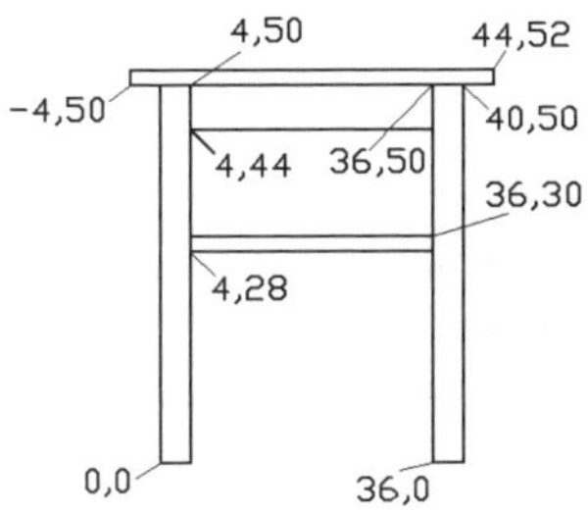

Abb. 2.25: Konstruktion mit Rechtecken, Fangabstand 2

2.8 Solid, Ring und Polylinie

Abschließend sollen noch einige Zeichenbefehle gezeigt werden, mit denen Sie gefüllte Objekte erstellen können. Sie können zum Beispiel für die unten gezeigten Elektroniksymbole gut verwendet werden. Sie sollten wieder Fangmodus und Zeichnungsraster anzeigen auf Abstand 10 einstellen.

Zeichnen und Beschriftung	Icon	Name/Befehl	Kürzel
Start|Zeichnen▼		Ring	RI
Start|Zeichnen		Polylinie/Plinie	PL
-		Solid	SO

Mit dem Befehl Solid kann man gefüllte Dreiecke oder Vierecke zeichnen. Der Befehl muss eingetippt werden, weil es kein Werkzeug dafür gibt. Das gefüllte Dreieck im Diodensymbol entsteht mit dem Befehl Solid wie folgt:

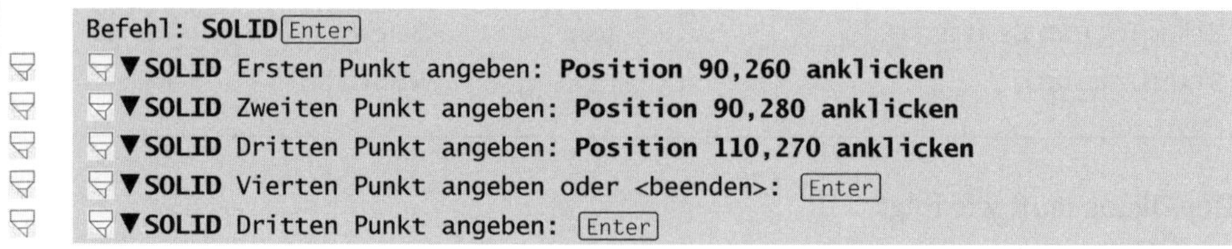

```
Befehl: SOLID[Enter]
▼SOLID Ersten Punkt angeben: Position 90,260 anklicken
▼SOLID Zweiten Punkt angeben: Position 90,280 anklicken
▼SOLID Dritten Punkt angeben: Position 110,270 anklicken
▼SOLID Vierten Punkt angeben oder <beenden>: [Enter]
▼SOLID Dritten Punkt angeben: [Enter]
```

Nach der dritten Ecke wird also mit zweimal [Enter] beendet.

Die gefüllten Rechtecke für den Transformator zeichnet man ebenfalls als SOLID. Hierbei ist zu beachten, dass Position 3 gegenüber Position 1 liegt und Position 4 gegenüber 2. Was passiert, wenn man die Eckpunkte in verschiedener Reihenfolge eingibt, zeigt Abbildung 2.26. Die linke Seite des Trafos ist als Beispiel noch mal gezeigt. Achten Sie darauf, den Befehl nach dem vierten Punkt mit [Enter] zu beenden. Wenn Sie das nicht tun, wird eine weitere gefüllte Fläche angeschlossen mit weiteren Punkten 3 und 4.

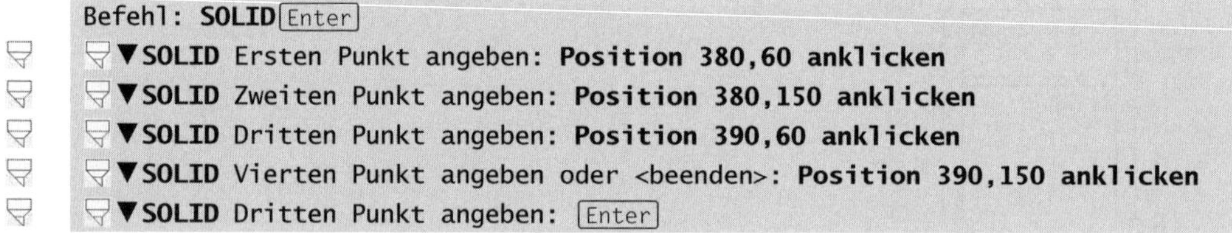

```
Befehl: SOLID[Enter]
▼SOLID Ersten Punkt angeben: Position 380,60 anklicken
▼SOLID Zweiten Punkt angeben: Position 380,150 anklicken
▼SOLID Dritten Punkt angeben: Position 390,60 anklicken
▼SOLID Vierten Punkt angeben oder <beenden>: Position 390,150 anklicken
▼SOLID Dritten Punkt angeben: [Enter]
```

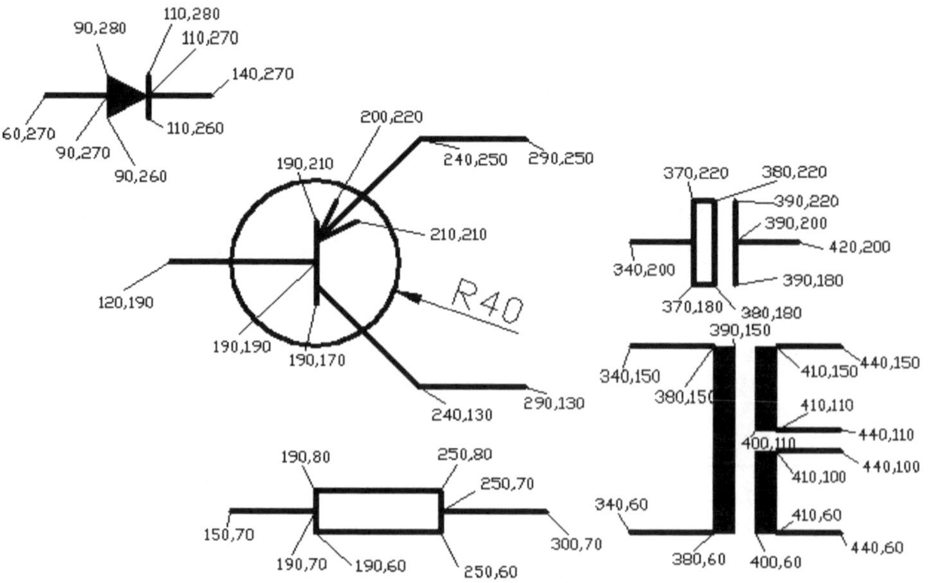

Abb. 2.26: Elektroniksymbole mit Befehl SOLID

Vertauscht man die Positionen, dann entsteht ein verzwirbeltes Viereck, wie in Abbildung 2.27 gezeigt.

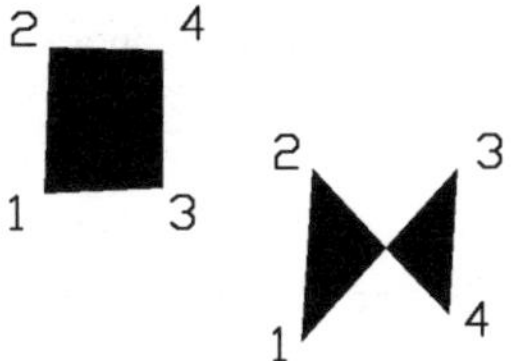

Abb. 2.27: Punktreihenfolge bei SOLID

In der nächsten Zeichnung sollen die Lötpunkte und Leiterbahnen mit den Befehlen RING und PLINIE erstellt werden. Beim Befehl RING wird zuerst nach einem Innendurchmesser und einem Außendurchmesser gefragt. Danach können Sie gleich mehrere Positionen für die Platzierung der Lötpunkte anklicken. Beendet wird der Befehl mit [Enter]. Auch wenn Sie einen Ring mit anderen Durchmesserwerten zeichnen wollen, müssen Sie den aktiven Befehl mit [Enter] beenden und den RING-Befehl erneut aufrufen. Die ersten Lötpunkte in Abbildung 2.28 entstehen wie folgt:

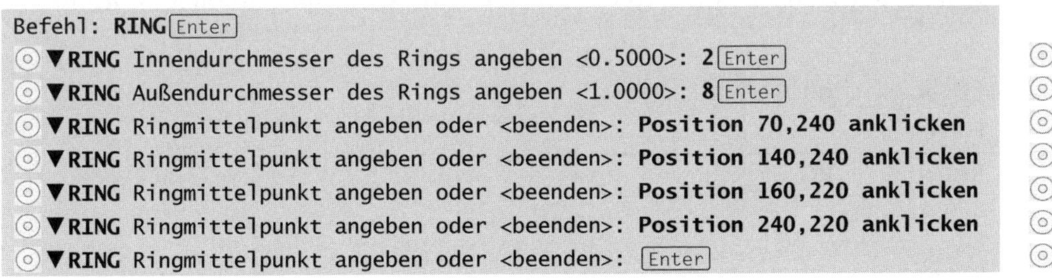

```
Befehl: RING[Enter]
▼RING Innendurchmesser des Rings angeben <0.5000>: 2[Enter]
▼RING Außendurchmesser des Rings angeben <1.0000>: 8[Enter]
▼RING Ringmittelpunkt angeben oder <beenden>: Position 70,240 anklicken
▼RING Ringmittelpunkt angeben oder <beenden>: Position 140,240 anklicken
▼RING Ringmittelpunkt angeben oder <beenden>: Position 160,220 anklicken
▼RING Ringmittelpunkt angeben oder <beenden>: Position 240,220 anklicken
▼RING Ringmittelpunkt angeben oder <beenden>: [Enter]
```

Die Leiterbahnen sollen als verbreiterte Linien entstehen. Deshalb kann hier nicht der LINIE-Befehl verwendet werden. Beim Befehl PLINIE ist es möglich, eine konkrete Breite für die Linie anzugeben. Ansonsten können Sie ihn wie den LINIE-Befehl bedienen. Die weiteren Optionen des PLINIE-Befehls werden später erläutert. Die oberste Leiterbahn in Abbildung 2.28 ist hier dokumentiert. Nach Anklicken des Werkzeugs meldet sich das englische Befehlsecho `_pline`. Dann klicken Sie auf die Startposition 70,40. Danach erhalten Sie die Möglichkeit, eine Linienbreite einzugeben. Mit B[Enter] wird die Option BREITE aktiviert und nach Anfrage dann der Wert 2[Enter] für die Startbreite des ersten Liniensegments eingegeben. Der Befehl übernimmt dann diesen Wert auch als Endbreite des Segments, die Sie mit [Enter] dann einfach akzeptieren können. Anschließend können Sie die gewünschten Positionen anfahren und anklicken. Beendet wird der Befehl mit [Enter]. Die einmal eingegebene Linienbreite ist auch beim nächsten Befehlsaufruf noch aktiv und braucht nicht erneut eingegeben zu werden.

```
In der Gruppe ZEICHNEN anklicken
Befehl: _pline
▼PLINIE Startpunkt angeben: Position 70,240 anklicken
Aktuelle Linienbreite beträgt 0.0000
▼PLINIE Nächsten Punkt angeben oder [Kreisbogen Halbbreite sehnenLänge Zurück Breite]: B[Enter]
▼PLINIE Startbreite angeben <0.0000>: 2[Enter]
▼PLINIE Endbreite angeben <2.0000>: [Enter]
▼PLINIE Nächsten Punkt angeben oder [Kreisbogen Halbbreite sehnenLänge Zurück Breite]: Position 140,240 anklicken
▼PLINIE Nächsten Punkt angeben oder [Kreisbogen Schließen Halbbreite sehnenLänge Zurück Breite]: Position 160,220 anklicken
▼PLINIE Nächsten Punkt angeben oder [Kreisbogen Schließen Halbbreite sehnenLänge Zurück Breite]: Position 240,220 anklicken
▼PLINIE Nächsten Punkt angeben oder [Kreisbogen Schließen Halbbreite sehnenLänge Zurück Breite]: [Enter]
```

Tipp: Füllen Ein/Aus

Die Füllung der Objekte RING, SOLID und POLYLINIE kann mit dem Befehl FÜLLEN ein- und ausgeschaltet werden. Die Wirkung wird aber erst nach Eingabe des Befehls REGEN oder Kürzel RG sichtbar. FÜLLEN wirkt auch auf Schraffuren!

Befehl	Kürzel
FÜLLEN	
REGEN	RG

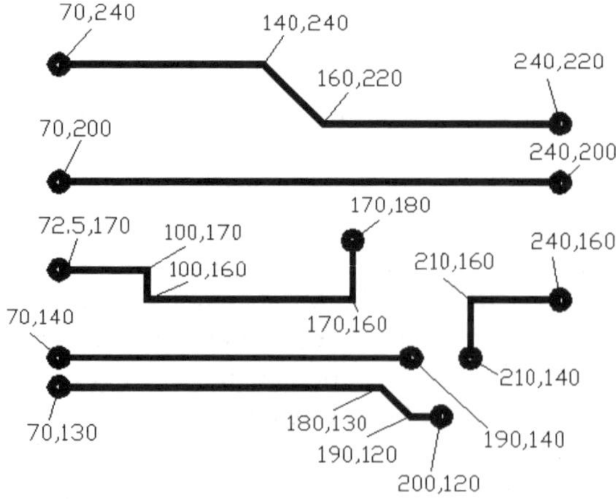

Abb. 2.28: Ringe und Polylinien

2.9 Übungen

Die folgenden Übungszeichnungen sind zum Nachzeichnen gedacht.

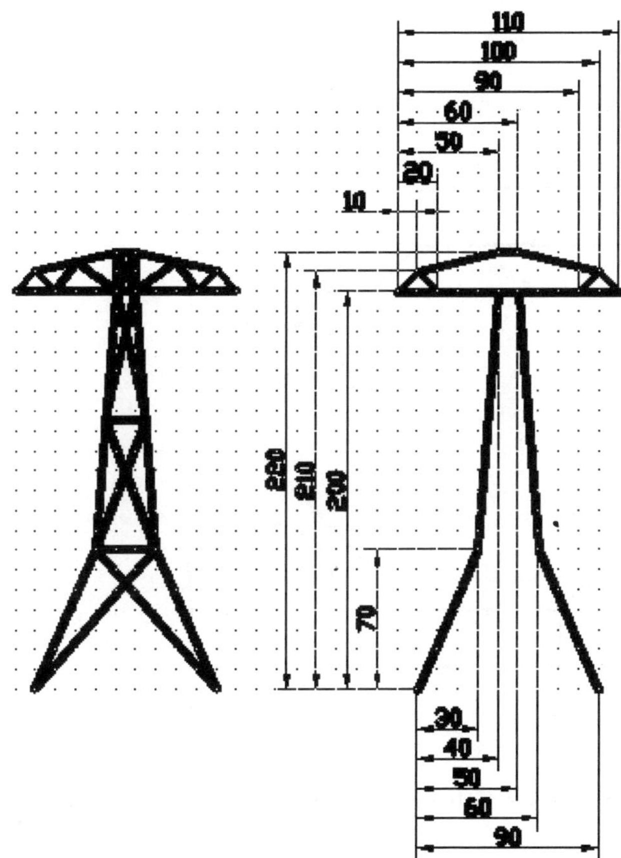

Abb. 2.29: Übungszeichnung

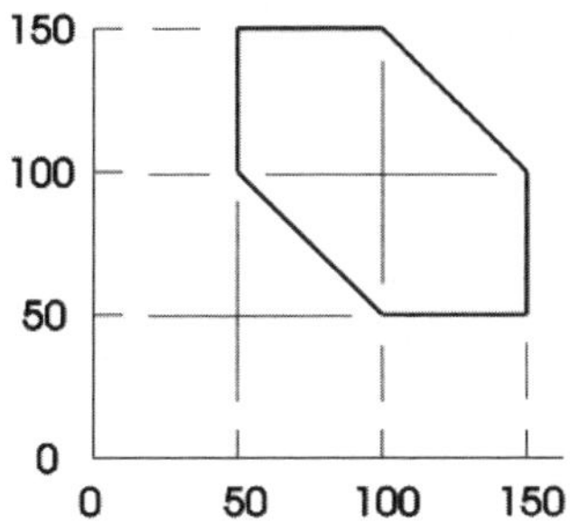

Abb. 2.30: Übung zu ZEICHNUNGSRASTER ANZEIGEN und FANGMODUS

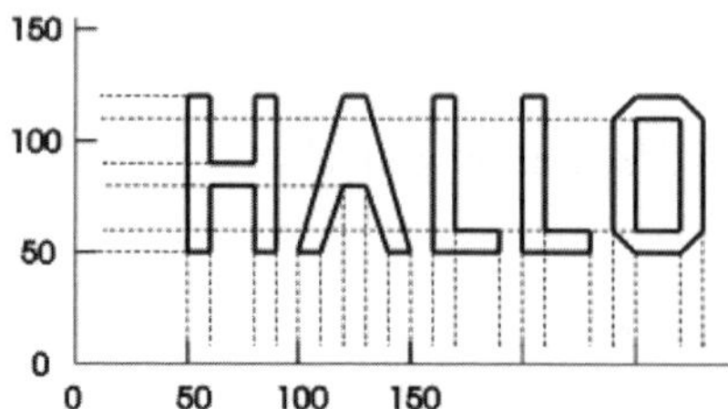

Abb. 2.31: Übung zu ZEICHNUNGSRASTER ANZEIGEN und FANGMODUS

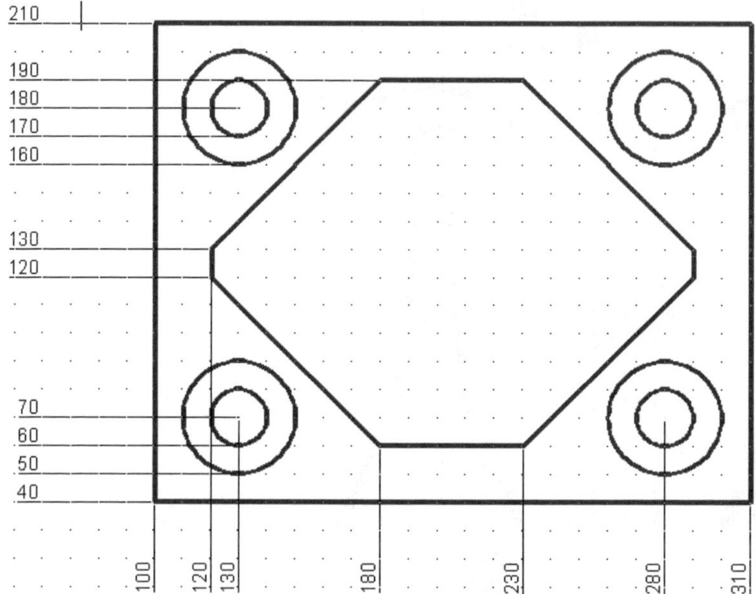

Abb. 2.32: Übung zu ZEICHNUNGSRASTER ANZEIGEN und FANGMODUS

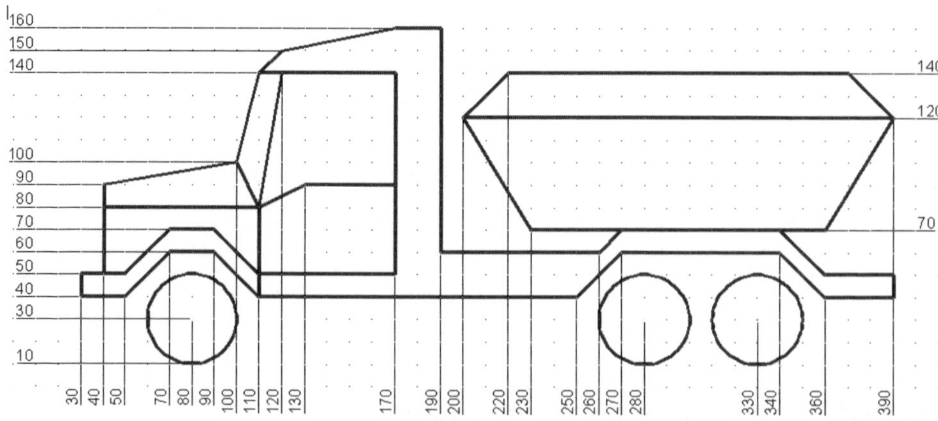

Abb. 2.33: Übung zu ZEICHNUNGSRASTER ANZEIGEN und FANGMODUS

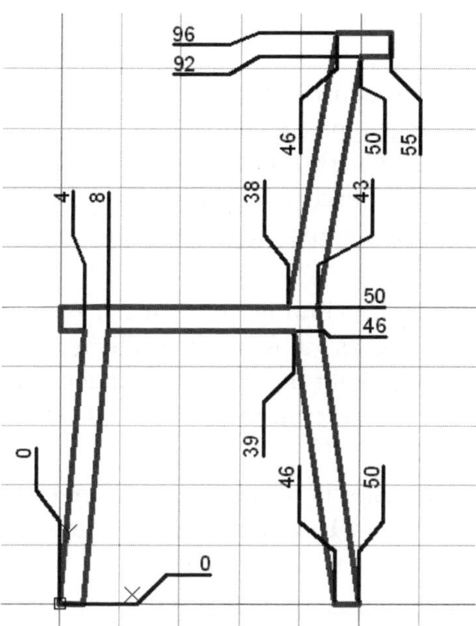

Abb. 2.34: Übungszeichnung mit Fangabstand 1 und Rasterabstand 10

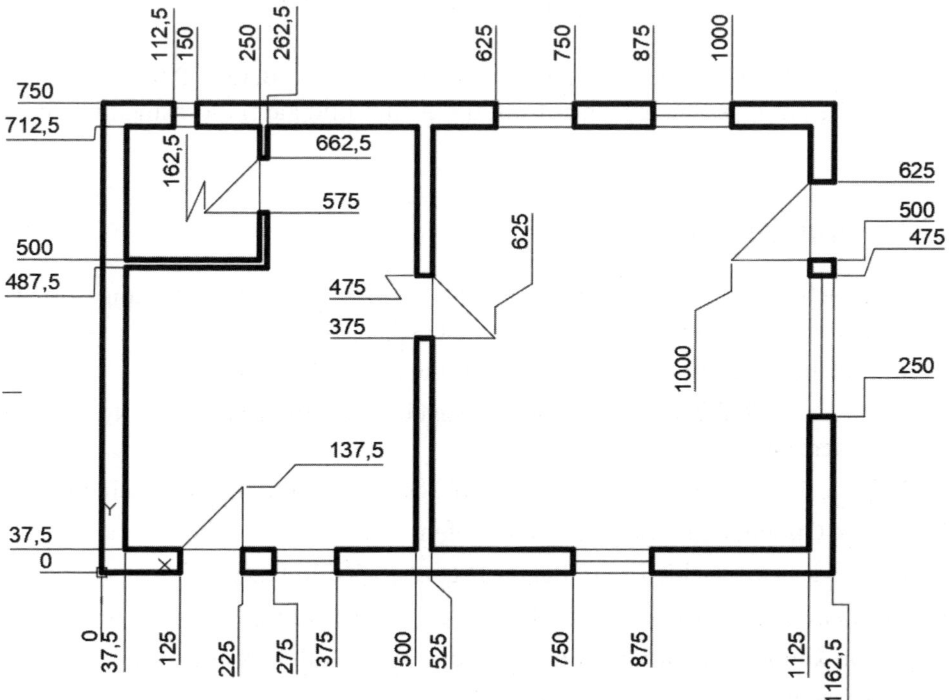

Abb. 2.35: Übungszeichnung mit Fang- und Rasterabstand 12.5

2.10 Was noch zu bemerken wäre

- *Autovervollständigen* – In AutoCAD ist der automatische Vervollständigungsmodus aktiv. Dadurch wird ein erst teilweise eingetippter Befehl automatisch zum potenziellen vollständigen Namen ergänzt. Es gibt aber auch Befehle, bei denen das automatische Vervollständigen gar nicht erwünscht ist. Dann löschen Sie mit [Backspace] einfach die angebotene Vervollständigung weg. Also bitte immer genau hinschauen!
- `*.DWL` – Ein Dateityp, der zu jeder aktiven Zeichnung automatisch erstellt wird, sog. LOCK-Datei, markiert die Zeichnung als »in Arbeit befindlich«, wird bei Beenden der Zeichnung wieder gelöscht, bleibt bei Absturz erhalten und gibt später dem *Wiederherstellungsmanager* zu erkennen, dass es mit dieser Zeichnung einen Absturz gab.
- `*.SV$` – Der Dateityp der 10-minütigen automatischen Sicherung im Verzeichnis TEMP, die Systemvariable SAVETIME mit Wert **10** garantiert diese automatische Sicherung.
- `*.BAK` – Der Dateityp der Sicherung, die automatisch bei jedem aktiven SICHERN Ihrerseits erstellt wird, enthält den Stand der vorherigen DWG.
- A CAD|ZEICHNUNGSPROGRAMME|WIEDERHERSTELLEN bzw. Befehl WHERST versucht das Restaurieren einer Zeichnung, wenn es ÖFFNEN nicht mehr schafft.
- A CAD|ZEICHNUNGSPROGRAMME|ÜBERPRÜFEN bzw. Befehl PRÜFUNG überprüft die aktuelle Zeichnung auf interne Fehler und kann diese auch korrigieren.

2.11 Übungsfragen

1. Für welchen der Befehle NEU oder SNEU können Sie eine Zeichnungsvorlage für spätere Verwendung dauerhaft vorgeben?
2. Mit welchem Befehl können Sie ein gefülltes Viereck zeichnen?
3. Mit welchem Befehl kann man den Anzeigebereich für das ZEICHNUNGSRASTER anders einstellen?
4. Welcher Befehl speichert *immer* mit Anfrage nach einem neuen Dateinamen?
5. Welche Optionen gibt es beim KREIS-Befehl?
6. Was ist der Unterschied zwischen POLYLINIE und LINIE?
7. Welcher Befehl macht das letzte LÖSCHEN rückgängig?
8. Wie oft können Sie im Befehl LINIE die Option ZURÜCK eingeben?
9. Welche Eingaben verlangt der Befehl RING?
10. Wie erreichen Sie den OPTIONEN-Befehl?

Exaktes Zeichnen mit LINIE und KREIS

Dieses dritte Kapitel ist eine Einführung in das *Zeichnen mit exakten Koordinatenangaben*. Zuerst müssen wir uns aber etwas mit der *Ansichtssteuerung* befassen, denn unser Bildschirm zeigt ja immer nur einen Ausschnitt der prinzipiell unendlich großen Zeichenfläche. Diesen Ausschnitt steuern Sie mit der Maus und mit den ZOOM- und PAN-Befehlen. Sie üben danach die *Koordinateneingabe* mit den schon aus dem zweiten Kapitel bekannten Zeichenbefehlen. Sie benutzen *rechtwinklige Koordinaten* und *Polarkoordinaten*, sowohl *absolute* als auch *relative*. In den ersten Kapiteln des Buches wird rein zweidimensional konstruiert. Erst in den letzten Kapiteln bei den *3D-Konstruktionen* spielt die Eingabe einer zusätzlichen *z-Koordinate* eine Rolle.

3.1 Ansichtssteuerung: Zoom-Funktionen

Bei Detailarbeiten muss man manchmal näher hinsehen, das heißt etwas vergrößern und danach auch wieder verkleinern können. Dazu haben Sie oben schon ZOOM und PAN übers Mausrad kennengelernt. Diese ZOOM- und PAN-Funktionen sind in der Praxis die nützlichsten. Hier sei aber noch auf einige schöne ZOOM-Funktionen, im Flyout ZOOM ▼ in der NAVIGATIONSLEISTE verwiesen.

Wichtig: ZOOM und PAN mit Mausrad

ZOOM wird aber am einfachsten durch *Rollen des Mausrades* bewirkt. Dabei bleibt die aktuelle Fadenkreuzposition fixiert. PAN kann durch *Druck auf das Mausrad und Bewegen* der Maus ausgeführt werden. ZOOM-GRENZEN kann durch einen *Doppelklick* auf das Mausrad ausgelöst werden.

NAVIGATIONSLEISTE	Icon	Befehl	Kürzel
ZOOM GRENZEN		ZOOM|G	ZO|G
ZOOM FENSTER		ZOOM|FE	ZO|FE
ZOOM VORHER		ZOOM|V	ZO|V

Navigationsleiste	Icon	Befehl	Kürzel
Zoomfaktor		Zoom|Fa	ZO|FA
Zoom Objekt		Zoom|O	ZO|O
Vergrößern		Zoom|2x	ZO|2x
Verkleinern		Zoom|0.5x	ZO|0.5x
Pan		Pan	P

- Zoom Grenzen – Der neue Bildausschnitt richtet sich nach den minimalen und maximalen Koordinaten *aller Objekte*. Wenn noch nichts gezeichnet wurde, wird hier stattdessen auf die Limiten gezoomt. Falls Sie die Vorlage `acadiso.dwt` verwenden, laufen die Limiten von 0,0 bis 420,297 (siehe Befehl Limiten).
- Zoom Fenster – Ein Fenster wird mit zwei diagonalen Pickpositionen aufgemacht und auf den gesamten Bildschirm vergrößert. Sie können statt der Pickpositionen natürlich auch Punktkoordinaten eingeben.
- Zoom Vorher – Der vorhergehende Bildschirmausschnitt wird wieder aktiviert. Das geht auch mehrfach.
- Zoomfaktor – (auch Zoom Skalieren) Hierbei können Sie den Vergrößerungsfaktor selbst individuell angeben. Fixiert bleibt die Bildschirmmitte. Der Faktor wird als Zahl gefolgt von **x** eingegeben: **3x** zeigt den Bildschirminhalt dreifach vergrößert an. Zahlen zwischen 0 und 1 bedeuten eine Verkleinerung. Ohne x wird relativ zum Limiten-Ausschnitt (Vorgabe ist A3) gerechnet, was selten nützlich ist.

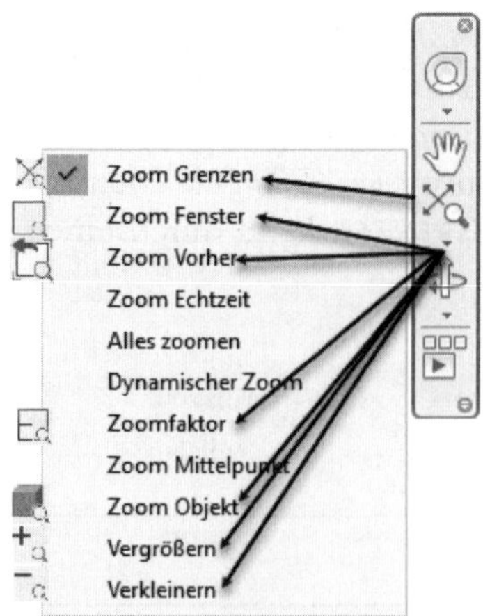

Abb. 3.1: Navigationsleiste und nützliche Zoom-Funktionen

- Zoom Objekt – Sie wählen hierzu Objekte aus, auf die dann der Bildschirm optimiert wird.
- Vergrößern – Diese Funktion vergrößert um einen Faktor 2.
- Verkleinern – Diese Funktion verkleinert mit einem Faktor 0.5.
- Pan – Mit gedrückter Maustaste wird der Bildschirmausschnitt verschoben. Dieser Modus kann im Kontextmenü (Rechtsklick) mit Beenden verlassen werden oder mit der Taste [Esc].

Vorsicht: Größe des Zeichenbereichs beim Start

Wenn Sie eine neue Zeichnung mit Standard-Vorgaben starten, wird immer ein sehr großer Zeichenbereich mit Abmessungen von 300 bis 6500 in waagerechter x-Richtung und 180 bis 2700 in senkrechter y-Richtung angezeigt. Dabei liegt nicht einmal der Nullpunkt auf dem Bildschirmausschnitt.

Wichtig: Bildschirmausschnitt beim Start einstellen

Zeichnungsgröße einstellen: Führen Sie mit *Doppelklick aufs Mausrad* den Befehl Zoom Option Grenzen aus. Da noch nichts gezeichnet ist, verwendet AutoCAD die Limiten-Voreinstellungen und setzt den Zeichenbereich *auf 0,0 bis 420,297*. Wenn schon etwas gezeichnet war, würde *auf alle gezeichneten Objekte* gezoomt.

Nullpunkt einstellen: Besser arbeitet es sich, wenn der Nullpunkt deutlich sichtbar auf dem Bildschirm liegt. Dazu fahren Sie *mit gedrücktem Mausrad* (entspricht Befehl Pan) etwa einen Finger breit nach schräg rechts oben. Das Achsenkreuz wird am echten Nullpunkt angezeigt und bei aktiviertem Raster [#] erscheinen die x-Achse in Rot und die y-Achse in Grün.

3.2 Rechtwinklige Koordinaten

3.2.1 Absolute rechtwinklige Koordinaten

Absolute rechtwinklige Koordinaten beziehen sich immer auf den Koordinatennullpunkt und auf die oben schon vorgestellten x- und y-Achsen, die bei aktiviertem Raster [#] im Zeichenbereich mit roten bzw. grünen Linien markiert sind. Sie geben an, welchem Koordinatenwert ein Punkt entspricht, wenn man ihn auf die x- und y-Achse projiziert (links in Abbildung 3.2). Dies sind auch die Koordinaten, die für die ersten Übungsbeispiele in Kapitel 2 angegeben wurden. Rechtwinklige oder auch kartesische Koordinaten werden als Paare von Dezimalzahlen eingegeben. Zu beachten ist, dass eine Dezimalzahl in AutoCAD mit *Dezimalpunkt* zu schreiben ist. Der Grund dafür liegt in der Herkunft des Programms. In Amerika ist es üblich, bei Dezimalzahlen einen *Dezimalpunkt* zu schreiben. Das *Komma* als Zeichen wird anderweitig verwendet, nämlich um *bei Koordinatenangaben den x- und den y-Wert voneinander zu trennen*. Eine gültige Koordinateneingabe für eine Position in kartesischen Koordinaten würde folgendermaßen aussehen:

```
x-Wert,y-Wert
120.5,200.1
```

Wenn keine Nachkommastellen vorhanden sind, können der Dezimalpunkt und folgende Nullen auch weggelassen werden:

Statt **10.0,11.5** können Sie also auch **10,11.5** schreiben.

Sie sollten die Koordinateneingabe gleich ausprobieren und testen, indem Sie die Linien aus Abbildung 3.2 mit exakten Koordinaten zeichnen. Beginnen Sie eine neue Zeichnung wie im zweiten Kapitel. Zunächst starten Sie wie oben beschrieben im SCHNELLZUGRIFF-WERKZEUGKASTEN den Befehl SNEU. Die ZEICHENHILFEN ZEICHNUNGSRASTER ANZEIGEN und FANGMODUS schalten Sie nun über einen Klick in der Statusleiste *aus (aus=grau, ein=blau)*. Führen Sie im Zeichenfenster mit einem *Doppelklick aufs Mausrad* die Funktion ZOOM - GRENZEN aus und schieben Sie dann das ganze Zeichenfenster *mit gedrücktem Mausrad* (entspricht PAN) etwas nach rechts oben. Danach werden Sie das Achsenkreuzsymbol am Nullpunkt sehen. Auch alle anderen ZEICHENHILFEN sollten deaktiviert (grau) sein. Sie fahren nun nicht mehr die Rasterpositionen für die einzelnen Punkte an, sondern tippen die Koordinatenwerte nach Aufruf des Befehls LINIE ein. Achten Sie auf den Befehlsdialog in der Eingabezeile:

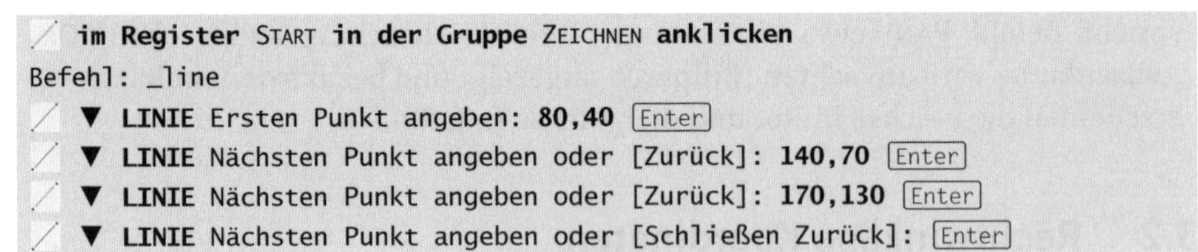

im Register START **in der Gruppe** ZEICHNEN **anklicken**
Befehl: _line
▼ **LINIE** Ersten Punkt angeben: **80,40** [Enter]
▼ **LINIE** Nächsten Punkt angeben oder [Zurück]: **140,70** [Enter]
▼ **LINIE** Nächsten Punkt angeben oder [Zurück]: **170,130** [Enter]
▼ **LINIE** Nächsten Punkt angeben oder [Schließen Zurück]: [Enter]

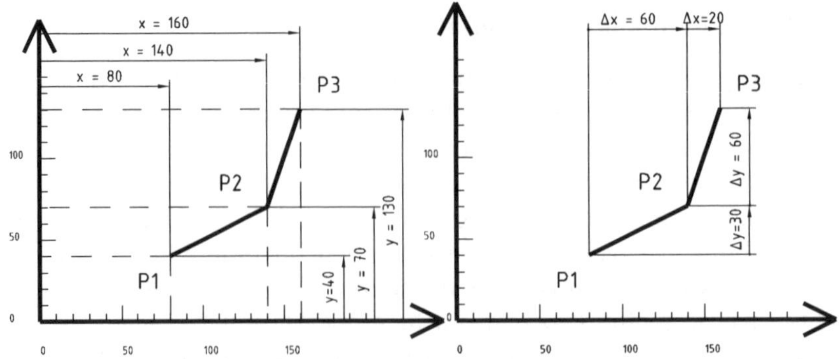

Abb. 3.2: Absolute und relative rechtwinklige Koordinaten (Kartesische Koordinaten)

Wenn das Ergebnis anders aussieht, haben Sie eventuell die Einstellungen der dynamischen Koordinateneingabe seit dem letzten Kapitel (siehe Abschnitt 2.1.3, *Zeichnungsraster anzeigen und Fangmodus*) verändert. Die dynamische Eingabe ist standardmäßig aktiviert, aber auf relative Koordinateneingabe eingestellt. Im letzten Kapitel (siehe Abbildung 2.3) hatten wir das auf absolute Koordinaten umgestellt, und das bleibt dann auch so.

Für *absolute rechtwinklige Koordinaten* sollten Sie sie wie in Abbildung 3.3 eingestellt haben.

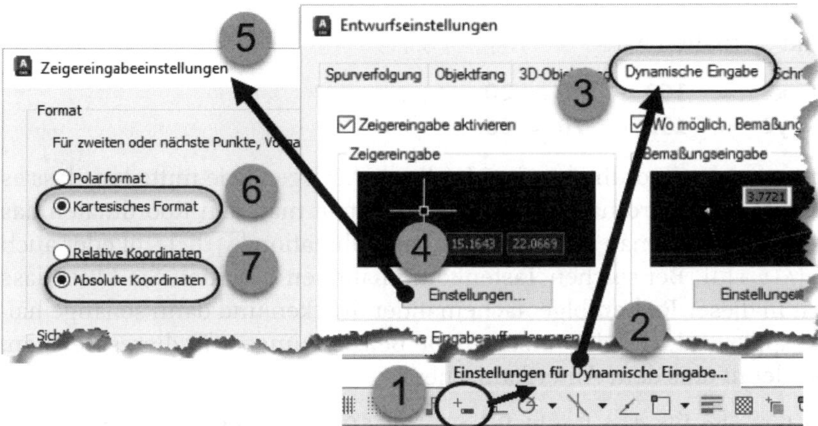

Abb. 3.3: Dynamische Eingabe für absolute rechtwinklige Koordinaten

Im nächsten Beispiel brauchen Sie dann aber *relative rechtwinklige Koordinaten* wie in Abbildung 3.4.

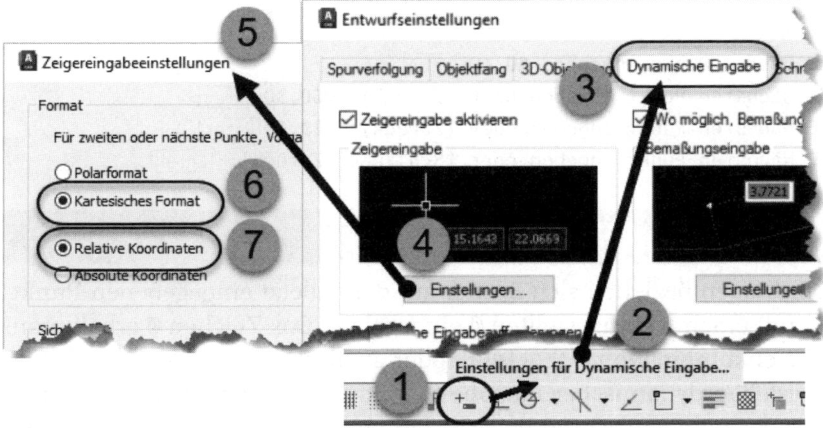

Abb. 3.4: Dynamische Eingabe für relative rechtwinklige Koordinaten

3.2.2 Relative rechtwinklige Koordinaten

Relative rechtwinklige Koordinaten geben immer den *Abstand vom letzten Punkt* an, den Sie konstruiert haben. Solche Angaben finden Sie rechts in Abbildung 3.2. Den Abstand vom letzten Punkt in x und y bezeichnet man auch als Δx und Δy (Δ – sprich Delta – ist der griechische Buchstabe für *d* und wird von den Mathematikern gern für *Distanzen* verwendet). In absoluten Koordinaten ausgedrückt berechnen sich die Relativkoordinaten für Punkt 2 als:

```
Δx =  x2 - x1  =  140 -  80 = 60
Δy =  y2 - y1  =   70 -  40 = 30
```

Und für Punkt 3 erhalten wir:

```
Δx =  x3 - x2  =  160 - 140 = 20
Δy =  y3 - y2  =  130 -  70 = 60
```

Nun muss man bei der Koordinateneingabe AutoCAD irgendwie mitteilen, dass es sich um die relativen Koordinaten handelt. Dazu stellt man den Koordinaten das Zeichen **@** voran. **@** erhält man durch die Tastenkombination [AltGr]+[Q] oder auch über [Strg]+[Alt]+[Q]. Bei solchen Tastenkombinationen beachten Sie bitte, dass Sie die Tasten in dieser Reihenfolge nacheinander drücken und dann so lange halten, bis [Q] getippt wurde. Es gibt verschiedene Bezeichnungen für dieses Zeichen: *Klammeraffe* oder *at* (aus dem Amerikanischen).

Die korrekte Eingabe für den Punkt P2 wäre: @60,30, nachdem vorher P1 konstruiert wurde. Da sich Relativkoordinaten immer auf den vorhergehenden Punkt beziehen, ist klar, dass man den ersten Punkt in absoluten Koordinaten eingeben sollte, weil es noch keinen sinnvollen vorhergehenden Punkt gibt. Das Beispiel in Abbildung 3.2 wäre dann also folgendermaßen einzugeben:

```
Im Register START in der Gruppe ZEICHNEN anklicken
Befehl: _line
▼ LINIE Ersten Punkt angeben: 80,40[Enter]
▼ LINIE Nächsten Punkt angeben oder [Zurück]: @60,30[Enter]
▼ LINIE Nächsten Punkt angeben oder [Zurück]: @20,60[Enter]
▼ LINIE Nächsten Punkt angeben oder [Schließen Zurück]: [Enter]
```

Wichtig: Relative Koordinaten

Relative Koordinaten beziehen sich immer auf den zuletzt eingegebenen Punkt und werden mit einem vorangestellten **@** eingegeben. Das Zeichen **@** erhält man durch die Tastenkombination [AltGr]+[Q] oder auch über [Strg]+[Alt]+[Q]. Bei korrekt eingestellter dynamischer Eingabe (Abbildung 3.4) wird ab dem zweiten Punkt automatisch ein @ davorgesetzt. Sie können es also beim Tippen getrost weglassen.

Viele Architekturzeichnungen sind mit Kettenmaßen versehen, bei denen stets die Entfernungen relativ zum letzten Punkt angegeben sind. Hier sind dann relative Koordinaten gefragt. Sie stehen für den Zuwachs in x-Richtung und in y-Richtung.

Stellen Sie sich Relativkoordinaten so vor, als sollten Sie beschreiben, *um wie viel* Sie sich in x- und y-Richtung jeweils weiterbewegen müssen, um zum nächsten Punkt zu gelangen. Geht die x-Bewegung nach links, also in die Richtung der negativen x-Achse, dann ist die relative x-Koordinate mit einem Minuszeichen einzugeben. Geht die y-Bewegung nach unten, dann ist die relative y-Koordinate mit einem Minuszeichen zu versehen.

Hier noch einmal die Gegenüberstellung der absoluten und relativen Koordinaten:

Punkt	Absolut x,y	Relativ @Δx,Δy	Berechnung	
1	x1,y1 = 80,40			
2	x2,y2 = 140,70	@Δx, Δy = @60,30	Δx = x2-x1	Δy = y2-y1
3	x3,y3 = 160,130	@Δx, Δy = @20,60	Δx = x3-x2	Δy = y3-y2

3.3 Polarkoordinaten

Polare Koordinaten spielen oft nur als Relativkoordinaten eine Rolle. Bei relativen Polarkoordinaten gibt man den radialen Abstand des neuen Punkts vom letzten aus an und den Winkel, unter dem er liegt. Der Abstand ist immer eine positive Zahl.

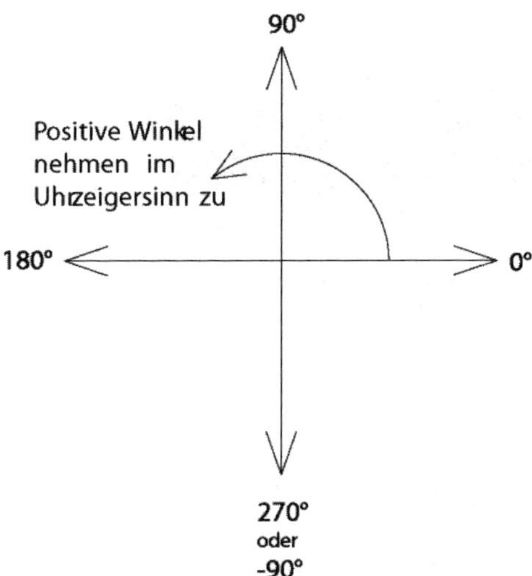

Abb. 3.5: Winkelangaben für Polarkoordinaten

Für die Winkeleingabe muss man eine Richtung als *null Grad* spezifizieren, und das ist hier immer die *Richtung der x-Achse*, auch *3-Uhr-Position* genannt – für diejenigen, die noch eine Zeigeruhr besitzen. Ansonsten entspricht null Grad der Himmelsrichtung *Osten*, also rechts auf der Landkarte. Die positive Zählweise für den Winkel läuft gegen den Uhrzeiger. Das wird auch als der mathematisch positive Sinn bezeichnet, also von der positiven x-Achse zur positiven y-Achse hin. Folglich bedeutet 90° die Richtung senkrecht nach oben, 180° nach links und 270° oder auch –90° nach unten.

Wichtig: Polarkoordinaten

Bei Polarkoordinaten wird nicht das Komma als Trennzeichen verwendet, sondern das Zeichen [<] (Kleiner-Zeichen). Das Zeichen [°] wird nicht geschrieben.

3.3.1 Relative Polarkoordinaten

Zunächst rufen Sie wieder den Befehl SNEU auf. Sämtliche Zeichenhilfen in der Statusleiste schalten Sie wieder aus.

Zur Erleichterung und Veranschaulichung der Koordinateneingabe können Sie die Dynamische Eingabe auf Polarkoordinaten umstellen (Abbildung 3.6). Sie sehen dann auch die Vorschauwerte schon mit polarer Anzeige.

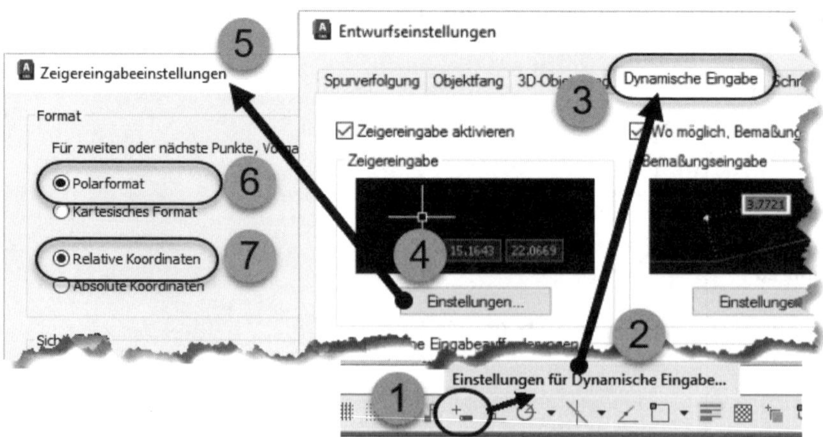

Abb. 3.6: Dynamische Eingabe für relative Polarkoordinaten

Das Beispiel aus Abbildung 3.7 lautet dann wie folgt:

```
Im Register START in der Gruppe ZEICHNEN anklicken
Befehl: _line
▼ LINIE Ersten Punkt angeben: 0,0[Enter]
```

▼ **LINIE** Nächsten Punkt angeben oder [Zurück]: **@60<0** Enter
▼ **LINIE** Nächsten Punkt angeben oder [Zurück]: **@60<60** Enter
▼ **LINIE** Nächsten Punkt angeben oder [Schließen Zurück]: **@60<120** Enter
▼ **LINIE** Nächsten Punkt angeben oder [Schließen Zurück]: **@60<180** Enter
▼ **LINIE** Nächsten Punkt angeben oder [Schließen Zurück]: **@60<240** Enter
▼ **LINIE** Nächsten Punkt angeben oder [Schließen Zurück]: **@60<300** Enter
oder S Enter
▼ **LINIE** Nächsten Punkt angeben oder [Schließen Zurück]: Enter

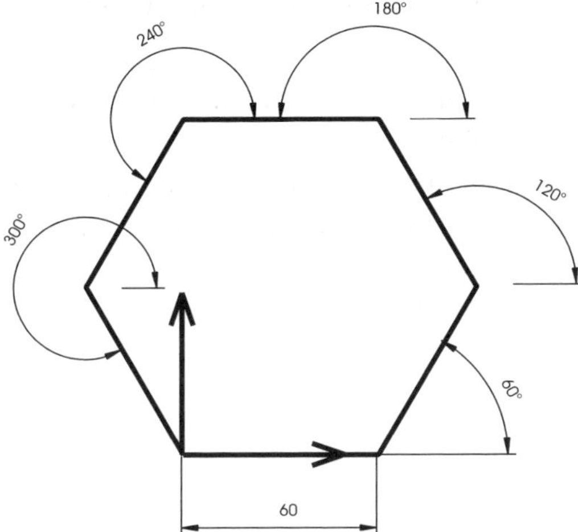

Abb. 3.7: Sechseck in Polarkoordinaten

Wichtig: Koordinaten des letzten Punkts: LASTPOINT

@ bezieht sich auf den *zuletzt konstruierten Punkt*. War das letzte Objekt ein Kreis, so ist es dessen Mittelpunkt bzw. Zentrum; war es ein Bogen oder eine Linie, so ist es dessen oder deren letzter Endpunkt. Die Koordinaten dieses zuletzt konstruierten Punkts sind in der Systemvariablen LASTPOINT abgespeichert. Sie können sich die Werte ansehen, indem Sie an der Befehlseingabe einfach LASTPOINT als Befehl eingeben.

Will man den letzten Punkt selbst direkt zur Konstruktion verwenden, so müsste man nach unserer bisherigen Logik **@0,0** Enter in rechtwinkligen Koordinaten oder **@0<0** Enter in Polarkoordinaten angeben. Es ist aber erlaubt, in diesem Spezialfall einfach **@** Enter zu schreiben ohne weitere Koordinatenangabe.

Wenn die dynamische Koordinateneingabe auf *polar* umgestellt wurde, geben Sie ins erste Eingabefeld den relativen Abstand ein und können dann auch mit Tab in das Winkeleingabefeld umschalten. Sie brauchen dann *kein Winkelsymbol* mehr zu schreiben, nur die Zahl.

3.3.2 Absolute Polarkoordinaten

In einem weiteren Beispiel können Sie die absoluten Polarkoordinaten üben. Es soll der gezeigte Stern um den Koordinatenursprung herum gezeichnet werden. Beginnen Sie wieder eine neue Zeichnung mit SNEU. Alle Zeichenhilfen schalten Sie wieder aus.

Sie müssten nun die dynamische Eingabe wieder auf absolute Koordinaten umschalten (in Abbildung 3.6 bei ❼ auf ABSOLUTE KOORDINATEN stellen).

Für die Stern-Zeichnung ist es aber nötig, den Koordinatenursprung in die Bildschirmmitte zu bringen:

- Mit einem *Doppelklick aufs Mausrad* (entspricht ZOOM GRENZEN) stellen Sie den Bildschirmausschnitt auf etwa DIN-A3-Größe ein.
- Dann verschieben Sie bei niedergedrücktem Mausrad die linke Bildschirmecke (entspricht PAN-Modus) t in die Mitte. Das Achsenkreuz liegt nun in der Bildmitte.

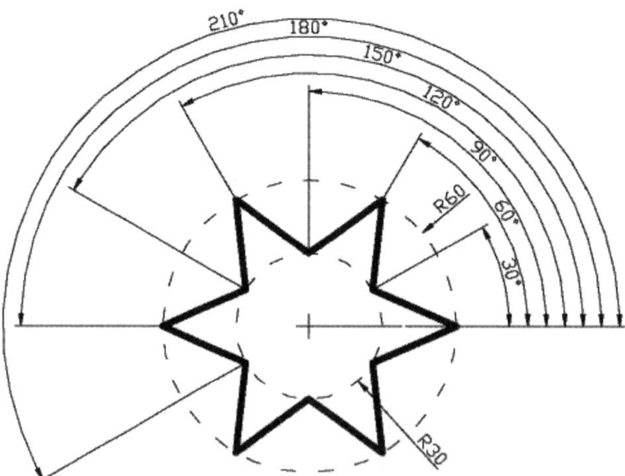

Abb. 3.8: Konstruktion in absoluten Polarkoordinaten

```
Im Register START in der Gruppe ZEICHNEN anklicken
Befehl: _line
▼ LINIE Ersten Punkt angeben: 60<0
▼ LINIE Nächsten Punkt angeben oder [Zurück]: 30<30
▼ LINIE Nächsten Punkt angeben oder [Zurück]: 60<60
▼ LINIE Nächsten Punkt angeben oder [Schließen Zurück]: 30<90
▼ LINIE Nächsten Punkt angeben oder [Schließen Zurück]: 60<120
▼ LINIE Nächsten Punkt angeben oder [Schließen Zurück]: 30<150
▼ LINIE Nächsten Punkt angeben oder [Schließen Zurück]: 60<180
▼ LINIE Nächsten Punkt angeben oder [Schließen Zurück]: 30<210
```

```
▼ LINIE Nächsten Punkt angeben oder [Schließen Zurück]: 60<240
▼ LINIE Nächsten Punkt angeben oder [Schließen Zurück]: 30<270
▼ LINIE Nächsten Punkt angeben oder [Schließen Zurück]: 60<300
▼ LINIE Nächsten Punkt angeben oder [Schließen Zurück]: 30<330
▼ LINIE Nächsten Punkt angeben oder [Schließen Zurück]: s
```

3.3.3 Zusammenfassung der Koordinateneingaben

Koordinatenart	absolut	relativ
rechtwinklig	X,Y	@ΔX, ΔY
polar	R<W	@ΔR<W

Bedeutung:

X,Y: absolute x-,y-Koordinate

ΔX, ΔY: Abstand in X,Y vom letzten Punkt

R: absoluter Abstand vom Nullpunkt

ΔR: Abstand vom letzten Punkt

W: Winkel in xy-Ebene, zählt immer von der x-Achse weg (3-Uhr-Position) im Gegenuhrzeigersinn

3.3.4 Beispiel mit verschiedenen Koordinatenarten

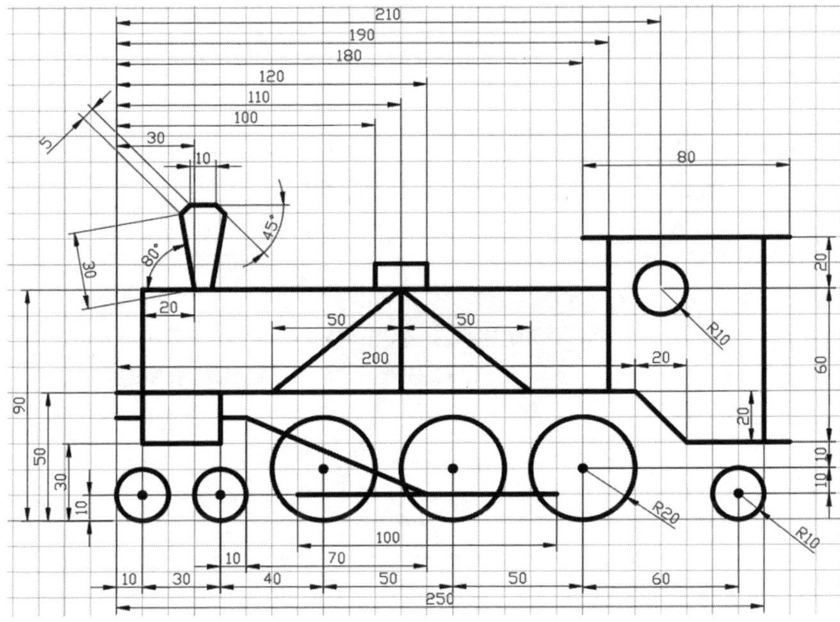

Abb. 3.9: Lokomotive

Zeichnen Sie nun als abschließendes Beispiel eine Lokomotive. Beginnen Sie eine neue Zeichnung und überlegen Sie sich, wo Sie die Konstruktion starten. Da sich viele Bemaßungen auf die Position links unten am ersten Rad beziehen, wäre es sinnvoll, diese Position als Nullpunkt zu verwenden. Dann können Sie nämlich alle Bezugsmaße ohne viel Kopfrechnen als absolute Koordinaten eingeben. Es wurden in diesem Beispiel absichtlich unterschiedliche Bemaßungsarten verwendet, damit Sie noch einmal die verschiedenen Koordinateneingaben üben können.

Tipp: Nullpunkt bei Bezugsbemaßung

Wenn Objekte mit Bezugsbemaßungen versehen sind, ist es für die Koordinateneingabe sinnvoll, den Bezugspunkt als Nullpunkt anzunehmen. Dann können die Bezugsmaße als absolute Koordinaten verwendet werden.

Vereinfachen Sie sich die Koordinateneingabe für das Beispiel, indem Sie in der STATUSLEISTE den RASTERFANG aktivieren (FANG RASTERMODUS) (Abbildung 3.10).

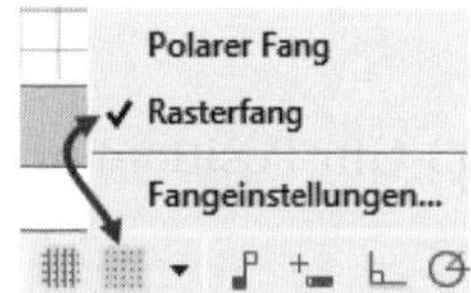

Abb. 3.10: Einstellungen für den Rasterfang

Stellen Sie dann die DYNAMISCHE EINGABE je nach Bedarf auf absolute oder relative rechtwinklige Koordinaten ein:

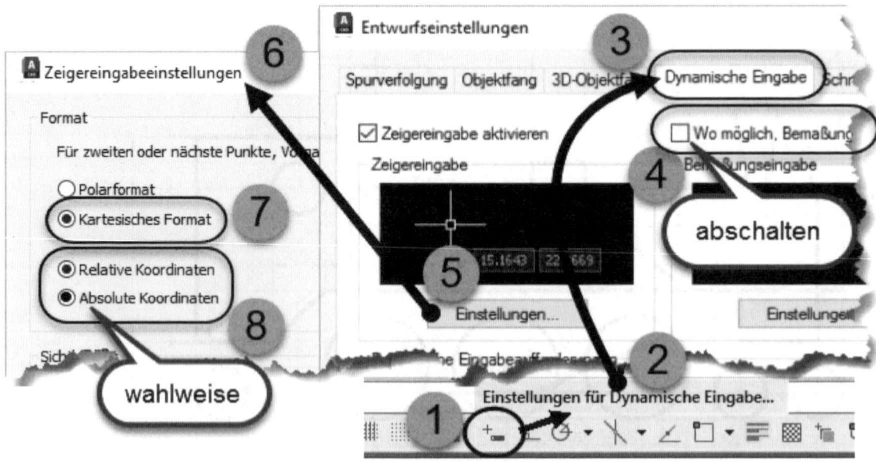

Abb. 3.11: Einstellungen für die dynamische Eingabe rechtwinkliger Koordinaten

Zuerst sollen die Räder gezeichnet werden. Das erste Rad kann mit absoluten Koordinaten, die übrigen dann mit relativen gezeichnet werden. Achten Sie darauf, dass im Beispiel die wiederholte Eingabe des Radius nicht nötig ist, wenn er vom vorherigen Kreisbefehl noch gültig ist. Der vorherige Wert wird stets in spitzen Klammern <...> angezeigt und kann dann mit [Enter] übernommen werden.

Tipp

Befehlswiederholung – Um den letzten Befehl einfach zu wiederholen, müssen Sie an der Befehlseingabe nur [Enter] drücken [↵]. Alternativ machen Sie einen *Rechtsklick* und wählen im Kontextmenü WIEDERHOLEN KREIS.

```
Im Register START in der Gruppe ZEICHNEN anklicken
Befehl: _circle
▼ Kreis Mittelpunkt für Kreis angeben oder [3P 2P Ttr (Tangente Tangente Radius)]: 10,10
▼ Kreis Radius für Kreis angeben oder [Durchmesser] <10.0000>: 10[Enter]
Befehl: [Enter]      Das zweite [Enter] dient zur Befehlswiederholung.
KREIS
▼ Kreis Mittelpunkt für Kreis angeben oder [3P 2P Ttr (Tangente Tangente Radius)]: @30,0 [Enter]
```

Sie müssen hier das @ unbedingt eingeben, weil die dynamische Eingabe auch bei Voreinstellung *relativ* den *ersten Punkt immer als absolute Eingabe* voraussetzt.

```
▼ Kreis Radius für Kreis angeben oder [Durchmesser] <10.0000>: [Enter]
Befehl: [Enter]
KREIS
▼ Kreis Mittelpunkt für Kreis angeben oder [3P 2P Ttr (Tangente Tangente Radius)]: @40,10 [Enter]
▼ Kreis Radius für Kreis angeben oder [Durchmesser] <10.0000>: 20 [Enter]
Befehl: [Enter]
KREIS
▼ Kreis Mittelpunkt für Kreis angeben oder [3P 2P Ttr (Tangente Tangente Radius)]: @50,0 [Enter]
▼ Kreis Radius für Kreis angeben oder [Durchmesser] <20.0000>: [Enter]
Befehl: [Enter]
KREIS
▼ Kreis Mittelpunkt für Kreis angeben oder [3P 2P Ttr (Tangente Tangente Radius)]: @50,0 [Enter]
▼ Kreis Radius für Kreis angeben oder [Durchmesser] <20.0000>: [Enter]
Befehl: [Enter]
KREIS
```

```
▼ Kreis Mittelpunkt für Kreis angeben oder [3P 2P Ttr (Tangente Tangente
Radius)]: @60,-10 Enter
▼ Kreis Radius für Kreis angeben oder [Durchmesser] <20.0000>: 10 Enter
```

Die Radnaben werden hier nicht weiter demonstriert, es sind die gleichen Kreisbefehle wie oben, nur stets mit dem gleichen Radius 1. Den Schieberkasten zeichnen Sie mit dem RECHTECK-Befehl über die diagonalen Positionen. Das Gestänge wird unterschiedlich mit absoluten oder relativen Koordinaten erstellt. Die Art der Koordinaten wird so gewählt, dass möglichst wenig im Kopf gerechnet werden muss.

Wichtig: Befehlslistings

In den nachfolgenden Befehlslistings werden aus Platzgründen nicht mehr die Befehlsechos mit Symbol und Befehlsname (▼ **Kreis**) wiederholt. Auch werden die Enter-Eingaben am Zeilenende nun als selbstverständlich vorausgesetzt und nicht mehr extra gedruckt.

```
Befehl: _rectang
Ersten Eckpunkt angeben oder [Fasen Erhebung Abrunden Objekthöhe Breite]:
10,30
Anderen Eckpunkt angeben oder [Fläche Abmessungen Drehung]: @30,20
Befehl: _line
Ersten Punkt angeben: 0,40
Nächsten Punkt angeben oder [Zurück]: @10,0
Nächsten Punkt angeben oder [Zurück]: Enter
Befehl: _line
Ersten Punkt angeben: 40,40
Nächsten Punkt angeben oder [Zurück]: @10,0
Nächsten Punkt angeben oder [Zurück]: @70,-30
Nächsten Punkt angeben oder [Schließen Zurück]: Enter
```

Die nächste Stange wird mit relativen Koordinaten begonnen, weil kein anderer Bezug zu benachbarten Geometrien bemaßt ist. Sie starten also nicht immer mit einer absoluten Koordinatenangabe, sondern beziehen sich auch oft auf den letzten Punkt der letzten Zeichenaktion. Nur müssen Sie an dieser Stelle darauf achten, dass Sie dazwischen nichts anderes anklicken oder anfahren, um nicht den Bezugspunkt LASTPOINT für @ zu verlieren.

Weil die dynamische Eingabe auf relative Koordinaten voreingestellt ist, sind besondere Maßnahmen nötig, wenn nun nach dem ersten Punkt einmal absolute Koordinaten eingegeben werden sollen. Sie müssen den absoluten Koordinaten dann ein **#**-Zeichen voranstellen. Das ist das *Zeichen für absolute Koordinaten*. Ein *-Zeichen wäre auch okay.

```
Befehl: _line
Ersten Punkt angeben: @-50,0
Nächsten Punkt angeben oder [Zurück]: @100,0
Nächsten Punkt angeben oder [Zurück]: Enter
Befehl: _line
Ersten Punkt angeben: 0,50
Nächsten Punkt angeben oder [Zurück]: @200,0
Nächsten Punkt angeben oder [Zurück]: @20,-20
Nächsten Punkt angeben oder [Schließen Zurück]: #260,30    Hier sollen die
Koordinaten absolut gelten, deshalb das #-Zeichen.
Nächsten Punkt angeben oder [Schließen Zurück]: Enter
```

Bei den folgenden Konturlinien der Lokomotive wird wiederholt auf den letzten Punkt der vorhergehenden Linie Bezug genommen.

```
Befehl: _line
Ersten Punkt angeben: @-10,0
Nächsten Punkt angeben oder [Zurück]: @0,80
Nächsten Punkt angeben oder [Zurück]: Enter
Befehl: _line
Ersten Punkt angeben: @10,0
Nächsten Punkt angeben oder [Zurück]: @-80,0
Nächsten Punkt angeben oder [Zurück]: Enter
Befehl: _line
Ersten Punkt angeben: @10,0
Nächsten Punkt angeben oder [Zurück]: @0,-60
Nächsten Punkt angeben oder [Zurück]: Enter
Befehl: _line
Ersten Punkt angeben: @0,40
Nächsten Punkt angeben oder [Zurück]: #10,90   Diese Koordinate ist wieder
absolut vorgegeben. Deshalb das #-Zeichen.
Nächsten Punkt angeben oder [Zurück]: @0,-40
Nächsten Punkt angeben oder [Schließen Zurück]: Enter
```

Der Schornstein wird größtenteils mit Polarkoordinaten gezeichnet. Dabei müssen Sie beachten, dass der einzugebende Winkel sich immer auf die Richtung der positiven x-Achse bezieht. In der Bemaßung wurde jedoch bei der ersten Linie der Winkel zur negativen x-Achse bemaßt. Statt der dort angegebenen 80° ist also bei der Koordinateneingabe dann 100° zu verwenden. Beachten Sie auch die negativen Winkelangaben, wenn der Winkel im Uhrzeigersinn gezählt wird.

```
Befehl: _line
Ersten Punkt angeben: @20,40
Nächsten Punkt angeben oder [Zurück]: @30<100
Nächsten Punkt angeben oder [Zurück]: @5<45
```

```
Nächsten Punkt angeben oder [Schließen Zurück]: @10,0
Nächsten Punkt angeben oder [Schließen Zurück]: @5<-45
Nächsten Punkt angeben oder [Schließen Zurück]: @30<-100
Nächsten Punkt angeben oder [Schließen Zurück]: Enter
```

Der Sanddom wird größtenteils in absoluten Koordinaten eingegeben, weil die Maße als Bezugsmaße vorliegen.

```
Befehl: _line
Ersten Punkt angeben: 100,90
Nächsten Punkt angeben oder [Zurück]: #100,100
Nächsten Punkt angeben oder [Zurück]: #120,100
Nächsten Punkt angeben oder [Schließen Zurück]: #120,90
Nächsten Punkt angeben oder [Schließen Zurück]: Enter
Befehl: _line
Ersten Punkt angeben: 110,90
Nächsten Punkt angeben oder [Zurück]: @-50,-40
Nächsten Punkt angeben oder [Zurück]: Enter
Befehl: _line
Ersten Punkt angeben: 110,90
Nächsten Punkt angeben oder [Zurück]: @0,-40
Nächsten Punkt angeben oder [Zurück]: Enter
Befehl: _line
Ersten Punkt angeben: 110,90
Nächsten Punkt angeben oder [Zurück]: @50,-40
Nächsten Punkt angeben oder [Zurück]: Enter
Befehl: _circle
Mittelpunkt für Kreis angeben oder [3P 2P Ttr (Tangente Tangente Radius)]:
210,90
Radius für Kreis angeben oder [Durchmesser] <10.0000>: Enter
```

Speichern Sie die Zeichnung als **Lokomotive.dwg**, damit sie in weiteren Übungen verwendet werden kann.

Tipp: Relative Koordinaten in der Statusleiste anzeigen

Über das Kontextmenü lässt sich die Art der Koordinatenanzeige in der Statusleiste umschalten. Nach einem Rechtsklick auf die Anzeige können Sie zwischen RELATIV, ABSOLUT und SPEZIFISCH wechseln. RELATIV ist nur dann sinnvoll und wählbar, wenn Sie zum Beispiel *im* Befehl LINIE mindestens schon einen Punkt eingegeben haben. Sie erkennen den Anzeigemodus RELATIV daran, dass die Koordinaten als *Polarkoordinaten* angezeigt werden. Beachten Sie, dass hier leider *kein* @ mit angezeigt wird, obwohl es relative Koordinaten sind. GEOGRAFISCH ist nur wählbar, wenn im Arbeitsbereich 3D-MODELLIERUNG vorher über EINFÜGEN UND STANDORT EINSTELLEN eine geografische Bezugsposition eingegeben wurde. Die Anzeige erfolgt dann in Breiten- und Längengraden.

Abb. 3.12: Format für Koordinatenanzeige einstellen

3.4 Koordinateneingabe im ORTHO-Modus

Besonders einfach gestaltet sich die Eingabe der Koordinaten im ORTHO-Modus. Dazu müssen Sie ggf. erst das Werkzeug CURSOR ORTHOGONAL EINSCHRÄNKEN über die Statusleisten-ANPASSUNG aktivieren (Abbildung 3.13). Schalten Sie diesen Modus, in dem man nur senkrecht oder waagerecht konstruieren kann, dann in der Statusleiste ein.

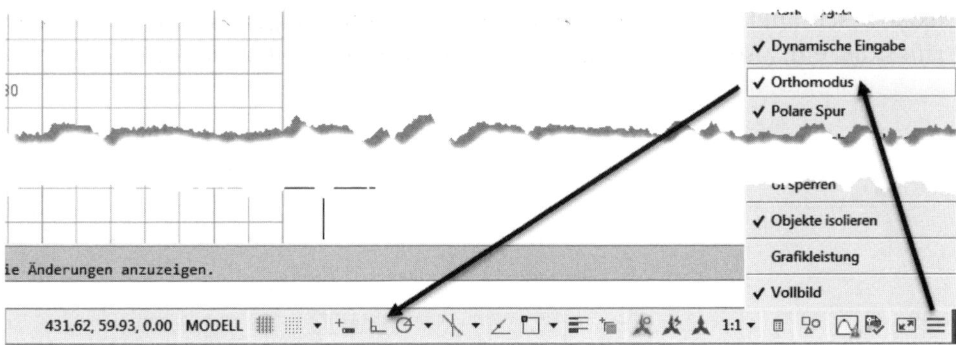

Abb. 3.13: Ortho-Modus aktivieren und einschalten

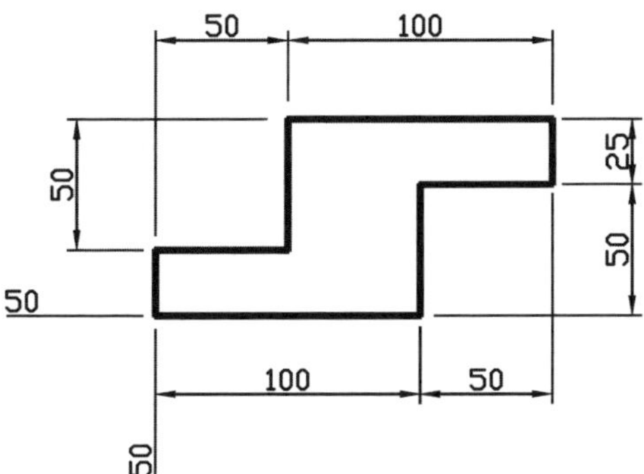

Abb. 3.14: Beispiel für ORTHO-Modus

Sie können dann alle relativen Koordinaten derart eingeben, dass Sie *mit dem Fadenkreuz die Richtung* andeuten und dann nur *noch die Entfernung* zum nächsten

Punkt eintippen. Obwohl es sich hierbei um eine relative Entfernung handelt, ist nun *kein* @ nötig! Diese Methode klappt so lange einwandfrei, wie Sie Ihren Zeichenbereich nicht überschreiten. Wenn die Koordinaten größer als die aktuelle Zeichenfläche werden, klappt die Richtungsweisung über das Fadenkreuz nicht mehr. Man muss dann den ZOOM-Befehl bemühen, um die Zeichenfläche zu vergrößern (oder einfach das Mausrad rollen), oder den PAN-Befehl (oder die Maus bei gedrücktem Mausrad bewegen), um den sichtbaren Ausschnitt zu verschieben.

Statusleiste	Befehl	Funktionstaste
CURSOR ORTHOGONAL EINSCHRÄNKEN	ORTHO|E	F8

Tipp: ORTHO-Modus und Eingabe von Koordinaten

Den ORTHO-Modus schalten Sie in der *Statusleiste* oder durch F8 ein oder aus. Im ORTHO-Modus wird die Fadenkreuz-Bewegung auf die Horizontale und Vertikale beschränkt. Sie geben dann nur noch die *Entfernung* zum neuen Punkt *als reine Zahl* ein, also nicht in Form von x-y-Koordinaten und auch *ohne* @.

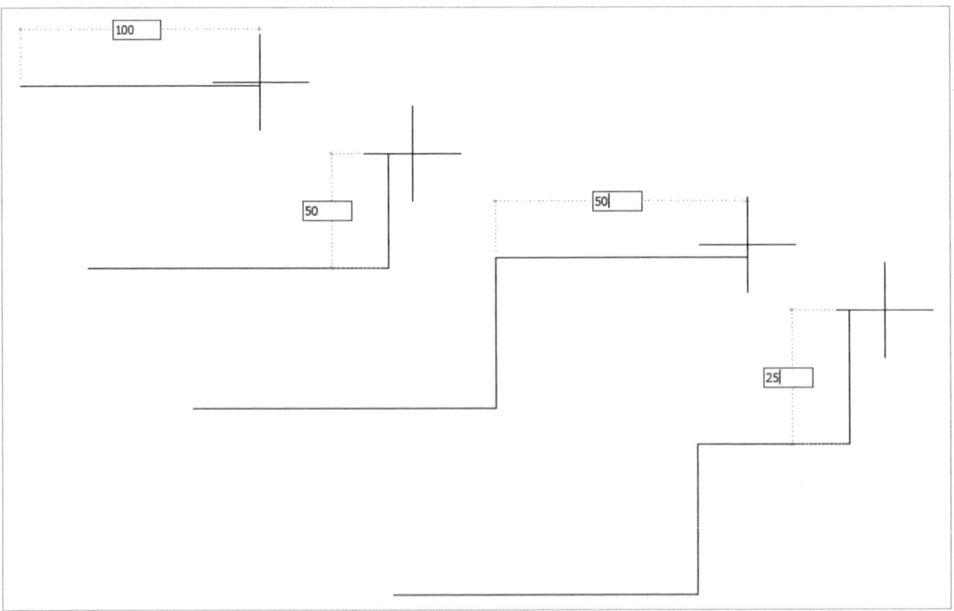

Abb. 3.15: Konstruktionsablauf im ORTHO-Modus

```
Befehl: _line Ersten Punkt angeben: 50,50 Enter
        Startposition mit absoluten Koordinaten
        Für den nächsten Punkt Fadenkreuz nach rechts fahren
```

```
Nächsten Punkt angeben oder [Zurück]: 100[Enter]
          Für den nächsten Punkt Fadenkreuz nach oben fahren
Nächsten Punkt angeben oder [Zurück]:  50[Enter]
          Für den nächsten Punkt Fadenkreuz nach rechts fahren
Nächsten Punkt angeben oder [Schließen Zurück]: 50[Enter]
          Für den nächsten Punkt Fadenkreuz nach oben fahren
Nächsten Punkt angeben oder [Schließen Zurück]: 25[Enter]
          Für den nächsten Punkt Fadenkreuz nach links fahren
Nächsten Punkt angeben oder [Schließen Zurück]: 100[Enter]
          Für den nächsten Punkt Fadenkreuz nach unten fahren
Nächsten Punkt angeben oder [Schließen Zurück]: 50[Enter]
          Für den nächsten Punkt Fadenkreuz nach links fahren
Nächsten Punkt angeben oder [Schließen Zurück]: 50[Enter]
Nächsten Punkt angeben oder [Schließen Zurück]: s[Enter]
```

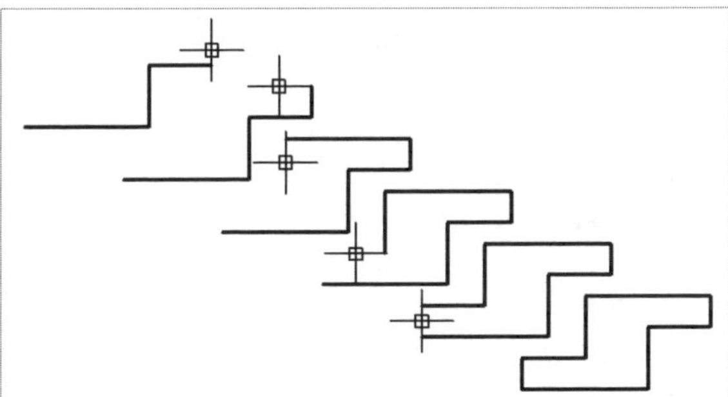

Abb. 3.16: Konstruktion im ORTHO-Modus: Richtung mit dem Fadenkreuz vorgeben

3.4.1 Befehlsoptionen in der dynamischen Eingabe

Der Befehl LINIE kennt wie viele andere Befehle mehrere Optionen. Das erkennen Sie in der dynamischen Eingabeaufforderung an dem kleinen Pfeilsymbol [↓]. Diese Optionen können Sie sich nach Drücken der Pfeiltaste [Pfeil ↓] anzeigen lassen, dann daraus wieder mit [Pfeil ↓] die gewünschte Option wählen und durch Anklicken oder mit [Enter] diese Option ausführen.

Ein schnellerer Aufruf von Optionen besteht darin, das *Kontextmenü* über einen Rechtsklick zu aktivieren. Das Kontextmenü bietet neben den Optionen noch weitere Funktionen. Die eigentlichen Befehlsoptionen sind dabei durch zwei Trennlinien von den anderen Funktionen getrennt (Abbildung 3.17).

- EINGABE – In der ersten Zeile wird die [Enter]-Taste simuliert.
- ABBRUCH – In der zweiten die Taste [Esc], die zum Befehlsabbruch dient.
- LETZTE EINGABE – In der dritten Zeile können Sie zu einem weiteren Menü verzweigen, über das Sie vorhergegangene Eingabedaten wiederholen können.

- SCHLIESSEN – ist nun eine befehlsspezifische *Option*, sofern schon mindestens 3 Punkte im Linienzug eingegeben wurden.
- ZURÜCK – ist ebenfalls eine befehlsspezifische *Option*. Damit kann immer die letzte Positionseingabe wieder rückgängig gemacht werden, auch mehrfach.
- FANG-ÜBERSCHREIBUNGEN – bietet in der folgenden Zeile die Auswahl für einen OBJEKTFANG, das ist die Möglichkeit, bestehende charakteristische Punkte von Objekten präzise durch Anklicken auszuwählen.
- PAN und ZOOM – sind Befehle zum Verschieben und Verkleinern bzw. Vergrößern des Bildschirmausschnitts.
- STEERINGWHEELS – ist ein Werkzeug mit nützlichen Funktionen für die Ansichtssteuerung in 3D (nicht LT).
- TASCHENRECHNER – kann für allgemeine Berechnungen und auch zur Berechnung von Koordinaten verwendet werden.

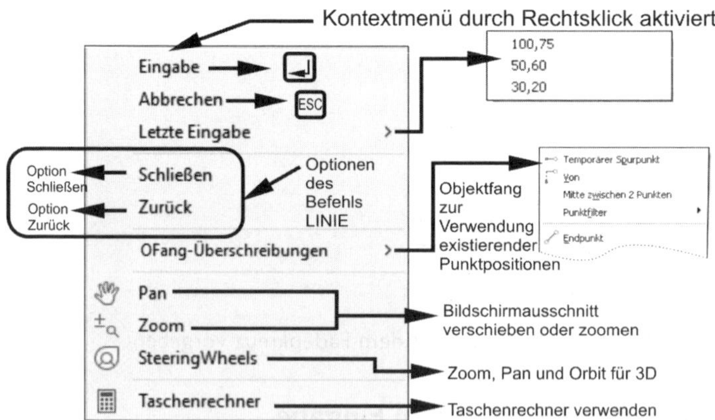

Abb. 3.17: Kontextmenü im Befehl LINIE

Die dritte Möglichkeit besteht darin, die Optionen eines Befehls in der Befehlszeile auszuwählen. Sie werden dort immer in eckigen Klammern angezeigt. Eine Option wird hier dadurch gewählt, dass man sie einfach anklickt oder den bzw. die Buchstaben eintippt, die großgeschrieben sind. Hier die drei Optionen beim Befehl LINIE:

- `Nächsten Punkt angeben oder [Schließen Zurück]:` **S** Enter

  Solange Sie sich im Befehl LINIE befinden und mindestens drei Punkte eingegeben haben, können Sie mit **S** Enter oder **s** Enter den Linienzug schließen. Dann wird eine abschließende Linie hin zum ersten Punkt gezeichnet und der Befehl ist beendet.

- `Nächsten Punkt angeben oder [Schließen Zurück]:` **Z** Enter

  Solange Sie sich im LINIE-Befehl befinden, können Sie mit **Z** das letzte Segment zurücknehmen. Das geht auch mehrfach, sodass Sie rückwärts alle erzeugten Punkte wieder entfernen können.

- `Nächsten Punkt angeben oder [Schließen Zurück]:` Enter

  Die Enter-Taste beendet den Befehl. So wird ein Linienzug beendet, der nicht geschlossen sein soll.

Hinweis: Relativkoordinaten

Die Eingabe von *Relativkoordinaten* bedeutet, dass man immer eingeben muss, *wie weit man sich vom letzten Punkt bis zum neuen Punkt bewegen will.* Es geht dabei also immer um die *relative Wegstrecke*, nicht um die absolute Position.

3.5 Koordinaten-Übung

Zeichnen Sie die nachfolgend skizzierte Übung in der angegebenen Weise nach.

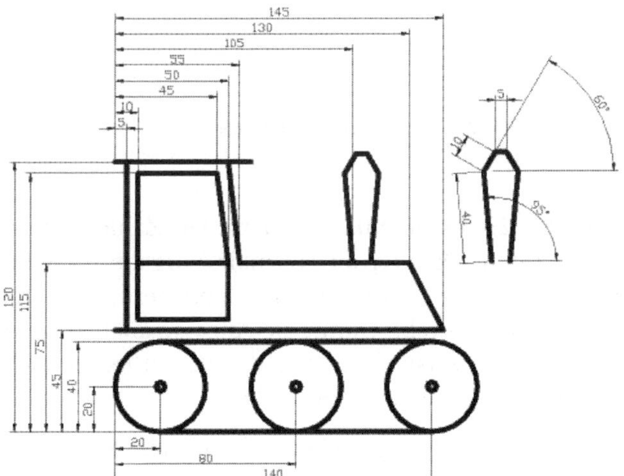

Abb. 3.18: Übungsteil Traktor

3.6 Polare Spur

Im ORTHO-Modus (CURSOR ORTHOGONAL EINSCHRÄNKEN) sind Sie auf die Winkel 0°, 90°, 180° und 270° beschränkt. Eine Möglichkeit, um die Konstruktionsrichtung auf andere Winkel wie etwa 30° und Vielfache davon einzuschränken, ist die Einstellung eines polaren Spurmodus, Der polar orientierte Spurmodus, nennt sich kurz POLAR oder in der Statusleiste CURSOR AUF BESTIMMTE WINKEL EINSCHRÄNKEN und gestattet es, Linien zu zeichnen, die auf vorgegebene Winkelrichtungen beschränkt sind, wie etwa auf 15°-Schritte. Zusätzlich kann mit den Einstellungen FANGMODUS auch ein Entfernungsraster für radiale Entfernungen gewählt werden.

Statusleiste	Funktionstaste
CURSOR AUF BESTIMMTE WINKEL EINSCHRÄNKEN – EIN/AUS POLARE SPUR	F10

Die Einstellungen erreichen Sie in der Statusleiste über die Dropdown-Liste ▼ neben , wo Sie vorgegebene Winkelschritte direkt wählen können (Abbildung 3.19) SPUREINSTELLUNGEN detailliert angeben.

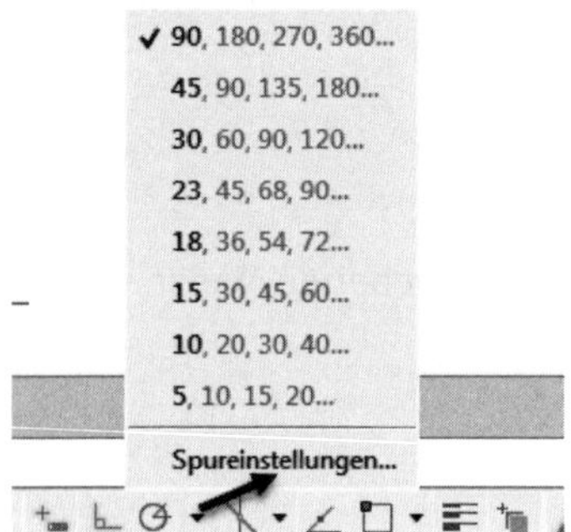

Abb. 3.19: Kontextmenü von CURSOR AUF BESTIMMTE WINKEL EINSCHRÄNKEN zur Winkelauswahl

Sie werden sich über die Winkelfoilge 23, 45, 68, 90... wundern. Die Zahlen müssten eigentlich *22.5, 45, 67.5, 90...* lauten. Da aber die normale Vorgabe *für Winkeleinheiten keine Nachkommastellen* anzeigt, wird hier im Text gerundet. Die konstruktiv erzielten Winkel wären aber korrekt. Damit die Anzeige auch korrekt erscheint, stellen Sie unter |ZEICHNUNGSPROGRAMME|EINHEITEN im Bereich WINKEL die GENAUIGKEIT auf **0.0** ein (eine Nachkommastelle).

Der Polarfang wird über zwei Registerkarten eingestellt. Auf der Karte FANG UND RASTER wird durch die Wahl von POLARFANG ❶ unter FANGTYP und durch einen Wert unter POLARE ENTFERNUNG ❷ das Einrasten in radialen Entfernungsschritten aktiviert, hier bei 50, 100, 150 etc.

Die Registerkarte SPURVERFOLGUNG steuert dann die Winkelschritte. Zuerst markieren Sie SPURVERFOLGUNG EIN ❸ und wählen unter POLARE WINKELEINSTELLUNGEN bei INKREMENTWINKEL ❹ die Winkelschrittweite. Sie können hier übrigens auch eigene Schrittweiten eintippen. Wenn Sie außerdem neben den Winkelschritten noch einzelne spezielle Winkel brauchen, aktivieren Sie ZUSÄTZLICHE WINKEL, klicken auf NEU und geben den gewünschten Wert ein. Die zusätzlichen Winkel werden nicht inkrementell verarbeitet, also nicht als Vielfache angeboten. Für die Winkelschritte kann man unter POLARE WINKELMESSUNG wählen, ob sie relativ zum letzten Liniensegment zählen sollen oder wie üblich absolut zur Horizontalen, d.h. zur x-Richtung.

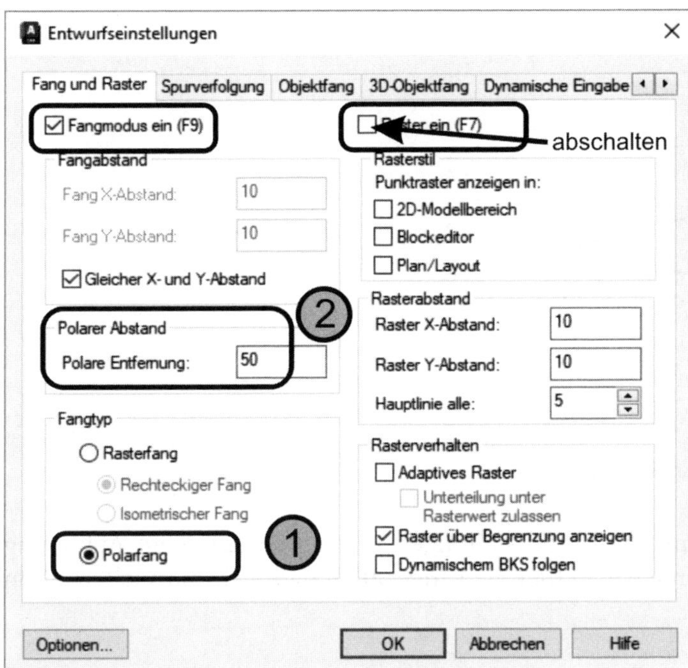

Abb. 3.20: Rasterschrittweite für POLARFANG

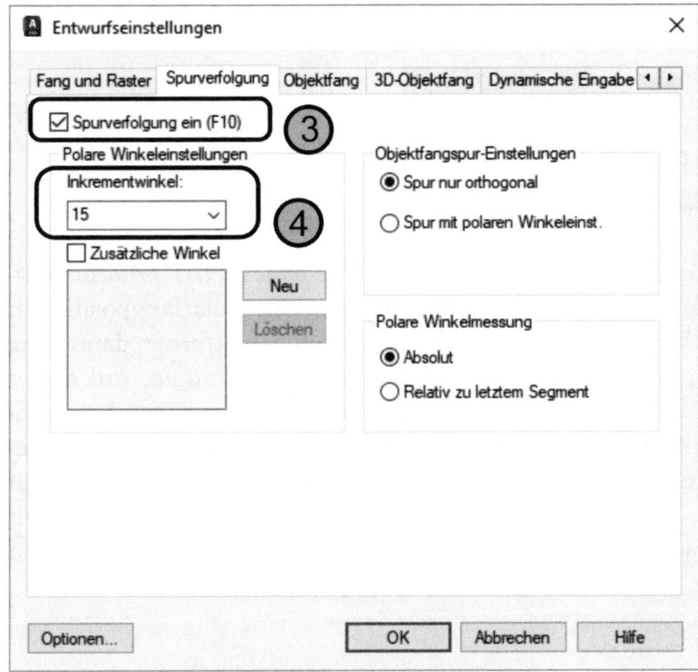

Abb. 3.21: Winkeleinstellungen für POLARFANG

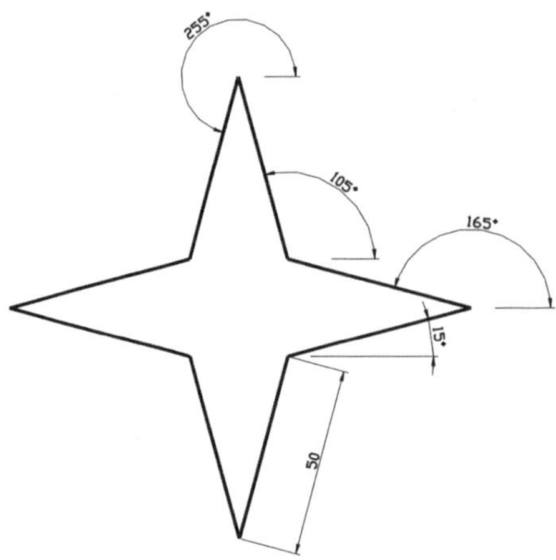

Abb. 3.22: Beispiel für POLARFANG

Eine Zeichnung, die mit diesen Einstellungen erzeugt wurde, zeigt Abbildung 3.20. Alle Liniensegmente haben hier die Länge 50, die Winkel sind Vielfache von 15°.

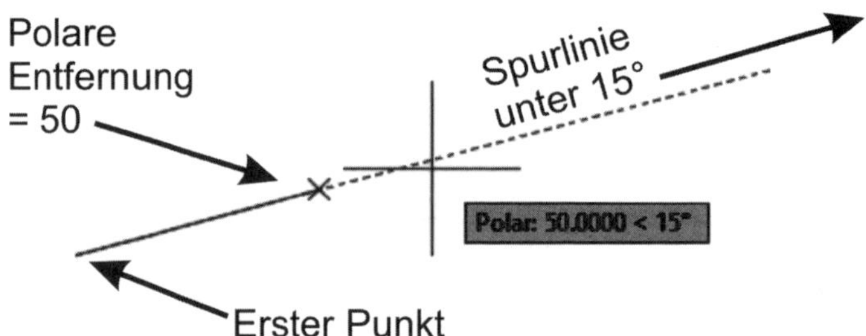

Abb. 3.23: Arbeiten mit polarer Spur und polarer Entfernung

Mit den erläuterten Polarfangeinstellungen können Sie *ohne weitere Tastatureingaben* diese Konstruktion durch Anklicken der angebotenen Polarfangpositionen erstellen. Nach Anklicken des ersten Linienpunkts entsteht immer dann eine Spurlinie, wenn Sie in die Nähe eines Vielfachen von 15° kommen. Auf dieser Spurlinie wird dann beim nächstliegenden Vielfachen des eingestellten Rasterabstands von 50 eine Marke angezeigt. Durch einen Mausklick können Sie die angebotene Position wählen. Sie erhalten zusätzlich noch eine Informationsbox mit einem entsprechenden Text. Der Konstruktionsablauf ist in Abbildung 3.21 mit den Quickinfo-Boxen wiedergegeben. Das letzte Segment wurde mit der Option SCHLIEẞEN erstellt.

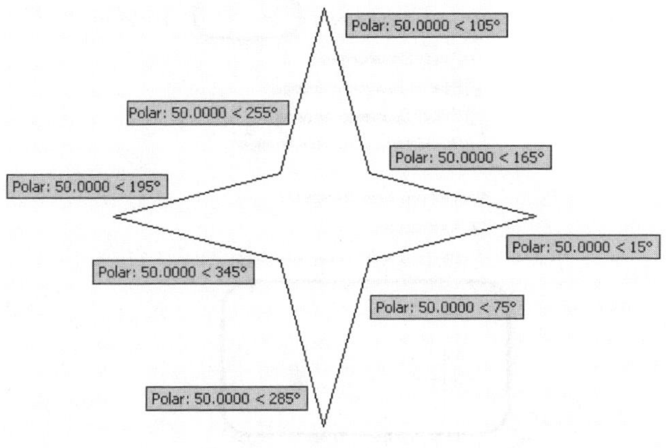

Abb. 3.24: Benutzte Polarfangrichtungen und Entfernungen für Stern

3.7 Objektfang

Betrachten Sie die Brückenkonstruktion aus Abbildung 3.30, so stellen Sie fest, dass einige Punktpositionen mehrfach verwendet werden. Hier gibt es eine Möglichkeit, diese Punkte, nachdem sie das erste Mal eingegeben sind, später mit einem Klick wieder einzufangen. Es sind ja besonders ausgezeichnete Punkte, nämlich genau immer die Endpunkte von Linien oder manchmal die Mittelpunkte, teilweise auch Lotpunkte. Hierzu verwendet man den OBJEKTFANG, kurz auch OFANG genannt. Es gibt zwei Varianten des Objektfangs, einen *temporären Objektfang*, der nur für die nächste Koordinateneingabe gilt, und einen *permanenten Objektfang*, der so lange gilt, bis man ihn explizit wieder abstellt oder ändert. Betrachten wir zunächst den temporären Objektfang.

Tipp: Objektfang-Box

Damit Sie besser sehen, *wann* Sie ein Objekt berühren, sodass der Objektfang wirkt, empfehle ich folgende Einstellung: Im ANWENDUNGSMENÜ sollten Sie unter OPTIONEN im Register ZEICHNEN ein Häkchen bei AUTOSNAP-ÖFFNUNG ANZEIGEN setzen. Dies ist standardmäßig nicht gesetzt. Ihr Fadenkreuz erhält dann bei Objektfangsituationen eine kleine Box, die andeutet, wie weit der Objektfang von der Fadenkreuzmitte aus reicht. Auch die GRÖSSE DER ÖFFNUNG können Sie hier einstellen.

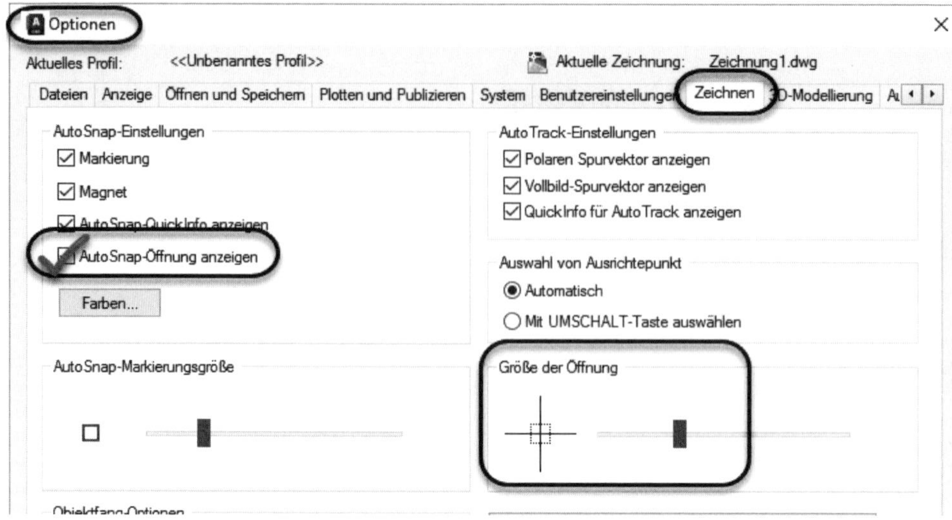

Abb. 3.25: Einstellungen für Objektfang

3.7.1 Temporärer Objektfang

Der temporäre Objektfang gilt schlicht gesagt nur *einmal*, nämlich gerade zur Eingabe des nächsten Punkts. Weil das zwar nicht die eleganteste, aber zunächst die einfachere Methode ist, in der Zeichnung schon vorhandene Punkte zu verwenden, wollen wir damit beginnen.

Der Objektfang ist wohlgemerkt kein eigener Befehl (!!!), sondern er kann immer dann innerhalb eines Befehls aufgerufen werden, wenn AutoCAD nach einem Punkt fragt. Wenn Sie also in der Folge Objektfänge ausprobieren wollen, so sollten Sie zuerst immer einen Zeichenbefehl aufrufen, der Positionseingaben verlangt. In unserem ersten Beispiel werden Sie mit dem Befehl LINIE arbeiten. Wenn der Zeichenbefehl dann nach einer Positionseingabe fragt – normalerweise mit `Erster Punkt:` oder `Nächster Punkt:` –, dann wählen Sie einen Objektfang wie beispielsweise ENDPUNKT.

Sie werden sehen, dass in dem Moment, in dem Sie mit dem Fadenkreuz die Linie auch nur berühren, das *grüne quadratische Symbol* für den ENDPUNKT-OBJEKTFANG erscheint. Das soll Ihnen andeuten, dass nun der OBJEKTFANG auf der markierten Position aktiv ist, und Sie können jetzt die Linie anklicken.

Zum Aktivieren des *temporären Objektfangs* gibt es mehrere Methoden:

- Im Kontextmenü (Rechtsklick) jedes Zeichenbefehls (Abbildung 3.26) finden Sie Objektfangüberschreibungen und darunter die möglichen Objektfänge.

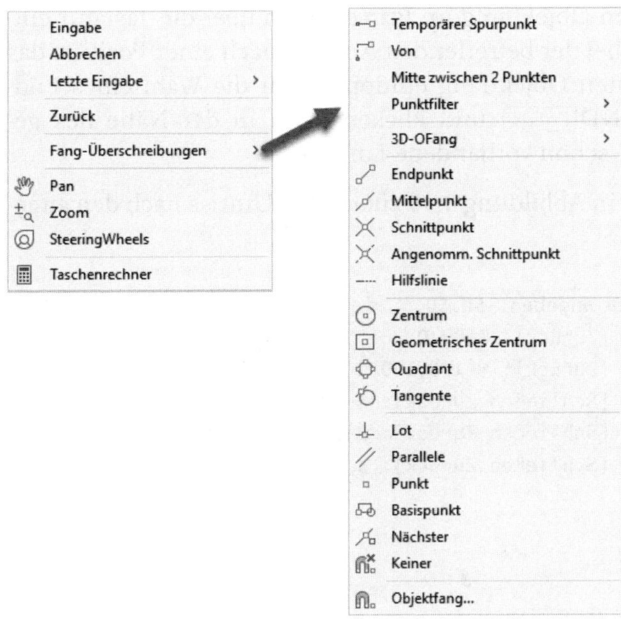

Abb. 3.26: FANG-ÜBERSCHREIBUNGEN im Kontextmenü des LINIE-Befehls

- Alternativ können Sie den gewünschten Objektfang mit [Strg]+Rechtsklick oder [Shift]+Rechtsklick im Kontextmenü auswählen (Abbildung 3.27).

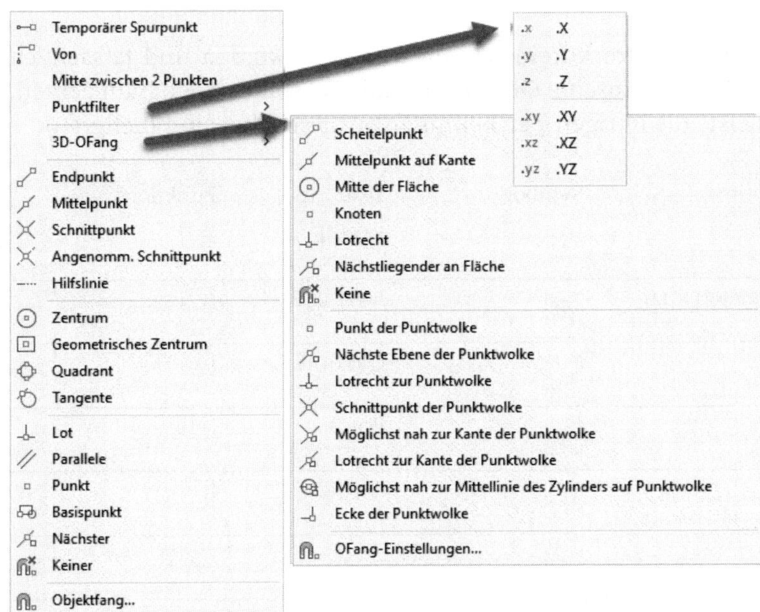

Abb. 3.27: Aufruf für Objektfang mit [Strg]+Rechtsklick oder [Shift]+Rechtsklick

- Schließlich können Sie den Objektfang im Prinzip auch über die Tastatur eintippen. Dazu müssen Sie bei der betreffenden Anfrage nach einer Position das Kürzel für den gewünschten Objektfang eintippen. Für die Wahl eines Endpunkts geben Sie ein: END [Enter] und klicken dann in der Nähe des gewünschten Endpunkts die schon vorhandene Linie an.

Zeichnen Sie für das Beispiel in Abbildung 3.30 zuerst den Umriss nach den angegebenen Maßen:.

```
Befehl: _line Ersten Punkt angeben: 50,50
Nächsten Punkt angeben oder [Zurück]: @400,0
Nächsten Punkt angeben oder [Zurück]: @-100,100
Nächsten Punkt angeben oder [Schließen Zurück]: @-100,25
Nächsten Punkt angeben oder [Schließen Zurück]: @-100,-25
Nächsten Punkt angeben oder [Schließen Zurück]: s
```

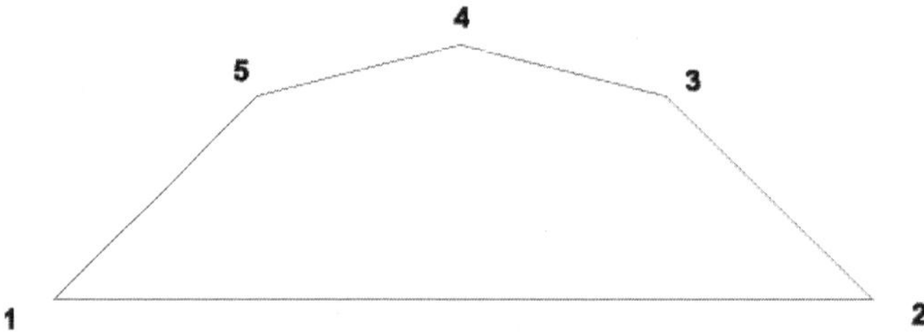

Abb. 3.28: Umriss der Brückenkonstruktion

Damit Sie nicht durch andere Voreinstellungen irritiert werden und tatsächlich nur der von Ihnen jetzt gewünschte Objektfang aktiv ist, sollten Sie darauf achten, dass in der Statusleiste die übrigen Zeichenhilfen ausgeschaltet sind (hellgrau).

Bezeichnung	Symbol	Textform	Funktionstaste
FANGMODUS		FANG|E	[F9]
ZEICHNUNGSRASTER ANZEIGEN		RASTER|E	[F7]
ORTHMODE		ORTHO|E	[F8]
POLARE SPUR		POLAR	[F10]
OBJEKTFANG		OFANG	[F3]
OBJEKTFANGSPUR		[F11]	[F11]

Tabelle 3.1: Wichtigste Zeichenhilfen und Funktionstasten

Bei den nächsten Linien brauchen Sie nun keine Koordinaten mehr einzugeben, sondern Sie wählen immer den gewünschten Objektfang aus und fahren dann in die Nähe der richtigen Position. Wenn das grüne Symbol für den Objektfang erscheint, dann klicken Sie. Sie werden sehen, dass die Linie dort bei dem richtigen Punkt einrastet. Geht mal etwas schief, dann können Sie natürlich mit Eingabe von Z[Enter] die letzte Positionseingabe notfalls auch wieder rückgängig machen. Die Objektfänge, die hier nötig sind, lauten ENDPUNKT, LOT und MITTELPUNKT oder als Kürzel: END, LOT und MIT.

Befehl: _line Ersten Punkt angeben: _ von **Position 5 mit Objektfang** ENDPUNKT **anklicken**
Nächsten Punkt angeben oder [Zurück]: _ nach **Position 6 mit Objektfang** LOT **anklicken**
Nächsten Punkt angeben oder [Zurück]: _von **Position 4 mit Objektfang** ENDPUNKT **anklicken**
Nächsten Punkt angeben oder [Schließen Zurück]: _nach **Position 7 mit Objektfang** LOT **anklicken**
Nächsten Punkt angeben oder [Schließen Zurück]: _von **Position 3 mit Objektfang** ENDPUNKT **anklicken**
Nächsten Punkt angeben oder [Schließen Zurück]: _nach **Position 8 mit Objektfang** LOT **anklicken**
Nächsten Punkt angeben oder [Schließen Zurück]: _ von **Position 9 mit Objektfang** MITTELPUNKT **anklicken**
Nächsten Punkt angeben oder [Schließen Zurück]: [Enter]

Wie Sie sehen, reicht es immer aus, in die Nähe des gewünschten Punkts zu kommen und dort die Linie zu berühren. Schon erscheint das Objektfangsymbol. Sie brauchen also nicht ängstlich exakt auf den Endpunkt oder Ähnliches draufzufahren, sondern können schon klicken, sobald das Symbol an der gewünschten Stelle erscheint.

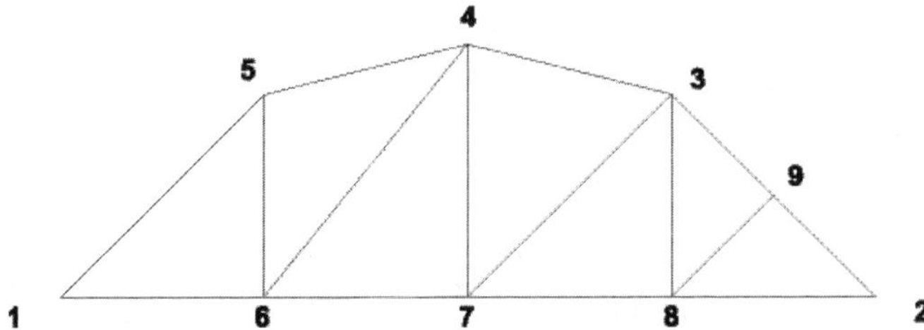

Abb. 3.29: Linienzug mit Objektfang eingefügt

Weiter geht es nun mit den restlichen Linien.

Befehl: _line Ersten Punkt angeben: von **Position 10 mit Objektfang** MITTELPUNKT **anklicken**
Nächsten Punkt angeben oder [Zurück]: von **Position 6 mit Objektfang** ENDPUNKT **anklicken**
Nächsten Punkt angeben oder [Zurück]: Enter
Befehl: LINIE Ersten Punkt angeben: von **Position 5 mit Objektfang** ENDPUNKT **anklicken**
Nächsten Punkt angeben oder [Zurück]: von **Position 7 mit Objektfang** ENDPUNKT **anklicken**
Nächsten Punkt angeben oder [Zurück]: Enter
Befehl: LINIE Ersten Punkt angeben: von **Position 4 mit Objektfang** ENDPUNKT **anklicken**
Nächsten Punkt angeben oder [Zurück]: von **Position 8 mit Objektfang** ENDPUNKT **anklicken**
Nächsten Punkt angeben oder [Zurück]: Enter

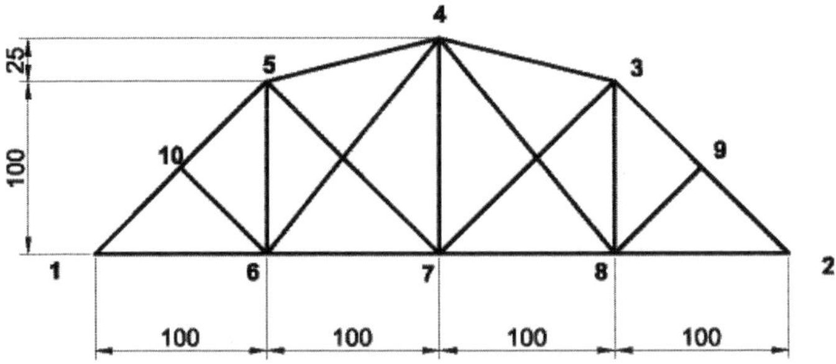

Abb. 3.30: Fertige Brücke

Tabelle 3.1 zeigt viele der üblichen Objektfänge zusammen mit einer kurzen Erläuterung. Einige der komplexeren Methoden wurden hier noch weggelassen und werden im nächsten Abschnitt demonstriert.

Icon, Symbol	Kürzel	Bezeichnung	Objektfang-Erklärung
□	END	Endpunkt	Endpunkte von Linien, Bögen und anderen Kurven, in Polylinien (zusammengesetzten Kurven) die Endpunkte der einzelnen Segmente
△	MIT	Mittelpunkt	Mittelpunkt auf einer Linie, einem Bogen oder einer anderen Kurve. Beim Bogen ist wohlgemerkt nicht der Mittelpunkt gemeint, in dem der Radius ansetzt, sondern die Mitte auf der Bogenlänge.
×	SCH	Schnittpunkt	Schnittpunkt zweier Kurven, auch Schnittpunkte bei Kurven, die sich nicht direkt schneiden, sondern deren Verlängerungen sich erst schneiden. Man muss dazu beide Kurven einzeln anwählen.

Tabelle 3.2: Grundlegende Objektfänge

Icon, Symbol	Kürzel	Bezeichnung	Objektfang-Erklärung
	ZEN	Zentrum	Mittelpunkt eines Kreises, eines Bogens, einer Ellipse oder eines Bogen- bzw. Ellipsensegments. Entweder die betreffende Kurve anklicken, um den Zentrumspunkt zu erhalten, oder direkt ins Zentrum klicken. Letzteres klappt nur dann, wenn Sie vorher mit dem Fadenkreuz über den Kreis, die Ellipse oder den Bogen gefahren sind.
	GZE	Geometrisches Zentrum	Schwerpunkt einer geschlossenen Polylinien-Kontur. Die Systemvariable PLINEGCENMAX legt fest, wie viele Segmente die Polylinie hierfür haben darf (Vorgabe: 50000).
	QUA	Quadrant	Die Positionen bei 0°, 90°, 180° oder 270° auf einem Kreis, einem Bogen, einer Ellipse oder einem Bogen- bzw. Ellipsensegment. Bei der Ellipse bezieht sich der Winkel auf die Hauptachse. Sonst zählt der von der Horizontalen.
	TAN	Tangente	Tangentenberührpunkt an eine Kurve wie Kreis, Bogen, Ellipse oder auch Spline. Wenn mehrere Tangenten möglich sind, wird die Tangentenposition verwendet, die dem Fadenkreuz am nächsten liegt.
	LOT	Lot	Lotpunkt auf eine Kurve
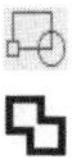	BAS	Basispunkt oder Einfügung	Basis- oder Einfügepunkt eines Blocks oder eines Texts. Der Block ist ein zusammengesetztes Objekt, wie zum Beispiel ein Normteil, eine Schraube etc. Ein solcher Block hat immer einen einzigen Punkt, mit dem er positioniert wird. Ähnlich verhält es sich beim Text. Auch der hat einen Positionierpunkt, der meist links unten liegt.
	PUN	Knoten (= Punkt)	Fängt das Objekt Punkt
	NÄC	Nächster	Position auf einer Kurve, die der Fadenkreuzposition am nächsten liegt. Man braucht diesen Fangmodus zum Beispiel für Bemaßungen, wo es nur wichtig ist, dass die Position auf einer bestimmten Kurve liegt, aber nicht, wo genau auf der Kurve.
	KEI	Keiner	(nur temporär) Schaltet einen ggf. anstehenden permanenten Objektfangmodus für die nächste Positionseingabe ab

Tabelle 3.2: Grundlegende Objektfänge (Forts.)

Tipp: Objektfang-Positionierung

Sind beim Objektfang mehrere Punkte möglich, wählt AutoCAD immer denjenigen, der dem Fadenkreuz am nächsten liegt. Sie sollten auch immer verfolgen, ob und wo der Objektfang genau greift. Dazu ist zu empfehlen, dass Sie mit dem Fadenkreuz *nie genau auf* den gewünschten Punkt selbst klicken, sondern *immer etwas daneben*. Umso besser können Sie beim Anklicken dann das *Einrasten auf die Position verfolgen*. Insbesondere würden Sie es in diesem Fall sofort bemerken, wenn der Objektfang nicht eingeschaltet war, weil der gewonnene Punkt nämlich sichtbar falsch liegt.

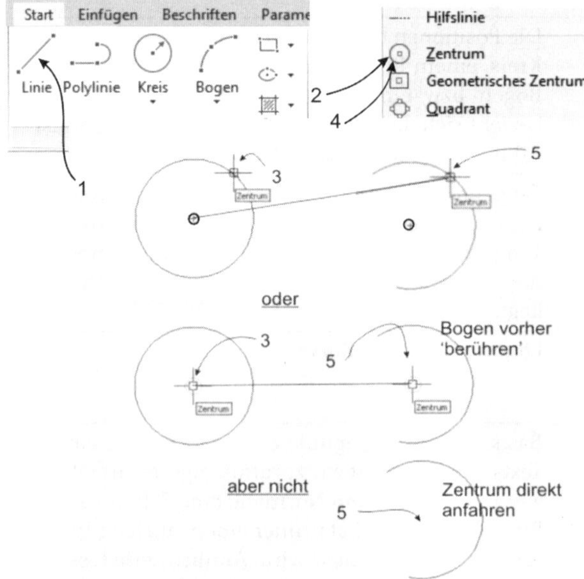

Abb. 3.31: Beispiele für Objektfang ZENTRUM

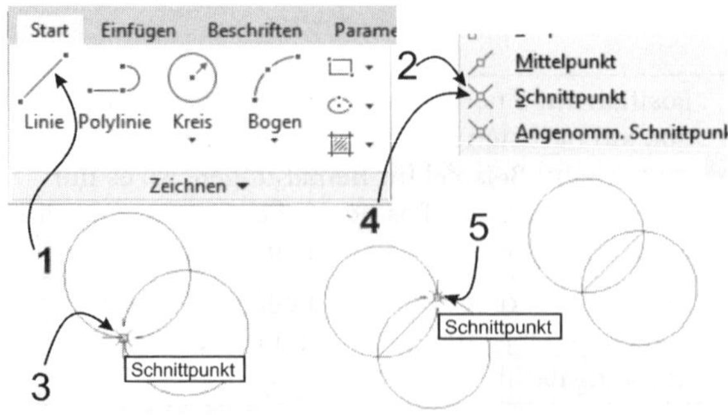

Abb. 3.32: Beispiel für Objektfang SCHNITTPUNKT

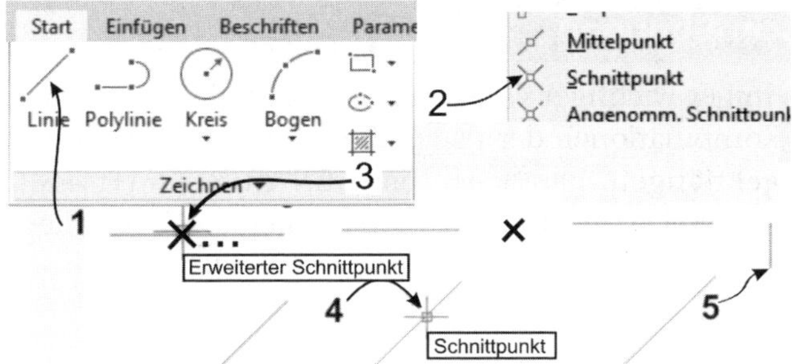

Abb. 3.33: Beispiel für ERWEITERTEN SCHNITTPUNKT

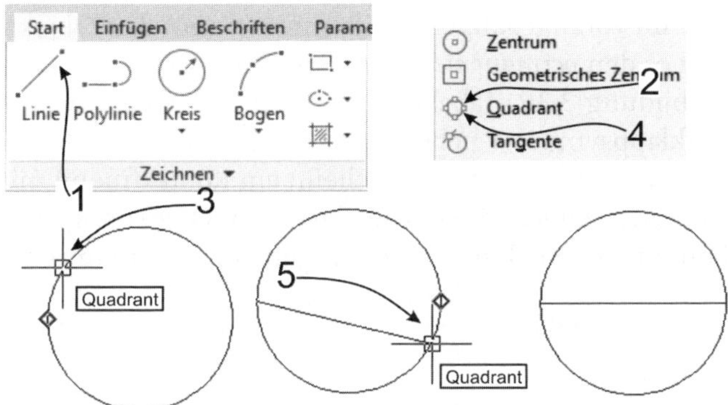

Abb. 3.34: Beispiel für Objektfang QUADRANT

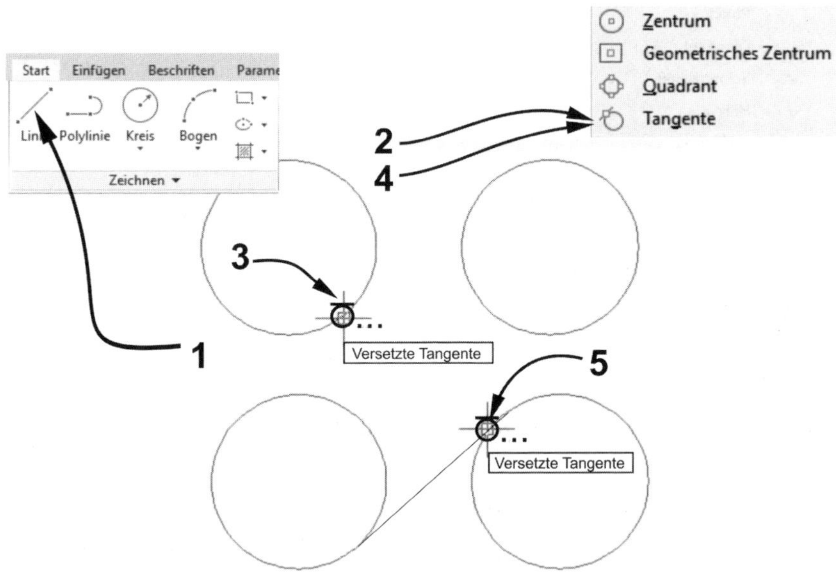

Abb. 3.35: Beispiel für Objektfang TANGENTE

Tipp: Temporäre Überschreibungen

Zur schnellen Aktivierung einiger wichtiger Objektfänge gibt es die *Temporären Überschreibungen*. Das sind Kombinationen der [Shift]-Taste zum momentanen temporären Aufruf von Objektfängen: [Shift]+[C] ist ZENTRUM, [Shift]+[E] ist ENDPUNKT, [Shift]+[M] ist MITTELPUNKT und [Shift] alleine schaltet den ORTHO-Modus um.

3.7.2 Permanenter Objektfang

In vielen Fällen wird ein und derselbe Objektfang öfter gebraucht. Es wäre dann mühsam, für jeden Punkt wie im vorangegangenen Abschnitt erneut den Objektfang einzustellen. Hierfür gibt es den *permanenten Objektfang*. Er lässt sich auf verschiedenen Wegen (siehe Abbildung 3.36, Tabelle 3.3) einstellen. Der schnellste Weg ist ein Klick auf das Aufklappsymbol ▼neben CURSOR AN REFERENZPUNKTE ANHEFTEN oder ein Rechtsklick auf . Danach erscheint ein Kontextmenü mit den Symbolen für alle permanenten Objektfänge. Die aktivierten Objektfänge tragen ein Häkchen und Sie können per Klick neue hinzufügen oder unerwünschte abschalten.

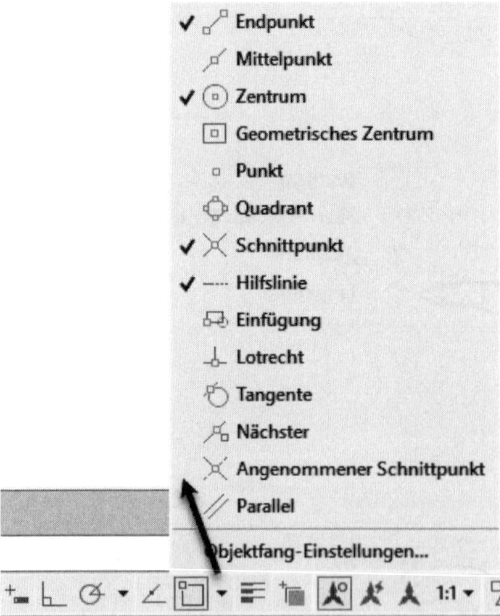

Abb. 3.36: Kontextmenü des Objektfangwerkzeugs mit Symbolen

Statusleiste	[Strg]+Rechtsklick	Befehl	Kürzel
Rechtsklick auf oder Klick auf ▼		OFANG	OF

Tabelle 3.3: Permanente Objektfangmodi einstellen

Wenn Sie im obigen Kontextmenü OBJEKTFANG-EINSTELLUNGEN wählen, erscheint ein Dialogfenster, in dem Sie ebenfalls ein oder mehrere Objektfangmodi dauerhaft aktivieren oder deaktivieren können (Abbildung 3.37). Sie können permanent ruhig mehrere Objektfänge einstellen, AutoCAD verwendet immer denjenigen, der zur aktuellen Fadenkreuzposition am nächsten liegt. In diesem Dialogfenster werden links auch die Symbole angezeigt , die an der jeweiligen Position dann das Einrasten signalisieren.

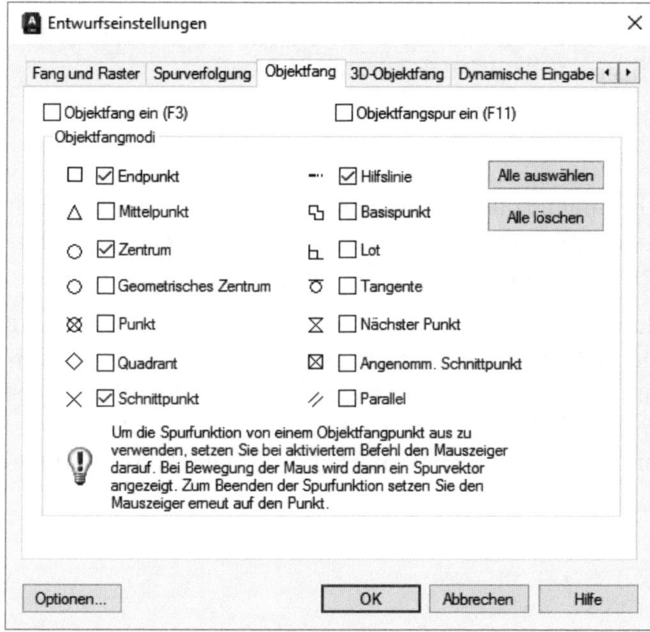

Abb. 3.37: Dialogfeld für permanente Objektfangmodi

Das Ein- und Ausschalten für den Objektfangmodus generell geschieht entweder gleich im Dialogfeld durch das Häkchen oben links oder durch Klick auf in der Statusleiste oder mit Funktionstaste F3. Links unten auf dem Dialogfeld können Sie die Objektfangbox über die OPTIONEN aktivieren (siehe auch Abbildung 3.25).

Statusleiste	Strg+Rechtsklick	Kürzel
	schaltet den permanenten Objektfang nur einmal für die nächste Positionseingabe ab	F3

Tabelle 3.4: Permanente Objektfänge generell ein- oder ausschalten

Beim permanenten Objektfang kann es passieren, dass mehrere Objektfänge miteinander konkurrieren. Damit Sie sehen, welcher Objektfang dann wirkt, gibt es eben die verschiedenen vorher angezeigten Objektfangsymbole. Wenn Sie beispielsweise die Objektfänge ZENTRUM und QUADRANT aktiviert haben, dann wird beim Anfahren eines Kreises zunächst das Symbol für den nächsten Objektfang angezeigt, der die kürzeste Entfernung zum Fadenkreuz hat.

Tipp: Objektfang wechseln

Sie können auch zwischen verschiedenen möglichen permanenten Objektfängen wechseln, ohne das Fadenkreuz zu bewegen, indem Sie mit der [Tab]-Taste »blättern«. Voraussetzung ist natürlich, dass Sie ein Objekt mit mehreren Objektfangmöglichkeiten mit Ihrer Fadenkreuzbox dabei berühren.

3.7.3 Übungen

Die folgenden Übungszeichnungen sollen die Anwendung der Objektfänge noch einmal demonstrieren. Zu jeder Übung gebe ich einen kurzen Abriss des Befehlsablaufs. Die zu benutzenden Objektfänge sind in die Aufgaben eingezeichnet.

In der ersten Übung (Abbildung 3.38) zeichnen Sie zunächst mit dem Befehl LINIE ein Quadrat der Seitenlänge **100**. Sie können dazu auch den Befehl Rechteck verwenden. Dann zeichnen Sie mit LINIE das innere Quadrat unter Benutzung des Objektfangs MITTELPUNKT. Abschließend können Sie das innerste Quadrat wieder entweder mit LINIE oder mit RECHTECK, aber auch wieder mit Objektfang MITTELPUNKT zeichnen.

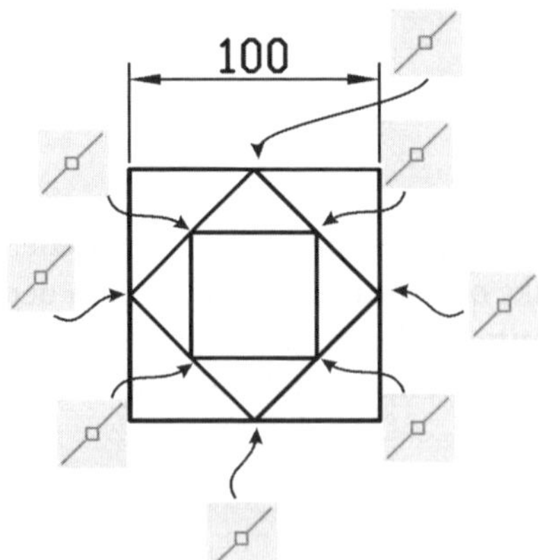

Abb. 3.38: Übung zum Objektfang MITTELPUNKT

Die zweite Übung (Abbildung 3.39) beginnen Sie mit einem Kreis mit Radius **100**. Dann zeichnen Sie mit LINIE und Objektfang QUADRANT das darin liegende Quadrat. Das innerste Quadrat können Sie entweder mit LINIE oder mit RECHTECK und mit Objektfang MITTELPUNKT zeichnen.

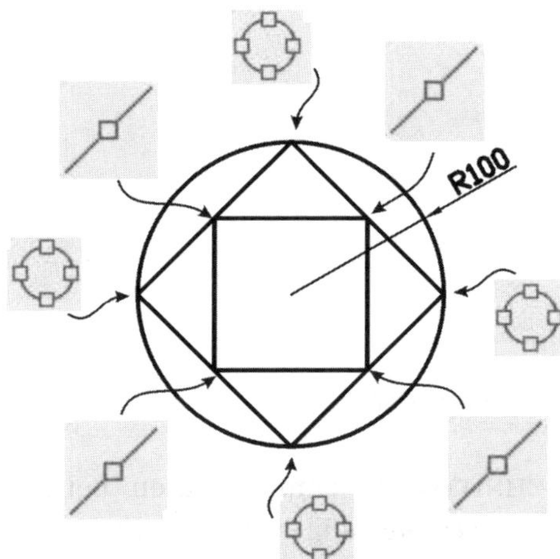

Abb. 3.39: Übung zum Objektfang QUADRANT und MITTELPUNKT

Die nächste Übung (Abbildung 3.40) beginnen Sie wie die letzte mit dem Kreis und dem Quadrat. Dann konstruieren Sie die vier Linien jeweils mit den Objektfängen MITTELPUNKT und LOT.

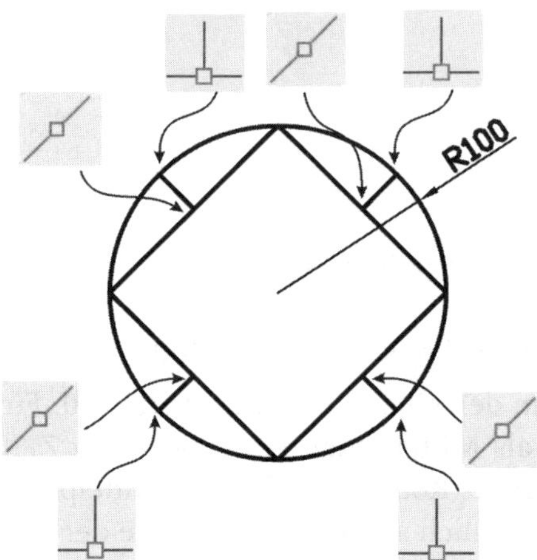

Abb. 3.40: Übung zum Objektfang LOT und MITTELPUNKT

In der nächsten Übung (Abbildung 3.41) zeichnen Sie mit RECHTECK die Außenkontur der Breite **200** und Höhe **100**. Dann setzen Sie mit dem LINIE-Befehl und Objektfang ENDPUNKT die beiden Diagonalen ein. Abschließend zeichnen Sie einen Kreis und wählen den Mittelpunkt des Kreises mit dem Objektfang SCHNITTPUNKT.

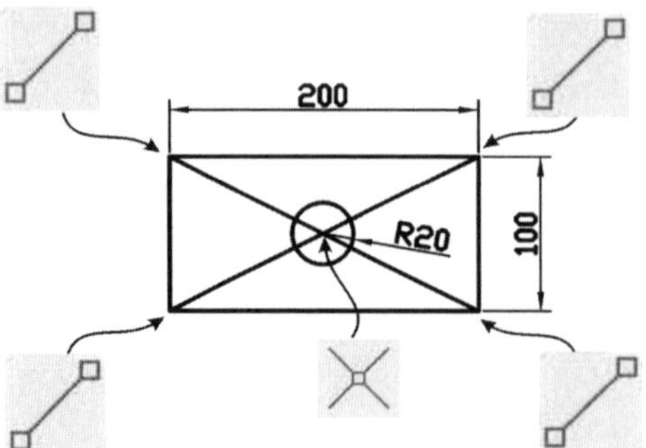

Abb. 3.41: Übung zum Objektfang SCHNITTPUNKT und ENDPUNKT

Die letzte Übung soll den ERWEITERTEN SCHNITTPUNKT demonstrieren, bei dem ein Schnittpunkt für zwei Kurven durch deren *Verlängerung* errechnet wird.

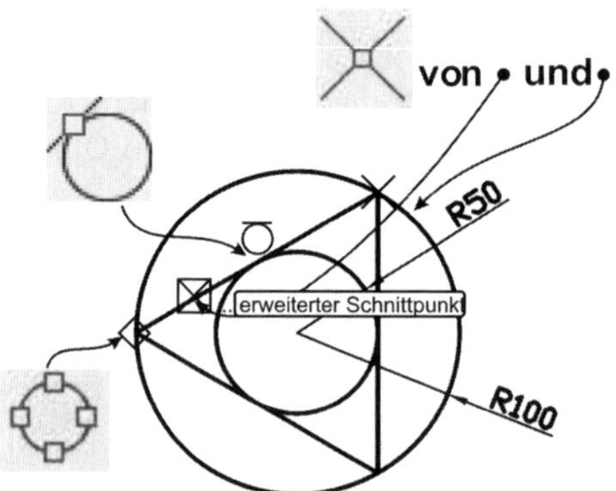

Abb. 3.42: Objektfänge QUADRANT, TANGENTE und ERWEITERTER SCHNITTPUNKT

- Zeichnen Sie zuerst an beliebiger Stelle einen Kreis mit Radius **100**.
- Dann zeichnen Sie einen zweiten Kreis an derselben Stelle mit Radius 50. Für den zweiten Kreis können Sie entweder als Mittelpunkt den Objektfang ZENTRUM auf den ersten Kreis anwenden oder als Koordinate für den Mittelpunkt einfach **@** [Enter] eingeben. Das bedeutet nämlich auch die Koordinate der letzten eingegebenen Position – und das war ja der Mittelpunkt des letzten Kreises.
- Nach den beiden Kreisen rufen Sie LINIE auf, wählen als Startpunkt den markierten QUADRANTEN und den zweiten Punkt mit Objektfang TANGENTE am inneren Kreis.
- Diese Linie ist zunächst zu kurz. In dem Fall klicken Sie ohne einen speziellen Befehl die Linie einfach an. Sie erscheint dann blau hervorgehoben und besitzt nun drei blaue Griffe (Abbildung 3.43 links).

- Fahren Sie in den Griff am rechten Ende hinein, um dadurch das Griff-Menü angezeigt zu bekommen.
- Dort klicken Sie auf LÄNGE. Damit können Sie die Linie verlängern und die Richtung beibehalten.
- Nun brauchen Sie den erweiterten Schnittpunkt zwischen Linie und äußerem Kreis.
- Aktivieren Sie mit [Strg]+Rechtsklick das Objektfangmenü und wählen Sie SCHNITTPUNKT (Abbildung 3.43 Mitte).

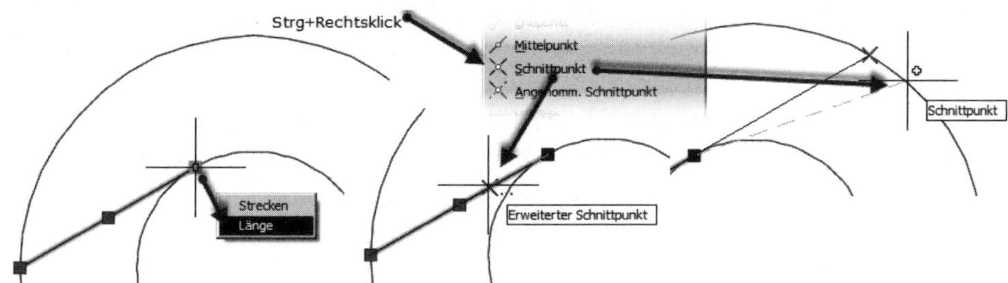

Abb. 3.43: Linie verlängern auf einen erweiterten Schnittpunkt hin

- Sie klicken dann zunächst die gerade gezeichnete Linie an und dann den äußeren Kreis. Sobald Sie die Linie angeklickt haben, merkt AutoCAD, dass noch ein zweites Geometrieobjekt zur Schnittpunktberechnung fehlt, und gibt deshalb den Text ERWEITERTER SCHNITTPUNKT aus. Nach Anklicken des Kreises (Abbildung 3.38 rechts) wird der SCHNITTPUNKT berechnet.
- Weiter geht es dann wieder mit TANGENTE am inneren Kreis nach unten und mit Verlängerung bis zum ERWEITERTEN SCHNITTPUNKT zwischen der letzten Linie und dem äußeren Kreis (wie eben beschrieben).
- Danach können Sie das Dreieck mit der Option SCHLIEßEN des LINIE-Befehls vervollständigen.

Nachdem wir uns im zweiten Kapitel auf eher spielerische Übungszeichnungen beschränken mussten, können Sie hier bald schon praxisrelevante Beispiele bearbeiten. Doch zunächst noch etwas Spielerei mit dem Kreis.

Vorsicht: Erweiterter Schnittpunkt und übereinander liegende Kurven

Manchmal erscheint kein Symbol für ERWEITERTER SCHNITTPUNKT, obwohl man es erwartet. Der Grund dafür liegt darin, dass Sie *zwei Linien übereinander liegen* haben. AutoCAD findet dann beim Anklicken beide Kurven, kann aber keinen Schnittpunkt ausrechnen, da die Kurven übereinander liegen und damit ja parallel sind – und zwar mit Abstand = 0.

Und bei parallelen Linien gibt es keinen Schnittpunkt. Vermeiden Sie also generell übereinander liegende Kurven. Sie führen nur zu Problemen, weil dadurch geometrisch nicht eindeutige Konstellationen auftreten. In der Vollversion gibt es den Befehl AUFRÄUM bzw. in der Multifunktionsleiste START|ÄNDERN▼|DOPPELTE OBJEKTE LÖSCHEN zum pauschalen Entfernen übereinander liegender Objekte. Auch können Sie selbst mit dem Befehl VERBINDEN bzw. in der Multifunktionsleiste START|ÄNDERN▼|VERBINDEN übereinander liegende oder exakt fluchtende Objekte zu einem einzigen kombinieren.

Tipp: Objektfang ANGENOMMENER SCHNITTPUNKT

Oft wird dieser Modus mit dem ERWEITERTEN SCHNITTPUNKT verwechselt. Der ANGENOMMENE SCHNITTPUNKT ist für dreidimensionale Schnittpunkte in bestimmter Projektionsrichtung nötig, beispielsweise bei windschiefen Geraden. Für 2D-Konstruktionen ist dieser Objektfang nicht nötig.

3.8 Komplexer Objektfang

Ich möchte hier noch einige komplexe Objektfänge mit Beispielen erörtern. Komplexe Objektfänge sind solche, die Hilfskonstruktionen ersparen können. Es handelt sich um die Spurlinieneinstellung FANG-REFERENZLINIEN ANZEIGEN (OBJEKTFANGSPUR) in der Statusleiste und die Objektfänge TEMPORÄRER SPURPUNKT , VON , HILFSLINIE , PARALLELE , PUNKTFILTER und MITTE ZWISCHEN 2 PUNKTEN.

Strg+Rechtsklick	Tastatur
Temporärer Spurpunkt	TT
Von	VON
Hilfslinie	HIL
Parallele	PAR
Mitte zwischen 2 Punkten	M2P oder MZP
Punktfilter|.x Punktfilter|.y	.x oder .y

3.8.1 Objektfangspur

Der OBJEKTFANGSPUR-Modus wird durch Anklicken von FANG-REFERENZLINIEN ANZEIGEN bzw. [Symbol] in der Statusleiste aktiviert. Er erspart das Zeichnen von Hilfslinien, indem er *dynamische Spurlinien* in den orthogonalen Richtungen erzeugt, nachdem Sie vorher eine *Objektfangposition* für einen Augenblick berührt haben. Wenn Sie dann das Fadenkreuz entlang dieser *Spurlinie* bewegen, können Sie eine Position durch Eingabe der Entfernung vom Objektfangpunkt angeben. Wenn Sie das ausprobieren, denken Sie bitte daran, dass der Objektfang nur wirkt, wenn ein Zeichen- oder Editierbefehl wie beispielsweise LINIE aktiv ist.

AutoCAD markiert die berührten Punkte, in denen Objektfangspurlinien ihren Ursprung haben, mit einem kleinen grünen Kreuzchen. Diese Punkte heißen AUSRICHTEPUNKTE. Da die AUSRICHTEPUNKTE nicht durch explizites Anklicken, sondern lediglich durch *Berühren einer Objektfangposition* aktiviert werden, hat man manchmal unabsichtlich viele AUSRICHTEPUNKTE aktiviert und kann sich vor Spurlinien kaum retten. In einem solchen Fall können Sie durch *erneutes Anfahren* einen AUSRICHTEPUNKT und die damit verbundenen Spurlinien wieder deaktivieren. Die Spurlinien sind normalerweise horizontal und vertikal voreingestellt,

Abbildung 3.44 zeigt die Konstruktion einer Linie mit dem Startpunkt in waagerechter Entfernung 100 von einem Mittelpunkt mit folgenden Schritten:

1. Bei den Zeichenhilfen ist FANG-REFERENZLINIEN ANZEIGEN [Symbol] aktiviert.
2. Ein LINIE-Befehl ist aktiv mit der Anfrage `Erster Punkt:`.
3. Sie fahren bei entsprechend aktiviertem OBJEKTFANG auf den MITTELPUNKT, wo dadurch das Objektfangsymbol sichtbar wird.
4. Wenn Sie das Fadenkreuz wieder wegziehen, bleibt ein grünes Kreuzchen stehen, das den Punkt als AUSRICHTEPUNKT markiert.
5. Fahren sie nun auf eine Position ziemlich genau rechts neben dem Mittelpunkt, so erscheint die Objektfangspurlinie. Die möglichen Richtungen für Spurlinien sind auf waagerecht und senkrecht eingestellt.
6. Auf der gepunkteten Spurlinie geben Sie nun die gewünschte Entfernung **100**`Enter` ein. Achten Sie unbedingt darauf, dass der Cursor beim Eintippen von `Enter` noch auf der Spurlinie liegt, sonst geht's schief!
7. Der LINIE-Befehl läuft danach normal mit der Anfrage `Nächster Punkt:` weiter.

Wenn Sie mehrere AUSRICHTEPUNKTE aktiviert haben, können Sie mit dem Fadenkreuz an die Position fahren, wo sich zwei Spurlinien schneiden. Bei genauem Hinsehen erkennen Sie an dieser Position dann ein kleines graues Kreuzchen.

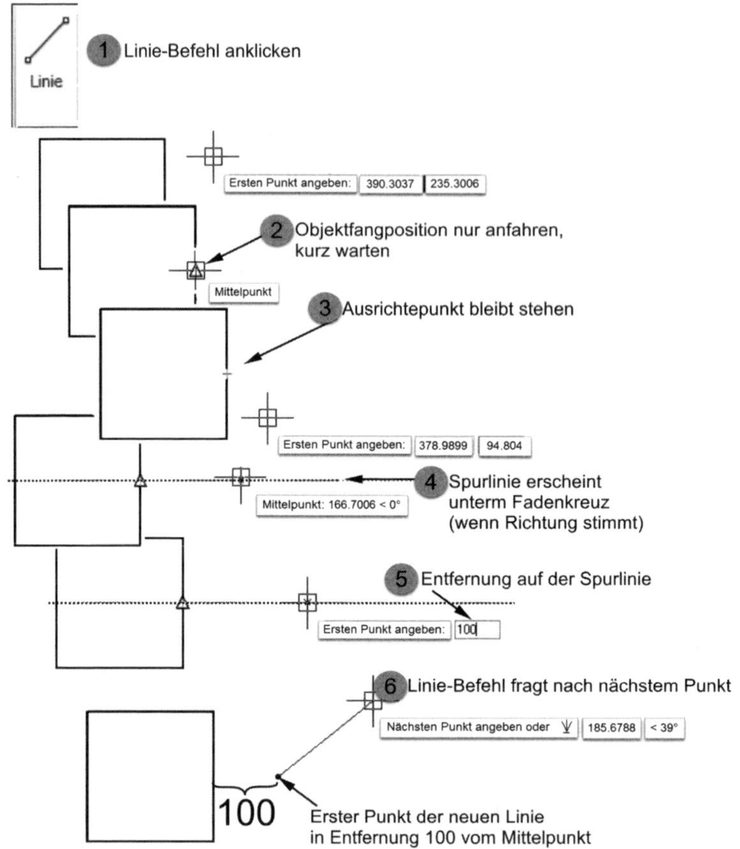

Abb. 3.44: Position auf Spurlinie mit OBJEKTFANG und OBJEKTFANGSPUR

Mit einem Klick können Sie dann diese *Schnittpunktposition* exakt wählen. Auf diese Weise erhalten Sie zum Beispiel schnell den Mittelpunkt eines Rechtecks, indem Sie mit OBJEKTFANGSPUR und OBJEKTFANG auf MITTELPUNKT in den Seitenmitten AUSRICHTEPUNKTE aktivieren und dann den Schnittpunkt der Spurlinien anklicken. Der Objektfang SCHNITTPUNKT ist hierzu nicht nötig!

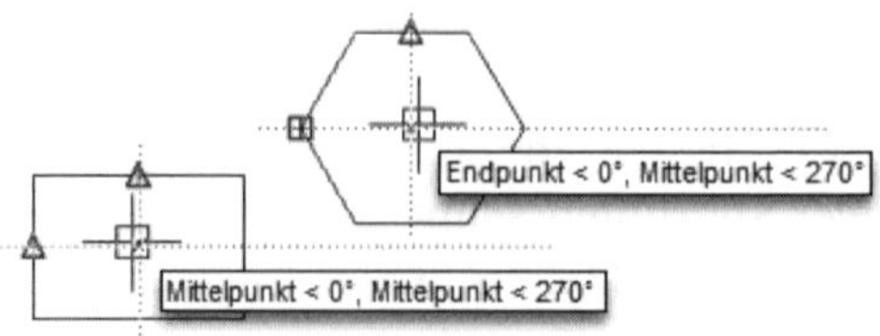

Abb. 3.45: Mitten-Positionen als Schnittpunkte von Spurlinien

Die Positionen in Abbildung 3.45 können mit dem Objektfang GEOMETRISCHES ZENTRUM noch bequemer ermittelt werden. Damit erhalten Sie den *Schwerpunkt* einer geschlossenen Kontur durch Anklicken der Kontur. Die Kontur muss dafür allerdings eine Polylinie sein, die geometrisch oder logisch geschlossen ist.

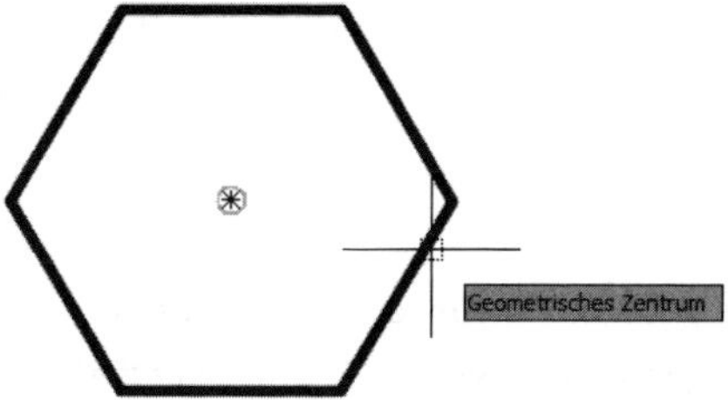

Abb. 3.46: Beispiel für Objektfang GEOMETRISCHES ZENTRUM (=Schwerpunkt)

Sie können Spurlinien auch unter anderen Winkeln als 0° und 90° erhalten, wenn Sie unter den SPUREINSTELLUNGEN von POLARER SPUR bei OBJEKTFANGSPUR-EINSTELLUNGEN die Option SPUR MIT POLAREN WINKELEINSTELLUNGEN aktivieren und dann unter POLARE WINKELEINSTELLUNGEN die gewünschten Winkel eingeben.

Im Beispiel (Abbildung 3.47) werden also folgende Winkel für POLARE SPUR und OBJEKTFANGSPUR aktiv: 0°, 30°, 60°, 90°, 120°, 150°, 180°, 210°, 240°, 270°, 300°, 330° (also 30° inkrementell) sowie 135°. Der ZUSÄTZLICHE WINKEL gilt nicht inkrementell, schließt also nicht Vielfache von 135° ein, insbesondere nicht 270° (=2 x 135°).

Tipp: Spureinstellungen für Architektur

Spureinstellungen für Architektur: Im Architekturbereich wären Spurlinien unter 30° und Vielfachen sowie auch unter 45° und Vielfachen nützlich. Dafür aktivieren Sie als INKREMENTWINKEL **30°** und dann als ZUSÄTZLICHE WINKEL noch die vier fehlenden **45°**, **135°**, **225°** und **315°**.

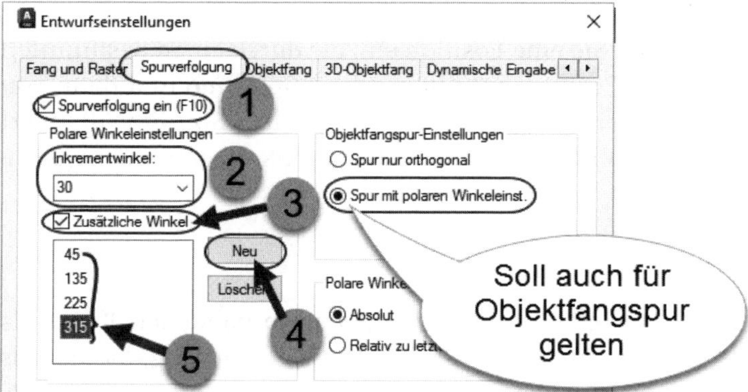

Abb. 3.47: Einstellungen der Winkel für OBJEKTFANGSPUR unter POLARE SPUR

3.8.2 Von Punkt

Der Objektfang VON bzw. FANG VON PUNKT gestattet, zuerst einen *Basispunkt* zu wählen und dann den *relativen Abstand* von diesem in x und y anzugeben. Sie sollten als Vorbereitung nun die gleiche erste Linie zeichnen wie in der ersten Übung mit TT und dann

```
Befehl: _line
LINIE Ersten Punkt angeben: VON[Enter]
Basispunkt: Startpunkt der ersten Linie mit ENDPUNKT anfahren und Klicken
<Abstand>: @20,50[Enter]   Abstand immer in relativen Koordinaten eingeben!
LINIE Nächsten Punkt angeben oder [Zurück]: beliebig weiter[Enter]
```

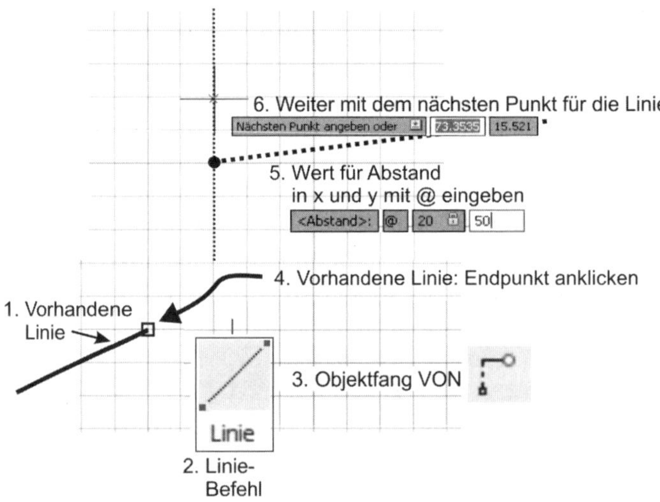

Abb. 3.48: Objektfang VON

3.8.3 Temporärer Spurpunkt

Bei diesem Modus TT geben Sie eine Position ein, die durch einen bestimmten Abstand von einer Objektfang-Position auf einer ersten Spurlinie und dann von dort aus noch durch einen weiteren Abstand auf einer zweiten Spurlinie definiert ist. Er ist in den meisten Fällen durch den Objektfang VON mit einem *Basispunkt* und der *Abstandsangabe in x und y* ersetzbar.

3.8.4 Hilfslinie

Der Objektfang HILFSLINIE erlaubt, das Ende einer vorhandenen Kurve als Hilfskurve zu verlängern und dann auf der gedachten Verlängerung, die nur als Spurlinie vorübergehend angezeigt wird, einen Punkt über den Abstand anzugeben. Sie können vom Kurvenende nach außen, aber auch nach innen gehen. Zur

Übung sollten Sie eine Linie zeichnen, deren Startpunkt 20 Einheiten von der ersten Linie entfernt liegt, und zwar gemessen in Richtung dieser Linie.

```
Befehl: _line
LINIE Ersten Punkt angeben: HIL [Enter]
von Über dem Endpunkt der ersten Linie kurz stehen bleiben, dann nach außen
auf der gedachten Verlängerung wegfahren (nicht zu schnell). Im Endpunkt ent-
stehen ein grünes Kreuzchen und eine Spurlinie. Nun geben Sie die Entfernung
auf dieser Spurlinie an: 20
LINIE Nächsten Punkt angeben oder [Zurück]: beliebig weiter [Enter]
```

Diese Technik können Sie auch auf andere Kurven anwenden, zum Beispiel auf Bögen, Ellipsen und Polylinien. Dabei entstehen Spurkurven mit den passenden Krümmungen. Die Entfernung wird dann als Bogenlänge gewertet.

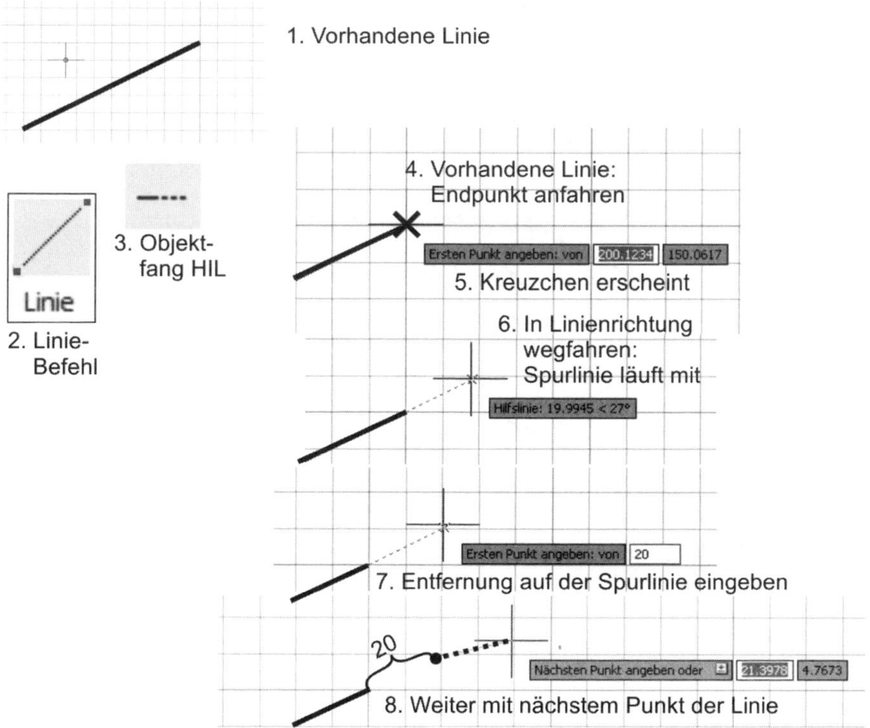

Abb. 3.49: Objektfang HIL

3.8.5 Parallele

Mit dem Objektfang PARALLEL können Sie eine Linie parallel zu einer vorhandenen Linie ausgehend von einem beliebigen Punkt erzeugen. Die Aufgabenstellung sei folgende: Vom Punkt 150,150 soll eine 50 Einheiten lange Linie nach rechts parallel zur allerersten Linie gezeichnet werden.

```
Befehl: _line
LINIE Ersten Punkt angeben: _mid von Mitte der letzten Linie anklicken
LINIE Nächsten Punkt angeben: PAR[Enter] nach Jetzt die Linie anfahren, deren Richtung Sie übernehmen wollen - nur mit dem Fadenkreuz berühren, nicht klicken. Daraufhin erscheinen auf der angefahrenen Linie das Parallelsymbol und ein Ausrichtepunkt-Kreuzchen. Nun fahren Sie etwas in die beabsichtigte Richtung mit dem Fadenkreuz und erhalten eine Spurlinie. Sobald die Spurlinie erscheint, können Sie die Entfernung auf der Spurlinie für den nächsten Punkt angeben: 50[Enter]
LINIE Nächsten Punkt angeben oder [Zurück]: [Enter]     Befehlsende
```

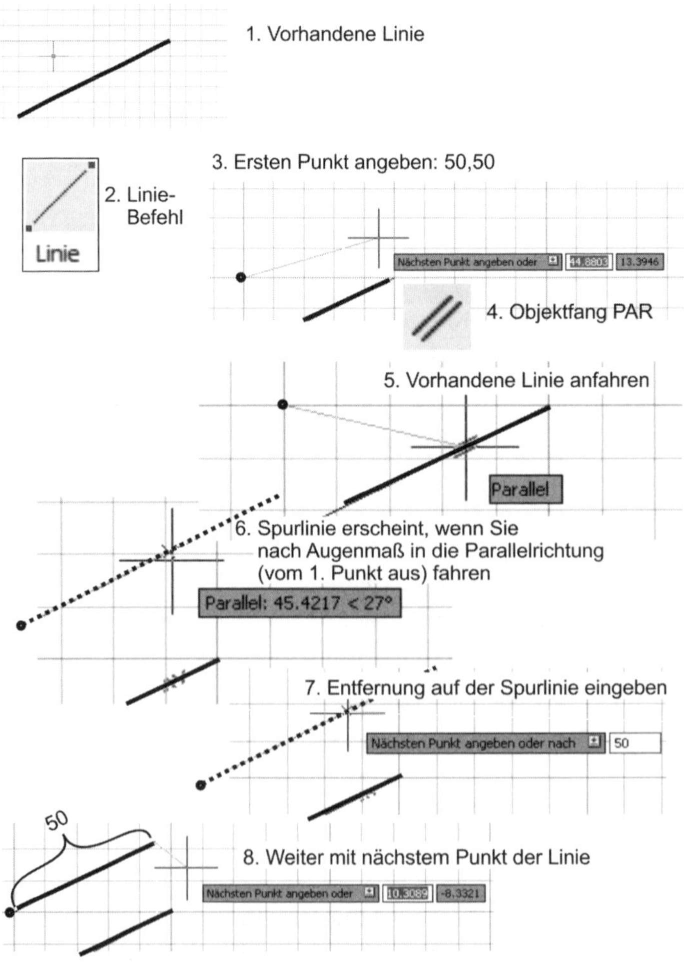

Abb. 3.50: Objektfang PAR

3.8.6 Objektfang »Punktfilter«

Die komplexen Objektfänge haben eine Gemeinsamkeit, sie bauen einen neuen Punkt aus mehreren vorhandenen Komponenten auf. Einer der ältesten komplexen Objektfänge ist der Punktfilter. Er erlaubt, einen neuen Punkt aus den x-, y- und z-Koordinaten verschiedener vorhandener Punkte zusammenzubauen. Beim Punktfilter können Sie die x-Koordinate *eines* Endpunkts verwenden, während die y-Koordinate von einem *anderen* Endpunkt stammt. Den Punktfilter erreichen Sie über das OBJEKTFANG-Kontextmenü, also über Strg+Rechtsklick oder durch Tastatureingabe von **.X** oder **.Y**. Abbildung 3.51 zeigt ein Beispiel. Die neue Position wurde so bestimmt, dass sie die gleichen x-Koordinaten hat wie die Ecke oben. Dazu wurde der Punktfilter mit Option **.x** aufgerufen und dann mit Objektfang ENDPUNKT das Ende der Ecke oben angeklickt. Damit übernimmt AutoCAD nur die x-Koordinate des Punkts und fragt im Dialogfeld: **benötige yz**. Diese beiden Koordinaten werden dann durch Anklicken der Ecke rechts unten eingegeben. Dieser Punktfilter arbeitet in diesem Fall ähnlich wie der Objektfang HILFSLINIE.

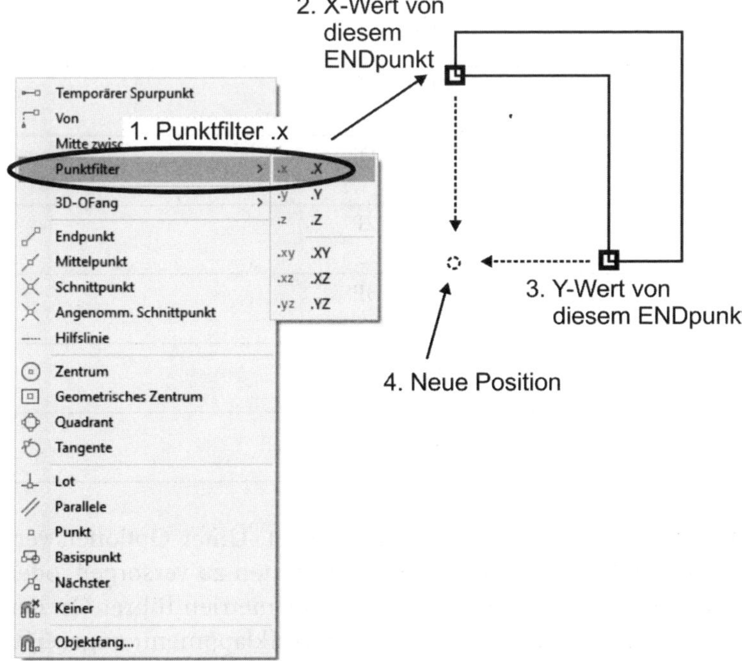

Abb. 3.51: Objektfang PUNKTFILTER

3.8.7 Objektfang »Mitte zwischen 2 Punkten«

Dieser Objektfang berechnet den Mittelpunkt aus zwei anzugebenden Positionen. Der Objektfang kann mit M2P oder MZP aktiviert werden oder mit Strg+Rechtsklick und der Wahl MITTE ZWISCHEN 2 PUNKTEN aus dem Objektfang-Kontextmenü.

```
Befehl: _line
LINIE Ersten Punkt angeben: M2P
Erster Punkt der Mitte: Ersten Punkt anklicken
Zweiter Punkt der Mitte: Zweiten Punkt anklicken
```

Aus diesen zwei Punkten wird dann automatisch die Mitte berechnet.

3.9 KREIS

Der Befehl KREIS ist der zweite Zeichenbefehl, den Sie schon im zweiten Kapitel kennengelernt haben. Er soll aber hier noch einmal mit allen Optionen erklärt werden.

ZEICHNEN UND BESCHRIFTUNG	Befehl	Kürzel
START|ZEICHNEN Kreis	KREIS	K
Mittel, Radius	KREIS	
Mittel, Durchm	KREIS | D	
2 Punkte	KREIS | 2P	
3 Punkte	KREIS | 3P	
Tan, Tan, Radius	KREIS | T	
Tan, Tan, Tan		

Sie sehen hier einen Befehl, der mehrere Optionen bietet. Unter Optionen versteht man verschiedene Möglichkeiten, den Befehl mit Daten zu versorgen, oder verschiedene Einstellungen, die zu unterschiedlichen Geometrien führen. In der Multifunktionsleiste werden diese Optionen in einem Aufklappmenü angezeigt. Damit kann man gleich bei der Auswahl bestimmen, welche Befehlsvariante man benötigt. Bei Aufruf per Tastatureingabe oder über das Werkzeug müssen Sie die jeweilige Option in der Befehlszeile anklicken oder über das Kontextmenü auswählen. Gegenüber diesem Abarbeiten der Optionen ist es bequemer, aus der Multifunktionsleiste die gewünschte Option direkt zu wählen.

Mit dem noch vorzustellenden Editierbefehl STUTZEN lassen sich aus dem Kreis auch Bogenstücke herausschneiden. Damit haben wir dann die gebräuchlichste Methode zur Hand, nach der Bögen gezeichnet werden. Der eigentliche Befehl BOGEN hat sehr viele verschiedene Optionen entsprechend den verschiedenen Konstruktionsanforderungen und wird daher nicht so gerne verwendet. Einfacher zeichnet man oft einen Kreis und stutzt ihn später.

3.9.1 Optionen des Befehls KREIS

Probieren Sie zunächst die KREIS-Optionen im Menü aus. Eine Musterkonstruktion zeigt die verschiedenen Varianten. Beginnen Sie eine neue Zeichnung wie üblich mit .

Im folgenden Dialog sind Ihre Eingabeaktionen fett hervorgehoben.

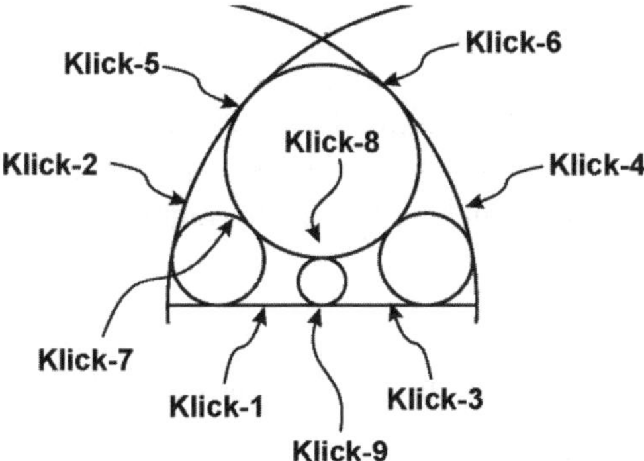

Abb. 3.52: Kreiskonstruktionen

Wenn Sie einen Objektfang wählen müssen, ist er hier als Werkzeug wiedergegeben. Sie rufen ihn am schnellsten über den Werkzeugkasten OBJEKTFANG oder mit [Strg]+Klick mit rechter Maustaste auf. Sie sehen hier im protokollierten Ablauf auch zahlreiche Optionswahlen, die nicht fett hervorgehoben sind. Das sind dann Optionen, die sich AutoCAD bei der jeweiligen Menü-Variante selbst einstellt. Überdies bemerken Sie auch, dass diese Optionswahlen mit einem Unterstrich beginnen. Das bedeutet, dass es sich um Eingaben in Englisch handelt, das heißt, AutoCAD benutzt intern die englischen Optionskürzel.

Folgender Ablauf ergibt sich für die sechs Kreise in Abbildung 3.52:

- Beginnen Sie mit einer waagerechten Linie:

```
Befehl: _line Ersten Punkt angeben: 50,50 [Enter]
Nächsten Punkt angeben oder [Zurück]: @200,0 [Enter]
Nächsten Punkt angeben oder [Zurück]: [Enter]
```

- Dann zeichnen Sie zwei »normale« Kreise über Angabe von Mittelpunkt und Radius. Dabei nutzen Sie aus, dass Sie sowohl den Kreismittelpunkt über Objektfang ENDPUNKT eingeben können als auch den Radius mit Objektfang ENDPUNKT wählen können.

```
Befehl: _circle Mittelpunkt für Kreis angeben oder [3P 2P Ttr (Tangente Tangente Radius)]: von linkes Linienende anklicken
Radius für Kreis angeben oder [Durchmesser]: von rechtes Linienende anklicken
Befehl: [Enter] zur Befehlswiederholung
KREIS Mittelpunkt für Kreis angeben oder [3P 2P Ttr (Tangente Tangente Radius)]: von rechtes Linienende anklicken
Radius für Kreis angeben oder [Durchmesser]: von linkes Linienende anklicken
```

- Für den dritten und vierten Kreis geben Sie jeweils zwei Kurven an, die sie tangieren sollen, und einen Radius. Es entstehen tangential sich anschmiegende Ausrundungskreise. Sie geben hier keinen Objektfang TANGENTE an, weil der von der Funktion selbst eingestellt wird. Diese Option wird bequemerweise über das Menü aufgerufen. Als Positionen klicken Sie nach Augenmaß die zukünftigen Berührpunkte an.

```
Befehl: Zeichnen|Kreis|Tan,Tan,Radius
_circle Mittelpunkt für Kreis angeben oder [3P 2P Ttr (Tangente Tangente Radius)]: _ttr
Punkt auf Objekt für erste Tangente des Kreises angeben: Klick-1
Punkt auf Objekt für zweite Tangente des Kreises angeben: Klick-2
Radius für Kreis angeben <200.0000>: 30    Radiuswert eingeben
Befehl: Zeichnen|Kreis|Tan, Tan, Radius
_circle Mittelpunkt für Kreis angeben oder [3P 2P Ttr (Tangente Tangente Radius)]: _ttr
Punkt auf Objekt für erste Tangente des Kreises angeben: Klick-3
Punkt auf Objekt für zweite Tangente des Kreises angeben: Klick-4
Radius für Kreis angeben <30.0000>: [Enter]    Radiuswert akzeptieren
```

- Der fünfte Kreis ist ein sogenannter Inkreis, der sich an drei Kurven anschmiegt. Auch hier ist wieder der Objektfang TANGENTE von AutoCAD her voreingestellt.

```
Befehl: Zeichnen|Kreis|Tan, Tan, Tan
_circle Mittelpunkt für Kreis angeben oder [3P 2P Ttr(Tangente Tangente Radius)]: _3p
Ersten Punkt auf Kreis angeben: _tan nach Klick-5
```

```
Zweiten Punkt auf Kreis angeben: _tan nach Klick-6
Dritten Punkt auf Kreis angeben: _tan nach Klick-7
```

- Der letzte Kreis wird über zwei Punkte bestimmt, die seinen Durchmesser festlegen:

```
Befehl: 2 Punkte Zeichnen|Kreis|2 Punkte
_circle Mittelpunkt für Kreis angeben oder [3P 2P Ttr (Tangente Tangente
Radius)]: _2p
Ersten Endpunkt für Durchmesser des Kreises angeben: von Klick-8
Zweiten Endpunkt für Durchmesser des Kreises angeben: von Klick-9
```

2 Punkte

Optionswahl am Beispiel KREIS

Wenn Sie den KREIS-Befehl eintippen, wird zunächst die Standardoption angeboten:

```
Befehl: KREIS[Enter]
Mittelpunkt für Kreis angeben oder [3P 2P Ttr (Tangente Tangente Radius)]:
Koordinaten für einen Mittelpunkt eingeben
Radius für Kreis angeben oder [Durchmesser]: 50[Enter]   Radius-Wert eingeben
```

In den eckigen Klammern sehen Sie die möglichen Optionen. Eine andere Option als die standardmäßig angebotene wählen Sie, indem Sie die Buchstaben und/ oder Ziffern eintippen, die in den eckigen Klammern großgeschrieben sind. Die Option TTR wählen Sie also mit T[Enter] aus:

```
Befehl: KREIS[Enter]
Mittelpunkt für Kreis angeben oder [3P 2P Ttr(Tangente Tangente Radius)]:
T[Enter]
Punkt auf Objekt für erste Tangente des Kreises angeben: Klick auf tangieren-
des Objekt
Punkt auf Objekt für zweite Tangente des Kreises angeben: Klick auf zweites
tangierendes Objekt
Radius für Kreis angeben <50.0000>: 20[Enter]   Radiuswert
```

Die Optionen 2P oder 3P für den 2-Punkte- oder 3-Punkte-Kreis erhalten Sie durch Anklicken oder mit 2P[Enter] bzw. 3P[Enter].

Wenn Sie bei der Standardoption oben anstelle des Radius einen Durchmesser eingeben wollen, müssen Sie zunächst mit D[Enter] die Option DURCHMESSER wählen:

```
Befehl: KREIS[Enter]
Mittelpunkt für Kreis angeben oder [3P 2P Ttr(Tangente Tangente Radius)]:
Koordinaten für einen Mittelpunkt eingeben
```

```
Radius für Kreis angeben oder [Durchmesser]: D[Enter]
Durchmesser für Kreis angeben <100.0000>: 200[Enter] Durchmesserwert
```

Wichtig: Optionen wählen

Optionen werden von den Befehlen stets in *eckigen Klammern* angeboten. Sie können auf verschiedene Arten gewählt werden. Sie können die gewünschten Optionen in der Befehlszeile *direkt anklicken*. Alternativ können über die *Tastatur* die *großgeschriebenen Buchstaben* eingegeben werden. Ferner können Sie im Zeichenfenster nach einem *Rechtsklick* mit der Maus die Optionen aus einem *Kontextmenü* auswählen. In den Multifunktionsleisten gibt es für die Optionen oft Flyouts, die Sie über die kleinen schwarzen Dreiecke ▼ erreichen. Manchmal wird eine Option auch als *Vorgabe* in spitzen Klammern angeboten. Diese wird dann durch Eingabe von [Enter] gewählt.

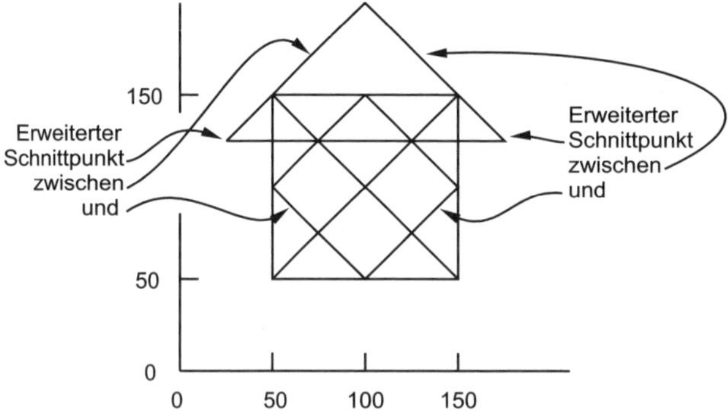

Abb. 3.53: Übung für Objektfang SCHNITTPUNKT bzw. ERWEITERTER SCHNITTPUNKT

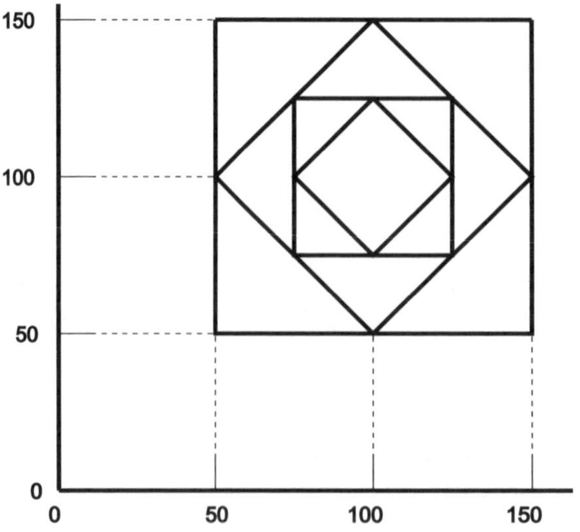

Abb. 3.54: Übung für Objektfang MITTELPUNKT

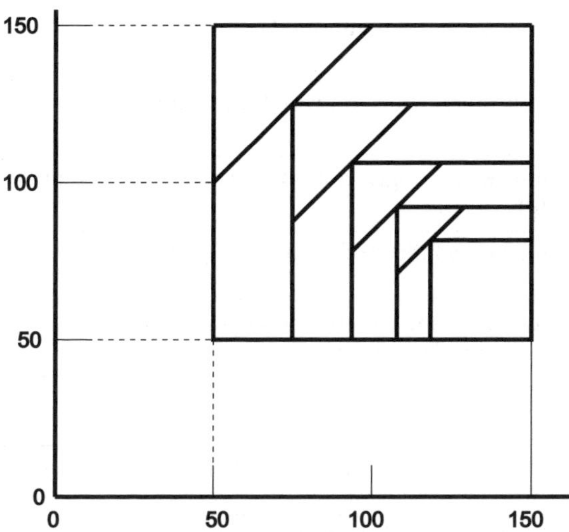

Abb. 3.55: Übung für Objektfang MITTELPUNKT und LOT

3.10 Was noch zu bemerken wäre

- POLARANG – Wenn Sie einen weiteren inkrementellen Winkel für POLARE SPUR eingeben wollen, können Sie das auch über die Systemvariable POLARANG tun.
- Rechtwinklige Linien – Wenn Sie zu einer eben gezeichneten Linie öfter eine weitere genau senkrecht am Endpunkt anfügen müssen, dann sollen Sie bei POLARE SPUR den Inkrementwinkel auf **90**° stellen, zusätzlich aber die Einstellung RELATIV ZU LETZTEM SEGMENT wählen.
- ISOMETRIE – Bei den FANGMODUS-Einstellungen gibt es die Möglichkeit, einen *isometrischen Fang* einzustellen. Damit werden auch der ORTHO-Modus und das *Fadenkreuz* umgestellt, um in den Iso-Ebenen links, rechts und oben zeichnen zu können. [F5] schaltet dann zwischen den einzelnen Iso-Ebenen um. Sie sollten dann allerdings die *Rasterdarstellung auf Punkt umstellen*, was Sie in den RASTER-EINSTELLUNGEN für den 2D-MODELLBEREICH tun können. Im Isometrie-Modus bietet der Befehl ELLIPSE dann auch eine Option ISOKREIS an, um in den drei Iso-Ebenen die entsprechend verzerrten Kreise zeichnen zu können.
- ÜBERSICHT ÜBER DIE ZEICHENBEFEHLE – Nachdem Sie die wichtigsten Zeichenbefehle LINIE und KREIS nun kennen und im nächsten Kapitel erst mal jede Menge Editierbefehle folgen, soll hier eine Übersicht zeigen, in welchen Kapiteln die weiteren Zeichenbefehle behandelt werden:

Kapitel 2, Kapitel 3	LINIE		Zeichnet Linie mit mehreren Segmenten
Kapitel 2, Kapitel 3	KREIS		Zeichnet einen Kreis mit verschiedenen Methoden
Kapitel 6	BOGEN		Zeichnet einen Bogen mit verschiedenen Methoden (<360°)
Kapitel 6	ELLIPSE		Zeichnet eine Ellipse oder einen Ellipsenbogen
Kapitel 6	PLINIE		Zeichnet eine aus Linien- und Bogensegmenten zusammengesetzte Kurve
Kapitel 6	RECHTECK		Zeichnet ein Rechteck
Kapitel 6	POLYGON		Zeichnet ein regelmäßiges Vieleck
Kapitel 6	RING		Zeichnet eine ringförmige Polylinie mit Breite und Füllung
Kapitel 6	UMGRENZUNG		Erzeugt nach Hineinklicken eine geschlossene Polylinie für eine geschlossene Geometrie
Kapitel 6	SKIZZE		Erzeugt eine Freihandkurve als Liniensegmente, als Polylinie oder als Spline
Kapitel 6	SPLINE		Erzeugt eine glatte Splinekurve über Anpassungspunkte oder Kontrollstützpunkte
Kapitel 6	MLINIE		Zeichnet mehrere parallele Liniensegmente (nicht LT)
Kapitel 6	DLINIE		Zeichnet eine Doppellinie ähnlich zur Polylinie (nur LT)
Kapitel 6	REGION		Erzeugt eine geschlossene Kontur mit flächenartiger Füllung, die auch mit booleschen Operationen bearbeitbar ist
Kapitel 6	REVWOLKE		Erzeugt eine Polylinie in Form der Revisionsmarkierung
Kapitel 6	ABDECKEN		Zeichnet eine polygonale Fläche mit Hintergrundfarbe
Kapitel 9	SCHRAFF		Erstellt Schraffuren mit verschiedenen Mustern
Kapitel 14	SPIRALE		Zeichnet eine 2D/3D-Spirale
Kapitel 6	ADDSELECTED		Zeichnet ein neues Objekt vom gleichen Objekttyp, den Sie gerade markiert haben

3.11 Übungsfragen

1. Auf welchen Punkt bezieht sich die Koordinatenangabe, die mit @ beginnt?
2. Welcher Objektfang liefert den Kreismittelpunkt?
3. Mit welchem Objektfang können Sie eine Position in Richtung einer Linie, aber 10 Einheiten vom Linienende entfernt angeben?
4. Welches Zeichen garantiert, dass die Koordinaten als absolute im Weltkoordinatensystem gelten, unabhängig davon, wie die DYNAMISCHE EINGABE voreingestellt ist?
5. Wie bezeichnet man rechtwinklige Koordinaten sonst noch?
6. Müssen Sie selbst den Objektfang TANGENTE einstellen, wenn Sie die Kreisoption ZEICHNEN|KREIS|TAN,TAN,TAN benutzen?
7. Unter welcher Bedingung können Sie drei Punkte *nicht* für die Option ZEICHNEN|KREIS|3 PUNKTE verwenden?
8. Wo wird eingestellt, wie weit der Objektfang vom Fadenkreuzmittelpunkt aus reicht?
9. Welcher Objektfang erzeugt Positionen auf der Verlängerung einer Kurve?
10. Welche Objektfänge können Sie nutzen, um den Mittelpunkt eines Sechsecks zu erhalten?

Kapitel 4

Grundlegende Editierbefehle und Objektwahl

Neben den Zeichenbefehlen spielen bei CAD-Systemen die Editierbefehle eine besonders wichtige Rolle. Das sind alle Befehle, die zum nachträglichen *Ändern von Objekten* dienen. Sie befinden sich im normalen 2D-Arbeitsbereich ZEICHNEN UND BESCHRIFTUNG im Register START in der Gruppe ÄNDERN. Im Gegensatz zum Konstruieren am Zeichenbrett darf am Bildschirm beliebig oft geändert werden, weil man nicht radieren muss. Damit gewinnen die Editierfunktionen, mit denen wir uns in diesem Kapitel beschäftigen, ein ganz besonderes Gewicht. Damit Sie die so wichtigen Editierbefehle gut beherrschen lernen, machen Sie sich ruhig einen Sport daraus, bei nötigen Korrekturen nicht zu löschen und neu zu zeichnen, sondern immer nach einer Editierfunktion zu suchen, mit der Sie es noch »reparieren« können.

4.1 Übersicht über Editierbefehle

Die Befehle zum Ändern von Objekten liegen im Register START in der Gruppe ÄNDERN (Abbildung 4.1). Großschreibung deutet hier an, dass Beschreibung und Befehlsname übereinstimmen.

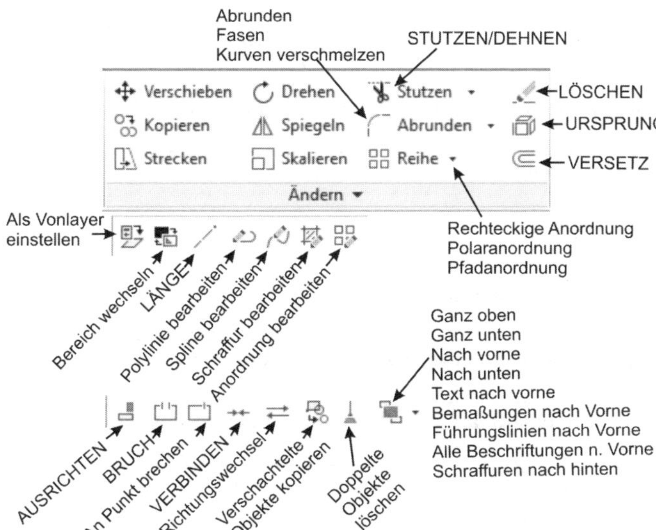

Abb. 4.1: Editierbefehle Register START, Gruppe ÄNDERN

In diesem Kapitel sollen Sie von allen Editierbefehlen die grundlegenden kennenlernen. Etliche Editierbefehle beziehen sich auf bestimmte Objekte und werden deshalb in den nachfolgenden Kapiteln beschrieben. Zwei wichtige allgemeine Editierbefehle EIGENSCHAFTEN und EIGANPASS können durch Erweitern des SCHNELLZUGRIFF-WERKZEUGKASTENS angezeigt werden (Abbildung 4.2). Dazu müssen Sie nur auf das Flyout-Dreieck rechts im SCHNELLZUGRIFF-WERKZEUGKASTEN klicken und die entsprechenden Befehle im Dropdown-Menü anklicken.

Im Register START finden Sie EIGANPASS in der Gruppe EIGENSCHAFTEN und dort unter ↘ auch den Befehl EIGENSCHAFTEN .

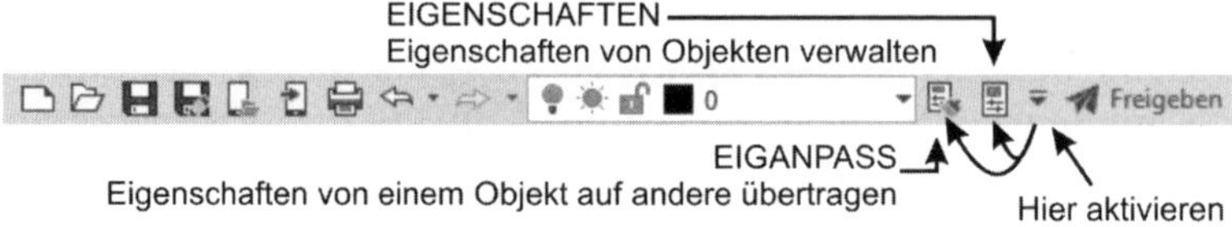

Abb. 4.2: Erweiterter SCHNELLZUGRIFF-WERKZEUGKASTEN

LÖSCHEN		Löscht Objekte
VERSETZ		Erzeugt Abstandskurven
STUTZEN		Schneidet Kurven an Schnittkanten oder zwischen Schnittkanten ab
DEHNEN		Dehnt bzw. verlängert Kurven bis zu Grenzkanten hin
FASE		Erzeugt eine Abschrägung zwischen linearen Segmenten
ABRUNDEN		Erzeugt eine Abrundung zwischen beliebigen Kurven
MISCHEN		Erzeugt eine Splinekurve als glatten Übergang
URSPRUNG		Zerlegt zusammengesetzte Objekte, zum Beispiel Polylinien
SCHIEBEN		Verschiebt Objekte
KOPIEREN		Kopiert Objekte
DREHEN		Dreht Objekte um einen Punkt
SPIEGELN		Spiegelt Objekte an einer Spiegelachse (durch 2 Punkte)
BRUCH		Trennt Kurven auf, an zwei Positionen/an einer Position

Tabelle 4.1: Übersicht über Editierbefehle

ANPUNKTBRECH		Trennt Kurven auf, an einer Position
VERBINDEN		Verbindet passende Linien, Bögen, Polylinien zu einer Gesamtkurve gleicher Art oder verschiedene Kurven zu einer Polylinie, schließt einen Bogen zum Kreis

Tabelle 4.1: Übersicht über Editierbefehle (Forts.)

In den nachfolgenden Kapiteln werden dann noch folgende Befehle vorgestellt:

Kapitel 6	PEDIT		Bearbeitet eine Polylinie
Kapitel 6	SPLINEEDIT		Bearbeitet eine Splinekurve
Kapitel 6	UMDREH		Kehrt die Laufrichtung einer Kurve um
Kapitel 7	REIHERECHTECK, REIHEKREIS, REIHEPFAD		Anordnungen in rechtwinkligen, kreisförmigen Mustern oder entlang von Pfaden
Kapitel 7	REIHEBEARB		Anordnungen in rechtwinkligen oder kreisförmigen Mustern oder entlang von Pfaden ändern
Kapitel 7	VARIA		Skalieren von Objekten
Kapitel 7	STRECKEN		Verschieben von Objekten einer Konstruktion unter Beibehalten der angrenzenden Geometrie
Kapitel 7	LÄNGE		Ändern der Länge von Kurven
Kapitel 7	AUSRICHTEN		Objekte verschieben, drehen und ggf. skalieren
Kapitel 7	AUFRÄUM		Entfernt mehrfach übereinander liegende Kurven
Kapitel 6, Kapitel 9	ZEICHREIHENF		Steuert die Darstellungsreihenfolge übereinander liegender Objekte
Kapitel 8	BERWECHS		Projiziert Objekt vom Modell- in den Papierbereich (Layout) und umgekehrt
Kapitel 9	SCHRAFFEDIT		Bearbeitet Schraffuren
Kapitel 11	NKOPIE		Kopiert Objekte aus Blöcken oder externen Referenzen in die Zeichnung
Kapitel 5	VONLAYEREINST		Stellt Objekteigenschaften auf die vom Layer vorgegebenen Werte ein

4.2 VERSETZ

Eine wichtige Funktion beim Konstruieren ist die Erzeugung von Abstandskurven zu Linien, zu Kreisen und anderen Kurven. Im Fall von Linien nennt man diese Kurven kurzerhand Parallelen, bei Kreisen sind es konzentrische Kreise und bei anderen Kurven ist es eben die Abstandskurve.

Der Abstand kann als Zahl angegeben sein. Andererseits kann auch durch einen Zielpunkt versetzt werden, durch den die neue Kurve gehen soll. Sie geben deshalb entweder einen Abstandswert ein oder wählen mit der Option DURCH PUNKT den Zielpunkt.

ZEICHNEN UND BESCHRIFTUNG	Icon	Beschreibung	Befehl	Kürzel
START|ÄNDERN		*Versetzen*	VERSETZ	VS

Das erste Beispiel versetzt um einen festen Abstand. Zuerst wird die Kontur gezeichnet (Abbildung 4.3). Danach werden die einzelnen Kurven dieser Kontur um 20 Einheiten versetzt.

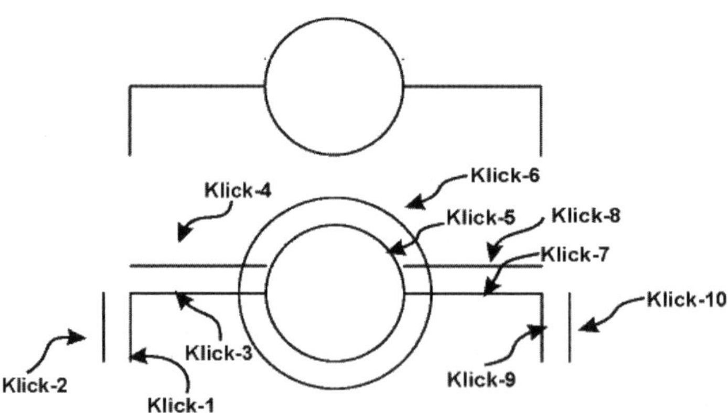

Abb. 4.3: Parallelen zur Kontur durch VERSETZ erstellen

```
Befehl: LINIE Ersten Punkt angeben: 50,50[Enter]
Nächsten Punkt angeben oder [Zurück]: @0,50[Enter]
Nächsten Punkt angeben oder [Zurück]: @100,0[Enter]
Nächsten Punkt angeben oder [Schließen Zurück]: [Enter]
Befehl: KREIS Zentrum für Kreis ...: @50,0[Enter]
Radius für Kreis angeben oder [Durchmesser]: 50[Enter]
Befehl: LINIE Ersten Punkt angeben: @50,0[Enter]
Nächsten Punkt angeben oder [Zurück]: @100,0[Enter]
Nächsten Punkt angeben oder [Zurück]: @0,-50[Enter]
Nächsten Punkt angeben oder [Schließen Zurück]: [Enter]
```

```
Befehl: VERSETZ
Aktuelle Einstellungen: Quelle löschen=Nein Layer=Quelle OFFSETGAPTYPE=0
Abstand angeben oder [Durch punkt lÖschen Layer] <Durch punkt>: 20[Enter]
Zu versetzendes Objekt wählen oder [Beenden Rückgängig] <Beenden>: Klick-1
Punkt auf Seite angeben, auf die versetzt werden soll, oder [...] <..>: Klick-2
Zu versetzendes Objekt wählen oder [B... R...] <..>: Klick-3
Punkt auf Seite angeben, ... [...] <..>: Klick-4
Zu versetzendes Objekt wählen oder [...] <..>: Klick-5
Punkt auf Seite angeben, ... [...] <..>: Klick-6
Zu versetzendes Objekt wählen oder [...] <..>: Klick-7
Punkt auf Seite angeben, ... [...] <..>: Klick-8
Zu versetzendes Objekt wählen oder [...] <..>: Klick-9
Punkt auf Seite angeben, ...[ R...] <..>: Klick-10
Zu versetzendes Objekt wählen oder [B... R...] <..>: [Enter]
```

Nun haben wir zwar alle Linien und den Kreis versetzt, aber eine sinnvolle Kontur ist dadurch noch nicht entstanden, weil die versetzten Objekte noch nicht in der Länge korrigiert sind. Die Anschlüsse der Linien passen nicht. Das können wir erst mit den nächsten Befehlen STUTZEN und DEHNEN durchführen.

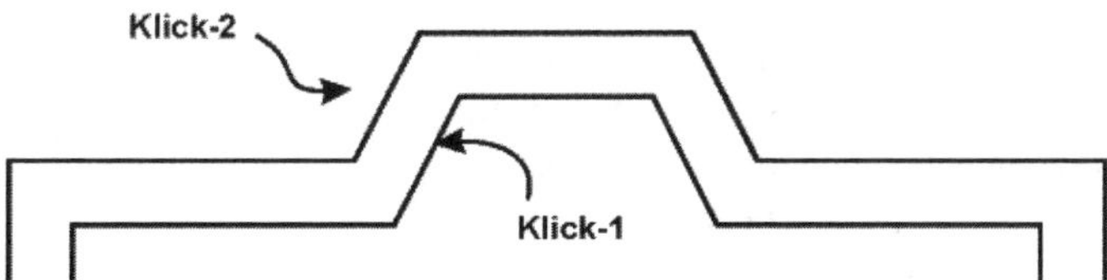

Abb. 4.4: Versetzen einer Polylinie

Zunächst soll aber noch ein anderes Beispiel mit einer Polylinie vorgeführt werden. Hier werden Sie sehen, dass die Ecken gleich korrekt ausgeführt werden.

```
Befehl: PLINIE
Startpunkt angeben: 50,50[Enter]
Aktuelle Linienbreite beträgt 0.0000
Nächsten Punkt angeben oder [Kreisbogen Halbbreite sehnenLänge Zurück Breite]:
@0,50[Enter]
Nächsten Punkt ... [K... S... H... ...L... Z... B...]: @100,0[Enter]
Nächsten Punkt ... [...]: @20,40[Enter]
Nächsten Punkt ... [...]: @60,0[Enter]
Nächsten Punkt ... [...]: @20,-40[Enter]
Nächsten Punkt ... [...]: @100,0[Enter]
Nächsten Punkt ... [...]: @0,-50[Enter]
Nächsten Punkt ... [...]: [Enter]
Befehl: VERSETZ
Aktuelle Einstellungen: Quelle löschen=Nein Layer=Quelle OFFSETGAPTYPE=0
```

```
Abstand angeben oder [Durch punkt lÖschen Layer]<Durch punkt>: 20 Enter
Zu versetzendes Objekt wählen oder [...] <..>: Klick-1
Punkt auf Seite angeben, auf die versetzt werden soll, oder [...] <..>: Klick-2
Zu versetzendes Objekt wählen oder [...] <Beenden>: Enter
```

Ein drittes Beispiel soll zeigen, wie durch einen gegebenen Punkt versetzt wird, ohne dass ein Abstandswert eingegeben wird. In diesem Beispiel rufen wir die Befehle LINIE und KREIS durch die Tastaturkürzel L und K auf.

```
Befehl: L Enter
LINIE Ersten Punkt angeben: 100,100 Enter
Nächsten Punkt angeben oder [Zurück]: @100,0 Enter
Nächsten Punkt angeben oder [Zurück]: Enter
Befehl: K Enter
KREIS Zentrum für Kreis angeben oder [3P 2P Ttr]: @70,0 Enter
Radius für Kreis angeben oder [Durchmesser] <50.0000>: 50 Enter
Befehl: L Enter
LINIE Ersten Punkt angeben: @0,70 Enter
Nächsten Punkt angeben oder [Zurück]: @0,100 Enter
Nächsten Punkt angeben oder [Zurück]: Enter
Befehl: VERSETZ
Aktuelle Einstellungen: Quelle löschen=Nein Layer=Quelle OFFSETGAPTYPE=0
Abstand angeben oder [Durch punkt lÖschen Layer] <20.0000>: D Enter
Zu versetzendes Objekt wählen oder [...] <..>: Klick-1
Durch Punkt angeben oder [...]: von Klick-2
Zu versetzendes Objekt wählen oder [...] <..>: Klick-3
Durch Punkt angeben oder [...] <..>: von Klick-4
Zu versetzendes Objekt wählen oder [...] <..>: Klick-5
Durch Punkt angeben oder [...] <..>: von Klick-6
Zu versetzendes Objekt wählen oder [...] <..>: Enter
```

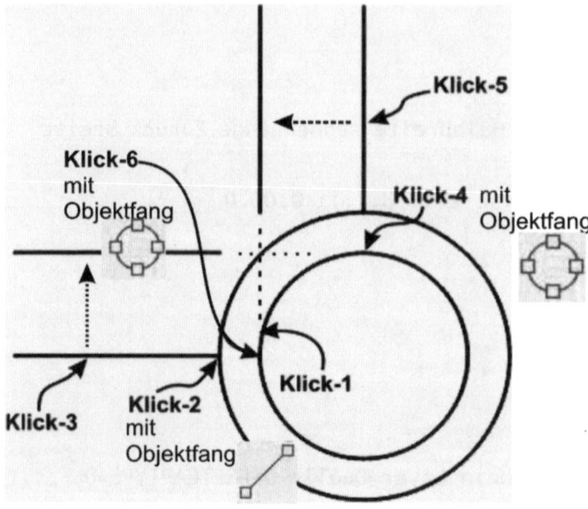

Abb. 4.5: Versetzen durch vorgegebene Punkte

Vorsicht: Optionswahl für Abstand bei Versetz

Der Befehl VERSETZ bietet bei erneutem Aufruf immer die zuletzt benutzte Option an. Wir haben gesehen, dass durch Eingabe von D [Enter] von der Option ABSTAND in die Option DURCH PUNKT umgeschaltet werden kann. Umgekehrt wird aber *nicht etwa* mit dem Buchstaben A wieder auf die Option ABSTAND zurückgeschaltet, sondern nur durch *Eingabe einer Zahl* für den Abstandswert.

Wenn Sie *vor* dem Befehl VERSETZ die Systemvariable OFFSETGAPTYPE als Befehl eintippen und entsprechende Werte eingeben, können Sie steuern, ob Ecken in einer Polylinie – einer zusammenhängenden Kurve (siehe Kapitel 6) – evtl. verrundet oder gefast werden sollen:

- **0** – (Vorgabe) Die meisten Ecken bleiben erhalten, verrundet wird nur dann, wenn sich sonst die versetzten Teilsegmente nicht schneiden würden. Das ist immer dann der Fall, wenn der Radius eines anschließenden Bogensegments kleiner oder gleich dem Versatz-Abstand ist.
- **1** – Äußere Ecken werden gerundet. Rundungsradius ist der Abstandswert.
- **2** – Äußere Ecken werden gefast. Dabei wird die Fase so berechnet, dass der Abstand vom Mittelpunkt auf der symmetrischen Fase zur Originalecke dem Abstandswert entspricht.

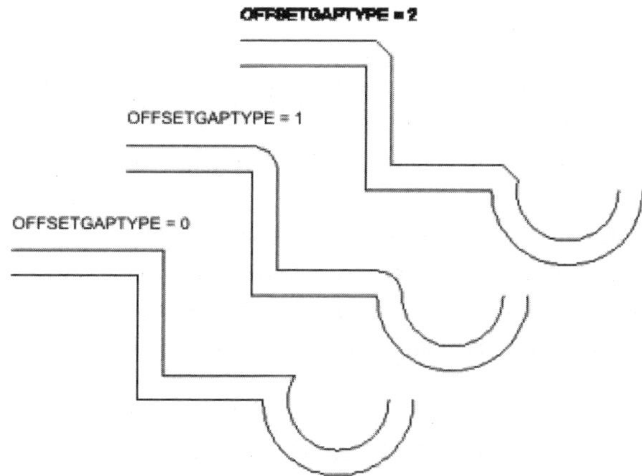

Abb. 4.6: Wirkung von OFFSETGAPTYPE

Es gibt noch eine elegante Möglichkeit, ein Objekt mit *verschiedenen* Abständen ohne neue Auswahl mehrfach zu versetzen. Aktivieren Sie dazu die Option DURCH PUNKT und schalten Sie die Option MEHRFACH ein. Dann geben Sie die Punkte auf einer *Spurlinie* als Abstandswerte ein. Vorher [icon] einschalten und den Objektfang MITTELPUNKT [icon] aktivieren.

Wichtig

Zum Generieren der Objektfangspurlinie wird hier die Objektfangposition MITTELPUNKT nicht angeklickt, sondern nur angefahren. Man nennt dies auch »zeigen«. Auch die Position entlang der Spurlinie bzw. die Richtung der Spurlinie wird nur durch Anfahren – also »zeigen« mit dem Cursor angedeutet.

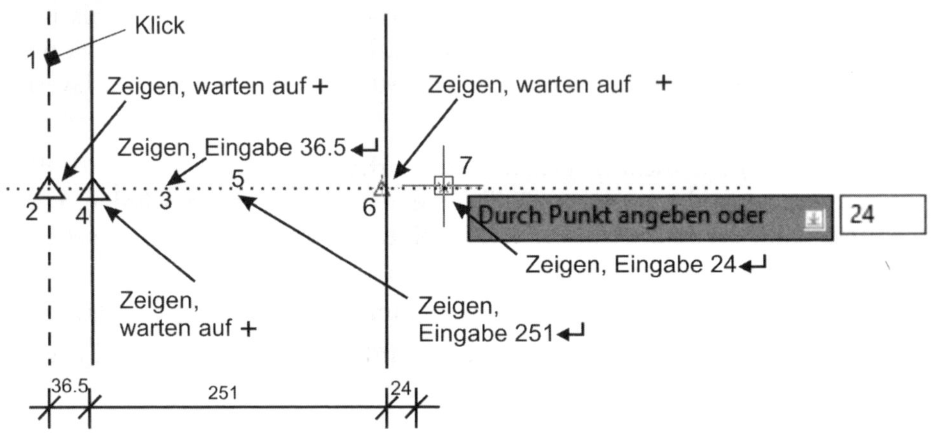

Abb. 4.7: Mehrfaches Versetzen mit unterschiedlichen Abständen

Befehl: VERSETZ
Aktuelle Einstellungen: Quelle löschen=Nein Layer=Quelle OFFSETGAPTYPE=0
Abstand angeben oder [Durch punkt lÖschen Layer] <10>:D [Enter]
Zu versetzendes Objekt wählen oder [Beenden Rückgängig] <Beenden>: **Objekt anklicken (1)**
Durch Punkt angeben oder [Beenden Mehrfach Rückgängig] <Beenden>: M [Enter] **weil mehrere Parallelen gezeichnet werden sollen. Nun auf Position 2 zeigen, ca. ½ Sekunde warten, bis sich das grüne Symbol + für den Ausrichtepunkt andeutet, und dann auf Position 3 fahren, damit die gestrichelte Spurlinie erscheint.**
Durch Punkt angeben oder [...] <...>: **36.5** [Enter] **Die erste Parallelkurve entsteht. Man muss darauf achten, dass bei** [Enter] **der Cursor noch auf der Spurlinie liegt. Nun auf Position 4 zeigen, bis das + erscheint, dann auf Position 5 für die Spurlinie.**
Durch Punkt angeben oder [...] <...>: **251** [Enter] **Die zweite Parallelkurve entsteht. Nun auf Position 6 zeigen, bis das + erscheint, dann auf Position 7 für die Spurlinie.**
Durch Punkt angeben oder [...] <...>: **24** [Enter]

Sie müssen dabei also immer wieder den Mittelpunkt der letzten versetzten Linie anfahren, um eine neue Spurlinie zu erhalten.

Option	Eingabe	Funktion
LÖSCHEN	**Ö**	Die Originalkurve wird gelöscht, nur die versetzte bleibt übrig.
LAYER	**L**	Die versetzte Kurve kann entweder auf dem Layer der QUELLE oder auf dem gerade AKTUELLEN Layer erzeugt werden: **Q** oder **A** eingeben.
MEHRFACH	**M**	Die jeweils zuletzt versetzte Kurve kann erneut ohne extra Auswahl noch mal versetzt werden usw.

Tabelle 4.2: Weitere Optionen des VERSETZ-Befehls

Mit *festem Abstand* und der Option MEHRFACH brauchen Sie das zu versetzende Objekt nur einmal zu wählen und müssen dann nur auf der Seite, auf die versetzt werden soll, mit genügend großem Abstand mehrfach klicken.

4.3 STUTZEN und DEHNEN

Die nächsten beiden Befehle können Objekte an vorhandenen Schnittkanten abschneiden – STUTZEN – oder umgekehrt auf vorhandene Grenzkanten hin verlängern – DEHNEN . Standardmäßig werden *immer die nächstmöglichen Kanten* als Schnittkanten zum STUTZEN (Abschneiden) bzw. als Grenzkanten beim DEHNEN (Verlängern) vorausgesetzt. Dies ist neu seit der Version 2021 und ist durch den MODUS SCHNELL voreingestellt.

Wenn Sie aber abweichend von der Vorgabe *andere Kanten* als mögliche Schnitt- bzw. Grenzkanten selbst explizit wählen möchten, können Sie das individuell mit der Option SCHNITTKANTEN/GRENZKANTEN tun. Nach Wahl der Schnitt-/Grenzkante(n) geben Sie [Enter] ein und wählen dann, was gestutzt bzw. gedehnt werden soll.

Nur, wenn Sie *immer zuerst die Schnitt- oder Grenzkanten* explizit wählen wollen oder wenn die *Grenzkanten zu kurz* sind, müssen Sie vom vorgegebenen MODUS SCHNELL umschalten in den MODUS STANDARD (alte Vorgehensweise).

Im MODUS STANDARD wählen Sie *immer zuerst* die Schnitt- oder Grenzkanten, dann einmal [Enter] und danach die zu stutzenden oder zu dehnenden Objekte.

ZEICHNEN UND BESCHRIFTUNG	Icon	Befehl	Kürzel
START|ÄNDERN|STUTZEN		STUTZEN	SU
START|ÄNDERN|DEHNEN		DEHNEN	DE

4.3.1 Stutzen

Der Befehlsablauf für STUTZEN sieht folgendermaßen aus:

```
Befehl: _trim
STUTZEN Aktuelle Einstellungen: Projektion=BKS Kante=Keine Modus=Schnell
Zu stutzendes Objekt wählen bzw. zum Dehnen ...
▼ STUTZEN [Schnittkanten KReuzen Modus Projektion Löschen]: Nun klicken
Sie die Konturen an, die abgeschnitten werden sollen. Angeklickt wird immer
das Stück, das verschwinden soll. Es wird dann bis zur nächsten Kurve
(Linie, Bogen, Splinekurve etc.) gestutzt.
Zu stutzendes Objekt wählen bzw. zum Dehnen...
▼ STUTZEN [S... KR... M... P... L... ZU...]: Klick
Zu stutzendes Objekt wählen bzw. zum Dehnen...
▼ STUTZEN [S... KR... M... P... L... ZU...]: Enter
```

Die Schnittkanten können Sie als die Messer ansehen, die zum Abschneiden benutzt werden. Sie klicken immer alle Stücke von Kurven an, die verschwinden sollen. Sie erhalten sogar eine Ergebnisvorschau, in dem der Abschnitt, der gestutzt wird, schon vorm Klicken nur noch als Schattenbild erscheint, und weiter finden Sie am Cursor ein rotes Kreuzchen als Löschsymbol.

Sie befinden sich standardmäßig im Objektwahlmodus ZAUN. Das bedeutet, dass Sie das zu stutzende Teilstück anklicken können wie in Abbildung 4.8 oder mit zwei Klicks über das Teilstück – oder auch mehrere – eine gestrichelte Linie zur Wahl ziehen können oder alternativ mit gedrückter Maustaste über mehrere zu stutzende Teilstücke mit einer Freihandkurve fahren können.

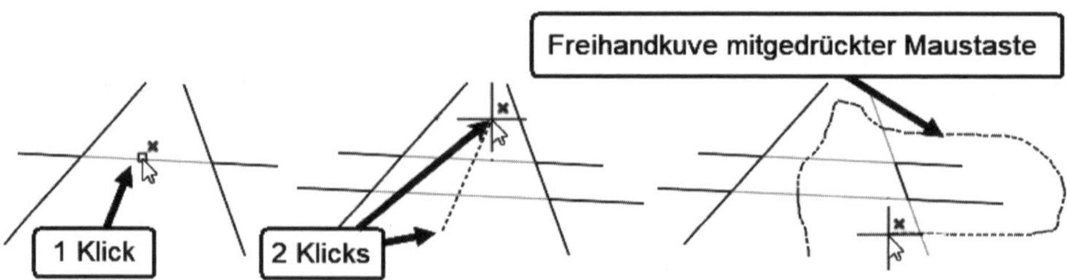

Abb. 4.8: Objektwahl und Vorschau beim STUTZEN

Als Beispiel wird die Zeichnung aus Abbildung 4.3 weiterbearbeitet.

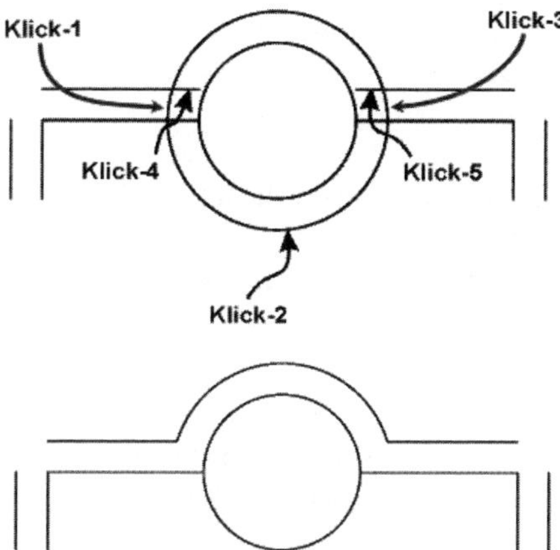

Abb. 4.9: Stutzen von Linien und Kreis im Modus SCHNELL

```
Befehl: _trim
Aktuelle Einstellungen: Projektion=BKS, Kante=Keine, Modus=Schnell
STUTZEN Zu stutzendes Objekt wählen bzw. zum Dehnen...
[Schnittkanten KReuzen Modus Projektion Löschen]: Klick-1 Klick-2 Klick-3
Klick-4 Klick-5 Enter
```

Alternativ könnte man das auch unter expliziter Wahl der Schnittkanten machen. Dazu wählen Sie die Option SCHNITTKANTEN und klicken die drei Schnittkanten an, dann Enter und wählen dann die drei zu entfernenden Teilstücke. In diesem Fall brauchen Sie aber einen Klick mehr als im Beispiel oben.

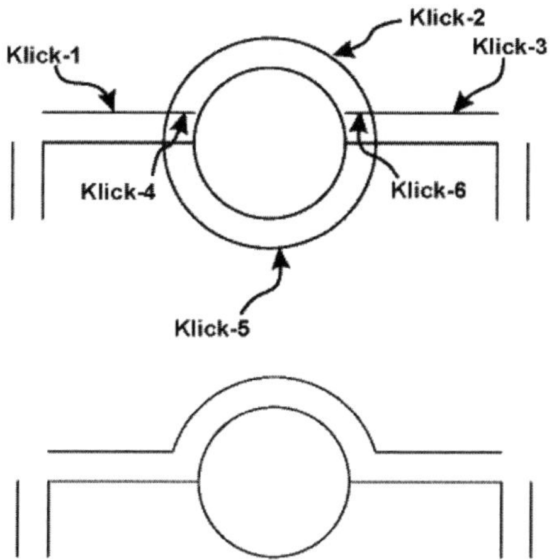

Abb. 4.10: Stutzen von Linien und Kreis

```
Befehl: _trim
STUTZEN Aktuelle Einstellungen: Projektion=BKS, Kante=Keine, Modus=Schnell
STUTZEN Zu stutzendes Objekt wählen bzw. zum Dehnen...
[Schnittkanten KReuzen Modus Projektion Löschen]: S[Enter]
Schnittkanten wählen ...
STUTZEN Objekte wählen oder <Alle wählen>:: Klick-1 Klick-2 Klick-3 [Enter]
STUTZEN Zu stutzendes Objekt wählen bzw. zum Dehnen...
[ZAun KReuzen Projektion Kante Löschen ZUrück]: Klick-4 Klick-5 Klick-6
[Enter]
```

Dasselbe hätten Sie auch erreicht, wenn Sie den MODUS auf STANDARD umgestellt hätten, dann STUTZEN neu aufgerufen hätten und dann auf Anfrage gleich die Schnittkanten und nach einem [Enter] wieder die zu entfernenden Teilstücke. Auch hier brauchen Sie sechs Klicks.

Im Modus STANDARD haben Sie auch die Option KANTE zur Verfügung. Dort können Sie den *implizierten Kantendehnungsmodus* mit Option DEHNEN aktivieren. Dadurch werden alle gewählten Schnittkanten intern als unendlich lange Kurven behandelt. Das gilt allerdings nur für Schnittkanten, die aus Linien, Bögen oder Ellipsenbögen bestehen. In diesem Fall fällt im obigen Beispiel der Klick 3 weg, weil die waagerechte Linie als unendlich lange Schnittkante wirkt.

Wenn bei der Schnittkantenwahl die Vorgabe <ALLE WÄHLEN> verwendet wird, dann sucht sich AutoCAD selbst immer die nächste Schnittkante von dem Punkt aus gesehen, wo Sie ein zu stutzendes Objekt wählen, und das entspricht dann wieder dem MODUS SCHNELL. Ein so einfacher Fall liegt vor, wenn Sie in Abbildung 4.11 den unteren Halbkreis stutzen wollen.

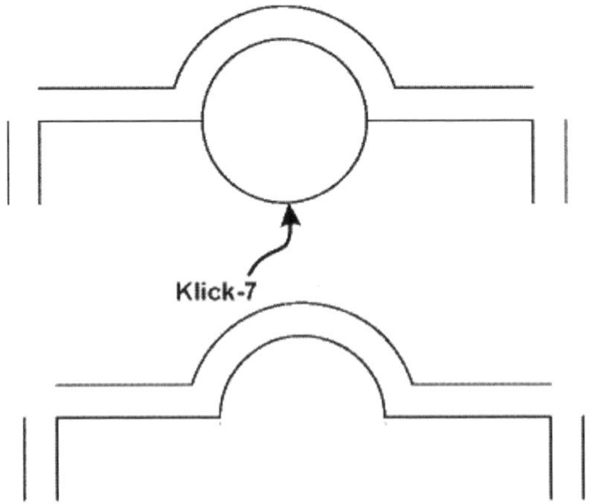

Abb. 4.11: Stutzen ohne explizite Schnittkantenwahl

Im Modus SCHNELL werden Kurven, von denen nichts mehr abgeschnitten werden kann, die keine Schnittkanten mehr queren, komplett gelöscht, auch ohne explizite Option LÖSCHEN. Die Option LÖSCHEN kann verwendet werden, um komplette Kurven ohne Berücksichtigung von Schnittkanten zu löschen.

Wichtig: Stutzen ohne explizite Auswahl von Schnittkanten

Wenn Sie beim Befehl STUTZEN die Option SCHNELL oder unter STANDARD die Schnittkanten mit Option <ALLE WÄHLEN> aktivieren, sucht sich AutoCAD immer die nächste mögliche Schnittkante selber. Sie klicken dann nur noch an, was weg soll. Bei sehr großen komplexen Zeichnungen allerdings kann das den Prozess verlangsamen, weil AutoCAD nämlich die ganze Zeichnung nach möglichen Schnittkanten mittels Berechnung durchsuchen muss!

Wenn Sie zusätzlich noch die Option KANTE mit DEHNEN aktiviert haben, dann kann es in größeren Konstruktionen chaotisch werden, weil dann jede Linie oder jeder Bogen als potenzielle Schnittkante unendlich lang bzw. der Bogen zum Kreis geschlossen wirksam wird – ohne dass man es sieht – und an diesen unsichtbaren Kanten wird dann gestutzt. Der Effekt zeigt sich meist als ein »Stutzen in kleinen Häppchen«. Deshalb vergessen Sie nie, den Modus KANTE wieder auf NICHT DEHNEN zurückzusetzen!

Stutzen bei Schraffuren

Schraffuren können gestutzt werden, wenn Schnittkanten vorhanden sind. Es genügt ein einfacher Klick in das zu entfernende Schraffurgebiet (Abbildung 4.12 links). Umgekehrt kann auch eine Linie an den Schraffuraußengrenzen gestutzt werden. Wenn Sie bei STUTZEN im SCHNELL-Modus eine Linie innerhalb einer Schraffur anklicken, wird die Linie gewählt und entsprechend gestutzt (Abbildung 4.12 rechts).

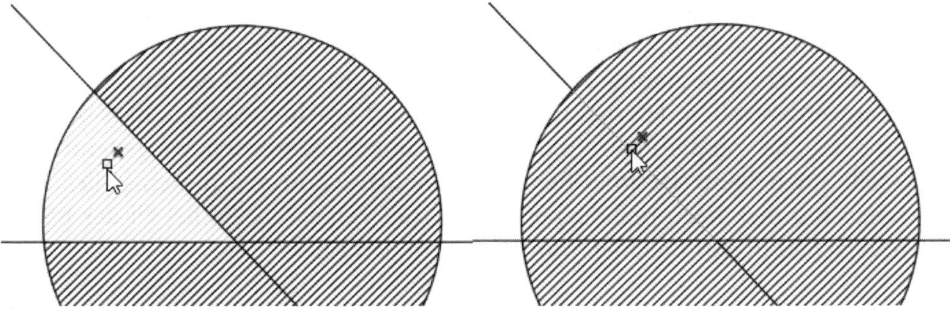

Abb. 4.12: Schraffur stutzen und Linie in Schraffur stutzen

4.3.2 Dehnen

Das Gegenteil vom Befehl STUTZEN ist Dehnen . Mit diesem Befehl kann man Objekte bis hin zu bestimmten Grenzkanten dehnen. Abbildung 4.13 zeigt als Beispiel die Weiterbearbeitung von Abbildung 4.5.

Tipp: ZAUN- und KREUZEN-Wahl

Mit den Optionen ZAUN bzw. KREUZEN können Sie sehr effektiv gleich *mehrere Objekte wählen*. Nach Eingabe von ZA geben Sie mehrere Punktpositionen für ein Polygon ein oder fahren mit gedrückter Maustaste drüber, beenden mit [Enter] und haben damit alle Objekte gewählt, die von dem Polygon oder der Freihandkurve berührt werden. Die Option KR erlaubt, eine Box über zwei diagonale Positionen mit Klick und Klick aufzuziehen. Alle Objekte, die vollständig oder auch nur teilweise von der Box erfasst werden, gelten als gewählt. Auch ohne die Option KR explizit zu wählen, können Sie einfach eine Box mit Klicks auf zwei diagonale Positionen in Richtung von rechts nach links aufziehen, solange an der ersten Position kein Objekt liegt, das angeklickt werden könnte.

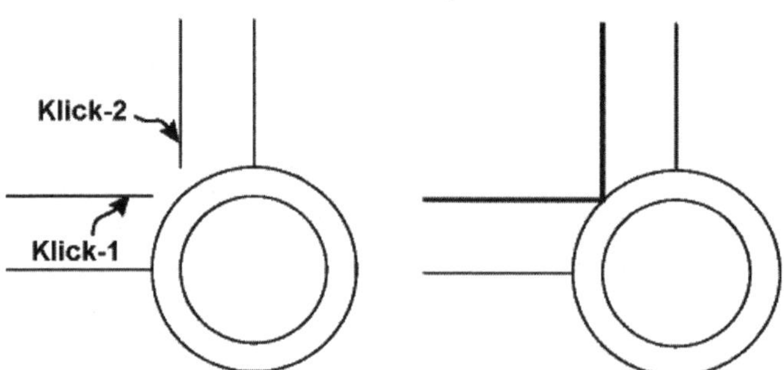

Abb. 4.13: DEHNEN im MODUS SCHNELL

Der Befehlsablauf ist ganz analog zum STUTZEN. Auch hier ist standardmäßig der MODUS SCHNELL aktiv, bei dem auf die nächste mögliche Kante hin gedehnt wird, die in der Zeichnung gefunden wird. Man klickt also einfach die Kurven an, die gedehnt werden sollen. Hierbei muss aber darauf geachtet werden, dass die Kurven in der Nähe von dem betreffenden Ende angeklickt werden, wo gedehnt werden soll. Auch beim DEHNEN-Befehl sehen Sie schon vor diesem Klick eine Vorschau mit dick hervorgehobener Geometrie. Vergessen Sie bei all der nützlichen Vorschau in den Befehlen nun aber nicht den Klick!

```
Befehl: ⇥_extend
Aktuelle Einstellungen: Projektion=BKS, Kante=Keine Modus=Schnell
```

```
Zu dehnendes Objekt wählen bzw. zum Stutzen mit der Umschalttaste wählen oder
[Grenzkanten KReuzen MOdus Projektion Kante]: Klick-1
Zu dehnendes Objekt ... [...ZUrück]: Klick-2
Zu dehnendes Objekt ... [...]: [Enter]
```

Wie bei STUTZEN können Sie bei der Option GRENZKANTEN mit [Enter] die Vorgabe <ALLE WÄHLEN> aktivieren, wonach sich AutoCAD die nächstliegende Grenzkante selbst sucht. Das entspricht dann wieder dem MODUS SCHNELL. Bei größeren Zeichnungen kostet das eventuell viel Zeit, weil AutoCAD immer die komplette Zeichnung prüfen muss, um die nächstliegende Grenzkante zu finden. Bei jedem Dehnen muss die zu dehnende Kurve immer nahe dem Ende angeklickt werden, das gedehnt werden soll. Ist eine Linie an beiden Enden zu dehnen, muss sie an beiden Stellen angeklickt werden. Auch beim Befehl DEHNEN erhalten Sie als Vorschau die Anzeige der zukünftigen Objektform. Und wenn ein DEHNEN nicht möglich ist, wird das durch ein *Verbotszeichen* signalisiert.

Abb. 4.14: DEHNEN ist an diesem Ende nicht möglich, weil unten keine Grenzkante existiert.

Wenn Sie die Dialogtexte bei STUTZEN und DEHNEN komplett durchlesen, werden Sie feststellen, dass jeder Befehl auch das Gegenteil bewirken kann. Wenn Sie nämlich die Objekte bei gleichzeitig gedrückter [Shift]-Taste anklicken, können Sie das Gegenteil des Originalbefehls erreichen, das heißt,. im STUTZEN-Befehl können Sie durch die Objektwahl mit gleichzeitig gedrückter [Shift]-Taste das DEHNEN bewirken. Das entspricht der AutoCAD-Philosophie, wo [Shift] oft dazu benutzt wird, die aktuelle Aktion ins Gegenteil zu verkehren. Im letzten Beispiel können wir also noch den Kreis stutzen, indem wir im Befehl DEHNEN bleiben und den Kreis dann bei gehaltener Umschalttaste [Shift] anklicken.

```
Befehl: _extend
Aktuelle Einstellungen: Projektion=BKS, Kante=Keine, Modus=Schnell
DEHNEN Zu dehnendes Objekt wählen bzw. zum Stutzen mit der Umschalttaste
wählen oder [Grenzkanten KReuzen Modus Projektion ]: Klick-1
DEHNEN Zu dehnendes Objekt ... [...ZUrück]: Klick-2
DEHNEN Zu dehnendes Objekt ... [...]: [Shift]+Klick-3
DEHNEN Zu dehnendes Objekt ... [...]: [Shift]+Klick-4
DEHNEN Zu dehnendes Objekt ... [...]: [Enter]
```

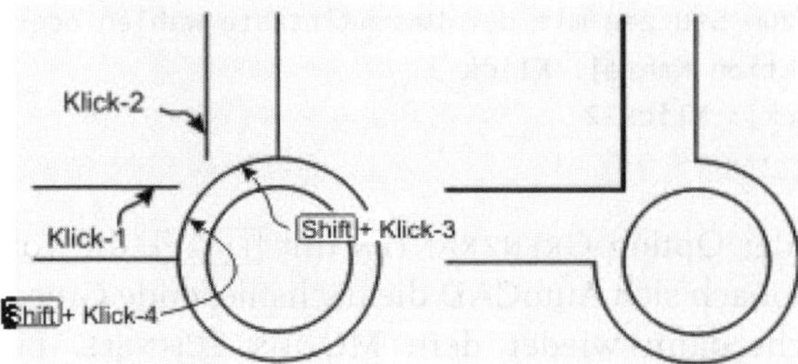

Abb. 4.15: Dehnen (Klick-1, -2) und Stutzen (mit einem einzigen Befehlsaufruf)

Tipp: Stutzen und Dehnen mit demselben Befehl

Sie können in den Befehlen STUTZEN und DEHNEN immer beide Aktionen durchführen. Bei normalem Anklicken der Objekte wird das ausgeführt, was der Befehl bedeutet. Bei Anklicken der Objekte mit gedrückter `Shift`-Taste wird die gegenteilige Aktion ausgeführt.

Hinweis

Die Befehle STUTZEN und DEHNEN sind eng miteinander verwandt. Deshalb gelten Modi, die für den einen Befehl geschaltet wurden, auch für den anderen. Es ist deshalb sehr sinnvoll, beim Befehlsablauf immer zu schauen, welche AKTUELLEN EINSTELLUNGEN wirksam sind und was in der Befehlszeile und *auch in der Zeile vorher* gefordert wird, die *Schnitt-/Grenzkanten* oder die *zu bearbeitenden Objekte*. Wer AutoCAD-Befehlsabläufe genau verfolgt, wird es schneller verstehen!

Nun gibt es noch einen schwierigen Fall, bei dem unser bisheriges Dehnen nichts bringt, und zwar sind die Ecken in Abbildung 4.11 noch offen. Das Problem liegt hier darin, dass die Kanten, auf die hin gedehnt werden soll, einfach zu kurz sind und damit als Grenzkanten nicht infrage kommen. Dafür gibt es eine Option, die für die interne Berechnung die Grenzkanten unendlich lang macht. Und dann klappt's.

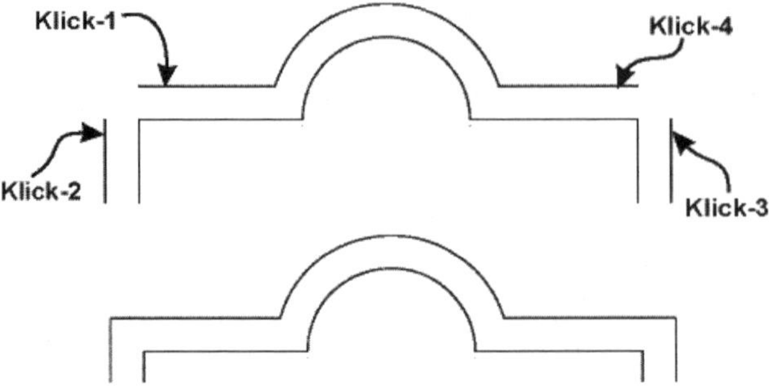

Abb. 4.16: Dehnen mit unendlich langen Grenzkanten

Im Befehl DEHNEN geben Sie bei expliziter Grenzkanten-Wahl [Enter] ein, um die Vorgabe <ALLE WÄHLEN> zu verwenden. Danach wählen Sie die Option KANTE mit **K**. Es werden zwei Alternativen angeboten: DEHNEN oder NICHT DEHNEN. Mit **D** wählen Sie die Option, die die Grenzkanten dehnt. Nun wird jede infrage kommende Grenzkante intern als unendlich lang behandelt. Weil Sie anfangs dafür <ALLE WÄHLEN> akzeptiert haben, bedeutet dies, dass *alle* Linien der Zeichnung als unendlich lang und *alle* Bögen wie geschlossene Kreise beim nun folgenden Dehnen als mögliche Grenzkanten behandelt werden. Die Frage nach den zu dehnenden Objekten beantworten Sie mit den oben gezeigten vier Klicks, und die Ecken sind fertig. Dieser Modus, in dem alle Kanten als unendlich lang behandelt werden, ist einerseits nicht der Standardmodus bei AutoCAD und kann andererseits in größeren komplexeren Zeichnungen auch ungeahnte Nebeneffekte haben. Deshalb sollten Sie ihn nach Gebrauch sofort wieder abschalten. Das ist hier im Dialog auch geschehen, indem mit **K** nochmals die Option KANTE aktiviert wurde und dort mit **N** die Option NICHT DEHNEN ausgewählt wurde.

```
Befehl: →|_extend
Aktuelle Einstellungen: Projektion=BKS, Kante=Keine, Modus=Schnell
DEHNEN Zu dehnendes Objekt ... oder [Grenzkanten KReuzen MOdus Projektion]:
G[Enter]
Grenzkanten wählen ...
DEHNEN Objekte wählen oder <Alle wählen>: [Enter] Alle Objekte als Grenz-
kanten voraussetzen
DEHNEN Zu dehnendes Objekt ... oder [Grenzkanten KReuzen Modus Projektion
Kante]: K[Enter]
DEHNEN Implizierten Kantendehnungsmodus eingeben [Dehnen Nicht dehnen] <Nicht
dehnen>: D[Enter] Modus für unendliche Kanten einschalten
DEHNEN Zu dehnendes Objekt ... [...]: Klick-1 Klick-2 Klick-3 Klick-4
DEHNEN Zu dehnendes Objekt ... oder [G... KR... MO... P... K... ZU...]:
K[Enter]
DEHNEN Implizierten Kantendehnungsmodus eingeben [Dehnen Nicht dehnen] <Deh-
nen>: N[Enter] Modus für unendliche Kanten abschalten
DEHNEN Zu dehnendes Objekt ... [...]: [Enter]
```

Option	Eingabe	Funktion
ZAUN	**ZA**	ZAUN ist ein Objektwahlmodus (siehe weiter unten), mit dem alle Objekte gewählt werden, die eine Zaunlinie berühren. Die Zaunlinie wird durch Anklicken von Stützpunktpositionen erzeugt oder durch Mausbewegung bei gedrückter linker Maustaste und mit [Enter] beendet.
KREUZEN	**KR**	KREUZEN ist ein Objektwahlmodus (siehe weiter unten), mit dem alle Objekte gewählt werden, die vollständig oder teilweise in einer Box liegen. Für die Box klicken Sie auf zwei diagonale Eckpositionen.

Tabelle 4.3: Weitere Optionen bei STUTZEN und DEHNEN

Option	Eingabe	Funktion
LÖSCHEN	L	Wenn beim STUTZEN Teile übrig bleiben, die nicht mehr gestutzt (abgeschnitten) werden können, dann können Sie diese mit der Option LÖSCHEN komplett entfernen. Im MODUS SCHNELL werden solche Objekte auch *automatisch gelöscht*,
PROJEKTION	P	In dreidimensionalen Konstruktionen können auch Objekte behandelt werden, die nicht in der gleichen Ebene liegen und sich nicht direkt schneiden. Dann kann in Projektionsrichtung auf die aktuelle *Ansicht* oder auf ein *Benutzerkoordinatensystem* gestutzt oder gedehnt werden.

Tabelle 4.3: Weitere Optionen bei STUTZEN und DEHNEN (Forts.)

Tipp

Wie beim Befehl DEHNEN die Grenzkanten, so können Sie auch bei STUTZEN die Schnittkanten mit der Option KANTE und Auswahl DEHNEN unendlich lang machen (nur intern zur Schnittpunktberechnung natürlich), um eben auch mit zu kurzen Schnittkanten stutzen zu können. Auch hier sollten Sie unbedingt diesen selten benutzten Modus sofort wieder abschalten.

4.4 ABRUNDEN, FASE und MISCHEN

Zum wichtigen Rüstzeug für unsere ersten Konstruktionen gehören noch die Editierbefehle ABRUNDEN, FASE und MISCHEN (KURVEN VERSCHMELZEN). Damit kann ein Abrundungsradius, eine Abschrägung oder eine glatte Spline-Übergangskurve automatisch generiert werden. Bei den Befehlen ist eine Automatik vorhanden, die erstens natürlich die Lage von Abrundung, Fase oder Splinekurve berechnet, und bei FASE und ABRUNDEN die ursprüngliche Geometrie so verändert, dass keine überstehenden Kanten verbleiben. Es wird also automatisch gestutzt und gedehnt, wenn die Kanten vorher zu lang oder zu kurz waren.

Diese Eigenschaft ist sehr angenehm, insbesondere weil die Abrundung oder die Fase auch mit Radius=0 bzw. Fasenlänge=0 erzeugt werden kann. Damit kann man nämlich spitze Ecken konstruieren, ohne viel stutzen oder dehnen zu müssen.

ZEICHNEN UND BESCHRIFTUNG	Icon	Befehl	Kürzel
START|ÄNDERN|▼ABRUNDEN		ABRUNDEN	AR
START|ÄNDERN|▼FASEN		FASE	FA
START|ÄNDERN|▼KURVEN VERSCHMELZEN		MISCHEN	MIS

Die Abrundung wird auch mit einer Vorschau angezeigt, sodass vor dem zweiten Klick das Ergebnis auch bzgl. RADIUS und STUTZEN sichtbar wird.

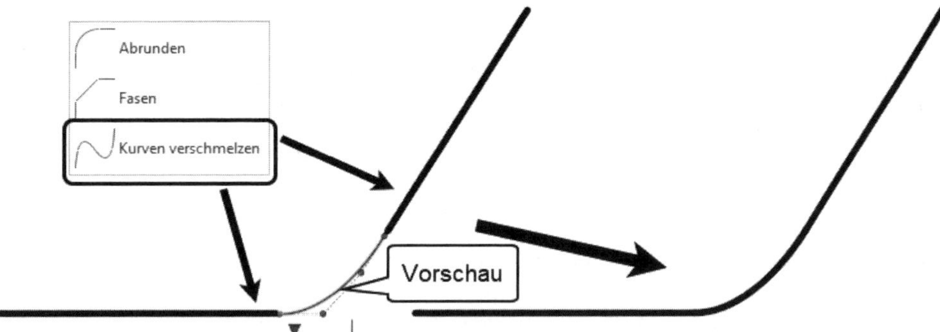

Abb. 4.17: Vorschau beim ABRUNDEN

4.4.1 Abrunden mit verschiedenen Radien

Wir vervollständigen die Zeichnung aus Abbildung 4.13 links, zuerst mit dem Radius 10. Danach stellen wir über die Option **R** den Radius auf den Wert **60** um. Beachten Sie immer, wie AutoCAD automatisch stutzt und dehnt! Die abzurundenden Objekte wählen Sie immer ungefähr an der Stelle, an der sich die Abrundung anschmiegen soll. Wenn Sie im Befehl ABRUNDEN zu Anfang die Option MEHRERE wählen, brauchen Sie den Befehl nicht ständig zu wiederholen, sondern können mehrere Abrundungen hintereinander ausführen.

Es können auch offene Polylinien (siehe Abschnitt 6.3 *Die Polylinie*) durch eine Abrundung geschlossen werden. Auch können nun einzelne Linien gegen Polylinien abgerundet werden. Kreise oder Bögen können nicht gegen Polylinien abgerundet werden!

```
Befehl: _fillet
Aktuelle Einstellungen: Modus = STUTZEN, Radius = 0.0000
ABRUNDEN Erstes Objekt wählen oder [rÜckgängig Polylinie Radius Stutzen Mehrere]: R Enter
ABRUNDEN Rundungsradius angeben <0.0000>: 10
ABRUNDEN Erstes Objekt wählen oder [rÜ... P... R... S... Mehrere]: M Enter
ABRUNDEN Erstes Objekt wählen oder [...]: Klick-1
ABRUNDEN Zweites Objekt wählen oder ...: Klick-2
ABRUNDEN Erstes Objekt wählen oder [...]: Klick-3
ABRUNDEN Zweites Objekt wählen oder ...: Klick-4
ABRUNDEN Erstes Objekt wählen oder [...]: Klick-5
ABRUNDEN Zweites Objekt wählen oder ...: Klick-6
ABRUNDEN Erstes Objekt wählen oder [...]: Enter
```

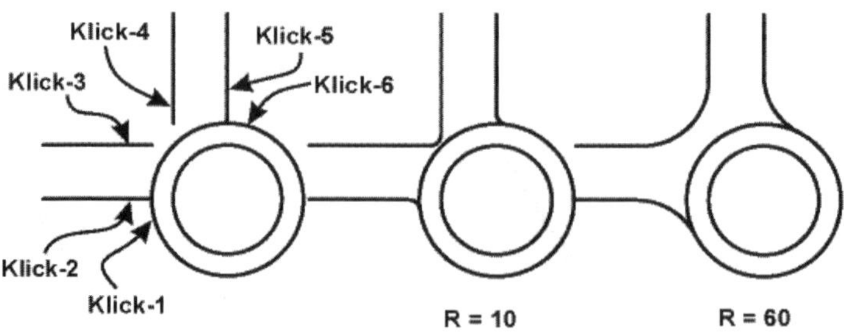

Abb. 4.18: Abrunden mit R=10 und R=60

```
Befehl: [Enter] für Befehlswiederholung
ABRUNDEN
Aktuelle Einstellungen: Modus = STUTZEN, Radius = 10.0000
ABRUNDEN Erstes Objekt wählen oder [rÜckgängig Polylinie Radius Stutzen Meh-
rere]: M[Enter]
ABRUNDEN Erstes Objekt wählen oder [rÜ... P... R... S... Mehrere]: R[Enter]
ABRUNDEN Rundungsradius angeben <10.0000>: 60[Enter]
ABRUNDEN Erstes Objekt wählen oder [...]: Klick-1
ABRUNDEN Zweites Objekt wählen oder ...: Klick-2
ABRUNDEN Erstes Objekt wählen oder [...]: Klick-3
ABRUNDEN Zweites Objekt wählen oder ...: Klick-4
ABRUNDEN Erstes Objekt wählen oder [...]: Klick-5
ABRUNDEN Zweites Objekt wählen oder ...: Klick-6
ABRUNDEN Erstes Objekt wählen oder [...]: [Enter]
```

Vorsicht: Radius bei Abrunden

Beim Befehl ABRUNDEN wird der Radius dadurch verstellt, dass man zuerst **R**[Enter] eingibt und erst auf die Aufforderung hin den Wert, zum Beispiel **60**[Enter]. *Falsch* wäre es, gleich **R60** einzutippen!

Tipp: Zeitabhängiges Rechtsklicken

Es gibt noch einen ganz raffinierten Mechanismus, um die Wirkung des Rechtsklicks zu beeinflussen. Unter [A CAD] |OPTIONEN im Register BENUTZEREINSTELLUNGEN können Sie unter RECHTSKLICKANPASSUNG bei ZEITABHÄNGIGES RECHTSKLICKEN AKTIVIEREN ein Häkchen setzen. Dann hat ein *kurzer Rechtsklick* dieselbe Bedeutung wie [Enter], und ein *längerer Rechtsklick* würde das *Kontextmenü* aktivieren. Diese Einstellung ist sehr profimäßig und ermöglicht auch die schnellste Befehlswiederholung mit dem kurzen Rechtsklick.

4.4.2 Abrunden mit Radius 0

Die Möglichkeit, mit einem Abrundungsradius von 0 zu arbeiten, ist besonders nützlich, wenn Sie Ecken konstruieren wollen. Betrachten Sie dazu noch einmal das Teil aus Abbildung 4.16 oben. Zuvor hatten wir hier die Ecken mit DEHNEN und der etwas mühsam einzustellenden Kantendehnung auskonstruiert. Eleganter geht es nun durch ABRUNDEN mit Radius 0. Dazu braucht man keine extra Radiuseinstellung vorzunehmen, sondern muss nur die Shift-Taste bei der zweiten Objektwahl gedrückt halten. Der aktuell eingestellte Abrundungsradius bleibt dabei unverändert für spätere Aktionen erhalten. Es ist übrigens auch kein Fehler, schon bei der ersten Objektwahl die Shift-Taste zu halten.

```
Befehl: _fillet
Aktuelle Einstellungen: Modus=STUTZEN, Radius=60.0000
ABRUNDEN Erstes Objekt wählen oder [rÜ... P... R... S... Mehrere]: M Enter
ABRUNDEN Erstes Objekt wählen oder [...]: Klick-1
ABRUNDEN Zweites Objekt wählen oder mit der Umschalt-Taste wählen, um Ecke anzuwenden: Shift + Klick-2
ABRUNDEN Erstes Objekt wählen oder [...]: Klick-3
ABRUNDEN Zweites Objekt wählen oder mit der Umschalt-Taste wählen, um Ecke anzuwenden: Shift + Klick-4
ABRUNDEN Erstes Objekt wählen oder [...]: Enter
```

Tipp

Parallele Linien können durch ABRUNDEN mit einem *Halbkreis* verbunden werden. Dabei ist der *aktuelle* Radius nicht wirksam, weil AutoCAD automatisch erkennt, dass hier nur ein Halbkreis mit *passendem* Radius möglich ist. Der Radius wird automatisch bestimmt. Die Länge der ersten Linie bleibt erhalten, die zweite wird notfalls gedehnt oder gestutzt.

4.4.3 Fasen

Der Befehl FASE ist dem Abrunden sehr ähnlich. Man muss hier nur zwei Fasenabstände für die beteiligten Kanten angeben. Der erste eingegebene Fasenabstand wird später auf der ersten gewählten Linie angebracht, der nächste auf der zweiten Linie. Der Fasenabstand ist auf 0 Einheiten voreingestellt. Fasen kann man nur zwischen Linien oder in einer Polylinie zwischen Liniensegmenten erstellen, nicht zwischen Bögen oder Kreisen. Den Fasenabstand können Sie auf zwei Arten definieren:

- Mit Option ABSTAND über
  - ERSTEN FASENABSTAND und ZWEITEN FASENABSTAND
- Mit Option WINKEL über
  - FASENLÄNGE auf der ersten Linie und FASENWINKEL

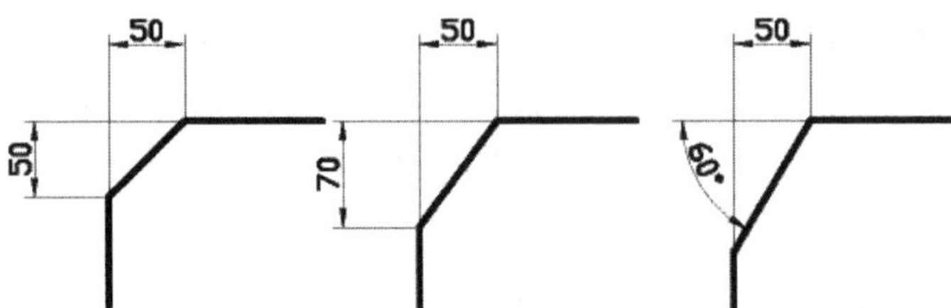

Abb. 4.19: Fase mit Fasenabständen (gleich, ungleich) oder Fasenlänge und -winkel

Abbildung 4.19 zeigt unterschiedliche Fasendefinitionen. Die erste Fase besitzt zwei gleiche Fasenabstände und stellt den häufigsten Fall dar. Im zweiten Fall sind die Fasenabstände unterschiedlich. Beachten Sie immer, dass der erste Fasenabstand auch am zuerst gewählten Objekt abgetragen wird, der zweite dann am zweiten Objekt. Die Reihenfolge der Objektwahl muss also zu den Fasenabständen passen. Auch bei Fase4 wird eine Vorschau gezeigt.

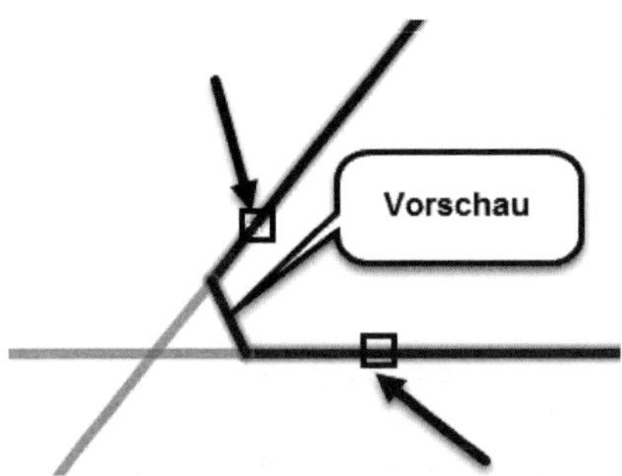

Abb. 4.20: Vorschau FASE

Ein kleines Beispiel soll die Anwendung des Befehls demonstrieren.

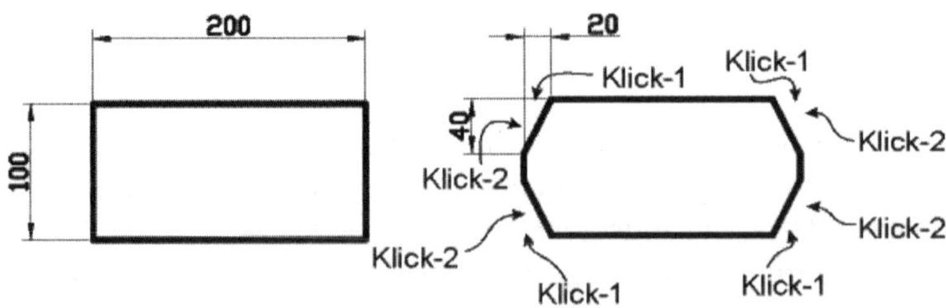

Abb. 4.21: Arbeiten mit FASE

```
Befehl: LINIE Ersten Punkt angeben: 100,100[Enter]
LINIE Nächsten Punkt angeben oder [Zurück]: @200,0[Enter]
LINIE Nächsten Punkt angeben oder [Zurück]: @0,100[Enter]
LINIE Nächsten Punkt angeben oder [Schließen Zurück]: @-200,0[Enter]
```

```
LINIE Nächsten Punkt angeben oder [Schließen Zurück]: S[Enter]
Befehl: _chamfer (STUTZEN-Modus) Gegenwärtiger Abst1 = 0.0000, Abst2 =
0.0000
FASE Erste Linie wählen oder [rÜckgängig Polylinie Abstand Winkel Stutzen
METhode MEHrere]: MEH[Enter]
FASE Erste Linie ...[rÜ... P... Abstand W... S... MET... MEH...]: A[Enter]
FASE Ersten Fasenabstand angeben <0.0000>: 20[Enter]
FASE Zweiten Fasenabstand angeben <20.0000>: 40[Enter]
FASE Erste Linie wählen ... [...]: Klick-1
FASE Zweite Linie wählen oder ...: Klick-2
FASE Erste Linie wählen ... [...]: Klick-1
FASE Zweite Linie wählen oder ...: Klick-2 etc.
```

Die Option MEHRERE kann bei FASE benutzt werden, um gleich mehrere Fasen in *einem* Befehlsaufruf zu erzeugen. Nur muss sie hier bei Tastatureingabe mit **MEH** aufgerufen werden, im Gegensatz zum ABRUNDEN, wo **M** einzugeben ist.

Der Befehl FASE kann wie oben ABRUNDEN auch offene Polylinien (siehe Abschnitt 6.3 *Die Polylinie*) durch eine Fase schließen. Auch können einzelne Linien gegen Polylinien abgefast werden.

4.4.4 Die Option POLYLINIE

Die beiden Befehle ABRUNDEN und FASE haben vieles gemeinsam. Sie enthalten nicht nur das automatische STUTZEN und DEHNEN, sondern sie können auch eine Polylinie, die entweder mit dem Befehl PLINIE oder auch mit RECHTECK erzeugt sein kann, an allen Ecken auf einen Schlag abrunden. Nach Festlegung der Fasenabstände wählt man dann die Option POLYLINIE und klickt die betreffende Polylinie nur einmal an. An allen Ecken, an denen es geometrisch möglich ist, wird dann die Fase erzeugt. Analog kann auch mit dem Befehl ABRUNDEN bei Polylinien gearbeitet werden.

```
Befehl: _pline
PLINIE Startpunkt angeben: 100,100[Enter]
PLINIE Aktuelle Linienbreite beträgt 0.0000
PLINIE Nächsten Punkt angeben oder [... ... ...]: @100,0[Enter]
PLINIE Nächsten Punkt angeben oder [... ... ...]: @0,50[Enter]
PLINIE Nächsten Punkt angeben oder [... ... ...]: @200,0[Enter]
PLINIE Nächsten Punkt angeben oder [... ... ...]: @0,-50[Enter]
PLINIE Nächsten Punkt angeben oder [... ... ...]: @100,0[Enter]
PLINIE Nächsten Punkt angeben oder [... ... ...]: @0,-100[Enter]
PLINIE Nächsten Punkt angeben oder [... ... ...]: @-400,0[Enter]
PLINIE Nächsten Punkt angeben oder [... Schließen ...]: S[Enter]
Befehl: _chamfer
(STUTZEN-Modus) Gegenwärtiger Fasenabst1 = 20.0000, Abst2 = 40.0000
```

```
FASE Erste Linie ... [rÜ... P... Abstand W... S... MET... MEH...]: A[Enter]
FASE Ersten Fasenabstand angeben <20.0000>: 20[Enter]
FASE Zweiten Fasenabstand angeben <20.0000>:[Enter]
FASE Erste Linie ... [rÜ... Polylinie A... W... S... MET... MEH...]: P[Enter]
FASE Polylinie wählen: Polylinie anklicken
8 Linien wurden gefast
```

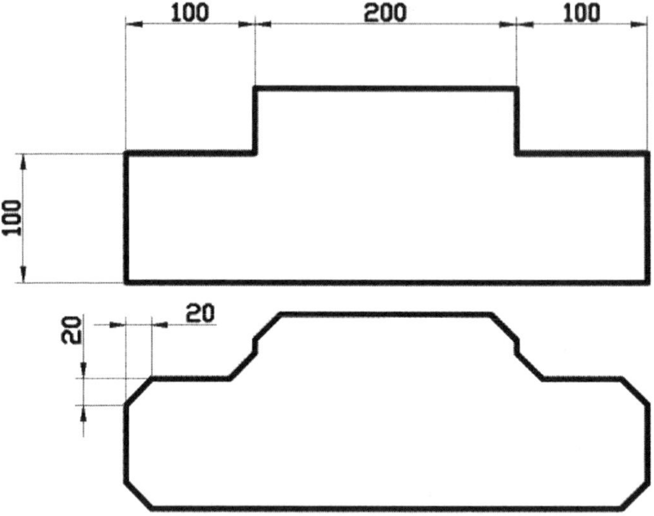

Abb. 4.22: Polylinie mehrfach abfasen

4.4.5 Stutzen-Modus

Bei den Befehlen ABRUNDEN und FASE kann das automatische Stutzen, das meist ein erwünschter Effekt ist, aber auch abgeschaltet werden. Dazu aktivieren Sie die Option STUTZEN durch Eingabe von **S** und wählen dann die Option NICHT STUTZEN mit **N**. Sie sollten sich aber hierbei unbedingt angewöhnen, danach sofort wieder den normalen Modus, nämlich das automatische Stutzen, wieder einzuschalten mit **S** für den STUTZEN-MODUS und noch mal **S**, um das STUTZEN einzuschalten.

```
Befehl: _chamfer
(STUTZEN-Modus) Gegenwärtiger Fasenabst1 = 20.0000, Abst2 = 20.0000
FASE Erste Linie wählen oder [rÜ... P... A... W... S... MET... MEH...]:
MEH[Enter]
FASE Erste Linie oder [rÜ... P... A... W... S... MET... MEH...]: S[Enter]
FASE Option für Modus STUTZEN eingeben [Stutzen Nicht stutzen] <Stutzen>:
N[Enter]
FASE Erste Linie oder [...]: Klick-1
FASE Zweite Linie wählen: Klick-2
```

```
FASE Erste Linie oder [...]: Klick-3
FASE Zweite Linie wählen: Klick-4
FASE Erste Linie oder [rÜ... P... A... W... Stutzen MET... MEH...]: S[Enter]
FASE Option für Modus STUTZEN eingeben [Stutzen Nicht stutzen] <Nicht stut-
zen>: S[Enter]
FASE Erste Linie oder [...]: [Enter]
```

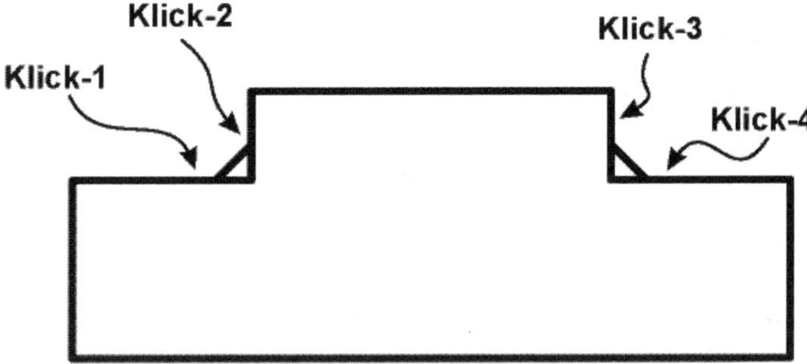

Abb. 4.23: Fase bei abgeschaltetem Stutzen

4.4.6 Mischen (Kurven verschmelzen)

Der Befehl MISCHEN oder wie es im Werkzeug heißt KURVEN VERSCHMELZEN erzeugt eine spezielle Kurve, nämlich einen Bézier-Spline, der sich tangential an die gewählten Kurvenenden anschmiegt. Diese Kurve ist intern durch vier Polygonpunkte definiert. Die beiden Punkte an jedem Ende liegen genau in Richtung der Endtangente der Kurven, an die sie anschließen. Die Erzeugung geschieht durch Anklicken der beiden Kurvenenden.

Die Stützpunkte können durch Anklicken der fertigen Kurve sichtbar gemacht werden. Sie können die Stützpunkte auch nachträglich verschieben, um diese Kurve zu modellieren. Wenn Sie dabei aber nicht tangential zu den ursprünglichen Kurvenenden bleiben, entsteht ein Knick. Tangential können Sie bleiben, wenn Sie beim Verschieben der inneren Punkte den Objektfang HILFSLINIE bezogen auf die Endpunkte anwenden.

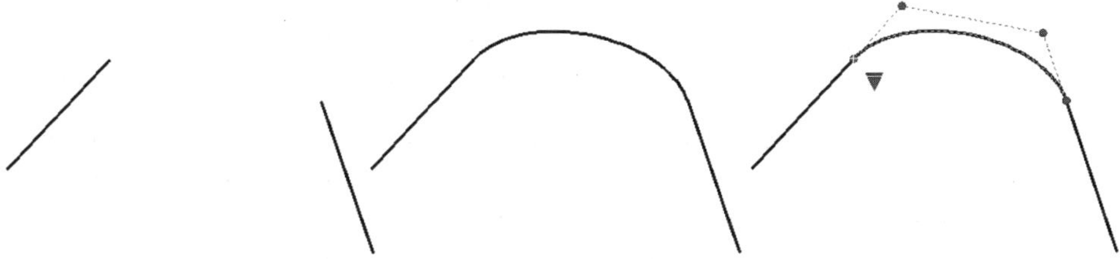

Abb. 4.24: Verschmelzen zweier Linien und Stützpunktpolygon

Es gibt noch eine Option KONTINUITÄT mit den Alternativen TANGENTE (Vorgabe) und GLATT. Bei der Option GLATT wird ein *krümmungsstetiger Übergang* erzeugt, der sich allerdings erst beim Verschmelzen gebogener Kurven auswirkt. Die Splinekurve läuft dann zunächst nicht nur tangential weiter, sondern auch mit der gleichen Krümmung. Dafür besitzt dann die Kurve noch zwei Stützpunkte mehr.

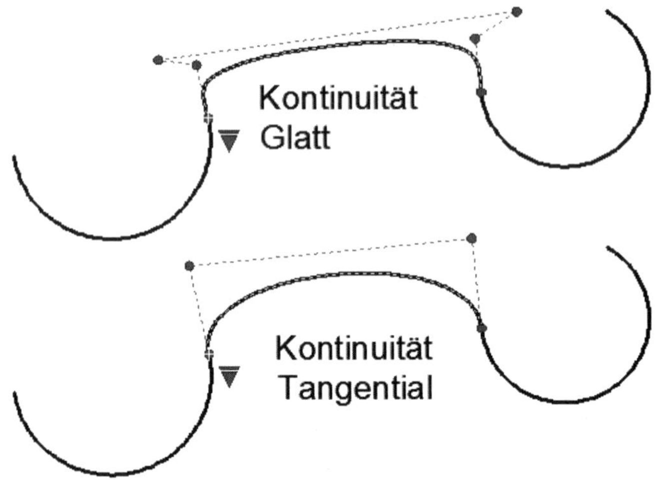

Abb. 4.25: Verschmelzungskurve mit verschiedener Kontinuität

4.5 Objektwahl

4.5.1 Objektwahlmodi

Bevor ich auf die nächsten Editierbefehle eingehe, beschäftigen wir uns mit den Gemeinsamkeiten dieser Befehle. Alle Befehle, mit denen Sie Objekte ändern wollen, müssen zunächst einmal wissen, *welche* Objekte verändert werden sollen. Am Anfang dieser Editierbefehle steht deshalb die *Objektwahl*. Danach erst fragt jeder Befehl ggf. noch nach weiteren Parametern.

Bisher hatten Sie die Objekte beispielsweise beim Befehl LÖSCHEN durch Anklicken gewählt. Das wird aber mühsam, wenn viele Objekte zu wählen sind. Als Übungsbeispiel öffnen Sie die Datei mit der Lokomotive aus dem dritten Kapitel.

Probieren Sie mit dem Befehl LÖSCHEN bzw. die nachfolgenden Objektwahlmodi aus. Sie können auch jede Aktion schnell wieder rückgängig machen mit . Alle Objekte, die gewählt sind, werden mit einem hellblauen Farbsaum markiert. Damit sind Sie immer über den Stand der aktuellen Objektwahl informiert. Der Befehl LÖSCHEN zeigt beim einfachen Anklicken auch ein kleines rotes Kreuz als Ergänzung des Cursors an.

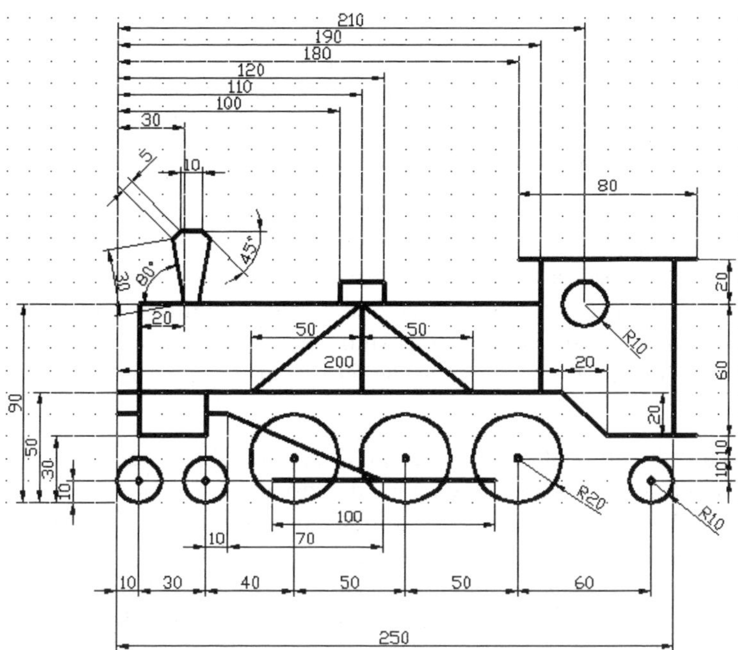

Abb. 4.26: Lokomotive aus Kapitel 3

Abb. 4.27: LÖSCHEN-Befehl mit Cursor-Symbol beim Anklicken

Vorsicht: Objektwahl – Objektfang

Ein *Objektwahlmodus* ist *kein* eigenständiger Befehl. Ein *Objektwahlmodus* kann deshalb immer nur dann eingegeben werden, wenn ein entsprechender Editierbefehl mit der Anfrage `Objekte wählen:` erscheint.

Auch darf *Objektwahl* nicht mit *Objektfang* verwechselt werden. *Objektwahl* dient wortwörtlich dazu, mit verschiedenen Methoden *Objekte auszuwählen*, während der *Objektfang* dazu dient, *Positionseingaben* durch das Einfangen vorhandener charakteristischer Punkte zu erleichtern. Ein *Objektfang* ist dann anzuwenden, wenn AutoCAD nach einer Punktposition fragt wie `Erster Punkt:` oder `Nächster Punkt:` oder `Zentrum für Kreis angeben:`.

Lasso-Modus

Es gibt einen sehr intuitiven Modus der Objektwahl, den Lasso-Modus. Dabei werden die zu wählenden Objekte *einfach mit gedrückter (linker) Maustaste umfahren* und Sie lassen dann los, wenn genügend Objekte erfasst sind. Es kommt aber dabei darauf an, ob Sie rechts- oder linksherum fahren.

Wenn Sie die Maus *rechtsherum* führen, werden nur diejenigen Objekte gewählt, die *vollständig* im Lasso liegen. Objekte, die nur teilweise darin liegen, sind dann nicht gewählt. Ein solches Lasso ist auch durch ein *transparentes Blau* und durch eine *durchgezogene Begrenzungskurve* gekennzeichnet. In Abbildung 4.28 links wurde mit dem Befehl LÖSCHEN der Schornstein mit einem solchen Lasso gewählt. Ausschlaggebend für die Art des Lassos ist eigentlich nur die Richtung der ersten Bewegung.

Wenn Sie das Lasso *linksherum* ziehen, werden nicht nur die Objekte gewählt, die sich *vollständig* darin befinden, sondern auch alle Objekte, die *zum Teil* in den Lassobereich hineinragen. Mit diesem Modus müssen Sie also viel vorsichtiger umgehen, damit Sie nicht zu viele Objekte wählen. In diesem Fall ist die markierte Fläche grün und wird von einer gestrichelten Umrandung begrenzt. In Abbildung 4.28 rechts kann zur Wahl der Schornsteinelemente das Lasso linksherum viel kleiner ausfallen und darf den Rest der Lokomotive nicht berühren.

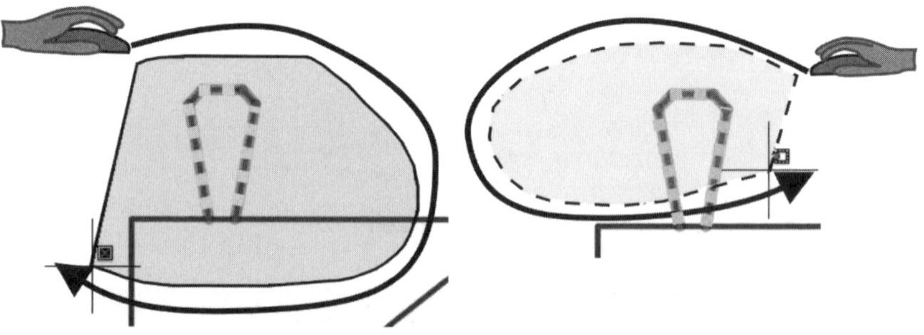

Abb. 4.28: Objektwahl mit Lasso mit gedrückter Maustaste rechts- und linksherum

Fenstermodus

Im Unterschied zum Lasso-Modus werden bei dieser und der nächsten Objektwahl Eckpunkte für einen Bereich einzeln *angeklickt*, es wird also nicht mit gedrückter Maustaste gearbeitet.

```
Befehl: _erase
LÖSCHEN Objekte wählen: F[Enter]
Erste Ecke angeben: Position 1 anklicken
Entgegengesetzte Ecke angeben: Position 2 anklicken
3 gefunden
LÖSCHEN Objekte wählen: [Enter]
```

Bei diesem Modus geben Sie explizit **F**[Enter] ein und klicken dann auf dem Bildschirm zwei diagonale Positionen zum Öffnen eines Fensters an. Gewählt ist dann alles, was *vollständig* in dem Fenster liegt. Objekte, die nur teilweise im Fenster liegen, sind nicht gewählt.

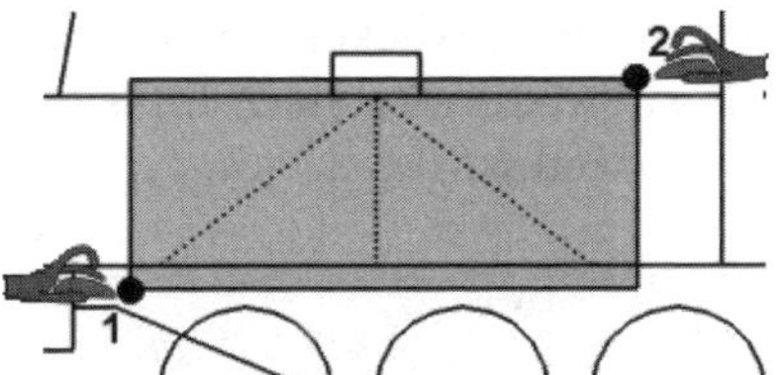

Abb. 4.29: Objektwahl FENSTER (Klick-Klick)

Das Fenster kann auch ohne **F**[Enter] einfach durch Anklicken einer freien Bildschirmposition und Anklicken einer zweiten Position nach rechts diagonal geöffnet werden. Man nennt das die *implizite* Vorgehensweise, d.h. ohne besondere Tastatureingabe.

```
Befehl: _erase
LÖSCHEN Objekte wählen:  Position 1 anklicken
Entgegengesetzte Ecke angeben: Position 2 anklicken
3 gefunden
LÖSCHEN Objekte wählen: [Enter]
```

Wichtig: Fenster

Die Box für den Fenstermodus wird implizit *von links nach rechts* aufgezogen. Sie ist blau und hat einen durchgezogenen Rahmen.

Vorsicht: Impliziter Fenstermodus

Das implizite Fenster kann nur dann funktionieren, wenn dort, wo Sie das erste Mal klicken, kein Objekt liegt, das ja sonst durch einen Klick *gewählt* werden würde. Das implizite Fenster kann also nur dort begonnen werden, wo kein Objekt durch die Auswahlbox des Cursors erreicht wird.

Kreuzen-Modus

```
LÖSCHEN Objekte wählen:  K[Enter]
Erste Ecke angeben: Position 1 anklicken
Entgegengesetzte Ecke angeben: Position 2 anklicken
3 gefunden
```

Bei diesem Modus geben Sie explizit **K** [Enter] ein und klicken dann auf dem Bildschirm zwei diagonale Positionen zum Öffnen des Fensters an. Gewählt ist dann alles, was *vollständig oder teilweise* in dem Fenster liegt. Nur Objekte, die vollständig außerhalb liegen, sind *nicht* gewählt. Der Kreuzen-Modus wählt also auch alle Objekte, die er nur zum Teil erwischt.

Die Kreuzen-Box kann auch ohne **K** [Enter] einfach durch Anklicken einer freien Bildschirmposition und Anklicken einer zweiten Position diesmal nach links diagonal geöffnet werden. Dies ist der implizite Kreuzen-Modus.

Wichtig: Kreuzen

Für den Kreuzen-Modus wird implizit von *rechts nach links* aufgezogen. Die Box ist grün und hat einen gestrichelten Rahmen.

Vorsicht: Impliziter Kreuzen-Modus

Auch das implizite Kreuzen kann nur dann funktionieren, wenn dort, wo Sie das erste Mal klicken, kein Objekt liegt.

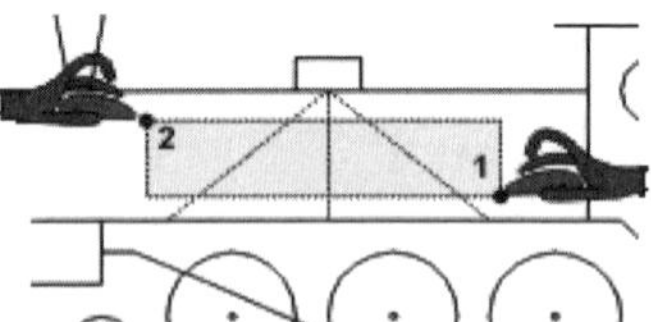

Abb. 4.30: Objektwahl KREUZEN (Klick-Klick)

Fenster-Polygon

Weil bei der Objektwahl ein rechteckiges Fenster nicht immer genügend Flexibilität bietet, gibt es auch ein polygonartiges Fenster, das beliebig viele Eckpunkte in beliebiger Lage aufweisen kann. Alles, was *vollständig* in dem Fenster-Polygonbereich liegt, ist gewählt. Das Polygon kann beliebig viele Eckpunkte besitzen. Im Beispiel sollen nur die Räder gelöscht werden. Dazu muss das Polygon so gelegt werden, dass zwar die Räder vollständig enthalten sind, die Schubstangen aber nicht. Aus diesem Grund sehen Sie unten die Spitze, durch die die Schubstange aus der Auswahl ausgeschlossen wird.

```
LÖSCHEN Objekte wählen: FP[Enter]
Erster Punkt des Polygons: Klick
Endpunkt der Linie angeben oder [Zurück]: Klick
Endpunkt der Linie angeben oder [Zurück]: Klick
 ...
Endpunkt ... [Zurück]: [Enter] 12 gefunden
```

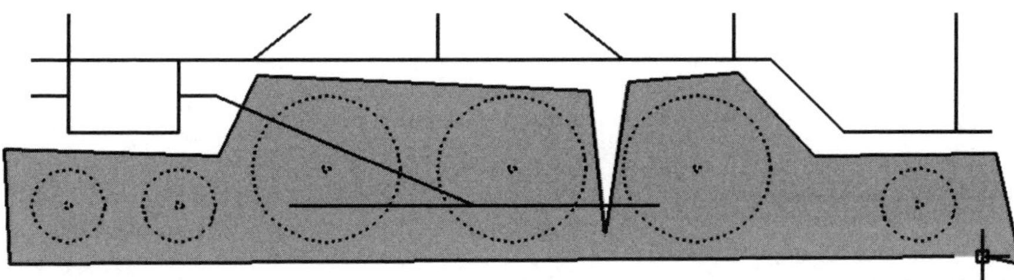

Abb. 4.31: Objektwahl mit Fenster-Polygon

Kreuzen-Polygon

Als flexiblere Lösung für Kreuzen gibt es auch das Kreuzen-Polygon. Alles, was vollständig in dem Polygonbereich liegt oder seine Grenzen kreuzt, ist gewählt. Nur Objekte, die vollständig draußen liegen, sind nicht gewählt.

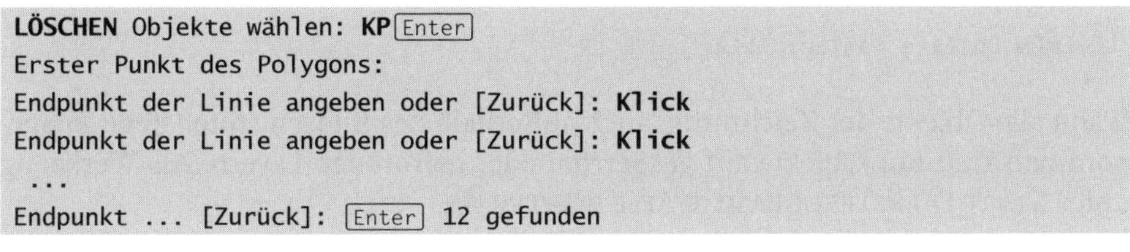

```
LÖSCHEN Objekte wählen: KP[Enter]
Erster Punkt des Polygons:
Endpunkt der Linie angeben oder [Zurück]: Klick
Endpunkt der Linie angeben oder [Zurück]: Klick
 ...
Endpunkt ... [Zurück]: [Enter] 12 gefunden
```

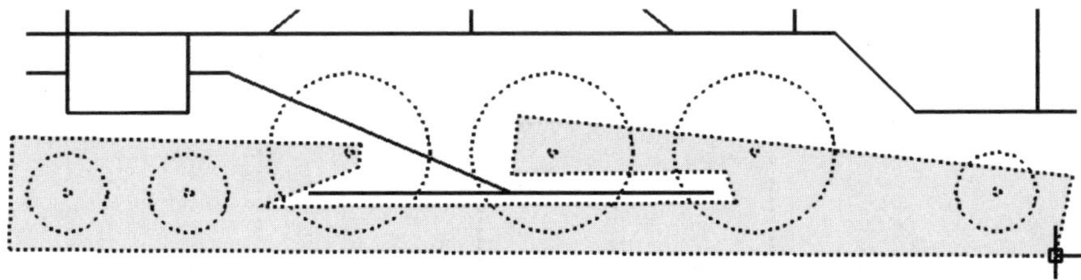

Abb. 4.32: Objektwahl mit Kreuzen-Polygon

Tipp: Objektwahl und PAN/ZOOM

Während der *Objektwahl* können PAN und ZOOM verwendet werden, um auch Objekte außerhalb des anfänglichen Bildschirmfensters zu erreichen (offscreen selection).

Letztes Objekt

```
LÖSCHEN Objekte wählen: L[Enter]
```

Diese Objektwahl wählt das zuletzt erstellte Objekt, auch wenn es nicht auf dem Bildschirm liegt. Im Beispiel wurde die letzte Linie vom Schornstein markiert.

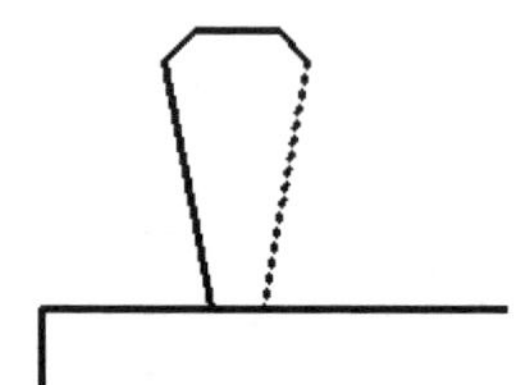

Abb. 4.33: Letztes Objekt

Sie werden später erfahren, dass Objekte, die auf gesperrten Layern liegen, hiermit nicht gewählt werden können und gefrorene Layer bei dieser Objektwahl komplett ignoriert werden, weil sie unsichtbar sind. Das gilt auch für die nächste Objektwahl.

Alle Objekte

```
LÖSCHEN Objekte wählen: ALLE[Enter]
```

Wählt alle Objekte der Zeichnung, auch außerhalb des Bildschirmfensters. Ausgenommen sind nur Objekte auf gesperrten oder gefrorenen Layern. Als Werkzeug unter START|DIENSTPROGRAMME|ALLE WÄHLEN.

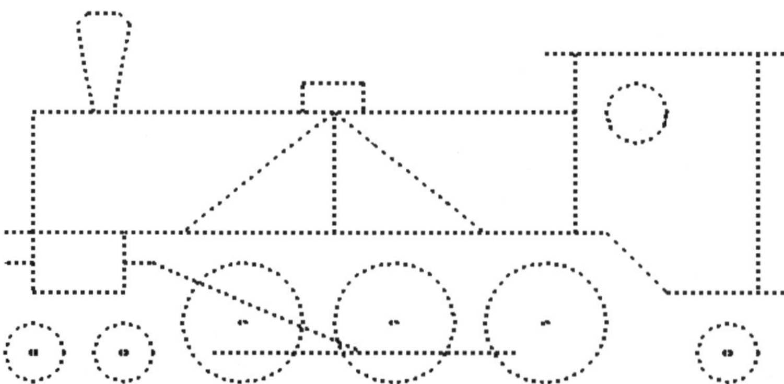

Abb. 4.34: Objektwahl ALLE

ZAun

```
LÖSCHEN Objekte wählen: ZA[Enter]
Erster Zaunpunkt:
Endpunkt der Linie angeben oder [Zurück]:
Endpunkt der Linie angeben oder [Zurück]:
...
Endpunkt ... [Zurück]: [Enter] 12 gefunden
```

Man gibt hierbei Punkte für ein offenes Polygon an. Alles, was die Linien des Polygons wie Latten eines Zauns kreuzt, ist gewählt. Nach dem letzten Zaunpunkt wird der *ZAun* mit [Enter] beendet. Solange Sie sich im Zaun-Modus befinden, können Sie auch einzelne Polygonpunkte mit der Option **Z** wieder zurücknehmen. Im Beispiel wurden die Räder mit einer Zaunlinie zum Löschen ausgewählt.

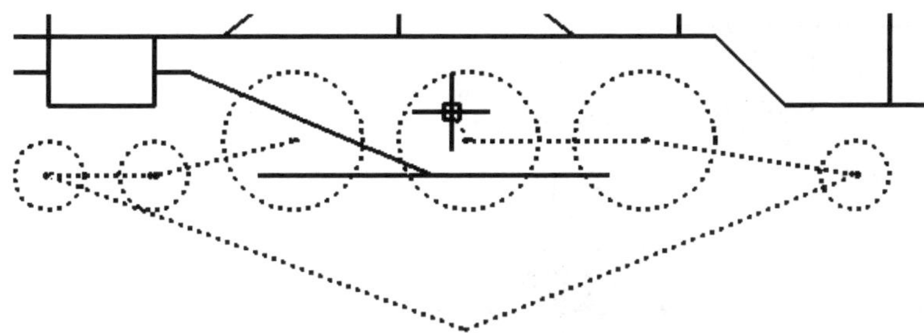

Abb. 4.35: Objektwahl ZAUN

Vorherige Objektwahl

Wenn Sie mehrere Editierbefehle hintereinander mit den gleichen Objekten durchführen wollen, dann können Sie nach der ersten Objektwahl im ersten Editierbefehl später in den nachfolgenden Editierbefehlen diesen ersten Auswahlsatz mit der Objektwahl *Vorher* ansprechen.

```
LÖSCHEN Objekte wählen: V[Enter]
```

Hier wird die letzte Objektwahl verwendet, d.h. dieselben Objekte, die zuletzt im vorhergehenden Befehl gewählt wurden. Im Beispiel soll mit einem ersten Befehl das Spülbecken in der Küchenzeichnung verschoben werden, im zweiten Befehl dann gedreht werden. Im zweiten Befehl können die Objekte dann mit V erneut gewählt werden. Im Beispiel sind keine konkreten Koordinaten angegeben. Verwenden Sie in dieser Übung einfach mal Positionen nach Augenmaß für das Verschieben und Drehen. Die Befehle werden in Kürze detailliert erklärt.

```
Befehl: _move
SCHIEBEN Objekte wählen: Klick 1 für implizites Kreuzen
Entgegengesetzte Ecke angeben: Klick 2 für implizites Kreuzen
3 gefunden
SCHIEBEN Objekte wählen: [Enter]
SCHIEBEN Basispunkt oder [Verschiebung] <Verschiebung>: Ausgangspunkt der Verschiebung anklicken
SCHIEBEN Zweiten Punkt angeben oder <ersten Punkt der Verschiebung verwenden>: Endpunkt der Verschiebung anklicken
Befehl: _rotate
```

```
Aktueller positiver Winkel in BKS:  ANGDIR=gegen den Uhrzeigersinn  ANGBASE=0
DREHEN Objekte wählen: V[Enter] 3 gefunden
DREHEN Objekte wählen: [Enter]
DREHEN Basispunkt angeben: Drehpunkt anklicken
DREHEN Drehwinkel angeben oder [Kopie Bezug]: -90[Enter]
```

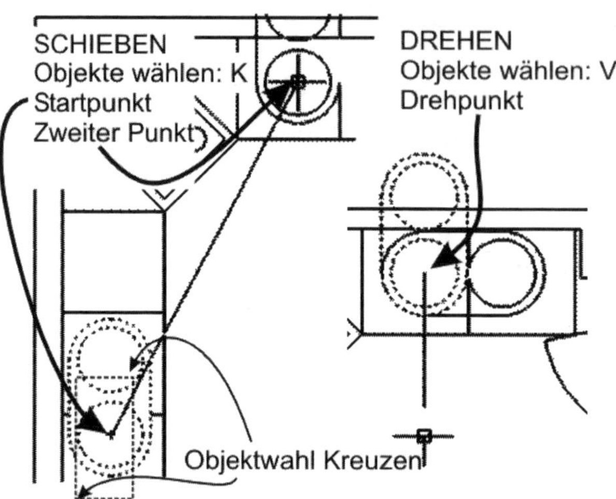

Abb. 4.36: Objektwahl V beim nachfolgenden Drehen

Unterobjekt

Mit der Objektwahl U können Sie Teile von komplexen Objekten wählen. Wenn Sie beispielsweise von einer Polylinie nur einzelne Segmente verschieben wollen oder später von einem Volumenkörper nur eine Fläche oder Kante, dann können Sie diese Einzelteile mit U auswählen und so verschieben, dass der Zusammenhang des Gesamtobjekts erhalten bleibt. Die angrenzenden Unterobjekte werden dann entsprechend verzerrt (Abbildung 4.37).

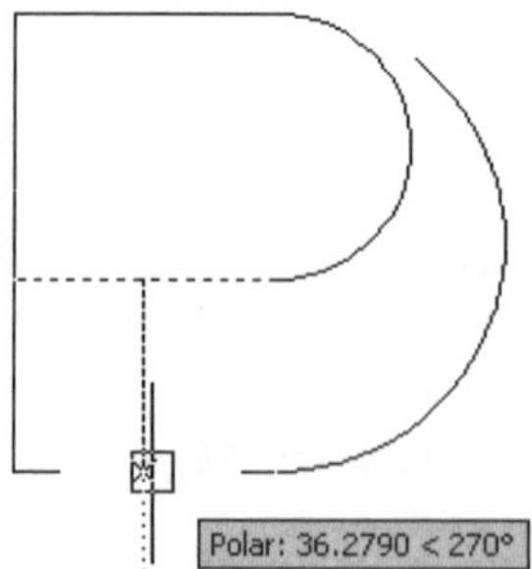

Abb. 4.37: Objektwahl UNTEROBJEKT bei einer Polylinie

Der Modus UNTEROBJEKT bleibt so lange im laufenden Befehl aktiv, bis er durch die unten vorgestellte Option OBJEKT wieder aufgehoben wird. Auch beim LÖSCHEN von Segmenten einer Polylinie können Sie zur Auswahl U verwenden. Die Polylinie zerfällt dann in zwei getrennte Polylinien. Die Option U bleibt auch aktiv, wenn FENSTER oder KREUZEN zusätzlich eingeschaltet werden.

Objekt

Mit diesem Auswahlmodus O können Sie den Modus UNTEROBJEKT noch vor dem Wählen notfalls wieder deaktivieren und wählen doch das komplette Objekt.

EInzeln

Mit der Objektwahl EI wird die Objektwahl auf eine einzelne Aktion reduziert, sei es mit Klicken, FENSTER, KREUZEN o.Ä., danach aber sofort die Objektwahl abgeschlossen.

Gruppe

Man kann mehrere Objekte, die oft gemeinsam für bestimmte Aktionen gewählt werden sollen, als Gruppe zusammenfassen (siehe unten). Diese Objekte kann man dann entweder per Klick gemeinsam wählen oder – falls Sie der Gruppe einen Namen gegeben haben – mit der Option G und dem Gruppennamen ansprechen.

```
LÖSCHEN Objekte wählen: G[Enter]
Gruppenname eingeben: Konturkurven
3 gefunden
```

Entfernen

Was tun, wenn man zu viele Objekte gewählt hat?

```
LÖSCHEN Objekte wählen: E[Enter]
LÖSCHEN Objekte entfernen:
```

Dies ist eine Modus-Einstellung. Sie ändert die Objektwahl von OBJEKTE WÄHLEN in OBJEKTE ENTFERNEN. Man kann aus einem Auswahlsatz nach dieser Option wieder Objekte entfernen. Typisches Beispiel: Sie haben mit FENSTER oder KREUZEN beim Löschen einfach zu viel erwischt. Dann müssen Sie nicht den ganzen Befehl abbrechen, sondern geben **E** [Enter] ein und wählen danach wieder die Objekte, die Sie nicht löschen wollten.

Tipp: Entfernen einzelner Objekte

Auch ohne die Option ENTFERNEN können Sie einzelne Objekte aus einer Auswahl ganz einfach herausnehmen, indem Sie diese bei gedrückter [Shift]-Taste anklicken. Auch implizite Kreuzen- und Fensterwahl können so mit [Shift] kombiniert werden.

Hinzufügen

Frage: Was tun, wenn man nun schon wieder zu viel entfernt hat?

```
LÖSCHEN Objekte entfernen: H[Enter]
LÖSCHEN Objekte wählen:
```

H macht die Wirkung von E wieder rückgängig, sodass die nachfolgenden Objekte wieder zum Auswahlsatz hinzugefügt werden.

Zurück

```
LÖSCHEN Objekte wählen: ZU[Enter]
```

Mit ZU können noch während der laufenden Objektwahl die letzten Auswahlschritte rückgängig gemacht werden. Die Option **ZU** kann auch mehrfach eingegeben werden.

Tipp: Markierung gewählter Objekte

Normalerweise werden Objekte, die ausgewählt wurden, blau verdickt hervorgehoben. Sollte die Markierung gewählter Objekte nicht eingeschaltet sein, so liegt das an der Systemvariablen HIGHLIGHT, die evtl. fälschlicherweise auf **0** gesetzt wurde. Sie muss **1** sein. Der Wert **0** ist nur für den absoluten Profi interessant, der auf diese Markierung verzichten möchte, um noch etwas mehr Geschwindigkeit aus AutoCAD herauszukitzeln. Die Systemvariable HIGHLIGHT schalten Sie wie folgt ein:

```
Befehl: HIGHLIGHT Neuen Wert für HIGHLIGHT eingeben <0>: 1[Enter]
```

4.5.2 Übereinander liegende Objekte: Wechselnde Auswahl

Die Auswahlmethode für übereinander liegende Objekte kann über die Statusleiste aktiviert werden: die wechselnde Auswahl. Ansonsten können Sie diese Methode jederzeit auch mit Kürzel [Strg]+[W] aktivieren und deaktivieren. Bei aktivierter Wechselwahl erscheint am Cursor ein entsprechendes Symbol (Abbildung 4.38).

Statusleiste	Tastenkürzel	Systemvariable
	Strg+W	SELECTIONCYCLING 2 – ein mit Objektliste (1 – ohne Objektliste, 0 – aus)

Nach Anklicken zur Auswahl erscheint dann eine Auswahlliste mit den Bezeichnungen der an dieser Stelle wählbaren Objekttypen mit deren Farben. Hier können Sie das gewünschte Objekt nun gezielt per Mausklick auswählen oder mit erneutem Klicken die Auswahlliste durchblättern.

Mit dem Wert **1** für die Systemvariable SELECTIONCYCLING wird die Auswahlliste unterdrückt, sodass Sie nur durch mehrfaches Klicken die Auswahl steuern können.

Der Modus ist insbesondere für den 3D-Bereich interessant, wo ständig mehrere Objekte über- bzw. hintereinander liegen und sonst die hinten liegenden Objekte gar nicht gewählt werden könnten.

Über RMK und die EINSTELLUNGEN des Werkzeugs in der Statusleiste kann noch die Titelzeile der Liste abgeschaltet werden.

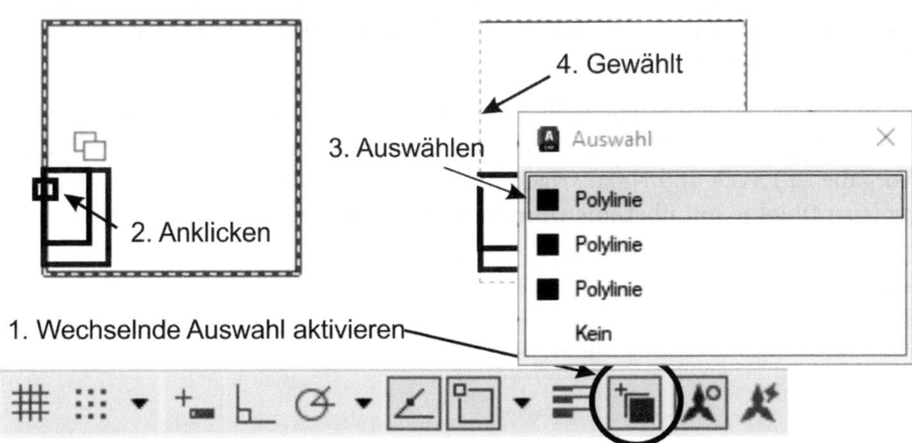

Abb. 4.38: Wechselnde Auswahl

4.5.3 Objektwahlen im Kontextmenü

Wenn Sie ein Objekt einfach anklicken, ohne dass ein Befehl aktiv ist, erhalten Sie einige interessante Kontextmenüfunktionen, die mit der Objektwahl zu tun haben.

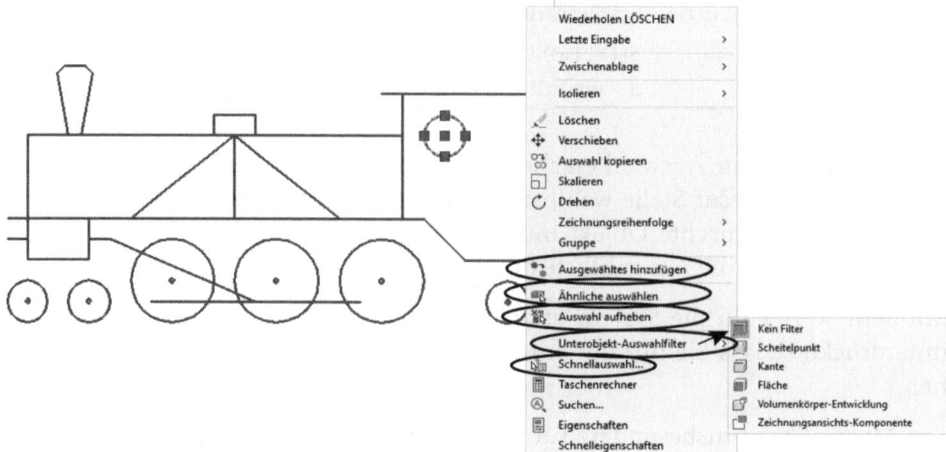

Abb. 4.39: Objektwahlfunktionen im Kontextmenü

Ähnliche auswählen

Mit dieser Funktion wählen Sie alle Objekte, die den gleichen Typ und gleichen Layer (*Layer* siehe Kapitel 5 *Zeichnungsorganisation: Layer*) haben wie das markierte. Im obigen Beispiel würden damit nach Anklicken des Kreises weitere Kreise auf demselben Layer ausgewählt.

In dem explizit eingetippten Befehl SELECTSIMILAR zur Wahl ähnlicher Objekte gibt es die Option EINSTELLUNGEN, um die Kriterien für Ähnlichkeit zu ändern. Vorgabe ist LAYER und NAME. Nach Anklicken *eines* Objekts werden dann auch *alle anderen* Objekte mit übereinstimmenden Kriterien automatisch gewählt.

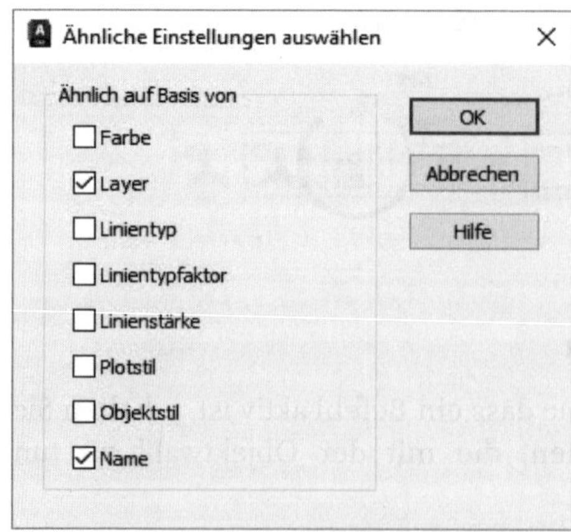

Abb. 4.40: Einstellungen für die Wahl ähnlicher Objekte

Ausgewähltes hinzufügen

Das ist von der Wirkung her eigentlich ein Zeichenbefehl. Hiermit wird ein neues Objekt des *gewählten Typs* auf dem *gleichen Layer* erstellt. Sie können also beispielsweise einen neuen Kreis auch zeichnen, indem Sie einen existierenden anklicken und dann nach Rechtsklick AUSGEWÄHLTES HINZUFÜGEN anklicken.

Auswahl aufheben

AUSWAHL AUFHEBEN beendet die aktuelle Auswahl.

Unterobjekt-Auswahlfilter

Unterobjekte sind meist erst interessant im 3D-Bereich, um Flächen, Kanten, Eckpunkte von Volumenkörpern gezielt wählen und bearbeiten zu können. Die Optionen sind hier: KEIN FILTER, SCHEITELPUNKTE, KANTE, FLÄCHE, VOLUMENKÖRPER-ENTWICKLUNG (Historie).

4.5.4 Objektwahl mit Schnellauswahl

Will man eine große Anzahl von Objekten aus der Zeichnung bearbeiten, so ist die Funktion der *Schnellauswahl* sehr von Nutzen. Oft wünscht man zum Beispiel, alle Punkte zu löschen oder alle Kreise mit einem bestimmten Radius zu ändern. Wir nehmen als Beispiel die Zeichnungsübung `Lokomotive.dwg` aus dem dritten Kapitel (Abschnitt 3.3.4 *Beispiel mit verschiedenen Koordinatenarten*) und wählen alle Linien der Länge 40.

ZEICHNEN UND BESCHRIFTUNG	Icon	Befehl	Kontextmenü
START|DIENSTPROGRAMME oder im EIGENSCHAFTEN-MANAGER		SAUSWAHL, SAU	SCHNELLAUSWAHL...

Der Ablauf sieht so aus, dass Sie den Befehl SAUSWAHL wählen und die Kriterien für die Auswahl der Objekte einstellen. SAUSWAHL markiert dann nach OK die erfolgreich gewählten Objekte mit blauen Kästchen, den *Griffen*, und zeigt die Objekte blau hervorgehoben an. Damit sind die Objekte für den nachfolgenden Editierbefehl vorgewählt. Es ist ein *aktiver Auswahlsatz* entstanden. Wenn Sie dann beispielsweise auf LÖSCHEN klicken, übernimmt dieser Befehl den *aktiven Auswahlsatz*, fragt also gar nicht mehr nach einer eigenen Objektwahl und löscht diese Objekte sofort.

Rufen Sie nun also SAUSWAHL oder Kürzel SAU auf. Im Dialogfenster *Schnellauswahl* können Sie **Ganze Zeichnung** stehen lassen oder eine Auswahl treffen **Aktuelle Auswahl** ❶. Als OBJEKTTYP stellen Sie nun aber **Linie** ❷ ein und darunter wählen Sie als Eigenschaft **Länge** ❸. Der OPERATOR **Gleich** ❹ kann bleiben, und bei WERT tragen Sie **40** ❺ ein. Das ist also die Einstellung für »Aus der kompletten

Zeichnung alle Linien mit Länge = 40 auswählen«. Wenn Sie damit einen AUSWAHLSATZ ❻ zusammenstellen wollen, bestätigen mit OK ❼. Alle gewählten Linien tragen die blauen Griffe und können in nachfolgenden Editierbefehlen bearbeitet werden.

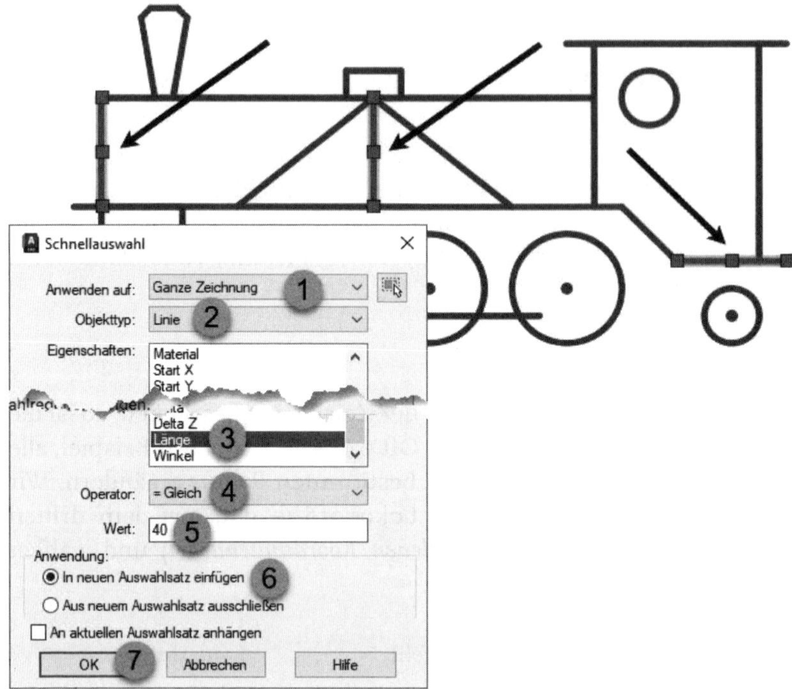

Abb. 4.41: Auswahl mit Schnellauswahl – hier Linien mit Länge = 40

Wenn Sie jetzt auf LÖSCHEN klicken, sind diese Linien weg.

Die Dialogeingaben im Detail:

- ANWENDEN AUF – ❶ Hier können Sie wählen, ob Sie bei Ihrer Auswahl von der ganzen Zeichnung oder von einer Vorauswahl ausgehen wollen. Eine Vorauswahl kann eine vorangegangene Schnellauswahl sein oder eine Auswahl mit dem Werkzeug rechts daneben.
- OBJEKTTYP – ❷ Hier wählen Sie aus, welchen Objekttyp Sie wünschen. Die Eintragung MEHRFACH bedeutet, dass kein spezieller Objekttyp angegeben wird.
- EIGENSCHAFTEN, OPERATOR, WERT – ❸, ❹, ❺ Unter EIGENSCHAFTEN, OPERATOR und WERT können Sie ein zusätzliches Kriterium für den gewählten Objekttyp zusammenstellen. Ein Beispiel wäre LAYER = KONTUR. Wenn Sie aber hier kein Kriterium benötigen, geben Sie einfach etwas an, was immer zutrifft, wie etwa FARBE = VONLAYER.

Im Optionsfeld ANWENDUNG können Sie entscheiden, ob

- die Objekte, die nach OBJEKTTYP und KRITERIUM infrage kommen, aus der Menge, die unter ANWENDEN AUF angegeben wurde, gewählt werden sollen ❻.
- die Objekte, die dem OBJEKTTYP und KRITERIUM *nicht* entsprechen, aus der Menge, die unter ANWENDEN AUF angegeben wurde, gewählt werden sollen.

Mit dem Kontrollkästchen AN AKTUELLEN AUSWAHLSATZ ANHÄNGEN können Sie bestimmen, ob der aktuelle Auswahlsatz einer vorhergehenden Schnellauswahl ergänzt (Häkchen) oder ein neuer Auswahlsatz erstellt werden soll (kein Häkchen).

4.5.5 Gruppe

Sie können Objekte zum Zweck der gemeinsamen Wählbarkeit mit einem einzigen Klick zu einer Gruppe zusammenfassen. Die Erstellung von Gruppen geschieht mit dem Befehl GRUPPE. Weitere Werkzeuge finden Sie unter START|GRUPPEN. Eine Gruppe kann benannt oder unbenannt sein. Wenn nur eine oder wenige Gruppen verwendet werden, können Sie ohne Namen arbeiten, AutoCAD vergibt dann intern eigene Bezeichnungen *A1, *A2, *A3 für diese unbenannten Gruppen.

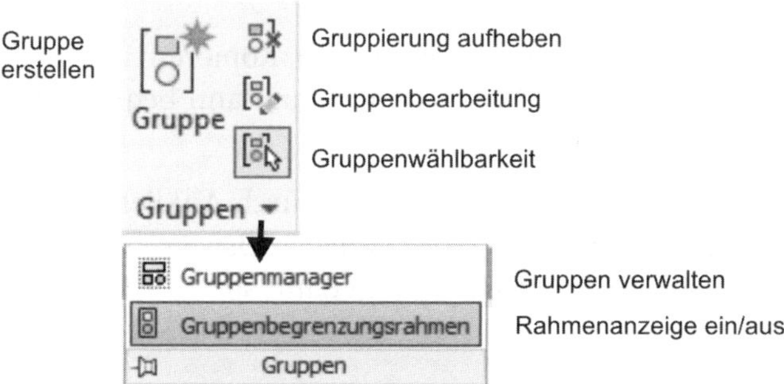

Abb. 4.42: Gruppenwerkzeuge START|GRUPPEN

- **Gruppe** – Nach Aufruf des Befehls GRUPPE (*Gruppe erstellen*) können Sie sofort die Objekte wählen und auch vorher oder nachher mit der Option NAME einen Namen eingeben.
- **Gruppierung aufheben** – Wählen Sie das Werkzeug GRUPPIERUNG AUFHEBEN und klicken Sie die Gruppe an. Die Gruppe ist damit aufgelöst.
- Eine Übersicht über alle Gruppen bietet der GRUPPENMANAGER, über den auch Gruppen erzeugt und gelöscht werden können (Abbildung 4.43). Die unbenannten Gruppen werden im GRUPPENMANAGER erst angezeigt, wenn UNBENANNTE EINSCHLIEßEN aktiviert ist.

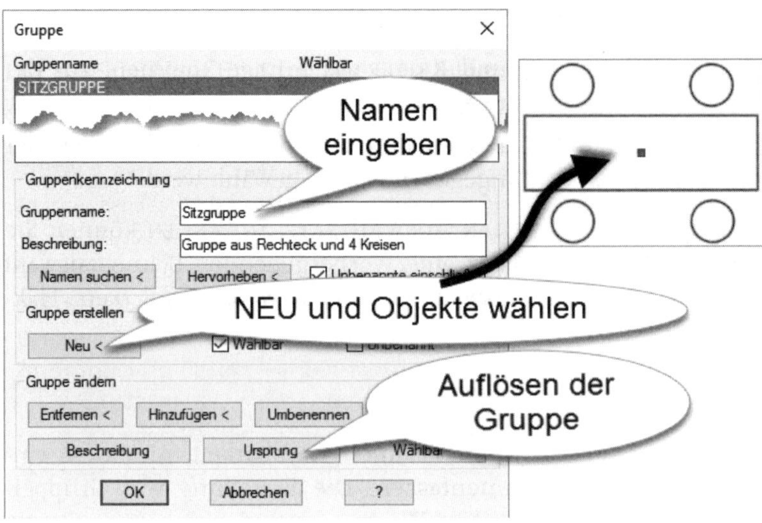

Abb. 4.43: Dialogfenster GRUPPE

Ob Sie die komplette Gruppe oder die Einzelobjekte wählen und bearbeiten können, wird mit dem Werkzeug GRUPPENWÄHLBARKEIT oder mit [Strg]+[H] gesteuert. Auch wird mit der Standardoption GRUPPENBEGRENZUNGSRAHMEN ein Rahmen um die gewählte Gruppe angezeigt.

Die Bearbeitung einer Gruppe wie Schieben, Drehen oder Kopieren ist durch Anklicken eines Gruppenelements möglich. Die Gruppe kann dann bequem mit dem Griff am Schwerpunkt manipuliert werden.

Gruppen sind auch dann nützlich, wenn Sie Objekte nicht durch Anklicken, sondern über ihren *Gruppennamen* aufrufen wollen. Dies ist beispielsweise in Skriptdateien erforderlich. Die Objektwahl einer Gruppe erfolgt dann so:

```
Objekte wählen: G[Enter]
Gruppenname: TEST[Enter]
Objekte wählen: [Enter]
```

Vorsicht: Gruppen kopieren

Die Kopie einer Gruppe ergibt auch wieder eine Gruppe. Aber die Gruppe bekommt dann einen automatisch generierten Namen der Form *Ann, wobei nn eine Zahl ist. Um einen sinnvollen Namen zu erhalten, müssten Sie diese Gruppe dann ggf. mit dem GRUPPENMANAGER umbenennen.

4.6 Weitere Editierbefehle

An einem Beispielteil wollen wir nun die wichtigsten Editierbefehle ausprobieren. Das Teil ist ein Flansch mit Gewindebohrungen. Wir beginnen mit den rechteckigen Konturen. Danach werden die Bohrungen gezeichnet und mit KOPIEREN und SPIEGELN vervielfältigt. Später werden Sie weitere Befehle kennenlernen, um solche Anordnungen noch eleganter zu erzeugen.

Da die dynamische Eingabe die Vorschau für Objektpositionen nicht immer in der gewünschten Weise anzeigt, empfiehlt es sich, bei den nachfolgenden Beispielen die dynamische Eingabe abzuschalten: Befehl: DYNMODE [Enter] **0** [Enter].

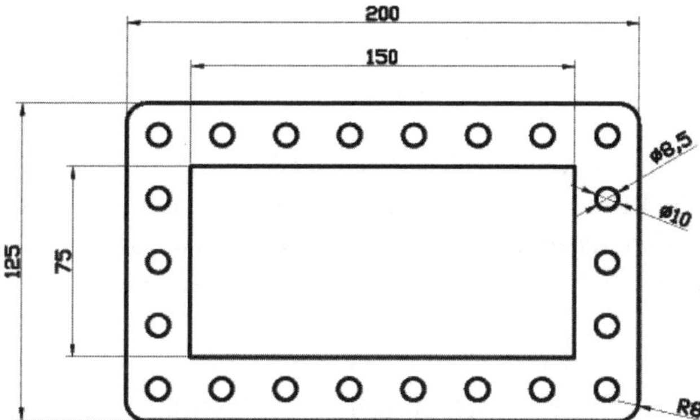

Abb. 4.44: `Flansch-1.dwg`

```
Befehl: _rectang    Rechteck für die Außenkontur
RECHTECK Ersten Eckpunkt angeben oder [Fasen Erhebung Abrunden Objekthöhe
Breite]: A
RECHTECK Rundungsradius für Rechtecke angeben <0.0000>: 8
RECHTECK Ersten Eckpunkt angeben oder [...]: 100,50[Enter]
RECHTECK Anderen Eckpunkt angeben oder [...]: @200,125[Enter]
Befehl: VERSETZ    inneres Rechteck durch Versetzen
Aktuelle Einstellungen: Quelle löschen=Nein Layer=Quelle OFFSETGAPTYPE=0
VERSETZ Abstand angeben oder [...] <1.0000>: 25[Enter]
VERSETZ Zu versetzendes Objekt wählen oder [...] <Beenden>: äußeres Rechteck
anklicken
VERSETZ Punkt auf Seite angeben, auf die versetzt werden soll, .. [.]: nach
innen klicken
VERSETZ Zu versetzendes Objekt wählen oder [...] <Beenden>: [Enter]
Befehl: KREIS Zentrum für Kreis angeben oder [...]:    von linke obere
Ecke der Innenkontur anklicken
KREIS Radius für Kreis angeben oder [Durchmesser]: D[Enter]
KREIS Durchmesser für Kreis angeben: 8.5[Enter]
```

Nach diesen Befehlen haben wir die Zeichnung wie in Abbildung 4.45.

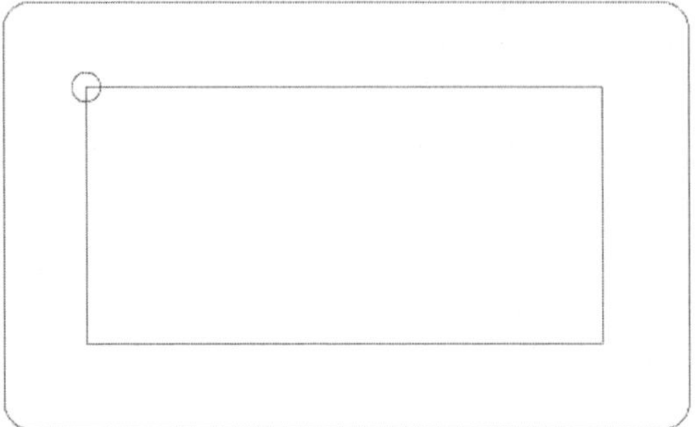

Abb. 4.45: Flansch nach RECHTECK, VERSETZ und KREIS

4.6.1 SCHIEBEN

Die erste Gewindebohrung wurde zunächst auf die Ecke der Innenkontur gesetzt. Nun muss sie aber um die halbe Breite des Flansches, also um 12.5 mm nach links und nach oben verschoben werden, damit sie sauber in der Ecke sitzt. Dazu benutzen wir den Befehl SCHIEBEN.

ZEICHNEN UND BESCHRIFTUNG	Icon	Beschreibung	Befehl	Kürzel
START|ÄNDERN	✥	*Verschieben*	SCHIEBEN	S

Der Befehl SCHIEBEN verlangt nach der Objektwahl entweder

- die Angabe eines Start- und eines Zielpunkts, hier *Basispunkt* und *Zweiter Punkt* genannt, oder
- die Eingabe des Verschiebungsvektors, hier kurz *Verschiebung* genannt. Letztere ist zwar eine relative Distanz, kann aber *ohne* @ eingegeben werden. *Verschiebung* wird sowohl als Option in eckigen Klammern [*Verschiebung*] als auch als Vorgabe in spitzen Klammern <*Verschiebung*> angeboten. Sie können sie im Dialog mit **V** [Enter] (Option) oder nur mit [Enter] (Vorgabe) aktivieren.

Wir wollen die Aktion zum Verschieben des Kreises nun mit den verschiedenen Methoden probieren.

- Angabe der *Verschiebung*

✥

```
Befehl: ✥_move
SCHIEBEN Objekte wählen: L[Enter] 1 gefunden
SCHIEBEN Objekte wählen: [Enter]
SCHIEBEN Basispunkt oder [Verschiebung]<Verschiebung>: [Enter]
SCHIEBEN Verschiebung angeben <0.0,0.0,0.0>: -12.5,12.5[Enter]
```

- Wahl von Basispunkt und zweitem Punkt mit relativer Angabe des zweiten Punkts

```
Befehl: _move
SCHIEBEN Objekte wählen: L[Enter] 1 gefunden
SCHIEBEN Objekte wählen: [Enter]
SCHIEBEN Basispunkt oder [Verschiebung]<Verschiebung>: Ecke anklicken
SCHIEBEN Zweiten Punkt angeben oder <ersten Punkt der SCHIEBEN Verschie-
bung verwenden>: @-12.5,12.5[Enter]
```

- Wahl von Basispunkt und zweitem Punkt in absoluten Koordinaten

```
Befehl: _move
SCHIEBEN Objekte wählen: L[Enter] 1 gefunden
SCHIEBEN Objekte wählen: [Enter]
SCHIEBEN Basispunkt oder [Verschiebung]<Verschiebung>: 125,150[Enter]
SCHIEBEN Zweiten Punkt angeben oder <ersten Punkt der Verschiebung verwen-
den>: 112.5,162.5[Enter]
```

Beim SCHIEBEN-Befehl wird nach Eingabe des Basispunkts auch ein Cursor-Symbol angezeigt. Eine gestrichelte gelbe Linie deutet die Verbindung zwischen Ausgangspunkt und neuer Position an.

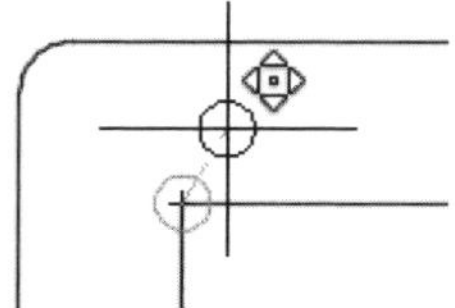

Abb. 4.46: Cursor-Symbol beim SCHIEBEN

Wir bearbeiten nun unser Teil weiter und vervollständigen die Zeichnung durch Kopieren der Bohrung.

4.6.2 KOPIEREN

Der Befehl KOPIEREN ähnelt sehr dem Befehl SCHIEBEN, nur bleiben diesmal die Originalobjekte am alten Platz stehen. Es entsteht eben eine Kopie der Objekte an einer neuen Position. Die Festlegung der Bewegung über *Basispunkt* und *Zweiter Punkt* oder über *Verschiebung* (= Verschiebungsvektor) ist dieselbe wie bei SCHIEBEN.

ZEICHNEN UND BESCHRIFTUNG	Icon	Befehl	Kürzel
START|ÄNDERN		KOPIEREN	KO

Wir wollen den Befehl KOPIEREN mit der Gewindebohrung ausprobieren. Sie soll auch gleich mehrfach kopiert werden. Der Befehl KOPIEREN erstellt automatisch mehrere Kopien, wenn Sie *Basispunkt* und *zweiten Punkt* angeben. *Basispunkt* wäre dann das Zentrum der Bohrung und die Angaben für *Zweiter Punkt der Verschiebung* wären am leichtesten in Relativkoordinaten zu erledigen.

Bei einem solchen Problem, wo die Kopien waagerecht nebeneinander liegen sollen, können Sie natürlich auch den ORTHO-Modus in der Statuszeile aktivieren. Dann brauchen Sie nur noch die Richtung für den zweiten Punkt mit dem Fadenkreuz vorzugeben und die Entfernung als reine Zahl einzutippen.

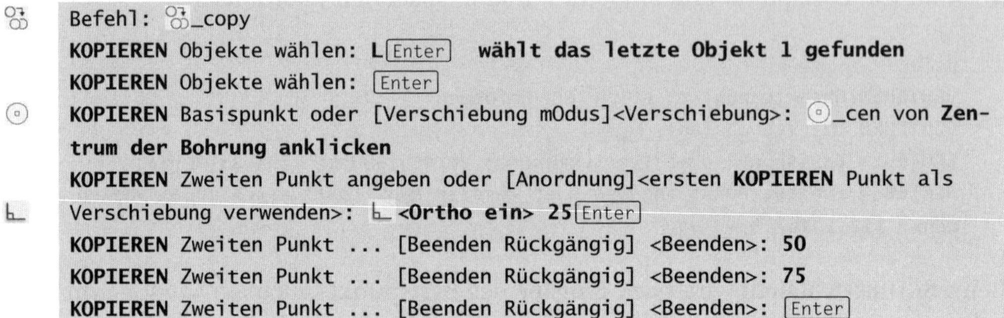

```
Befehl: _copy
KOPIEREN Objekte wählen: L[Enter]  wählt das letzte Objekt 1 gefunden
KOPIEREN Objekte wählen: [Enter]
KOPIEREN Basispunkt oder [Verschiebung mOdus]<Verschiebung>: _cen von Zentrum der Bohrung anklicken
KOPIEREN Zweiten Punkt angeben oder [Anordnung]<ersten KOPIEREN Punkt als Verschiebung verwenden>: <Ortho ein> 25[Enter]
KOPIEREN Zweiten Punkt ... [Beenden Rückgängig] <Beenden>: 50
KOPIEREN Zweiten Punkt ... [Beenden Rückgängig] <Beenden>: 75
KOPIEREN Zweiten Punkt ... [Beenden Rückgängig] <Beenden>: [Enter]
```

Über die Option MODUS (Eingabe **O**) können Sie wählen, ob der Befehl in Zukunft nach einer Kopie enden soll oder mit mehreren Kopien fortfahren soll. Voreinstellung ist MEHRFACH.

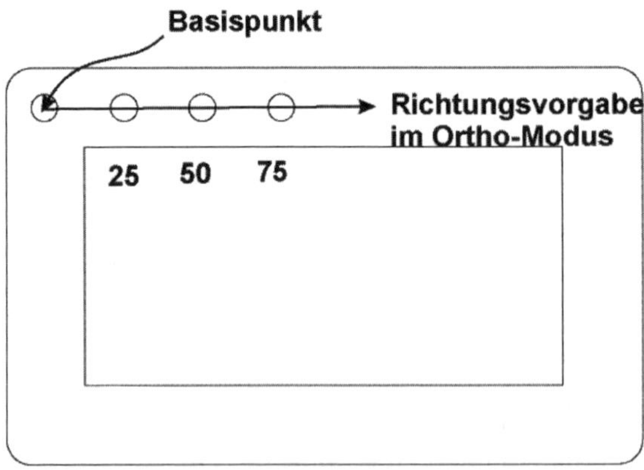

Abb. 4.47: Kopieren der Bohrung

Es gibt auch die Möglichkeit, mit der Option ANORDNUNG gleich eine *lineare Anordnung* von Objekten über eine bestimmte Länge zu kopieren. Damit könnten Sie ausgehend von der linken Bohrung gleich alle acht Bohrungen mit einer einzigen Aktion erstellen.

Bevor Sie im nachfolgenden Befehlsablauf die Position für die achte Bohrung rechts anklicken können, sind einige ZEICHENHILFEN geeignet zu aktivieren:

- POLARE SPUR liefert dann die waagerechte polare Spurlinie.
- Aktivieren Sie über Rechtsklick auf POLARE SPUR den 45°-Winkel.
- Nach Rechtsklick auf OBJEKTFANG muss ENDPUNKT aktiviert sein, damit nach Anfahren des inneren *Eckpunkts* die 45°-Spurlinie entstehen kann (s. Abbildung 4.48).
- Aktivieren Sie nun OBJEKTFANGSPUR.
- Eine weitere wichtige Einstellung unter POLARE SPUR bewirkt, dass der 45°-Polarwinkel auch für OBJEKTFANGSPUR aktiv wird. Dazu muss nach Rechtsklick auf POLARE SPUR im Dialogfeld SPUREINSTELLUNGEN die Option SPUR MIT POLAREN WINKELEINSTELLUNGEN aktiviert werden.

Nun kann das Kopieren der acht Bohrungen in einer einzigen Aktion geschehen.

```
Befehl: _
KOPIEREN Objekte wählen: 1 gefunden   Wählen Sie die Bohrung
KOPIEREN Objekte wählen: [Enter]
KOPIEREN Aktuelle Einstellungen:  Kopiermodus = Mehrfach
KOPIEREN Basispunkt oder [Verschiebung mOdus] <Verschiebung>: Klicken Sie das ZENTRUM der Bohrung als Basispunkt an
KOPIEREN Zweiten Punkt angeben oder [Anordnung] <...>: A   für die Option ANORDNUNG
KOPIEREN Anzahl der Elemente in Anordnung eingeben: 8   Anzahl der Bohrungen insgesamt
KOPIEREN Zweiten Punkt angeben oder [Zbereich]: Z   ermöglicht die Angabe des Gesamtabstands aller Bohrungen
KOPIEREN Zweiten Punkt angeben oder [Anordnung]: Klicken Sie nun die Position an, die sich als Schnittpunkt der aktiven Polar-Spurlinie mit der 45°-OBJEKTFANGSPUR-Spurlinie ausgehend von der rechten inneren Ecke ergibt.
```

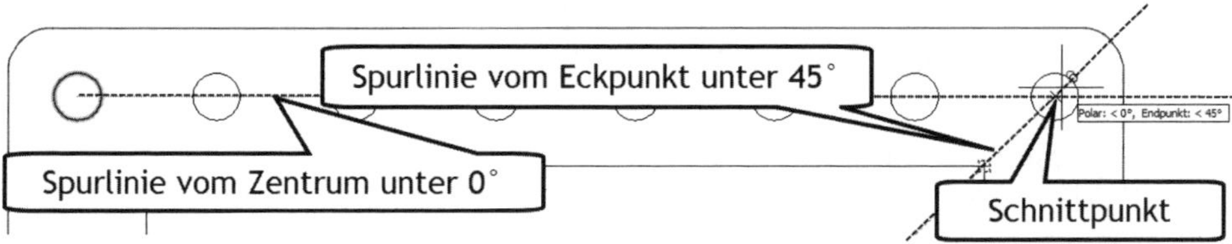

Abb. 4.48: Mehrere Kopien mit Option ANORDNUNG und ZBEREICH mit Symbol am Cursor

Bei der Option ANORDNUNG kann der Abstand zwischen den Kopien entweder durch den *Abstand zur nächsten* Kopie (Vorgabe-Option) angegeben werden oder eben wie hier mit der Option ZBEREICH durch den *Abstand zur letzten* Kopie.

4.6.3 SPIEGELN

Der Befehl SPIEGELN ist ein wichtiger Editierbefehl, weil er immer dann angewendet werden kann, wenn das Teil Spiegelsymmetrie besitzt. Symmetrien eines Teils sollten Sie immer ausnutzen, um schon gezeichnete Objekte zu vervielfältigen. Dadurch spart man unter CAD erhebliche Arbeitszeit ein.

ZEICHNEN UND BESCHRIFTUNG	Icon	Befehl	Kürzel
START|ÄNDERN		SPIEGELN	SP

Der Befehl SPIEGELN verlangt nach der Objektwahl die Angabe einer Spiegelachse über zwei Punkte. Oft hat man nur einen Punkt zur Verfügung, kann aber den zweiten im ORTHO-Modus angeben, sofern die Spiegelachse senkrecht oder waagerecht verläuft. Es ist auch möglich, die polaren Spurlinien zu verwenden. Dadurch kann man bei entsprechender Voreinstellung bei POLARE SPUR auch Spiegelachsen unter anderen Winkeln verwenden.

Nach Angabe der Spiegelachse wird noch gefragt, ob die ursprünglichen Objekte – hier Quellobjekte – gelöscht werden sollen. Die Vorgabe steht auf NEIN.

```
Befehl: _mirror
SPIEGELN Objekte wählen: Die letzten drei kopierten Kreise anklicken
3 gefunden
SPIEGELN Objekte wählen: Enter
SPIEGELN Ersten Punkt der Spiegelachse angeben: _endp von linke obere Ecke des inneren Rechtecks anklicken
SPIEGELN Zweiten Punkt der Spiegelachse angeben: _mid von Mitte der linken oberen Abrundung anklicken
SPIEGELN Quellobjekte löschen? [Ja Nein] <N>: Enter
```

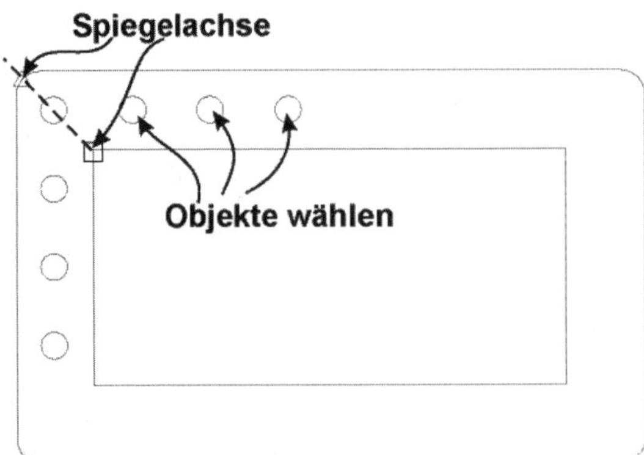

Abb. 4.49: Spiegeln der Bohrungen

Weitere Spiegelachsen zum Komplettieren zeigt Abbildung 4.50.

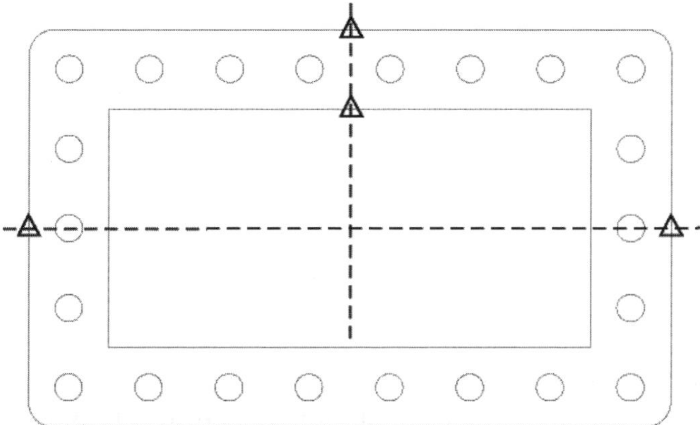

Abb. 4.50: Fertiger Flansch nach weiteren zwei Spiegelaktionen

Tipp: Text und Schraffur spiegeln

Beim Spiegeln von Textobjekten kann man über eine Systemvariable MIRRTEXT steuern, ob gespiegelte Schrift entstehen soll. Der Vorgabewert **0** erzeugt keine Spiegelschrift, **1** spiegelt Schriften. Für Schraffuren gibt es die Variable MIRRHATCH ebenfalls mit Voreinstellung **0**. Dadurch bleibt beim Spiegeln von Halbschnitten durch Drehteile die Schraffurausrichtung beibehalten. Mit **1** wird die Schraffurrichtung gedreht.

4.6.4 BRUCH, ANPUNKTBRECH

Der Befehl BRUCH dient dazu, Kurven wie bei STUTZEN zu beschneiden, aber ohne Schnittkanten zu verwenden, sondern nur an Positionen, die Sie anklicken. Damit ist BRUCH meist da anzuwenden, wo es um das Aufbrechen von Kurven an nicht exakt bemaßten Stellen geht. Beispielsweise soll eine Mittellinie wegen eines Texts unterbrochen werden. Der Befehl BRUCH beginnt mit dem Aufbrechen der Kurve standardmäßig am Punkt der Objektwahl und geht von da bis zu einem zweiten wählbaren Punkt. Bei Kreisen muss man beachten, dass die Aktion immer in positiver Winkelrichtung läuft. Deshalb müssen die Pickpunkte im Gegenuhrzeigersinn liegen (GUZ).

ZEICHNEN UND BESCHRIFTUNG	Icon	Beschreibung	Befehl	Kürzel
START|ÄNDERN ▼		*Bruch*	BRUCH	BR
START|ÄNDERN ▼		*An Punkt brechen*	ANPUNKTBRECH	

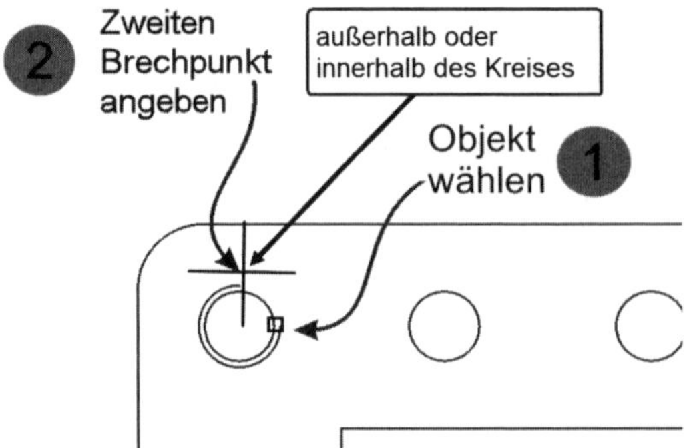

Abb. 4.51: Bruch beim Kreis

Es soll nun in der Flansch-Zeichnung noch das Gewinde gezeichnet werden. Dazu konstruieren wir einen Kreis mit Durchmesser 10. Dann wird der Befehl BRUCH benutzt, um etwa ein Viertel aus dem Kreis herauszuschneiden. Wichtig ist hierbei, dass Sie bei der Anfrage ZWEITEN BRUCHPUNKT WÄHLEN nicht *auf* dem Kreis klicken, sondern etwas *innerhalb oder außerhalb*.

```
Befehl: _circle
KREIS Zentrum für Kreis angeben oder [...]: _cen von Erste Bohrung anklicken
KREIS Radius für Kreis angeben oder [Durchmesser]: D[Enter]
KREIS Durchmesser für Kreis angeben: 10[Enter]
Befehl: _break
BRUCH Objekt wählen: etwa bei 5° anklicken
BRUCH Zweiten Brechpunkt angeben oder [Erster punkt] angeben: etwa bei 85° anklicken. Hierbei wählen Sie diese Position, ohne den Kreis zu berühren. Sonst würde nämlich der resultierende Bogen von 0° bis 5° laufen!
```

Abbildung 4.52 zeigt noch die verschiedenen Bedienmöglichkeiten des Befehls BRUCH. Die Fälle sollen hier kurz erläutert werden:

- Objektwahlposition ist erster Brechpunkt, der zweite Brechpunkt davon getrennt auf der Kurve: Es entsteht eine Lücke, beginnend bei der Objektwahlposition. Dies entspricht direkt dem Werkzeug .
- Objektwahlposition und erster Brechpunkt sind getrennt durch Wahl der Option **E**, der zweite Brechpunkt davon getrennt auf der Kurve: Es entsteht eine Lücke unabhängig von der Objektwahlposition.
- Objektwahlposition ist erster Brechpunkt und durch Eingabe von **@** ist dies auch der zweite Brechpunkt: Die Kurve wird an der Objektwahlposition durchgeschnitten. Es entsteht keine Lücke, aber die Kurve ist zweigeteilt.
- Objektwahlposition und erster Brechpunkt sind getrennt durch Wahl der Option **E**, aber erster und zweiter Brechpunkt fallen durch Eingabe von **@** zusammen: Die Kurve wird am ersten Brechpunkt durchgeschnitten. Es ent-

steht keine Lücke, aber die Kurve ist zweigeteilt. Dies entspricht direkt dem Werkzeug ⬚.

- Erster Brechpunkt liegt auf der Kurve, zweiter Brechpunkt liegt außerhalb: Es wird vom ersten Brechpunkt an das Ende der Kurve abgeschnitten.

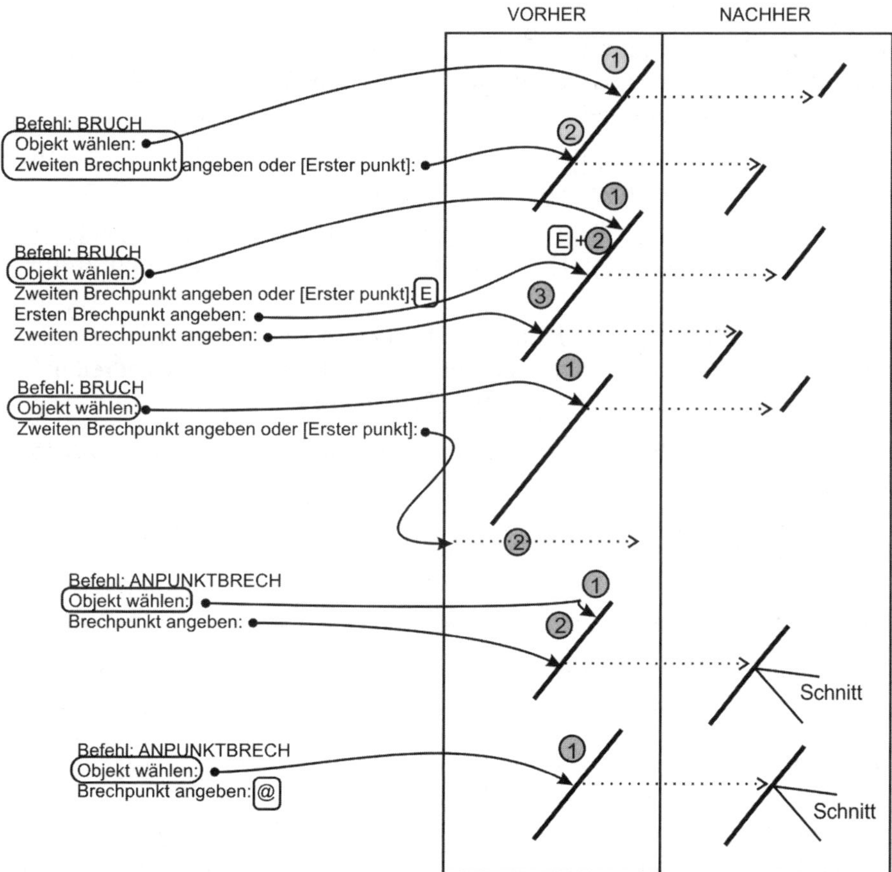

Abb. 4.52: Möglichkeiten der Befehle BRUCH und ANPUNKTBRECH

4.6.5 VERBINDEN

ZEICHNEN UND BESCHRIFTUNG	Icon	Befehl	Kürzel
START|ÄNDERN ▼ VERBINDEN	→←	VERBINDEN	VB

Der Befehl VERBINDEN fragt zuerst nach einem Quellobjekt und dann nach weiteren Objekten, die mit dem Quellobjekt verbunden werden sollen. Sie können als Quellobjekte *Linien, Bögen, Polylinien* oder *Splines* (siehe Kapitel 6) wählen.

- Verschiedene LINIEN, BÖGEN und POLYLINIEN, die mit ihren Endpunkten zusammenpassen, können zu einer gesamten POLYLINIE zusammengefasst werden.
- LINIE – Wenn Sie eine Linie als Quellobjekt wählen, können Sie diese mit exakt fluchtenden weiteren Linien zu einer *Gesamtlinie* von einem äußersten Endpunkt zum anderen verbinden.
- BOGEN – Ein Bogen kann mit weiteren exakt konzentrischen Bögen mit identischem Radius zu einem Gesamtbogen verbunden werden. Ein Bogen kann auch mit der Option SCHLIEẞEN zum KREIS geschlossen werden.
- LINIEN, BÖGEN und POLYLINIEN – Wenn diese Kurven exakt in ihren Endpunkten zusammentreffen, werden sie zu einer Gesamt-Polylinie verbunden.
- POLYLINIE – Eine Polylinie kann mit anderen Polylinien, Linien oder Bögen verbunden werden. Bedingung ist jedoch, dass die Endpunkte exakt zusammenpassen.
- SPLINE – Auch Splinekurven können mit anderen verbunden werden, sofern sie mit den Endpunkten exakt zusammenfallen. Es können auch dreidimensionale Splines sein, die auch mit Knick anschließen.

Die Eigenschaften wie Farbe, Linientyp etc. bestimmt das Quellobjekt, das erste gewählte Objekt.

4.6.6 DREHEN

ZEICHNEN UND BESCHRIFTUNG	Icon	Befehl	Kürzel
START|ÄNDERN		DREHEN	DH

Der Befehl DREHEN fragt zuerst nach den Objekten, die verdreht werden sollen. Die Objektwahl beendet man mit Enter. Danach wird der Drehpunkt, hier als *Basispunkt* bezeichnet, erfragt. Dann müssen Sie den Winkel angeben, *um* den gedreht werden soll. Es ist hierbei zu beachten, dass der positive Drehwinkel im *Gegenuhrzeigersinn* zählt. Entsprechend wird nach Eingabe des Basispunkts auch ein Cursor-Logo angezeigt.

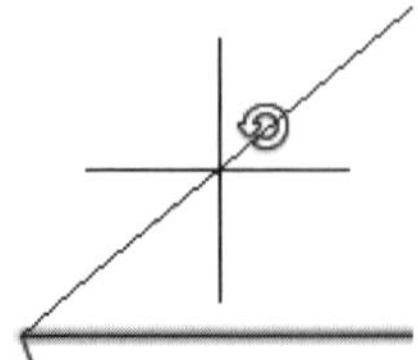

Abb. 4.53: Cursor-Symbol beim DREHEN zeigt den positiven Drehsinn an.

Es gibt auch noch eine Option BEZUG, die durch Eingabe von B[Enter] aktiviert wird. Dann gibt man nicht den Drehwinkel ein, sondern den Ausgangswinkel – hier als BEZUGSWINKEL bezeichnet – und den Endwinkel der Drehung – als NEUER WINKEL bezeichnet – und überlässt AutoCAD die Berechnung des resultierenden Drehwinkels.

Die Winkel können Sie auch aus der Zeichnung abgreifen. Für den Bezugswinkel müssten Sie dafür zwei Punkte anklicken, für den neuen Winkel reicht dann ein weiterer Punkt aus, weil der Basispunkt der Drehung automatisch als erster Punkt des neuen Winkels verwendet wird. Mit der Option PUNKTE können Sie aber auch den neuen Winkel unabhängig vom Basispunkt irgendwo in der Zeichnung über zwei Punkte abgreifen. Mit der Option KOPIEREN können Sie das Originalobjekt erhalten und eine Kopie davon drehen.

Das oben gezeichnete Gewinde soll noch um 45° gedreht werden. Der Dialog läuft wie folgt:

```
Befehl: _rotate
Aktueller positiver Winkel in BKS:  ANGDIR=gegen den Uhrzeigersinn  ANGBASE=0
DREHEN Objekte wählen: L[Enter] 1 gefunden
DREHEN Objekte wählen: [Enter]
DREHEN Basispunkt angeben: _cen von die Bohrung anklicken
DREHEN Drehwinkel angeben oder [Kopie Bezug]<0>: 45[Enter]
```

Tipp

Generell gilt: Immer wenn Sie einen Winkel eingeben sollen, können Sie bei AutoCAD zwei Punkte anklicken. Der erste Punkt ist dann der Scheitelpunkt des Winkels, und der Wert des Winkels wird dann von der Horizontalen im Scheitelpunkt gegen den Uhrzeigersinn zum zweiten Punkt des Winkels gemessen. Genauso können Sie auch anstelle von Längeneingaben zwei Punkte anklicken, es wird dann der Abstand als Wert übernommen.

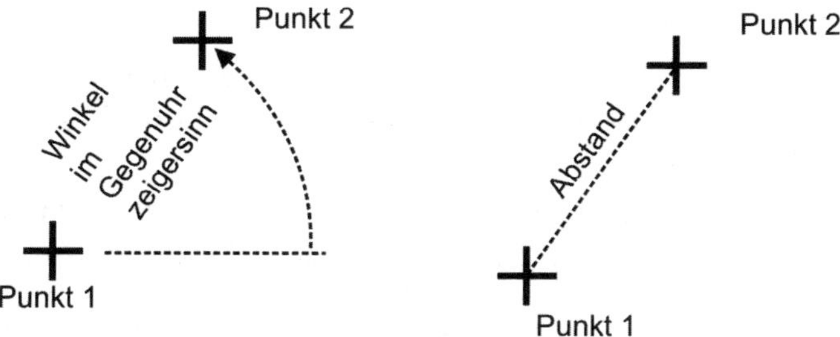

Abb. 4.54: Winkel und Abstand über zwei Punkte eingeben

4.7 Griffe

Die Griffe haben Sie vielleicht schon längst gesehen. Sie erscheinen nämlich immer dann, wenn Sie ein Objekt anklicken, aber vergessen haben, vorher einen Editierbefehl aufzurufen. Dann werden die angeklickten Objekte nicht nur blau hervorgehoben, sondern erhalten auch an den charakteristischen Punkten – das sind die Positionen, an denen Objektfänge greifen könnten – blau ausgefüllte Kästchen. Das sind die *Griffe*.

Hinter den Griffen versteckt sich eigentlich ein kleines eigenes Editiersystem, das alle gängigen Editierbefehle mit teilweise sogar umfangreicheren Optionen bietet als die bisher beschriebenen Editierbefehle.

Tipp: Griffe wegschalten

Wenn Sie die Griffe versehentlich aktiviert haben, können Sie sie mit der [Esc]-Taste wieder deaktivieren.

Bei aktivierten Griffen gibt es mehrere Aktionsmöglichkeiten:

- Sie können einen normalen Editierbefehl über Befehlsaufruf oder Werkzeug aufrufen. Dann gelten die *markierten Objekte als vorgewählt* und der betreffende Editierbefehl verwendet automatisch ohne zusätzliche Objektwahl die markierten Objekte.
- Sie können über das Kontextmenü einen normalen Editierbefehl aufrufen. Die markierten Objekte gelten wieder als aktuelle Objektwahl.
- Sie können auf einen Griff fahren (nicht noch mal klicken), praktisch darüber schweben, dann erscheint je nach Art des Griffs eventuell ein kleines Menü beispielsweise mit den Funktionen STRECKEN und LÄNGE. Das sind dann *multifunktionale Griffe*: Sie bieten mehrere Funktionen an. Die Funktionen können Sie nun anklicken und mit Parametern versorgen.
- Sie können einen Griff durch ein zweites Anklicken »heiß« machen – er erscheint dann in roter Farbe – und spezielle Editierfunktionen über das Kontextmenü für »heiße« Griffe aufrufen.
- Sie können beim heißen Griff nach einer ersten Aktion (z.B. SCHIEBEN, DREHEN, SKALIEREN mit Option KOPIEREN) bei gedrückter [Strg]-Taste dieselbe Aktion mit gleichen Abständen mehrfach wiederholen.
- Wenn in der Statusleiste bei den ZEICHENHILFEN die SCHNELLEIGENSCHAFTEN aktiviert sind, werden die wichtigsten Eigenschaften des Objekts angezeigt und können auch bearbeitet werden. Wenn die SCHNELLEIGENSCHAFTEN über die Statusleiste nicht aktiviert sind, erscheinen sie erst nach einem *Doppelklick* auf das Objekt.

Wichtig: Einrasten bei Griffen

Die Griffe wirken wie Objektfangsymbole beim Verschieben von Punkten auch als Magnete zum Einrasten. Wenn Sie also Griffe aktiviert haben, können Sie teilweise auf den Objektfang verzichten.

4.7.1 Griffe als Vorauswahl für nachfolgenden Editierbefehl

Immer wenn man ein oder mehrere Objekte *ohne Befehlsaufruf* anklickt, erscheinen die Griffe. Damit sind die Objekte markiert und vorgewählt für einen nachfolgenden Befehl. Geben Sie dann z.B. LÖSCHEN ein, so sind ohne weitere Rückfrage schlagartig die Objekte mit den Griffen weg. Wenn also Objekte mit Griffen markiert sind, fällt beim nachfolgenden Editierbefehl die Objektwahlanfrage weg. Er verwendet ohne Zögern die markierten Objekte. In dieser Weise, als *Vorwahl vor dem Befehlsaufruf*, sollten Sie vielleicht die Griffe erst verwenden, wenn Sie etwas Übung haben.

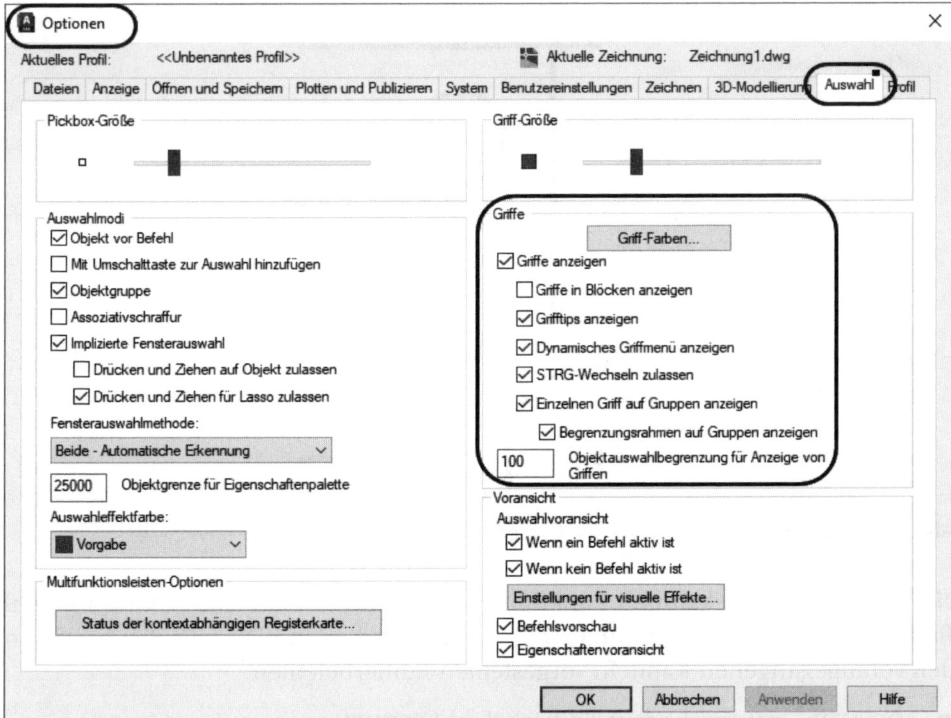

Abb. 4.55: Einstellungen für Griffe (rechte Seite)

Unter [A CAD] |OPTIONEN|AUSWAHL können Sie auf der rechten Seite des Dialogfensters zahlreiche Einstellungen für die Griffe vornehmen. Unter anderem lassen sich hier über das Kontrollkästchen GRIFFE ANZEIGEN die Griffe auch wegschalten. Die Größe der Griffe sollten Sie so einstellen, dass Sie sie bequem anklicken können.

Wichtig

Standardmäßig werden keine Griffe mehr angezeigt, wenn mehr als 100 Objekte gewählt wurden. Diese Zahl können Sie unter OPTIONEN|AUSWAHL bei OBJEKTWAHLBEGRENZUNG FÜR ANZEIGE VON GRIFFEN ändern.

4.7.2 Kontextmenü bei aktivierten Griffen

Wenn die Griffe am Objekt erscheinen, bietet das Kontextmenü auf dem Zeichenbereich eine Auswahl der normalen Editierfunktionen an.

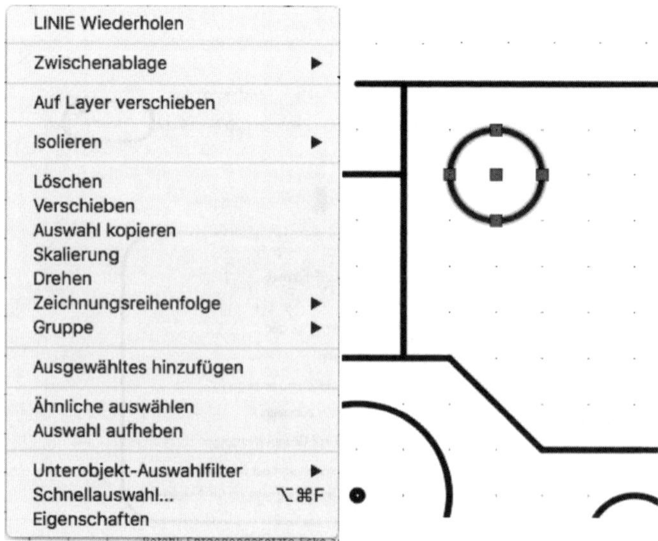

Abb. 4.56: Kontextmenü bei aktivierten Griffen

Neben den schon bekannten Funktionen des Kontextmenüs ohne aktiven Befehl finden Sie hier nun neue Funktionen. Sie entsprechen größtenteils den bereits in den vorangegangenen Kapiteln vorgestellten Editierbefehlen.

- LÖSCHEN – entspricht dem Editierbefehl LÖSCHEN.
- VERSCHIEBEN – entspricht dem Editierbefehl SCHIEBEN.
- AUSWAHL KOPIEREN – entspricht dem Editierbefehl KOPIEREN.
- SKALIEREN – entspricht dem Editierbefehl VARIA (siehe Kapitel 7).

- DREHEN – entspricht dem Editierbefehl DREHEN.
- GRUPPE – erstellt aus den markierten Objekten eine Gruppe, d.h. eine Gruppe, die von AutoCAD einen internen Namen der Art *A1 oder *A2 etc. erhält. Falls das markierte Objekt bereits eine Gruppe ist, werden hier noch weitere Optionen zur Manipulation der Gruppe angeboten.
- AUSWAHL AUFHEBEN – hebt die Markierung durch Griffe wieder auf. Dies entspricht der [Esc]-Taste.
- ISOLIEREN – bietet drei Möglichkeiten:
  - OBJEKTE ISOLIEREN – macht außer den markierten Objekten alle anderen unsichtbar,
  - OBJEKTE AUSBLENDEN – macht die markierten Objekte unsichtbar,
  - OBJEKTISOLIERUNG AUFHEBEN – hebt die Isolierung und Ausblendung aller Objekte auf.
- AUSGEWÄHLTES HINZUFÜGEN – aktiviert den Zeichenbefehl, der zu dem markierten Objekt gehört.
- ÄHNLICHE AUSWÄHLEN – wählt Objekte des *gleichen Typs* und auf dem *gleichen Layer* aus.

4.7.3 Griff-Menü beim heißen Griff

Wenn Sie einen vorhandenen Griff (blau) durch nochmaliges Hineinklicken zu einem »heißen Griff« (rot) machen, können Sie über das Kontextmenü nach Rechtsklick wieder viele Standard-Editierbefehle aufrufen. Dabei gilt der »heiße Griff« als Basispunkt.

Abb. 4.57: Kontextmenü beim heißen Griff

Die Funktionen im Kontextmenü sind im Einzelnen:

- EINGABE – entspricht der Eingabetaste [Enter]. Damit können Sie die möglichen Aktionen durchblättern.

- VERSCHIEBEN – verschiebt ein Objekt wie der Befehl SCHIEBEN.
- SPIEGELN – spiegelt ein Objekt wie der Befehl SPIEGELN.
- DREHEN – dreht ein Objekt wie der Befehl DREHEN.
- SKALIEREN – skaliert ein Objekt wie der Befehl VARIA (siehe Kapitel 7).
- STRECKEN – legt den aktuellen Punkt neu fest. Diese Funktion hat etwas unterschiedliche Wirkung in Abhängigkeit vom gewählten Punkt.
  - *Endpunkt* einer *Linie* – Es wird lediglich dieser eine Punkt verschoben und somit die Linie echt gestreckt.
  - *Mittelpunkt* einer *Linie* oder *Zentrum* eines *Kreises* – Es wird mit diesem Punkt das gesamte Objekt verschoben, und der Befehl wirkt sich hier wie SCHIEBEN aus.
  - L *Quadrant* eines *Kreises* – Es wird dieser Quadrant neu festgelegt, und es wirkt sich als Skalierung des Kreises aus.
  - L *Gruppen* – Es werden hier die Einzelobjekte der Gruppe einzeln modifiziert.

Nach den Editierfunktionen folgen im Kontextmenü *Optionswahlen.*

- BASISPUNKT – kann als Option zu den obigen Editierfunktionen aufgerufen werden, um einen *anderen Basispunkt* als den heißen Griff zu verwenden.
- KOPIEREN – ist hier kein eigener Befehl, sondern bedeutet als Option, dass der aktuell gewählte Editierbefehl nicht mit dem gewählten Original, sondern mit der Kopie des Objekts ausgeführt wird. Dadurch ist es möglich, beim Drehen das Original zu belassen und eine Kopie zu drehen. Insbesondere bedeutet Kopie hier, dass der Editierbefehl beliebig viele Kopien anbietet. Das können die normalen Editierbefehle meist nicht.
- REFERENZ – entspricht der Option BEZUG bei den Befehlen DREHEN und VARIA. Beim DREHEN wird dann nicht der Drehwinkel eingegeben, um den gedreht wird, sondern der Referenzwinkel (alte Winkellage) und der neue Winkel. Beim *Skalieren* wird dann kein Skalierfaktor eingegeben, sondern eine Referenzlänge (alte Länge) und eine neue Länge.
- RÜCKGÄNGIG – Diese Option macht Aktionen einzeln rückgängig, zum Beispiel die letzte Kopie von mehreren.
- EIGENSCHAFTEN – startet den EIGENSCHAFTEN-MANAGER (siehe unten).
- BEENDEN – beendet die aktuelle Editierfunktion. Der Griff ist nun nicht mehr heiß, aber die Markierung bleibt.

Wenn Sie beispielsweise eine Linie als Kopie verschieben möchten, dann klicken Sie im Kontextmenü auf SCHIEBEN, rufen es noch einmal auf und klicken dann auf KOPIEREN. Damit erreichen Sie eine Verschiebung nicht des Originals, sondern einer Kopie. Und der Befehl bleibt im Wiederholmodus. Sie können also dieselbe Linie an eine weitere Stelle kopieren usw., bis Sie mit `Enter` beenden.

Abbildung 4.58 zeigt ein typisches Beispiel. Die Linie soll nachträglich an den Kreis gelegt werden. Sie aktivieren an der Linie die Griffe durch einfaches Anklicken. Dann klicken Sie noch einmal in einen Griff am Endpunkt hinein, und er wird rot gefärbt. Dies ist das Zeichen dafür, dass der Griff jetzt heiß ist. Das bedeutet, Sie können mit diesem Griff jetzt verschiedene Manipulationen ausführen. Bei eingeschaltetem OBJEKTFANG auf QUADRANT lässt sich durch einfaches Verschieben dieses heißen Griffes in die Nähe des gewünschten Quadranten das Linienende unproblematisch an den Kreis anfügen.

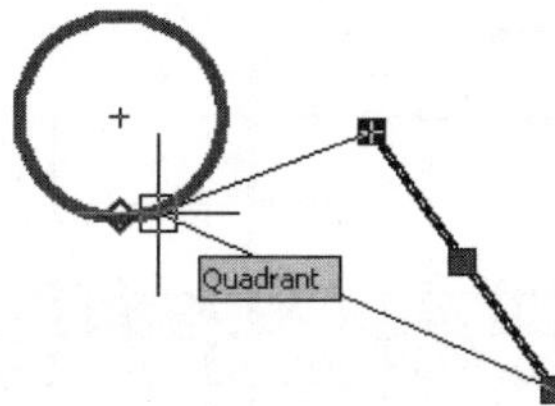

Abb. 4.58: Manipulation mit heißem Griff: Linie strecken

4.7.4 Griffaktionen mit regelmäßigen Abständen

Man kann mehrfache Aktionen wie etwa mehrfaches Kopieren von Objekten mit regelmäßigen Punktpositionen besonders bequem mit den Griffen erledigen. Im Beispiel unten wurde eine Linie mit den Griffen im ORTHO-Modus um 5 Einheiten nach rechts kopiert. Wenn man dann im Griff-Modus KOPIEREN bei weiteren Kopien die [Strg]-Taste gedrückt hält, rastet das Fadenkreuz weiterhin in gleichmäßigen Abständen ein. Damit wurde das Linienmuster erzeugt. Auch beim DREHEN im KOPIEREN-Modus kann man mit der [Strg]-Taste bewirken, dass in gleichen Winkelschritten weitergedreht wird. Hiermit lassen sich also Vervielfältigungen erreichen, die sonst nur mit den Befehlen REIHERECHTECK, REIHEKREIS (Kapitel 7) oder KOPIEREN mit Option ANORDUNG erzeugt werden können.

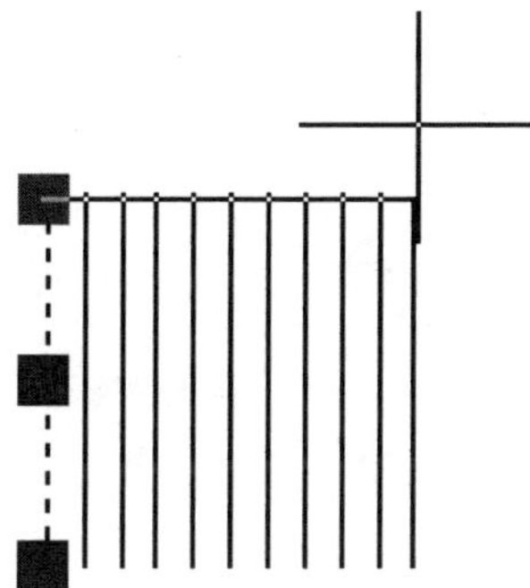

Abb. 4.59: Mehrfache Griff-Aktion

```
Befehl: _line
LINIE Ersten Punkt angeben: 10,10
LINIE Nächsten Punkt angeben oder [Zurück]: @0,50
LINIE Nächsten Punkt angeben oder [Zurück]: Enter
Befehl: Linie anklicken, oberen Griff durch erneutes Anklicken heiß machen
VERSCHIEBEN im Kontextmenü wählen
KOPIEREN im Kontextmenü wählen
<Ortho ein> mit Fadenkreuz nach rechts zeigen: 5 Enter
Strg + mit Fadenkreuz nach rechts: Es rastet im Abstand 5 ein
Strg + mit Fadenkreuz nach rechts: es rastet im Abstand 5 ein
Strg + mit Fadenkreuz nach rechts: es rastet im Abstand 5 ein
Strg + mit Fadenkreuz nach rechts: es rastet im Abstand 5 ein
Esc zum Beenden
```

Tipp

Es ist eventuell hilfreich, während solch einer Bearbeitung die Zeichenhilfen POLARE SPUR und OBJEKTFANGSPUR auszuschalten.

4.8 Kalte Griffe – Multifunktionale Griffe

Auch die kalten Griffe, die nach einmaligem Anklicken eines Objekts sichtbar sind, bieten die Möglichkeit, damit das Objekt zu verschieben, oder sie bieten bei vielen Objekten sogar ein kleines Menü mit mehreren Funktionen, wenn Sie auch nur auf einen kalten Griff zeigen. Zeigen bedeutet, dass Sie nicht klicken, sondern nur das Objekt nur mit dem Cursor berühren.

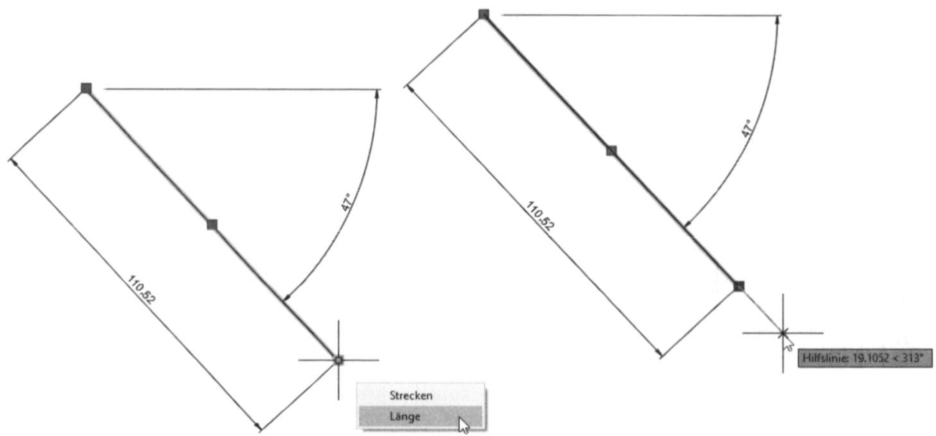

Abb. 4.60: Multifunktionale Griffe, hier Längenänderung

In diesem Zusammenhang kann insbesondere die DYNAMISCHE EINGABE mit der Einstellung WO MÖGLICH, BEMAẞUNGSEING. AKTIVIEREN gute Dienste leisten. Insbesondere am Bogen mit den multifunktionalen Griffen für STRECKEN und LÄNGE zeigt sich der Wert der Bemaßungseingabe. Sie können dann hier direkt die neuen Werte für Winkel oder Bogenlänge eingeben und auch zwischen den Eingabefeldern mit [Tab] wechseln.

Bei komplexeren Objekten wie Polylinie und Bemaßung gibt es weitere spezielle Griffe mit speziellen Kontextmenüs, die spezifisch für diese Objekttypen sind. Zwischen den verschiedenen Funktionen dieser Griffe können Sie auch mit der [Strg]-Taste noch wechseln.

Objekt	Art des Griffs	Angebotene Aktion	Wirkung
Linie	Endpunkt	Strecken	Verschiebung dieses Endpunkts, der andere Endpunkt bleibt stehen.
		Länge	Nur Längenänderung, der andere Endpunkt und die Richtung der Linie bleiben erhalten.
	Mittelpunkt	-	Verschiebung der kompletten Linie
Kreis	Zentrum	-	Verschiebung des kompletten Kreises
	Quadrant	-	Ändern des Radius
Bogen	Zentrum	-	Verschiebung des kompletten Bogens
	Endpunkt	Strecken	Verschiebung des Endpunkts, anderer Endpunkt und Mittelpunkt bleiben stehen.
		Länge	Ändern des Winkels dieses Punkts
	Mittelpunkt	Strecken	Verschiebung des Mittelpunkts, beide Endpunkte bleiben stehen.
		Radius	Ändern des Radius, Start- und Endwinkel bleiben
Polylinie	Scheitelpunkt	Scheitelpunkt strecken	Verschiebung des Scheitelpunkts, übrige Punkte bleiben stehen.
		Scheitelpunkt hinzufügen	Fügt einen weiteren Scheitelpunkt hinzu
		Scheitelpunkt entfernen	Löscht den Punkt und das zugehörige Segment
	Segmentmitte (schmaler Griff)	Strecken	Liniensegment: Verschiebt das Segment mit Start- und Endpunkt, Winkel bleibt erhalten. Bogensegment: Start- und Endpunkte bleiben stehen, Segmentmitte wird verschoben.

Tabelle 4.4: Aktionen bei kalten Griffen

Objekt	Art des Griffs	Angebotene Aktion	Wirkung
		Scheitelpunkt hinzufügen	Fügt einen weiteren Scheitelpunkt hinzu
		In Bogen/Linie konvertieren	Wandelt Segment entsprechend um, Endpunkte bleiben stehen.
Schraffur	Schwerpunkt	Strecken	Verschiebt die Schraffur. Die Form bleibt erhalten, Schraffur wird von Umgrenzung gelöst und die Assoziativität geht verloren.
		Ausgangspunkt	Der Startpunkt für das Schraffurmuster wird neu festgelegt.
		Schraffurwinkel	Ändert den Winkel des Schraffurmusters
		Schraffurskalierung	Ändert den Skalierfaktor für die Schraffur

Tabelle 4.4: Aktionen bei kalten Griffen (Forts.)

Die nachfolgenden Bilder zeigen die Möglichkeiten der Griffmenüs.

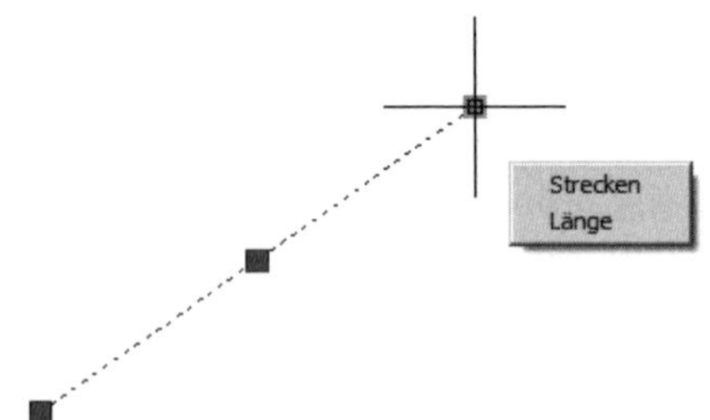

Abb. 4.61: Ein Endpunkt einer Linie kann mit STRECKEN frei verschoben oder mit LÄNGE in Linienrichtung verlängert werden

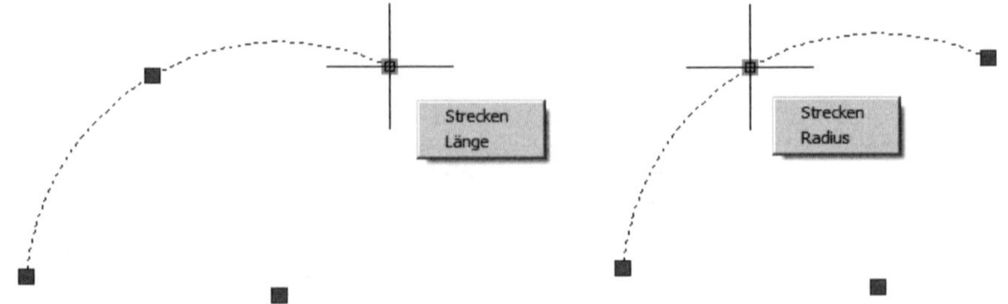

Abb. 4.62: Mit STRECKEN können die Positionen frei verschoben werden, mit LÄNGE wird nur die Bogenlänge variiert, mit RADIUS nur der Radius

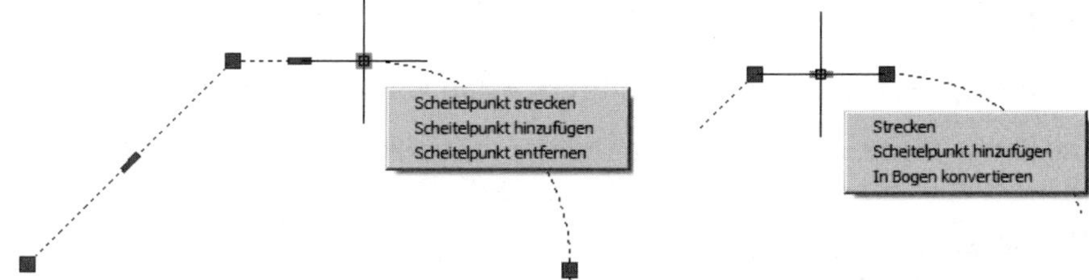

Abb. 4.63: Mit Griffen an Polyliniensegmenten können über STRECKEN die Punkte bzw. Segmente verschoben werden, Punkte hinzugefügt oder entfernt werden und Segmente vom Linientyp in den Bogentyp umgewandelt werden und umgekehrt

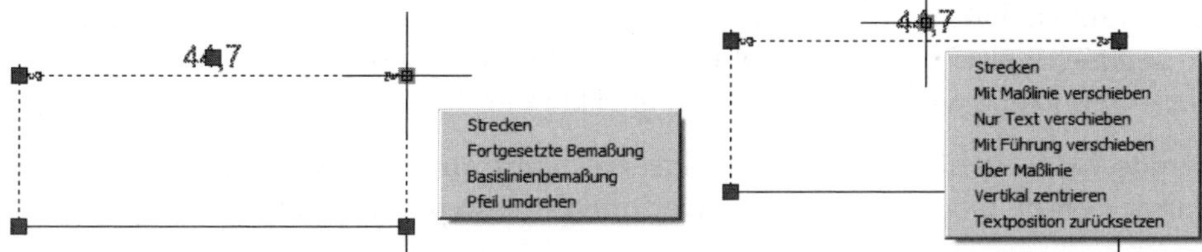

Abb. 4.64: Bemaßungen können mit FORTGESETZTE BEMAßUNG als Kettenbemaßung oder mit BASISLINIENBEMAßUNG als Bezugsbemaßung fortgesetzt werden. Die übrigen Optionen erklären sich selbst.

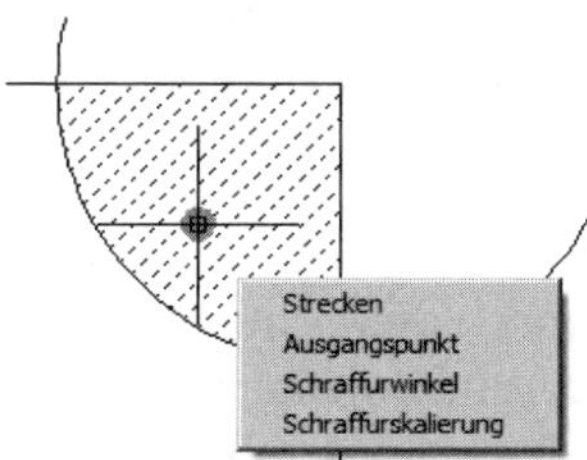

Abb. 4.65: Bei Schraffuren können der Schraffurwinkel und die Skalierung für den Abstand schnell über die Griffe variiert werden.

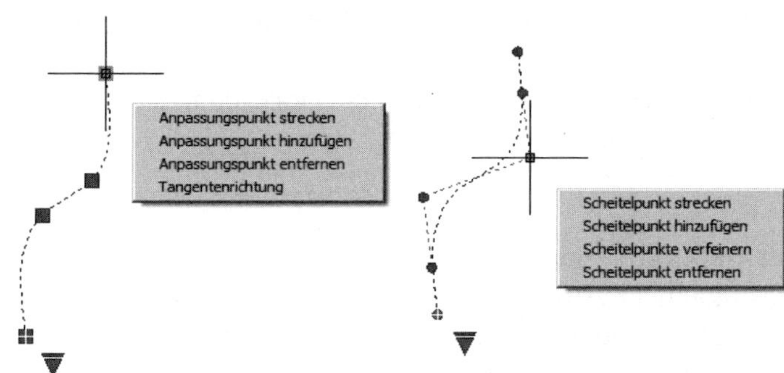

Abb. 4.66: Bei Splinekurven kann die Tangentenrichtung für Endpunkte bei der Anpassungspunkt-Darstellung bestimmt werden.

4.9 Eigenschaften von Objekten bearbeiten

Die Objekte einer Zeichnung haben mehrere Arten von Eigenschaften:

- ALLGEMEIN – Farbe, Linienstärke, Linientyp, Layerzugehörigkeit (siehe Kapitel 5) etc.
- 3D-VISUALISIERUNG – zeigt die für die realistische 3D-Darstellung wichtigen Materialeigenschaften an.
- GEOMETRIE – Start- und Endpunkte bei Linien, Mittelpunkt beim Kreis, Radius beim Kreis etc.
- SONSTIGES – z.B. *Geschlossen (Ja/Nein)* bei *Polylinien* etc.

Man kann auch die Eigenschaften mehrerer Objekte gleichzeitig ändern. Damit ist es beispielsweise möglich, mehreren gewählten Objekten den gleichen Layer, mehreren Kreisen den gleichen Mittelpunkt oder den gleichen Radius zu geben.

Bereits beim *Berühren* eines Objekts erscheint eine maussensitive QUICKINFO. Damit werden Objekttyp, Farbe, Layer und Linientyp nur angezeigt.

Wenn die SCHNELLEIGENSCHAFTEN in der Statusleiste aktiviert sind, sehen Sie nach *Anklicken* eines Objekts eine Auswahl der wichtigsten Eigenschaften in einer kleinen SCHNELLEIGENSCHAFTEN-PALETTE. Viele können dort auch geändert werden. Ohne in der Statusleiste werden die Schnelleigenschaften über DOPPELKLICK aktiviert. Welche SCHNELLEIGENSCHAFTEN angezeigt werden, kann über die Konfiguration der Benutzeroberfläche mit dem ABI-Befehl definiert werden.

4.9.1 Eigenschaften-Manager

Der EIGENSCHAFTEN-MANAGER zeigt schließlich *alle* Eigenschaften eines Objekts an. Er kann auf verschiedene Arten gestartet werden, einerseits normal als Befehl, andererseits aber auch übers Kontextmenü nach Anklicken eines Objekts. Die Funktion EIGENSCHAFTEN lässt sich im SCHNELLZUGRIFF-WERKZEUGKASTEN ganz leicht aktivieren (Abbildung 4.2).

ZEICHNEN UND BESCHRIFTUNG	Icon	Schnellaufruf	Befehl	Kürzel
START|EIGENSCHAFTEN ↘		Rechtsklick aufs Objekt und Klick auf EIGENSCHAFTEN im Kontextmenü	EIGENSCHAFTEN bzw. Strg+1	E, EI, EIG

Wird der EIGENSCHAFTEN-MANAGER gestartet, dann müssen vor oder nach dem Aufruf noch die Objekte angeklickt werden. Sie erscheinen dann markiert und mit Griffen. Nun kann man in allen Feldern des EIGENSCHAFTEN-MANAGERS, die nicht grau sind, Änderungen vornehmen. Die Objekte können mit Esc wieder aus der Auswahl herausgenommen werden. Der EIGENSCHAFTEN-MANAGER bleibt aber auf der Zeichenfläche liegen. Will man ihn wieder schließen, so tut man das über das Kreuzchen im Balken oben. Der EIGENSCHAFTEN-MANAGER kann auch über den Balken durch Bewegen mit gedrückter Maustaste beliebig positioniert werden wie unter Windows üblich.

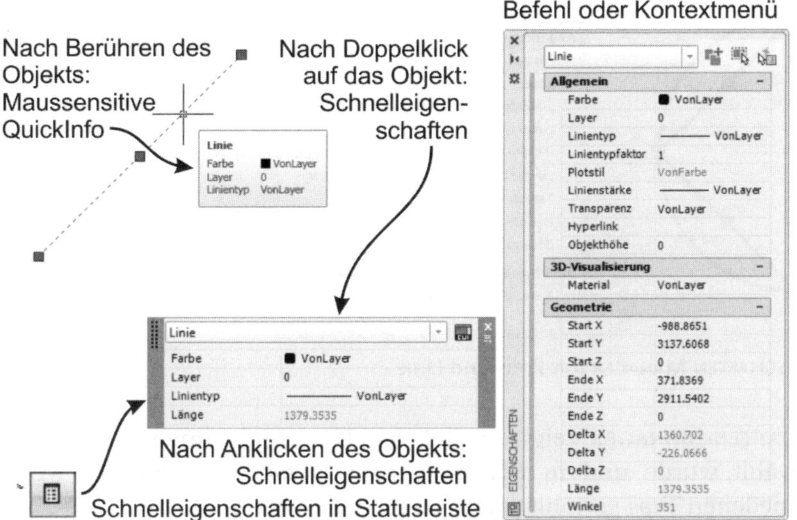

Abb. 4.67: SCHNELLEIGENSCHAFTEN und EIGENSCHAFTEN-MANAGER für LINIE

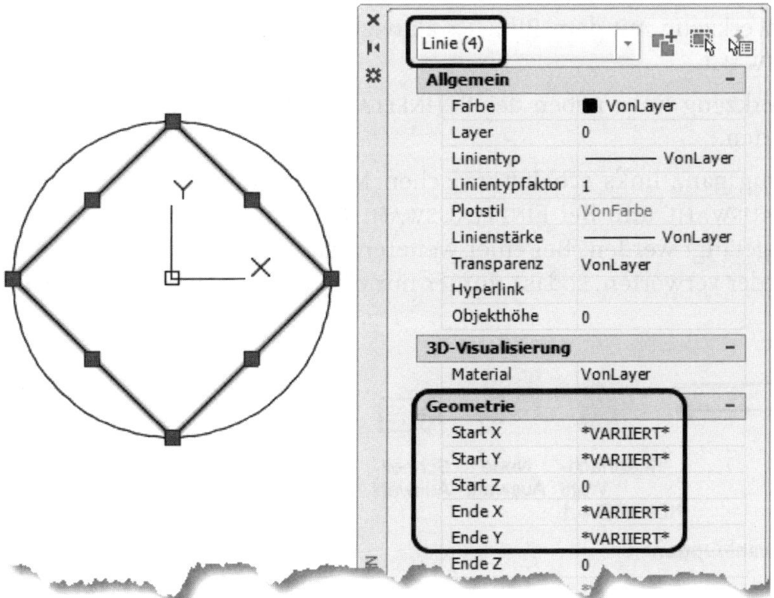

Abb. 4.68: Eigenschaften von mehreren Linien

Bei mehreren Objekten verschiedenen Typs zeigt der EIGENSCHAFTEN-MANAGER nur die ALLGEMEINEN EIGENSCHAFTEN (und die 3D-VISUALISIERUNGSEINSTELLUNG) an. Der Grund dafür ist klar: Diese Objekte haben keine gemeinsamen geometrischen Elemente.

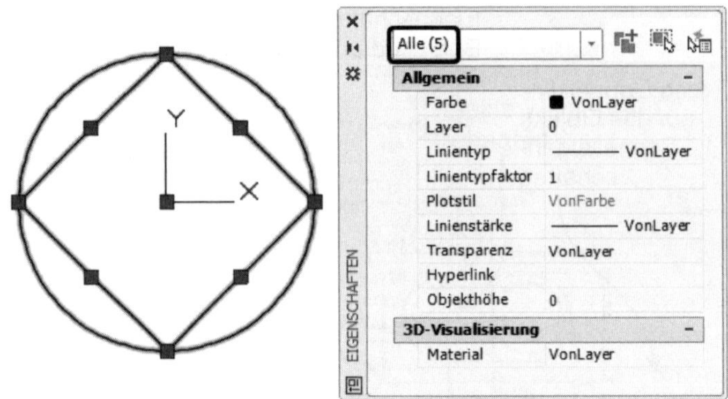

Abb. 4.69: EIGENSCHAFTEN-MANAGER mit Kreis und Linie

Der EIGENSCHAFTEN-MANAGER zeigt im obersten Listenfeld immer an, welcher Objekttyp gewählt wurde und in Klammern die Anzahl der Objekte. Wenn Objekte verschiedenen Typs gewählt wurden, erscheint dort ALLE.

Rechts neben diesem Listenfeld gibt es drei Schaltflächen mit Wirkung auf die Objektwahl.

- Das rechte Werkzeug mit dem Blitz aktiviert die oben bereits geschilderte SCHNELLAUSWAHL.
- Mit dem Werkzeug links neben der SCHNELLAUSWAHL können Sie eine *neue* Auswahl starten.
- Das Werkzeug ganz links schaltet zwischen MEHRFACHAUSWAHL (Standard) und EINZELAUSWAHL um. Bei EINZELAUSWAHL kann immer nur eine einzige Objektwahl getätigt werden. Bei einer weiteren Wahl wird dann die vorherige Auswahl wieder verworfen, sodass immer nur eine einzige Auswahl aktiv ist.

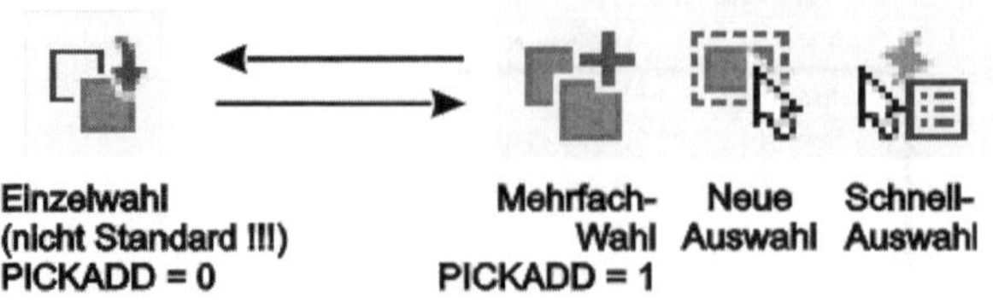

Abb. 4.70: Objektwahl-Optionen

Vorsicht: Einzelwahl

Die Umschaltung auf EINZELWAHL im EIGENSCHAFTEN-MANAGER ist eine permanente Einstellung, die auch für alle anderen Befehle danach weiter gilt! Diese Einstellung entspricht dem Wert 0 in der Systemvariablen PICKADD. In diesem Modus kann die Objektwahl nur durch Drücken der Taste [Shift] erweitert werden. Eine weitere Objektwahl führt zur Abwahl der zuvor gewählten Objekte.

Vorsicht: EIGENSCHAFTEN-MANAGER ohne Objekte

Wenn Sie den EIGENSCHAFTEN-MANAGER gestartet, aber vergessen haben, Objekte zu wählen, dann gelten alle Einstellungen, die Sie vornehmen, *für die danach neu gezeichneten Objekte*. Das heißt, mit dem EIGENSCHAFTEN-MANAGER ohne Objektwahl definieren Sie die *Vorgaben für neue Objekte*. Der EIGENSCHAFTEN-MANAGER zeigt in diesem Fall im oberen Listenfeld keinen Objekttyp an, sondern KEINE AUSWAHL.

Tipp: Eigenschaften-Manager ohne Objekte

Wenn im EIGENSCHAFTEN-MANAGER keine Objekte gewählt wurden, bietet er die Möglichkeit, das BKS-Symbol ein-/auszuschalten und seine Lage zu bestimmen: am Nullpunkt oder in der Bildschirmecke.

Der EIGENSCHAFTEN-MANAGER kann auch automatisch ausgeblendet werden . Mit FIXIEREN ZULASSEN im Kontextmenü wird erreicht, dass die Palette seitlich andockt, sobald Sie sie in den Rand ziehen.

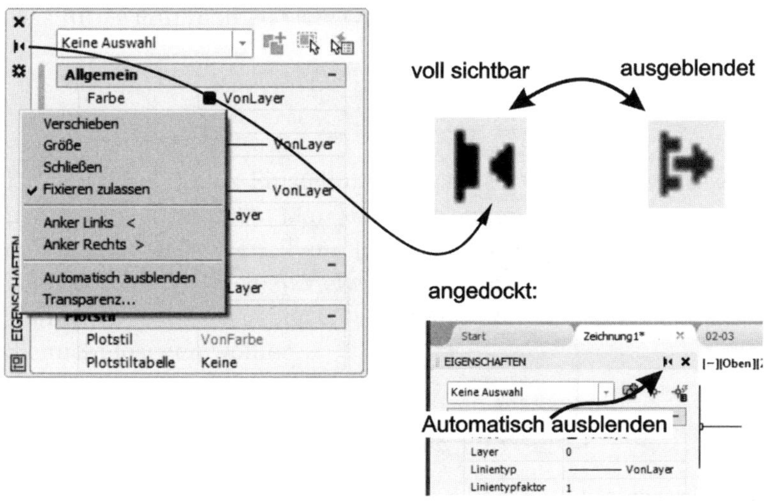

Abb. 4.71: Einstellungen des EIGENSCHAFTEN-MANAGERS

4.9.2 Übungen zu den Eigenschaften

Zeichnen Sie wie in Abbildung 4.72 gezeigt mehrere Kreise. Benutzen Sie dann den EIGENSCHAFTEN-MANAGER, um alle Kreise auf den gleichen Radius zu setzen. Dazu überschreiben Sie einfach bei *Radius* die Eintragung *VARIIERT* und klicken dann in eine andere Zeile oder betätigen [Enter]. Schon nehmen alle Kreise diesen Radius an.

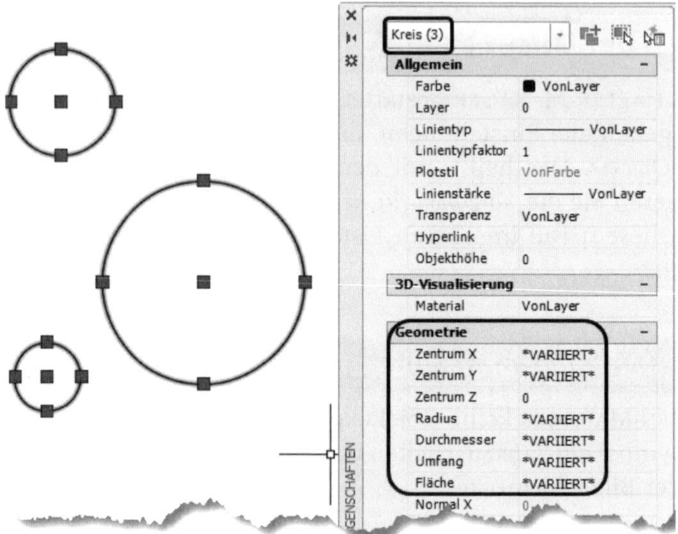

Abb. 4.72: Verschiedene Kreise mit EIGENSCHAFTEN-MANAGER

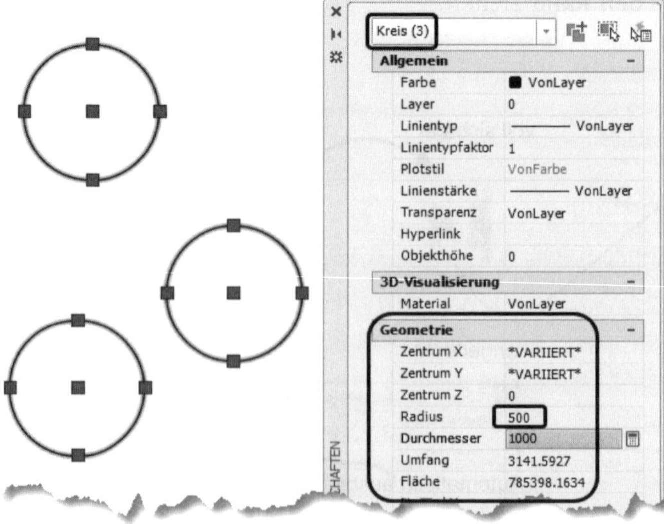

Abb. 4.73: Radius wurde gleichgesetzt.

Die Beispielabbildungen zeigen, wie Sie Kreise über einen gemeinsamen x-Wert für das Zentrum aneinander ausrichten können oder den Kreisen einen einheitlichen Radius geben können oder auch alle Kreise konzentrisch gestalten können. Sie können sogar die Fläche der Kreise vorgeben.

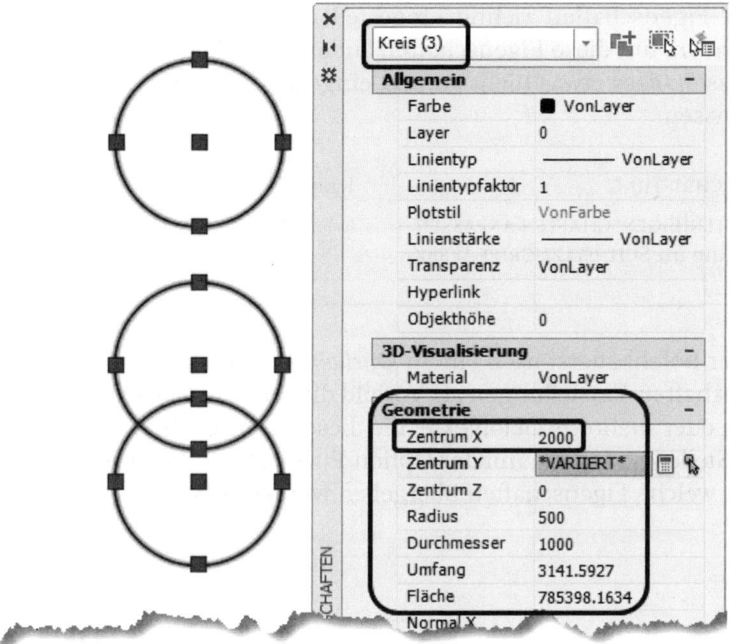

Abb. 4.74: X-Koordinate vom Zentrum wurde gleichgesetzt.

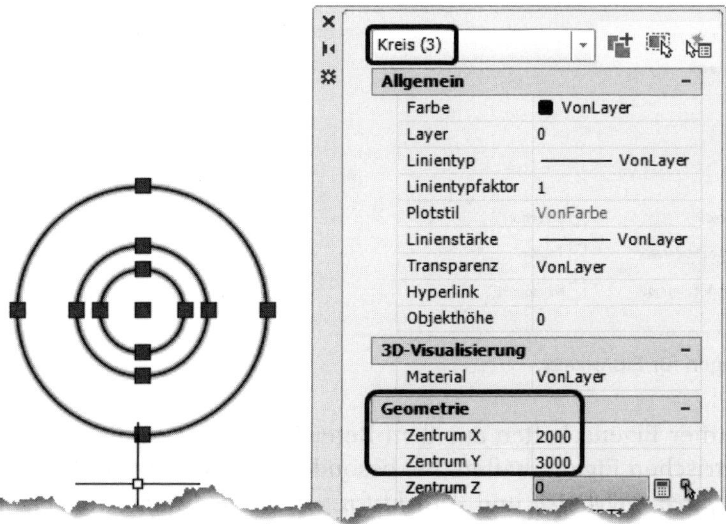

Abb. 4.75: Zentrum der Kreise wurde gleichgesetzt.

4.9.3 Eigenschaften anpassen

Während der EIGENSCHAFTEN-MANAGER die Eigenschaften eines oder mehrerer Objekte anzeigt und einzustellen erlaubt, kann der Befehl EIGANPASS die Eigenschaften von einem Objekt auf ein oder mehrere weitere übertragen. Damit ist dieser Befehl auch sehr nützlich. Immer, wenn Sie wissen, dass ein bestimmtes Objekt in seinen Eigenschaften richtig eingestellt ist, können Sie den Befehl EIGANPASS verwenden, um diese Eigenschaften auf andere Objekte zu übertragen, von denen Sie wissen, dass etwas nicht korrekt eingestellt ist, oder von denen Sie nichts Genaues wissen.

ZEICHNEN UND BESCHRIFTUNG	Icon	Befehl	Kürzel
START|EIGENSCHAFTEN|EIGENSCHAFTEN ANPASSEN oder nach Aktivierung im SCHNELLZUGRIFF-WERKZEUGKASTEN		EIGANPASS, EIGÜBERTRAG	EG

Im Dialog fragt der Befehl zuerst nach einem *Quellobjekt*. Das wäre ein Objekt, das mit seinen Eigenschaften-Einstellungen als Vorbild dienen soll. Danach wählen Sie im Normalfall ein oder mehrere Zielobjekte, die diese Eigenschaften übernahmen sollen. An dieser Stelle können Sie mit der Option EINSTELLUNGEN anzeigen lassen und beeinflussen, welche Eigenschaften übergeben werden sollen.

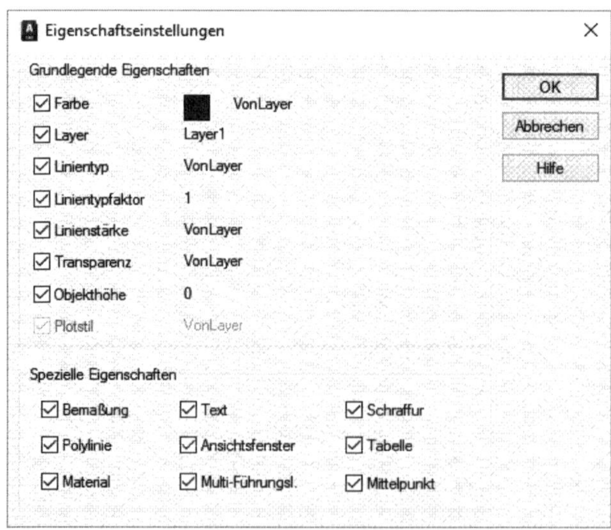

Abb. 4.76: Einstellungen für EIGANPASS

Sie sehen hier immer Eigenschaften aus dem Bereich ALLGEMEINE EIGENSCHAFTEN, keine geometrischen Eigenschaften. Bei besonderen Objekten wie *Bemaßungen, Texten, Schraffuren, Polylinien* und *Ansichtsfenstern* werden noch weitere Einstellungen übertragen, meist sind es die *Stileinstellungen*. Damit können Sie spezielle Einstellungen für eine einzelne Bemaßung auf weitere übertragen. Das ist vor allem für die Bemaßungspraxis im Maschinenbau wichtig. Welche Eigenschaften der Befehl EIGANPASS überträgt, können Sie mit der Option EINSTELLUNGEN auswählen.

```
Befehl: '_matchprop
EIGANPASS Quellobjekt wählen: Vorbild-Objekt anklicken
EIGANPASS Zielobjekt(e) oder [Einstellungen] wählen: Anzupassendes Objekt anklicken
EIGANPASS Zielobjekt(e) oder [Einstellungen] wählen: Enter
```

4.10 Kontextmenüs

Die Arbeit mit AutoCAD wird durch die Kontextmenüs stark erleichtert. Die Bedienung eines Kontextmenüs ist angenehmer, weil das Kontextmenü immer dort erscheint, wo Sie gerade arbeiten. Sie haben es also sofort im Blickfeld. Die *Kontextmenüs* erscheinen auf den *rechten Mausklick* hin (übliche Abkürzung: RMK) und bieten immer diejenigen Optionen an, die in der jeweiligen Situation sinnvoll sind oder am meisten benutzt werden.

4.10.1 Kontextmenü ohne aktiven Befehl

Wenn kein Befehl aktiv ist und Sie mit dem Fadenkreuz auf dem Zeichenbereich einen Rechtsklick ausführen, erscheint das allgemeine Kontextmenü.

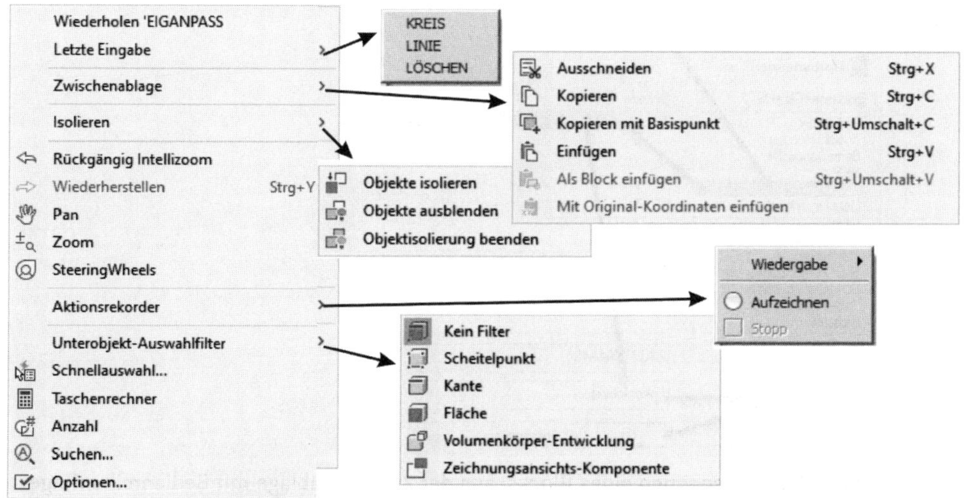

Abb. 4.77: Kontextmenü, wenn kein Befehl aktiv ist

- WIEDERHOLEN ... – In der ersten Zeile wird die Wiederholung des letzten Befehls angeboten. Das entspricht der Befehlswiederholung mit Enter.
- LETZTE EINGABE – Hier können Sie die letzten Befehle in der Reihenfolge des Aufrufs finden und wiederholen.
- ZWISCHENABLAGE – Hier befinden sich Aktionen, die über die Zwischenablage arbeiten. Sie können benutzt werden, um Objekte aus einer Zeichnung in die Zwischenablage zu kopieren oder daraus wieder in eine andere aktuelle Zeichnung einzufügen.
  - AUSSCHNEIDEN – entfernt die zuvor markierten Objekte aus der Zeichnung und speichert sie in der Zwischenablage. Als Basisposition für späteres Einfügen in diese oder eine andere Zeichnung werden automatisch die kleinsten x- und y-Koordinaten bestimmt.
  - KOPIEREN – kopiert die zuvor markierten Objekte aus der Zeichnung und speichert sie in der Zwischenablage. Als Basisposition für späteres Einfügen in diese oder eine andere Zeichnung werden automatisch die kleinsten x- und y-Koordinaten bestimmt. Dieses Kopieren hier hat nichts mit dem AutoCAD-Befehl Kopieren zu tun.
  - KOPIEREN MIT BASISPUNKT – kopiert die zuvor markierten Objekte aus der Zeichnung und speichert sie in der Zwischenablage. Sie können eine Basisposition für späteres Einfügen in diese oder eine andere Zeichnung angeben.
  - EINFÜGEN – fügt die Objekte aus der Zwischenablage als einzelne Objekte in die aktuelle Zeichnung ein. Positioniert wird mit dem beim AUSSCHNEIDEN oder KOPIEREN bestimmten Basispunkt.

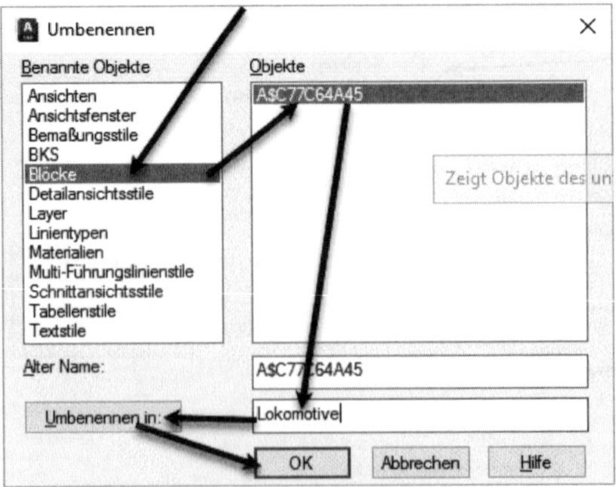

Abb. 4.78: Umbenennen eines Blocks, aus der Zwischenablage mit Bedienreihenfolge

- Als Block einfügen – fügt die Objekte als zusammengesetztes Block-Objekt aus der Zwischenablage in die aktuelle Zeichnung ein. Positioniert wird mit dem beim Ausschneiden oder Kopieren bestimmten Basispunkt. Da jeder Block einen Namen haben muss, vergibt AutoCAD einen eigenen, sehr kryptischen Namen. Deshalb sollten Sie dem Block unbedingt sofort mit dem Befehl Umbenenn (auch im Menü Format|Umbenennen) einen eigenen sinnvollen Namen geben.
- Mit Originalkoordinaten einfügen – fügt die Objekte aus der Zwischenablage als einzelne Objekte in die aktuelle Zeichnung an derselben Stelle wie in der ursprünglichen Zeichnung ein.

- Isolieren – Diese Funktion bietet zwei interessante schnelle Möglichkeiten, in einer komplexen Zeichnung die Übersicht zu behalten. In der Statusleiste rechts findet sich auch ein entsprechendes Glühlämpchen-Logo.
  - Objekte isolieren – Die damit gewählten Objekte bleiben sichtbar, alle anderen aber werden unsichtbar gemacht.
  - Objekte ausblenden – Die damit gewählten Objekte werden unsichtbar gemacht.
  - Objektisolierung beenden – Die mit den obigen Funktionen unsichtbar gemachten Objekte werden wieder sichtbar gemacht.

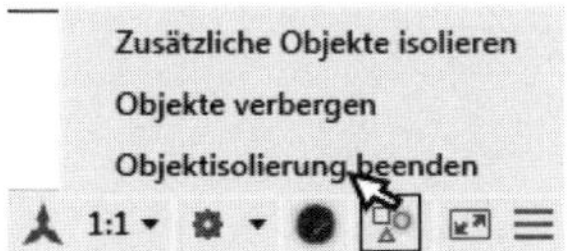

Abb. 4.79: Isolieren und Verbergen von Objekten

Der nächste Kontextmenü-Abschnitt enthält einige schon bekannte allgemeine Funktionen:

- Rückgängig – entspricht dem Befehl Z oder und macht Befehle rückgängig.
- Wiederherstellen – entspricht dem Befehl Mzlösch oder und hebt Z wieder auf.
- Zoom – ist der Echtzeit-Zoom, der mit gedrückter Maustaste durch Bewegung nach oben/unten vergrößert/verkleinert.
- Pan – ist der Echtzeit-Pan mit gedrückter Maustaste.
- SteeringWheels – ist der Aufruf des neuen Werkzeugs zur Ansichtssteuerung für 3D-Darstellungen.
- Ein extra Abschnitt ist dem Aktionsrekorder (nicht LT) gewidmet, mit dem Befehlsabläufe als Makros aufgenommen und wiedergegeben werden können.

Im letzten Abschnitt des Kontextmenüs finden sich häufig benutzte Hilfsfunktionen:

- UNTEROBJEKT-AUSWAHLFILTER – filtert für Volumenobjekte die Auswahl für Punkte, Kanten, Flächen oder zusammenhängende Flächen zur Bearbeitung (nicht LT).
- SCHNELLAUSWAHL – aktiviert die oben erläuterte Schnellauswahl.
- TASCHENRECHNER – startet den Taschenrechner für interaktive Berechnungen (auch im laufenden Befehl).
- ANZAHL – startet eine Zählfunktion, mit der Sie entweder alle Blöcke in Ihrer Zeichnung abzählen und in Tabellenform anzeigen lassen können oder alle Objekte eines bestimmten hier zu wählenden Typs.
- SUCHEN – erlaubt eine schnelle Suche nach Texten oder Textteilen. Damit lassen sich Texte in besonders großen Zeichnungen lokalisieren und durch die Schaltfläche ZOOM AUF kann man darauf zoomen – sprich: die Stelle auf den Bildschirm ziehen. Natürlich lassen sich dadurch auch Ersetzungen vornehmen. Über die Optionen des Suchbefehls können Sie wählen, welche Objektkategorien durchsucht werden sollen.

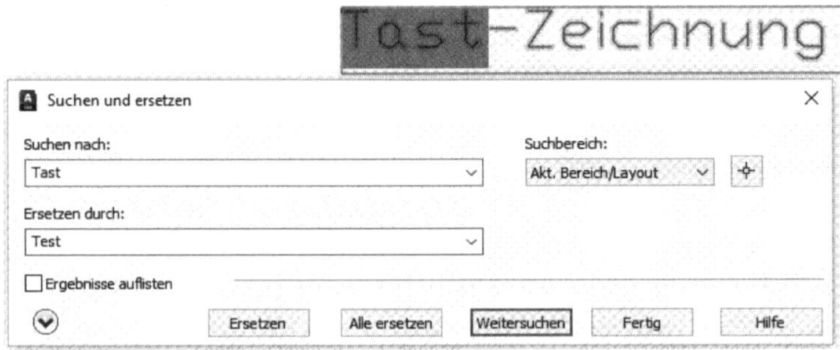

Abb. 4.80: Suchfunktion

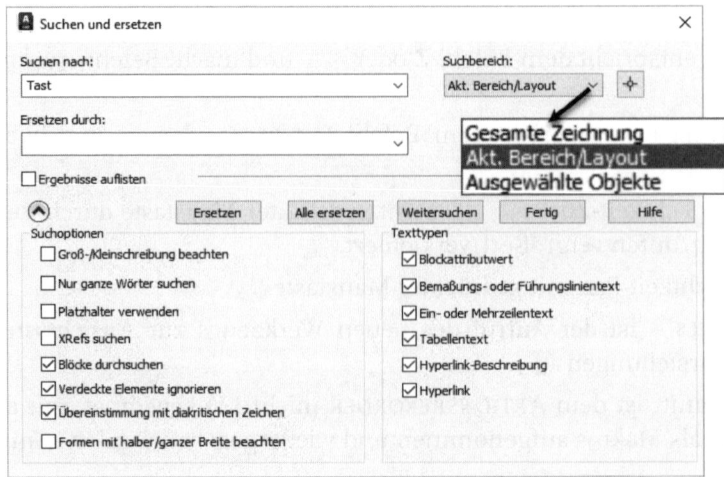

Abb. 4.81: Optionen der Suchfunktion

- Optionen – öffnet das Dialogfenster Optionen, mit dem zahlreiche Voreinstellungen für die Arbeit mit AutoCAD vorgenommen werden können. Diese werden im Kapitel 15 vorgestellt.

4.10.2 Kontextmenü bei aktivem Befehl

Bei aktivem Befehl werden im obersten Abschnitt die beiden wichtigsten Eingaben, nämlich die Eingabetaste [Enter] und die Abbruchtaste [Esc] angeboten, darunter die letzten Eingaben und ggf. Koordinatenwerte.

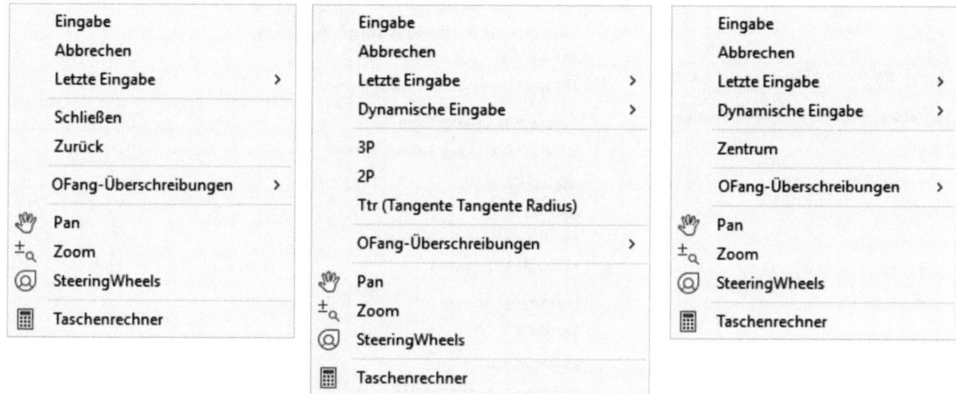

Abb. 4.82: Linie, Kreis, Bogen aktiv

Darunter liegen die Optionen für den aktiven Befehl. Diese sind natürlich ganz unterschiedlich. Ganz unten sind immer dieselben Befehle zu finden, nämlich Pan, Zoom und der Taschenrechner. Sofern sinnvoll, werden unter Fang-Überschreibungen auch die Objektfänge angeboten.

4.10.3 Kontextmenü bei Dialogfenstern

Wenn Sie Dialogfenster bedienen, so können Sie oft dort auch auf Kontextmenüs zurückgreifen. Diese bieten einerseits Funktionen an, die sehr wichtig sind, andererseits Funktionen, die die normale Fensterbedienung vereinfachen.

Bei der Layerverwaltung ist zum Beispiel eine häufige Fragestellung das Ausblenden aller Layer bis auf den aktuellen. Dazu wählen Sie am besten die Kontext-Funktion Alle außer aktuellen auswählen und klicken dann auf irgendeine Glühbirne. Das sollten Sie unbedingt später bei der Layerverwaltung benutzen.

Eine weitere interessante Funktion im Kontextmenü lautet Ausgewählte(n) Layer zusammenführen in. So können Sie einen oder mehrere Layer auswählen und übers Kontextmenü dann in einen wählbaren Layer zusammenführen.

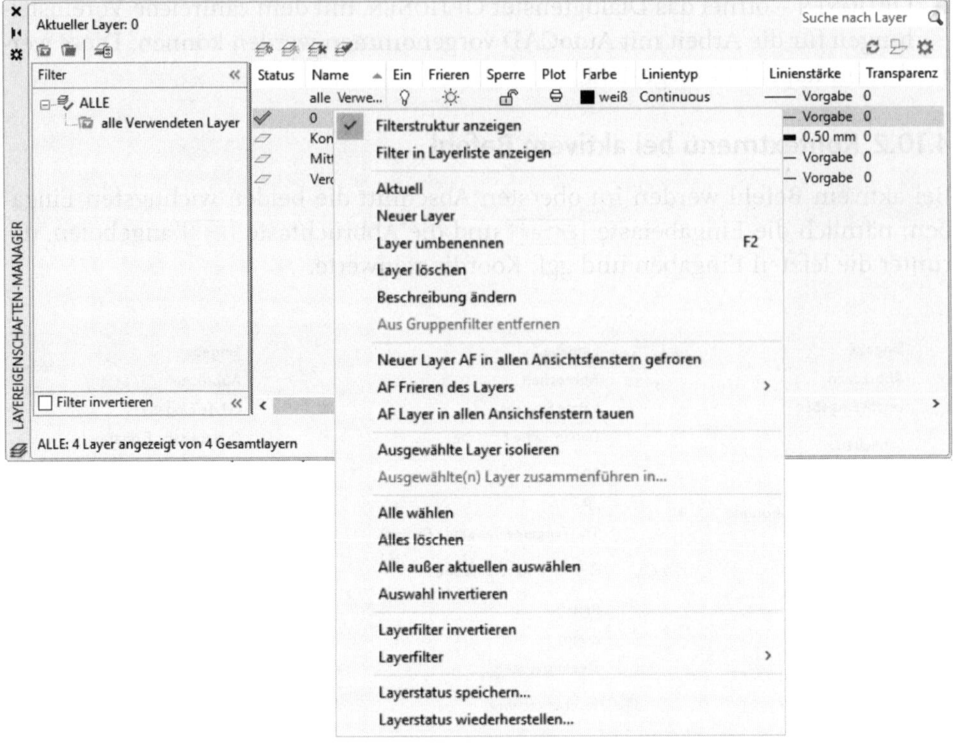

Abb. 4.83: Layer-Fenster aktiv

4.10.4 Kontextmenüs für die Statusleiste

In der Statusleiste kommen Sie über das Kontextmenü insbesondere an die EINSTELLUNGEN der jeweiligen Funktionen heran.

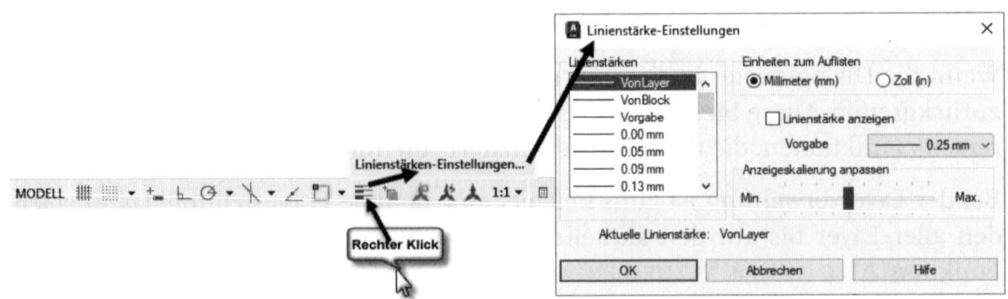

Abb. 4.84: Kontextmenü in der Statuszeile

Beim FANGMODUS können Sie neben den EINSTELLUNGEN noch zwischen dem normalen RASTERFANG und POLARER FANG, dem radialen Einrasten, wählen. Auch bei den benachbarten Funktionen ist das Kontextmenü immer der schnellste Weg zu den EINSTELLUNGEN.

Zu beachten ist auch, dass das Kontextmenü für die *Koordinatenanzeige* die Optionen ABSOLUT, RELATIV, GEOGRAFISCH und SPEZIFISCH bietet.

Die Option RELATIV ist aber nur wählbar, wenn Sie beispielsweise gerade im Befehl LINIE oder PLINIE sind und mindestens schon einen Punkt eingegeben haben. Dann können Sie auf *relative Koordinaten* umschalten. Die *relativen Koordinaten* erscheinen hier in der Form von *Polarkoordinaten ohne @*, *absolute Koordinaten* werden normal als rechtwinklige Koordinaten angezeigt. Wenn nicht gerade Befehle wie LINIE oder später POLYLINIE aktiv sind, schaltet sich die Koordinatenanzeige automatisch wieder auf *Absolutwerte* um, kehrt aber in einem weiteren LINIE-Befehl wieder zu *Relativkoordinaten* zurück.

Die Option GEOGRAFISCH setzt voraus, dass die Konstruktion mit dem Befehl GEOPOSITION georeferenziert wurde (siehe Abschnitt 14.7.2 *Rendern mit Materialien und Beleuchtung*). Dann können Längen- und Breitengrade angezeigt werden.

4.10.5 Kontextmenü für die Befehlszeile

In der Befehlszeile ist es besonders interessant, dass Sie die zuletzt benutzten Befehle mit [↑] reaktivieren können.

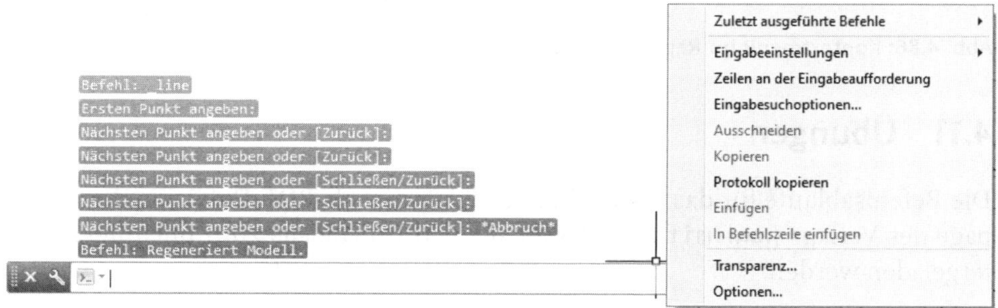

Abb. 4.85: Befehlszeile mit Kontextmenü

Außerdem gibt es wieder Möglichkeiten, den kompletten Benutzerdialog oder Teile davon über die Zwischenablage irgendwohin zu kopieren. Sie können aber auch Werte, die Sie im Befehlsdialog weiter oben schon eingegeben hatten, durch Überfahren mit gedrückter Maustaste markieren und mit IN BEFEHLSZEILE EINFÜGEN unten wieder einfügen.

Das Textfenster mit den vorangegangenen Dialogen können Sie übrigens mit [F2] vergrößern und genauso mit [F2] auch wieder verkleinern.

4.10.6 Kontextmenü im Bereich der Registerkarten

Wenn Sie im Bereich der Registerkarten die rechte Maustaste drücken, erhalten Sie ein Kontextmenü, mit dem Sie Register und Gruppen ein- und ausschalten können.

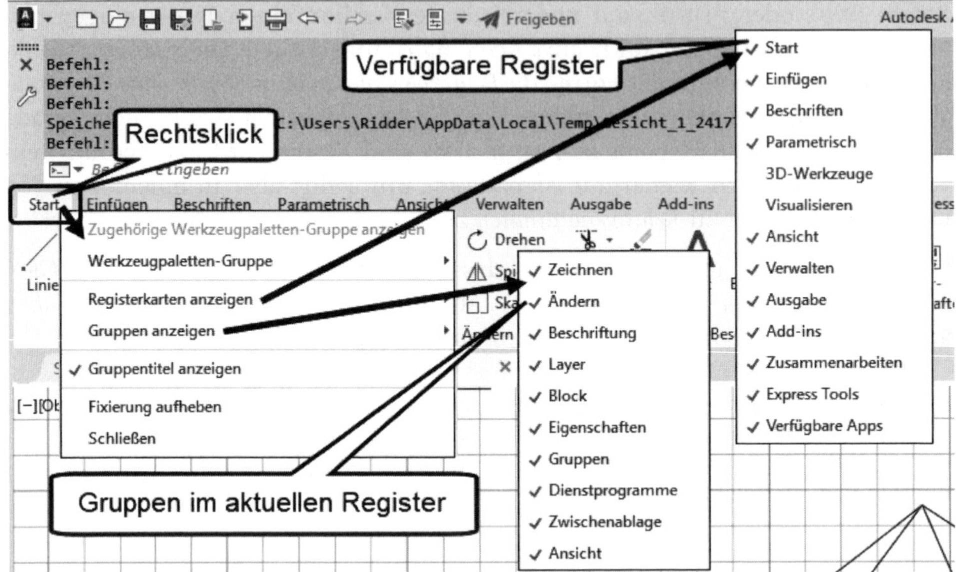

Abb. 4.86: Kontextmenü im Registerbereich

4.11 Übungen

Die Befehlsabläufe für das erste Übungsteil können als PDF-Datei von der Homepage des Verlags (`www.mitp.de/0596`) aus den Downloads zum Buchtitel heruntergeladen werden.

4.11.1 Übungsteil: Küche

Als erstes Übungsteil soll die in Abbildung 4.87 gezeigte Küche konstruiert werden.

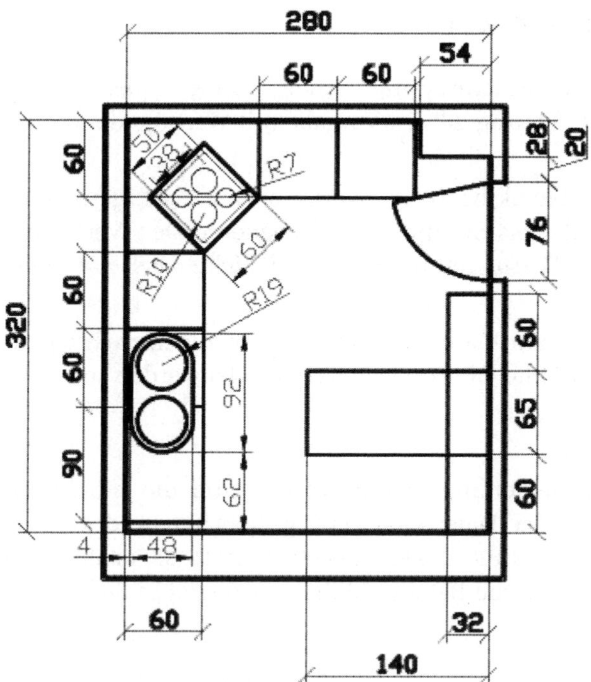

Abb. 4.87: Küche mit Bemaßung

4.11.2 Übungsteil: Wiege

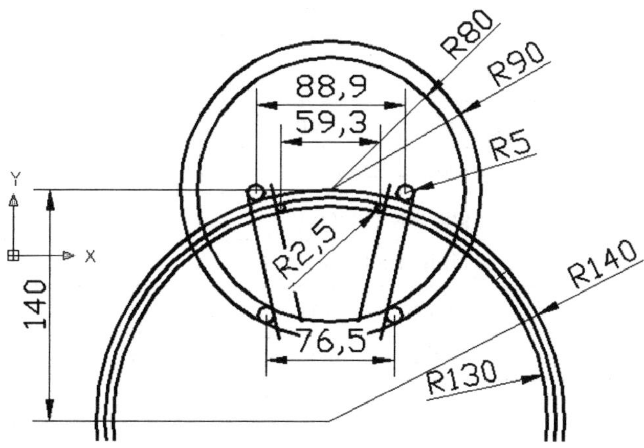

Abb. 4.88: Übungszeichnung

4.12 Was noch zu bemerken wäre

- OBJECTISOLATIONMODE – Diese Systemvariable steuert, ob die Isolierung von Objekten nur in der aktuellen Sitzung gilt (ist Vorgabe mit Wert 0) oder dauerhaft gespeichert wird (Wert 1).
- PICKADD – Diese Systemvariable aktiviert mit Wert 1 oder 2 die Ergänzungsmöglichkeit für die Objektwahl, bis Sie mit `Enter` beenden. Der Wert 2 hat Auswirkungen auf den Befehl WAHL und markiert die Objekte auch nach dessen Befehlsende als gewählt.
- WAHL – Der Befehl WAHL dient zur Wahl mehrerer Objekte, die in nachfolgenden Befehlen direkt als vorgewählte Objekte weiterverwendet werden sollen.

Befehlsabkürzungen

Sehr nützlich für die schnelle Bedienung von AutoCAD sind die möglichen Befehlsabkürzungen. Sie sind in der Datei `ACAD.PGP` gespeichert und können auch vom Benutzer mit VERWALTEN|BENUTZERANPASSUNG|ALIASSE BEARBEITEN erweitert oder geändert werden. Typische Befehlsabkürzungen sind in der folgenden Tabelle wiedergegeben:

Kurz	Befehl	Bedeutung
AR	ABRUNDEN	Abrunden von Kurven
B	BOGEN	Bogen zeichnen
DH	DREHEN	Drehen von Objekten
E	EIGENSCHAFTEN	Eigenschaften eines Objekts editieren
EG	EIGANPASS	Eigenschaften anpassen
FA	FASE	Abfasen von Linien
K	KREIS	Kreis zeichnen
KO	KOPIEREN	Objekte kopieren
L	LINIE	Linie zeichnen
LA	LAYER	Layerverwaltung
LK	LTFAKTOR	Globalen Linientypfaktor festlegen
LÖ	LÖSCHEN	Löschen von Objekten
P	PAN	Bildschirmausschnitt verschieben
RG	REGEN	Regenerieren der Bildschirmanzeige nach FÜLLEN oder QTEXT
S	SCHIEBEN	Objekte verschieben

Tabelle 4.5: Befehlsabkürzungen

Kurz	Befehl	Bedeutung
SP	SPIEGELN	Spiegeln von Objekten
SU	STUTZEN	Stutzen, Beschneiden von Objekten
ZO	ZOOM	Zoomen

Tabelle 4.5: Befehlsabkürzungen (Forts.)

4.13 Übungsfragen

1. Wie kürzen Sie die Befehle SCHIEBEN, KOPIEREN, DREHEN und SPIEGELN ab?
2. Sie wollen ein Objekt, zum Beispiel eine Linie, auf 45° drehen und kennen den Winkel nicht, unter dem es momentan liegt. Wie gehen Sie vor?
3. Bei BRUCH wird normalerweise der Punkt, mit dem Sie die Kurve wählen, gleichzeitig als erster Brechpunkt verwendet. Sie sollen eine waagerechte Linie von der Mitte an 10 Einheiten nach rechts aufbrechen. Was werden Sie tun?
4. Welcher Objektfang erlaubt eine relative Punktposition?
5. Können Sie beim Befehl DREHEN das Original unverändert erhalten?
6. Wo müssen Sie einen Kreis anklicken, um von 90° bis 180° ein Stück mit BRUCH herauszunehmen?
7. Welche bisherigen Editierbefehle erhalten die gewählte Originalgeometrie, zumindest auf Wunsch?
8. Wann kann man die Koordinatenanzeige auf relative Koordinaten umschalten?
9. Wie kann man länger zurückliegende Befehle aufrufen?
10. Wie oft müssen Sie ein Objekt anklicken, damit die Griffe erscheinen?
11. Welche Farbe hat ein heißer Griff?
12. Welche Befehle gibt es im GRIFF-Menü beim heißen Griff?
13. Welche Optionen gibt es im GRIFF-Menü beim heißen Griff?
14. Wie kürzt man den Befehl EIGENSCHAFTEN ab?
15. Mit welcher Einstellung bleibt vom EIGENSCHAFTEN-MANAGER nur die Randleiste sichtbar?
16. Kann man den EIGENSCHAFTEN-MANAGER durchsichtig gestalten?
17. Wann sieht man im EIGENSCHAFTEN-MANAGER nur die ALLGEMEINEN EIGENSCHAFTEN?
18. Weshalb ist KEINE AUSWAHL im EIGENSCHAFTEN-MANAGER so gefährlich?
19. In welchen Registergruppen liegen EIGENSCHAFTEN und EIGANPASS?

Kapitel 5

Zeichnungsorganisation: Layer

Geometrisch gesehen besteht eine Konstruktion aus Linien, Kreisen und Abrundungen sowie natürlich aus Bemaßungen und Texten. Aber es gibt auch verschiedene Linienarten: Konturlinien, Mittellinien, verdeckte Kanten, Hilfslinien. Um eine Zeichnung mit den verschiedenen Linientypen, Linienstärken und auch Objektkategorien *logisch zu ordnen*, organisiert man sie in Form von transparenten Schichten, den *Layern*. Für jede Objektkategorie erstellen Sie einen eigenen Layer mit einem passenden Namen und speziellen Einstellungen für Linientyp, Linienstärke und auch Farbe.

Sie können sich diese Layer (auf Deutsch: Schichten) als transparente Folien vorstellen, die übereinander liegen und von denen jede einer Objektkategorie entspricht. Wenn alle Folien übereinander liegen, sind alle Objekte der Zeichnung sichtbar. Um eine bestimmte Folie unsichtbar zu machen, braucht man nur die entsprechende Folie wegzunehmen, und die Zeichnung zeigt nur noch die restlichen Objekte an. Diese Einteilung der Zeichnung in sinnvolle Layer stellt eine wichtige organisatorische Aufgabe dar. Grundsätzlich sollte man nie an Layern sparen. Lieber zu viele Layer erstellen als zu wenige.

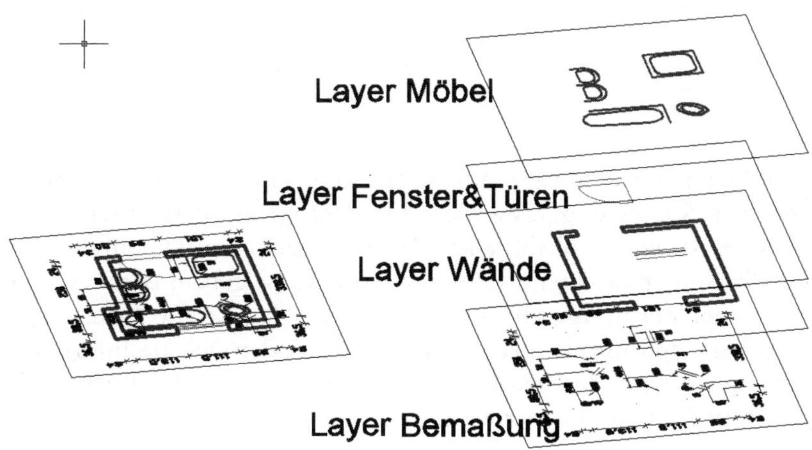

Abb. 5.1: Einteilung der Zeichnung in Layer

Es ist zum Beispiel sehr geschickt, wenn die Bemaßungsobjekte auf einen eigenen Layer kommen, damit man sie später bei Zeichnungsänderungen einmal unsichtbar machen kann, wenn sie beim Ändern der Zeichnung stören. Gewindelinien und -bögen sollten ebenfalls gesondert behandelt werden können, weil Schraffuren in Schnittdarstellungen über die Gewindelinien hinaus bis zur Kernbohrung laufen müssen. Deshalb müssen die Gewinde wie auch die Mittellinien während der Schraffuroperation unsichtbar zu machen sein.

5.1 Layer, Linientypen und Linienstärken

5.1.1 Layer einrichten

Bevor Sie die Arbeit an einer Zeichnung aufnehmen, sollten Sie also zunächst die Layer definieren und deren Farben und Linienarten einstellen. Jeder Layer stellt ein eigenes transparentes Zeichenblatt dar, dessen zugehörige Objekte Sie insbesondere bezüglich ihrer Sichtbarkeit manipulieren können. Mehrere übereinander liegende Layer verdecken sich nicht, sondern sind transparent, sodass sie zugleich auf dem Bildschirm sichtbar sind. Eine sinnvolle Einteilung der Layer sollte sich an der Art der darin enthaltenen Objekte orientieren, was sich zum Beispiel in geeigneten Layernamen widerspiegelt:

```
KONTUR
MITTELLINIEN
FUNDAMENT
VERDECKTE_KANTEN
SCHRAFFUR
BEMASSUNG
TEXTE
RAHMEN
BESCHRIFTUNG
```

Üblicherweise ordnet man jedem Layer einen passenden Linientyp zu. Der Linientyp legt die Art der Strichelung fest, wie »durchgezogen«, »gestrichelt« oder »strichpunktiert«. Es ist nicht üblich, jedem Objekt einzeln den Linientyp zuzuordnen. Gleichfalls können Sie auch jedem Layer eine Farbe geben. Dadurch wird beim Betrachten einer Zeichnung auf den ersten Blick klar, welche Layer eingeschaltet sind, und Sie sind über die Layer-Zugehörigkeit der Objekte informiert. Bei der Papierausgabe einer technischen Zeichnung ist zwar die Farbe nicht üblich, aber während der Bildschirmarbeit hilft sie doch sehr.

Für die Zeichnungsausgabe auf Papier, das Plotten, werden Sie Linienstärken benötigen. Diese können Sie auch hier schon über die Layer den Objekten zuordnen.

Sie werden auch Hilfslinien haben, für die Sie einen Layer einrichten, der aber nie geplottet werden soll. Auch das können Sie über die Layer steuern.

Es gibt ohne besondere Voreinstellungen in AutoCAD zunächst nur einen einzigen Layer, der den Namen 0 trägt und einen einzigen Linientyp, nämlich den durchgezogenen, der englisch CONTINUOUS heißt. Dieser Layer ist fest einprogrammiert und immer vorhanden. Sie können ihn nicht löschen. Der LAYER-Befehl öffnet ein großes Dialogfenster (Abbildung 5.3). Man bezeichnet diesen LAYER-MANAGER auch als die *große Layersteuerung*.

ZEICHNEN UND BESCHRIFTUNG	Icon	Befehl	Kürzel
START|LAYER|LAYER-EIGENSCHAFTEN	Große Layersteuerung	LAYER	LA
START|LAYER oder SCHNELLZUGRIFF-WERKZEUGKASTEN	0 Kleine Layersteuerung	-	-

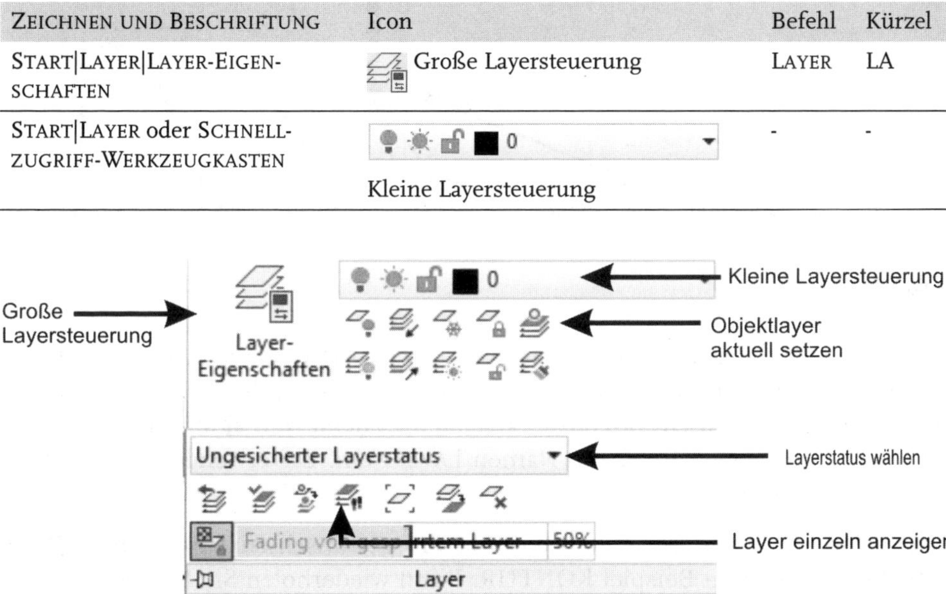

Abb. 5.2: Gruppe START|LAYER

Als Pendant dazu gibt es die *kleine Layersteuerung*. Mit ihr können keine Layer erstellt, gelöscht oder umbenannt werden, sondern nur die *Statuszustände* wie das Ein- oder Ausgeschaltet etc. *verändert* werden. Besonders interessant ist die Möglichkeit, die für die tägliche Arbeit so wichtige *kleine Layersteuerung* im SCHNELLZUGRIFF-WERKZEUGKASTEN zu aktivieren. Klicken Sie dort rechts auf ▼ und dann auf LAYER.

In der Gruppe LAYER gibt es nach Aufklappen mit ▼ noch eine Vielzahl von speziellen Layerfunktionen (Abbildung 5.2).

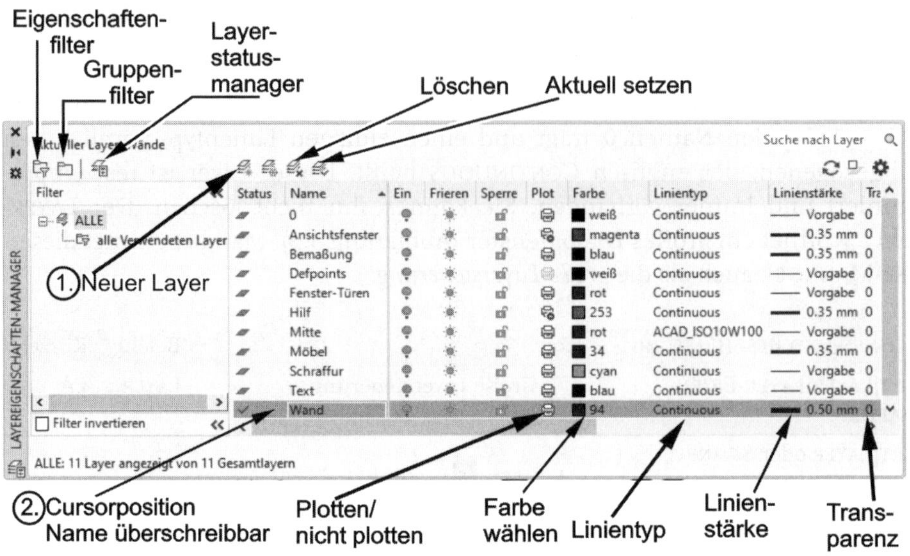

Abb. 5.3: LAYER-Manager

Rufen Sie nun die *große Layersteuerung* auf, auch LAYEREIGENSCHAFTEN-MANAGER genannt. Sie sollten gleich einige neue Layer einrichten, die Sie standardmäßig brauchen werden. Im LAYER-Fenster klicken Sie zuerst NEU ❶ an. AutoCAD richtet sofort einen neuen Layer mit Namen LAYER1 ein. Es verwendet die Vorgaben vom gerade markierten Layer.

Geben Sie jeweils an der Cursorposition die gewünschten Layernamen ❷ ein (Abbildung 5.3), zum Beispiel KONTUR. Dann wiederholen Sie NEUER LAYER für weitere Layernamen, zum Beispiel:

Bauwesen	Schreiner	Maschinenbau
Wände	Kontur	Kontur
Fenster&Türen	Verbindungselemente	Mittellinien
Verdeckt	Verdeckt	Verdeckt
Elektro	Beschläge	Gewinde
Schraffur	Schraffur	Schraffur
Text 2.5	Text 2.5	Text 2.5
Text 3.5	Text 3.5	Text 3.5
Text 7	Text 7	Text 7
Bemaßung	Bemaßung	Bemaßung

Tabelle 5.1: Vorschlag für Layernamen

Bauwesen	Schreiner	Maschinenbau
Hilfslinien	Hilfslinien	Hilfslinien
Rahmen	Rahmen	Rahmen
Textfeld	Textfeld	Textfeld

Tabelle 5.1: Vorschlag für Layernamen (Forts.)

Sie können im Layernamen Sonderzeichen wie Leerzeichen oder Dezimalpunkte verwenden, nur das Komma ist nicht erlaubt. Das Komma ist ein spezielles Trennzeichen, das einen neuen Layer generiert. Sie dürfen also mit einem einzigen Klick auf NEUER LAYER mehrere durch Komma getrennte Layernamen eingeben, wie:

```
Kontur,Mittellinien,Verdeckt,Gewinde,...
```

Bei jedem Komma legt AutoCAD den betreffenden Layer an und eröffnet automatisch einen neuen Layer.

Die Layernamen können auch mit Ziffern beginnen.

Das Layerdialogfenster kann im Prinzip offen bleiben, wenn Sie weiterarbeiten.

5.1.2 Farben

Als Nächstes sollten Sie die Farben für jeden Layer einstellen. Für die Farben gibt es keine Normung. Die Zuordnung kann individuell bzw. firmenspezifisch vorgenommen werden. Die Farbgebung ist nicht wichtig für das Plotten, weil eine technische Zeichnung im Normalfall als Schwarz-Weiß-Plot erstellt wird, aber sie ist wichtig für Ihre Bildschirmarbeit, damit Sie über die Farbe schon eine Information haben, auf welchem Layer bestimmte Objekte liegen. Insofern wäre natürlich insbesondere für die Zusammenarbeit auch zwischen unterschiedlichen Firmen eine Standardisierung gut. Unser Beispiel:

Bauwesen	Schreiner	Maschinenbau	Farbe	Farbnummer
Wände	Kontur	Kontur	Grün	3
Fenster&Türen	Verbindungselemente	Mittellinien	Rot	1
Verdeckt	Verdeckt	Verdeckt	Cyan (Hellblau)	4
Elektro	Beschläge	Gewinde	Braun	12
Schraffur	Schraffur	Schraffur	Grau	8
Text 2.5	Text 2.5	Text 2.5	Magenta (Lila)	6
Text 3.5	Text 3.5	Text 3.5	Magenta (Lila)	6

Tabelle 5.2: Vorschlag für Farben

Bauwesen	Schreiner	Maschinenbau	Farbe	Farbnummer
Text 7	Text 7	Text 7	Magenta (Lila)	6
Bemaßung	Bemaßung	Bemaßung	Blau	5
Hilfslinien	Hilfslinien	Hilfslinien	Hellgrau	9
Rahmen	Rahmen	Rahmen	Weiß	7
Textfeld	Textfeld	Textfeld	Weiß	7

Tabelle 5.2: Vorschlag für Farben (Forts.)

Zur Farbeinstellung im Layer-Fenster wählen Sie einen Layer aus und klicken dort in der Spalte FARBE die aktuelle Farbe an, um ein Farbauswahlfenster zu erhalten. Sie können die Farben aus dem AutoCAD-Farbindex (ACI) von 256 Farben wählen und auch als Echtfarben nach dem RGB- oder HLS-Schema zusammenstellen oder aus den Farbbüchern wie RAL oder PANTONE auswählen. Wenn Sie später einen reinen Schwarz-Weiß-Plot ausgeben wollen, sollten Sie *nur die Farben aus dem Farbindex* (ACI) wählen, weil nur diese Farben über die Plotstiltabelle in Schwarz umgesetzt werden können. Die anderen Farben werden je nach Fähigkeiten des Plotters in Echtfarbe oder Grautöne umgesetzt.

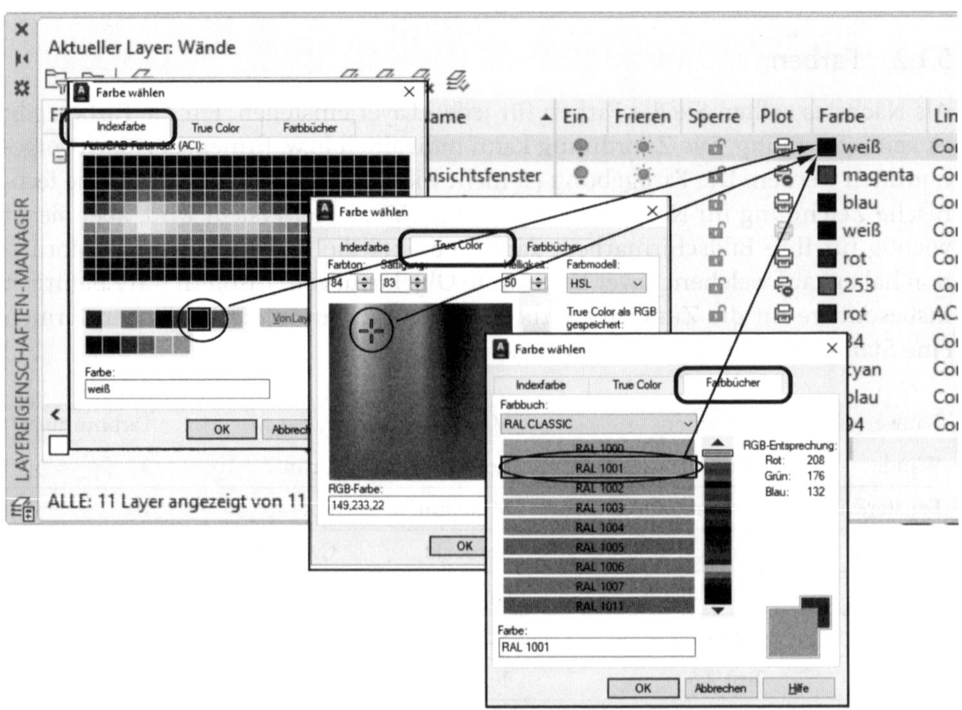

Abb. 5.4: Farbauswahl in AutoCAD

5.1.3 Linientypen

Die verschiedenen Strichelungen, sprich Linientypen, werden aus einer *externen Linientypdatei* geladen. Sie wählen einen neuen Linientyp durch Anklicken des Typs in der Spalte *Linientyp* (Abbildung 5.5). Es erscheint nun ein Auswahlfenster, das anfangs nur den Linientyp CONTINUOUS enthält. Weitere Linientypen erhalten Sie über die Schaltfläche LADEN. Nötig wären zum Beispiel die Linientypen ACAD_ISO10W100 für den Layer MITTELLINIEN und ACAD_ISO02W100 für den Layer VERDECKT.

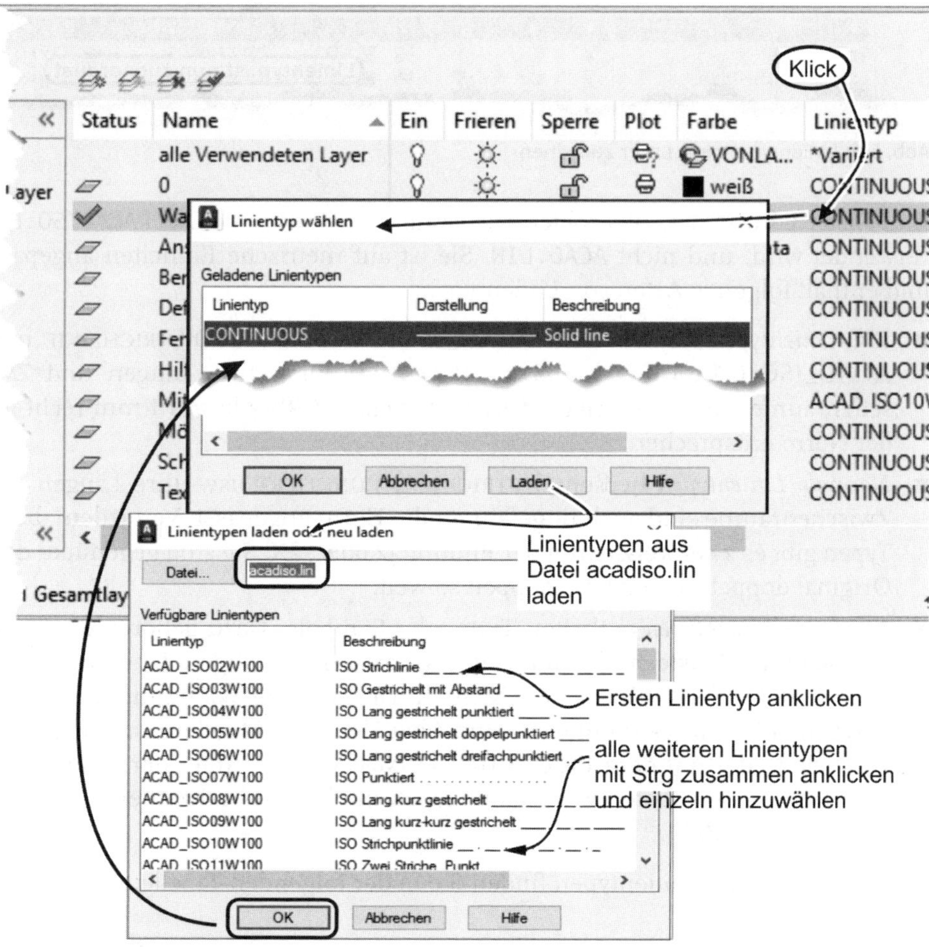

Abb. 5.5: Linientyp laden

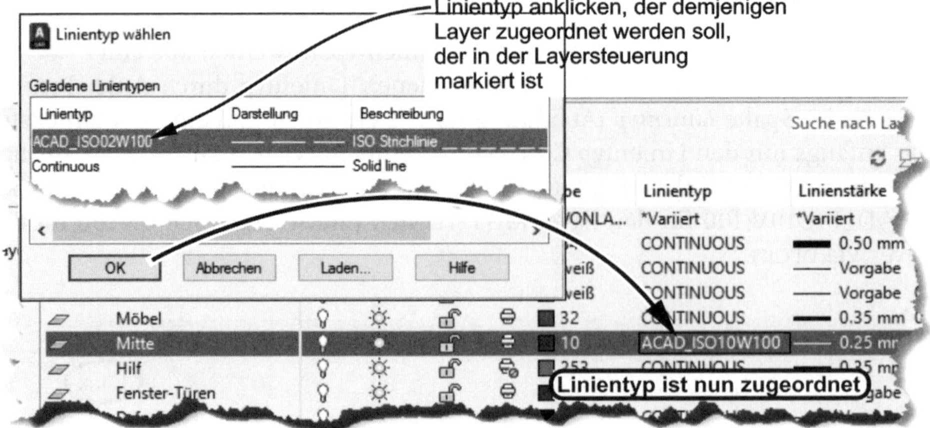

Abb. 5.6: Linientyp einem Layer zuordnen

Im Fenster LINIENTYP LADEN sollten Sie darauf achten, dass die Datei `ACADISO.LIN` verwendet wird, und nicht `ACAD.LIN`. Sie ist auf metrische Einheiten angepasst und enthält folgende Arten von Linientypen:

- *ISO-Linientypen* nennen sich ACAD_ISO02W100ISO ISO-STRICHLINIE oder ACAD_ISO10W100ISO ISO-STRICHPUNKTIERT usw. Ihre Längen und Zwischenräume sind so angelegt, dass sie für eine Stiftbreite von 1 mm recht gut der Norm entsprechen.
- *Normale Linientypen* heißen GESTRICHELT, PUNKTIERT usw. Ihre Längen und Zwischenräume sind auch ungefähr an die Norm angepasst. Von jedem dieser Typen gibt es zwei weitere mit der Endung -2 oder -2X. Sie sind gegenüber dem Original doppelt so eng bzw. doppelt so weit.
- *Erweiterte Linientypen* enthalten Texte oder Symbole. Dazu gehören die in der Architektur, Haustechnik und Planung zusätzlich nötigen Linientypen wie ISOLATION oder GAS oder ZICKZACK. Die korrekte Skalierung dieser Linientypen sollte durch Abmessen und über den individuellen Linientypfaktor geschehen, der mit dem EIGENSCHAFTEN-MANAGER unter der Rubrik LINIENTYPFAKTOR angeboten wird. Linientypen mit Texten besitzen eine Texthöhe von 2.54 (1/10 Zoll).

Einige Beispiele für Linientypen finden Sie in der folgenden Tabelle:

Name	Beschreibung	Geometrie
ACAD_ISO02W100	ISO Strichlinie	— — — — — — — — — —
ACAD_ISO03W100	ISO Gestrichelt mit Abstand	— — — — —

Tabelle 5.3: Auswahl vorhandener Linientypen (`ACADISO.LIN`)

Name	Beschreibung	Geometrie
ACAD_ISO04W100	ISO Lang gestrichelt-punktiert	____ . ____ . ____ . ____ .
ACAD_ISO07W100	ISO Punktiert	....
ACAD_ISO08W100	ISO Lang kurz gestrichelt	____ __ ____ __ ____ _
ACAD_ISO09W100	ISO Lang kurz-kurz gestrichelt	____ __ __ ____
ACAD_ISO10W100	ISO Strichpunktlinie	__ . __ . __ . __ . __ . __
MITTE	Mitte	____ _ ____ _ ____ _ ____
MITTE2	Mitte (.5x)	__ _ __ _ __ _ __ _ __
MITTEX2	Mitte (2x)	______ __ ______ _
VERDECKT	Verdeckt	__ __ __ __ __ __ __ __
VERDECKT2	Verdeckt (.5x)	_ _ _ _ _ _ _ _ _ _ _ _ _
VERDECKTX2	Verdeckt (2x)	____ ____ ____ ____ ____
EISENBAHN	Eisenbahn	-|-|-|-|-|-|-|-|-|-|-|-|-|-
ISOLATION	Isolation	SSSSSSSSSSSSSSSSSSS
HEISSWASSERLEITUNG	Heißwasserleitung	---- HW ---- HW ---- HW ---
GASLEITUNG	Gasleitung	----GAS----GAS----GAS----
ZICKZACK	Zickzack	/\/\/\/\/\/\/\/\/\/\/\/\/

Tabelle 5.3: Auswahl vorhandener Linientypen (`ACADISO.LIN`) (Forts.)

Es lohnt sich, nun im Fenster LINIENTYPEN LADEN alle Linientypen zu markieren, die man für die verschiedenen Layer braucht. Klicken Sie den ersten gewünschten Linientyp einfach an, alle weiteren klicken Sie dann bei gedrückter [Strg]-Taste an. Im Fenster LINIENTYPEN LADEN wählen Sie nun OK.

Sie befinden sich jetzt im Fenster LINIENTYPEN WÄHLEN. Hier wäre der Linientyp für den im darunter liegenden Layer-Fenster markierten Layer anzuklicken und dann OK zu wählen. Ordnen Sie nun bitte dem Layer MITTELLINIE den Linientyp `ACAD_ISO10W100` und dem Layer VERDECKT den Typ `ACAD_ISO02W100` zu.

Die Linientypdatei gehört zu den Dateien, die beim ersten Start von AutoCAD in ein benutzerspezifisches Verzeichnis kopiert werden und damit auch von Ihnen bearbeitet werden dürfen:

- Für AutoCAD 2023 `C:\Benutzer\`*`Benutzername`*`\AppData\Roaming\Autodesk\AutoCAD 2023\R24.2\deu\Support\acadiso.lin` bzw.
- für AutoCAD LT 2023 `C:\Benutzer\`*`Benutzername`*`\AppData\Roaming\Autodesk\AutoCAD LT 2023\R29\deu\Support\acadltiso.lin`.

Vorsicht: Falsche Linientypdatei

Wenn Sie beim Start anstelle der metrischen Vorlage `ACADISO.DWT` die Vorlage `ACAD.DWT` (in Zoll-Einheiten) gewählt haben oder eine sehr alte Zeichnung bearbeiten (vor 2000), dann wird eine Linientypdatei `ACAD.LIN` mit Zoll-Einheiten angeboten. Dann sollten Sie die Systemvariable MEASUREMENT auf **1** für metrische Einheiten umschalten. Das ist dann auch für metrische Schraffurmuster wichtig.

5.1.4 Linienstärken

Im LAYER-Fenster können auch die Linienstärken eingestellt werden. Anfangs ist überall VORGABE eingetragen. Das bedeutet unter Standardeinstellungen *0.25*. Die richtige Linienstärke stellen Sie durch einen Klick auf VORGABE mit einem Dialogfenster ein. Für den Layer BEMAßUNG wurde beispielsweise die Linienstärke *0.35* gewählt, die sich später auf den Maßtext (hier ist Texthöhe 3.5 beabsichtigt) auswirkt. Die Maß- und Hilfslinien erhalten später ihre individuelle Linienstärke von *0.25* über Einstellungen im *Bemaßungsstil*.

Bauwesen	Schreiner	Farbe	Nr.	Linienstärke
Wände	Kontur	Grün	3	0.5
Fenster&Türen	Verbindungselemente	Rot	1	0.25
Verdeckt	Verdeckt	Cyan	4	0.25
Elektro	Beschläge	Braun	12	0.25
Schraffur	Schraffur	Grau	8	0.25
Text 3.5	Text 3.5	Magenta	6	0.35
Text 2.5	Text 2.5	Magenta	6	0.25
Bemaßung	Bemaßung	Blau	5	0.25/0.35*
Hilfslinien	Hilfslinien	Hellgrau	9	0.5
Rahmen	Rahmen	Weiß	7	0.7
Textfeld	Textfeld	Weiß	7	0.7

Tabelle 5.4: Vorschlag für Linienstärken bei Ausgabe im A3- oder A4-Format (* abhängig von der Maßtexthöhe 2.5 mm oder 3.5 mm)

Damit die Linienstärken auch auf dem Bildschirm sichtbar werden, müssen Sie in der STATUSLEISTE aktivieren. Dort können Sie über das Kontextmenü die LINIENSTÄRKE-EINSTELLUNGEN erreichen, um die Darstellung der Linienbreiten ggf. noch bildschirmgerecht anzupassen. Hier finden Sie auch den Wert der VORGABE-Linienstärke, die üblicherweise auf *0.25* eingestellt ist. Die Bildschirmdarstellung erfolgt immer mit übertriebenen Linienstärken, die unter ANZEIGESKALIERUNG

ANPASSEN eingestellt werden. Beim Plotten werden später die echten Linienstärken verwendet.

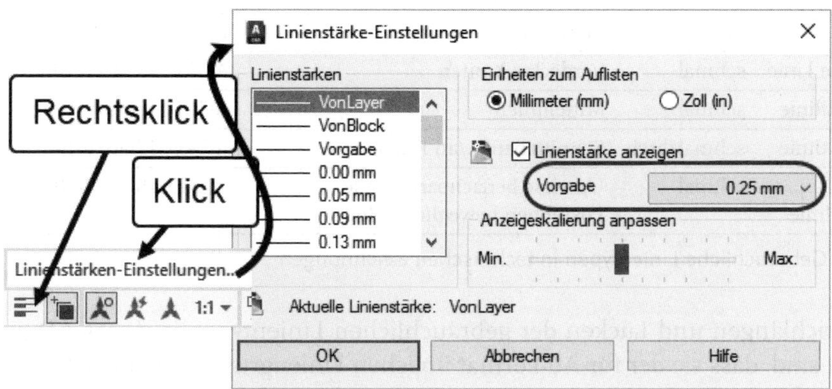

Abb. 5.7: Vorgabe-Linienstärke

5.1.5 Hinweis zu normgerechten Linien: Linientypfaktor

Die korrekten Abmessungen für Linienstärken und Strichlängen gestrichelter Linientypen werden durch die Normen DIN EN ISO 128-20 und DIN ISO 128-24 festgelegt. Man verwendet in einer technischen Zeichnung hauptsächlich drei Linienstärken: schmal, mittel und breit. Die breite Linie legt auch die verwendete *Liniengruppe* fest. Meist wird bei den kleineren Zeichnungsformaten A4 und A3 mit den Liniengruppen 0,5 oder 0,7 gearbeitet. Die entsprechenden Linienbreiten wären dann gemäß Tabelle 5.5 bei den Layern einzugeben.

	Liniengruppe 0,5	Liniengruppe 0,7	Liniengruppe 1,0
Blattgröße	A4/A3	A2/A1	A0
LTFAKTOR	0.5	0.7	1.0
breit	0,5 mm	0,7 mm	1,0 mm
mittel	0,35 mm	0,5 mm	0,7 mm
schmal	0,25 mm	0,35 mm	0,5 mm

Tabelle 5.5: Linienbreiten der Liniengruppen 0,5 bis 1,0

Die Verwendung der Linientypen zeigt grob Tabelle 5.6. Für die Feinheiten wären die Normen oder entsprechende Bücher zum Thema Technisches Zeichnen heranzuziehen. Bei Texten und Maßtexten sind Höhen von 2.5, 3.5 oder auch 5 üblich, abhängig von der Detailfülle der Zeichnung. Entsprechend sind dann schmale, mittlere oder breite Linienstärken zu verwenden.

Linientyp	Breite	Verwendung	AutoCAD-Bezeichnung
Volllinie	breit	Sichtbare Kanten	CONTINUOUS
Volllinie	schmal	Maßzahlen, Texte, Maß-, Hilfslinien	CONTINUOUS
Volllinie	mittel	Maßzahlen, Texte, grafische Symbole	CONTINUOUS
Gestrichelte Linie	schmal	Verdeckte Kanten	ACAD_ISO02W100
Strichpunktlinie	schmal	Mittellinien	ACAD_ISO10W100
Strichpunktlinie	schmal/breit	Schnittebenen/an Ecken	ACAD_ISO10W100
Strich-Zweipunktlinie	schmal	Umrisse benachbarter Teile, Positionen beweglicher Teile	ACAD_ISO05W100

Tabelle 5.6: Gebräuchliche Linientypen in technischen Zeichnungen

Da die Strichlängen und Lücken der gebräuchlichen Linientypen in AutoCAD so eingestellt sind, dass sie der für A0-Format üblichen Liniengruppe 1,0 entsprechen, müssen Sie für die bei den kleineren Formaten A4 oder A3 häufig benutzte Liniengruppe 0,5 einen Skalierfaktor von **0.5** für *alle* Linien eingeben. Das geschieht mit dem Befehl LTFAKTOR (Kürzel LK). Man bezeichnet diesen Faktor auch als GLOBALEN LINIENTYPFAKTOR, weil er *alle* Linientypen für *alle* Objekte in der aktuellen Zeichnung global beeinflusst:

Befehl	Kürzel
LTFAKTOR	LK

```
Befehl: LTFAKTOR oder LK
LTFAKTOR Neuen Linientyp für Skalierfaktor eingeben <1.0000>: 0.5
Der Dialogtext hier ist missverständlich und offenbar durch eine fehlerhafte Übersetzung entstanden. Gemeint ist: Neuen Skalierfaktor für Linientyp eingeben.
```

Wichtig: Linientypfaktor und Layouts

Wenn Sie später Plotausgaben über Layouts erstellen, dann wird AutoCAD die Linientypen automatisch relativ zum Papierbereich skalieren. Dadurch wird die Linienbreite *unabhängig vom Maßstab* des einzelnen Ansichtsfensters im Layout immer bezogen auf die Papierausgabe *korrekt* skaliert.

Was können Sie tun, wenn mal eine sehr lange Linie gestrichelt zu zeichnen ist, mal sehr kurze und unterschiedlich lange Strichelungen desselben Typs in derselben Zeichnung gebraucht werden? Hier können Sie noch zusätzlich einen *individuellen Faktor* im EIGENSCHAFTEN-MANAGER für einzelne Objekte festlegen, der zur Feinabstimmung dient. Dieser individuelle Linientypfaktor nennt sich dort zwar auch wieder *Linientypfaktor*, ist aber ein zusätzlicher Faktor, der mit dem oben genannten globalen Linientypfaktor multipliziert auf das einzelne Objekt wirkt. Er wird *nur in Sonderfällen ungleich 1* gesetzt.

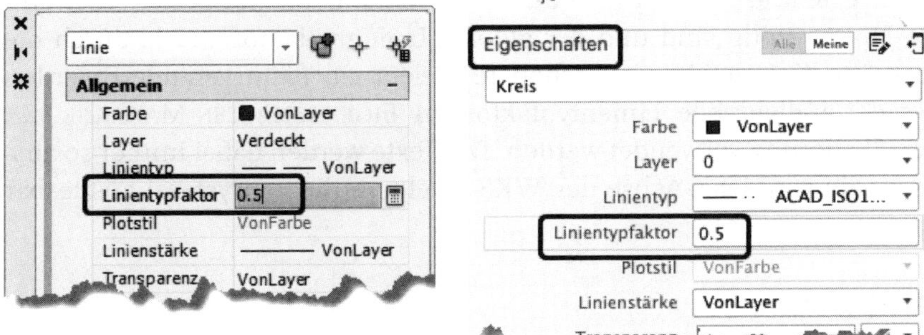

Abb. 5.8: Individuellen (zusätzlichen) Linientypfaktor für ein einzelnes Objekt über EIGENSCHAFTEN einstellen

Eine andere Möglichkeit besteht darin, einen anderen Linientyp zu verwenden, der von Haus aus eine andere Länge hat. Bei den Linientypen wie MITTE oder GESTRICHELT gibt es jeweils einen zusätzlichen Typ mit gleichem Muster, der 2-fach enger ist und deshalb xxxx2 heißt, sowie einen, der um einen Faktor 2 eXpandiert ist und xxxxX2 heißt. Auch bei den ISO...-Linientypen gibt es längere Versionen.

5.1.6 Linientypen mit Texten

Es gibt Linientypen, die Texte oder Zeichen enthalten. Die Texte richten sich normgerecht immer so aus, dass sie nie auf dem Kopf stehen, sondern von vorne oder rechts lesbar bleiben. Abbildung 5.9 zeigt die Linientypen HEISSWASSERLEITUNG, GASLEITUNG, GRENZE2, ISOLATION und ZICKZACK.

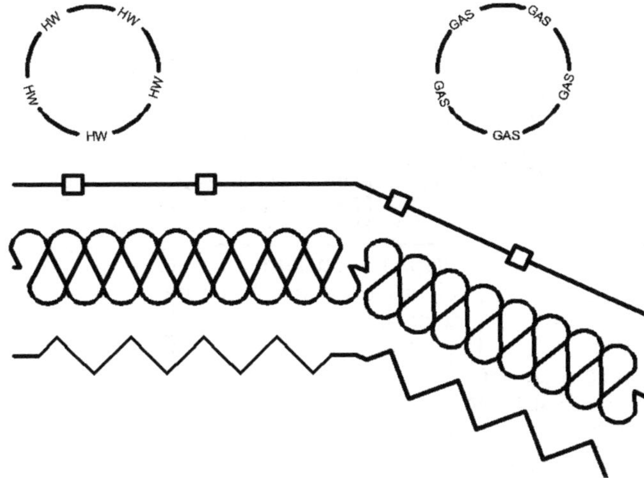

Abb. 5.9: Linientypen mit Texten und Zeichen

Die Höhe der Texte und Zeichen wird durch den Linientypfaktor gesteuert. Wenn hier andere Höhen nötig sind und der globale Linientypfaktor, der ja durch die Zeichnungsgröße (0.5 für A3, A4) schon festgelegt ist, nicht verändert werden kann, muss der individuelle Linientypfaktor im EIGENSCHAFTEN-MANAGER zur zusätzlichen Skalierung verwendet werden. Die Texte werden dabei immer so ausgerichtet, dass sie von der x-Achse des WKS (Weltkoordinatensystem) aus lesbar sind.

5.1.7 Transparenz

Über die Spalte TRANSPARENZ im LAYER-MANAGER können Sie komplette Layer mit allen Objekten durchsichtig machen. Hier geben Sie eine Zahl zwischen **0** (nicht transparent) und **90** (sehr durchsichtig, fast unsichtbar) ein oder wählen sie aus dem Listenfeld aus. Damit die Transparenz auf dem Bildschirm wirksam wird, muss unter den Zeichenhilfen TRANSPARENZ aktiviert werden.

5.1.8 Modi der Layer

Ich hatte anfangs die Layer mit transparenten Folien verglichen. Solche Folien können sich in verschiedenen Zuständen befinden:

- Eine Folie kann oben liegen; dann können Sie darauf zeichnen. Im CAD-Jargon ist das der *aktuelle Layer*.
- Eine Folie kann weggenommen worden sein; dann ist sie unsichtbar. Bei AutoCAD ist der Layer dann ausgeschaltet.

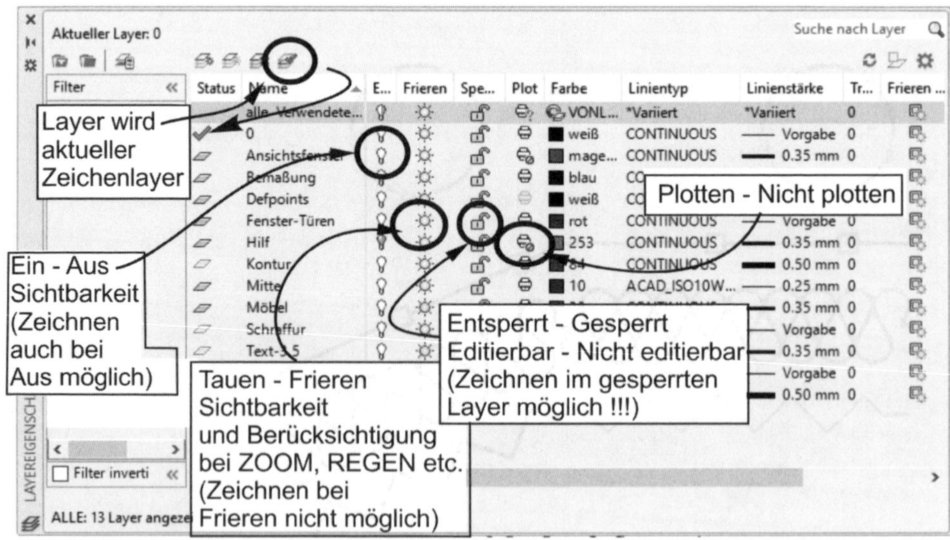

Abb. 5.10: Layer-Modi

Sie können diese Modi eines Layers entweder im bisherigen LAYER-Fenster einstellen (Abbildung 5.10), oder Sie beenden es jetzt mit OK und wählen die KLEINE LAYERSTEUERUNG (Abbildung 5.11) rechts neben dem Werkzeug für den Befehl LAYER. Dort müssen Sie rechts die Dropdown-Liste aufblättern, um alle Layer zu sehen.

Aus/Ein

Sie können Layer unsichtbar machen, indem Sie sie ausschalten. Dazu klicken Sie auf die Glühbirne. Ausgeschaltete Layer werden aber dennoch bei einigen Operationen wie ZOOM, Option GRENZEN und REGEN (Regenerieren, d.h. Aktualisieren der Anzeige) berücksichtigt. Objekte eines ausgeschalteten Layers zählen also bei der Ermittlung der minimalen und maximalen Zeichnungskoordinaten beim Zoomen auf diese Grenzen noch mit. Das wird bei dem Modus FRIEREN dann vermieden.

Vorsicht: Arbeiten auf ausgeschalteten Layern

Sie können auch den Layer ausschalten, auf dem Sie zeichnen. Der Effekt ist überraschend: Alle Zeichenbefehle laufen noch, die dynamischen Darstellungen sind da, aber das Endergebnis ist unsichtbar. Wenn Sie also plötzlich feststellen, dass die Zeichenbefehle angeblich »nicht mehr laufen«, prüfen Sie bitte zuerst nach, ob nicht der aktuelle Layer ausgeschaltet ist.

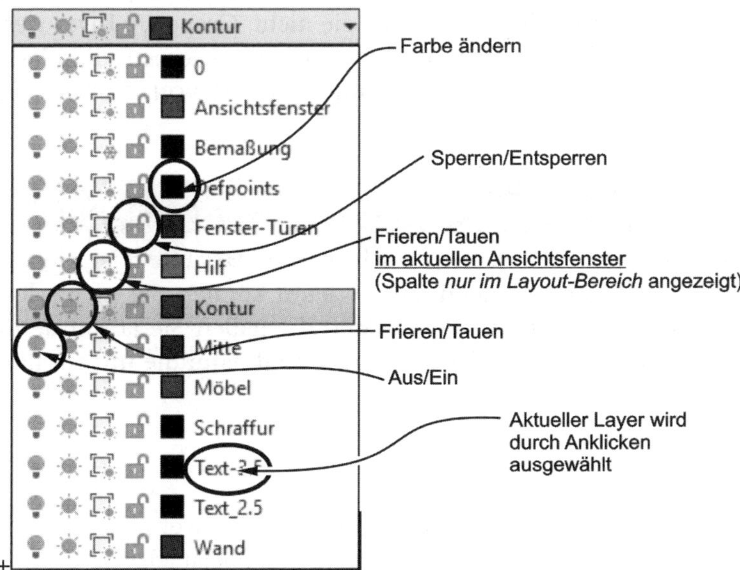

Abb. 5.11: Layer-Modi in der kleinen Layersteuerung

Frieren/Tauen

Der Modus FRIEREN bietet fast das Gleiche wie AUS, nur werden die Objekte auf den betreffenden Layern jetzt bei allen ZOOM-Manipulationen völlig ignoriert, was viel Zeit bei komplexen Zeichnungen spart. Sie klicken auf die Sonne, und schon erscheint ein Eiskristall als Zeichen des Frierens. Mit einem weiteren Klick haben Sie den Layer wieder getaut. Auf einem gefrorenen Layer kann man übrigens nicht mehr zeichnen. Der Modus FRIEREN und der Modus AKTUELL schließen sich nämlich gegenseitig aus. Bei FRIEREN kann es nicht passieren, dass Sie unabsichtlich auf einem unsichtbaren Layer zeichnen wie oben bei AUS. Deshalb ist das FRIEREN vorzuziehen.

Frieren/Tauen im aktuellen Ansichtsfenster

Wenn Sie später mit LAYOUTS arbeiten, wo Sie eine Plotgestaltung vornehmen, bei der verschiedene Zeichnungsausschnitte in mehreren Ansichtsfenstern gezeigt werden, lassen sich auch einzelne Layer nur in bestimmten Ansichtsfenstern frieren. Dieses Thema wird später bei der Vorstellung der LAYOUTS behandelt. Diese Spalte wird auch erst angezeigt, wenn Sie den Layout-Bereich aktiviert haben.

Sperren/Entsperren

Um die Objekte auf einem Layer gegen Änderungen, also gegen alle Editierbefehle, zu schützen, können Sie ihn sperren. Die Objekte bleiben dabei weiterhin sichtbar, aber sie können nicht editiert werden. Man kann auch mit Objektfang auf diese Objekte zugreifen, nur verändern kann man sie nicht. Gesperrte Layer werden standardmäßig mit 50% reduzierter Intensität angezeigt. Dieses Fading lässt sich im Dropdown-Bereich der Gruppe LAYER unter FADING VON GESPERRTEM LAYER ändern oder deaktivieren.

Vorsicht: Zeichnen auf gesperrten Layern

Sie können den Layer, auf dem Sie zeichnen, auch sperren. Der Effekt ist wieder überraschend: Sie können zwar zeichnen, aber warum können Sie nichts löschen? Tja, LÖSCHEN ist halt ein Editierbefehl, und die haben Sie ja mit dem Sperren abgeschaltet. Also schnell wieder entsperren und dann die ungewollte Geometrie löschen!

Nicht plotten/plotten

In der Spalte PLOTTEN können Sie angeben, ob der betreffende Layer geplottet werden soll oder nicht. Bei dem Layer HILFSLINIEN schalten Sie beispielsweise durch einen Klick auf das Plotter-/Drucker-Symbol die Plotmöglichkeit aus. Der Layer wird damit für das Plotten gesperrt und das Plottersymbol wird verändert.

Aktueller Layer

Die wichtigste Layereinstellung habe ich mir bis zum Schluss aufgehoben. Sie müssen nämlich noch den *einen* Layer charakterisieren, auf dem Sie zeichnen möchten. Diesen Layer nennt man den *aktuellen Layer.* In der Layerverwaltung – auch große Layersteuerung bzw. LAYER-EIGENSCHAFTEN genannt – markieren Sie den betreffenden Layer und klicken dann auf die Schaltfläche AKTUELL mit dem grünen Häkchen (Abbildung 5.10). Schneller geht es noch mit einem Doppelklick auf den Layernamen. In der kleinen Layersteuerung (Abbildung 5.11) brauchen Sie beim aufgeblätterten Layer-Menü nur auf den Namen zu klicken. Mit dem Werkzeug können Sie ein Objekt anklicken und damit dessen Layer aktuell setzen. Dies ist sehr nützlich, wenn Sie fremde Zeichnungen bearbeiten und die Layernamen noch nicht kennen.

Layerzustand zurücksetzen

Mit dem Werkzeug können Sie – auch mehrfach – Änderungen des gesamten Layerzustandes rückgängig machen. Das betrifft Änderungen in der kleinen Layersteuerung (Abbildung 5.11) und großen Layersteuerung (Abbildung 5.10).

5.1.9 Weitere Layerfunktionen

Im LAYERMANAGER gibt es nun die Möglichkeit, mehrere Layer mitsamt ihrem Inhalt in einem einzigen Layer zusammenzuführen und dann die Ursprungslayer zu löschen. Dazu markieren Sie die Layer, die Sie zusammenfassen möchten und wählen im Kontextmenü (nach Rechtsklick) AUSGEWÄHLTE(N) LAYER ZUSAMMENFÜHREN IN und suchen im folgenden Dialogfenster den Ziellayer aus.

In der Gruppe LAYER finden Sie viele zusätzliche Layerverwaltungsfunktionen. Die meisten davon erlauben eine Layerverwaltung über die Wahl eines zugehörigen Objekts. Besonders interessant ist die Funktion LAYANZEIG, die nur die in einer Dialogbox markierten Layer anzeigt. Damit können Sie sich auch in einer fremden Zeichnung schnell über die Layer und ihre Inhalte informieren.

ZEICHNEN UND BESCHRIFTUNG	Icon	Befehl	Funktion
START|LAYER|AUS		LAYAUS	Nach Objektwahl werden die Layer dieser Objekte ausgeschaltet.
START|LAYER|ISOLIEREN		LAYISO	Nach Objektwahl werden alle Layer der nicht gewählten Objekte ausgeschaltet.
START|LAYER|FRIEREN		LAYFRIER	Nach Objektwahl werden die Layer dieser Objekte gefroren.

Tabelle 5.7: Layerwerkzeuge der Gruppe LAYER

ZEICHNEN UND BESCHRIFTUNG	Icon	Befehl	Funktion
START|LAYER|SPERREN		LAYSPERR	Nach Objektwahl werden die Layer dieser Objekte gesperrt.
START|LAYER|ALS AKTUELL FESTLEGEN		LAYAKTM	Layer des gewählten Objekts aktuell setzen
START|LAYER|ALLE LAYER AKTIVIEREN		LAYEIN	Schaltet alle ausgeschalteten Layer ein
START|LAYER|ISOLIERUNG AUFHEBEN		LAYISOAUFH	Schaltet die mit LAYISO ausgeschalteten Layer wieder ein
START|LAYER|ALLE LAYER TAUEN		LAYTAU	Taut alle gefrorenen Layer
START|LAYER|ENTSPERREN		LAYSPERRAUFH	Die Sperrung der mit LAYSPERR gesperrten Layer wird aufgehoben.
START|LAYER|LAYER ANPASSEN		LAYMWECHS	Überführt Objekte in einen Ziellayer, der per Name oder Objekt gewählt wird
START|LAYER▼|VORHER		LAYERV, LAYERP	Auf vorherige Layereinstellungen zurücksetzen
START|LAYER▼|IN AKTUELLEN LAYER ÄNDERN		LAYAKT	Überführt gewählte Objekte in den aktuellen Layer
START|LAYER▼|NEUEN LAYER KOPIEREN		AUFLAYERKOP	Nach Objektwahl wird der Ziellayer auch per Objekt gewählt, und dann Basispunkt und zweiter Punkt für die Kopieraktion.
START|LAYER▼|LAYERANZEIGE		LAYANZEIG	In einem Dialogfenster können Sie aus der Layerliste diejenigen wählen, die temporär eingeblendet werden sollen. Eine optimale Funktion zur Überprüfung der Layerbelegung!
START|LAYER▼|AF FRIEREN IN ALLE ANSICHTSFENSTER AUßER AKTUELL		LAYAFI	Nach Objektwahl werden die Layer dieser Objekte in allen anderen Ansichtsfenstern gefroren. Ideale Funktion für Objekte, die nur in einem einzigen Ansichtsfenster zu sehen sein sollen.

Tabelle 5.7: Layerwerkzeuge der Gruppe LAYER (Forts.)

ZEICHNEN UND BESCHRIFTUNG	Icon	Befehl	Funktion
START|LAYER▼|ZUSAMMENFÜHREN		LAYZUSF	Nach Objektwahl und Wahl eines Objekts auf dem Ziellayer werden alle Objekte aus den Ursprungslayern in den Ziellayer überführt und die Ursprungslayer gelöscht. Eine ideale Funktion zum Zusammenlegen von Layern.
START|LAYER▼|LÖSCHEN		LAYLÖSCH	Nach Objektwahl werden die *Objekte und* die zugehörigen *Layer* mit allen Objekten gelöscht.

Tabelle 5.7: Layerwerkzeuge der Gruppe LAYER (Forts.)

Tipp: Layeranzeige

Der Befehl LAYANZEIG eignet sich hervorragend, um sich in eine fremde Zeichnung mit unbekannter Layerstruktur einzuarbeiten. Hiermit ist sozusagen ein Spaziergang durch die einzelnen Layer möglich, um sich erst mal zu orientieren. Klicken Sie im Dialogfenster des Befehls einfach den obersten Layer an und gehen Sie dann mit der Pfeiltaste sukzessive nach unten, um zu sehen, was in jedem Layer drinsteckt.

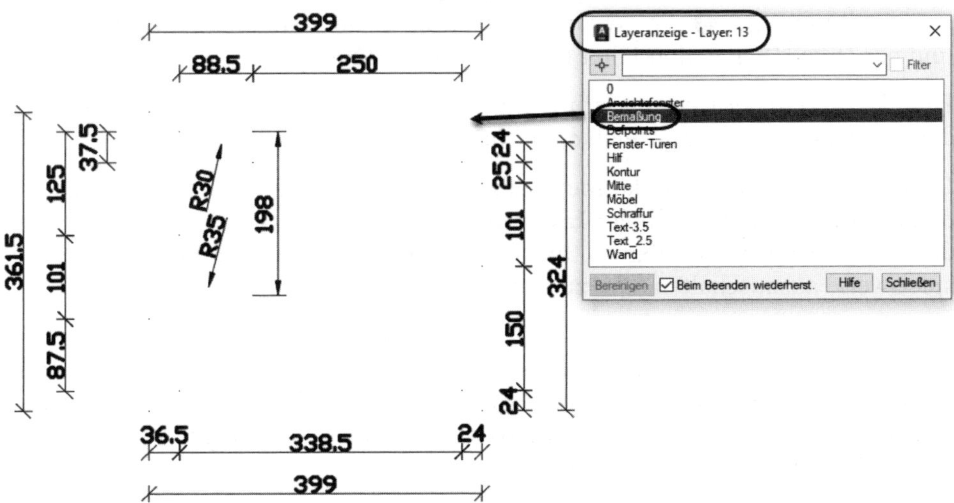

Abb. 5.12: Befehl LAYANZEIG mit aktiviertem Layer BEMAßUNG

5.1.10 Layerfilter

Wenn eine Zeichnung sehr viele Layer benutzt, ist es sinnvoll, diese ggf. in Gruppen einzuteilen, um so mehrere gemeinsam verwalten zu können. Insbesondere bei Architekturzeichnungen finden viele Layer schon wegen der vielen beteiligten Gewerke Anwendung. Von den beiden Möglichkeiten GRUPPENFILTER und EIGENSCHAFTENFILTER ist der Gruppenfilter am unkompliziertesten.

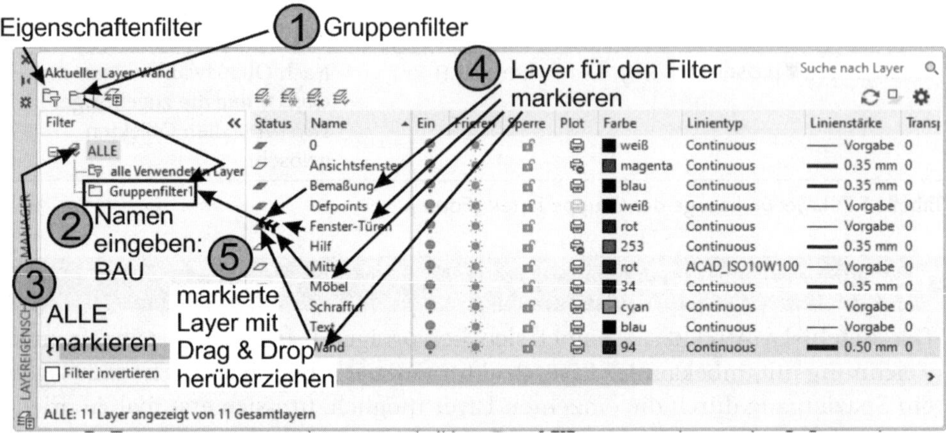

Abb. 5.13: Layerfilter

Ein GRUPPENFILTER wird mit dem rechten Filterwerkzeug ❶ erstellt, indem einfach ein passender Name eingegeben wird ❷. Gefüllt wird er, indem unter der Filtereinstellung ALLE ❸ die gewünschten Layer in der Namensspalte markiert ❹ und per *Drag&Drop* in den Filter herübergezogen ❺ werden.

Filter können in der Layersteuerung links unten auch *invertiert* werden. Dann werden diejenigen Layer angezeigt, die *nicht* vom Filter erfasst sind.

Untergeordnete Layerfilter können – übers Kontextmenü wählbar – auch rechts in den ersten Zeilen oberhalb der Layerstruktur mit Statuszuständen angezeigt werden. Damit ist es dann möglich, hier alle Layer eines untergeordneten Filters beispielsweise auszuschalten oder zu frieren.

Ein aktivierter Layerfilter bewirkt, dass *nur* die ihm zugeordneten Layer im LAYER-MANAGER und in der *kleinen Layersteuerung* angezeigt werden. Damit wird praktisch die Layerverwaltung übersichtlicher. Es wird dadurch aber *nicht die Bildschirmanzeige* von Objekten auf anderen Layern beeinflusst. Dafür gibt es die LAYERSTATUS-Verwaltung.

5.2 Layerstatus-Verwaltung

Sie können den *aktuellen Zustand aller Layer* unter einem Namen speichern, und zwar in Ihrer Zeichnung oder auch als Layerstatusdatei `*.las`. Diese Informationen können Sie dann entweder innerhalb der Zeichnung benutzen, um einen bestimmten LAYERSTATUS wiederherzustellen, oder Sie können die externe LAYERSTATUS-Information in eine andere Zeichnung hineinholen und damit nicht nur Layer einrichten, sondern auch ihren konkreten Zustand übernehmen. Der LAYERSTATUSMANAGER kann aus dem LAYER-MANAGER oder auch aus der Gruppe LAYER aufgerufen werden.

ZEICHNEN UND BESCHRIFTUNG	Befehl	Kürzel	Im Layermanager
START|LAYER ▼|UNGESICHERTER LAYERSTATUS | LAYERSTATUS VERWALTEN	LAYERSTATUS	LAS	

Folgende Schaltflächen können Sie wählen:

- NEU – speichert den aktuellen Zustand Ihrer Layertabelle unter einem Namen. Diese Funktion wird auch in der Multifunktionsleistengruppe LAYER im obersten Listenfeld angeboten.
- SPEICHERN – überschreibt den markierten Status mit dem aktuellen Zustand Ihrer Layertabelle.
- BEARBEITEN – Sie können die im markierten Status gespeicherten Layereigenschaften ändern.
- UMBENENNEN – Sie können einen Layerstatus umbenennen.
- LÖSCHEN – Ein Layerstatus kann auch wieder gelöscht werden.
- IMPORTIEREN – Hiermit lässt sich eine externe Statusdatei mit den Layern und deren Einstellungen einlesen. Eine Statusdatei hat die Endung `*.LAS` und wird mit dieser Funktion zunächst nur eingelesen und damit zu einem internen Status. Wenn dieser Status auch aktuell werden soll, müssen Sie ihn markieren und auf WIEDERHERST. gehen. Wenn Sie beim Import als Dateityp `*.DWG` wählen, können Sie auch die Zustände (und deren Layer) aus anderen Zeichnungen einlesen.
- EXPORTIEREN – Diese Funktion schreibt die internen Zustände in eine externe Layerstatusdatei mit der Endung `*.LAS`.
- WIEDERHERST. – Hiermit können Sie den ausgewählten Layerstatus zum aktuellen Zustand Ihrer Layertabelle machen. Sie können aber auch in der Multifunktionsleistengruppe LAYER den Layerstatus auswählen.

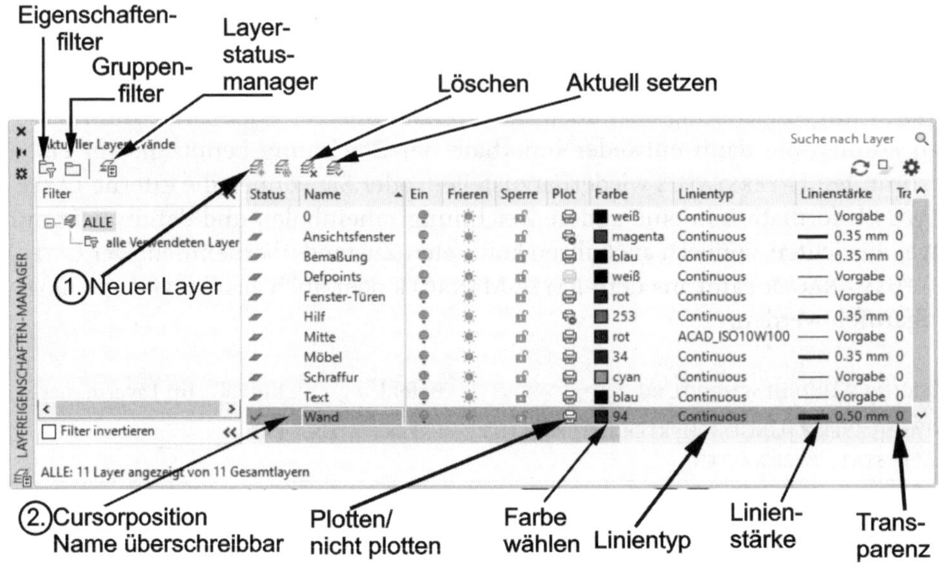

Abb. 5.14: Layerstatus verwalten

5.2.1 Das AutoCAD DesignCenter (ADC oder DC)

Noch eleganter lassen sich solche Einstellungen wie Layer über das DESIGNCENTER übertragen.

ZEICHNEN UND BESCHRIFTUNG	Icon	Befehl	Kürzel
ANSICHT|PALETTEN DESIGNCENTER		ADCENTER bzw. Strg+2	DC, ADC

Wenn die Zeichnung, von der Sie die Informationen holen möchten, noch geöffnet ist, klicken Sie in der Werkzeugleiste des DESIGNCENTERS auf das Register GEÖFFNETE ZEICHNUNGEN ❶. Ihre aktuell geöffneten Zeichnungen werden angezeigt. Dort klicken Sie bei der Zeichnung, die als Quelle für Ihre Layer dienen soll, auf das +-Zeichen, blättern damit auf und klicken auf Layer ❷ und wählen in der Spalte rechts davon alle Layer aus, die Sie übertragen möchten ❸. Durch einfaches Ziehen mit der Maus *in Ihre Zeichenfläche* (Maustaste nicht loslassen, bevor Sie in Ihrer Zeichnung sind) transportieren Sie die Layerinformationen hinüber ❹. Sie können mit dieser Methode aber nur neue Layer übertragen, schon vorhandene Layer werden nicht beeinflusst oder verändert.

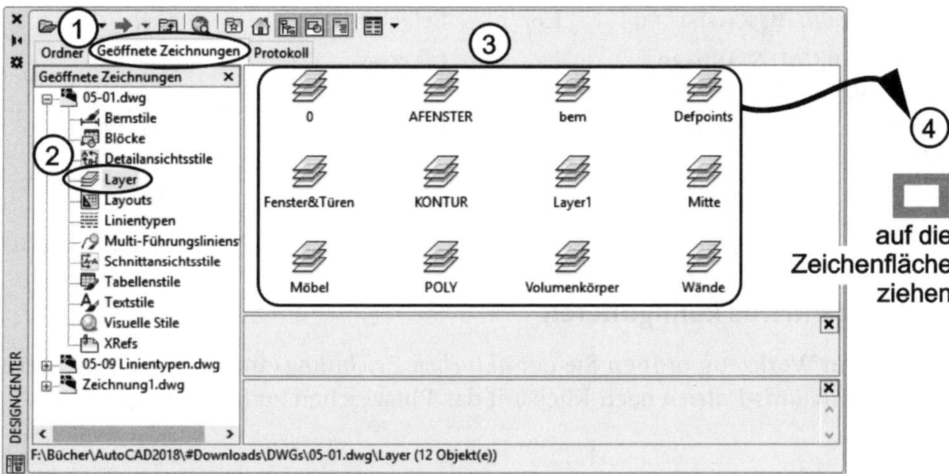

Abb. 5.15: Layer übers DESIGNCENTER importieren

5.3 Standards-Verwaltung (nicht LT)

Da es für die Layer einer Zeichnung keine Normung gibt, sind je nach Firma viele verschiedene Einstellungen üblich. Das bringt beim Austausch von Zeichnungen zwischen Firmen Probleme und Unbequemlichkeiten mit sich. Das Einhalten bestimmter Standards ist aber auch innerhalb einer Firma wichtig. Deshalb gibt es ein Werkzeug zur Verwaltung der *Standards*. Dazu gehören nicht nur *Layer*, sondern auch *Textstile*, *Bemaßungsstile* und *Linientypen*. Es gibt im Register VERWALTEN eine extra Gruppe CAD-STANDARDS zur Verwaltung dieser Standards mit drei interessanten Werkzeugen:

- KONFIGURIEREN – Hiermit können Sie eine externe Standards-Datei mit der Endung `*.DWS` mit der aktuellen Zeichnung zum Zwecke der Überprüfung verknüpfen. Eine *Standards-Datei*, also eine vorbildhafte Zeichnung, die alle firmenbezogenen Einstellungen enthält, muss zuvor mit DATEI|SPEICHERN UNTER mit Typ `*.DWS` erstellt worden sein.
- ÜBERPRÜFEN – Hiermit wird die Überprüfung der Standards unter Verwendung der oben verknüpften Standards-Datei durchgeführt. Man kann diesen Schritt auch relativ automatisiert ablaufen lassen.
- LAYER-KONVERTIERUNGSPROGRAMM – Dies ist eine Möglichkeit, um Layer-Konvertierungen durchzuführen und auch entsprechende Korrespondenztabellen extern zu speichern und später wieder zu verwenden. Damit wird erreicht, dass Sie dieselben Layerumbenennungen mit mehreren Zeichnungen verwenden können.

Zeichnen und Beschriftung	Icon	Befehl	Kürzel
Verwalten|CAD-Standards|Layer-Konvertierungsprogramm		Laykonv	
Verwalten|CAD-Standards|Überprüfen		Prüfstandards	PRS, PR
Verwalten|CAD-Standards|Konfigurieren		Standards	STA, STD

5.3.1 Standards konfigurieren

Mit diesem Werkzeug ordnen Sie der *aktuellen Zeichnung* eine oder auch mehrere *externe Standards-Dateien* nach Klick auf das Pluszeichen zu (Abbildung 5.16).

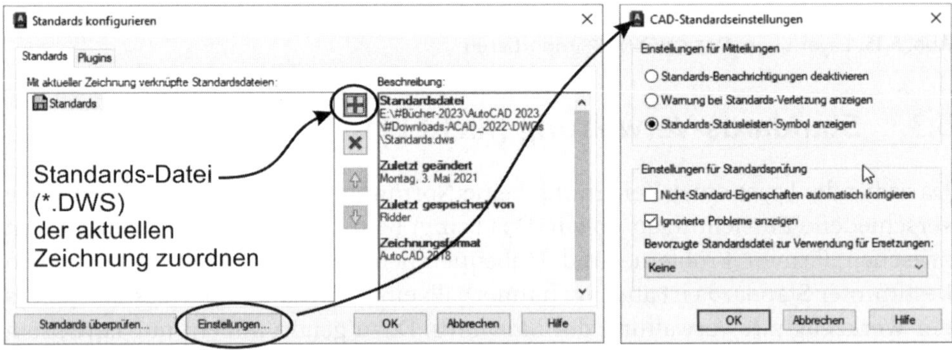

Abb. 5.16: Standards konfigurieren

Wenn mehrere Standards-Dateien existieren, gilt die Reihenfolge der Dateien auch als Prioritäten-Reihenfolge bei Mehrdeutigkeiten. Nach dem Konfigurieren wird in der Statusleiste mit angezeigt, dass eine Verknüpfung mit Standards-Dateien vorliegt. Aus diesem Icon heraus können Sie auch gleich die Prüfung starten.

5.3.2 Standards überprüfen

Mit Prüfstandards wird die Überprüfung der Standards anhand der verknüpften Standards-Dateien gestartet. Wenn Unterschiede gefunden werden, erscheint eine Meldung. Sie können dann die Reparatur ausführen lassen gemäß den verknüpften Standards, indem Sie auf Korrigieren klicken. Wenn Sie auf Weiter klicken, heißt das weiter ohne Änderung. Wenn Layernamen nicht dem Standard entsprechen, können Sie hier für jeden Layer einen neuen aus den Standards auswählen. Sie können auch bestimmte Diskrepanzen als ignoriert markieren und dann sinnvollerweise unter der Schaltfläche Einstellungen wählen, dass diese ignorierten Diskrepanzen bei späteren Überprüfungen nicht mehr angezeigt werden. Auch lassen sich unter EINSTELLUNGEN die Korrekturen automatisieren. Was nicht zu automatisieren ist, sind Namensabweichungen.

Unter den Einstellungen ist normalerweise festgelegt, dass Sie bei Standardsverletzungen über das Kommunikationszentrum rechts unten in der Statusleiste benachrichtigt werden (Abbildung 5.17). Das bedeutet, dass Sie bei einer Zeichnungsdatei, die mit Standards-Dateien verknüpft ist, sofort eine Meldung bekommen, wenn Sie versuchen, einen Layer o.Ä. zu definieren, dessen Name oder Einstellungen nicht den Standards entsprechen. Meldungen erscheinen auch beim Speichern, wenn Standardsverletzungen vorliegen.

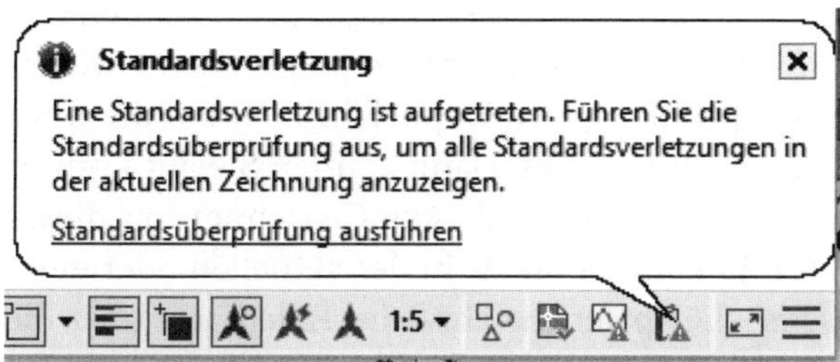

Abb. 5.17: Benachrichtigung über Standardsverletzung

Bei übereinstimmenden Namen für Layer, Bemaßungsstile, Linientypen und Textstile lassen sich deren Eigenschaften automatisch korrigieren.

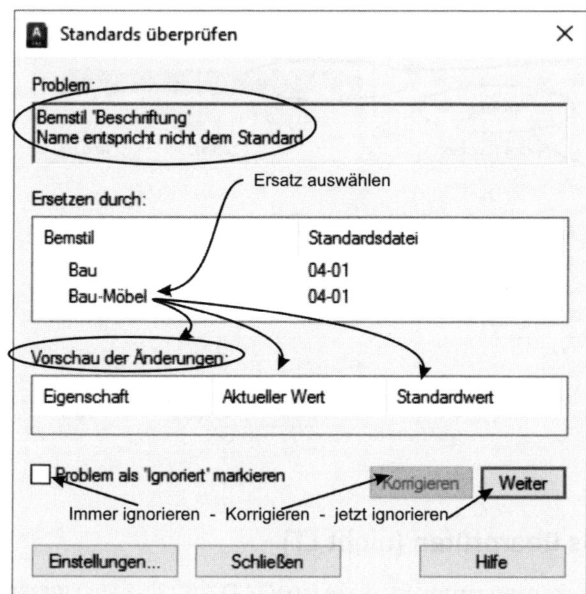

Abb. 5.18: Standards überprüfen

5.3.3 Layer konvertieren

Für die Praxis ist wahrscheinlich dies die interessanteste der drei Funktionen. Oft ist ja eine fremde Zeichnung nur deshalb so schwierig zu bearbeiten, weil andere Layernamen verwendet werden. Hiermit können Sie die Layernamen umwandeln. Links werden die internen Layer angezeigt, und in die rechte Spalte können Sie sich die Layertabelle aus einer *Standards-Datei (*.DWS)*, einer *anderen Zeichnungsdatei (*.DWG)* oder einer *anderen Zeichnungsvorlage (*.DWT)* laden. Sie können auch die Layer aus mehreren Dateien zusammen laden. Auch lassen sich hier noch neue Layer mit NEU erzeugen.

Mit der Schaltfläche DASSELBE MAPPING ordnen Sie Layer mit gleichem Namen einander zu. Für andere Layer klicken Sie rechts auf den gewünschten neuen Layernamen und wählen MAPPING oder machen gleich einen Doppelklick. Nun ordnen Sie Layer für Layer zu, bis links nichts mehr übrig bleibt. Dann können Sie auf Konvertieren klicken, damit die Zuordnung ausgeführt wird. AutoCAD fragt, ob dieses Mapping gespeichert werden soll. Mit Ja können Sie es in der aktuellen oder einer anderen Datei (*.DWG) ablegen lassen, die später für ähnliche Fälle dann über die Schaltfläche LADEN für ein automatisches Mapping geladen werden kann.

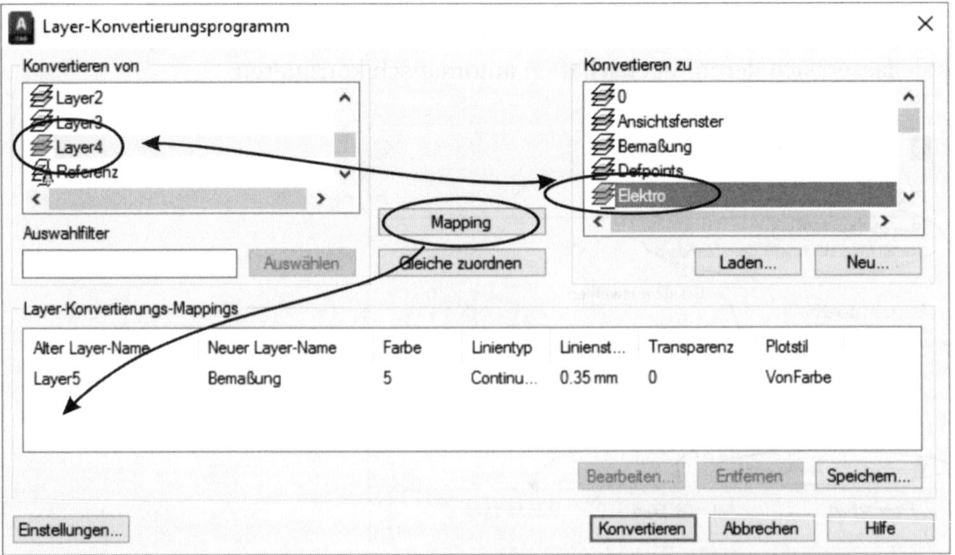

Abb. 5.19: Layer konvertieren

5.3.4 Stapelweise Standards überprüfen (nicht LT)

Es gibt unter den AutoCAD-Programmen unter START|AUTOCAD 2023|STAPELWEISE STANDARDSPRÜFUNG (Windows), eine Möglichkeit, mit der Sie außerhalb von AutoCAD gleich mehrere Dateien auf die Standards hin prüfen können. Wählen Sie hier im Register ZEICHNUNGEN die zu prüfenden Dateien durch Klick auf das Pluszeichen, dann wählen Sie auf der Registerkarte STANDARDS entweder die Option ALLE DATEIEN ANHAND DER FOLGENDEN STANDARDS-DATEIEN ÜBERPRÜFEN und besorgen mit dem Pluszeichen die Standards oder Sie wählen die Option JEDE ZEICHNUNG ANHAND DER ZUGEHÖRIGEN STANDARDS-DATEIEN ÜBERPRÜFEN. Dann klicken Sie auf SPEICHERN, um einen Namen für die Prüfprotokolldatei (*.chx) einzugeben. Danach wählen Sie das blau-gelbe Werkzeug zum Starten der Überprüfung. Ein Überprüfungsbericht wird als *.HTM-Datei für den Browser lesbar angelegt.

5.4 Eine einfache Zeichnungsvorlage erstellen

Nun haben Sie mit viel Mühe die Zeichnung etwas organisiert und eine schöne Layer-Struktur erstellt, nur wie können Sie die Früchte Ihrer Arbeit sichern? Antwort: Sie sollten das bisher Eingestellte als *Zeichnungsvorlage (`*.DWT`)* speichern. Dann können Sie die Einstellungen wie Linientypen und Layer für viele neue Zeichnungen als Grundlage verwenden. Damit es sich lohnt, sollen erst noch weitere nützliche Einstellungen vorgenommen werden. Die Zeichnungsvorlage sollte nicht nur die Layer, sondern auch alle übrigen häufig vorkommenden Einstellungen enthalten, aber noch keine Konstruktionsgeometrie.

Wenn Sie IM SCHNELLZUGRIFF-WERKZEUGKASTEN SPEICHERN UNTER und dann als Typ AUTOCAD-ZEICHNUNGSVORLAGE (*.DWT) wählen, müssen Sie nur noch einen Namen eingeben. Die Vorlage wird in einem benutzerspezifischen Vorlagenverzeichnis abgelegt:

- `C:\Benutzer\`*`Benutzername`*`\AppData\Local\Autodesk\AutoCAD 2023\R24.2\deu\Template` bzw.
- `C:\Benutzer\`*`Benutzername`*`\AppData\Local\Autodesk\AutoCAD LT 2023\R29\deu\Template`

Im Folgenden sollen noch einige weitere nützliche Grundeinstellungen gezeigt werden, bevor Sie die Vorlage speichern.

5.4.1 Fangmodus, Zeichnungsraster, Orthomode

Zu den wichtigsten Grundeinstellungen gehört unter anderem auch das Festlegen der *Zeichenhilfen* OBJEKTFANG, POLARE SPUR und OBJEKTFANGSPUR. Die Einstellungen für die ersten beiden finden Sie bereits in Abschnitt 2.1.3, *Zeichnungsraster anzeigen und Fangmodus*.

5.4.2 Zahlen-Genauigkeit und Einheiten

Die Dezimalstellen für die Anzeige in der Befehlszeile können mit dem Befehl EINHEIT festgelegt werden.

Zeichnen und Beschriftung	Icon	Befehl	Kürzel
A CAD |Zeichnungsprogramme|Einheiten	0.0	EINHEIT	ET

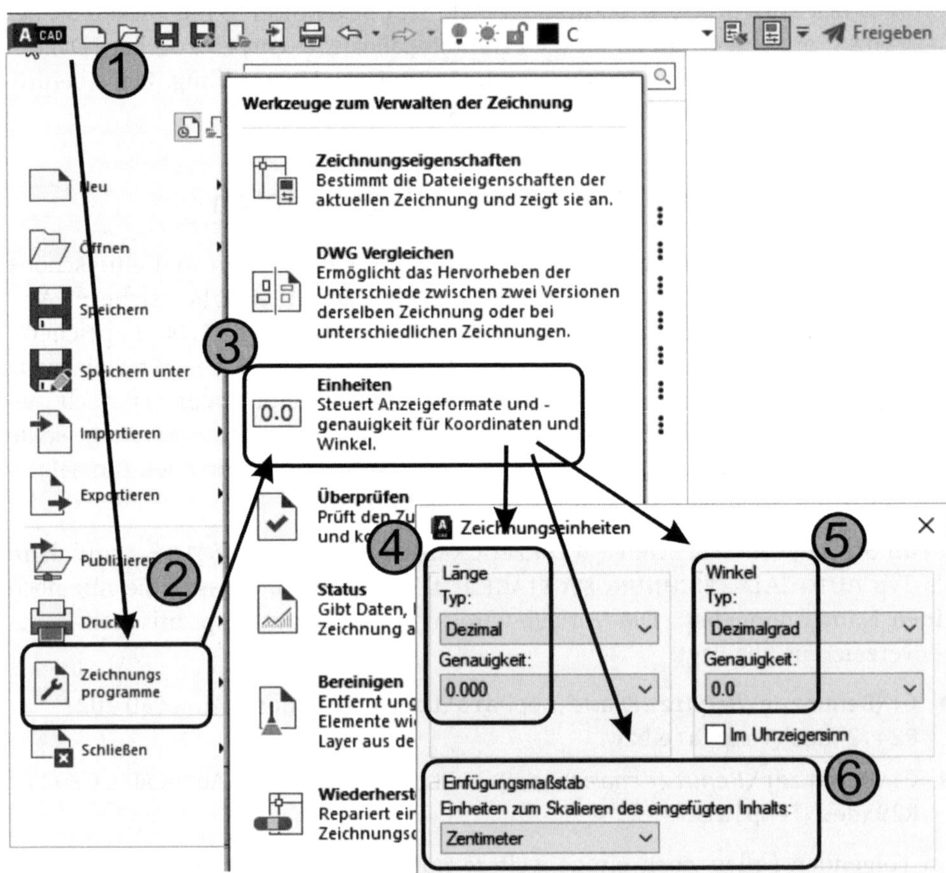

Abb. 5.20: Nachkommastellen und Einheiten für Anzeige

Als Standardvorgabe in der Vorlage ACADISO.DWT sind vier Nachkommastellen bei *linearen Einheiten*, aber keine Nachkommastellen bei *Winkeleinheiten* vorgesehen. Stellen Sie also hier fachspezifisch ein:

Bereich	Einheit	Länge	Winkel
Architektur	m	0.000	0
Architektur	cm	0.0	0
Metall	mm	0.000	0.0

Tabelle 5.8: Genauigkeitseinstellungen im Befehl Einheit

Auch kann man hier die Art der Einheiten für die Zeichnung wählen, etwa *cm* oder *m* für Architektur oder mm für den Holz- und Metallbereich. Diese Einheiten dienen später dazu, Objekte korrekt zu skalieren, die mit anderen Einheiten gezeichnet wurden und die Sie in Ihre Zeichnung einfügen wollen.

Tipp: Winkel in Grad, Minuten und Sekunden

Wenn Sie Winkel in Grad, Minuten und Sekunden ablesen müssen, sollten Sie bei Einheiten das Format entsprechend einstellen. Die Winkel*eingabe* kann man übrigens auch derart eingeben: *@50<30d15'10"*. Sie müssen also nicht unbedingt in Dezimalgrad mit Nachkommastellen umrechnen.

5.4.3 Zeichnungsvorlage speichern

Nun haben Sie fürs Erste genug eingestellt. Jetzt können Sie das als Zeichnungsvorlage sichern. Dazu noch zwei wichtige Punkte:

- Löschen Sie alle Geometrien, die nicht in eine Vorlage gehören.

```
Befehl: _erase
LÖSCHEN Objekte wählen: Alle Objekte anklicken, die gelöscht werden sollen.
LÖSCHEN Objekte wählen: [Enter]
```

- Schalten Sie den Layer aktuell, auf dem Sie normalerweise anfangen zu zeichnen. Das ist meist der Layer **Kontur**.

Das Archivieren einer Zeichnungsvorlage geschieht durch Abspeichern als Datei mit der Endung `.DWT`, hier zum Beispiel unter dem Namen **Bau-VORLAGE.DWT** mit dem Befehl SICHALS.

ZEICHNEN UND BESCHRIFTUNG	Icon	Befehl	Kürzel
SCHNELLZUGRIFF-WERKZEUGKASTEN		SICHALS	[Strg]+[Shift]+[S]

Zu beachten ist, dass AutoCAD bei der Endung `*.DWT` automatisch Ihr benutzerspezifisches Verzeichnis für die Vorlagen verwendet. Dieses Verzeichnis ist unter A CAD |OPTIONEN im Register DATEIEN unter VORLAGENEINSTELLUNGEN|POSITION DER ZEICHNUNGSVORLAGENDATEI voreingestellt. Nach dem Klick auf SPEICHERN werden Sie zu einer Beschreibung aufgefordert, die keine Bedeutung hat.

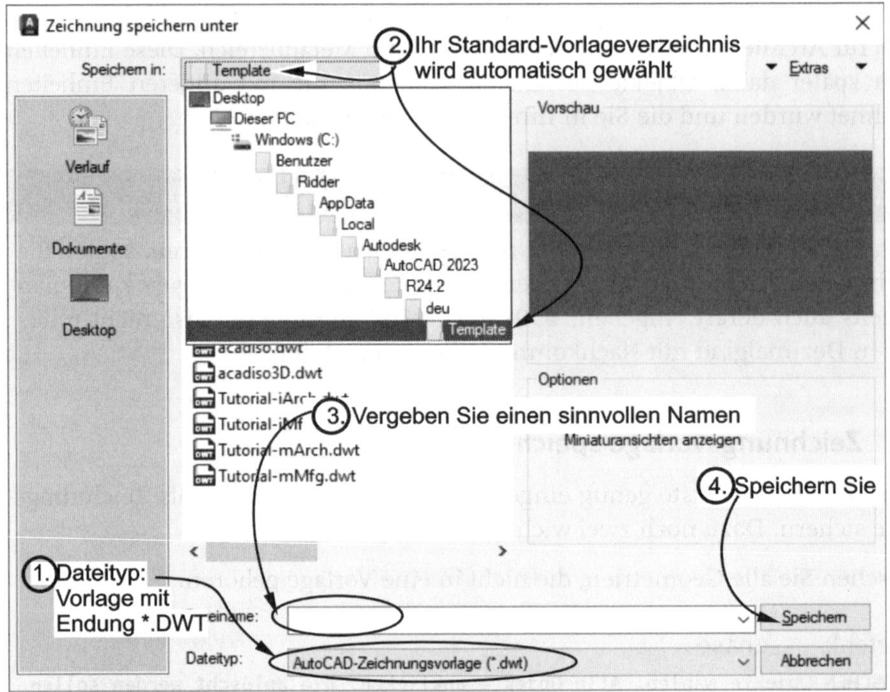

Abb. 5.21: Sichern einer Vorlage

5.4.4 Zeichnungsvorlage verwenden

Beim Erstellen einer neuen Zeichnung mit dem Befehl NEU oder A CAD |NEU|ZEICHNUNG werden Sie immer nach einer Vorlage gefragt und erhalten ein Dialogfenster, das direkten Zugriff auf die Vorlagen in Ihrem benutzerspezifischen Verzeichnis bietet (siehe Abbildung 2.14 in Kapitel 2).

Wenn Sie öfter oder immer mit der gleichen Vorlage starten möchten, dann können Sie für den Befehl SNEU im SCHNELLZUGRIFF-WERKZEUGKASTEN eine Vorlage vereinbaren, die immer automatisch verwendet wird. Das tragen Sie unter A CAD |OPTIONEN|DATEIEN unter VORLAGENEINSTELLUNGEN|VORGEGEBENER VORLAGENDATEINAME FÜR SNEU ein (siehe Abbildung 2.15 in Kapitel 2).

5.5 Eigenschaften

Sie haben in diesem Kapitel Einstellungen wie *Layer, Farbe, Linientyp, Linienstärke und Transparenz* kennengelernt. Man nennt dies die *allgemeinen Eigenschaften* eines Objekts. Sie bekommen diese Eigenschaften auch in der Gruppe START|EIGENSCHAFTEN angezeigt:

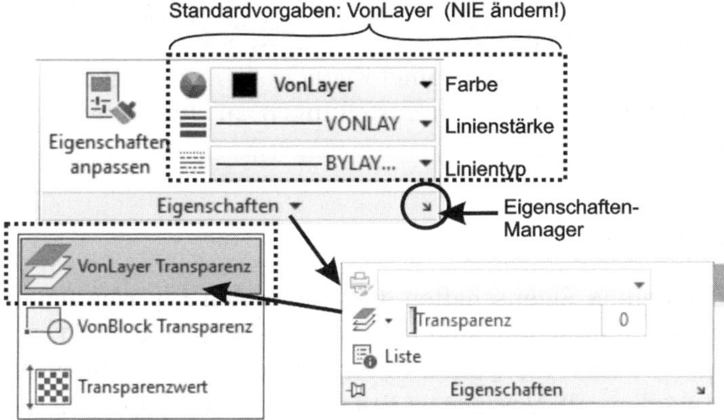

Abb. 5.22: Eigenschaften für neue oder aktivierte Objekte

Dies sind die Vorgaben für die Erstellung *neuer* Objekte. Alle Objekte, die mit Befehlen aus dem Menü bzw. der Gruppe ZEICHNEN erstellt werden, erhalten diese Eigenschaften. Sie sehen, dass eigentlich die wichtigste Eigenschaft die des *Layers* ist. Alle anderen Eigenschaften richten sich nach dem *Layer.* Das ist so auch sinnvoll und sollte nur in Ausnahmefällen anders gesetzt werden. Ansonsten finden Sie diese Vorgaben für neue Objekte im EIGENSCHAFTEN-MANAGER, wenn keine Objekte aktiviert sind.

5.5.1 Eigenschaften-Manager

Eine wichtige Sache ist aber das Ändern von Eigenschaften. Möglicherweise haben Sie aus Versehen ein Objekt auf dem falschen Layer gezeichnet und möchten das ändern. Was tun?

ZEICHNEN UND BESCHRIFTUNG	Icon	Befehl	Kürzel
START|EIGENSCHAFTEN↘ oder ANSICHT|PALETTEN		EIGENSCHAFTEN oder im Kontextmenü des markierten Objekts bzw. Strg+1	E oder EI oder EIG

Zum Ändern von Eigenschaften gibt es den EIGENSCHAFTEN-MANAGER in der Gruppe START|EIGENSCHAFTEN als Südost-Pfeil ↘ oder in ANSICHT|PALETTEN als . Unter der Rubrik GEOMETRIE werden die geometrischen Objekteigenschaften angezeigt, unter ALLGEMEIN die nicht geometrischen Eigenschaften. Die Eintragungen VONLAYER bei FARBE, LINIENTYP und LINIENSTÄRKE sollten Sie nie ändern. Unter LINIENTYPFAKTOR ist hier ein *individueller Faktor* zu verstehen, der nur in Sonderfällen und auch nur für einzelne Objekte zum speziellen Skalieren des Linientyps verwendet werden sollte. Dieser *individuelle Faktor* kommt dann bei dem betreffenden Objekt als Multiplikator zum *globalen Linientypfaktor* (LTFAKTOR) noch hinzu.

Vorsicht: Eigenschaften-Verstellung

Wenn *keine Objekte ausgewählt* sind, Anzeige lautet KEINE AUSWAHL, zeigt der EIGENSCHAFTEN-MANAGER die allgemeinen Voreinstellungen an, mit denen zukünftige *neue Objekte* erzeugt werden.

5.5.2 VonLayer-Einstellungen

Da üblicherweise die allgemeinen Eigenschaften direkt über den Layer gesteuert werden, gibt es eine Funktion, die alle Einstellungen auf VONLAYER ändert: START| ÄNDERN▼VONLAYEREINST . Über die Option EINSTELLUNGEN können Sie wählen, was alles umgestellt werden soll. Vorgabe ist FARBE, LINIENTYP, LINIENBREITE, MATERIAL und TRANSPARENZ. Sie werden dann noch gefragt, ob aus VONBLOCK dann VONLAYER werden soll, was bei normaler Layerverwendung belanglos ist, aber dann erscheint die Frage, ob Blöcke auch berücksichtigt werden sollen. Auch das können Sie mit J beantworten.

ZEICHNEN UND BESCHRIFTUNG	Icon	Befehl
START|ÄNDERN▼|ALS VONLAYER EINSTELLEN		VONLAYEREINST

5.6 Layerzugehörigkeit ändern

Die schnellste Methode zum Ändern des Layers eines Objekts besteht darin,

- zuerst das Objekt anzuklicken und
- dann die *kleine Layersteuerung* 0 aufzublättern und
- auf den Ziellayer zu klicken.

Es gibt einen weiteren sehr nützlichen Befehl, um die Eigenschaften – insbesondere die Layerzugehörigkeit - eines Objekts auf ein oder mehrere andere zu übertragen: den *Eigenschaften-»Pinsel«* oder nach offizieller Sprechweise die Funktion *Eigenschaften anpassen* EIGANPASS bzw. .

- Zuerst rufen Sie *Eigenschaften anpassen* auf.
- Dann wählen Sie als *Quellobjekt* ein Objekt, das die gewünschten Eigenschaften besitzt.
- Danach klicken Sie *all die Objekte* an, die diese Eigenschaften bekommen sollen.

ZEICHNEN UND BESCHRIFTUNG	Icon	Befehl	Kürzel
START|EIGENSCHAFTEN|EIGENSCHAFTEN ANPASSEN		EIGANPASS	EG

5.7 Übungen

5.7.1 Grundriss

Zeichnen Sie diesen Hausgrundriss mit den bekannten Befehlen. Benutzen Sie den ORTHO-Modus zur Vereinfachung der Koordinateneingabe. Mit VERSETZ lassen sich viele der Wandstücke konstruieren. Verwenden Sie auch den Objektfang ENDPUNKT.

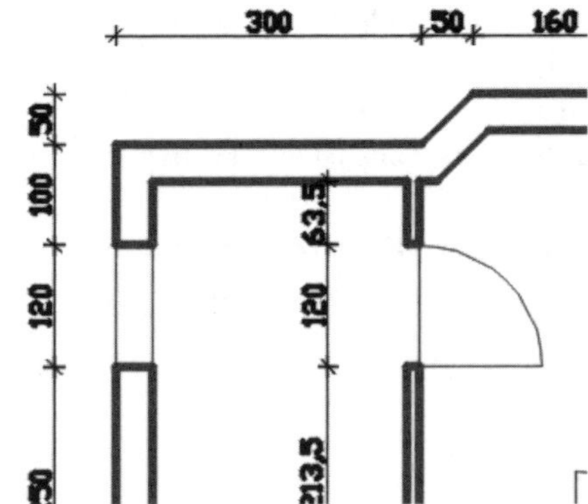

Abb. 5.23: Hausgrundriss

```
Befehl: _line Ersten Punkt angeben: 50,50
LINIE Nächsten Punkt angeben oder [...]:  450   bei Fadenkreuz rechts
LINIE Nächsten Punkt angeben oder [...]: 36.5   bei Fadenkreuz oben
LINIE Nächsten Punkt angeben oder [...]: 413.5   bei Fadenkreuz links
LINIE Nächsten Punkt angeben oder [...]: 213.5   Fadenkreuz oben
LINIE Nächsten Punkt angeben oder [...]: 36.5   bei Fadenkreuz links
LINIE Nächsten Punkt angeben oder [Schließen Z...]: s
Befehl: _line Ersten Punkt angeben: 610,50
LINIE Nächsten Punkt angeben oder [...]: 150   bei Fadenkreuz rechts
LINIE Nächsten Punkt angeben oder [...]: 300   bei Fadenkreuz oben
LINIE Nächsten Punkt angeben oder [...]: 36.5   Fadenkreuz links
LINIE Nächsten Punkt angeben oder [...]: Enter
Befehl: _offset   Wände versetzen
Aktuelle Einstellungen: ...
VERSETZ Abstand angeben oder [Durch punkt lÖschen Layer] <Durch punkt>:  36.5
VERSETZ Zu versetzendes Objekt ... [B... R...] <Beenden>: Wand wählen
VERSETZ Punkt auf Seite ...[B... M... R...] <Beenden>: Punkt für Richtung
...
VERSETZ Zu versetzendes Objekt ... [B... R...] <Beenden>: Enter
Befehl: _line Ersten Punkt angeben:  Wandstück 36.5 schließen, Endpunkte
anklicken
```

```
LINIE Nächsten Punkt angeben oder [Zurück]:
LINIE Nächsten Punkt angeben oder [Zurück]: Enter
Befehl: _fillet   Abrunden mit Radius 0 stutzt überstehende versetzte
Linien
Aktuelle Einstellungen: Modus = STUTZEN, Radius = 0.0000
ABRUNDEN Erstes Objekt wählen [...]: 1. Kante anklicken
ABRUNDEN Zweites Objekt wählen oder mit der Umschalt-Taste wählen, um Ecke
anzuwenden: Shift + Klick auf 2. Kante
Befehl: _line Ersten Punkt angeben: 50,420
LINIE Nächsten Punkt angeben oder [...]: 100   bei Fadenkreuz oben
LINIE Nächsten Punkt angeben oder [...]: 300   bei Fadenkreuz rechts
LINIE Nächsten Punkt angeben oder [...]: @50,50
LINIE Nächsten Punkt angeben oder [...]: 160   bei Fadenkreuz rechts
LINIE Nächsten Punkt angeben oder [...]: @50,-50
LINIE Nächsten Punkt angeben oder [...]: 150   bei Fadenkreuz rechts
LINIE Nächsten Punkt angeben oder [...]: 50   bei Fadenkreuz unten
LINIE Nächsten Punkt angeben oder [...]: Enter
Befehl: _offset   Wände versetzen
Aktuelle Einstellungen: ...
VERSETZ Abstand angeben oder [...]<36.5000>: Enter
VERSETZ Zu versetzendes Objekt ... [...] <...>:  Linie wählen
VERSETZ Punkt auf Seite ...[...] <...>: Richtung klicken
VERSETZ Zu versetzendes Objekt ... [...] <...>: ...
Befehl: _fillet   Abrunden mit Radius 0 stutzt überstehende, dehnt zu kurze
versetzte Linien
Aktuelle Einstellungen: Modus = STUTZEN, Radius = 0.0000
ABRUNDEN Erstes Objekt wählen [rÜ... P... R... S... Mehrere]: M
ABRUNDEN Erstes Objekt wählen [...]: Anklicken
ABRUNDEN Zweites Objekt wählen oder mit der Umschalt-Taste wählen, um Ecke
anzuwenden: Shift + Klick
...
```

Dieses Beispiel sollten Sie nach dem nächsten Kapitel unter Benutzung der Polylinie (Befehl: PLINIE) wiederholen. Dabei können dann komplette Wandkonturen im Stück versetzt werden, was den Aufwand wesentlich reduziert. Eine entsprechende Beispielkonstruktion finden Sie auch in den Downloads.

5.7.2 Badezimmer

Versuchen Sie, die folgende Übungszeichnung selbst mit den bekannten Befehlen zu konstruieren. Die Zeichnung wird als `BAD.DWG` später für weitere Übungen benutzt.

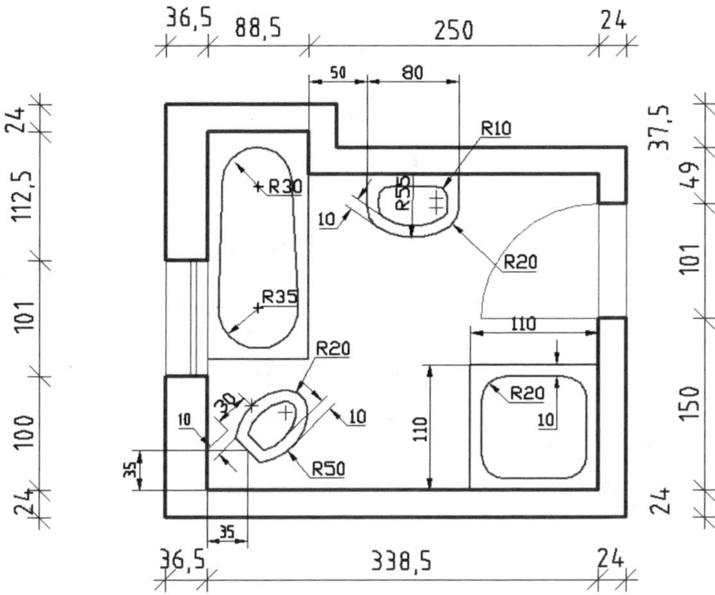

Abb. 5.24: Badezimmer-Grundriss

5.8 Was noch zu bemerken wäre

- *Layerverwendung* – Im LAYER-MANAGER gibt es rechts oben die EINSTELLUNGEN . Dort unter DIALOGFELD-EINSTELLUNGEN ganz rechts unten können Sie VERWENDETE LAYER ANZEIGEN aktivieren, damit in der Spalte STATUS die *verwendeten* Layer in *Hellblau* und die *nicht verwendeten* in *Grau* markiert werden.
- *Layervorgaben für bestimmte Objekte* – Damit Sie nicht ständig beim Erstellen neuer Objekte wie Bemaßungen, Texte, Schraffuren etc. auf neue Layer umschalten müssen, gibt es dafür Voreinstellungen. Sie können dadurch beispielsweise auf dem normalen Konstruktionslayer bleiben, wenn Sie bemaßen, schreiben oder schraffieren wollen, sofern Sie vorher die objektspezifischen Layer dafür eingestellt haben. Das geht einerseits über Systemvariablen, andererseits über spezielle Einstellungen. Die Systemvariablen sind folgende:

Bemaßungen	DIMLAYER
Schraffuren	HPLAYER
Assoziative Mittellinien und Mittelpunktsmarkierungen	CENTERLAYER
Externe Referenzen, XRefs	XREFLAYER

Texte	TEXTLAYER
PDF-Importe	PDFIMPORTLAYERS

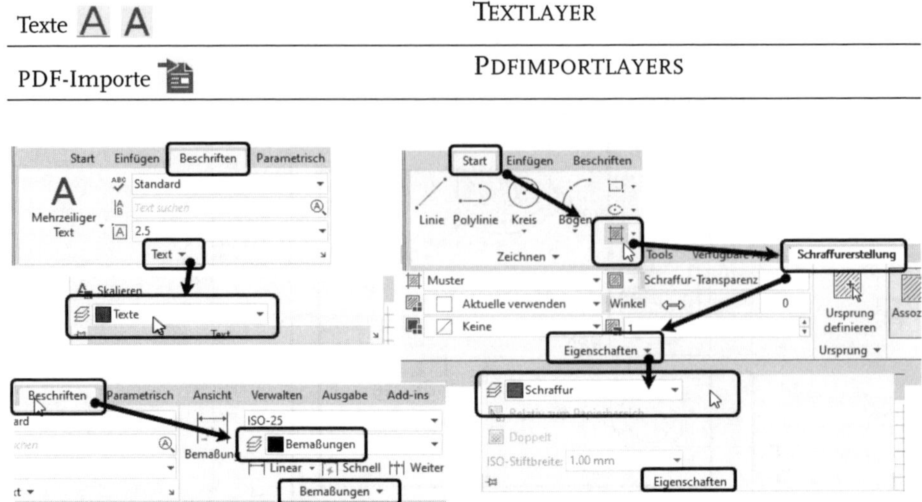

Abb. 5.25: Objektspezifische Layer für Texte, Bemaßungen und Schraffuren einstellen

- *Layer evaluieren* – Unter den EINSTELLUNGEN können Sie auch aktivieren, dass neue Layer, die in Ihre Zeichnung durch Einfügen anderer Zeichnungen aufgenommen werden, in einen extra Filter gesetzt werden. Diese Einstellung finden Sie unter BENACHRICHTIGUNG ÜBER NEUE LAYER. NUR NEUE XREF-LAYER EVALUIEREN legt einen Filter für Layer an, die nur durch Einfügen einer externen Referenz (siehe Kapitel 11, *Blöcke und externe Referenzen*) in Ihre Zeichnung gelangen. ALLE NEUEN LAYER EVALUIEREN filtert *alle* neuen Layer, die durch Einfügen externer Referenzen oder Blöcke dazukommen.
- *Gesperrte Layer* gegraut anzeigen – Unter den EINSTELLUNGEN ist unter LAYEREINSTELLUNGEN ISOLIEREN mit SPERREN UND AUSBLENDEN die 50% gegraute Anzeige für gesperrte Layer standardmäßig aktiviert (die Texte sind wohl etwas missverständlich übersetzt worden). Über den Schieberegler kann der Prozentwert geändert werden oder über die Schaltfläche ausgeschaltet werden.
- *Neue Sortierreihenfolge* – Layer, die mit Zahlen beginnen, können nach den Zahlenwerten (Systemvariable SORTORDER **1**) oder nach den einzelnen Ziffern (Systemvariable SORTORDER **0**, ASCII-Reihenfolge) sortiert werden. Vorgabe ist gemäß SORTORDER **1** die Folge 1, 2, 3, 4, 5, 6, 10, 12, 25.
- *Layer zusammenfassen* – Im Layer-Kontextmenü erscheint als Funktion AUSGEWÄHLTE(N) LAYER ZUSAMMENFÜHREN IN ..., um Objekte aus einem oder mehreren gewählten Layern in einen auszuwählenden Ziellayer zu überführen. Die Originallayer werden dann entfernt.
- *Layer von eingefügten externen Referenzen* – Wenn Sie später externe Zeichnungen als sogenannte *externe Referenzen* in Ihre aktuelle Zeichnung einfügen, erscheinen zwar die zugehörigen Layer und Linientypen in der Layerverwal-

tung und können auch in ihren Darstellungseigenschaften verändert werden, aber sie werden nicht im EIGENSCHAFTENMANAGER angeboten, weil sie nicht für Ihre Konstruktionen verwendet werden dürfen.

Tipp: Layer in Befehlseingabe

Wenn Sie in der Befehlseingabe einen Layernamen eingeben, oder auch nur einen Teil davon, dann können Sie damit diesen Layer aktuell setzen. Das ist eine sehr nützliche Option, den Layer zu wechseln! Das klappt aber nur, solange der Layername keine Ähnlichkeit zu einem anderen Befehlsnamen aufweist. In solch einem Fall wird nämlich die Ähnlichkeitssuche für Befehlseingaben evtl. den Befehlsnamen verwenden. Sie müssen also immer gut verfolgen, was AutoCAD aus Ihren Eingaben macht!

5.9 Übungsfragen

1. Wozu verwendet man verschiedene Farben?
2. Mit welcher Schaltfläche in der Statusleiste schaltet man die Linienstärken-Anzeige ein/aus?
3. Nennen Sie die fünf Modi eines Layers.
4. Welche Linientypfaktoren gibt es?
5. Welcher Linientypfaktor wird über den EIGENSCHAFTEN-MANAGER eingestellt?
6. Mit welcher Funktionstaste schaltet man den FANGMODUS ein oder aus?
7. Welche Dateiendung hat die Zeichnungsvorlage, und in welchem Verzeichnis sucht sie AutoCAD standardmäßig?
8. Welchen globalen Linientypfaktor brauchen Sie für die Liniengruppe 0,5?
9. Welche Dateiendung hat die Standards-Datei?
10. Welche Layereinstellungen können Sie in der Dropdown-Liste der kleinen Layersteuerung ändern?

Weitere Zeichenbefehle

Neben den grundlegenden einfachen Zeichenbefehlen LINIE, KREIS und BOGEN gibt es noch viele, die komplexere Objekte erstellen. Hier ist als Erstes der Befehl PLINIE zu erwähnen, der eine zusammengesetzte Kurve erstellt, die Polylinie. Sie besteht aus Linien- und Bogensegmenten. Den Befehl RECHTECK haben Sie schon benutzt; er generiert eine spezielle, eben rechteckige Polylinie. Der Befehl POLYGON erzeugt regelmäßige Vielecke, die vom Objekttyp her wiederum Polylinien sind. Auch der Befehl RING erzeugt eine Polylinie, bestehend aus zwei Halbkreisen und versehen mit einer Breite. Die Breite ist auch eine wesentliche Eigenschaft der Polylinie: Die Breite kann sogar an jedem Segmentende unterschiedlich sein.

Neben der Polylinie gibt es als Objekte, die eine flächige Füllung aufweisen, noch das Band und das Solid. BAND ist ein eher seltener Befehl, SOLID ist für flächige Füllungen gut geeignet.

Aber auch mit dem Befehl LINIE ist noch nicht alles ausgeschöpft, was wie eine Linie aussieht. Sie erzeugen eine Linie, die an einem Ende unendlich lang ist, mit dem Befehl STRAHL, und sollen beide Enden für eine Hilfs- oder Konstruktionslinie unendlich lang sein, benutzen Sie den Befehl KLINIE. Mehrfache parallele Linien lassen sich als Multilinie mit dem Befehl MLINIE zeichnen. Anstelle des Befehls MLINIE gibt es in der LT-Version die Doppellinie mit dem Befehl DLINIE.

6.1 BOGEN

Bisher haben Sie noch keinen Bogen zu zeichnen brauchen, weil Sie sich immer mit gestutzten Kreisen aushelfen konnten. Das ist in der Regel auch korrekt. Nur manchmal braucht man eben doch den Bogenbefehl, und deshalb hier kurz der Befehl mit seinen Optionen.

Es gibt auch die Möglichkeit, die *Laufrichtung* des Bogens durch Drücken der [Strg]-Taste *umzukehren*. Bei den nachfolgenden Funktionen müssen Sie dann vor Eingabe des letzten Bestimmungsstücks die [Strg]-Taste drücken und halten. Dies wirkt aber nur, wenn die letzte Tastatureingabe vor Abschluss mit [Enter] durch grafische Anzeige mit dem Cursor unterstützt wird. Hierzu ist es oft auch nützlich, die dynamische Eingabe +▬ zu aktivieren, um Winkel eingeben zu können.

Zeichnen und Beschriftung	Icon	Befehl	Kürzel
Start|Zeichnen		Bogen	B

Die verschiedenen Bogenoptionen zeigen Abbildung 6.1 und folgende. Darin bedeuten M = Mittelpunkt oder Zentrum des Bogens, S = Startpunkt und E = Endpunkt des Bogens. Die Bogenoptionen rufen Sie am bequemsten über das Flyout im Register Start|Zeichnen auf. Dort sind die Optionen dann schon entsprechend voreingestellt. Die Standard-Bogen-Option erzeugt den Bogen aus drei aufeinanderfolgenden Punkten, dem Startpunkt, einem weiteren Punkt auf dem Bogen und dem Endpunkt.

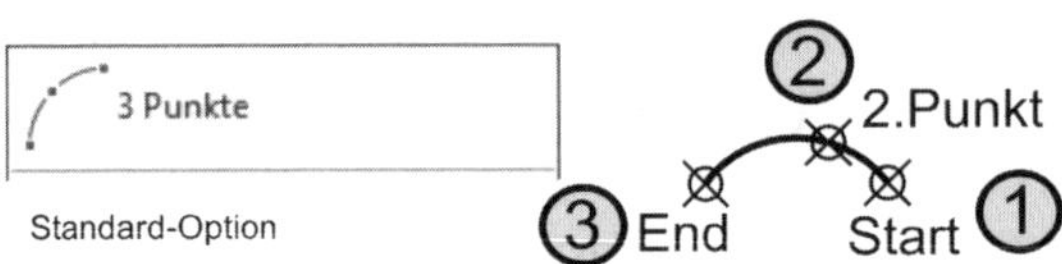

Abb. 6.1: Standard-Bogenkonstruktion

Die nächsten drei Bogen-Optionen beginnen alle mit dem Mittelpunkt des Bogens und dann mit dem Startpunkt. Der Bogen läuft im Fall der Sehnenlänge immer *im Gegenuhrzeigersinn*. Die negative Sehnenlänge wird *im Uhrzeigersinn* gerechnet.

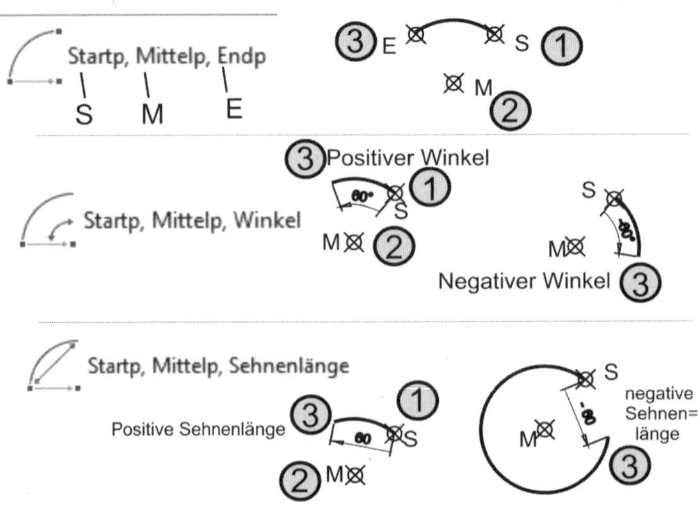

Abb. 6.2: Bogenkonstruktionen mit Start- und Mittelpunkt

Die nächsten drei Optionen beginnen alle mit Startpunkt und Endpunkt. Darauf folgen dann als weitere Optionen Winkel oder Richtung oder Radius.

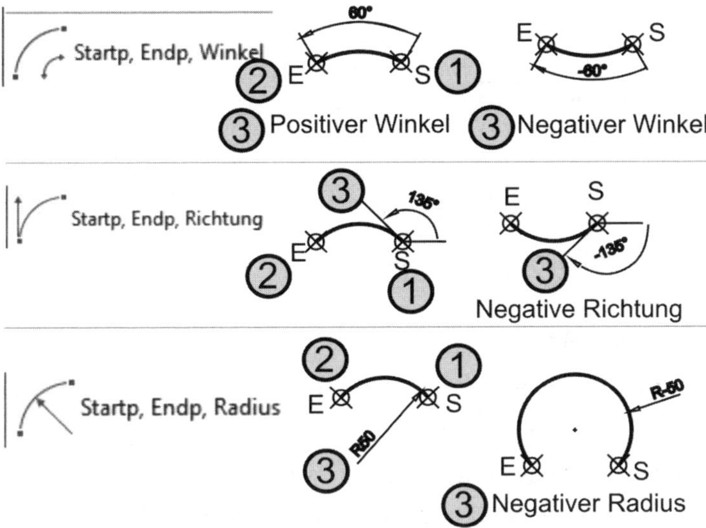

Abb. 6.3: Bogenkonstruktionen mit Start- und Endpunkt

Die nächsten drei Optionen entsprechen geometrisch den obersten Optionen, nur ist hier die Reihenfolge von Mittelpunkt und Startpunkt vertauscht. Sie benutzen die Optionen je nach den konstruktiven Gegebenheiten.

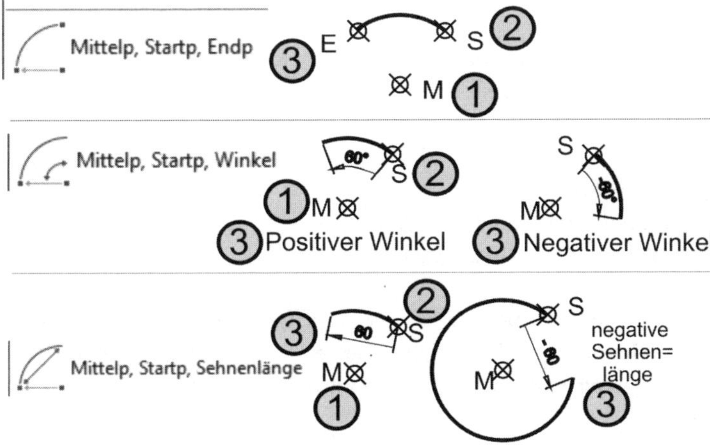

Abb. 6.4: Bögen mit Mittelpunkt beginnen

Als letzte Option folgt der Bogen, der sich tangential an eine vorhergehende Linie oder einen Bogen anschließt.

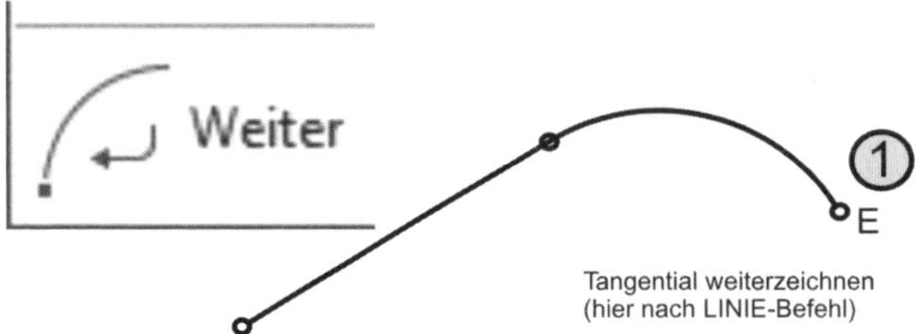

Abb. 6.5: Konstruktion mit tangentialem Bogen fortsetzen

6.1.1 Linie-Bogen-Übergänge

Wenn Sie mit Linien und Bögen konstruieren, können Sie diese Kurven auf zwei verschiedene Arten aneinander anschließen:

- als tangentialer, glatter Übergang (Eingabe Enter am Startpunkt) oder
- als stetiger Übergang, zwar im selben Punkt, aber mit Knick (Eingabe @Enter).

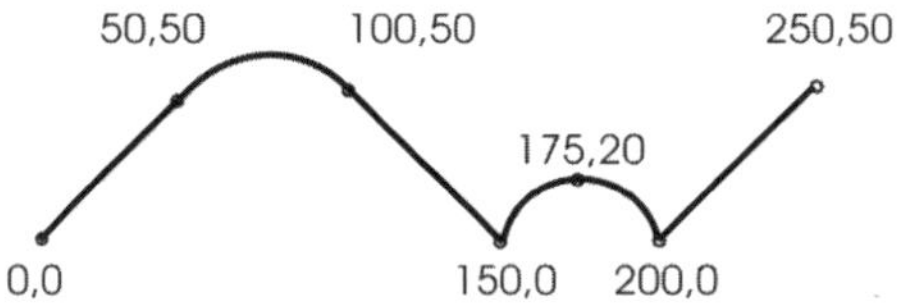

Abb. 6.6: Übergänge zwischen LINIEN und BÖGEN

Achten Sie darauf, dass bei diesem Beispiel absolute Koordinaten einzugeben sind. Schalten Sie ggf. DYN in der Statusleiste ab.

```
Befehl: _line
LINIE Ersten Punkt angeben: 0,0 Enter
LINIE Nächsten Punkt angeben oder [Zurück]: 50,50 Enter
LINIE Nächsten Punkt angeben oder [Zurück]: Enter
Befehl: _arc
BOGEN Startpunkt für Bogen angeben oder [Zentrum]: Enter   Die Eingabe von
Enter als Startpunkt bewirkt, dass der Bogen hier am letzten Punkt, dem
Linienendpunkt, angesetzt wird und auch in der Richtung tangential an das
Linienende anschließt.
BOGEN Endpunkt für Bogen angeben: 100,50 Enter
Befehl: _line
LINIE Ersten Punkt angeben: Enter   Die Eingabe von Enter als Startpunkt
bewirkt, dass die Linie hier am letzten Punkt, dem Bogenendpunkt, angesetzt
wird und auch in der Richtung tangential an das Bogenende anschließt. Da die
Richtung der Linie damit feststeht, läuft der Dialog anders als sonst weiter,
```

und Sie werden nicht nach dem Endpunkt, sondern nur noch nach der Länge gefragt. Da Sie eine Diagonale mit x-Abstand = 50 und y-Abstand = 50 zeichnen wollen, müssen Sie als Länge 50 x √2 = 70.71 eingeben. Aber auch die Punktposition 150,0 führt indirekt zur korrekten Länge, weil AutoCAD die Länge durch Projektion des Punkts auf die vorgegebene Richtung ermittelt.

LINIE Linienlänge: **70.71** [Enter]
LINIE Nächsten Punkt angeben oder [Zurück]: [Enter]
Befehl: _arc
BOGEN Startpunkt für Bogen angeben oder [Zentrum]: **@** [Enter] **Die Eingabe von @ [Enter] als Startpunkt bewirkt, dass der Bogen hier am letzten Punkt, dem Linienendpunkt, angesetzt wird, aber nicht mehr zwingend tangential an das Linienende anschließt.**
BOGEN Zweiten Punkt für Bogen angeben oder [Zentrum Endpunkt]: **175,20** [Enter]
BOGEN Endpunkt für Bogen angeben: **200,0** [Enter]
Befehl: _line
LINIE Ersten Punkt angeben: **@** [Enter] **Die Eingabe von @ [Enter] als Startpunkt bewirkt, dass die Linie hier am letzten Punkt, dem Bogenendpunkt, angesetzt wird, aber nicht mehr zwingend tangential an das Bogenende anschließt.**
LINIE Nächsten Punkt angeben oder [Zurück]: **250,50** [Enter]
LINIE Nächsten Punkt angeben oder [Zurück]: [Enter]

√2

Tipp: Übergänge LINIE-BOGEN, BOGEN-LINIE, BOGEN-BOGEN, LINIE-LINIE

Wenn man bei den Objekten LINIE und BOGEN anstelle des Startpunkts nur [Enter] eingibt, wird mit der LETZTEN RICHTUNG weitergearbeitet. Es entstehen dann *tangentiale* Übergänge. Wenn beim Startpunkt @ eingegeben wird, wird an das letzte Objekt angeschlossen, aber nicht in gleicher Richtung. Es entsteht also ein *Knick* (Abbildung 6.6). Beim Anschluss einer Linie an eine andere wird kein tangentialer Übergang angeboten.

Wichtig: LASTPOINT, LASTANGLE

Der letzte Punkt, der mit @ angesprochen werden kann, ist in der Systemvariablen LASTPOINT gespeichert. Sie können ihn anzeigen lassen, indem Sie LASTPOINT als Befehl eintippen. Mit dem Befehl ID (START|DIENSTPROGRAMME|▼ID-Punkt) können Sie einen beliebigen Punkt mit geeigneten Fangmodi anklicken, und seine Koordinaten werden unter LASTPOINT automatisch gespeichert. Damit wird der Bezugspunkt für Relativkoordinaten neu gesetzt.

Die zuletzt benutzte Richtung, die verwendet wird, wenn Sie beim Linien- oder Bogenstartpunkt [Enter] eingeben, ist in der Systemvariablen LASTANGLE abgelegt. Sie können sie durch Eintippen von LASTANGLE einsehen, aber nicht verändern.

6.1.2 Bogen editieren

Ein Bogen kann mit den multifunktionalen Griffen sehr elegant editiert werden. Aktivieren Sie die Griffe mit einem Klick und zeigen (nicht klicken) Sie auf einen der Griffe. Am mittleren Griff kann der RADIUS des Bogens verändert (Abbildung 6.7 rechts) und mit STRECKEN der Mittelpunkt und auch das Zentrum verschoben werden. Sie können auch nachträglich noch zwischen den beiden Alternativen mit der [Strg]-Taste wechseln. An den beiden äußeren Griffen kann die LÄNGE des Bogens variiert und über STRECKEN der Endpunkt verschoben werden. Nützlich für die Eingabe von neuen Werten für Radius oder Winkel ist hier auch die dynamische Eingabefunktion DYNMODE aus der Statusleiste mit der Einstellung WO MÖGLICH, BEMAßUNGSENG. AKTIVIEREN.

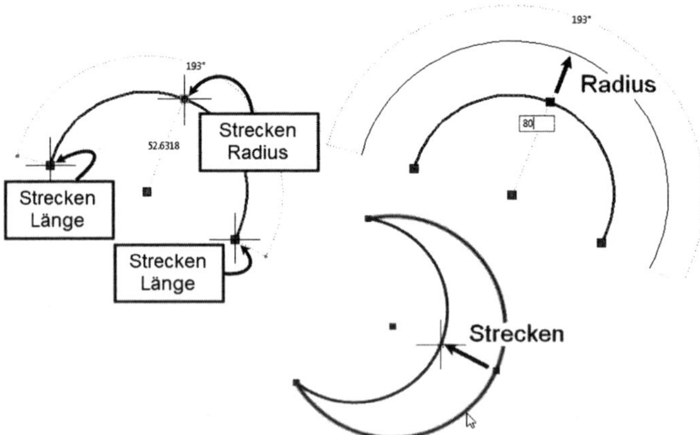

Abb. 6.7: Bögen mit multifunktionalen Griffen editieren

6.2 Die Ellipse

Eine Ellipse und einen Ellipsenbogen können Sie mit dem Befehl ELLIPSE und verschiedenen Optionen zeichnen. Sie müssen die Haupt- und Nebenachsen definieren, entweder über die Achsenendpunkte oder über das ZENTRUM der Ellipse und die beiden Achsenenden. Die Ellipse können Sie auch als einen zur Blickrichtung verdrehten Kreis betrachten. Dann können Sie auch anstelle der Nebenachse diesen scheinbaren Drehwinkel angeben.

ZEICHNEN UND BESCHRIFTUNG	Icon	Befehl	Kürzel
START|ZEICHNEN		ELLIPSE	EL

Ein Ellipsenbogen wird als Ellipse mit zusätzlichem Start- und Endwinkel definiert. Der Winkel 0° entspricht dabei immer der Hauptachsenrichtung. Der Winkel zählt gegen den Uhrzeiger wieder positiv wie beim Kreis.

Die Ellipse hat die gleichen Objektfänge wie der Kreis. Allerdings orientieren sich diesmal die QUADRANTEN an den Lagen von Haupt- und Nebenachse und laufen deshalb beim Drehen einer Ellipse mit.

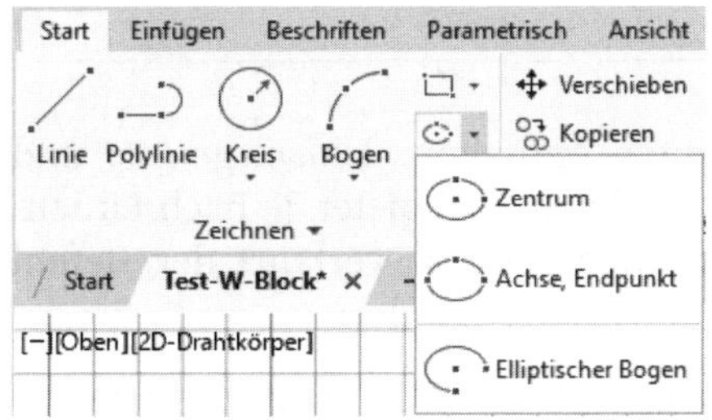

Abb. 6.8: Befehle für Ellipse und Ellipsenbogen

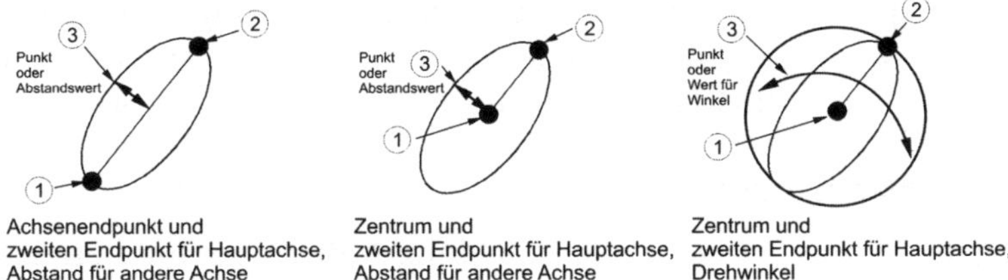

Abb. 6.9: Verschiedene Konstruktionen für Ellipsen

6.3 Die Polylinie

6.3.1 Übersicht über Polylinieneigenschaften

Die Polylinie wird mit dem Befehl PLINIE erzeugt. Sie hat mehrere angenehme Eigenschaften:

- Sie ist eine *zusammengesetzte Kurve*. Deshalb können Sie sie zum Beispiel als Ganzes versetzen.
- Sie kann eine *Linienbreite für die ganze Kurve* haben. Damit lassen sich in der Elektronik Leiterbahnen mit vorgeschriebener Breite zeichnen.
- Sie kann aber auch *segmentweise unterschiedliche Breiten* haben. Dadurch sind die interessantesten Figuren zu zeichnen wie etwa Pfeile und Ziermuster.
- Sie kann *geschlossen* sein. Damit ist sie später die Grundlage von Volumenkörpern oder dient auch der Flächenberechnung.
- Sie kann zu einer Art Splinekurve *geglättet* werden. Damit wird sie Grundlage von Designerformen.
- Man kann sie in ihre Einzelsegmente *zerlegen*, sodass wieder Bögen und Linien daraus entstehen. Andererseits kann man einzelne Linien und Bögen auch zu Polylinien mit dem Befehl ÄNDERN|▼VERBINDEN oder dem Befehl ÄNDERN|▼PEDIT *zusammenfügen*.

Sehen Sie sich zuerst den Befehlsaufruf an:

ZEICHNEN UND BESCHRIFTUNG	Icon	Befehl	Kürzel
START|ZEICHNEN		PLINIE	PL

Die POLYLINIE kann zwei Arten von Segmenten enthalten: *Liniensegmente* und *Bogensegmente*. Deshalb sehen die Optionen, die der Befehl bietet, je nach Linien- oder Kreisbogen-Modus unterschiedlich aus. Insbesondere verfährt der Befehl unterschiedlich beim Anschließen der Segmente untereinander:

- Ein *Bogensegment* wird *standardmäßig tangential* an das vorherige Segment angeschlossen. Einen Knick müssten Sie mit geeigneten Optionen wie RICHTUNG erzwingen.
- Ein *Liniensegment* dagegen wird *immer ohne tangentialen* Übergang angeschlossen, also mit Knick. Wenn Sie einen tangentialen Anschluss wollen, müssen Sie dies durch die Option SEHNENLÄNGE erzwingen.

Polylinie mit tangentialen Übergängen

Zeichnen Sie als erste Übung die Figur aus Abbildung 6.10. Dabei machen Sie sich mit dem Umschalten zwischen Linien- und Bogenmodus vertraut. Sie können diese Konstruktion auch besonders einfach erstellen mit aktiviertem FANGMODUS und ZEICHENRASTER mit x- und y-Abstand 10. Dann brauchen Sie keine Koordinaten einzutippen, sondern klicken nur noch Rasterpositionen an.

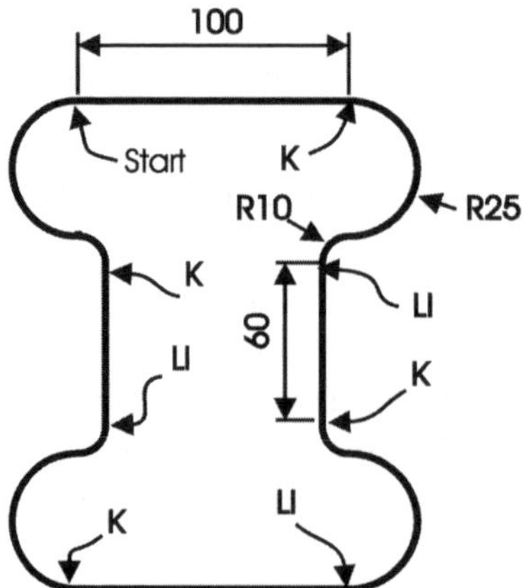

Abb. 6.10: Polylinie mit tangentialen Übergängen

```
Befehl: _pline
PLINIE Startpunkt angeben: 200,200
Aktuelle Linienbreite beträgt 0.0000
```

```
PLINIE Nächsten Punkt angeben oder [Kreisbogen  Halbbreite sehnenLänge Zurück
Breite]: @100,0   Linie 100 nach rechts
PLINIE Nächsten Punkt angeben oder [Kreisbogen ...]: K   umschalten auf Kreis-
bogen
PLINIE Endpunkt des Bogens angeben oder [Winkel ZEntrum Schließen RIchtung
Halbbreite LInie RAdius zweiter Pkt ZUrück Breite]: @0,-50   Da der Bogen
automatisch tangential weitergeht, ist nur noch die Eingabe des Endpunkts
nötig, und der liegt 50 mm unter dem Startpunkt.
PLINIE Endpunkt des Bogens angeben oder [...]: @-10,-10   Dieser Viertelkreis
entsteht wieder nur durch Angabe des Endpunkts.
PLINIE Endpunkt des Bogens angeben oder [... LInie ...]: LI   Nun wird wieder
in den Linien-Modus umgeschaltet.
PLINIE Nächsten Punkt angeben oder [...]: @0,-60   Linie um 60 mm nach unten
PLINIE Nächsten Punkt angeben oder [Kreisbogen ...]: K   Wieder wird in den
Kreisbogen-Modus geschaltet.
PLINIE Endpunkt des Bogens angeben oder [...]: @10,-10   Das generiert wieder
einen Viertelkreis.
PLINIE Endpunkt des Bogens angeben oder [...]: @0,-50   Das ist wieder ein
Halbkreis mit Durchmesser 50.
PLINIE Endpunkt des Bogens angeben oder [... LInie ...]: LI   Zurück in den
Linien-Modus
PLINIE Nächsten Punkt angeben oder [...]: @0,-100   Eine Linie 100 mm nach
unten
PLINIE Nächsten Punkt angeben oder [... Zurück ...]: Z   Das war falsch, aber
Sie können im PLINIE-Befehl mit Z segmentweise rückwärtsgehen. Aber Achtung:
Es geht nicht nur um die falsche Linie rückwärts, sondern es wird auch wie-
der der Kreisbogen-Modus reaktiviert.
PLINIE Endpunkt des Bogens angeben oder [... LInie ...]: LI   Erneutes
Umschalten in den Linien-Modus.
PLINIE Nächsten Punkt angeben oder [...]: @-100,0   Linie 100 mm nach links
PLINIE Nächsten Punkt angeben oder [Kreisbogen ...]: K   Kreisbogen-Modus
PLINIE Endpunkt des Bogens angeben oder[...]: @0,50   Halbkreis nach oben
PLINIE Endpunkt des Bogens angeben oder [...]: @10,10   Viertelkreis
PLINIE Endpunkt des Bogens angeben oder [... LInie ...]: LI   Linien-Modus
PLINIE Nächsten Punkt angeben oder [...]: @0,60
PLINIE Nächsten Punkt angeben oder [Kreisbogen ...]: K   Kreisbogen-Modus
PLINIE Endpunkt des Bogens angeben oder [...]: @-10,10   Viertelkreis
PLINIE Endpunkt des Bogens angeben oder [... Schließen RIchtung ...]: S
Mit SCHLIESSEN beenden Sie die Figur am elegantesten.
```

Sie können nun mal ausprobieren, wie der Befehl VERSETZ auf diese Polylinie wirkt. Versetzen Sie die Polylinie zum Beispiel um **10** nach außen. Auch nach innen können Sie sie versetzen, sogar mehrfach, bis kein Versetzen mehr möglich ist. So können Sie durch Versetzen von Polylinien auch für Gebäude schnell die Wandstärken erstellen.

Polylinie mit Knickstellen

Im letzten Beispiel konnten Sie ausnutzen, dass der Linie-Bogen-Übergang tangential vorgegeben ist. Im nächsten Beispiel sollten Sie aber umgekehrt erzwingen, dass einmal ein Linie-Bogen-Übergang nicht-tangential verläuft und ein Bogen-Linie-Übergang mit tangentialer Bedingung versehen wird (Abbildung 6.11).

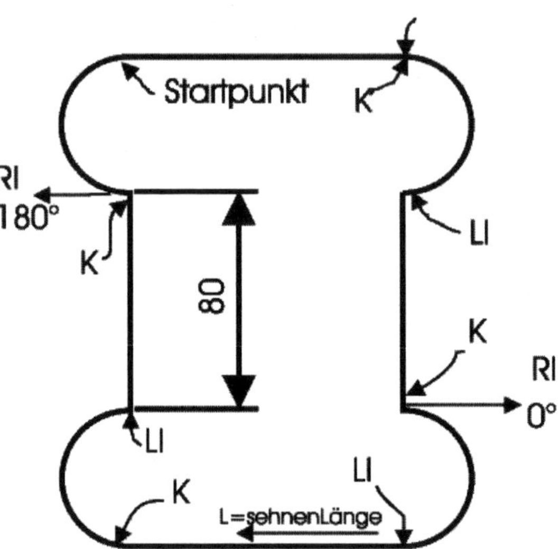

Abb. 6.11: Polylinie mit Knick zwischen Linie und Bogen

```
Befehl: _pline
PLINIE Startpunkt angeben: 40,200
Aktuelle Linienbreite beträgt 0.0000
PLINIE Nächsten Punkt angeben oder [...]: @100,0
PLINIE Nächsten Punkt angeben oder [Kreisbogen ...]: K
PLINIE Endpunkt des Bogens angeben oder [...]: @0,-50
PLINIE Endpunkt des Bogens angeben oder[.. Linie..]: LI
PLINIE Nächsten Punkt angeben oder [...]: @0,-80
PLINIE Nächsten Punkt angeben oder [Kreisbogen ...]: K   Hier sollte nun ein
Kreisbogen mit Knick anschließen, aber er wird tangential angeboten.
PLINIE Endpunkt des Bogens angeben oder [Winkel ZEntrum Schließen RIchtung
Halbbreite LInie RAdius zweiter Pkt ZUrück Breite]: RI   Mit der Option RICH-
TUNG können Sie erzwingen, dass der Kreisbogen mit Knick in vorgeschriebener
Richtung, hier 0° beginnt.
PLINIE Tangentenrichtung für Startpunkt des Bogens angeben: 0   0 steht für
die Richtung in 0°. Man könnte auch einen Punkt zur Richtungsdefinition vor-
geben, etwa @5,0.
PLINIE Endpunkt des Bogens angeben: @0,-50   Der Endpunkt des Bogens wird wie-
der wie oben vorgegeben.
```

```
PLINIE Endpunkt des Bogens angeben oder[... LInie ...]: LI   Sie wollen nun
eine Linie in tangentialer Richtung anschließen.
PLINIE Nächsten Punkt angeben oder [... sehnenLänge ...]: L   Die Option SEH-
NENLÄNGE, die Sie mit dem L aufrufen, stellt sicher, dass die Linie tangential
anschließt. Infolgedessen braucht später nur noch die Länge eingegeben zu
werden, denn die Richtung wird durch die Anschlussbedingung vorgegeben.
PLINIE Länge der Linie angeben: 100   Länge der Linie
PLINIE Nächsten Punkt angeben oder [Kreisbogen ...]: K
PLINIE Endpunkt des Bogens angeben oder [...]: @0,50
PLINIE Endpunkt des Bogens angeben oder[... LInie...]: LI
PLINIE Nächsten Punkt angeben oder [...]: @0,80
PLINIE Nächsten Punkt angeben oder [Kreisbogen ...]: K
PLINIE Endpunkt des Bogens angeben oder[W... ZE... S... RIchtung H... LI...
RA... ZU... B...]: RI   Auch hier müssen Sie wieder den Knick erzwingen, indem
Sie die Startrichtung des Bogens vorschreiben. Nun ist sie 180°.
PLINIE Tangentenrichtung für Startpunkt des Bogens angeben: 180   für den Win-
kel 180°, aber auch eine Position wäre hier möglich: @-5,0.
PLINIE Endpunkt des Bogens angeben: END Startpunkt anklicken
Mit Objektfang ENDPUNKT können Sie nun den Startpunkt Ihrer Kontur anfahren.
Die Option SCHLIEßEN steht hier leider nicht zur Verfügung. Nun haben Sie an
dieser Stelle eine Kontur, die vom geometrischen Gesichtspunkt her geschlos-
sen aussieht. Nur vom logischen Standpunkt her ist sie noch nicht geschlos-
sen. Deshalb muss die Option S am Schluss noch zusätzlich aufgerufen werden.
PLINIE Endpunkt des Bogens angeben oder[... Schließen ...]: S
```

Polylinie mit konstanter Breite

Das nächste Beispiel zeigt eine Polylinie mit fester Breite. Außerdem wurde mit FANGMODUS und ZEICHNUNGSRASTER ANZEIGEN gearbeitet.

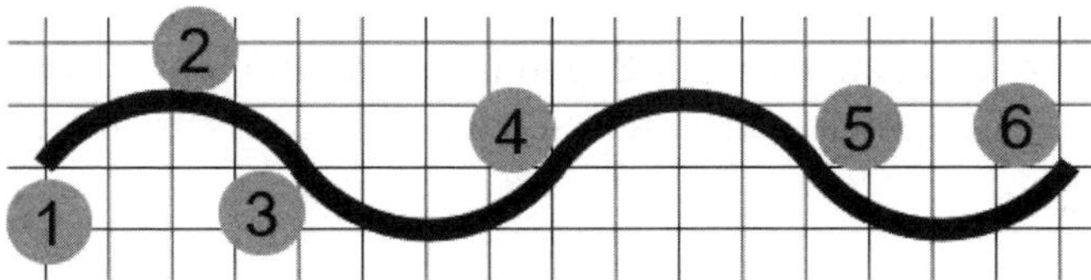

Abb. 6.12: Wellblech – Polylinie mit Breite

Setzen Sie über das Kontextmenü FANGABSTAND und RASTERABSTAND beide auf x- und y-Abstand 10. Die in Abbildung 6.12 gezeigte wellblechförmige Polylinie beginnt mit einem Bogen, der 10 mm hoch ist und 40 mm breit. Außerdem besitzt die Polylinie eine konstante Breite von 5 mm. Sie geben zunächst den Startpunkt ein ❶, wählen dann die Option BREITE aus und geben gleiche Start- und

Endbreite ein. Den ersten Bogen müssen Sie über drei Punkte angeben: Startpunkt, Bogenmitte und Endpunkt. Dazu schalten Sie um auf KREISBOGEN-Modus und wählen zur Eingabe des Bogenmittelpunkts die Option ZWEITER PUNKT und klicken den mit ❷ markierten Rasterpunkt an. Geben Sie dann den mit ❸ markierten Endpunkt rechts an. Für die nachfolgenden Segmente nutzen Sie wieder aus, dass AutoCAD tangential weiterfährt, und klicken jeweils im Abstand von vier Rasterpunkten die Positionen ❹, ❺, ❻ für die Endpunkte an.

```
Befehl: ↵_pline
PLINIE Startpunkt angeben: Rasterpunkt ❶ anklicken
Aktuelle Linienbreite beträgt 0.0000
PLINIE Nächsten Punkt angeben oder [... Breite]: B   Breite einstellen
PLINIE Startbreite angeben <0.0000>: 5   5 mm Startbreite
PLINIE Endbreite angeben <5.0000>: [Enter]   [Enter] übernimmt die vorgeschlagene Endbreite.
PLINIE Nächsten Punkt angeben oder [Kreisbogen ...]: K   Kreisbogen-Modus einschalten
PLINIE Endpunkt des Bogens angeben oder [...zweiter Pkt ...]: P   Option ZWEITER PUNKT erlaubt die Eingabe eines Punkts auf dem Bogen, hier Bogenmitte.
PLINIE Zweiten Punkt des Bogens angeben: hier Bogenmitte anklicken ❷.
PLINIE Endpunkt für Bogen angeben: Endpunkt des Bogens 4 Rasterpunkte rechts neben Startpunkt ❸
PLINIE Endpunkt des Bogens angeben ... [...]: Endpunkt des nächsten Bogens 4 Rasterpunkte rechts neben dem letzten Endpunkt ❹
PLINIE Endpunkt des Bogens angeben ... [...]: Endpunkt des nächsten Bogens 4 Rasterpunkte rechts neben dem letzten Endpunkt ❺
PLINIE Endpunkt des Bogens angeben ... [...]: Endpunkt des nächsten Bogens 4 Rasterpunkte rechts neben dem letzten Endpunkt ❻
PLINIE Endpunkt des Bogens angeben ... [...]: [Enter]   Beendet den Befehl.
```

Sie können die Breite auch so angeben, dass der Bogen bis zum Mittelpunkt bzw. Zentrum ausgefüllt wird. Als Beispiel konstruieren Sie das Nullpunktsymbol aus Abbildung 6.13.

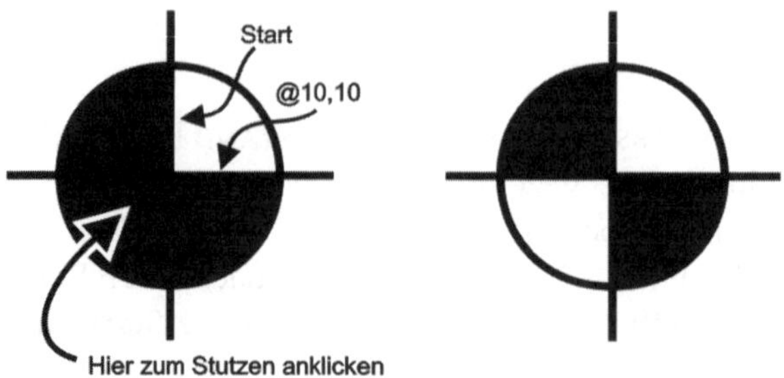

Abb. 6.13: Nullpunktsymbol aus PLINIE mit Breite, KREIS und LINIEN

Dieses Symbol besteht aus einer kreisbogenförmigen Polylinie mit Radius 10 und Breite 20.

```
Befehl: _pline
PLINIE Startpunkt angeben: beliebigen Punkt wählen
Aktuelle Linienbreite beträgt 5.0000
PLINIE Nächsten Punkt angeben oder [... Breite]: B   Breite einstellen
PLINIE Startbreite angeben <5.0000>: 20   Startbreite = 20
PLINIE Endbreite angeben <20.0000>: [Enter]   Endbreite auch = 20
PLINIE Nächsten Punkt angeben oder [Kreisbogen ...]: K   Kreisbogen-Modus ein-
schalten
PLINIE Endpunkt des Bogens ...[... RIchtung ...]: RI   Startrichtung für den
Bogen festlegen
PLINIE Tangentenrichtung für Startpunkt des Bogens angeben: 180   Startrichtung
= 180°
PLINIE Endpunkt des Bogens angeben: @10,-10   Endpunkt so gelegt, dass ein
Dreiviertel-Kreis entsteht.
PLINIE Endpunkt des Bogens angeben oder [...]: [Enter]   Befehlsende
```

Zeichnen Sie nun noch die Linien und den Kreis dazu. Das Referenzpunktsymbol rechts erhalten Sie aus dem eben konstruierten Polyliniensegment, indem Sie den Dreiviertel-Kreis an den vorhandenen Linien stutzen. Bei der Auswahl des zu stutzenden Objekts klicken Sie dort an, wo die Führungskurve der verbreiterten Polylinie liegt, also an einer Position zwischen 180° und 270° bei einem Radius von 10, und nicht außen bei einem Radius von 20.

Polyliniensegmente mit unterschiedlicher Breite

Mit verschiedenen Breiten für Segmentstart und -ende können Sie zum Beispiel Pfeile (Abbildung 6.14) zeichnen. Für den Pfeil werden eine Polylinie mit konstanter Breite und ein zweites Segment mit großer Startbreite und Endbreite null gezeichnet.

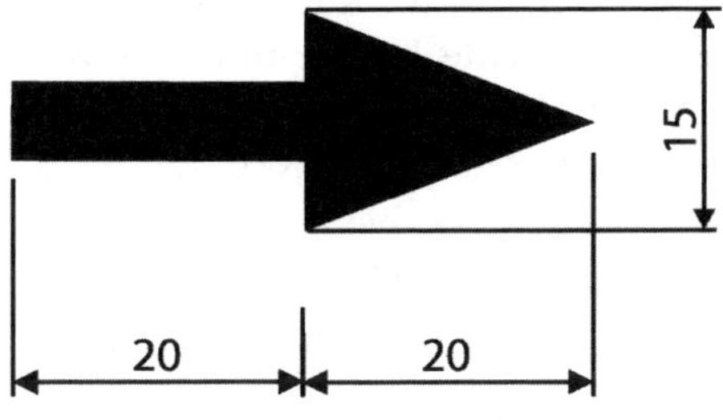

Abb. 6.14: Pfeilsymbol

```
Befehl: _pline
PLINIE Startpunkt angeben: 150,100   Startpunkt
Aktuelle Linienbreite beträgt 0.0000
PLINIE Nächsten Punkt angeben oder [... Breite]: B   Option Breite wählen
PLINIE Startbreite angeben <0.0000>: 5   Startbreite 5
PLINIE Endbreite angeben <5.0000>: Enter   Endbreite 5 wird mit Enter akzep-
tiert.
PLINIE Nächsten Punkt angeben oder [...]: @20,0   1. Segment der Polylinie mit
Länge 20
PLINIE Nächsten Punkt angeben oder [... Breite]: B   Option Breite wählen
PLINIE Startbreite angeben <5.0000>: 15   Startbreite für Pfeilspitze
PLINIE Endbreite angeben <15.0000>: 0   Die Spitze hat natürlich Breite null.
PLINIE Nächsten Punkt angeben oder [...]: @20,0   2. Segment der Polylinie mit
Länge 20
PLINIE Nächsten Punkt angeben oder [...]: Enter   Beendet Polylinie.
```

Auch Höhenkoten für Architekturzeichnungen können Sie nach dieser Methode zeichnen. Beispiel:

```
Befehl: _pline
PLINIE Startpunkt angeben: 200,100   Beliebiger Startpunkt
Aktuelle Linienbreite beträgt 0.0000
PLINIE Nächsten Punkt angeben oder [... Breite]: B   Option Breite wählen
PLINIE Startbreite angeben <0.0000>: 10   Startbreite 10
PLINIE Endbreite angeben <10.0000>: 0Enter   Endbreite 0
PLINIE Nächsten Punkt angeben oder [...]: @0,-3   1. Segment der Polylinie mit
Länge 3 nach unten
PLINIE Nächsten Punkt angeben oder [...]: Enter   Beendet Polylinie.
```

Polylinie aus normaler Geometrie erzeugen: UMGRENZUNG

Oft liegt eine Konstruktion vor, die aus Linien, Bögen und Kreisen besteht. Für die Berechnung der Fläche oder zum Erzeugen von Volumenkörpern benötigen Sie aber eine geschlossene Polylinie. Nehmen Sie das Beispiel aus Abbildung 6.15. Sie können natürlich mit dem Befehl PLINIE die gewünschte Kontur unter Verwendung vorhandener Schnittpunkte, Endpunkte und Mittelpunkte auf den Kreisbögen nachkonstruieren. Aber es gibt Schöneres: den Befehl UMGRENZUNG.

ZEICHNEN UND BESCHRIFTUNG	Icon	Befehl	Kürzel
START|ZEICHNEN|SCHRAFFUR ▼ UMGRENZUNG		UMGRENZUNG	UM

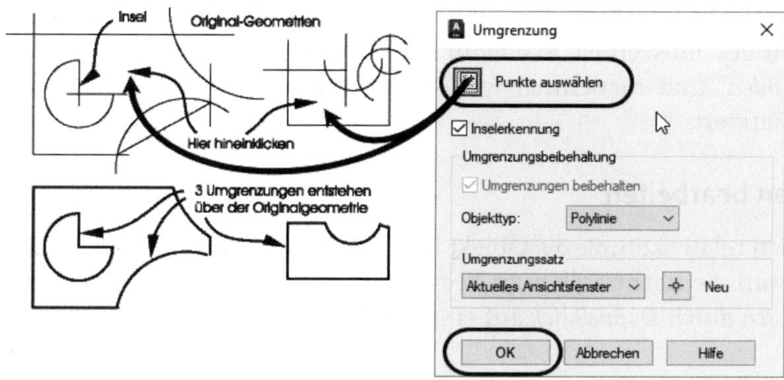

Abb. 6.15: Umgrenzungen für verschiedene Geometrien

Der Befehl UMGRENZUNG startet mit einem Dialogfeld, in dem Folgendes zu wählen ist:

- PUNKTE AUSWÄHLEN – Durch einen Klick ins betreffende Gebiet wird die umschließende Polylinie erzeugt. Das Gebiet darf im Unterschied zum Schraffurgebiet *keine Konturlücken* aufweisen.
- INSELERKENNUNG – bewirkt, dass Polylinien auch für innen liegende geschlossene Gebiete erzeugt werden.
- OBJEKTTYP – erlaubt die Wahl zwischen *Polylinie* und *Region*. Wenn die Konturobjekte Linien und Bögen sind, kann der Befehl Polylinien erzeugen. Sind aber Ellipsen und/oder Splinekurven in der Kontur erhalten, dann kann nur eine Region erzeugt werden. Eine Region ist praktisch eine ebene Fläche mit beliebiger Randkurve. Für jede gefundene geschlossene Kontur, Außenkontur und Insel wird eine eigene Region erstellt. Eine Region wird bei schattierter Darstellung auch flächig schattiert. Regionen können miteinander kombiniert und auch voneinander subtrahiert werden.

UMGRENZUNG erzeugt standardmäßig eine Polylinie, wenn Sie in das von normalen Kurven wie Linien, Bögen und Kreisen eingeschlossene Gebiet einmal hineinklicken. Wenn Sie den Befehl aufrufen, wählen Sie die Schaltfläche PUNKTE AUSWÄHLEN, klicken einmal in das Gebiet hinein und drücken dann `Enter`. Nach dem Klicken erkennen Sie schon an der Markierung, dass AutoCAD die geschlossene Umgrenzung gefunden hat und sogar wie im linken Teil von Abbildung 6.15 sogenannte Inseln findet. Für jede dieser geschlossenen Konturen wird nun eine Polylinie/Region erzeugt. Sie sollten vor der Benutzung des Befehls vielleicht einen neuen Layer anlegen, zum Beispiel den Layer POLYLINIE und ihn aktuell schalten. Wohlgemerkt, der Befehl wandelt keine Kurven zu Polylinien um, sondern er legt da, wo er geschlossene Konturen erkennt, eine Polylinie darüber. Offene Kurvenenden, die in das Gebiet hineinragen oder außen darüber hinausragen, werden ignoriert. Ganz ideal lässt sich eine solche Polylinie zur Ermittlung der Fläche verwenden (siehe Abschnitt 7.7.2, *Messen: BEMGEOM*). Wenn die Kontur nicht komplett geschlossen ist, erscheint die Meldung: *Keine gültige Schraffurumgrenzung gefunden*, und manchmal werden die kritischen Stellen mit roten Kreissymbolen markiert.

6.3.2 Polylinien bearbeiten

Da die Polylinie ein relativ komplexes Objekt ist, gibt es auch einen speziellen Editierbefehl dafür, um sie nachträglich zu bearbeiten. Die Bearbeitung wird allerdings *am einfachsten durch Doppelklick* auf eine Polylinie aufgerufen.

ZEICHNEN UND BESCHRIFTUNG	Icon	Befehl	Kürzel
START|ÄNDERN ▼		PEDIT	PE

Der Befehlsablauf bietet folgende Optionen:

```
Befehl: PEDIT
PEDIT Polylinie wählen oder [Mehrere]:
PEDIT Option eingeben [Schließen Verbinden BReite BEarbeiten kurve Angleichen
Kurvenlinie kurve LÖschen LInientyp Richtung wechseln Zurück]: BE
PEDIT Bearbeitungsoption für Kontrollpunkt eingeben
[Nächster Vorher BRUch Einfügen Schieben Regen Linie Tangente BREite eXit] <N>:
```

In einer Kurzübersicht bieten die Optionen folgende Möglichkeiten:

- Polylinie wählen oder [MEHRERE] – Im Befehl PEDIT können Sie eine oder mehrere Polylinien gleichzeitig bearbeiten. Wenn Sie also mehrere Polylinien zugleich wählen möchten, müssen Sie *vor* dem Auswählen erst die Option MEHRERE mit **M** wählen. Die meisten Optionen laufen auch, wenn mehrere Polylinien zugleich gewählt sind. Nur die Option BEARBEITEN macht dann keinen Sinn. Ferner können mit MEHRERE einzelne Bögen, Linien und Polylinien gewählt werden, die dann nach Anfrage erst mal alle in Einzelpolylinien umgewandelt werden. In diesem Fall ist die Option VERBINDEN besonders interessant. Sie erlaubt dann auch das Verbinden, wenn die Endpunkte *nicht* exakt zusammenpassen, Lücken oder Überschneidungen vorhanden sind.
- SCHLIEẞEN – schließt eine offene Polylinie zu einer geschlossenen Kontur. Diese Option wird nur angeboten, wenn Sie eine noch nicht geschlossene Polylinie gewählt haben oder bei mehreren Polylinien. Wenn das letzte Segment ein Bogen war, wird auch mit einem Bogen geschlossen, sonst mit einem Liniensegment.

- ÖFFNEN – öffnet eine geschlossene Polylinie, indem das letzte Segment entfernt wird. Diese Option wird nur angeboten, wenn Sie eine geschlossene Polylinie gewählt haben oder bei mehreren Polylinien.
- VERBINDEN – kann mehrere Polylinien, Linien und/oder Bögen zu einer Polylinie zusammenfügen. Wenn ein einzelnes Objekt mit PEDIT gewählt wurde, können hiermit weitere dazu gewählt werden, die aber mit ihren Endpunkten genau passen müssen. Wenn mehrere einzelne Linien, Bögen und/oder Polylinien mit der Option MEHRERE gewählt wurden, kann hiermit auch eine Verbindung geschaffen werden, sofern ein genügend großer Toleranzwert unter FUZZY-ABSTAND eingegeben wurde.
- BREITE – erlaubt die Eingabe einer Breite für die gesamte Polylinie.
- BEARBEITEN – Diese Option erlaubt die Bearbeitung einzelner Stützpunkte bzw. Segmente der Polylinie. Für solche Bearbeitungen sind aber die *Griffmenüs* besser geeignet, die nach Markieren einer Polylinie bei Berühren der blauen Griffe erscheinen.
- KURVE ANGLEICHEN – Die gesamte Polylinie wird durch Bogensegmente derart angenähert, dass in jedem Endpunkt eines Segments ein glatter Übergang zwischen zwei Bögen liegt (Abbildung 6.16). Die resultierende Kurve zeigt ein relativ barockes Aussehen.
- KURVENLINIE – Die gesamte Polylinie wird durch eine B-Spline-Kurve ersetzt, die sich an das ursprüngliche Polygongerüst anschmiegt (Abbildung 6.17). Die Systemvariable SPLINETYPE bestimmt, ob ein kubischer B-Spline entsteht (Splinetype = 6), der sich näher ans Gerüst annähert, oder ein quadratischer B-Spline (Splinetype = 5), der insgesamt glatter verläuft. Ursprüngliche Kreisbogensegmente werden auch hier wie Liniensegmente behandelt. Diese B-Spline-Kurven lassen sich über die *Griffe* hervorragend modellieren und können gut für Designzwecke eingesetzt werden. Die manchmal etwas eckige Darstellung der an sich glatten B-Splines kann noch verbessert werden, wenn Sie vorher die Systemvariable SPLINESEGS auf einen hohen Wert setzen. Standardwert ist 8, besser wäre ein Wert von 30 oder größer.
- KURVE BEGRADIGEN – entfernt die Glättung der Polylinie nach den Optionen KURVE ANGLEICHEN oder KURVENLINIE wieder. Bei Polylinien mit Kreisbogensegmenten werden dadurch die Bögen durch Linien ersetzt. Es werden jedoch ursprüngliche Bogensegmente nicht wieder restauriert, sondern sie bleiben ab jetzt Liniensegmente.
- LINIENTYP – Wenn eine Polylinie einen gestrichelten Linientyp besitzt, dann beginnt die Strichlierung an jedem Stützpunkt erneut (Option AUS). Ist ein Segment zu kurz, sodass die Strichlierung nicht wenigstens zweimal darauf passt, dann erscheint dieses Segment durchgezogen. Mit der Option EIN kann man bewirken, dass sich die Strichlierung über die Stützpunkte hinweg fortsetzt und somit auch sehr kurze Segmente noch gestrichelt erscheinen. Die

Option EIN ist wichtig, wenn Sie gestrichelte Polylinien mit kleinen Segmentlängen, etwa für Höhenlinien oder Grenzlinien in Landkarten, erzeugen müssen.

- RICHTUNG WECHSELN – Die Laufrichtung der Polylinie kann hiermit umgekehrt werden. Das ist eventuell für nachfolgende Weiterverwendung einer Polylinie zur Erzeugung von Flächen interessant.
- ZURÜCK – macht einzelne Editieroperationen innerhalb des Befehls rückgängig.

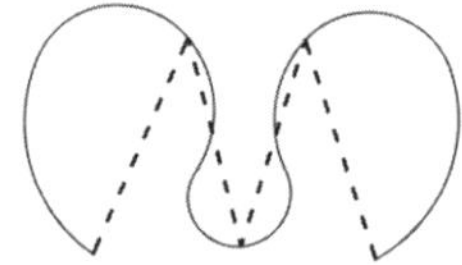

Abb. 6.16: Glätten mit Option KURVE ANGLEICHEN

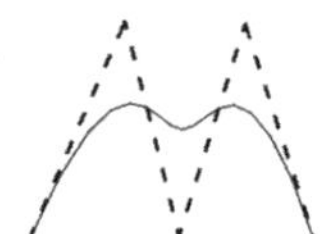

Abb. 6.17: Glätten mit Option KURVENLINIE

Polylinie aus einzelnen Kurven zusammensetzen

Es gibt beim Erstellen von Polylinien aus Einzelkurven zwei unterschiedliche Fälle: Entweder die Kurven passen zusammen oder die Endpunkte weichen voneinander ab. Im ersten Fall arbeiten Sie mit VERBINDEN (siehe Abschnitt 6.3.3, *Laufrichtung umkehren, Polylinien erweitern*).

Wenn die Endpunkte der Einzelkurven nicht exakt zusammenpassen, wählen Sie zuerst die Option MEHRERE.

```
Befehl: _pedit
PEDIT Polylinie wählen oder [Mehrere]: M
PEDIT Objekte wählen: Kreuzen-Objektwahl um alle Objekte
Entgegengesetzte Ecke angeben: gegenüberliegende Ecke für Kreuzen 6 gefunden
PEDIT Objekte wählen: [Enter]
Linien und Bogen in Polylinien umwandeln? [Ja Nein]? <J> [Enter]    Umwandlung
mit [Enter] akzeptieren
PEDIT Option eingeben [... Verbinden...]: V
Verbinden der Einzelsegmente gemäß Verbindungstyp (Vorgabe: Stutzen/Dehnen)
PEDIT Fuzzy-Abstand eingeben oder [Verbindungstyp] <0.0000>: 20    Toleranz-
wert für die zu überbrückenden Lücken
5 Segment(e) der Polylinie hinzugefügt
PEDIT Option eingeben [...]: [Enter]
```

Abb. 6.18: Objekte mit Lücken zu Polylinie verbinden

Es gibt für das Schließen einer Kontur mit Lücken mehrere Möglichkeiten. Hier wurde die Standardoption, nämlich VERBINDUNGSTYP DEHNEN, angewendet, um an den Ecken automatisch zu dehnen und zu stutzen. Der Verbindungstyp HINZUFÜGEN würde an den Lücken einfach schräge Verbindungslinien einfügen. Der Verbindungstyp BEIDES hat ein etwas komplexes Verhalten. Er wendet bei kleineren Abständen DEHNEN und STUTZEN an, bei größeren HINZUFÜGEN, und die Ecke bleibt offen, wenn die Toleranzboxen in den Endpunkten nicht mehr überlappen.

Tipp: PEDIT-Beschleunigung

Beim Bearbeiten von Linien und Bögen mit dem Befehl PEDIT erscheint stets die Frage, ob diese umgewandelt werden sollen. Da dies eigentlich selbstverständlich ist, können Sie mit der Systemvariablen PEDITACCEPT und Wert 1 ein für alle Mal die lästige Frage abschalten.

6.3.3 Laufrichtung umkehren, Polylinien erweitern

Neben dem Befehl PEDIT gibt es weitere Befehle für das *Umkehren der Kurvenrichtung* und das *Hinzufügen von weiteren Segmenten*, nämlich UMDREH ⇄ und VERBINDEN →←. UMDREH kehrt die Laufrichtung von Linien, Polylinien und Splines um, aber nicht von Bögen. Letztere laufen immer im Gegenuhrzeigersinn.

VERBINDEN ist im Laufe der Versionen zu einem sehr universellen Werkzeug geworden. Der Befehl kann

- mehrere Polylinien miteinander verbinden, aber auch
- Polylinien mit weiteren einzelnen Bögen und Linien und auch
- einzelne Linien und/oder Bögen zur Polylinie.

Bedingung ist nur, dass die Endpunkte der beteiligten Kurven exakt zusammenfallen.

ZEICHNEN UND BESCHRIFTUNG	Icon	Befehl
START|ÄNDERN|▼RICHTWEC	⇄	UMDREH
START|ÄNDERN|▼VERBINDEN	→←	VERBINDEN

6.3.4 Polylinien mit multifunktionalen Griffen bearbeiten

Wenn Sie eine Polylinie zur Bearbeitung nur einmal anklicken, erscheinen die blau gefärbten Griffe. Diese können Sie direkt bearbeiten. Es gibt zwei Arten von Griffen:

- *Viereckige Griffe* stehen für die *Scheitelpunkte*. Sie bieten im Kontextmenü drei Optionen:
  - SCHEITELPUNKT STRECKEN verschiebt diese Positionen.
  - SCHEITELPUNKT HINZUFÜGEN erzeugt einen neuen Scheitelpunkt.
  - SCHEITELPUNKT ENTFERNEN löscht einen Scheitelpunkt.
  - SCHEITELPUNKT DEHNEN erscheint nur am Endpunkt einer Polylinie und fügt einen weiteren Scheitelpunkt als neuen Endpunkt hinzu.
- Längliche Griffe erlauben Modifikationen an den Segmenten:
  - STRECKEN verschiebt dieses Segment bei gleichbleibender Richtung und Länge, wenn es linear ist, oder verschiebt den Mittelpunkt, wenn es ein Bogen ist.
  - SCHEITELPUNKT HINZUFÜGEN erzeugt hier einen neuen Scheitelpunkt.
  - IN BOGEN/LINIE KONVERTIEREN wandelt das Segment um. Bei Umwandlung in einen Bogen geben Sie nun den Radius über einen Punkt auf dem Bogen an.

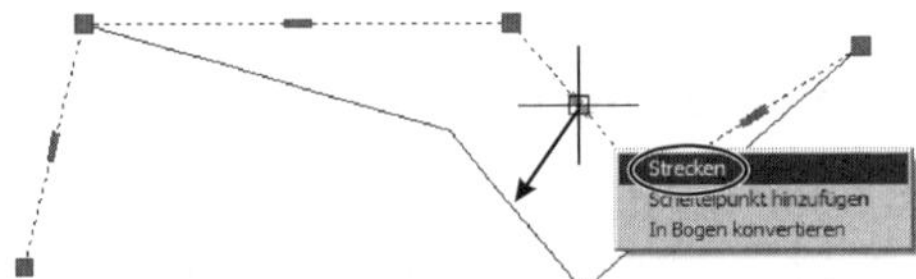

Abb. 6.19: Strecken eines Polyliniensegments mit dem länglichen Griff

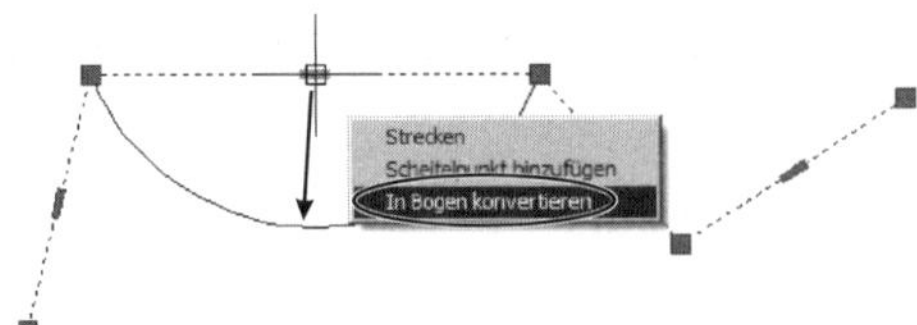

Abb. 6.20: Liniensegment in Bogen umwandeln

> **Tipp: Schraffurbearbeitung**
>
> In der gleichen Weise können Sie auch die Grenzen einer nicht-assoziativen Schraffur bearbeiten.

6.3.5 Geglättete Polylinien mit multifunktionalen Griffen bearbeiten

Geglättete Polylinien können ebenfalls nach Anklicken über ihre Scheitelpunkte verändert werden. Bei der Glättung mit PEDIT mit der Option KURVE ANGLEICHEN bzw. KURVENLINIE können Sie nicht nur Scheitelpunkte strecken – sprich verschieben – und entfernen, sondern auch die Tangentenrichtungen ändern. Das ist besonders am Anfang und Ende der Kurve interessant, um sie dort an anschließende Geometrie anzupassen.

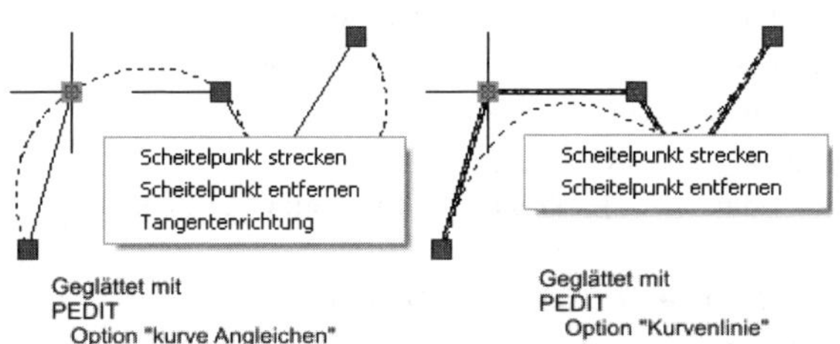

Abb. 6.21: Geglättete Polylinien mit Griffen bearbeiten

6.3.6 RECHTECK

Mit dem Befehl RECHTECK können Sie spezielle Polylinien zeichnen, nämlich rechteckige.

ZEICHNEN UND BESCHRIFTUNG	Icon	Befehl	Kürzel
START|ZEICHNEN|RECHTECK		RECHTECK	RE

Eigentlich ist ein Rechteck schnell erzeugt, man gibt die eine Ecke an und dann die diagonal gegenüberliegende. Die Funktion hat noch zwei schöne Optionen. Sie können gleich vor der Erzeugung angeben, ob Sie eine Fase oder Abrundung haben möchten, und die Werte dafür angeben.

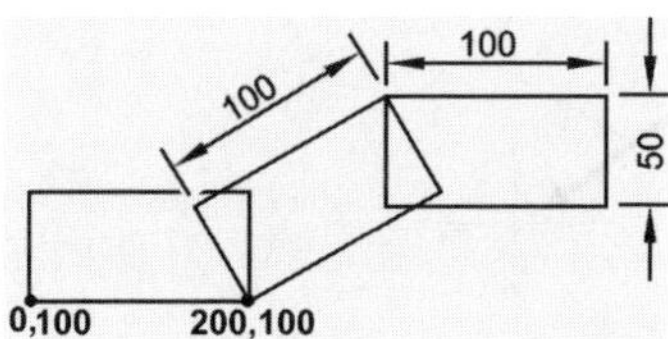

Abb. 6.22: Rechtecke, auch gedrehte

Das ist ja alles ganz schön, aber was machen Sie, wenn Sie ein verdrehtes Rechteck brauchen? Wählen Sie die Option DREHUNG. Sie müssen die Option aber wieder zurücksetzen, wenn Sie ein weiteres nicht gedrehtes Rechteck konstruieren wollen.

```
Befehl: _rectang   1. Rechteck mit Abmessungen 100x50
Ersten Eckpunkt angeben oder [Fasen Erhebung Abrunden Objekthöhe Breite]: 100,100
```

```
Anderen Eckpunkt angeben oder [Fläche Abmessungen Drehung]: @100,50
Befehl: _rectang   2. Rechteck mit Abmessungen 100x50 unter 30°
RECHTECK Ersten Eckpunkt angeben oder [...]: 200,100
RECHTECK Anderen Eckpunkt angeben oder [...]:
RECHTECK Anderen Eckpunkt angeben oder [... ... Drehung]: D
RECHTECK Drehwinkel angeben oder [Punkte auswählen] <0>: 30
RECHTECK Anderen Eckpunkt angeben oder [... Abmessungen ...]: A
RECHTECK Länge der Rechtecke angeben <10.0000>: 100
RECHTECK Breite der Rechtecke angeben <10.0000>: 50
RECHTECK Anderen Eckpunkt angeben oder [...]: Position zur Ausrichtung des
Rechtecks anklicken
Befehl: _rectang   3. Rechteck mit Abmessungen 100x50 unter 0°
RECHTECK Aktuelle Rechteckmodi:  Drehung=30
RECHTECK Ersten Eckpunkt angeben oder [...]: Position für linke obere Ecke
RECHTECK Anderen Eckpunkt angeben oder [... ... Drehung]: D
RECHTECK Drehwinkel angeben oder [Punkte auswählen] <30>: 0
RECHTECK Anderen Eckpunkt angeben oder [Fläche Abmessungen Drehung]: @100,-50
```

Beim gedrehten Rechteck haben Sie in der Regel nicht die x-y-Koordinaten des gegenüberliegenden Eckpunkts und geben deshalb unter ABMESSUNGEN die Länge und Breite ein. AutoCAD verlangt dann aber immer noch eine weitere Punkteingabe, weil mit diesen Abmessungen vier verschiedene Rechtecke möglich sind. Probieren Sie mit dem Fadenkreuz die verschiedenen Lage-Möglichkeiten aus.

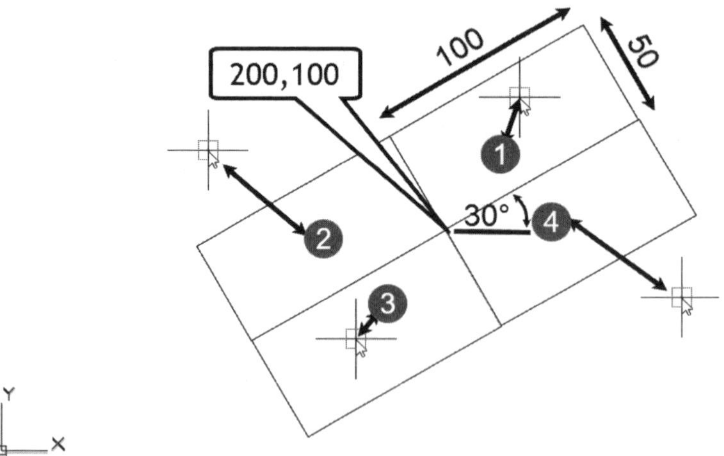

Abb. 6.23: Vier Optionen für Rechteck unter 30°

6.3.7 POLYGON

Der Befehl POLYGON zeichnet regelmäßige Vielecke, zum Beispiel ein gleichseitiges Dreieck, ein Quadrat, ein gleichseitiges Fünfeck, ein regelmäßiges Sechseck etc. Die Voreinstellung steht auf vier Seiten, aber alles andere ist einstellbar. Sie zeichnen im Beispiel übereinander ein Quadrat und ein Sechseck.

Zeichnen und Beschriftung	Icon	Befehl	Kürzel
Start|Zeichnen|Rechteck ▼		Polygon	PG

```
Befehl: _polygon   Befehl POLYGON
POLYGON Anzahl Seiten eingeben <4>: [Enter]   Quadrat
POLYGON Polygonmittelpunkt angeben oder [Seite]: S   Üblicherweise wird ein Quadrat über seine Seitenlänge angegeben.
POLYGON Ersten Endpunkt der Seite angeben: Klick   auf die Position für den ersten Eckpunkt
POLYGON Zweiten Endpunkt der Seite angeben: [F8] <Ortho ein> 4 [Enter]   Den zweiten Endpunkt der Quadratseite können Sie am einfachsten im ORTHO-Modus spezifizieren, weil Sie dann die Richtung mit dem Fadenkreuz vorgeben können und nur noch die Entfernung eintippen müssen.
```

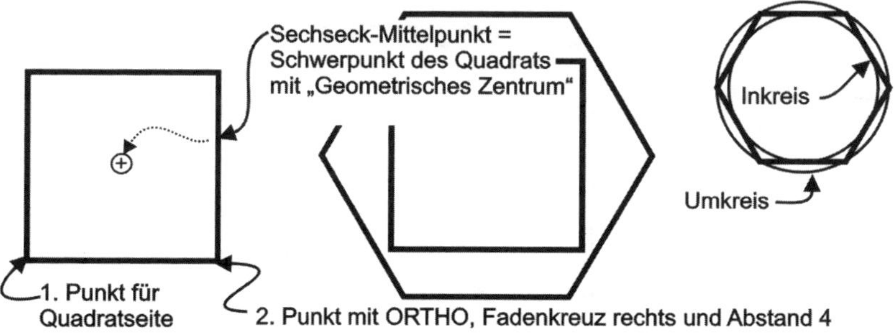

Abb. 6.24: Sechseck und Quadrat

Das Sechseck soll den gleichen Mittelpunkt wie das Quadrat haben. Dazu nutzen Sie den Objektfang Geometrisches Zentrum, um den Schwerpunkt zu erhalten.

```
Befehl: _polygon
POLYGON Anzahl Seiten eingeben <4>: 6
POLYGON Polygonmittelpunkt angeben oder [Seite]: GZE [Enter]   Mit dem Objektfang GEOMETRISCHES ZENTRUM erhalten wir den Schwerpunkt des Quadrats. Das Sechseck soll beispielsweise ein Schraubenkopf für Schlüsselweite 6 sein. Die Schlüsselweite entspricht dem Durchmesser des Inkreises.
POLYGON Option eingeben [Umkreis Inkreis] <U>: I   Das Sechseck wird über den Inkreis spezifiziert.
POLYGON Kreisradius angeben: 6/2   Sie haben über die Schlüsselweite den Durchmesser 6 vorgegeben, AutoCAD braucht aber den Radius 6/2. Deshalb lassen Sie es hier etwas rechnen.
```

Tipp

Sie können ein Sechseck o.Ä. auf die Spitze stellen, indem Sie bei In- oder Umkreis den Radius über eine Punktposition bei 0° bzw. 90° angeben.

6.4 RING

Der Befehl RING erzeugt eine Polylinie bestehend aus zwei Halbkreisen und wird hier als separate Funktion angeboten. Im Architekturbereich wird der Befehl RING für Schnitte durch Stahlbewehrungen gebraucht, die man als Ringe mit Innendurchmesser null zeichnet, also praktisch als gefüllte Kreise.

ZEICHNEN UND BESCHRIFTUNG	Icon	Befehl	Kürzel
START|ZEICHNEN ▼|RING	◎	RING	RI

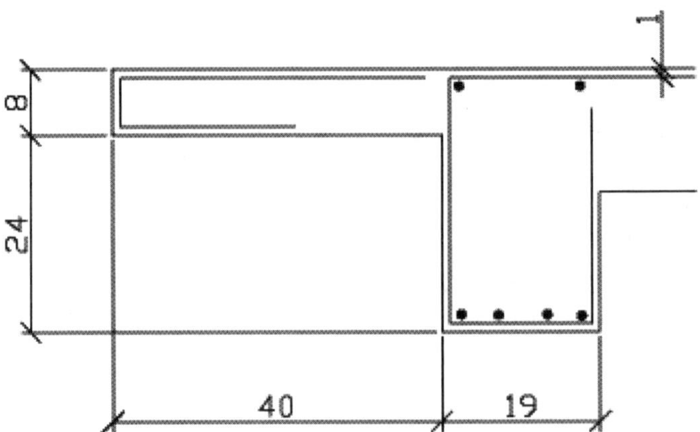

Abb. 6.25: Stahlbewehrung als RING

Die Vorgehensweise ist folgende: Rufen Sie den Befehl RING mit Innendurchmesser `0.0` und Außendurchmesser `1` auf und positionieren Sie die Ringe. Sie werden merken, dass der Befehl RING im Wiederholmodus läuft, das heißt, mit einmal eingegebenen Durchmesser-Werten können Sie beliebig viele Ringe zeichnen, bis Sie mit [Enter] beenden. Beim nächsten Aufruf sind dieselben Werte wieder aktiv, sodass Sie damit weiterarbeiten können.

Für die Elektrobranche sind die Befehle PLINIE und RING auch sehr nützlich, weil sich damit alle verdickten Linien und Punkte zeichnen lassen. Abbildung 6.26 zeigt einige Beispiele.

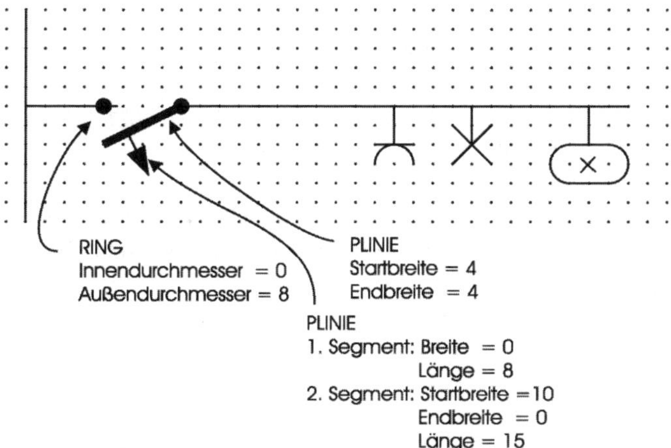

Abb. 6.26: RING und PLINIE in Schaltplänen

Zur Vereinfachung wurden FANGMODUS und ZEICHENRASTER auf Abstand **10** in x und **10** in y eingestellt. Die Kontaktpunkte und Drehpunkte des Schalters sind Ringe mit Innendurchmesser 0 und Außendurchmesser 8. Der Schaltkontakt ist eine Polylinie mit Breite 4. Der Pfeil wurde als Polylinie gezeichnet, deren erstes Segment 8 Einheiten lang ist. Das zweite Segment hat eine Länge von 15 und eine Startbreite von 10, aber eine Endbreite von 0. Der erste Punkt des Pfeils wurde mit Objektfang NÄCHSTER auf der Polylinie spezifiziert. Die anderen Punkte des Pfeils wurden nicht mit x- und y-Koordinaten eingegeben, sondern es wurde das Fadenkreuz weiter entfernt zur Richtungsangabe platziert, sodass die Polylinienpunkte jeweils nur noch mit einer Zahl festgelegt wurden, die als relative Länge in Fadenkreuzrichtung verwertet wird. Dadurch liegen beide Punkte dann auf einer Linie, deren Richtung aber mit Augenmaß bestimmt ist.

```
Befehl: _donut    Darstellung für Drehpunkt und Kontaktpunkt.
RING Innendurchmesser des Rings angeben <0.5>: 0[Enter]
RING Außendurchmesser des Rings angeben <1.0>:8[Enter]
RING Ringmittelpunkt angeben oder <beenden>: Rasterposition anklicken.
RING Ringmittelpunkt angeben oder <beenden>: Rasterposition anklicken.
RING Ringmittelpunkt angeben oder <beenden>: [Enter]
Befehl: _pline   Schaltkontakt.
PLINIE Startpunkt angeben: Rasterposition anklicken.
Aktuelle Linienbreite beträgt 0.0000
PLINIE Nächsten Punkt angeben oder [... Breite]: B[Enter]
PLINIE Startbreite angeben <0.0000>: 4[Enter]
PLINIE Endbreite angeben <4.0000>: [Enter]
PLINIE Nächsten Punkt angeben oder [...]: Rasterposition anklicken.
PLINIE Nächsten Punkt angeben oder [...]: Rasterposition anklicken.
PLINIE Nächsten Punkt angeben oder [...]: [Enter]
```

```
Befehl: _pline
PLINIE Startpunkt angeben: _nea nach Schaltkontakt anklicken
Aktuelle Linienbreite beträgt 4.0000
PLINIE Nächsten Punkt angeben oder [... Breite]: B[Enter]   Breite auf null setzen.
PLINIE Startbreite angeben <4.0000>: 0[Enter]
PLINIE Endbreite angeben <0.0000>:  [Enter]
PLINIE Nächsten Punkt angeben oder [...]: 10[Enter]   Das Fadenkreuz gibt die
Richtung an, und der Zahlenwert hier wird als Entfernung in diese Richtung
verwertet.
PLINIE Nächsten Punkt angeben oder [... Breite]: B[Enter]   Breite für Pfeilspitze
einstellen.
PLINIE Startbreite angeben <0.0000>: 10[Enter]
PLINIE Endbreite angeben <10.0000>: 0[Enter]
PLINIE Nächsten Punkt angeben oder [...]: 15[Enter]   Das Fadenkreuz bleibt in
derselben Position wie vorher und gibt die Richtung an, der Zahlenwert hier
wird als Entfernung in diese Richtung verwertet.
PLINIE Nächsten Punkt angeben oder [...]: [Enter]
```

6.5 SKIZZE

Mit dem Befehl SKIZZE werden Freihandlinien gezeichnet, die Ihrer Handbewegung folgen. Der Befehl SKIZZE verlangt als Erstes die Optionswahl für den Typ:

```
Befehl: SKIZZE
Typ = Linien Inkrement = 1.0000 Toleranz = 0.5000
Skizze angeben oder [Typ/Inkrement/toLeranz]: T
Skizzentyp eingeben [Linien/Polylinie/Spline] <Linien>: P
Skizze angeben oder [Typ/Inkrement/toLeranz]: I
Skizzeninkrement angeben <1.0000>: 0.5
Skizze angeben oder [Typ/Inkrement/toLeranz]: An Startposition klicken und
Cursor bewegen
Skizze angeben: [Enter] zum Beenden und Speichern
1 Polylinie mit 24 Seiten gespeichert.
```

- LINIE – erzeugt eine Folge von Linien,
- POLYLINIE – erzeugt eine Polylinie bestehend aus entsprechenden Liniensegmenten,
- SPLINE – erzeugt eine geglättete Polylinie basierend auf entsprechenden Liniensegmenten.

Üblich sind die Optionen POLYLINIE für einen eckigen Verlauf und SPLINE für einen glatten Verlauf. Bei LINIE entstehen viele einzelne Liniensegmente. Mit der Option INKREMENT können Sie angeben, wie lang die Liniensegmente werden sollen. Ein Wert von **1** wäre für typische Konstruktionen in Maschinenbau oder

Architektur wohl nicht zu grob. Die TOLERANZ definiert die maximale Abweichung der Kurve. Übrigens, der ORTHO-Modus sollte bei Erzeugung der Kurve stets ausgeschaltet sein, weil Sie sonst eine Treppenstruktur bekommt.

3D-Modellierung (nicht LT)	Icon	Befehl
FLÄCHE|KURVEN|SPLINE-KS ▼|FREIHAND-SPLINE		SKIZZE

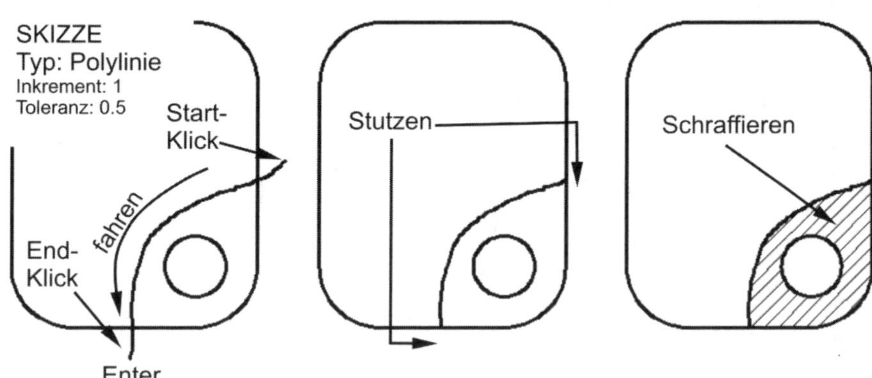

Abb. 6.27: Schraffurgrenze mit Skizze erzeugen

Nach Einstellung von TYP und INKREMENT gehen Sie wie folgt vor:

- Bewegen Sie das Fadenkreuz auf den beabsichtigten Startpunkt,
- klicken Sie einmal am Startpunkt,
- bewegen Sie die Maus gemäß dem gewünschten Kurvenverlauf,
- klicken Sie einmal, wenn der Endpunkt erreicht ist.
- Weitere Kurven können Sie wie in den letzten drei Punkten beschrieben erzeugen.
- Zum Beenden des Befehls und Speichern der Kurven drücken Sie [Enter].

6.6 SPLINE

Der Befehl SPLINE erzeugt eine glatte Kurve. Es gibt hier zwei VERFAHREN zu wählen:

- ANPASSEN – erzeugt eine glatte Kurve, die *durch* die angegebenen Punkte läuft. Die Option KNOTEN steuert die interne Parametrisierung der Kurve und bestimmt, wie sich das Gewicht der einzelnen Punkte und der Segmentlängen auf die Kurve auswirkt (siehe Abbildung 6.28). Sie haben die Wahl zwischen SEHNE, QUADRATWURZEL und EINHEITLICH.

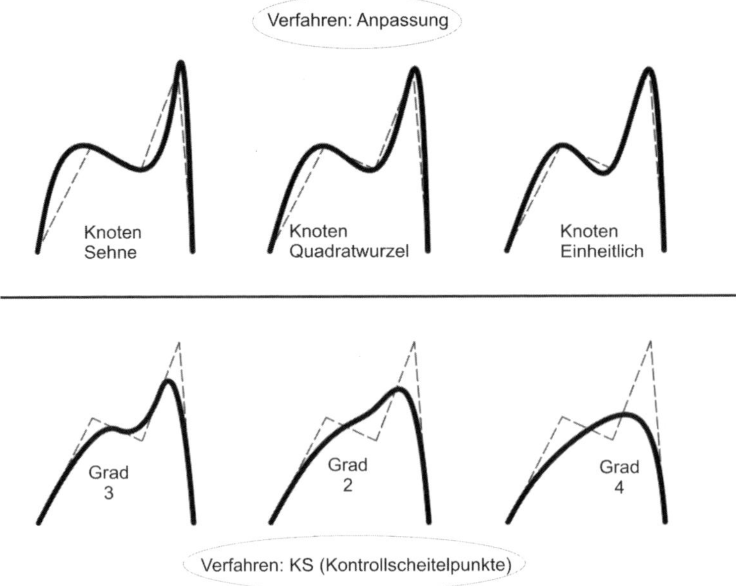

Abb. 6.28: Verschiedene Splinetypen

- KS – erzeugt eine glatte Kurve, wobei die angegebenen Punkte als Kontrollscheitelpunkte (KS) dienen. Die resultierende Kurve *schmiegt sich an* das Kontrollpunkt-Polygon an. Wie stark sich die Kurve anschmiegt, gibt die Option GRAD an. Ein niedriger Grad bedeutet näheres Anschmiegen an das Polygon, ein hoher Grad bedeutet sehr glatten Verlauf, wobei die Entfernung zum Polygon größer wird.

ZEICHNEN UND BESCHRIFTUNG	Icon	Befehl	Kürzel
START|ZEICHNEN▼|SPLINE-ANGLEICHUNG		SPLINE[Enter] V[Enter] A[Enter]	SPL
START|ZEICHNEN▼|SPLINE-KS		SPLINE[Enter] V[Enter] K[Enter]	SPL

In Abbildung 6.29 wurde eine Splinekurve konstruiert, die tangential an die vorhandenen Geometrien anschließen soll. Zwar gibt es beim Verfahren ANPASSEN eine Option für Tangentialität am Startpunkt und Endpunkt, aber die Ergebnisse sind sehr überraschend.

Besser geht es mit dem KS-Verfahren. Man muss nur den zweiten und den vorletzten Kontrollscheitelpunkt exakt in Tangentenrichtung zum ersten bzw. letzten Punkt beispielsweise mit Objektfang HILFSLINIE wählen. Die Kontrollscheitelpunkte können zum Modellieren der Kurve auch nachträglich noch als Griffe angewählt und verschoben werden.

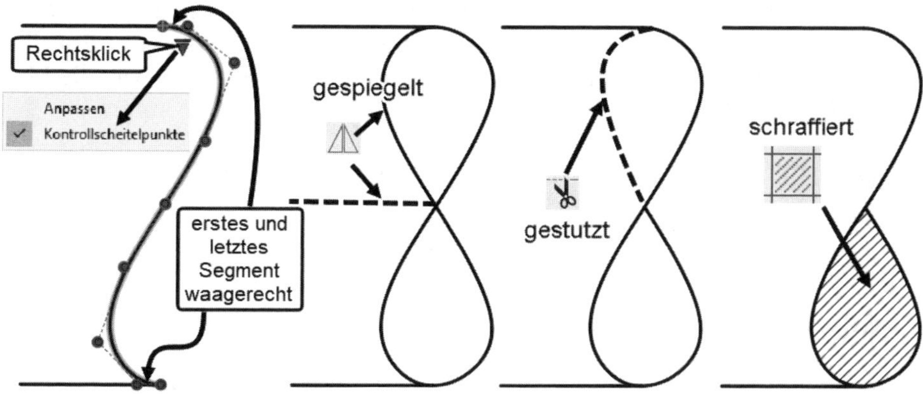

Abb. 6.29: Spline als Wellenende

Die Splinekurve können Sie am einfachsten über einen Doppelklick bearbeiten. Dann können Sie wählen, ob Sie die SCHEITELPUNKTE oder die ANPASSUNGSDATEN bearbeiten wollen.

ZEICHNEN UND BESCHRIFTUNG	Icon	Befehl	Kürzel
START|ÄNDERN ▼		SPLINEEDIT	SIE

Die SCHEITELPUNKTE beeinflussen die Kurve global und etwas indirekt, abgesehen vom ersten und letzten Punkt. Interessant sind auch die ersten und letzten Segmente des Scheitelpunktpolygons, denn sie definieren exakt die Start- und Endtangenten und sind deshalb zur Anpassung an andere Kurven nützlich.

Über die ANPASSUNGSDATEN bearbeiten Sie direkt die Punkte, durch die die Kurve läuft. Hier gibt es auch eine Option, die Kurve mit gewisser numerischer Näherung in eine Polylinie umzuwandeln. Das ist beispielsweise gut zu gebrauchen, um Daten später für eine Bearbeitung mit Fräs- oder Drehmaschinen zu steuern, weil die meist nur Bögen und Linie fahren können, und das entspricht eben einer Polylinie.

6.7 Multilinien

6.7.1 MLINIE (nicht LT)

Für Konstruktionen im Architekturbereich, wo verschieden starke Wände zu zeichnen sind, oder bei Leitungsinstallationen, die mehrere parallel laufende Linien benötigen, wird gern die Multilinie verwendet. AutoCAD stellt eine Standard-Multilinie zur Verfügung, aber Sie können auch eigene Multilinienstile definieren. Zuerst sollten Sie mit der Standard-Multilinie einen normalen Hausgrundriss zeichnen. Der Befehl ist nicht über Multifunktionsleisten erreichbar. Sie müssten dazu die MENÜLEISTE aktivieren. Das geht am einfachsten über SCHNELLZUGRIFF-WERKZEUGKASTEN ▼ MENÜLEISTE ANZEIGEN. Dort finden Sie dann die Befehle zum Erstellen und Bearbeiten von Multilinien unter ZEICHNEN und ÄNDERN|OBJEKT sowie die Multilinienstile unter FORMAT.

Menüleiste	Icon	Befehl	Kürzel
ZEICHNEN		MLINIE	ML

Abb. 6.30: Hausgrundriss mit Multilinie

Der Befehl MLINIE zeigt einige wichtige Voreinstellungen an. Da die Multilinie aus mindestens zwei Linien besteht, müssen Sie sich mit der Option AUSRICHTUNG entscheiden, wo sie mit dem Fadenkreuz geführt wird, an der oberen, der unteren Linie oder an der Nulllinie, der gedachten Mitte dazwischen. Die Voreinstellung ist OBEN. Das bezieht sich genau genommen auf eine Linie, die von links nach rechts geht. Ansonsten wird der Bezug entsprechend verdreht. Als Nächstes müssen Sie mit MAßSTAB einen Skalierfaktor angeben. Die Standard-Multilinie hat per Definition einen Linienabstand von 1. Wenn Sie damit eine Wand mit der Breite 36,5 cm zeichnen wollen, müssen Sie Maßstabsfaktor **36.5** verwenden. Da die folgende Zeichnung recht groß wird, denken Sie vielleicht daran, so zu zoomen, dass alles darauf passt. Beispielsweise mit ZOOM, und den Ecken: **0,0** und **1200,1000**.

```
Befehl: MLINIE
Aktuelle Einstellungen: Ausrichtung = Oben, Maßstab = 1.00, Stil = STANDARD
MLINIE Startpunkt angeben oder [Ausrichtung Maßstab Stil <Von Punkt>: M
Option zum Einstellen des Maßstabs
MLINIE Mlinienmaßstab eingeben <1.00>: 36.5  Linienabstand für Außenwände
Aktuelle Einstellungen: Ausrichtung = Oben, Maßstab = 36.50, Stil = STANDARD
```

```
MLINIE Startpunkt angeben oder [...] <...>: 50,600    Ecke oben links
Nächsten Punkt angeben:  @999,0   Ecke oben rechts
MLINIE Nächsten Punkt angeben ... [...]:  @0,-549   Ecke unten rechts
MLINIE Nächsten Punkt angeben oder [...]:  @-999,0   Ecke unten links
MLINIE Nächsten Punkt angeben oder [Schließen ...]:  S   Und auch hier gibt es
die angenehme Option S zum Schließen des Linienzugs.
```

Nun sollten Sie die Innenwände zeichnen. Sie müssen dazu den Maßstabsfaktor ändern, denn die Innenwände haben Stärken von 24 cm und 11,5 cm. Die Wände sind relativ zu den Ecken bemaßt, also werden die Startpunkte der Multilinien mit dem Objektfang VON angegeben, wobei ein bestehender Eckpunkt der Basispunkt ist. Er wird mit dem Objektfang ENDPUNKT gewählt, und dann wird die Entfernung in relativen Koordinaten eingegeben.

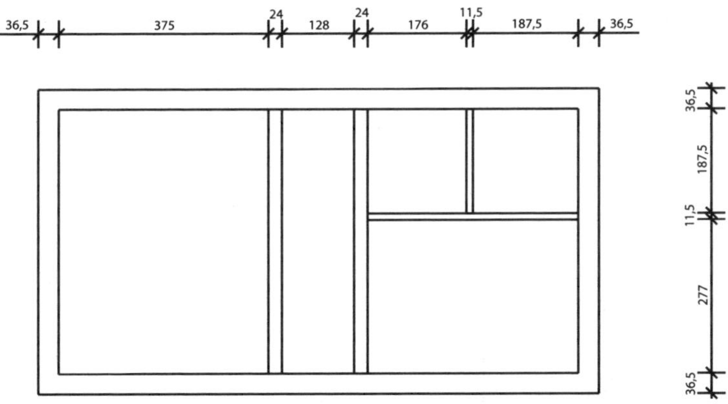

Abb. 6.31: Innenwände mit Multilinien

```
Befehl: MLINIE
Aktuelle Einstellungen: Ausrichtung=Oben, Maßstab=36.5, Stil=STANDARD
MLINIE Startpunkt angeben oder [Ausrichtung Maßstab Stil]:  M
MLINIE Mlinienmaßstab eingeben <36.50>:  24
Aktuelle Einstellungen: Ausrichtung=Oben, Maßstab=24.00, Stil= STANDARD
MLINIE Startpunkt angeben ... [... Maßstab ...]:  _from  Basispunkt:  _
end von  Ecke innen links unten anklicken
<Abstand>: @375,0
N MLINIE ächsten Punkt angeben:  _per nach Wand gegenüber anklicken
MLINIE Nächsten Punkt angeben oder [...]: [Enter]   Befehlsende
Befehl: [Enter]   Befehlswiederholung
Aktuelle Einstellungen: ...
MLINIE Startpunkt angeben ... [...]:  _from  Basispunkt:  _end von Ecke
innen rechts oben anklicken
<Abstand>: @-375,0
MLINIE Nächsten Punkt angeben:  _per nach Wand gegenüber anklicken
```

```
MLINIE Nächsten Punkt angeben oder [...]: [Enter]   Befehlsende
Befehl: [Enter]   Befehlswiederholung etc.
```

Anstelle des Objektfangs VON lässt sich natürlich noch effektiver der Spurlinienmodus OBJEKTFANGSPUR verwenden, der weiter unten in diesem Kapitel erklärt wird.

6.7.2 MLEDIT (nicht LT)

Nun fehlen noch die Ausbrüche an den Wandverbindungen. Bei normalen Linien würden Sie hier mit STUTZEN arbeiten. Bei Multilinien gibt es aber eine spezielle Editierfunktion, die eine einfachere Bedienung erlaubt. Den Befehl MLEDIT rufen Sie am einfachsten mit einem Doppelklick auf eine Multilinie auf. Im Fenster des Befehls MLEDIT wählen Sie die Option OFFENES T und klicken dann die T-förmigen Wandverbindungen in der Weise an, wie in Abbildung 6.32 dargestellt. Zur weiteren Bearbeitung kann man Multilinien wieder in normale Linien mit dem Befehl URSPRUNG umwandeln.

Menüleiste	Icon	Befehl	Kürzel
ÄNDERN|OBJEKT|MULTILINIEN BEARBEITEN		MLEDIT	-

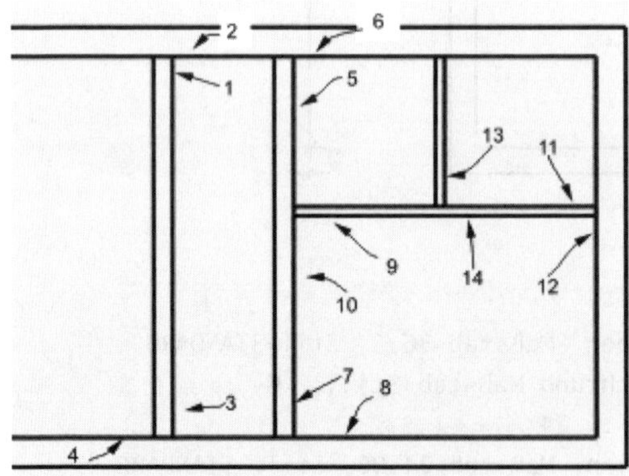

Abb. 6.32: Fertigstellen der T-Verbindungen

6.7.3 Multilinienstil (nicht in LT)

Eigene Multilinienstile können Sie mit dem Befehl MLSTIL erstellen. In der Dialogbox NEU sollten Sie zunächst einen *Namen* für den neuen Stil eingeben und dann auf WEITER klicken. Dann können Sie unter ELEMENTE die einzelnen Linien mit ihrem Abstand von der Nulllinie eingeben. Zum Eingeben neuer Linien klicken Sie erst auf HINZUFÜGEN. Dann wird eine neue Linie mit den Standardeinstellungen Abstand 0, Farbe VONLAYER und Linientyp VONLAYER automatisch eingetragen. Sie geben anschließend in den Dialogfeldern die gewünschten Werte für

Abstand, Linientyp und Farbe ein und klicken zur Übernahme der Werte auf die markierte neue Linie. Zum Ändern einer Linie müssen Sie die zu ändernde Linie anklicken, die Änderungen eintragen und dann noch einmal im Auswahlfenster die Linie anklicken. Jede einzelne Linie kann einen eigenen Linientyp und eine eigene Farbe haben. Unter ENDSTÜCKE tragen Sie die Bedingungen für die *Linienenden* ein und auch eine gewünschte Füllung.

Menüleiste	Icon	Befehl	Kürzel
FORMAT|MULTILINIENSTIL		MLSTIL	-

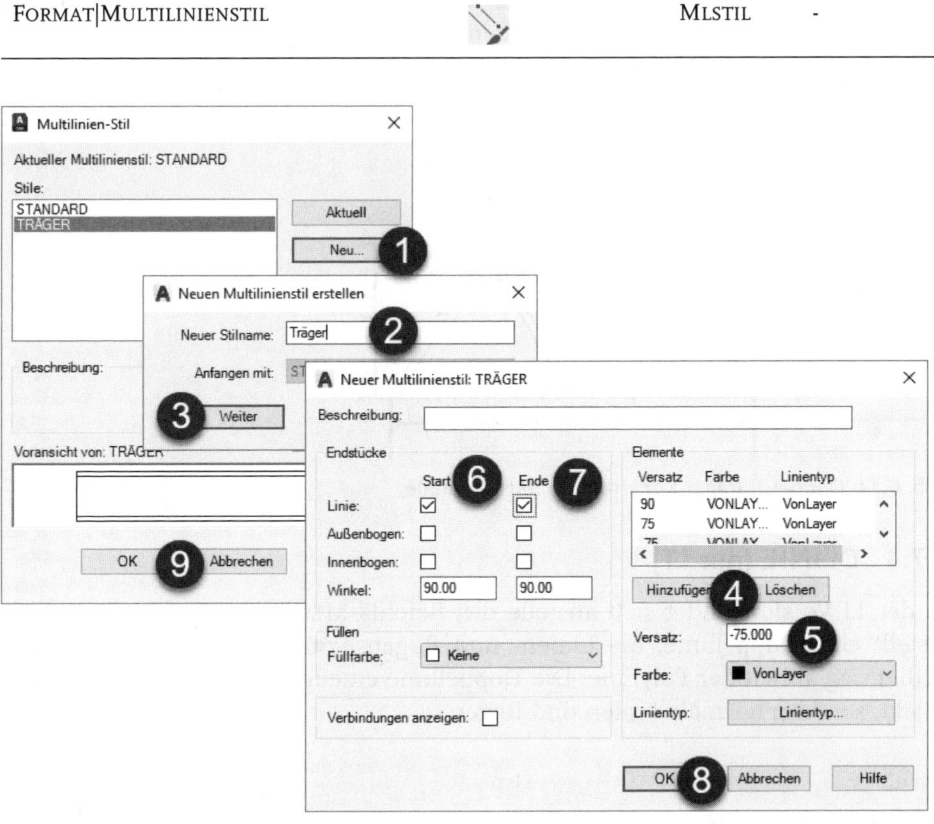

Abb. 6.33: MULTILINIENSTIL-Dialogfeld

Beispiele für Multilinien:

Abstand	Farbe	Linientyp
90	VONLAYER	VONLAYER
75	VONLAYER	VONLAYER
-75	VONLAYER	VONLAYER
-90	VONLAYER	VONLAYER

Mit diesem Linientyp wurde die Stahlkonstruktion in Abbildung 6.34 erstellt. Die Multilinie entspricht einem Doppel-T-Träger mit der Höhe 180 mm und der Dicke 15 mm. Hierbei wurden allerdings zum Stutzen die Multilinien wieder mit Ursprung aufgelöst. Die Konstruktion konnte mit einem Polarfangwinkel von 30° recht schnell erstellt werden. Damit hat man Hilfslinien unter 30°, 60°, 90°, 120° usw. zur Verfügung. Die Linien rasten bei diesen Winkeln ein und man muss nur noch die Längen der schrägen Stützen eingeben. Interessant ist hier auch die Detail-Vergrößerung. Sie erhalten sie durch Kopieren und mit dem Befehl VARIA zum Vergrößern, hier mit dem Faktor 5. Danach wurde der Kreis zur Eingrenzung des Details gezeichnet und nach Auflösen der Multilinie mit Ursprung alles Überstehende mit Stutzen weggeschnitten.

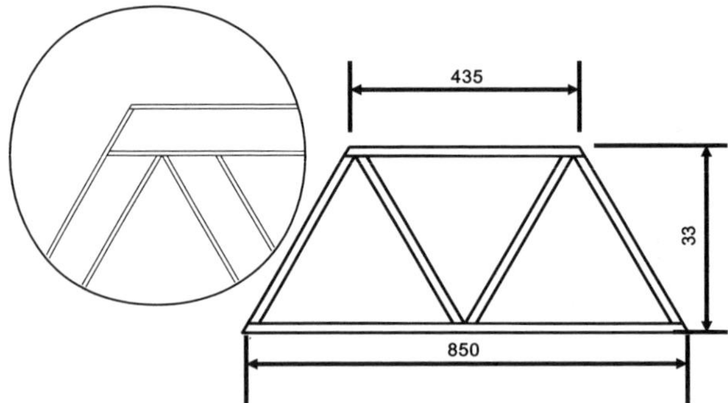

Abb. 6.34: Doppel-T-Träger-Konstruktion mit Multilinie

6.7.4 DLINIE (nur LT)

In der LT-Version findet sich anstelle des Befehls MLINIE der Befehl DLINIE. Er erstellt eine Doppellinie, die Linien- und Bogensegmente enthalten kann. Die Bedienung ähnelt der Polylinie. Die Doppellinie erzeugt kein neues Zeichnungsobjekt, sondern normale Linien und Bögen.

Menü	Icon	Befehl
ZEICHNEN|DOPPELLINIE	-	DLINIE

Der Befehl DLINIE hat zahlreiche Optionen:

- BOGEN – wechselt in den Bogenmodus ähnlich wie beim Befehl PLINIE.
- BRUCH – ist ein Ein-/Aus-Schalter, der normalerweise eingeschaltet ist, damit bei Anschluss der Doppellinie an eine andere Linie Letztere automatisch aufgeschnitten wird. Bei Wandanschlüssen wird also automatisch gestutzt!
- ABSCHLUSS – legt fest, ob die Enden von Doppellinien abgeschlossen werden sollen. Die Vorgabe AUTO bewirkt Schließen bei einem frei stehenden Ende von Doppellinien, aber Freigeben einer Öffnung, wenn die Doppellinie irgendwo anschließt.

- ACHSLINIE – Diese Option legt fest, über welche Kante die Doppellinie geführt werden soll. Normalerweise wählt man hier LINKS oder RECHTS – das bezieht sich immer auf die »Fahrtrichtung« der Doppellinie. Wenn aber ausnahmsweise die Mitte der Doppellinie bemaßt ist, kann auch MITTE gewählt werden. Auch beliebige Abstände von der Mitte sind möglich.
- SCHLIEßEN – schließt den Doppellinienzug wie beim Befehl LINIE.
- LINIE – schaltet vom Bogenmodus in den Linienmodus zurück.
- FANG – bewirkt das Einrasten an angeklickten Linien. Das ist nützlich, wenn im ORTHO-Modus gearbeitet wird. Es erspart dann oft die Wahl des Objektfangs LOT.
- ZURÜCK – macht einzelne Segmente rückgängig.
- BREITE – definiert die Breite der Doppellinie. Da die Vorgabe 0,05 beträgt, ist das eine wichtige Eingabe beim Start.

Im Bogen-Modus kommen weitere Optionen hinzu:

- MITTELPUNKT – Eingabe des Mittelpunkts für das Bogensegment
- ENDPUNKT – Eingabe des Bogen-Endpunkts
- LINIE – Umschalten in den Linien-Modus

Vorsicht: Objektfang

Der Befehl DLINIE schaltet zu Beginn den permanenten OBJEKTFANG ab. Zur Verwendung im Befehl müssten Sie die Objektfänge erneut einstellen oder die Fangüberschreibungen über das Kontextmenü nutzen. Mit der Systemvariablen OSMODE können Sie den Code für alle aktuellen Objektfänge auslesen und dann falls nötig *im* Befehl mit dem transparenten Aufruf 'OSMODE wieder aktivieren. Nach Befehlsende werden die Fangüberschreibungen wieder auf die alten Werte zurückgesetzt.

6.8 Regionen

Eine Region ist so etwas wie eine ebene Fläche. Man kann eine Region mit dem Befehl REGION aus einer beliebigen geschlossenen Kontur erzeugen, einem Kreis, einer Polylinie oder auch aus mehreren Linien und Bögen, die in ihren Endpunkten zusammenpassen. Der Befehl REGION wandelt also andere geschlossene Objekte wie Polylinien, Splines, Kreise oder Ellipsen in eine Region um. Auch mit dem Befehl UMGRENZUNG lassen sich Regionen erstellen.

ZEICHNEN UND BESCHRIFTUNG	Icon	Befehl	Kürzel
START|ZEICHNEN ▼|REGION		REGION	REG

Mit Regionen kann man aber spezielle Operationen ausführen. Man kann mit Regionen Differenzen bilden, Regionen vereinigen oder die sogenannte Schnittmenge bilden. Was diese Operationen bewirken, wird in der Übersicht (Abbildung 6.35) klar. Dadurch entstehen komplexe flächenartige Objekte. Diese Objekte können auch Löcher enthalten.

3D-Grundlagen	Icon	Befehl	Kürzel
START|BEARBEITEN|VEREINIG		VEREINIG	VER
START|BEARBEITEN|DIFFERENZ		DIFFERENZ	DIF
START|BEARBEITEN|SCHNITTMENGE		SCHNITTMENGE	SCH

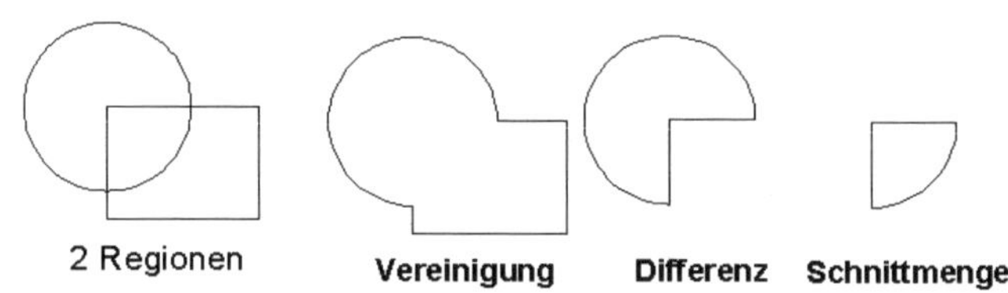

Abb. 6.35: Operationen mit Regionen

In einer kleinen Übungskonstruktion soll nun mit Regionen gearbeitet werden und am Schluss mit dem Befehl MASSEIG der Flächeninhalt berechnet werden. Zeichnen Sie zunächst die in Abbildung 6.36 dargestellten Kreise und das Trapez. Das Trapez wird aus Linien gezeichnet. Die Grundlinie läuft beim kleinen Kreis von Quadrant zu Quadrant. Davon ausgehend können Sie die schrägen Linien unter den Winkeln von 110° und 70° zeichnen.

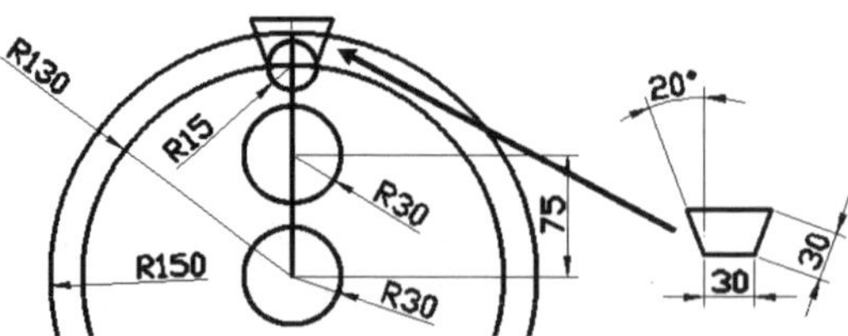

Abb. 6.36: Vorbereitung für Regionen

Im nächsten Schritt verwenden Sie den Befehl REGION, um aus allen Kreisen Regionen zu erstellen. Aus den vier Linien des Trapezes erstellen Sie auch eine Region. Dann verwenden Sie den Befehl VEREINIG, um den kleinen Kreis und das Trapez zu einer einzigen Region zu vereinigen. Das Ergebnis ist in Abbildung 6.37 links zu sehen.

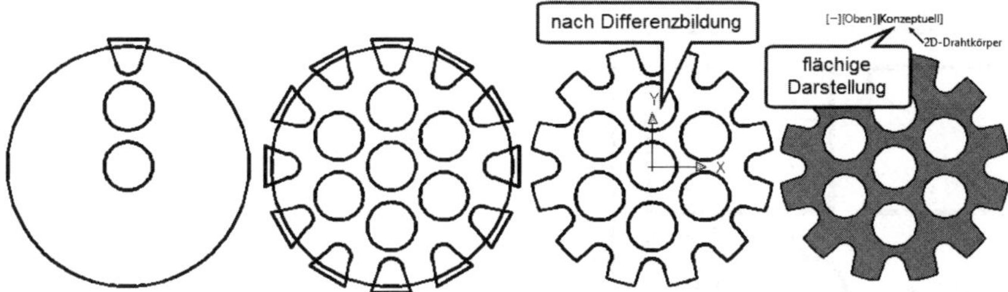

Abb. 6.37: Differenzbildung von Regionen

Als Nächstes wenden Sie den Befehl REIHE mit der Option POLARE ANORDNUNG an, um die Kreise sechsmal zu vervielfältigen und die neu erstellte Region zwölfmal. Am Schluss bilden Sie mit dem Befehl DIFFERENZ die Differenz zwischen dem großen Kreis und den übrigen Regionen. Beim Befehl DIFFERENZ müssen Sie zuerst den großen Kreis wählen, dann die Objektwahl mit `Enter` beenden und danach alle anderen Objekte. So entstand das Kettenrad in Abbildung 6.37 rechts. Das gesamte Objekt ist eine Region mit Löchern.

6.9 Revisionswolke

Für die besondere Hervorhebung von Zeichnungspartien gibt es den Befehl REVWOLKE mit drei Gestaltungsmöglichkeiten.

ZEICHNEN UND BESCHRIFTUNG	Icon	Befehl	Kürzel
START|ZEICHNEN ▼ oder BESCHRIFTEN|MARKIERUNG| REVISIONSWOLKE|RECHTECKIG		REVWOLKE	RW
...|...|...|POLYGONAL			
...|...|...|FREIHAND			

Die Form kann rechteckig, polygonal oder freihandmäßig sein. Es entsteht eine wolkenartige Umrandung für ein Gebiet. Die Revisionswolke kann je nach Form über Griffe modifiziert werden. Die Freihand-Kontur wird durch Umfahren erstellt und schließt sich automatisch, wenn Sie in die Nähe des Startpunkts kommen. Über die Option BOGENLÄNGE können Sie die Längen der kleinen Bögen Ihren Bedürfnissen anpassen. Die *Vorgabe* wird bei der ersten Anwendung proportional zur aktuellen Ansicht eingestellt. Mit der Option OBJEKT lassen sich geschlossene Kurven wie Kreise, Ellipsen oder Polylinien in Revisionswolken umwandeln. Eine Option UMKEHREN erzeugt die Bögen statt nach außen dann nach innen. Mit der Option STIL|KALLIGRAPHIE können Sie auch eine auffallende Variante erzeugen, die wie mit der Tuschefeder gezeichnet erscheint.

Abb. 6.38: Revisionswolke

6.10 ABDECKEN

Der Befehl ABDECKEN erzeugt eine Fläche mit Hintergrundfarbe. Der Befehl erwartet die Eingabe von mehreren Punktpositionen für die Berandung. Er kann verwendet werden, um Teile der Zeichnung wie mit Tipp-Ex abzudecken. Diese Wirkung ist aktiv, solange Sie sich im Drahtmodell befinden. In den 3D-Darstellungen geht diese Eigenschaft verloren.

ZEICHNEN UND BESCHRIFTUNG	Icon	Befehl
START|ZEICHNEN ▼ oder BESCHRIFTEN|MARKIERUNG|ABDECKUNG		ABDECKEN

Es gibt noch eine Option RAHMEN, mit der die Umrandungen aller Abdeckungen in der Zeichnung unsichtbar oder mindestens nicht plotbar gemacht werden können. Abdeckungen ohne Rahmen sind allerdings etwas tückisch, weil man sie nicht sieht. Sie werden aber bei ZOOM-Aktionen berücksichtigt. Benutzt werden Abdeckungen, um beispielsweise Schraffuren hinter Texten abzudecken. Um die Reihenfolge zwischen Abdeckungen und anderen Objekten zu steuern, können Sie die Funktionen aus START|ÄNDERN ▼|ZEICHREIHENF benutzen.

Wichtig

Abdeckungen ohne Rahmen sind unsichtbar, beeinflussen aber ZOOM, Option GRENZEN. Abdeckungen wirken nur beim Ansichtsstil 2D-DRAHTKÖRPER.

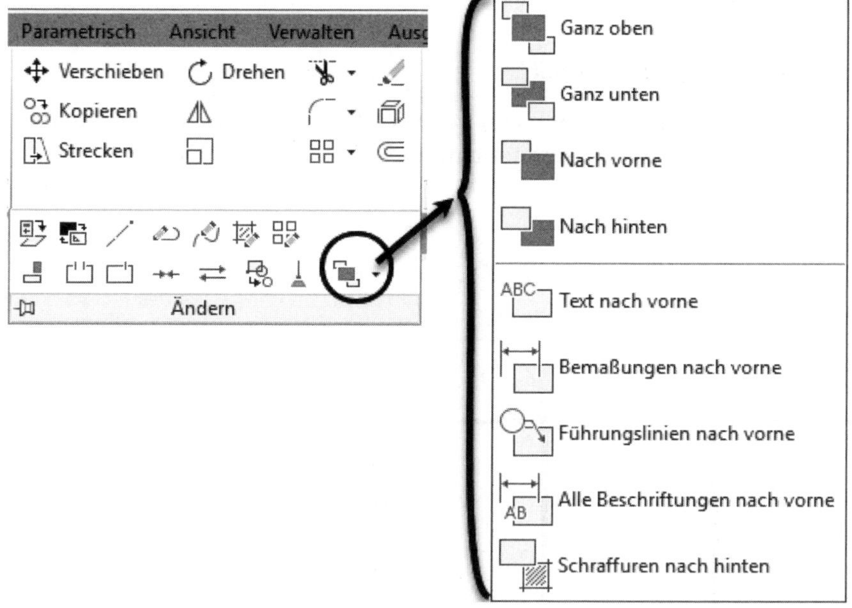

Abb. 6.39: Zeichnungsreihenfolge von Objekten ändern

6.11 Ausgewähltes hinzufügen: der universelle Zeichenbefehl

Sie können es sich leicht machen beim Konstruieren, wenn es schon Objekte des Typs auf dem Bildschirm gibt, die Sie nun zeichnen wollen. Wenn Sie beispielsweise eine Ellipse zeichnen wollen, dann suchen Sie nicht erst lange nach dem Ellipse-Befehl, sondern klicken auf dem Bildschirm eine vorhandene Ellipse an und wählen nach Rechtsklick im Kontextmenü AUSGEWÄHLTES HINZUFÜGEN.

Kontextmenü bei markiertem Objekt	Icon	Befehl
AUSGEWÄHLTES HINZUFÜGEN		ADDSELECTED

Damit wird der gleiche Objekttyp auch mit dessen allgemeinen Eigenschaften wie Layereinstellungen etc. erstellt. Interessant ist das auch für Blöcke, wenn Sie einen vorhandenen Block einfach noch einmal einfügen möchten.

6.12 Übungen

6.12.1 Rundbogen aus Rechteck

Zeichnen Sie ein Rechteck: 100 breit, 200 hoch. Verformen Sie die Oberkante zum Halbkreis. Klicken Sie das Liniensegment an und wählen Sie die Option IN BOGEN KONVERTIEREN.

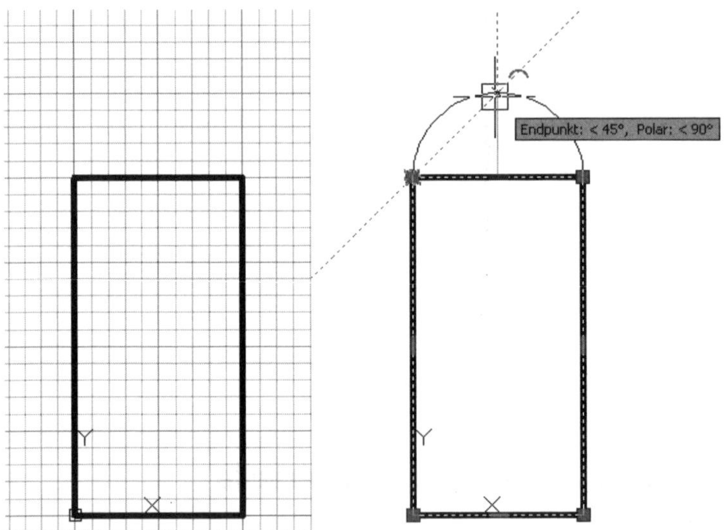

Abb. 6.40: Rundbogen im Rechteck durch Verformung

Tipp: Stellen Sie vorher ein

- OBJEKTFANG aktivieren, OBJEKTFANG-EINSTELLUNGEN:
  - ENDPUNKT aktivieren,
  - MITTELPUNKT aktivieren,
- POLARE SPUR: aktivieren, ▼SPUREINSTELLUNGEN:
  - INKREMENTWINKEL **45**°
  - SPUR MIT POLAREN WINKELEINST. aktivieren
- OBJEKTFANGSPUR aktivieren

6.12.2 Fußball

Am Beispiel des in Abbildung 6.41 dargestellten Fußballs sollen Sie nun mit den Befehlen POLYGON, KOPIEREN und SPIEGELN arbeiten. Stellen Sie vorher den permanenten Objektfang auf ENDPUNKT ein. Wenn Sie die Fünfecke mit dem Schraffurmuster SOLID ausfüllen, ist der Fußball perfekt.

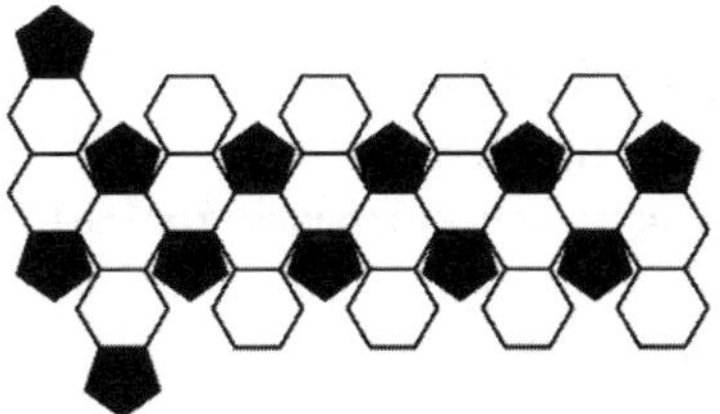

Abb. 6.41: Abwicklung eines Fußballs

```
Befehl: _polygon   Erste Netzfläche als Sechseck mit Seitenlänge 10
zeichnen (Maß frei erfunden, da ich weder einen Fußball besitze noch mich in
dieser Branche der millionenteuren Profis auskenne).
POLYGON Anzahl Seiten eingeben <4>: 6[Enter]
POLYGON Polygonmittelpunkt angeben oder [Seite]: S[Enter]
POLYGON Ersten Endpunkt der Seite angeben: 50,50[Enter]
POLYGON Zweiten Endpunkt der Seite angeben:  [F8] <Ortho ein> Mit Fadenkreuz
nach rechts fahren und eingeben: 10[Enter]
Befehl: _copy
KOPIEREN Objekte wählen: L[Enter]  1 gefunden
KOPIEREN Objekte wählen: [Enter]
KOPIEREN Basispunkt oder [Verschiebung]<Verschiebung>: Ecke rechts unten
anklicken.
KOPIEREN Zweiten Punkt angeben oder <ersten Punkt der Verschiebung verwen-
den>: Endpunkt oben rechts anklicken.
KOPIEREN Zweiten Punkt ... <...>: [Enter]
Befehl: _copy
KOPIEREN Objekte wählen: Fenster um beide Sechsecke ziehen.  2 gefunden
KOPIEREN Objekte wählen: [Enter]
KOPIEREN Basispunkt oder [Verschiebung] <Verschiebung>: Endpunkt oben links
anklicken.
KOPIEREN Zweiten Punkt ... <...>: Endpunkt vom unteren Sechseck ganz rechts
anklicken.
KOPIEREN Zweiten Punkt ... <...>: [Enter]
Befehl: _copy   Nun werden diese vier Sechsecke viermal kopiert.
KOPIEREN Objekte wählen: Fenster um die vier Sechsecke ziehen. 4 gefunden
KOPIEREN Objekte wählen: [Enter]
KOPIEREN Basispunkt oder [Verschiebung] <...>: Endpunkt links anklicken.
KOPIEREN Zweiten Punkt ... <...>: Endpunkt rechts anklicken.
KOPIEREN Zweiten Punkt ... <...>: Endpunkt rechts anklicken.
KOPIEREN Zweiten Punkt ... <...>: Endpunkt rechts anklicken.
KOPIEREN Zweiten Punkt ... <...>: Endpunkt rechts anklicken.
KOPIEREN Zweiten Punkt ... <...>: [Enter]
Befehl: _polygon   Nun werden die Fünfecke anhand von zwei Eckpunkten kon-
struiert.
POLYGON Anzahl Seiten eingeben <6>: 5[Enter]
```

```
POLYGON Polygonmittelpunkt angeben oder [Seite]: S[Enter]
POLYGON Ersten Endpunkt der Seite angeben: Endpunkt anklicken.
POLYGON Zweiten Endpunkt der Seite angeben: Endpunkt anklicken.
POLYGON Befehl: _copy   Dieses Fünfeck wird nun nach der Zeichnung fünfmal
kopiert.
POLYGON Objekte wählen: Fünfeck    anklicken.  1 gefunden
POLYGON Objekte wählen: [Enter]
POLYGON Basispunkt oder [Verschiebung] <Verschiebung...>: Endpunkt anklicken.
POLYGON Zweiten Punkt ... <...>: Endpunkt anklicken.
...
POLYGON Zweiten Punkt ... <...>: [Enter]
Befehl: _mirror   Das Fünfeck wird nach unten gespiegelt.
SPIEGELN Objekte wählen: Fünfeck anklicken.  1 gefunden
SPIEGELN Objekte wählen: [Enter]
SPIEGELN Ersten Punkt der Spiegelachse angeben: Endpunkt anklicken.  Zweiten
Punkt der Spiegelachse angeben: Endpunkt anklicken.
SPIEGELN Quellobjekte löschen? [Ja Nein] <N>: [Enter]
Befehl: _copy   Das gespiegelte Fünfeck wird fünfmal kopiert.
KOPIEREN Objekte wählen: 1 gefunden
KOPIEREN Objekte wählen: Das gespiegelte Fünfeck anklicken.
KOPIEREN Basispunkt oder [Verschiebung] <Verschiebung>: Endpunkt anklicken.
KOPIEREN Zweiten Punkt ... <...>: Endpunkt anklicken.
...
KOPIEREN Zweiten Punkt... <...>: [Enter]
```

6.12.3 Konstruktion einer Mutter

Die in Abbildung 6.42 dargestellte M10-Mutter soll nun konstruiert werden.

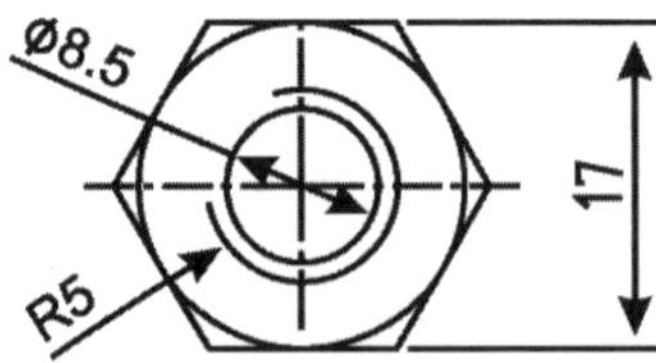

Abb. 6.42: M10-Mutter

```
Befehl: _qnew
Verwenden Sie eine Vorlage, die die nötigen Layer Kontur, Mittellinien und
Gewinde enthält. Ein Zeichnungsrahmen ist hier noch nicht nötig.
```

Die Mutter wird im Folgenden als Sechseck gezeichnet, dessen *Inkreis* den *Durchmesser 17* hat, denn sie soll die *Schlüsselweite 17* haben. Die Schlüsselweite entspricht dem Abstand der flachen Seiten des Sechsecks, deshalb muss es über den *Inkreis* konstruiert werden.

```
Befehl: _polygon   Befehlsaufruf
POLYGON Anzahl Seiten eingeben <4>: 6
POLYGON Polygonmittelpunkt angeben oder [Seite]:50,50
POLYGON Option eingeben [Umkreis Inkreis] <U>: I
POLYGON Kreisradius angeben: 17/2   Sie dürfen hier rechnen lassen! Sie wis-
sen ja nur den Durchmesser, und ehe Sie sich beim Dividieren vertun, lassen
Sie AutoCAD rechnen.
```

Wenn Sie nun die Kreise für Gewinde und Fasenkante zeichnen wollen, stehen Sie vor dem Dilemma, dass Sie den Mittelpunkt des Sechsecks angeben müssen. Für ein Sechseck können Sie mit GEOMETRISCHES ZENTRUM den Mittelpunkt direkt fangen.

```
Befehl: _circle   Kreis-Befehl für Bohrung
KREIS Mittelpunkt für Kreis angeben oder [...]: GZE[Enter]   Mittelpunkt wird
über Objektfang GEOMETRISCHES ZENTRUM ermittelt.

Sechseck anklicken
Danach geht der Kreisbefehl weiter mit der Frage nach dem Radius.
KREIS Radius für Kreis angeben oder [...]: MIT   Der Radius wird hier über
das Fadenkreuz bestimmt, und zwar durch den Abstand vom Kreismittelpunkt zum
Mittelpunkt einer Polygonseite.
Befehl: _circle   Kreis für die Gewindebohrung
KREIS Mittelpunkt für Kreis angeben ... [...]: @   gleicher Mittelpunkt
KREIS Radius für Kreis angeben oder [Durchmesser]: D   D = 8.5 mm   für   M10
KREIS Durchmesser für Kreis angeben <17.0000>: 8.5[Enter]
```

Der Bogen für die Gewindeandeutung kann leicht mit dem BOGEN-Befehl unter der Option MITTELPUNKT, STARTPUNKT, ENDPUNKT (MSE) konstruiert werden. Dabei ist zu beachten, dass der Bogen im Gegenuhrzeigersinn, dem mathematisch positiven Sinn, aufgezogen wird. Der Startpunkt legt auch den Radius fest, der für M10 5 mm beträgt. Der Winkel ist der eingeschlossene Winkel.

```
Befehl: _arc   BOGEN-Befehl für Gewinde
BOGEN Startpunkt für Bogen angeben oder [Zentrum]: Z
BOGEN Mittelpunkt für Bogen angeben: @[Enter]   gleicher Mittelpunkt wie
Bohrung
BOGEN Startpunkt für Bogen angeben: @5<80[Enter]   Startpunkt mit Radius 5 mm
unter 80 Grad
BOGEN Endpunkt für Bogen angeben oder  [Winkel ...]: W[Enter]
BOGEN Eingeschlossenen Winkel angeben: 290   Der Bogen wird gegen den Uhrzei-
gersinn aufgezogen und resultiert deshalb in einem Gesamtwinkel von ca. 290°.
```

Aktivieren Sie in der Layersteuerung den Layer für Mittellinien, bevor Sie weiterzeichnen.

```
Befehl: _line   Konstruktion der senkrechten Mittellinie
LINIE Ersten Punkt angeben: _mid von   obere Seite des Sechsecks anklicken
LINIE Nächsten Punkt angeben oder [Zurück]: _mid von   untere Seite des
Sechsecks anklicken
LINIE Nächsten Punkt angeben oder [Zurück]: Enter   Beendet den Befehl.
```

Die Griffe werden nun aktiviert, um aus der senkrechten Mittellinie durch Drehen und gleichzeitigem Kopieren die waagerechte Mittellinie zu generieren. Der normale Befehl DREHEN besitzt keine Option zum Kopieren, weshalb die Griffe hier günstiger sind. Sie können die Griffe auch über das Kontextmenü der rechten Maustaste bedienen wie weiter oben schon erläutert. Hier wird zur einfacheren Dokumentation das Menü in der Befehlszeile bedient.

```
Befehl: Mittellinie anklicken, um die Griffe zu aktivieren. Mittleren Griff
anklicken: Griff wird heiß. Mit Rechtsklick aktivieren Sie das Griffe-Kon-
textmenü und wählen den Befehl DREHEN und nach einem weiteren Rechtsklick die
Option KOPIEREN.
In der Befehlszeile - oder bei aktiver dynamischer Eingabe am Fadenkreuz -
geben Sie den Winkel ein:
 ** DREHEN (mehrere) **
Drehwinkel angeben oder [BAsispunkt Kopieren Zurück BEzug Exit]: 90 Enter
Drehung um 90 Grad
** DREHEN (mehrere) **
Drehwinkel angeben oder [...]: Enter zum Beenden
Befehl: Esc-Taste zum Beenden der Griffe drücken *Abbruch*
```

Nun sollten Sie beide Mittellinien noch etwas verlängern. Auch das geht schnell und einfach mit den Griffen.

```
Befehl: Beide Mittellinien anklicken, um die Griffe zu aktivieren. Mittleren
Griff anklicken: Griff wird heiß und bringt das Griff-Menü in der Befehls-
zeile. Zu bemerken ist hier, dass der mittlere Griff jetzt beide Linien
anspricht. Das ist gewollt, weil Sie beide verlängern wollen. Mit Rechts-
klick aktivieren Sie das Griffe-Kontextmenü und wählen den Befehl SKALIEREN. 1
** SKALIEREN **
Skalierfaktor angeben oder [BAsispunkt Kopieren Zurück BEzug Exit]: 1.5
Befehl: Esc-Taste zum Beenden der Griffe drücken
```

6.13 Was noch zu bemerken wäre

- PLINECONVERTMODE – Diese Systemvariable steuert die Umwandlung der Splinekurve in eine Polylinie im Befehl PEDIT. Wert **0** bedeutet Umwandlung in Linien, Wert **1** Umwandlung in Bogensegmente. Die Umwandlung ist ggf. nötig, um eine Splinekurve für numerisch gesteuerte Werkzeugmaschinen bearbeitbar zu machen, die nur Linien und Bögen akzeptieren.
- SPLINETYPE – Die Systemvariable steuert die Glättung der Polylinie im Befehl PEDIT. Wert **5** bedeutet quadratische B-Spline-Glättung – sie folgt enger dem Stützpunktpolygon – und Wert **6** (Vorgabe) steht für kubische B-Spline-Glättung und ergibt eine glattere Kurve, die dem Polygon nicht so eng folgt.
- SPLINESEGS – Die Systemvariable gibt an, wie glatt die Darstellung auf dem Bildschirm bei geglätteten Polylinien erscheint. Sie gibt an, mit wie viel Linienstücken pro Polyliniensegment gezeichnet wird. Die Vorgabe ist **8**.

6.14 Übungsfragen

1. Erzeugt der Befehl UMGRENZUNG ein neues Objekt oder fasst er nur existierende Kurven zusammen? Sind die Ursprungsobjekte danach noch einzeln vorhanden?
2. Wie viele Dimensionen hat die Polylinie, ist sie ein ebenes Objekt oder ein dreidimensionales Objekt?
3. Welche Befehle erzeugen Polylinien?
4. Dürfen Multilinien mehr als zwei Linien beinhalten?
5. Welches ist die einfachste Option, um in einer Polylinie ein Kreisbogensegment nicht mit tangentialem Anschluss starten zu lassen?
6. Nennen Sie die drei Methoden, die Größe eines Polygons zu spezifizieren.
7. Schildern Sie den Unterschied zwischen Inkreis und Umkreis beim Polygon.
8. Mit welchem Befehl erzeugen Sie eine Freihandkurve?
9. Welche Breiteneinstellungen gibt es bei Polylinien?

Kapitel 7

Weitere Editier- und Abfragebefehle

Unter den komplexeren Editierbefehlen sind hier solche zusammengefasst, die aus einem Objekt mehrere neue erzeugen oder die Form eines Objekts ändern. Mit den Anordnungsbefehlen REIHERECHTECK, REIHEKREIS und REIHEPFAD kann man aus einem *einzigen* Objekt eine Vervielfachung in Form regelmäßiger Muster erreichen. Anordnungen können in rechteckiger, kreisförmiger Form oder entlang eines Pfads erfolgen. Mit TEILEN und MESSEN können Punkte oder auch Blöcke in bestimmter Zahl oder mit bestimmtem Abstand auf Kurven gesetzt werden. Der Befehl STRECKEN erlaubt, Teile einer Kontur so zu verschieben, dass trotzdem Zusammenhänge erhalten bleiben. Mit VARIA lassen sich Objekte einheitlich in ihrer Größe skalieren. Der Befehl LÄNGE erlaubt auf verschiedene Arten eine Längenänderung von Kurven. Mit AUSRICHTEN können Objekte zugleich verschoben, gedreht und skaliert werden.

Mit den Abfragebefehlen ID, BEMGEOM (und Optionen), ABSTAND, FLÄCHE, MASSEIG, LISTE und ZEIT können Sie geometrische Daten auswerten, ohne eine Bemaßung zu erzeugen, sowie den Zeitverlauf Ihrer Konstruktion beobachten.

7.1 REIHE-Anordnungen

Computer sind ja immer dann besonders gut, wenn es um Wiederholungsaufgaben geht. Besonders effektive Befehle sind deshalb die Anordnungsbefehle REIHERECHTECK, REIHEKREIS und REIHEPFAD, die regelmäßige Anordnungen von Geometrieobjekten in rechteckiger, kreisförmiger Form oder entlang eines Pfads erzeugen.

ZEICHNEN UND BESCHRIFTUNG	Icon	Befehl	Kürzel
-	-	REIHE	RH
START|ÄNDERN|REIHE ▼|RECHTECKIGE ANORDNUNG		REIHERECHTECK	
START|ÄNDERN|REIHE ▼|PFADANORDNUNG		REIHEPFAD	
START|ÄNDERN|REIHE ▼|POLARANORDNUNG		REIHEKREIS	

Wenn Sie den Befehl REIHE eintippen, wird nach Wahl der Objekte über die Optionen RECHTECKIG, PFAD und POLAR in die einzelnen o.g. Befehlsvarianten verzweigt. Die Anordnungen können während der Erzeugung über die Optionen in der Befehlszeile oder die gleichzeitig sichtbare spezifische Multifunktionsleiste spezifiziert werden. Nach Erstellung und erneutem Markieren stehen die Multifunktionsleiste und zusätzlich interessante multifunktionale Griffe zur Verfügung (siehe Abschnitt 7.1.5 *Anordnungen mit Griffen bearbeiten*).

Abb. 7.1: REIHE-Befehle unter START|ÄNDERN

7.1.1 Rechteckige Anordnung

Zuerst wählen Sie die Objekte, die in rechteckiger Anordnung vervielfältigt werden sollen, und dann erscheint sowohl eine Eingabezeile mit zahlreichen Optionen als auch eine spezifische Multifunktionsleiste, um die Werte für die verschiedenen Parameter der Anordnung zu definieren. Das Anordnungsmuster wird zunächst als Vorschau mit 4 Spalten und 3 Zeilen und vorgegebenen Abstandswerten proportional zu den Objektgrößen gezeigt.

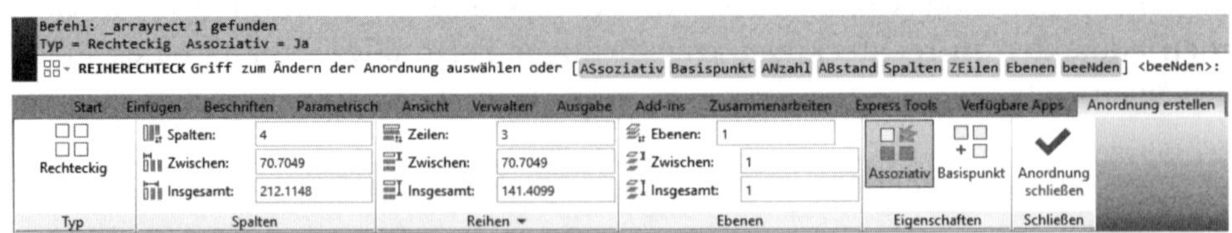

Abb. 7.2: Multifunktionsleiste und Optionen für REIHERECHTECK

- Gruppe SPALTEN – dient zur Eingabe für die Anzahl der Spalten nebeneinander in x-Richtung sowie für die Abstände.
  - SPALTEN – legt die Anzahl der Objekte nebeneinander, also in x-Richtung, fest.

- ZWISCHEN – legt den Wiederholabstand in x-Richtung fest. Das ist nicht etwa der Zwischenraum zwischen den Objekten, sondern der Wiederholabstand, d.h. der Abstand, in dem sich ein bestimmtes Merkmal wiederholt. Er entspricht der Summe aus Objektbreite und Zwischenraum.
- INSGESAMT – legt den Wiederholabstand zwischen dem ersten und dem letzten Objekt fest, entspricht also dem Produkt aus SPALTEN und ZWISCHEN.

- Gruppe REIHEN – dient zur Eingabe für die Anzahl der Zeilen übereinander in y-Richtung sowie für die Abstände, analog zur Gruppe SPALTEN.
- Gruppe REIHEN ▼ INKREMENT – dient zur Eingabe für einen Höhenschritt von Zeile zu Zeile. Damit werden dreidimensionale Anordnungen möglich wie bei Stuhlreihen im Kino.
- Gruppe EBENEN – dient zur Eingabe für die Anzahl der Anordnungen übereinander in z-Richtung sowie für die Abstände, analog zur Gruppe SPALTEN.
- Gruppe EIGENSCHAFTEN
  - ASSOZIATIV – Bei *Ja* wird die Anordnung ein zusammengesetztes Objekt bleiben und kann dann auch noch nachträglich als Ganzes bearbeitet werden.
  - BASISPUNKT – dient zum Neudefinieren des Basispunkts, interessant z.B. für späteres Drehen.

Nicht alle Anordnungsmöglichkeiten können über den Werkzeugkasten erreicht werden. Weitere Optionen werden nach Befehlsende über die Griff-Optionen erschlossen (siehe Abbildung 7.3 und Abschnitt 7.1.5).

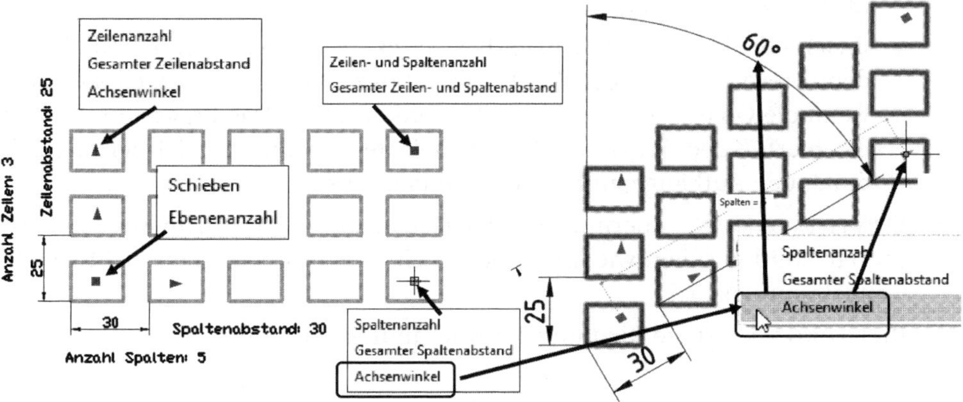

Abb. 7.3: Griff-Optionen nach REIHERECHTECK, Achsenwinkel der x-Richtung auf 60° gedreht

7.1.2 Polare Anordnung

Für die polare oder kreisförmige Anordnung REIHEKREIS ist nach der Objektwahl noch der MITTELPUNKT DER ANORDNUNG einzugeben.

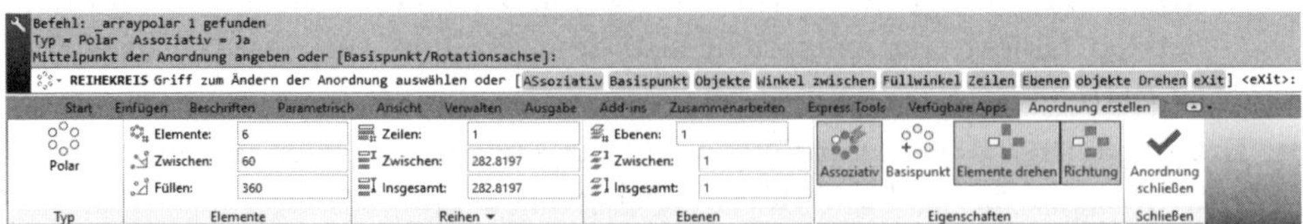

Abb. 7.4: Multifunktionsleiste und Optionen für REIHEKREIS

In der Multifunktionsleiste können Sie analog zum vorhergehenden Befehl zahlreiche Optionen bedienen.

- Gruppe ELEMENTE – dient zur Eingabe von Anzahl und Winkel.
  - ELEMENTE – Gesamtzahl von polaren Kopien
  - ZWISCHEN – Winkelschritt von Element zu Element
  - FÜLLEN – Der Gesamtwinkel, der mit Kopien ausgefüllt werden soll, vorgabemäßig 360°
- Gruppe REIHEN – dient zur Eingabe von Anzahl und Abstand von polaren Reihen in radialer Richtung.
- Gruppe EBENEN – Ebenenspezifikation in z-Richtung wie bei REIHERECHTECK
- Gruppe EIGENSCHAFTEN
  - ASSOZIATIV – Die Anordnung wird ein zusammengesetztes Objekt bleiben für spätere Änderungen.
  - BASIS – Sie können denjenigen Basispunkt des Objekts definieren, der auf dem Kreisbogen um den MITTELPUNKT DER ANORDNUNG liegen soll, auch wenn die Objekte nicht mitgedreht werden sollen. Das Programm verwendet hierfür den Schwerpunkt der Objekte, der im Beispiel der Gondeln durch den Aufhängepunkt ersetzt werden muss.
- ELEMENTE DREHEN – Hiermit legen Sie fest, ob die Objekte beim Kopieren mitgedreht werden sollen wie die Speichen eines Rades oder eben nicht wie die Gondeln im Beispiel.
- RICHTUNG – kehrt die Richtung der Anordnungswinkel um.

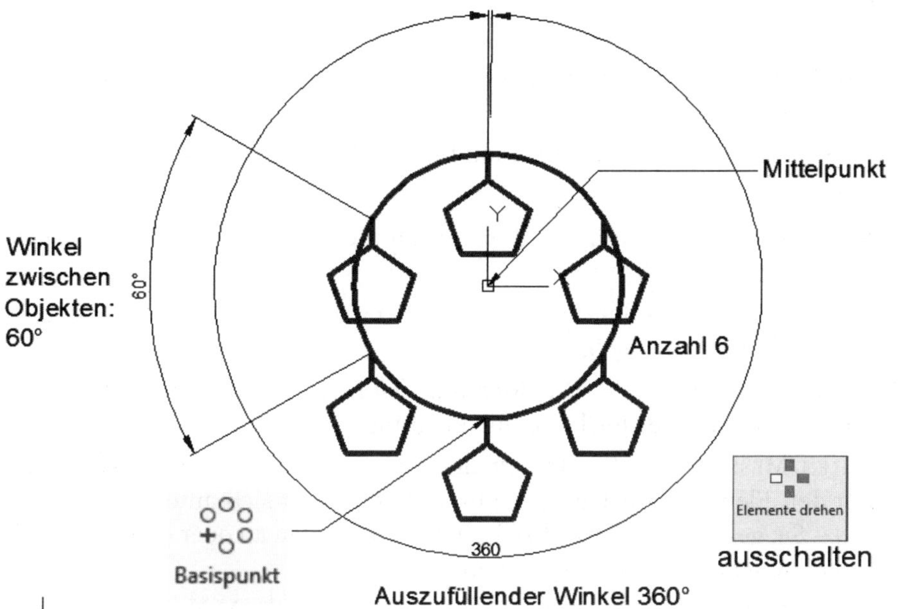

Abb. 7.5: REIHEKREIS, polare Anordnung

7.1.3 Pfadanordnung

Bei der Pfadanordnung werden die Objekte entlang einer Pfadkurve angeordnet. Das kann auch in mehreren Zeilen geschehen und zur Laufrichtung der Kurve orientiert sein oder nicht. Nach der Objektwahl und Wahl der Pfadkurve (Linie, Bogen, Kreis oder komplexe Kurve wie Polylinie oder Splinekurve) sind folgende Parameter über Multifunktionsleiste oder Optionen einzugeben:

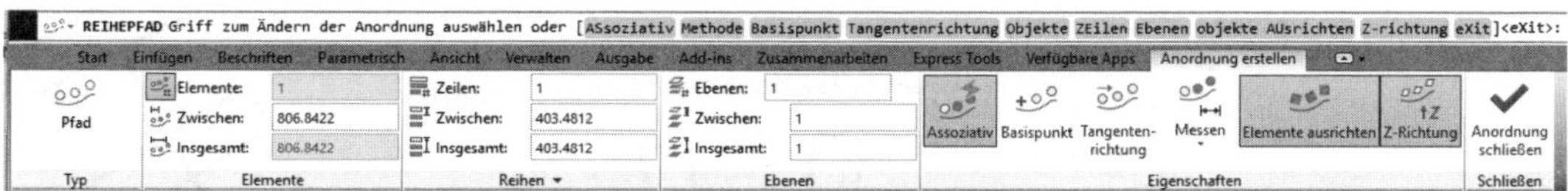

Abb. 7.6: Multifunktionsleiste und Optionen für REIHEPFAD

Grundsätzlich gibt es zwei Anordnungsprinzipien: MESSEN und TEILEN. Vorgabe ist MESSEN. Dabei wird der Abstand zwischen den Objekten angegeben, der auf der Pfadkurve gemessen werden soll. Bei TEILEN wird die Anzahl der Objekte angegeben, die dann die Pfadkurve vollständig ausfüllen.

- Gruppe ELEMENTE – dient zur Eingabe von Anzahl und Abstand.
  - ELEMENTE – Gesamtanzahl von Kopien entlang Pfad (nur bei TEILEN aktiv)
  - ZWISCHEN (nur bei MESSEN aktiv) – Abstand zwischen den Kopien

  - INSGESAMT (nur bei MESSEN aktiv) – Abstand zwischen erster und letzter Kopie, entlang der Kurve gemessen.
- Gruppe REIHEN – dient zur Eingabe von Anzahl und Abstand von Reihen parallel zum Pfad.
- Gruppe EBENEN – Ebenenspezifikation für z-Richtung wie bei REIHERECHTECK.
- REGISTER EIGENSCHAFTEN
  - ASSOZIATIV – Anordnung wird ein zusammengesetztes Objekt für spätere Änderungen bleiben.
  - BASIS – Sie können den Basispunkt des ersten Objekts definieren, der auf der Pfadkurve liegen soll.
  - TANGENTENRICHTUNG – Die Richtung definiert beispielsweise über zwei Punkte, wie sich die Objekte an die Richtung der Pfadkurve anpassen sollen.
  - TEILEN/MESSEN: TEILEN – Die Pfadkurve wird in *gleichmäßigen* Abständen mit den Elementen belegt, der Abstand berechnet sich automatisch. MESSEN – Sie geben den Abstand zwischen 2 Elementen an oder den Gesamtabstand zwischen erstem und letztem Element.
  - ELEMENT AUSRICHTEN – Die Objekte werden mit dieser Methode in Laufrichtung der Pfadkurve ausgerichtet. Vorgabemäßig werden der Startpunkt der Pfadkurve als Basispunkt und die Lage des Elements zur Tangente der Kurve als Richtung verwendet. Sie können aber auch über die obigen Optionen einen BASISPUNKT, der auf der Kurve liegen soll, explizit angeben und eine TANGENTENRICHTUNG, die sich dann an die Laufrichtung der Kurve anpasst.
  - Z-RICHTUNG – Wenn deaktiviert, werden die Elemente bei einer dreidimensionalen Pfadkurve auch in z-Richtung angepasst.

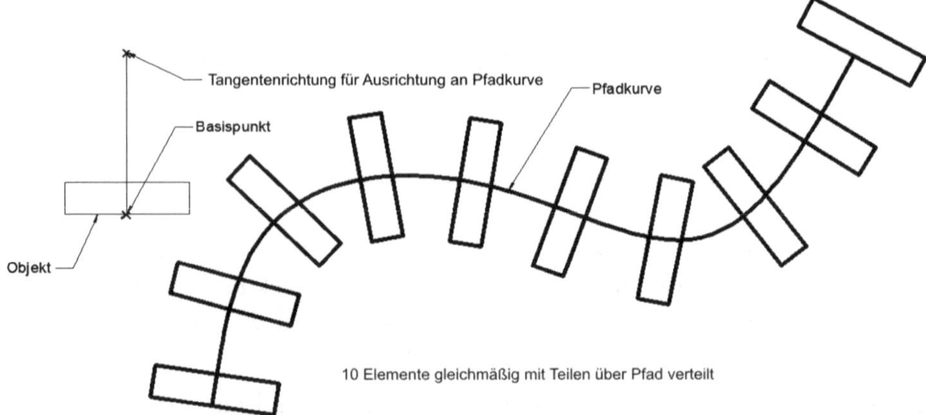

Abb. 7.7: Parameter für Anordnung entlang Pfadkurve

7.1.4 Beispiele

Lüftungsgitter

Als erstes Demonstrationsbeispiel sollten Sie das in Abbildung 7.8 gezeigte Lüftungsgitter konstruieren. Das Gitter besteht eigentlich nur aus zwei verschiedenen Durchbrüchen, die sich regelmäßig wiederholen. Das Muster ist eine rechteckige Anordnung. Zeichnen Sie zuerst den großen Umriss als Rechteck und dann in der linken unteren Ecke den Kreis und das Langloch. Diese beiden Geometrien werden dann mit dem Befehl REIHE vervielfältigt.

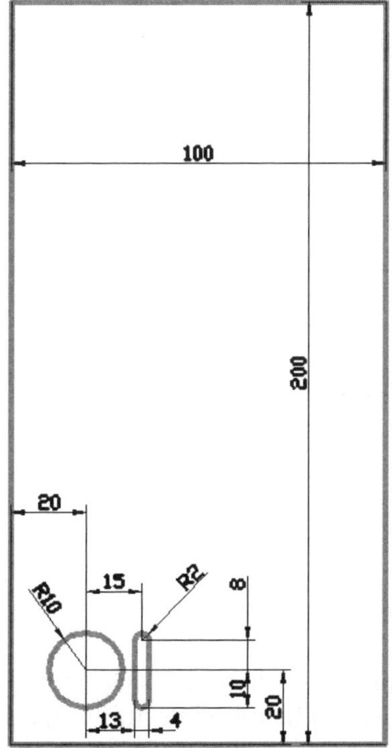

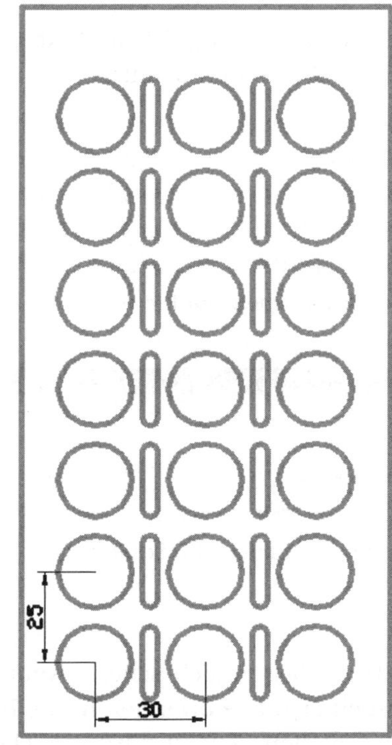

Abb. 7.8: Lüftungsgitter, mit REIHE konstruiert

Befehl: _rectang **Der Umriss hat die Maße 100 x 200 mm.**
RECHTECK Ersten Eckpunkt angeben oder [...]: **0,0**
RECHTECK Anderen Eckpunkt angeben oder [...]: **100,200**
Befehl: _circle **kreisförmige Öffnung im Abstand 20 in x- und y-Richtung von der Ecke links unten mit Radius 10 zeichnen**
KREIS Zentrum für Kreis angeben oder [...]: **20,20**
KREIS Radius für Kreis angeben oder [...]: **10**
Befehl: _rectang **Das Langloch zeichnen Sie am elegantesten als abgerundetes Rechteck mit Rundungsradius 2.**

```
RECHTECK Ersten Eckpunkt angeben oder [... Abrunden ...]: A[Enter]
RECHTECK Rundungsradius für Rechtecke angeben <0.00>: 2[Enter] Der Rundungsradius beträgt 2.
RECHTECK Ersten Eckpunkt angeben ... [...]: @13,-10[Enter] Die linke Ecke des Rechtecks hat dann die x-Entfernung 15-2=13 vom Zentrum des letzten Kreises, und die y-Entfernung -8-2=-10.
RECHTECK Anderen Eckpunkt angeben oder [...]:@4,20[Enter] Breite und Höhe des Spalts sind 4 in x-Richtung und 20 in y-Richtung.
Befehl: REIHERECHTECK oder
REIHERECHTECK Objekte wählen: Kreis / Langloch wählen
REIHERECHTECK Objekte wählen: [Enter]
```

Wählen Sie die in Abbildung 7.9 und Abbildung 7.10 gezeigten Werte für die Anordnungen der Kreise und Schlitze.

Typ	Spalten		Reihen	
Rechteckig	Spalten:	3	Zeilen:	7
	Zwischen:	30	Zwischen:	25
	Insgesamt:	60	Insgesamt:	150

Abb. 7.9: Anordnungsparameter für Kreise

Typ	Spalten		Reihen	
Rechteckig	Spalten:	2	Zeilen:	7
	Zwischen:	30	Zwischen:	25
	Insgesamt:	30	Insgesamt:	150

Abb. 7.10: Anordnungsparameter für Schlitze

Auditorium

Mit REIHEPFAD lassen sich schöne Anordnungen erstellen, die sich entlang und parallel zu einer Kurve orientieren. Als Beispiel soll hier eine Bestuhlung für ein Auditorium dienen. Zuerst wird ein Halbkreis als Pfadkurve für die erste Stuhlreihe gezeichnet, dann ein Kreis als einfacher Stuhl und dann eine Anordnung entlang dieses Halbkreises mit mehreren Zeilen und auch mit einem Höhenversatz.

```
Befehl: Startpunkt ...: 0,0
BOGEN Zweiten Punkt ...: 20,20
BOGEN Endpunkt für Bogen angeben: 0,40
Befehl: Zentrum für Kreis ...: 0,0
KREIS Radius für Kreis angeben oder [...]: 0.4
Befehl:
REIHEPFAD Objekte wählen: 1 gefunden Den Kreis wählen
```

```
REIHEPFAD Objekte wählen: (Enter)
REIHEPFAD Pfadkurve wählen: 1 gefunden Den Bogen wählen
REIHEPFAD Objekte wählen: Enter
```

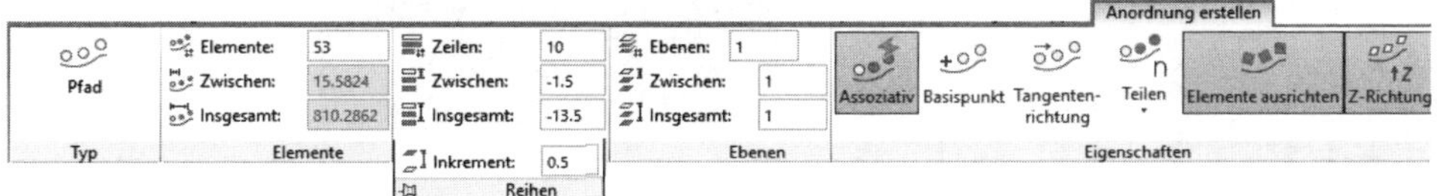

Abb. 7.11: Parameterwerte für Auditorium

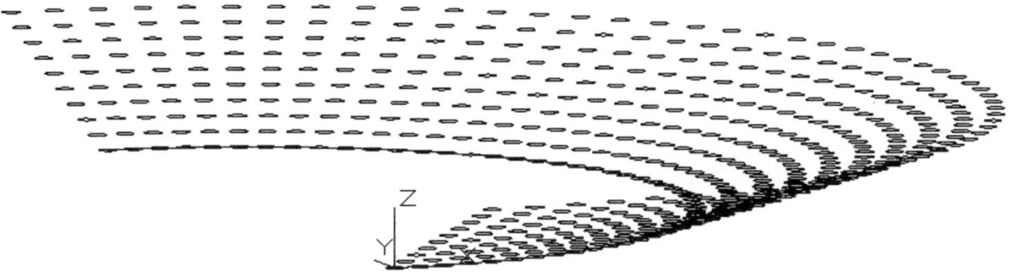

Abb. 7.12: Reihe entlang eines Bogens als Pfad mit Höhenzuwachs in z-Richtung

7.1.5 Anordnungen mit Griffen bearbeiten

Nicht alle Konstruktionen für REIHE-Anordnungen lassen sich mit den Optionen der Multifunktionsleiste erstellen. Dafür gibt es dann weitere Optionen in den Griffmenüs nach Markieren der fertigen Anordnung. Abbildung 7.14 zeigt die Drehung einer einzelnen Achsrichtung. Damit wird aus der rechteckigen Anordnung eine rhombische. Gleicherweise finden Sie auch die multifunktionalen Griffe bei polaren und pfadgebundenen Anordnungen. Alternativ können Sie auch den Befehl REIHEBEARB aus START|ÄNDERN▼ wählen.

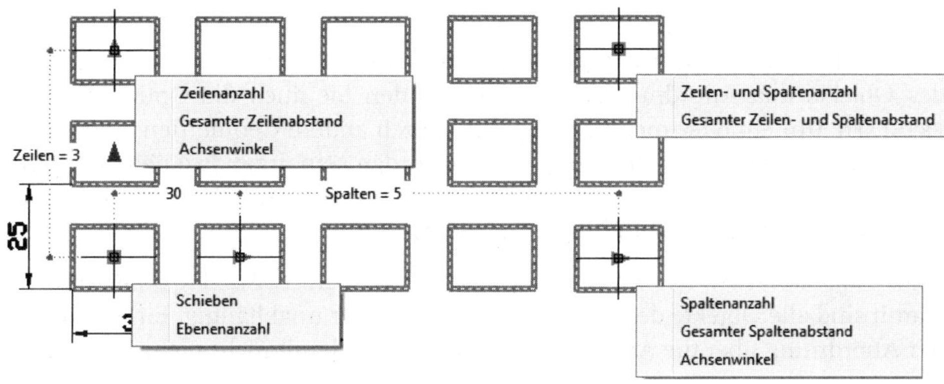

Abb. 7.13: Rechteckige Anordnung mit multifunktionalen Griffen

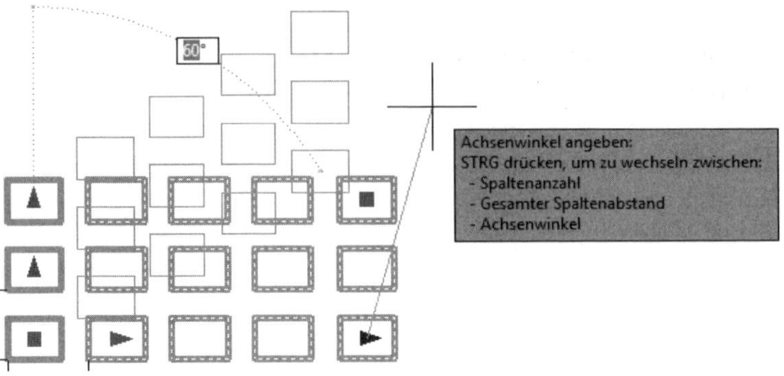

Abb. 7.14: Drehen einer Achsrichtung

Besonders interessant ist die Griff-Option GESAMTER ZEILEN- UND SPALTENABSTAND.

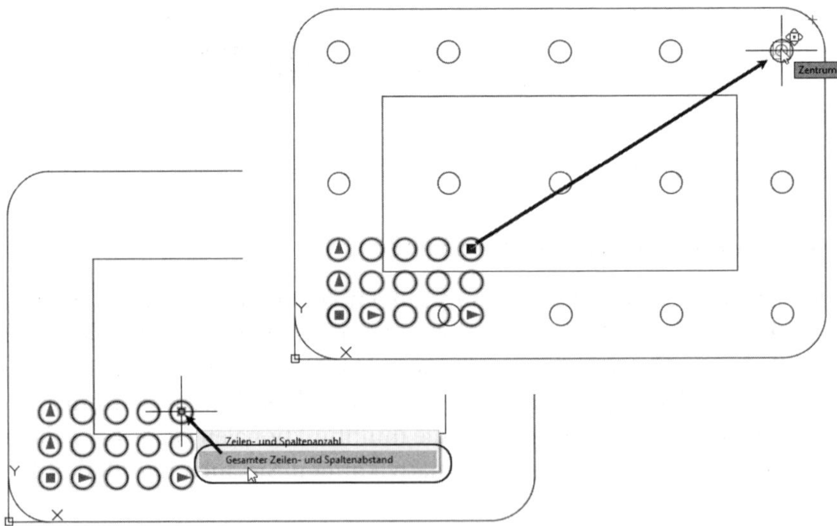

Abb. 7.15: Anordnung mit Griffmenü an Konstruktion anpassen

Zum nachträglichen Bearbeiten von Anordnungen aktivieren Sie durch Anklicken des Objekts den Anordnungseditor. Dort finden Sie auch die Option ELEMENT ERSETZEN, um ein oder mehrere Elemente durch andere Geometrien zu ersetzen. Das neue Element muss aber *zuvor* erstellt worden sein, irgendwo neben der Geometrie. Beim Ersetzen muss für den *Basispunkt des zu ersetzenden Elements* ein *passender Basispunkt am neuen Element* angegeben werden.

Zum *Auflösen* einer Anordnung verwenden Sie START|ÄNDERN|URSPRUNG. Damit sind alle Objekte der Anordnung voneinander unabhängig. Eine Änderung der Anordnung über die Anordnungsparameter ist damit nicht mehr möglich.

7.2 TEILEN und MESSEN

Mit den Befehlen TEILEN und MESSEN können Sie etwas ganz Ähnliches machen wie mit der Anordnung entlang Pfad. Standardmäßig werden keine Objekte positioniert, sondern Punktobjekte auf Kurven erzeugt. Bei TEILEN werden die Punkte so auf der Kurve platziert, dass eine gleichmäßige *Anzahl von Segmenten* entsteht. Bei einer offenen Kurve ist die Anzahl der erzeugten Punkte immer um eins kleiner als die Anzahl der Segmente: Um eine Kurve in drei Segmente zu teilen, sind zwei Punkte nötig. Die Punkte können für weitere Konstruktionen dann benutzt werden, aber nur mit dem Objektfang PUNKT exakt gewählt werden.

ZEICHNEN UND BESCHRIFTUNG	Icon	Befehl	Kürzel
START|ZEICHNEN▼|TEILEN		TEILEN	TL
START|ZEICHNEN▼|MESSEN		MESSEN	ME
START|DIENSTPROGRAMME▼|PUNKTSTIL		PTYP	-

Hinweis: Punktstil einstellen

Damit Sie die erzeugten Punkte sehen, müssen Sie vorher einen sinnvollen Punktstil mit PTYP einstellen. Der vorgegebene Punktstil zeigt nur ein einziges Pixel an und ist auf einer Kurve nicht zu erkennen. Sinnvoll wäre irgendeines der Kreuz-Symbole aus dem Punktstil-Dialogfeld.

Beim Befehl MESSEN geben Sie einen Abstand an, in dem Punkte auf der Kurve erzeugt werden sollen. Der Befehl beginnt *an dem Ende*, das Ihrer Objektwahl am nächsten liegt. Am anderen Ende der Kurve hat das letzte Segment dann im Allgemeinen eine Restlänge.

Tipp: Teilen und Messen mit Blöcken

Beide Befehle können mit der Option BLOCK anstelle der Punkte auch Blöcke (Kapitel 11 *Blöcke und externe Referenzen*) auf einer Kurve platzieren und diese sogar mit der Kurve ausrichten. Am jeweiligen Einfügepunkt wird der Block dann so ausgerichtet, als wäre die Kurvenrichtung dort die x-Richtung des Blocks.

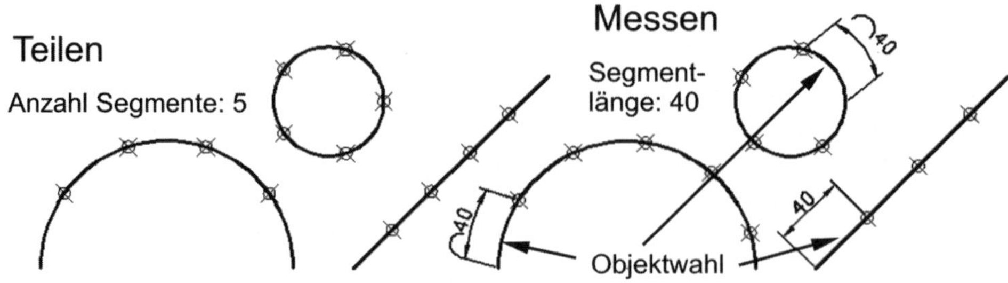

Abb. 7.16: TEILEN und MESSEN (MIT PUNKTEN)

7.3 STRECKEN

ZEICHNEN UND BESCHRIFTUNG	Icon	Befehl	Kürzel
START|ÄNDERN|STRECKEN		STRECKEN	STR

Der Befehl STRECKEN erlaubt die Verschiebung von Teilen der Geometrie unter Beibehaltung der Verbindungen zum Rest des Teils. Am häufigsten wird er als orthogonale (rechtwinklige) Streckung angewendet (Abbildung 7.17).

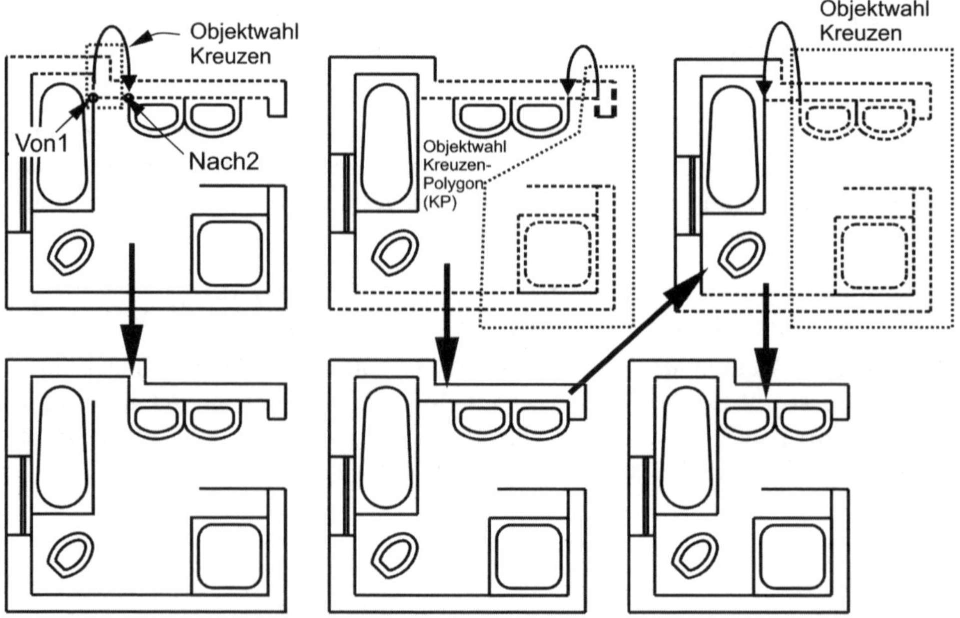

Abb. 7.17: Variationen durch orthogonales STRECKEN

Der Befehl erwartet, dass der Benutzer mit einem Fenster vom Typ KREUZEN die Objekte umschließt, die verschoben werden sollen. Das Fenster vom Typ KREUZEN wird entweder implizit von rechts nach links aufgezogen oder mit der Option **K** [Enter] und zwei Positionen in beliebiger Reihenfolge eröffnet. Objekte, die vollständig in der Kreuzen-Box liegen, werden verschoben, alle anderen gewählten Objekte werden dann so verzerrt, dass der Zusammenhang erhalten bleibt. Bei schwierigen Fällen können Sie auch die Objektwahl **KP** [Enter] für KREUZEN-POLYGON wählen und die zu verschiebenden Objekte mit einem Polygon umschließen. Achten Sie auch darauf, dass nicht zu viele Objekte mitgewählt wurden. Notfalls müssen Sie die Objektwahl reduzieren, indem Sie mit [Strg]+Klick die Objekte anklicken, die aus dem Auswahlsatz entfernt werden sollen.

Der Befehlsablauf für das Beispiel wäre folgender:

```
Befehl: _stretch
STRECKEN Objekte, die gestreckt werden sollen, mit Kreuzen-Fenster oder Kreuzen-Polygon wählen...
STRECKEN Objekte wählen: Rechte obere Position für implizites Kreuzen anklicken Entgegengesetzte Ecke angeben: Linke untere Position anklicken 7 gefunden
STRECKEN Objekte wählen: [Enter]   Beendet die Objektwahl.
STRECKEN Basispunkt oder [Verschiebung] <Verschiebung>: Position 1 anklicken
STRECKEN Zweiten Punkt der Verschiebung angeben: Position 2 anklicken
```

7.4 Skalieren mit VARIA

ZEICHNEN UND BESCHRIFTUNG	Icon	Befehl	Kürzel
START|ÄNDERN|SKALIEREN		VARIA	V

Der Befehl VARIA erlaubt eine gleichmäßige Skalierung eines Teils in allen drei Koordinatenrichtungen. Man gibt nach Wahl der Objekte einen Basispunkt an, auf den sich die Skalierung bezieht. Dieser Punkt bleibt bei der Skalierung fest (Abbildung 7.18). Von diesem Punkt aus werden nach dem Prinzip der Strahlenprojektion alle geometrischen Positionen mit dem angegebenen Faktor skaliert. Der Befehl VARIA kann auch Festkörper in allen drei Raumrichtungen skalieren. Ein Faktor größer als 1 bedeutet eine Vergrößerung, ein Faktor zwischen 0 und 1 eine Verkleinerung. Wenn der Basispunkt neben dem Objekt liegt, wird auch diese Entfernung mit dem Faktor variiert.

Hinweis

Beim Befehl SKALIEREN wird der Abstand zwischen Basispunkt und Cursor als Vorgabe für den Skalierfaktor verwendet, und dadurch kann es sein, dass eine Fehlermeldung der Art »Sehr kleiner Skalierfaktor ignoriert« erscheint. Dann fahren Sie einfach mit dem Abarbeiten des Befehls fort.

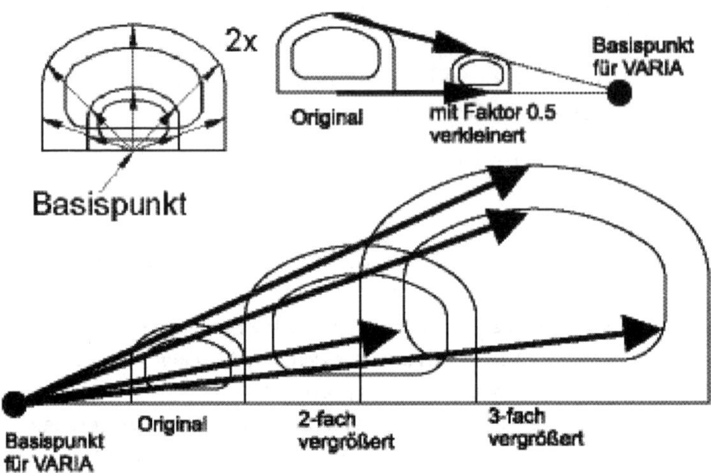

Abb. 7.18: Anwendung von VARIA

7.4.1 Skalieren komplexer Objekte

Wenn komplexe Objekte skaliert werden sollen, reicht oft nicht nur ein Faktor aus, sondern einzelne Komponenten müssen nach unterschiedlichen Regeln skaliert werden. In einer Beispielkonstruktion soll eine M10-Mutter mit Schlüsselweite 17 zur M8-Mutter mit Schlüsselweite 13 skaliert werden. Die Tabelle zeigt die Skalierfaktoren für die Parameter.

	M10	M8	Faktor
SW (Schlüsselweite)	17	13	13/17
Gewinde	Ø10	Ø8	8/10 = 0.8
Kernloch	Ø8,5	Ø6,5	65/85

Sie müssen also zweimal skalieren, weil der Faktor für das Sechseck ein anderer ist als der für Bohrung und Gewinde. Das Sechseck muss von Schlüsselweite 17 auf 13 skaliert werden. Sie dürfen in solchen Fällen einen Bruch als Faktor eingeben: 13/17. Den Faktor für das Gewinde können Sie noch im Kopf ausrechnen und direkt eingeben: 0.8 (= 8/10). Die Bohrung müsste korrekt von Durchmesser 8,5 mm auf 6,5 skaliert werden. Dafür müssen Sie als Faktor aber einen ganzzahligen

Bruch eingeben: 65/85. Beachten Sie immer, dass bei den meisten Normteilen nicht alle Bestandteile gleichmäßig skaliert werden dürfen.

Eine andere Möglichkeit, von einer alten Länge auf eine neue zu skalieren, ist die Option BEZUG. AutoCAD fragt dann nach der Bezugslänge, das wäre die alte Länge, hier 17. Danach wird die neue Länge verlangt, hier 13. Statt der alten Länge können auch zwei Punkte mit entsprechendem Objektfang gewählt werden. AutoCAD berechnet sich daraus die alte Länge selbst. Wollen Sie die neue Länge auch über irgendwelche existierenden Punkte angeben, dann zählt der erste Punkt oder Basispunkt von vorher schon mit, sodass nur noch ein zweiter Punkt nötig ist.

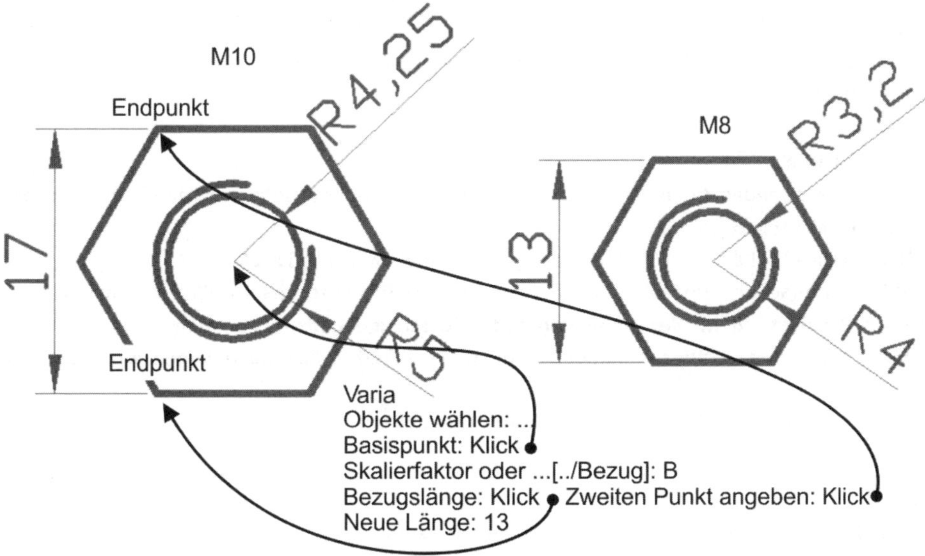

Abb. 7.19: Skalieren mit VARIA, Option BEZUG

```
Befehl: _stretch
STRECKEN Objekte wählen: Sechseck anklicken  1 gefunden
STRECKEN Objekte wählen: [Enter]      Beendet Objektwahl.
STRECKEN Basispunkt angeben: Zentrum der Bohrung wählen
STRECKEN Skalierfaktor angeben oder [Kopie Bezug]: B[Enter]
STRECKEN Bezugslänge angeben <1.000>: Endpunkt vom Sechseck anklicken  Zwei-
ten Punkt angeben: gegenüberliegenden Endpunkt anklicken
STRECKEN Neue Länge angeben oder [Punkte] <1.0000>: 13[Enter]
```

Mit der Option KOPIE können Sie bei Bedarf das Original unverändert erhalten und nur Kopien der gewählten Objekte skalieren. Für die Gewindebohrung ändern Sie den Kreis mit dem EIGENSCHAFTEN-MANAGER auf Radius **3.2** und dann den Bogen auf Radius **4**.

7.5 LÄNGE

ZEICHNEN UND BESCHRIFTUNG	Icon	Befehl	Kürzel
START|ÄNDERN ▼ |LÄNGE		LÄNGE	LÄ

Die Funktion des Befehls LÄNGE erklärt sich fast wörtlich. Er ersetzt viele Aktionen, die man sonst mit DEHNEN, STRECKEN oder mit den GRIFFEN vornehmen müsste. Ein typisches Beispiel ist das Verlängern von Mittellinien über die eigentliche Geometrie hinaus. Auf Bögen angewendet kann wahlweise die Bogenlänge oder der Winkel verwendet werden. Ohne Wahl einer Option zeigt der Befehl die aktuelle Länge des gewählten Objekts an. Im Beispiel wird der Gewindebogen der M10-Mutter angeklickt. LÄNGE zeigt die Bogenlänge in *mm* an und den Winkel in Grad-Einheiten.

```
Befehl: LÄNGE [Enter]
LÄNGE Zu messendes Objekt wählen oder [DElta Prozent Gesamt DYnamisch]: Gewindebogen anklicken
LÄNGE Aktuelle Länge: 25.3163, eingeschlossener Winkel: 290
LÄNGE Zu messendes Objekt wählen oder [DElta Prozent Gesamt DYnamisch]: P
Option Prozent, d.h. Verlängerung auf die anzugebenden Prozente
LÄNGE Prozentsatz Länge eingeben <100.0000>: 120   Der neue Bogen wird um 20% länger.
LÄNGE Zu änderndes Objekt wählen oder [ZUrück]:
```

Option	Bedeutung
Ohne Option anklicken	Anzeige der aktuellen Länge
DELTA	Verlängern/Verkürzen *um* einen absoluten Betrag
PROZENT	Verlängern/Verkürzen *auf* den angegebenen *Prozentwert*
GESAMT	Verlängern/Verkürzen auf die *angegebene Gesamtlänge*
DYNAMISCH	Verlängern/Verkürzen gemäß *Fadenkreuzposition*

7.6 AUSRICHTEN

Mit dem Befehl AUSRICHTEN können Sie Objekte verschieben und drehen und auch skalieren. Nach der Objektwahl definiert ein erstes Punktepaar von Ausgangs- und Zielpunkt die Verschiebung der Objekte. Ein zweites Punktepaar von Ausgangs- und Zielpunkten legt die Winkeldrehung fest. Bei der Frage nach dem dritten Ausgangspunkt wird mit [Enter] beantwortet, weil drei Punkte nur zum Ausrichten von 3D-Objekten sinnvoll sind.

Würden Sie die nachfolgende Frage nach der Skalierung mit **J** beantworten, dann würde auch nach diesen zweiten Punkten eine Skalierung bewirkt werden. Skaliert wird dann in Länge und Breite gleichmäßig. Im Beispiel unten würde dann aber die Seifenschale ungefähr so groß wie die Badewanne werden. Das ist natürlich nicht sinnvoll. In der LT-Version ist der Befehl einzutippen.

Zeichnen und Beschriftung	Icon	Befehl	Kürzel
Start|Ändern ▼|Ausrichten (keine Registergruppe in LT)		Ausrichten	Aus (kein Kürzel in LT)

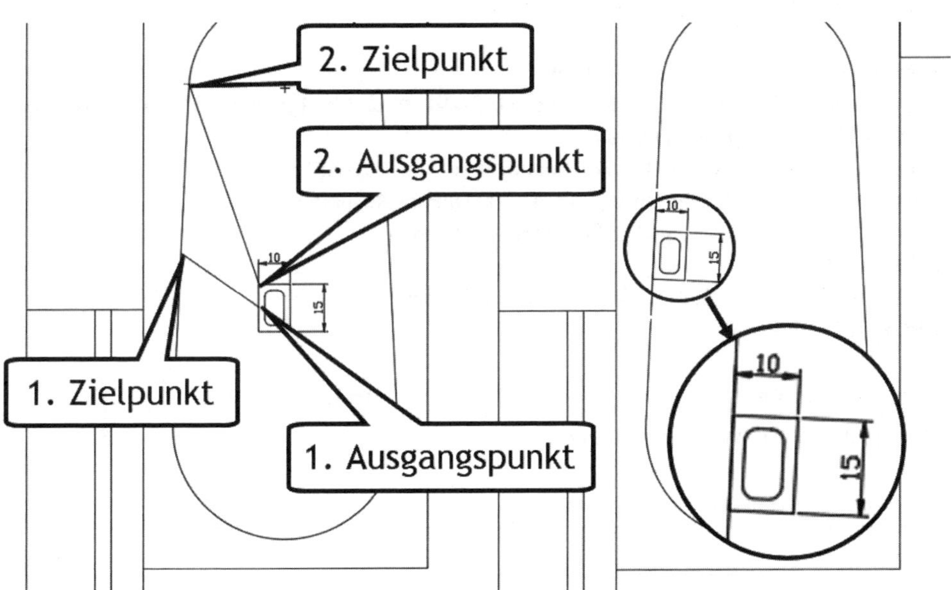

Abb. 7.20: Seifenschachtel wird ausgerichtet.

```
Befehl: AUSRICHTEN
AUSRICHTEN Objekte wählen: Beide Rechtecke mit Kreuzen gewählt Entgegengesetzte Ecke angeben: 2 gefunden
AUSRICHTEN Objekte wählen: [Enter]
AUSRICHTEN Ersten Ausgangspunkt definieren: 1. Ausgangspunkt mit MIT
AUSRICHTEN Ersten Zielpunkt definieren: 1. Zielpunkt mit MIT
AUSRICHTEN Zweiten Ausgangspunkt definieren: 2. Ausgangspunkt mit END
AUSRICHTEN Zweiten Zielpunkt definieren: 2. Zielpunkt mit END
AUSRICHTEN Dritten Ausgangspunkt definieren oder <Fortfahren>: [Enter]
AUSRICHTEN Objekte anhand von Ausrichtepunkten skalieren? [Ja Nein] <N>:
[Enter]
```

7.7 Taschenrechner und Abfragebefehle

Im Zusammenhang mit den Abfragebefehlen werden Sie öfter auch die Zahlenergebnisse für Berechnungen verwenden wollen. Deshalb wird hier zuerst der Taschenrechner von AutoCAD vorgestellt.

7.7.1 Taschenrechner

Es gibt einen *einfachen Taschenrechner* KAL, der auch transparent jederzeit mit 'KAL in laufenden Befehlen aktiviert werden kann. Bei diesem Rechner können Sie Rechenformeln für Zahlen oder Koordinaten eingeben, die dann anstelle manueller Eingaben verwendet werden können

```
Befehl: KALAufruf des Kalkulators
>> Ausdruck: 2*pi+sin(30)KAL kennt die Zahl Π und trigonometrische Funktionen
6.78318531Das Rechenergebnis
Befehl: IDHier wird mit ID die Koordinate von @ (LASTPOINT)
Punkt angeben: 100,50gesetzt, um die folgende Rechnung
 X = 100 Y = 50  Z = 0nachvollziehen zu können
Befehl: KAL >>
>> Ausdruck: @+[2*50,3*100]Koordinaten stehen in [ , ]
200,350,0
```

ZEICHNEN UND BESCHRIFTUNG	Icon	Befehl	Kürzel
START|DIENSTPROGRAMME|TASCHENRECHNER oder ANSICHT|PALETTEN|TASCHENRECHNER		SCHNELLKAL Strg+8	SK
-		KAL	

Dann gibt es den *komfortableren Taschenrechner* SCHNELLKAL (Abbildung 7.21 links). Er kann auch im laufenden Befehl transparent mit 'SCHNELLKAL bzw. 'SK oder Strg+8 (Abbildung 7.21 rechts) aktiviert werden. Die Rechenergebnisse ❶, ❷ kann man mit der Schaltfläche ❸ oder ANWENDEN ❸ in die Befehlszeile übertragen. Neben den technisch wissenschaftlichen Rechenfunktionen bietet er auch Geometrieverarbeitung an wie Schnittpunktberechnungen oder Winkelmessung. Seine Ergebnisse können auch in SCHRIFTFELDER mit Formeln eingearbeitet werden.

Hinweis

Der TASCHENRECHNER aus der Multifunktionsleiste ist *kein transparenter Befehl,* kann also nicht innerhalb eines laufenden Befehls benutzt werden. Der TASCHENRECHNER aus dem Kontextmenü dagegen ist mit Hochkomma davor versehen und läuft im *transparenten Modus* und kann damit beispielsweise für Berechnungen in einem laufenden Befehl genutzt werden.

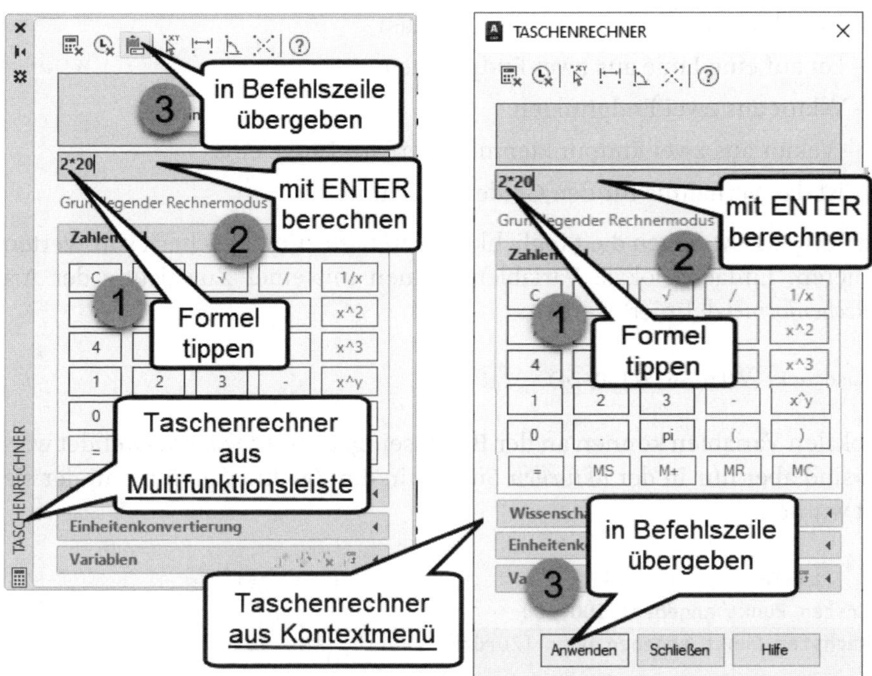

Abb. 7.21: Taschenrechner aus Multifunktionsleiste und Befehls-Kontextmenü mit Berechnungsbeispiel

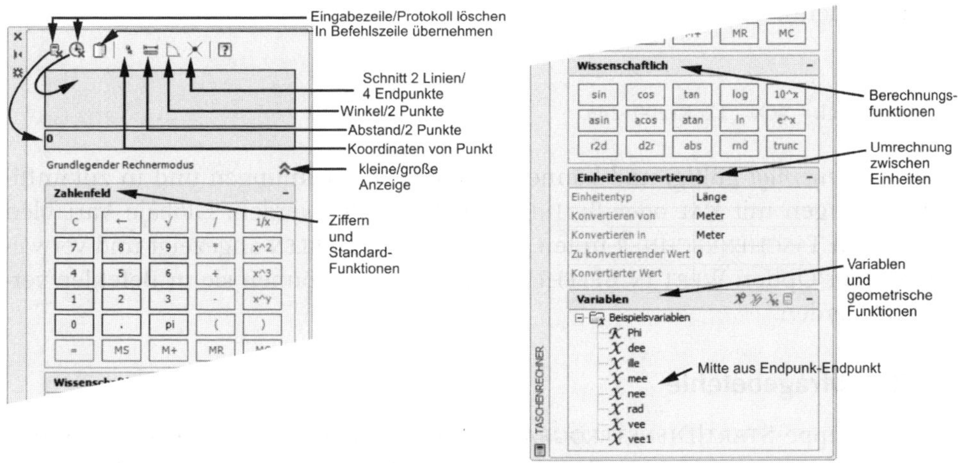

Abb. 7.22: Taschenrechner-Funktionen

Die Standard-Geometrie-Funktionen des Taschenrechners sind:

- DEE – Distanz zwischen Endpunkt-Endpunkt
- ILLE – Schnittpunkt zwischen zwei Linien gegeben durch vier Endpunkte

- MEE – Mittelpunkt zwischen zwei Endpunkten
- NEE – Lot auf eine Linie aus zwei Endpunkten
- VEE – Vektor aus zwei Endpunkten
- VEE1 – Vektor aus zwei Endpunkten normiert auf Länge eins
- PHI – ist das Verhältnis für den Goldenen Schnitt.

KAL und SCHNELLKAL bieten die Möglichkeit, *Variablen* zum Speichern von Werten zu definieren. Einfache lokale Variablen können mit einer Zuweisung der Art *Name=Rechenformel* definiert werden:

```
KAL>> Ausdruck: VXL=(36.5+150+24)
```

Solche lokalen Variablen können an der Befehlseingabe mit *!Name* verwendet werden. Sie sind aber nur in der *aktuellen Sitzung* in der Zeichnung gültig, in der sie definiert wurden.

```
Befehl: LINIE
LINIE Ersten Punkt angeben: 100,100
LINIE Nächsten Punkt angeben oder [Zurück]: <Ortho ein> !VXL
210.5
LINIE Nächsten Punkt angeben oder [eXit Zurück]: ...
```

Mit der Zuweisung *$Name=Rechenformel* in KAL oder SCHNELLKAL können *globale Variablen* definiert werden.

```
KAL
>> Ausdruck: $GX=(11.5+200+24)
```

Sie sind *dauerhaft* gültig, und können in anderen Zeichnungen und in zukünftigen Sitzungen mit KAL oder SCHNELLKAL verwendet werden. Globale Variablen werden im TASCHENRECHNER unten im Bereich VARIABLEN angezeigt und verwaltet. Mit der Option WERT IN BEFEHLSZEILE EINFÜGEN können sie in Befehlen verwendet werden.

7.7.2 Abfragebefehle

In der Gruppe START|DIENSTPROGRAMME finden Sie das Flyout MESSEN mit den Optionen SCHNELL, ABSTAND, RADIUS, WINKEL, FLÄCHE und VOLUMEN. Bitte nicht mit dem Befehl MESSEN aus der Gruppe ZEICHNEN verwechseln. Den Befehl ZEIT finden Sie nur in der heute nicht mehr viel verwendeten Menüleiste unter EXTRAS|ABFRAGE|ZEIT. Die Menüleiste aktivieren Sie über SCHNELLZUGRIFF-WERKZEUGKASTEN ▼ MENÜLEISTE ANZEIGEN.

Zeichnen und Beschriftung	Icon	Befehl	Kürzel
Start|Dienstprogramme|Messen ▼|Schnell		Bemgeom	BGEO
Start|Dienstprogramme|Messen ▼|Abstand		Bemgeom|A	BGEO
Start|Dienstprogramme|Messen ▼|Radius		Bemgeom|R	BGEO
Start|Dienstprogramme|Messen ▼|Winkel		Bemgeom|W	BGEO
Start|Dienstprogramme|Messen ▼|Fläche		Bemgeom|F	BGEO
Start|Dienstprogramme|Messen ▼|Volumen		Bemgeom|V	BGEO
Menüleiste: Extras|Abfrage|Region-/ Masseneigenschaften		Masseig	
Start|Eigenschaften ▼|Liste		Liste	LIS, LS
Start|Dienstprogramme ▼|ID-Punkt		Id	
Menüleiste: Extras|Abfrage|Zeit		Zeit	
		Abstand	AB

ID

Der Befehl Id liefert Informationen über einen Punkt. Der Befehl hat eine einzige Anfrage, nämlich:

```
Befehl: IDID Punkt angeben: gewünschte Position wählen
X = 267.32 Y = 152.24 Z = 0.00
```

Die Koordinaten werden ausgegeben, aber auch intern gespeichert. Die Anzeige kann zur Information des Benutzers dienen. Sie können damit bequem Positionen nachprüfen.

Es gibt aber intern noch eine wichtige Nebenwirkung. AutoCAD speichert die Koordinaten nämlich in der Systemvariablen Lastpoint. Diese Systemvariable enthält im Normalfall immer den von Ihnen zuletzt konstruierten Punkt. Er dient als Bezugspunkt für die Koordinateneingabe mit `@`, also für die Relativkoordinaten. Sie können diese Koordinaten mit dem Befehl Lastpoint abfragen und auch verändern:

```
Befehl: LASTPOINT
LASTPOINT Neuen Wert für LASTPOINT eingeben <267.32,152.24,0.00>:
```

Tipp

ID zeigt nicht nur die gewählte Position an, sondern verwendet sie intern als neuen Bezugspunkt für Relativkoordinaten mit @. Dazu wird die Position unter der Systemvariablen LASTPOINT gespeichert.

Messen: BEMGEOM

Der Befehl BEMGEOM oder die Gruppe START|DIENSTPROGRAMME|MESSEN▼ enthält mehrere Befehlsoptionen zum Messen von Abständen, Radien, Winkeln, Flächen und Volumen. Bis auf die Option SCHNELL laufen die Optionen dieser Gruppe endlos und müssen mit [ESC] oder anderen Befehlsaufrufen beendet werden.

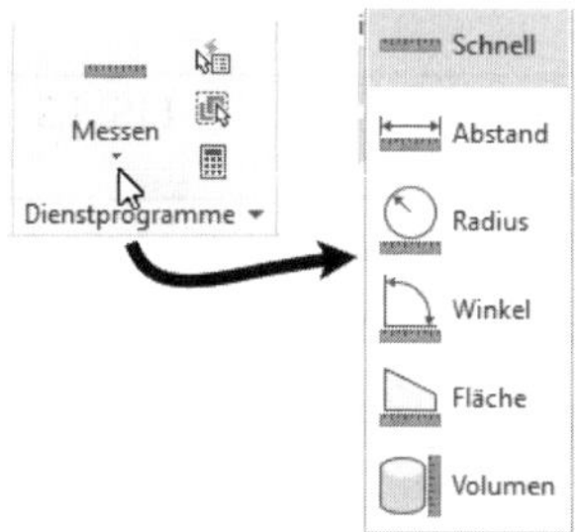

Abb. 7.23: Geometrische Abfragebefehle

Option Schnell

Mit der neuen Option SCHNELL müssen Sie nur in die Nähe von Objekten fahren, um temporär Maße angezeigt zu bekommen. Es ist kein Anklicken von Objekten mehr nötig. Der Cursor wird dabei gelb angezeigt, die bemaßten Objekte werden blau hervorgehoben und Abmessungen erscheinen mit punktierten Maßlinien. Rechte Winkel werden mit gelben Rechtecksymbolen markiert. Nach Befehlsende verschwinden diese Anzeigen wieder. Wenn Sie im Befehl noch mal klicken, wird ausgehend vom Fadenkreuz der nächste geschlossene Flächenbereich hellgrün markiert und Flächenmaß und Umfang dieses Gebiets angezeigt.

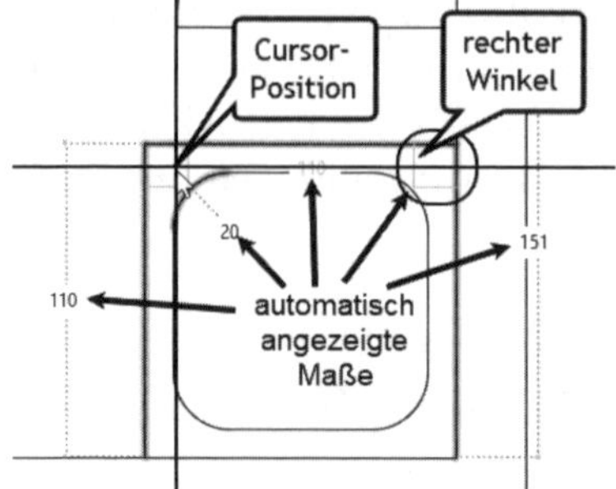

Abb. 7.24: Maßanzeigen mit MESSEN-SCHNELL

Option Abstand

Mit dem Befehl BEMGEOM, Option ABSTAND können Sie den Abstand zweier Punkte messen. Zusätzlich wird noch die Projektion dieses Abstandsvektors auf die Koordinatenachsen als `Delta X`, `Delta Y` und `Delta Z` angezeigt. Weiter wird auch als `Winkel in XY-Ebene` der Winkel ausgegeben, der die Verbindungslinie beider Punkte zur x-Achse bildet. Bei dreidimensionalen Zeichnungen ist auch noch der Winkel senkrecht zur xy-Ebene verfügbar. Wenn Sie die Seitenlängen eines Rechtecks messen wollen, brauchen Sie nur den Abstand der diagonalen Eckpunkte zu bestimmen und erhalten die Länge der horizontalen Rechteckseite unter `Delta X` sowie die Länge der vertikalen Rechteckseite unter `Delta Y`.

```
Befehl: _MEASUREGEOM
Option eingeben [Abstand Radius Winkel Fläche Volumen Schnell Modus eXit]
<Abstand>: _distance
BEMGEOM Ersten Punkt angeben: Erste Position wählenBEMGEOM Zweiten Punkt angeben oder [Mehrere Punkte]:Zweite Position wählenAbstand = 1379.5738, Winkel in XY-Ebene = 320, Winkel von XY-Ebene = 0
Delta X = 1052.0588, Delta Y = -892.4103,  Delta Z = 0.0000
```

Tipp

Neben diesem Befehl gibt es aber noch den alten Befehl ABSTAND, Kürzel AB, der auch transparent aufrufbar ist als 'ABSTAND oder 'AB und dann den aktuellen Befehl nicht unterbricht. Dieser Befehl ist nach der Positionseingabe automatisch beendet.

Option Radius

Mit der Option RADIUS können Sie Bögen, Kreise oder Bogensegmente von Polylinien anklicken und bekommen den Radius und auch den Durchmesser angezeigt.

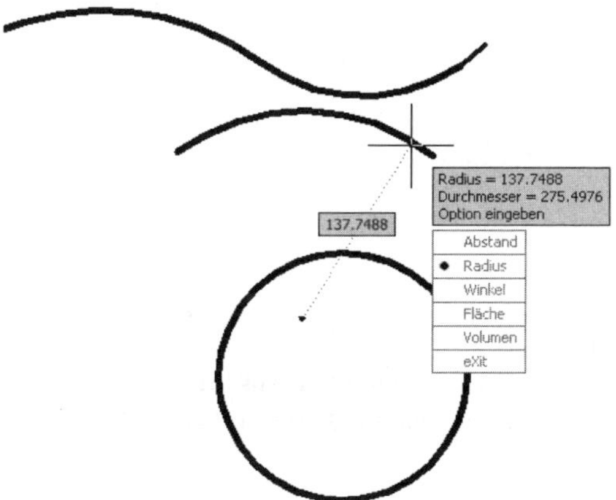

Abb. 7.25: Radius messen mit BEMGEOM

Option Winkel

Mit der Option WINKEL können Sie Winkel an Bögen oder zwischen Linien messen. Es gibt auch eine Option KONTROLLPUNKT ANGEBEN, nach deren Wahl Sie einen Winkel über drei Punkte, den Scheitelpunkt und die zwei Endpunkte der Schenkel des Winkels anklicken können.

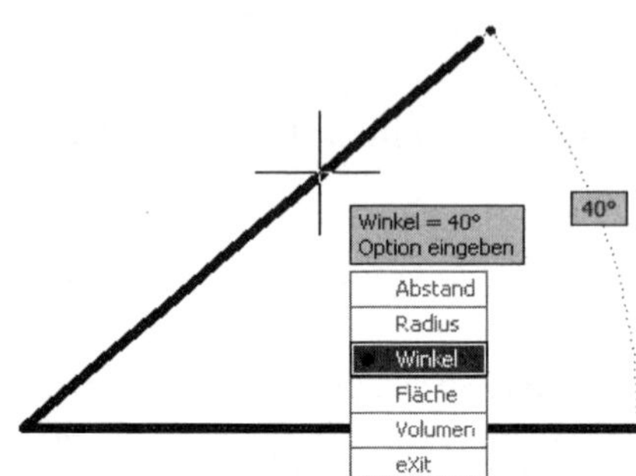

Abb. 7.26: Winkel zwischen zwei Linien messen

Option Fläche

Sie können mit der Option FLÄCHE entweder *mehrere Punkte einer polygonalen Fläche*, also einer Fläche mit Eckpunkten, direkt auswerten oder aber mit der Option OBJEKT eine *geschlossene Kontur* wie Kreis oder Polylinie wählen. Es gibt außerdem noch die Möglichkeit, mehrere Flächen zu addieren und auch zu subtrahieren.

Als Beispiel soll eine unserer Konstruktionen aus Abschnitt 2.5 *Architekturbeispiel* ausgemessen werden. Zunächst nur der linke Raum mit den Eckpunkten 1 bis 4.

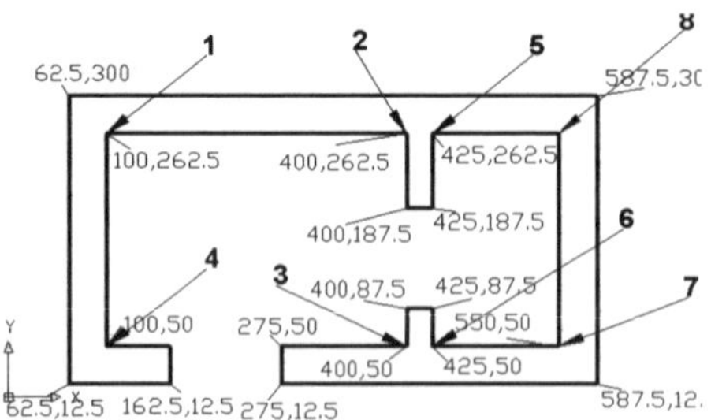

Abb. 7.27: Fläche von polygonalen Umrissen

```
Befehl: _MEASUREGEOM
BEMGEOM Option eingeben [...] <Abstand>: _area
BEMGEOM Ersten Eckpunkt angeben oder [...]: <...>: Punkt 1 anklicken
BEMGEOM Nächsten Punkt angeben oder [...] <...>: Punkt 2 anklicken
```

```
BEMGEOM Nächsten Punkt angeben oder [...] <...>: Punkt 3 anklickenBEMGEOM Näch
sten Punkt angeben oder [...] <...>: Punkt 4anklicken
Fläche = 63750.0000, Umfang = 1025.0000
Option eingeben [... eXit] <...>: X
```

Da die Konstruktion in cm erstellt ist, wird die Fläche jetzt natürlich in cm^2 angezeigt. Um die Quadratmeter zu erhalten, müssen Sie durch 10000 dividieren. Damit erhalten Sie 6,375 m^2 für den linken Raum.

Wenn Sie zwei Räume aufaddieren wollen, geht es etwas komplizierter zu. Sie müssen nämlich als *Erstes die Option* FLÄCHE HINZUFÜGEN einschalten, dann die Ecken vom ersten Raum anklicken und mit [Enter] beenden, und dann weiter die Ecken vom zweiten Raum.

```
Befehl: _MEASUREGEOM
BEMGEOM Option eingeben [Abstand Radius Winkel Fläche Volumen Schnell Modus eX
it] <Abstand>: _area
BEMGEOM Ersten Eckpunkt angeben oder [...fläche Hinzufügen...]:
<Objekt>: H
BEMGEOM Ersten Eckpunkt angeben oder [...]: Punkt 1 anklicken
 (Modus ADDIEREN)Nächsten Punkt angeben oder [...]: Punkt 2 anklicken,Punkt 3
anklicken,Punkt 4 anklicken, [Enter]
Fläche = 63750.0000, Umfang = 1025.0000
Gesamtfläche = 63750.0000
BEMGEOM Ersten Eckpunkt angeben oder [...]: Punkt 5 anklicken (Modus ADDIEREN)
Nächsten Punkt angeben oder [Kreisbogen Länge ZUrück]: Punkt 6 anklicken,
Punkt 7 anklicken, Punkt 8 anklicken, (Modus ADDIEREN)Nächsten Punkt angeben
oder [...]:[Enter]
Fläche = 26562.5000, Umfang = 675.0000
Gesamtfläche = 90312.5000
BEMGEOM Ersten Eckpunkt angeben oder [... eXit]: xGesamtfläche = 90312.5000
BEMGEOM Option eingeben [... eXit] <Fläche>: X
```

Nach jeder über Eckpunkte eingegebenen Fläche werden also immer der Inhalt der Einzelfläche und der bis dahin aufsummierte Gesamtflächeninhalt angezeigt. Beide Räume zusammen haben also einen Flächeninhalt von 9,03125 m^2. Zur Umrechnung von cm^2 in m^2 wurde der Faktor von 0.0001 benutzt.

Viel einfacher geht es, wenn Sie eine SCHRAFFUR in das interessierende Gebiet legen und über EIGENSCHAFTEN sich deren Fläche anzeigen lassen.

Zur Übung wollen wir die Konstruktion aus Abbildung 6.10 etwas ergänzen, damit auch Konturen zum Subtrahieren entstehen. Zeichnen Sie zuerst einen Kreis mit Radius 10 um das Zentrum eines der Halbkreise. Kopieren Sie dann diesen Kreis mehrfach. Danach versetzen Sie die vier Kreise und die Außenkontur mit Abstand 20. Schließlich brauchen Sie nur noch zu stutzen, um die endgültige Form zu erhalten.

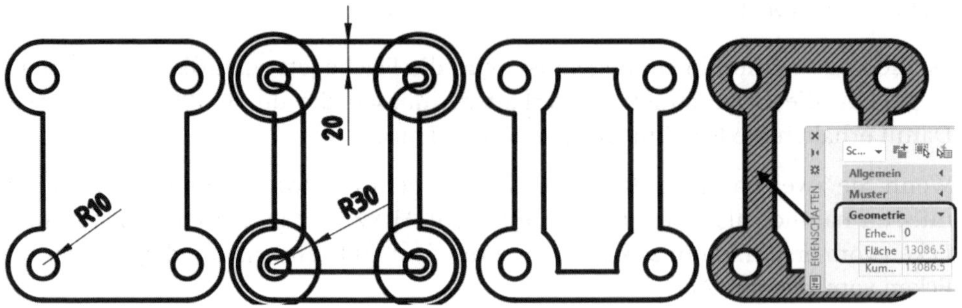

Abb. 7.28: Konstruktion und Flächenberechnung für Flanschteil

Option Volumen

Mit der Option VOLUMEN können Sie ein Volumen ausmessen, indem Sie zuerst eine Fläche bestimmen, wie oben unter der Option FLÄCHE beschrieben, und nach dem [Enter] die Höhe eingeben. Hiermit können auch mehrere Volumina über die Option VOLUMEN HINZUFÜGEN addiert werden,

```
Befehl: _MEASUREGEOM
BEMGEOM Option eingeben [...] <Abstand>: _volume
BEMGEOM Ersten Eckpunkt angeben oder [Objekt...]: <Objekt>: O
BEMGEOM Objekte auswählen: Geschlossene Kontur wählen
Höhe angeben: 20
Volumen = 438539.82
BEMGEOM Option eingeben [... eXit] <...>: X
```

Die Standard-Option VOLUMEN kann beliebige 3D-Volumenkörper durch Anklicken auswerten.

7.7.3 MASSEIG

Der Befehl MASSEIG – abgeleitet vom Begriff Masseneigenschaften – dient zum Bestimmen von Volumeninhalten, wenn Sie Zeichnungen der AutoCAD-Vollversion mit Volumenkörpern auswerten, oder zur Bestimmung von Flächeninhalten von Regionen.

Volumenkörper

Die Erstellung von Volumenkörpern werden Sie in Kapitel 13 *Einführung in Standard-3D-Konstruktionen* kennenlernen. Als Beispiel soll eine Hauskonstruktion dienen, die aus drei Volumenkörpern besteht. Es soll die Masse der Wände bestimmt werden, die Betondecke soll nicht ausgewertet werden. Im Befehl werden die beiden Volumenkörper für Erdgeschoss und Dachgeschoss angeklickt. Das angezeigte Volumen ist natürlich wieder in den Einheiten der Konstruktion zu sehen. Bei dieser Baukonstruktion habe ich mit cm gearbeitet, sodass das Volumen durch 1.000.000 zu dividieren ist, um Kubikmeter zu erhalten. Sie sehen also unten, dass das Volumen fast exakt 52 m^3 beträgt.

Abb. 7.29: Konstruktion aus drei Volumenkörpern

```
Befehl: _massprop
MASSEIG Objekte wählen: Erdgeschoss anklicken 1 gefunden
MASSEIG Objekte wählen: Dachgeschoss anklicken 1 gefunden, 2 gesamt
MASSEIG Objekte wählen: Enter
 ---------- FESTKÖRPER ----------
Masse:            52005210.6875
Volumen:          52005210.6875
Begrenzungsrahmen:  X: 598.5853 -- 1360.0853
            Y: 1291.6940 -- 2278.1940
            Z: 0.0000 -- 650.7500
Schwerpunkt:      X: 965.9474
            Y: 1822.2556
            Z: 225.7348
Trägheitsmomente:   X: 1.8324E+14
            Y: 5.5428E+13
            Z: 2.3073E+14
Deviationsmomente:  XY: 9.1463E+13
            YZ: 2.1477E+13
            ZX: 1.1299E+13
Trägheitsradien:   X: 1877.1044
            Y: 1032.3868
            Z: 2106.3230
Hauptträgheitsmomente und X-Y-Z-Richtung um Schwerpunkt:
    I: 7.9028E+12 entlang [0.9995 0.0215 -0.0240]
```

```
    J: 4.2516E+12 entlang [-0.0211 0.9996 0.0163]
    K: 9.5155E+12 entlang [0.0244 -0.0158 0.9996]
Analyse in Datei schreiben? [Ja Nein] <N>: J
```

Neben dem *Volumen* werden noch weitere Daten ausgegeben:

- BEGRENZUNGSRAHMEN – gibt die minimalen und maximalen Koordinaten des Objekts an.
- SCHWERPUNKT – ergibt den Schwerpunkt des gesamten Objekts.

Die übrigen Daten sind für Berechnungen rotierender Objekte im Maschinenbau interessant. Schließlich können Sie die berechneten Daten auch in eine Datei schreiben lassen. Sie bekommt den Namen der Zeichnung – als Vorgabe – mit der Endung `*.MPR`.

7.7.4 LISTE

Der Befehl LISTE zeigt alle Informationen über ein Objekt an, die in der Zeichnungsdatenbank gespeichert sind. Zusätzlich werden hier auch Längen von Kurven berechnet und bei geschlossenen Objekten deren Flächeninhalte angezeigt. Der Befehl LISTE zeigt fast dieselben Daten an wie der Befehl EIGENSCHAFTEN. Bei Letzterem können Sie aber auch Objektdaten *ändern*. Mit LISTE können die Daten mehrerer Objekte auch gleichzeitig angezeigt werden.

Beispiel Linie

```
Befehl: _list
Objekte wählen: 1 gefunden
Objekte wählen:
         LINIE   Layer: "0"
              Bereich: Modellbereich
          Referenz = 40
  von Punkt, X= 160.20 Y= 278.59 Z=  0.00
  nach Punkt, X= 214.54 Y= 53.34 Z=  0.00
     Länge = 231.70, Winkel in XY-Ebene =  284
Delta X = 54.34, Delta Y = -225.24, Delta Z =  0.00
```

Es werden folgende Informationen angezeigt:

- *Objekttyp:* `LINIE`
- *Layer:* `0`
- *Bereich:* `Modell` – kann `Modell` oder `Layout` (siehe Kapitel 10) sein
- *Referenz:* `40` – Interner Datenbankzeiger
- *Startpunkt:* `160.20, 278.59, 0.00`

- *Endpunkt:* 214.54, 53.34, 0.00
- *Länge der Linie:* 231.70
- *Winkel zur x-Richtung in der Ebene:* 284°
- *Delta-Werte:* 54.34, -225.24, 0.00 – Differenzen der x-, y- und z-Koordinaten

Beispiel Kreis

```
Befehl: _list
Objekte wählen: 1 gefunden
Objekte wählen:
         KREIS   Layer: "0"
              Bereich: Modellbereich
          Referenz = 3E
 Zentrum Punkt, X= 94.0020 Y= 94.5284 Z=  0.0000
      Radius  68.2773
      Umfang 428.9990
      Fläche 14645.4514
```

Es werden nun folgende objektspezifische Informationen angezeigt:

- *Zentrum:* 94.00, 94.52, 0.00
- *Radius:* 428.99
- *Kreisumfang:* 428.99
- *Kreisfläche:* 14645.45

7.7.5 ZEIT

Ab und zu möchten Sie vielleicht auch einmal ganz objektiv wissen, wie lange Sie an einer Zeichnung schon gearbeitet haben. Das können Sie mit dem Befehl ZEIT feststellen. Sie erhalten folgende Informationen:

```
Befehl: Zeit
Aktuelle Zeit:   Dienstag, 28. Mai 2019 21:42:45:000
Benötigte Zeit für diese Zeichnung:
 Erstellt:      Dienstag, 28. Mai 2019 21:14:35:000
 Zuletzt nachgeführt: Dienstag, 28. Mai 2019 21:14:35:000
 Gesamte Bearbeitungszeit: 0 Tage 00:28:10:000
 Benutzer-Stoppuhr (ein):  0 Tage 00:28:10:000
 Nächste automatische Speicherung in: 0 Tage 00:08:05:752
Option eingeben [Darstellung/Ein/Aus/Zurückstellen]:
```

Sie erfahren hier bis auf die tausendstel Sekunde genau, wann Sie begonnen haben und wie lange Sie gebraucht haben. Die Eintragungen haben folgende Bedeutung:

- AKTUELLE ZEIT – zeigt die aktuelle Zeit auf dem Rechner an. Diese Zeit kann nur so genau sein, wie Sie sie für den Rechner eingestellt haben.
- ERSTELLT – zeigt das genaue Startdatum Ihrer Zeichnung an.
- ZULETZT NACHGEFÜHRT – zeigt an, wann diese Zeichnung zum letzten Mal gespeichert wurde. Wenn Sie unter A CAD |OPTIONEN|ÖFFNEN UND SPEICHERN das Kontrollkästchen SICHERUNGSKOPIE BEI JEDEM SPEICHERN ERSTELLEN markiert haben, dann werden Sie immer von der letzten Speicherung der `*.DWG`-Datei her eine `*.BAK`-Datei mit dem vorherigen Zeichnungsstand haben. Sie können das auch über die Systemvariable ISAVEBAK mit Wert 1 aktivieren.
- GESAMTE BEARBEITUNGSZEIT – zeigt die Gesamtzeit vom Zeichnungsbeginn an, die diese Zeichnung unter AutoCAD in allen bisherigen Sitzungen geöffnet war. Ob Sie in der Zeit wirklich etwas getan haben, wird glücklicherweise nicht überprüft.
- BENUTZER-STOPPUHR (ein) – zeigt die Gesamtzeit an, in der die Benutzerstoppuhr eingeschaltet war. Da standardmäßig die Benutzerstoppuhr immer eingeschaltet ist, kommt hier meist die gleiche Zeit heraus wie bei der gesamten Bearbeitungszeit. Nur wenn Sie mit dem Befehl ZEIT, Option AUS, die Stoppuhr anhalten, läuft diese Zeit nicht mit. So könnten Sie mit der Benutzerstoppuhr die Frühstückspausen aussparen, damit sie in der Zeitberechnung nicht mitzählen. Mit ZEIT, Option EIN, können Sie die Benutzerstoppuhr weiterlaufen lassen und mit der Option ZURÜCKSTELLEN können Sie sie sogar auf null stellen.
- NÄCHSTE AUTOMATISCHE SPEICHERUNG IN – Hier wird angezeigt, wann die nächste automatische Sicherung mit der Dateiendung `*.SV$` fällig ist. Das Intervall hängt davon ab, was Sie unter A CAD |OPTIONEN|ÖFFNEN UND SPEICHERN bei MINUTEN ZWISCHEN DEN SPEICHERVORGÄNGEN eingetragen haben. Für dieses automatische Speichern muss auch das Kontrollkästchen AUTOMATISCHES SPEICHERN markiert sein.

Die Information über die Gesamtzeit bleibt auch erhalten, wenn Sie die Datei unter einem neuen Namen speichern oder mit dem Befehl WBLOCK als externen Block (siehe Abschnitt 11.3 *Externe Blöcke*) speichern. Nur wenn Sie eine neue Zeichnung beginnen und in diese dann die alte Zeichnung als Block (siehe Abschnitt 11.2 *Interne Blöcke*) einfügen, beginnt die Zeit-Zählung neu.

7.8 Übungen

Die kompletten Befehlsabläufe dieser Übungen sind in der Datei `Kap07_Übungs-PDF.pdf` dokumentiert. Hier finden Sie nur die Aufgabenstellungen.

7.8.1 Mutter

Im letzten Kapitel wurde eine M10-Mutter konstruiert. Hier sollen nun die Seitenansichten entstehen.

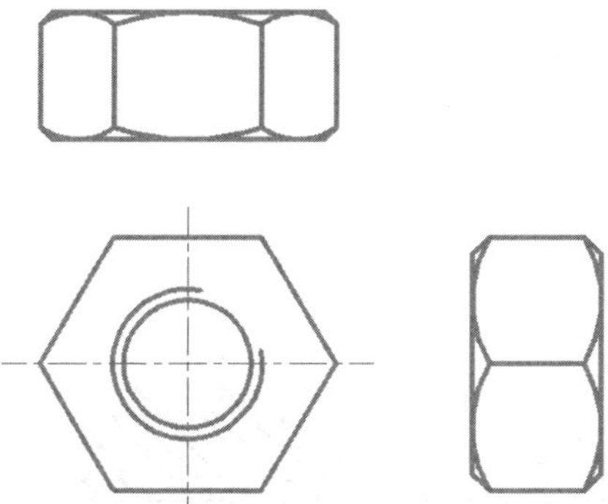

Abb. 7.30: M10-Mutter Seitenansichten

7.8.2 Bienenwabe

Die in Abbildung 7.31 gezeigte Bienenwabe soll anhand von zwei Sechsecken generiert werden.

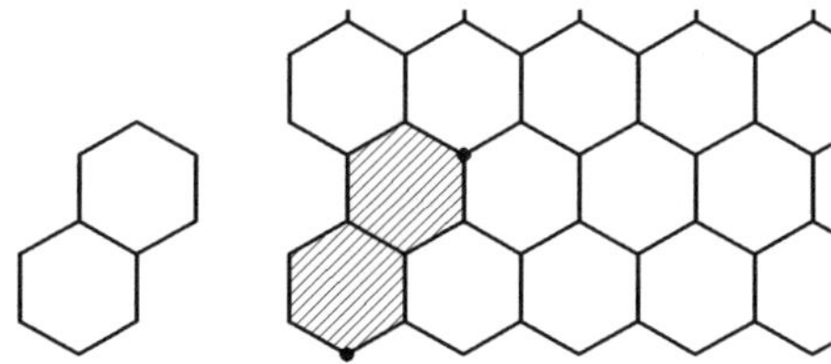

Abb. 7.31: Bienenwabe

7.8.3 Schachbrett

In der nächsten Zeichnung können Sie auch wieder den Befehl REIHERECHTECK verwenden, aber auch SPIEGELN sehr effektiv einsetzen. Außerdem haben Sie hier ein neues Problem: die Erzeugung der Stirnholzmaserung. Eine geeignete Schraffur gibt es dafür nicht. Deshalb zeichnen Sie eine Polylinie, die Sie glätten und unregelmäßig mehrfach versetzen. Die entstehenden Kurven werden dann an den trapezförmigen Randsegmenten gestutzt. Als Maße benötigen Sie nur die Größe eines Feldes des Schachbretts, hier 5 cm, und die Breite der Randsegmente, die Sie mit 1 cm und 1,5 cm ansetzen.

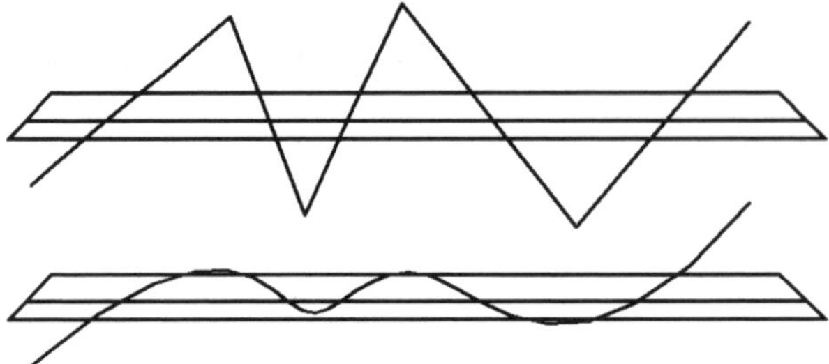

Abb. 7.32: Polylinie vor und nach Glättung

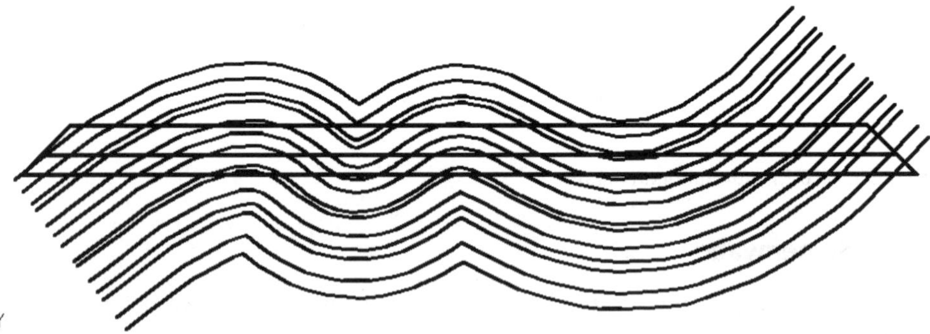

Abb. 7.33: Unregelmäßig versetzte geglättete Polylinien

Abb. 7.34: Fertiges Schachbrett

7.8.4 Treppenkonstruktion mit KOPIEREN

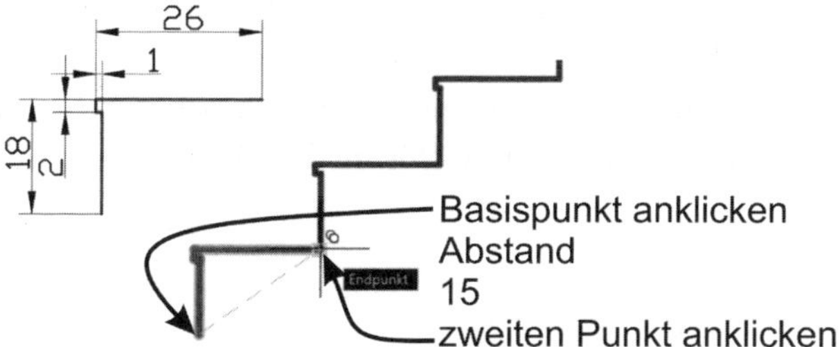

Abb. 7.35: Stufe mit KOPIEREN vervielfachen

Sehr elegant kann die gezeigte Treppe mit dem Befehl KOPIEREN erstellt werden, der für mehrfaches Kopieren eine Option ANORDNUNG bietet:

```
Befehl:
Objekte wählen: 2 gefunden Objekte anklicken
Objekte wählen: (Enter)
Aktuelle Einstellungen: Kopiermodus = Mehrere
Basispunkt angeben oder [Verschiebung/
mOdus] <Verschiebung>: Position 1 links unten anklicken
Zweiten Punkt angeben oder [Anordnung] <ersten Punkt als Verschiebung verwen-
den>: A  für die Anordnungsoption
Anzahl der Elemente in Anordnung eingeben: 15  Anzahl der Stufen
Zweiten Punkt angeben oder [Zbereich]: Position 2 rechts oben anklicken
Zweiten Punkt angeben oder [Anordnung/Beenden/Rückgängig] <Beenden>: Enter
```

7.8.5 Verzogene Treppe mit REIHENPFAD

Eine Treppe in Draufsicht lässt sich mit REIHEPFAD gut erstellen (Abbildung 7.36). Zeichnen Sie:

1. Mit PLINIE die Polylinie für die innere Wange mit drei Segmenten konstruieren.
2. Mit Befehl VERSETZ und ABSTAND **50** ist die Wand zweimal zu versetzen. Die erste Versatzkurve ist die *Lauflinie*.
3. Mit ABRUNDEN und RADIUS **50** sowie Option POLYLINIE runden Sie die Lauflinie ab.
4. Die erste Stufe zeichnen Sie als LINIE ein.
5. Mit REIHEPFAD wählen Sie zuerst die Stufe, dann Enter und danach wählen Sie die *Lauflinie* als PFAD. In der Multifunktionsleiste unter EIGENSCHAFTEN aktivieren Sie die Option TEILEN statt MESSEN und geben unter ELEMENTE die Anzahl der ELEMENTE mit **17** ein. Beenden Sie mit ANORDNUNG SCHLIEßEN.

6. Damit die Treppe etwas *Verziehung* bekommt und die Auftritte in den Ecken nicht auf 0 reduziert werden, runden Sie die Polylinie erneut mit einem größeren Radius ab, etwa **70**. Die alte Abrundung wird dabei automatisch gelöscht und die Anordnung folgt unmittelbar der neuen Polylinie.
7. Mit STUTZEN und DEHNEN sind dann die »verzogenen« Stufen noch zu kürzen oder zu verlängern. Das geht aber nur nach Auflösen der Anordnung mit URSPRUNG.

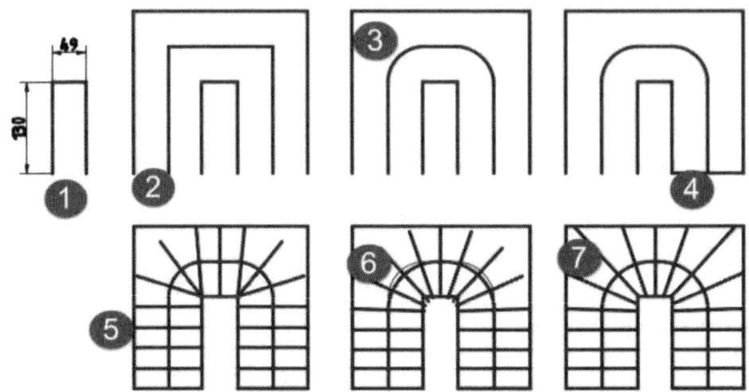

Abb. 7.36: Treppe über REIHEPFAD erstellt und »verzogen«

7.9 Was gibt's noch?

- *Transparente Befehle* – Viele Befehle können aufgerufen werden, auch wenn ein anderer Befehl gerade noch läuft. Damit der laufende Befehl weiß, dass es sich um *keine Option* handelt, sondern um einen *transparenten Befehl*, muss dieser dann mit einem Hochkomma (') davor geschrieben werden. Das Hochkomma entspricht der Tastenkombination [Shift]+[#]. Transparent sind beispielsweise:
  - 'PAN – Ausschnitt des Zeichenfensters verschieben
  - 'ZOOM – Ausschnitt des Zeichenfensters vergrößern/verkleinern
  - 'LISTE – interne Daten von Objekten auflisten
  - 'ABSTAND – Abstand und Winkel zweiter Punktpositionen anzeigen
  - 'ID – Punktposition anzeigen und als LASTPOINT speichern (Bezug für @)
  - 'LAYER – LAYER-MANAGER starten
  - 'FARBE – Farbe unabhängig vom Layer einstellen
  - 'LINIENTYP – Linientyp laden und ggf. unabhängig vom Layer einstellen
  - 'LSTÄRKE – Linienstärken-Vorgabe einstellen
  - 'MSTABSLISTEBEARB – Maßstabsliste bearbeiten
  - 'STIL – Textstile erstellen/ändern
  - 'BEMSTIL – Bemaßungsstile erstellen/ändern

  - 'PTYP – Punktstil ändern
  - 'EINHEIT – Einheiten und Anzeigegenauigkeit der Zeichnung einstellen
- *Nicht als transparente möglich* sind alle Befehle aus den Bereichen ZEICHNEN und ÄNDERN, also alle Befehle, die Objekte erstellen oder verändern.
- AUFRÄUM oder START|ÄNDERN▼|AUFRÄUM *(Doppelte Objekte löschen)* entfernt bzw. verbindet unnötige übereinander liegende Linien und Bögen innerhalb vorgegebener Toleranzen.

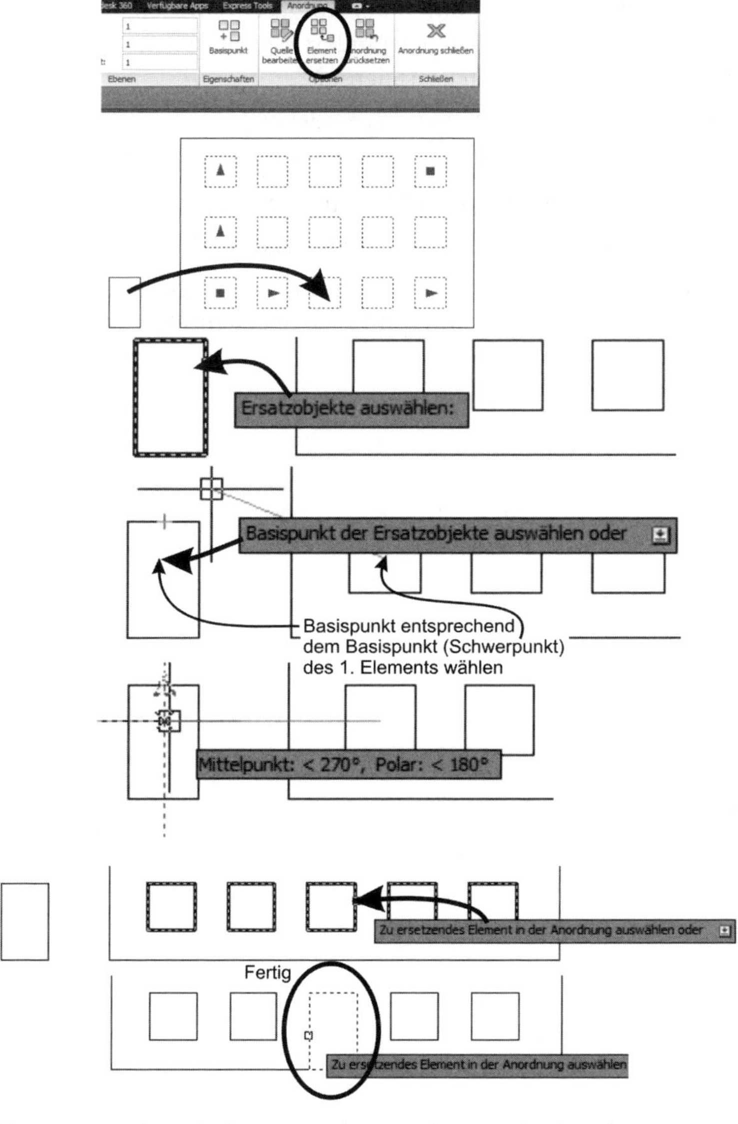

Abb. 7.37: Einzelne Objekte in Anordnungen können durch andere ersetzt werden.

7.10 Übungsfragen

1. Sie sollen mit REIHERECHTECK ein Objekt dreimal nebeneinander, also in x-Richtung, vervielfachen. Geben Sie drei ZEILEN oder drei SPALTEN (REIHEN) an?
2. Welche Objektwahlmodi sind bei STRECKEN erlaubt?
3. Können Sie eine Kontur mit VARIA nur in x-Richtung skalieren?
4. Ein Bogen soll mit dem Befehl LÄNGE an einem Ende so verlängert werden, dass er doppelt so lang ist. Was müssen Sie bei der Option PROZENT eingeben?
5. Sie haben beim Befehl STRECKEN durch den vorgeschriebenen Objektwahlmodus auch Objekte erfasst, die gar nicht verändert werden sollen. Wie können Sie das während der Objektwahl noch korrigieren?
6. Können Sie bei REIHEKREIS einen Startwinkel eingeben?
7. Können Sie mit LÄNGE auch die Länge einer Kurve *messen*?
8. Wie heißen die speziellen Bearbeitungsbefehle für Regionen?
9. Welche Daten liefert der Befehl BEMGEOM, Option ABSTAND?
10. Wie heißt die Systemvariable, in der automatisch Ihre zuletzt konstruierte Position gespeichert wird? Hinweis: Sie kann mit ID überschrieben werden.

Kapitel 8

Modellbereich, Layout, Maßstab und Plot

Das Ziel jeder CAD-Konstruktion besteht in der Erstellung grafischer Unterlagen zur Herstellung von Geräten, Gebäuden oder Anlagen. Während die Konstruktion im MODELLBEREICH im Normalfall im Maßstab 1:1 in den gewohnten Einheiten stattfindet, soll die Plot-Ausgabe auf Papier meist in einem anderen Maßstab, oft auch mit Detailausschnitten in unterschiedlichen Vergrößerungen erfolgen.

Für die Aufbereitung von Plotausgaben stehen die LAYOUT-Bereiche zur Verfügung. Ein LAYOUT ist praktisch eine Vorschau auf den späteren Plot. Hier wird das

- Papierformat festgelegt,
- der Rahmen erstellt oder von extern eingefügt,
- werden die Zeichnungsausschnitte im Form von Ansichtsfenstern festgelegt und
- jeweils die Maßstäbe und
- bei 3D-Konstruktionen die Ansichtsrichtungen gewählt. Näheres zum Plotten von 3D-Modellen siehe in Kapitel 14 den Abschnitt 14.6, *Aufbereitung zum Plotten*.

In diesem Kapitel werden die nötigen Schritte für die Erstellung maßstabsgerechter Plot-Ausgaben unter Verwendung eines Layouts vorgestellt. Dazu gehört natürlich auch die Auswahl und Einstellung des Plotters.

Die heute nicht mehr so übliche Ausgabe ohne Layout, direkt aus dem Modellbereich, ist auf der Webseite des Verlags unter den Downloads zum Buchtitel in einer PDF-Datei zu finden unter `www.mitp.de/0596`. Aus dem *Modellbereich* heraus kann aber mit *einem* Plotbefehl nur ein *einziges* Ansichtsfenster geplottet werden.

Zur Übung für dieses Kapitel steht die Zeichnung `08-02.dwg` ebenfalls auf der Homepage des Verlags zur Verfügung. Die Erstellung von Layouts und Ansichten für *3D-Konstruktionen* wird später in Kapitel 14 erläutert, weil es dafür spezielle Befehle gibt.

8.1 Prinzipielles: Charakteristika von Modellbereich und Layout

Vielleicht haben Sie die beiden Bereiche MODELL und LAYOUT noch gar nicht so bemerkt. Abbildung 8.1 zeigt diese Bereiche in unterschiedlichen Darstellungen.

Sie können in Form von zwei und mehr Registerfähnchen MODELL, LAYOUT1 und LAYOUT2 etc. erscheinen.

Der MODELLBEREICH ist immer der Bereich für Ihre eigentliche Konstruktion in Originalgröße in Ihren gewohnten Einheiten mm, cm oder m oder auch andere. Die verschiedenen Layouts sind zur Erstellung unterschiedlicher Plot-Ausgaben gedacht, für verschiedene Blattformate oder verschiedene Plotter. Beispielsweise können Sie in jedem Layout die Ausgabe auf ein anderes Format mit unterschiedlich großem Rahmen gestalten. Es wäre aber auch möglich, in jedem Layout zwar im gleichen Format, aber andere Ausschnitte Ihrer Konstruktion zu plotten. Es sind nicht nur zwei Layouts möglich, sondern fast beliebig viele. Das Registerfähnchen mit dem Pluszeichen dient zum Erzeugen neuer Layouts.

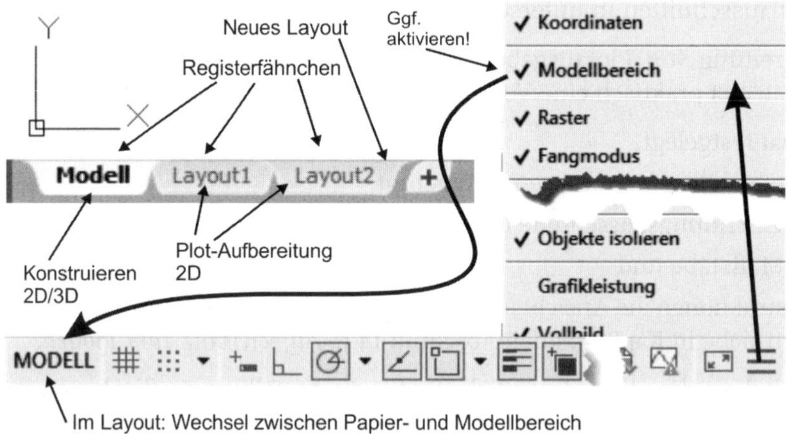

Abb. 8.1: Modell- und Layout-Register

In der Statusleiste sind links drei Registerfähnchen vorgegeben. Das linke aktiviert den MODELLBEREICH, die beiden rechts davon LAYOUT1 und LAYOUT2.

Zunächst sollen Sie die grundsätzlichen Merkmale beider Bereiche kennenlernen. Das entscheidende Merkmal kommt schon in den Worten zum Ausdruck:

- MODELLBEREICH – ist ein Bereich, in dem zwei- oder dreidimensionale Konstruktionen oder *Modelle* in Originalgröße in den Einheiten erstellt werden, die Sie üblicherweise verwenden.
- LAYOUT – ist ein Bereich, der einerseits das Papierblatt des Plotters anzeigt, dann aber auch darauf *Ansichtsfenster*, in denen unter wählbarem Maßstab das Modell aus dem MODELLBEREICH zu sehen ist. Im LAYOUT werden die Plot-Ausgaben mit Rahmen (als Vorgabe nicht vorhanden) und ein oder mehreren *Ansichtsfenstern* gestaltet. Im LAYOUT finden Sie also zum einen den sogenannten PAPIERBEREICH, der zur zweidimensionalen Gestaltung der Plot-Ausgabe

dient, zum anderen die *Ansichtsfenster*, die den Durchblick in den MODELLBEREICH mit Ihrer Konstruktion gewähren.

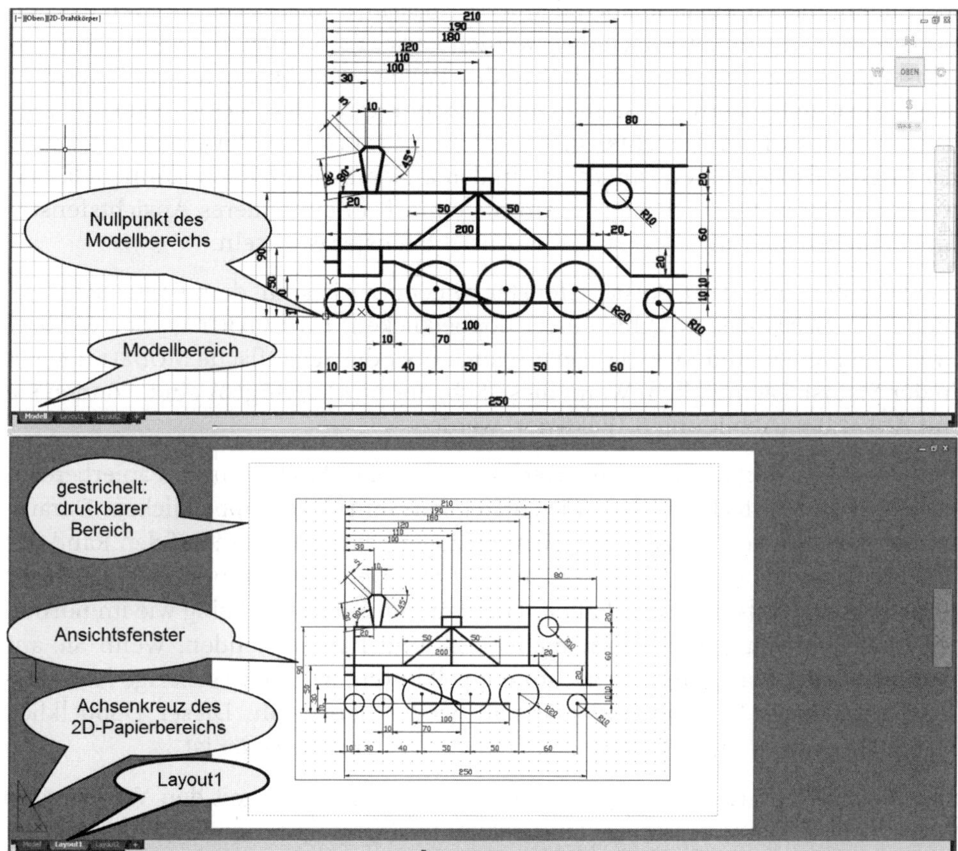

Abb. 8.2: AutoCAD-Datei mit Modellbereich oben und Layout1 unten

Wenn Sie erstmalig in ein LAYOUT wechseln, legt AutoCAD automatisch ein Ansichtsfenster an, um Ihre Konstruktion zu zeigen. Sie befinden sich zunächst im PAPIERBEREICH des LAYOUTS. Nun könnten Sie den Zeichnungsrahmen erstellen oder als Block einfügen. Der Papierbereich ist leicht daran zu erkennen, dass das Achsenkreuz die Form eines abgeknickten »Eselsohrs« besitzt.

Wenn Sie nun *in ein Ansichtsfenster hinein* doppelklicken, wechseln Sie in den MODELLBEREICH des *Ansichtsfensters* und können beispielsweise per ZOOM und PAN den Maßstab und die Position Ihrer Konstruktion variieren. Im Ansichtsfenster sehen Sie dann also wieder den normalen Zeichenbereich, in dem Sie Ihre Konstruktion begonnen haben. Mit Doppelklick *neben das Ansichtsfenster* gelangen Sie wieder zurück in den PAPIERBEREICH des LAYOUTS.

Wenn Sie im LAYOUT mit einem *Doppelklick in ein Ansichtsfenster hineingehen*, dann wird es als aktives Ansichtsfenster mit stärkerem Umriss hervorgehoben. Sie befinden sich zwar im MODELLBEREICH, aber innerhalb der LAYOUT-Umgebung. Man nennt diesen Zustand auch den »*Verschiebbaren Modellbereich*«, weil das *Ansichtsfenster* samt Inhalt verschoben werden kann. Es tut sich auch etwas bei den Achsenmarkierungen. Das »Eselsohr« des PAPIERBEREICHS verschwindet und in allen Ansichtsfenstern erscheinen die Achsenkreuze des MODELLBEREICHS. Es kann immer nur *ein* Ansichtsfenster aktiv sein. Im aktiven Ansichtsfenster wird der Cursor als Fadenkreuz angezeigt, in den anderen als Pfeil. Sie können das aktive Ansichtsfenster wechseln, indem Sie einfach in ein anderes Ansichtsfenster hineinklicken oder mit [Strg]+[R] die Ansichtsfenster wechseln.

Sie kommen aus dem Ansichtsfenster wieder zurück in den PAPIERBEREICH, indem Sie *neben* das Ansichtsfenster doppelklicken. Im LAYOUT ist der Wechsel zwischen PAPIER- und MODELLBEREICH auch über die Schaltfläche MODELL/PAPIER in der Statusleiste möglich. Wenn diese Schalter nicht verfügbar sind, können sie mit ANPASSEN (Abbildung 8.1) aktiviert werden.

Eine weitere Möglichkeit zum Wechsel zwischen Modell- und Papierbereich besteht darin, einfach auf den Ansichtsfensterrahmen zu doppelklicken. Daraufhin wird das Ansichtsfenster so weit aufgezogen, dass der Rand auf den Rand der Zeichenfläche als *dicker hellblauer Rahmen* fällt. Der Maßstab und die Lage Ihrer Konstruktion bleiben dabei erhalten. Hier können Sie nun beliebig wie im normalen Modellbereich arbeiten und auch ZOOM und PAN verwenden. Wenn Sie auf den hellblauen Rand dann wiederum doppelklicken, wird das vorherige Ansichtsfenster inklusive Position und Maßstab wieder hergestellt. Dieser Doppelklick klappt aber nur, wenn es ein *normales rechteckiges Ansichtsfenster* ist.

Der Wechsel zwischen Modell- und Papierbereich ist auch mit den Werkzeugen ANSICHTSFENSTER MAXIMIEREN/MINIMIEREN / möglich, die im Kontextmenü oder in der Statusleiste erscheinen (Abbildung 8.3). Dies klappt auch, wenn es *kein normales rechteckiges Ansichtsfenster* ist.

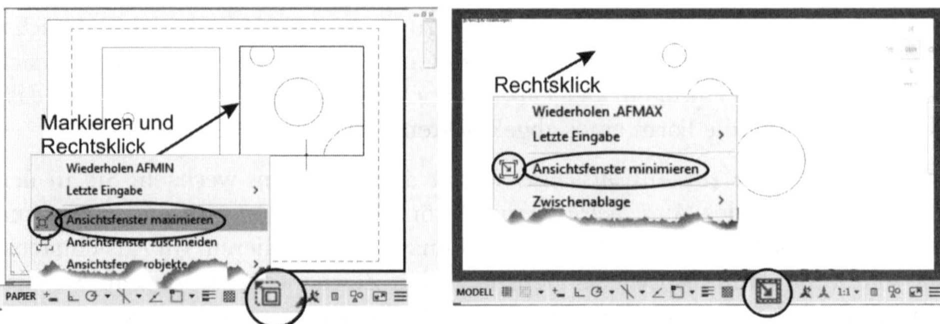

Abb. 8.3: Ansichtsfenster maximieren/minimieren

Was auf jeden Fall in den Papierbereich gehört, sind *Rahmen und Schriftfeld* mit den entsprechenden Texten. Die Ansichtsfenster im Papierbereich sind normale Objekte, die gelöscht, verschoben, gedreht oder mit den Griffen manipuliert werden können.

Sie können sich ein LAYOUT so vorstellen, wie es in Abbildung 8.4 gezeigt wird: als extra Ebene, die über dem MODELLBEREICH liegt und den Rahmen und ein oder mehrere *Ansichtsfenster* enthält. Die *Ansichtsfenster* sind praktisch Öffnungen im PAPIERBEREICH des LAYOUTS, durch die Sie in den MODELLBEREICH blicken. Nur durch diese *Ansichtsfenster* erhalten Sie wieder eine Sicht auf Ihre Konstruktion. Damit wird auch klar, dass Ihre Konstruktion *nicht Teil des* LAYOUTS ist, sondern in einer anderen »Welt« liegt, auf die Sie *durch* die Ansichtsfenster ggf. mit unterschiedlichen Maßstäben schauen.

Sie können aber auch durch ein Ansichtsfenster hindurch Ihre Objekte im Modellbereich bearbeiten, indem Sie *in* einem Ansichtsfenster doppelklicken.

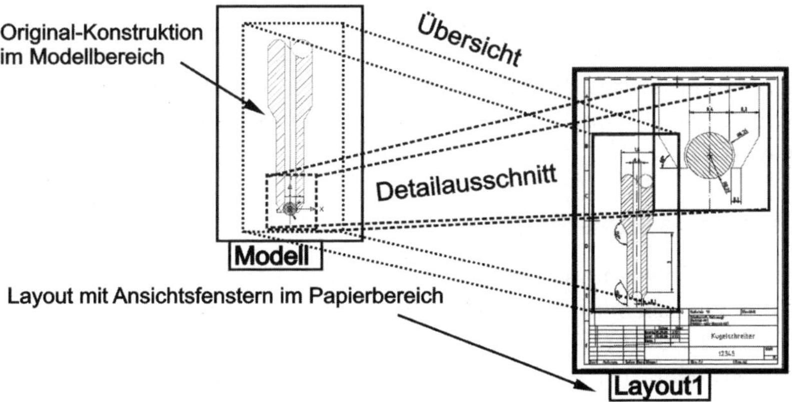

Abb. 8.4: Modellbereich und Layout mit zwei Ansichtsfenstern

Sie können sich unter den LAYOUTS genau Ihre Zeichenblätter vorstellen, die Sie nun in AutoCAD vorbereiten. Dabei werden so wichtige Dinge erledigt wie die Festlegung des Zeichenmaßstabs, das Ausrichten der Ansichten an Fluchtkanten bis hin zum Ausblenden verdeckter Kanten bei 3D-Objekten. Ein fertiges LAYOUT kann dann so, wie es ist, geplottet werden, und zwar im Maßstab 1:1.

8.1.1 Charakteristika Modellbereich

Im Modellbereich können Sie zwei- oder dreidimensional arbeiten. Sie können beispielsweise für eine Linie unterschiedliche Koordinaten nicht nur für x und y, sondern auch für z eingeben.

Im *Modellbereich* hat das Achsenkreuz die Form von zwei Linien mit den Achsenbezeichnungen (Abbildung 8.5).

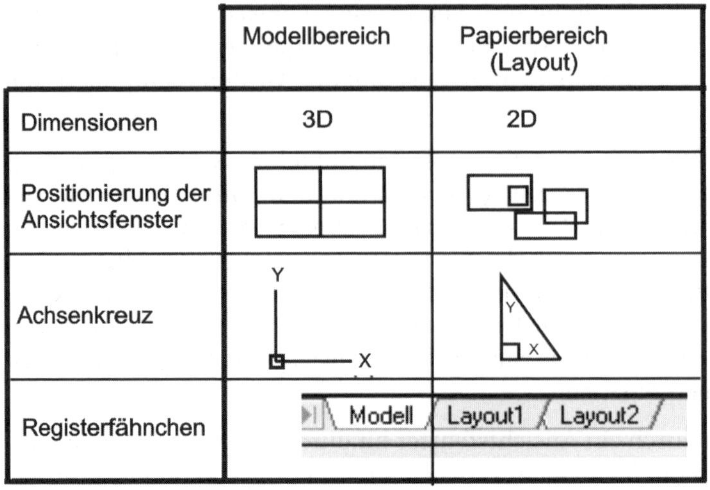

	Modellbereich	Papierbereich (Layout)
Dimensionen	3D	2D
Positionierung der Ansichtsfenster		
Achsenkreuz	Y X	Y X
Registerfähnchen	Modell	Layout1 / Layout2

Abb. 8.5: Charakteristika des Modell- und Papierbereichs

Sie können zwar auch im Modellbereich mehrere Ansichtsfenster anlegen, diese werden aber zusammen immer den kompletten Bildschirm ausfüllen. Sie können in jedem Ansichtsfenster beispielsweise unterschiedliche Ausschnitte oder 3D-Ansichten anzeigen lassen.

8.1.2 Charakteristika Papierbereich

Wenn Sie eines der beiden standardmäßig angebotenen LAYOUTS über die Registerfähnchen unten am Zeichenbereich oder über das Statusleistensymbol wählen, wechseln Sie in den zweidimensionalen PAPIERBEREICH und können dort nur zweidimensional arbeiten. Im PAPIERBEREICH können Sie einen Zeichnungsrahmen einfügen und Ansichtsfenster einrichten, um verschiedene Ausschnitte Ihrer Konstruktion aus dem Modellbereich zu zeigen.

Hier können die Ansichtsfenster beliebig positioniert werden. Sie dürfen überlappen, beliebige Zwischenräume besitzen oder gar ineinander verschachtelt liegen.

Das Achsenkreuz zeigt sich nun in der Form eines »Eselsohrs« als Andeutung, dass Sie sich auf einem Blatt Papier befinden.

8.2 Maßstabsliste bearbeiten

Als erste Vorbereitungsmaßnahme zur Plot-Ausgabe sollte die Maßstabsliste bearbeitet werden. Sie finden sie unter BESCHRIFTEN|BESCHRIFTUNGS-SKALIERUNG|MAßSTABSLISTE. Mit dieser Funktion können Sie auch die bei uns unüblichen Maßstäbe 1:4, 1:8 u.Ä. löschen. Die vorhandenen Maßstäbe sind nur sinnvoll, wenn Sie in Millimetern konstruieren. Für andere Zeichnungseinheiten müssen Sie die Maßstäbe neu festlegen. Ein schneller Zugriff auf die Maßstabsliste ergibt sich auch durch einen Klick auf das MAßSTABSSYMBOL in der STATUSLEISTE. Das finden Sie aber nur, wenn Sie entweder im MODELLBEREICH sind oder in einem AKTIVEN ANSICHTSFENSTER. Dann wählen Sie am unteren Ende der Maßstabsliste BENUTZERDEFINIERT zum Bearbeiten Ihrer Maßstabsliste.

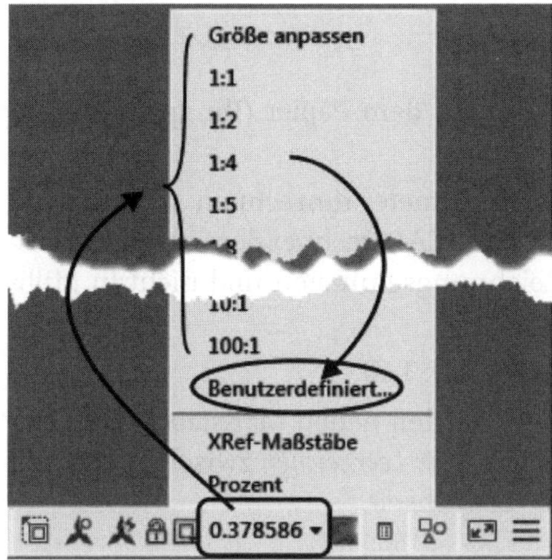

Abb. 8.6: Maßstabsliste und Maßstabsbearbeitung

ZEICHNEN UND BESCHRIFTUNG	Icon	Befehl
BESCHRIFTEN|BESCHRIFTUNGS-SKALIERUNG STATUSLEISTE| 1:1 |BEARBEITEN		MSTABLISTEBEARB

8.2.1 Maßstäbe für mm-Einheiten

Solange Sie in Einheiten von Millimetern arbeiten, werden Sie dort die üblichen Maßstäbe bereits vorfinden. Nur selten ist eine eigene Maßstabsdefinition nötig. Brauchen Sie beispielsweise den Maßstab 5:1 für eine Detailvergrößerung, dann

- wählen Sie in der Maßstabsverwaltung HINZUFÜGEN,
- bei NAME IN MAßSTABSLISTE geben Sie **`5:1`** ein,
- bei PAPIEREINHEITEN **`5 - das sind die Einheiten auf dem Zeichenpapier`**,
- bei ZEICHNUNGSEINHEITEN **`1 - das sind dann die Einheiten des reellen Objekts -`** und dann
- klicken Sie auf OK.

8.2.2 Maßstäbe für andere Einheiten

Wenn Sie *nicht in Millimetern* konstruiert haben, dann müssen Sie an dieser Stelle die Maßstäbe erst einrichten, die Ihre Einheiten berücksichtigen. Nehmen wir an, Sie haben in Zentimetern gezeichnet. Die Ermittlung der richtigen Maßstabseinstellung geht folgendermaßen:

- Schreiben Sie zuerst den Maßstab hin, wie Sie ihn normalerweise nennen, zum Beispiel:
  - 1 : 100

  Dieser Maßstab bedeutet doch, dass 1 mm auf dem Papier (Ihr späterer Plot) 100 mm in der Natur entspricht.
- Nun müssen Sie aber die 100 mm in die Zentimeter umrechnen, in denen Sie gezeichnet haben. Ergibt also 10. Grund: AutoCAD rechnet den internen Maßstab auf der rechten Seite mit Ihren Zeichnungseinheiten und nicht in Millimetern!

  Damit lautet der interne Maßstab für AutoCAD: 1:10.
- In der Maßstabsliste geben Sie als NAMEN für den neuen Maßstab **`1:100(cm)`** an. Schreiben Sie den Namen des Maßstabs *ohne Leerzeichen* zwischen **100** und **(**, sonst wird er mit dem Maßstab 1:100 verwechselt.
- Bei PAPIEREINHEITEN schreiben Sie **1**.
- Bei ZEICHNUNGSEINHEITEN geben Sie wie oben berechnet **10** ein.

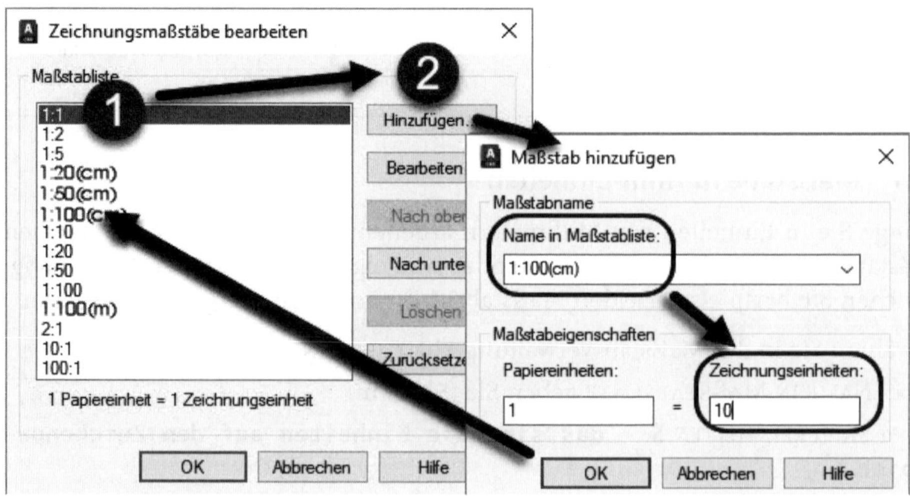

Abb. 8.7: Editieren der Maßstabsliste

Diese Maßstäbe können Sie dann für die Ansichtsfenster verwenden.

Für ein zweites Beispiel nehmen wir an, Sie haben in Metern gezeichnet. Die richtige Maßstabseinstellung erhalten Sie folgendermaßen:

- Schreiben Sie zuerst den Maßstab hin, zum Beispiel:
  - 1 : 200

    Dieser Maßstab bedeutet, dass 1 mm auf dem Papier (Ihr späterer Plot) 200 mm in der Natur entspricht.
- Nun müssen Sie aber die 200 mm in Meter umrechnen. Ergibt also 0.2.

  Damit lautet der interne Maßstab für AutoCAD: 1:0.2.
- In der Maßstabsliste geben Sie als NAMEN für den neuen Maßstab **1:200(m)** an. Schreiben Sie den Namen des Maßstabs ohne Leerzeichen, sonst wird er mit dem Maßstab 1:200 verwechselt.
- Bei PAPIEREINHEITEN schreiben Sie **1**.
- Bei ZEICHNUNGSEINHEITEN geben Sie **0.2** ein.

Die unten stehende Tabelle gibt einige Beispiele für Maßstäbe für den Fall, dass Sie nicht in Millimetern zeichnen. Sie können mit den Schaltflächen NACH OBEN/ NACH UNTEN die Maßstäbe sinnvoll ordnen und unnütze Maßstäbe mit LÖSCHEN entfernen. Egal, in welchen Einheiten Sie arbeiten, Sie sollten *auf keinen Fall* den Maßstab 1:1 löschen. Maßstäbe, die in Verwendung sind, lassen sich übrigens nicht löschen.

Einheiten	Name des Maßstabs	Papiereinheiten	Zeichnungseinheiten
cm	1:100(cm)	1	10
cm	1:50(cm)	1	5
cm	1:20(cm)	1	2
cm	1:10(cm)	1	1
m	1:1000(m)	1	1
m	1:200(m)	1	0.2
m	1:100(m)	1	0.1
m	1:50(m)	1	0.05
m	1:10(m)	1	0.01

Tabelle 8.1: Maßstabsangaben, wenn Sie nicht in Millimetern arbeiten

8.2.3 Maßstabsliste wiederverwenden

Maßstabsliste in Vorlage

Diese oben bearbeitete Maßstabsliste gilt zunächst nur in der aktuellen Zeichnung. Sie können natürlich auch Ihre Zeichnungsvorlage öffnen und dort diese

Maßstabsliste definieren, damit sie automatisch in jede neue Zeichnung übernommen wird. Dazu öffnen Sie die Vorlage, das heißt, im Befehl ÖFFNEN wählen Sie als Dateityp `*.DWT` und klicken dann die von Ihnen benutzte Vorlage aus dem `Template`-Verzeichnis an. Ändern Sie die Maßstabsliste und speichern Sie die Vorlage unter gleichem Namen.

Diese Maßstabsliste wird automatisch verwendet, wenn die obige Vorlage als Vorgabe eingestellt ist (siehe Kapitel 2, Abschnitt 2.3.5 *Neue Zeichnung mit NEU oder SNEU beginnen*) und Sie mit SNEU aus dem SCHNELLZUGRIFF-WERKZEUGKASTEN starten, sie wird auch verwendet, wenn Sie bei den Zeichnungsregistern auf klicken.

8.2.4 Zentrale Maßstabsliste in der Registry

Es gibt aber auch zeichnungsübergreifend eine zentrale Maßstabsliste im AutoCAD-Profil (in der Registry gespeichert). Die Registrierungsdatenbank von Windows – kurz Registry genannt – speichert nämlich bestimmte Grundparameter von AutoCAD unabhängig von der aktuellen Zeichnung.

Diese zentrale Maßstabsliste können Sie über den OPTIONEN-Befehl bearbeiten. OPTIONEN erhalten Sie nach Rechtsklick im Kontextmenü ganz unten. Im Register BENUTZEREINSTELLUNGEN bearbeiten Sie unter VORGABE-MAẞSTABSLISTE diese zentrale Maßstabsliste.

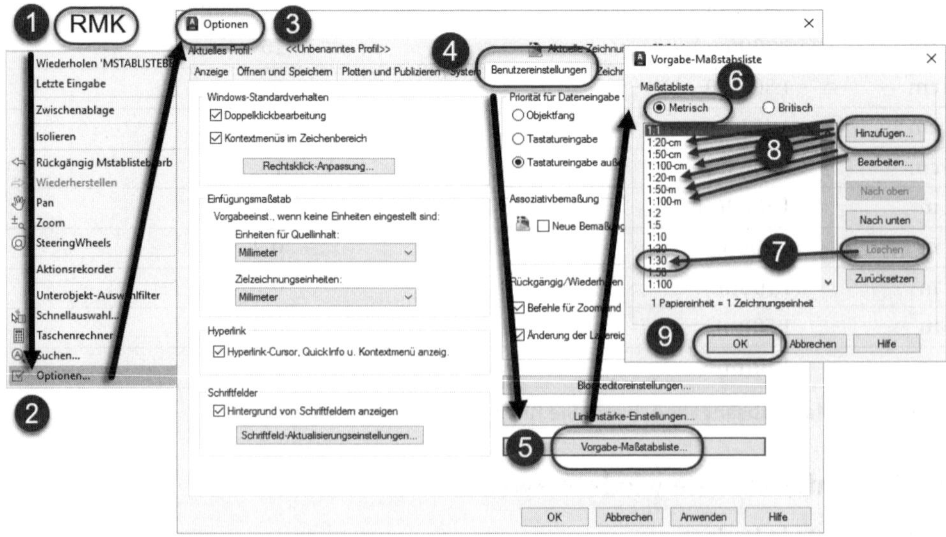

Abb. 8.8: Zentrale Maßstabsliste erstellen

Sie können diese zentrale Maßstabsliste in jeder Zeichnung verwenden, indem Sie im Befehl Maßstabsliste bearbeiten die Option Zurücksetzen anklicken.

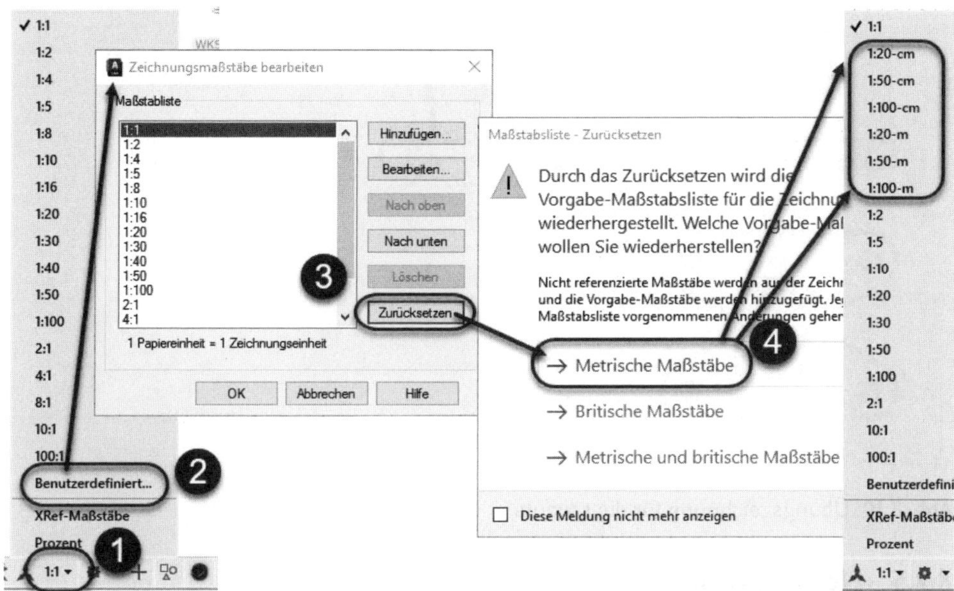

Abb. 8.9: Zentrale Maßstabsliste aus der Registry in aktueller Zeichnung durch Zurücksetzen aktivieren

Layouts zum Plotten

Einen Plot können Sie entweder direkt aus dem Modellbereich ausgeben oder Sie benutzen ein Layout. Der wesentliche Unterschied besteht darin, dass aus dem Modellbereich heraus nur ein einziger Ausschnitt der Zeichnung geplottet werden kann, während in einem Layout beliebig viele Ausschnitte bzw. Ansichten Ihrer Konstruktion auf einem Plot ausgegeben werden können. Sowohl der Modellbereich als auch die Layouts können mit Maßstäben und mit Zeichnungsrahmen versehen werden. Sie sind aber in den Layouts flexibler bei der Gestaltung der Ausgabe und deshalb hat sich, seitdem es Layouts gibt, das Plotten aus einem Layout durchgesetzt. Sie können auch durch beliebig viele Layouts in einer Konstruktion die verschiedensten Ausgabeformate von DIN A4 bis DIN A0 oder sogar Sondergrößen vorbereiten und damit schon Vorlagen gestalten, die Ihre üblichen Plot-Wünsche berücksichtigen. Damit haben Sie dann nicht mehr viel Arbeit bei der Plotausgabe. AutoCAD bietet standardmäßig zwei Layouts an, aber Sie können so viele hinzufügen, wie Sie brauchen.

Für die nun folgende Praxisübung können Sie die Zeichnung `Halterung.dwg` aus den Downloads zum Buchtitel von der Homepage des Verlags (`www.mitp.de/`

0596) benutzen. Die Zeichnung enthält bereits eine Konstruktion. Sie erstellen nun ein Layout.

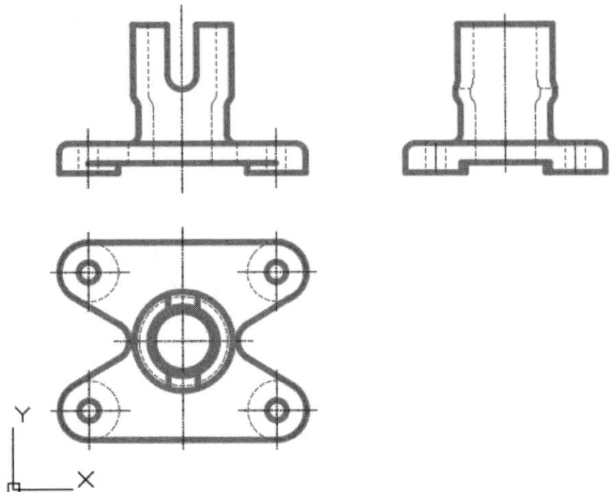

Abb. 8.10: Übungszeichnung für die Layouts

8.2.5 Neues Layout

In vielen Fällen reichen die standardmäßig angebotenen beiden Layouts Layout1 und Layout2 aus. Um ggf. ein neues Layout einzurichten, klicken Sie neben den bestehenden Layout-Registerfahnen auf das Pluszeichen Layout2 + oder klicken Sie im Kontextmenü eines existierenden Layouts auf Neues Layout (siehe Abbildung 8.11). Durch Anklicken der neuen Registerfahne wechseln Sie in dieses Layout. Wenn Sie schon ein Layout mit Zeichnungsrahmen und Maßstabsangaben aufwendig gestaltet haben, lohnt es sich, das Layout mit der Option Verschieben oder Kopieren zu vervielfältigen.

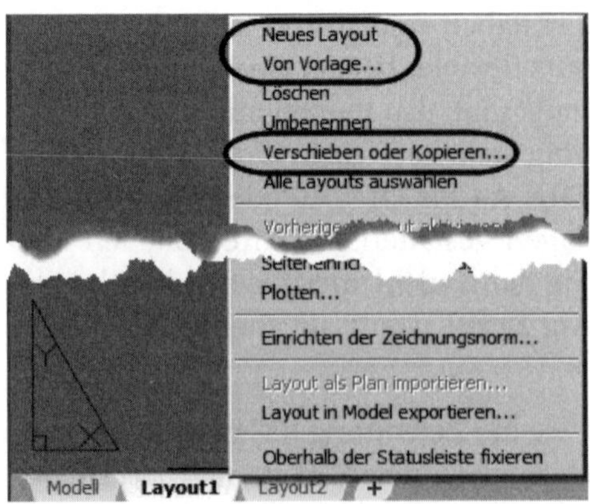

Abb. 8.11: Neue Layouts mit verschiedenen Optionen erstellen

8.3 Seiteneinrichtung

Sobald Sie in ein LAYOUT wechseln, sehen Sie das Zeichnungsblatt mit einem Ausschnitt Ihrer Zeichnung in einem Ansichtsfenster. Vorgabemäßig ist das Blatt auf DIN A4 quer eingestellt. Darauf erscheint ein gestrichelter Rahmen, der den plotbaren Bereich anzeigt. Darin erscheint der Rahmen des Ansichtsfensters, der einen Teil des Modellbereichs enthält. Es fehlen aber hier noch die spezifischen Einstellungen für Ihren spezifischen Plotter, das gewünschte Papierformat und der Maßstab für das Ansichtsfenster. Eventuell fehlen auch noch weitere Ansichtsfenster.

Sie können fast all diese Angaben, die Sie für den späteren PLOT-Befehl brauchen, im Voraus als SEITENEINRICHTUNG für jedes LAYOUT speichern. Damit sparen Sie sich wiederholte Eingaben, wenn Sie später öfter plotten. Rufen Sie LAYOUT|LAYOUT|SEITENEINRICHTUNG auf. Mit NEU oder ÄNDERN kommen Sie in ein Dialogfenster ähnlich dem PLOT-Befehl. Diese SEITENEINRICHTUNG wird mit der Zeichnung gespeichert. Drei wichtige Einstellungen sind nötig:

- DRUCKER/PLOTTER – Hier wählen Sie Ihren Plotter aus ❶ (Abbildung 8.12). Über die Schaltfläche EIGENSCHAFTEN lassen sich noch spezielle Änderungen an den Plottereinstellungen, wie etwa bei den Papierformaten, vornehmen. In den EIGENSCHAFTEN finden Sie im Register ANSCHLÜSSE den Schalter IN DATEI PLOTTEN. Er ist für die Fälle interessant, in denen der gewünschte Plotter momentan physisch nicht zur Verfügung steht. Wenn Sie beispielsweise über einen Dienstleister plotten lassen, wählen Sie diese Option und geben dann die erstellte Plot-Datei `*.PLT` weiter. Sie werden dann später im PLOT-Befehl nach einem Dateinamen gefragt.
- PAPIERFORMAT – Sie stellen hier das gewünschte Papierformat ❷ ein. Wählen Sie auch ganz rechts unten die für Ihre Zeichnung passende ZEICHNUNGSAUSRICHTUNG ❷.
- PLOTSTILTABELLE – für die normgerechte Schwarz-Weiß-Ausgabe wählen Sie die Plotstiltabelle **monochrome.ctb** ❸, für Farbausgabe **acad.ctb** und für reduzierte tintensparende Farbausgabe die Stile der Form **Screening_50%.ctb** etc. In der PLOTSTILTABELLE wird die Zuordnung zwischen den Eigenschaften der Objekte wie *Farbe, Linientyp* und *Linienstärke* zu *Farbe, Linientyp* und *Linienstärke* auf dem Papier eingestellt.

ZEICHNEN UND BESCHRIFTUNG	Icon	Befehl
LAYOUT|LAYOUT|SEITENEINRICHTUNG AUSGABE|PLOTTEN|SEITENEINRICHTUNGS-MANAGER		SEITENEINR

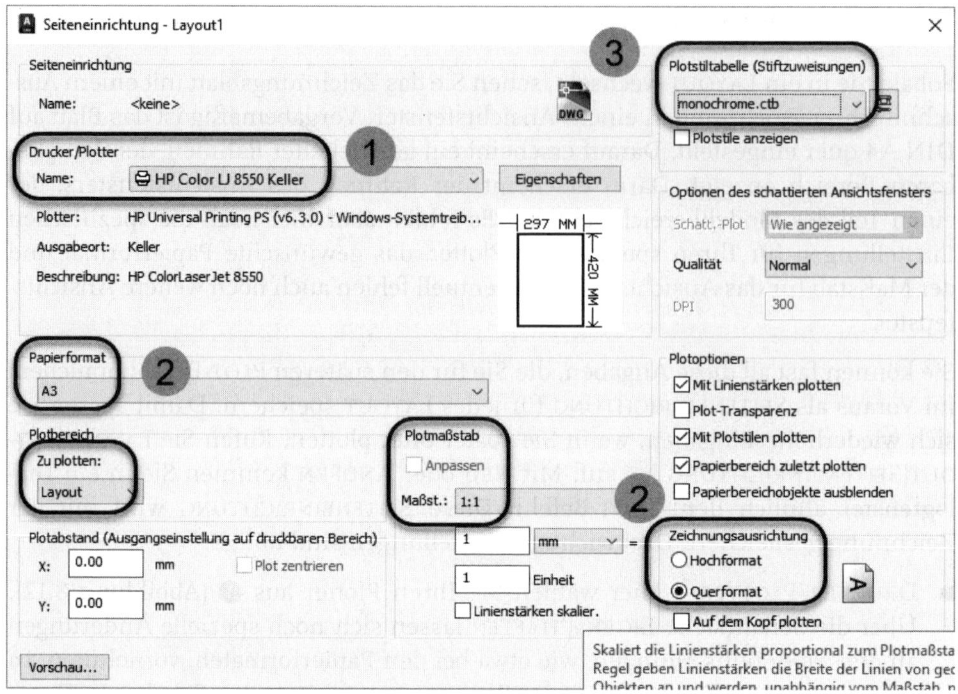

Abb. 8.12: SEITENEINRICHTUNG für einen A3-Plot

Tipp: Plotbereich

Wenn Sie den plotbaren Bereich verschiedener Plotter betrachten, werden Sie sehen, dass man nie das Papierformat vollständig ausnutzen kann, weil die Plotter immer Transportränder frei lassen müssen. Wollen Sie einen echten A3-Rahmen mit den Abmessungen 420 mm x 297 mm plotten, so können Sie das nur auf einem A3-Überformat-Plotter. Oft geht man hier einen Kompromiss ein, indem man dann einfach den A3-Rahmen etwas schrumpft, sodass er inklusive Transportrand auf A3-Papier passt: zum Beispiel 405 mm x 280 mm.

- PLOTABSTAND – Hier lassen Sie beim Plot aus dem LAYOUT die Vorgabe 0,0 stehen, damit im plotbaren Bereich ausgegeben wird. Der plotbare Bereich wird auf dem Papierblatt des LAYOUTS als gestricheltes Rechteck angezeigt. Wenn Sie die Werte hier ändern, dann verschieben Sie damit den plotbaren Bereich und die Papierränder. Sie haben später im PLOT-Befehl erneut die Möglichkeit, diesen Bereich zu verschieben, falls Sie in der Vorschau sehen, dass dadurch die Ausgabe optisch besser aussieht, Im PLOT-Befehl können Sie diese Verschiebung mit AUF LAYOUT ANWENDEN für die Zukunft im Layout eintragen lassen.

- ZEICHNUNGSAUSRICHTUNG – Wählen Sie hier zwischen HOCHFORMAT und QUERFORMAT.
- VORSCHAU – Die Vorschau ist eigentlich erst interessant, wenn schon Zeichnungsrahmen, Ansichtsfenster und Maßstab eingerichtet sind. Mit ihr lassen sich insbesondere die echten Linienstärken beurteilen. Die Voransicht beenden Sie übers Kontextmenü, um ins SEITENEINRICHTUNGS-Dialogfenster zurückzukehren, oder Sie wählen später PLOT, um den Plot abzuschicken.

Tipp: Gefüllte Objekte

Wenn gefüllte Objekte zu plotten sind, müssen Sie bei Tintenplottern darauf achten, dass die Flächen nicht mit Tinte geflutet werden, sondern gegebenenfalls geeignet schraffiert werden. Sie können das in der PLOTSTILTABELLE bei der betreffenden Farbe unter FÜLLUNGSSTIL einstellen. Damit können Flächenschraffuren in Form anderer Muster ausgegeben werden.

Nach Beenden und Schließen der SEITENEINRICHTUNG erscheint auf dem Bildschirm eine Darstellung des Papierblatts in der gewählten Größe mit einem automatisch generierten Ansichtsfenster. *Gestrichelt* wird der plotbare Bereich angedeutet.

8.4 Zeichnungsrahmen, Schriftfeld

8.4.1 Rahmen zeichnen

Falls für die Ausgabe nötig, muss der Zeichnungsrahmen mit dem Schriftfeld im Papierbereich des Layouts konstruiert werden. Sie brauchen hier auch mehrere Layer, weil Sie Linienstärken von 0,7 mm für den Rahmen brauchen, 0,35 für die Feldeinteilung und 0,18 für dünne Linien im Schriftfeld. Mit der DIN-gemäßen Konstruktion des Zeichnungsrahmens wollen wir uns hier nicht beschäftigen. Für die folgenden Übungen soll ein einfacher Rahmen erstellt werden. Da wegen des Papiertransports im Plotter nicht das gesamte Blatt für den Plot zur Verfügung steht, wählen Sie im Beispiel unten für ein A3-Format einen etwas kleineren Rahmen. Sie zeichnen einfach einen angedeuteten Rahmen nach Abbildung 8.13.

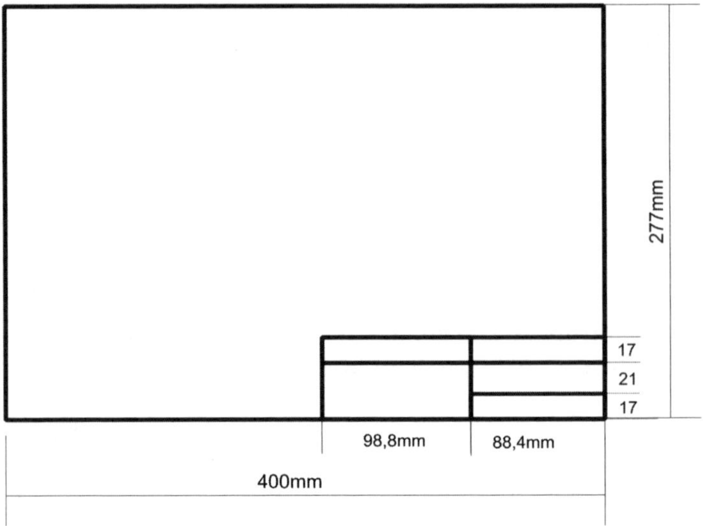

Abb. 8.13: Zeichnungsrahmen

Zuerst schalten Sie den Layer RAHMEN aktuell.

```
Befehl: _rectang
RECHTECK Ersten Eckpunkt angeben oder [...]: 0,0
RECHTECK Anderen Eckpunkt angeben oder [Abmessungen]: 400,277
Befehl: _explode
URSPRUNG Objekte wählen: Rechteck anklicken 1 gefunden
URSPRUNG Objekte wählen: [Enter]
```

Der Rahmen, eine zusammenhängende Polylinie, wird mit ihrem Ursprung in seine Bestandteile zerlegt, damit dann die einzelnen Linien für VERSETZ verwendet werden können.

```
Befehl:
VERSETZ Abstand angeben oder [...] <20.0>: 17
VERSETZ Zu versetzendes Objekt ...[...] <...>: Linie unten anklicken
VERSETZ Punkt auf Seite ...[...] <...>: Oberhalb anklicken
VERSETZ Zu versetzendes Objekt ...[...] <Beenden>: [Enter]
Befehl: [Enter]    Befehlswiederholung
VERSETZ
VERSETZ Abstand angeben oder [...] <17.0>: 21
VERSETZ Zu versetzendes Objekt ...[...] <...>: letzte Linie anklicken
VERSETZ Punkt auf Seite ...[...] <...>: Oberhalb anklicken
VERSETZ Zu versetzendes Objekt ...[...] <Beenden>: [Enter]
Befehl: [Enter]    Befehlswiederholung
VERSETZ
VERSETZ Abstand angeben oder [...] <21.0000>: 17
```

```
VERSETZ Zu versetzendes Objekt ...[...] <...>: letzte Linie anklicken
VERSETZ Punkt auf Seite ...[...] <...>: Oberhalb anklicken
VERSETZ Zu versetzendes Objekt ...[...] <Beenden>: Enter
Befehl: Enter   Befehlswiederholung
VERSETZ
VERSETZ Abstand angeben oder [...] <17.0000>: 88.4
VERSETZ Zu versetzendes Objekt ...[...] <...>: rechte Linie anklicken
VERSETZ Punkt auf Seite ...[...] <...>: links anklicken
VERSETZ Zu versetzendes Objekt ...[...] <Beenden>: Enter
Befehl: Enter   Befehlswiederholung
VERSETZ
VERSETZ Abstand angeben oder [...] <88.4000>: 98.8
VERSETZ Zu versetzendes Objekt ...[...] <...>: letzte Linie anklicken
VERSETZ Punkt auf Seite ...[...] <...>: links anklicken
Zu versetzendes Objekt ...[...] <Beenden>: Enter
Befehl: _trim
Aktuelle Einstellungen: Projektion=BKS Kante=Keine Modus=Schnell
STUTZEN Zu stutzendes Objekt wählen ...[...]: anklicken, was weggeschnitten
werden soll, sodass die Linien aus dem Bild übrig bleiben
STUTZEN Zu stutzendes Objekt wählen ...[...]: Enter
```

Da Sie den Rahmen öfter brauchen werden, empfiehlt es sich natürlich, alles als einen Block zusammenzufassen, wie in späteren Kapiteln geschildert.

8.4.2 Rahmen einfügen

Ein passender Rahmen ist auf der Homepage des Verlags (`www.mitp.de/0596`) unter den Downloads zum Buchtitel auch als Zeichnung gespeichert (`A4-Rahmen.DWG` oder `A3-Rahmen.DWG`). Den sollten Sie sich am besten in Ihr Arbeitsverzeichnis herunterladen. Beim Einfügen dieser Zeichnung in das Layout entsteht ein interner Block gleichen Namens. Vorm Einfügen dieses Blocks sollte Layer 0 aktiviert sein. Dieser Block kommt mit sogenannten Attributen, also editierbaren Textfeldern für Zeichnungsname etc., die Sie gleich beim Einfügen oder auch später mit sinnvollen Werten versehen können.

- Holen Sie sich nun den Block mit EINFÜGEN|BLOCK|EINFÜGEN ❶, ❷ Option BLÖCKE AUS BIBLIOTHEKEN ❸, um mit dem Einfüge-Werkzeug ❹ oben in der Block-Palette im Verzeichnis mit den Download-Zeichnungen auf die DWG mit dem Zeichnungsrahmen ❺, ❻ zuzugreifen.
- Wählen Sie ÖFFNEN ❼ und geben Sie dann mit der geladenen Rahmen-Zeichnung A4-Rahmen.DWG oder A3-Rahmen.DWG am Cursor in der Befehlszeile die Koordinatenposition 3,3 ❽ ein.
- Wenn der Block Attribute enthält, meldet sich ein neues Dialogfeld mit der Abfrage nach den Attributen des Blocks wie z.B. ZEICHNUNGSNAME, BENENNUNG, MAẞSTAB und GEZEICHNET VON.

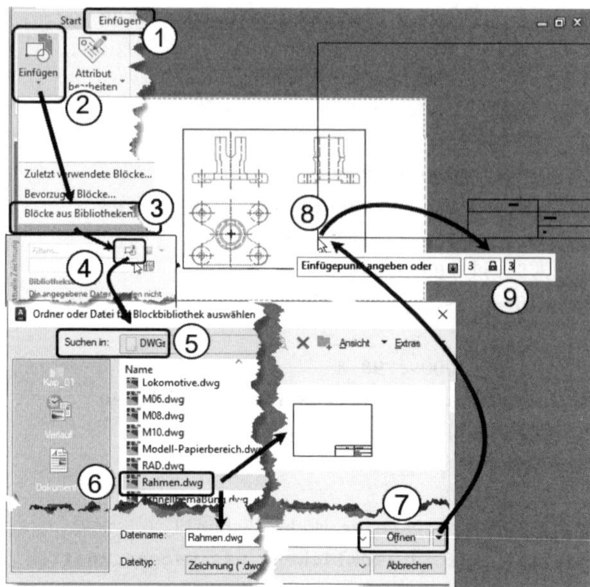

Abb. 8.14: Rahmen als Block ins Layout einfügen

- Füllen Sie die Felder aus und klicken Sie auf OK.
- Damit ist der Rahmen bei Position **3,3** eingefügt ❾.

Attribut-Eingabe fürs Schriftfeld

Wenn Sie den Attribut-Dialog oben einfach ohne Eingabe beenden, können Sie auch später noch nach einem *Doppelklick* auf den Rahmen den ERWEITERTEN ATTRIBUT-EDITOR aufrufen und die Werte neu eingeben oder korrigieren.

Vorsicht: Falsche Skalierung

Beim Einfügen von Rahmen ins Layout werden von AutoCAD leider auch die für den Modellbereich eingestellten Zeicheneinheiten wie mm, cm oder m berücksichtigt (siehe A CAD |ZEICHNUNGSPROGRAMME|EINHEITEN oder Befehl EINHEIT). Wenn Sie z.B. in Zentimetern arbeiten, kann das dazu führen, dass der Zeichnungsrahmen zehnmal kleiner wird.

Abhilfe schaffen Sie entweder durch den Befehl VARIA, indem Sie den Rahmen nachträglich skalieren, oder Sie müssen den Rahmen-Block zu einem *Beschriftungsobjekt* erklären und ihn neu einfügen.

Dazu rufen Sie EINFÜGEN|BLOCKDEFINITION|BLOCK ERSTELLEN auf und wählen Sie im Feld NAME den Blocknamen. Aktivieren Sie die Option BESCHRIFTUNG und beenden Sie mit OK. Nun fügen Sie den Rahmen erneut ein.

8.5 Ansichtsfenster

8.5.1 Nicht-plotbarer Layer für Ansichtsfenster

Als Nächstes sollen Ansichtsfenster erstellt werden. Zuvor aber noch eine kleine Vorarbeit. Richten Sie mit START|LAYER|LAYEREIGENSCHAFTEN unter Windows bzw. mit dem LAYERMANAGER in der Mac-Palette einen eigenen Layer **Ansichtsfenster** für die Begrenzungen der Ansichtsfenster ein. Diesen Layer markieren Sie unter Windows in der Spalte PLOT sofort als *nicht plotbar*, weil Sie die Ansichtsfensterrahmen im Plot üblicherweise nicht sehen wollen, sondern nur den Inhalt. Schalten Sie diesen Layer nun mit einem Doppelklick **Aktuell**.

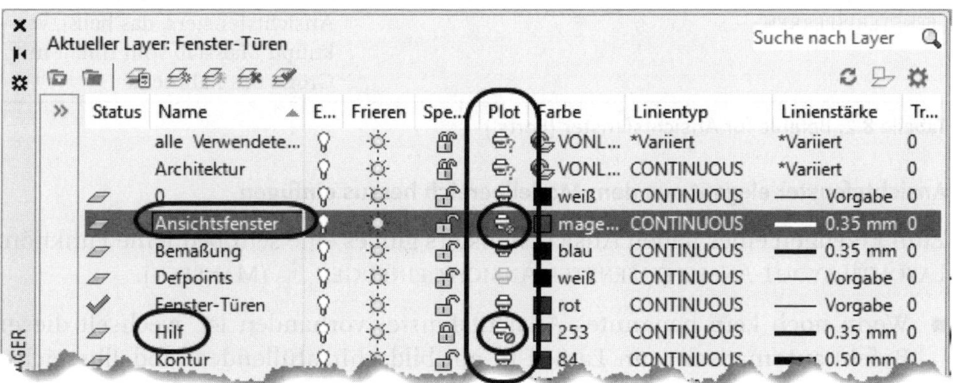

Abb. 8.15: Nicht-plotbarer Layer für die Ansichtsfenster

8.5.2 Ansichtsfenster-Verwaltung

Normalerweise ist im Layout ein großes rechteckiges Ansichtsfenster bereits vorhanden und Ihre Konstruktion aus dem Modellbereich sofort zu sehen. Dieses Ansichtsfenster können Sie nach Anklicken über Griffe sehr einfach bearbeiten (Abbildung 8.17). Sie können sie wie ganz normale Objekte VERSCHIEBEN und LÖSCHEN und sogar samt Inhalt DREHEN.

Eine Übersicht der im Folgenden beschriebenen Befehle bietet Tabelle 8.2.

ZEICHNEN UND BESCHRIFTUNG	Icon	Befehl	Funktion
LAYOUT|LAYOUT-ANSICHTSFENSTER|ANSICHT EINFÜGEN		MANSFEN|NEU	Erzeugt aus Ausschnitt im MODELLBEREICH ein Ansichtsfenster im LAYOUT
LAYOUT|LAYOUT-ANSICHTSFENSTER|RECHTECKIG		-AFENSTER	Einzelnes neues Ansichtsfenster

Tabelle 8.2: Befehle für Ansichtsfenster

ZEICHNEN UND BESCHRIFTUNG	Icon	Befehl	Funktion
LAYOUT|LAYOUT-ANSICHTSFENSTER|POLYGONAL▼		-AFENSTER, POLYGONAL	Polygonales Ansichtsfenster erstellen
LAYOUT|LAYOUT-ANSICHTSFENSTER| OBJEKT▼		-AFENSTER, OBJEKT	Ansichtsfenster aus geschlossenem Objekt erstellen
LAYOUT|LAYOUT-ANSICHTSFENSTER|↘		AFENSTER	Benannte Ansichtsfenster-Anordnungen verwalten und neue Ansichtsfenster erstellen
LAYOUT|LAYOUT-ANSICHTSFENSTER|ZUSCHNEIDEN		AFZUSCHNEIDEN	Ansichtsfenster zuschneiden
LAYOUT|LAYOUT-ANSICHTSFENSTER|SPERREN		-AFENSTER|R	Sperrt den Maßstab des Ansichtsfensters, das heißt, verknüpft Maßstab vom Inhalt mit Größe des Rahmens

Tabelle 8.2: Befehle für Ansichtsfenster (Forts.)

Ansichtsfenster elegant aus dem Modellbereich heraus einfügen

Zum Erzeugen eines neuen Ansichtsfensters gibt es eine sehr bequeme Funktion: LAYOUT|LAYOUT-ANSICHTSFENSTER|ANSICHT EINFÜGEN (MANSFEN).

- Wenn noch kein benanntes Ansichtsfenster vorhanden ist, wechselt dieser Befehl automatisch vom Layout in ein bildschirmfüllendes Modellbereichsfenster, gekennzeichnet durch einen dicken hellblauen Rand. Wenn aber vorher schon benannte Ansichten erzeugt wurden, wählen Sie die hier die Option NEUE ANSICHT.
- Nun im Modellbereich sollten Sie zuerst derart zoomen, dass Sie den gewünschten Ausschnitt fürs Ansichtsfenster gut sehen können.
- Dann klicken Sie die diagonalen Eckpositionen des gedachten Ausschnitts an. Sie können die Ecken mehrfach neu anklicken, bis es Ihren Vorstellungen entspricht (Abbildung 8.16).
- Mit `Enter` beenden Sie die Ausschnittsdefinition und gelangen dann automatisch zurück ins Layout.
- Hier hängt das Ansichtsfenster am Cursor. Es wird automatisch auch ein passender Maßstab aus der Maßstabsliste vorgegeben.
- Mit Rechtsklick können Sie noch einen anderen Maßstab aus der Maßstabsliste auswählen.
- Mit einem Klick positionieren Sie abschließend das Ansichtsfenster im Layout.
- Das Ansichtsfenster kann auch nachträglich nach Anklicken noch über Griffe bearbeitet werden (Abbildung 8.17).
- Mit dem Griff in der Mitte wird es verschoben,

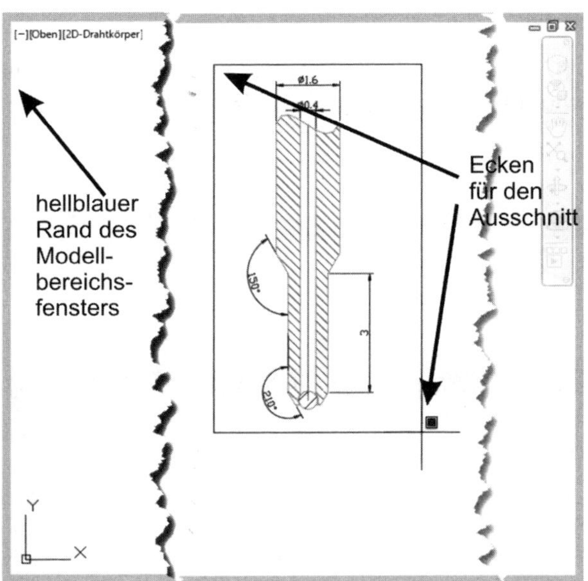

Abb. 8.16: Festlegen des Ausschnitts im Modellbereich

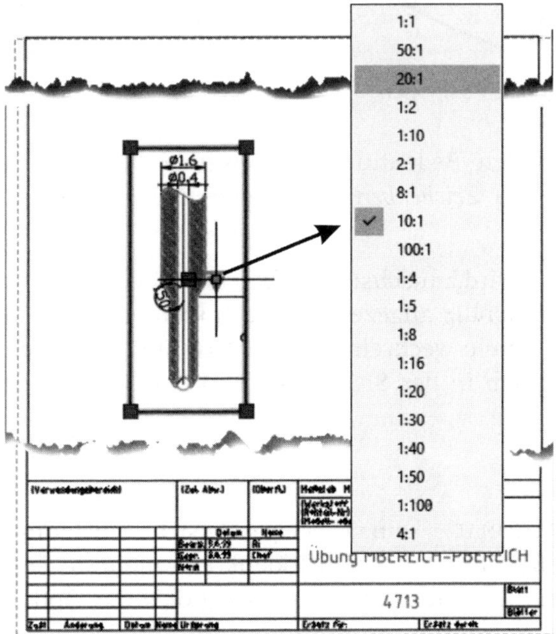

Abb. 8.17: Layout mit Ansichtsfenster und Griffen

- mit dem dreieckigen Griff kann der Maßstab verändert werden,
- mit den Griffen in den Ecken kann der Ausschnitt noch variiert werden.

Einfaches rechteckiges Ansichtsfenster

Mit dem Befehl LAYOUT|LAYOUT-ANSICHTSFENSTER|RECHTECKIG können Sie ein Ansichtsfenster direkt im Layout über zwei diagonale Bildschirmpositionen erzeugen.

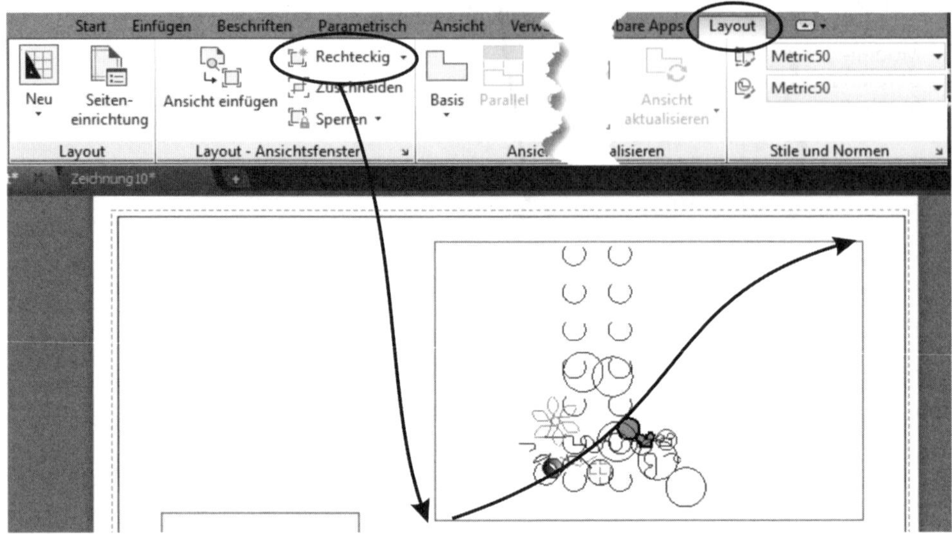

Abb. 8.18: Ansichtsfenster über zwei diagonale Positionen

Die Option ZBEREICH hat eine besondere Bedeutung. Sie verwendet automatisch den kompletten plotbaren Bereich oder *Zeichenbereich* als neues Ansichtsfenster, der gestrichelt angedeutet wird.

In den so erzeugten Ansichtsfenstern wird zunächst der Inhalt des Modellbereichs wie bei ZOOM, Option GRENZEN vollständig angezeigt. Danach können Sie dann mit *Doppelklick* ins Ansichtsfenster hinein wechseln und mit PAN und ZOOM den Ausschnitt wählen, sowie den Maßstab in der Statusleiste exakt einstellen und möglichst dann fixieren.

Polygonales Ansichtsfenster

Alternativ können Sie auch mit POLYGONAL ein vieleckiges Ansichtsfenster mit Polylinien-Umgrenzung erstellen. Sie geben mit dem Fadenkreuz mehrere Eckpunkte oder auch Kreisbögen an und beenden dann mit [Enter] oder der Option SCHLIEßEN.

Ansichtsfenster aus geschlossenen Konturen

Wenn Sie ein Ansichtsfenster mit beliebigem Umriss brauchen, können Sie auch einen geschlossenen Umriss mit KREIS, ELLIPSE oder PLINIE erstellen und dann mit OBJEKT dieses Objekt in ein Ansichtsfenster umwandeln.

Weitere Ansichtsfenster-Gestaltungen

Mit LAYOUT|LAYOUT-ANSICHTSFENSTER|↘ können Sie eine Konfiguration mit *mehreren* Ansichtsfenstern auswählen und dann mit dem Fadenkreuz den Bereich angeben, den diese Anordnung ausfüllen soll. Dies ist sowohl auf den Modellbereich als auch auf Layouts anwendbar. Im Vorschaufenster erhalten Sie eine Voransicht der Aufteilung des rechteckigen Bereichs. Wenn Sie im 3D-Modus arbeiten, können Sie hier auch schon die Ansichtsrichtungen in den einzelnen Ansichten wählen. Mit LAYOUT|LAYOUT-ANSICHTSFENSTER|ZUSCHNEIDEN können Sie ein existierendes Ansichtsfenster mit einem geschlossenen Objekt wie einem Kreis oder einer Polylinie beschneiden. Sie können auch, wenn noch kein Objekt zum Beschneiden existiert, im Befehl selbst ein Polygon dazu erzeugen.

Mit LAYOUT|LAYOUT-ANSICHTSFENSTER|SPERREN können Sie ein Ansichtsfenster wählen und die Maßstabsänderungen des Inhalts mit der Größe des Ansichtsfensters koppeln (= sperren) oder entkoppeln.

8.5.3 Benannte Ansichten und Ausschnitte ins Layout ziehen

Sie können mit dem ANSICHTSMANAGER im Register ANSICHT unter BENANNTE ANSICHTEN|NEUE ANSICHT eigene Zeichnungsausschnitte im Modellbereich definieren und unter einem Namen speichern (Abbildung 8.19).

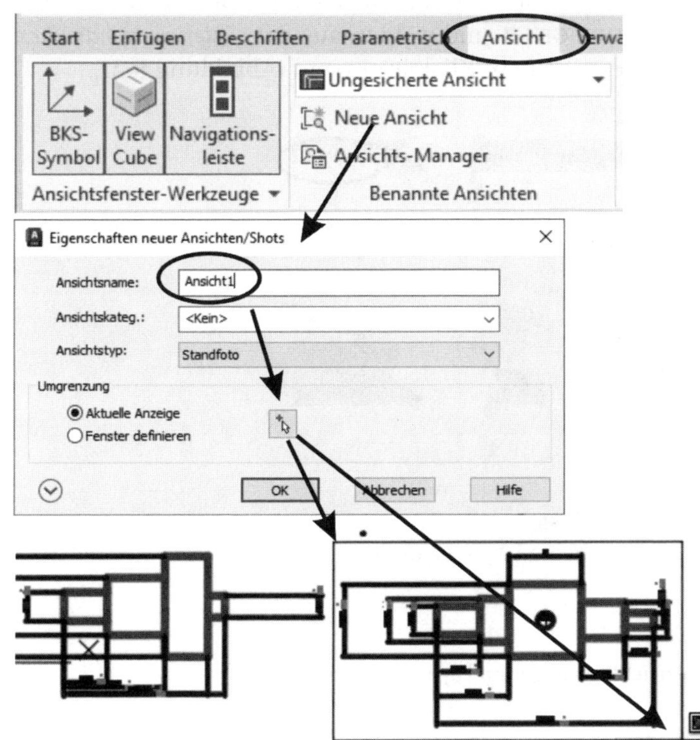

Abb. 8.19: Einen Ausschnitt im Modellbereich als benannte Ansicht definieren

Durch Anklicken einer dieser gespeicherten Ansichten im ANSICHTS-MANAGER wird dann im Modellbereich darauf gezoomt (Abbildung 8.20).

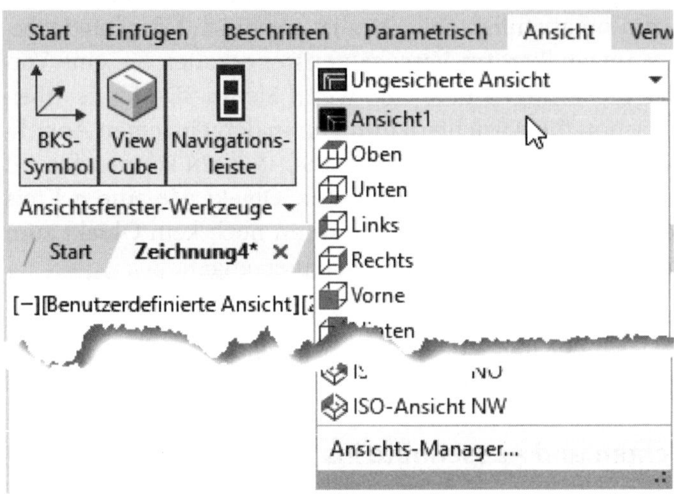

Abb. 8.20: Eigene Ansichten im Ansichtsmanager

Die Ansichten aus dem Ansichtsmanager können im Layout auch als Ansichtsfenster eingefügt werden. Dazu wählen Sie im Register LAYOUT dann LAYOUT-ANSICHTSFENSTER|ANSICHT EINFÜGEN▼ und wählen aus der *Galerievorschau* eine Ansicht aus und platzieren sie mit einem Klick im Layout (Abbildung 8.21).

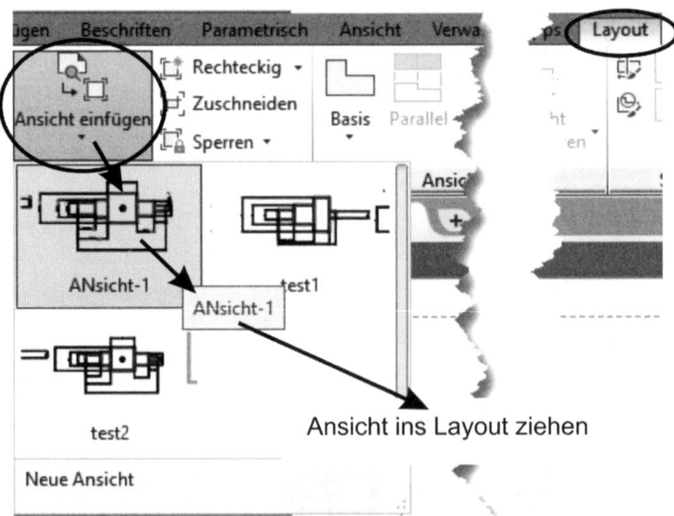

Abb. 8.21: Ansicht aus dem Ansichtsmanager im Layout platzieren

8.5.4 Ausschnitt und Ausschnittsprojektion erzeugen

Um ein Ausschnittsfenster wie in Abbildung 8.22 zu erstellen, gehen Sie folgendermaßen vor:

- Zeichnen Sie im PAPIERBEREICH einen KREIS als Umriss für das Ansichtsfenster rechts. Er sollte auf einem plotbaren Layer liegen.
- Verwandeln Sie diesen Kreis mit LAYOUT|LAYOUT-ANSICHTSFENSTER|RECHTECKIG▼OBJEKT in ein Ansichtsfenster.
- Gehen Sie mit Doppelklick in dieses Ansichtsfenster hinein, zoomen Sie auf das interessierende Detail und wählen Sie in der Statusleiste einen passenden Maßstab.
- Gehen Sie mit Doppelklick neben das Ansichtsfenster wieder zurück in den PAPIERBEREICH des Layouts.
- Zeichnen Sie nun einen neuen Kreis über das Ansichtsfenster mit gleichem Radius.
- Rufen Sie den Befehl START|ÄNDERN▼|BEREICH WECHSELN (BERWECHS) auf.
- Geben Sie als Objektwahl L`Enter` für LETZTES ein. Und beenden Sie die Objektwahl mit `Enter`. Die Objektwahl mit L ist hier zu bevorzugen, damit Sie nicht aus Versehen den Kreis wählen, der das Ansichtsfenster definiert hat, oder gar das Ansichtsfenster selbst.

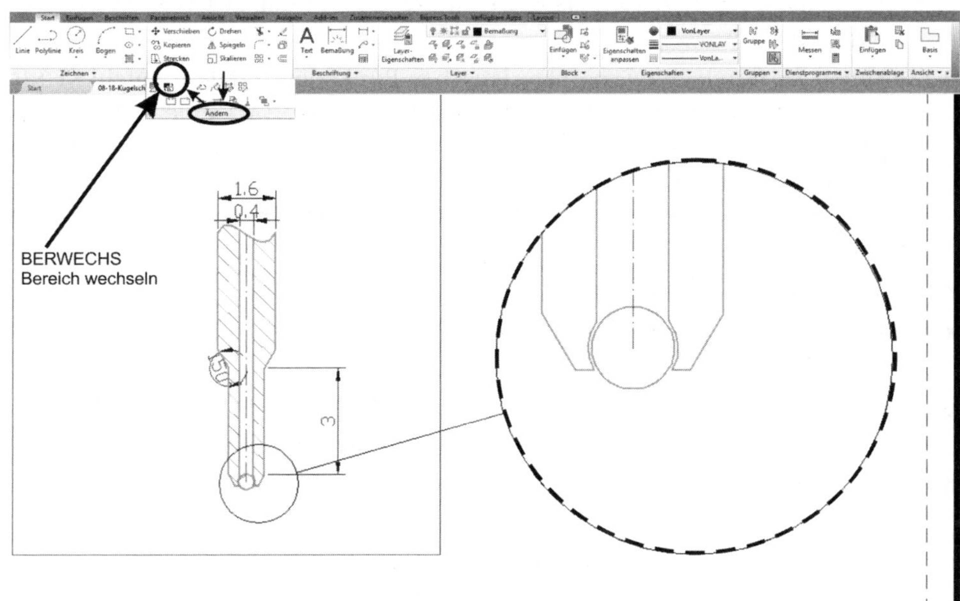

Abb. 8.22: Ausschnitts-Ansichtsfenster mit Projektion

- Auf die folgende Frage des Befehls nach dem *Ziel-Ansichtsfenster* prüfen Sie, ob das *runde Ansichtsfenster* aktiviert ist. Es muss mit dickem Rand als aktives Ansichtsfenster angezeigt werden. Wenn ein anderes aktiviert ist, dann klicken Sie in das runde hinein, um es zu aktivieren.
- Nun beenden Sie den Befehl mit [Enter].
- Im linken Ansichtsfenster erscheint sofort die Projektion des runden Ausschnitts.
- Mit dem Befehl LINIE und Objektfang LOT (zweimal) können Sie noch die Verbindungslinie zeichnen. Davor müssen Sie aber wieder mit Doppelklick außerhalb jeglichen Ansichtsfensters in den PAPIERBEREICH wechseln, damit Sie diese Linie Ansichtsfenster-übergreifend zeichnen können.

Tipp

Der Begriff *Ziel-Ansichtsfenster* ist in dem Befehlsablauf etwas irreführend. Stellen Sie sich darunter das Ansichtsfenster vor, *mit dem Sie zielen wollen*, um die Kontur des Fensters in den Modellbereich zu projizieren.

8.5.5 Ansichtsfenster ausrichten

Zum Ausrichten fluchtender Ansichtsfenster können Sie wie folgt vorgehen (Abbildung 8.23):

- Wählen Sie die Ansicht links als Basis für die Ausrichtung aus, bleiben Sie aber im Papierbereich.
- Zeichnen Sie durch einen charakteristischen Punkt dort mit dem Befehl KLINIE (START|ZEICHNEN▼|KONSTRUKTIONSLINIE|HORIZONTAL) eine waagerechte Konstruktionslinie. Sie können mit allen Objektfängen aus dem Papierbereich in den Modellbereich hindurchgreifen, also Punkte im Modellbereich fangen. Diese Konstruktionslinie sollte auf dem Layer **Hilfslinien** liegen, der nicht plotbar sein sollte.
- Rufen Sie VERSCHIEBEN auf.
- Wählen Sie das zu verschiebende Ansichtsfenster rechts und beenden Sie die Objektwahl.
- Wählen Sie mit entsprechendem Objektfang z.B. Endpunkt einen charakteristischen Punkt wie hier in diesem Fenster auf der Mittellinie als Basispunkt.
- Wählen Sie nun den Objektfang LOT und klicken Sie die Konstruktionslinie an.
- Es wird jetzt das gesamte Ansichtsfenster verschoben. Und der charakteristische Punkt liegt dann auf der Konstruktionslinie.

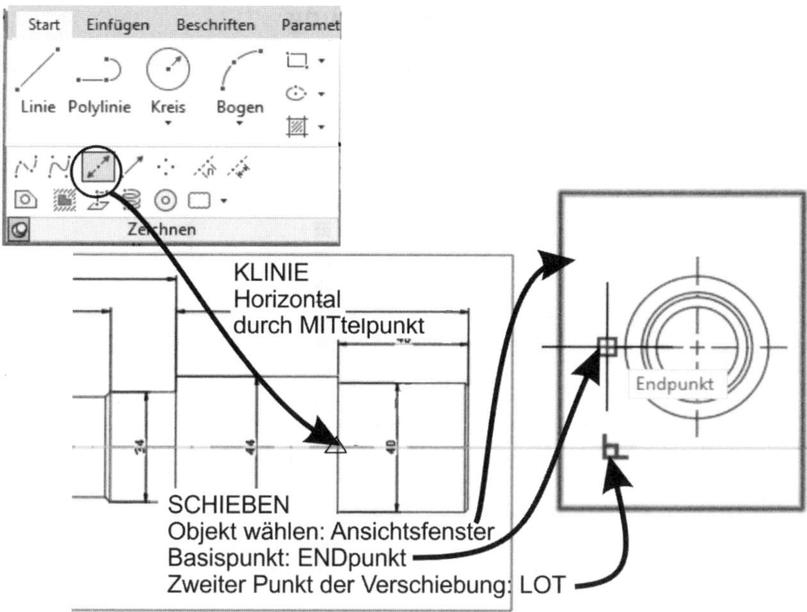

Abb. 8.23: Ansichtsfenster mit Hilfslinie fluchtend ausrichten

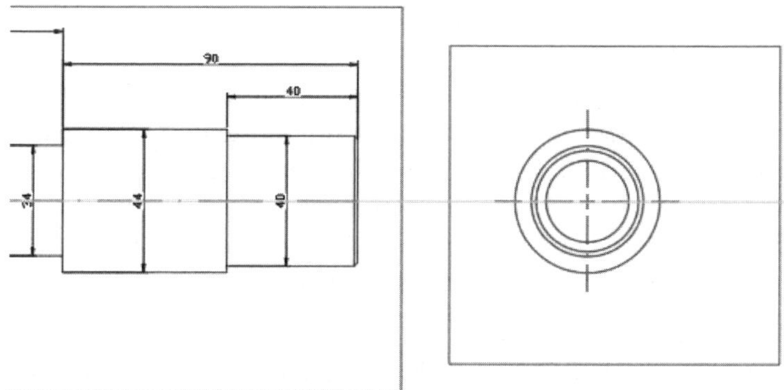

Abb. 8.24: Fertig ausgerichtete Ansichtsfenster

Tipp

Es geht übrigens auch ganz ohne die Hilfslinie. Rufen Sie VERSCHIEBEN auf, markieren Sie das zu verschiebende Ansichtsfenster, wählen Sie als Basispunkt dort einen Punkt, der im ersten Ansichtsfenster auf eine Linie fallen müsste. Mit dem Objektfang LOT geben Sie dann für den ZWEITEN PUNKT DER VERSCHIEBUNG im ersten Ansichtsfenster die Kante an. Fertig! Die Objektfänge greifen glücklicherweise aus dem Papierbereich in den Modellbereich durch.

8.5.6 Ansichtsfenster-spezifische Layersteuerung

Bei der Verwendung mehrerer Ansichtsfenster kann es vorkommen, dass bestimmte Objekte nicht in allen Ansichtsfenstern sichtbar sein sollen.

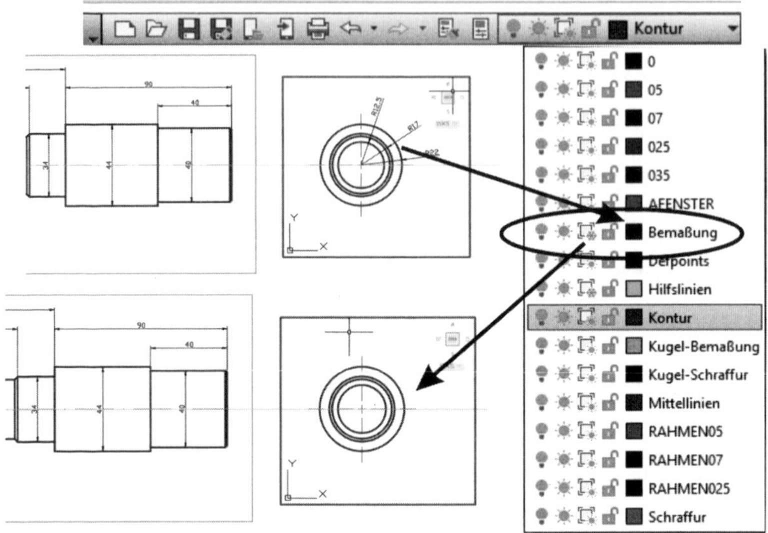

Abb. 8.25: Der Layer BEMAẞUNG wird im aktuellen Ansichtsfenster rechts gefroren.

Abbildung 8.25 zeigt, dass die Konstruktion eine Bemaßung enthält, die nur in der Draufsicht sinnvoll ist, in den anderen Ansichten aber nur störende Linien zeigt. In solchen Fällen aktivieren Sie den Modellbereich und gehen in das Ansichtsfenster, in dem die Objekte unsichtbar werden sollen. Dann rufen Sie die kleine Layersteuerung auf und klicken bei dem betreffenden Layer in der Spalte IM AKTUELLEN ANSICHTSFENSTER EINFRIEREN/AUFTAUEN an. Damit wird dieser Layer in dem aktiven Ansichtsfenster gefroren und somit unsichtbar.

Sie können auch die Layereigenschaften wie *Farbe, Linientyp* und *Linienstärke* für jedes Ansichtsfenster *individuell* einstellen. Zudem können Sie einen Layer über den Layer-Manager so erstellen, dass er zunächst in *allen Ansichtsfenstern gefroren* ist und später gezielt in einzelnen Fenstern getaut werden kann.

8.6 Maßstab einstellen

Den Maßstab für ein Ansichtsfenster stellen Sie nun ganz einfach ein. Markieren Sie das Ansichtsfenster und klicken Sie auf den speziellen dreieckigen Griff in der Mitte des Fensters. Dort erscheint die Liste der verfügbaren Maßstäbe. Genauso gut könnten Sie natürlich auch die Maßstabsverwaltung in der STATUSLEISTE benutzen.

Tipp: Maßstäbe sperren

Wenn Sie sich nun mühsam einen Maßstab für ein Ansichtsfenster eingestellt haben, dann kann es natürlich ganz leicht passieren, dass Sie dort kurz mal mit dem Mausrad etwas zoomen und diese Einstellung dadurch wieder zunichtemachen. Deshalb sollten Sie die Sperrfunktion in der STATUSLEISTE neben dem Maßstab verwenden, um solche unbeabsichtigten Maßstabsänderungen zu verhindern. Beachten Sie aber, dass damit auch eine PAN-Aktion im Ansichtsfenster nicht mehr geht, weil ZOOM und PAN gekoppelt sind.

8.7 Zeichnungsausgabe

8.7.1 Plot-Befehl

Nachdem Sie nun im Layout die Zeichnungsausgabe vorbereitet haben, können Sie den PLOT-Befehl starten. Über die Seiteneinrichtung sind bereits alle Vorgaben für das Dialogfenster des PLOT-Befehls eingestellt.

ZEICHNEN UND BESCHRIFTUNG	Icon	Befehl	Kürzel
SCHNELLZUGRIFF-WERKZEUGKASTEN oder AUSGABE|PLOTTEN		PLOT	Strg+P, PP

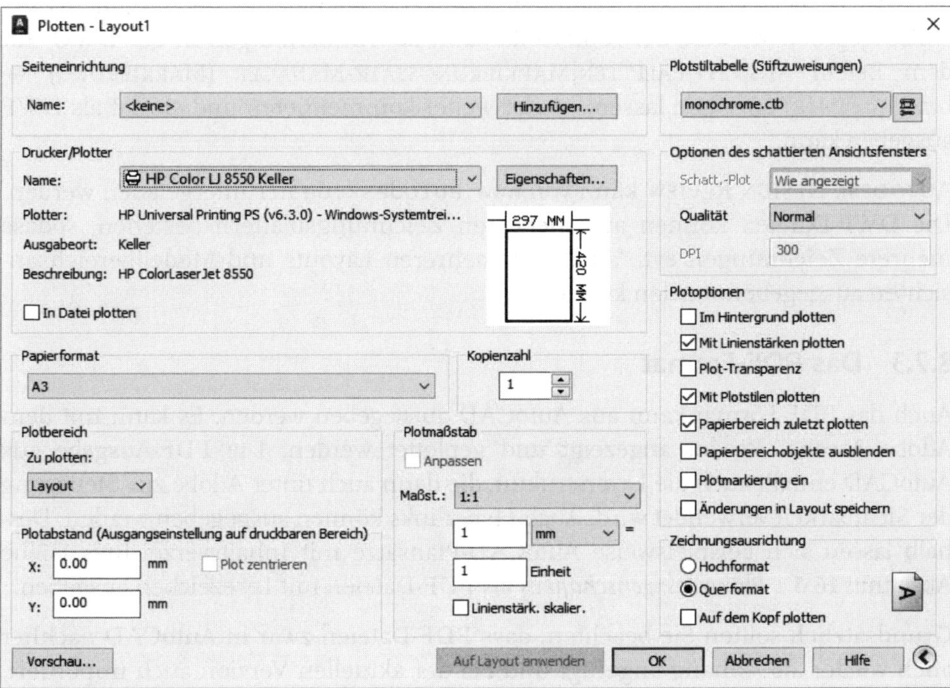

Abb. 8.26: PLOT-Befehl

Die wichtigsten Voreinstellungen sind hier:

- Wahl des Plotters – Neben normalen Plottern stehen hier auch noch Möglichkeiten zur Ausgabe in verschiedenen Dateiformaten zur Verfügung. Sie können es beispielsweise als Autodesk-DWF-Format ausgeben. Gern wird auch als PDF-Format ausgegeben, das mit dem Adobe Reader betrachtet werden kann. Weitere Formate stehen zur Verfügung, wenn Sie mit PLOT-MANAGER einen Rasterdateiexport erstellt haben.
- Wahl des Papierformats – Erst nach Auswahl des Plotters kann AutoCAD eine Liste der Formate anbieten, die dieser Plotter bedienen kann.
- Plotstiltabelle – Für normale technische Zeichnungen ist **`monochrome.ctb`** die richtige Wahl, um schwarz-weiß zu plotten. Für Ausgabe in Farbe wäre **`acad.ctb`** zu wählen. Es gibt noch weitere Plotstile, die beispielsweise mit reduzierter Intensität plotten. Das kann man zum Sparen von Plottertinte verwenden. Man erhält damit dann Pastelltöne.

8.7.2 Das DWF-Format

Anstelle der Ausgabe auf einen Plotter können Sie auch eine Dateiausgabe als DWF-Format wählen. Um das DWF-(Design-Web-)Format zu betrachten, gibt es das kostenlose Programm AUTODESK DESIGN REVIEW. Sie können damit DWF-Dateien *nicht bearbeiten*, aber *ansehen*, plotten und im Register Markup&Measure mit *Anmerkungen versehen* (siehe in Kapitel 16 den Abschnitt 16.3 *DWF-Datei*). Die DWF-Datei mit den gespeicherten Anmerkungen kann an den Besitzer der Original-DWG zurückgegeben werden, der seinerseits dann die Anmerkungen in der DWG mit dem Befehl ANSICHT|PALETTEN|MARKIERUNGSSATZ-MANAGER (MARKIERUNG) bzw. `Strg`+`8` anzeigen lassen, wieder weiter kommentieren und erneut als DWF ausgeben kann.

AUTODESK DESIGN REVIEW kann von `www.autodesk.de` heruntergeladen werden. Die DWF-Dateien können aus mehreren Zeichnungsblättern bestehen, sodass mehrere Zeichnungen evtl. auch mit mehreren Layouts und Modellbereichsansichten ausgegeben werden können.

8.7.3 Das PDF-Format

Auch das PDF-Format kann aus AutoCAD ausgegeben werden. Es kann mit dem Adobe Acrobat Reader angezeigt und geplottet werden. Die PDF-Ausgabe aus AutoCAD enthält auch die Layerstruktur, die dann auch unter Adobe zur Steuerung der Sichtbarkeit verwendet wird. Auch Hyperlinks können ausgegeben werden. Deshalb lassen sich beispielsweise AutoCAD-Plansätze mit Inhaltsverzeichnis (siehe Abschnitt 16.5.1 *Plansatzeigenschaften*) als PDF-Dateien mit Lesezeichen ausgeben.

Grundsätzlich sollten Sie beachten, dass PDF-Dateien zwar in AutoCAD nachher auch wieder als Anhang angefügt und bei der aktuellen Version auch importiert, d.h. in AutoCAD-Objekte umgewandelt werden können. Aber sie sind trotzdem keine absolut präzisen Vektorgrafiken, sondern Näherungen, die nur so genau sind, wie es zur sauberen optischen Darstellung nötig ist, bzw. wie es im Plotbefehl unter QUALITÄT bzw. DPI angegeben wurde. Nur unter dieser Bedingung können sie so stark komprimiert und damit so gut portabel sein. Wenn Sie also eine eingefügte PDF-Datei – siehe Register EINFÜGEN, Gruppe REFERENZ, Werkzeug ANHANG – später bemaßen, können Sie im Allgemeinen keine Präzision wie bei CAD erwarten.

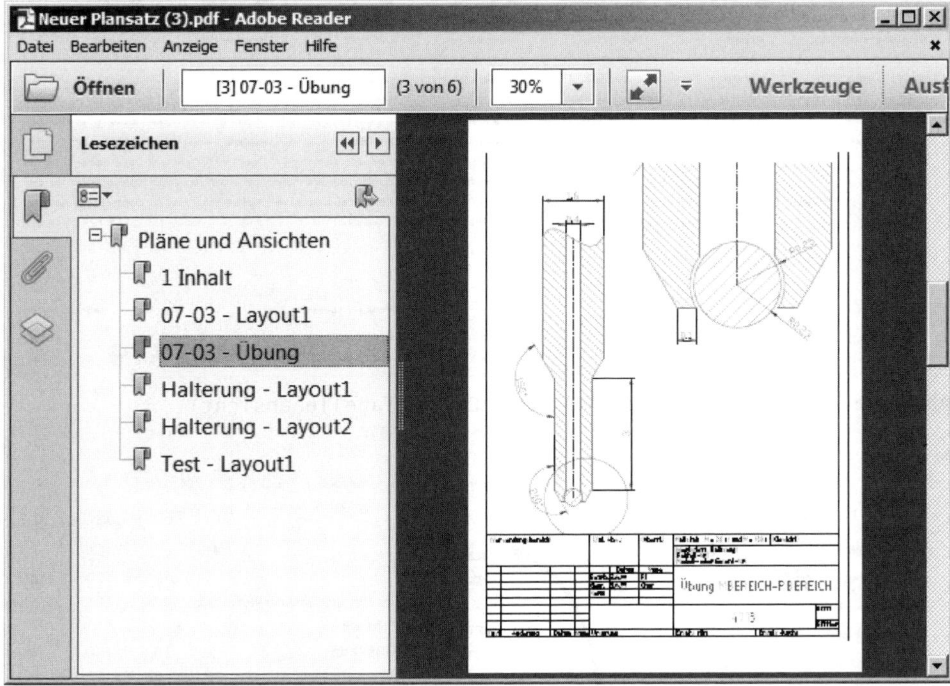

Abb. 8.27: PDF-Datei mit Lesezeichen aus einem Plansatz erzeugt

Eine Ausgabe von *PDF-Dateien mit definierbarer Genauigkeit* finden Sie unter AUSGABE|NACH DWF/PDF EXPORTIEREN|EXPORTIEREN▼PDF und hier im Buch in Kapitel 16 unter dem Abschnitt 16.2 *PDF ex- und importieren.*

8.7.4 Farbabhängige Plotstile

Bei der Wahl des Plotstils gibt es verschiedene Philosophien.

Der Normalfall ist der farbabhängige Plotstil. Da moderne Drucker-Plotter oft die Farben in Grauschattierungen umwandeln und nicht in schwarze Linien unterschiedlicher Linienstärke, verwendet man meist den Plotstil MONOCHROME.CTB. Dieser Plotstil wandelt *alle Farben* in *Schwarz* um und verwendet die vorgegebenen Linienstärken aus der Layertabelle. Dies ist oft der wichtigste Anwendungsfall für

Plotstile. Der Plotstil `acad.ctb` gibt mit den in den Layern vereinbarten *Farben* aus. Wenn Sie Tinte sparen wollen, können Sie die Plotstile verwenden, die *Screeningxx%* heißen. Sie arbeiten mit entsprechend prozentual *reduzierter Tintenausgabe*.

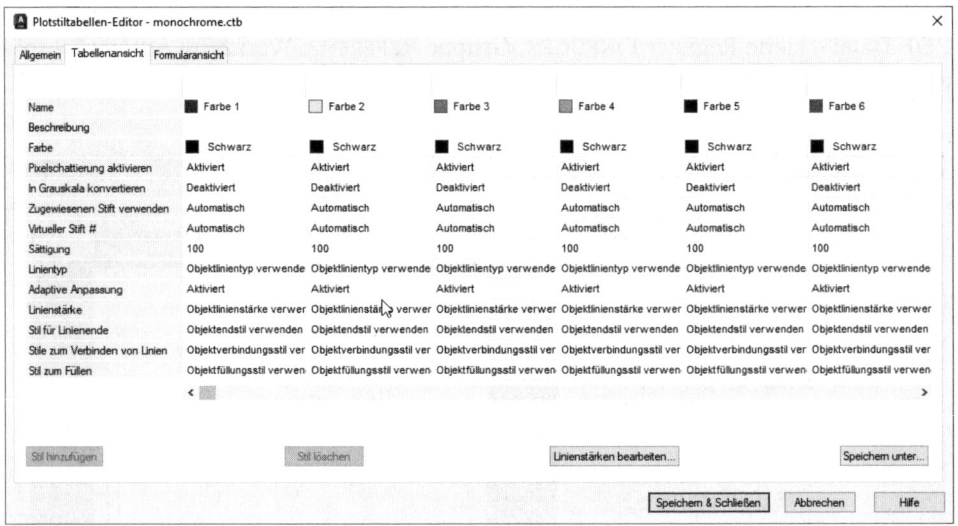

Abb. 8.28: Einstellungen im Plotstil `MONOCHROME.CTB` (`Tabellenansicht`)

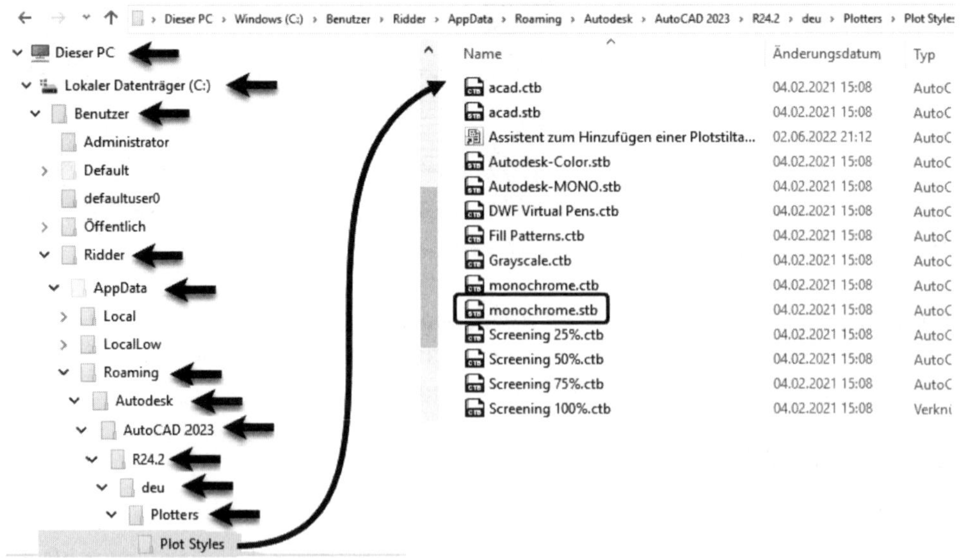

Abb. 8.29: Übersicht über die Plotstile

Vorhandene Plotstile können Sie im PLOT-Befehl selbst aufrufen, dort auch ändern und sogar unter neuem Namen speichern. Sie können aber auch den Befehl PLOTSTILMANAGER direkt aufrufen. Sie erhalten eine Dateiübersicht über die vorhandenen Plotstile und können den zu ändernden mit einem Doppelklick aufrufen (Abbildung 8.29). Die farbabhängigen Plotstile haben die Endung `.ctb`, die benannten Plotstile enden auf `.stb`.

Benannte Plotstile werden nicht über den Layer den Objekten zugeordnet, sondern den Objekten direkt. Damit ist es möglich, objektspezifische Plot-Ausgaben zu erzielen, was aber unüblich ist. Die Verwendung von benannten Plotstilen muss auch vorher im OPTIONEN-Befehl aktiviert werden.

8.7.5 Spezialfälle: Plotter einrichten

AutoCAD kann natürlich die dem Windows-System bekannten Plotter wie alle Programme benutzen. Auch zusätzliche Ausgabeformate wie PDF oder Pixel-Formate werden im Plot-Befehl standardmäßig angeboten.

ZEICHNEN UND BESCHRIFTUNG	Icon	Befehl
AUSGABE|PLOTTEN|PLOT-MANAGER		PLOTTERMANAGER

Nur für Geräte oder Formate, die nicht standardmäßig angeboten werden, müssen Sie Plotter mit dem Befehl PLOTTERMANAGER einrichten oder neu konfigurieren:

- Wenn Sie in AutoCAD einen *vorhandenen Systemdrucker* mit besonderen Einstellungen benutzen wollen, können Sie hier den Plotter spezifisch einstellen und kalibrieren.
- Wenn Sie im PLOT-Befehl die Plot-Daten in eine Datei schreiben wollen, um in einem Plot-Büro plotten zu lassen, können Sie den dortigen Plotter hier konfigurieren.
- Wenn Sie Plot-ähnliche Dateiausgaben in PostScript oder Rasterformaten erzeugen wollen, müssen Sie einen nicht real vorhandenen Plotter, praktisch einen virtuellen Plotter, konfigurieren.

Im PLOT-MANAGER wählen Sie dann den angebotenen ASSISTENTEN ZUM EINRICHTEN NEUER PLOTTER mit Doppelklick (Abbildung 8.30) und beantworten die Fragen zu *Plottername* und *Typ* etc.

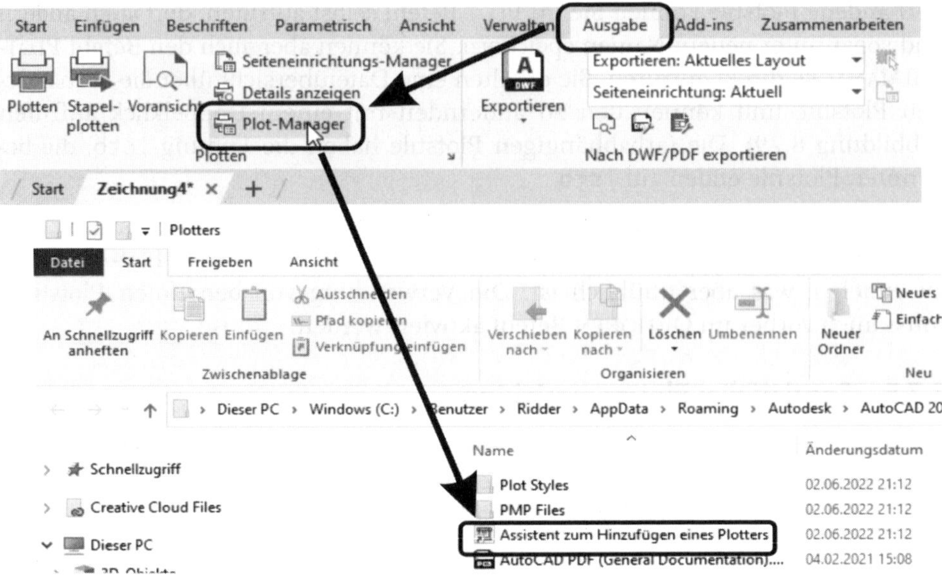

Abb. 8.30: Plotter für verschiedene Ausgaben im PLOT-MANAGER

Systemplotter konfigurieren

Hier sei kurz skizziert, wie Sie einen Systemplotter konfigurieren. Die Arbeit wird von zahlreichen Dialogfenstern gesteuert, die sich meist selbst erklären. Nach Bedienung eines jeden Fensters klicken Sie auf WEITER.

- Wählen Sie AUSGABE|PLOTTEN|PLOT-MANAGER bzw. Befehl PLOTTERMANAGER.
- Wählen Sie ASSISTENT ZUM HINZUFÜGEN EINES PLOTTERS mit Doppelklick.
- PLOTTER HINZUFÜGEN - EINFÜHRUNGSSEITE: Klicken Sie auf WEITER.
- PLOTTER HINZUFÜGEN - START: Wählen Sie SYSTEMDRUCKER.
- PLOTTER HINZUFÜGEN - SYSTEMDRUCKER: Wählen Sie den gewünschten Systemdrucker aus, falls mehrere angezeigt werden.
- PLOTTER HINZUFÜGEN - PCP ODER PC2 IMPORTIEREN: Diese Seite ist nur interessant, wenn Sie Plottereinstellungen von früheren AutoCAD-Versionen in solchen Dateien gespeichert haben.
- Bei PLOTTER HINZUFÜGEN - PLOTTERNAME: Diese Seite dient zur Eingabe eines beliebigen Namens für diesen Plotter.
- Bei PLOTTER HINZUFÜGEN - FERTIG STELLEN wird es erneut interessant, weil Sie hier unter PLOTTERKONFIGURATION BEARBEITEN die Hardware-Vorgaben des Plotters noch verändern können. Unter anderem lassen sich über die Dialogfenster benutzerspezifische Formate eingeben. Die zweite wichtige Schaltfläche dieser Seite – PLOTTER KALIBRIEREN – erlaubt eine exakte Kalibrierung des Gerätes. Mit der Schaltfläche FERTIG STELLEN können Sie dann die Konfiguration des Plotters beenden.

8.7.6 Rasterplotter konfigurieren

Die Systemplotter verwenden bedeutet, dass AutoCAD die im Windows-System für alle Programme installierten Standardplotter und auch die systemseitig installierten Plottertreiber benutzt. Die Installation weiterer Plotter ist dann interessant, wenn Plotter verwendet werden sollen, die von anderen Windows-Komponenten nicht benutzt werden, oder wenn Treiber für die Plotter verwendet werden sollen, die auf AutoCAD spezialisiert sind. Auch für die virtuellen Plotter, also die Ausgabe in PostScript- oder Rasterdateien, finden Sie hier die Einstellmöglichkeiten.

- Rufen Sie AUSGABE|PLOTTEN|PLOT-MANAGER bzw. Befehl PLOTTERMANAGER auf.
- Doppelklicken Sie auf ASSISTENT ZUM HINZUFÜGEN EINES PLOTTERS.
- PLOTTER HINZUFÜGEN - EINFÜHRUNGSSEITE: Klicken Sie auf WEITER.
- PLOTTER HINZUFÜGEN - START: Wählen Sie MEIN COMPUTER, dann WEITER.
- PLOTTER HINZUFÜGEN - PLOTTERMODELL: Wählen Sie den gewünschten Plotter aus. Sie finden Plotter der Hersteller CALCOMP, HP und XEROX sowie die Ausgabeformate ADOBE, AUTOCAD-EPLOT (PDF, DWF oder DWFx), AUTOCAD DXB-DATEI und RASTERDATEIFORMATE. Bei dem Format AUTOCAD-EPLOT (DWF) handelt es sich um ein Plot-Format für die Weitergabe über das Internet. Diese Dateien können über das Programm AUTODESK DESIGNREVIEW betrachtet, kommentiert, aber nicht modifiziert werden. Unter den Rasterformaten findet man viele gängige Formate wie BMP, TIFF oder JPEG. Über diese Formate können Zeichnungen in Grafikprogrammen weiterverwendet werden. Wählen Sie Rasterdateiformate und beispielsweise INDEPENDENT JPEG GROUP..., dann WEITER.
- PLOTTER HINZUFÜGEN - PCP ODER PC2 IMPORTIEREN: Wählen Sie WEITER.
- PLOTTER HINZUFÜGEN - ANSCHLÜSSE: Hier ist IN DATEI PLOTTEN markiert. Wählen Sie WEITER.
- PLOTTER HINZUFÜGEN - PLOTTERNAME: Geben Sie einen Namen ein.
- PLOTTER HINZUFÜGEN - FERTIG STELLEN: Auf dieser Seite wird es erneut interessant, weil Sie hier unter PLOTTERKONFIGURATION BEARBEITEN im Register GERÄT- UND DOKUMENTEINSTELLUNGEN noch die Rasterauflösung wählen können. Beenden Sie mit FERTIG STELLEN.

8.8 Übungsteil

Als Übungsteil erstellen Sie die in Abbildung 8.31 gezeigte Kugelschreibermine.

Richten Sie dazu folgende Layer ein: KONTUR, MITTELLINIEN, SCHRAFFUR, BEMAẞUNG und KUGEL-SCHRAFFUR.

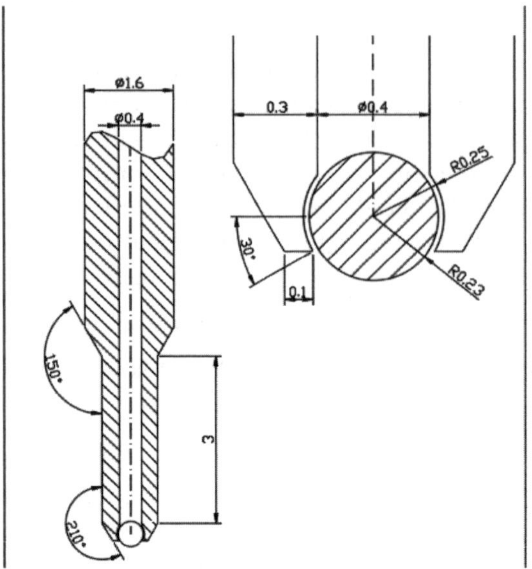

Abb. 8.31: Kugelschreibermine in zwei Ansichten (20:1 und 100:1)

In einem Ansichtsfenster soll die Gesamtansicht gezeigt werden, in einem zweiten Ansichtsfenster nur ein Ausschnitt mit der Kugel. Die Gesamtansicht soll im Maßstab 20:1 zu sehen sein, die Kugel im Maßstab 100:1. Schraffur und Bemaßung der Kugel sollen nur in der Detailansicht zu sehen sein, und umgekehrt soll die Gesamtbemaßung nur in der Gesamtansicht angezeigt werden.

8.9 Übungsfragen

1. Sind Plots ohne Papierbereich möglich?
2. Was ist eine Seiteneinrichtung?
3. Wozu legt man Layouts an?
4. Kann man Layouts löschen?
5. Wann benötigt man den Plotstil `MONOCHROME.CTB`?
6. Sie haben einen Farbplotter als Systemplotter eingestellt. Sie wollen Ihre Zeichnung mit Linienstärken aus der Layertabelle und mit den dortigen Farben ausgeben. Welchen Plotstil müssen Sie aufrufen?
7. Was bedeuten Ansichtsfenster-spezifische Layer?
8. Wohin gehört der Zeichnungsrahmen in einem Layout?
9. Wie wird der plotbare Bereich im Layout gekennzeichnet?
10. Kann man aus dem Papierbereich heraus Punkte des Modellbereichs mit dem Objektfang erreichen?

Kapitel 9

Texte, Schriftfelder, Tabellen und Schraffuren

Texte, Schriftfelder und Schraffuren haben bis auf die Tabellen eines gemeinsam: Sie können so eingestellt werden, dass sie später im Plot unabhängig vom jeweiligen Ansichtsfenstermaßstab immer mit gleicher Größe erscheinen. Oder in den AutoCAD-Begriffen ausgedrückt, sie können als *Beschriftungsobjekte* definiert werden. So wie ein Maßtext im Plot später unter 1:1 Originalgröße und im 10:1-Detailausschnitt absolut gesehen die gleiche Texthöhe haben muss, können alle Beschriftungsobjekte aus dem Modellbereich derart skaliert werden.

Tabellen können die Beschriftungseigenschaft nicht haben und sollten deshalb sinnvollerweise sowieso im Papierbereich des Layouts erstellt werden, der stets 1:1 geplottet wird.

9.1 Skalierung von Beschriftungen

Texte, Schriftfelder und Schraffuren (später auch Bemaßungen, siehe Kapitel 12, *Bemaßung*) werden normalerweise im Modellbereich erstellt. Deshalb müssen diese Objekte für die Anzeige unter verschiedenen Maßstäben später in der Plotansicht speziell skaliert werden. Für einen normalen Text, den Sie im Modellbereich schreiben, möchten Sie natürlich als Texthöhe diejenige angeben, die später im Plot auf dem Papier erscheinen soll, z.B. 3.5. Man nennt das die *Papiertexthöhe*. Aber für ein Detail, das später 10:1 im Plot dargestellt wird, wäre das viel zu groß. Deshalb wird dieser Text als *Beschriftungsobjekt* für den *Maßstab 10:1* deklariert und mit *Papiertexthöhe 3.5* geschrieben. AutoCAD berechnet sich intern dann für diesen Text eine *Höhe im Modellbereich*, die *zehnmal kleiner* ist. Im Modellbereich muss die Texthöhe mit dem Kehrwert vom Maßstab multipliziert werden, um später die korrekte Texthöhe im Ansichtsfenster des Papierbereichs zu erreichen. Und diese Umrechnung automatisiert AutoCAD mit der sogenannten BESCHRIFTUNGSSKALIERUNG.

Ein Text für ein Ansichtsfenster mit *Maßstab 1:5* müsste im Modellbereich mit der *fünffachen Texthöhe* geschrieben werden. Damit Sie beim Schreiben im Modellbereich nicht ständig rechnen müssen, gibt es die automatische BESCHRIFTUNGSSKALIERUNG. Wenn Ihr Textstil diese *automatische* BESCHRIFTUNGSSKALIERUNG nutzt, wählen Sie *vor dem Schreiben* in der Statuszeile zum Beispiel den *Maßstab*

1:5 aus 1:5 ▾ und geben dann im Textbefehl nur noch die *Texthöhe für den Papierbereich* wie etwa `3.5` an. Das Programm wird dann für Sie die nötige *Texthöhe für den Modellbereich* automatisch ausrechnen, nämlich 3.5 x 5 = 17.5 (5 ist der Kehrwert des Maßstabs 1:5). Wenn ein Text in verschiedenen Ansichtsfenstern später unter mehreren Maßstäben zu sehen sein soll, kann man dem Text *mehrere Beschriftungsmaßstäbe* zuordnen. In jedem Ansichtsfenster wird dann die jeweils passende Maßstabsskalierung verwendet. Das Zuordnen von mehreren Maßstäben zu einem Text-, Schriftfeld- oder Schraffur-Objekt kann über den EIGENSCHAFTEN-MANAGER bzw. [Strg]+[1] geschehen oder mit speziellen Werkzeugen.

Die BESCHRIFTUNGS-EIGENSCHAFT wird mit dem Zeichen angedeutet.

Sie sorgt dafür, dass Texte, Schriftfelder, Schraffuren und auch Bemaßungen je nach dem gewünschten Maßstab automatisch so skaliert werden, dass immer die korrekten *gleichen* Papiertexthöhen bzw. Schraffurabstände in *allen* Ansichtsfenstern erscheinen. Die BESCHRIFTUNGS-EIGENSCHAFT wird beim betreffenden *Textstil, Schraffurmuster* oder später auch beim *Bemaßungsstil* und *Multi-Führungslinienstil* aktiviert. Mit korrekt gewähltem Beschriftungsmaßstab erhalten Sie die korrekte Darstellung der Beschriftungs-Objekte auf dem Papier bzw. Layout. Wenn Sie nicht Millimeter als Zeicheneinheiten verwenden, ist zu beachten, dass Sie die Maßstabsliste um die benötigten Maßstäbe ergänzen, wie im vorangegangenen Kapitel erläutert.

9.2 Beispiel für Beschriftungsskalierung

Die Beschriftungsskalierung sorgt dafür, dass Ihre Texte später im Layout mit gleicher Texthöhe erscheinen, auch wenn verschiedene Maßstäbe gewählt werden. Um diese Funktionalität durchzuspielen, zeige ich ein kleines Beispiel, das dann etwas beschriftet wird und unter verschiedenen Maßstäben gezeigt werden soll. Eine einfache Skizze zeigt Abbildung 9.1.

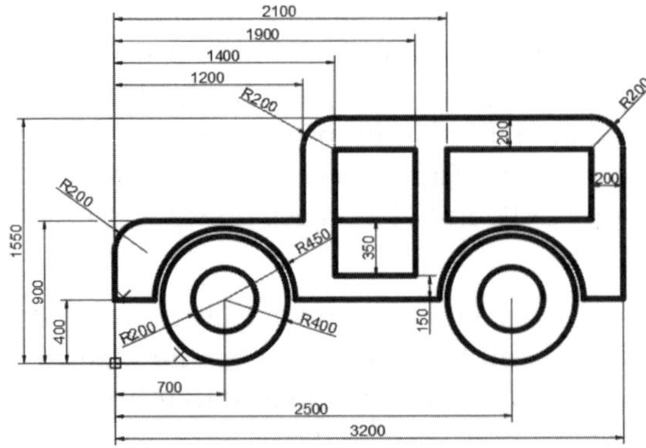

Abb. 9.1: Übungszeichnung für Beschriftungsmaßstäbe

Tipp: Symbol für die Beschriftungseigenschaft

Oft wird das Symbol für die *Beschriftungseigenschaft* mit einer Schneeflocke verwechselt. Es ist dagegen vom Querschnitt eines Zeichenlineals abgeleitet, wie Abbildung 9.2 andeuten soll.

Abb. 9.2: Dieses Zeichenlineal ist die Vorlage des Beschriftungs-Logos.

Diese Zeichnung wollen wir später im Layout im Maßstab 1:10 darstellen. Stellen Sie deshalb den Maßstab 1:10 ein.

Die Bemaßung lassen wir zunächst weg, weil sie erst später im Buch vorgestellt wird. Wir wollen aber einen kleinen Text dazu schreiben: **`Mein neues Auto`**. Bevor Sie nun schreiben, sollten Sie den vorhandenen Textstil BESCHRIFTUNG oder einen anderen wählen, der die Beschriftungseigenschaft besitzt.

Dass ein Stil die *Beschriftungseigenschaft* hat, erkennen Sie an dem Symbol . An diesem Symbol erkennen Sie immer die Beschriftungsobjekte, die also ihre Größe im Modellbereich stets so anpassen können, dass sie im Layout später durchs Ansichtsfenster gesehen immer die gleiche Größe haben, auch bei verschiedenen Maßstäben.

Abb. 9.3: Beschriftungsmaßstab vor dem Schreiben wählen

Nun schreiben Sie den Text mit dem DTEXT-Befehl, klicken auf den Textstartpunkt, wählen für PAPIERHÖHE **10** und für DREHWINKEL **0**. Schreiben Sie Ihren Text und beenden Sie den Befehl mit zweimal [Enter].

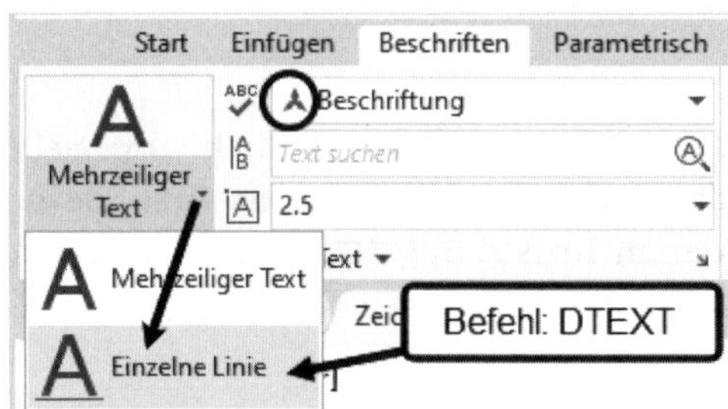

Abb. 9.4: Befehlsaufruf DTEXT

Weil der Textstil die Beschriftungseigenschaft besitzt, werden Sie im Befehlsablauf nach der PAPIERHÖHE gefragt, also nach der Höhe, die der Text nachher im Layout bzw. geplottet auf dem Papier besitzt.

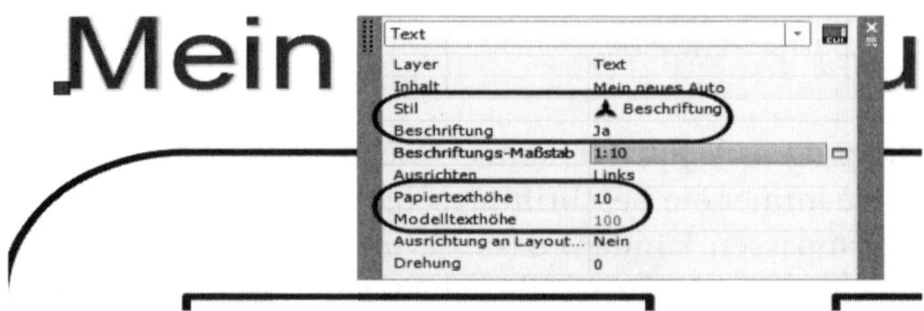

Abb. 9.5: Texthöhen in den Schnelleigenschaften

Klicken Sie den fertigen Text kurz an, und wählen Sie im Kontextmenü (Rechtsklick) ganz unten die SCHNELLEIGENSCHAFTEN. Sie sehen, dass hier beide Texthöhen zu finden sind: einerseits die PAPIERTEXTHÖHE **10**, die Sie für den maßgeblichen Plot vorgegeben haben, und andererseits die MODELLTEXTHÖHE **100**, die zehnmal größer ist, weil wegen des Maßstabs 1:10 der Text im Modellbereich zehnmal höher geschrieben werden muss.

Nun gehen Sie in das Layout über das Registerfähnchen LAYOUT1, doppelklicken Sie in das Ansichtsfenster hinein, zoomen Sie auf die Grenzen mit Doppelklick aufs Mausrad und stellen Sie dann den Ansichtsfenster-Maßstab in der Statusleiste ebenfalls auf 1:10 ein.

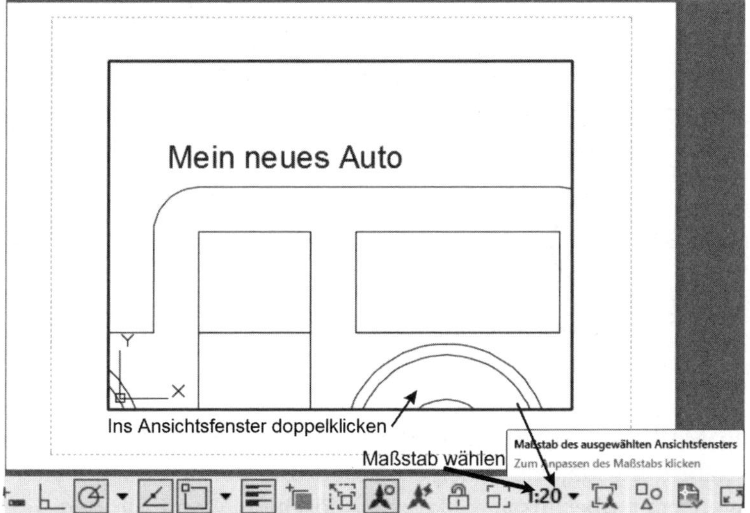

Abb. 9.6: Ansichtsfenster mit Maßstab 1:10

Was passiert nun, wenn Sie den Maßstab auf 1:20 wechseln? Das Auto wird halb so groß dargestellt, aber der Text verschwindet! Weil der Text mit dem Maßstab 1:10 erzeugt wurde, besitzt er nur diese eine Maßstabseinstellung und wird normalerweise im Layout nicht unter anderen Maßstäben angezeigt. Was tun?

Damit Sie den Text überhaupt sehen können, gibt es in der Statusleiste das Werkzeug BESCHRIFTUNGSOBJEKTE ANZEIGEN - IMMER (Systemvariable ANNOALLVISIBLE). Dieses Werkzeug steuert die Anzeige von Beschriftungsobjekten. Ist es blau (eingeschaltet), werden auch *solche* Beschriftungsobjekte angezeigt, die *nicht* zum aktuellen Ansichtsfenster-Maßstab passen. Wenn es grau bzw. ausgeschaltet ist, sind nur die Beschriftungsobjekte zu sehen, deren Maßstab mit dem Ansichtsfenster-Maßstab übereinstimmt. Schalten Sie nun also mit einem Klick ein. Sie werden Ihren Text zwar sehen, aber nicht mit der gewünschten Texthöhe von 10 mm im Papierbereich. Er ist nur noch halb so hoch.

Nun gibt es verschiedene Möglichkeiten, dem Text wieder die richtige Papierbereichshöhe zu geben. Die Werkzeuge dafür finden Sie unter BESCHRIFTEN|BESCHRIFTUNGS-SKALIERUNG. Mit AKTUELLEN MAẞSTAB HINZUFÜGEN klicken Sie den Text an und sehen ihn nach [Enter] wieder mit der richtigen Höhe. Das Objekt hat den Maßstab 1:20 dazubekommen und ist nun korrekt skaliert. Wenn Sie nun zwischen 1:10 und 1:20 wechseln, bleibt der Text immer mit seiner festen Höhe stehen.

Abb. 9.7: Beschriftungsobjekt mit zwei Maßstäben

Mit dem Werkzeug MAẞSTÄBE HINZUFÜGEN/LÖSCHEN können Sie sich alle Maßstäbe eines Beschriftungsobjekts anzeigen lassen und können auch weitere Maßstäbe hinzufügen oder überflüssige Maßstäbe löschen. Wenn Sie den Text markieren, werden auch beide Schriften angezeigt. Der Text ist nämlich mit der Modellhöhe 100 für den Maßstab 1:10 vorhanden (ergibt unter 1:10 die Papierhöhe 10) und mit der Modellhöhe 200 für den Maßstab 1:20 (ergibt unter 1:20 ebenfalls die Papierhöhe 10).

Das Werkzeug (kann unter ▼ aufgeklappt werden) kann benutzt werden, um den aktuellen Maßstab von einem Beschriftungsobjekt zu entfernen. Tun Sie das einmal beim Auto. Nun erscheint wieder der kleinere Text, der eigentlich nicht zu dieser Ansicht passt. Gehen Sie mit dem Maßstab wieder auf 1:10 zurück.

Nun werden Sie die *eleganteste Methode* kennenlernen, Beschriftungsobjekte dem Ansichtsfenster-Maßstab anzupassen. Schalten Sie jetzt das Werkzeug (Tool-Tipp: *Maßstäbe zu Beschriftungsobjekten hinzufügen, wenn sich der Beschriftungsmaßstab ändert*) zum automatischen Skalieren ein. Dann wechseln Sie den Ansichtsfenster-Maßstab wieder auf 1:20, und Sie werden sehen, dass die Schrift diesmal *automatisch den neuen Maßstab* zugeordnet bekommt (Abbildung 9.8). Das ist die eleganteste Methode zur Skalierung von Beschriftungsobjekten, insbesondere wenn es sich um viele Objekte handelt.

Machen Sie sich die Beschreibung dieses Werkzeugs noch einmal klar. Bei einem Maßstabswechsel erhalten die aktuell sichtbaren Beschriftungsobjekte automatisch den aktuellen Maßstab dazu:

- Sie brauchen also nur den Maßstab zu wählen, unter dem Sie den Text geschrieben haben.
- Dann schalten Sie das Werkzeug zum automatischen Skalieren ein und nun
- wechseln Sie zum gewünschten Maßstab.

Schon haben die Objekte den neuen Maßstab bekommen und zeigen sich in der korrekten Größe. Bedenken Sie auch, dass bei jedem weiteren Maßstabswechsel die Objekte wieder einen neuen Maßstab dazubekommen und umskaliert werden. Sie sollten also das Werkzeug mit dem Blitz nicht unnötig aktivieren, um nicht unnütz viele Objekt-Kopien zu erstellen.

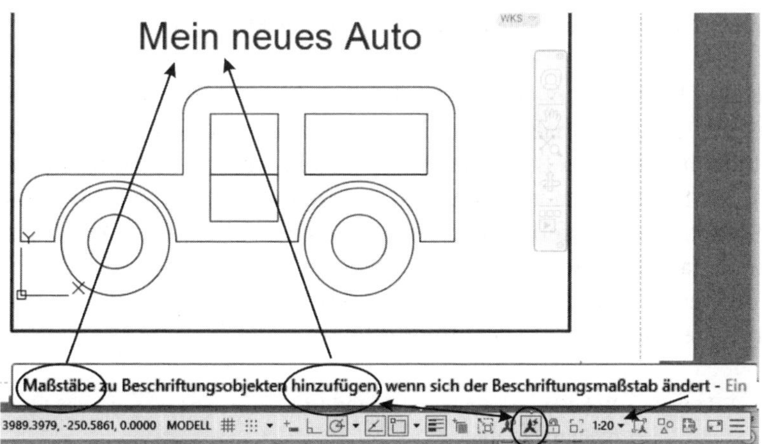

Abb. 9.8: Automatische Beschriftungsskalierung bei Maßstabswechsel

Sie können die Beschriftungsobjekte auch unter verschiedenen Maßstäben auf verschiedene Positionen schieben. Wenn Sie ein Beschriftungsobjekt zum Bearbeiten markieren, wird das Objekt mit allen seinen unterschiedlichen Größen für alle Maßstäbe, die es hat, angezeigt. Die Exemplare, die nicht zum aktuellen Maßstab gehören, werden in abgeschwächter Farbe (Fading) dargestellt. Bearbeitet und verschoben werden kann aber nur die Variante für den aktuellen Maßstab. Das Verschieben von Beschriftungsobjekten ist oft auch nötig, damit die Schriften und ähnliche Objekte sich optimal in die Zeichnung einfügen (siehe Abbildung 9.9). Mit dem Werkzeug BESCHRIFTEN|BESCHRIFTUNGS-SKALIERUNG|MASSSTAB-

POSITIONEN SYNCHRONISIEREN können Sie diese Positionen wieder auf einen gemeinsamen Ursprung zurücksetzen.

Tipp: Sichtbarkeit von Beschriftungsobjekten bei Bearbeitung

Wenn Sie bei markierten Beschriftungsobjekten nur die zum aktuellen Maßstab passende Größe sehen wollen und nicht die für die übrigen Maßstäbe, dann müssen Sie die Systemvariable SELECTIONANNODISPLAY auf den Wert **0** setzen. Normal werden sie immer für alle Maßstäbe angezeigt.

Abb. 9.9: Text mit unterschiedlichen Positionen unter verschiedenen Maßstäben

Alle Objekte, die der Beschriftung einer Zeichnung dienen, können in dieser Weise skaliert werden: Texte, Bemaßungen und auch Sonderzeichen, die in Form von Blöcken (mit aktiviertem Typ BESCHRIFTUNG) erstellt werden (dazu mehr im nächsten Kapitel). Bei Schraffuren ist es auch manchmal wichtig, dass sie bei Anzeige in verschiedenen Ansichtsfenstern unter ungleichen Maßstäben stets den gleichen Schraffurabstand besitzen. Sie sollten diese deshalb in komplexen Zeichnungen immer im betreffenden Ansichtsfenster erstellen und in weiteren Ansichtsfenstern dann die nötigen Maßstäbe hinzufügen.

ZEICHNEN UND BESCHRIFTUNG	Icon	Befehl/ Systemvariable	Funktion
Statusleiste		ANNOALLVISIBLE 1	Alle Beschriftungsobjekte unabhängig vom Maßstab sichtbar
Statusleiste		ANNOALLVISIBLE 0	Nur Beschriftungsobjekte mit dem zum Ansichtsfenster passenden Maßstab sichtbar
Statusleiste		ANNOAUTOSCALE 4	Bei Maßstabswechsel erhalten die Beschriftungsobjekte den neuen Maßstab hinzu.
Statusleiste		ANNOAUTOSCALE -4	Bei Maßstabswechsel erfolgt keine Änderung an Beschriftungsobjekten.

Tabelle 9.1: Funktionen zur Bearbeitung von Beschriftungs-Objekten

Zeichnen und Beschriftung	Icon	Befehl/ Systemvariable	Funktion
Beschriften|Beschriftungs-Skalierung|Akt. Maßstab hinzu-fügen		Objektmass	Fügt den Objekten den aktuellen Maßstab hinzu
Beschriften|Beschriftungs-Skalierung|▼Akt. Maßstab löschen		Objektmass	Entfernt von den Objekten den aktuellen Maßstab
Beschriften|Beschriftungs-Skalierung|Maßstäbe hin-zufügen/löschen		Objektmass	Zeigt Liste der Maßstäbe eines Objekts an und erlaubt Hinzufügen und Löschen
Beschriften|Beschriftungs-Skalierung|Maßstab-Positionen synchroni-sieren		Beschrzurück	Setzt Objektpositionen für verschiedene Maßstäbe wieder auf einheitliche Position zurück
Beschriften|Beschriftungs-Skalierung|Maßstabsliste		Mstabslistebearb	Bearbeiten der gesamten Maßstabsliste

Tabelle 9.1: Funktionen zur Bearbeitung von Beschriftungs-Objekten (Forts.)

9.3 Die Textbefehle

Zum Schreiben von Texten gibt es zwei Befehle, DTEXT und MTEXT. Der Befehl DTEXT oder auch TEXT schreibt einen Text in dynamischer Darstellung direkt auf den Bildschirm, während MTEXT den Text erst in einem Editorfenster gestaltet und dann erst in die Zeichnung setzt. Bei beiden Befehlen kann man vordefinierte *Textstile* mit speziellen Einstellungen für Zeichensatz, Schriftart und -form verwenden. Wir wollen uns deshalb zuerst mit dem Erstellen von Textstilen mit dem Befehl STIL befassen.

ZEICHNEN UND BESCHRIFTUNG	Icon	Befehl	Kürzel
BESCHRIFTEN|TEXT ↘ oder START|BESCHRIFTUNG ▼ TEXTSTIL		STIL	STI
START|BESCHRIFTUNG|TEXT ▼ ABSATZTEXT oder BESCHRIFTEN|TEXT|MEHRZEILIGER TEXT		MTEXT	T, MT
START|BESCHRIFTUNG|TEXT ▼ EINZELNE LINIE oder BESCHRIFTEN|TEXT| ▼ EINZELNE LINIE		TEXT, DTEXT	DT
DOPPELKLICK AUF EINEN TEXT		TEXTEDIT	ED
BESCHRIFTEN|TEXT|TEXT SUCHEN		SUCHEN	
BESCHRIFTEN|TEXT|RECHTSCHREIBUNG PRÜFEN		RECHTSCHREIBUNG	RS
BESCHRIFTEN|TEXT|POSITION		ZENTRTEXTAUSR	
BESCHRIFTEN|TEXT|TEXTAUSRICHTUNG		TEXTAUSRICHTEN	
BESCHRIFTEN|TEXT ▼ SKALIEREN		SKALTEXT	
START|ÄNDERN ▼ BEREICH WECHSELN		BERWECHS	
-	-	QTEXT	

Tabelle 9.2: Übersicht über Textbefehle

Bei der Beschriftung von Zeichnungen ist zu beachten, dass aufgrund der Struktur der Buchstaben, die aus vielen einzelnen Linien und Bögen bestehen, bald mehr Geometrie in den Texten steckt als in der eigentlichen Konstruktion. Um die Zeichnung schneller und überschaubarer zu machen, kann die Anzeige von Texten abgeschaltet werden, sodass als Ersatz nur noch Textumrandungen zu sehen sind. Diesen Schnelltextmodus aktivieren Sie mit QTEXT oder unter |OPTIONEN|ANZEIGE|NUR TEXTBEGRENZUNGSRAHMEN ANZEIGEN. Anstelle aller Texte werden dann nur noch Rahmen angezeigt. QTEXT ausschalten bedeutet, den Text wieder sichtbar zu machen. Sichtbar wird die Umstellung immer erst nach dem Befehl REGEN bzw. RG. Im Layout müssten Sie den Befehl REGENALL bzw. RGA benutzen.

Wichtig: Objektfang BASISPUNKT oder EINFÜGUNG

Bei Texten greift der Objektfang BASISPUNKT (auch als EINFÜGUNG bezeichnet) an der von Ihnen festgelegten Text-Basisposition. Standardmäßig liegt diese Position bei DTEXT bzw. TEXT an der linken unteren Ecke der Textzeile, bei MTEXT an der linken oberen Ecke der Textbox.

Tipp: Objektfang PUNKT

Bei MTEXT können Sie *alle übrigen* Ecken der Textbox über den Objektfang PUNKT erreichen. Auch wenn Sie mit dem Werkzeug den Basispunkt auf eine andere Position verlegt haben, können Sie den ursprünglichen Basispunkt mit PUNKT fangen.

9.4 Textstile

Mit dem Befehl STIL können Sie benötigte Textstile definieren. In der Multifunktionsleiste finden Sie den Befehl bei START|BESCHRIFTUNG▼TEXTSTIL oder bei BESCHRIFTEN|TEXT↘. Im Dialogfenster kann ein neuer Textstil definiert werden oder ein existierender zum aktiven Textstil erklärt werden. Der jeweils aktuelle Textstil wird in START|BESCHRIFTUNG▼ oder in BESCHRIFTEN|TEXT rechts oben angezeigt. Sie finden auch dort beim Aufblättern eine Galerieanzeige der Textstile sowie das Stilwerkzeug unter TEXTSTILE VERWALTEN.

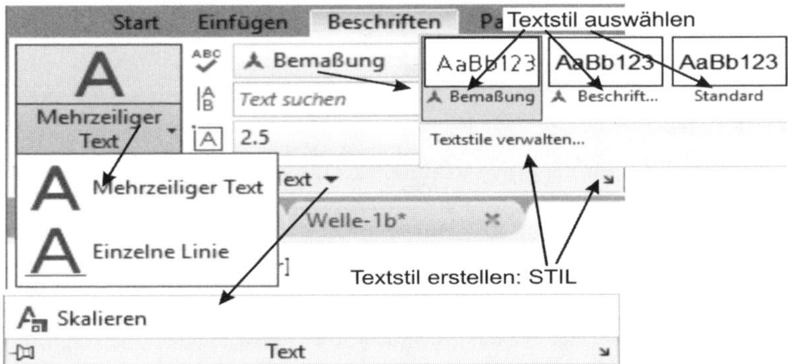

Abb. 9.10: Gruppe BESCHRIFTEN|TEXT mit aktuellem Textstil

Ein Textstil setzt sich aus zwei Komponenten zusammen, und zwar

- aus der *Zeichensatzdatei*, die unter SCHRIFTNAME definiert, wie die einzelnen Buchstaben aussehen
- aus *benutzerspezifischen Angaben* für die Darstellung der Schriftzeichen, wie
  - *Texthöhe, Textbreite, Neigungswinkel* der Buchstaben
  - Angaben, ob man die Schrift *rückwärts* oder *senkrecht* laufen lassen will oder *kopfstehend* benötigt

Sie können also mit *einer* Zeichensatzdatei durch die benutzerspezifischen Angaben mehrere Textstile generieren.

Einen neuen Textstil definieren Sie wie folgt:

1. Rufen Sie das Werkzeug START|BESCHRIFTUNG▼|TEXTSTIL oder den Befehl STIL auf. Als vorgegebener Textstil ist STANDARD voreingestellt. Besser wäre es, mit dem Stil BESCHRIFTUNG zu beginnen, weil der die BESCHRIFTUNGS-EIGENSCHAFT zur korrekten Skalierung für jeden Maßstab im Ansichtsfenster im Layout besitzt. Markieren Sie also zuerst links oben den Stil BESCHRIFTUNG und klicken Sie dann auf die Schaltfläche NEU. Wenn Sie nicht alle vorhandenen Stile in der Liste sehen, prüfen Sie, ob im Listenfeld darunter auch ALLE STILE aktiviert ist und nicht VERWENDETE STILE. Überschreiben Sie den vorgeschlagenen Namen `Stil1` mit einem sinnvollen Namen.

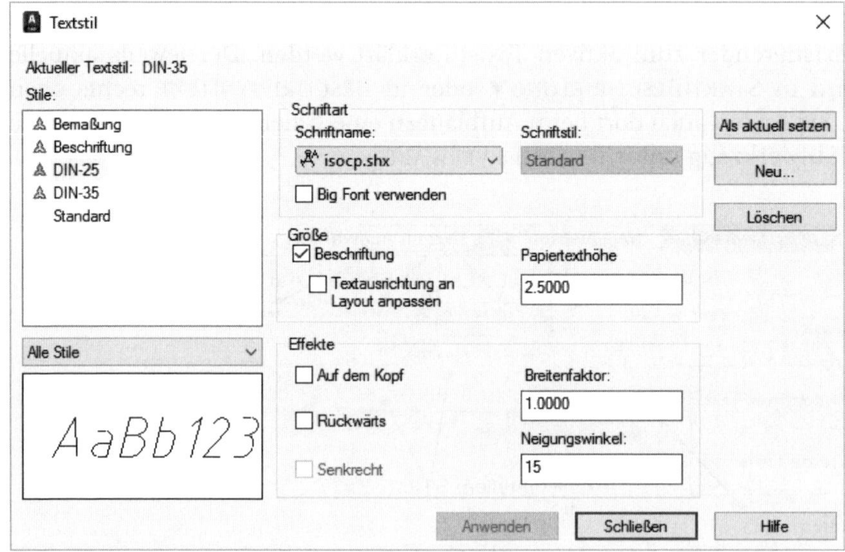

Abb. 9.11: Dialogfenster STIL

2. Als Nächstes wählen Sie einen Zeichensatz aus der Auswahlliste SCHRIFTNAME. Hier ist die Auswahl groß. Die künstlerischen Schriften enthalten meist weniger Sonderzeichen, auf die Sie bei der Erstellung technischer Zeichnungen jedoch immer wieder angewiesen sind. Die Schrift `ISOCP.SHX` hat sich bewährt, weil sie einen guten Stil ergibt und auch Sonderzeichen wie Durchmesser und die hochgestellten Ziffern 2 und 3 für m^2 und m^3 enthält. Die Schrift `ISOCPEUR.TTF` enthält auch viele Sonderzeichen für technische Zeichnungen. Beliebt ist auch die Schrift `Arial`. Andere klare Schriften sind: `iso....shx`, `italic.shx`, `SansSerif`, `simplex.shx`, `Swiss721 BT`, `Technic...`, `Verdana`.
3. Bei einigen Schriften können Sie unter SCHRIFTSTIL noch verschiedene Unterarten wählen wie STANDARD, FETT (BOLD) und KURSIV (OBLIQUE).

4. Probieren Sie immer aus, ob alle Zeichen, die Sie brauchen, auch von der Schrift realisiert werden, bevor Sie sich auf eine besonders raffinierte Schrift festlegen. Die Schriften mit der Dateiendung `.shx` sind AutoCAD-Schriften. Sie besitzen keine eigene Linienstärke und erhalten somit die Linienstärke des Textlayers. Dies wäre für exakte DIN-gerechte Beschriftung zu empfehlen. Die übrigen Schriften sind sogenannte True-Type-Fonts (Dateiendung `.ttf`) mit eigenen Linienstärken in den Zeichen, die nicht unbedingt DIN-gerecht sind. Allerdings haben diese Schriften das schönere Schriftbild. Die AutoCAD-Schriften sind aus einzelnen Linien und Bögen aufgebaut wie eine Konstruktion. True-Type-Schriften erscheinen dagegen wie gedruckt mit entsprechend gestalteten Schriftzeichen. Eine Zeichnung mit verschiedenen eingerichteten Textstilen finden Sie unter `C:\Program Files\Autodesk\AutoCAD 2023\Sample\de-De\DesignCenter\AutoCAD Textstyles and Linetypes.dwg`. Für einen Überblick vergrößern Sie dort die Galerie des Textstil-Befehls.
5. Unter der Rubrik GRÖẞE sollten Sie unbedingt BESCHRIFTUNG aktivieren, damit sich die Texthöhen später an den jeweils gewählten Beschriftungsmaßstab automatisch anpassen. Die Zusatzoption TEXTAUSRICHTUNG AN LAYOUT ANPASSEN bewirkt, dass die Texte im Layout waagerecht verlaufen.
6. Als Nächstes können Sie die PAPIERTEXTHÖHE festlegen. Sie müssen hier keine feste Höhe einsetzen. Solange im Textstil als PAPIERTEXTHÖHE der Wert **0** steht, legen Sie sich nicht auf eine einheitliche Höhe fest und können jedes Mal beim Schreiben mit den Befehlen DTEXT oder MTEXT die Höhe einzeln regeln.
7. Der BREITENFAKTOR regelt das Verhältnis von Zeichenbreite zu Höhe. Der vorgegebene Faktor 1 bedeutet normale Zeichenbreite. Ein Wert von 0.8 wäre eine schmale Schrift, 1.2 eine breite Schrift.
8. Der NEIGUNGSWINKEL beschreibt die Neigung der Zeichen. Ausnahmsweise rechnet hier der positive Winkel *im* Uhrzeigersinn. Ein Wert von 15 wäre eine um 15° nach vorn geneigte Schrift. Insbesondere wenn Sie in isometrischen Darstellungen beschriften (RASTER auf isometrisch umgestellt), benötigen Sie stark geneigte Schriften, wenn die Schrift in 30°-Richtung oder -30°-Richtung läuft. Mit entsprechendem Winkel müssten Sie dann auch die Schrift einstellen.
9. Darunter gibt es noch EFFEKTE, wenn Sie Schriften für Schablonen oder Sonderfälle benötigen. Sie können wählen: AUF DEM KOPF, RÜCKWÄRTS und SENKRECHT (Zeichen untereinander), aber nicht bei jedem Zeichensatz.
10. Sie beenden die Stildefinition, indem Sie auf ANWENDEN klicken und dann auf SCHLIEẞEN. Wenn Sie mehrere Textstile definieren, lassen Sie das SCHLIEẞEN weg und wählen stattdessen wieder NEU.

Mit dem STIL-Befehl können Sie mehrere Textstile hintereinander definieren. Mit der Schaltfläche AKTUELL stellen Sie den aktuellen Textstil ein. Ändert man einen bereits verwendeten Textstil, so ändern sich auch alle bisher damit erstellten Texte.

9.5 Der dynamische TEXT oder DTEXT

9.5.1 Befehlsablauf

Der älteste Befehl zum Beschriften ist der Befehl TEXT oder DTEXT. Sie finden ihn in der Gruppe BESCHRIFTEN|TEXT|MEHRZEILIGER TEXT▼|EINZELNE LINIE oder START|BESCHRIFTUNG|TEXT▼|EINZELNE LINIE. Diese Bezeichnung ist missverständlich, weil sich sehr wohl mehrere Zeilen mit diesem Befehl schreiben lassen. Aber jede einzelne Zeile ist hinterher ein einzelnes Objekt. Das ist dann später beim Verschieben solcher Texte zu beachten.

Bevor Sie mit dem Schreiben von Texten beginnen, denken Sie an zweierlei:

1. Wählen Sie einen Textstil, der die *Beschriftungseigenschaft* besitzt, erkennbar an dem Symbol .
2. Stellen Sie dann in der Statusleiste denjenigen Maßstab ein, unter dem Sie später den Text in einem Ansichtsfenster im Layout sehen wollen.

```
Befehl: DT
TEXT
Aktueller Textstil:  "Beschriftung"  Texthöhe:  2.5000 Beschriftung: Ja
Position: Links
TEXT Startpunkt des Texts oder [posItion/Stil] angeben: Startposition für Text
anklicken (linke untere Ecke des Texts)
TEXT Papierhöhe angeben <2.5000>: 5
TEXT Drehwinkel des Texts angeben <0>: 45
Hier endet der Dialog, und Sie schreiben direkt auf dem Zeichenbereich:
Das ist ein Test unter [Enter]
45° [Enter] [Enter]    Das zweite [Enter] beendet den Befehl
```

- Falls Ihr Maßstab beim *ersten* Texten noch 1:1 ist, erscheint ein Warnhinweis, der Sie fragt, ob das wirklich der gewünschte Maßstab ist.
- Der dynamische Text fragt dann nach einem Startpunkt, der normalerweise die linke untere Ecke der ersten Textzeile darstellt.
- Dann folgt die Eingabe der Höhe, sofern der gerade aktuelle Textstil als Höhenvorgabe 0 hat. Die Höhe kann auch über einen zweiten Punkt relativ zum Startpunkt angegeben werden.
- Dann fragt der Befehl nach dem Textwinkel, auch diesen kann man als Wert oder über eine Bildschirmposition eingeben.
- Zuletzt schaltet der Befehl in den Texteingabemodus um. Es können mehrere Zeilen Text eingegeben werden, die Sie jeweils dynamisch angezeigt sehen und auch beim Schreiben noch mit [Entf] rückwärts laufend löschen können. Sie können auch mehrere Zeilen mit [Backspace] bis zum Anfang löschen.

- Wenn der Text beendet werden soll, müssen Sie nach dem letzten Zeilenende ein zweites Mal `Enter` drücken.
- Sie können sogar *im* Befehl einfach eine neue Bildschirmposition anklicken. Der Befehl schreibt dann an dieser Position weiter. Damit können Sie alle Ihre Texte, die die gleiche Höhe etc. haben, mit einem einzigen Aufruf des Befehls DTEXT schreiben. Damit das klappt, muss die Systemvariable DTEXTED auf **2** eingestellt sein (ist Vorgabe). Sie können zum Editieren *im Eingabemodus* mit `Shift`+`Tab` oder `Tab` zwischen den Textzeilen zurück- und wieder vorwärtsgehen.

9.5.2 Positionierungsvarianten

Die Option POSITION erlaubt noch zahlreiche Varianten zur Positionierung und Einpassung des Texts. Die Positionierung findet aber immer erst nach der vollständigen Texteingabe und Beendigung des Befehls statt. Unter der Option POSITION finden Sie folgende weiteren Unteroptionen (siehe auch Abbildung 9.12):

- LINKS – (Vorgabe) Sie geben einen Punkt für das linke Ende des Texts an sowie Texthöhe und Textwinkel.
- ZENTRIEREN – Sie geben einen Punkt für die Mitte der Basislinie des Texts an sowie Texthöhe und Textwinkel.
- RECHTS – Sie geben einen Punkt für das rechte Ende des Texts an sowie Texthöhe und Textwinkel.
- AUSRICHTEN – Sie geben zwei Textpositionen an, nach denen sich die Textbreite und der Textwinkel richten. Aus der Breite wird auch automatisch die Höhe bestimmt.
- MITTEL – Sie geben einen Punkt für den Mittelpunkt der Textumrandung an sowie Texthöhe und Textwinkel.
- ANPASSEN – Sie geben zwei Textpositionen an, nach denen sich die Textbreite und der Textwinkel richten. Die Texthöhe geben Sie selber ein. Das kann dazu führen, dass der Text gegenüber normaler Darstellung verzerrt wirkt.

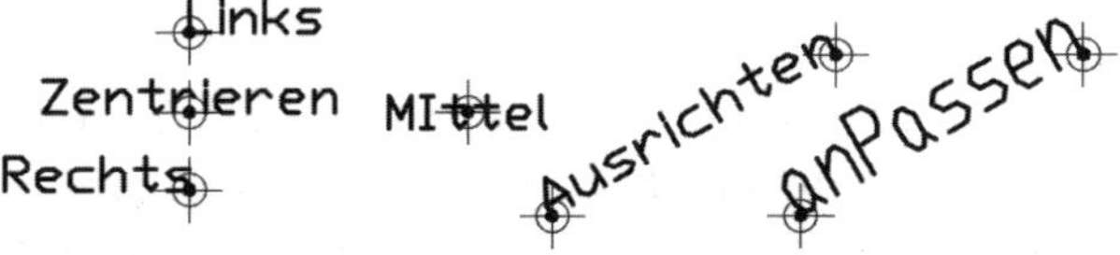

Abb. 9.12: Textpositionierungen demonstriert mit dem jeweiligen Optionstext

Sie können einen Text noch an weiteren Positionen aufhängen, wie Abbildung 9.13 zeigt. Die Abkürzungen bedeuten: OL = Oben Links, ML = Mitte Links, OZ = Oben Zentrum etc.

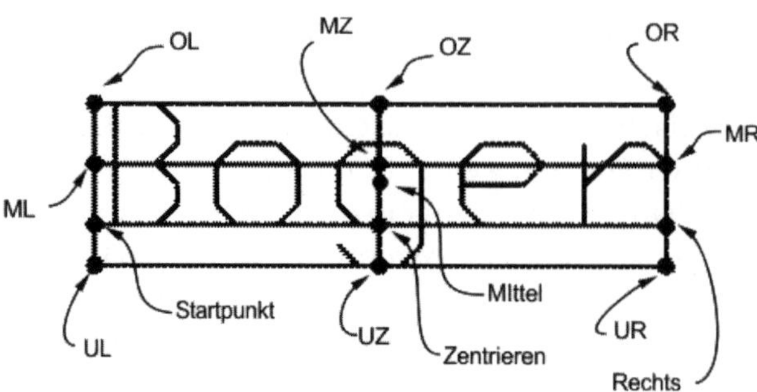

Abb. 9.13: Positionsangaben an einem Text

9.5.3 Sonderzeichen

Oft benötigt man in technischen Zeichnungen einige Sonderzeichen. Sie können sie mit besonderen Steuerzeichen eingeben:

Zeichen	Code	Darstellung
Durchmesser	%%c	∅
Plus-Minus	%%p	±
Grad	%%d	°
Überstrich ein/aus	%%o	
Unterstrich ein/aus	%%u	
ANSI-Zeichen Nr. nnn	%%nnn	
Griechisches my	%%181	µ

Tipp: Spiegeln von Text

Mit der Systemvariablen MIRRTEXT steuern Sie, ob beim Befehl SPIEGELN Spiegelschrift entsteht – Wert **1** – oder nicht – Wert **0** (Vorgabe).

9.6 Der Befehl MTEXT

Der Befehl MTEXT bzw. das Register START|BESCHRIFTUNG|ABSATZTEXT oder BESCHRIFTEN|TEXT|MEHRZEILIGER TEXT A startet den MTEXT-Editor mit einer eigenen Multifunktionsleiste und bietet damit größere Flexibilität und mehr Möglichkeiten in der Textformatierung. Er ist für die Eingabe von längeren und mehrzeiligen Texten gedacht.

Nach dem Aufruf verlangt der MTEXT-Befehl zuerst zwei diagonale Eckpunkte für den Textbereich. Danach wird die spezifische Multifunktionsleiste TEXTEDITOR (Abbildung 9.14) aktiv.

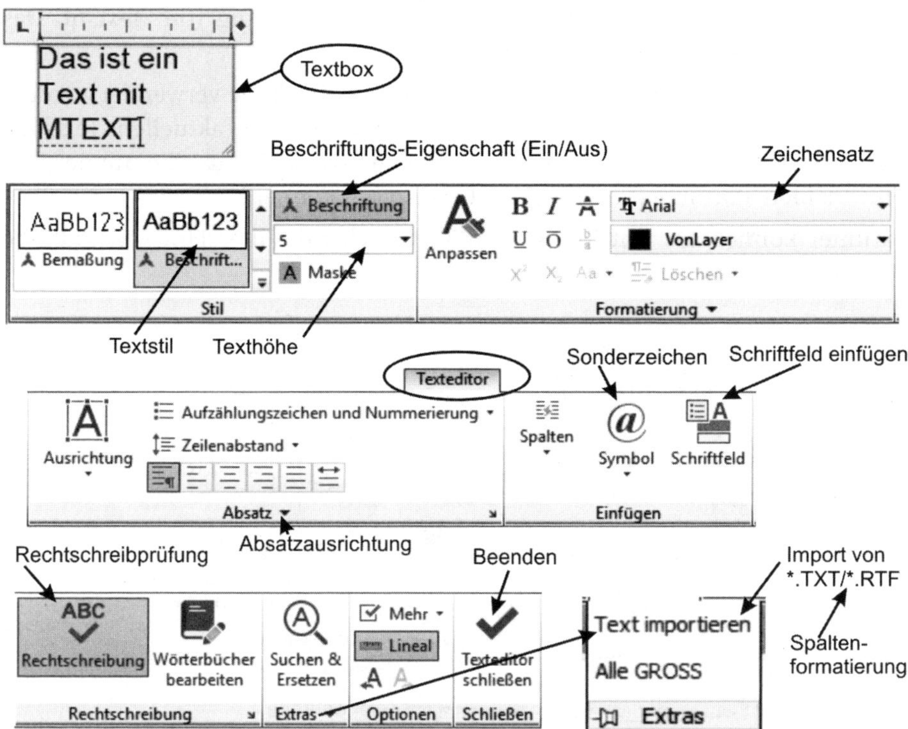

Abb. 9.14: Multifunktionsleiste des MTEXT-Befehls

9.6.1 Der TEXTEDITOR

Nach Festlegen der Textbox wählen Sie im TEXTEDITOR die gewünschten Einstellungen, *bevor* Sie mit dem Schreiben beginnen. Nachträgliche Änderungen wirken nur auf vorher markierte Textteile.

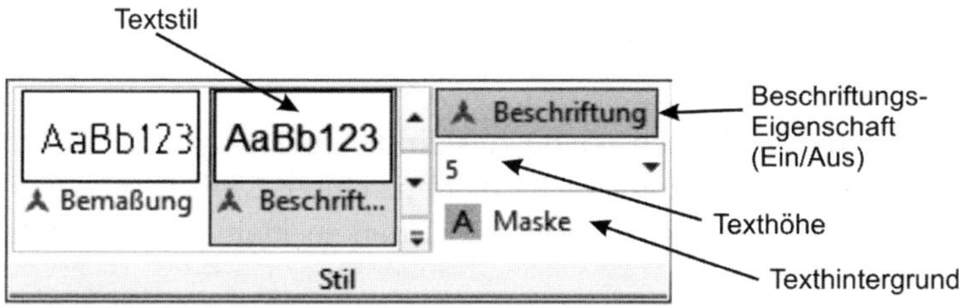

Abb. 9.15: Gruppe STIL im TEXTEDITOR

- Auf der linken Seite können Sie einen *Textstil* wählen. Vorgabe ist der zuletzt eingestellte Textstil. Zu empfehlen ist der vorgegebene Stil BESCHRIFTUNG oder ein eigener Stil mit der BESCHRIFTUNGS-EIGENSCHAFT wegen der automatischen Maßstabs-Skalierung. Rechts daneben liegt eine Zeile zum Ein- und

Ausschalten der BESCHRIFTUNGS-EIGENSCHAFT unabhängig vom Textstil. Das ist hier *nicht* der Textstil namens *Beschriftung*!

- Das nächste Feld kann zur Eingabe einer eigenen Texthöhe verwendet werden. Hier steht als Vorgabewert entweder die Texthöhe des aktuellen Textstils, sofern er nicht Höhe null hat, oder eine Vorgabe-Texthöhe, die Sie mit der Systemvariablen TEXTSIZE (Vorgabe **2.5**) bestimmen können.
- Darunter können Sie mit MASKE den Text noch mit einer Hintergrundfarbe versehen.

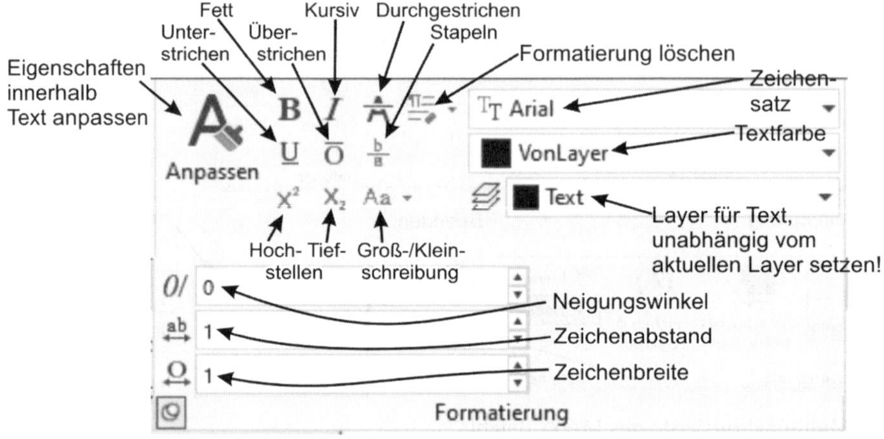

Abb. 9.16: Gruppe FORMATIERUNG im TEXTEDITOR

- Die Felder für *Zeichensatz* und *Textfarbe* liegen beieinander und können benutzt werden, um auch für einzelne Zeichen unabhängig vom Textstil abweichende Einstellungen zu wählen.
- In der Nähe können über die Schaltknöpfe auf der linken Seite die Schrifteigenschaften fett (B = Bold), kursiv (I = Italic), unterstrichen (U = Underlined), überstrichen (O = Overlined) und durchgestrichen auch zeichenspezifisch aktiviert werden.
- Auch das STAPELN ist hier zu finden (siehe Abschnitt 9.6.2 *Stapeln von Text*) sowie das Hoch- und Tiefstellen von Zeichenketten. Unter *Groß-/Kleinschreibung* können Sie markierte großgeschriebene Zeichen in kleine umwandeln und umgekehrt.

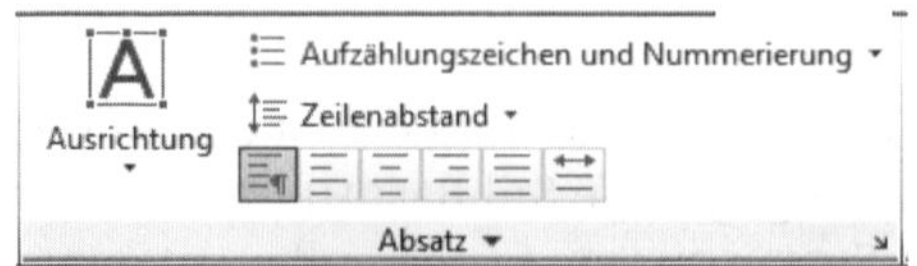

Abb. 9.17: Gruppe ABSATZ im TEXTEDITOR

- Die Gruppe ABSATZ enthält Werkzeuge, wie man sie von anderen Textbearbeitungen her kennt wie Ausrichtung, Positionierung und Gestaltung von Aufzählungen. Über ↘ gelangen Sie zu den Einstellungen für die Tabulatorsteuerung der Absatzeinstellungen.
  - ABSATZ|AUSRICHTUNG ▼ – Hiermit können Sie die Ausrichtung der Textbox angeben und damit auch bestimmen, wo der Basispunkt Ihrer Textbox liegt, zum Beispiel ZENTRUM, RECHTS.
  - ABSATZ|AUFZÄHLUNGSZEICHEN UND NUMMERIERUNG – Für Aufzählungen können Sie Nummerierung mit Zahlen, alphabetische Aufzählung oder Symbole wählen.
  - ABSATZ... – Sie können die Positionierung der Zeilen in der Textbox festlegen.

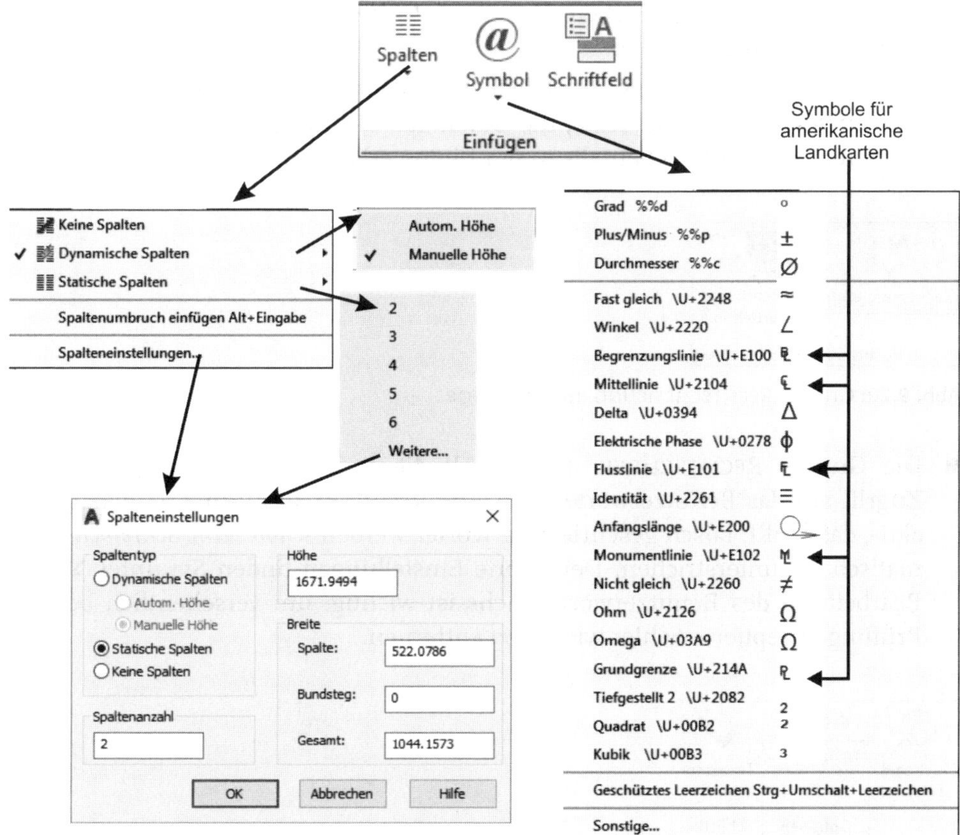

Abb. 9.18: Gruppe EINFÜGEN im TEXTEDITOR (WINDOWS)

- Unter EINFÜGEN finden Sie als erstes Werkzeug links die Spaltenformatierung. Damit können Sie sehr flexibel einen längeren Text in mehrere Spalten aufteilen. Bei statischen Spalten wird die Anzahl vorgegeben, die Breite ist dann noch dynamisch. Bei dynamischen Spalten ist die Spaltenhöhe dynamisch per Cursor abstimmbar.

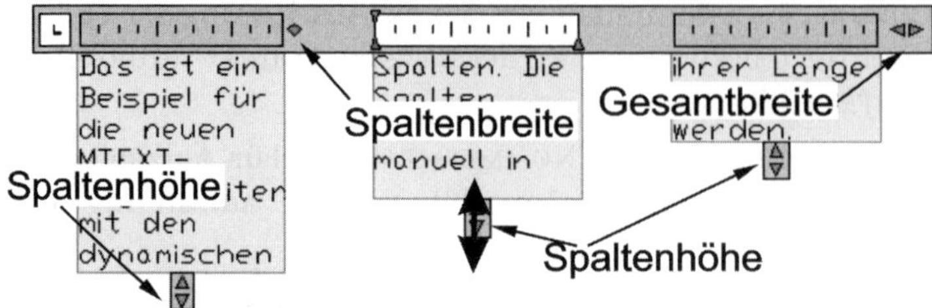

Abb. 9.19: Anpassung bei dynamischen Spalten

- Unter dem @-Zeichen liegt ein Flyout mit zahlreichen Sonderzeichen, die weiter hinten erläutert werden.
- Rechts in der Gruppe EINFÜGEN liegt auch das Werkzeug zum Einfügen von Schriftfeldern. Das sind Texte, die Daten aus der aktuellen Zeichnung repräsentieren. Sie werden ebenfalls weiter hinten erläutert.

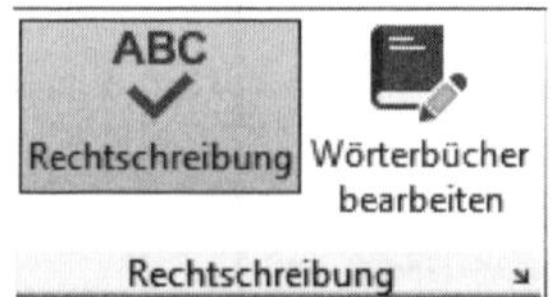

Abb. 9.20: Gruppe RECHTSCHREIBUNG im TEXTEDITOR

- Die Gruppe RECHTSCHREIBUNG enthält die Rechtschreibprüfung und den Zugriff auf das Benutzerwörterbuch. Die Rechtschreibprüfung ist dynamisch aktiv, das heißt, falsch geschriebene Wörter werden *schon beim Schreiben* automatisch rot unterstrichen. Detaillierte Einstellungen finden Sie unter ↘. Die Bearbeitung des Benutzerwörterbuchs ist wichtig, um versehentlich bei der Prüfung akzeptierte Fehler wieder zu entfernen.

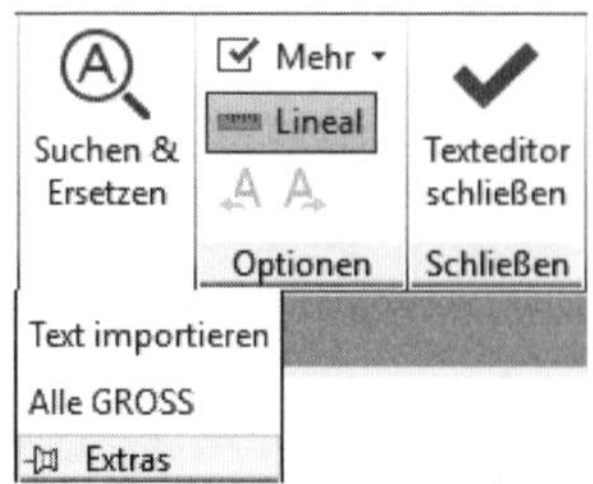

Abb. 9.21: Gruppen EXTRAS, OPTIONEN UND SCHLIEßEN im TEXTEDITOR

- Die Gruppe EXTRAS zeigt als wichtigsten Punkt die Textsuche SUCHEN & ERSETZEN. Hiermit können Sie im aktuellen Text nach Zeichen oder Zeichenketten suchen und eine Ersetzung anbieten.
- ALLE GROSS – Diese Option verwandelt alle eingegebenen Buchstaben in Großbuchstaben. Das ist eine permanente Einstellung, die auch bei nachfolgenden Aufrufen wirksam bleibt. Bei Eingabe von Zahlen und Sonderzeichen erscheinen diese normal. Die Funktion entspricht also nicht der [Shift]- oder [CapsLock]-Taste.
- Im Flyout EXTRAS▼TEXT IMPORTIEREN liegt noch die wichtige Funktion zum Importieren von Texten. Mit dieser Funktion können Sie Texte, die in einer Datei gespeichert sind, komplett in den MTEXT hereinholen. Als Dateiformate sind `*.TXT` und `*.RTF` erlaubt. TXT-Dateien werden mit dem normalen Texteditor über den Befehl NOTEPAD erstellt. RTF-Dateien sind Dateien im Rich-Text-Format, die auch Formatierung enthalten können. Word-Dateien mit der Endung `*.DOC` können nicht importiert werden, aber mit Word können solche RTF- oder TXT-Dateien mit SPEICHERN UNTER... bei Angabe des betreffenden Formats erzeugt werden.
- OPTIONEN enthält unter MEHR einige Feineinstellungen des Texteditors. Darunter können Sie das LINEAL für die Textbox ein- und ausschalten. Die unteren beiden Schaltknöpfe in OPTIONEN erlauben es, Aktionen innerhalb des MTEXT-Editors zurückzunehmen oder wiederherzustellen.
- Die letzte Gruppe dient nur dazu, den MTEXT-Editor zu schließen. Das können Sie aber auch einfach mit einem *Klick außerhalb* der Textbox tun.

9.6.2 Stapeln von Text

Wenn Sie Ausdrücke der Form **a/b**, **a#b** oder **a^b** schreiben, können sie gestapelt werden wie in Abbildung 9.22 gezeigt. Ausdrücke, die Zahlen enthalten, werden automatisch gestapelt. Das Werkzeug zum manuellen Stapeln B/A aus der Gruppe FORMATIEREN müssen Sie nur für Ausdrücke aufrufen, die nichtnumerische Zeichen enthalten.

$\frac{15}{20}$ entsteht aus 15/20
$^{15}/_{20}$ entsteht aus 15#20
$\substack{15\\20}$ entsteht aus 15^20

Abb. 9.22: Gestapelte Ausdrücke

Über das Kontextmenü gestapelter Ausdrücke können Sie auch wieder entstapeln mit NICHT UNTEREINANDER ANORDNEN. Bei markierten gestapelten Ausdrücken im Editiermodus gibt es alternativ einen speziellen Griff zum Bearbeiten und Entfernen der Stapelung. Wenn Sie das automatische Stapeln bei Ziffern generell abschalten wollen, geben Sie MTEXTAUTOSTACK ein und **0**.

9.6.3 Das Textfenster

Das Textfenster selbst ist transparent und lässt den Text in der korrekten Höhe relativ zur Zeichnung erscheinen, sodass Sie schon beim Schreiben sehen können, ob der Text passt. Sie haben hier auch noch die Möglichkeit, die Breite der Textbox zu ändern.

Die Breite des Textfensters ist ausschlaggebend für einen Umbruch an Wortgrenzen. Ein Umbruch wird also immer nur bei einem Leerzeichen zwischen Wörtern vorgenommen. Silbentrennung gibt es hier nicht. Abbildung 9.23 zeigt, wo Sie Höhe, Breite, Absatzeinrückung, Einrückung für die erste Zeile und verschiedene Tabulatoren einstellen können.

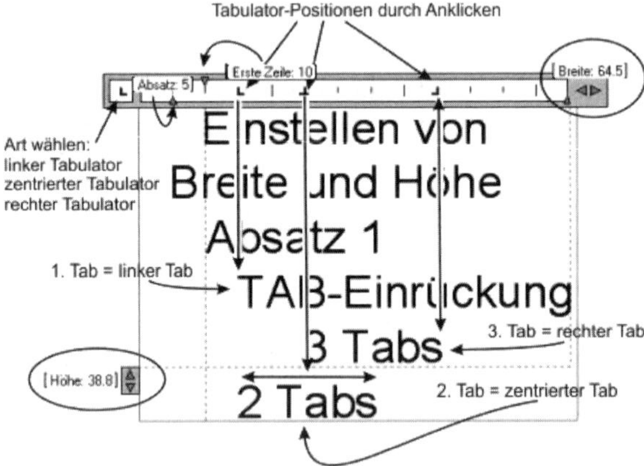

Abb. 9.23: Einstellungen in der Textbox

> **Tipp: MTEXT beenden**
>
> Zum schnellen Beenden des MTEXT-Befehls gibt es außer der Schaltfläche TEXTEDITOR SCHLIEßEN noch die Möglichkeit, einfach neben die Textbox zu klicken oder Strg+Enter zu drücken.

9.6.4 Sonderzeichen

Im Texteditor finden sich die Sonderzeichen in der Gruppe EINFÜGEN|SYMBOL bzw. unter dem Icon @. Sie finden hier u.a. (Abbildung 9.18):

- GRAD: °
- PLUS/MINUS: ±
- DURCHMESSER: ∅
- GESCHÜTZTES LEERZEICHEN – erzeugt ein Leerzeichen, das nicht zum Umbruch führt.

- SONSTIGE... – ermöglicht, beliebige Sonderzeichen aus anderen Zeichensätzen über die Zwischenablage hereinzuladen. Nach Wahl dieser Option öffnet sich das Fenster ZEICHENTABELLE.

  In der Zeichentabelle:

  - Wählen Sie den Zeichensatz aus ❶.
  - Klicken Sie das gewünschte Zeichen an ❷.
  - Klicken Sie auf AUSWÄHLEN ❸.
  - Klicken Sie auf KOPIEREN ❹.
  - Klicken Sie auf SCHLIEßEN ❺. Damit haben Sie das gewünschte Zeichen in die Zwischenablage kopiert.

  Im MTEXT-Fenster:

  - Setzen Sie den Cursor auf die gewünschte Position und drücken Sie [Strg]+[V]. Damit fügen Sie das Zeichen aus der Zwischenablage ein. Sie können das auch über das Kontextmenü (Rechtsklick) erledigen und dort EINFÜGEN wählen.

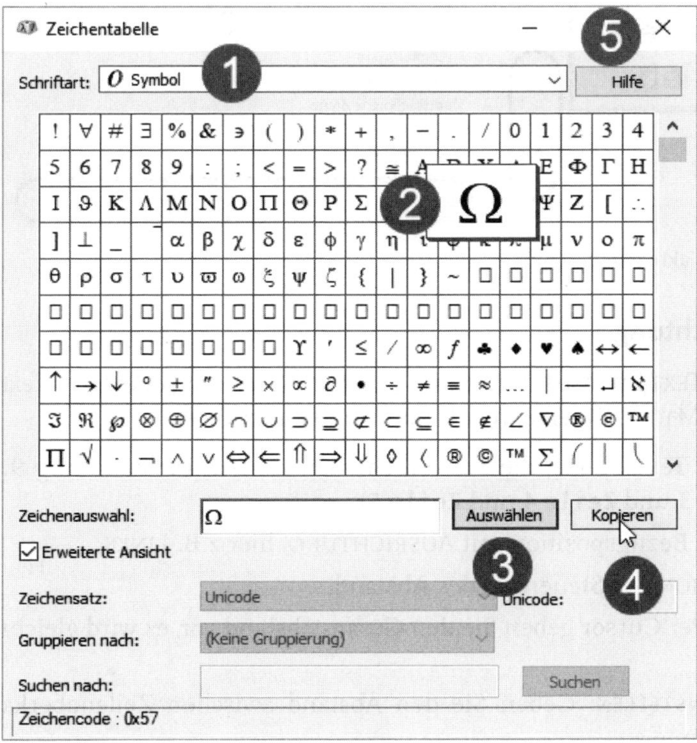

Abb. 9.24: Einfügen von Sonderzeichen mit MTEXT

Tipp: Sonderzeichen ², ³, µ

Die hochgestellten Ziffern 2 und 3 generiert man mit den Tastenkombinationen [AltGr]+[2] bzw. [AltGr]+[3]. Auch das griechische µ bekommen Sie mit [AltGr]+[M]. Dabei ist aber zu beachten, dass nicht alle Schriftdateien diese Zeichen enthalten und ggf. dafür ersatzweise ein Fragezeichen anzeigen. Die Schriftdatei ISOCP.SHX enthält diese Zeichen auf jeden Fall.

9.6.5 Textrahmen

MTEXT-Objekte können Sie mit einem *Rahmen* versehen. Dazu aktivieren Sie im EIGENSCHAFTEN-MANAGER bzw. [Strg]+[1] die Option TEXTRAHMEN (Abbildung 9.25).

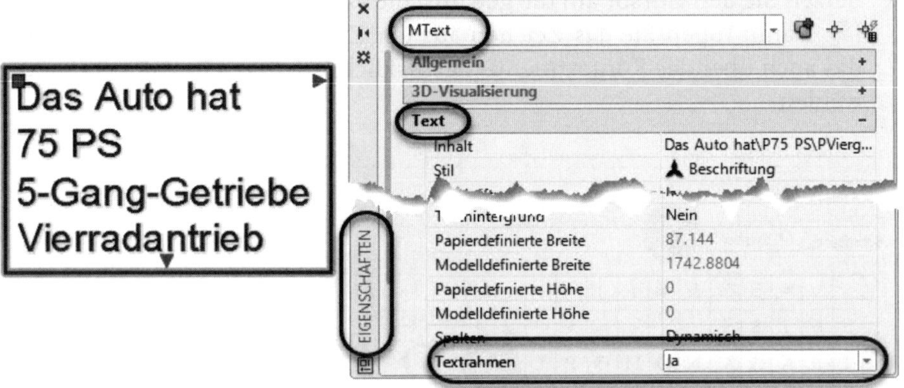

Abb. 9.25: Textrahmen aktiviert

9.6.6 Textausrichtung

Mit BESCHRIFTEN|TEXT|TEXTAUSRICHTUNG können Sie verschiedene Textobjekte, DTEXT- oder MTEXT-Objekte, relativ zueinander ausrichten.

- Wählen Sie die Textobjekte, die Sie verschieben wollen (in Abbildung 9.26: **Zeile 2**, **Zeile 3** und **Zeile 4** und **Zeile 5**),
- wählen Sie eine Bezugsposition mit AUSRICHTUNG, hier z.B. LINKS,
- wählen Sie OPTION zur Steuerung des Abstands:
  - VERTEILEN: Per Cursor geben Sie den Gesamtabstand vor, es wird gleichmäßig verteilt.
  - ABSTAND EINSTELLEN: Geben Sie den Abstand zwischen Zeilenoberkante und -unterkante an.
  - AKTUELL VERTIKAL: Es wird nur horizontal verschoben, die vertikale Position bleibt erhalten.

  - AKTUELL HORIZONTAL: Es wird nur vertikal verschoben, die horizontale Position bleibt erhalten.
- Beenden Sie die Auswahl mit [Enter].
- Wählen Sie einen Text oder einen Punkt als Bezugsobjekt zur Ausrichtung.
- Mit dem Cursor führen Sie danach eine Fluchtlinie zum Ausrichten der Texte. Diese muss nicht unbedingt senkrecht sein, sie kann auch schräg gelegt werden.

Zeile 1

Zeile 2

Zeile 3

Zeile 4 und
Zeile 5

Zeile 1
Zeile 2
Zeile 3
Zeile 4 und
Zeile 5

Abb. 9.26: Links DTEXT- und MTEXT-Objekte, rechts ausgerichtet mit gleichem Abstand

9.6.7 Rechtschreibprüfung

Im Texteditor ist die Rechtschreibprüfung standardmäßig aktiv ❶. Falsch geschriebene oder unbekannte Wörter werden sofort rot unterstrichen ❷. Für diese markierten Wörter werden Ihnen nach *Rechtsklick* Ersatzwörter angeboten ❸. Notfalls müssen Sie aber über WEITERE VORSCHLÄGE nach weiteren Ersetzungen suchen ❹. Mit der Option ZU WÖRTERBUCH HINZUFÜGEN ❺ können Sie neue Wörter in das benutzerspezifische Wörterbuch aufnehmen.

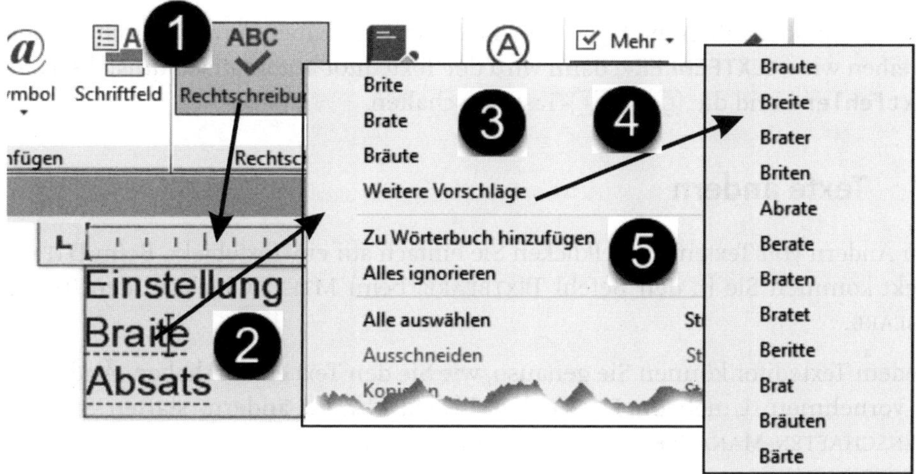

Abb. 9.27: Dialogfeld der Rechtschreibkontrolle im MTEXT-Befehl

Die globale Rechtschreibprüfung finden Sie unter BESCHRIFTEN|TEXT|RECHTSCHREIBUNG PRÜFEN. Sie können damit die GESAMTE ZEICHNUNG ❶ oder ausgewählte Objekte ❷ prüfen lassen. Sie erhalten hier auch Vorschläge für unbekannte oder fehlerhafte Wörter ❸. Mit ZU WÖRTERB. HINZUF. ❹ nehmen Sie ein Wort in das benutzerspezifische Wörterbuch **sample.cus** auf. Leider vertippt man sich auch dabei einmal. Dann müssen Sie das Wörterbuch korrigieren. Wie das Wörterbuch heißt, können Sie durch einen Klick auf WÖRTERBÜCHER ❺ herausbekommen. Damit haben Sie auch Zugriff auf dieses Wörterbuch und können Wörter hinzufügen und löschen.

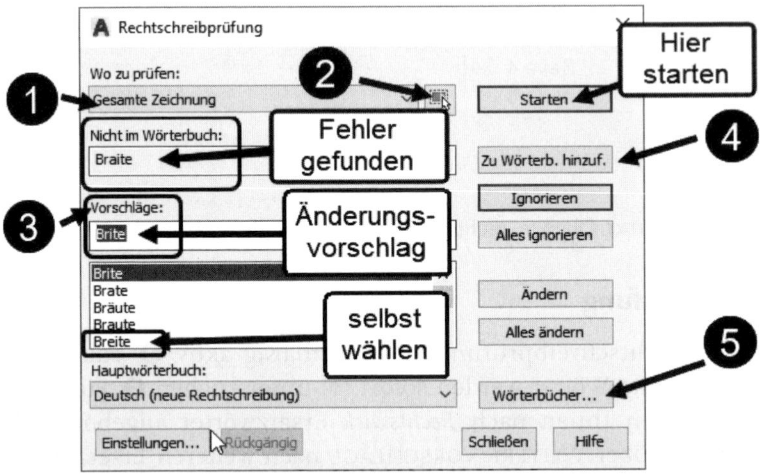

Abb. 9.28: Dialogfeld der globalen Rechtschreibprüfung

9.6.8 Automatische Entfernung der Feststelltaste

Wenn Sie unabsichtlich die `CapsLock`-Taste aktiviert haben, und dadurch Wörter schreiben wie »**tEXTFEHLER**«, dann wird der Texteditor automatisch umstellen auf »**Textfehler**« und die `CapsLock`-Taste abschalten.

9.7 Texte ändern

Zum Ändern von Texten doppelklicken Sie einfach auf ein Textobjekt. Beim DTEXT-Objekt kommen Sie in den Befehl TEXTBEARB, beim MTEXT-Objekt in den Befehl MTBEARB.

In jedem Texteditor können Sie genauso, wie Sie den Text erstellt haben, Änderungen vornehmen. Um beim DTEXT den Textstil o.Ä. zu ändern, starten Sie den EIGENSCHAFTEN-MANAGER bzw. `Strg`+`1`.

Alternativ können Sie TEXTBEARB auch direkt eingeben und damit beide Textobjekte bearbeiten. In TEXTBEARB können Sie über MODUS auf MEHRFACH umschalten, damit Sie schnell hintereinander mehrere Texte ohne erneuten Befehlsaufruf bearbeiten können.

9.7.1 Texte skalieren

Die Funktion SKALTEXT oder BESCHRIFTEN|TEXT▼SKALIEREN bietet die Möglichkeit, mehrere Texte zugleich zu skalieren, wobei jeder einzelne Text relativ zu seinem vorhandenen oder hier spezifizierten Basispunkt skaliert wird.

Das unterscheidet diesen Befehl von VARIA oder START|ÄNDERN|SKALIEREN. Damit können Sie natürlich jeden Text einzeln genauso gut skalieren. Wenn Sie aber mit VARIA *mehrere* Texte wählen, gibt es ja nur *einen* Basispunkt, und so würden auch die *Abstände zwischen den Texten mit skaliert* werden, was meist unerwünscht ist.

```
Befehl: _scaletext
SKALTEXT Objekte wählen: Texte wählen
SKALTEXT Objekte wählen: Enter
SKALTEXT Basispunktoption für Skalierung eingeben
[Vorhanden Links Zentrum MItte Rechts OL OZ OR ML MZ MR UL UZ UR] <Vorhanden>:
Enter
SKALTEXT Neue Modellhöhe festlegen oder [Papierhöhe objekt Anpassen Skalieren
faktor] <50>: P
SKALTEXT Neue Papierhöhe festlegen <7>:2.5
2 Objekte geändert
```

Im Beispiel wurden mehrere Texte gewählt. Die Basispunktoption wurde nicht verändert, das heißt, jeder Text wird dann relativ zu seinem eigenen Basispunkt skaliert. Bei der Option ZENTRUM würden dann die Mittelpunkte der Texte beim Skalieren fixiert bleiben. Am Schluss geben Sie nach P für Option PAPIERHÖHE die *neue Papierhöhe* ein. Dort ist es auch möglich, mit Option S einen SKALIEREN FAKTOR anzugeben. Die Option OBJEKT ANPASSEN erlaubt die Anpassung der Texthöhe an einen auszuwählenden Text. Bei Texten mit der BESCHRIFTUNGS-Eigenschaft ist PAPIERHÖHE sinnvoll, weil die relative Skalierung im Modellbereich dann vom Beschriftungsmaßstab übernommen wird. Texte ohne BESCHRIFTUNGS-Eigenschaft können nicht mit PAPIERHÖHE bearbeitet werden.

9.7.2 Textposition ändern

Mit BESCHRIFTEN|TEXT|POSITION (ZENTRTEXTAUSR) können Sie den Basispunkt von Texten nachträglich ändern. Im Dialogbeispiel werden drei MTEXT-Objekte, die normal mit Text-Basispunkt links erzeugt wurden, auf rechts umgestellt. Das führt übrigens auch dazu, dass innerhalb eines MTEXT-Objekts die einzelnen Zeilen rechts ausgerichtet werden.

```
Befehl: _justifytext
ZENTRTEXTAUSR Objekte wählen: Texte wählen 3 gefunden
ZENTRTEXTAUSR Objekte wählen: Enter
ZENTRTEXTAUSR Ausrichtungsoption eingeben
[Links Ausrichten Einpassen Zentrum MIttel Rechts OL OZ OR ML MZ MR UL UZ UR]
<Links>: R
```

Die neue Textausrichtung bewirkt nun auch, dass der Objektfang BASISPUNKT/EINFÜGUNG an der rechten unteren Ecke der Texte greift statt links unten (DTEXT) bzw. links oben (MTEXT). Der Text-Basispunkt kann übrigens auch sehr effektiv verwendet werden, um im EIGENSCHAFTEN-MANAGER die Textausrichtung mehrerer Texte auf die gleiche x-Position zu setzen.

Tipp: Text nach vorne bringen

Um Texte und auch Bemaßungen vor andere Objekte, z.B. Schraffuren, in den Vordergrund zu stellen, gibt es neben den Befehlen zur Zeichenreihenfolge noch den Befehl TEXTNACHVORNE.

ZEICHNEN UND BESCHRIFTUNG	Icon	Befehl
START|ÄNDERN▼|▼TEXT NACH VORNE		TEXTNACHVORNE Option TEXT
START|ÄNDERN▼|▼BEMAẞUNGEN NACH VORNE		TEXTNACHVORNE, Option BEMAẞUNGEN
START|ÄNDERN▼|▼ALLE BESCHRIFTUNGEN NACH VORNE		TEXTNACHVORNE, Option ALLE

9.7.3 Objekte vom Papier- in den Modellbereich transferieren

Sie können in Layouts auch Texte im PAPIERBEREICH sozusagen auf der »Fensterscheibe« eines Ansichtsfensters mit normaler Texthöhe wie 3.5 schreiben, wie Sie es auf dem Papier bzw. Plot benötigen. Wenn ein solcher Text dann aber doch im MODELLBEREICH liegen soll, können Sie ihn mit dem Befehl BERWECHS oder START|ÄNDERN▼BEREICH WECHSELN inklusive automatischer Skalierung in den MODELLBEREICH versetzen. Auch die umgekehrte Transaktion vom MODELLBEREICH übers Ansichtsfenster in den PAPIERBEREICH ist möglich und nicht nur für Textobjekte interessant. Wichtig ist, dass dabei eben eine automatische Umrechnung der Abmessungen geschieht, sodass unabhängig vom Maßstab des Ansichtsfensters die sichtbare Größe des Objekts gleich bleibt. Wenn mehrere Ansichtsfenster existieren, fragt der Dialog nach dem ZIELANSICHTSFENSTER. Damit ist das Ansichtsfenster gemeint, nach dessen Position und Maßstab der Transfer erfolgen soll. Besser für das logische Verständnis wäre hier wohl der Begriff *Ursprungsansichtsfenster* gewesen.

Allgemeine Suchfunktion

Wenn Sie viele Texte in der Zeichnung haben, ist eine Funktion, die global nach bestimmten Zeichenketten suchen kann, natürlich Gold wert. Unter BESCHRIFTEN|TEXT|TEXT SUCHEN tragen Sie den Text ein ❶ und starten die Suche ❷ (Abbildung 9.29).

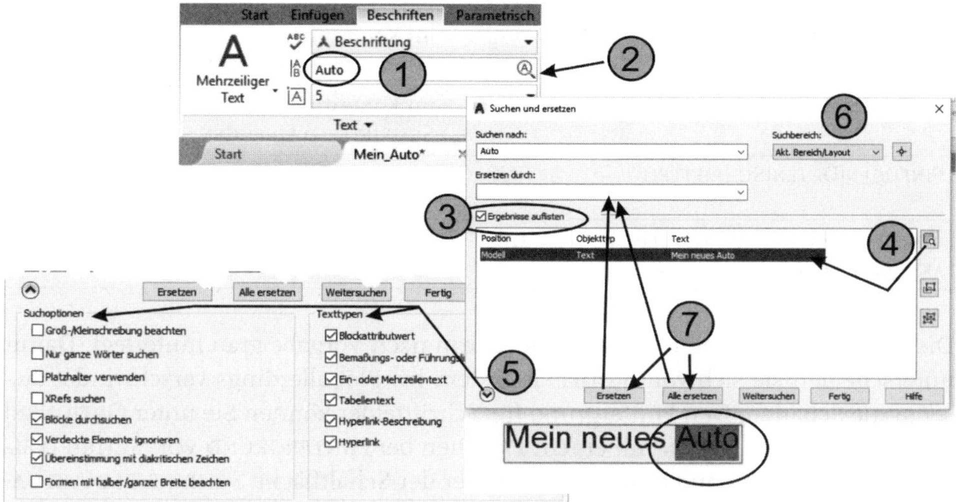

Abb. 9.29: Allgemeine Suchfunktion

Mit ERGEBNISSE AUFLISTEN ❸ erhalten Sie eine Übersicht bei mehrfachem Vorkommen und können über die Liste auch die Position ❹ wählen. Über den Erweiterungsbutton ❺ lassen sich die SUCHOPTIONEN einstellen und die verschiedenen TEXTTYPEN wie *Attribute, Texte, Bemaßungstexte, Tabellentexte* und *Hyperlinks* vorwählen. Sie können auch mit Platzhaltern arbeiten, also Zeichenketten an einzelnen Stellen ersetzen oder global ersetzen, wie Sie es von Textverarbeitungen her kennen. Den Suchbereich können Sie auch über den Auswahlknopf rechts oben geometrisch eingrenzen ❻. Es wird stets auf den gefundenen Text gezoomt. Die Funktion bietet auch gleich eine Option ERSETZEN DURCH an ❼.

9.8 Schriftfelder

Über Schriftfelder können Sie *automatisch Texte aus Zeichnungseigenschaften* bzw. aus Eigenschaften von Zeichnungsobjekten bilden. So lässt sich aus der Länge einer Linie, dem Speicherungsdatum der Zeichnung, dem Zeichnungsnamen, der Fläche eines Kreises oder auch aus dem Berechnungsergebnis einer Formel ein Text generieren. Das Angenehme an diesen automatisch generierten Texten liegt darin, dass sie stets mit den zugehörigen Objekten verknüpft bleiben. Bei Änderungen an diesen Objekten werden die zugehörigen Texte dann aktualisiert. Schriftfelder können auch im DTEXT oder im MTEXT zusammen mit dem normalen Text erstellt werden. Bei beiden Befehlen ist SCHRIFTFELD EINFÜGEN übers Kontextmenü erreichbar, beim MTEXT sogar als Werkzeug im Texteditor. Ebenso ist das Schriftfeld beim Bearbeiten verfügbar.

ZEICHNEN UND BESCHRIFTUNG	Icon	Befehl
im Befehl MTEXT oder DTEXT		im Kontextmenü: SCHRIFTFELD EINFÜGEN / Strg+S
im Texteditor (nach Doppelklick)	-	im Kontextmenü: SCHRIFTFELD EINFÜGEN
EINFÜGEN|DATEN|SCHRIFTFELD		SCHRIFTFELD
EINFÜGEN|DATEN|SCHRIFTFELDER AKTUALISIEREN		SCHRIFTFELDAKT

Die Schriftfelder werden auf dem Bildschirm nach Vorgabe grau hinterlegt. Damit unterscheiden sie sich von normalen Texten. Im Plot allerdings verschwindet dieser graue Schatten. Den Hintergrund für Schriftfelder können Sie unter OPTIONEN| BENUTZEREINSTELLUNGEN mit einem Häkchen bei HINTERGRUND VON SCHRIFTFELDERN ANZEIGEN ein- und ausschalten. Hinter der Schaltfläche SCHRIFTFELD-AKTUALISIERUNGSEINSTELLUNGEN sind standardmäßig alle sinnvollen Gelegenheiten zum Aktualisieren aktiv: ÖFFNEN, SPEICHERN, PLOTTEN, ETRANSMIT, REGENERIEREN. Schriftfelder lassen sich direkt aktualisieren mit SCHRIFTFELDAKT.

Im Befehl SCHRIFTFELD wählen Sie zuerst grob eine SCHRIFTFELDKATEGORIE ❶, dann eine Unterkategorie, genannt SCHRIFTFELDNAMEN ❷, aus vielen Möglichkeiten aus. Unter BEISPIELE ❸ bekommen Sie meist noch mehrere Formatierungsvorschläge (Abbildung 9.30).

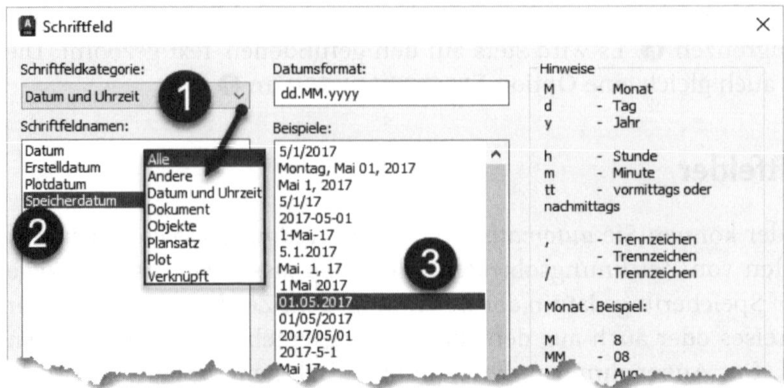

Abb. 9.30: Schriftfeld mit Datumsangabe erstellen

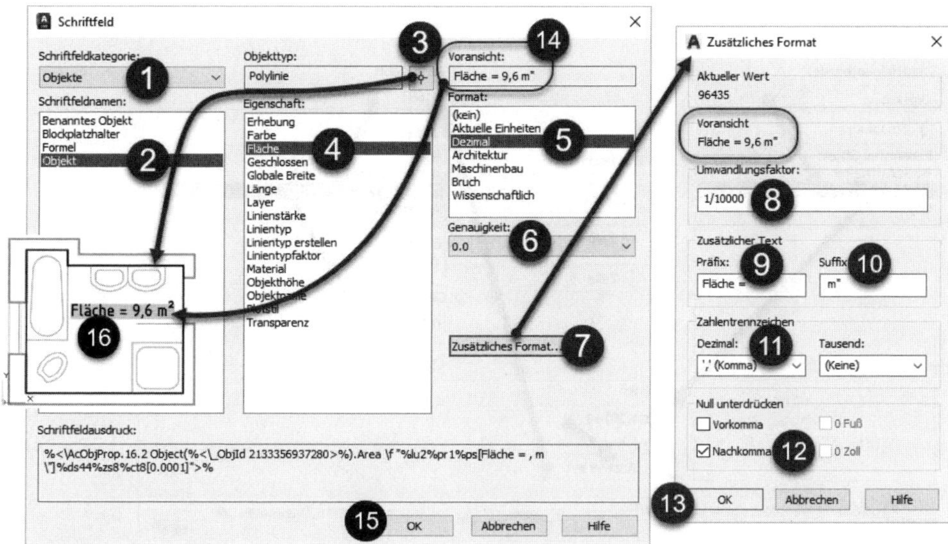

Abb. 9.31: Schriftfeld mit Daten eines Objekts, hier Fläche einer Polylinie

Eine sehr nützliche Art von Schriftfeldern ist die, die mit Objektdaten direkt verknüpft ist (Abbildung 9.31). Dafür wählt man zunächst die SCHRIFTFELDKATEGORIE **`Objekte`** aus ❶, dann den SCHRIFTFELDNAMEN **`Objekt`** ❷ und klickt dann über den Objektwahlbutton ❸ rechts neben OBJEKTTYP das betreffende Objekt an. Unter EIGENSCHAFT werden dann alle verwertbaren Daten des Objekts angezeigt. Im konkreten Fall ist es die *Fläche* ❹ einer *Polylinie*. In der VORANSICHT ⓮ wird der Wert angezeigt. Unter FORMAT wählt man AKTUELLE EINHEITEN oder die gewünschte Zahl von Nachkommastellen ❺, ❻. Zusätzlich lässt sich das Schriftfeld auch noch über ZUSÄTZLICHES FORMAT ❼ weiter formatieren. Der UMWANDLUNGSFAKTOR rechnet hier cm^2 in m^2 um ❽. Mit PRÄFIX ❾ wird ein Text vorangestellt und mit SUFFIX ❿ ein Text dahinter gesetzt. Es kann ein Dezimalkomma ⓫ anstelle des Dezimalpunkts eingesetzt und Nachkomma-Nullen können entfernt werden ⓬. Nach OK ⓭ prüfen Sie die Vorschau ⓮ und nach weiterem OK ⓯ ist das Schriftfeld fertig ⓰.

Auch Rechenergebnisse von reinen mathematischen Formelberechnungen lassen sich als SCHRIFTFELD anzeigen. In diese Formeln können aber auch geometrische Daten wie Abstände, Winkel oder Punktpositionen aus der Zeichnung über den Taschenrechner (siehe übernächster Abschnitt) eingebaut werden. Diese Rechenergebnisse werden dann ebenfalls bei Änderungen Ihrer Zeichnung aktualisiert.

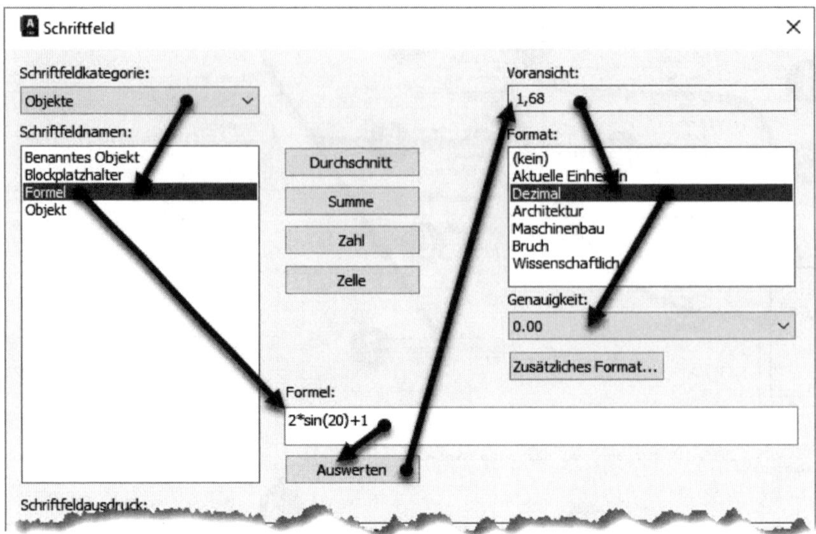

Abb. 9.32: Schriftfeld mit Berechnungsformel

Weitere nützliche Schriftfelder finden Sie unter

- SCHRIFTFELDKATEGORIE: DATUM UND UHRZEIT
  - SCHRIFTFELDNAMEN: PLOTDATUM – Hier können Sie die automatische Ausgabe des Plotdatums bewirken. Erst beim Plotten wird das Datum eingetragen, vorher steht nur XXX da.
  - SCHRIFTFELDNAMEN: SPEICHERDATUM – Zeigt dann das Datum der letzten Änderung an.
- SCHRIFTFELDKATEGORIE: DOKUMENT
  - Unter SCHRIFTFELDNAMEN: DATEINAME können Sie den Zeichnungsnamen und auch den Dateipfad und damit den Speicherort eintragen lassen.
  - Unter SCHRIFTFELDNAMEN: ZULETZT GESPEICHERT VON können Sie auch verfolgen, wer die letzte Änderung erstellt hat.

Wichtig

Bei den Schriftfeldern gibt es keine Schaltfläche für die BESCHRIFTUNGS-Eigenschaft. Eigentlich sind Schriftfelder immer nur Unterobjekte innerhalb von MTEXT-Objekten und nach außen hin eben Textobjekte. Und über die Eigenschaften dieser Textobjekte können Sie per EIGENSCHAFTEN-MANAGER oder SCHNELLEIGENSCHAFTEN die BESCHRIFTUNGSEIGENSCHAFT mit **ja** aktivieren und dann darunter anstelle der TEXTHÖHE die PAPIERBEREICHSHÖHE eingeben.

9.9 Tabellen

TABELLEN können in AutoCAD-Zeichnungen ähnlich wie in Excel gestaltet werden und können auch kleine Berechnungen enthalten. Über den Befehl TABELLENSTIL lassen sich Vorgaben bezüglich Linienstärken, Farben und die Abmessungen der Tabellenfelder definieren. Tabellen sind *keine* Beschriftungsobjekte. Sie können nicht automatisch skaliert werden und gehören deshalb in den Papierbereich des Layouts, das ja 1:1 geplottet wird.

ZEICHNEN UND BESCHRIFTUNG	Icon	Befehl	Kürzel
START|BESCHRIFTUNG|TABELLE oder BESCHRIFTEN|TABELLEN|TABELLE		TABELLE	TB
START|BESCHRIFTUNG ▼ |TABELLENSTIL oder BESCHRIFTEN|TABELLEN|↘		TABELLENSTIL	TS

Beim Einfügen einer Tabelle wählen Sie zuerst einen Tabellenstil aus. Der Tabellenstil legt die Gestaltung der Titelleiste (Titel), der Spaltenköpfe (Header) und der Datenfelder (Daten) fest. Über einzelne Registerblätter können Sie Einstellungen wie Hintergrundfarbe, Textstil und -höhe, sowie Zellenumgrenzungen festlegen. Auch im Befehl TABELLE können Sie über einen entsprechenden Button noch zum Tabellenstil verzweigen.

Dann können Sie zwischen drei Einfügeoptionen wählen:

- LEERE TABELLE – wird nachträglich manuell mit Daten gefüllt.
- DATENVERKNÜPFUNG – verknüpft mit einer externen Excel-Tabelle.
- OBJEKTDATEN – können aus der Zeichnung gewählt werden. Dazu muss die Zeichnung schon auf der Festplatte gespeichert sein. Es erscheint ein ASSISTENT ZUR DATENEXTRAKTION mit folgenden Schritten:
  - Neue Extraktion erstellen,
  - Gegebenenfalls die Objekte wählen,
  - Objekte noch durch Aktivieren/Deaktivieren filtern,
  - Gewünschte Eigenschaften wählen (zum Beispiel Kreisfläche), dabei erst eine Kategorie, dann die Eigenschaft wählen,
  - Daten verfeinern, identische zusammenführen, Namensspalte und Sortierung aussuchen,
  - Ausgabe wählen für eine Tabelle in der Zeichnung und/oder eine externe Datei

Wichtig: Tabelle kein Beschriftungsobjekt

Die Tabelle ist kein Beschriftungsobjekt, das mit der Option Beschriftung erzeugt werden könnte. Deshalb sollte man sie nur im Papierbereich des Layouts verwenden, der stets 1:1 geplottet wird. Wollen Sie sie trotzdem im Modellbereich verwenden, müssten Sie sie mit dem Kehrwert vom Plotmaßstab skalieren. Einfacher ist es dann, sie im Layout zu erstellen und mit dem Befehl Start|Ändern▼|Berwechs skaliert in den Modellbereich zu bringen.

Andererseits reagiert die Tabelle auf Feldbeschriftungen, die mit dem Typ Beschriftung und entsprechend veränderter Modelltexthöhe erzeugt werden, indem die betreffenden Felder und Spalten entsprechend gestreckt werden. Die Tabellen-Spalten und -Zeilen passen sich also den Texten nachträglich an.

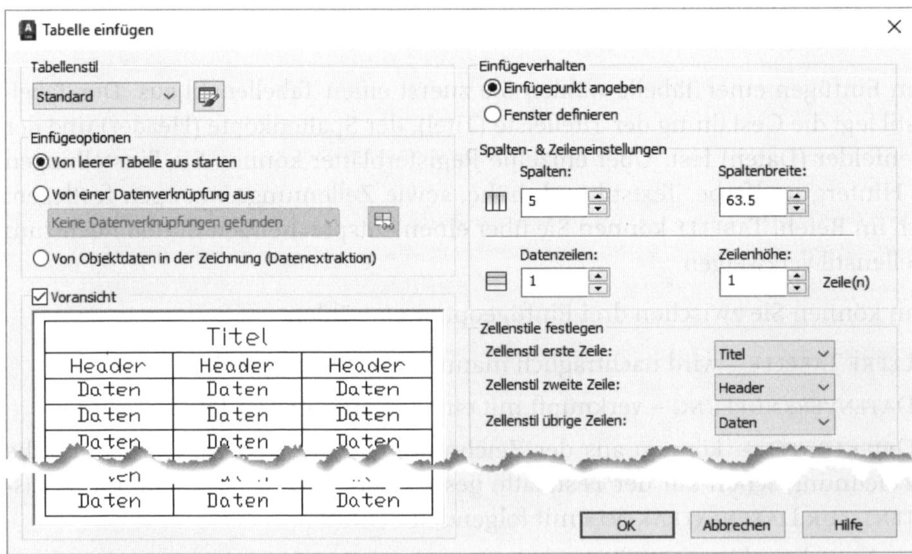

Abb. 9.33: Dialogfeld des Tabelle-Befehls

Für das Positionieren der Tabelle gibt es die zwei Optionen Einfügepunkt angeben oder Fenster definieren. Im ersten Fall wird die Tabelle mit *fester Spaltenbreite* und *zwei Zeilen* eingefügt. Im zweiten Fall wird die *Spaltenbreite* und die *Anzahl der Zeilen* so eingerichtet, dass die Tabelle in das aufgezogene Fenster passt. Zur Beschriftung der Tabellenfelder und auch der Titelleiste durch Anklicken steht dann der MText-Editor zur Verfügung. Die Höhe der Tabellenfelder ist durch die Texthöhe festgelegt, die im Tabellenstil eingetragen ist. Der Vorgabewert für die Texthöhe im Stil Standard ist 4.5 für die Tabellenfelder und 6 für die Titelleiste. Wenn Spalten oder Zeilen hinzugefügt werden sollen, markieren Sie eine Zelle mit einem einfachen Klick und rufen mit Rechtsklick das Kontextmenü auf.

Dort und in der Tabellen-Multifunktionsleiste werden Funktionen zur Spalten- oder Zeilenmanipulation angeboten. Zum Bearbeiten des Zelleninhalts müssen Sie auf die Zelle doppelklicken.

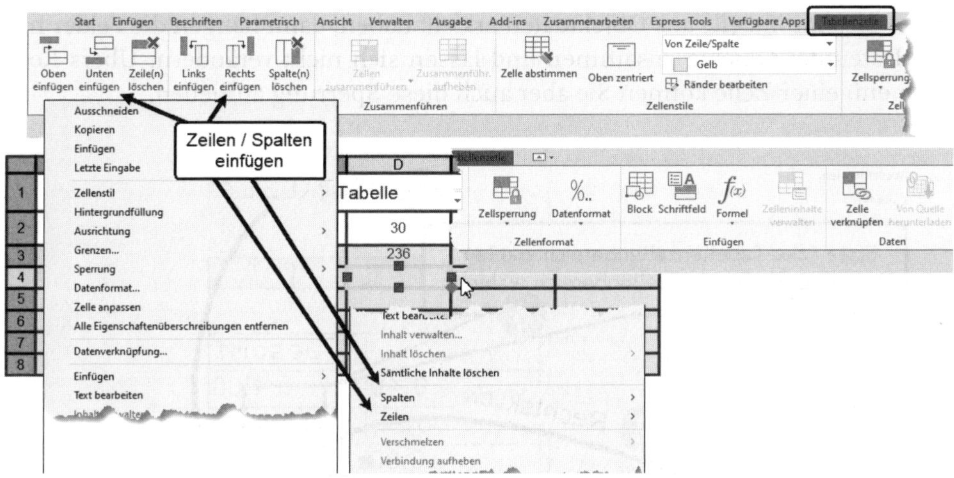

Abb. 9.34: Tabellenbearbeitung

Tabelle verwalten

	A	B	C	D	E	F
1	Übungstabelle					
2	Bezeichnung	Anzahl	Gewicht	Länge	Preis	Gesamt
3	Schraube	10	17 g	60	0,40	4.00
4	Mutter	10	5 g		0,25	=B4*E4
5	Scheibe	10	2 g		0,03	0.30

Abb. 9.35: Tabelle mit Berechnungsformel

In die Tabellenfelder können auch Berechnungsformeln nach dem Excel-Schema eingegeben werden. Eine Formel beginnt immer mit einem Gleichheitszeichen. Andere Tabellenfelder können adressiert werden, indem man wie in der angedeuteten Zeilen- und Spaltenzählung die Spalte mit Buchstaben und die Zeile mit einer Zahl bezeichnet. Im Beispiel werden die Inhalte der Spalte B3 (Anzahl Schrauben) und E3 (Preis einer Schraube) miteinander multipliziert.

Im Kontextmenü einer mit einem Klick markierten Zelle gibt es unter EINFÜGEN| FORMEL auch feste Berechnungsformeln wie SUMME, DURCHSCHNITT und ANZAHL. Zur Summenbildung werden die zu summierenden Felder mit einer Box markiert. Die Box muss im Innern der betreffenden Felder bleiben (Abbildung 9.35).

Wenn Sie ein Tabellenfeld anklicken, wird Ihnen auch das blaue Karo in der Ecke rechts unten auffallen. Dahinter verbirgt sich die Funktion für das automatische Füllen, wie es auch in Excel möglich ist. Wenn Sie das Feld an diesem Karo in benachbarte Felder ziehen, werden diese automatisch mit Werten gefüllt. Dabei werden auch Füllregeln angewendet. Sie können diese Regeln über Rechtsklick wählen. Eine *ganze Zahl* wird normalerweise hochgezählt. Wenn Sie *zwei Felder* mit ganzen Zahlen markiert haben, wird mit der *gleichen* Schrittweite weitergerechnet.

Wenn Sie eine Tabelle aus Objektdaten erstellt haben, dann hängen die Felder mit den Daten der Objekte zusammen und lassen sich nicht verändern. Übers Kontextmenü einer Zelle können Sie aber auch diese Sperrung aufheben.

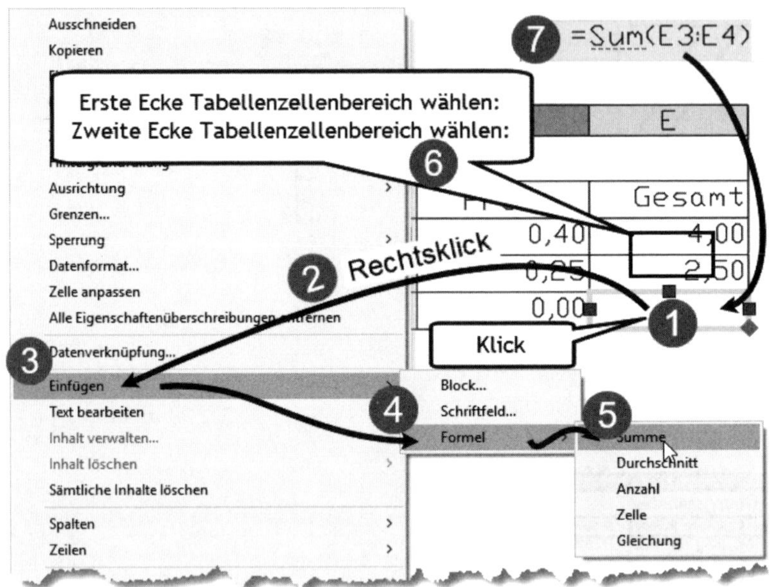

Abb. 9.36: Anwendung der Summenfunktion in Tabelle

9.9.1 AutoCAD-Tabelle – Excel-Tabelle

Sie können AutoCAD-Tabellenobjekte nach Excel exportieren und auch Excel-Tabellen in AutoCAD einfügen, umgewandelt als AutoCAD-Tabellen-Objekt oder Original.

AutoCAD-Tabelle nach Excel

Wenn Sie eine AutoCAD-Tabelle nach Excel exportieren wollen, klicken Sie die Tabelle mit der rechten Maustaste an und wählen im Kontextmenü die Funktion EXPORTIEREN. Damit wird eine Datei mit der Endung *.CSV erstellt. Diese können Sie in Excel einlesen. Dazu wählen Sie in Excel die Funktion DATEI|ÖFFNEN und wählen als Typ TEXTDATEIEN (*.PRN;*.TXT;*.CSV).

Excel-Tabelle nach AutoCAD

Um eine Excel-Tabelle in AutoCAD einzufügen, markieren Sie in Excel den Tabellenbereich. Dann drücken Sie [Strg]+[C], um die Tabelle in die Zwischenablage zu kopieren. Wechseln Sie zu AutoCAD und wählen Sie dort START|ZWISCHENABLAGE|EINFÜGEN▼|INHALTE EINFÜGEN. Im Dialogfeld wählen Sie EINFÜGEN und als TYP suchen Sie AUTOCAD-OBJEKTE aus. Es entsteht eine AutoCAD-TABELLE.

Wenn Sie die Tabelle mit [Strg]+[V] einfügen, bleibt sie als OLE-Objekt zwar eine Excel-Tabelle, aber es ist eine Kopie der Originaltabelle. Sie kann in AutoCAD mit Doppelklick wieder als Excel-Datei bearbeitet werden. Eine Bearbeitung in Excel wird dann mit DATEI|SCHLIEßEN beendet. Diese Funktion kehrt zu AutoCAD zurück. Das OLE-Objekt ist dann geändert, die Originaltabelle bleibt unverändert.

9.9.2 Direkte Datenverknüpfung zwischen Tabelle und Excel-Datei

Um eine direkt mit einer Excel-Datei verknüpfte Tabelle in AutoCAD anzulegen, erstellt man zuerst eine DATENVERKNÜPFUNG.

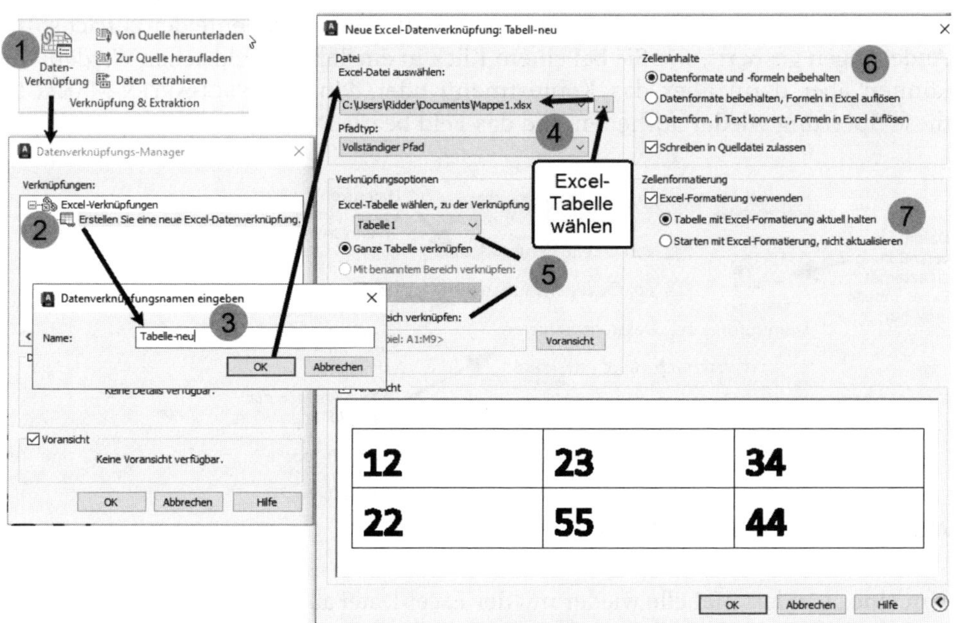

Abb. 9.37: DATENVERKNÜPFUNG zu einer Excel-Datei erstellen

Eine Tabelle kann dann mit dem Befehl TABELLE wie oben beschrieben *aus dieser Excel-Datei* über die *Datenverknüpfung* erzeugt werden und ist dann direkt mit ihr verknüpft.

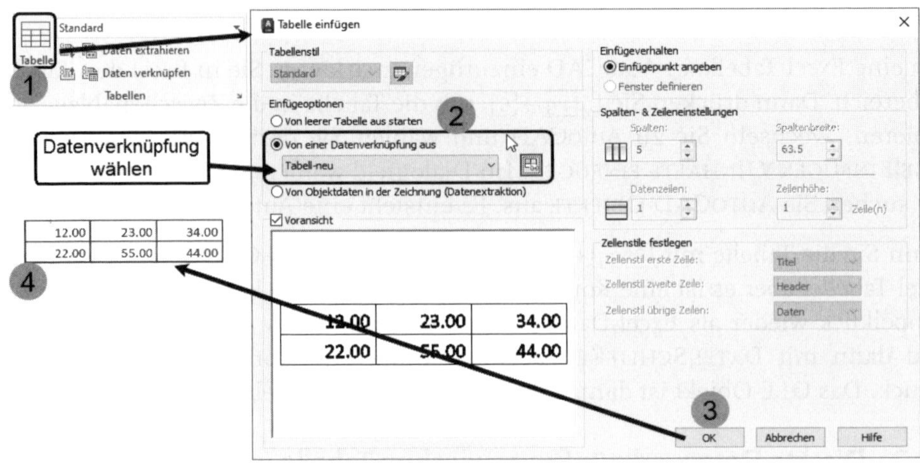

Abb. 9.38: Einfügen der verknüpften TABELLE

Auch wenn Sie mit EINFÜGEN|VERKNÜPFUNG & EXTRAKTION|DATEN EXTRAHIEREN (nicht LT) eine Tabelle *und* eine externe Excel-Datei erstellt haben, sind beide miteinander verknüpft. In diesen Fällen werden die AutoCAD-Tabellenfelder zunächst für Änderungen gesperrt, wie Sie bei einem Klick in ein Tabellenfeld sehen werden. Sie können aber dann über das Kontextmenü oder den EIGENSCHAFTEN-MANAGER diese Sperrung wieder aufheben und das Feld bearbeiten.

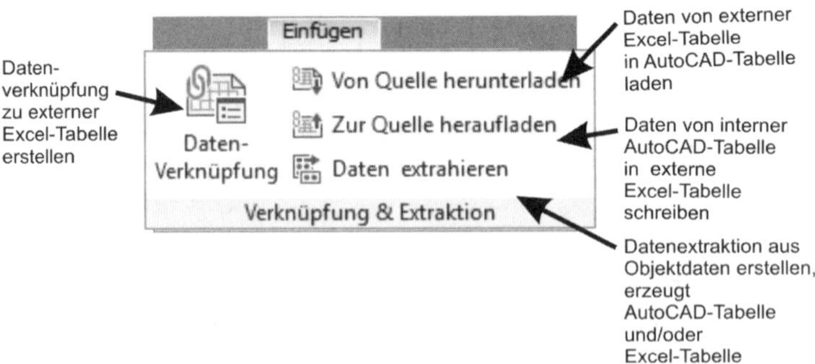

Abb. 9.39: Übersicht der Tabellendatenverknüpfungen

Um eine geänderte Tabelle wieder mit der Excel-Datei abzugleichen, müssen Sie die ganze Tabelle anklicken und im dazugehörigen Kontextmenü die Option DATENVERKNÜPFUNGEN IN EXTERNE QUELLE SCHREIBEN wählen. Wenn Sie umgekehrt den Inhalt der eventuell geänderten Excel-Datei wieder in die AutoCAD-Tabelle übernehmen wollen, wählen Sie im gleichen Kontextmenü TABELLENDATENVERKNÜPFUNGEN AKTUALISIEREN.

Mit dieser Funktionalität steht Ihnen eine sehr flexible Tabellenverwaltung zur Verfügung. Voraussetzung dafür ist natürlich, dass Sie eine Excel-Lizenz besitzen.

9.10 Schraffur

Die SCHRAFFUR ist wieder ein Objekt, für das die *Beschriftungseigenschaft* aktiviert werden kann, damit sie unter verschiedenen Maßstäben in Layout-Ansichtsfenstern später mit gleichen Abständen erscheint.

Da Schraffuren normalerweise auf einem anderen Layer als die übrige Konstruktion erstellt werden, gibt es die Möglichkeit, *im* Schraffurbefehl einen anderen als den aktuellen Layer als *Vorgabe für Schraffurobjekte* einzustellen.

Der SCHRAFFURBEFEHL startet mit einer Dialogzeile und einer spezifischen MULTIFUNKTIONSLEISTE.

```
Befehl: _hatch
SCHRAFF Internen Punkt wählen oder [objekte Wählen Einstellungen]:
```

ZEICHNEN UND BESCHRIFTUNG	Icon	Befehl	Kürzel
START|ZEICHNEN|SCHRAFFUR		SCHRAFF, GSCHRAFF	SCH,GS
START|ZEICHNEN|▼ABSTUFUNG		ABSTUF	ABS
START|ÄNDERN▼|SCHRAFFUR BEARBEITEN oder ANKLICKEN		SCHRAFFEDIT	SE

Der Schraffurbefehl kann auch über den Namen des Schraffurmusters direkt aufgerufen werden:

```
Befehl: ANSI31 [Enter]
```

Der Schraffurbefehl startet dann gleich mit dem Muster **ANSI31** anstatt mit dem vorprogrammierten Muster ANGLE.

Die Schraffurdetails werden meist über die *kontextabhängige Multifunktionsleiste* getätigt. Sehr nützlich ist aber auch die Aktivierung eines großen Gesamtdialogfelds über OPTIONEN. Die Bedienung mit der Multifunktionsleiste ist in Abbildung 9.40 angedeutet:

1. Wählen Sie ein *Schraffurmuster* aus, üblicherweise ANSI31.
2. Wenn sich die Schraffur *verschiedenen Maßstäben* anpassen soll, aktivieren Sie BESCHRIFTUNG. Die Schraffur ist nämlich wie Texte und Schriftfelder wieder ein Objekt, das die BESCHRIFTUNGS-Eigenschaft besitzen kann und damit in jedem Ansichtsfenster des Layouts unabhängig vom Maßstab mit gleichem Schraffurabstand dargestellt werden kann.

3. Für den Schraffur-Befehl kann ein eigener Layer eingestellt werden, sodass unabhängig vom aktuellen Layer eine Schraffur stets auf einem *speziellen Layer* erstellt wird.
4. Falls nötig können Sie *Schraffurabstand* (Vorgabe bei Standardschraffuren ca. 3 Einheiten) und *-winkel* noch mit einem Faktor bzw. einem zusätzlichen Drehwinkel variieren.
5. Eine besondere Behandlung ist ggf. für *Schraffurinseln* nötig. Dazu wählen Sie unter OPTIONEN die INSELEINSTELLUNGEN.
6. Sie können beim Befehl SCHRAFF die Schraffurgrenzen automatisch ermitteln lassen, indem Sie mit UMGRENZUNGEN|PUNKTE WÄHLEN (ist als Vorgabe aktiviert) in eine geschlossene Kontur hineinklicken. AutoCAD bestimmt ausgehend von der angeklickten Bildschirmposition automatisch die nächste geschlossene Kontur, die diese Position einschließt. Nachdem die äußere Kontur eines Schraffurgebietes durch Hineinklicken berechnet wurde, wird normalerweise nach innen die nächste geschlossene Kontur als Insel erkannt. Auf gleiche Art und Weise werden weitere Inseln oder in diesen Inseln wieder zu schraffierende Gebiete ermittelt (Abbildung 9.40 und 9.41).
7. Die Schraffur wird mit SCHRAFFURERSTELLUNG SCHLIEßEN erzeugt.

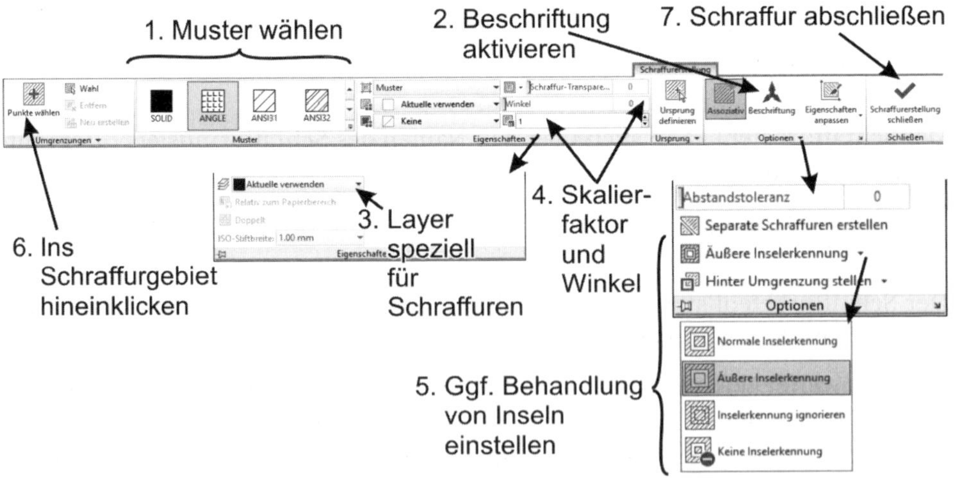

Abb. 9.40: SCHRAFF-Befehl

Wichtig

Mit der Standardvorgabe des Befehls wird die Schraffur bequem durch Hineinklicken in eine geschlossene Kontur erzeugt (Option INTERNEN PUNKT WÄHLEN). Sie können dies aber in der Befehlszeile umstellen auf die Option OBJEKTE WÄHLEN. Damit müssen Sie dann die Begrenzungsobjekte einzeln auswählen. Achten Sie hier auf die Option in der Befehlszeile!

Tipp: Schraffurgrenzprobleme

Bei Erzeugung einer Schraffur müssen die Grenzen möglichst vollständig auf dem Bildschirm liegen, sonst meldet AutoCAD *Keine gültige Schraffurumgrenzung gefunden*. Um das zu vermeiden, können Sie vor der Umgrenzungsbestimmung (5.) unter UMGRENZUNGEN▼ mit der Schaltfläche NEUEN UMGRENZUNGSSATZ AUSWÄHLEN die Umgrenzungsobjekte vorwählen. Dann entfällt die Beschränkung auf den Bildschirmausschnitt.

Auch dürfen Lücken in der Schraffur auftreten, wenn Sie dafür unter OPTIONEN| ABSTANDSTOLERANZ einen angemessenen Maximalwert eingegeben haben.

Nachträglich können Sie die Umgrenzung noch durch weitere Objekte wie Texte, die als Inseln wirken sollen, mit UMGRENZUNGEN|WAHL ergänzen.

Der Schraffurbefehl ist im Laufe der Jahre sehr komfortabel geworden. Er erkennt nicht nur automatisch die Konturen als Grenzen und Inseln, sondern auch *Textobjekte*, *Bemaßungstexte* und Konturen in *Blöcken*. Hinzu kommt noch, dass die Schraffur assoziativ ist (Abbildung 9.42) und sich somit bei Modifikation der Grenzen automatisch mit ändert. Schraffureigenschaften wie MUSTER, WINKEL und SKALIERUNG können editiert werden.

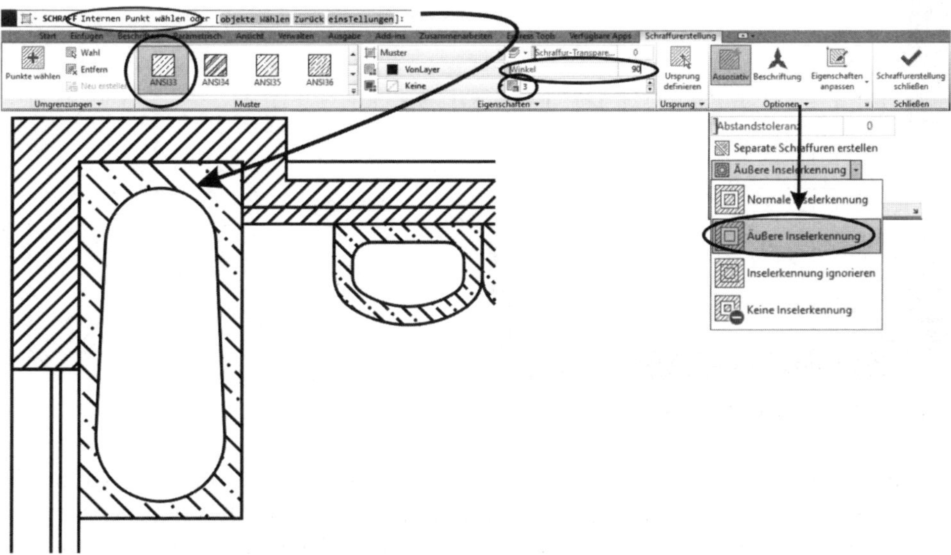

Abb. 9.41: Schraffur mit automatischer Inselerkennung

Die verfügbaren Muster verwenden außerdem vorgegebene Schraffurgrößeneinstellungen aus der Datei **acadiso.pat**. Die ursprünglichen Linienabstände können Sie eigentlich nur durch Analyse der Musterdatei erfahren. Dort finden Sie für

ANSI31 beispielsweise 3.1 Zeicheneinheiten, bei den ACADISO-Schraffuren 5 und beim Fliesenmuster AR-B88 gar 203 Zeicheneinheiten. Um nachher einen bestimmten Schraffurabstand zu erzielen, müssen Sie deshalb für SKALIERUNG den richtigen Faktor eingeben, der je nach Muster stark variieren kann. Für Fliesenmaße von 10 cm Seitenlänge ergibt sich dann als Faktor für die AR-B88-Fliesen: 0.0492126, und für das AR-HBONE-Parkett: 0.0984252.

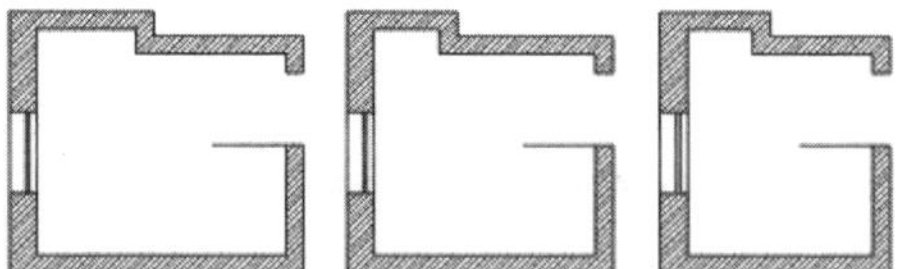

Abb. 9.42: Assoziativität der Schraffur bei unterschiedlich gestreckten Formen

Für Bauzeichnungen ist auch das Schraffurmuster SOLID interessant, das eine vollständige Füllung der Objekte bewirkt. ANSI33 ist für Beton verwendbar. Interessant sind auch die übrigen Muster, die alle unter der Gruppe MUSTER zu finden sind.

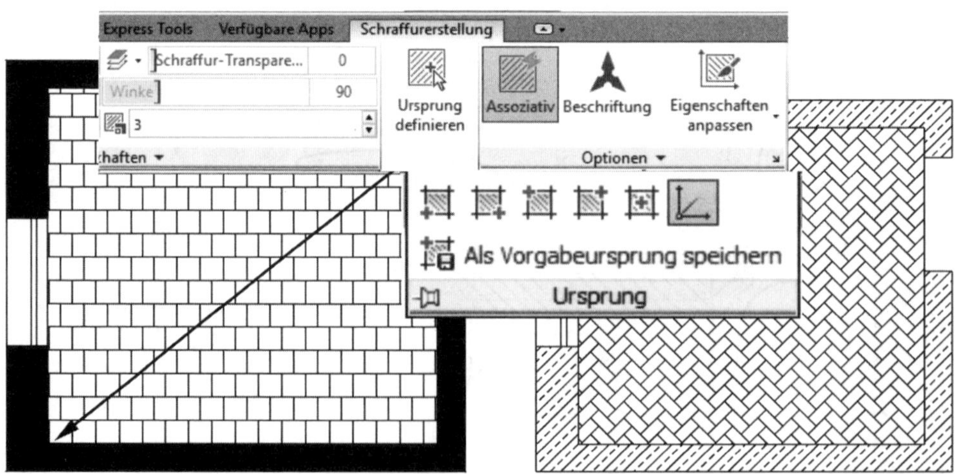

Abb. 9.43: Verschiedene Muster: SOLID, ANSI33, FLIESEN, PARKETT

Für das Auslegen von Fußböden mit Fliesen ist es interessant, den Nullpunkt gezielt angeben zu können. Das können Sie über URSPRUNG|URSPRUNG DEFINIEREN erreichen. Weitere Optionen für die Festlegung des Schraffurursprungs sind unter URSPRUNG▼ zu finden:

- UNTEN LINKS, UNTEN RECHTS, OBEN LINKS, OBEN RECHTS – definiert den Ursprung über eine der 4 Ecken Ihres Schraffurbereichs. Wenn das Schraffurgebiet nicht rechteckig ist, denken Sie es sich zum Rechteck ergänzt.

- ZENTRUM – definiert den Ursprung über den Mittelpunkt Ihres Schraffurbereichs.
- AKTUELLEN URSPRUNG WÄHLEN – verwendet den zuletzt als Vorgabe-Ursprung definierten Punkt.
- ALS VORGABE-URSPRUNG SPEICHERN – speichert diesen Ursprungspunkt, damit Sie ihn beim nächsten Mal mit der Option AKTUELLEN URSPRUNG WÄHLEN weiterbenutzen können.

Interessant sind noch die verschiedenen Modi zur Inselerkennung. Sie finden diese unter OPTIONEN▼:

- NORMALE INSELERKENNUNG – schraffiert wird vom Klickpunkt aus gesehen zwischen der Außenkontur und der nächsten Insel innen. Liegt darin eine weitere Insel, wird diese wieder schraffiert usw.
- ÄUßERE INSELERKENNUNG – schraffiert wird vom Klickpunkt aus gesehen nur zwischen der Außenkontur und der nächsten Insel innen.
- INSELERKENNUNG IGNORIEREN – Inseln werden hierbei ignoriert und die Schraffur geht dann darüber hinweg. Diese Inselerkennung kann später aber noch editiert werden, also in eine der obigen Optionen umgewandelt werden.
- KEINE INSELERKENNUNG – Inseln werden hierbei komplett ignoriert. Solche Inseln können später durch Wahl zusätzlicher Umgrenzungen noch hinzugefügt werden.

Unter den EIGENSCHAFTEN können Sie auch die Schraffur-FARBE unabhängig vom Layer festlegen, außerdem eine Farbe für den HINTERGRUND und auch die TRANSPARENZ der Schraffur. Es ist beispielsweise nützlich, falls Sie Vollschraffuren mit dem Muster KOMPAKT bzw. SOLID zur Andeutung der Flächennutzung verwenden, dass Sie diese mit TRANSPARENZ durchsichtig gestalten können.

9.10.1 Assoziativität der Schraffur

Die Schraffur in AutoCAD ist standardmäßig *assoziativ*, das heißt, sie kennt ihre Grenzobjekte und passt sich bei deren Veränderung an. So können Sie beispielsweise wie in Abbildung 9.44 nach dem Schraffieren noch das WC verschieben, wobei sich die Schraffur ohne zusätzlichen Aufwand automatisch anpasst. Wenn Sie das nachvollziehen, achten Sie darauf, dass Sie nur die Objekte zum Verschieben wählen, die zum WC gehören. Sollten Sie nämlich aus Versehen die Schraffur selbst wählen, dann verliert sie die Assoziativität. Die Schraffur selbst dürfen Sie also nicht verschieben, nur deren Grenzobjekte. Bei zu großen Veränderungen in der Schraffurumgrenzung wird meist die Assoziativität verloren gehen. Bei einer Schraffur *ohne* Assoziativität können Sie dann die Grenzkurven auch mit den Griffen bearbeiten wie bei der Polylinie.

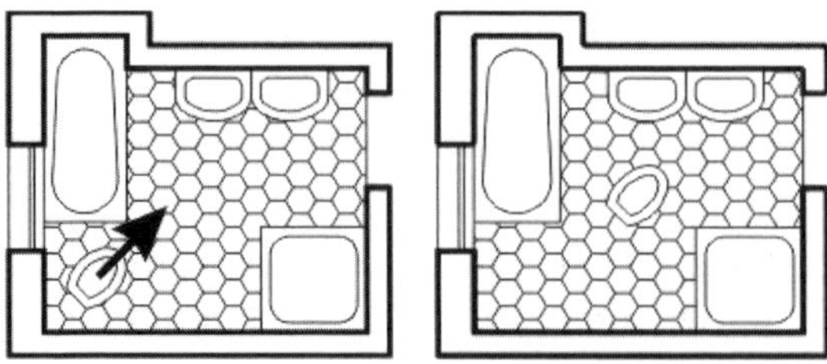

Abb. 9.44: Beispiel für Assoziativität der Schraffur

Tipp: Objektwahlverknüpfung zwischen Schraffur und Grenze

Es gibt im Befehl OPTIONEN im Register AUSWAHL unter AUSWAHLMODI die harmlos klingende Option ASSOZIATIVSCHRAFFUR. Ein Häkchen hier bewirkt, dass bei *jeder Objektwahl* Ihrer Assoziativschraffur auch gleich die dazugehörigen *Grenzobjekte mitgewählt* werden. Das ist besonders fatal, wenn Sie nur mal so Ihre Schraffur löschen wollen. Dann ist in unseren Beispielen auch gleich das halbe Badezimmer weg! Sie sollten am besten hier das Häkchen herauslassen.

Tipp: Sichtbarkeit von Schraffuren

Der Befehl FÜLLEN schaltet nicht nur für die Objekte RING, BAND, SOLID und POLYLINIE die Flächenfüllung ein und aus, sondern steuert auch die Anzeige von Schraffuren. Die Befehle RING, BAND, SOLID und PLINIE erzeugen an sich gefüllte Objekte. Wenn jedoch über den Befehl FÜLLEN diese Füllung ausgeschaltet ist, erscheinen nur deren Randkurven und einige zusätzliche Linien, die die Füllung andeuten. Das Umschalten mit FÜLLEN wird immer erst sichtbar, nachdem Sie den Befehl REGEN, Kürzel RG gegeben haben.

Tipp: Schraffuren *ohne* Begrenzungsobjekte

Eine Schraffur kann mit dem Befehl –SCHRAFF und Option UMGRENZUNG ZEICHNEN auch ohne Begrenzungsobjekte direkt durch Zeichnen einer polygonalen Kontur und Option SCHLIEßEN am Ende erzeugt werden. Zeichnen Sie dann weitere Umrisse und beenden Sie den Befehl mit `Enter` `Enter`. Die dabei intern erzeugte Polylinie kann wahlweise behalten werden oder nicht (Vorgabe).

9.10.2 Benutzerdefinierte Schraffur

Während die normale oben beschriebene Schraffur vorgegebene Muster mit vorgegebenen Schraffurgrößeneinstellungen aus der Datei **acadiso.pat** verwendet, gibt es auch die Möglichkeit, eine einfache benutzerdefinierte Schraffur direkt mit *selbst eingestelltem Abstand und Winkel* zu erstellen. Sie aktivieren solch eine Schraffur, indem Sie in der Gruppe Muster die Musterpalette bis ganz unten aufblättern und dort Benutzerdefiniert wählen. Bei dieser Schraffurart wird auf keine Musterdatei mit gegebenen Abständen zurückgegriffen, sondern Sie geben in der Gruppe Eigenschaften unter Winkel und Schraffurabstand direkt den absoluten Winkel und den absoluten Abstand ein. Bei Eigenschaften▼|Doppelt wird zusätzlich eine Kreuzschraffur angeboten.

9.10.3 Schraffur mit Farbverlauf

Sie können im Schraffur-Dialog unter Eigenschaften statt **Muster** auch **Abstufung** wählen, um eine Schraffur mit Farbverlauf zu erzeugen. Alternativ gibt es den Aufruf Start|Zeichnen|Schraffur▼|Abstufung. Sie können alternativ auch einfach das Musterfeld der normalen Schraffur komplett aufblättern und aufziehen, um alle Muster inklusive der Verlaufsschraffuren zu sehen. Verlaufsschraffuren können einfarbig oder zweifarbig gestaltet werden. Die Farben können über die Farbwahl und weiter über Farben auswählen aus den Quellen Indexfarbe, True-Color oder Farbbücher (RAL, PANTONE) ausgewählt werden. Winkel und Zentrierung können variiert werden.

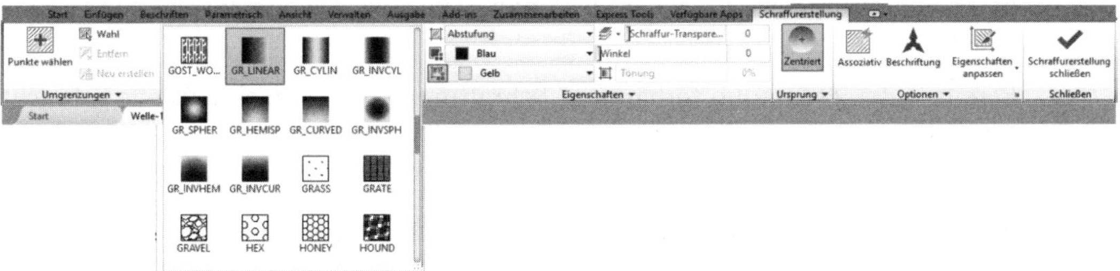

Abb. 9.45: Verlaufsschraffur

> **Tipp: Schraffuren in den Hintergrund**
>
> Für Schraffuren ist es wichtig, eine Option zu haben, die sie hinter andere Objekte wie etwa Texte in den Hintergrund legt. Der Befehl dazu heißt Hatchtoback.

Zeichnen und Beschriftung	Icon	Befehl	Kürzel
Start|Ändern▼|▼Schraffuren nach hinten		Hatchtoback	Hb

9.10.4 SCHRAFFEDIT

Schraffureigenschaften wie Muster, Winkel und Skalierung können nachträglich editiert werden. Sie können die Schraffur jederzeit mit dem Befehl Schraffedit oder mit Start|Ändern ▼|Schraffur editieren. Noch schneller startet der Schraffureditor automatisch bei einem Klick auf die Schraffur. Für einfache Änderungen können Sie nach dem Anklicken auch den multifunktionalen Griff am Schwerpunkt mit den Funktionen STRECKEN, AUSGANGSPUNKT, SCHRAFFURWINKEL und SCHRAFFURSKALIERUNG nutzen.

Insbesondere können Sie mit dem SCHRAFFUREDITOR nachträglich noch Inseln zur Schraffur hinzufügen. Das ist wichtig, wenn Sie nach Erstellen der Schraffur noch Texte oder Bemaßungen erzeugt haben, die über der Schraffur liegen. Diese Objekte können Sie dann noch aus der Schraffur aussparen, indem Sie UMGRENZUNGEN|WAHL verwenden und die Texte oder Bemaßungen anklicken.

Die Schraffurumgrenzungen *ohne Assoziativität* lassen sich nach *Anklicken* nachträglich noch bearbeiten wie eine *Polylinie*. Es können also Segmente hinzugefügt und entfernt werden, Liniensegmente in Bögen und umgekehrt Bögen in Linien umgewandelt werden.

9.10.5 Schraffieren mit Werkzeugpaletten

Auch die Werkzeugpaletten unter ANSICHT|PALETTEN|WERKZEUGPALETTEN bzw. [Strg]+[3] können benutzt werden, um Schraffuren nach der *Drag&Drop*-Methode in ein Schraffurgebiet zu ziehen. Es gibt bereits eine vorbereitete Palette SCHRAFFUREN.

Bereits in der Zeichnung vorhandene Schraffuren können in eine Palette gebracht werden:

- Zuerst klicken Sie die Schraffur an,
- dann wählen Sie nach einem Rechtsklick im Kontextmenü KOPIEREN,
- dann klicken Sie die Palette an und
- wählen nach Rechtsklick im Kontextmenü EINFÜGEN.

Ein solches Werkzeug in der Palette können Sie nach Rechtsklick über die Option EIGENSCHAFTEN auch noch bearbeiten.

Die Schraffurmuster in der Werkzeugpalette lassen sich auch über Winkel und Skalierungsfaktor noch anpassen. Sie können hier auch Muster kopieren und umbenennen und damit ganz individuell an Ihre Wünsche anpassen. Hierbei können Sie auch schon den Layer bestimmen, auf dem die Schraffur dann eingefügt wird.

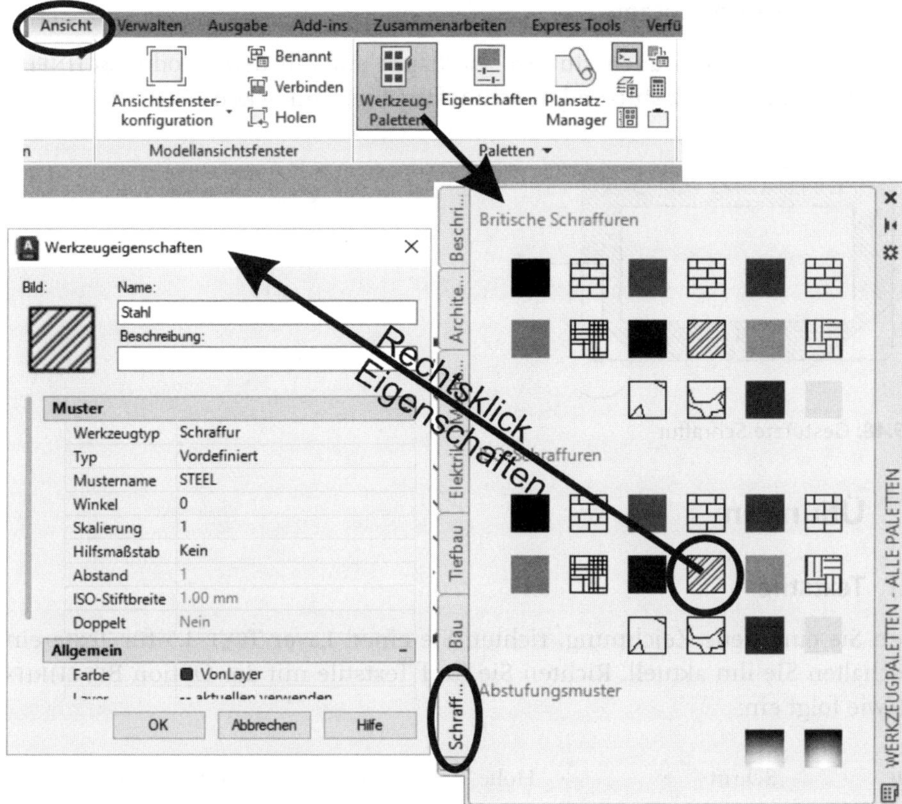

Abb. 9.46: Schraffurparameter auf Palette einstellen

9.10.6 Schraffuren spiegeln

Es ist möglich, Schraffuren zu spiegeln, ohne dass die Richtung der Schraffurlinien mitgespiegelt wird. Dafür ist die Systemvariable MIRRHATCH auf den Vorgabewert **0** gesetzt. Das erlaubt nun auch, bei Schnitten durch Drehteile zunächst nur eine Hälfte zu zeichnen und dann die Kontur mitsamt Schraffur zu spiegeln, um den Vollschnitt zu erhalten (Abbildung 9.47). MIRRHATCH mit Wert **1** würde auch die Schraffurrichtung spiegeln.

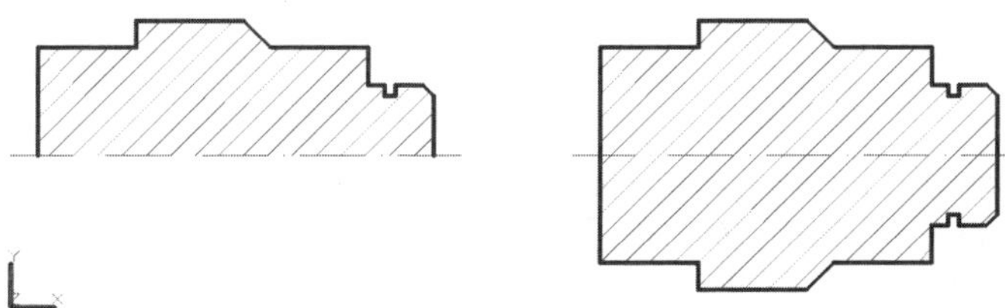

Abb. 9.47: Spiegeln von Konturen mitsamt Schraffur beim Drehteil

9.10.7 Schraffuren stutzen

Sie können Schraffuren auch stutzen. Es klappt gut mit dem Modus SCHNELL, indem Sie einfach die zu stutzenden Schraffurgebiete anklicken.

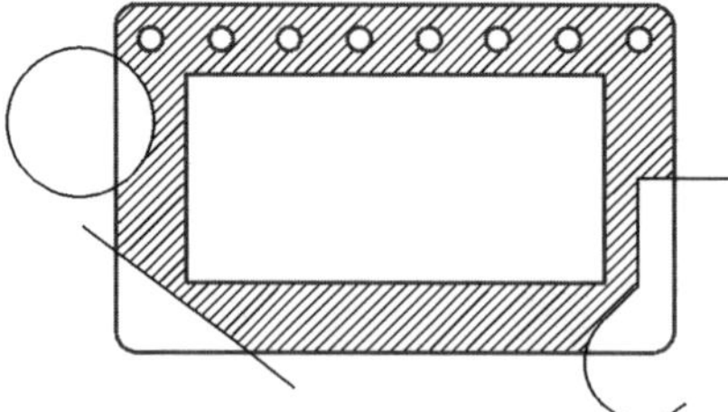

Abb. 9.48: Gestutzte Schraffur

9.11 Übungen

9.11.1 Textstile

Starten Sie eine neue Zeichnung, richten Sie einen Layer TEXT 3.5 für Texte ein und schalten Sie ihn aktuell. Richten Sie fünf Textstile mit der Option BESCHRIFTUNG wie folgt ein:

Name	Schrift	Höhe	Breitenfaktor	Neigungswinkel
Normal	isocp.shx	3.5	1	0
Klein	isocp.shx	2.5	1	0
Groß	isocp.shx	5	1	0
Sonder	Gothicg.shx	10	1.2	0
Maße	ISOCPEUR.TTF	0	1	0

Testen Sie die Schriften bei verschiedenen Beschriftungsmaßstäben.

9.11.2 Namensschild

Konstruieren Sie sich ein Namensschild. Zeichnen Sie dazu eine Ellipse mit dem Befehl ELLIPSE oder dem Menü ZEICHNEN|ELLIPSE:

```
Befehl: _ellipse
ELLIPSE Achsenendpunkt der Ellipse angeben oder [Bogen Zentrum]: Z[Enter]
ELLIPSE Zentrum der Ellipse angeben: 100,50[Enter]
ELLIPSE Achsenendpunkt angeben: @100,0[Enter]
ELLIPSE Abstand zur anderen Achse oder [Drehung] angeben: @0,20[Enter]
Befehl: _dtext
```

```
Aktueller Textstil:  "Standard"  Texthöhe:  2.5000
TEXT Startpunkt des Texts angeben oder [posItion Stil]: I[Enter]
TEXT Option eingeben [Links Zentrieren Rechts Ausrichten MIttel anPassen
Rechts OL OZ OR ML MZ MR UL UZ UR]: MI[Enter]
TEXT Mittelpunkt des Texts angeben: _cen von Ellipse anklicken.
TEXT Drehwinkel des Texts angeben <0>: [Enter]
Text eingeben: Rumpelstilzchen[Enter]
Text eingeben: [Enter]
```

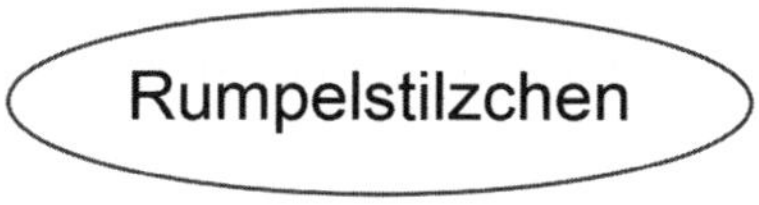

Rumpelstilzchen

Abb. 9.49: Übungstext

9.11.3 Stapeln mit MTEXT

Versuchen Sie, die in der Abbildung 9.50 dargestellten Texte zu erzeugen. Verwenden Sie die Zeichen **/**, **#**, **^** zum Stapeln. Achten Sie bitte darauf, dass das Zeichen ^ erst erscheint, wenn Sie danach das nächste Zeichen eingegeben haben.

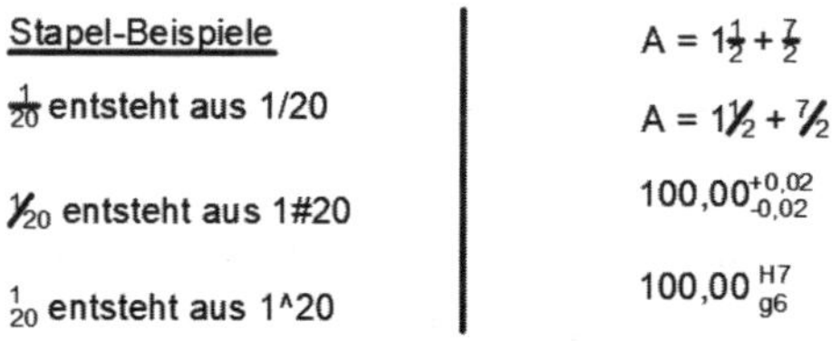

Stapel-Beispiele

$\frac{1}{20}$ entsteht aus 1/20

$^1/_{20}$ entsteht aus 1#20

$^{1}_{20}$ entsteht aus 1^20

$A = 1\frac{1}{2} + \frac{7}{2}$

$A = 1\,^1/_2 + {^7/_2}$

$100{,}00^{+0,02}_{-0,02}$

$100{,}00^{H7}_{g6}$

Abb. 9.50: Übungstexte mit Stapeln

9.11.4 Texte importieren mit MTEXT

Schreiben Sie einen Standardtext, den Sie in jeder Zeichnung brauchen, mit dem Windows-Texteditor. Starten Sie den Editor mit dem Befehl NOTEPAD und geben Sie einen sinnvollen Dateinamen ein. Schreiben Sie den Text und speichern Sie ihn. Importieren Sie diesen Text mit MTEXT A nach AutoCAD, ändern Sie die Farbe in Rot und positionieren Sie ihn unter 30° an beliebiger Stelle. Hier der Text mit absichtlichen Fehlern für die Rechtschreibprüfung:

```
Diese Zeichng derf nihct kapiert werden.
Olle Rächte vorbehalten.
Saus und Braus GmbH
```

9.11.5 Rechtschreibprüfung

Jagen Sie nun die RECHTSCHREIB-PRÜFUNG über alle Ihre Texte. Das Programm wird einiges finden, alles jedoch kann es nicht finden.

- Für `Zeichng` bietet die Rechtschreibprüfung nicht den richtigen Ersatz an, weil die Abweichung in der Länge zu groß ist. Geben Sie also `Zeichnung` ein und klicken Sie auf ÄNDERN.
- Bei `derf` statt `darf` wird das Programm mehrere Wörter anzeigen. Das richtige Wort ist das zweite. Klicken Sie es an und danach ÄNDERN.
- Bei dem Dreher in `nihct` wird das richtige Ersatz-Wort angeboten. Sie klicken nur noch auf ÄNDERN.
- Das Wort `kapiert`, das eigentlich `kopiert` heißen sollte, gibt es im Wörterbuch, sodass es nicht moniert wird.
- Das Wort `Olle` statt `Alle` scheint wieder im Wörterbuch vorhanden zu sein.
- Bei `Rächte` kommt keine Meldung, weil es als Verb `rächte` vorhanden ist.

9.12 Übungsfragen

1. Mit welchem Befehl können Sie die Textanzeige auf die Textberandung reduzieren?
2. Mit welchem der Befehle DTEXT oder MTEXT können Sie *im* Befehl die Bildschirmposition wechseln?
3. Wie geben Sie die Sonderzeichen für Durchmesser, Grad und Plus-Minus ein?
4. Wann erzeugt MTEXT einen automatischen Umbruch und wann schreibt man notfalls über die Grenzen der Textbox hinaus?
5. In welchen Objekten sucht die allgemeine Suchfunktion BESCHRIFTEN|TEXT|TEXT SUCHEN ?
6. Wo hat man Zugriff auf das Benutzerwörterbuch?
7. Welche Option von DTEXT verwenden Sie, um einen Text genau mittig in ein Rechteck einzupassen?
8. Sie geben mit DTEXT einen mehrzeiligen Text ein. Auf welche Zeile beziehen sich die Positionierungsangaben?
9. Mit welchem Textbefehl können Sie einen ganzen Absatz rechtsbündig schreiben?

Kapitel 10

Parametrik (in LT nur passiv)

Sie können in der Vollversion Konstruktionen mit Parametern versehen, um damit auf einfache und schnelle Art Variantenkonstruktionen zu erhalten. Sie können Ihre Konstruktion auch mit Abhängigkeiten versehen, die die Geometrieelemente miteinander in festgelegte Beziehung setzen. In der LT-Version können Sie keine parametrischen Objekte erzeugen, wohl aber die Objekte aus der Vollversion für Parameteränderungen benutzen.

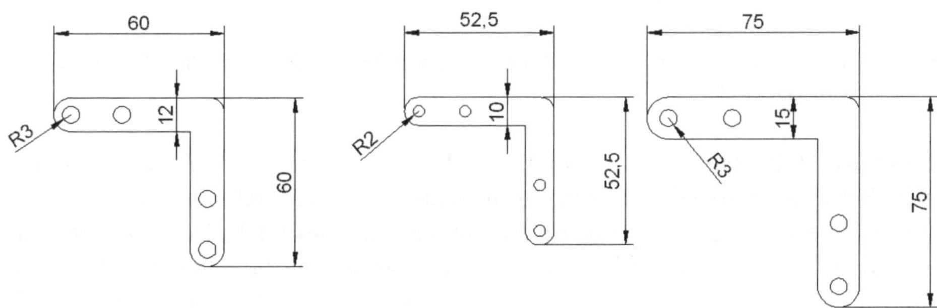

Abb. 10.1: Variantenteil mit voneinander abhängigen Maßen

Ein typisches Beispiel sehen Sie in Abbildung 10.1. Es zeigt ein Teil, das in verschiedenen Größen gebraucht wird. Nun kann man das eben nicht mit dem Befehl START|ÄNDERN|SKALIEREN (VARIA) allein erreichen. Dabei würde nämlich das gesamte Teil mit einem einzigen Faktor skaliert werden. Es würden zum Beispiel die Bohrungen bei Skalierung von Schenkellänge 60 auf 52,5 einen Radius von 3*52,5/60=2,625 bekommen. Es soll aber beispielsweise so skaliert werden, dass die Breite der Schenkel stets 1/5 der Länge beträgt. Die Breite soll eine Ganzzahl sein, und zwar die nächstkleinere. So ergibt sich bei Schenkellänge 52,5 zunächst eine Breite von 10,5 und daraus als nächstkleinere Ganzzahl die 10. Der Radius soll stets 1/4 der Breite sein, aber auch eine Ganzzahl, hier auch die nächstkleinere. Damit ergibt sich aus Breite 15 zunächst ein Radius von 3,75 und daraus dann 3 als nächstkleinere Ganzzahl. So etwas ist nur über rechnerische Verknüpfung und Benutzung von Formeln innerhalb der Bemaßungen möglich. Dazu brauchen Sie die Parametrisierung.

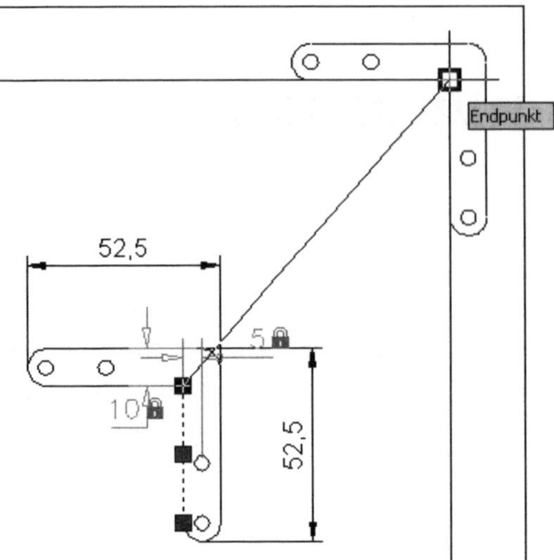

Abb. 10.2: Positionieren eines Teils mit fixierten geometrischen Abhängigkeiten über *einen einzigen* Griff

Abbildung 10.2 zeigt die Verschiebung des Flachwinkels über einen einzigen Griff. Bei einer normalen Konstruktion würde sich dadurch nur die eine angewählte Linie bearbeiten lassen, und zwar wäre in diesem Fall das Strecken der Linie über den Griff am Ende möglich. Hier aber wandert die gesamte Konstruktion mit, weil geometrische Abhängigkeiten zwischen den Linien und Kreisen der Konstruktion vorhanden sind, die den Zusammenhalt gewährleisten. Sie können diese Konstruktion fast an jedem Griff an jedem Einzelobjekt packen und auf eine neue Position ziehen. Ähnliches ist sonst nur mit vorher zu einem Gesamtteil zusammengefügten Blöcken möglich, die im nächsten Kapitel vorgestellt werden. Aber das hier ist gar kein Block. Hier aber handelt es sich um einzelne Linien, Bögen und Kreise, deren gegenseitige geometrische Abhängigkeiten festgelegt (Abbildung 10.3) sind und damit fast das ganze Teil immer in die gleiche geometrische Form zwingen.

Die LT-Version kann zwar Konstruktionen mit Abhängigkeiten verwalten, aber keine neuen Abhängigkeiten erstellen. Somit ist also gewährleistet, dass die in der Vollversion erstellten parametrischen Variantenteile in der LT-Version benutzt werden können und auch über die Parameterlisten als Varianten verändert werden können. Nur neue Abhängigkeiten lassen sich eben nicht mit der LT-Version hinzufügen, aber bestehende können Sie entfernen.

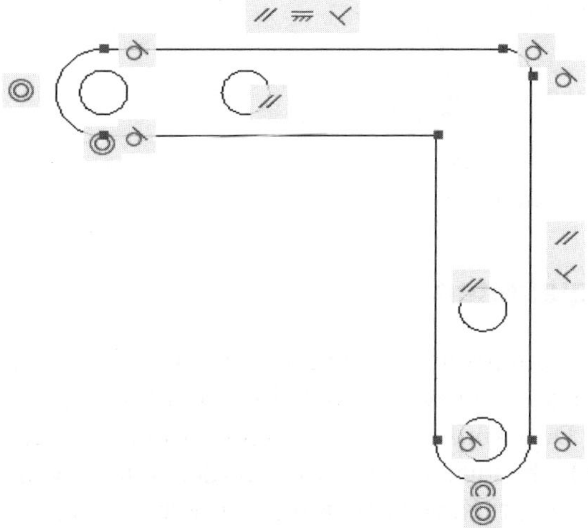

Abb. 10.3: Symbole für die geometrischen Abhängigkeiten

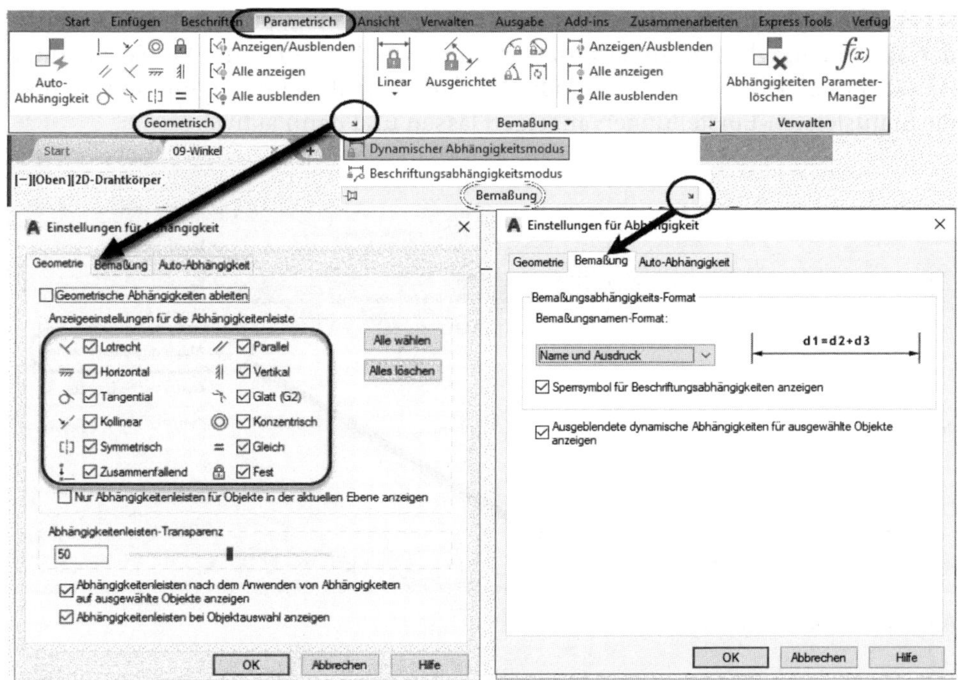

Abb. 10.4: Register PARAMETRISCH mit Grundeinstellungen in der Vollversion

Beim Vergleich der Register von Voll- und LT-Version (Abbildung 10.4, Abbildung 10.5) ist klar zu erkennen, dass in der LT-Version die Werkzeuge zum Erstellen von geometrischen Abhängigkeiten und Bemaßungsabhängigkeiten fehlen.

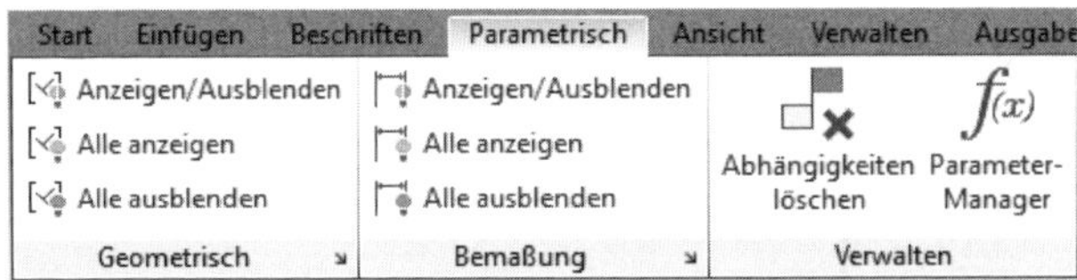

Abb. 10.5: Register PARAMETRISCH in der LT-Version

10.1 Geometrische Abhängigkeiten

Es gibt insgesamt 12 geometrische Abhängigkeiten, Sie finden eine Liste der möglichen Abhängigkeiten, wenn Sie auf das Pfeilsymbol ↘ bei PARAMETRISCH|GEOMETRISCH klicken (Abbildung 10.4). Dort können Sie nämlich einstellen, welche Abhängigkeiten ggf. automatisch an Ihre Objekte angehängt werden sollen, wenn Sie auf den Button PARAMETRISCH|GEOMETRISCH|AUTO-ABHÄNGIGKEIT klicken.

In der Statusleiste der Vollversion können Sie die Zeichenhilfe ABHÄNGIGKEITEN ABLEITEN einschalten. Damit wird die automatische Ableitung von geometrischen Abhängigkeiten aktiviert. Sowie Sie etwas zeichnen, prüft AutoCAD, welche der 12 Abhängigkeiten automatisch erkannt werden können. Die Zeichenhilfe ABHÄNGIGKEITEN ABLEITEN ist standardmäßig nicht aktiviert. Sie müssen sie über die Statusleisten-Einstellungen anzeigen lassen und dann aktivieren.

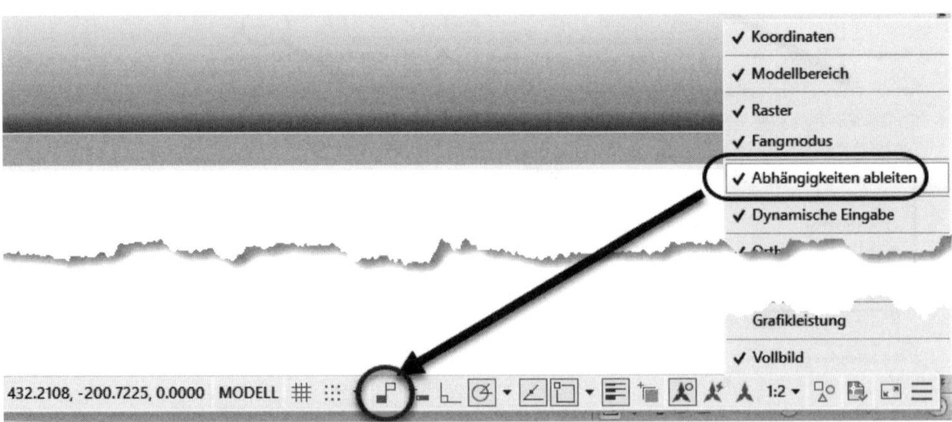

Abb. 10.6: Zeichenhilfe ABLEITEN aktiviert

- LOTRECHT – Mit LOTRECHT können Sie Linien oder Liniensegmente von Polylinien senkrecht zu anderen Linien oder Liniensegmenten stellen. Das erste gewählte Objekt gibt dabei die Richtung an, zu der dann das zweite Objekt lotrecht gestellt wird. Das zweite Objekt wird also gedreht. Der Drehpunkt ist dabei dasjenige Linienende bzw. Segmentende, das der Objektwahlposition am nächsten liegt. In Abbildung 10.7 wurde die untere Linie immer zuerst gewählt, dann die schräge Linie oder das schräge Polyliniensegment darüber jeweils am unteren Ende.

Abb. 10.7: Abhängigkeit LOTRECHT

- HORIZONTAL – HORIZONTAL ist eine absolute Ausrichtung und stellt ein Liniensegment oder lineares Polyliniensegment im absoluten Sinn horizontal, also in Richtung der x-Achse. Bei Drehung des Koordinatensystems mit dem Befehl BKS wird eine derart ausgerichtete Linie nicht mitgedreht. Sie bleibt horizontal in dem ursprünglichen Koordinatensystem. Es wird wieder um das Linienende gedreht, in dessen Nähe Sie das Objekt gewählt haben. In Abbildung 10.8 wurde die schräge Linie am unteren Ende gewählt, das Polyliniensegment am oberen Ende.

Abb. 10.8: Abhängigkeit HORIZONTAL

Mit der Option PUNKTE können auch zwei Punktpositionen horizontal zueinander ausgerichtet werden, beispielsweise das ZENTRUM eines Kreises und der MITTELPUNKT einer Linie.

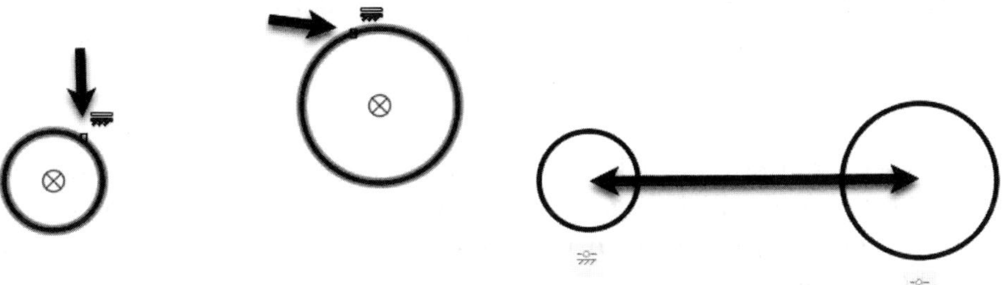

Abb. 10.9: Abhängigkeit HORIZONTAL mit Option 2PUNKTE

- TANGENTIAL – Diese Abhängigkeit ist auf die Kombination zwischen Kreisen, Bögen, Ellipsen und Linien beschränkt. Es werden beide Objekte angeklickt. Das zuerst gewählte bleibt in seiner Lage fixiert (in Fall A die Linie, in Fall B der Kreis, der Bogen und die Ellipse), das zweite Objekt wird derart verschoben, dass es direkt tangential berührt, falls die Länge ausreicht, oder dass seine Verlängerung berührt. Der letzte Zustand ist in Fall A (Abbildung 10.10) beim Bogen zu sehen. Der Bogen berührt die Linie nicht direkt, aber seine Verlängerung würde berühren.

Wichtig

Die Abhängigkeit TANGENTIAL schließt wohlgemerkt nicht die Abhängigkeit ZUSAMMENFALLEND (Koinzident) ein. Wenn Sie die Endpunkte *und* die Tangentenrichtungen zusammenbringen wollen, müssen Sie ZUSAMMENFALLEND *und* TANGENTIAL anwenden.

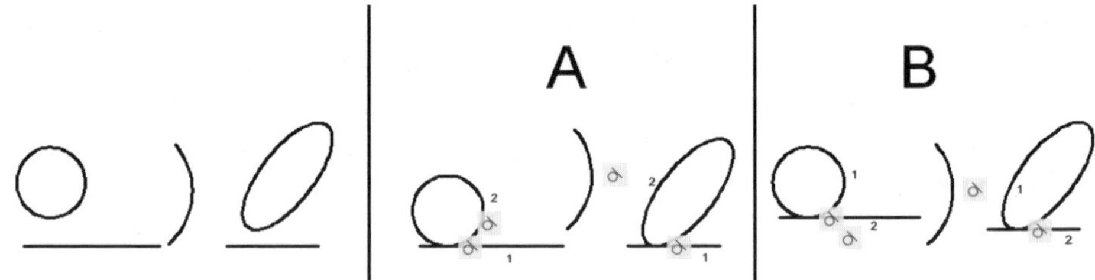

Abb. 10.10: Abhängigkeit TANGENTIAL

Tipp: Tangente auf Kreis

Um eine Linie tangential an einen Kreis anzuschmiegen, brauchen Sie einerseits natürlich TANGENTIAL, aber danach liegt der Linienendpunkt noch nicht auf dem Kreis. Zusätzlich brauchen Sie noch KOINZIDENT zwischen Linienendpunkt und Kreis. Damit Sie nicht das Kreiszentrum, sondern einen Punkt auf der Kreisperipherie erhalten, müssen Sie in der Funktion dann übers Rechtsklick-Menü die Option OBJEKT wählen und dann erst den Kreis anklicken. Über die Reihenfolge bestimmen Sie, was verschoben oder variiert wird: das zuletzt gewählte Objekt.

- KOLLINEAR – Mit KOLLINEAR können Sie Linien fluchtend ausrichten. Die erste Linie bestimmt die Richtung, die zweite wird ausgerichtet. Die zweite Linie wird mit dem nächstliegenden Punkt auf die Verlängerung der ersten Linie verschoben und dann um diesen Punkt in die Richtung gedreht.

Abb. 10.11: Abhängigkeit KOLLINEAR

- SYMMETRISCH – Die Abhängigkeit SYMMETRISCH kann Objekte symmetrisch bezüglich einer wählbaren Achse ausrichten (Fall A). Das erste Objekt gibt bei einem Kreis *Lage und Radius* vor, bei einer Linie den nächsten *Endpunkt und die Richtung*. Mit der Option 2 PUNKTE wird ein Punkt auf dem ersten Objekt vorgegeben, zu dem ein entsprechender Punkt des gegenüberliegenden Objekts symmetrisch ausgerichtet wird (Fall B). Hier werden also nur Mittelpunkt beim Kreis und Endpunkt bei der Linie symmetrisch angelegt. Ansonsten bleiben Radius beim Kreis und zweiter Endpunkt bei der Linie unterschiedlich. Bei Anklicken des Abhängigkeitssymbols werden auch die Punkte markiert, die jeweils ausgerichtet wurden.

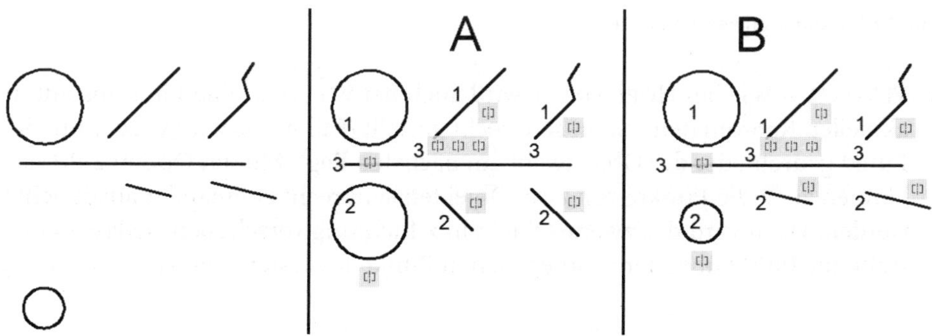

Abb. 10.12: Abhängigkeit SYMMETRISCH

- ZUSAMMENFALLEND – Mit dieser Abhängigkeit werden Punkte des zweiten Objekts exakt auf entsprechende Punkte des ersten Objekts verschoben. Bei Linien und Kreisen geht das Objekt mit, bei Polylinien wird das Segment mit dem zuzuordnenden Punkt verschoben. Die zugeordneten Punkte werden mit einem kleinen blauen Kästchen markiert.

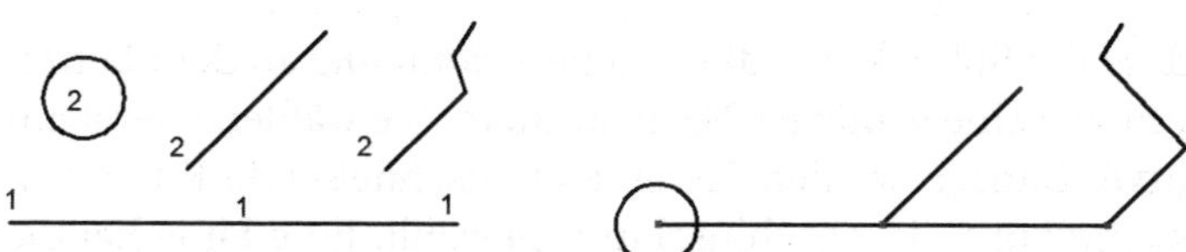

Abb. 10.13: Abhängigkeit ZUSAMMENFALLEND

> **Tipp**
>
> Die Abhängigkeit ZUSAMMENFALLEND kann auch mit der Option OBJEKT erzeugt werden. Setzen Sie beispielsweise mit ZUSAMMENFALLEND den Mittelpunkt eines Kreises auf eine Linie. Damit der Mittelpunkt *nicht* auf einen konkreten Punkt wie Endpunkt oder Mittelpunkt fixiert wird, müssen Sie vor Anklicken der Linie die Option OBJEKT wählen und dann erst die Linie anklicken. Damit ist der Kreis auf der Linienrichtung fixiert, kann aber entlang der Linie bewegt werden.

- PARALLEL – Das zuerst angeklickte Objekt gibt die Richtung vor, zu der das zweite parallel ausgerichtet wird. Das zweite Objekt wird dabei um den Punkt gedreht, der dem Objektwahlpunkt am nächsten liegt.

Abb. 10.14: Abhängigkeit PARALLEL

- VERTIKAL – Wie bei HORIZONTAL wird auch bei VERTIKAL eine Linie absolut im aktuellen Koordinatensystem senkrecht gestellt (Fall A). Es wird wieder um den Punkt gedreht, der der Objektwahl am nächsten liegt. Mit der Option 2 PUNKTE können auch die Punkte von zwei Objekten senkrecht zueinander ausgerichtet werden. Dazu wird das zweite Objekt in x-Richtung verschoben, sodass der betreffende Punkt über dem vorgegebenen Punkt des ersten Objekts liegt (Fall B).

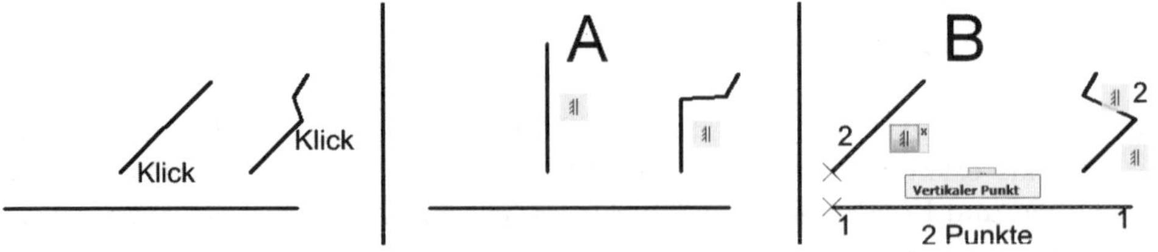

Abb. 10.15: Abhängigkeit VERTIKAL

- GLATT (G2) – Dies ist eine spezielle Abhängigkeit für Splinekurven. Damit wird sichergestellt, dass die Splinekurve die gleiche *Krümmung* an dem betreffenden Ende bekommt wie eine wählbare Nachbarkurve. Sie wählen zuerst ein Ende einer Splinekurve. Danach wählen Sie eine anzuschließende Kurve. Im Beispiel wurde links eine Linie als Anschlusskurve gewählt. Eine Linie hat die

Krümmung null. Entsprechend wird die Krümmung der Splinekurve an dem Ende dann auch auf null gesetzt. Am anderen Ende wurde ein Kreisbogen als Anschlussobjekt gewählt. Er hat einen definierten Radius. In diesem Fall werden sowohl der Kreisbogen als auch die Splinekurve mit ihrer Krümmung am betreffenden Ende gleichgesetzt.

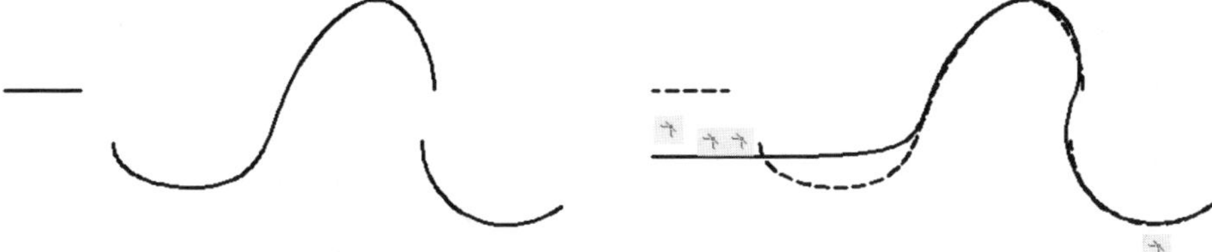

Abb. 10.16: Abhängigkeit GLATT (G2)

- KONZENTRISCH – Hiermit können Sie alles, was ein Zentrum besitzt, mit diesem Zentrum übereinander schieben. Im Beispiel wurden Kreise, ein Bogen und auch eine Ellipse mit ihrem Zentrum übereinander gesetzt.

Abb. 10.17: Abhängigkeit KONZENTRISCH

- GLEICH – Hiermit werden Bögen und Kreise bezüglich ihres *Radius* gleichgesetzt, Linien werden auf gleiche *Länge* gebracht.

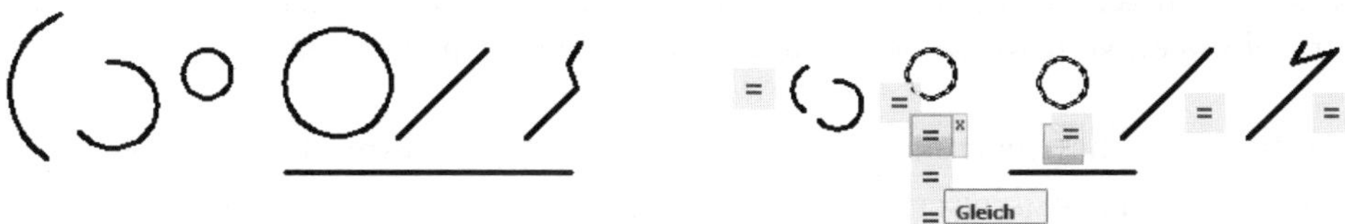

Abb. 10.18: Abhängigkeit GLEICH

- FEST – Die letzte Abhängigkeit fixiert Punkte von Objekten auf eine absolute Koordinatenposition. Sie können dann beispielsweise das Objekt mit den Griffen noch modifizieren, den fixierten Punkt aber nicht mehr verschieben. Mit der Option OBJEKT lässt sich auch das ganze Objekt fixieren, damit wäre beim Kreis neben dem Mittelpunkt auch der Radius festgelegt. Bei der Linie wäre dann die Richtung des Objekts fixiert.

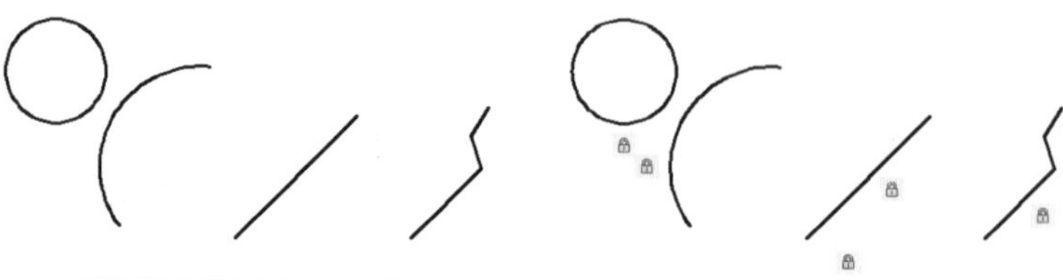

Abb. 10.19: Abhängigkeit FEST

Die Abhängigkeiten PARALLEL, LOTRECHT, KOLLINEAR, HORIZONTAL und VERTIKAL können auch auf die Haupt- und Nebenachsen von Ellipsen und auf den Textwinkel angewendet werden. Linien- und Polyliniensegmente gleicher Länge sowie gleiche Bogen- und Kreisradien werden auch automatisch erkannt.

10.1.1 Auto-Abhängigkeit

Wenn Sie nicht schon in der Statusleiste die Erkennung der Abhängigkeiten beim Zeichnen über ABHÄNGIGKEITEN ABLEITEN aktiviert haben, können Sie auch später für alle betreffenden Objekte mit der Funktion AUTO-ABHÄNGIGKEIT die Abhängigkeiten automatisch erkennen lassen. Zusätzlich können Sie natürlich jederzeit mit den Werkzeugen zur geometrischen Abhängigkeit einzelne Abhängigkeiten erstellen.

Welche Abhängigkeiten automatisch erkannt werden, kann in den ABHÄNGIGKEITEN-EINSTELLUNGEN angegeben werden. Zusätzlich dazu können Sie noch angeben, ob Abhängigkeit TANGENTIAL einen gemeinsamen Schnitt- oder Endpunkt voraussetzt (Abbildung 10.20). Im nachfolgenden Beispiel des Hebels wurde diese restriktive Bedingung ausgeschaltet. Auch bei der Abhängigkeit LOTRECHT können Sie wählen, ob sie an einen gemeinsamen Schnitt- oder Endpunkt gebunden werden soll. Die geometrischen Toleranzen für ABSTAND und WINKEL legen fest, unterhalb welcher Schwelle Positionen und Winkel als identisch angesehen werden. Die Voreinstellungen sind sinnvolle Werte für normale Konstruktionen.

ZEICHNEN UND BESCHRIFTUNG	Symbol	Befehl
PARAMETRISCH|GEOMETRISCH|AUTO-ABHÄNGIGKEIT		AUTOABHÄNG
PARAMETRISCH|GEOMETRISCH ↘		ABHÄNGEINST

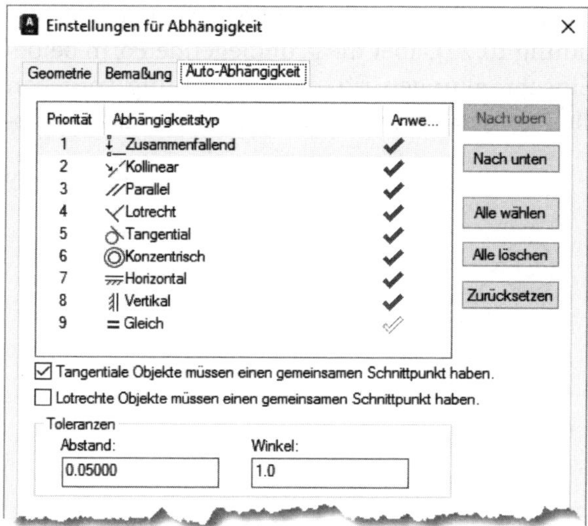

Abb. 10.20: Einstellungen für automatische geometrische Abhängigkeiten

Wenn Sie die Konstruktion nach Abbildung 10.21 erstellen und dann mit der Funktion AUTO-ABHÄNGIGKEITEN alle Objekte wählen, werden die angezeigten Abhängigkeiten hinzugefügt.

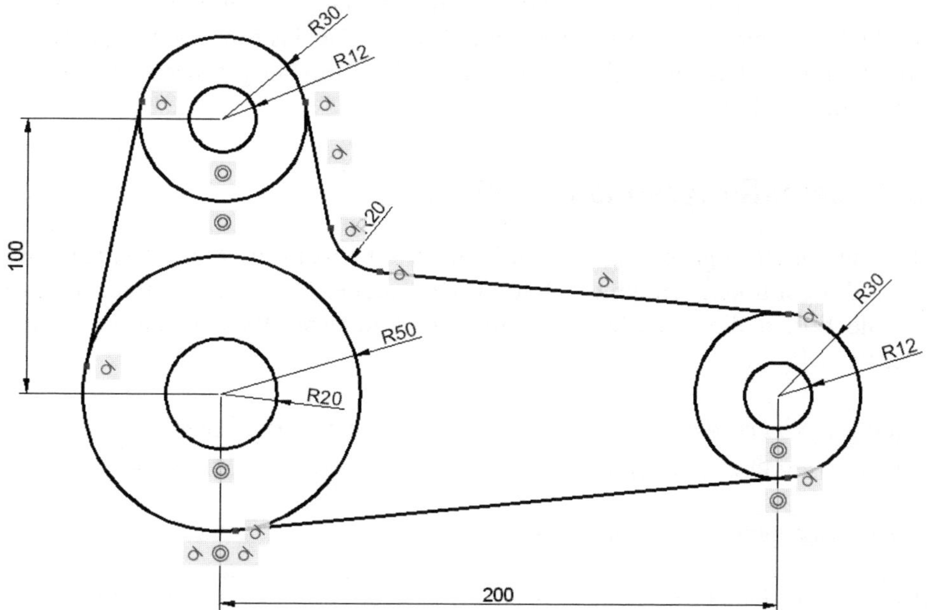

Abb. 10.21: Konstruktion mit automatisch hinzugefügten geometrischen Abhängigkeiten

Diese stellen sicher, dass die Grundform des Teils bei Deformationen über die Griffe zwar das Teil verzerrt (Abbildung 10.22), aber die grundlegende Form beibehalten wird. Wenn Sie weitere Einschränkungen für die Verformung vorgeben wollen, dann müssen Sie zusätzlich zu den geometrischen noch Bemaßungsabhängigkeiten erstellen.

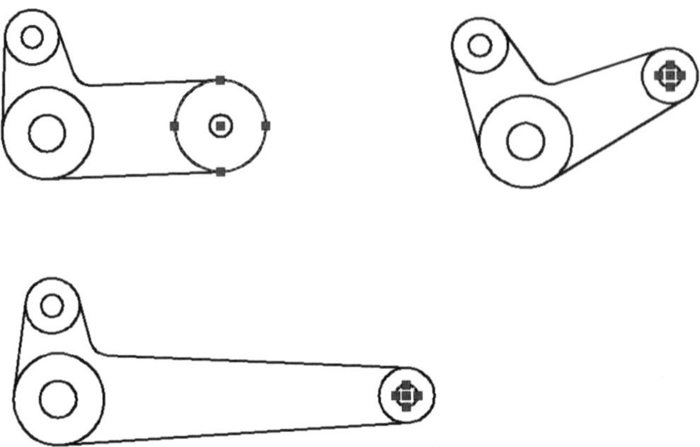

Abb. 10.22: Verzerren der Konstruktion über die Griffe

Wenn Sie später Änderungen an der Geometrie vornehmen, die mit den existierenden Abhängigkeiten nicht verträglich sind, werden Sie eventuell gefragt, ob Sie die Abhängigkeiten abschwächen möchten. Wenn Sie das tun, werden die störenden Abhängigkeiten ausgeschaltet. So können Sie dann beispielsweise eine waagerechte Linie drehen.

10.2 Bemaßungsabhängigkeiten

Über die Bemaßungsabhängigkeiten können Sie bestimmte Maße fest vorschreiben und sogar über Formeln die Werte verschiedener Maße miteinander verknüpfen. Sie finden die Befehle dazu unter dem Register Parametrisch, Gruppe Bemaßung.

<table>
<tr><th>Zeichnen und Beschriftung</th><th>Symbol</th><th>Befehl</th></tr>
<tr><td>Parametrisch|Bemaßung|Linear</td><td></td><td>Balinear</td></tr>
<tr><td>Parametrisch|Bemaßung|Ausgerichtet</td><td></td><td>Baausricht</td></tr>
<tr><td>Parametrisch|Bemaßung|Horizontal</td><td></td><td>Bahorizontal</td></tr>
<tr><td>Parametrisch|Bemaßung|Vertikal</td><td></td><td>Bavertikal</td></tr>
</table>

Zeichnen und Beschriftung	Symbol	Befehl
Parametrisch|Bemaßung|Radius		Baradius
Parametrisch|Bemaßung|Durchmesser		Badurchmesser
Parametrisch|Bemaßung|Winkel		Bawinkel
Parametrisch|Bemaßung|Konvertieren		Bakonvertier

- Für die *linearen Bemaßungsabhängigkeiten* können Sie
  - bei *Kreisen* die *Mittelpunktpositionen* wählen und
  - bei *Linien* die *Endpunkte* und den *Mittelpunkt.*
- Die Abhängigkeit Linear bewirkt entweder eine horizontale *oder* eine vertikale Bemaßung, je nachdem in welche Richtung Sie nach Wahl der zu bemaßenden Positionen dann die Maßlinien ziehen.
- Die Abhängigkeit Ausgerichtet legt die Maßlinie *parallel* zur Richtung der ausgewählten Punkte an.
- Mit den Bemaßungsabhängigkeiten Radius und Durchmesser können Sie Kreise und Bögen versehen.

Das Testteil oben wurde nun mit einigen Bemaßungsabhängigkeiten versehen. Nach dem Anklicken der zu bemaßenden Positionen oder Objekte klicken Sie eine Position für die Maßlinienposition an. Danach erscheint der Text für die Bemaßung (Abbildung 10.23). Jede Bemaßung erhält einen Variablennamen und einen durch Gleichheitszeichen zugewiesenen Wert. Sie können hier eigene eindeutige Namen eingeben und statt des vorgeschlagenen Wertes können Sie einen anderen eingeben oder auch eine Formel (Abbildung 10.24).

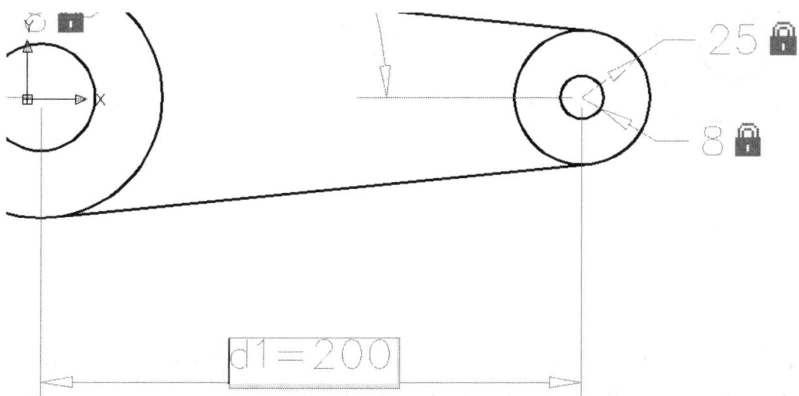

Abb. 10.23: Text der Bemaßungsabhängigkeit

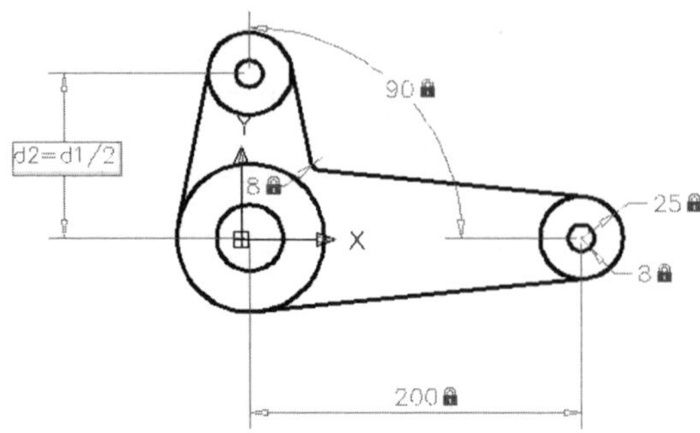

Abb. 10.24: Bemaßungsabhängigkeit mit einer Formel

Wenn das Teil nun vollständig bemaßt ist, können Sie auch mit den Griffen die Geometrie nicht mehr verzerren. Nur die noch nicht bemaßten Kreise links unten lassen sich noch mit Griffen modifizieren. Sie können nun Varianten erstellen, indem Sie die Maßzahl des Abstands d1 verändern. Dann wird sich aufgrund der Formel d2 proportional verändern.

Wenn Sie überflüssige Bemaßungsabhängigkeiten anbringen wollen, dann werden diese nur als sogenannte *Referenzabhängigkeiten* geführt. Das sind Abhängigkeiten, die zur Eindeutigkeit der Geometrie nicht mehr nötig sind, aber die in weiteren Teilen und deren Formeln eventuell als Referenz, das heißt als Bezugsgröße, Verwendung finden können.

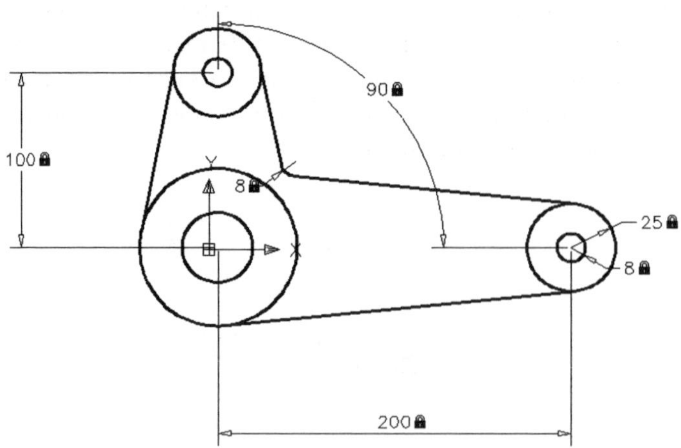

Abb. 10.25: Testteil mit Bemaßungsabhängigkeiten

Es gibt sechs Werkzeuge zum Ein- und Ausschalten der Sichtbarkeit von parametrischen und dynamischen (Bemaßungs-)Abhängigkeiten. Damit können die jeweiligen Abhängigkeiten *alle* ein- oder ausgeschaltet werden oder individuell beschaltet werden.

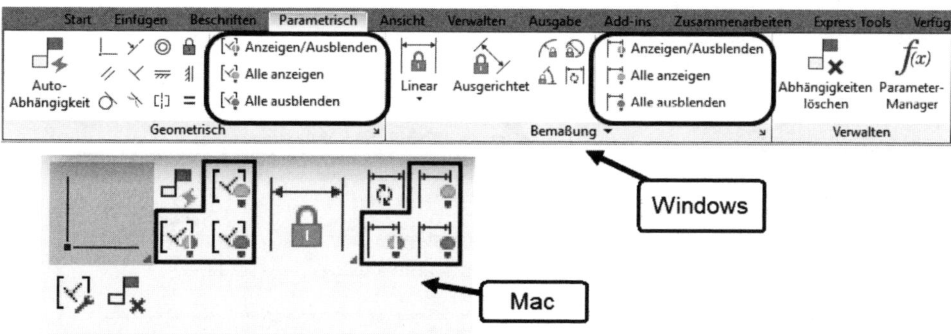

Abb. 10.26: Werkzeuge zur Anzeige der Abhängigkeiten

Nach Grundeinstellung werden die Bemaßungsabhängigkeiten immer mit einer solchen Texthöhe dargestellt, wie sie zur aktuellen Zoom-Vergrößerung des Bildschirms passt. Wenn Sie diese Anzeige aber später wie normale Bemaßungen sehen wollen, können Sie sie im EIGENSCHAFTEN-MANAGER von der Form DYNAMISCH in BESCHRIFTEND umschalten. Sie werden dann wie normale Bemaßungen (siehe Kapitel 12, *Bemaßung*) mit dem aktuellen Bemaßungsstil dargestellt. Dieser Bemaßungsstil kann auch so eingestellt werden (Typ BESCHRIFTUNG), dass sich die Texthöhe dem jeweils aktuellen Maßstab anpasst. Damit sind diese Bemaßungen dann in verschiedenen Layout-Ansichtsfenstern mit unterschiedlichen Maßstäben von der Texthöhe her immer gleich hoch, wie Sie es für einen sinnvollen Plot brauchen. Diese Form für die Bemaßungsabhängigkeiten können Sie auch mit PARAMETRISCH|BEMAßUNG▼|BESCHRIFTUNGSABHÄNGIGKEITSMODUS voreinstellen (der Name ist vielleicht etwas irreführend). Solche Bemaßungen sehen aus wie normale Bemaßungen bis auf den Unterschied, dass der Parametername beim Maß erscheint. Auch das kann über PARAMETRISCH|BEMAßUNG↘|EINSTELLUNGEN FÜR DIE ABHÄNGIGKEIT umgestellt werden. Die Texthöhe entspricht aber genau den normalen nichtparametrischen Bemaßungen, weil hier der aktuelle Bemaßungsstil mit seinen Einstellungen angewendet wird. Das ist bei der Vorgabe DYNAMISCHER ABHÄNGIGKEITSMODUS eben nicht der Fall, weil der sich nach dem aktuellen Zoomfaktur richtet. Parametrische Bemaßungen unter BESCHRIFTUNGSABHÄNGIGKEITSMODUS erstellt lassen sich dann auch nicht mehr ausblenden. Existierende Bemaßungen lassen sich einfach über den EIGENSCHAFTEN-MANAGER zwischen BESCHRIFTEND und DYNAMISCH beliebig umschalten. Die Voreinstellung kann auch mit dem Befehl BEMABHÄNG, Option FORM von DYNAMISCH in BESCHRIFTUNG und umgekehrt umgestellt werden.

Sie können auch existierende *normale assoziative Bemaßungen* mit PARAMETRISCH|BEMAßUNG|KONVERTIEREN in dynamische bzw. parametrische Bemaßungen konvertieren. Damit lassen sich beispielsweise alte Konstruktionen auch in parametrische Teile umwandeln. Die dabei automatisch generierten Parameter können Sie im Parameter-Manager finden und auch bearbeiten.

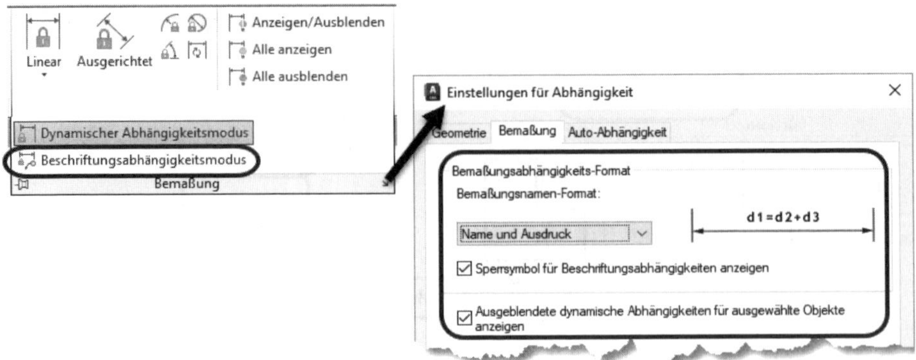

Abb. 10.27: Parametrische Bemaßung soll nach Maßgabe des aktuellen Bemaßungsstils angezeigt werden.

Dabei ist darauf zu achten, dass die alten Bemaßungen korrekt assoziativ sind, also beispielsweise die Hilfslinienpositionen auch tatsächlich auf den gewünschten Objektendpunkten liegen und nicht irgendwie in der Luft hängen oder keiner sauberen Position zugeordnet sind. Auch Doppelbemaßungen machen natürlich Probleme und sollten entfernt werden, aber sauber bemaßte Teile lassen sich gut in parametrische Teile umwandeln. Die dabei automatisch generierten Parameter können Sie im PARAMETER-MANAGER finden und auch bearbeiten.

Zur Überwachung bzw. Überprüfung korrekt assoziierter Bemaßungen können Sie in der Statusleiste die BESCHRIFTUNGSÜBERWACHUNG aktivieren. Der Begriff ist eigentlich falsch, er müsste *Assoziativitäts-Überwachung* heißen. Wenn eine Bemaßung dann nicht richtig zu einer Objektposition assoziiert ist, wird ein Warnsymbol in Form eines *Ausrufezeichens* angezeigt. Das Ausrufezeichen können Sie dann anklicken, um mit der Option ERNEUT VERKNÜPFEN die Fußpunkte der Hilfslinien der Bemaßung neu mit einem geeigneten Objektfang zuzuordnen. Wird der Fußpunkt mit einer quadratischen Box gekennzeichnet, dann ist er assoziiert und Sie können mit Enter weitermachen. Wenn der Fußpunkt aber mit einem einfachen Kreuz angezeigt wird, dann müssen Sie ihn durch einen Klick auf die zu bemaßende Position neu zuordnen.

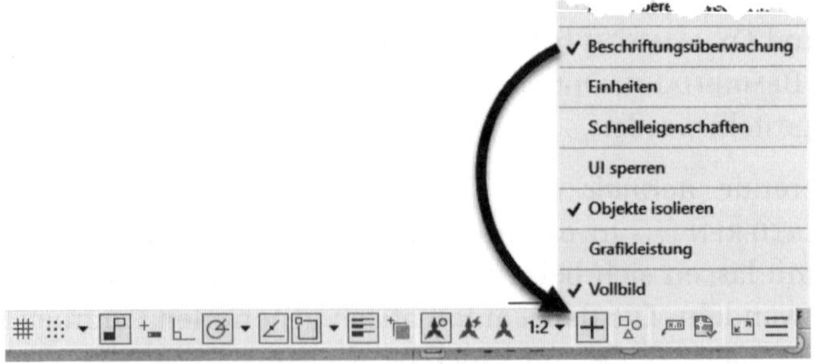

Abb. 10.28: Aktivierung der BESCHRIFTUNGSÜBERWACHUNG für assoziative Bemaßungen

10.3 Der Parameter-Manager

Mit dem PARAMETER-MANAGER aus der Gruppe PARAMETRISCH|VERWALTEN können Sie sich alle Parameter anzeigen lassen und auch die Werte und Formeln bearbeiten. Im Beispiel wurden einige Bemaßungen durch Formeln miteinander verknüpft. Es wurde mit dem Button links oben auch eine Benutzervariable **user1** eingeführt, die dann zur Berechnung von drei Radien verwendet wird, die sich also proportional miteinander ändern sollen. Durch Eintragen neuer Werte in diese Tabelle können Sie nun Ihre Konstruktion variieren. In den Formeln können Sie auch einige spezielle Rechenausdrücke verwenden. Hier wurde der Ausdruck **floor** benutzt, um aus einer berechneten Dezimalzahl die nächstliegende niedrigere ganze Zahl abzuleiten. Das wird oft getan, um zu glatten ganzzahligen Werten zu kommen.

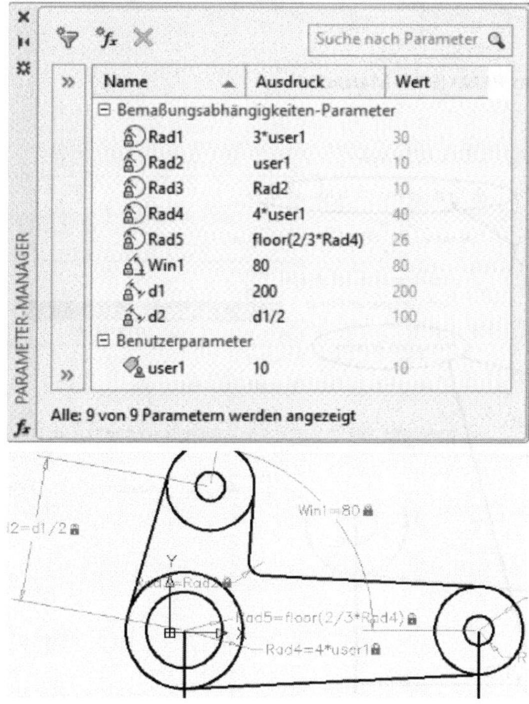

Abb. 10.29: Der PARAMETER-MANAGER

Mögliche Rechenausdrücke werden Ihnen angezeigt, wenn Sie in der Spalte AUSDRUCK nach Rechtsklick AUSDRÜCKE wählen (Abbildung 10.30).

Die Darstellung der Bemaßungsabhängigkeiten können Sie auch mit den Einstellungen über PARAMETRISCH|BEMAẞUNG↘ umstellen (Abbildung 10.31). Sie können zwischen NAME UND AUSDRUCK, nur NAME oder WERT wählen.

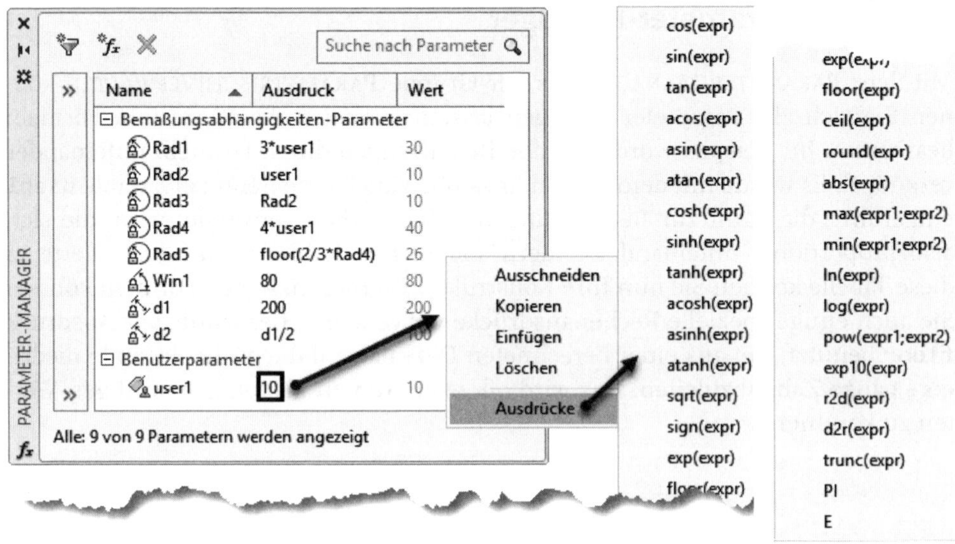

Abb. 10.30: Rechenformeln für Ausdrücke im PARAMETER-MANAGER

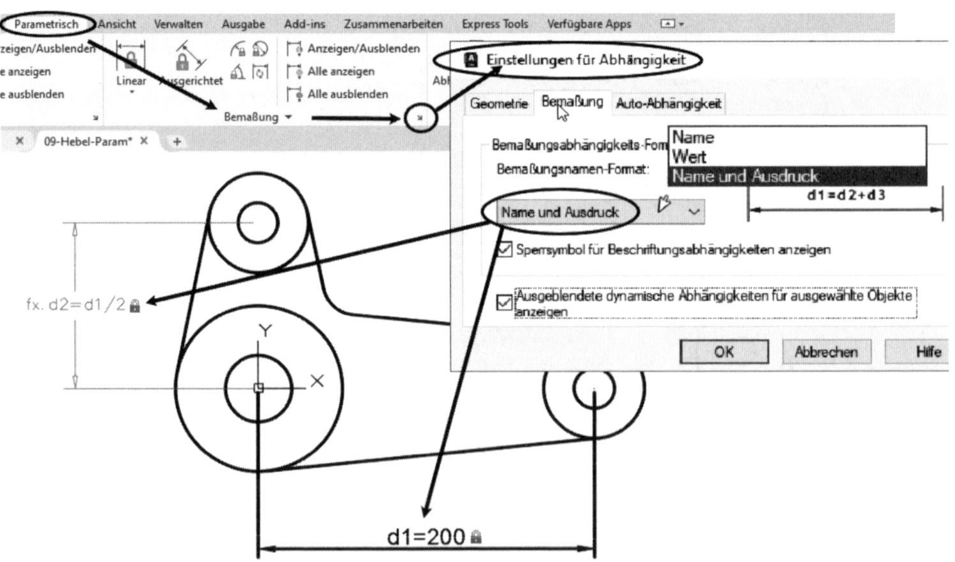

Abb. 10.31: Einstellungen für die Anzeige der Bemaßungsabhängigkeiten

FILTER im PARAMETER-MANAGER dienen dazu, die Parameter zu gruppieren. Wenn Sie beispielsweise mehrere dieser Winkel in einer Zeichnung haben, dann gehören zu jedem Winkel eigene Parameter mit eigenen Namen. Langsam wird die Parameterliste unübersichtlich. Nun können Sie aber in der linken Spalte des PARAMETER-MANAGERS eigene FILTER einrichten und aus dem Filter, der sich ALLE oder ALLE IN AUSDRÜCKEN VERWENDETEN nennt, die passenden Parameter in Ihren FILTER ziehen. Wenn Sie die Zusammenhänge für einen einzelnen Winkel sehen wollen, aktivieren Sie nur den zugehörigen Filter. Dem können Sie natürlich auch wieder einen sprechenden Namen wie im Beispiel unten geben.

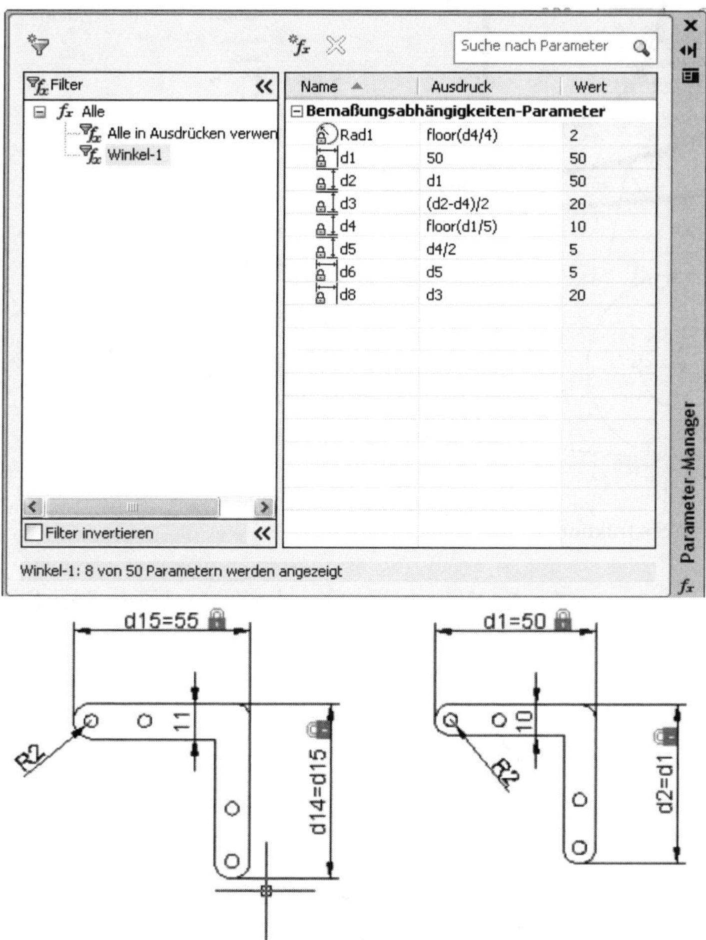

Abb. 10.32: PARAMETER-FILTER für einen einzelnen Winkel

10.4 Parametrische Konstruktion im Blockeditor

Im Blockeditor können Sie den ABHÄNGIGKEITSSTATUS durch einen Farbindikator anzeigen lassen. Die Farbe Violett zeigt einen komplett durch Abhängigkeiten und Bemaßungen bestimmten Block an, die Farbe Blau markiert teilweise bestimmte Objekte. Im Parametermanager können BENUTZERPARAMETER definiert werden, die für die Berechnung und Wertevorgabe der Bemaßungsparameter dienen können.

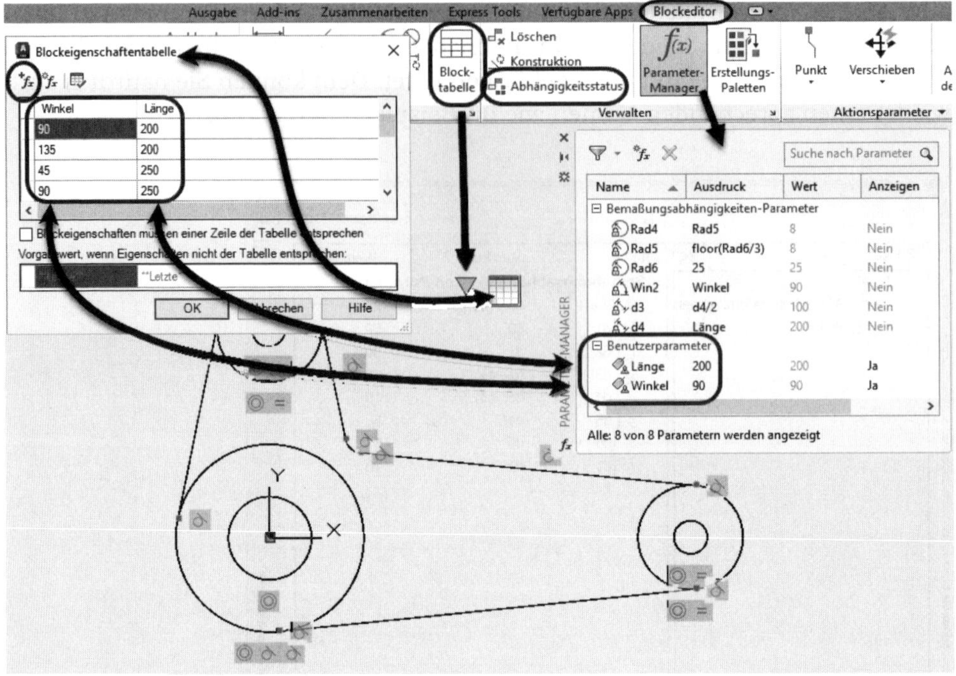

Abb. 10.33: Parametrische Konstruktion im Blockeditor

Mit einer BLOCKTABELLE können Sie die Werte vorgeben, die später beim eingefügten Block gewählt werden können.

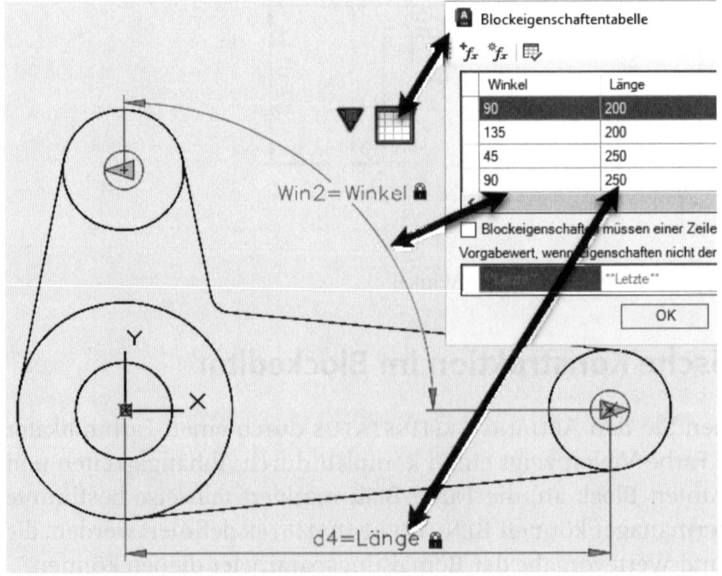

Abb. 10.34: BLOCKTABELLE stellt später die Werte beim eingefügten Block zur Verfügung.

Beim eingefügten Block können die Parameterwerte schrittweise ausgewählt werden oder auch direkt wieder die EIGENSCHAFTENTABELLE (entspricht der BLOCKTABELLE) zur Auswahl verwendet werden.

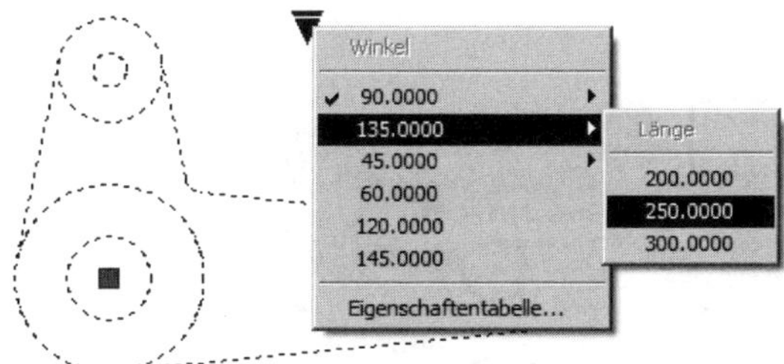

Abb. 10.35: Eingefügter Block mit schrittweiser Parameter-Auswahl

10.5 Übungsteil

Zur Demonstration der Möglichkeiten parametrischer Konstruktion soll hier eine Welle konstruiert werden.

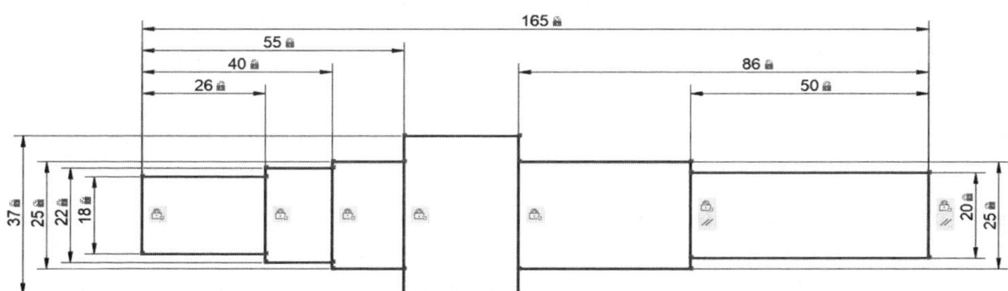

Abb. 10.36: Parametrische Wellenkonstruktion

Wichtige Voreinstellungen sind:

- OBJEKTFANGSPUR aktiviert,
- OBJEKTFANG MITTELPUNKT aktiviert,
- PARAMETRISCH|BEMAẞUNG▼BESCHRIFTUNGSABHÄNGIGKEITSMODUS aktiviert, damit die Maße als normale Bemaßungen gemäß Ihrem Bemaßungsstil erscheinen,
- PARAMETRISCH|BEMAẞUNG↘|BEMAẞUNG|BEMAẞUNGSNAMEN-FORMAT:WERT, damit die Bemaßung nicht in der parametrischen Form **d12=18** erscheint.

Für die Konstruktion sind folgende Schritte nötig:

- Ersten Querschnitt links als senkrechte Linie mit Länge 18 zeichnen.
- Die übrigen Querschnitte zunächst mit gleicher Länge mit VERSETZ-Befehl und Option DURCH PUNKT und Option MEHRFACH über Spurmodus und Abstandseingabe entlang der von den Mittelpunkten aus angezeigten Spurlinien konstruieren.

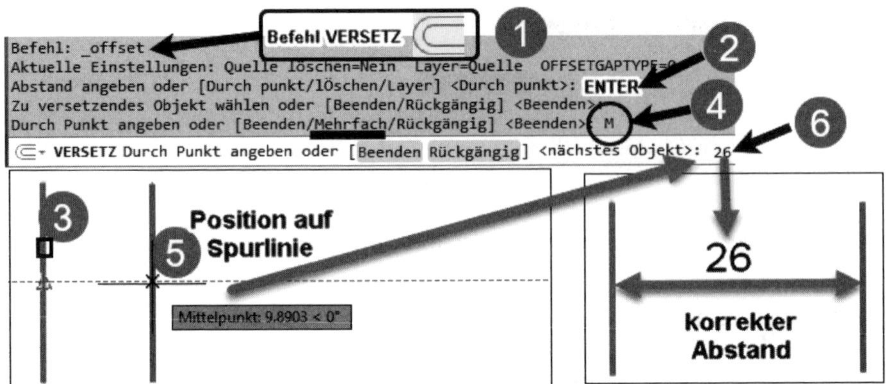

Abb. 10.37: Versetzen mit Option DURCH PUNKT mittels Objektfangspur und Abstand

- Ersten Querschnitt links mit Abhängigkeit FEST am Mittelpunkt fixieren.
- Übrige Querschnitte mit HORIZONTAL, Option 2PUNKTE waagerecht zum jeweils linken Querschnitt ausrichten.
- Mit parametrischer Bemaßung LINEAR die Abstände der Querschnitte fixieren.
- Mit parametrischer Bemaßung LINEAR mit Option OBJEKT dann für jeden Querschnitt den individuellen Durchmesser einstellen, indem Sie einfach die Anzeige von **dxx=18** mit dem gewünschten Wert, z.B. **22**, überschreiben.

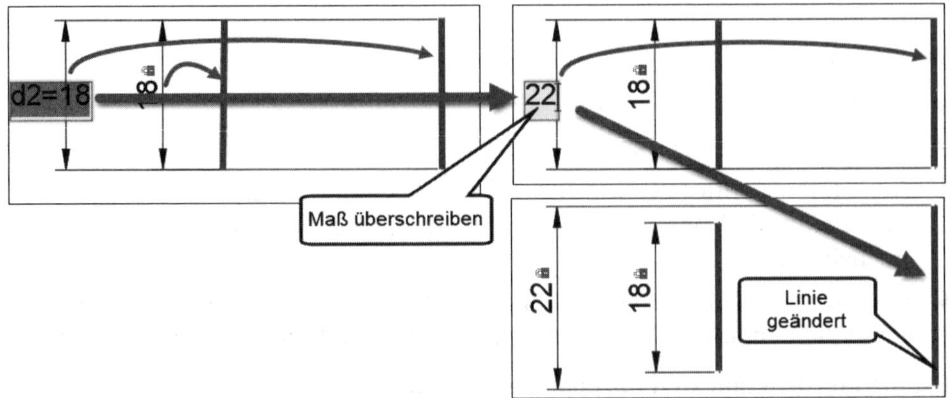

Abb. 10.38: Wellenquerschnitt per parametrischer Bemaßung anpassen

- Zuletzt verbinden Sie die Endpunkte der Querschnitte mit den Linien der Außenkontur.
- Wenn die obere Kontur fertig ist, spiegeln Sie sie nach unten.
- Abschließend sollten Sie noch mit AUTO-ABHÄNGIGKEIT sämtliche fehlenden Abhängigkeiten zwischen Linien und Bemaßungen erstellen, um eine vollständig parametrisch variable Welle zu erhalten.

10.6 Übungsfragen

1. Welche Arten von Abhängigkeiten kennen Sie?
2. Wie wirkt die Abhängigkeit GLEICH ?
3. Auf welches Objekt wirkt die Abhängigkeit GLATT und wie kann man die Wirkung beschreiben?
4. Was ist der Unterschied bei der Abhängigkeit SYMMETRISCH zwischen der Option OBJEKTE WÄHLEN und 2 PUNKTE?
5. Wie wirkt TANGENTIAL auf verschiedene Objekte (Linie, Bogen, Kreis)?
6. Welche Folge hat die Abhängigkeit TANGENTIAL ?
7. Nennen Sie die sieben Bemaßungsabhängigkeiten.
8. Was bedeutet bei der Bemaßungsabhängigkeit die Form BESCHRIFTEND?
9. Wie wird eine überflüssige Bemaßungsabhängigkeit verarbeitet?
10. Kann man aus einer normalen Bemaßung eine Bemaßungsabhängigkeit machen?

Kapitel 11

Blöcke und externe Referenzen

Es gibt in jeder Konstruktion Teile, die sehr oft wieder verwendet werden, wie zum Beispiel Fenster, Türen, Lichtschächte, Schrauben, Muttern, Kugellager, insbesondere alle Wiederhol- und Normteile. Zwecks besserer Rationalisierung werden auch gewisse Teilefamilien geplant, die durch Variation von Abmessungen charakterisiert werden. Solche Teile wird man nur einmal konstruieren und mehrfach verwenden wollen. Dies ist mit dem Konzept des Blocks möglich. Ein Block ist eine Zusammenfassung beliebiger AutoCAD-Objekte. Diese Zusammenfassung bekommt einen Namen und einen Basis- oder Einfügepunkt, anhand dessen sie später in eine beliebige Zeichnung eingesetzt werden kann.

Diese Blöcke können auch mit parametrisch gesteuerten Aktionen versehen werden, die dazu dienen, verschiedene Varianten nach dem Einfügen in die Konstruktion auszuwählen. Das sind dann die *dynamischen Blöcke*.

Blöcke können auch mit parametrischen Bemaßungen versehen werden, um noch effektivere Variantenkonstruktionen zu gestalten.

In der LT-Version ist nicht die Erstellung, aber die Verwendung solcher dynamischer und parametrischer Blöcke möglich.

11.1 Begriffserklärung BLOCK, WBLOCK, XREF

Zur Verwaltung von Blöcken dienen im Grunde zwei Befehle: Der Befehl BLOCK dient zur Erstellung der Blöcke und der Befehl EINFÜGE zum Einfügen bestehender Blöcke in die Zeichnung. Bei den Blöcken gibt es zwei Arten. Der normale Block, der mit dem Befehl BLOCK erzeugt wird, ist zunächst nur innerhalb der Zeichnung bekannt, in der er definiert wird. Man nennt ihn deshalb auch *internen Block*. Mit dem Befehl WBLOCK kann man einen Block erstellen, der außerhalb der aktuellen Zeichnung als *.DWG-Datei gespeichert ist. Man spricht dann von einem *externen Block*. Bis auf den definierten Basispunkt zum späteren sinnvollen Positionieren unterscheidet sich eine solche Datei nicht von einer normalen Zeichnung! Das bedeutet, dass umgekehrt jede Zeichnung prinzipiell als Block in eine andere Zeichnung eingefügt werden kann.

Um die nachfolgenden Erklärungen besser verstehen zu können, sollten Sie jede Zeichnung prinzipiell in zwei Bereiche einteilen. Da ist zum einen der Bereich, der die sichtbare Geometrie und alle übrigen normalen Zeichnungsobjekte enthält. Dieser Bereich der Zeichnung wird im Folgenden durchgezogen skizziert. Alle Objekte dieses Bereichs können Sie zur Objektwahl anklicken und mit dem Befehl LÖSCHEN entfernen.

Zum anderen gibt es den Bereich, in dem all die unsichtbaren Objekte, die abstrakten Informationen, gespeichert sind, wie *Layer, Linientypen, Textstile, Bemaßungsstile* etc. Diese Objekte sind selbst nicht direkt sichtbar, sondern werden nur indirekt als Eigenschaften von Geometrieobjekten wirksam, die zum Beispiel einen *Linientyp* tragen. Alle diese Objekte können Sie nicht anklicken, sondern nur über ihren *Namen* ansprechen. Deshalb heißen sie *benannte Objekte*. Ich werde den Bereich der benannten Objekte auch kurz als »Keller«-Bereich bezeichnen (siehe Abbildung 11.1), weil man ihn sich als unsichtbaren Bereich unter der Zeichnung vorstellen kann. Diese Objekte kann man nicht anklicken, und zum Entfernen brauchen Sie den Befehl BEREINIG .

Beim Erstellen eines Blocks werden normale Geometrieobjekte zu einer Blockdefinition zusammengefasst, die zunächst nur im »Keller« existiert (Abbildung 11.1). Sie trägt den Namen des Blocks und enthält die nötigen Geometrieinformationen über alle seine Einzelteile. Die Erzeugung eines Blocks würde normalerweise dazu führen, dass die gewählten Objekte von der Zeichenoberfläche verschwinden und im unsichtbaren »Keller« »versteckt« werden. Vorgabemäßig werden aber die Einzelteile auf der Zeichenfläche dann sofort durch die Blockeinfügung ersetzt.

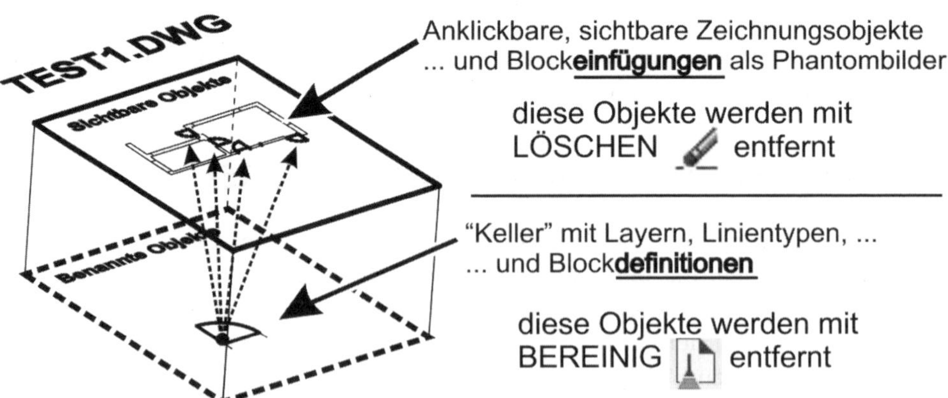

Abb. 11.1: Prinzipielles Vorgehen beim Erstellen und Verwenden interner Blöcke

Das Einfügen eines Blocks in eine Zeichnung geschieht mit dem Befehl EINFÜGE , entweder über die GALERIE, unter START|BLOCK|EINFÜGEN▼ oder über die BLOCKPALETTE, die unter START|BLOCK|EINFÜGEN▼ZULETZT VERWENDETE BLÖCKE aufgerufen wird. Bei der GALERIE werden zusätzliche Optionen für Skalierung und Drehung in der Befehlszeile angeboten, bei der BLOCKPALETTE erscheinen diese Optionen unten im Dialogfeld. Damit wird auf dem Bildschirm das Bild des

Blocks als *Blockeinfügung* generiert. Jede solche Blockeinfügung ist nur ein *Phantombild* der Blockdefinition aus dem »Keller«, der immer die Geometriedefinition enthält.

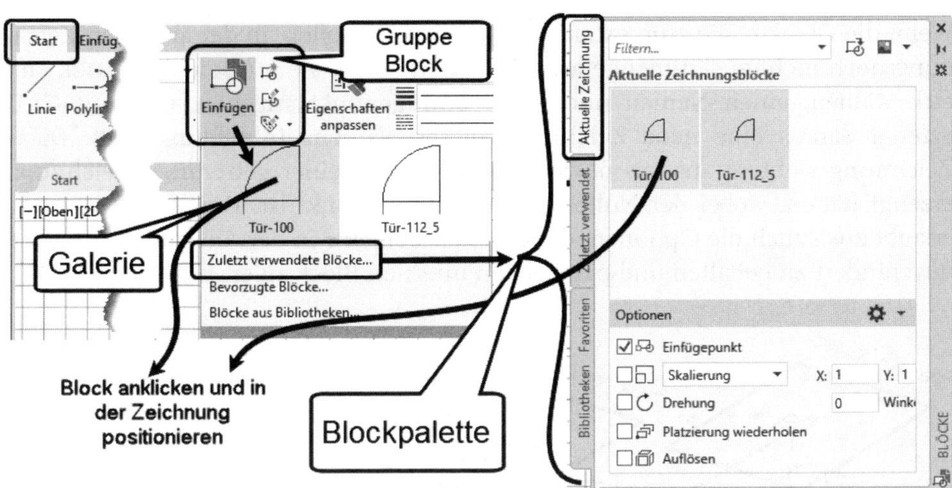

Abb. 11.2: Block über Galerie oder Palette einfügen

Wenn nun ein Block 100-mal eingefügt wurde, dann bedeutet dies nicht, dass die Geometrie 100-mal vorhanden ist. Sie ist nur *einmal* in der Blockdefinition im »Keller« gespeichert, aber das Phantombild davon ist 100-mal zu sehen. Was AutoCAD sich 100-mal speichert, sind dann lediglich die verschiedenen Positionen, Skalierungsfaktoren und Drehwinkel für jedes einzelne Phantombild. Damit spart das Verwenden von Blöcken auch Speicherplatz. Würde man eine normale Geometrie 100-mal kopieren, so würde jede Kopie entsprechenden Speicherplatz brauchen, beim Block wird der Speicherplatz für die Geometrie *nur einmal* beansprucht.

Die Tatsache, dass eine Blockeinfügung nur ein Phantombild der Blockdefinition ist, hat auch Konsequenzen für das Ändern eines Blocks. Es genügt nämlich, wie Sie später sehen werden, dass lediglich einmal die im »Keller« gespeicherte Blockdefinition verändert wird, um auch eine Änderung in Ihren 100 Blockeinfügungen zu erreichen. Das geschieht am besten mit dem Blockeditor BBEARB .

Die zweite Art des Blocks wird extern, außerhalb der Zeichnung, abgelegt. Man kann mit dem Befehl WBLOCK (W = Write für engl. Schreiben oder W = Welt) einen Block aus der aktuellen Zeichnung hinausschreiben, sodass er als eigenständige Zeichnung, getrennt von der aktuellen Zeichnung, zum Einfügen in beliebige Zeichnungen und für andere Benutzer zur Verfügung steht. Der Befehl WBLOCK (EINFÜGEN|BLOCKDEFINITION|BLOCK ERSTELLEN▼BLOCK SCHREIBEN) kann auf drei Wegen einen externen Block erstellen, einmal *aus einem schon vorhande-*

nen internen Block, andererseits auch direkt *aus wählbaren Objekten*, die noch nicht zusammengefasst sind. Die dritte Option speichert die *komplette Zeichnung* als externen Block ab, wobei nicht verwendete Layer, Stile und weitere benannte Objekte entfernt werden.

Wenn die Objekte, die zum externen Block werden sollen, in der aktuellen Zeichnung noch nicht zusammengefasst sind, können Sie sie im Befehl WBLOCK einfach wählen, einen Namen und einen Einfügepunkt angeben, und AutoCAD erzeugt daraus eine neue Zeichnung dieses Namens (Abbildung 11.3). Diese Zeichnung sieht so aus, als ob Sie die Objekte in einer getrennten Zeichnung erzeugt hätten, wobei der Nullpunkt der Einfügepunkt ist. Der Befehl WBLOCK erlaubt zusätzlich die Optionen, die Geometrieobjekte in der Ausgangszeichnung unverändert zu behalten und parallel den internen Block zu erzeugen.

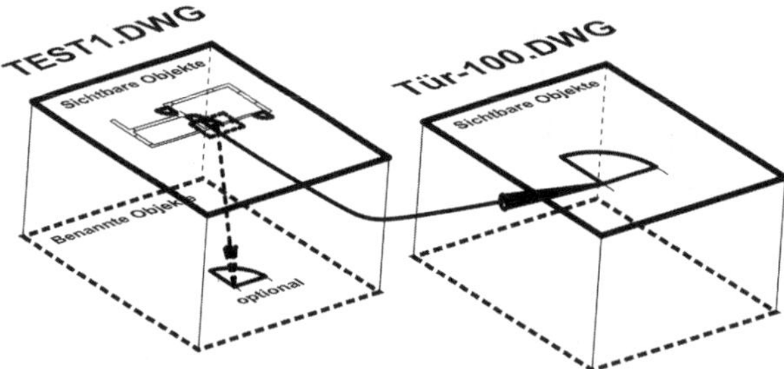

Abb. 11.3: WBLOCK erzeugt direkt aus gewählten Objekten einen externen Block, optional auch einen internen Block.

Besonders einfach ist es, wenn es schon einen internen Block gibt. Dann dient der Befehl WBLOCK dazu, von dem internen Block eine externe Zeichnung zu erzeugen, in der der Block wieder zerlegt als reine Geometrie vorliegt (Abbildung 11.4).

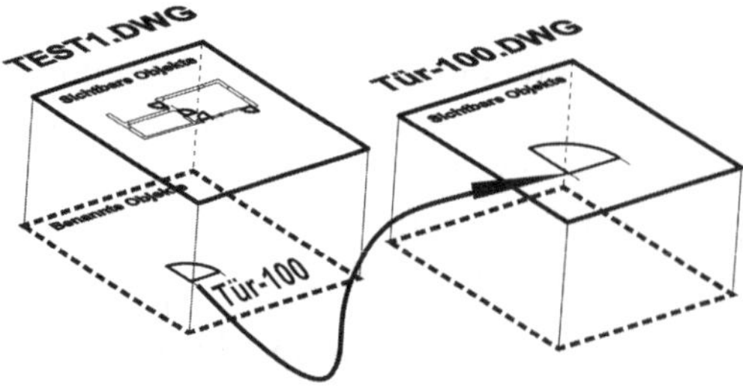

Abb. 11.4: WBLOCK erzeugt aus internem Block (links) einen externen Block (rechts).

Dieser externe Block kann über die BLOCKPALETTE, die unter START|BLOCK|EINFÜGEN|BLÖCKE AUS BIBLIOTHEKEN erscheint, nach Auswahl der entsprechenden Zeichnungsdatei in die aktuelle Zeichnung eingefügt werden. Sie wählen in der

BLOCKPALETTE im Register BIBLIOTHEKEN das BIBLIOTHEKSWERKZEUG zum Hereinladen der Blockdatei.

Das Einfügen eines externen Blocks geschieht in zwei Schritten (Abbildung 11.5). Im ersten Schritt wird die Geometrie der externen Zeichnung in einer Blockdefinition im »Keller« gespeichert. Dann wird in einem zweiten Schritt von dieser Blockdefinition eine Blockeinfügung erzeugt, also wieder ein Phantombild.

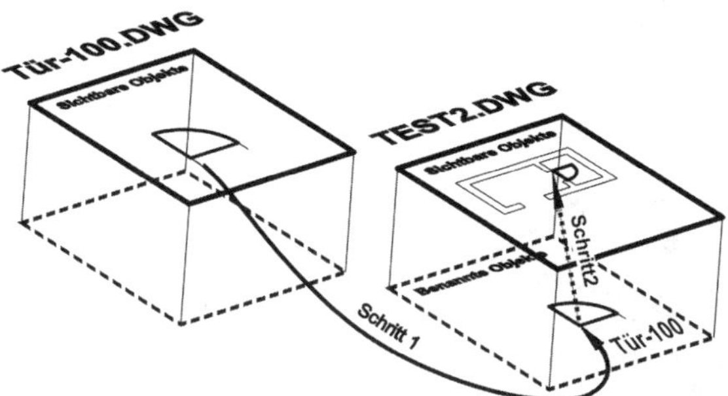

Abb. 11.5: Verwendung eines externen Blocks

Diese Möglichkeit der externen Blöcke bedeutet nichts anderes, als dass man sich auch *jede beliebige andere Zeichnung als Block* hereinholen kann. Die gesamte andere Zeichnung wird dann zum internen Block und es werden sogar die notwendigen Layer, Linientypen etc., die in der aktuellen Zeichnung noch nicht definiert waren, mitgebracht. Zu beachten ist jedoch, dass in einer Zeichnung, die später als Block irgendwo eingefügt werden soll, entweder der Nullpunkt der Einfügepunkt ist oder mit dem Befehl BASIS ein anderer Einfügepunkt definiert werden muss.

In den letzten AutoCAD-Versionen ist der Befehl zum Einfügen von Blöcken nicht nur um die GALERIE erweitert worden, die alle in der Zeichnung verfügbaren Blöcke auflistet, sondern auch um die BLOCKPALETTE. Mit der BLOCKPALETTE werden nicht nur die in der Zeichnung verfügbaren Blöcke verwaltet, sondern auch die *zuletzt verwendeten Blöcke* und *aus Bibliotheken importierte Blöcke*. Dadurch wird das Einfügen von Blöcken sehr erleichtert.

Nun gibt es jedoch noch das DESIGNCENTER bzw. Strg+2, mit dem es möglich ist, auch in andere Zeichnungen hineinzugreifen. Damit können Sie sich insbesondere interne Blöcke aus anderen Zeichnungen holen. Man wird also nicht mehr, wie bei älteren AutoCAD-Versionen, Teilebibliotheken als Sammlungen externer WBLÖCKE erstellen, sondern als spezielle Zeichnungen, die ganze Sammlungen von internen Blöcken enthalten (Abbildung 11.6), und auf die über das DESIGNCENTER zugegriffen wird. Bei jedem Einfügen eines Blocks werden auch unterschiedliche Einheiten des Blocks (zum Beispiel mm) und der aktuellen Zeichnung (zum Beispiel cm) berücksichtigt (Abbildung 11.7).

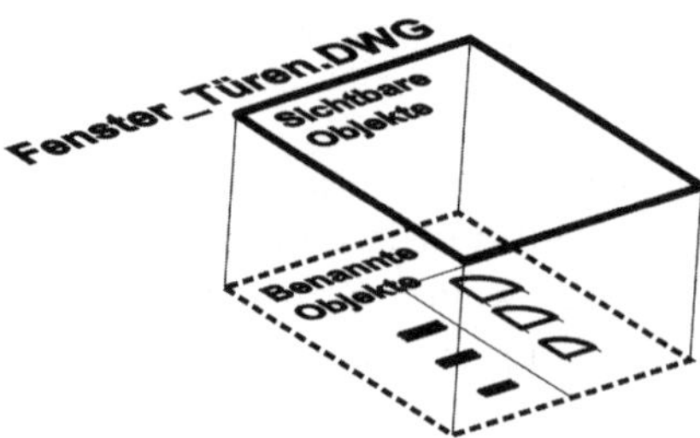

Abb. 11.6: Normteilebibliothek als Zeichnung mit mehreren internen Blöcken

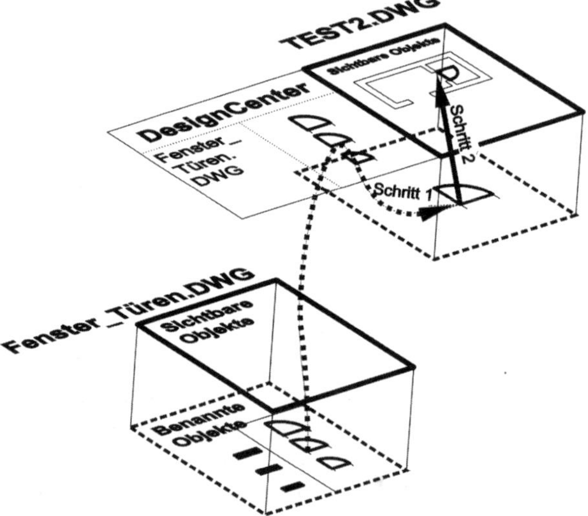

Abb. 11.7: Verwendung von Blöcken über das DESIGNCENTER

Es gibt neben BLOCK (intern) und WBLOCK (extern) noch ein ähnliches zusammengefasstes Objekt: die externe Referenz, kurz XREF. Externe Referenzen sind komplette Zeichnungen, die Sie in eine andere Zeichnung in der Weise hereinladen können, dass sie zwar dort sichtbar sind, aber die Objekte nicht wie beim Block zum internen Bestandteil der Zeichnung werden. Sie haben es also in diesem Fall wieder mit Phantombildern zu tun, aber diesmal nicht mit Phantombildern von internen Blockdefinitionen, sondern von externen Zeichnungen. Eine Zeichnung mit externen Referenzen hat den Vorteil, dass sie immer den aktuellen Stand der externen Referenzen anzeigt, so wie er beim Öffnen der Zeichnung vorliegt. Eine typische Anwendung für externe Referenzen ist zum Beispiel eine Zusammenstellungszeichnung, in die andere Zeichnungen eingefügt werden (Abbildung 11.8). Sie können eine Zusammenstellungszeichnung für ein Gartenhaus zusammensetzen aus der externen Referenz, die das Haus darstellt, aus der externen Referenz, die den ersten Gartenteil darstellt, und aus der externen Referenz, die den zweiten Gartenteil darstellt. In der Zusammenstellungszeichnung wären dann kaum noch eigene Geometrien nötig, sondern nur noch die Bezüge auf die externen Referenzen. Das spart Speicherplatz.

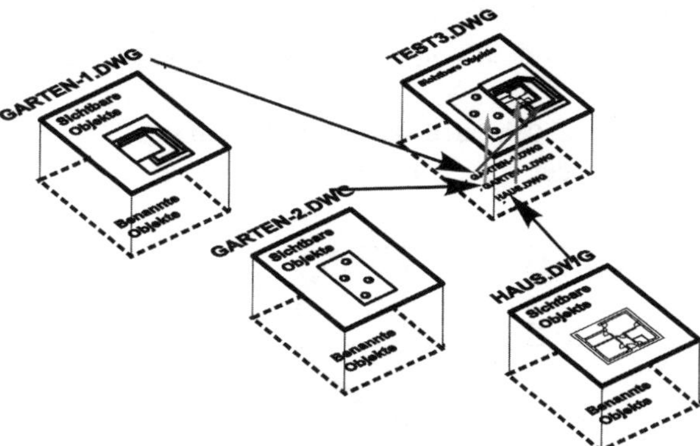

Abb. 11.8: Externe Referenzen in einer Zusammenstellungszeichnung

11.2 Interne Blöcke

11.2.1 Erzeugen interner Blöcke

Ein Block wird, wie oben schon erwähnt, mit dem Befehl BLOCK erzeugt. Das setzt voraus, dass die Geometrie, die Texte und Bemaßungen und die später noch zu beschreibenden Attribute, die diesen Block ausmachen sollen, bereits konstruiert und/oder definiert sind. Dann können Sie den Befehl BLOCK aufrufen.

ZEICHNEN UND BESCHRIFTUNG	Icon	Befehl	Kürzel
START|BLOCK|ERSTELLEN oder EINFÜGEN|BLOCKDEFINITION|BLOCK ERSTELLEN ▼|BLOCK ERSTELLEN		BLOCK	BL

Sie sollten als Beispiel nun aus einem Fenster mit Breite 101 cm einen Block **F-101** erzeugen.

```
Befehl: _rectang
RECHTECK Ersten Eckpunkt angeben oder [...]: 0,0 Enter
RECHTECK Anderen Eckpunkt angeben oder [...]: 101,11.5 Enter
Befehl: _rectang
RECHTECK Ersten Eckpunkt angeben oder [...]: -6.25,11.5 Enter
RECHTECK Anderen Eckpunkt angeben oder [...]: @113.5,25 Enter
Befehl: _explode
URSPRUNG Objekte wählen: L Enter    1 gefunden  oberes Rechteck gewählt und zerlegt
```

```
URSPRUNG Objekte wählen: Enter
Befehl: _offset
Aktuelle Einstellungen: Quelle löschen=Nein  Layer=Quelle  OFFSETGAPTYPE=0
VERSETZ Abstand angeben ... [...] <...>: 5 Enter
VERSETZ Zu versetzendes Objekt wählen ... [...] <...>: Untere Seite des
größeren Rechtecks anklicken.
VERSETZ Punkt auf Seite ...[ ...] <...>: Oberhalb davon anklicken.
VERSETZ Zu versetzendes Objekt wählen oder [...] <...>: Enter
```

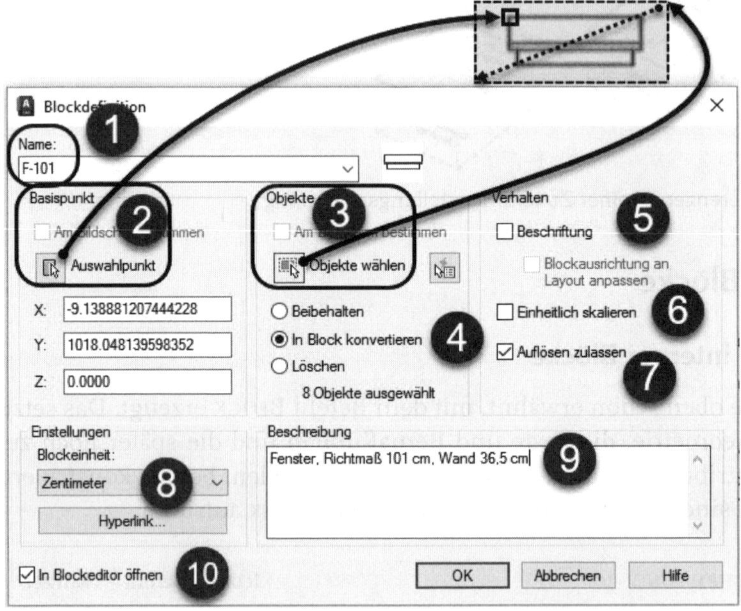

Abb. 11.9: Dialogfenster BLOCKDEFINITION zum Erstellen eines Blocks

Daraus soll nun ein Block erzeugt werden. Der Befehl BLOCK öffnet das Dialogfenster BLOCKDEFINITION (Abbildung 11.9):

- NAME – Geben Sie hier den Namen des Blocks ein: **F-101** ❶. Bis zu 255 Zeichen sind erlaubt. Wenn Sie auf das kleine Dropdown-Dreieck klicken, können Sie sich schon existierende Blöcke anzeigen lassen.
- BASISPUNKT/AUSWAHLPUNKT – Wählen Sie hier über den Eingabebutton ❷ den Punkt, mit dem der Block später in die Zeichnungen eingefügt werden soll. Im Allgemeinen müssen Sie für Blöcke, die in einer Firma Verwendung finden, eine Liste herausgeben, in der die jeweiligen Basispunkte verzeichnet sind, damit auch andere Anwender damit umgehen können. Hier in unserem Fall verwenden wir die linke obere Ecke des Fensters.

- Objekte
  - Objekte wählen – Wählen Sie hier über den Eingabebutton ❸ alle Objekte, die zum Block gehören sollen.
  - Beibehalten – Das klicken Sie an, wenn Sie, nachdem die Blockdefinition im »Keller« erstellt wurde, die Einzelobjekte noch für andere Zwecke brauchen. Sie können sie zum Beispiel strecken und ein weiteres Fenster mit anderer Breite daraus erstellen.
  - In Block konvertieren – Diese Option ❹ werden Sie wählen, wenn die Einzelobjekte gleich durch eine Blockeinfügung ersetzt werden sollen. Dann wird also neben der Blockdefinition im »Keller« sofort eine Blockeinfügung am Platz der Originalobjekte eingesetzt.
  - Löschen – Mit dieser Option werden nach Erstellen der Blockdefinition im »Keller« die auf dem Bildschirm befindlichen Einzelobjekte gelöscht. Diese Option werden Sie wählen, wenn Sie in dieser Zeichnung eigentlich nur Blockdefinitionen erstellen möchten, aber sonst keinen Wert auf die Einzelobjekte oder eine Blockeinfügung legen.
- Verhalten
  - Beschriftung – Hiermit ❺ können Sie die automatische Skalierung von Blöcken aktivieren, die Beschriftungszwecken dienen, wie etwa Bearbeitungs- oder Oberflächensymbole o.Ä. Im konkreten Fall handelt es sich um ein reines Geometrieobjekt, das *nicht* mit der Beschriftung skaliert wird.
  - Einheitlich skalieren – ❻ legt fest, dass dieser Block, falls überhaupt sinnvoll, nur in x-, y- und z-Richtung gleichmäßig skaliert werden kann. Wenn Sie nicht Einheitlich skalieren wählen, dann ist es später möglich, die Blöcke in allen Richtungen mit unterschiedlichen Faktoren zu skalieren, was auch interessant sein kann.
  - Auflösen zulassen – ❼ steuert, ob der Anwender diesen Block nach dem Einfügen mit dem Befehl Ursprung in die Einzelobjekte auflösen darf. Wenn Sie das Auflösen *nicht* zulassen, können Sie damit verhindern, dass ungeübte Benutzer Ihrer Blöcke diese in ihre Bestandteile zerlegen und damit die schönen Vorteile der globalen Bearbeitung von Blöcken torpedieren.
- Blockeinheit: Geben Sie hier die Einheiten ❽ an, in denen der Block erstellt wurde. Im Falle des Fensters wählen Sie **cm**. Hätten Sie ein Maschinenbauteil konstruiert, wie beispielsweise eine M10-Mutter, müssten Sie **mm** als Einheit angeben. Normalerweise wird die Einheit aus der aktuellen Zeichnung verwendet.
- Beschreibung – Hier können Sie eine Beschreibung ❾ eingeben, die sichtbar wird, wenn Sie einen Block über das DesignCenter einfügen werden.

- IN BLOCKEDITOR ÖFFNEN – Wenn Sie die Geometrie des Blocks noch bearbeiten wollen ⑩, dann wechseln Sie hiermit in den BLOCKEDITOR, in dem sich im »Keller« die Blockdefinition bearbeiten lässt.

Erstellen Sie weitere Fenster als Blöcke für Richtmaße 88.5 cm und 113.5 cm in derselben Zeichnung.

11.2.2 Einfügen von Blöcken

Tipp

Bevor Sie Blöcke einfügen, sollten Sie prüfen, ob für Ihre Zeichnung die richtigen Einheiten eingestellt sind. Im Befehl EINHEIT oder unter A CAD |ZEICHNUNGSPROGRAMME|EINHEITEN müssen bei EINFÜGUNGSMAẞSTAB stets die *Einheiten* (mm, cm, m etc.) angegeben werden, in denen Sie Ihre Zeichnung erstellen.

Zum Einfügen eines Blocks gibt es mehrere Vorgehensweisen:

- Als *getippten Befehl* können Sie DDINSERT (früherer Befehl EINFÜGE) verwenden und erhalten ein Dialogfeld zur Auswahl interner oder externer Blöcke.
- Über die *Multifunktionsleisten* START|BLOCK|EINFÜGEN oder EINFÜGEN|BLOCK|EINFÜGEN können Sie die GALERIE zum Einfügen interner Blöcke aktivieren oder auch mit den Optionen ZULETZT VERWENDETE BLÖCKE, BEVORZUGTE BLÖCKE und BLÖCKE AUS BIBLIOTHEKEN darunter die BLOCKPALETTE starten.
- Über ANSICHT|PALETTE|BLÖCKE oder den getippten Befehl EINFÜGE (EIN) können Sie die BLOCKPALETTE mit allen Einfüge-Optionen direkt aktivieren.

ZEICHNEN UND BESCHRIFTUNG	Icon	Befehl	Kürzel
DDINSERT (KLASSISCHEINFÜG)	-	-	
START|BLOCK|EINFÜGEN oder EINFÜGEN|BLOCK|EINFÜGEN			
ANSICHT|PALETTE|BLÖCKE		EINFÜGE	EIN

Einfügen mitDDINSERT

Der getippte Befehl DDINSERT startet ein Dialogfenster, mit dem Sie links jeden *internen Block* zum Einfügen wählen und rechts unter DURCHSUCHEN jede Zeichnung als *externen Block* aufrufen können. Der EINFÜGEPUNKT wird üblicherweise am Bildschirm bestimmt. Außerdem können noch *Skalierfaktoren* und *Drehwinkel* eingegeben oder am Bildschirm abgegriffen werden. Die Option URSPRUNG erlaubt, den Block beim Einfügen zu zerlegen.

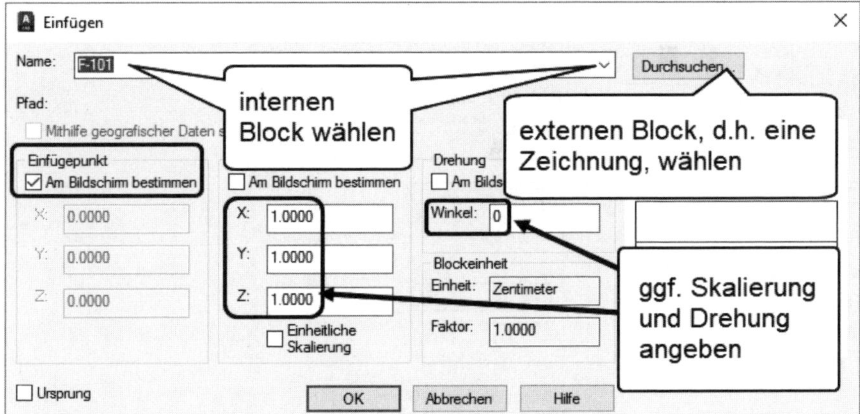

Abb. 11.10: Block mit DDINSERT einfügen

Einfügen über Galerie

Beim EINFÜGEN über die Multifunktionsleisten erscheint eine Galerie mit den vorhandenen internen Blöcken (Abbildung 11.11). Sie können darin einfach einen Block anklicken und ihn auf einen geeigneten Einfügepunkt positionieren. Die Befehlszeile oder das Kontextmenü bieten dann noch folgende Optionen an, bevor Sie die Einfügeposition eingeben oder anklicken:

- BASISPUNKT – Um einen anderen Punkt als den vorgegebenen Basispunkt zum Einfügen zu verwenden, klicken Sie in der Vorschauposition die gewünschte Position an.
- FAKTOR – Hier kann eine Zahl größer null zum einheitlichen Skalieren in allen Achsenrichtungen eingegeben werden. Bei einer negativen Zahl werden die Achsrichtungen umgekehrt, also in x, y und z gespiegelt.
- X, Y, Z – Sie können auch für einzelne Achsrichtungen verschiedene Skalierfaktoren angeben, um eine ungleichmäßig skalierte Blockeinfügung zu erhalten.
- WINKEL – Dreht die Blockeinfügung um den angegebenen Winkel. Wollen Sie als Drehwinkel nur Winkel von 0° oder 90° etc. zulassen, dann schalten Sie mit der Taste F8 den ORTHO-Modus ein oder verwenden für andere Winkelrichtungen auch den POLAR-Modus F10.

Tipp

Wenn Sie die Galerien nicht mögen, können Sie sie mit der Systemvariablen GALLERYVIEW und Wert **0** zentral abschalten. Dann werden anstelle der Vorschaubilder die Blocknamen angezeigt.

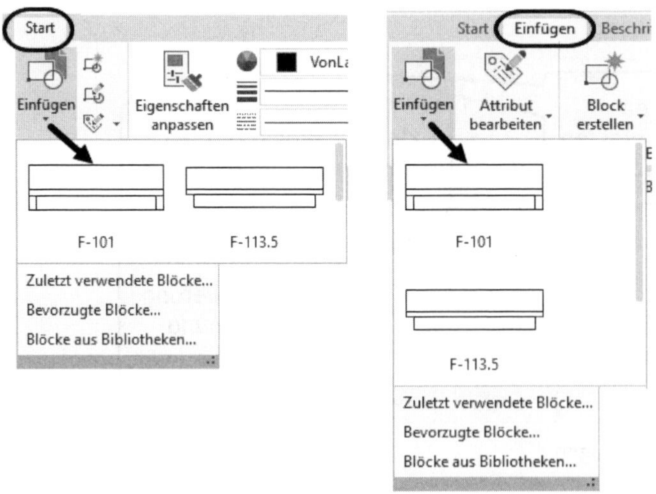

Abb. 11.11: EINFÜGE-Befehl mit Galerie der vorhandenen Blöcke

Einfügen überBLOCKPALETTE

Alternativ können Sie mit dem Befehl EINFÜGE oder über Multifunktionsleiste mit den Optionen unterhalb der Galerien die BLOCKPALETTE aufrufen. Dort finden Sie vier Register zur Auswahl von Blöcken:

- AKTUELLE ZEICHNUNG – Hier haben Sie Zugriff auf die internen Blöcke der aktuellen Zeichnung. Aus dieser Liste können Sie Blöcke nicht direkt entfernen, erst müssen deren Blockeinfügungen in der Zeichnung gelöscht und dann mit BEREINIG (s. unten Abschnitt 11.2.3) die Blockdefinition entfernt werden.
- ZULETZT VERWENDET – Alle zuvor in vorangegangenen Sitzungen auch in anderen Zeichnungen verwendeten Blöcke werden von AutoCAD in einem speziellen Verzeichnis gespeichert und hier angeboten. Diesen Bereich können Sie übers Kontextmenü entleeren oder einzelne Blöcke herausnehmen.
- FAVORITEN – Dieser Bereich kann von Ihnen mittels Kontextmenüs aus den anderen Bereichen mit Blöcken gefüllt werden, die Sie oft benötigen.
- BIBLIOTHEKEN – Hier können Sie andere Zeichnungen oder Datei-Ordner anwählen, die ihrerseits weitere interne Blöcke enthalten können. Die Zeichnungen und ihre internen Blöcke werden dann hier eingelagert und können zum Einfügen verwendet werden.

Bevor Sie auf der BLOCKPALETTE den gewünschten Block anklicken, können Sie unter EINFÜGEOPTIONEN die Optionen wie oben einstellen:

- Ein Häkchen bei einer Option bedeutet, dass dieser Wert während des Befehlsablaufs über die Befehlszeile abgefragt wird.

- Ein eingetragener Wert wird direkt übernommen.
- Bei SKALIERUNG kann in der Dropdown-Liste ▼EINHEITLICHE SKALIERUNG aktiviert werden. Dann ist hier nur ein einziger Faktor möglich, der proportional in x, y und z skaliert.
- Die oberste Zeile FILTER bietet die Möglichkeit, von vielen Blöcken in dieser Palette einige über den Namen auszufiltern. Mit dem Filter **F-1*** würden beispielsweise nur Blöcke angezeigt werden, die mit **F-1** beginnen. Das * bedeutet beliebige nachfolgende Zeichenkette.
- Besonders interessant ist die Option PLATZIERUNG WIEDERHOLEN, die es erlaubt, mehrere Einfügungen dieses Blocks endlos bis zum Abbruch mit [Esc] zu wiederholen. Sie können dabei auch auf einen anderen Block umschalten.

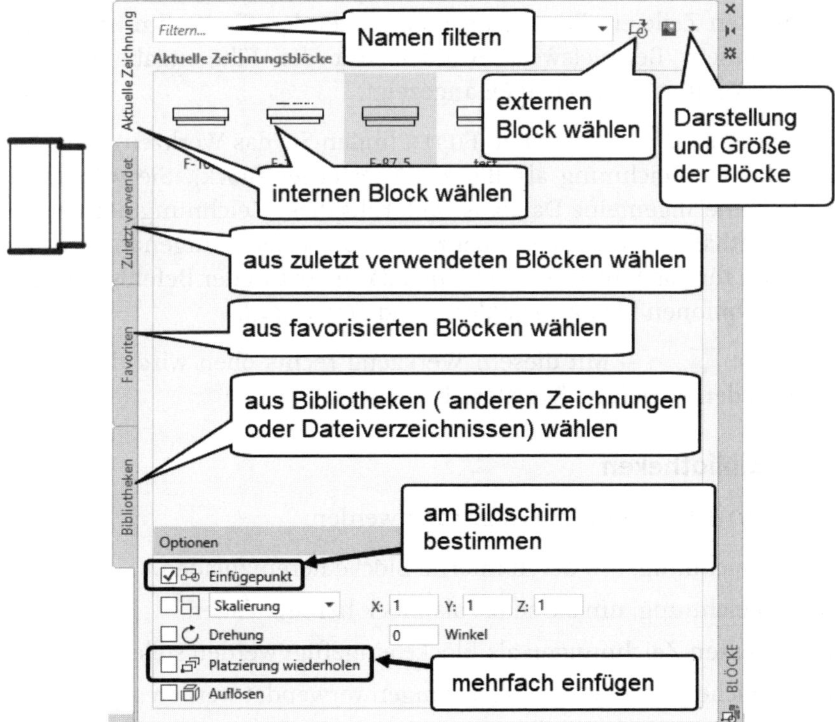

Abb. 11.12: Die BLOCKPALETTE

- Links unten im Fenster findet sich noch der Schaltknopf AUFLÖSEN. Damit können Sie bewirken, dass der Block zwar eingefügt, aber gleich nach der Einfügung in seine Einzelteile zerlegt wird. Dies ist für Blöcke eigentlich unüblich und deshalb bleibt hier AUFLÖSEN nicht angeklickt. Die Zerlegung eines Blocks kann auch jederzeit nachträglich mit URSPRUNG unter START|ÄNDERN|URSPRUNG geschehen.

Wenn es sich um einen *dynamischen Block* (Abschnitt 11.8, *Dynamische Blöcke*) oder parametrischen Block handelt, dann erscheint am Block-Logo rechts ein kleines Blitzsymbol ⚡. Solche Blockeinfügungen können nachträglich über spezielle Griffe oder Parameterwahl noch verändert werden. Haben Sie allerdings hier unter den Optionen die Skalierung oder Drehung *festgelegt*, dann gehen entsprechende dynamische oder parametrische Variationen verloren!

Im aktuellen Beispiel (Abbildung 11.12) wird also der EINFÜGEPUNKT in der BEFEHLSZEILE erfragt, die SKALIERUNG in Y-Richtung ist mit **2** festgelegt und die DREHUNG um **90°** auch. Speichern Sie die Zeichnung mit den Fenster-Blöcken unter **FENSTER.DWG** für eine spätere Verwendung.

Weitere Schaltflächen:

FILTER – Da Sie mit der BLOCKPALETTE viele verfügbare Blöcke verwalten können, wird in der obersten Zeile ein FILTER angeboten, über den Sie bestimmte Namen herausfiltern können. Beispielsweise werden mit der Filterangabe **FE*** nur Dateien mit den Anfangsbuchstaben **FE** angezeigt.

ZEICHNUNG EINFÜGEN – Neben dem FILTER finden Sie das Werkzeug zum Einfügen einer anderen Zeichnung als Block (externer Block). Sie wählen die Zeichnung über eine allgemeine Dateiauswahl. Falls diese Zeichnung noch eigene interne Blöcke enthält, werden diese ebenfalls in die Palette aufgenommen. Die übrigen Anfragen für das Einfügen erscheinen dann aber in der Befehlszeile: *Einfügeposition* und Optionen für *Skalierfaktoren* und *Drehwinkel*.

AUFLISTUNGSMODI – Mit diesem Werkzeug rechts oben wird die Art der Blockvorschau in den einzelnen Registern beeinflust.

Einfügen aus Bibliotheken

Im Register BIBLIOTHEKEN kann vieles gewählt werden:

- eine andere Zeichnung, um deren interne Blöcke hereinzuladen,
- eine andere Zeichnung, um sie selbst als Block hereinzuladen,
- ein Ordner, dessen Zeichnungen als Blöcke eingefügt werden sollen,
- ein Cloud-Speicherplatz, dessen Zeichnungen verwendet werden sollen.

Georeferenzierte Dateien

Man kann eine Zeichnung mit der Funktion EINFÜGEN|STANDORT|STANDORT EINSTELLEN|AUS KARTE oder mit Befehl GEOPOSITION, Kürzel GEO georeferenzieren.

- Zoomen Sie sich in der Kartendarstellung auf Ihren Heimatort.
- Mit einem Rechtsklick und dann einem Klick auf MARKIERUNG HIERHER VERSCHIEBEN legen Sie Ihre Position fest.

- Nach WEITER müssen Sie allerdings noch das gewünschte geografische Koordinatensystem wählen wie etwa GRMNY-S4.
- Dann klicken Sie den dazu gehörenden Punkt in der Zeichnung an und
- einen zweiten Punkt für die Nordrichtung.

Wenn Sie nun eine georeferenzierte Zeichnung als Block in eine zweite georeferenzierte einfügen, wäre durch die Referenzierung eigentlich die Angabe einer Einfügeposition überflüssig. Deshalb wird die Option MITHILFE GEOGRAFISCHER DATEN SUCHEN angeboten. Alternativ können Sie aber auch EINGABEAUFFORDERUNG FÜR EINFÜGEPUNKT wählen, um von der geografischen Referenz unabhängig zu sein.

11.2.3 Blöcke bereinigen

Wenn Sie alle Einfügungen eines Blocks löschen, bleibt dennoch die Blockdefinition bestehen. Sie liegt im unsichtbaren Bereich der Zeichnung, dem »Keller«, auf den der Befehl LÖSCHEN nicht zugreifen kann. Der Block kann somit später wieder erneut eingefügt werden. Erst mit dem Befehl BEREINIG können Sie Blockdefinitionen entfernen, aber immer nur solche, von denen es keine Einfügung mehr gibt.

ZEICHNEN UND BESCHRIFTUNG	Icon	Befehl	Kürzel
A CAD |ZEICHNUNGSPROGRAMME|BEREINIGEN oder VERWALTEN|BEREINIGUNG|BEREINIGEN		BEREINIG	BE

Der Befehl BEREINIG kann alle benannten Objekte wie *Layer, Linientypen, Textstile, Blockdefinitionen, Bemaßungsstile* und *Multilinienstile* u.a. aus der Zeichnung entfernen, *sofern sie nicht verwendet werden*. Er zeigt mit Standardeinstellung nur die nicht verwendeten Objekte an. Als verwendet gelten solche Objekte, die entweder aktuell geschaltet sind (zum Beispiel aktueller Layer oder Textstil) oder von anderen gebraucht werden (zum Beispiel ein Linientyp, der in einem Layer benutzt wird). Die Objekte können also in diesem Sinne verschachtelt sein.

Sie können beim BEREINIGEN mit einem Klick auf die +-Zeichen die einzelnen Kategorien aufblättern und dann die zu bereinigenden Objekte anklicken. Zuvor können Sie im Vorschaufenster nachsehen, um was es sich handelt.

Es gibt einige Dinge, die immer bereinigt werden können. Dazu gehören die Text- und Bemaßungsstile ANNOTATIVE, die nur für Zoll-Einheiten brauchbar sind. Dann gibt es noch Blöcke mit Namen wie DXX..., das sind Blockdefinitionen von bereits gelöschten Bemaßungen. Was von Ihren eigenen Blöcken weg kann, müssen Sie entscheiden.

Danach lösen Sie mit Klick auf MARKIERTE ELEMENTE BEREINIGEN die Aktion aus. Es folgt eine Sicherheitsabfrage, die Sie mit ALLE ELEMENTE BEREINIGEN beantworten können.

Vermeiden sollten Sie unten die Schaltfläche ALLE BEREINIGEN. Damit werden *alle* Kategorien automatisch bereinigt. Man hat nämlich oft noch Objekte wie beispielsweise Layer, die man erst später verwenden will, und die sind dann weg!

Es kann sein, dass durch dieses Bereinigen nun Objekte, die von den bereinigten Objekten bisher gebraucht wurden, ihrerseits als unbenutzte Objekte in der Liste plötzlich neu auftauchen. Um solche abhängigen Objekte gleich mit zu entfernen, können Sie VERSCHACHTELTE ELEMENTE BEREINIGEN aktivieren.

Tipp

Der Befehl BEREINIG entfernt nicht nur benannte Objekte, sondern – sofern vorhanden – auch Geometrieobjekte, die nicht oder nur schwer zu wählen sind, nämlich *Geometrien mit Länge null, leere Textobjekte* und *verwaiste Daten*. Diese Objekte sind unangenehme Zeitgenossen, weil sie praktisch unsichtbar sind, aber beispielsweise der Befehl ZOOM, Option GRENZEN darauf reagiert. Beides hat zwar nichts mit Blöcken zu tun, aber sie passen in das Thema *Bereinigen*.

Tipp: Blöcke in relativer Entfernung

Oft ist es nötig, Blöcke in bestimmter Entfernung zu vorgegebenen Punkten einzufügen. In solchen Fällen sollten Sie die Möglichkeiten nutzen, die die OBJEKTFANGSPUR bietet. Wollen Sie beispielsweise in einen Grundriss den Block F-101 50 cm von einer Ecke entfernt einfügen, so aktivieren Sie vorher den permanenten Objektfang ENDPUNKT über die Statuszeile, stellen mit Rechtsklick bei POLARE SPUR (POLAR) die EINSTELLUNGEN und dort die Option SPUR NUR ORTHOGONAL ein und aktivieren OBJEKTFANGSPUR. Dann *fahren* Sie beim Einfügen des Blocks auf den Endpunkt, *verweilen* dort einen Moment, damit ihn AutoCAD als AUSRICHTEPUNKT annimmt (ein kleines Kreuzchen zeigt das an) und fahren in der gewünschten Richtung auf der gepunkteten Spurlinie entlang, um dann die korrekte Entfernung **50** einzugeben. Sie müssen hier *keine Punkte anklicken* und brauchen nur die *Entfernung* einzugeben, also keine Punktkoordinaten mit x und y.

Natürlich können Sie auch in der bisherigen Arbeitsweise den Objektfang VON verwenden, als BASISPUNKT den Endpunkt mit permanentem Objektfang wählen und den ABSTAND mit **@50,0** eingeben.

Tipp: Blöcke mit Objektfang Hilfslinie positionieren

Günstig ist auch der Objektfang HILFSLINIE , mit dem Positionen in Richtung einer Linie angegeben werden können, sowohl nach außen vom Kurvenende weg als auch nach innen, auch ohne POLARE SPUR und OBJEKTFANGSPUR.

11.2.4 Layerzugehörigkeit bei Blöcken

Bei den Blöcken bzw. den Elementen, aus denen die Blöcke bestehen, müssen Sie darauf achten, auf welchen Layern die einzelnen Objekte liegen:

- Objekte, die im Layer *0* konstruiert wurden, werden beim Einfügen immer dem *aktuellen* Layer zugeordnet.
- Objekte, die in anderen Layern konstruiert wurden, behalten beim Einfügen ihre Layerzugehörigkeit bei.

Beispiel: Ein Fenster ist mit seinen Konturen im Layer *0* konstruiert worden, aber Mauerkanten darin liegen auf dem Layer WÄNDE. Daraus wird ein Block erstellt.

Nach dem Einfügen in den aktuellen Layer **Fenster&Türen** erscheinen die Linien aus dem Layer *0 im Block* dann auf dem Layer **Fenster&Türen**, die Mauerkanten aus dem Block bleiben aber auf dem Layer *Wände im eingefügten Zustand*. Es verhalten sich also Objekte von Blöcken, die aus dem Layer 0 stammen, praktisch wie Chamäleons, die sich der jeweiligen Umgebung anpassen, nämlich dem aktuellen Layer.

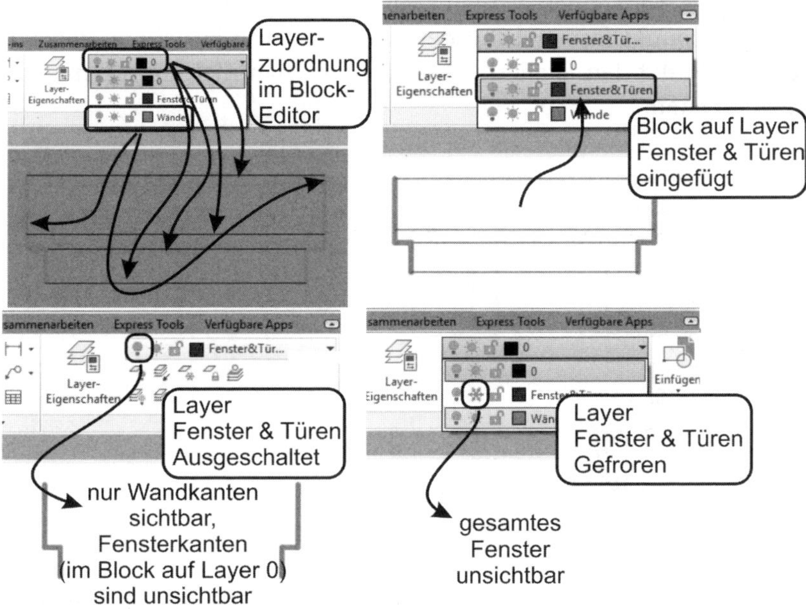

Abb. 11.13: Verhalten der Layer beim Block

11.2.5 Skalierung von Blöcken

Sie haben oben gesehen, dass Sie beim Einfügen von Blöcken eine Skalierung vornehmen können. Normalerweise sind die x-, y- und z-Faktoren auf 1 gesetzt, weil andere Einstellungen für Normteile nicht sinnvoll sind. Im Allgemeinen können aber die Blöcke mit einem beliebigen Faktor skaliert werden, und sogar in den drei Achsenrichtungen unterschiedlich stark. Sie können auch die Option EINHEITLICH ankreuzen, um den Block in allen Achsenrichtungen gleichmäßig zu skalieren. Bei der ungleichmäßigen Skalierung von Blöcken entstehen beispielsweise aus Kreisen dann Ellipsen.

Das Skalieren von Blöcken hat seine Grenzen. Ein Fenster, das wie F-101 mit Laibungen auskonstruiert ist, kann man nicht etwa mit einer x-Skalierung von 1.135 in ein Fenster der Breite 113.5 verwandeln. Das Problem besteht nämlich darin, dass die Laibungen entsprechend mitskaliert werden, und das darf nicht sein.

11.2.6 Blöcke der Größe 1

Andererseits gibt es auch Beispiele für Blöcke, die sich beliebig skalieren lassen sollen. In diesen Fällen ist es sogar sehr nützlich, wenn Sie sie nicht mit den endgültigen Abmessungen generieren, sondern in der entscheidenden Abmessung mit *einer* Zeicheneinheit. Wenn Sie nun einen solchen Block mit den Vorgaben EINFÜGEPUNKT – AM BILDSCHIRM BESTIMMEN und SKALIERUNG – AM BILDSCHIRM BESTIMMEN einfügen, dann können Sie den Block über die dazu nötigen 2 Klicks positionieren und automatisch skalieren. Abbildung 11.14 zeigt Beispiele der Blöcke **SCHATTEN** und **DURCHBR**. Sie können für die Schattierung von Schächten und für Mauerdurchbrüche verwendet werden. Mit der ersten Fadenkreuzposition legen Sie den Einfügepunkt fest und mit der zweiten dann über einen diagonal gegenüberliegenden Punkt den Skalierfaktor, wobei Sie natürlich mit permanenten Objektfängen arbeiten.

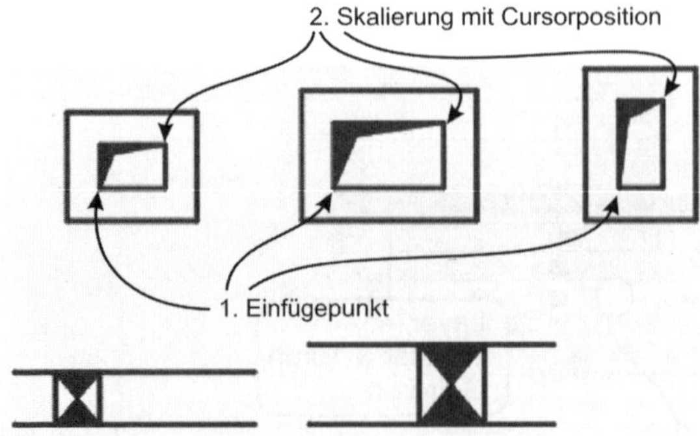

Abb. 11.14: Blöcke der Größe 1 eingefügt in verschiedene Geometrien

Die Erzeugung der Geometrien für die zwei Blöcke **SCHATTEN** und **DURCHBR** ist hier kurz protokolliert:

```
Befehl: SOLID[Enter]
SOLID Ersten Punkt angeben: 0,0[Enter]
SOLID Zweiten Punkt angeben: 0,1[Enter]
SOLID Dritten Punkt angeben: .2,.8[Enter]
SOLID Vierten Punkt angeben oder <...>: 1,1[Enter]
SOLID Dritten Punkt angeben: [Enter]
Befehl: _block          Blockname: SCHATTEN
                          Einfügebasispunkt: 0,0
                          Objekte wählen: L
Befehl: SOLID[Enter]
SOLID Ersten Punkt angeben: 0,0[Enter]
SOLID Zweiten Punkt angeben: 1,0[Enter]
SOLID Dritten Punkt angeben: 1,1[Enter]
SOLID Vierten Punkt angeben oder <...>: 0,1[Enter]
SOLID Dritten Punkt angeben: [Enter]
Befehl: _block        Blockname: DURCHBR
                        Einfügebasispunkt: 0,0
                        Objekte wählen: L
```

Der Durchbruch soll nun in eine 24er-Wand im Abstand von 20 cm vom linken Ende eingefügt werden. Die Breite des Durchbruchs beträgt 20 cm. Damit EINFÜGEPUNKT und SKALIERUNG per Cursor eingegeben werden können, müssen Sie für beide in der BLOCKPALETTE das Häkchen setzen. Aus der Aufgabenstellung ergibt sich, dass der EINFÜGEPUNKT mit Objektfang VONPUNKT mit Bezugspunkt ENDPUNKT und Abstand **@20,0** angegeben werden muss. Der zweite Punkt legt die Skalierung fest und muss relativ zum ersten dann 20 in x und 24 in y entfernt sein.

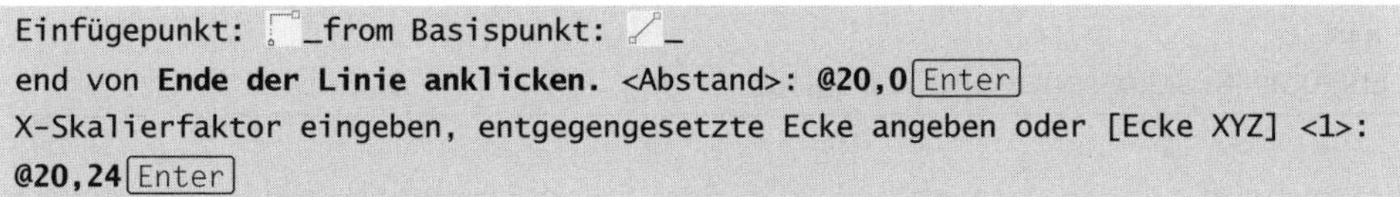

```
Einfügepunkt: _from Basispunkt: _
end von Ende der Linie anklicken. <Abstand>: @20,0[Enter]
X-Skalierfaktor eingeben, entgegengesetzte Ecke angeben oder [Ecke XYZ] <1>:
@20,24[Enter]
```

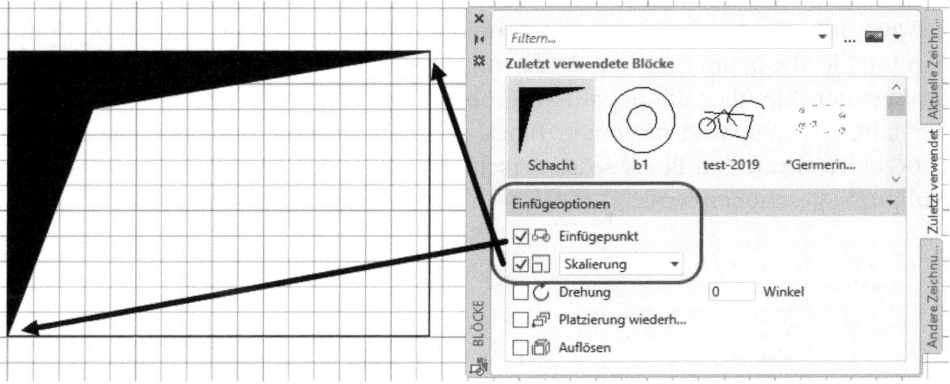

Abb. 11.15: Schacht-Schattierung einsetzen

Ganz unkompliziert werden die Schattierungen für die Schächte einfach über zwei diagonale Punkte eingesetzt.

Diese Positionierung des Blocks bei gleichzeitiger Skalierung klappt so elegant über die GALERIE nicht. Am einfachsten geht es dagegen mit dem Befehl –DDINSERT, indem Sie dann direkt die beiden benötigten Positionen anklicken.

11.2.7 Block ändern

Die einfachste Art, einen Block geometrisch zu ändern, ist der Aufruf des BLOCK-EDITORS . Der BLOCKEDITOR kann für verschiedene Zwecke verwendet werden:

- um *dynamische Blöcke* zu erstellen, wobei der Block mit dynamischen Parametern und Aktionen versehen wird, oder
- um *parametrische Blöcke* zu erstellen, wobei der Block mit Parametern und parametrischen Abmessungen versehen wird, oder
- um *Attribute* zum Block hinzuzufügen oder
- um normale *geometrische Änderungen* bequem vorzunehmen.

Sie starten den BLOCKEDITOR am schnellsten durch *Doppelklick* auf den Block. Das klappt übrigens nur, solange er *keine Attribute* hat. Dann finden Sie den Blockeditor im Kontextmenü. Während Sie im BLOCKEDITOR arbeiten, wird der Hintergrund im Unterschied zum normalen Zeichenbereich *leicht grau gefärbt* angezeigt (im »Keller« ist es immer etwas dunkler!).

ZEICHNEN UND BESCHRIFTUNG	Icon	Befehl
START|BLOCK|BEARBEITEN oder EINFÜGEN|BLOCKDEFINITION|BLOCK-EDITOR		BBEARB, BEDIT

Es erscheint erst ein Auswahldialog, in dem Sie den zu bearbeitenden Block wählen. Danach öffnet sich der Blockeditor als eigenes großes Grafikfenster, in dem der gewählte Block mit seinem Basispunkt am Nullpunkt liegt. In diesem Modus können Sie alle geometrischen Änderungen am Block vornehmen. Den Blockeditor beenden Sie über die Schaltfläche oben BLOCKEDITOR SCHLIEẞEN. Ist einmal der falsche Basispunkt für einen Block definiert worden, brauchen Sie hier im BLOCKEDITOR nur den Block so zu verschieben, dass der neue Basispunkt auf den Nullpunkt geschoben wird.

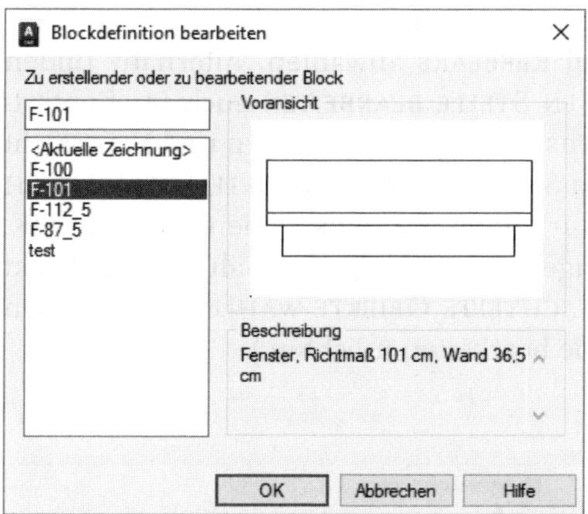

Abb. 11.16: Start des Blockeditors mit Auswahl des Blocks

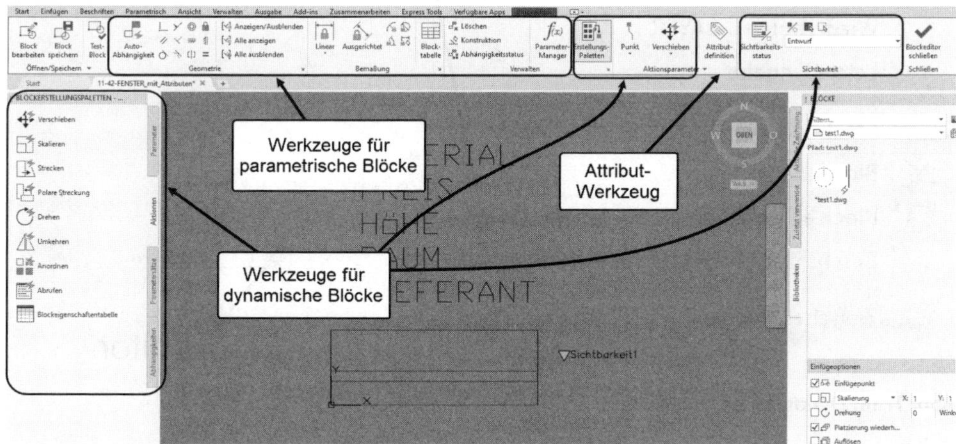

Abb. 11.17: Blockeditor

11.2.8 Block an jeweiliger Stelle bearbeiten

Sie können einen Block auch direkt an der Einfügeposition ändern. Diese Bearbeitung von Blöcken (und auch von noch vorzustellenden externen Referenzen) hat den Vorteil, dass der Block zusammen mit der restlichen Konstruktion angezeigt wird und damit Anpassungen an die Umgebungsgeometrie zum Beispiel mit geeignetem OBJEKTFANG vorgenommen werden können. Das ist mit dem Blockeditor aus dem vorangegangenen Abschnitt nicht möglich. Während dieser Direktbearbeitung wird der Rest der Zeichnung mit reduzierter Intensität (Fading) dargestellt, und nur die Teile des Blocks, die Sie zum Editieren auswählen, erscheinen in Normalfarbe. Also nehmen wir an, Sie wollen in der Übungszeichnung das Fenster oben links nehmen, um den Block zu bearbeiten.

Dazu müssen Sie den bereits eingefügten Block mit EINFÜGEN|REFERENZ▼|REFERENZ-BEARBEITUNG bzw. mit dem Befehl REFBEARB anwählen. Alternativ finden Sie die Funktion BLOCK AN JEWEILIGEN STELLE BEARBEITEN auch im Kontextmenü nach Anklicken des Blocks. Ein Fenster zeigt Ihnen Namen und Voransicht des Blocks an. In diesem Fenster wählen Sie, ob Sie ALLE OBJEKTE AUTOMATISCH ZUM BEARBEITEN WÄHLEN wollen oder nur einige. Dann akzeptieren Sie mit OK. (Wenn Sie vorher die Aufforderung, eingebettete Objekte zu wählen, angeklickt hatten, erscheint nun die Frage VERSCHACHTELTE OBJEKTE WÄHLEN:. Sie wählen dann alle Einzelobjekte des Blocks, die Sie bearbeiten möchten.)

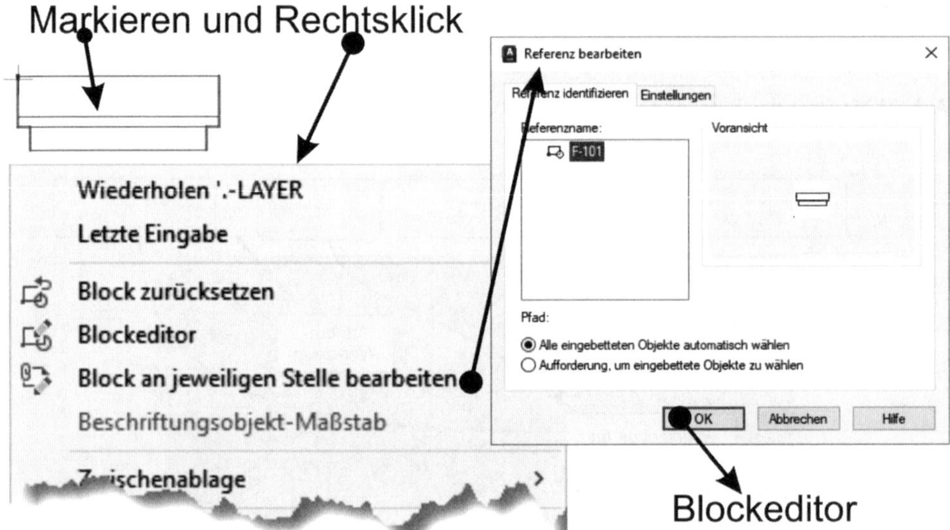

Abb. 11.18: Dialogfenster REFBEARB

ZEICHNEN UND BESCHRIFTUNG	Icon	Befehl
EINFÜGEN|REFERENZ▼|REFERENZ-BEARBEITUNG		REFBEARB

Hinweis

Bei dynamischen oder parametrischen Blöcken wird durch die Direktbearbeitung die Dynamik oder Parametrik entfernt und es entsteht ein neuer Block. Der neue Blockname erhält einen Zählindex angehängt.

Ungleichmäßig skalierte Blöcke können nicht direkt bearbeitet werden:

Es erscheint dann rechts oben in der Multifunktionsleiste eine neue Gruppe REFERENZ-BEARBEITUNG.

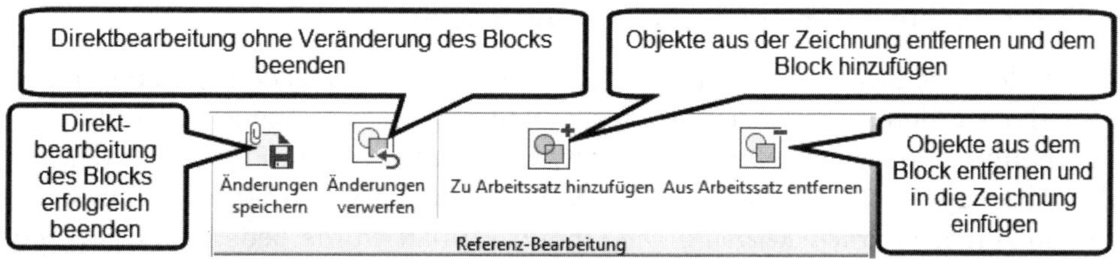

Abb. 11.19: Gruppe REFERENZ-BEARBEITUNG

> **Tipp: Gruppe in Multifunktionsleiste unvollständig sichtbar**
>
> Wegen »Überfüllung« in der Multifunktionsleiste passiert es immer wieder, dass man eine Gruppe nicht vollständig sieht. Hier hilft es, wenn Sie die Gruppe per *Drag&Drop*, also mit gedrückter Maustaste, aus der Multifunktionsleiste heraus auf den Zeichenbereich ziehen. Zurück geht's über ein kleines Icon rechts oben im Rand der Gruppe.

Ab jetzt befinden Sie sich in der Block-Direkt-Editiersitzung, die Sie am Ende mit dem Werkzeug ÄNDERUNGEN SPEICHERN in der Gruppe REFERENZ BEARBEITEN ganz links abschließen müssen. Die nicht zum Editieren gewählten Objekte erscheinen nun in gedämpften Farben.

1. Erweitern Sie nun den Bearbeitungssatz mit dem Werkzeug ZU SATZ HINZUFÜGEN um Objekte aus der übrigen Zeichnung oder verringern Sie ihn mit AUS SATZ ENTFERNEN , wodurch Sie Objekte aus dem Block in die restliche Zeichnung überführen.
2. Sie können Objekte des Blocks, die zur Bearbeitung gewählt sind, nun verändern. Nehmen Sie weitere Bearbeitungen an den Objekten des Bearbeitungssatzes vor, wie zum Beispiel Layer-Änderungen oder STUTZEN und DEHNEN.

   Neue Objekte, die in den Block eingehen sollen, konstruieren Sie nun einfach.
3. Zum Abschluss und zur Aktualisierung der Blockdefinition und aller bereits eingefügten Blöcke wählen Sie das Werkzeug ganz links ÄNDERUNGEN SPEICHERN . Sie werden sehen, dass alle Blockeinfügungen sofort die Änderungen übernehmen.
4. Wenn Sie keine Änderungen am Block ausführen wollen, klicken Sie auf das rechte Werkzeug ÄNDERUNGEN VERWERFEN .

Bei dieser Bearbeitung werden Objekte, die nicht zur Bearbeitung anstehen, hinter einem Fading-Schleier verborgen. Wie stark dieser Schleier sein soll, wird mit A CAD |OPTIONEN|ANZEIGE|FADING-STEUERUNG|DIREKTBEARBEITUNG UND BESCHRIFTUNGSDARSTELLUNGEN eingestellt.

11.2.9 Objekte aus Block in Zeichnung kopieren

Um Teile eines *Blocks* oder auch einer *externen Referenz* (Xref) oder gar einer DGN-Unterlage (Microstation-Zeichnung) als Kopie(n) in die eigene Zeichnung zu übernehmen, gibt es den Befehl NKOPIE . Es gibt eine Option EINSTELLUNGEN mit den Alternativen EINFÜGEN und BINDEN. Sie werden erst interessant beim Kopieren aus einer *externen Referenz*. Die Option BINDEN würde bedeuten, dass nicht nur das Objekt kopiert wird, sondern auch der Layer zusammen mit dem Xref-Namen hereinkopiert wird (neuer Layer: XREF-NAME|LAYERNAME). Bei EINFÜGEN wird nur der Layer allein, sofern noch nicht vorhanden, in die aktuelle Zeichnung kopiert (ggf. neuer Layer: LAYERNAME). Ansonsten läuft der Befehl wie KOPIEREN ab, mit der Option MEHRFACH erzeugt er mehrere Kopien.

ZEICHNEN UND BESCHRIFTUNG	Icon	Befehl
START|ÄNDERN▼VERSCHACHTELTE OBJEKTE KOPIEREN		NKOPIE

11.2.10 Block über die Zwischenablage erstellen

Sie können einen Block auch über die ZWISCHENABLAGE erstellen. Dazu klicken Sie einfach die Objekte an, die Sie in einen Block verwandeln wollen. Die Objekte werden mit den blauen Griffen markiert. Nun klicken Sie mit der rechten Maustaste, damit das Kontextmenü erscheint. Dort wählen Sie die Funktion ZWISCHENABLAGE|KOPIEREN bzw. im Register START|ZWISCHENABLAGE|KOPIEREN oder ...| KOPIEREN MIT BASISPUNKT. Bei KOPIEREN werden die Objekte in die Windows-Zwischenablage kopiert und die minimalen x- und y-Koordinaten der Objekte als Basispunkt bestimmt. Bei der Option KOPIEREN MIT BASISPUNKT können Sie den Basispunkt selbst angeben.

Nun können Sie in einer anderen Zeichnung die Objekte mit der Kontextmenü-Funktion ZWISCHENABLAGE|ALS BLOCK EINFÜGEN oder übers Register START|ZWISCHENABLAGE|ALS BLOCK EINFÜGEN als neuen Block aus der Zwischenablage einfügen.

Tipp: Einfügen aus der Zwischenablage

Natürlich können Sie Objekte aus der Zwischenablage auch nur einfach so als Objekte einfügen mit der Option EINFÜGEN oder an derselben Stelle wie in der Originalzeichnung einfügen über MIT ORIGINAL-KOORDINATEN EINFÜGEN.

Dieser neue Block bekommt dabei allerdings automatisch einen Namen, der aus einer nichtssagenden Buchstaben- und Ziffernfolge besteht. Sie sollten ihn deshalb sofort umbenennen. Dazu nutzen Sie die Funktion, mit der Sie alle benannten Objekte umbenennen können: Befehl UMBENENN. Die richtige Bedienreihenfolge zeigt Abbildung 11.20.

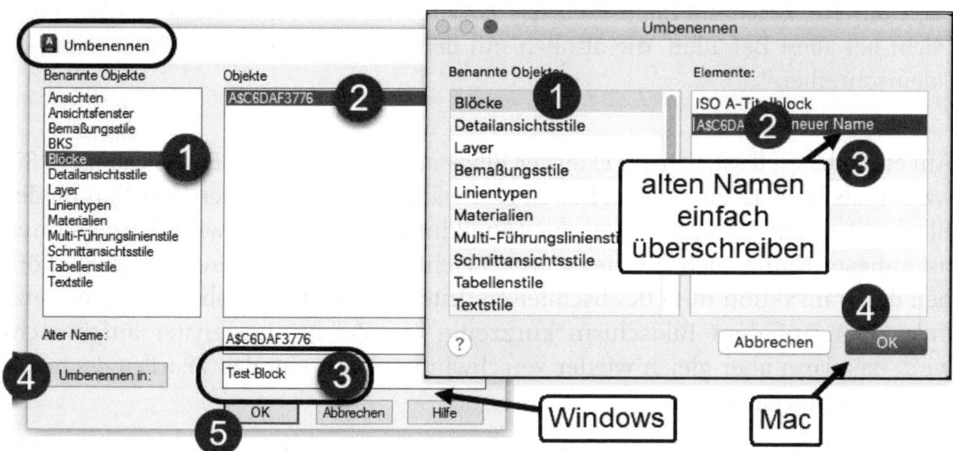

Abb. 11.20: Bedienreihenfolge im Dialog des Befehls UMBENENN

11.3 Externe Blöcke

Ein externer Block ist ein zur selbstständigen Zeichnung gewordener interner Block. Mit dieser Methode wurden früher Normteilebibliotheken erstellt; heute werden Normteilbibliotheken eher als Zeichnungen mit vielen internen Blöcken erstellt, auf die mit dem DESIGNCENTER oder mit der BLOCKTABELLE zugegriffen werden kann.

Die Erstellung externer Blöcke wird mehr dazu genutzt, größere Komponenten, die als Zeichnung ein Eigenleben führen sollen, aus der aktuellen Zeichnung auszulagern. Sie können sie jederzeit wieder in andere Zeichnungen einbauen. Das Ziel kann es auch sein, diese Komponenten von nun an immer als eigenständige Zeichnung zu behandeln.

11.3.1 Erzeugung externer Blöcke

Die externen Blöcke werden, wie bereits oben erwähnt, mit dem Befehl WBLOCK erzeugt. Der Befehl WBLOCK bietet ein Dialogfenster.

ZEICHNEN UND BESCHRIFTUNG	Icon	Befehl	Kürzel
EINFÜGEN|BLOCKDEFINITION|BLOCK ERSTELLEN ▼| BLOCK SCHREIBEN		WBLOCK	W (nicht als Großbuchstabe!!)

Vorsicht

Geben Sie das Kürzel W *nicht in Großschreibung* mit Shift+W ein! Damit würden Sie ein Zeichen-Hilfsmittel, das NAVIGATIIONS-WHEEL, starten. Also Vorsicht bei allen Befehlen, die ähnlich mit dem Buchstaben w beginnen. Immer kleinschreiben!!

Am einfachsten lässt sich ein externer Block *aus einem internen Block* erzeugen. Sie wählen als QUELLE die Option BLOCK und wählen rechts daneben den Namen des Blocks über das Auswahlfenster aus (Abbildung 11.21). Damit wird dann automatisch dieser Name auch für die externe Zeichnungsdatei verwendet, und Sie können die Transaktion mit OK abschließen. Interessant ist zu beobachten, dass jetzt links oben auf dem Bildschirm kurzzeitig ein Zeichnungsfenster aufgemacht wird, das dann aber gleich wieder verschwindet. Das zeigt das *Erstellen der neuen Zeichnungsdatei* an.

Der Befehl WBLOCK erlaubt aber nicht nur die Erstellung aus einem internen Block heraus, sondern ist recht universell. Sie können Verschiedenes als *Quelle* für Ihren externen Block wählen:

- Einen *internen Block* ❶ können Sie über den Namen wählen.

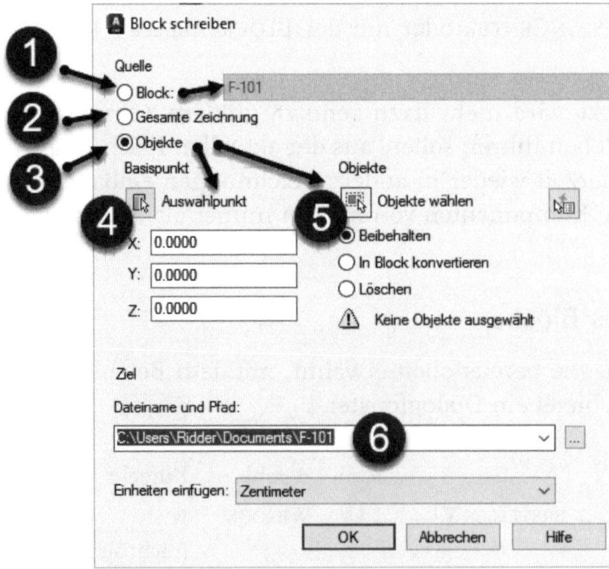

Abb. 11.21: Dialogfenster des Befehls WBLOCK

- Die *gesamte Zeichnung* ❷ kann auch verwendet werden. Damit wird eine Kopie der aktuellen Zeichnung erstellt, in der alle nicht verwendeten benannten Objekte *automatisch bereinigt* werden. Beachten Sie, dafür einen sinnvollen Namen ❻ anzugeben.
- Es können aber auch noch zu wählende *beliebige Objekte* ❸ Ihrer Zeichnung in den externen Block exportiert werden. Für diesen Fall ist im Dialogfenster vorgesehen, dass Sie einen Basispunkt ❹ spezifizieren und die Objekte wählen ❺. Wenn Sie dabei noch die Option IN BLOCK KONVERTIEREN aktivieren, wird gleichzeitig ein *interner Block* erzeugt und dieser auch an Ort und Stelle gleich *eingefügt*. Auch in diesem Fall sollten Sie bedenken, einen sinnvollen Namen ❻ einzugeben.

Zur Übung sollten Sie aus der letzten Zeichnung `FENSTER.DWG` heraus die Fenster **`F-101`**, **`F-88_5`** und **`F-113_5`** als externe Blöcke, ausgehend von den internen Blöcken, erstellen.

Die Funktion A CAD |EXPORTIEREN|ANDERE FORMATE ist zwar eher zum Export in diverse andere Dateiformate sinnvoll als zum Erstellen von externen Blöcken. Wenn Sie aber doch damit externe Blöcke erstellen wollen, wählen Sie zuerst im Dateiwahlfenster den TYP `Block (*.dwg)` und tragen dann den *Namen für den zu erstellenden externen Block* ein. Nach diesem Dialogfenster geht es über die Eingabezeile weiter:

- Um einen internen Block zu verwenden, geben Sie einfach den *Blocknamen* in der Befehlszeile ein.
- Ein *Sternchen* geben Sie ein, wenn die gesamte Zeichnung exportiert werden soll.
- [Enter] drücken Sie, wenn Sie die Objekte und den Einfügepunkt erst jetzt wählen wollen. Nachdem Sie die Objektwahl mit [Enter] abgeschlossen haben, ist der externe Block erstellt, aber die Objekte sind in der Zeichnung gelöscht! Da hilft nur der Befehl HOPPLA, wenn Sie die Objekte in der Zeichnung noch brauchen.

Externen Block aus dem Blockeditor erstellen

Alternativ können Sie einen externen Block auch aus dem Blockeditor BBEARB heraus erstellen.

Wählen Sie im Blockeditor dazu ÖFFNEN/SPEICHERN▼|BLOCK SPEICHERN UNTER und wählen Sie im folgenden Dialogfenster den Namen aus, aktivieren Sie BLOCKDEFINITION IN ZEICHNUNGSDATEI SPEICHERN und beenden Sie mit OK (Abbildung 11.22).

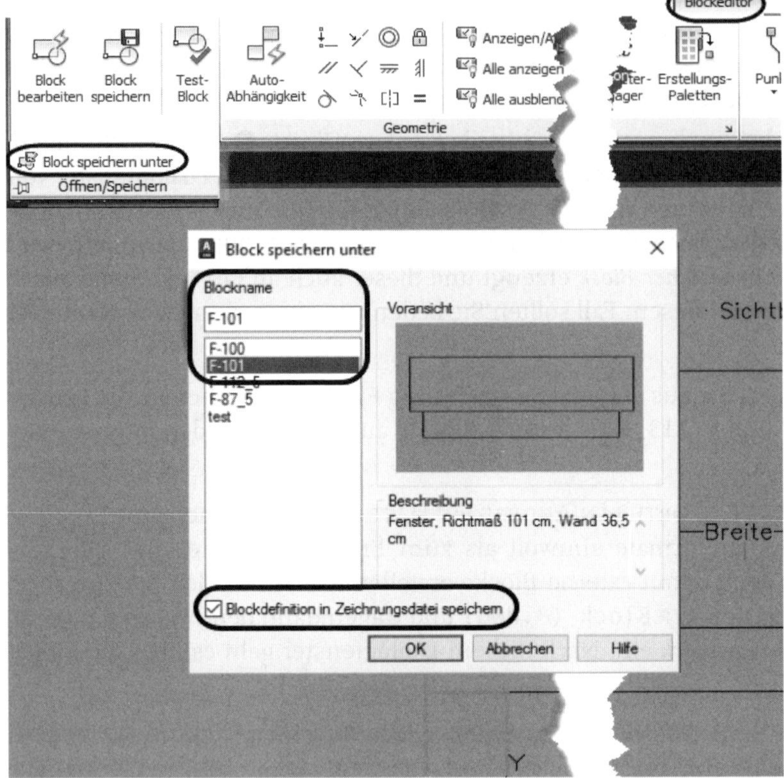

Abb. 11.22: Externen Block aus dem Blockeditor erstellen

11.3.2 Ändern

Ein externer Block wird editiert, indem Sie einfach die Zeichnung, die dem externen Block entspricht, öffnen und ändern. Sie benutzen also den Befehl ÖFFNEN, wählen die Datei aus und führen die nötigen Editieroperationen aus. Dann speichern Sie alles, wie bei jeder anderen Zeichnung auch, wieder ab.

Vorsicht: Keinen Block im Block erstellen

Oft passiert an dieser Stelle ein folgenschwerer Denkfehler. Viele Benutzer denken, bevor sie den geänderten externen Block verlassen, müssten sie schnell noch den Befehl BLOCK geben, um einen internen Block zu erstellen. **Das ist falsch.** Ein externer Block ist eine ganz normale Zeichnung, und er darf auf keinen Fall sozusagen sich selbst noch einmal als Block im »Keller« enthalten. Sonst erhalten Sie beim nächsten Einfügen nämlich die Meldung: `Block referenziert sich selbst.` Das bedeutet, dass die Blockbeziehung im Kreise läuft und sich auf sich selbst bezieht. Der Hund beißt sich damit in den Schwanz.

Wichtig: Basis – Einfügepunkt eines externen Blocks

Wenn der externe Block wie in unseren Beispielen durch Exportieren interner Blöcke erstellt wird, ist der zukünftige Einfügepunkt schon vom internen Block her definiert. Wenn Sie diesen ändern wollen oder eine normale Zeichnung als externen Block verwenden wollen, dann müssen Sie mit dem Befehl BASIS festlegen, welcher Punkt später als Einfügepunkt verwendet werden soll. Tun Sie das nicht, ist die Vorgabe die Position 0,0.

ZEICHNEN UND BESCHRIFTUNG	Icon	Befehl
START|BLOCK▼|BASISBLOCK EINSTELLEN oder EINFÜGEN|BLOCKDEFINITION▼|BASISBLOCK EINSTELLEN		BASIS

11.3.3 Aktualisieren

Ist ein externer Block geändert worden, dann müssen Sie diesen Block in den Zeichnungen, in die er bereits eingefügt wurde, extra aktualisieren. Sie müssen manuell dafür sorgen, dass dieser veränderte externe Block nun erneut in diese Zeichnungen hineinkommt. Dazu müssen Sie diesen Block noch einmal von außen neu einfügen.

In der BLOCKPALETTE laden Sie mit dem Auswahlwerkzeug in der obersten Leiste die neue Blockzeichnung herein. Ansonsten können Sie DDINSERT mit der Option DURCHSUCHEN verwenden. Sie bekommen dann eine Warnmeldung der Art, wie Sie sie in Abbildung 11.23 sehen.

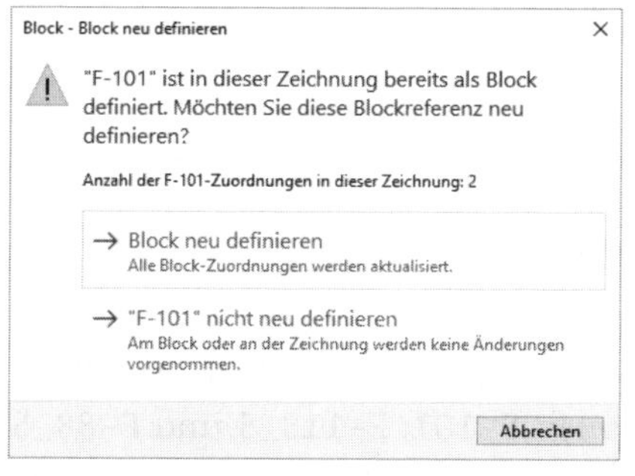

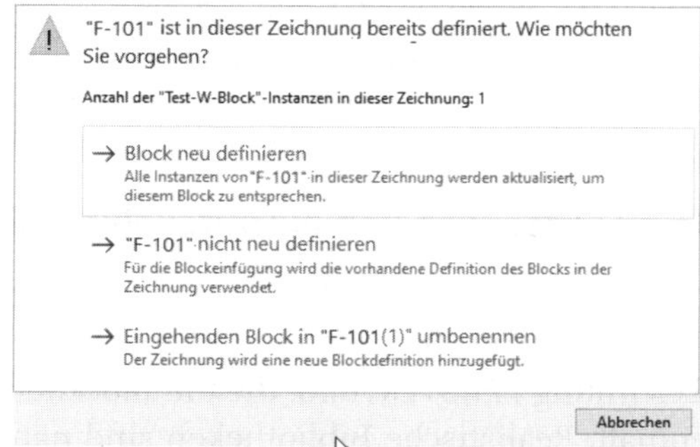

Abb. 11.23: Geänderten externen Block zwecks Aktualisierung einfügen

Hier klicken Sie BLOCK NEU DEFINIEREN an und haben mit dem ersten Einfügeschritt den Block im »Keller« aktualisiert. Dadurch sind aber auch die Blockeinfügungen in der Zeichnung, die ihr Bild ja aus dem »Keller« beziehen, auch schon aktualisiert. Sie dürfen aber hier nicht etwa den EINFÜGE-Befehl abbrechen, sondern müssen den Block auch direkt einfügen. Wenn Sie keinen zusätzlichen Block brauchen, sondern nur die Aktualisierung, dann können Sie den letzten Block nachträglich löschen.

Vorsicht ist geboten bei der Benutzung der Register ZULETZT VERWENDET und FAVORITEN für *aktualisierte externe* Blöcke. Da die in diesen Registern angezeigten Blöcke ja in speziellen internen Dateiordnern des AutoCAD-Systems zusätzlich zu ihrem ursprünglichen Speicherort abgelegt werden, passiert Folgendes:

- Wenn Sie von dort solche Blöcke *in die aktuelle Zeichnung ziehen*, erhalten Sie in Wirklichkeit gar nicht den dort gespeicherten Block, sondern den *internen aktualisierten Block* aus der aktuellen Zeichnung.
- Wenn Sie aber den Block von dort *nach Anklicken einfügen*, wird der dort gespeicherte Block, der dem *Stand vor der Aktualisierung* entspricht, eingefügt und auch *alle bereits vorhandenen Blöcke durch diese alte Blockdefinition ersetzt*!

Achten Sie also darauf, dass beim Aktualisieren externer Blöcke die alten Versionen explizit aus den FAVORITEN und aus ZULETZT VERWENDET gelöscht werden.

11.4 Arbeiten mit dem DesignCenter

Ein nützliches Hilfsmittel für den Umgang mit Blöcken und anderen »benannten Objekten« ist das AutoCAD-DESIGNCENTER. Im DESIGNCENTER haben Sie Zugriff auf die benannten Objekte anderer Zeichnungen (und das sind nicht nur Blockdefinitionen!). Sie schauen also bei anderen Zeichnungen in den »Keller« und können diese Objekte per *Drag&Drop* zu sich herüberziehen.

ZEICHNEN UND BESCHRIFTUNG	Icon	Befehl	Kürzel
ANSICHT|PALETTEN|DESIGNCENTER		ADCENTER bzw. Strg+2	ADC, DC

11.4.1 Erzeugen von Normteilebibliotheken

Moderne Normteilebibliotheken werden als Zeichnungen erstellt, die entsprechende interne Blockdefinitionen enthalten. Ein Beispiel dafür ist unsere obige Zeichnung `FENSTER.DWG`, die die Blockdefinitionen `F-101`, `F-113_5` und `F-88_5` enthält. Realistische Bibliotheken sind natürlich viel umfangreicher, aber um das Prinzip kennenzulernen, reicht dieses Beispiel aus. Sie sollten die Zeichnung unter `FENSTER.DWG` speichern.

11.4.2 Verwenden von Normteilen

Sie aktivieren das DESIGNCENTER und wählen in der Verzeichnisstruktur auf der linken Seite im Register ORDNER die Zeichnung `FENSTER.DWG` wie im Windows-Explorer aus.

Damit Sie später besonders einfach auf Ihre Blöcke zugreifen können, empfiehlt es sich, die Zeichnung unter den FAVORITEN abzulegen. Wenn Sie FENSTER.DWG mit der rechten Maustaste anklicken, erhalten Sie ein Kontextmenü. Mit der Funktion ZU FAVORITEN HINZUFÜGEN legen Sie eine Verknüpfung in dem Favoriten-Verzeichnis an (Abbildung 11.24). Dieses Verzeichnis können Sie später besonders einfach über das Werkzeug FAVORITEN aufrufen, um schnell auf unsere Normteile zuzugreifen.

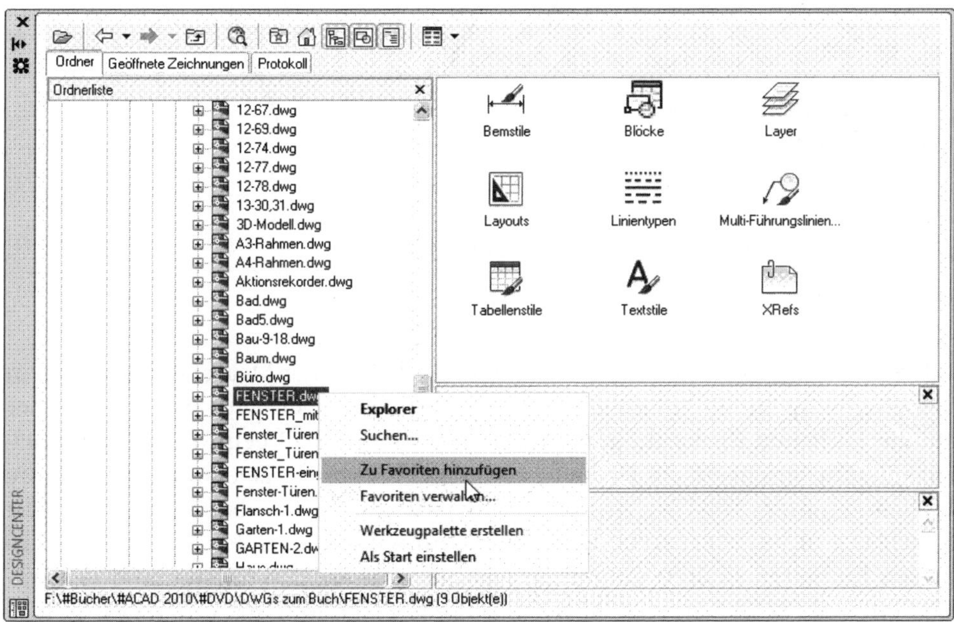

Abb. 11.24: Eigene Normteilebibliothek zu den Favoriten hinzufügen

Nach einem Klick auf das Werkzeug FAVORITEN finden Sie nun FENSTER.DWG. Mit einem Klick auf das Pluszeichen davor sehen Sie die Kategorien der benannten Objekte und ein weiterer Klick auf BLÖCKE zeigt die enthaltenen Blockdefinitionen an. Wenn Sie bei der Blockdefinition eine Beschreibung mitgespeichert wurden, können Sie ein Vorschaubild und auch die Beschreibung aktivieren (Abbildung 11.25).

Die Blöcke aus dem DESIGNCENTER können Sie mit der rechten Maustaste anklicken und dann erhalten Sie die Funktion BLOCK EINFÜGEN. Damit wird ein solcher Block in die aktuelle Zeichnung eingefügt.

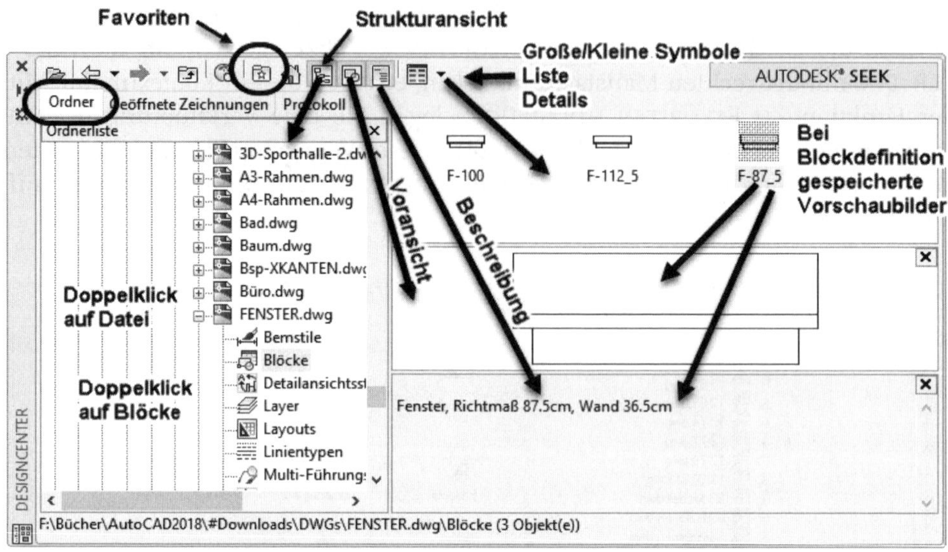

Abb. 11.25: Blöcke in FENSTER.DWG, Zugriff über Favoriten

Interessanter ist aber die Möglichkeit, den Block nach der Methode *Drag&Drop* in die Zeichnung herüberzuziehen. Bei jeglichem Einfügen wird übrigens immer auf die Einheiten Rücksicht genommen. Der Block erhält beim Erstellen Einheiten wie mm, cm, m etc. im Dialogfenster, und die aktuelle Zeichnung bezieht ihre Einheiten unter A CAD |ZEICHNUNGSPROGRAMME|EINHEITEN bei EINHEITEN ZUM SKALIEREN DES EINGEFÜGTEN INHALTS. Dann wird gemäß dem Unterschied in diesen Einheiten skaliert eingefügt. Nehmen wir an, die Fenster sind mit cm-Einheiten als Blöcke erzeugt, aber die aktuelle Zeichnung hat unter A CAD |ZEICHNUNGSPROGRAMME|EINHEITEN mm eingestellt. Ein Fenster wird dann mit einem Skalierfaktor 10.0 eingefügt. Sie können das ganz schnell ausprobieren.

11.5 Blöcke und die Werkzeugpalette

Eine noch bequemere Arbeit mit Blöcken ist durch die Werkzeugpaletten möglich.

ZEICHNEN UND BESCHRIFTUNG	Icon	Befehl	Kürzel
ANSICHT|PALETTEN|WERKZEUGPALETTEN		WERKZPALETTEN	Strg+3

Die meisten Werkzeugpaletten sind mit typischen Blöcken für verschiedene Anwendungsfälle bestückt. Sie können die Blöcke nach der *Drag&Drop*-Methode von hier einfach in Ihre Zeichnung ziehen.

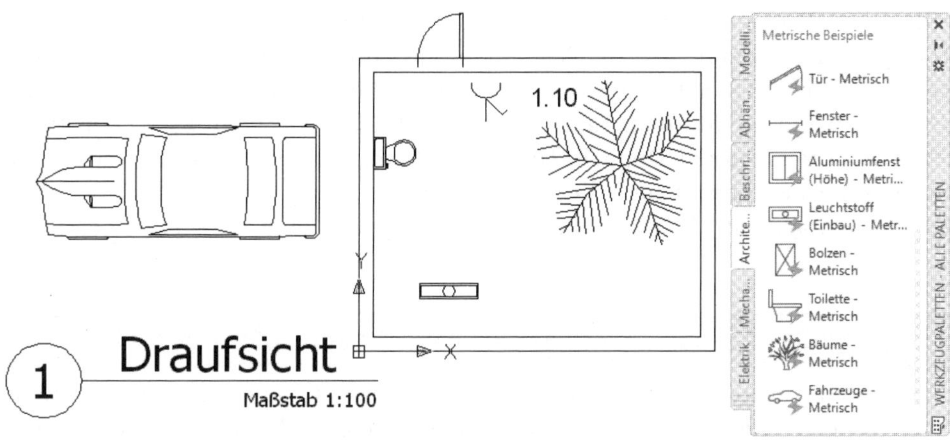

Abb. 11.26: Verwendung von Blöcken aus den Werkzeugpaletten

In den Paletten sind zahlreiche Blöcke enthalten, die mit einem orangefarbenen Blitz gekennzeichnet sind, das sind *dynamische* Blöcke, die Sie über Parameter modifizieren können. Diese dynamischen Blöcke werden weiter unten näher erläutert. Wenn Sie die Architektur-Blöcke nach der Abbildung 11.26 selbst ausprobieren, werden Sie feststellen, dass die Bilder zunächst anders aussehen. Nach Anklicken eines dynamischen Blocks werden Sie spezielle Griffe finden, mit denen Sie die Größe ändern, spiegeln oder auch die Gestalt variieren können. Beim Positionieren der Blöcke existiert auch eine spezielle AUSRICHTUNGSAKTION: Sobald Sie beispielsweise das WC oder die Tür in die Nähe einer Wand schieben, richtet es sich mit dieser Wand aus. Mit den STRECKUNGSAKTIONEN sind meist tabellierte Daten verbunden, die nur bestimmte Streckungen erlauben. Die SICHTBARKEITSAKTION bietet verschiedene Gestaltvarianten des Blocks an, beispielsweise für die Draufsicht oder Seitenansicht.

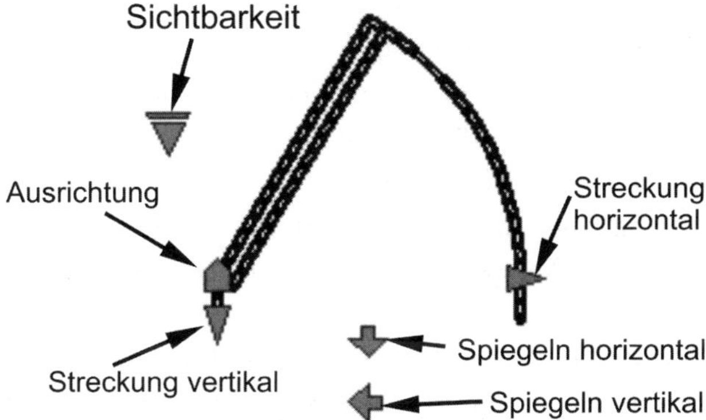

Abb. 11.27: Griffe bei dynamischen Blöcken

Mit einem Rechtsklick auf den Werkzeugpalettenbalken können Sie auch die Transparenz aktivieren, also die Paletten durchsichtig gestalten, und das AUTOMATISCH AUSBLENDEN aktivieren. Damit werden die Paletten nur dann sichtbar gemacht, wenn Sie mit dem Fadenkreuz darüber fahren. Wenn Sie in den Palettenrand fahren und der Doppelpfeil erscheint, können Sie die Größe verändern. Das Kontextmenü bietet auch die ANSICHTSOPTIONEN, wo die Optionen NUR SYMBOL oder SYMBOL MIT TEXT auch eine Anordnung der Teile nebeneinander erlauben.

Tipp

Wenn bei Blöcken die Basispunkte zum schnellen Positionieren mit den Griffen nicht geeignet sind, gibt es die Möglichkeit, in Blöcken *alle* internen Griffe zu aktivieren. Das erreichen Sie, indem Sie in A CAD |OPTIONEN, Registerkarte AUSWAHL, und dort unter der Rubrik GRIFFE das Kontrollkästchen GRIFFE IN BLÖCKEN AKTIVIEREN markieren. Nun können Sie die Blöcke mit sehr vielen Griffen optimal positionieren.

11.5.1 Normteile in Werkzeugpaletten

Wenn Sie mehr Normteile brauchen, müssen Sie sich diese in eigene Werkzeugpaletten einbauen. Und wenn Sie eigene Werkzeugpaletten erstellen oder die vorgegebenen verwerfen wollen, dann rufen Sie mit einem Rechtsklick auf die Werkzeugpaletten das Kontextmenü auf, und schon werden Ihnen die nötigen Funktionen angeboten.

- *Einzelne interne Blöcke in eine bestehende Palette einfügen*

  Markieren Sie im DESIGNCENTER (Kürzel DC oder [Strg]+[2]) einen oder mehrere interne Blöcke und ziehen Sie diese in die Palette, die dazu natürlich auf dem Bildschirm aktiviert sein muss. Schon ist Ihre private Normteilebibliothek ergänzt.

- *Einen externen Block in eine bestehende Palette einfügen*

  Ziehen Sie die komplette Zeichnung des externen Blocks aus dem rechten Fenster des DESIGNCENTERS in die gewünschte Palette.

- *Aus einzelnen internen Blöcken eine neue Palette erstellen*

  Markieren Sie im DESIGNCENTER einen oder mehrere interne Blöcke und wählen Sie nach Rechtsklick die Option WERKZEUGPALETTE ERSTELLEN. Sie können dann einen Palettennamen eingeben.

- *Aus allen internen Blöcken einer Zeichnung eine neue Palette erstellen*

  Nach Rechtsklick auf die betreffende Zeichnung im DESIGNCENTER wählen Sie die Option WERKZEUGPALETTE ERSTELLEN. Die neue Palette erhält den Namen der Zeichnung.

- *Aus allen externen Blöcken eines Verzeichnisses eine neue Palette erstellen*

  Nach Rechtsklick auf das betreffende Verzeichnis im DESIGNCENTER wählen Sie die Option WERKZEUGPALETTE VON BLÖCKEN ERSTELLEN. Die neue Palette erhält den Namen des Verzeichnisses.

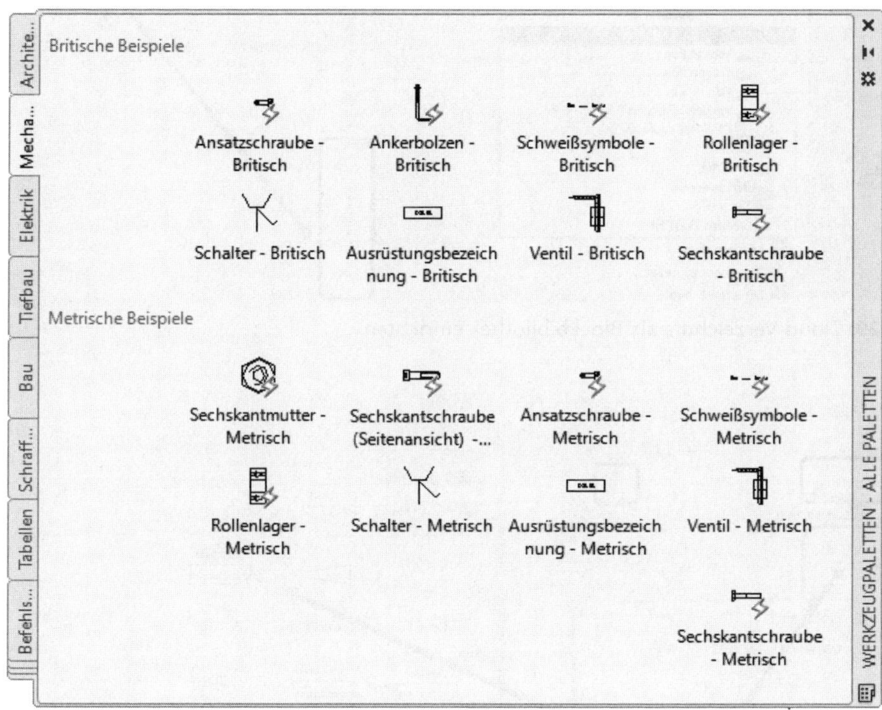

Abb. 11.28: Werkzeugpaletten mit Blöcken

11.6 Blöcke über Blockpalette verwalten und synchronisieren

Sie können Blöcke unter einem der namhaften Cloud-Services BOX, DROPBOX oder MICROSOFT ONEDRIVE speichern und diesen dann in der BLOCK-PALETTE aktivieren. Im Beispiel wurde MICROSOFT ONEDRIVE verwendet. Bevor Sie AutoCAD starten, stellen Sie sicher, dass der Cloud-Server eingeschaltet ist. Achten Sie darauf, dass unter OPTIONEN|DATEIEN|ORDNERSPEICHERORT FÜR ZULETZT VERWENDETE BLÖCKE das zu Ihrem Cloud-Service gehörige Verzeichnis gespeichert ist. Starten Sie AutoCAD und aktivieren Sie unter den BLOCK-BIBLIOTHEKEN das zum Cloud-Service gehörige Verzeichnis (Abbildung 11.29). Sie können nun *externe Blöcke*, die Sie ins Cloud-Verzeichnis gespeichert hatten, hier im Verzeichnis anklicken und einfügen. Wenn Sie im Cloud-Verzeichnis Zeichnungen mit *internen Blöcken* abgelegt hatten, können Sie die internen Blöcke über das Kontextmenü dieser Zeichnungen mit der Option ALLE BLÖCKE IN DATEI ANZEIGEN für das Einfügen aktivieren (Abbildung 11.30).

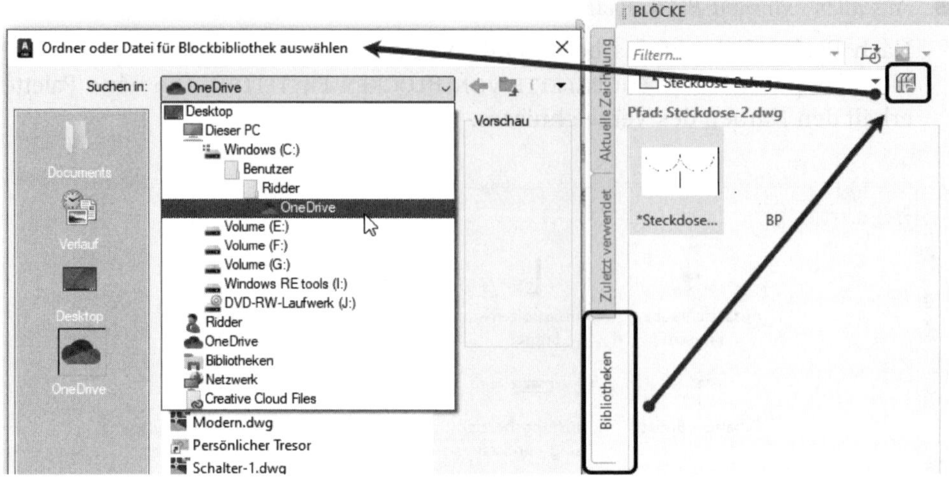

Abb. 11.29: Cloud-Verzeichnis als Blockbibliothek einrichten

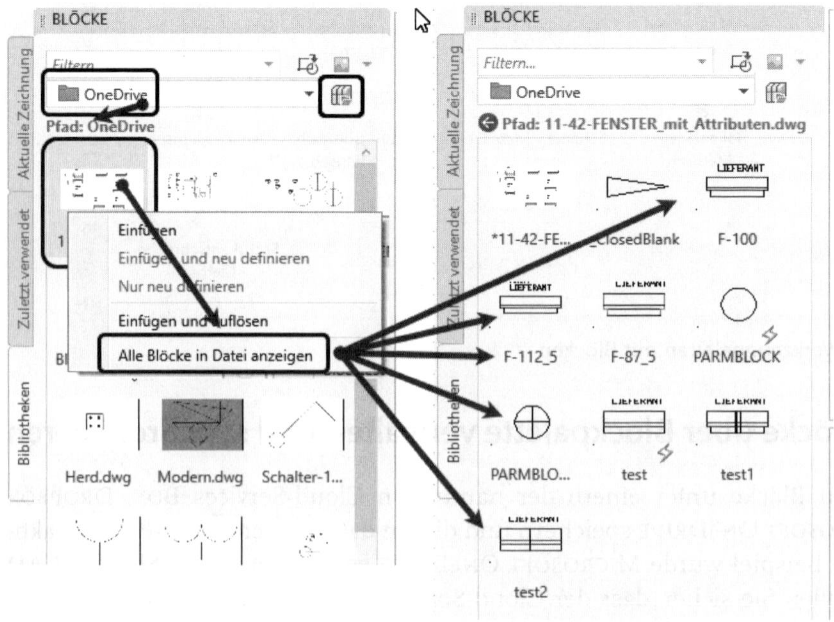

Abb. 11.30: Einfügen der internen Blöcke aus einer Zeichnung der Cloud

11.7 Attribute

Blöcke sind nicht nur deshalb so nützlich, weil man in ihnen die Geometrie von Teilen speichert, die sich oft wiederholen, sondern auch, weil in ihnen zusätzlich nichtgeometrische Informationen gespeichert werden können, die für die Stücklistengenerierung interessant sind. Diese nichtgeometrischen Informationen nennt man *Attribute*. Sie sind dazu gedacht, als Texte oder Zahlen, mit Blöcken abgespeichert und später in Stücklisten ausgegeben zu werden.

11.7.1 Attributdefinition

Beim Einfügen des Blocks erhält dann jedes Attribut über eine Dialogfenster-Eingabe seinen spezifischen Wert. Ein typisches Attribut für einen Block wäre zum Beispiel der Lieferantenname für das betreffende Teil, die Lagernummer, der Preis, das Material oder bestimmte Abmessungen des Teils, das durch den Block dargestellt wird. Für jedes dieser Attribute müssen Sie sich für die Definition zunächst eine allgemeingültige Bezeichnung überlegen. Beispiele wären *Lieferant*, *Lagernummer* etc. Eine Attributdefinition wird am besten im BLOCKEDITOR mit der Funktion ATTRIBUTDEFINITION erstellt. (Abbildung 11.31).

<table>
<tr><th>ZEICHNEN UND BESCHRIFTUNG</th><th>Im Blockeditor</th><th>Icon</th><th>Befehl</th></tr>
<tr><td>START|BLOCK▼|ATTRIBUTE DEFINIEREN
oder
EINFÜGEN|BLOCKDEFINITION|
ATTRIBUTE DEFINIEREN</td><td>AKTIONSPARAMETER|
ATTRIBUTDEFINITION</td><td></td><td>ATTDEF</td></tr>
</table>

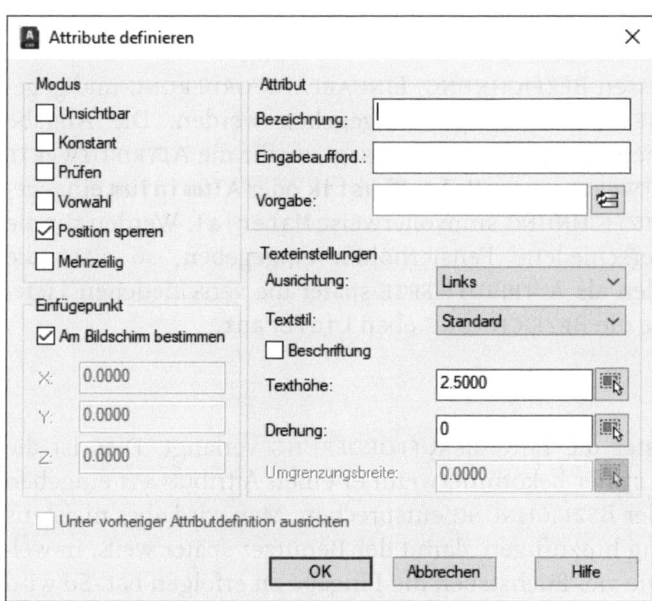

Abb. 11.31: Dialogfenster für Attributdefinition

Das Dialogfenster fragt zunächst nach dem *Modus* bzw. den *Attributoptionen* für das Attribut. Es gibt sechs Modus-Einstellungen:

- UNSICHTBAR – Unsichtbare Attribute sind nicht in der Zeichnung sichtbar, können aber trotzdem später mit dem Befehl EATTEXT bzw. ATTEXT (LT-Version) in die Stückliste überführt werden.
- KONSTANT – Konstante Attribute sind solche, die sich bei einem bestimmten Block nie ändern. Beispiele für konstante Attribute wären zum Beispiel bestimmte DIN-Nummern. Beispiele für nicht-konstante Attribute wären zum Beispiel das Material oder die Farbe. Ein Fenster mit einer bestimmten Geometrie kann als Material Holz, Plastik oder Aluminium haben, also nicht-konstant.
- PRÜFEN – Der Modus zur doppelten Prüf-Eingabe ist nur bei Befehlszeileneingabe wirksam. Das wird normalerweise nicht verwendet.
- VORWAHL – Attribute können bestimmte *Vorgabewerte* enthalten. Dies ist immer dann sinnvoll, wenn ein Attribut in der Mehrzahl der Fälle diesen bestimmten Vorgabewert behält. Dann müssen Sie beim *Einfügen nur in Ausnahmen* den Attributwert *neu* eingeben und brauchen sonst die Wertanfrage nur zu bestätigen.
- POSITION SPERREN – Attribut soll nicht unabhängig vom Block verschoben werden können.
- MEHRZEILIG – Diese Option erlaubt mehrzeilige Attributwerte wie etwa Adressen. Zur Eingabe erscheint dann ein Mini-Mtext-Editor.

Bezeichnung

Nach den *Attributmodi* müssen BEZEICHNUNG, EINGABEAUFFORDERUNG und gegebenenfalls unter VORGABE ein *Attributwert* eingegeben werden. Die Angabe BEZEICHNUNG verlangt einen Sammelbegriff, der sagt, wofür die ATTRIBUTWERTE stehen. Wenn als ATTRIBUTWERTE später **`Holz`**, **`Plastik`** oder **`Aluminium`** eingegeben werden, so wäre die BEZEICHNUNG sinnvollerweise `Material`. Werden für die ATTRIBUTWERTE später verschiedene Fensterhöhen eingegeben, so wäre die BEZEICHNUNG `Höhe`. Werden als ATTRIBUTWERTE später die verschiedenen Lieferanten eingegeben, so wäre die BEZEICHNUNG eben `Lieferant`.

Eingabeaufforderung

Dann wird im Dialogfenster die EINGABEAUFFORDERUNG verlangt. Dies ist die Anfrage, die der Benutzer später bekommt, wenn er einen Attributwert eingeben soll. Diese Anfrage sollte der BEZEICHNUNG entsprechen. Man wird aber meistens noch eine kleine Ergänzung hinzufügen, damit der Benutzer später weiß, in welchen Einheiten oder mit wie viel Buchstaben die Eingabe zu erfolgen hat. So wird man für die BEZEICHNUNG `Material` die EINGABEAUFFORDERUNG vielleicht formulieren `MAT [10 Zeichen]`, oder für die BEZEICHNUNG `Höhe` wird man als EINGABEAUFFORDERUNG formulieren `H [cm]`, oder für die BEZEICHNUNG `Lieferant` wird man als EINGABEAUFFORDERUNG formulieren `Liefer. [10 Zeichen]` etc.

Vorgabe

Danach ist im Dialogfenster bei VORGABE ein Attributwert nur für solche Attribute anzugeben, die konstant sind oder mit VORWAHL markiert sind. Bei konstanten Attributen ist dies *der* feste Wert, der ein für alle Mal darin steht. Bei Attributen mit VORWAHL ist dies der vorgegebene Wert, der später vom Benutzer überschrieben werden kann.

Als VORGABE können Sie auch Schriftfelder verwenden, zum Beispiel Längen aus der Blockgeometrie. Deshalb erscheint hier rechts daneben die Schaltfläche SCHRIFTFELD.

Einfügepunkt und Texteinstellungen

Das Dialogfenster verlangt dann den Einfügepunkt der Attributdefinition und die Eingabe der Texteinstellungen für die Attributwerte. Nur für das erste Attribut wählen Sie EINFÜGEPUNKT - AM BILDSCHIRM BESTIMMEN ❶ und klicken die Position an. Bei Folgeattributen (Abbildung 11.32) kreuzen Sie in dem Fenster die Möglichkeit UNTER VORHERIGER ATTRIBUTDEFINITION AUSRICHTEN ❷ an. Dadurch erreichen Sie eine automatische Ausrichtung der Attribute untereinander, wodurch eine gute Darstellung entsteht. Es werden gleichfalls die Texteinstellungen vom vorhergehenden Attribut übernommen. Jedes einzelne Attribut wird mit einem neuen Aufruf von ATTRIBUTDEFINITION erstellt.

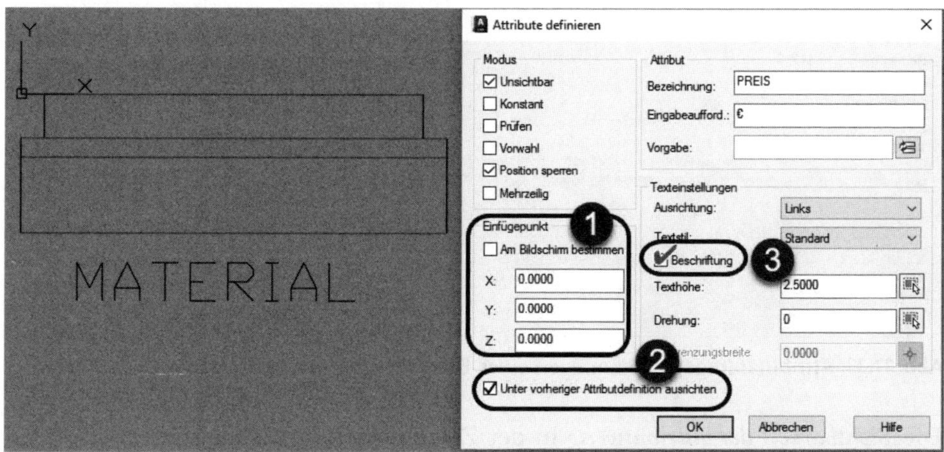

Abb. 11.32: Attribut, das unter anderen angeordnet wird

Unter TEXTEINSTELLUNGEN sollten Sie unbedingt BESCHRIFTUNG ❸ aktivieren, wenn Sie die Attributwerte jeweils im aktuellen BESCHRIFTUNGSMAẞSTAB angezeigt bekommen wollen. Nach Definition aller Attribute beenden Sie den Blockeditor.

11.7.2 Block mit Attributen erzeugen

Zur Übung sollten Sie in der Zeichnung FENSTER.DWG alle Blöcke mit Attributen versehen. Geben Sie folgende fünf Attributdefinitionen ein:

Bezeichnung	Eingabeaufforderung	Wert	Modus
Material	Mat. [10Z.]	Holz	Vorwahl
Preis	Euro [xx,xx]		Unsichtbar
Höhe	H [cm]		
Raum	Zimmer [10Z.]		Unsichtbar
Lieferant	Lieferer [10Z.]		Unsichtbar

Sie können natürlich Attributdefinitionen über die Zwischenablage kopieren, wenn Sie sie bei anderen Blöcken ebenfalls brauchen. Fügen Sie in die aktuelle Zeichnung einige Fenster ein und speichern Sie diese Zeichnung unter dem Namen **FENSTER-eingebaut.dwg** für spätere Übungen.

11.7.3 Einfügen von Blöcken mit Attributen

Beim Einfügen eines Blocks werden die Attributwerte abgefragt (Abbildung 11.33).

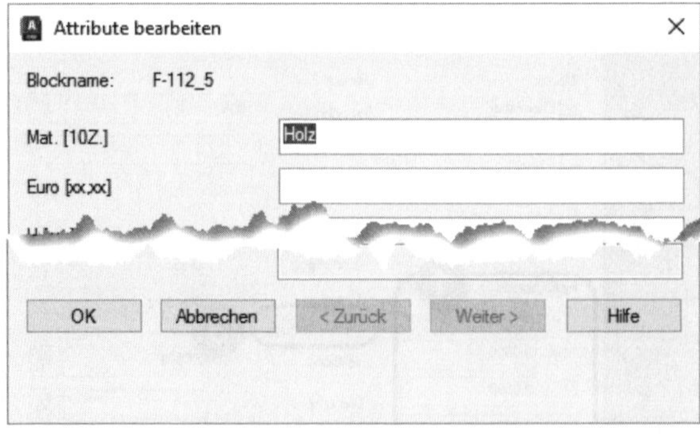

Abb. 11.33: Attributanfrage beim Einfügen eines Blocks

Die *Sichtbarkeit der Attributwerte* in der Zeichnung können Sie nach drei Stufen einstellen. Unter EINFÜGEN|BLOCK▼ gibt es drei Optionen:

- ATTRIBUTANZEIGE BEIBEHALTEN: Die Attribute werden so angezeigt, wie sie einzeln definiert wurden, also individuell sichtbar oder unsichtbar.
- ALLE ATTRIBUTE ANZEIGEN: Alle Attributwerte sind sichtbar, egal wie sie definiert wurden.

- ALLE ATTRIBUTE AUSBLENDEN: Alle Attribute sind unsichtbar.

Probieren Sie für die eingefügten Fenster diese Einstellungen aus. Der Lieferant, der oben als unsichtbar definiert wurde, kann so in der Zeichnung sichtbar gemacht werden.

Attributdefinitionen ändern und ergänzen

Wenn Attribute mit falschen Einstellungen definiert wurden, hilft der Block-Attribut-Manager BATTMAN. Sie wählen zuerst im Listenfeld BLOCK den gewünschten Block. Dann können Sie mit den Schaltflächen NACH OBEN oder NACH UNTEN die Reihenfolge von Attributen ändern. Unter BEARBEITEN können Sie die Attributdefinitionen in jeder Weise nachträglich verändern. Man kann auch die Modi UNSICHTBAR (I), KONSTANT (C), PRÜFEN (V), VORWAHL (P), Position gesperrt (L) und MULTILINIEN (=MEHRZEILIG) (M) ändern. Sie erscheinen mit englischen Abkürzungen!

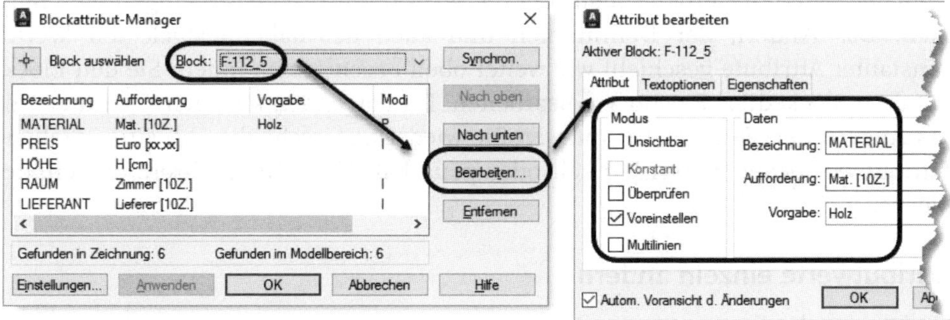

Abb. 11.34: Block mit Battman bearbeiten

Wenn Sie Attribute nachträglich hinzufügen wollen, können Sie das am einfachsten mit dem Attributwerkzeug im Blockeditor tun. Wenn Sie dort ein neues Attribut hinzufügen und VORWAHL aktivieren, wird der eingetragene Vorgabewert nach ATTSYNC für alle bereits bestehenden Blockeinfügungen gelten. Nach Beenden des Blockeditors müssen Sie also noch ATTSYNC aufrufen, den Blocknamen eingeben oder einen Block anklicken, um die Attributeinstellungen zu synchronisieren.

ZEICHNEN UND BESCHRIFTUNG	Icon	Befehl	Kürzel
START|BLOCK ▼ BLOCKATTRIBUT-MANAGER oder EINFÜGEN|BLOCKDEFINITION|ATTRIBUTE VERWALTEN		BATTMAN	

<table>
<tr><th>Zeichnen und Beschriftung</th><th>Icon</th><th>Befehl</th><th>Kürzel</th></tr>
<tr><td>Start|Block▼Attribute synchronisieren
oder
Einfügen|Blockdefinition▼Synchronisieren</td><td></td><td>Attsync</td><td></td></tr>
<tr><td></td><td></td><td>Attedit, Ddatte</td><td>AE</td></tr>
<tr><td>Start|Block|Attribute bearbeiten▼Einzeln
oder
Einfügen|Block|Attribut bearbeiten▼Einzeln</td><td></td><td>Doppelklick oder Eattedit</td><td></td></tr>
<tr><td>Start|Block| Attribute bearbeiten▼Mehrfach
oder
Einfügen|Block|Attribut bearbeiten▼Mehrfach</td><td></td><td>-Attedit</td><td>-Ate</td></tr>
</table>

11.7.4 Attributwerte ändern

Beim Thema »Attribute ändern« muss man klar unterscheiden, ob die Attribut*definitionen* geändert werden sollen oder die *Werte* der Attribute von eingefügten Blöcken. Das Ändern der Definitionen und auch der dabei festgelegten Werte konstanter Attribute geschieht wie weiter oben beschrieben, indem Sie den Block mit dem Blockeditor Bbearb bearbeiten. Im Folgenden kümmern wir uns um das Ändern der *Werte*. Dabei müssen Sie wieder unterscheiden, ob ein einzelner Attributwert geändert werden soll oder pauschal Werte für mehrere eingefügte Blöcke.

Attributwerte einzeln ändern

Sie können Attributwerte von eingefügten Blöcken nachträglich mit dem Befehl Attedit editieren. Der Befehl verlangt die Wahl eines Blocks und es erscheint dann dasselbe Attribut-Dialogfeld, das Sie vom Einfügen des Blocks kennen. Die Werte der variablen Attribute dieses Blocks können nun geändert werden.

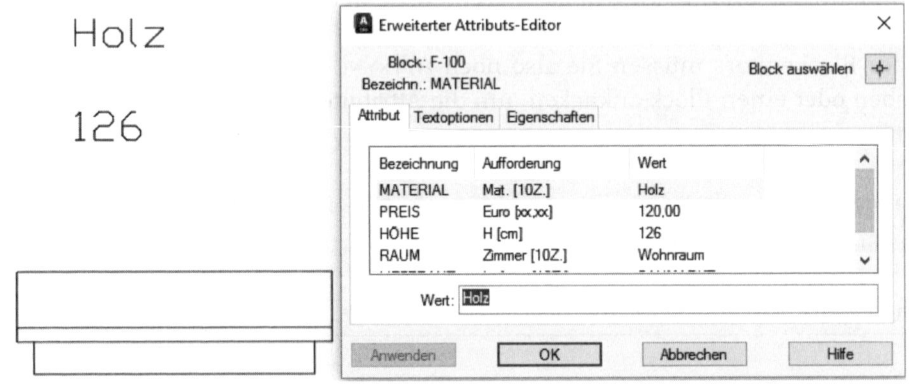

Abb. 11.35: Erweiterter Attributseditor

Ein schnelleres Werkzeug ist der erweiterte Attributseditor EATTEDIT, den Sie über einen Doppelklick auf einen Block mit Attributen aktivieren können. Der erweiterte Attributseditor erlaubt nicht nur den Zugriff auf die Attributswerte, sondern auch auf die Textoptionen und Eigenschaften.

Attribute global ändern

Der Befehl -ATTEDIT dient vorzugsweise zum globalen Ändern der Attribute mehrerer Blöcke. Das Minuszeichen kann manchen Befehlen vorangestellt werden, damit sie ohne Dialogfenster nur in der Befehlszeile ablaufen. Hier bewirkt es außerdem, dass der Befehl auch noch in anderer Weise abläuft, nämlich als Änderungsbefehl für mehrere Attribute.

Nun gibt es auch wieder zwei Fälle: einzeln editieren oder nicht. Einmal können Sie mehrere Attribute so bearbeiten, dass AutoCAD nach bestimmten Kriterien *einzeln* Block für Block durchläuft, zum anderen kann man für eine gewisse Auswahl von Blöcken beispielsweise das Material von *Holz* auf *Plastik global* ändern.

Der Dialog für das Einzel-Editieren mehrerer Blöcke lautet wie folgt:

```
Befehl: -ATTEDIT
Attribute einzeln editieren ? <J> [Enter]     Beim Einzel-Editieren von Attri-
buten, die auf dem Bildschirm sichtbar sind, können Wert und alle Eigenschaf-
ten der Attribute verändert werden.
Blocknamespezifikation eingeben <*>: [Enter]
Spezifikation Attributbezeichnung <*>: [Enter]
Spezifikation für Attributwert eingeben <*>: [Enter]     Die Attribute können
hier noch nach diesen Kriterien ausgewählt werden. Das Jokerzeichen * bedeu-
tet beliebige Werte für diese Kriterien. Sie können bestimmte Attribute aus-
wählen, indem Sie Namen angeben. Die Namen können aber auch * und ? als
Jokerzeichen enthalten. Dabei steht ? als Joker für ein einzelnes Zeichen. Die
Attributbezeichnung TE?T* wählt alle Attribute aus, deren erste beiden Buch-
staben TE sind, deren dritter Buchstabe beliebig ist, deren vierter Buchstabe
T ist und deren weitere Zeichen nicht spezifiziert sind. Mit \ für den Attri-
butwert kann man Attribute auswählen, denen noch kein Wert zugewiesen wurde.
Attribute wählen: Wählen Sie nun die Blöcke mit den zu ändernden Attributen
auf dem Bildschirm aus
8 gefunden
Attribute wählen: [Enter]
8 Attribut(e) gewählt.
Option eingeben
WErt Position Höhe Winkel Stil Layer Farbe Nächstes <N>:  Nun wählt man, was
geändert werden soll. Mit WE[Enter] können Sie z.B. den Wert des betreffen-
den Attributs ändern, mit P[Enter] die Position usw. AutoCAD markiert das
erste Attribut, das den obigen Spezifikationen entspricht, und bietet die
Änderung an. Mit Eingabe von N[Enter] können Sie dann zum nächsten Attribut
weitergehen.
```

Beim globalen Bearbeiten der Attribute ergibt sich folgender Ablauf:

```
Befehl: -ATTEDIT
Attribute einzeln editieren? [Ja Nein] <J>: N    Attribute sollen pauschal
bearbeitet werden. Daraus folgt, dass nur die Werte geändert werden können,
nicht Position oder Farbe etc.
Nur am Bildschirm sichtbare Attribute editieren? [Ja Nein] <J>: Enter
Blocknamenspezifikation eingeben <*>: Enter
Spezifikation für Attributbezeichnung eingeben <*>: Material Enter
Spezifikation für Attributwert eingeben <*>: Holz Enter    Mit dieser Spezi-
fikation werden alle Blöcke gewählt, die das Attribut Material enthalten und
dort einen Wert Holz.
Attribute wählen: Fenster aufziehen.  Entgegengesetzte Ecke angeben: Fenster
vollenden.  17 gefunden
Attribute wählen: Enter
17 Attribut(e) gewählt.
Zu ändernde Zeichenfolge eingeben: Holz
Neue Zeichenfolge eingeben: Plastik
Befehl:
```

Mit dieser Aktion werden also überall die Materialbezeichnungen **Holz** durch **Plastik** ersetzt. Sie sollten das einmal selbst ausprobieren. Wichtig ist hier immer die genügend einschränkende Spezifikation. Wäre nicht auf das Attribut MATERIAL eingeschränkt worden, so würde AutoCAD auch einen Lieferanten **Holzmann** in **Plastikmann** ändern.

11.8 Dynamische Blöcke

Durch die Möglichkeit, dynamische Blöcke zu erstellen, kann der Anwender Blöcke mit Parametern versehen und mit speziellen Griffen besondere Editiermöglichkeiten geben. Besonders interessant ist diese Option auch dadurch, dass die aktuellen Parameter automatisch in Stücklisten übernommen werden können, die wiederum dynamisch auf Parameteränderungen reagieren.

Wenn Sie beim Erstellen eines Blocks das Kontrollkästchen IN BLOCKEDITOR ÖFFNEN aktivieren, werden Ihnen im Blockeditor mit den BLOCKERSTELLUNGSPALETTEN die Werkzeuge für dynamische Blöcke angeboten. Die generelle Vorgehensweise besteht darin, dass Sie zuerst bestimmten Blockelementen *Parameter* zuordnen, wie beispielsweise einen linearen Parameter. Das geschieht fast wie beim Bemaßen. Dann ordnen Sie diesem Parameter eine *Aktion* zu, wie etwa das Strecken damit zusammenhängender Geometrieelemente. Schon ist Ihr dynamischer Block fertig. Fügen Sie solch einen Block in die Zeichnung ein, dann verfügt er beim Anklicken neben dem normalen Griff am Basispunkt noch über einen pfeilförmigen Griff zum Strecken. Damit kann der Block also noch nachträglich verändert werden.

Um die einzelnen Schritte zur Erzeugung dynamischer Blöcke zu demonstrieren, werden im Folgenden drei typische Fälle behandelt:

- *Schraube* – Dynamischer Block mit einem linearen Parameter mit *Werteliste* und einer *Streckungsaktion*,
- *Fenster* – Dynamischer Block mit Streckung und verschiedenen *Sichtbarkeitsoptionen*.
- *Tisch* – Dynamischer Block mit Streckung in zwei Richtungen, den Sie über eine *Abruftabelle* skalieren können.

11.8.1 Schraube

Die Schraube sei schematisch mit Kopf und Gewinde angedeutet. Die Bolzenlänge sei 100 mm. Diese Geometrie wird zunächst ganz normal mit dem Befehl Block zum Block gemacht.

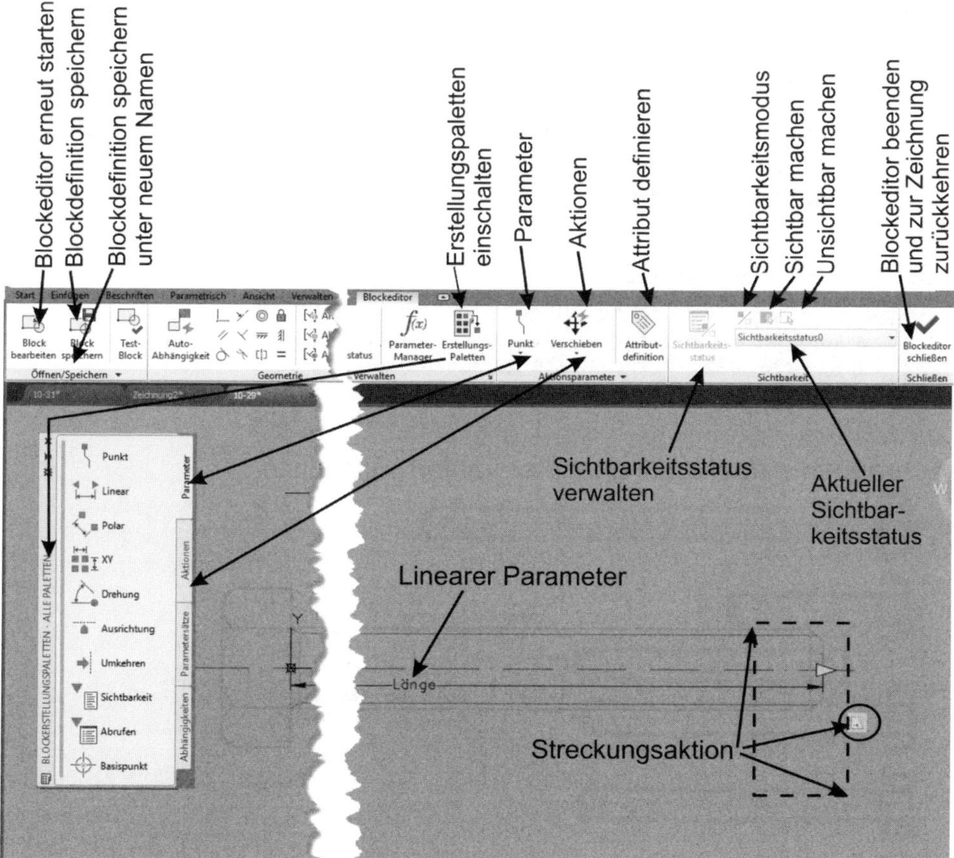

Abb. 11.36: Schraubenblock im Blockeditor

Der Blockeditor öffnet mit einem neuen Zeichenfenster, in dem der Basispunkt des Blocks die Koordinaten 0,0 hat. Eine Palette bietet drei Register PARAMETER, AKTIONEN und PARAMETERSÄTZE an. Das dritte Register enthält gleich Kombinationen von Parametern mit typischen Aktionen, die in vielen Standardfällen das einzelne Zuordnen erst von Parametern, dann von Aktionen abkürzen. Die ersten Beispiele sollen aber in einzelnen Schritten ausgeführt werden.

Zuerst wird aus dem Register PARAMETER der Parameter LINEAR gewählt und wie eine Bemaßung vom Basispunkt zum Schraubenende hin im Block platziert. Dann sollten Sie diesen linearen Parameter anpassen. Markieren Sie ihn und rufen Sie mit Rechtsklick das Kontextmenü auf und darin Eigenschaften. Folgende Änderungen in verschiedenen Rubriken wären sinnvoll:

- EIGENSCHAFTENBEZEICHNUNGEN
  - ABSTANDSNAME – »Abstand« in »Länge« ändern
  - ABSTANDSBESCHREIBUNG – ggf. Beschreibungstext eingeben
- WERTESATZ
  - ABSTANDSTYP – Hier die Option LISTE wählen.
  - ABSTANDS-WERTELISTE – Hier rechts reinklicken, wo drei Pünktchen erscheinen. Im Dialogfeld der Werteliste müssen Sie die Werte nicht einzeln hinzufügen, sondern geben alle mit Komma getrennt ein und wählen nur einmal Hinzufügen.

Schraube im Blockeditor

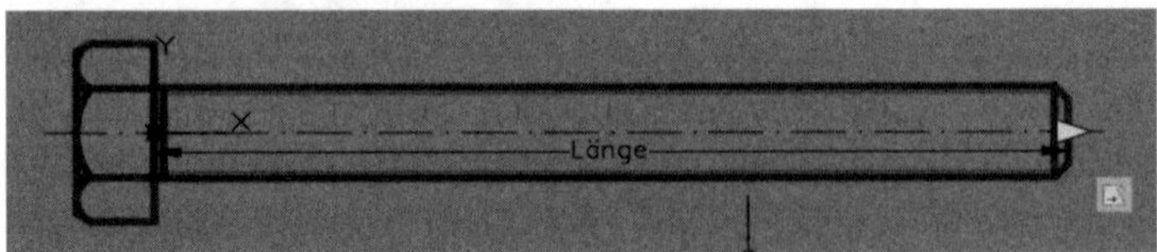

Schrauben eingefügt, Parameter variiert, Stückliste

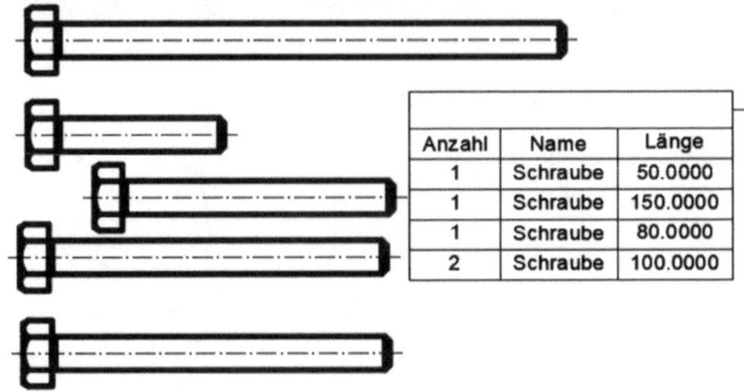

Anzahl	Name	Länge
1	Schraube	50.0000
1	Schraube	150.0000
1	Schraube	80.0000
2	Schraube	100.0000

Abb. 11.37: Schraube im Blockeditor und eingefügter Block

- SONSTIGES
  - ANZAHL GRIFFE – Setzen Sie die Griffe von 2 auf 1 herunter, weil die Schraube nur in einer Richtung vom Basispunkt aus verlängert werden soll.

Aus dem Register AKTIONEN wählen Sie nun die STRECKUNGSAKTION und verknüpfen sie mit dem linearen Parameter. Dazu wählen Sie auf Anfrage den linearen Parameter LÄNGE. Als PARAMETERPUNKT geben Sie die rechte Pfeilspitze des Parameters an. Dann geben Sie wie beim Befehl STRECKEN einen Streckungsrahmen an, der alle Objekte vollständig enthalten muss, die verschoben werden sollen, und die Objekte teilweise enthalten muss, die entsprechend verlängert oder verkürzt werden sollen. Auf die Frage ZU STRECKENDE OBJEKTE ANGEBEN: Wählen Sie die Objekte nochmals mit Objektwahl KREUZEN.

Damit ist die Schraube definiert, und Sie können nun den Blockeditor schließen.

11.8.2 Fenster

Der dynamische Block *Fenster* besteht zunächst aus zwei Geometrien, die wir der Übersicht halber zunächst getrennt lassen. Die Geometrien sollen später einen unterschiedlichen *Sichtbarkeitsstatus* bekommen. Die einfache Darstellung soll mit dem Status **Entwurf** verknüpft werden, die komplexere Darstellung mit **Ausführung**. Machen Sie zunächst einen normalen Block aus beiden Geometrien und gehen Sie weiter zum Blockeditor.

Abb. 11.38: Geometrien für den Block *Fenster*

Aus dem Register PARAMETER wählen Sie SICHTBARKEIT und platzieren das Symbol in die Nähe des Fensters. Nun müssen Sie die *Sichtbarkeitszustände* einrichten. Klicken Sie dazu in der Gruppe SICHTBARKEIT auf SICHTBARKEITSSTATUS. Dort finden Sie bereits einen allgemeinen SICHTBARKEITSSTATUS0 vor, bei dem alle Objekte sichtbar sind. Das ist der jetzige Zustand, den Sie beibehalten sollten. Mit NEU richten Sie zwei neue Zustände ein: **Entwurf** und **Ausführung**. Mit einem Doppelklick in dieser Tabelle kann ein Status aktuell gesetzt werden.

Nun geht es darum, den Statuszuständen die Objekte zuzuordnen. Zunächst bleibt alles sichtbar. Aktivieren Sie nun den Status **Ausführung**. Wählen Sie nun alle Objekte, die im Status **Ausführung** unsichtbar werden sollen, und klicken Sie auf das Werkzeug UNSICHTBAR MACHEN. In gleicher Weise machen Sie Objekte für den Status **Entwurf** unsichtbar.

Nun wechseln Sie in der Gruppe Sichtbarkeit zum Status **Sichtbarkeitsstatus0** und schieben beide Fenstergeometrien übereinander auf den gewünschten Nullpunkt.

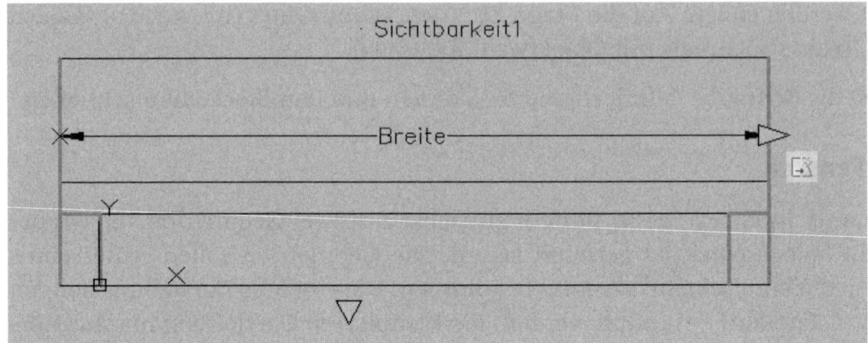

Abb. 11.39: Übereinander gelegte Blockgeometrien

Wie schon bei der Schraube beschrieben, können Sie natürlich noch einen linearen Parameter mit Streckungsaktion einbauen, um verschiedene Fensterbreiten zu erhalten. Versehen Sie ihn sinnvollerweise noch mit einer Werteliste.

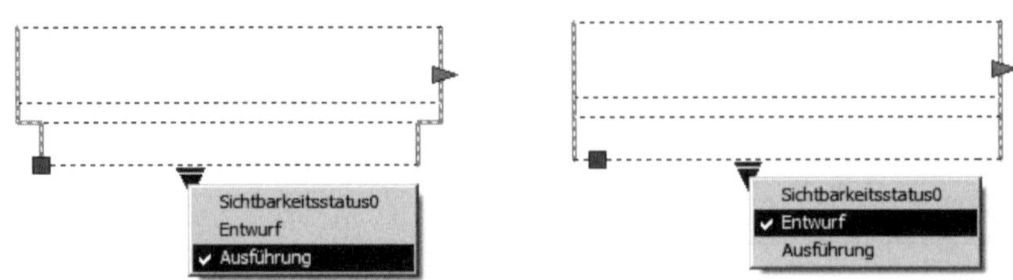

Abb. 11.40: Sichtbarkeitsliste beim eingefügten Block

11.8.3 Tisch

Der Tisch soll als typisches Beispiel für einen dynamischen Block mit Abrufparametern dienen. Der Tisch wird zunächst als Geometrie mit den Abmessungen Breite und Länge 100 cm gezeichnet. Im Blockeditor soll der Tisch sowohl der Länge als auch der Breite nach streckbar sein. Sie könnten nun wieder wie oben lineare Parameter und Streckungsaktionen anbringen. Schneller geht es aber, wenn Sie aus dem Register PARAMETERSÄTZE gleich Parameter und Aktion zusammen installieren.

Wählen Sie nun LINEARSTRECKUNG und geben Sie die Positionen für den linearen Parameter an: Ecke links unten, Ecke links oben und eine Position für den Parametertext. Über das Kontextmenü können Sie den Parameter wieder von **Abstand** in **Breite** umbenennen. Auch eine Werteliste sollten Sie hier wieder einrichten.

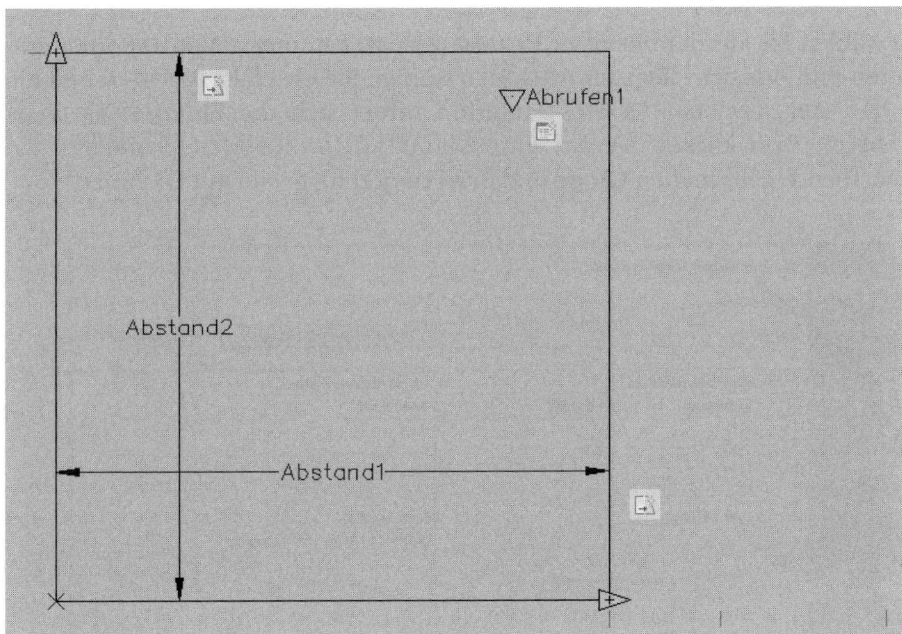

Abb. 11.41: Tisch mit Parametersätzen für Streckung in Länge und Breite

- EIGENSCHAFTENBEZEICHNUNGEN
  - ABSTANDSNAME – »Abstand« in »Breite« ändern
  - ABSTANDSBESCHREIBUNG – ggf. Beschreibungstext eingeben
- WERTESATZ
  - ABSTANDSTYP – Hier die Option LISTE wählen.
  - ABSTANDS-WERTELISTE – Hier rechts reinklicken, wo drei Pünktchen erscheinen. Im Dialogfeld der Werteliste müssen Sie die Werte nicht einzeln hinzufügen, sondern geben alle mit Komma getrennt ein und wählen nur einmal HINZUFÜGEN.
- SONSTIGES
  - ANZAHL GRIFFE – Ist schon auf 1 gesetzt.

- AKTIONEN VERKETTEN – Hier müssen Sie auf JA schalten, damit diese Werte später in der Abruftabelle benutzt werden können.

Ein Ausrufezeichen beim Streckungsblitz macht Sie noch darauf aufmerksam, dass die Geometrie für die Streckung noch nicht gewählt ist. Ein Doppelklick auf den Blitz ist nötig, um die KREUZEN-Objektwahl für die zu streckende Geometrie zu aktivieren.

In gleicher Weise erzeugen Sie den Parametersatz für die Streckung in x-Richtung, die Sie **Länge** nennen.

Dann wählen Sie aus dem Register PARAMETER den Parameter ABRUFEN und positionieren ihn. Aus dem Register AKTIONEN wählen Sie ebenfalls ABRUFEN und klicken den ABRUFPARAMETER an. Daraufhin öffnet sich die EIGENSCHAFTENABRUFTABELLE. Dort klicken Sie auf EIGENSCHAFTEN HINZUFÜGEN, markieren die angebotenen Eigenschaften **Länge** und **Breite** und fügen sie mit OK hinzu.

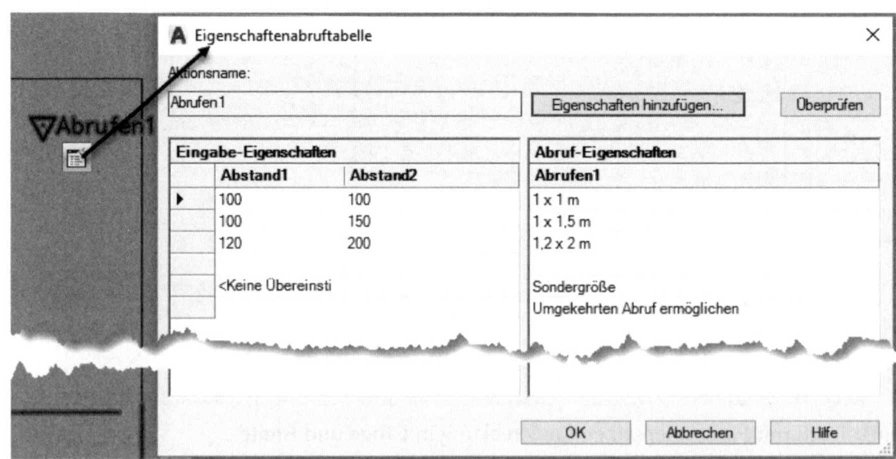

Abb. 11.42: Eigenschaftenabruftabelle

In der linken Tabellenhälfte EINGABE-EIGENSCHAFTEN können Sie in die Tabellenfelder klicken und aus den Wertelisten dann Werte auswählen. So können Sie die Spalten **Länge** und **Breite** mit den gewünschten Wertepaaren füllen. In die rechte Spalte tragen Sie frei Bezeichnungen ein, unter denen Sie diese festen Werte aufrufen möchten. Diese Bezeichnungen sollten eindeutig sein. Dann kann auch die Abrufliste aktualisiert werden, wenn Sie über STRECKEN den Tisch später verändern. Um das zu ermöglichen, müssen Sie in der Zeile SCHREIBGESCHÜTZT auf UMGEKEHRTER ABRUF wechseln. Nun können Sie den Blockeditor beenden.

Wenn durch eine Streckungsaktion später einmal eine Tischgröße entsteht, die nicht in der Abruftabelle erfasst ist, erscheint der Text *Benutzerdefiniert*. Diesen Text können Sie auch durch einen passenden anderen ersetzen.

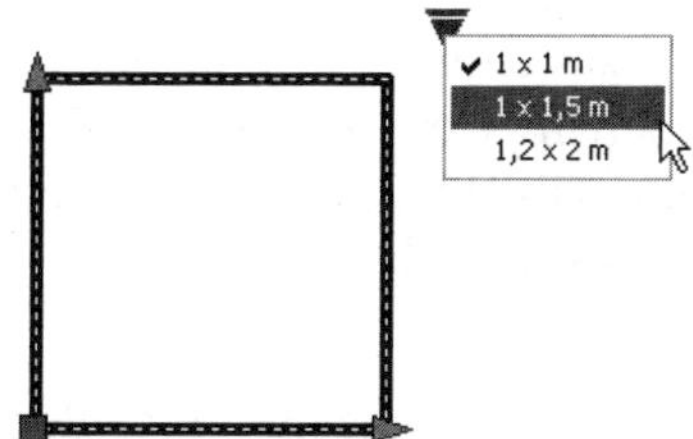

Abb. 11.43: Block mit Abrufliste

11.8.4 Block mit Parametern (nicht LT)

Die Parametrik mit geometrischen Abhängigkeiten und Bemaßungsabhängigkeiten kann auch in Blöcken benutzt werden. In Blöcken können die Bemaßungsparameter dann verwendet werden, um sie in eine Parametereigenschaftentabelle zu stellen und damit auch einen dynamischen Block zu erstellen, der über diese Tabelle variiert werden kann.

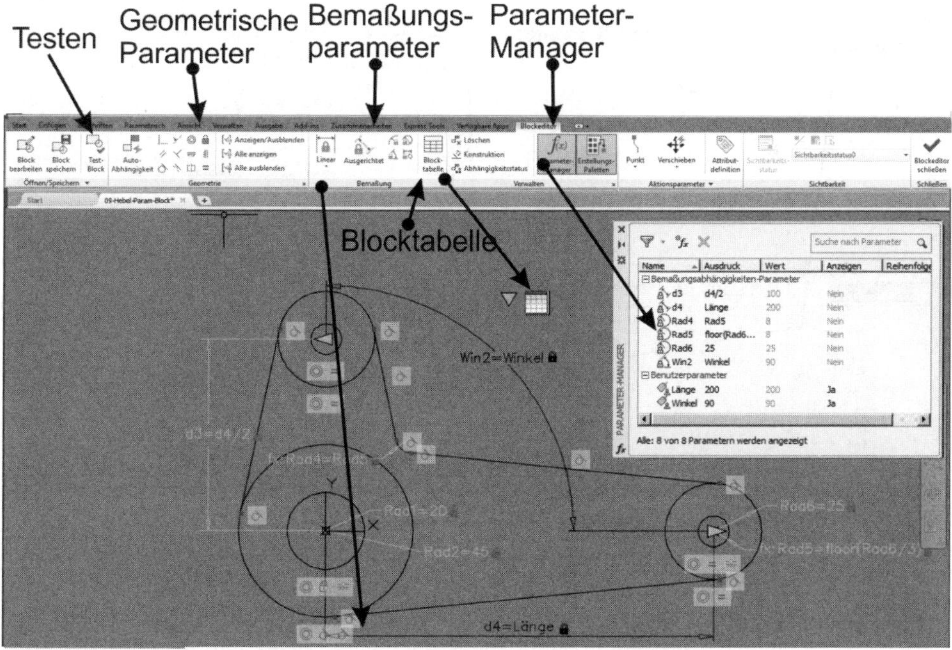

Abb. 11.44: Blockeditor mit Parameter-Werkzeugen

Sie können im Blockeditor ebenso Parameter verwenden wie für normale Geometrieobjekte in der AutoCAD-Oberfläche. Es gibt im Blockeditor dafür die beiden Registergruppen GEOMETRIE und BEMAẞUNG und für die geometrischen Abhängigkeiten sogar die Palette ABHÄNGIGKEITEN. Im Blockeditor erscheint mit dem Werkzeug ABHÄNGIGKEITSSTATUS eine farbige Darstellung, sobald Objekte parametrisch eindeutig bestimmt sind: Sie erscheinen in violetter Farbe. Diese Information ist sehr wertvoll, um zu erkennen, welche Objekte noch durch parametrische Bemaßungen oder geometrische Abhängigkeiten bestimmt werden müssen.

Jede parametrische lineare Bemaßung, die Sie direkt im Blockeditor erstellen, wird automatisch mit einer dynamischen Streckungsaktion verknüpft, was Sie an den Griffen erkennen. Winkelbemaßungen werden mit Drehungen verknüpft.

Im Blockeditor gibt es auch einen PARAMETER-MANAGER zur Verwaltung der BEMAẞUNGSABHÄNGIGKEITEN. Auf die Parameterwerte, die Sie hier sehen, können Sie später nach Einfügen des Blocks über den EIGENSCHAFTEN-MANAGER bzw. [Strg]+[1] zugreifen. Die Parameter sind im PARAMETER-MANAGER vorgabemäßig blau markiert und gehören zu Aktionen mit Griffen beim eingefügten Block.

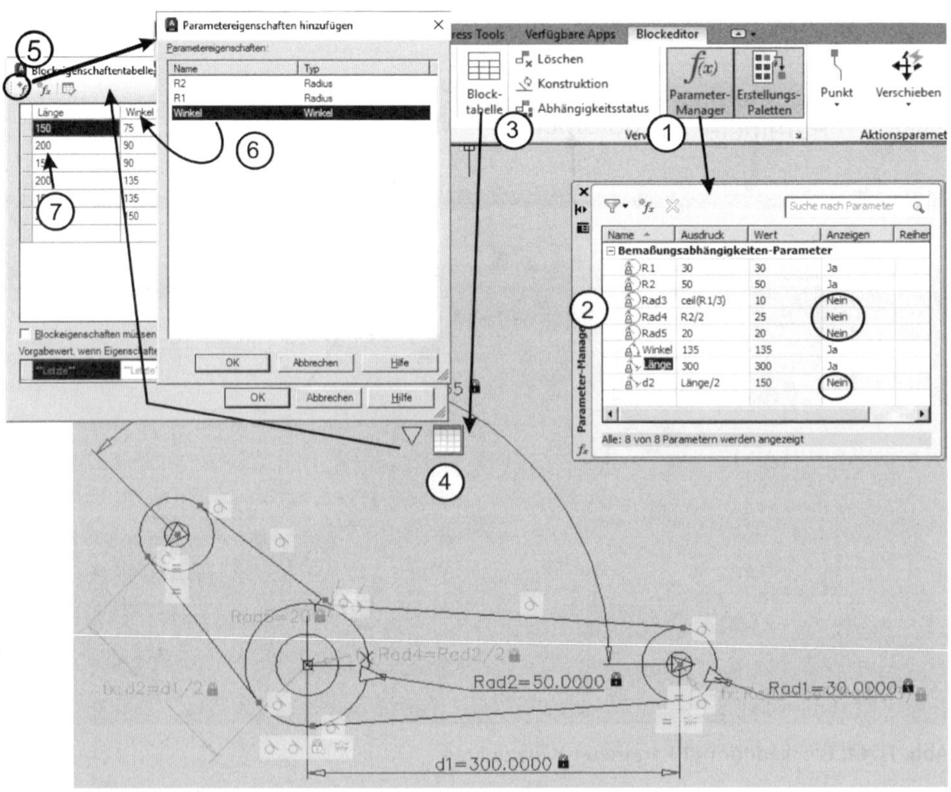

Abb. 11.45: Bemaßungsparameter und Blockeigenschaftentabelle

Mit RMK auf die Tabellenzeile können Sie solche Parameter über PARAMETER KONVERTIEREN umwandeln, sodass keine Aktion mehr damit verbunden ist. Als Folge erscheinen sie in gelber Farbe. Beim eingefügten Block gibt es dann dafür keinen Griff mehr und auch keine Anzeige im Eigenschaften-Manager.

Interessanter ist es noch, den Block mit einer BLOCKTABELLE und zugehöriger ABRUFAKTION zu versehen. Hier die Schritte:

Aktivieren Sie den Parameter-Manager.

1. Bemaßungsparameter, die nicht mit Aktionen verknüpft sein sollen, ändern Sie mit RMK und PARAMETER KONVERTIEREN. Die Farbe ändert sich von Blau in Gelb. Benennen Sie Parameter ggf. um.
2. Aktivieren Sie die Blocktabelle.
3. Wählen Sie dafür eine Position und setzen Sie die ANZAHL GRIFFE auf **1**. Es erscheint die PARAMETEREIGENSCHAFTENTABELLE.
4. Klicken Sie auf $^{+}f_{x}$, um Tabellenköpfe für die Tabelle auszuwählen.
5. Im darauf folgenden Dialogfeld wählen Sie nun die BENUTZERPARAMETER aus, für die Sie Werte vorgeben wollen, und klicken auf OK.
6. So entsteht eine Tabelle mit entsprechenden Eigenschaftenspalten, in die Sie nun mögliche Werte für Ihr Variantenteil eintragen können (Abbildung 11.45). Die Tabelle sollte sortiert sein. Wenn Sie nicht wollen, dass Parameter neben der Tabelle auch noch manuell manipuliert werden, müssen Sie BLOCKEIGENSCHAFTEN MÜSSEN EINER ZEILE DER TABELLE ENTSPRECHEN aktivieren oder die Griffe der Parameter über EIGENSCHAFTEN entfernen.

Sie können einen Block nun auch im Blockeditor testen, wenn Sie auf TEST-BLOCK klicken. Diese Test-Umgebung verlassen Sie mit SCHLIEßEN|TESTBLOCK SCHLIEßEN. Dann sind Sie wieder zurück im Blockeditor. Wenn Sie solch einen Block dann in die Zeichnung eingefügt haben, zeigt er beim Anklicken einen dreieckigen Griff wie für einen Abrufparameter, über den Sie die Werte aus der Blockeigenschaftentabelle auswählen können (Abbildung 11.46). Alternativ haben Sie aber auch direkten Zugriff über die oben festgelegte Tabelle mit EIGENSCHAFTENTABELLE.

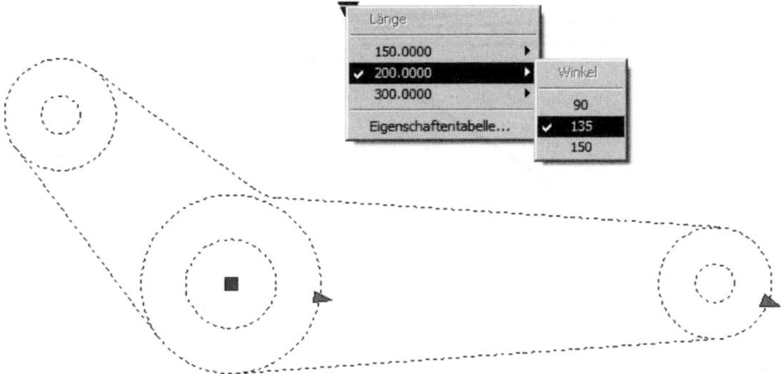

Abb. 11.46: Eingefügter Block mit wählbaren Parametern

11.9 Blöcke abzählen: ANZAHL

Mit ANZAHL können die Blöcke in einer Zeichnung und auch andere Objekte abgezählt werden. Der Befehl ANZAHL kann über Kontextmenü aktiviert werden oder übers Menü ANSICHT|PALETTEN|ANZAHL ❶.

Abb. 11.47: Befehl ANZAHL mit erstellter Tabelle

Im letzteren Fall startet er automatisch eine Palette, die *alle* vorhandenen Blöcke der ganzen Zeichnung abzählt. Den Zählbereich können Sie mit ❷ neu festlegen. Er kann optional auch polygonal über mehrere Eckpunkte definiert werden. Wenn Sie eine Tabelle mit den Ergebnissen erstellen wollen, klicken Sie auf TABELLE ERSTELLEN ❸ und markieren die gewünschten Blöcke ❹. Mit EINFÜGEN ❺ unten in der Palette wählen Sie dann eine Position. Die Stückzahlen in dieser Tabelle ❻ sind Schriftfelder. Sie werden aktualisiert, wenn Sie nach Zeichnungsänderungen die Zeichnung mit REGEN (RG) regenerieren.

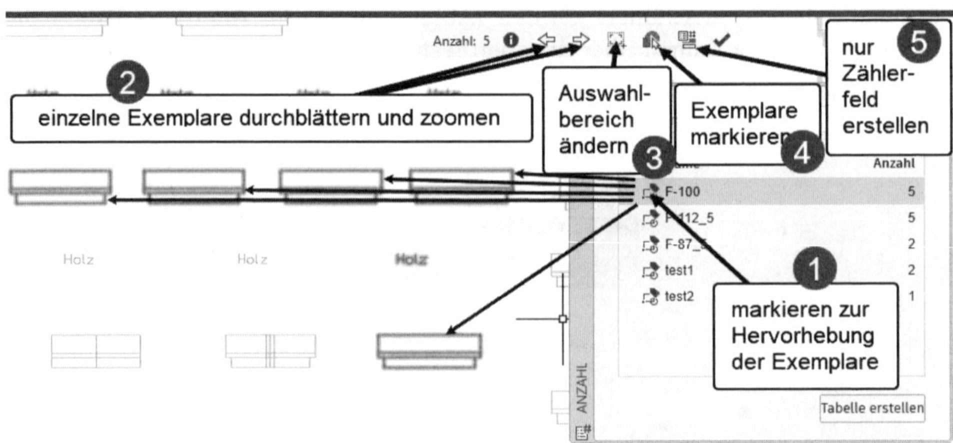

Abb. 11.48: Optionen der ANZAHL-Funktion

Bevor Sie die Tabelle erstellen, können Sie noch nach Anklicken einer Zeile ❶ die Exemplare hervorheben und mit den Pfeiltasten auf einzelne zoomen ❷. Auch der Zählbereich ❸ lässt sich hier noch ändern. Die Funktion kann auch benutzt werden, um die hervorgehobenen Elemente für weitere Nachbearbeitungen zu markieren ❹. Ebenfalls kann ein einzelnes Schriftfeld ❺ mit der Anzahl der Elemente generiert werden.

Nach Rechtsklick auf eine der Zeilen können Sie die Liste der Blöcke noch detaillierter untergliedern, indem Sie Eigenschaften wie LAYER, *Größe* (hier mit SKALIEREN bezeichnet) und SPIEGELSTATUS hinzufügen sowie ATTRIBUTE, falls die Blöcke welche besitzen.

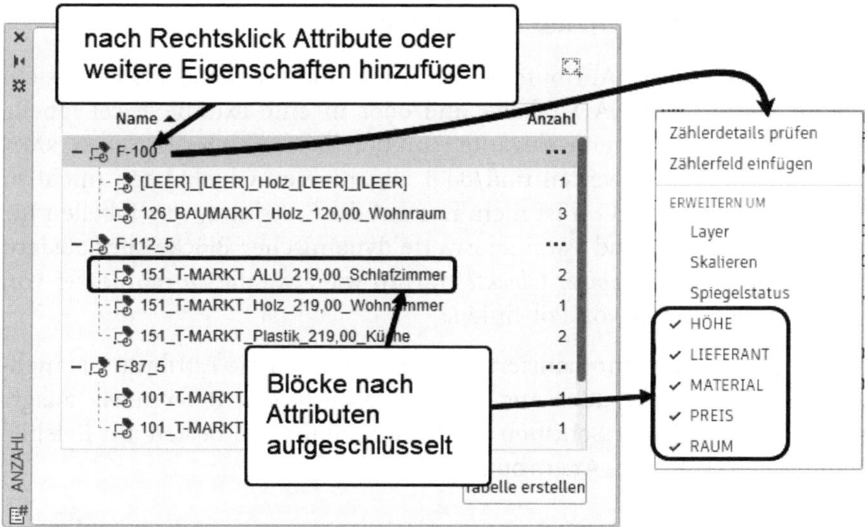

Abb. 11.49: Tabelleninhalt um Attribute und Eigenschaften ergänzen

Wenn Sie den Befehl ANZAHL über das KONTEXTMENÜ aufrufen, werden Sie zuerst aufgefordert, einen ZÄHLBEREICH über zwei diagonale Positionen zu definieren. Darin können Sie ein beliebiges Objekt wählen, um alle Exemplare dieses Typs abzuzählen. Die Option ALLE BLÖCKE AUFLISTEN ist hier auch wählbar. Mit den Pfeilsymbolen oben in der Mitte des Zeichenfensters können Sie auf die einzelnen Exemplare zoomen. Mit kann das Schriftfeld mit der ermittelten Anzahl positioniert werden. Mit einem Klick auf das Info-Zeichen können Sie noch nach verschiedenen Eigenschaften wie etwa gleichem Layer filtern. Die Option MAẞSTAB ANPASSEN bedeutet hier, Objekte mit *gleicher Größe* wie das ausgewählte zu selektieren. Beendet wird die Funktion mit dem grünen Häkchen.

Ein neuer *gesperrter* Layer namens 0-ZÄHLBEREICH wird generiert, wenn Sie einen Zählbereich festlegen.

11.10 Stücklisten und Excel

Ein wichtiger Schritt zur umfassenderen Nutzung der CAD-Daten besteht darin, dass man Stücklisten für Norm- und Wiederholteile ableitet. Die Stücklistengenerierung basiert auf der Möglichkeit, zunächst Blöcke mit Attributen zu definieren, die numerische Werte oder Texte enthalten, wie Teilenummern, Lieferantennummern, Preise oder Materialbezeichnungen. Damit werden Informationen für Stücklisten schon in der Zeichnung miterzeugt. Man braucht dann nur noch ein Hilfsmittel, das diese Informationen aus der Zeichnung zusammenstellt, um eine Stückliste zu erstellen. Dazu gibt es die Befehle EATTEXT oder DATENEXTRAKT (nicht LT) und ATTEXT (auch LT) zum Extrahieren der Attribute.

11.10.1 Attributsextraktion in der Vollversion

Ein wesentlicher Vorteil der Attribute besteht darin, dass man sie aus der Zeichnung in eine interne AutoCAD-Tabelle und/oder in eine externe Excel-Tabelle schreiben kann. Dazu gibt es eine elegante Funktion EATTEXT oder DATENEXTRAKT zum Ausgeben von Attributwerten und/oder allgemeinen Objektdaten (nicht in den LT-Versionen). Die Funktion ist nicht nur auf die Erstellung von Tabellen für Attribute normaler Blöcke und Parameterwerte dynamischer Blöcke spezialisiert. Sie kann auch die *Daten beliebiger Objekte erfassen* wie etwa die Durchmesser von Kreisen oder Flächeninhalte von Polylinien.

Diese Funktion läuft stark automatisiert ab und kann auch die Attribute aus mehreren Zeichnungen, speziell auch aus verknüpften externen Referenzen, ausgeben. Der Befehl läuft in acht Schritten ab. Testen Sie ihn am besten am Beispiel der Zeichnung `FENSTER_mit_Attributen.DWG`.

ZEICHNEN UND BESCHRIFTUNG	Icon	Befehl
EINFÜGEN|VERKNÜPFUNG & EXTRAKTION|DATEN EXTRAHIEREN oder BESCHRIFTEN|TABELLEN|DATEN EXTRAHIEREN		DATENEXTRAKT, EATTEXT

- SEITE 1 VON 8 – Zuerst können Sie eine *Vorlage* wählen, falls schon eine von einer anderen Attributsextraktion existiert. Ansonsten wählen Sie NEUE EXTRAKTION ERSTELLEN und OK. Geben Sie dann einen Dateinamen für diese Datenextraktion ein.
- SEITE 2 VON 8 – Sie wählen nun, von wo Sie die Attribute zusammenstellen wollen. Voreinstellung ist die gesamte AKTUELLE ZEICHNUNG. Sie können hier aber auch weitere Zeichnungen dazuwählen oder die Auswahl auf einzelne Blöcke und Objekte reduzieren. Unter der Schaltfläche EINSTELLUNGEN geben Sie ggf. an, ob auch externe Referenzen oder tiefere Schachtelungsebenen von Blöcken ausgewertet werden sollen.

- SEITE 3 VON 8 – Dann wählen Sie, welche Objekttypen Sie auswerten wollen:

ALLE OBJEKTTYPEN ANZEIGEN deaktivieren, NUR BLÖCKE ANZEIGEN aktivieren NUR NICHT-BLÖCKE ANZEIGEN deaktivieren,

- NUR BLÖCKE MIT ATTRIBUTEN ANZEIGEN aktivieren,
- NUR ZUR ZEIT VERWENDETE OBJEKTE ANZEIGEN aktivieren.

- SEITE 4 VON 8 – Nun müssen Sie wählen, was alles an *Blockeigenschaften*, *Attributen* und *allgemeinen Objektdaten* ausgegeben werden soll. Die Eigenschaften sind hier in *Kategorien* eingeteilt, die Sie zunächst auf der rechten Seite filtern sollten: 3D-VISUALISIERUNG, ALLGEMEIN, ATTRIBUT, GEOMETRIE, VERSCHIEDENES, ZEICHNUNG. Wahrscheinlich wird die Kategorie ATTRIBUT für Sie die interessanteste sein. Danach wählen Sie die einzelnen *Eigenschaften* aus, die Sie sehen wollen.
- SEITE 5 VON 8 – Nun erscheint eine Vorschau der Ausgabe. Darin können Sie noch die Sortierreihenfolge durch Klick in einen Spaltenkopf festlegen und ganze Spalten durch Ziehen der Köpfe verschieben. Auch lassen sich hier Spalten eliminieren. Mit EXTERNE DATEN VERKNÜPFEN können Sie schon vorhandene Excel-Tabellen bzw. Teile davon verknüpfen. Die VOLLSTÄNDIGE VORANSICHT bietet eine Tabellen-Vorschau.
- SEITE 6 VON 8 – Sie können dann die Art der Ausgabedatei wählen:
  - DATENEXTRAKTIONSTABELLE IN ZEICHNUNG EINFÜGEN
  - DATEN IN EXTERNE DATEI (.XLS, .CSV, .MDB, .TXT) AUSGEBEN

  Die möglichen Dateiformate sind Excel-Datei (*.XLS), Access-Datei (*.MDB), Textdatei (*.TXT) oder ein Übergabeformat für Datenbanken (*CSV) mit kommagetrennter Ausgabe.
- SEITE 7 VON 8 – Für die AutoCAD-Tabelle können Sie einen Tabellentitel eingeben und den Tabellenstil wählen.
- SEITE 8 VON 8 – Mit FERTIGSTELLEN beenden Sie die Attributsextraktion.

11.10.2 Stücklisten aktualisieren

Nachdem die *interne Tabelle* erstellt wurde, können Sie probieren, weitere Blöcke zur Zeichnung hinzuzufügen oder welche zu löschen. Zum Aktualisieren der Tabelle verwenden Sie das WERKZEUG EINFÜGEN|VERKNÜPFUNG & EXTRAKTION| VON QUELLE HERUNTERLADEN. Nach Wahl der Tabelle und Enter wird die Anzahl der Blöcke wird angepasst.

Um die *externe Tabelle* zu aktualisieren, lassen Sie die DATENEXTRAKTION einfach noch einmal laufen, diesmal wählen Sie aber auf der ersten Seite BESTEHENDE DATENEXTRAKTION BEARBEITEN und wählen die alte Extraktionsvorlagendatei aus. Alle Folgeseiten können Sie mit WEITER durchlaufen.

Um die *interne und externe Tabelle gleichzeitig* zu aktualisieren, können Sie auch folgendermaßen vorgehen:

- Interne Tabelle markieren,
- folgenden Bereich markieren: Klick ins oberste Datenfeld links und `Shift`+ Klick ins Datenfeld unten rechts,
- in der Multifunktionsleiste TABELLENZELLE bei ZELLENFORMAT|ZELLSPERRUNG die Option UNGESPERRT aktivieren,
- in der Multifunktionsleiste TABELLENZELLE rechts außen DATENZELLE VERKNÜPFEN wählen,
- im nun erscheinenden Dialogfeld DATENEXTRAKTION alle Fenster mit WEITER und am Schluss mit FERTIGSTELLEN durchlaufen.

Um nur die *interne Tabelle* zu aktualisieren, wählen Sie BESCHRIFTEN|TABELLE|VON QUELLE HERUNTERLADEN (DATENVERKNAKT) und klicken die Tabelle an.

11.10.3 Attribute in der LT-Version extrahieren

Bei AutoCAD LT benutzen Sie den Befehl ATTEXT, um Attribute auszuwerten. Der Ablauf ist wesenlich komplexer als bei der Vollversion oben. Dieser Befehl arbeitet so, dass er nach Maßgabe einer VORLAGENDATEI eine AUSGABEDATEI erstellt. Die VORLAGENDATEI gibt an, *welche Attribute* extrahiert werden sollen, in *welcher Reihenfolge* sie extrahiert werden sollen und mit *welchem Format*. Die AUSGABEDATEI ist dafür gedacht, in eine Datenbank oder Tabellenkalkulation eingelesen zu werden. Die Zusammenhänge sind in Abbildung 11.50 skizziert.

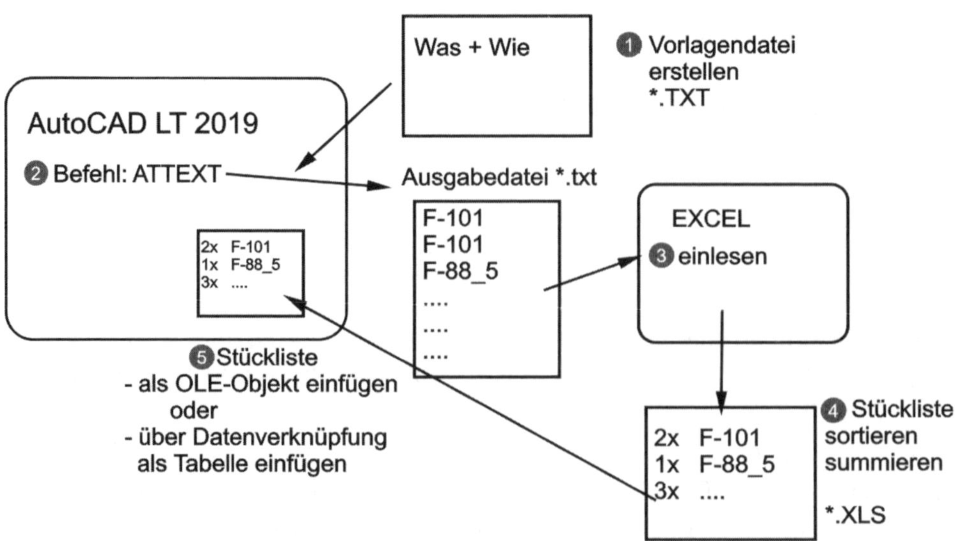

Abb. 11.50: Stücklistendaten aus Attributen aufbereiten

Bevor Sie also den Befehl ATTEXT sinnvoll einsetzen können, müssen Sie die Vorlagendatei als Textdatei erstellt haben. Dazu benutzen Sie am besten den NOTEPAD-Editor aus Windows. Sie können ihn über die Befehlszeile mit dem Befehl NOTEPAD starten und dann als Erstes den Dateinamen eingeben. Die Vorlagendatei besteht praktisch aus zwei Spalten. In der linken Spalte wird angegeben, *was* extrahiert werden soll.

Man kann nicht nur Attribute extrahieren, die hier über ihre Attributbezeichnungen spezifiziert werden, sondern auch *Blockeigenschaften*. Die *Blockeigenschaften* beginnen immer mit den drei Zeichen »BL:«. In der rechten Spalte wird angegeben, *wie* das Attribut extrahiert werden soll, ob es eine Zeichenkette **C** ist oder eine Zahl **N**, außerdem die Anzahl der Stellen und bei reellen Zahlen die der Nachkommastellen. Eingabedaten, die im deutschen Format mit Dezimalkomma geschrieben werden, gelten hier nicht als Dezimalzahlen, sondern als Zeichenketten. In Excel müssen Sie Dezimalzahlen dann wieder mit Komma schreiben.

Vorlagen-Fenster.txt - Editor

Datei Bearbeiten Format Ans

```
BL:NAME   C010000
Material  C010000
Preis     C010000
Höhe      N008002
Raum      C010000
Lieferant C020000
```

Abb. 11.51: Beispiel-Vorlagendatei für ATTEXT im Editor

Auf der linken Seite können neben Attributen auch *Blockeigenschaften* angesprochen werden:

BL:NAME	der Name des Blocks
BL:LAYER	der Layer, in dem der Block liegt
BL:X oder BL:Y oder BL:Z	die Koordinaten des Einfügepunkts
BL:ORIENT	Winkel, mit dem der Block eingefügt wurde
BL:XSCALE oder BL:YSCALE oder BL:ZSCALE	Skalierungsfaktoren in x-, y-, z-Richtung, die bei Einfügung definiert wurden

Die Attribute werden durch ihre Attributbezeichnung gekennzeichnet. Sie können in der linken Spalte mit **Blank** auch definieren, dass Leerzeichen für Spalten der Tabelle ausgegeben werden, die zunächst leer bleiben sollen.

In der rechten Spalte der Vorlagendatei besteht das Format aus sieben Zeichen. Das erste Zeichen gibt an, ob es sich um eine Zeichenkette oder eine Zahl handeln soll:

- **C** vom englischen Wort *Character* steht für Zeichen.
- **N** vom englischen Wort *Number* steht für Zahl.

Auf diesen ersten Buchstaben folgt eine dreistellige Angabe der gesamten Stellen- oder Zeichenzahl. Es wird mit *führenden Nullen aufgefüllt*. Eine dreistellige Zahl würde zum Beispiel charakterisiert werden durch **N003**, eine zehnstellige Zeichenkette durch **C010**. Danach folgt bei Dezimalzahlen die Anzahl der Nachkommastellen, auch wieder dreistellig mit führenden Nullen. Bei Zeichenketten oder ganzen Zahlen folgen nur drei Nullen.

Beispiel: Eine achtstellige Zahl mit zwei Nachkommastellen wird geschrieben als **N008002**.

Dieses Format bedeutet:

- **N** – Es handelt sich um eine Zahl.
- **008** – Die Zahl wird mit insgesamt acht Stellen gespeichert.
- **002** – Es sollen zwei Nachkommastellen gespeichert werden.

Beim Editieren der Vorlagendatei ist darauf zu achten, dass nach der letzten Zeile nur ein einziger Zeilenwechsel folgt.

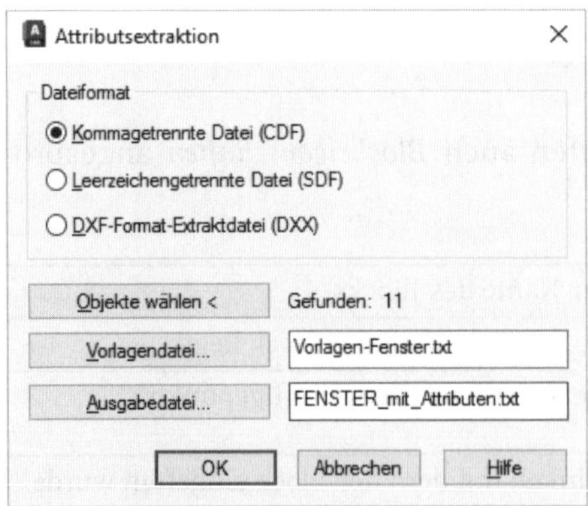

Abb. 11.52: Dialogfenster ATTEXT

Nun können Sie mit dem Befehl ATTEXT die Ausgabedatei generieren (Abbildung 11.52). Im Dialogfenster werden zur Übergabe an die Tabellenauswertung drei verschiedene Formate angeboten. Sie können wählen, ob die Attributwerte in der Datei durch Kommata (CDF) oder durch Leerzeichen (SDF) getrennt werden sollen. Das dritte Format DXX ist für Programmierer interessant, die eventuell die Daten der Ausgabedatei mit selbst geschriebenen Programmen lesen wollen. Weiter wird der Name der VORLAGENDATEI erfragt und der Name der AUSGABEDATEI. Für die Ausgabedatei wird standardmäßig der Zeichnungsname mit der Endung *.TXT eingesetzt. Nun müssen Sie mit OBJEKTE WÄHLEN noch die Blöcke in der Zeichnung auswählen. Nach dem Extrahieren der Attribute wird bescheinigt, wie viele Sätze geschrieben wurden.

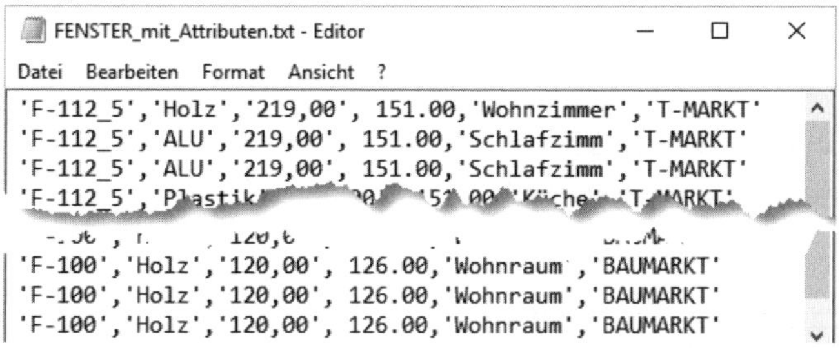

FENSTER_mit_Attributen.txt - Editor

Datei Bearbeiten Format Ansicht ?

```
'F-112_5','Holz','219,00', 151.00,'Wohnzimmer','T-MARKT'
'F-112_5','ALU','219,00', 151.00,'Schlafzimm','T-MARKT'
'F-112_5','ALU','219,00', 151.00,'Schlafzimm','T-MARKT'
'F-112_5','Plastik'...
...
'F-100','Holz','120,00', 126.00,'Wohnraum','BAUMARKT'
'F-100','Holz','120,00', 126.00,'Wohnraum','BAUMARKT'
'F-100','Holz','120,00', 126.00,'Wohnraum','BAUMARKT'
```

Abb. 11.53: Ausgabedatei im Editor

11.10.4 Transfer AutoCAD LT – Excel

Nach dem Extrahieren der Attribute stehen diese in der Ausgabedatei zur Verfügung. Sie sind dort aber nicht geordnet. Zum Ordnen und Auswerten verwenden wir ein gängiges Tabellenkalkulationsprogramm, nämlich Excel. Sie starten Excel und wählen dort die normale Funktion ÖFFNEN und geben als Dateityp `Textdateien (*.prn,*.txt,*.csv)` an, um die Ausgabedatei einzulesen. Excel erkennt, dass es keine normale Excel-Datei ist, und startet einen Assistenten zum korrekten Einlesen der Datei. Der Assistent läuft in drei Schritten ab. Im ersten Schritt erkennt er ganz richtig, dass die Datei gewisse Trennzeichen besitzt, dass der Import der Daten in Zeile 1 beginnt, also ohne Überschrift, und dass das Windows(ANSI)-Zeichenformat verwendet werden soll.

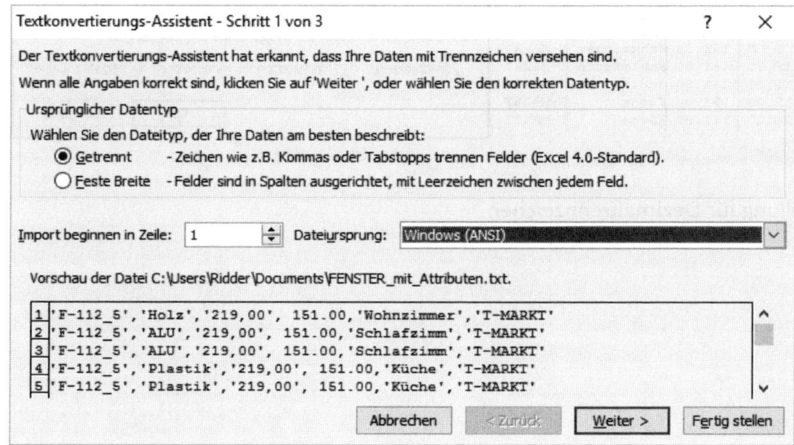

Abb. 11.54: Excel liest Textdatei ein.

Im zweiten Schritt müssen Sie das Komma als Trennzeichen und das Hochkomma als Textqualifizierer angeben (Abbildung 11.55). Im dritten Schritt könnten Sie wenn nötig noch das Dezimaltrennzeichen für die hereinkommenden Daten als Punkt angeben und dann auf ENDE klicken.

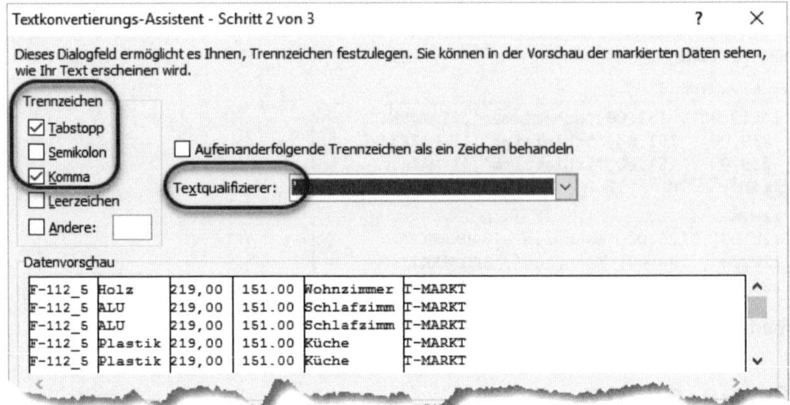

Abb. 11.55: Schritt 2 des Assistenten

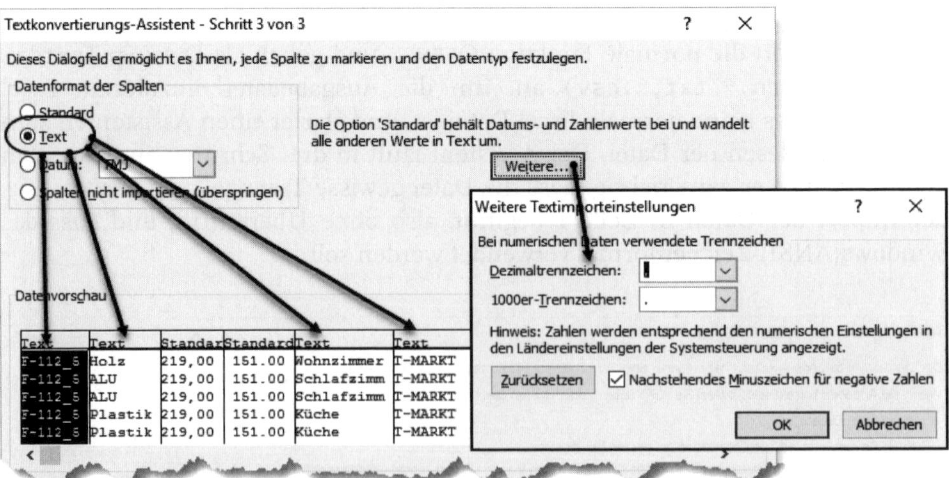

Abb. 11.56: Einstellung für Dezimaltrennzeichen

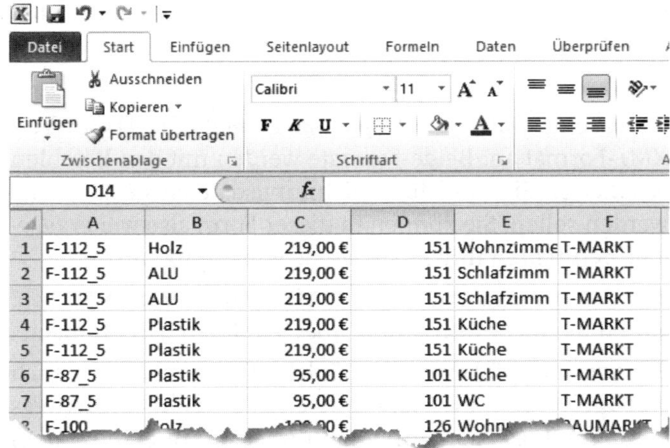

	A	B	C	D	E	F
1	F-112_5	Holz	219,00 €	151	Wohnzimme	T-MARKT
2	F-112_5	ALU	219,00 €	151	Schlafzimm	T-MARKT
3	F-112_5	ALU	219,00 €	151	Schlafzimm	T-MARKT
4	F-112_5	Plastik	219,00 €	151	Küche	T-MARKT
5	F-112_5	Plastik	219,00 €	151	Küche	T-MARKT
6	F-87_5	Plastik	95,00 €	101	Küche	T-MARKT
7	F-87_5	Plastik	95,00 €	101	WC	T-MARKT

Abb. 11.57: Die Tabelle in Excel

Tabelle als OLE-Objekt einfügen

Eine EXCEL-Tabelle können Sie leicht in eine AutoCAD-Zeichnung einfügen. Sie wird dann in der Zeichnung nach dem OLE-Prinzip eingebettet. Dazu müssen Sie in EXCEL den interessierenden Feldbereich markieren und mit [Strg]+[C] diesen Bereich in die Zwischenablage bringen. Dann wechseln Sie zu AutoCAD, lassen aber weiterhin das Programm EXCEL offen. In AutoCAD fügen Sie den Inhalt der Zwischenablage mit [Strg]+[V] ein. Damit ist der Tabellenbereich eingebettet. Sie können nun EXCEL schließen.

Um diese eingebettete Datei zu bearbeiten, brauchen Sie sie nur mit einem Doppelklick zu aktivieren, und schon wird EXCEL zur Bearbeitung dieser eingebetteten Datei gestartet. Die Bearbeitung beenden Sie dann mit einer speziellen Funktion aus dem DATEI-Menü: SCHLIEẞEN & ZURÜCK ZU ....

11.11 Externe Referenzen

Externe Referenzen sind, ähnlich wie externe Blöcke, auch eigenständige AutoCAD-Zeichnungen. Im Unterschied zum Block aber werden die Geometriedaten einer externen Referenz nicht in die aktuelle Zeichnung übernommen. In der aktuellen Zeichnung werden lediglich der Pfad und der Dateiname der externen Referenz sowie Einfügepunkt, Skalierungsfaktoren und Winkel gespeichert. Diese externe Zeichnung wird zwar am Bildschirm angezeigt, als wäre sie Teil der aktuellen Zeichnung, jedoch bleiben die Objekte in der externen Datei (Abbildung 11.60). Externe Referenzen werden mit *Fading* angezeigt, also in Pastelltönen. Diese Einstellung kann unter OPTIONEN|ANZEIGE geändert werden.

Der Befehl zum Einfügen verschiedener Dateiformate heißt ZUORDNEN (ANHANG). Sie können damit nicht nur *Zeichnungsdateien* als Referenz einfügen, sondern noch viel mehr:

- *DWF/DWFx-Datei* – Das ist eine Datei im *Design-Web-Format*. Die *DWFx*-Version lehnt sich an ein *XML*-Format an. Beide Formate werden mit den Befehlen PLOT oder PUBLIZIEREN erzeugt. Sie sind für Zeichnungsdateien gedacht, die nicht direkt bearbeitet werden sollen. Sie können in dieser Form also weitergegeben werden, ohne dass Sie befürchten müssen, dass sie jemand modifiziert.
- *DGN-Datei* – Das ist das Zeichnungsformat des CAD-Systems *Micro Station*. Auch dieses Format können Sie nicht bearbeiten, aber als Referenz benutzen.
- *PDF-Datei* – Das ist das Format der Firma *Adobe*. Solche Dateien können auch aus AutoCAD heraus erzeugt werden. PDF ist inzwischen ein sehr verbreitetes Austauschformat nicht nur für Texte, sondern auch für Zeichnungen. In allen Dateien bis hierher können Sie auch den Objektfang benutzen und damit Positionen daraus als Referenz für eigene Konstruktionen nutzen.
- *Bilder* – Die gängigen Bildformate können ebenfalls eingefügt werden. In Bildern greift natürlich kein Objektfang, weil Bilder immer durch die einzelnen Bildpixel repräsentiert werden und nicht durch geometrische Objekte wie Linien oder Bögen.
- *Punktwolken-Datei* – Das sind Dateien, die von modernen Laserscannern erstellt werden und eine Vielzahl gescannter Punkte enthalten.
- *Navisworks-Datei* – Das sind Koordinationsmodelle, in denen ein gesamtheitlicher Vergleich der Projekte von Architekten, Ingenieuren und Bautechnikern stattfinden kann. Navisworks ist ein Autodesk-Produkt.

11.11.1 Zeichnung als Xref einfügen

Speziell zum Einfügen einer DWG-Referenz können Sie XZUORDNEN oder Kürzel XZ benutzen. Eine Übersicht über weitere Befehle zur Bearbeitung von referenzierten Dateien zeigt Abbildung 11.58.

ZEICHNEN UND BESCHRIFTUNG	Icon	Befehl	Kürzel
EINFÜGEN|REFERENZ|ZUORDNEN		ANHANG, XZUORDNEN	XZ

Der Befehl XZUORDNEN oder ANHANG zeigt das Dateiwahlfenster, und Sie wählen die Zeichnung aus, die nun praktisch als Phantombild in Ihrer Zeichnung angezeigt werden soll. Nach Wahl der Datei erscheint ein Dialogfenster mit ähnlichen Optionen (Abbildung 11.59) wie beim Einfügen eines Blocks. In diesem Fenster müssen Sie sich aber zusätzlich noch zwischen zwei Referenztypen entscheiden: ZUORDNUNG oder ÜBERLAGERUNG.

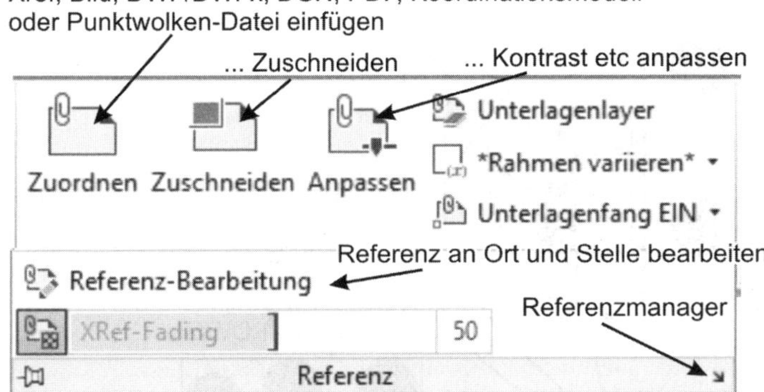

Abb. 11.58: Gruppe REFERENZ aufgeklappt

Diese Unterscheidung in der Art der externen Referenz ist für Zeichnungen wichtig, die dann ihrerseits wieder als externe Referenz weiterverwendet werden sollen. Also nur für hierarchisch ineinander geschachtelte externe Referenzen wirkt sich diese Einstellung aus. Bei der Option ÜBERLAGERUNG wird die betreffende externe Referenz nur in *der* Hierarchieebene angezeigt, in der sie eingefügt wurde, in darüber liegenden Ebenen, also bei Referenzierung der Zielzeichnung in einer weiteren Zeichnung aber nicht mehr (Abbildung 11.60). Das soll vermeiden, dass bei mehreren Schachtelungsebenen zu viele Details die Zeichnung unübersichtlich machen.

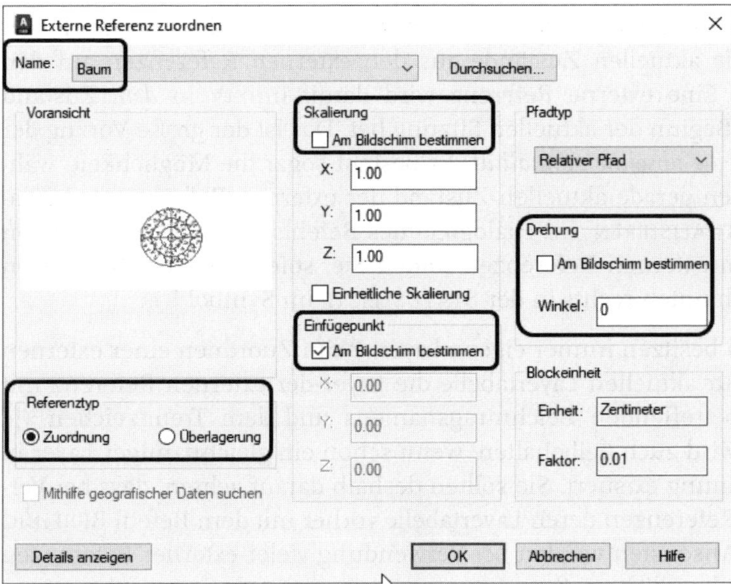

Abb. 11.59: Einfügen einer Zeichnung als Xref mit Befehl ANHANG

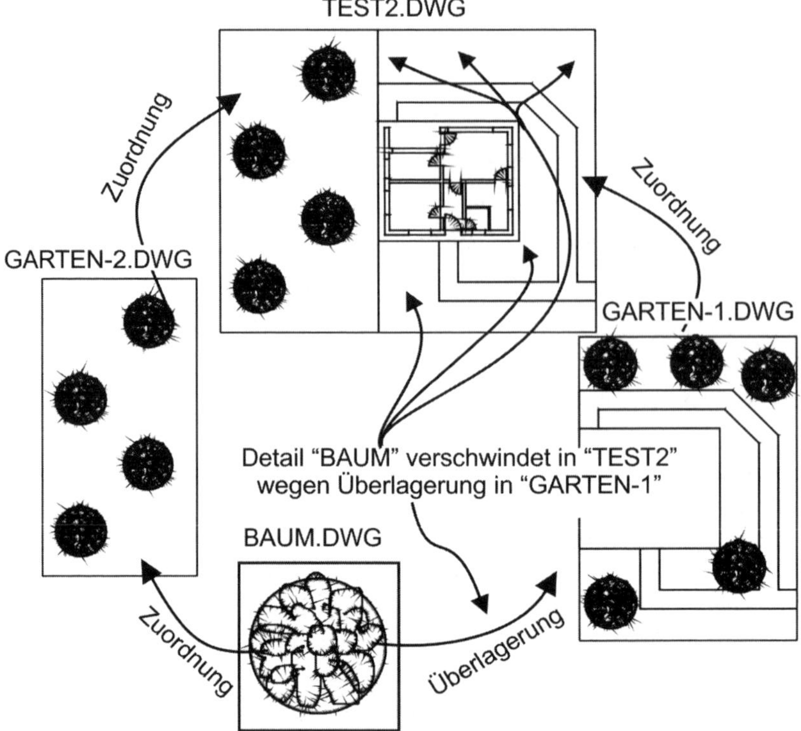

Abb. 11.60: Externe Referenzen in verschiedenen Ebenen

Öffnen Sie eine Zeichnung, die schon externe Referenzen enthält, so werden in diesem Moment die aktuellen Zustände aus den externen Referenzen auf den Bildschirm geholt. Eine externe Referenz wird damit immer in *dem* Zustand gezeigt, den sie zu Beginn der aktuellen Sitzung hat. Das ist der große Vorzug der externen Referenz: *die absolute Aktualität.* Es besteht sogar die Möglichkeit, während der Sitzung den gerade aktuellen Zustand der externen Referenz nachzuladen: Werkzeug AKTUALISIEREN im Dialogfeld des Befehls XREF . Diese Funktion zur Verwaltung von externen Referenzen finden Sie, sofern externe Referenzen eingefügt sind, auch unten rechts in der STATUSLEISTE im Symbol .

Externe Referenzen besitzen immer eigene Layer. Beim Zuordnen einer externen Referenz werden zur aktuellen Layertabelle die Layer der externen Referenz mit dem Vorsatz des betreffenden Zeichnungsnamens und dem Trennzeichen »|« hinzugefügt. Dies wird auch beibehalten, wenn schon ein gleichnamiger Layer in der aktuellen Zeichnung existiert. Sie sollten deshalb darauf achten, dass bei Verwendung externer Referenzen deren Layertabelle vorher mit dem Befehl BEREINIG minimiert wurde. Ansonsten werden bei Verwendung vieler externer Referenzen die Layertabellen unhandlich groß.

Externe Referenzen werden auch wegen dieser wachsenden Layertabellen, die die Zeichnungen extrem aufblähen würden, nicht für Normteile verwendet. Externe Referenzen eignen sich eher für Zusammenstellungszeichnungen und ähnliche Projekte, wo eine Zeichnung aus wenigen externen Referenzen zusammengestellt wird. Dabei spielt ja auch das Argument der Aktualität eine große Rolle.

11.11.2 Vergleichen von Xrefs

Wenn Sie eine Zeichnung mit XRefs öffnen, dann werden Sie schon beim Öffnen benachrichtigt ❶a, ❶b, wenn es an einer der Xrefs Änderungen im Vergleich mit der letzten Version gibt. Dabei gibt es einen Unterschied, ob die referenzierte Datei *direkt* als Referenz ❶a in die aktuelle Zeichnung eingefügt wurde oder *indirekt* über eine wiederum referenzierte Zeichnung ❶b.

Bei einer Änderung in einer direkt referenzierten Zeichnung ❶a erhalten Sie in der Sprechblase gleich die Aufforderung zum VERGLEICHEN, und der REFERENZVERGLEICH wird automatisch gestartet ❺.

Wenn die geänderte Referenz indirekt eingefügt ❶b ist, werden zunächst die Referenzen geladen. Sie können sich dann über den REFERENZMANAGER für einzelne Xrefs ❷ übers Kontextmenü mit VERGLEICHEN ❸ diese Änderungen ❹ anzeigen lassen ❺.

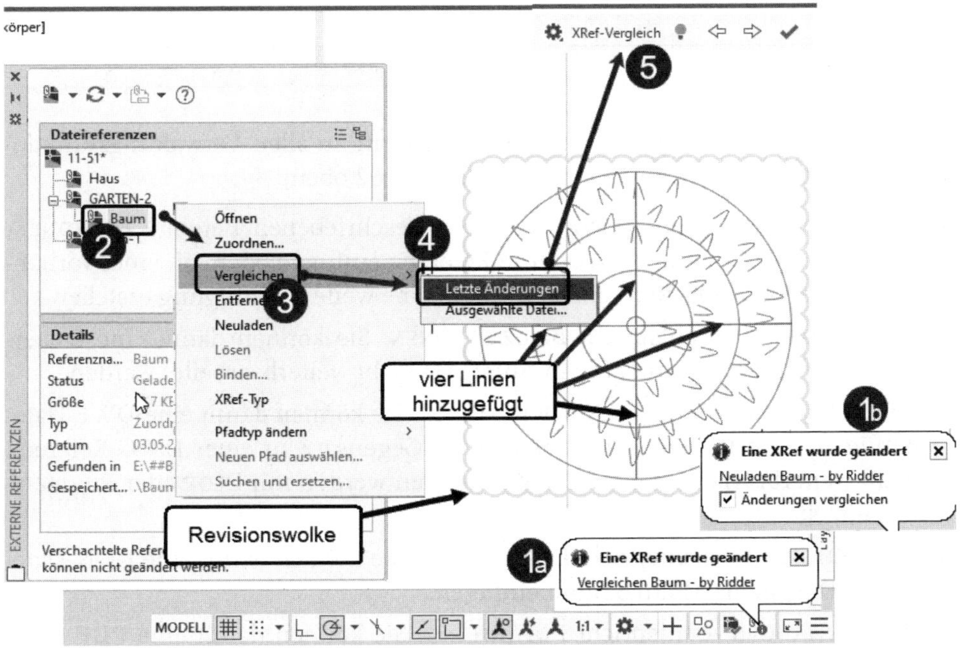

Abb. 11.61: Vergleich der letzten Änderungen mit aktuell geöffneter Version

Es gibt einen Farbcode für die einzelnen Objekte:

- Rot – neu in der aktuellen Zeichnung,
- Grün – neu in der Referenz,
- Grau – in beiden vorhanden,
- Gelb – Revisionswolke um den geänderten Bereich.

Über die EINSTELLUNGEN der Vergleichsfunktion können Sie noch entscheiden, ob TEXTE und SCHRAFFUREN berücksichtigt werden sollen. Die Revisionswolke kann mit der Option POLYLINIE und eine Abstandsangabe noch präziser und enger an die geänderten Objekte angeschmiegt werden.

11.11.3 Externe Referenzen verwalten

Zur Verwaltung externer Referenzen dient der Befehl XREF bzw. EXTERNREF. Sobald Ihre Zeichnung über externe Referenzen verfügt, wird das Icon für diesen XREF-MANAGER rechts unten in der STATUSLEISTE angezeigt. Wenn Sie diese Palette zum ersten Mal starten, sollten Sie sie in die Breite ziehen, um die Pfadangaben vollständig zu sehen.

ZEICHNEN UND BESCHRIFTUNG	Icon	Befehl	Kürzel
STATUSLEISTE		XREF, EXTERNREF	XR
EINFÜGEN|REFERENZ|↘	-	XREF, EXTERNREF	XR

Der Befehl öffnet eine Palette, über die Sie Zugriff zu allen Verwaltungsfunktionen für externe Referenzen haben (Abbildung 11.62 oben).

- DWG-ZUORDNEN – entspricht dem oben beschriebenen Befehl XZUORDNEN. Sie können damit eine neue externe Referenz einfügen oder von einer vorhandenen, die Sie in der Referenzliste sehen, eine weitere Einfügung erstellen.
- BILD-ZUORDNEN – entspricht BILDZUORDNEN. Sie können damit eine Raster-Datei einfügen. Sie kann aber in AutoCAD nicht weiterbearbeitet werden.
- DWF-ZUORDNEN – entspricht DWFANHANG. Sie können damit eine DWF-Datei einfügen. Eine DWF-Datei kann aber im Gegensatz zu einer DWG-Referenz nicht weiterbearbeitet werden. DWF-Dateien werden mit PLOT oder PUBLIZIEREN erstellt.
- DGN-ZUORDNEN – entspricht DGNANHANG. Sie können damit eine DGN-Datei des CAD-Systems Micro-Station einfügen.
- PDF-ANHÄNGEN – entspricht PDFANHANG. Sie können damit eine PDF-Datei einfügen.

Auch externe Excel-Tabellen, die über eine Datenverknüpfung in die Zeichnung eingefügt wurden, werden im XREF-MANAGER angezeigt. Sie können hier auch über ein eigenes Kontextmenü aktualisiert werden.

Wenn Sie eine einzelne Datei mit Rechtsklick markieren, erhalten Sie folgende Funktionen:

- ÖFFNEN – öffnet die referenzierte Zeichnung zur Bearbeitung,
- ZUORDNEN – fügt wie der Befehl ZUORDNEN (ANHANG) diese Xref nochmals ein,
- VERGLEICH – vergleicht die Xref mit dem Zustand vor der letzten Änderung oder mit einer beliebig zu wählenden Datei,
- ENTFERNEN – löscht das Phantombild der externen Referenz, behält aber den Dateipfad, Namen und Einfügepunkt bei, sodass sie leicht wieder mit der Option NEULADEN aktiviert werden kann. Das entspricht dem Befehl LÖSCHEN beim Block.
- NEULADEN – entspricht AKTUALISIEREN und kann benutzt werden, um einerseits während der Zeichnungssitzung eine externe Referenz durch erneutes Einfügen auf den aktuellen Stand zu bringen oder um andererseits eine Referenz nach ENTFERNEN wieder zu aktivieren.
- LÖSEN – entfernt eine externe Referenz endgültig aus der Zeichnung. Das entspricht dem Befehl BEREINIG beim Block.

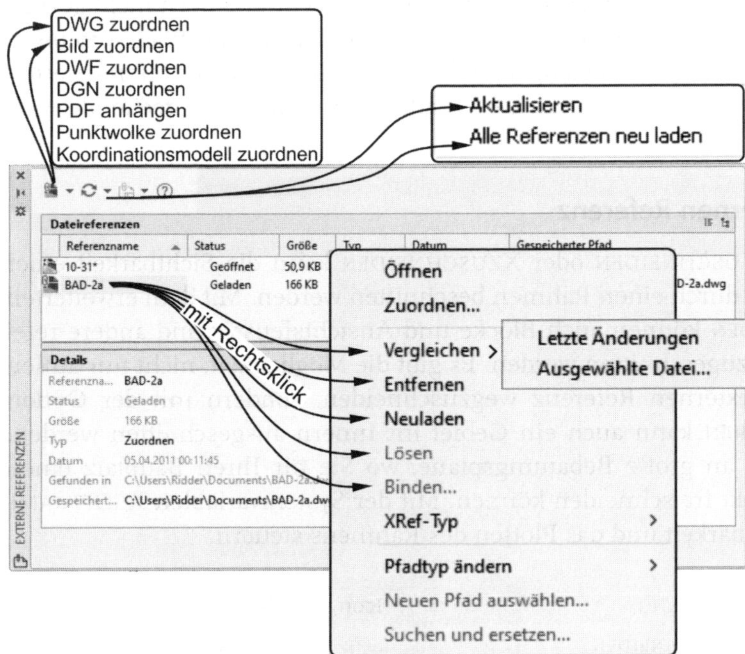

Abb. 11.62: Palette für externe Referenzen

- BINDEN – erzeugt aus einer externen Referenz einen internen Block. Die Referenz wird dann zum Bestandteil Ihrer Zeichnung, die Geometriedefinition wird als Blockdefinition in Ihren »Keller« geladen. Damit sind Sie unabhängig von der referenzierten Zeichnung. Beim BINDEN kann der Block nach zwei Modi eingefügt werden:
  - Modus BINDEN: Der Block behält, wie bei den externen Referenzen üblich, seine eigenen Layer und sonstigen benannten Objekte mit einer Markierung der Art `Referenzname$0$...` bei.
  - Modus EINFÜGEN: Er wird auf dem aktuellen Layer eingefügt und seine benannten Objekte, die er benötigt und mitbringt, werden ohne besondere Kennzeichnung in die Zeichnung eingegliedert.
- XREF-TYP – In dieser neuen Zeile des Kontextmenüs können Sie direkt zwischen dem Typ ZUORDNUNG und ÜBERLAGERUNG wechseln.
- PFADTYP ÄNDERN – Sie können zwischen *relativem* und *absolutem* Pfad wählen. Auch kann die Pfadangabe hier *entfernt* werden. Damit wird dann nur im aktuellen Pfad nach der Referenz gesucht.
- NEUEN PFAD AUSWÄHLEN – Wählen Sie einen neuen Pfad.
- SUCHEN UND ERSETZEN – Suchen Sie die Referenzdatei und ersetzen Sie den zugehörigen Pfad.

Wenn ein Pfad im XREF-MANAGER mit einem * davor erscheint, deutet das darauf hin, dass die übergeordnete Datei, also Ihre aktuelle Zeichnung noch nicht gespeichert ist. Sollten Sie die aktuelle Zeichnung unter einem neuen Pfad speichern, dann führt das bei relativen Pfadangaben dazu, dass die Pfade der referenzierten Zeichnungen nicht mehr stimmen. Sie erhalten dann eine entsprechende Meldung.

Anzeige der externen Referenz

Mit dem Befehl ZUSCHNEIDEN oder XZUSCHNEIDEN kann die Sichtbarkeit einer externen Referenz durch einen Rahmen beschnitten werden. Mit dem erweiterten Befehl ZUSCHNEIDEN können auch Blöcke und Ansichtsfenster und andere referenzierte Dateien zugeschnitten werden. Es gibt die Möglichkeit, nicht nur außen etwas von einer externen Referenz wegzuschneiden, sondern mit der Option SCHNITT INVERTIEREN kann auch ein Gebiet im Innern ausgeschnitten werden. Denken Sie dabei an große Bebauungspläne, wo Sie für Ihren Bauplatz einen Platz für Ihr Projekt freischneiden können. Mit der Systemvariablen XCLIPFRAME lässt sich die Sichtbarkeit und das Plotten des Rahmens steuern.

ZEICHNEN UND BESCHRIFTUNG	Icon	Befehl	Kürzel
EINFÜGEN|REFERENZ|ZUSCHNEIDEN		ZUSCHNEIDEN	

Zeichnen und Beschriftung	Icon	Befehl	Kürzel
Einfügen|Referenz|Rahmen variieren ▼		Xclipframe	
Einfügen|Referenz|Unterlagenlayer		Ulayer	

Mit der Funktion Unterlagenlayer lässt sich die Sichtbarkeit von Layern in Unterlagen wie DWF, DWFx, PDF und DGN steuern.

Externe Referenz bearbeiten

Da eine externe Referenz eine eigene Zeichnungsdatei ist, können Sie diese einfach direkt bearbeiten. Dazu dient die Funktion Xöffnen.

Wenn aber Änderungen nötig sind, die beispielsweise eine Anpassung an Geometrie aus der aufrufenden Zeichnung nötig machen, wäre ein Editieren dort wichtig. Deshalb können externe Referenzen wie Blöcke mit Refbearb auch in der Zeichnung direkt bearbeitet werden. Das wurde oben unter Abschnitt 11.2.8, *Block an jeweiliger Stelle bearbeiten* für die Blöcke bereits beschrieben. Vergessen Sie nicht, am Schluss über die Gruppe Referenz-Bearbeitung|Änderungen speichern den Bearbeitungsmodus zu verlassen.

Zeichnen und Beschriftung	Icon	Befehl
Einfügen|Referenz ▼|Referenz-Bearbeitung oder Doppelklick auf die Referenz		Refbearb

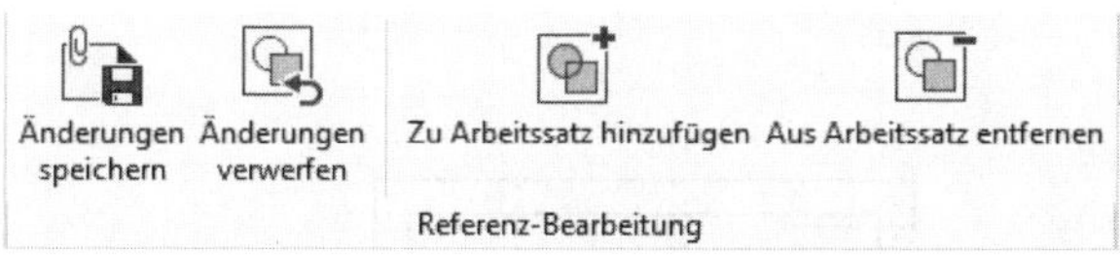

Abb. 11.63: Neue Gruppe während Referenz-Bearbeitung

Einfügen von DWF-Dateien

DWF-Dateien (Design-Web-Format) sind Zeichnungsdateien, die insofern für die Weitergabe gedacht sind, als sie von jemand anders *betrachtet*, aber *nicht bearbeitet* werden können. Für DWF-Dateien gibt es ein freies Zusatzprogramm zum Betrachten, Drucken und zum Kommentieren (Autodesk Design Review 2017). Solche DWF-Dateien können mit Dwfanhang ähnlich wie Blöcke eingefügt werden. Sie können aber nicht wie Blöcke bearbeitet werden, weil es DWF-Dateien sind.

Zeichnen und Beschriftung	Icon	Befehl
Einfügen|Referenz|Zuordnen		
		DWFANHANG

Bei mehrblättrigen DWF-Dateien können Sie den gewünschten Plan auswählen.

11.12 Übungen

11.12.1 Elektroinstallation

Für den Bereich der Elektroinstallation wird AutoCAD eigentlich erst mit dem Befehl Block interessant. In Abbildung 11.64 wird eine Hauszeichnung aus der Übungszeichnung `11-59.dwg` (auf der Homepage des Verlags (`www.mitp.de/0596`) unter den Downloads zum Buchtitel) vorgegeben, und Sie sollen die Installationssymbole erstellen, mit Attributen versehen und auch eine Auswertung mit AutoCAD-Tabelle oder Excel-Tabelle versuchen. Es sind einige Elektroinstallationsteile gezeigt. Versuchen Sie, diese zu zeichnen und daraus Blöcke zu erstellen. Diese Teile wurden mit aktiviertem Fangmodus und Rasteranzeige, sowie Fang- und Rasterabständen von 5 erstellt. Fügen Sie dann die Teile sinnvoll in die Hauszeichnung ein.

Die gefüllten Kreise erstellen Sie mit dem Befehl Ring. Dieser Befehl fragt nach einem Innen- und einem Außendurchmesser. Der Innendurchmesser wurde auf null gesetzt, der Außendurchmesser auf 2.

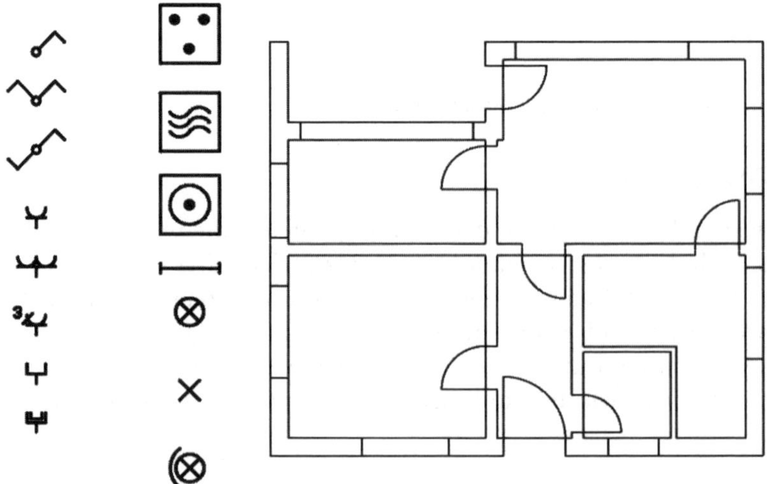

Abb. 11.64: Elektroinstallationsteile

Weitere gefüllte Objekte oder Linien mit besonderer Breite lassen sich auch gut mit Polylinien zeichnen, bei denen die Breite segmentweise gesteuert werden kann.

In der Vorlage sind, wegen der besseren Darstellung hier im Buch, die Beleuchtungen mit doppelter und die Schalter mit vierfacher Größe dargestellt.

11.12.2 Zeichnungsübung

Ich will das Kapitel mit einer Zeichnungsübung abschließen, in der Sie einen gängigen Grundriss erstellen, auch noch einmal Blöcke erzeugen und verwenden und diese Zeichnung dann aus dem Modellbereich heraus plotten. Es soll eine Papierzeichnung im Maßstab 1:100 auf A4-Format entstehen.

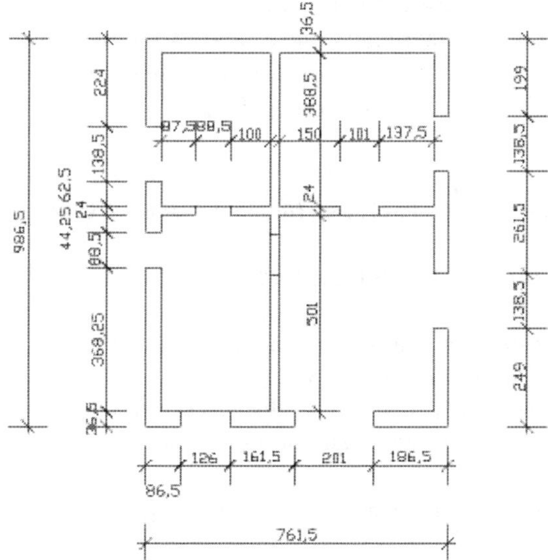

Abb. 11.65: Grundriss

Da Sie die Vorgabe hier in cm gegeben haben, verwenden Sie auch diese Einheit. Beginnen Sie die Zeichnung mit dem Befehl NEU und wählen Sie als Vorlage ACADISO.DWT. Stellen Sie die Zeichnungseinheiten auf ZENTIMETER ein.

Sie wollen die Zeichnung mit *Maßstab 1:100* plotten. Da Sie die Maße in *cm* eingeben, sollten Sie einen Maßstab mit NAMEN **1:100-cm** in die Maßstabsliste (BESCHRIFTEN|BESCHRIFTUNGS-SKALIERUNG|MAẞSTABSLISTE) eintragen mit den Werten PAPIEREINHEITEN **1** und ZEICHNUNGSEINHEITEN **10**. Als PLOTMAẞSTAB werden Sie später nur noch **1:100-cm** zu wählen haben.

Als Nächstes wechseln Sie in den LAYOUT-Bereich und stellen die Seiteneinrichtung unter AUSGABE|PLOTTEN|SEITENEINRICHTUNGS-MANAGER für Ihren Plotter und das A4-Format ein. Falls die Anzeige der Registerfähnchen MODELL, LAYOUT1 und LAYOUT2 bei Ihnen fehlt, rufen Sie über das Kontextmenü die OPTIONEN auf und aktivieren im Register ANZEIGE unter der Kategorie LAYOUT-ELEMENTE die Option REGISTERKARTEN LAYOUT UND MODELL ANZEIGEN.

Wenn der Seiteneinrichtungs-Manager beim Wechsel ins Layout nicht automatisch erscheint, finden Sie ihn unter AUSGABE|PLOTTEN|SEITENEINRICHTUNGS-MANAGER. Dann holen Sie sich einen Zeichnungsrahmen für das A4-Format von der Homepage des Verlags (`www.mitp.de/0596`) unter den Downloads zum Buchtitel. Mit dem Befehl EINFÜGE, Option DURCHSUCHEN können Sie die heruntergeladene Zeichnung `iso-a4.dwg` als Block einfügen. Dieser Rahmen besitzt die Beschriftungs-Eigenschaft und wird deshalb unabhängig von Ihren Zeichnungseinheiten im Layout korrekt skaliert eingefügt.

Dann zeichnen Sie im Modell-Bereich den Hausumriss mit dem Befehl RECHTECK, versetzen ihn um die Wandstärke und zerlegen diese beiden rechteckigen Polylinien mit dem Befehl URSPRUNG. Dann können Sie die übrigen Wände mit VERSETZ erzeugen und unerwünschte Kanten mit Stutzen entfernen.

```
Befehl: _rectang
RECHTECK Ersten Eckpunkt angeben oder [...]: Position für linke untere Ecke anklicken.
RECHTECK Anderen Eckpunkt angeben oder [...]: @761.5,986.5
Befehl: _offset
Aktuelle Einstellungen: Quelle löschen=Nein  Layer=Quelle  OFFSETGAPTYPE=0
VERSETZ Abstand angeben oder [...] <Durch punkt>: 36.5
VERSETZ Zu versetzendes Objekt wählen oder [...] <...>: Rechteck anklicken.
VERSETZ Punkt auf Seite angeben, auf die versetzt werden soll, oder [...] <...>: Nach innen klicken.
VERSETZ Zu versetzendes Objekt wählen oder [Beenden R...] <Beenden>: [Enter]
Befehl: _explode
URSPRUNG Objekte wählen: Rechteck anklicken.  1 gefunden
URSPRUNG Objekte wählen: Zweites Rechteck anklicken.  1 gefunden, 2 gesamt
URSPRUNG Objekte wählen: [Enter]
Befehl: _offset   Innenwände durch verschiedenes Versetzen erzeugen.
Aktuelle Einstellungen: ...
VERSETZ Abstand angeben oder [...] <36.5>: 276
VERSETZ Zu versetzendes Objekt wählen oder [...] <...>: Linie anklicken.
VERSETZ Punkt auf Seite angeben... [...] <...>: Richtung anklicken.
VERSETZ Zu versetzendes Objekt wählen oder [Beenden R...] <Beenden>: [Enter]
Befehl: _offset
VERSETZ Aktuelle Einstellungen: ...
VERSETZ Abstand angeben oder [...] <276>: 501
VERSETZ Zu versetzendes Objekt wählen oder [...] <B...>: Linie anklicken.
VERSETZ Punkt auf Seite angeben... [...] <B...>: Richtung anklicken.
```

```
VERSETZ Zu versetzendes Objekt wählen oder [Beenden R...] <Beenden>: Enter
Befehl: _offset
Aktuelle Einstellungen: ...
VERSETZ Abstand angeben oder [...] <501.0000>: 24
VERSETZ Zu versetzendes Objekt wählen oder [...] <B...>: Linie anklicken.
VERSETZ Punkt auf Seite angeben... [...] <B...>: Richtung anklicken.
VERSETZ Zu versetzendes Objekt wählen oder [...] <...>: Linie anklicken.
VERSETZ Punkt auf Seite angeben... [...] <...>: Richtung anklicken.
VERSETZ Zu versetzendes Objekt wählen ... [Beenden R...] <Beenden>: Enter
Befehl: _trim   Unerwünschte Wandlinienstücke stutzen.
Aktuelle Einstellungen: Projektion=BKS, Kante=Kein, Modus=Schnell
STUTZEN Zu stutzendes Objekt wählen bzw. ... [...]: Anklicken, was weggestutzt werden soll.
STUTZEN Zu stutzendes Objekt wählen ... [...]: Enter
```

Nun konstruieren Sie die Fenster außerhalb vom Haus. Sie zeichnen zunächst ein Rechteck mit den Außenabmessungen eines Fensters, zerlegen dann das Rechteck mit URSPRUNG und versetzen eine Seite für die Andeutung der Fensterscheibe. Nun wird es auch Zeit, sich um die Layer zu kümmern. Sie benötigen in der Zeichnung die Layer **Wände** und **Fenster&Türen**. Mit dem EIGENSCHAFTEN-MANAGER legen Sie alle konstruierten Wände auf den richtigen Layer. Von unserem Fenster legen Sie die vier senkrechten Linien auf den Layer **Wände**. Die waagerechten Linien belassen Sie auf dem Layer **0**, dann passen sie sich beim Einfügen dem aktuellen Layer **Fenster&Türen** an. Da Sie mehrere Fenster mit verschiedenen Breiten brauchen, kopieren Sie das erste Fenster noch zweimal und strecken dann diese Fenster um die benötigten Längendifferenzen. Dann erstellen Sie die Blöcke.

```
Befehl: _rectang
RECHTECK Ersten Eckpunkt angeben oder [...]: Linke untere Ecke durch Anklicken einer Position eingeben.
RECHTECK Anderen Eckpunkt angeben oder [...]: @88.5,36.5
Befehl: _explode
URSPRUNG Objekte wählen: L  1 gefunden
URSPRUNG Objekte wählen: Enter
Befehl: _offset
Aktuelle Einstellungen: ...
VERSETZ Abstand angeben oder [...] <24.0000>: 11.5
VERSETZ Zu versetzendes Objekt wählen ... [...] <...>: Untere Linie anklicken.
VERSETZ Punkt auf Seite ... [...] <...>: Darüber klicken.
VERSETZ Zu versetzendes Objekt wählen oder [...] <Beenden>: Enter
Befehl: _offset
Aktuelle Einstellungen: ...
VERSETZ Abstand angeben oder [...] <24.0000>: 5
```

```
VERSETZ Zu versetzendes Objekt wählen oder [...] <...>: Letzte Linie anklicken.
VERSETZ Punkt auf Seite ... [...] <...>: Darüber klicken.
VERSETZ Zu versetzendes Objekt wählen oder [...] <Beenden>: Enter
Befehl: _layer   Sie richten nun die Layer Wände und Fenster&Türen mit den Farben Grün und Rot ein.
Befehl: _properties   Sie ändern die Layer für die Wände und für die waagerechten Linien des Fensters.
Befehl: _copy
KOPIEREN Objekte wählen: Objektwahlfenster um das Fenster starten.
KOPIEREN Entgegengesetzte Ecke angeben: Andere Ecke des Fensters anklicken.
6 gefunden
KOPIEREN Objekte wählen: Enter
KOPIEREN Basispunkt oder [...] <...>: Ecke anklicken.
KOPIEREN Zweiten Punkt angeben oder <...>: Zielposition anklicken.
Befehl: _stretch   Zweites Fenster um 50 auf Breite 138.5 strecken.
STRECKEN Objekte, die gestreckt werden sollen, mit Kreuzen-Fenster oder Kreuzen-Polygon wählen...
STRECKEN Objekte wählen: Kreuzen-Fenster um die rechte Mauerkante des zweiten Fensters beginnen. Entgegengesetzte Ecke angeben: Kreuzen-Fenster beenden. 5 gefunden
STRECKEN Objekte wählen: Enter
STRECKEN Basispunkt oder [Verschiebung] <Verschiebung>: Enter
STRECKEN Verschiebung angeben <0.0000, 0.0000, 0.0000>: 50,0
Befehl: _stretch   Drittes Fenster um 112.5 auf Breite 201 strecken.
STRECKEN Objekte, die gestreckt werden sollen, mit Kreuzen-Fenster oder Kreuzen-Polygon wählen...
STRECKEN Objekte wählen: Kreuzen-Fenster um die rechte Mauerkante des dritten Fensters beginnen. Entgegengesetzte Ecke angeben: Kreuzen-Fenster beenden. 5 gefunden
STRECKEN Objekte wählen: Enter
STRECKEN Basispunkt oder [Verschiebung] <Verschiebung>: Enter
STRECKEN Verschiebung angeben <0.0000, 0.0000, 0.0000>: 112.5,0
Befehl: _block   Sie erstellen nun aus jedem Fenster einen Block mit den Namen F-88.5, F-138.5 und F-201.
Auswahlpunkt: Linke untere Fensterecke anklicken.
Objekte wählen: Objektwahlfenster um das erste Fenster beginnen. Entgegengesetzte Ecke angeben: Objektwahlfenster beenden.  6 gefunden
Objekte wählen:
```

Beim Einfügen der Fenster müssen Sie teilweise etwas rechnen. Da die Fenster immer relativ zu den Ecken des Hauses vermaßt sind, brauchen Sie immer den Objektfang VON mit BASISPUNKT gleich dem ENDPUNKT. Deshalb sollte ENDPUNKT permanent als OBJEKTFANG eingestellt sein. Manchmal können Sie das Fadenkreuz nach Wahl des Basispunkts auf einem gegenüberliegenden Endpunkt einrasten lassen. Dann ist es möglich, den Abstand als reine Zahl, nämlich die Entfernung in der betreffenden Richtung, einzugeben.

Die Fenster werden nun in der Reihenfolge von oben links beginnend im Gegenuhrzeigersinn eingefügt. Zunächst setzen Sie den Layer **Fenster&Türen** mit dem Befehl LAYER aktuell, damit die Fensterkanten auf dem richtigen Layer landen. Dann fügen Sie die Fenster aus den GALERIEN ein:

Befehl: Start|Block|Einfügen _insert **Block F-138.5 wählen**

Einfügepunkt angeben oder [.../Drehen/...]: **D zuerst muß das Fenster um -90° gedreht werden**

Drehwinkel angeben <0>: **-90**

Einfügepunkt angeben oder [...]: **224 Fahren Sie von der Hausecke oben links auf der Spurlinie etwas nach unten und geben Sie den Abstand ein**

Skalierfaktor angeben <1>: Enter **beendet das Einfügen des Fensters**

Befehl: Start|Block|Einfügen _insert **Block F-88.5 wählen**

Einfügepunkt angeben oder [.../Drehen/...]: **D**

Drehwinkel angeben <0>: **-90**

Einfügepunkt angeben oder [...]: **Fahren Sie vom unteren Eckpunkt des letzen Fensters auf der Spurlinie etwas nach unten und rufen Sie im Kontextmenü den** TASCHENRECHNER **auf**

'_quickcalc **tippen Sie die Berechnung für den Abstand ein: 62.5+24+44.25 und klicken Sie auf** ANWENDEN

Einfügepunkt angeben oder [...]: 130.75 **mit** Enter **bestätigen Sie den übertragenen Wert**

Skalierfaktor angeben <1>: Enter **beendet das EInfügen des Fensters**

Befehl: Start|Block|Einfügen _insert **Block F-201 wählen**

Einfügepunkt angeben oder[...]:**Fahren Sie von der Hausecke unten links auf der Spurlinie etwas nach rechts und rufen Sie im Kontextmenü den** TASCHENRECHNER **auf**

'_quickcalc **tippen Sie die Berechnung für den Abstand ein: 86.5+126+161.5 und klicken Sie auf** ANWENDEN

Einfügepunkt angeben oder [...]: 374 **mit** Enter **bestätigen Sie den übertragenen Wert**

Skalierfaktor angeben <1>: Enter **beendet das EInfügen des Fensters**

Befehl: Start|Block|Einfügen _insert **Block F-138.5 wählen**

Einfügepunkt angeben oder[.../Drehen/...]: **D Das Fenster muss zuerst um 90° gedreht werden**

Drehwinkel angeben <0>: **90**

Einfügepunkt angeben oder [...]: **249 Fahren Sie von der Hausecke unten rechts auf der Spurlinie etwas nach oben geben Sie den Abstand ein**

Skalierfaktor angeben <1>: Enter **beendet das EInfügen des Fensters**

Befehl: Start|Block|Einfügen _insert **Block F-138.5 wählen**

Einfügepunkt angeben oder[.../Drehen/...]: **D Das Fenster muss zuerst um 90° gedreht werden**

```
Drehwinkel angeben <0>: 90
Einfügepunkt angeben oder [...]: 261.5   Fahren Sie von der oberen Ecke des
letzten Fensters auf der Spurlinie etwas nach oben geben Sie den Abstand ein
Skalierfaktor angeben <1>: [Enter]   beendet das EInfügen des Fensters
```

Ausrichtepunkte und Spurlinien nutzen

Bei relativen Positionseingaben fahren Sie den betreffenden Basispunkt nur mit permanentem Objektfang ENDPUNKT an, bis ein kleines Kreuz diesen Punkt als Ausrichtepunkt markiert. Dann fahren Sie von dort in der gewünschten Richtung weg, und Sie werden merken, dass Sie sich auf einer temporären gepunkteten Spurlinie befinden. Nun geben Sie einfach die Entfernung ein und drücken [Enter]. Damit das klappt, muss der permanente Objektfang ENDPUNKT eingeschaltet sein und OBJEKTFANGSPUR .

Schalten Sie nun den Layer **Fenster&Türen** einmal aus. Sie werden sehen, dass die Wände unter den Fenstern noch durchgehend sind. Das würde beim Plotten zu einem Fehler führen, denn diese Partien müssen dünn mit der Linienstärke für Fenster und Türen geplottet werden, und nicht mit der dicken Linienstärke der Wände. Deshalb stutzen Sie die Wandlinien. Beim Befehl STUTZEN können Sie einfach im ZAUN-Modus quer über das Fenster ziehen. Dabei werden die Wandlinien bis zu den nächsten Kanten gestutzt, und das sind die Fenster-Enden. Am Fenster entsteht kein Schaden, weil die Fensterlinien ja an den Wandenden beginnen und sich gar nicht stutzen lassen.

Nachdem Sie nun alle Tricks kennen, können Sie noch die Türen als Blöcke erstellen, sie ähnlich wie die Fenster einfügen und die Wände stutzen. Erstellen Sie die Geometrie im Block immer auf dem Layer **0** und legen Sie nur Objekte wie die Wandabschlüsse, die immer auf einem spezifischen Layer liegen müssen, auf einen spezifischen Layer, hier **Wände**. Die fertige Zeichnung sollten Sie nun einfach aus dem Layout heraus einmal plotten.

Versuchen Sie vielleicht auch, die Blöcke mit Attributen zu versehen und eine Stückliste mit Excel zu erstellen.

11.13 Was gibt's noch?

- *Blöcke suchen* – Wenn Sie viele Blöcke verwenden, insbesondere externe *Wblöcke*, dann wollen Sie vielleicht auch mal wissen, in welchen Zeichnungen die alle verwendet werden. Gerade bei *Wblöcken* sollten Sie im Falle einer Änderung wissen, welche Zeichnungen dann zu aktualisieren wären.
  - Aktivieren Sie das DESIGNCENTER (Befehl DC),
  - wählen Sie die Funktion SUCHEN ,
  - unter SUCHEN NACH: wählen Sie BLÖCKE,

  - bei IN: wählen Sie mit DURCHSUCHEN den gewünschten Ordner aus,
  - in SUCHE NACH NAMEN: geben Sie * für beliebige Namen oder den konkreten Namen oder den Namensanfang gefolgt von * ein.
- *Referenzen suchen* – Genauso wie oben wollen Sie auch über die Verwendung Ihrer Zeichnungen als *Xrefs* Bescheid wissen:
  - Gehen Sie wie oben vor und wählen Sie bei SUCHEN NACH: einfach XREFS.
- *Referenzen suchen und korrigieren* – Bei der Vollversion von AutoCAD gibt es ein Zusatzprogramm REFERENZMANAGER, das nach verwendeten Referenzen sucht und auch Korrekturen der Pfadangaben ermöglicht. Neben den externen Referenzen werden damit allerdings auch andere referenzierte Dateien wie Plotstile oder Zeichensätze aufgelistet.
  - Suchen Sie in der Programmgruppe AUTOCAD 2023 nach dem REFERENZMANAGER,
  - wählen Sie DATEI|ZEICHNUNGEN HINZUFÜGEN,
  - wählen Sie mit Mehrfachauswahl die zu untersuchenden Zeichnungen aus.
  - Unter ANSICHT wählen Sie am besten AUFLISTEN NACH REFERENZTYP, damit Sie die interessanten externen Referenzen zwischen all den anderen referenzierten Dateien herausfiltern können.

  Der REFERENZMANAGER zeigt dann eine Liste aller festgestellten Referenzen an und markiert die gefundenen und nicht gefundenen und gibt die Dateipfade an, Sie können hier auch nicht gefundene Xrefs durch neue Pfadangaben reparieren!
- *Mit Basispunkt ausschneiden* – Unter START|ZWISCHENABLAGE|▼MIT BASISPUNKT SCHNEIDEN bietet der Befehl AUSSCHNBASIS die Möglichkeit, einen *Basispunkt* anzugeben und *Objekte zu wählen*, die dann in der Zeichnung gelöscht und in die Windows-Zwischenablage gelegt werden. Diese können dann mit START|ZWISCHENABLAGE|EINFÜGEN oder [Strg]+[V] aus der Zwischenablage wieder eingefügt werden, auch ohne einen Block zu bilden.

11.14 Übungsfragen

1. Welche zusammengesetzten Objekte kennen Sie?
2. Welche davon kann man mit URSPRUNG auflösen?
3. Was sind die Vorteile von Blöcken?
4. Wie ändert man einen externen Block (WBLOCK)?
5. Wie aktualisiert man einen externen Block (WBLOCK)?
6. Wie ändert man eine externe Referenz?
7. Kann man Attributwerte nachträglich ändern?

8. Mit welchem Befehl werden Attribute in externe Dateien geschrieben?
9. Wie kann man eine externe Referenz zum Bestandteil der eigenen Zeichnung machen?

Kapitel 12

Bemaßung

Die Bemaßung ist ein sehr umfangreiches Gebiet, weil es branchenspezifisch viele verschiedene Anforderungen bei der Gestaltung der Bemaßung gibt. Die einzelnen Bemaßungsarten sind mit *einzelnen* Befehlen oder auch über einen *universellen* Bemaßungsbefehl erreichbar. Ferner gibt es eine Schnellbemaßung, um *mehrere* Objekte mit einem einzigen Befehlsaufruf zu bemaßen. Doch zuvor brauchen wir noch einen Bemaßungsstil.

12.1 Schnelle Einstellung des Bemaßungsstils

12.1.1 Bemaßungsstile

Die Bemaßungsstile, die Sie brauchen, hängen natürlich stark von Ihrer Branche ab. Ich gehe im Folgenden davon aus, dass Sie beim Zeichnungsbeginn noch keine spezielle Vorlage gewählt haben. Andernfalls sollten Sie auf der Begrüßungsseite START unter ERSTE SCHRITTE|VORLAGEN▼ die ACADISO.DWT wählen.

Sie verfügen damit automatisch über drei Bemaßungsstile, die Sie unter START|BESCHRIFTUNG▼|ISO25▼ als Galerie angezeigt bekommen:

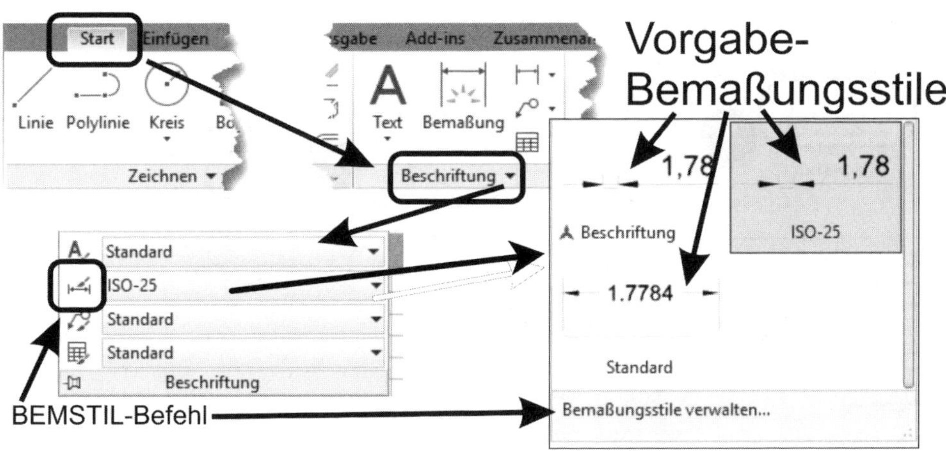

Abb. 12.1: Bemaßungsstil BESCHRIFTUNG wählen

12.1.2 Wichtigste Einstellungen für Maschinenbau und Schreinerei

Vom Bemaßungsstil BESCHRIFTUNG wollen wir zunächst einen *Maschinenbau-Bemaßungsstil für Texthöhe 2.5* ableiten.

Es wird im Folgenden vorausgesetzt, dass Sie bereits einen *Layer* für die Bemaßung erstellt haben, der die Linienstärke **0.25** besitzt. Diese Linienstärke wirkt sich hauptsächlich auf den Maßtext aus. Wegen der beabsichtigten Texthöhe **2.5** muss als Linienstärke dann 1/10 davon eingestellt werden.

Gehen Sie auf START|BESCHRIFTUNG▼, blättern Sie auf und klicken Sie auf das Werkzeug BEMAẞUNGSSTIL (ABBILDUNG 12.2).

1. Wählen Sie im Dialogfenster links als Vorlage den vorhandenen Stil BESCHRIFTUNG ❶ und
2. klicken Sie rechts auf NEU ❷.
3. Als neuen Stilnamen geben Sie **DIN_2.5** ein ❸ und lassen Sie die Option BESCHRIFTUNG aktiviert, damit später die Bemaßungen bei allen Maßstäben die gleichen Texthöhen und Pfeilgrößen haben.
4. Abschließend klicken Sie auf WEITER ❹.

Die Einstellungen, die Sie ändern müssen, sind auf den folgenden Abbildungen umrahmt und werden durch Callout-Nummern hervorgehoben, die übrigen Einstellungen passen vom Ausgangsstil her schon für den Metallbereich. Was zu tun ist, sehen Sie am besten durch Vergleich der Registerkarten mit Ihren am Bildschirm. Die Register ANPASSEN, ALTERNATIVEINHEITEN und TOLERANZEN können Sie auslassen.

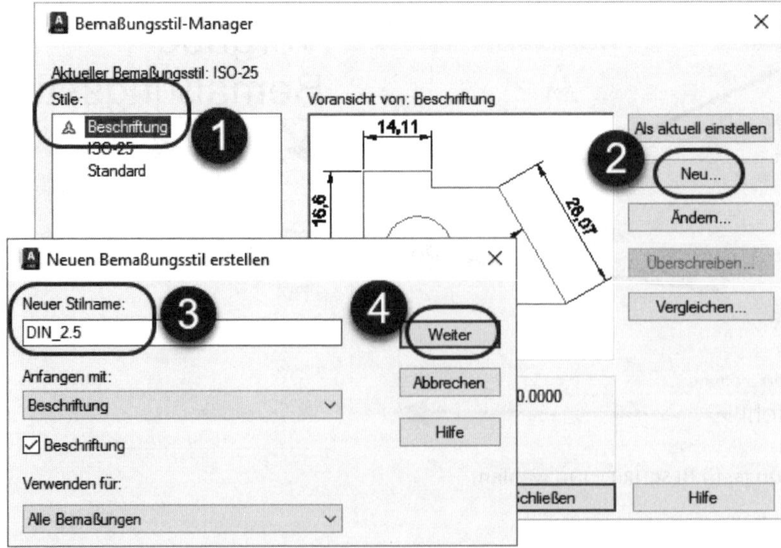

Abb. 12.2: Registerkarten für Maschinenbau-Bemaßungsstil (1)

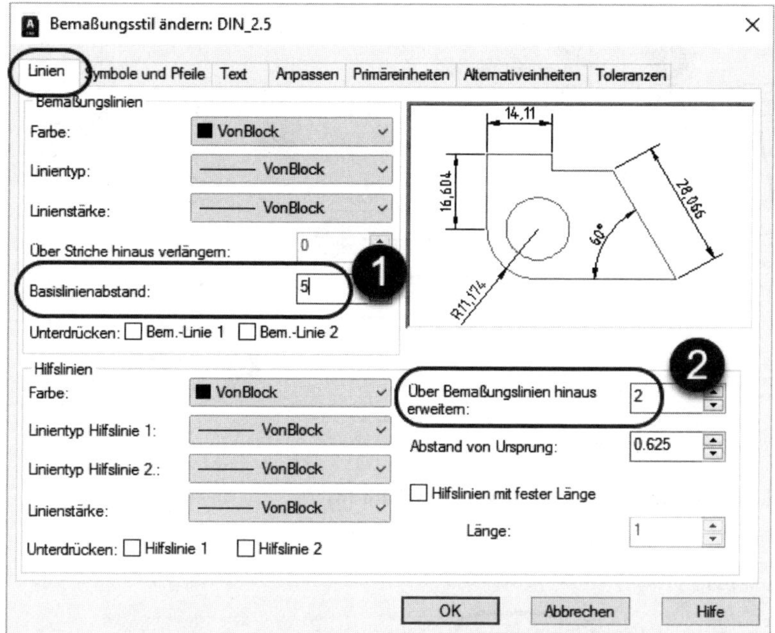

Abb. 12.2: Registerkarten für Maschinenbau-Bemaßungsstil (2)

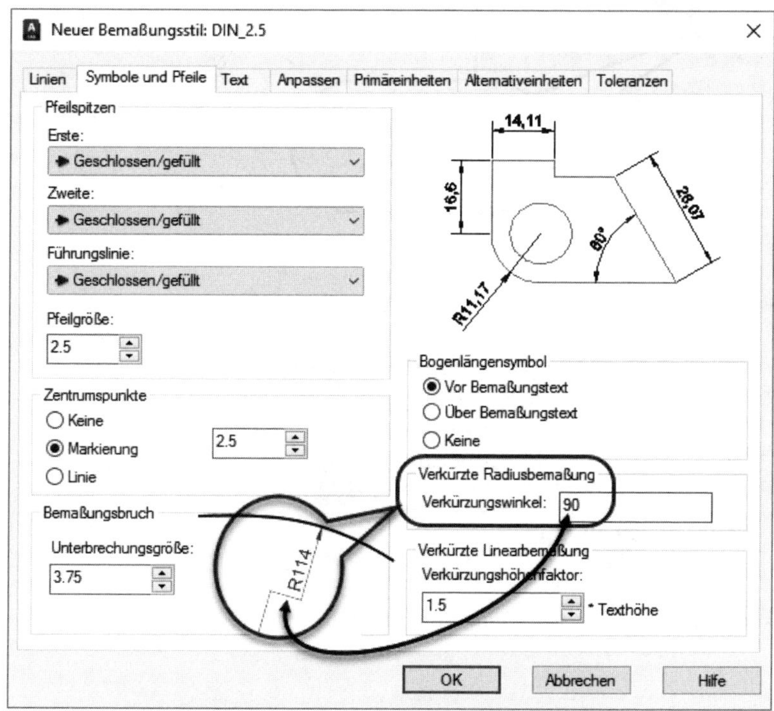

Abb. 12.2: Registerkarten für Maschinenbau-Bemaßungsstil (3)

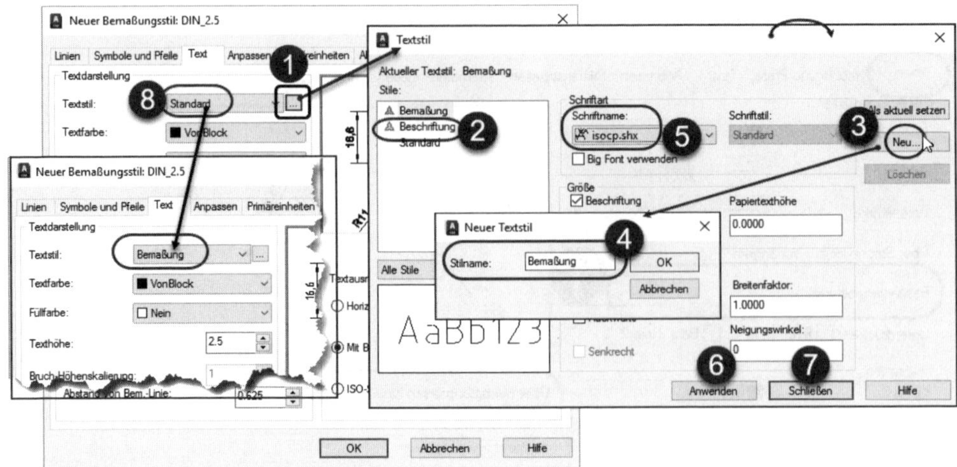

Abb. 12.2: Registerkarten für Maschinenbau-Bemaßungsstil (4)

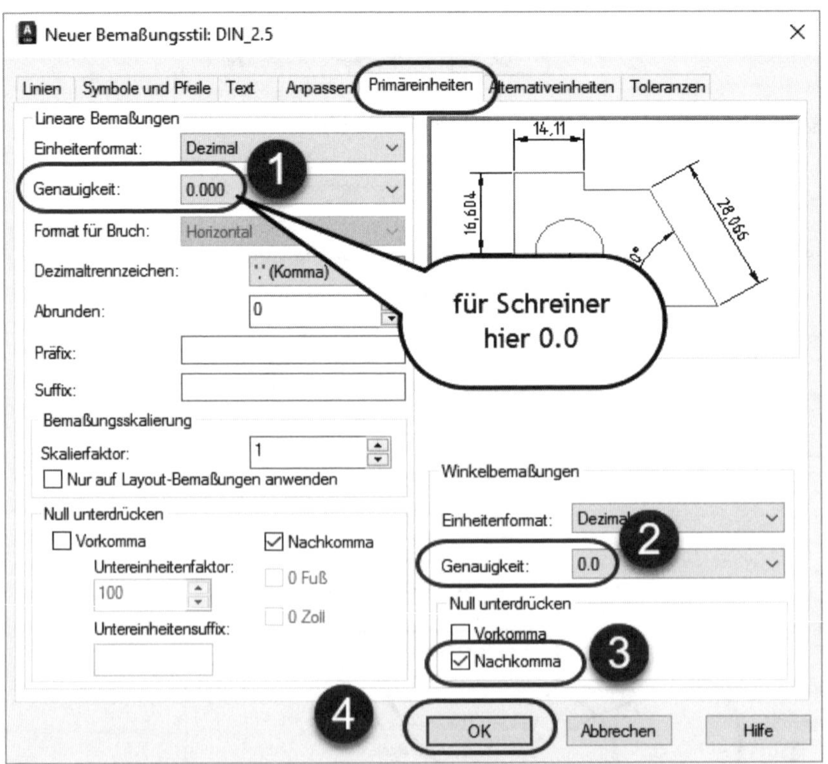

Abb. 12.2: Registerkarten für Maschinenbau-Bemaßungsstil (5)

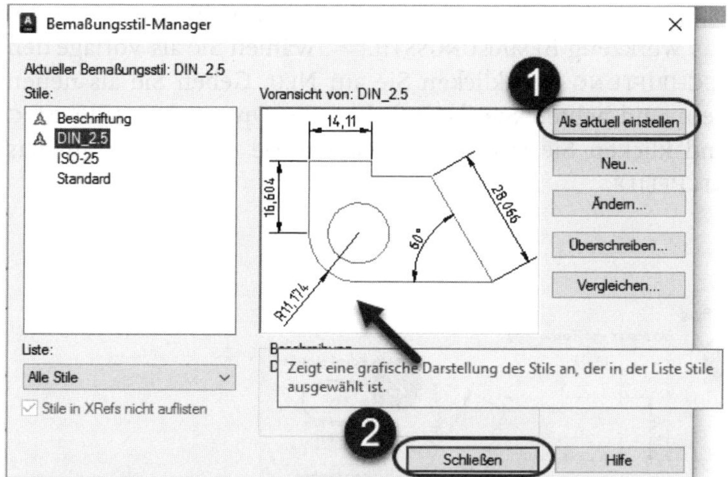

Abb. 12.2: Registerkarten für Maschinenbau-Bemaßungsstil (6)

Wichtig: Textstil für Bemaßung

Zum Bemaßen im Bereich *Metall/Maschinenbau* sollten Sie einen Textstil verwenden, der in seiner Stildefinition die PAPIERHÖHE 0 hat. Andernfalls klappt die *maßstäbliche Skalierung* der Texte in den *Form- und Lagetoleranzen* nicht, die mit SFÜHRUNG erstellt werden. Deshalb wurde im vierten Bild von Abbildung 12.2 im Register TEXT bei Ziffer ❶ mit Klick auf »...« zum STIL-Befehl verzweigt und explizit ein Textstil mit PAPIERHÖHE 0 eingerichtet.

Im Register TOLERANZEN können im Prinzip verschiedene Einstellungen für tolerierte Maße vorgenommen werden. Das wird aber in der Praxis nur für einzelne Maße zutreffen und wird deshalb dann individuell über den EIGENSCHAFTEN-MANAGER eingestellt.

12.1.3 Wichtigste Einstellungen für Architektur

Bei Bauzeichnungen sollten Sie natürlich gleich zu Beginn die Einheiten einstellen. Wir wollen hier zunächst davon ausgehen, dass in Metern gezeichnet wird. Wählen Sie also [A CAD] |ZEICHNUNGSPROGRAMME|EINHEITEN und stellen Sie **Meter** ein. Damit die Texthöhenanpassung gleich überprüft werden kann, sollten Sie unter BESCHRIFTEN|BESCHRIFTUNGS-SKALIERUNG|MAßSTABSLISTE auch einen typischen Baumaßstab einstellen, wie weiter oben schon beschrieben wurde, beispielsweise

NAME **1:100(m)**, PAPIEREINHEITEN **1**, ZEICHNUNGSEINHEITEN **0.1**.

Verwenden Sie in der Maßstabsbezeichnung keine Leerzeichen! Stellen Sie zum Ausprobieren diesen Maßstab in der Statusleiste rechts unten dann aktuell.

Gehen Sie nun zum Erzeugen des Bemaßungsstils auf START|BESCHRIFTUNG▼ und klicken Sie auf das Werkzeug BEMAßUNGSSTIL. Wählen Sie als Vorlage den vorhandenen Stil BESCHRIFTUNG und klicken Sie auf NEU. Geben Sie als neuen Stilnamen **BAU_2.5** ein und achten Sie darauf, dass die Option BESCHRIFTUNG aktiv ist. Abschließend klicken Sie auf WEITER. Gehen Sie *diesmal erst* auf das Register SYMBOLE UND PFEILE.

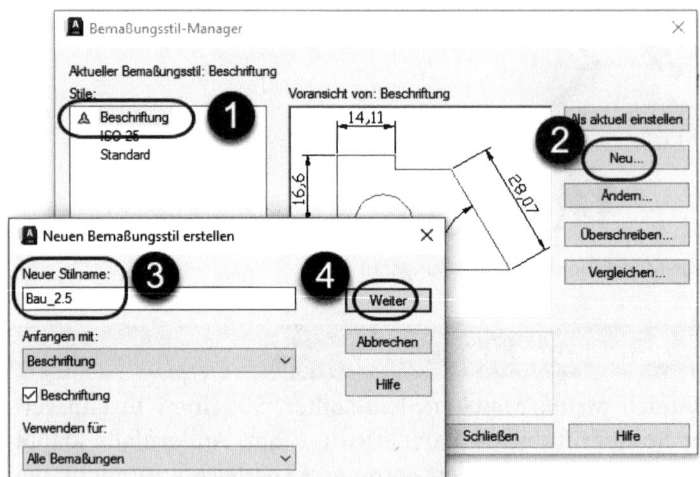

Abb. 12.3: Bilderfolge der Registerkarten für Architektur-Bemaßungsstil (1)

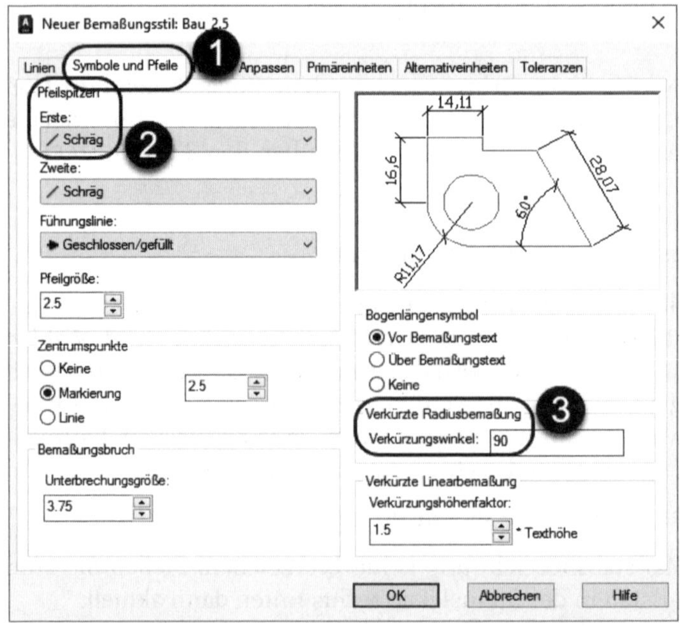

Abb. 12.3: Bilderfolge der Registerkarten für Architektur-Bemaßungsstil (2)

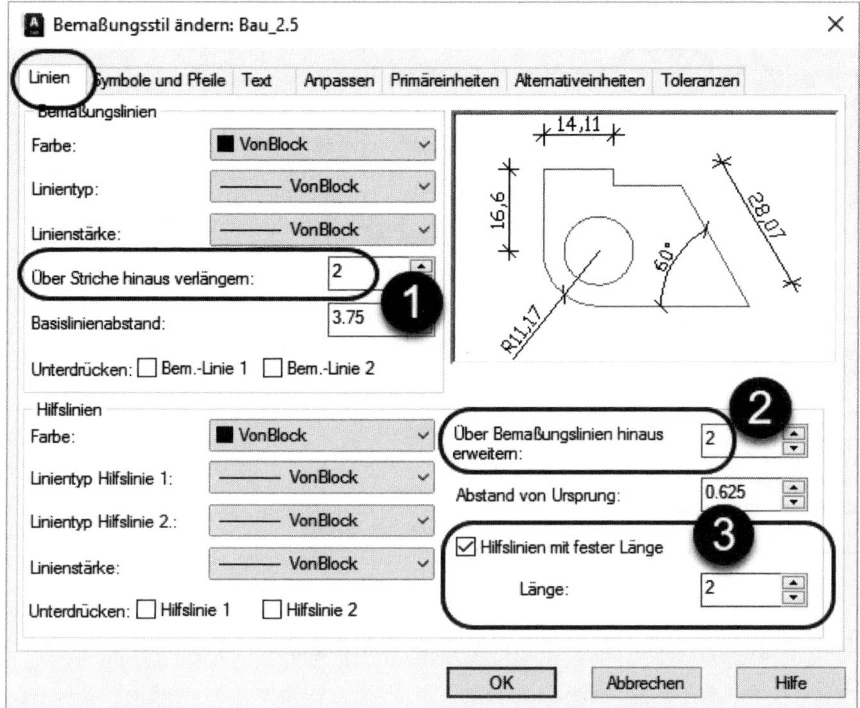

Abb. 12.3: Bilderfolge der Registerkarten für Architektur-Bemaßungsstil (3)

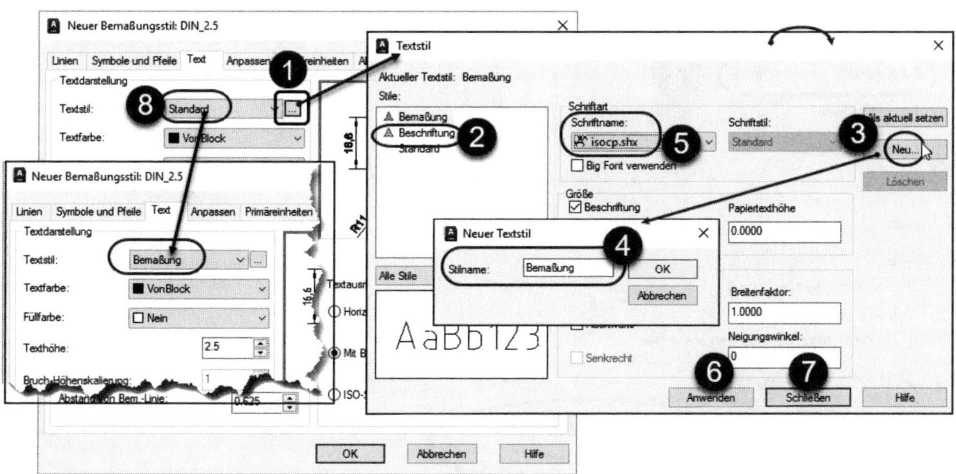

Abb. 12.3: Bilderfolge der Registerkarten für Architektur-Bemaßungsstil (4)

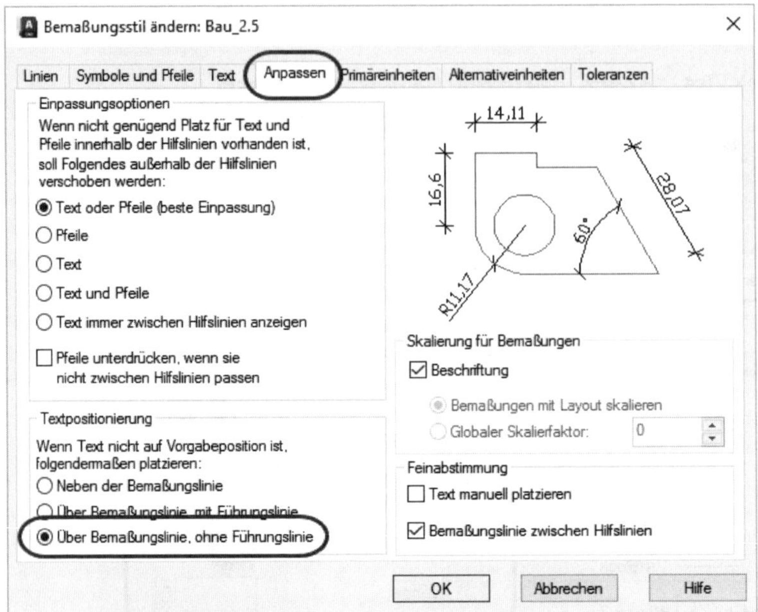

Abb. 12.3: Bilderfolge der Registerkarten für Architektur-Bemaßungsstil (5)

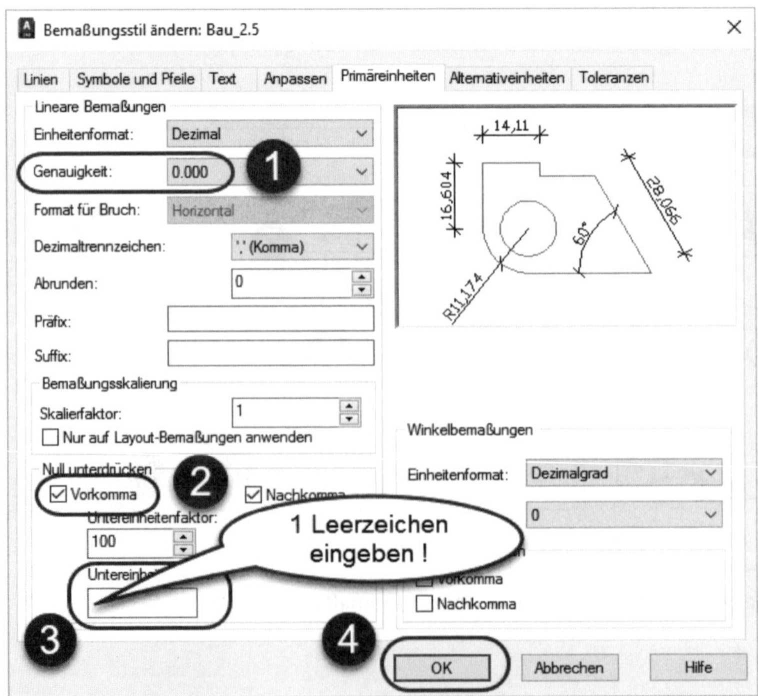

Abb. 12.3: Bilderfolge der Registerkarten für Architektur-Bemaßungsstil (6)

Nachdem Sie alle Registerkarten abgearbeitet haben, können Sie mit OK beenden, im Hauptdialogfenster mit ALS AKTUELL EINSTELLEN den Stil zum aktuellen Bemaßungsstil erklären und auf SCHLIEßEN klicken.

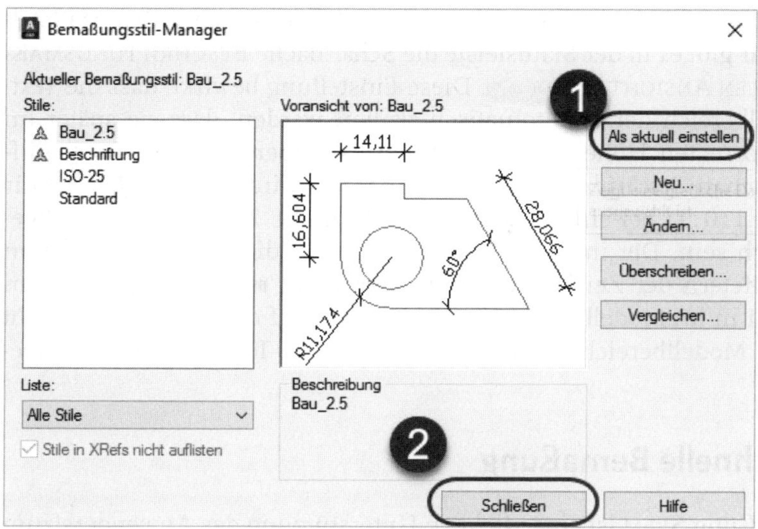

Abb. 12.4: Erster Bemaßungsstil für Bauzeichnungen

Einstellung für Architekturzeichnung in Zentimetern

Wenn eine Architekturzeichnung in *cm* erstellt wurde, sollten die großen Abstände in *m* erscheinen, die kleinen aber in *cm*. Einen solchen *kombinierten Bemaßungsstil* erhalten Sie mit dem SKALIERFAKTOR **0.01** unter BEMAßUNGSSKALIERUNG im Register PRIMÄREINHEITEN. Alles andere bleibt.

Der neue Stil wird die großen Abstände dann in Metern bemaßen und für kleine Abstände unter 1 Meter eine Zentimeter-Bemaßung zeigen.

Der Maßstab wäre dann allerdings einzustellen mit NAME **1:100(cm)**, PAPIEREINHEITEN **1**, ZEICHNUNGSEINHEITEN **10**.

12.2 Maßstäbe vorher einstellen

Bei den Bauzeichnungen wird üblicherweise in Metern oder Zentimetern konstruiert. Bei der Konstruktion der geometrischen Objekte geben Sie dann alle Werte mit den Originallängen in m oder cm unabhängig vom Maßstab ein. Bevor Sie jedoch Texte oder Bemaßungen erstellen, sollten Sie stets denjenigen Maßstab einstellen, unter dem der betreffende Text bzw. die Bemaßung später in einem Ansichtsfenster im LAYOUT erscheinen soll.

Die vorgegebene Maßstabsliste enthält nur Maßstäbe für den Fall, dass in Millimetern gezeichnet wird. Das passt für den Maschinenbau. Für Branchen aber, die in Metern oder Zentimetern arbeiten, müssen Sie selbst die nötigen Maßstäbe erstellen (siehe Abschnitt 8.2, *Maßstabsliste bearbeiten*).

Bevor Sie nun ein Architektur-Beispiel bemaßen, stellen Sie etwa den Maßstab **1:100 m** ein. Dafür gibt es in der Statusleiste die Schaltfläche BESCHRIFTUNGSMASSSTAB DER AKTUELLEN ANSICHT 1:100-cm. Diese Einstellung bewirkt, dass die Texthöhen im Modellbereich derart automatisch skaliert werden, dass sie später im Layout mit der korrekten Höhe bezogen auf den Papierbereich erscheinen. Aufgrund der Eigenschaft *Beschriftung* des Bemaßungsstils wird also der Maßtext für *1:100-(m)* (intern `1:0.1`) bei eingestellter Papier-Texthöhe 2.5 mm im Modellbereich 0.25 m hoch sein. Der interne Maßstab vergleicht die Millimeter auf dem Papier mit den Metern der Zeicheneinheiten `1 mm : 0.1 m`. Aus 1 mm auf dem Papier werden 0,1 m im Modell, also 100 mm. 2,5 mm auf dem Papier entspricht damit 0.25 m im Modellbereich. Deshalb beträgt hier die Texthöhe im Modellbereich 0,25 m.

12.3 Eine schnelle Bemaßung

Die Schnellbemaßung SBEM ist eine effektive Unterstützung des Anwenders zum schnellen automatischen Erstellen von mehreren Bemaßungen gleichzeitig. Bei Maßstäben ungleich 1:1 werden allerdings die Maßlinienabstände für Bezugsmaße, hier BASISLINIE genannt, nicht an den Maßstab angepasst. Das müsste nachträglich mit dem Befehl BEMPLATZ korrigiert werden.

ZEICHNEN UND BESCHRIFTUNG	Icon	Befehl
BESCHRIFTEN|BEMASSUNGEN|SCHNELL		SBEM

Probieren Sie die Schnellbemaßung einfach einmal aus. Öffnen Sie die Zeichnung `Schnellbemaßung.dwg`. Aktivieren Sie den Layer **Bemaßung**. Wählen Sie den Maßstab **1:100(cm)**. Rufen Sie SBEM auf und ziehen Sie ein Objektwahl-Fenster so auf, dass nur die untere Wandkante gewählt wird. Da in Architekturzeichnungen *Kettenbemaßungen* üblich sind, können Sie mit der Standardeinstellung AUSGEZOGEN arbeiten:

```
Befehl: _qdim
SBEM Geometrie für Bemaßung wählen: Erste Ecke für Objektwahl-Fenster anklicken
Entgegengesetzte Ecke angeben: Andere Ecke für Objektwahl-Fenster anklicken 7
gefunden
SBEM Geometrie für Bemaßung wählen: Enter
```

SBEM Position der Bemaßungslinie angeben oder [...] <Basislinie>: **Position für die Bemaßung anklicken, am besten auf einer Spurlinie (OBJEKTFANG und OBJEKTFANGSPUR eingeschaltet) von einem ENDPUNKT mit Abstandsangabe 100 herunterziehen oder auf der vorhandenen Hilfslinie mit MITTELPUNKT einrasten.**

Sie werden sehen, dass die erste Maßzahl links nicht über, sondern unter der Maßlinie erscheint. Immer wenn es eng wird zwischen den Hilfslinien, sollte die Maßzahl eigentlich über die Maßlinie und die Schrägstriche gesetzt werden. Das klappt auch für Bemaßungen links und oberhalb der Objekte, geht aber unten und rechts schief. Wenn mehrere Bemaßungen davon betroffen sind, können Sie mit dem Befehl STRECKEN (START|ÄNDERN|STRECKEN) die Maßzahlen mit Objektwahl KREUZEN wählen und gemeinsam verschieben. Auch die Griffe können Sie benutzen. Der Befehl SCHIEBEN wäre fehl am Platze, weil er auch die Bezugspunkte für die Hilfslinien am Objekt mit verschiebt, wodurch die Assoziativität der Bemaßung verloren geht.

Vorsicht

SCHNELLBEMAẞUNG löscht andere Bemaßungen: Bei Objektwahl für die SCHNELLBEMAẞUNG dürfen Sie keine anderen Bemaßungsobjekte mitwählen, auch nicht deren Definitionspunkte auf den Objekten, weil die sonst *gelöscht* werden. Also statt Objektwahl KREUZEN lieber FENSTER anwenden.

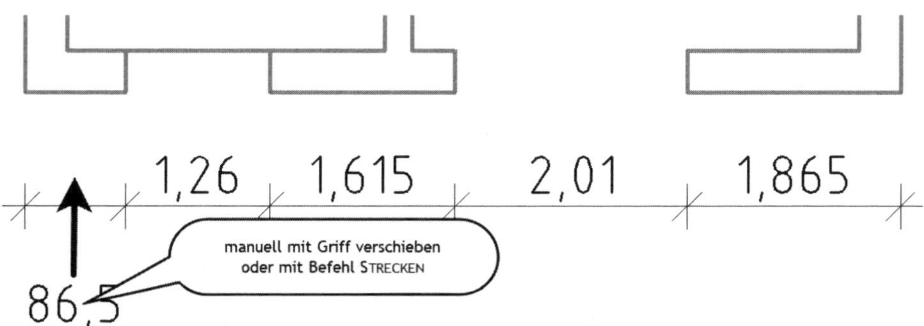

Abb. 12.5: Hausgrundriss mit SCHNELLBEMAẞUNG, Standardoption AUSGEZOGEN

Bei Maschinenbaubemaßungen wird üblicherweise die Bezugsbemaßung angewendet, hier BASISLINIE genannt. Wenn Sie nun nachträglich den Maßstab ändern, so werden zwar die Texthöhen angepasst, weil der Bemaßungsstil ja mit Typ BESCHRIFTUNG eingestellt wurde. Damit die Maßstabsanpassung klappt, muss in der STATUSLEISTE die Beschriftungsanpassung bei Maßstabswechsel aktiviert sein. Die Abstände der Maßlinien gehen aber nicht mit.

Sie müssen dann den Befehl BEMPLATZ (BESCHRIFTEN|BEMAẞUNGEN|PLATZ ANPASSEN) bemühen, die innerste Bemaßung zuerst wählen und dann die anzupassenden per KREUZEN dazuwählen. Mit der Abstandsoption AUTO werden die Abstände dann auch korrekt maßstäblich angepasst.

Über die Optionen des Befehls SBEM können Sie die BEMAẞUNGSART steuern:

- AUSGEZOGEN – erzeugt eine Kettenbemaßung.
- VERSETZT – erzeugt gegeneinander versetzte Bemaßungen wie für spiegelsymmetrische Teile im Maschinenbau, zum Beispiel für Wellen, üblich (Abbildung 12.6).
- BASISLINIE – erzeugt eine Bezugsbemaßung mit ansteigenden Maßlinien.
- KOORDINATEN – erzeugt eine Absolutbemaßung mit Anzeige aller x- oder aller y-Koordinaten.
- RADIUS – erzeugt für Kreise und Bögen Radiusbemaßung.
- DURCHMESSER – erzeugt für Kreise und Bögen Durchmesserbemaßung.
- BEZUGSPUNKT – erlaubt, einen individuellen Bezugspunkt für die Bemaßungsart BASISLINIE festzulegen, der als Nullpunkt der Bemaßung gilt.
- BEARBEITEN – bietet die Möglichkeit, überflüssige Bemaßungspositionen zu entfernen und noch fehlende hinzuzufügen. Dies ist ganz wichtig, weil Sie sonst bei komplexen Zeichnungen zum Beispiel auch jede Abrundung bemaßt bekommen. Also wählen Sie die Option BEARBEITEN, bevor Sie die Schnellbemaßung beenden. AutoCAD markiert alle Bemaßungspositionen mit einem Kreuz. Durch Anklicken können Sie die unnötigen Positionen entfernen. Im Dialogfeld werden Sie auch die Option HINZUFÜGEN finden, um ggf. noch weitere Positionen hinzuzufügen.

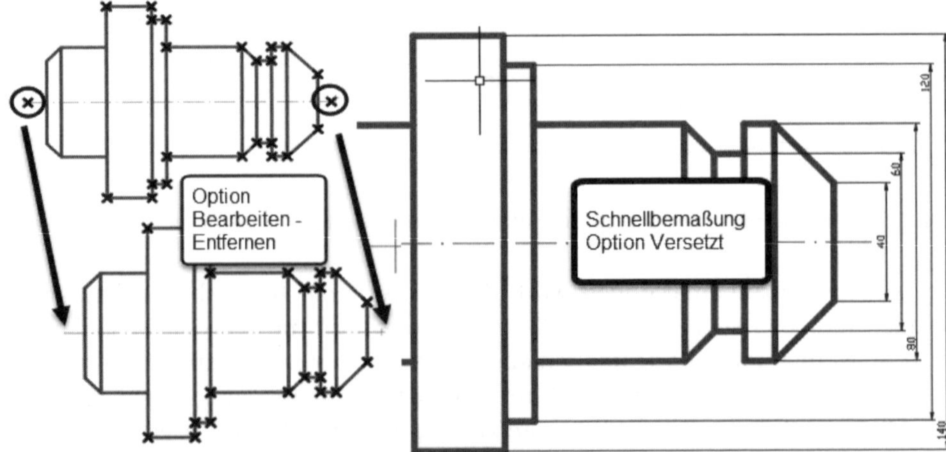

Abb. 12.6: Bei SCHNELLBEMAẞUNG überflüssige Maßpositionen entfernen

Der Algorithmus besorgt sich die zu bemaßenden Positionen selbst. Bei Linien werden die Start- und Endpunkte gewählt und von Kreisen oder Bögen die Zentren. Es besteht keine Möglichkeit, das mit dem Objektfang zu beeinflussen, sodass etwa Quadranten gewählt werden. Abbildung 12.6 zeigt Bemaßungspositionen vor und nach dem Entfernen.

Vorsicht

Blöcke und externe Referenzen werden von diesem Befehl nicht erfasst.

12.4 Detaillierte Einstellungen für Bemaßungsstile

Obwohl Sie bei AutoCAD oft schon ohne Einstellen eines eigenen Bemaßungsstils mit dem voreingestellten Stil BESCHRIFTUNG bemaßen können, sollten Sie unbedingt eigene, angepasste Bemaßungsstile einstellen. Es wird sich nämlich im Laufe der Arbeit zeigen, dass Sie noch den einen oder anderen Bemaßungsparameter ändern müssen. Bei Änderung eines Bemaßungsstils werden automatisch alle schon bestehenden alten Bemaßungen des betreffenden Stils angepasst. Die für die tägliche Arbeit gebräuchlichen Bemaßungsstile gehören auf jeden Fall in die Zeichnungsvorlage. Spezielle Einstellungen, die nur bei einzelnen Maßen vorkommen, können Sie über den EIGENSCHAFTEN-MANAGER vornehmen, der analog zu den Registern hier gegliedert ist. Solche individuellen Änderungen können dann auch von einer Bemaßung auf andere mit EIGANPASS (EIGENSCHAFTEN ANPASSEN) übertragen werden.

Voraussetzung für einen geeigneten Bemaßungsstil sind drei Dinge:

1. ein Bemaßungslayer
2. ein Textstil für die Bemaßung
3. der korrekte Beschriftungsmaßstab

12.4.1 Bemaßungslayer

Der Bemaßungslayer sollte bei Maßtexthöhe 3.5 die Linienstärke 0.35 haben, bei Maßtexthöhe 2.5 die Stärke 0.25 und bei Maßtexthöhe 1.8 die Stärke 0.18 besitzen. Diese Linienstärke wird dann automatisch vom *Maßtext* übernommen, während für Maß- und Hilfslinien im Bemaßungsstil abweichende Linienstärken-Einstellungen vorgenommen werden können. Verwenden Sie später beim Plotten dann den Plotstil `MONOCHROME.CTB`, so ist dort jeweils als Linienstärke eingetragen: OBJEKTLINIENSTÄRKE VERWENDEN. Damit werden dann beispielsweise der Maßtext mit mittlerer Strichstärke (0.35 vom Layer), aber Maß- und Hilfslinien mit dünner Strichstärke (0.25 aus dem Bemaßungsstil) ausgeplottet.

12.4.2 Textstil

Der Textstil, der für die Bemaßung verwendet wird, sollte vom Typ BESCHRIFTUNG sein, wenn Sie mit Maßstäben ungleich 1:1 arbeiten.

Er kann mit PAPIERTEXTHÖHE **0** definiert sein. Durch die Höhe **0** ist er flexibel, um die Höhe anzunehmen, die im Bemaßungsstil als Texthöhe angegeben wird. Dies ist für Bemaßungen im Metallbereich unbedingt so einzustellen, wenn Sie Form- und Lagetoleranzen für Maßstäbe ungleich 1:1 verwenden.

Hätte der verwendete Textstil schon von der Stildefinition her eine *feste* Höhe, könnten Sie im Bemaßungsstil keine andere Höhe mehr einstellen. Diese Einstellung ist für Architekturzeichnungen möglich, weil Sie dort nicht auf Form- und Lagetoleranzen Rücksicht nehmen müssen.

Wichtig

Falls Sie Form- und Lagetoleranzen für den Metallbereich eintragen, müssen Sie unbedingt einen Textstil mit Höhe 0 verwenden, weil sonst die maßstäbliche Skalierung der Toleranztexte nicht klappt.

12.4.3 Maßstab

Bevor Sie mit dem Bemaßen beginnen, sollten auch die von Ihnen zu verwendenden Maßstäbe in der Maßstabsliste (BESCHRIFTEN|BESCHRIFTUNGS-SKALIERUNG|MAẞSTABSLISTE) eingetragen sein (siehe in Kapitel 8 den Abschnitt 8.2 *Maßstabsliste bearbeiten*). Diese Maßstäbe werden nämlich benötigt, damit der Bemaßungsstil vom Typ BESCHRIFTUNG seine Maßtexte richtig skalieren kann.

12.4.4 Bemaßungsstil im Detail

Die verschiedenen Einstellungsmöglichkeiten des Bemaßungsstils werden nun detailliert gezeigt. Im Unterschied zu den schnellen Bemaßungseinstellungen am Anfang des Kapitels soll hier nun auch der kompliziertere Fall angenommen werden, dass die Texthöhe 3,5 mm nötig sei. Dafür ist es unbedingt erforderlich, im Bemaßungslayer die Linienstärke auf 0.35 (= 1/10 der Texthöhe) zu setzen.

ZEICHNEN UND BESCHRIFTUNG	Icon	Befehl	Kürzel
BESCHRIFTEN|BEMAẞUNGEN↘		BEMSTIL, DBEM	BMS

Wir beginnen mit dem Befehl BEMSTIL, klicken auf NEU und geben im ersten Dialogfenster einen neuen Stilnamen ein, **DIN_3.5**. Unter ANFANGEN MIT wählen Sie aus den angebotenen Stilen einen möglichst passenden aus. Mit WEITER geht es zu den restlichen sieben Registerkarten.

Am Schluss müssen Sie auf ALS AKTUELL EINSTELLEN klicken, damit der neue Stil zum aktuellen Bemaßungsstil wird. Zum Einstellen wählen Sie jede der sechs Registerkarten für LINIEN, SYMBOLE UND PFEILE, TEXT, ANPASSEN, PRIMÄREINHEITEN und TOLERANZEN. Die Registerkarte ALTERNATIVEINHEITEN können Sie in Europa weglassen, weil sie nur für eine Zweitbemaßung in Zoll-Einheiten gedacht ist. Die Wirkung der Einstellungen bekommen Sie sofort grafisch in der Voransicht angezeigt.

Registerkarte LINIEN

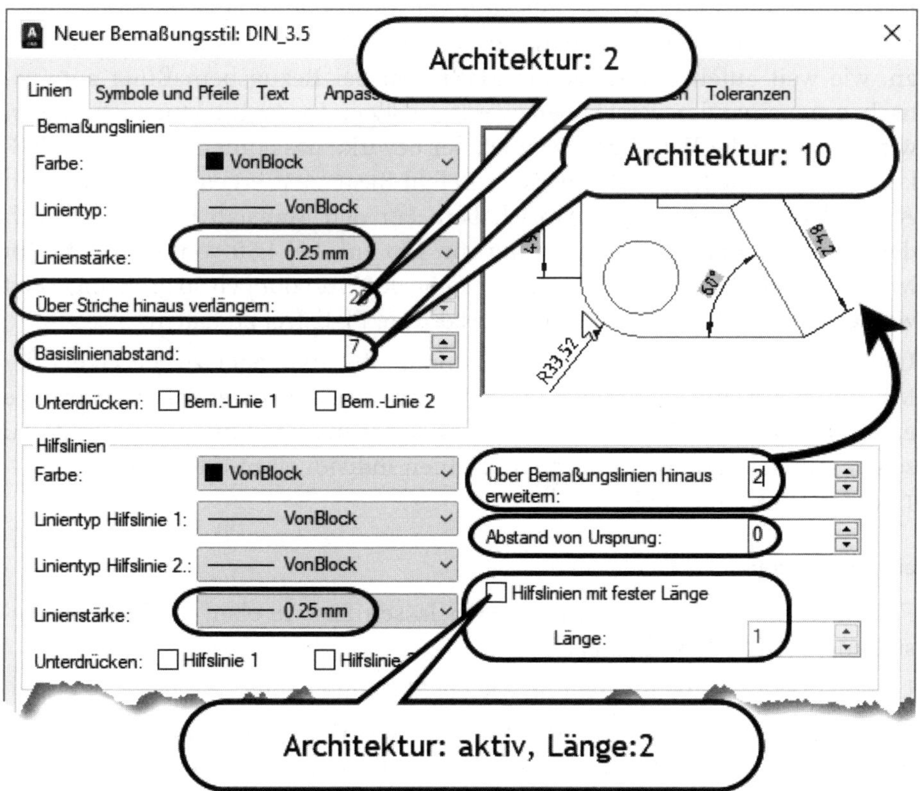

Abb. 12.7: Registerkarte LINIEN UND PFEILE

Bereich Bemaßungslinien

- FARBE, LINIENTYP – Hier lassen Sie die Standardeinstellung VONBLOCK stehen, die bewirkt, dass diese Objekte die Werte des Bemaßungsblocks bekommen, und der bekommt sie vom Layer.

- LINIENSTÄRKE – Da in unserem Beispiel der Bemaßungslayer wegen der beabsichtigten Maßtexthöhe 3,5 mit der Linienstärke **0.35** angelegt wurde, muss hier eine dünne Linienstärke **0.25** eingestellt werden, nicht **VonBlock**. Nach erneutem Aufruf des BEMSTIL-Befehls steht hier **Vorgabe**, was aber dasselbe ist wie **0.25**! Bei Maßtexthöhe 2.5 kann hier **VonBlock** stehen bleiben, weil dann auch der Layer die Linienstärke 0.25 hat.
- ÜBER STRICHE HINAUS VERLÄNGERN – Diese Option ist nur bei dem Maßpfeilsymbol SCHRÄG oder ARCHITEKTUR aktiv (siehe nächste Registerkarte) und bedeutet die Verlängerung der Maßlinie über die Hilfslinie hinaus. Diese Einstellung ist für *Baubemaßungen* wichtig, als Wert muss nach Norm **2** eingegeben werden.
- BASISLINIENABSTAND – Dieser Abstand gilt für das automatische Fortschalten der Maßlinien bei Bezugsbemaßung (Befehl BEMBASISL). Der Abstand gibt an, wie weit aufeinanderfolgende Maßlinien bei Bezugsbemaßung automatisch gegeneinander verschoben werden sollen. In Architekturzeichnungen wird hier gern der Wert **10** verwendet, der bewirkt, dass unterschiedliche Maßketten, sofern sie trickreich über den Befehl BEMBASISL erzeugt werden, einen Abstand von 10x(Maßstabsfaktor) haben. Für den Maßstab 1:100 ergibt sich dann ein Abstand in der Zeichnung von 100 cm, bei 1:50 von 50 cm etc. Im Maschinenbau und in der Schreinerei sollte der Wert doppelt so groß angesetzt werden wie die Texthöhe, um für die Maßtexte Platz frei zu halten.
- UNTERDRÜCKEN – Dies erlaubt, sofern nötig, die erste oder zweite Hälfte der Maßlinien mitsamt Maßpfeil zu unterdrücken. Man wendet das an, wenn die erste oder zweite Maßlinie nicht mehr auf dem Zeichnungsausschnitt zu sehen sein soll. Das wird nur bei einzelnen individuell mit dem EIGENSCHAFTEN-MANAGER eingestellt.

Bereich Hilfslinien

- FARBE, LINIENTYP HILFSLINIE 1/2 – Hier lassen Sie wie oben die Standardeinstellung VONBLOCK stehen (s.o.).
- LINIENSTÄRKE – Selbe Einstellung wie bei Maßlinien oben.
- ÜBER BEMAßUNGSLINIEN HINAUS ERWEITERN – Der Überstand der Hilfslinie über die Maßlinie sollte nach DIN bei 2 mm liegen. Bei Bauzeichnungen sind auch größere Werte wie 2.5 bis 5 üblich.
- ABSTAND VON URSPRUNG – AutoCAD lässt zwischen Hilfslinie und Objekt einen Abstand von 0,625. Hier sollte man normgerecht **0** eingeben.
- UNTERDRÜCKEN – Dies erlaubt, sofern nötig, die erste und/oder zweite der Hilfslinien zu unterdrücken.

- HILFSLINIEN MIT FESTER LÄNGE – Damit werden die Hilfslinien zum Objekt hin begrenzt und nicht mehr bis dorthin durchgezogen. Diese Option ist nur bei *Architekturzeichnungen* gängig.
- LÄNGE – Damit wird die Länge der Hilfslinien zum Objekt hin bestimmt. Normalerweise verwendet man hier die gleiche Länge (also 2) wie bei ÜBER BEMAẞUNGSLINIEN HINAUS ERWEITERN. Teilweise sind auch größere Längen üblich, um aufeinanderfolgende Maßketten aneinander anzuschließen (evtl. 8).

Registerkarte SYMBOLE UND PFEILE

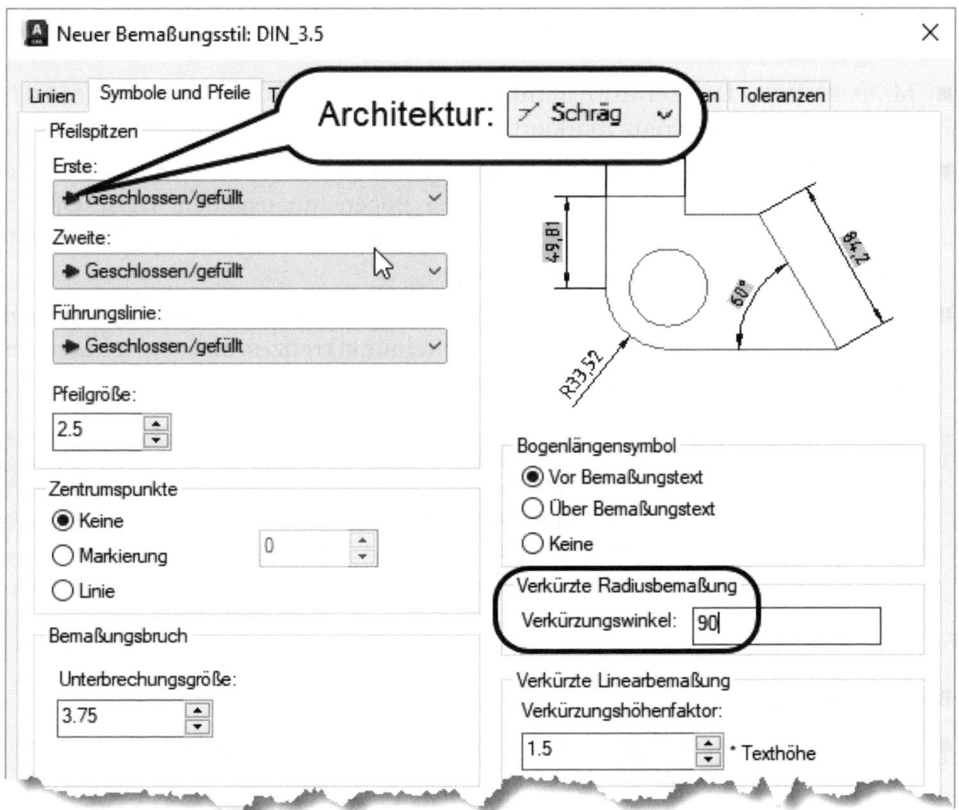

Abb. 12.8: Registerkarte SYMBOLE UND PFEILE

Bereich Pfeilspitzen

- ERSTE – Dies legt den ersten Maßpfeil fest. Für Architekturzeichnungen wäre SCHRÄG zu wählen. Für Maschinenbau- und Schreinerzeichnungen ist GESCHLOSSEN/GEFÜLLT der normale Pfeil.

- ZWEITE – Gleiches gilt für den zweiten Maßpfeil: GESCHLOSSEN/GEFÜLLT oder SCHRÄG.
- FÜHRUNGSLINIE – Hier wählen Sie das Pfeilsymbol für den Befehl SFÜHRUNG aus. Damit werden Anmerkungen mit Hinweispfeilen erstellt. Dafür sind im Architekturbereich entweder Punkt- oder Pfeilsymbole üblich.
- PFEILGRÖSSE – Hier ist die Länge der Maßpfeile anzugeben. Normgemäß wäre **2.5** einzutragen.

Bereich Zentrumspunkte

- KEINE – Bei dieser Einstellung werden mit der Funktion BEMMITTELP keine Mittelpunktsymbole erstellt.
- MARKIERUNG – Der Zentrumspunkt von Kreisen oder Bögen wird mit BEMMITTELP mit einem Kreuz markiert.
- LINIE – Bei der Bemaßungsfunktionen BEMMITTELP werden Zentrumslinien gezeichnet, die über den Kreis oder Bogen hinausgehen. Diese Option wird gern verwendet, um auf dem Layer **Mitte** mit BEMMITTELP die Mittellinien für Bohrungen schnell zu erzeugen.
- GRÖSSE – Die Größe des Symbols sollte ca. 2 mm betragen. Genau genommen ist dies der halbe Durchmesser des Mittelpunktkreuzes bzw. bei Linien der Betrag des Überstands über den Bogen.

Tipp: Mittelpunktsmarke

Der neuere Befehl BESCHRIFTEN|MITTELLINIE|MITTELPUNKTMARKIERUNG liefert eine *assoziative* Mittelpunktsmarke. Ihre Parameter werden aber *nicht* über den Bemaßungsstil gesteuert, sondern sie sind nur über eigene Systemvariable oder den EIGENSCHAFTEN-MANAGER bzw. [Strg]+[2] veränderbar.

Bereich Bemaßungsbruch

- UNTERBRECHUNGSGRÖSSE – Die Zahl gibt an, wie groß die Lücke wird, wenn Sie mit dem Befehl BEMBRUCH sich kreuzende Bemaßungen unterbrechen.

Bereich Bogenlängensymbol

Hier stellen Sie ein, wo bei der Bogenlängenbemaßung das Bogensymbol stehen soll. Die Norm ist VOR BEMAßUNGSTEXT (VOR BEMAßUNGSTEXT/ÜBER BEMAßUNGSTEXT/KEIN).

Bereich Verkürzte Radiusbemaßung

- VERKÜRZUNGSWINKEL – Geben Sie nun ein, wie bei großen Radien der Knick bei der verkürzten Darstellung gestaltet sein soll. Die Norm ist **90°**.

Bereich Verkürzte Linearbemaßung

- Verkürzungshöhenfaktor – Der Faktor gibt an, wie hoch das Unterbrechungssymbol bei unterbrochenen Maßlinien (Befehl VERKLINIE) werden soll. Die endgültige Höhe des Symbols ergibt sich durch Multiplikation mit der Texthöhe. Typisch ist hier ein Wert von **1.5**.

Registerkarte TEXT

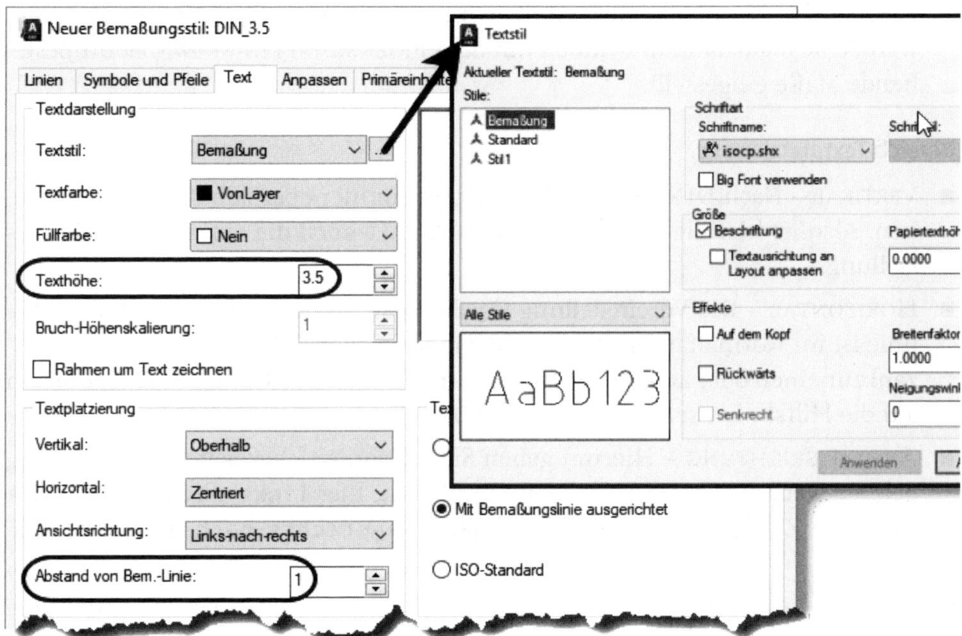

Abb. 12.9: Registerkarte Text

Bereich Textdarstellung

- Textstil – Hier ist ein geeigneter Textstil zu wählen. Dabei ist darauf zu achten, dass der Textstil auch alle vorkommenden Zeichen enthält, wie etwa das Durchmessersymbol oder die hochgestellte 2 für m^2 (ggf. Textstil mit Schriftdatei **ISOCP.SHX** wählen). Der verwendete Textstil sollte vom Typ Beschriftung sein. Wenn Sie erst jetzt einen Textstil erzeugen möchten, dann können Sie rechts neben dem Eingabefeld auf das Schaltfeld mit den drei Pünktchen klicken. Darunter verbirgt sich nämlich ein Zugang zum Textstilbefehl.
- Textfarbe – Die Textfarbe kann VonBlock bleiben.
- Füllfarbe – Wählen Sie hier Hintergrund, wenn Sie Ihre Maßtexte mit der Hintergrundfarbe hinterlegen wollen. Das ist nützlich, wenn Sie Maßtexte haben, die mit Geometrielinien überlappen. Aber Vorsicht: Die Füllfarbe deckt manchmal auch die eigenen Maßpfeile ab!

- TEXTHÖHE – Die Höhe der Maßtexte in mm. Stellen Sie hier für große Bemaßung **3.5** ein. Diese Höheneinstellung ist hier nur dann möglich, wenn der verwendete Textstil selbst den Höhenwert **0** enthält.
- BRUCH-HÖHENSKALIERUNG – Dies ist nur für Zollmaße wie 1½" gedacht.
- RAHMEN UM TEXT ZEICHNEN – Zur Hervorhebung von Kontrollmaßen kann ein Rahmen um den Maßtext generiert werden. Dies ist identisch mit der Toleranzmethoden-Einstellung GRUNDTOLERANZ auf der Registerkarte TOLERANZEN. Solche Einstellungen sind aber nur für einzelne Maße interessant und werden deshalb dann individuell mit dem EIGENSCHAFTEN-MANAGER für bestehende Maße eingestellt.

Bereich Textplatzierung

- VERTIKAL – Nach DIN müssen die Maßtexte immer oberhalb der Maßlinie stehen. Also ist hier die Voreinstellung OBERHALB auch die einzig sinnvolle Einstellung.
- HORIZONTAL – Die Voreinstellung für die Position des Maßtexts auf der Maßlinie ist im Normalfall ZENTRIERT. Nur in speziellen Fällen wird man die Maßzahl zur einen oder anderen Hilfslinie hin orientieren (BEI HILFSLINIE 1), selten auf die Hilfslinien setzen (ÜBER HILFSLINIE 1).
- ANSICHTSRICHTUNG – Hiermit geben Sie an, von welcher Seite die Bemaßung gelesen werden soll. Normalerweise wählen Sie hier **links-nach-rechts**. Nur wenn die Zeichnung auf dem Kopf steht, wäre **rechts-nach-links** zu wählen.
- ABSTAND VON BEM.LINIE – Dies ist der Abstand zwischen Text und Maßlinie und er sollte zwischen 0.5 und 1 liegen. Stellen Sie bei Maßtexthöhe **3.5** großzügig **1** ein.

Bereich Textausrichtung

- HORIZONTAL – Diese Einstellung bedeutet, dass die Maßtexte in jedem Fall horizontal stehen. Da nach DIN der Text jedoch immer mit der Maßlinie ausgerichtet sein soll, ist diese Option auszuschalten.
- MIT BEMAßUNGSLINIE AUSGERICHTET – Dies ist der normale Modus.
- ISO-STANDARD – Mit dieser Option werden Maßtexte, die außerhalb der Hilfslinien stehen, waagerecht positioniert, auch bei Radiusbemaßungen.

Registerkarte ANPASSEN

In der Registerkarte in Abbildung 12.10 werden Feinheiten für die Texteinpassung zwischen den Hilfslinien eingestellt. Die Einstellungen hängen teilweise raffiniert miteinander zusammen, sodass für besondere individuelle Anforderungen immer die Kombinationen aller Optionen getestet werden sollten.

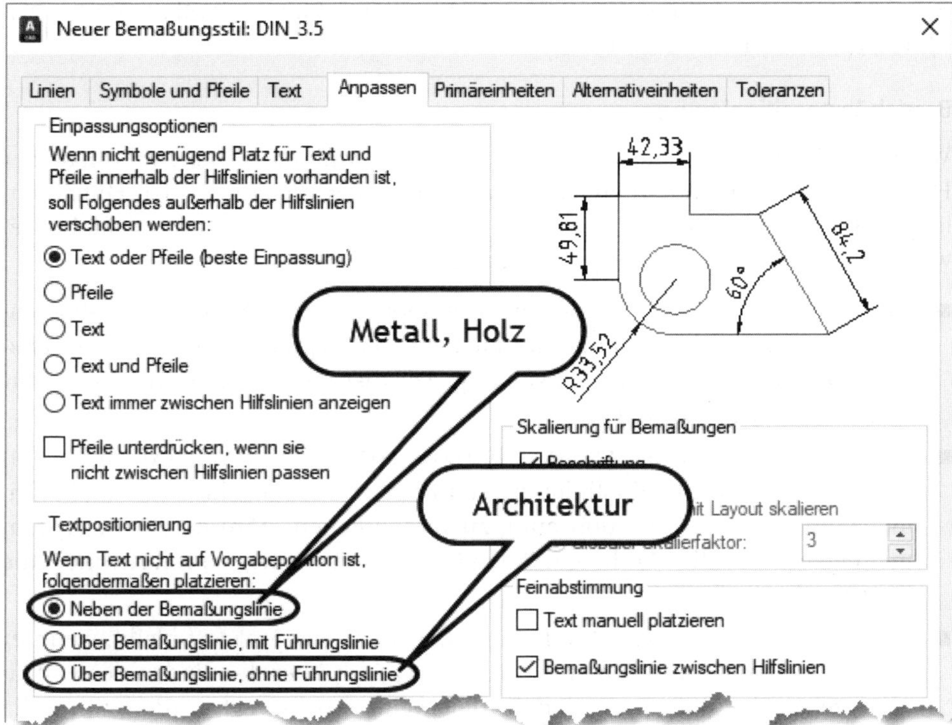

Abb. 12.10: Registerkarte ANPASSEN

Bereich Einpassungsoptionen

Hierunter können Sie wählen, was verschoben werden soll, wenn zwischen den Hilfslinien zu wenig Platz ist.

- TEXT ODER PFEILE, JE NACH MÖGLICHKEIT – Das ist die Standardoption, bei der zuerst der Text verschoben wird, und, wenn es noch enger wird, auch die Pfeile.
- PFEILE – Die Pfeile wandern nach außen, wenn es zu eng wird, der Text bleibt innen.
- TEXT – Der Text wandert nach außen, die Pfeile bleiben innen.
- TEXT UND PFEILE – Beide gehen nach außen, wenn es zwischen den Hilfslinien zu eng wird.
- TEXT IMMER ZWISCHEN HILFSLINIEN ANZEIGEN – Text wird nie nach außen oder oben verschoben, auch wenn im nächsten Abschnitt die Option ÜBER BEMAßUNGSLINIE, OHNE FÜHRUNGSLINIE gewählt wird.

- PFEILE UNTERDRÜCKEN, WENN SIE NICHT ZWISCHEN HILFSLINIEN PASSEN – entfernt die Pfeile von den Maßlinien, wenn es zu eng wird.

Bei Architekturbemaßung kann man gut mit der Standardoption TEXT ODER PFEILE, JE NACH MÖGLICHKEIT arbeiten.

Bereich Textpositionierung

Wenn der Text nicht auf die Vorgabeposition passt, will man ihn oft außerhalb der Hilfslinien positionieren (Bereich Metall) oder über die Enden der Hilfslinien legen (Wandmaße in der Architektur). Das Wort BEMAẞUNGSLINIE (= Maßlinie) wäre hier korrekter mit *Maßhilfslinie* bezeichnet.

- NEBEN DER BEMAẞUNGSLINIE – Mit dieser Option, zusammen mit der Möglichkeit weiter unten, den Text manuell zu platzieren, ergibt sich für *Maschinenbaubemaßungen* eine sinnvolle Einstellung. Dies ist die typische Einstellung für Maschinenbaubemaßungen.
- ÜBER BEMAẞUNGSLINIE, MIT EINER FÜHRUNGSLINIE – Der Maßtext wird, wenn er nicht zwischen die Hilfslinien passt, mit einer Führungslinie mit der Maßlinie verbunden, um die Zuordnung zu verdeutlichen. Wird der Text trotzdem manuell nahe an die Maßlinie mit den Griffen verschoben, so verschwindet die Führungslinie.
- ÜBER BEMAẞUNGSLINIE, OHNE FÜHRUNGSLINIE – Der Maßtext bleibt, wenn er nicht zwischen die Hilfslinien passt, automatisch über den Enden der Hilfslinien stehen, kann aber mit den Griffen weiter wegbewegt werden, wenn die Lesbarkeit es erfordert. Der Text kann sogar beliebig weit von der Maßlinie entfernt werden, bleibt ihr aber logisch zugeordnet.

In *Architekturzeichnungen* kommt es recht häufig vor, dass es für den Maßtext zu eng wird. Oft wechseln große Abstände der Hilfslinien (Raummaße) mit kleinen Abständen (Wandstärken) ab. Dafür sollten Sie die letzte Option einstellen. In diesem Fall werden dann Maßtexte, die nicht zwischen die Hilfslinien passen, einfach angehoben, sodass sie höher stehen, und zwar oberhalb der Enden der Hilfslinien. Sie können mit dieser Einstellung dann auch noch nachträglich die Maßtexte sehr einfach mithilfe der Griffe verschieben, ohne dass sich die Maßlinien etwa mitbewegen. Bei anderen Einstellungen besteht nämlich immer eine Korrelation zwischen Maßtextposition und Maßlinienposition, sodass Sie bei Verschiebung des Maßtexts auch die Maßlinie ggf. aus einer Kette herausreißen. Für Architekturzeichnungen wählen Sie hier also praktischerweise ÜBER DER BEMAẞUNGSLINIE, OHNE FÜHRUNG.

Bei kleinen Abständen werden die *Maßtexte* auch mit dieser Methode für Bemaßungen auf der *rechten Seite* oder *unterhalb* Ihrer Konstruktion leider *auf die falsche*

Seite der Maßlinie positioniert. Sie könnten dann nacharbeiten und alle falsch positionierten Maßtexte mit dem Befehl STRECKEN gemeinsam an die richtigen Positionen schieben.

Bereich Skalierung für Bemaßungen

Hier ist die Option BESCHRIFTUNG zu aktivieren, damit die komplette Bemaßung über den Beschriftungsmaßstab immer korrekt skaliert wird. Das gilt dann sowohl für den Fall, dass Sie im Modellbereich bemaßen und auch von dort plotten, als auch für den Fall, dass Sie das Layout für den Plot verwenden und *im Ansichtsfenster* bemaßen.

Nur wenn Sie mit Layout arbeiten, aber die Bemaßung im Papierbereich lassen, sollte die Einstellung sein: GLOBALER SKALIERFAKTOR aktiviert und mit Wert **1**. Jedoch ist die Bemaßung im Papierbereich nicht zu empfehlen, weil es beim Objektfang Verwechslungen zwischen Modell- und Papierbereichs-Objektfang geben kann.

Bereich Feinabstimmung

- TEXT MANUELL PLATZIEREN – Diese Einstellung erlaubt später beim Bemaßen, dass der Benutzer die Position des Maßtexts entlang der Maßlinie durch das Fadenkreuz vorgibt. Dies ist besonders dann nützlich, wenn die Maßzahl nicht zwischen die Hilfslinien passt. Sie haben dann die Möglichkeit, selbst zu bestimmen, ob die Zahl links oder rechts daneben gesetzt wird und wie weit sie verschoben wird. Diese Möglichkeit sollten Sie nur dann mit einem Häkchen versehen, wenn bei der Textpositionierung nicht ÜBER BEMAßUNGSLINIE, OHNE FÜHRUNGSLINIE gewählt wurde.
- BEMAßUNGSLINIE ZWISCHEN HILFSLINIEN – Wenn bei kleinen, engen Abmessungen die Maßzahl und Pfeile automatisch nach außen gesetzt werden sollen, können Sie mit dieser Option erreichen, dass die Maßlinie trotzdem innen, d.h. zwischen den Hilfslinien, durchgezogen wird. Diese Einstellung müssen Sie normgerecht einschalten.

Registerkarte PRIMÄREINHEITEN

Hier erscheint eine Einheitensteuerung für die Bemaßung. Dies ist nicht zu verwechseln mit der Einheitensteuerung unter |ZEICHNUNGSPROGRAMME|EINHEITEN. Diese gilt nur für Benutzerdialoge, also beispielsweise für Befehle wie LISTE, ABSTAND oder FLÄCHE. Die hier im Bemaßungsstil eingestellten Nachkommastellen etc. gelten dagegen nur für die Bemaßung mit diesem Stil.

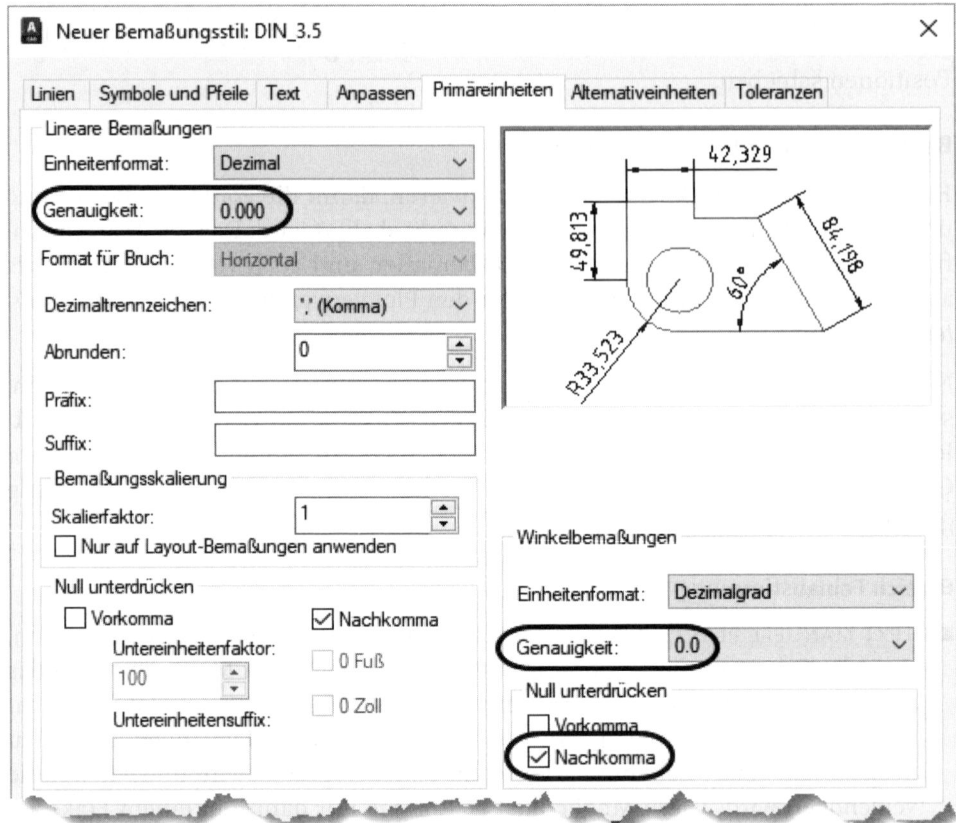

Abb. 12.11: Registerkarte PRIMÄREINHEITEN

Bereich Lineare Bemaßungen

- EINHEITENFORMAT – Sie wählen hier die geeignete Schreibweise für Ihre Maßzahlen. Zu empfehlen wäre DEZIMAL mit Dezimaltrennzeichen KOMMA oder WINDOWS-DESKTOP.
- WISSENSCHAFTLICH – verwendet eine Exponential-Schreibweise, bei der die Maßzahl mit einer Stelle vor dem Komma und Exponenten gezeigt wird, zum Beispiel 1.25875E+02 für 125.875.
  - DEZIMAL – normale Schreibweise für Dezimalzahlen, zum Beispiel 125.875. Für diesen Fall kann man noch drei Auswahlboxen tiefer das Dezimaltrennzeichen auf Komma umstellen.
  - MASCHINENBAU – verwendet Fuß und Zoll, Letztere in Dezimalschreibweise: 10'-2.5".
  - ARCHITECTURAL – verwendet Fuß und Zoll, Letztere als Brüche dargestellt: 10'-2½".

- BRUCH – Vorkommastellen normal, aber Nachkommastellen als Bruch: 125½.
- WINDOWS-DESKTOP – verwendet die nationalen Zeichen der Windows-Oberfläche, also auch automatisch das Dezimalkomma: 125,875.

- GENAUIGKEIT – Man stellt damit die maximal anzuzeigenden Nachkommastellen für die Maßzahlen ein.
- FORMAT FÜR BRUCH – Sie stellen hier bei englischen Zoll-Bemaßungen ein, ob die Zähler und Nenner des Bruchs übereinander, mit schrägem Bruchstrich oder nebeneinander mit normalem Schrägstrich stehen sollen.
- DEZIMALTRENNZEICHEN – KOMMA, PUNKT oder LEERZEICHEN stehen als Trennzeichen zur Auswahl. Wenn Sie dezimale Einheiten verwenden, können Sie hier Komma wählen. Bei WINDOWS-DESKTOP haben Sie keine Auswahl, weil das nationale Trennzeichen, also Komma, verwendet wird.
- ABRUNDEN – Sie können hier eingeben, auf welche Bruchstellen gerundet werden soll. Bei **0.5** wird jeweils zum nächstliegenden Vielfachen von 0.5 auf- oder abgerundet.
- PRÄFIX – Hier können Sie Zeichen angeben, die vor die eigentliche Maßzahl gesetzt werden sollen. Dies ist beispielsweise nötig, wenn Sie einen Durchmesser im Schnitt bemaßen sollen. Dann verwenden Sie lineare Bemaßung und müssen der Maßzahl das Durchmesserzeichen voranstellen. Sie würden dann hier **%%c** eintragen. Solche Eintragungen wie auch SUFFIX-Änderungen werden aber üblicherweise nicht im BEMASSUNGSSTIL vorgenommen, sondern nur im EIGENSCHAFTEN-MANAGER nachträglich auf wenige Bemaßungen angewendet.
- SUFFIX – Unter Suffixen versteht man hier Zeichen, die der Maßzahl folgen. Bei Architekturzeichnungen werden manchmal Fenster oder Türhöhen unterhalb der Maßlinie verlangt. Das man erreicht beispielsweise mit dem Suffix **\X126**. Das Steuerzeichen **\X** wechselt unter die Maßlinie, während **\P** eine neue Zeile eröffnet.

Wichtig: Sonderzeichen

Es gibt einige nützliche Sonderzeichen bei der Bemaßung. Sie können über folgende Kombinationen als PRÄFIX in die Maßtexte eingegeben werden:

Code	Bedeutung	Zeichen
%%c	Durchmesserzeichen	Ø
%%d	Gradsymbol	°
%%p	Plusminuszeichen	±
[Leertaste]	Unterdrückt bei Radius- bzw. Durchmesserbemaßungen das R bzw. Ø	Leerzeichen

Bereich Bemaßungsskalierung

- SKALIERFAKTOR – Man kann für die linearen Maße einen Skalierfaktor eingeben.
  - Ein solcher Faktor ist nötig, wenn zum Beispiel in Zentimetern gezeichnet wurde und in Metern bemaßt werden soll. Dann berechnet sich der Faktor als 0.01. Damit wird aus der Maßzahl 350 (cm) dann 3.5 (m). Der Faktor wirkt sich also auf den *Wert* der Maßzahl aus.
- Nur auf Layout-Bemaßungen anwenden:
  - Diese Option zur Skalierung von Papierbereichsbemaßungen ist durch die der BESCHRIFTUNGS-SKALIERUNG überflüssig.

Bereich Null unterdrücken

Diese Einstellmöglichkeiten finden Sie hier für die linearen Einheiten, dann aber in gleicher Weise noch einmal im Bereich WINKELEINHEITEN und später noch einmal auf der Registerkarte TOLERANZ im Bereich TOLERANZFORMAT.

- VORKOMMA – Dies bewirkt die Unterdrückung einer führenden Null vor dem Dezimaltrennzeichen. Wenn diese Option aktiviert ist, dann können Sie auch die unten stehenden Optionen zur getrennten Darstellung von Maßen unter einer Einheit aktivieren.
- UNTEREINHEITENFAKTOR – Hier können Sie einen Faktor angeben, mit dem die Maßzahlen multipliziert werden sollen, die kleiner als 1 sein werden. Das wird für Baubemaßungen verwendet, um die Maße, die unter 1 Meter liegen, in Zentimetern anzuzeigen. Der Umrechnungsfaktor von Metern in Zentimeter beträgt dann natürlich **100**.
- UNTEREINHEITENSUFFIX – Hier könnten Sie das Einheitensymbol für die hochmultiplizierten Einheiten (zum Beispiel »cm«) angeben. Mindestens aber müssen Sie hier ein Leerzeichen eingeben, damit die Einheiten-Umrechnung überhaupt klappt.
- NACHKOMMA – Dies bewirkt die Unterdrückung der letzten Nullen nach dem Dezimaltrennzeichen.

Bereich Winkelbemaßungen

- EINHEITENFORMAT – Sie können zwischen DEZIMALGRAD, GRAD-MINUTEN-SEKUNDEN, NEUGRAD und BOGENMAß wählen. Diese Einstellung gilt natürlich nur für die Bemaßung, nicht für den Befehlszeilendialog.

Tipp: Winkel in Grad-Minuten-Sekunden

Um einen Winkel in GRAD-MINUTEN-SEKUNDEN einzugeben, müssen Sie bei Polarkoordinaten beispielsweise schreiben:

@100<30d15'10"

Um dies auch so in normalen Dialogfenstern mit AutoCAD angezeigt zu bekommen, müssen Sie in der Einheitensteuerung unter A CAD |ZEICHNUNGSPROGRAMME| EINHEITEN die Winkelanzeige entsprechend schalten. Dann können Sie die Daten auch mit der nötigen Genauigkeit und in den gleichen Einheiten zum Beispiel mit dem Befehl LISTE nachprüfen. Die Einstellungen dort haben aber keine Auswirkung auf die Bemaßung.

Registerkarte ALTERNATIVEINHEITEN

Dieses Register dient dazu, eine zweite Bemaßung in eckigen Klammern für andere Einheiten zu generieren. Es ist ein Standard-Umrechnungsfaktor für die Umrechnung in Zoll vorgegeben.

Registerkarte TOLERANZEN

Die Angabe von Toleranzen ist eigentlich ein reines Maschinenbauthema und betrifft die Architekturbranche nicht. Nur in Fällen, wo beide Bereiche zusammentreffen, werden die Möglichkeiten hier auch für Architekten interessant. Im Bemaßungsstil wird man selten Toleranzen eingeben, sondern diese individuell für einzelne Maße über den EIGENSCHAFTEN-MANAGER einstellen.

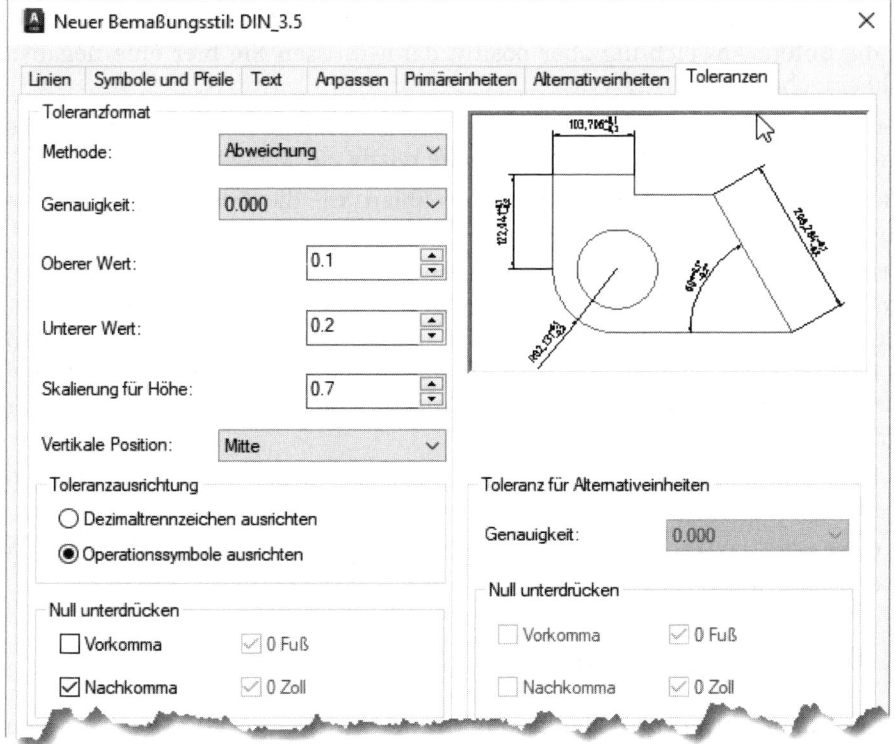

Abb. 12.12: Registerkarte TOLERANZEN

Bereich Toleranzformat

- METHODE – Es gibt die Optionen KEINE, SYMMETRISCH, ABWEICHUNG, GRENZEN und GRUNDTOLERANZ.
  - SYMMETRISCH – Toleranzangabe der Form 100,0±0,1.
  - ABWEICHUNG – Darunter versteht man den Fall einer unsymmetrischen Toleranz: 100,0+0,2/-0,1.
  - GRENZEN – Hier werden die Toleranzen mit der Maßzahl gleich zu Grenzwerten verrechnet: 100,2/99,9.
  - GRUNDTOLERANZ – Grundtoleranz bedeutet, dass das betreffende Maß als Kontrollmaß behandelt werden soll und durch einen rechteckigen Rahmen hervorgehoben wird. Das entspricht der Einstellung RAHMEN UM TEXT SCHREIBEN aus dem Register TEXT.
- GENAUIGKEIT – Hier werden die Nachkommastellen für die Toleranzabweichungen SYMMETRISCH, ABWEICHUNG und GRENZEN eingegeben.
- OBERER WERT – Hier werden die Werte der oberen Toleranzabweichungen für SYMMETRISCH, ABWEICHUNG und GRENZEN eingegeben. Im Fall SYMMETRISCH ist dies natürlich auch gleichzeitig die untere Abweichung.
- UNTERER WERT – Hier werden die Werte der unteren Toleranzabweichungen für ABWEICHUNG und GRENZEN eingegeben. Geben Sie hier eine positive Zahl ein, so wird vom Programm her die Zahl mit einem Minuszeichen versehen. Ist die untere Abweichung aber positiv, dann müssen Sie hier eine negative Zahl eingeben.
- SKALIERUNG FÜR HÖHE – bestimmt die relative Höhe der Toleranzzahlen. Es wäre sinnvoll, hier **0.5** für die halbe Höhe relativ zur Maßzahl einzugeben.
- VERTIKALE POSITION – Hier können Sie wählen, wie die Toleranz ausgerichtet sein soll: OBEN, MITTE oder UNTEN.
- TOLERANZAUSRICHTUNG – Hiermit wählen Sie aus, welches Zeichen dazu dienen soll, bei übereinandergestapelten Werten wie beim Toleranztyp ABWEICHUNG die Toleranztexte gegeneinander auszurichten. Da Toleranzen typisch im Bereich von 0,... liegen, hat diese Auswahl meist keine Auswirkung. Erst bei Toleranzwerten mit unterschiedlicher Anzahl von Vorkommastellen ist eine Wirkung sichtbar.
  - DEZIMALTRENNZEICHEN AUSRICHTEN – Die gestapelten Toleranzen fluchten mit den Dezimalpunkten oder -kommas.
  - OPERATIONSSYMBOLE AUSRICHTEN – Die gestapelten Toleranzen fluchten mit den Vorzeichen (+/-).

12.5 Bemaßungsbefehle

Es gibt es einen universellen Bemaßungsbefehl BEM, der abhängig von den gewählten *Objekten* die Art der gewünschten Bemaßung erkennt und/oder sich über *Optionen* steuern lässt. Sie finden diesen Befehl unter START|BESCHRIFTUNG und unter BESCHRIFTEN|BEMAßUNGEN. Alle älteren Bemaßungsbefehle sowie die Ketten- und Bezugsbemaßung (BEMWEITER, BEMBASISL) werden durch den neuen Befehl BEM abgedeckt (s. Abbildung 12.13). Tabelle 12.2 zeigt, welche der älteren Bemaßungsbefehle nun durch den neuen BEM-Befehl abgedeckt werden. Nur noch wenige spezielle Bemaßungsbefehle bleiben übrig, die über eigene Icons aktiviert werden müssen (Tabelle 12.1).

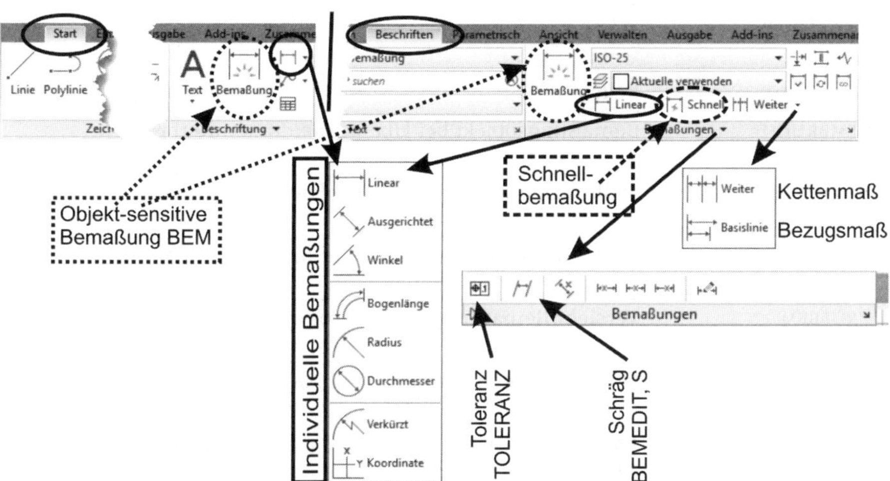

Abb. 12.13: Übersicht über die grundlegenden Bemaßungsbefehle

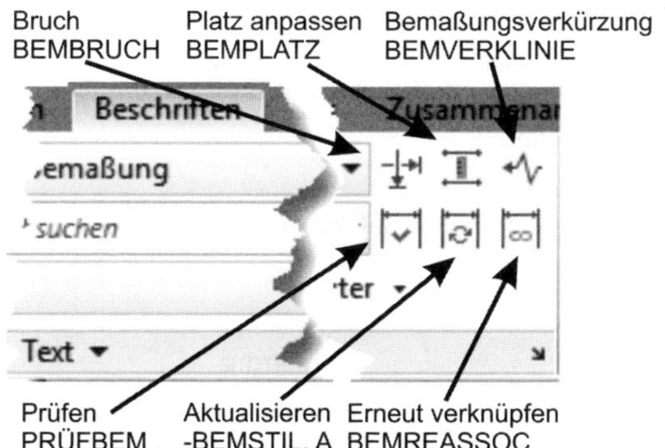

Abb. 12.14: Spezielle Bemaßungsbefehle

Abweichend vom aktuellen Layer kann für alle Bemaßungsbefehle ein Bemaßungslayer vorgegeben werden. Dadurch ist es möglich, während der normalen Zeichenarbeit beispielsweise auf dem Layer **Kontur** zu bleiben, auch beim Erstellen von Bemaßungen, ohne explizit in den Bemaßungslayer umschalten zu müssen. Der Vorgabelayer für Bemaßungsbefehle wird unter BESCHRIFTEN|BEMAßUNGEN eingestellt (Abbildung 12.15).

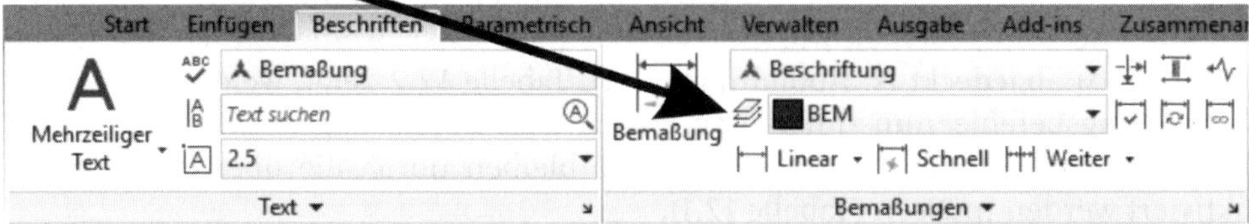

Abb. 12.15: Für die Bemaßungsbefehle kann der Layer abweichend vom aktuellen voreingestellt werden.

Icon	Befehlsname	Bedeutung
	BEMBRUCH	Bemaßungsobjekt bei Überschneidung unterbrechen
	BEMPLATZ*	Stellt Abstand von Maßlinien gleichmäßig ein
	BEMVERKLINIE	Fügt Unterbrechungssymbol in lineare Maßlinie ein
	PRÜFBEM	Versieht Bemaßung mit Kontrollmaßsymbol
	-BEMSTIL, OPTION A	Maßobjekte dem aktuellen Stil zuordnen
	BEMREASSOZ	Assoziative Bemaßungen nach Verschieben oder Löschen von Objekten neu zuordnen
	SBEM	Schnellbemaßung: Bemaßung mehrerer Objekte gleichzeitig
	TOLERANZ	Box für Form- und Lagetoleranz
	BEMMITTELP	Kreismittelpunktsmarke gemäß Bemaßungsstil setzen
	BEMEDIT, OPTION S*	Hilfslinien schräg stellen

Tabelle 12.1: Spezielle Bemaßungsbefehle mit eigenen Icons (*= Befehl durch BEM auch abgedeckt)

Icon	Befehlsname	Option im Befehl BEM	Bedeutung
	BEMLINEAR	Punkte wählen, Richtung durch Cursorbewegung andeuten	Linearmaß horizontal oder vertikal je nach Maßlinienposition
	BEMAUSG	Punkte wählen, Richtung durch Cursorbewegung andeuten	Maßlinie parallel zu Bezugspunkten
	BEMWINKEL	WINKEL	Winkelbemaßung

Tabelle 12.2: Traditionelle Standard-Bemaßungsbefehle, durch BEM abgedeckt

Icon	Befehlsname	Option im Befehl BEM	Bedeutung
	BEMBOGEN	Bogen berühren, Kontext-Option BOGENLÄNGE	Bogenlängenbemaßung
	BEMRADIUS	Bogen berühren, Kontext-Option RADIUS	Radiusbemaßung
	BEMDURCHM	Bogen berühren, Kontext-Option DURCHMESSER	Durchmesserbemaßung
	BEMVERKÜRZ	Bogen berühren, Kontext-Option VERKÜRZT	Verkürzte Radienbemaßung
	BEMORDINATE	KOORDINATE	Absolute x-/y-Koordinate
	BEMPLATZ	VERTEILEN	Stellt Abstand von Maßlinien gleichmäßig ein
	BEMWEITER	FORTFAHREN	Existierende Bemaßung als Kettenmaß fortsetzen
	BEMBASISL	BASISLINIE	Existierende Bemaßung als Bezugsmaß fortsetzen

Tabelle 12.2: Traditionelle Standard-Bemaßungsbefehle, durch BEM abgedeckt (Forts.)

12.5.1 Lineare Bemaßung – Befehl: BEM oder BEMLINEAR

Um eine horizontale oder vertikale Bemaßung ❶ zu erstellen (Abbildung 12.16), wählen Sie den Anfangspunkt für die erste und zweite Hilfslinie und geben dann die Position der Maßlinie an. Alternativ können Sie auch einfach die Linie als Objekt anklicken. AutoCAD stellt selbst anhand der Maßlinienposition fest, ob es eine horizontale oder vertikale Bemaßung sein soll. Liegen die beiden Punkte nicht orthogonal, wird der Befehl zuerst eine ausgerichtete Bemaßung anbieten, wobei die Maßlinie parallel zu den Punkten verläuft. Durch die Richtung, in der Sie für die Textposition wegziehen, können Sie aber auch eine Bemaßung in orthogonaler Richtung erzwingen ❸. Im alten Befehl BEMLINEAR wird *immer* eine orthogonale Bemaßung erzeugt. Sie können statt des ersten Punkts für die Hilfslinie [Enter] drücken und Linien, Bögen ❹ oder Kreise ❷ anklicken, von denen sich der Befehl die zu vermaßenden Endpunkte oder Quadranten beim Kreis selber holt. Diese lineare Bemaßung können Sie später als Ketten- bzw. Bezugsmaß mit BEM, Optionen FORTFAHREN/BASISLINIE oder mit BEMWEITER bzw. BEMBASISL oder noch eleganter über das *Griffmenü* vom Maßlinienendpunkt fortsetzen.

Sie können bei einer linearen Bemaßung zwecks besserer Lesbarkeit auch die Hilfslinien nachträglich schräg stellen ❽. Das geschieht mit der Funktion BEMEDIT| SCHRÄG . Umgekehrt kann bei der linearen Bemaßung mit der Option DREHEN auch die Maßlinie auf einen bestimmten Winkel gedreht werden ❿.

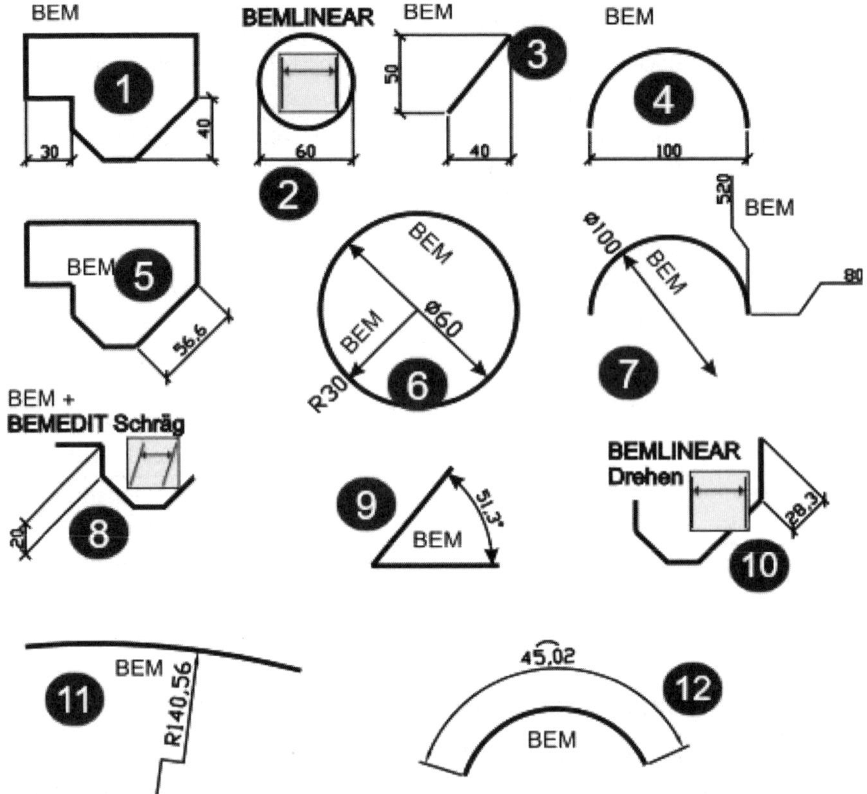

Abb. 12.16: Bemaßungsbeispiele mit Befehl BEM oder speziellen Befehlen

Hinweis

Bei der Wahl der Hilfslinienpositionen werden die Endpunkte anderer Maßhilfslinien ausgeschlossen. Dadurch wird sichergestellt, dass die Maße der Geometrie zugeordnet sind und nicht versehentlich anderen Bemaßungsobjekten. Auch Schraffurobjekte sind für Bemaßungen vom Objektfang ausgeschlossen.

12.5.2 Ausgerichtet – Befehl: BEM oder BEMAUSG

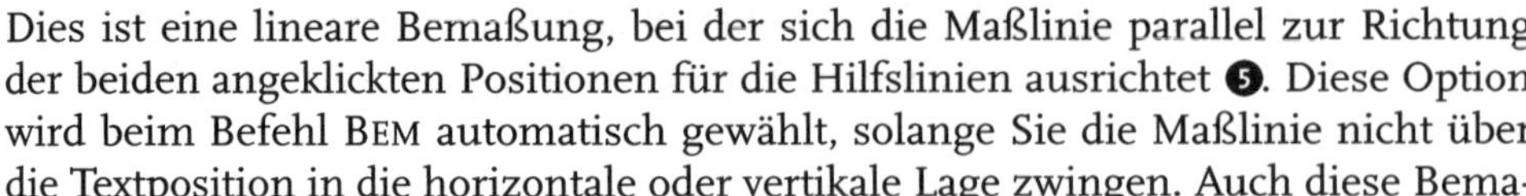

Dies ist eine lineare Bemaßung, bei der sich die Maßlinie parallel zur Richtung der beiden angeklickten Positionen für die Hilfslinien ausrichtet ❺. Diese Option wird beim Befehl BEM automatisch gewählt, solange Sie die Maßlinie nicht über die Textposition in die horizontale oder vertikale Lage zwingen. Auch diese Bemaßung kann als Kettenmaß oder Bezugsmaß wie oben fortgesetzt werden.

12.5.3 Bogenlänge – Befehl: BEM oder BEMBOGEN

Hiermit können Sie die Länge eines Bogens oder des Bogensegments einer Polylinie bemaßen. Im Befehl BEM wird beim Berühren eines Bogens (noch nicht klicken!) immer die zuletzt benutzte Bogenbemaßung verwendet ⓬. Sie können dann aus den Optionen RADIUS, DURCHMESSER, VERKÜRZT, WINKEL die gewünschte per Rechtsklick und Anklicken auswählen. Bei entsprechender Positionierung der Maßlinie lässt sich auch der komplementäre Bogen bemaßen.

12.5.4 Koordinaten – Befehl: BEM oder BEMORDINATE

Dies ist eine lineare Bemaßung, bei der die absoluten Koordinaten angegeben werden ❼. Im Befehl BEM aktivieren Sie die Option KOORDINATE. Je nach Maßtextposition wird die x- oder y-Koordinate angezeigt. Liegt die Maßtextposition rechts oder links neben der bemaßten Position, dann wird die y-Koordinate angezeigt. Liegt die Maßtextposition über oder unter der bemaßten Position, so erscheint die x-Koordinate.

12.5.5 Radius – Befehl: BEM oder BEMRADIUS

Für eine Radiusbemaßung mit dem Befehl BEM berühren Sie zuerst den Kreis oder Bogen und wählen dann im Kontextmenü (Rechtsklick) die Option RADIUS ❻. Zuerst wird der zu bemaßende Kreis oder Bogen angeklickt und dann die Textposition innerhalb oder außerhalb des Bogens gewählt. Ein innen liegender Radiusmaßpfeil geht normalerweise nicht bis zum Zentrum. Wenn aber im *Bemaßungsstil* unter ANPASSEN|TEXTPOSITIONIERUNG die Option ÜBER BEMAẞUNGSLINIE, OHNE FÜHRUNGSLINIE gewählt ist, läuft der Radiuspfeil bis zum Zentrum, und Sie müssen den Text manuell platzieren. Die Radiusbemaßung wird normal mit vorangestelltem **R** erzeugt. Wenn Sie das **R** unterdrücken wollen, müssen Sie unter PRIMÄREINHEITEN als *Präfix* ein **Leerzeichen** eingeben.

12.5.6 Verkürzte Radien – Befehl: BEM oder BEMVERKÜRZ

Beim Befehl BEM berühren Sie zuerst wieder den Kreis oder Bogen und wählen dann im Kontextmenü (Rechtsklick) die Option VERKÜRZT. Der Befehl erstellt für große Radien einen verkürzten Maßpfeil ⓫. Nach Objektwahl müssen Sie drei Positionen eingeben. Die erste definiert den STARTPUNKT DES MAẞPFEILS, die zweite die MAẞTEXTPOSITION und die dritte legt die POSITION DER BRUCHLINIE des gebrochenen Maßpfeils fest.

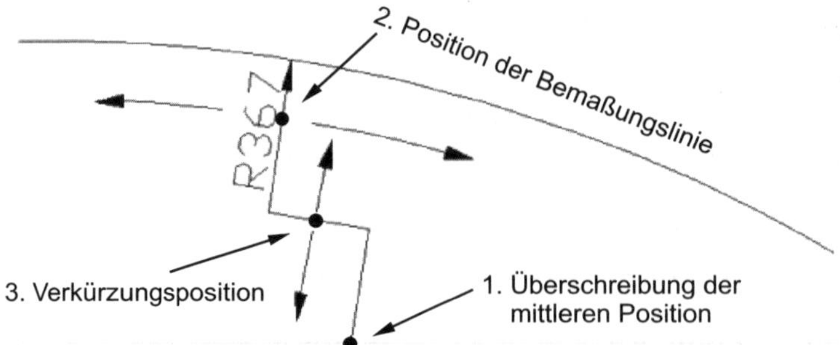

Abb. 12.17: Verkürzte Radiusbemaßung

12.5.7 Durchmesser – Befehl: BEM oder BEMDURCHM

Beim Befehl BEM berühren Sie zuerst den Kreis oder Bogen und wählen dann im Kontextmenü (Rechtsklick) die Option DURCHMESSER. Der Befehl erzeugt eine Durchmesserbemaßung mit Durchmessersymbol vor der Maßzahl ❻, ❼. Sie erhalten hier nur dann eine durchgezogene Maßlinie, wenn Sie die Textposition außerhalb vom Bogen oder Kreis wählen. Um IMMER eine durchgezogene Maßlinie zu erhalten, müssen Sie im BEMAẞUNGSSTIL im Register ANPASSEN die Option ÜBER BEMAẞUNGSLINIE, OHNE FÜHRUNGSLINIE aktivieren. Eine Durchmesserbemaßung ohne Durchmesserzeichen vor der Maßzahl erhalten Sie, wenn Sie im Bemaßungsstil im Register PRIMÄREINHEITEN als *Präfix* ein *Leerzeichen* eingeben.

12.5.8 Winkel – Befehl: BEM oder BEMWINKEL

Im BEM-Befehl klicken Sie einfach die beiden Linien an, die den Winkel einschließen ❾.

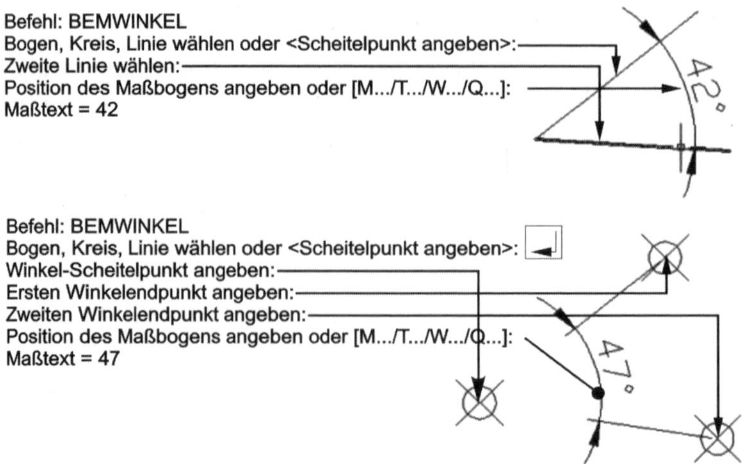

Abb. 12.18: Winkelbemaßung

Die Winkelbemaßung erlaubt das Anklicken der Schenkel eines Winkels oder die Wahl eines Bogens. Bei Drücken von Enter anstelle der Objektwahl erhält man die Möglichkeit, den Winkel über drei Punkte zu spezifizieren: den SCHEITELPUNKT, den ERSTEN WINKELENDPUNKT und den ZWEITEN WINKELENDPUNKT.

12.5.9 Bezugsmaß – Befehl: BEM oder BEMBASISL

Um eine lineare, ausgerichtete Bemaßung oder Winkelbemaßung als Bezugsbemaßung fortzusetzen, gibt es drei Möglichkeiten:

- Das *Griffmenü* der ersten Bemaßung benutzen,
- den Befehl BEM mit Option BASISLINIE zu wählen
- oder den Befehl BEMBASISL.

Sie brauchen dann nur noch jeweils die zweite Hilfslinie anzugeben. AutoCAD schaltet auch von selbst die Maßlinienposition weiter.

Sie beginnen eine Bezugsbemaßung (Abbildung 12.20 links), indem Sie eine erste Bemaßung z.B. normal linear mit BEM erzeugen. Im Befehl BEM können Sie bleiben, müssen aber bei der Option BASISLINIE die Hilfslinie, die als Bezugslinie dienen soll, explizit noch einmal anklicken.

Beim Befehl BEMBASISL dient automatisch die vorhergehende erste Hilfslinienposition in Zukunft als Bezugslinie. Der Befehl fragt nun nur noch nach den Positionen für die zweiten Hilfslinien. Die Lage der Maßlinien wird automatisch mit *dem* Abstand weitergeschaltet, der im Bemaßungsstil eingestellt ist.

Elegant kann auch im Griffmenü einer Bemaßung die Bezugsbemaßung unter BASISLINIENBEMAßUNG aufgerufen werden.

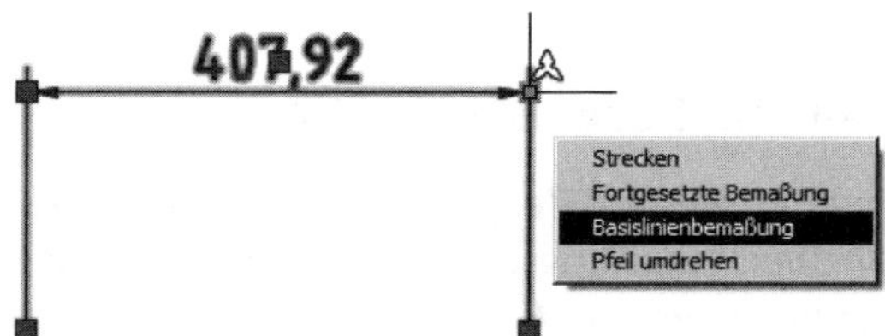

Abb. 12.19: Fortsetzen einer Bemaßung über Griffmenü mit BEMBASISL

Es wird bei Bezugsbemaßungen immer der Bemaßungsstil verwendet, mit dem die fortzusetzende Bemaßung erstellt wurde. Der nachfolgende Befehl BEMWEITER (Kettenbemaßung) verhält sich ebenso. Dies wird durch die Systemvariable DIMCONTINUEMODE (Wert **1**) festgelegt. Bei Wert **0** wird stattdessen immer der *aktuelle Bemaßungsstil* verwendet, unabhängig von der fortgesetzten Ursprungs-Bemaßung.

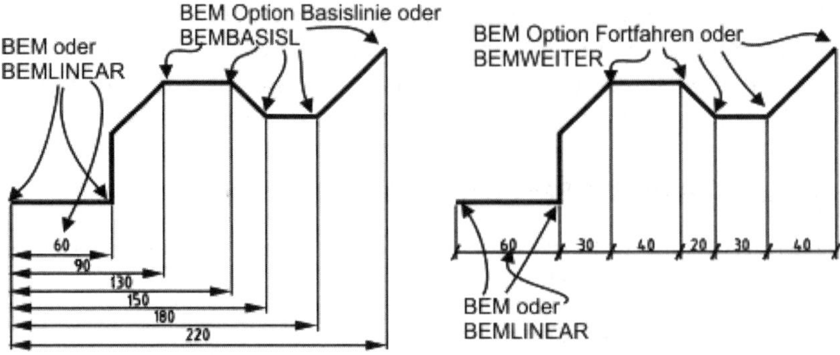

Abb. 12.20: Bezugsmaße und Kettenmaße

12.5.10 Kettenbemaßung – Befehl: BEM oder BEMWEITER

Bei linearen, ausgerichteten Bemaßungen oder Winkelbemaßungen kann vom zweiten Maß an BEM Option FORTFAHREN oder der Befehl BEMWEITER gewählt werden. Sie brauchen dann nur noch jeweils die zweite Hilfslinie anzugeben.

Eine Kettenbemaßung (Abbildung 12.20 rechts) wird erzeugt, indem Sie eine erste Bemaßung zum Beispiel normal linear erstellen: mit BEM oder BEMLINEAR. Erst für die nachfolgende Bemaßung rufen Sie BEM Option FORTFAHREN oder BEMWEITER auf. Hierbei müssen Sie darauf achten, dass die Maßkette an der zweiten Hilfslinie fortgesetzt wird. Der Befehl fragt nun nur noch nach den Positionen für die zweiten Hilfslinien, weil er die erste Hilfslinie von der letzten Bemaßung übernimmt. Die Maßlinien werden in gleicher Höhe an die vorhergehende Bemaßung angefügt. Der Befehl BEMWEITER bezieht sich immer auf die letzte Bemaßung.

DIE Kettenbemaßung kann auch sehr elegant übers Griffmenü der vorhergehenden Bemaßung unter FORTGESETZTE BEMAßUNG aktiviert werden.

12.5.11 Maßlinienabstände – Befehl: BEM oder BEMPLATZ

Unter BEM heißt die Option VERTEILEN. Mit diesem Befehl können Sie den Abstand zwischen mehreren Maßlinien einer Bezugsbemaßung o.Ä. auf den Basislinienabstand aus dem Bemaßungsstil oder einen eigenen Wert hin korrigieren. Diese Funktion ist nützlich, wenn nachträglich Bemaßungen einer Bezugsbemaßung hinzugefügt oder gelöscht wurden. Auch wenn der Beschriftungsmaßstab nachträglich geändert wurde, ist dies nützlich, weil die automatische Skalierung der Beschriftungsobjekte zwar die *Texthöhen* anpasst, nicht aber die *Maßlinien-Abstände* korrigieren kann. Dies reparieren Sie mit BEMPLATZ.

Mehrere Ketten- oder Bezugsbemaßungen können auch über das Griff-Menü BEMAßUNGSGRUPPE STRECKEN gemeinsam verschoben werden (Abbildung 12.22).

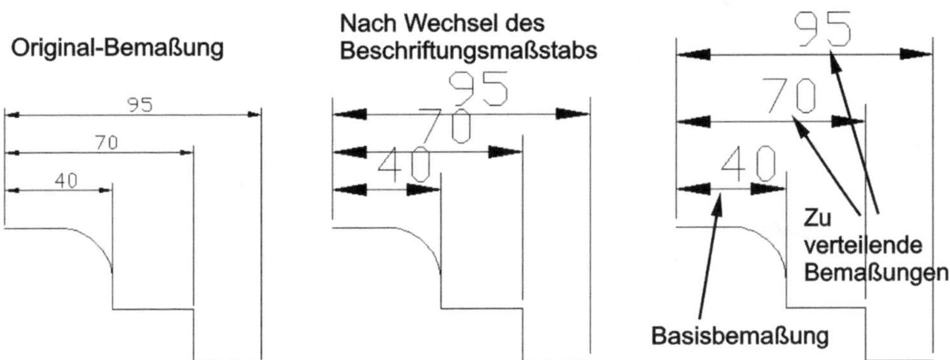

Abb. 12.21: Maßlinien-Abstände korrigiert mit BEMPLATZ

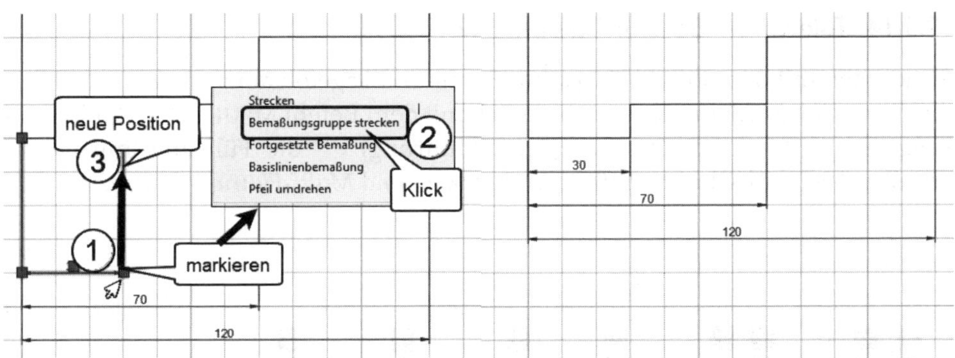

Abb. 12.22: Bemaßungsgruppe strecken

12.5.12 Fluchtende Maßlinien – Befehl: BEM

Unter BEM hilft die Option AUSRICHTEN, mehrere Maßlinien fluchtend zu einer Basismaßlinie auszurichten. Zuerst wählen Sie die Basisbemaßung, die die Maßlinienposition vorgibt, und dann alle auszurichtenden Maßlinien. Kettenbemaßungen können damit ideal repariert werden.

12.5.13 Bemaßungsbruch – Befehl: BEMBRUCH

Mit dieser Funktion können Sie Bemaßungen, die sich mit anderen Bemaßungen oder anderen Objekten überschneiden, automatisch oder nach Auswahl unterbrechen.

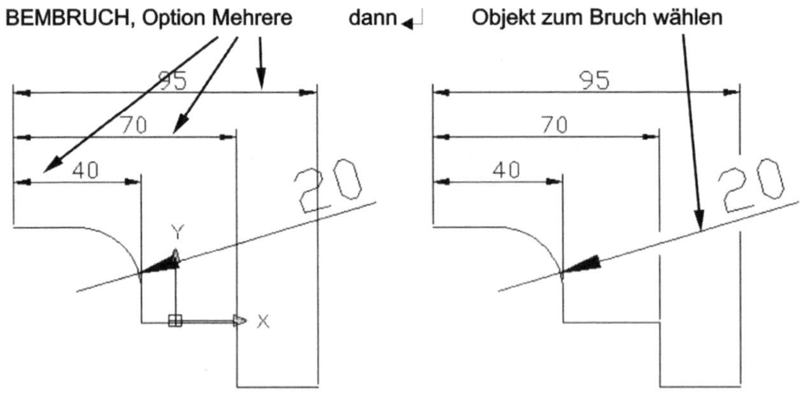

Abb. 12.23: Maßlinien automatisch unterbrechen

12.5.14 Toleranz – Befehl: TOLERANZ

Sie können mit dem Befehl TOLERANZ Form- und Lagetoleranzen erzeugen. Allerdings müssen Sie dann noch nachträglich mit dem Befehl MFÜHRUNG (Multi-Führungslinie) oder SFÜHRUNG (Schnellführung) die Führungslinien dazu erstellen (siehe Abschnitt 12.10, *Führungslinien und Multi-Führungslinien*).

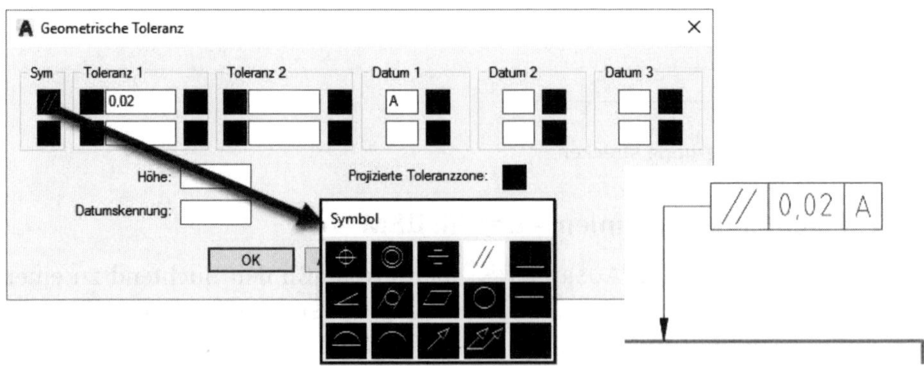

Abb. 12.24: Spezifikation der Toleranzangaben

Im Dialogfenster GEOMETRISCHE TOLERANZ können Sie wählen:

- SYM – Suchen Sie hier das Toleranzsymbol aus oder keines, wenn Sie ein Bezugselement erstellen.
- TOLERANZ 1, TOLERANZ 2 – Hier werden die Zahlenwerte für die Abweichungen eingetragen, es kann davor ein Durchmessersymbol und dahinter eine Materialbedingung ausgewählt werden.
- DATENELEMENT 1, ...2, ...3 – Hier werden die Bezugsbuchstaben angegeben, ggf. wird dahinter eine Materialbedingung ausgewählt.

12.5.15 Zentrumsmarke – Befehl: BEMMITTELP

Der Befehl generiert ein Mittelpunktsymbol für Kreise, entweder einen Punkt oder Zentrumslinien, je nach den Einstellungen im Bemaßungsstil unter der Registerkarte SYMBOLE UND PFEILE, Bereich ZENTRUMSPUNKTE. Für viele Fälle wird er besser durch den neueren Befehl ZENTRUMSMARKIERUNG (Abschnitt 12.8, *Assoziative Mittellinie und Zentrumsmarke*) ersetzt.

12.5.16 Schräg – Befehl: BEMEDIT, Option Schräg

Hiermit kann ein lineares Maß mit schrägen Hilfslinien erzeugt werden. Bemaßt wird zunächst linear (Befehl BEMLINEAR). Dann rufen Sie BESCHRIFTEN|BEMAßUNGEN▼|SCHRÄG auf (Befehl BEMEDIT, Option SCHRÄG), wählen die Bemaßung und geben den absoluten WINKEL DER HILFSLINIEN an. Ziel der Modifikation ist es, Hilfslinien, die evtl. mit Konturen fluchten, davon wegzudrehen.

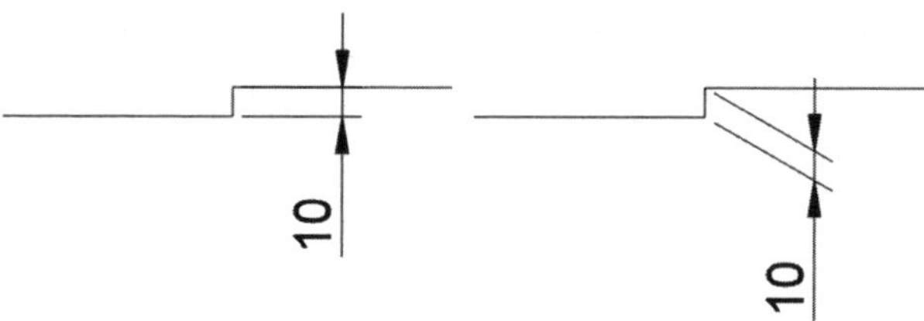

Abb. 12.25: Schrägstellen der Bemaßung

12.5.17 Prüfung – Befehl: PRÜFBEM

Mit PRÜFBEM wird das Symbol für ein PRÜFMAß erstellt. Nach Norm ist der Rahmen mit Halbkreisen zu wählen. Die Kontrollrate **100%** gibt den Prozentsatz der zu überprüfenden Teile an.

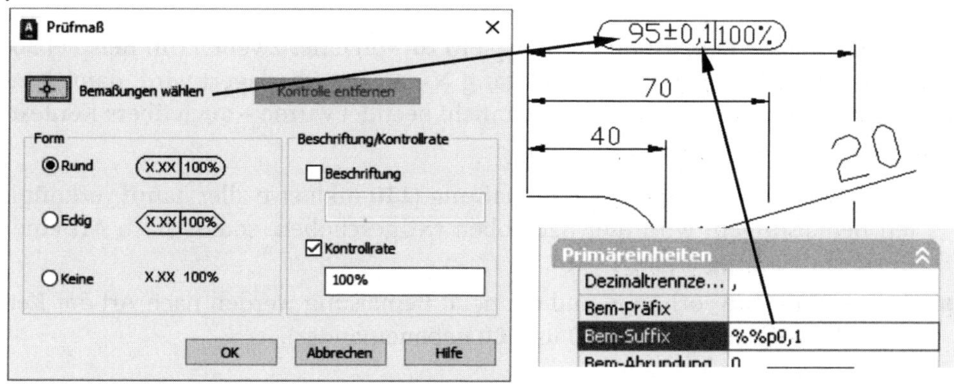

Abb. 12.26: Prüfmaß mit PRÜFBEM und Toleranz über EIGENSCHAFTEN-MANAGER

12.5.18 Verkürzt linear – Befehl: BEMVERKLINIE

BEMVERKLINIE dient dazu, in eine lineare Maßlinie ein Verkürzungssymbol zu setzen. Sie wählen die Maßlinie und dann die Position für das Verkürzungssymbol.

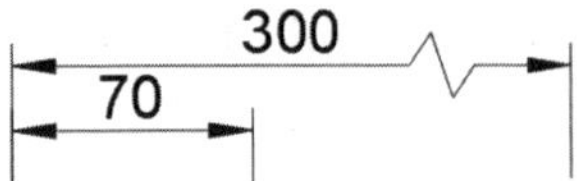

Abb. 12.27: Maßlinie mit eingefügtem Verkürzungssymbol

12.5.19 Bemaßung ergänzen mit BEM

Mit dem BEM-Befehl können Sie auch vorhandene Bemaßungen ergänzen. Wenn Sie im Modus BASISLINIE sind und eine vorhandene Bemaßung mit BEM anklicken, dann werden einfach weitere Bezugsmaße hinzugefügt und die vorhandene Bemaßung ggf. entsprechend verschoben.

Befinden Sie sich aber im Modus FORTFAHREN, dann wird eine neue Bemaßung in die bestehende Kette eingebaut und die Maße können mit der Option AUFTEILEN entsprechend aufgeteilt werden.

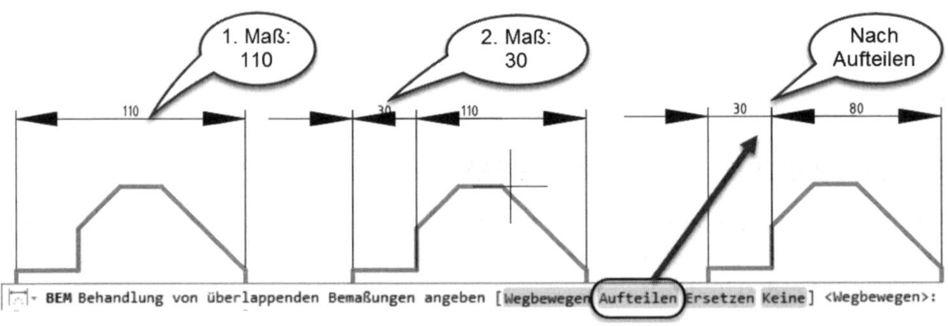

Abb. 12.28: Maßkette ergänzen und aufteilen

Wenn eine lineare Bemaßung (im Beispiel **110**) von einer zweiten (im Beispiel **30**) z.B. durch Positionierung mit Objektfang NÄCHSTER überlagert wird, dann können Sie – solange der BEM-Befehl noch nicht beendet wurde – auch übers Kontextmenü nachträglich wählen zwischen:

- WEGBEWEGEN – Die vorherige Bemaßung (**110** inklusive aller damit verknüpften Bemaßungen) wird hier nach oben weggeschoben, sodass nach Art einer Bezugsbemaßung ergänzt wird.
- AUFTEILEN – Die vorherige und die neue Bemaßung werden nach Art der Kettenmaße aufgeteilt (hier in **30** und **80** nebeneinander).

- ERSETZEN – Die vorhandene Bemaßung (**110**) wird entfernt, die neue (**30**) bleibt übrig.
- KEINE – beide Bemaßungen bleiben unverändert aufeinander liegen.

12.6 Bemaßungen erneut verknüpfen

Die Bemaßung ist standardmäßig *assoziativ* eingestellt. Das bedeutet, dass bei Änderungen am bemaßten Objekt die Bemaßung mitgeht und immer die dazugehörige Maßzahl aktuell anzeigt. Wenn jetzt wie in Abbildung 12.29 ein Geometrieelement gelöscht wird, zu dem die Bemaßung assoziiert war, dann geht die Assoziativität der Bemaßung verloren. Diese *Bemaßungsassoziativität* kann mit der Funktion [+] bzw. BESCHRIFTUNGSÜBERWACHUNG in der Statusleiste überwacht werden (standardmäßig nicht aktiviert). Bei Verlust der Assoziativität erscheint an der Bemaßung dann ein Ausrufezeichen. Sie finden nach Klick auf das Ausrufezeichen die Funktion ERNEUT VERKNÜPFEN. Alternativ können Sie auch mit BESCHRIFTEN|BEMAẞUNGEN|BEMREASSOZ die Assoziativität reparieren, indem Sie das Objekt und neue Bezugspunkte anklicken.

Abbildung 12.29 zeigt, wie durch Löschen einer bemaßten Linie unter BESCHRIFTUNGSÜBERWACHUNG die Assoziativität verloren geht und mit dem Befehl BEMREASSOZ über neue Endpunkte wieder restauriert wird. Eine nicht assoziierte Hilfslinienposition wird durch ein Kreuz markiert, das Sie dann mit einem passenden Objektfang wieder an ein Objekt anhängen können. Assoziierte Hilfslinienpositionen werden durch eine quadratische Box markiert und können mit [Enter] ohne weitere Aktion übergangen werden.

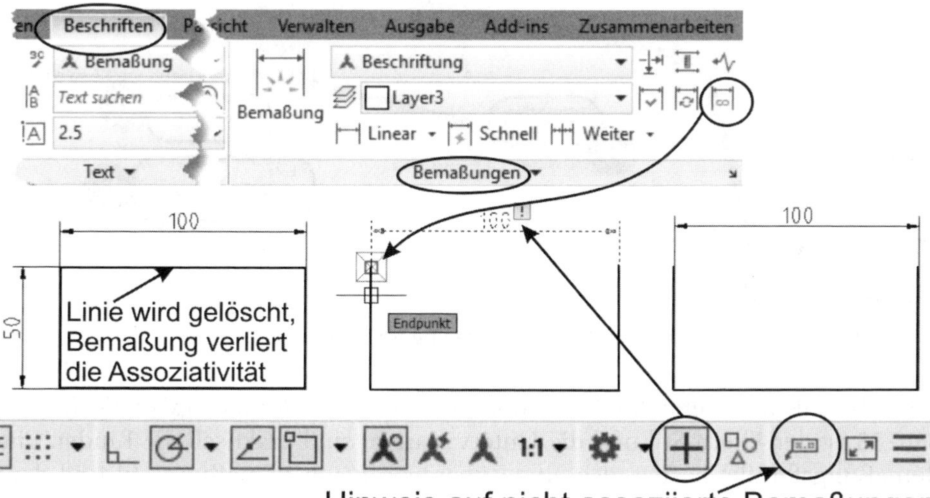

Abb. 12.29: Bemaßung erneut verknüpfen

Hinweis

Das Wort BESCHRIFTUNGSÜBERWACHUNG ist auch im englischen Original eigentlich falsch gewählt, denn es hat nichts mit der *Beschriftungs-Eigenschaft* zu tun, sondern mit der *Bemaßungsassoziativität*.

12.7 Besonderheiten

12.7.1 Bemaßungsfamilien

Beim Anlegen eines neuen Bemaßungsstils können Sie die Gültigkeit der neuen Einstellungen unter VERWENDEN FÜR auf bestimmte Bemaßungsarten beschränken, beispielsweise auf Winkelbemaßungen. Sie erzeugen dadurch zu dem Stil, den Sie unter ANFANGEN MIT gewählt haben, einen sogenannten Unterstil. Dieser Unterstil wird auch im Stilfenster entsprechend als Untervariante angezeigt. Wenn Sie dazugehörige Bemaßungen später mit dem Befehl LISTE ansehen, werden Sie beim vorliegenden Beispiel Bezeichnungen finden wie BAU-35$2 für die Untervariante für Winkelbemaßung zum Stil BAU-35 und BAU-35$7 für die Untervariante für Führung.

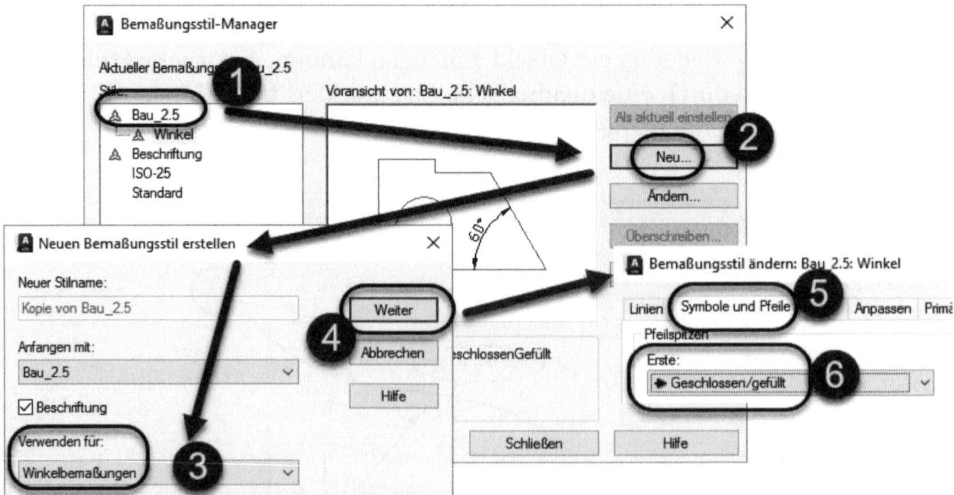

Abb. 12.30: Bemaßungsfamilie mit Sondereinstellung für WINKEL

Diese Bemaßungshierarchie bezeichnet man auch als *Bemaßungsfamilie*. Der Stil BAU-35 ist der Eltern-Stil und die Untervarianten sind praktisch die Kinder. Eine Bemaßungsfamilie besitzt also einen übergeordneten Bemaßungsstil und dann für die eine oder andere besondere Bemaßungsart wie LINEAR, RADIUS, WINKEL, DURCHMESSER, KOORDINATENBEMAßUNG und/oder FÜHRUNG gegebenenfalls davon abweichende Einstellungen. Zuerst sollten Sie immer die Einstellungen vornehmen, die dem übergeordneten Stil entsprechen, danach legen Sie mit NEU die Unterstile für diejenige Bemaßungsart an, für die abweichende Einstellungen nötig sind.

Bei Baubemaßungen werden oft Bemaßungsfamilien verwendet, weil die Linearbemaßungen mit dem Maßpfeiltyp SCHRÄG oder gar mit einem benutzerspezifischen Bemaßungsblock erstellt werden. Für die Radius-, Durchmesser- und Winkelbemaßungen sowie für Führungslinien verwendet man jedoch den Maßpfeil GESCHLOSSEN-GEFÜLLT. Das können Sie am besten mit Bemaßungsfamilien abdecken.

12.7.2 Überschreiben

Wenn Sie viele verschiedene Bemaßungsvariationen haben, dann wenden Sie auch die Technik an, dass Sie nicht immer einen neuen Bemaßungsstil erstellen, sondern temporär nur einige Einstellungen überschreiben. Dafür gibt es die Option ÜBERSCHREIBEN im Bemaßungsstil. Sie haben zwar einen aktuellen Bemaßungsstil, der für fast alle nötigen Einstellungen passt, aber ein oder zwei Einstellungen müssen bei einer individuellen Bemaßung anders sein. Dann rufen Sie den Befehl BEMSTIL auf, klicken den Stil an, der als Vorlage dienen soll, und wählen ÜBERSCHREIBEN. Nun können Sie die gewünschten temporären Einstellungen vornehmen. Dadurch entsteht eine temporäre Stilüberschreibung ohne eigenen Namen mit geänderten Bemaßungseinstellungen, die Sie nun als aktuelle verwenden. Solche Überschreibungen bedeuten, dass zwar für die nachfolgenden Bemaßungen der alte Stil mit den neuen Änderungen gilt, dass diese Änderungen aber nicht Bestandteil des Stils werden. Wenn Sie den ursprünglichen Stil wieder benötigen, wählen Sie ihn einfach im Stilfenster an und klicken auf AKTUELLEN EINSTELLEN. Sie erhalten noch eine Warnung, dass nun die Einstellungen der Überschreibung verworfen werden.

Wenn Sie die Überschreibung aber als eigenen Stil retten wollen, können Sie sie mit der rechten Maustaste anklicken und erhalten ein Kontextmenü. Darin wählen Sie die Option UMBENENNEN und erhalten damit einen neuen eigenen Stil.

12.7.3 Zusätze zur Maßzahl, Sonderzeichen, Fensterhöhen

Oft ist es nötig, Maßzahlen noch mit Zusätzen zu versehen. Beispielsweise ist ein Durchmesserzeichen davor zu setzen oder eine Einheit danach zu spezifizieren. Normale Textzeichen lassen sich beim Erstellen der Bemaßung mit der Option TEXT hinzufügen:

```
Befehl:
BEMLINEAR Anfangspunkt der ersten Hilfslinie angeben oder <Objekt wählen>: 1.
Position anklicken.
```

```
BEMLINEAR Anfangspunkt der zweiten Hilfslinie angeben: 2. Position anklicken
BEMLINEAR Position der Bemaßungslinie angeben oder[Mtext Text Winkel Horizontal Vertikal Drehen]: T
BEMLINEAR Maßtext eingeben <61.81>: %%c<>mm
BEMLINEAR Position der Bemaßungslinie angeben oder [Mtext Text Winkel Horizontal Vertikal Drehen]: Maßlinienposition anklicken
```

Bei den Textänderungen schreiben Sie <> als Platzhalter für die Maßzahl, die damit automatisch unverändert übernommen wird. Sie müssen nicht die Maßzahl wiederholen, was ja zu Tippfehlern führen könnte. Das Symbol <> ist der Platzhalter für die korrekte Maßzahl, die sich aufgrund der Bemaßungsassoziativität automatisch aus den Hilfslinienpositionen am Objekt ergibt. Sie wird sich auch bei Modifikationen des bemaßten Objekts korrekt anpassen.

Sie können auch beispielsweise für Fenster die Höhenangaben in die Bemaßung einbeziehen. Dazu schreiben Sie nach Wahl der Option TEXT:

```
BEMLINEAR Maßtext eingeben <61.81>: <>\X121
```

Die Steuerzeichen \X bewirken, dass der nachfolgende Text unter der Maßlinie erscheint. Das X muss auf jeden Fall großgeschrieben werden.

Eleganter ist es jedoch, alle diese Änderungen im EIGENSCHAFTEN-MANAGER vorzunehmen. Dann können Sie nämlich den Befehl EIGANPASS verwenden, um diese Änderungen auch auf andere Bemaßungen zu übertragen. Für die letzte Änderung wäre im EIGENSCHAFTEN-MANAGER unter PRIMÄREINHEITEN|BEM-SUFFIX dann **\X100** einzutragen.

Wenn Sie mehrere Bemaßungen dieser Art gestalten wollen, lohnt es sich, einen eigenen Stil zu erstellen. Dabei tragen Sie ein:

- Register PRIMÄREINHEITEN, Bereich LINEARE BEMAßUNGEN
  - SUFFIX: \X121

Achten Sie darauf, dass in **\X** immer ein großes **X** geschrieben werden muss.

Für das erste Beispiel oben mit Durchmesserzeichen davor und Einheiten dahinter tragen Sie ein:

- Registerkarte PRIMÄREINHEITEN, Bereich LINEARE BEMAßUNGEN
  - PRÄFIX: %%C
  - SUFFIX: MM

12.7.4 Hochgestellte Fünf in Architekturbemaßungen

Oft wird bei Architekturbemaßungen gewünscht, dass Maßzahlen mit halben Zentimetern nicht im Format 36,5 cm, sondern mit hochgestellter Fünf dargestellt werden: 36^5. Dazu können Sie einen separaten Bemaßungsstil erstellen, der aber nur auf solche Maßzahlen angewendet werden darf, die halbe Zentimeter enthalten. Folgende Einstellungen sind bei diesem Stil nötig:

- Register PRIMÄREINHEITEN
  - GENAUIGKEIT: **0**
  - ABRUNDEN: **0.4999**
  - SUFFIX: **\H0.5x\S5^** oder **\H0.5x\A25**

Achtung: Nach ^ muss ein Leerzeichen folgen.

Vorsicht

Fehlerhafte Anzeigen können bei diesem Stil entstehen, wenn die Objekte zu weit vom Nullpunkt entfernt liegen!

12.7.5 Radius- und Durchmesserbemaßung

Für die Radiusbemaßung gibt es verschiedene Möglichkeiten der Gestaltung. Die in Stileinstellungen aus Abbildung 12.10 im Register ANPASSEN sind für lineare Bemaßungen gültig, bei Radiusbemaßungen braucht man aber für bestimmte Gestaltungen abweichende Optionen. In Abbildung 12.31 werden verschiedene Varianten im Register ANPASSEN zusammen mit den resultierenden grafischen Darstellungen gezeigt. Es werden typische Bemaßungen mit Textposition innen und außen erzeugt.

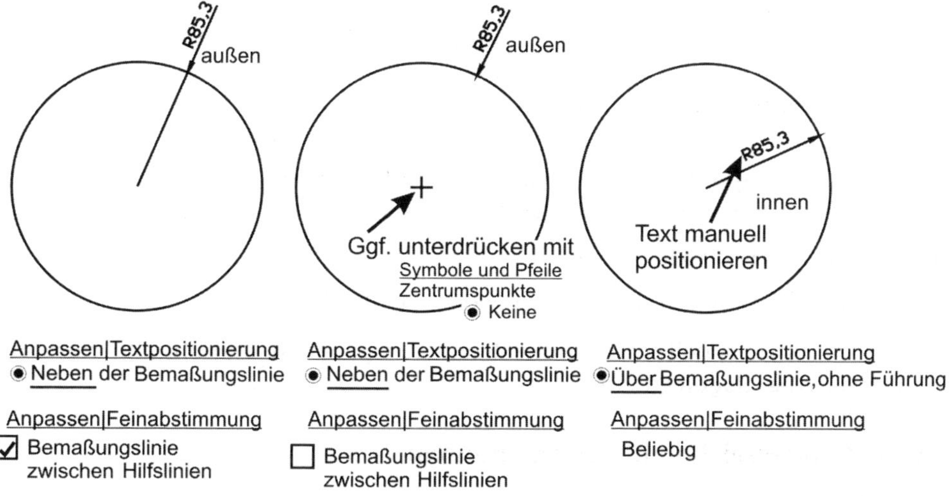

Abb. 12.31: Radiusbemaßungen und zugehörige Stileinstellungen

Es könnte sich auch lohnen, für die Radiusbemaßung nach dem rechten Beispiel einen extra Bemaßungsstil **Große_Radien** einzurichten. In diesem Beispiel liegt der Maßpfeil immer im Innern des Kreises, und der Text wird dann manuell positioniert. Diese Einstellung ist auch für die Durchmesserbemaßung nützlich, damit der Durchmesser mit *beiden* Maßpfeilen erscheint.

Hinweis

Neben dem EIGENSCHAFTEN-MANAGER bietet bei markierter Bemaßung das *Kontextmenü* noch zahlreiche Optionen zum Modifizieren wie etwa das Verschieben des Maßtexts unabhängig von der Maßlinie.

Bei kleinen Radien benutzen Sie am besten wieder den normalen Bemaßungsstil wie in Abbildung 12.31 ganz links. Dort gibt es das »Schweineschwänzchen«-Problem, wo oft der Maßpfeil nicht am Radius selbst sitzt, sondern an einer Fortsetzung des Radius. Um das zu vermeiden, sollten Sie bei Angabe der Maßlinienposition im Innern des Radiusbogens klicken wie in Abbildung 12.32 rechts.

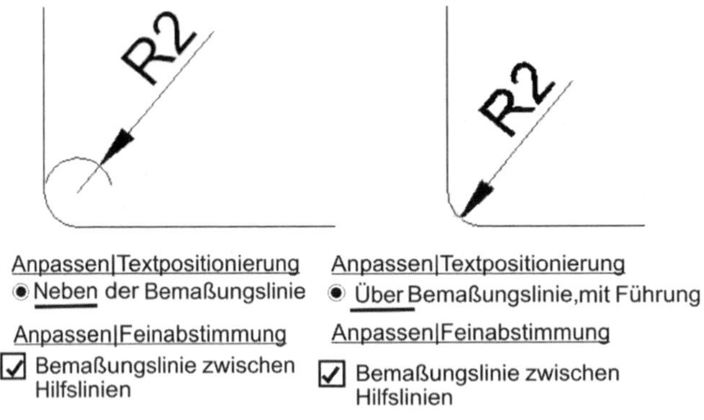

Abb. 12.32: Bemaßung bei kleinen Radien

Alternativ können Sie auch mit folgenden Stil-Einstellungen im Register ANPASSEN das »Schweineschwänzchen« generell vermeiden:

- Bereich TEXTPOSITIONIERUNG
  - ÜBER BEMAßUNGSLINIE, MIT FÜHRUNGSLINIE aktivieren

Hier wäre es eventuell auch sinnvoll, einen eigenen Bemaßungsstil mit dem Namen **Kleine_Bögen** einzurichten.

12.7.6 Sonderzeichen für Maschinenbau

Besondere Zeichen für Maschinenbauzeichnungen können Sie gut mit den Zeichensätzen GDT.SHX oder ISOCPEUR.TTF darstellen. Zum Ausprobieren dieser Zeichen rufen Sie einfach im MTEXT-Befehl die Option für SONDERZEICHEN mit dem @-Zeichen auf. Aktivieren Sie Andere und besorgen Sie sich in der ZEICHENTABELLE den UNICODE des Zeichens, der mit U+ beginnt.

Für Sonderzeichen VOR der Maßzahl geben Sie im EIGENSCHAFTEN-MANAGER im Feld PRÄFIX beispielsweise Folgendes ein:

```
%%c                                           für das Durchmesser-Symbol
{\FGDT;\H0.75x;\U+E200}     für das Symbol   für abgewickelte Länge
```

Die Bedeutung der Zeichen ist folgende:

- **{}** beschränkt die Wirkung der nachfolgenden Einstellung auf das Sonderzeichen, damit nicht noch die Maßzahl im Sonderzeichencode dargestellt wird.
- \F schaltet den Zeichensatz ein (hier Datei GDT.SHX).
- \H setzt die Zeichenhöhe auf **0.75**. Das **x** bedeutet relativ zur aktuellen Texthöhe.
- ; schließt die Formatierung ab. Es können nun die Zeichencodes folgen.
- \U aktiviert die Unicodedefinition.
- +E200 ist das Sonderzeichen für gestreckte Länge.

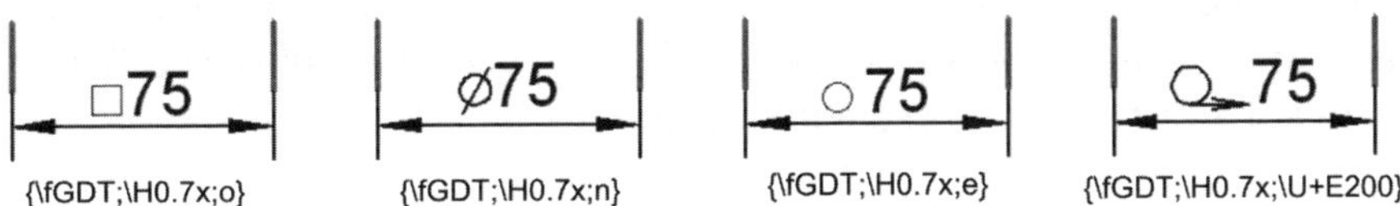

Abb. 12.33: Sonderzeichen in Bemaßungen aus GDT.SHX

Steuercode		Aktion	Beispiel
\O	\o	Überstreichung ein, aus	\Oüberstrichen\o
\L	\l	Unterstreichung ein, aus	\Lunterstrichen\l
\~		Geschütztes Leerzeichen	AutoCAD\~2013
\\		Backslash eingeben	Breite\\Höhe
{	}	Geschweifte Klammern	{Formatierung}
\Cn		Farbe Nummer n	\C1
\FNAME		Zeichensatz NAME verwenden	\FGDT
\Hnx		Höhe n-mal Texthöhe	\H0.5x
\Sa^b		Stapeln: a hochstellen, b tiefstellen	\SH7^g6
\Tn		n-facher Zeichenabstand (0.75...4)	\T1.5
\Qn		Neigungswinkel n Grad	\Q15
\Wn		Zeichenbreitenfaktor n	\W1.2

Tabelle 12.3: Steuerzeichen für Maßtextformatierung

Steuercode	Aktion	Beispiel
\A0 \A1 \A2	Ausrichtung unten, Mitte, oben	\A2
\P	Neue Zeile	\P
\U+nnnn	Unicode-Zeichen nnnn	\U+E200
\X	Unter Maßlinie wechseln	\X

Tabelle 12.3: Steuerzeichen für Maßtextformatierung (Forts.)

Tipp: Großschreibung

Das Steuerzeichen hinter dem Backslash sollten Sie immer großschreiben.

Ein *Leerzeichen* als Präfix einer Radiusbemaßung unterdrückt den Buchstaben R. Ebenso können Sie das Durchmesserzeichen bei Durchmesserbemaßungen unterdrücken.

Hinweis: Sonderzeichen im Maßtext

Sie können Sonderzeichen im Maßtext auch dadurch erzeugen, dass Sie den Maßtext doppelklicken, damit der Texteditor erscheint, und dort dann unter dem Werkzeug @ jedes beliebige Sonderzeichen aus jeder Schrift bequem auswählen. Diese Änderung des Maßtextes lässt sich dann aber *nicht* über den Befehl EIGANPASS auf andere Bemaßungen übertragen.

12.7.7 Abstand Maßlinie – Objekt

Im Maschinenbau sollten die ersten Maßlinien einen Abstand von **10 mm** vom Objekt haben. Bei Architekturzeichnungen möchte man die Abstände der Maßlinien auf glatte Werte wie **50 cm** oder **100 cm** setzen. Das können Sie leicht erreichen, indem Sie in der Statusleiste FANGMODUS, POLARE SPUR, OBJEKTFANG und OBJEKTFANGSPUR mit folgenden Einstellungen aktivieren:

Register FANG UND RASTER

- FANGMODUS EIN [F9] aktiviert
- FANGTYP
  - POLARFANG
- POLARER ABSTAND
  - POLARE ENTFERNUNG **10** oder **50** oder **100**

Register SPURVERFOLGUNG

- SPURVERFOLGUNG EIN [F10] aktiviert

- OBJEKTFANGSPUR-Einstellungen
  - SPUR NUR ORTHOGONAL

Register OBJEKTFANG

- OBJEKTFANG EIN [F3] aktiviert
  - ENDPUNKT
  - MITTELPUNKT
- OBJEKTFANGSPUR EIN [F11] aktiviert

Wenn AutoCAD nach der Maßlinienposition fragt, bleiben Sie kurz auf einem geeigneten End- oder Mittelpunkt der Kontur stehen, um ihn als Ausrichtepunkt (grünes Kreuzchen erscheint) zu wählen, fahren dann von dort senkrecht zur Kontur auf einer Spurlinie weg und klicken bei der gewünschten Entfernung auf dieser Spurlinie, sobald der Cursor dort einrastet, zum Beispiel 10 oder 50 oder 100. Damit haben Sie dann die Maßlinie sauber auf eine Entfernung von 10 (oder 50 oder 100) oder einem Vielfachen senkrecht zur Kontur gebracht.

Alternativ können Sie auch Hilfslinien zur Positionierung der Maßlinien mit dem Befehl KLINIE erzeugen. Dies ist für Architekturmaßketten sehr nützlich. Mit der Option ABSTAND lassen sich ähnlich wie beim Befehl VERSETZ Parallelen zu Konturlinien erzeugen. Diese Linien sind beim Befehl KLINIE aber unendlich lang, wie es beim Bemaßen oft gebraucht wird. Diese Linien lassen sich beim Bemaßen mit Objektfang MITTELPUNKT, LOT oder NÄCHSTER für die Maßlinienposition nutzen.

```
Befehl: _xline Einen Punkt angeben oder [HOr Ver Win HAlb Abstand]: A
KLINIE Abstand angeben oder [Durch punkt] <Durch punkt>: 100
KLINIE Linienobjekt wählen: Konturlinie anklicken
KLINIE Zu versetzende Seite angeben: nach außen klicken
KLINIE Linienobjekt wählen: die gerade erzeugte Konstruktionslinie anklicken
KLINIE Zu versetzende Seite angeben: nach außen klicken
KLINIE Linienobjekt wählen: [Enter]
```

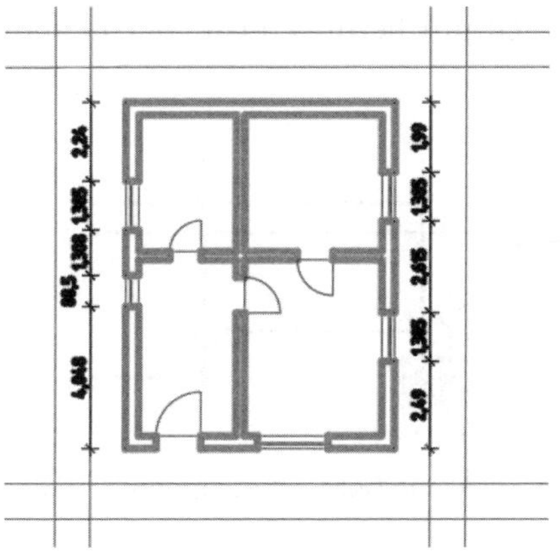

Abb. 12.34: Bemaßung mit Konstruktionslinien im Abstand 100 positionieren

Der Befehl KLINIE erwartet standardmäßig zwei Punkte, durch die er dann eine unendlich lange Linie legt. Diese Linie kann wie die normale Linie behandelt werden, also auch gestutzt, gedehnt und abgerundet werden. Es gibt einige interessante Optionen:

ZEICHNEN UND BESCHRIFTUNG	Icon	Befehl	Kürzel
START|ZEICHNEN ▼|KONSTRUKTIONSLINIE		KLINIE	KL

Die Optionen:

- HOR zeichnet eine horizontale Konstruktionslinie durch einen Punkt.
- VER zeichnet eine vertikale Konstruktionslinie durch einen Punkt.
- WIN zeichnet eine Konstruktionslinie in einem vorgegebenen Winkel durch einen Punkt.
- HALB zeichnet eine Winkelhalbierende, basierend auf Scheitelpunkt, Winkelstartpunkt und Winkelendpunkt.
- ABSTAND erzeugt ähnlich wie der Befehl VERSETZ eine Parallele zu einer bestehenden Linie. Im Unterschied zum Befehl VERSETZ ist die hiermit konstruierte Konstruktionslinie unendlich lang.

12.7.8 Arbeiten mit Griffen

In vielen Fällen sind bei den Bemaßungskorrekturen die Griffe sehr hilfreich. Mit den Griffen können Sie leicht Maßlinien aufeinander ausrichten:

- Maß anklicken, damit Griffe in Blau erscheinen.
- Griff am Maßpfeil anklicken, damit er rot wird, also zum »heißen Griff«.
- FANGMODUS ENDPUNKT einschalten.
- Heißen Griff auf Pfeilspitze der benachbarten Bemaßung ziehen.

Achtung: Die Griffe rasten ineinander ein! Sobald man mit einem heißen roten Griff das blaue Quadrat eines anderen Griffs auch nur berührt, rastet der Erstere auf der exakten Position des Letzteren ein.

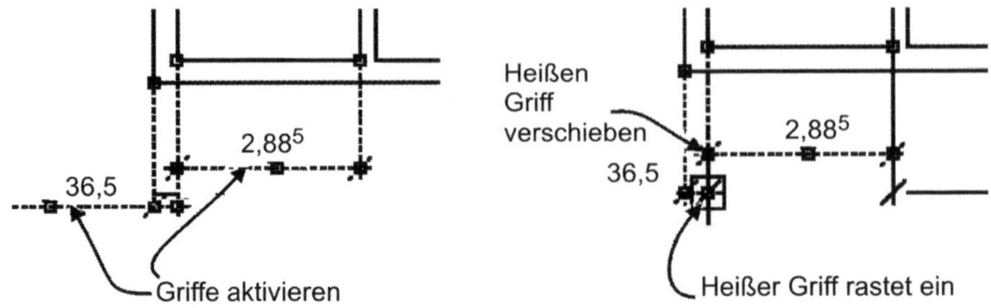

Abb. 12.35: Bemaßung mit Griffen fluchtend ausrichten

Tipp: Maßlinienposition – an existierender Bemaßung orientieren

Oft wollen Sie Maßlinien, auch wenn sie nicht direkt nebeneinander liegen, auf gleiche Höhe setzen. Bei horizontalen oder vertikalen Maßlinien können Sie das erreichen, indem Sie bei der Positionsangabe die temporären Spurlinien ausnutzen – OBJEKTFANGSPUR in der Statusleiste aktivieren – und den existierenden Maßpfeil an der Spitze anfahren. Nachdem Sie dort kurz stehen geblieben sind, erscheint ein Kreuzchen, der Ausrichtepunkt, und es wird beim Weiterbewegen der Maus eine dynamische Hilfslinie, die Spurlinie, erzeugt. Auf dieser Spurlinie, die Sie in horizontaler oder vertikaler Richtung erhalten können, klicken Sie dann die neue Maßlinienposition an.

12.7.9 Mehrzeilige Maßtexte

Maßtexte können Sie nach Doppelklick mit dem Texteditor bearbeiten, Texte ergänzen und Zeilenumbrüche als [Enter] einfügen. Solche Änderungen einer Bemaßung mit dem Texteditor können aber *nicht* mit EIGANPASS auf andere Bemaßungen übertragen werden.

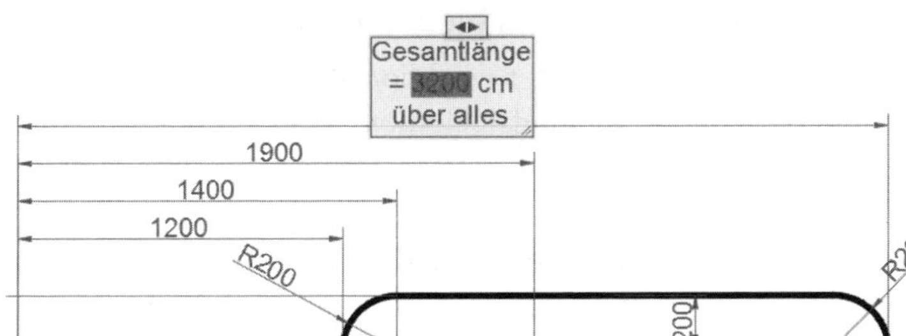

Abb. 12.36: Mehrzeiliger Maßtext

12.7.10 Aktualisieren von Bemaßungen

Wenn Sie in einem Bemaßungsstil Änderungen vorgenommen haben, werden die schon existierenden Maße nach der Änderung automatisch angepasst. Wollen Sie jedoch andere Bemaßungen, die zu anderen Stilen gehören, auf den aktuellen Stil bringen, dann müssen Sie AKTUALISIEREN im Register BESCHRIFTEN, Gruppe BEMASSUNGEN aufrufen und die zu aktualisierenden Bemaßungen wählen.

ZEICHNEN UND BESCHRIFTUNG	ICON	Befehl
BESCHRIFTEN|BEMASSUNGEN|AKTUALISIEREN		-BEMSTIL|A
		BEMREGEN

Es gibt eine weitere Funktion zum Aktualisieren von Bemaßungen: BEMREGEN. Damit können nach Konstruktionsänderungen die Positionen aktualisiert werden. Das kann nötig sein,

- wenn Sie im Papierbereich bemaßt und im Ansichtsfenster gezoomt oder die Konstruktion geändert haben oder
- wenn Sie externe Referenzen verwenden, die in der aktuellen Zeichnung bemaßt werden. Nach Konstruktionsänderungen kann auch hier BEMREGEN nötig sein.

12.7.11 Überlagerungen mit Bemaßungen

Es kommt vor, dass Maßtexte mit anderen Bemaßungen oder Geometrien wie Mittellinien kollidieren. Es gibt jetzt vier Möglichkeiten:

- Andere Bemaßungen können Sie mit dem Befehl BEMBRUCH unterbrechen wie in Abschnitt 12.5.13, *Bemaßungsbruch – Befehl: BEMBRUCH* .
- Im Bemaßungsstil können Sie im Register TEXT die FÜLLFARBE aktivieren und HINTERGRUND wählen. Dann wird der Maßtext mit Hintergrundfarbe unterlegt und überdeckt alle anderen Objekte. Sie müssen dann aber dafür sorgen, dass die Bemaßung oberstes Objekt ist. Dazu gibt es die Möglichkeit, die Zeichenreihenfolge zu ändern unter START|ÄNDERN▼|GANZ OBEN.
- Sie können die störende Mittellinie mit der Funktion BRUCH unterbrechen. Sie wählen das zu unterbrechende Geometrieelement an der ersten Bruchposition und danach an der zweiten (Abbildung 12.37). Dabei sollte der Objektfang NÄCHSTER aktiviert sein.

  Wenn mehr zu unterbrechen ist, lohnt es sich vielleicht, eine kleine Box, zum Beispiel mit dem Befehl RECHTECK, zu konstruieren und damit dann die störenden Objekte mit STUTZEN zu behandeln.
- Mit dem Befehl ABDECKEN lassen sich bei der Überlagerung von Maßen und Hilfslinien leicht nach der Methode des Tipp-Ex störende Linien unterdrücken.

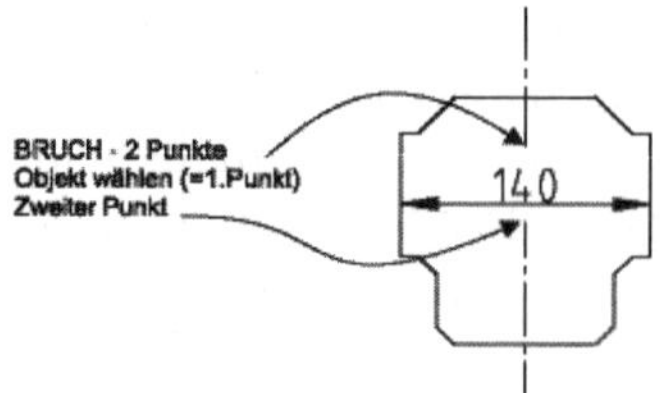

Abb. 12.37: Bruch an Bemaßung

ZEICHNEN UND BESCHRIFTUNG	Icon	Befehl
START|ZEICHNEN▼|ABDECKUNG oder BESCHRIFTEN|MARKIERUNG|ABDECKUNG		ABDECKEN

Der Befehl kann entweder eine vorhandene Polylinie mit Option POLYLINIE verwenden und in eine weiße deckende Fläche verwandeln oder Polygonpunkte bis zur Eingabe von Schließen einlesen.

```
Befehl: _wipeout
ABDECKEN Ersten Punkt wählen oder [Rahmen Polylinie] <Polylinie>: Ersten Polygonpunkt anklicken
ABDECKEN Nächsten Punkt angeben: <Ofang aus> Polygonpunkte anklicken
ABDECKEN Nächsten Punkt angeben oder [Zurück]: Polygonpunkte anklicken
ABDECKEN Nächsten Punkt angeben oder [Schließen Zurück]: ...
ABDECKEN Nächsten Punkt angeben oder [Schließen Zurück]: S
```

Die entstandene weiße Fläche hat noch zwei Schönheitsfehler. Sie deckt auch die Bemaßung ab und besitzt noch einen sichtbaren Rahmen. Den Rahmen schalten Sie ab mit ABDECKEN, Option RAHMEN und AUS. Mit dem Befehl zur Zeichenreihenfolge START|ÄNDERN▼|GANZ OBEN klicken Sie dann die Objekte an, die über der weißen Fläche liegen sollen, im Beispiel also die Radiusbemaßung.

```
Befehl: _wipeout
ABDECKEN Ersten Punkt wählen oder [Rahmen Polylinie] <Polylinie>: R
ABDECKEN Modus eingeben [EIN AUS] <EIN>: AUS
```

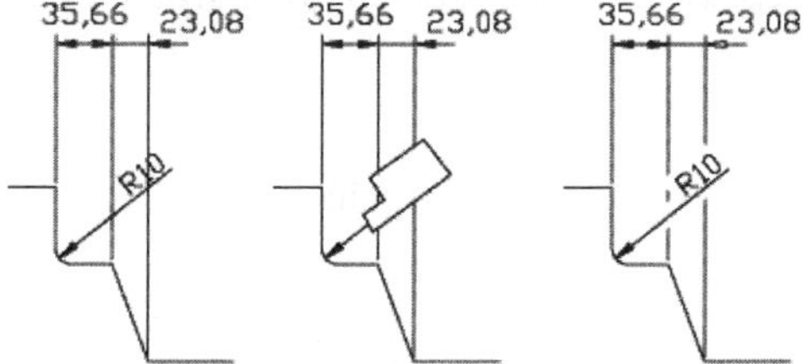

Abb. 12.38: Abdecken von Hilfslinien

> **Wichtig**
>
> Abdeckungsflächen ohne Rahmen sind *unsichtbar*, werden aber im ZOOM-Befehl, zum Beispiel mit der Option GRENZEN, berücksichtigt. Sie zoomen dann auf etwas, was Sie nicht sehen.

12.7.12 Text und Bemaßung in Schraffuren

Wenn Texte oder Bemaßungen in Schraffurgebieten liegen, werden sie automatisch als Inseln erkannt und ausgespart. Durch die Assoziativität der SCHRAFFUR ist auch sichergestellt, dass bei Verschiebungen von Bemaßungen oder Texten die Aussparungen mitgehen.

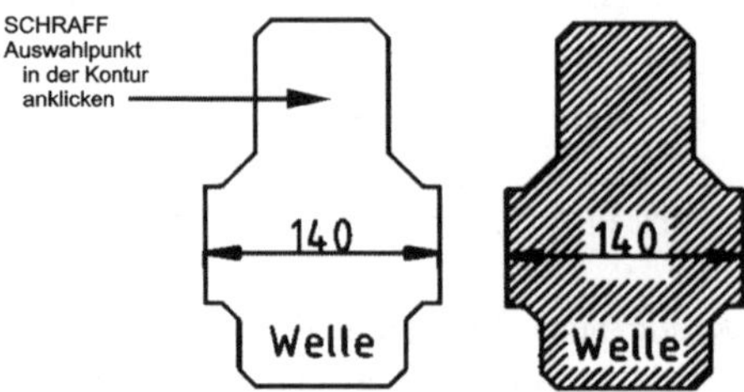

Abb. 12.39: Texte und Bemaßungen in Schraffuren

Wenn die Bemaßung erst nachträglich erstellt wird, können Sie die vorhandene Schraffur per Klick bearbeiten und in der Multifunktionsleiste SCHRAFFUR-EDITOR in der Gruppe UMGRENZUNGEN auf WAHL Wahl klicken und die Bemaßung als Objekt wählen, das dann als Schraffurinsel ausgespart wird.

Tipp: Reihenfolge Texte – Bemaßungen – Schraffuren und andere Objekte

Um Texte und Bemaßungen *vor* andere Objekte in den Vordergrund zu stellen, gibt es den Befehl TEXTNACHVORNE, um Schraffuren *nach hinten* zu bringen, den Befehl HATCHTOBACK.

ZEICHNEN UND BESCHRIFTUNG	Icon	Befehl
START|ÄNDERN ▼|GANZ OBEN ▼|TEXT NACH VORNE		TEXTNACHVORNE
START|ÄNDERN ▼|GANZ OBEN ▼|BEMAßUNGEN NACH VORNE		TEXTNACHVORNE, Option BEM
START|ÄNDERN ▼|GANZ OBEN ▼|SCHRAFFUREN NACH HINTEN		HATCHTOBACK

12.8 Assoziative Mittellinie und Zentrumsmarke

Es gibt zwei spezielle Befehle für assoziative Objekte: ZENTRUMSMARKIERUNG und ZENTRUMSLINIE. Beide sind mit den Ursprungsobjekten, dem Kreis bzw. den Linien assoziativ verknüpft und ändern sich mit ihnen automatisch. Die Befehle liegen im Register BESCHRIFTEN unter der Gruppe MITTELLINIEN.

Abb. 12.40: Neue Befehle ZENTRUMSMARKIERUNG und ZENTRUMSLINIE

Beide Befehle werden nicht von den Eintragungen im Bemaßungsstil unter Register SYMBOLE UND PFEILE Abschnitt ZENTRUMSPUNKTE gesteuert! Sie verwenden eigene Systemvariablen, die Sie in der Vorlage einstellen oder in der aktuellen Zeichnung mit dem EIGENSCHAFTEN-MANAGER ändern können. Die wichtigsten sind:

- CENTERMARKEXE – legt fest, ob das komplette Mittellinienkreuz (EIN) oder nur die Kreuzmarke (AUS) erstellt werden soll.
- CENTEREXE – gibt an, um wie viele *Zeicheneinheiten* das Kreuz über den Kreis übersteht.
- CENTERLTYPE – legt den Linientyp der Objekte fest und sollte mit ».« auf den Linientyp des aktuellen Layers (z.B. **Mittellinien**) eingestellt werden oder auf **ACAD_ISO10W100** gemäß dem normalen Linientyp, der sowieso schon für den Layer **Mittellinien** geladen sein sollte.

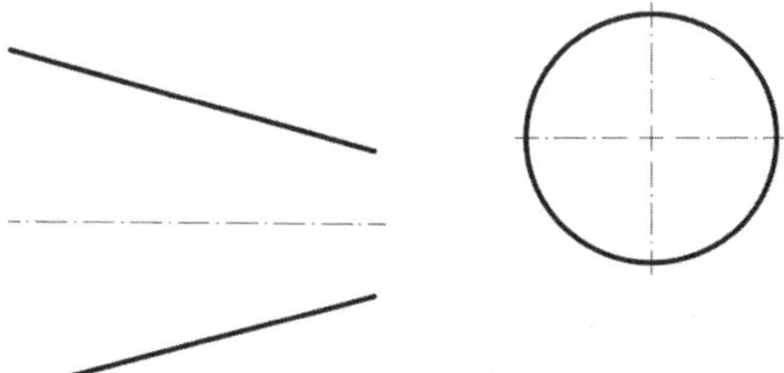

Abb. 12.41: Assoziative ZENTRUMSLINIE und ZENTRUMSMARKIERUNG

Der Befehl ZENTRUMSMARKIERUNG ist ein Ersatz für den älteren Befehl BEMMITTELPUNKT (Abschnitt 12.5.15, *Zentrumsmarke – Befehl: BEMMITTELP*). Die Einstellungen aus dem Bemaßungsstil greifen aber nur bei dem alten Befehl, nicht bei den beiden hier vorgestellten. Optimierte Einstellungen für diesen Befehl müssten Sie über den EIGENSCHAFTEN-MANAGER oder über die obigen Systemvariablen steuern (siehe Abschnitt 15.5.4, *Beispiele*).

12.9 Bemaßung bei 3D-Konstruktionen

Bei 3D-Konstruktionen wird man für normale Fertigungsaufgaben stets die üblichen Ansichts- und Schnittzeichnungen erstellen. Für Übersichtsbilder wie Abbildung 12.42 kann man natürlich wichtige Maße auch in das 3D-Modell hineinzeichnen.

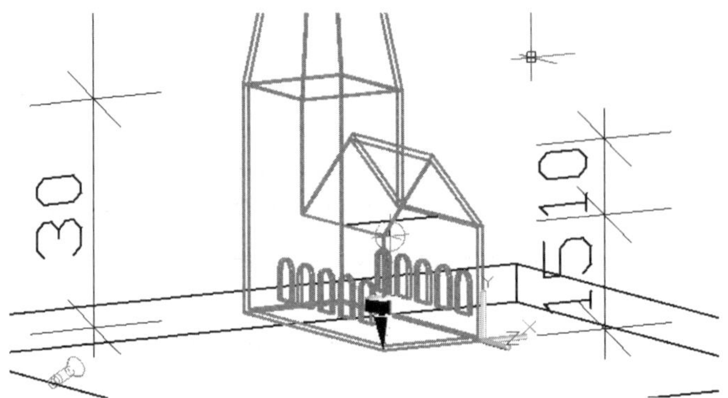

Abb. 12.42: Bemaßung in 3D-Konstruktion

Dazu ist es aber nötig, vorher die xy-Ebene in die gewünschte Bemaßungsebene zu legen. Sie können dazu die Ansicht mit dem ViewCube oder mit der Tastenkombination `Shift`+Mausrad und kleiner Bewegung einstellen. Das Koordinatensymbol klicken Sie einfach an und benutzen dann die Griffmenüs, um den Ursprung zu verändern und es um die einzelnen Achsen zu drehen. Liegt die xy-Ebene dann in der beabsichtigten Bemaßungsebene, können Sie die Bemaßungsbefehle ganz normal benutzen.

12.10 Führungslinien und Multi-Führungslinien

Es gibt für Hinweistexte, Positionsnummern und auch Form- und Lagetoleranzen zwei Möglichkeiten. Der alte Befehl SFührung (Kürzel SF) kann nur *manuell* aufgerufen werden. Mit dem Befehl Beschriften|Führungslinien|Multi-Führungslinie (MFührung) können Sie Anmerkungstexte mit einem Maßpfeil generieren, Positionsnummern mit Hinweispfeilen erstellen oder einfach eine leere Führungslinie mit Pfeilspitze erstellen. Beide Befehle können Sie also bei geeigneter Voreinstellung für Hinweistexte verwenden, für Form- und Lagetoleranzen im Maschinenbau ist nur SFührung geeignet, für Positionsnummern ist MFührung besser.

12.10.1 Führungslinien mit SFÜHRUNG

Wenn Sie SFührung aufrufen, wird die Option Einstellungen als Vorgabe angeboten. Sie können eine Führungslinie mit mehreren Knickstellen erzeugen. Die

Knickstellen können Sie mit der Option SPLINE glätten lassen. Sie haben aber auch die Möglichkeit, bei der Führungslinie die Option BLOCK zu wählen, um anstelle eines Texts einen Block anzuhängen, oder die Option TOLERANZ für Form- und Lagetoleranzen.

Abb. 12.43: Verschiedene Führungslinien

Die typische Anwendung besteht darin, eine Anmerkung mit Hinweispfeil zu generieren. Die Einstellungen für einen sauberen Hinweistext zeigt Abbildung 12.44.

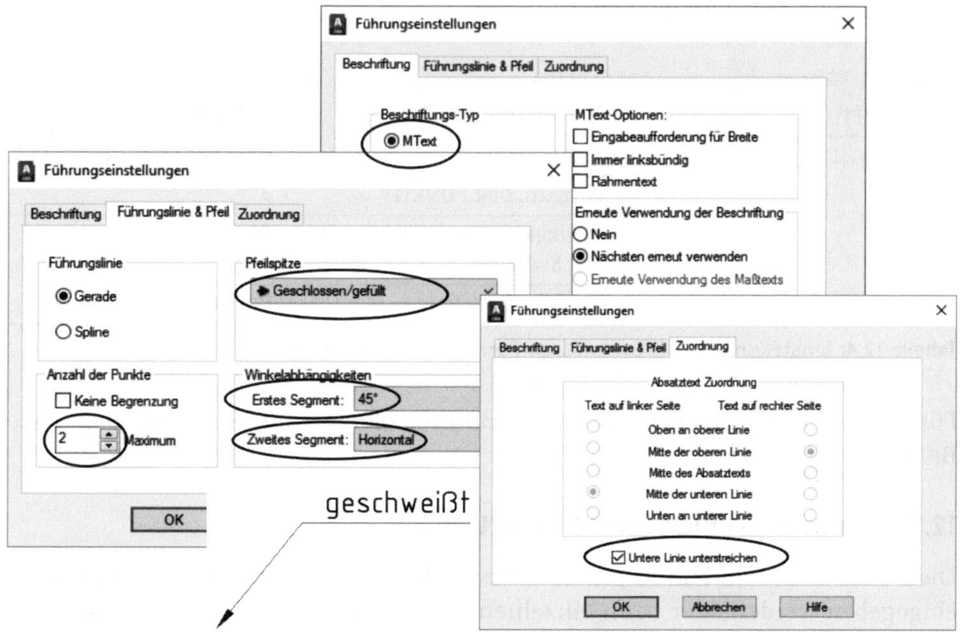

Abb. 12.44: Einstellungen für Hinweistext in SFÜHRUNG

Mit der Option BLOCK können Sie ein einfaches System zur Erstellung von Positionslisten erstellen, wenn Sie als Block einen Kreis mit Attributdefinitionen für Positionsnummer, Bezeichnung, Benennung, Material und Gewicht wählen. Der

Block muss einen Quadranten als Basispunkt haben, und das Attribut POSITIONSNUMMER sollte im Kreis mit der Option MITTE zentriert sein. Die übrigen Attribute sollten unsichtbar sein. Bei der Führungslinie müssen Sie dann die Option BLOCKREFERENZ wählen. Nach den Positionen für die Führungslinie wird der Blockname erfragt. Die Positionierung des Blocks erfolgt dann manuell am Ende der Führungslinie.

Abb. 12.45: Erzeugung und Einsatz eines Blocks mit Attributen in der Führungslinie

Interessant ist SFÜHRUNG auch für die oben beschriebenen Form- und Lagetoleranzen. Der Vorteil gegenüber dem oben vorgestellten Befehl TOLERANZ besteht darin, dass hier zur Toleranzbox auch gleich der Pfeil generiert wird. Geben Sie dazu folgende Einstellungen ein:

Register	Thema	Wert
BESCHRIFTUNG	BESCHRIFTUNGS-TYP:	**Toleranz**
FÜHRUNGSLINIE UND PFEIL	PFEILSPITZE:	**Geschlossen/gefüllt**
	ANZAHL DER PUNKTE:	**3**
	WINKELABHÄNGIGKEITEN: ERSTES SEGMENT:	**90°**
	ZWEITES SEGMENT:	**Horizontal**

Tabelle 12.4: Einstellungen in SFÜHRUNG für Form- und Lagetoleranz

Für den Bezugsbuchstaben der Form- und Lagetoleranz wählen Sie als Pfeilspitze BEZUGSDREIECK GEFÜLLT.

12.10.2 Führungslinien mit MFÜHRUNG

Die Details der Multi-Führungslinie können über BESCHRIFTEN|FÜHRUNGSLINIEN|↘ eingegeben werden oder beim einzelnen Befehlsaufruf mit Optionen. Sinnvoller ist es jedoch, für typische Fälle spezielle Multilinienstile zu erstellen (Abbildung 12.46).

Es gibt auch eine Werkzeugpalette mit fertigen Multi-Führungslinien (Abbildung 12.47). Mit ANSICHT|PALETTEN|WERKZEUGPALETTEN bzw. [Strg]+[3] können Sie die aktivieren und müssen dann die Palette FÜHRUNGSLINIEN auswählen. Die Funktion FÜHRUNGSLINIE-KREIS bietet eine schnelle Möglichkeit zur Erzeugung von

POSITIONSNUMMERN. Die Funktion FÜHRUNGSLINIE MIT TEXT ist nicht normgerecht.

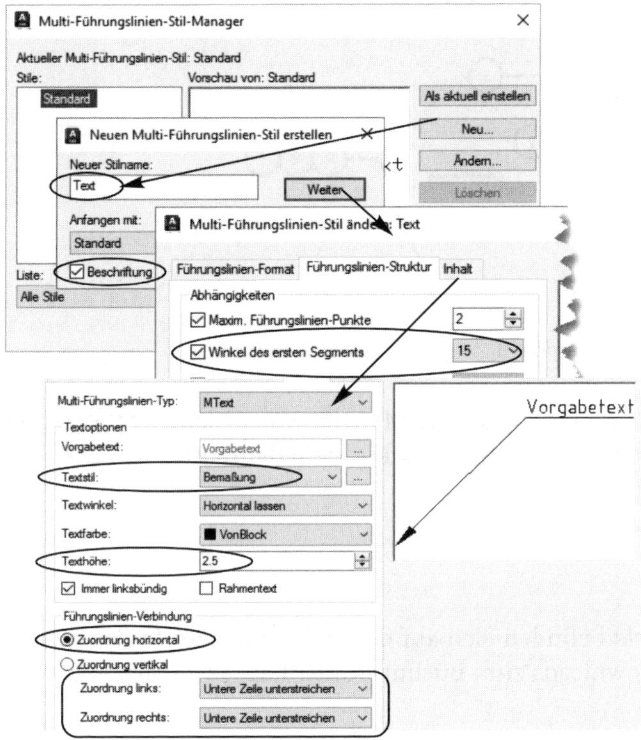

Abb. 12.46: Einstellungen für Hinweistexte

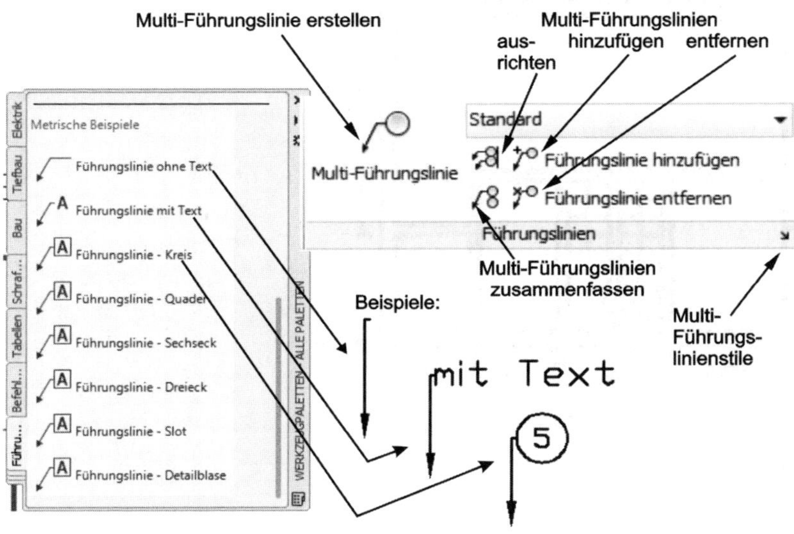

Abb. 12.47: Funktionalität der Multi-Führungslinien

Multi-Führungslinien haben den Vorteil, dass Sie Führungslinien hinzufügen oder auch entfernen können. Es gibt Werkzeuge, um mehrere auszurichten und zusammenzufassen.

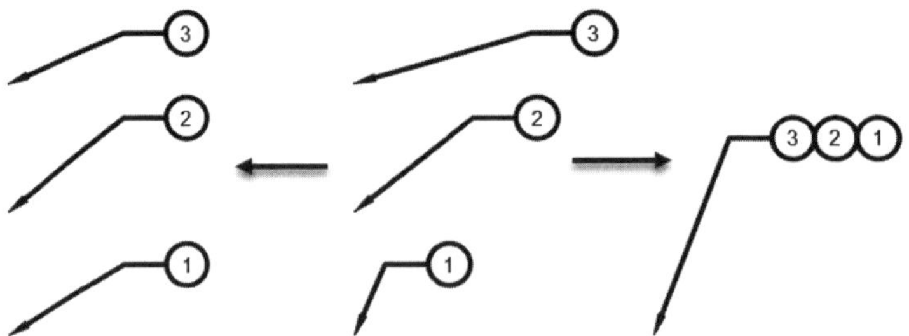

Abb. 12.48: Multi-Führungslinien: ausgerichtet, original, zusammengefasst

Eine besonders nützliche Option des Befehls MFÜHRUNG lautet MTEXT und erlaubt die Wahl eines bestehenden MTEXT-Objekts, dem dann nur noch der Führungspfeil hinzugefügt wird.

12.11 Zeichenübung

Die Übungen dieses Kapitels befinden sich auf der Homepage des Verlags (`www.mitp.de/0596`) unter den Downloads zum Buchtitel unter `Kap_12_Übungs-PDF`.

12.11.1 Architekturbeispiel

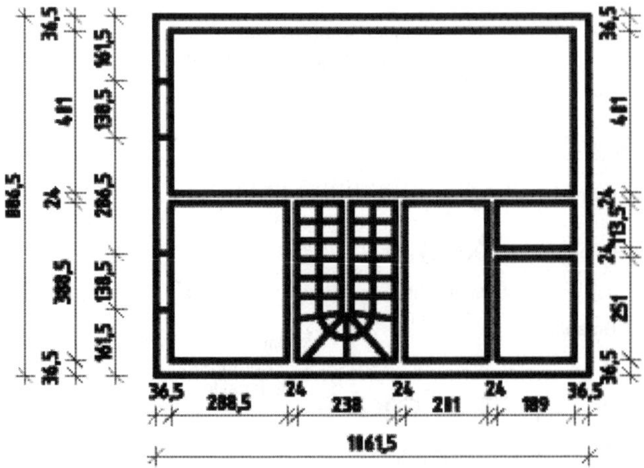

Abb. 12.49: Grundriss

12.11.2 Holztechnik: Schubkasten

Der Schubkasten aus Abbildung 12.50 soll im Folgenden in der dargestellten Seitenansicht gezeichnet werden.

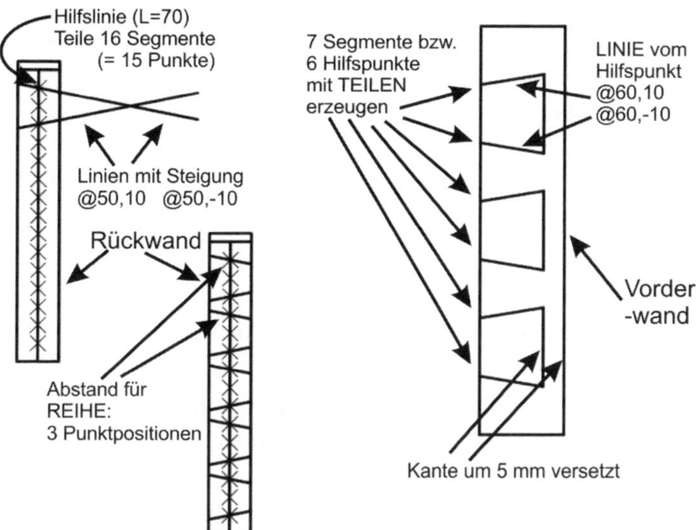

Abb. 12.50: Schubkasten

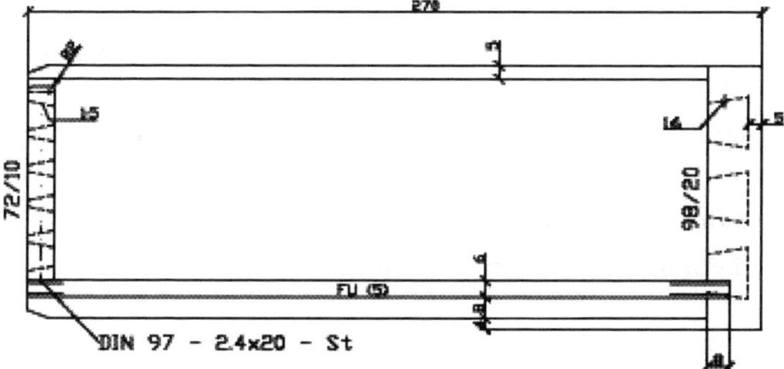

Abb. 12.51: Vorder- und Rückwandkonstruktion

12.12 Was noch zu bemerken wäre

Tipp

Die multifunktionalen Griffe bieten gerade bei den Bemaßungen gute Möglichkeiten zum Fortsetzen und Modifizieren.

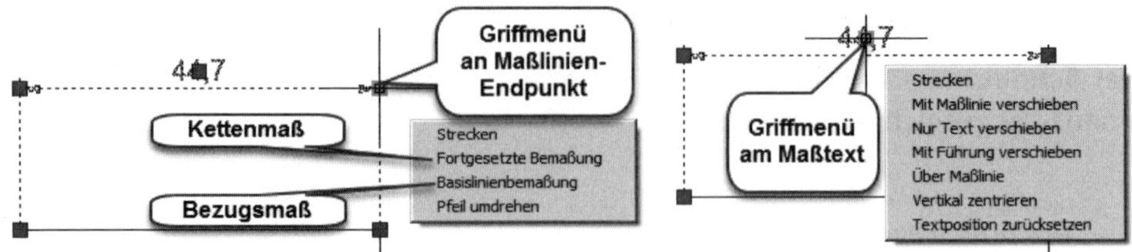

Abb. 12.52: Bemaßungen können mit FORTGESETZTE BEMAßUNG als Kettenbemaßung oder mit BASISLINIENBEMAßUNG als Bezugsbemaßung fortgesetzt werden. Die übrigen Optionen erklären sich selbst.

12.13 Übungsfragen

1. Wie wird Bezugsbemaßung erstellt?
2. Mit welchem Befehl generiert man praktischerweise die Form- und Lagetoleranzen?
3. Wie erhält man bei der Winkelbemaßung mit die Option, um die drei Punkte Scheitelpunkt, erster Winkelendpunkt und zweiter Winkelendpunkt eingeben zu können?
4. Wie nennt man die Bemaßung, die mit BEMWEITER erstellt wird?
5. Beschreiben Sie die Bemaßung mit dem Befehl BEMAUSG .
6. Was stellt die Bemaßungsfunktion BESCHRIFTEN|BEMAßUNGEN▼|SCHRÄG eigentlich schräg, die Maßlinie oder die Hilfslinien?
7. Wie lautet das Sonderzeichen für Durchmesser, das man ggf. als Präfix in einer Linearbemaßung braucht?
8. Woran erkennt man, dass in einem Bemaßungsstil Einstellungen überschrieben wurden?
9. Was bedeutet die *Assoziativität der Bemaßung*?
10. Wird beim Schraffieren ein Maßtext automatisch ausgespart?

Kapitel 13

Einführung in Standard-3D-Konstruktionen (nicht LT)

In diesem Kapitel werden kurz die wichtigen Modelle und Verfahren der 3D-Konstruktion vorgestellt: *Draht-*, *Flächen-* und *Volumenmodell*. Dann werden die Möglichkeiten zur Ansichtssteuerung und zur Positionierung von Benutzerkoordinatensystemen vorgestellt. Es folgen die Befehle zur Erstellung von Volumenkörpern durch Kombination von *Grundkörpern*. Alternativ können Volumina auch durch Bewegung von zweidimensionalen Profilen entstehen, sogenannte *Bewegungskörper*. Die fertigen Volumenkörper können natürlich auch nachbearbeitet werden: durch spezielle Bearbeitungsfunktionen für die einzelnen Flächen, über die Griffe und natürlich auch über den EIGENSCHAFTEN-MANAGER bzw. Strg+1.

13.1 3D-Modelle

Man spricht im Bereich der 3D-Konstruktion immer von drei Modellen:

- Drahtmodell
- Flächenmodell
- Volumenmodell / Netzmodell

Hiermit wird angedeutet, welche CAD-Objekte der Konstruktion zugrunde liegen. Konstruiert man im einfachsten Fall ein dreidimensionales Objekt aus Kurven, also aus Linien, Bögen, Kreisen und Polylinien, dann liegt ein *Drahtmodell* vor. Die 3D-Objekte setzen sich aus Kurven zu einem Drahtgerüst zusammen. Drahtmodelle sind relativ einfach zu konstruieren, sind aber durchsichtig, weil sie nur die Kanten enthalten (Abbildung 13.1). Drahtmodelle sind auch in der LT-Version möglich.

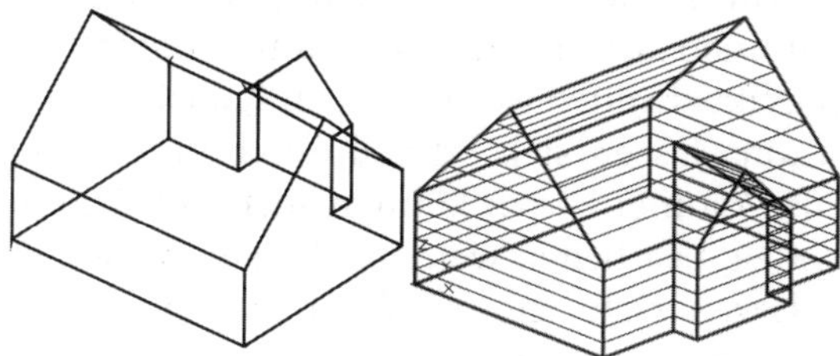

Abb. 13.1: 3D-Drahtmodell links und Flächenmodell mit Netzflächen rechts

Das Drahtmodell wird auch oft zur Darstellung der Flächen- und Volumenmodelle während der Bearbeitung als Anzeigemodus verwendet, weil es diese Darstellung erlaubt, auch die verdeckten Kanten zu sehen und anzuklicken.

Ein *Flächenmodell* besteht aus Flächen, die entweder über ein *Drahtmodell* gezogen werden, also als Verbindungen von Randkurven generiert werden, oder über Stützpunkte und Parameterwerte konstruiert werden. Oft werden *Netzflächen* verwendet, um in Drahtmodellen Paare gegenüberliegender Kanten mit Flächen zu überziehen: Regelflächen (Abbildung 13.1 rechts). Beispiele für weitere Flächen, die aus Randkurven hervorgehen, sind auch Rotationsflächen und Extrusionsflächen (Abbildung 13.2). Letztere entstehen durch Drehen eines Profils um eine Achse oder Verschieben in einer Richtung. Flächenmodelle gestatten eine Darstellung mit ausgeblendeten verdeckten Kanten und sogar mit schattierten Oberflächen. AutoCAD hat viele Funktionen, um solche Flächen zu verbinden, abzurunden oder auch zu modellieren.

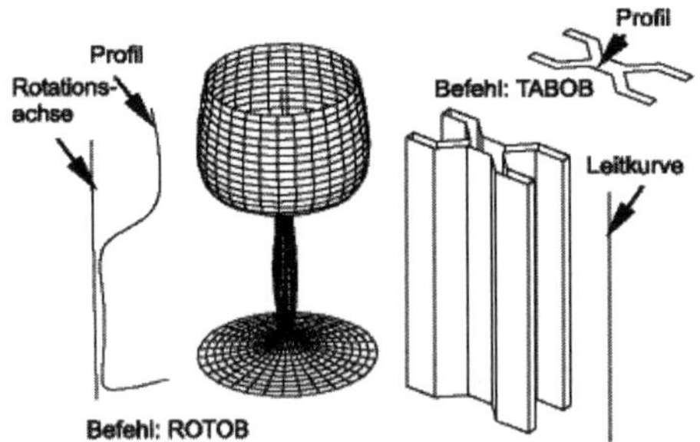

Abb. 13.2: Rotationsflächen, extrudierte Flächen

Beim *Volumenmodell* werden komplexe Körper meist baukastenartig aus einfachen Grundkörpern zusammengesetzt. Man arbeitet mit Basiskörpern, die sowohl additiv als auch subtraktiv zusammengesetzt werden können (Abbildung 13.3). Weitere Volumenkörper, die Bewegungskörper, entstehen durch Bewegung eines geschlossenen Profils. Beste Beispiele sind EXTRUSION, die geradlinige Verschiebung eines geschlossenen Profils, oder ROTATION, die Drehung eines geschlossenen Profils um eine Achse. Der große Vorteil von Volumenmodellen liegt darin, dass sie, ebenso wie Flächenmodelle, schnell eine schattierte Darstellung erlauben, die Konstruktion aus jeder Sicht realistisch darstellen können und zusätzlich die Auswertung von Volumen und Trägheitseigenschaften ermöglichen. Insbesondere gibt es für die Volumenmodellierung effektive Algorithmen zur Erzeugung zusammengesetzter Körper, wobei auch alle Schnittkanten exakt ermittelt werden. Auch Kollisionskontrollen zwischen verschiedenen Volumina lassen sich schnell durchführen und das Kollisionsvolumen bestimmen. Die Volumenkörper können auch mit Griffen und mit dem EIGENSCHAFTEN-MANAGER bearbeitet werden, Teilkomponenten zusammengesetzter Volumenkörper lassen sich mit Strg+Anklicken wählen und die Darstellungsmöglichkeiten wurden wesentlich verbessert.

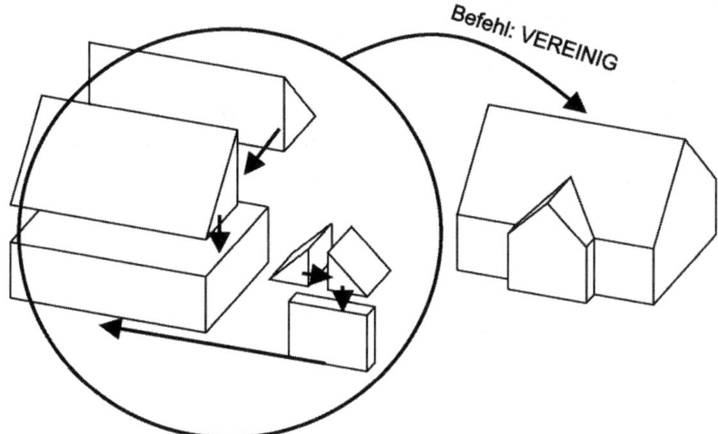

Abb. 13.3: Volumenmodell und Grundkörper

Zusätzlich gibt es die Möglichkeit, Volumenkörper als Netzkörper zu erzeugen und je nach Feinheit und Aufteilung der Netze zu modellieren (Abbildung 13.4). Diese Netz-Oberflächen können verschieden stark geglättet, auch partiell über einzelne Facetten oder Kanten deformiert und mit Knickstellen oder ebenen Flächenpartien versehen werden.

Sie können Volumenkörper auch aus modellierten Flächen aufbauen und damit sehr frei gestalten. Die gewählten Flächen müssen einen Bereich wasserdicht einschließen. Die freie Modellierung von Kurven, Flächen und Volumenkörpern wird der Schwerpunkt des nächsten Kapitels sein.

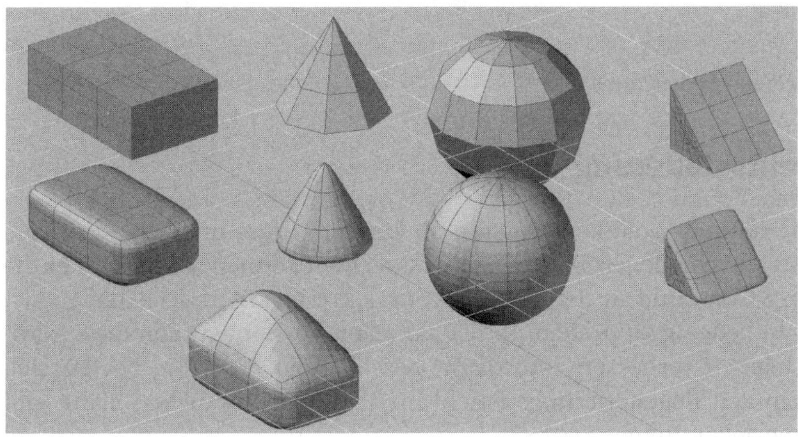

Abb. 13.4: Netz-Grundkörper mit Glättung und Deformation

13.2 3D-Benutzeroberflächen

Es gibt zwei Benutzeroberflächen zur 3D-Konstruktion: 3D-Grundlagen und 3D-Modellierung. Die ersten Schritte im 3D-Bereich können wir mit der einfacheren Oberfläche 3D-Grundlagen bestreiten. Für die Bearbeitung der Körperflächen und später auch für die Netzkörper ist aber die umfangreichere Oberfläche 3D-Modellierung nötig.

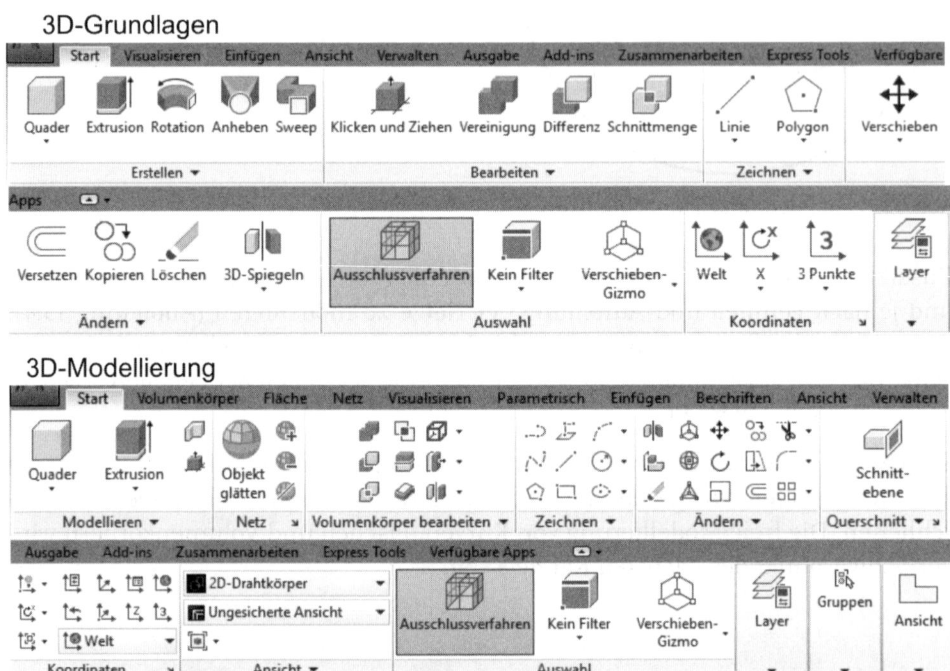

Abb. 13.5: Benutzeroberflächen für 3D

13.3 Ansichtssteuerung

Um effektiv dreidimensional konstruieren zu können, muss man die Konstruktion ständig aus verschiedenen Blickwinkeln betrachten können. Dafür gibt es die Werkzeuge ViewCube und in der Navigationsleiste Orbit und Freier Orbit, um eine Ansicht beliebig zu drehen. In der aktuellen Version wurden diese Navigationsmöglichkeiten verbessert und damit beschleunigt. Falls Sie bei Darstellungsproblemen den Regenerierungs-Befehl im 3D-Bereich brauchen, dann gibt es dafür den speziellen Befehl Regen3.

Für die 3D-Arbeit stellt AutoCAD eine eigene Vorlage `acadiso3D.dwt` zur Verfügung. Stellen Sie also unter [A CAD]|Optionen im Register Dateien bei Vorlage-

NEINSTELLUNGEN|VORGEGEBENER VORLAGENDATEINAME FÜR SNEU diese 3D-Vorlage für die weiteren Arbeiten ein.

Die Zeichenbereichsfarben können wieder mit OPTIONEN|ANZEIGE|FARBEN eingestellt werden. Da im 3D-Bereich sowohl in PERSPEKTIVISCHER 3D-PROJEKTION als auch in 3D-PARALLELPROJEKTION gearbeitet wird, sollten Sie für beide Fälle die Farben einstellen.

So wichtig, wie für das zweidimensionale Konstruieren das Zoomen ist, so fundamental ist für die Arbeit im Dreidimensionalen das Wechseln der Ansichtsrichtung und das Betrachten unter verschiedenen Blickwinkeln. Benutzen Sie dafür intensiv den VIEWCUBE. Wer das nicht dauernd tut, wird sich wundern, wie die Teile dann in anderen Ansichten plötzlich aussehen.

Tipp: Ansicht drehen

Die Ansichtsrichtung können Sie am einfachsten bei gedrückter [Shift]-Taste und gedrücktem Mausrad dynamisch verändern. Diese Funktion nennt sich ORBIT.

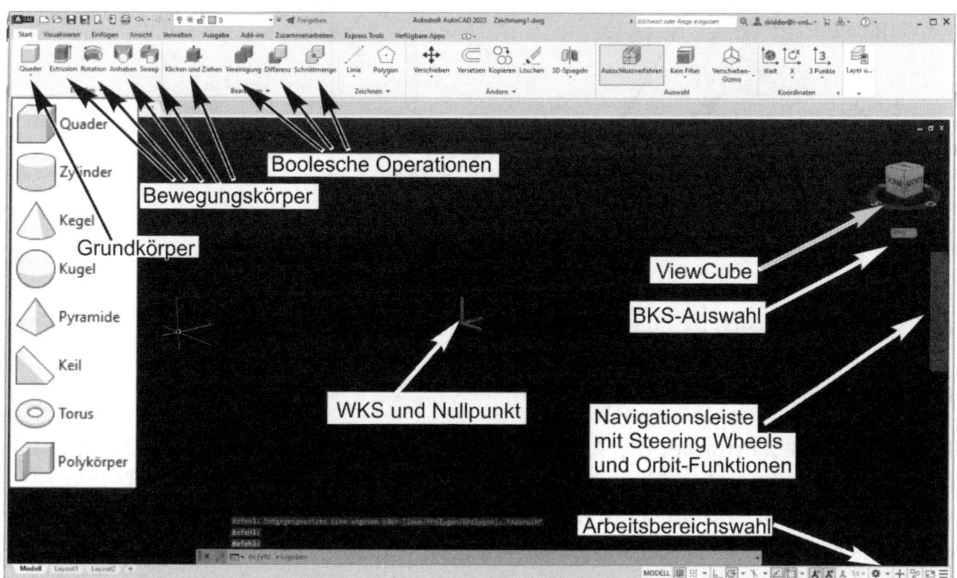

Abb. 13.6: Arbeitsbereich 3D-GRUNDLAGEN und Vorlage `acadiso3D.dwt`

Da Sie bisher noch nichts in drei Dimensionen konstruiert haben, sollten Sie zum Ausprobieren der nachfolgenden Themen eine 3D-Konstruktion aus den Downloads zum Buchtitel von der Homepage des Verlags (`www.mitp.de/0596`) öffnen.

13.3.1 Ansichten manipulieren

Aktivieren Sie in AutoCAD den Arbeitsbereich 3D-GRUNDLAGEN (Abbildung 13.6). Beginnen Sie mit SCHNELLZUGRIFF-WERKZEUGKASTEN|SNEU eine neue Zeichnung. Sie werden sehen, dass die xy-Ebene nicht mehr parallel zum Bildschirm liegt, sondern in etwa einer isometrischen Ansicht entspricht.

Das modernste und praktischste Werkzeug zum Einstellen einer Ansichtsrichtung ist der VIEWCUBE. Bequem kann man darauf neue Ansichtsrichtungen anklicken. Als weitere Funktionen zur effektiven Ansichtssteuerung gibt es in der Navigationsleiste die ORBIT-Funktionen. Damit können Sie 3D-Ansichten mit Mausinteraktion dynamisch schwenken.

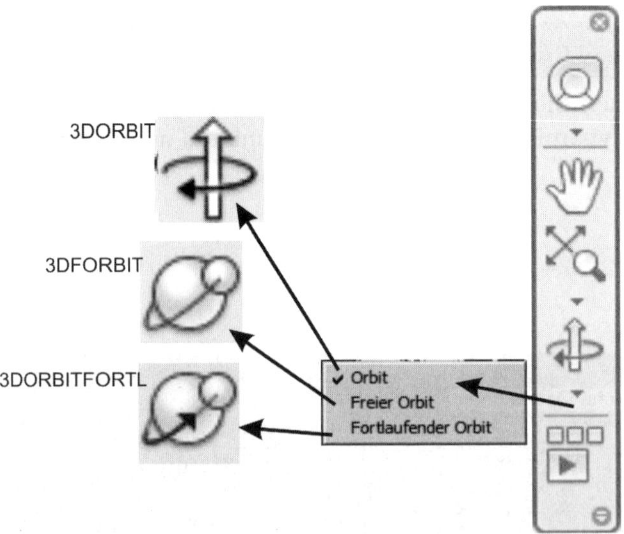

Abb. 13.7: Orbit-Funktionen zur Ansichtssteuerung für 3D-Konstruktionen

ViewCube

Der VIEWCUBE kann über die ANSICHTSSTEUERUNG links oben auf der Zeichenfläche [-]|VIEWCUBE oder über ANSICHT|ANSICHTSFENSTER-WERKZEUGE|ANSICHTSWÜRFEL aktiviert werden. Durch Anklicken der sechs Würfelflächen können Sie die sechs orthogonalen Ansichten einschalten. Klicken Sie auf einen der acht Eckpunkte, so erhalten Sie die isometrischen Ansichten. Ferner können Sie noch auf eine der zwölf Kanten klicken, um Seitenansichten unter 45° zu bekommen. In isometrischer Ansicht können Sie die Ansicht um die z-Achse drehen, wenn Sie an einem der Symbole für die Himmelsrichtungen ziehen. In einer orthogonalen Ansicht erscheinen Richtungspfeile, über die Sie um die Blickrichtung drehen können.

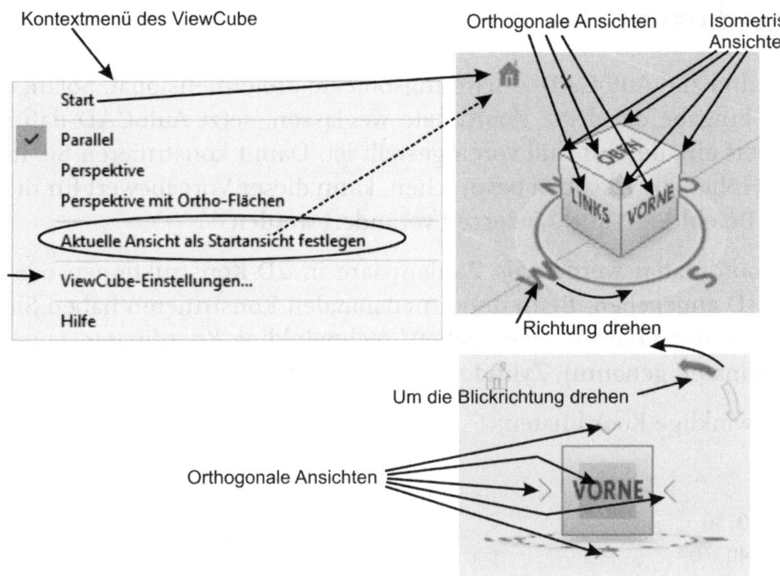

Abb. 13.8: Optionen des ViewCube

Im Kontextmenü des ViewCube finden Sie auch die Funktionen zum Umschalten zwischen den Projektionsarten Parallel und Perspektive. Bei Ihren Konstruktionen ist zu beachten, dass manche Aktionen sinnvoll nur in der Parallelprojektion möglich sind, wie das Arbeiten mit Objektfangspur. Deshalb sollten Sie für die *Konstruktionsarbeit* unter Parallel arbeiten.

Perspektive ist für die *Betrachtung* eindrucksvoller. Das ViewCube-Kontextmenü bietet auch die Option, die aktuelle Ansicht als Ausgangsposition festzulegen. Zu dieser Ausgangsposition können Sie dann über das Haus-Icon jederzeit schnell wechseln. Die Formulierung Perspektive mit Ortho-Flächen bedeutet, dass generell die perspektivische Darstellung aktiv ist, nur bei den orthogonalen Ansichten wird dann auf Parallelprojektion umgeschaltet: Perspektive (außer bei Ortho-Ansichten).

Orbit-Funktionen

Mehrere Orbit-Werkzeuge erlauben die Drehung der Konstruktion (Abbildung 13.7): 3DFORBIT, 3DORBIT und 3DORBITFORTL. Der freie Orbit 3DFORBIT dreht um beliebige Achsen, der abhängige Orbit 3DORBIT dreht auch um beliebige Achsen, hält aber die Projektion der z-Achse immer senkrecht. Er kann dadurch nicht über die Pol-Positionen bei +Z oder -Z hinaus drehen. Mit 3DORBITFORTL können Sie eine selbstständige Drehbewegung Ihres Modells anstoßen.

13.4 3D-Koordinaten

An und für sich sind alle AutoCAD-Zeichnungsobjekte dreidimensional. Solange Sie aber bei der Eingabe die dritte Koordinate weglassen, setzt AutoCAD dafür einen Standardwert ein, der auf null voreingestellt ist. Damit konstruieren Sie in der Ebene mit z-Höhe = 0. Wie oben besprochen, kann dieser Vorgabewert für die z-Höhe mit dem Befehl ERHEBUNG jederzeit verändert werden.

Rechtwinklige Koordinaten werden als Zahlenpaare in 2D-Konstruktionen oder Zahlentripel für 3D angegeben. Beim dreidimensionalen Konstruieren haben Sie die Wahl zwischen drei Koordinateneingaben: rechtwinklige Koordinaten (auch kartesische Koordinaten genannt), Zylinderkoordinaten und Kugelkoordinaten.

Beispiel für rechtwinklige Koordinaten:

```
Befehl: LINIE
Von Punkt:  30,20,50
Nach Punkt:  50,40,70
```

zeichnet eine Linie von x = 30, y = 20, z = 50 nach x = 50, y = 40, z = 70. Dies ist also eine 3D-Linie, die schräg im Raum liegt. Da die z-Achse mit der x- und der y-Achse ein rechtshändiges System bildet, kommt die positive z-Achse praktisch aus dem Bildschirm heraus. Das rechtshändige System können Sie sich am besten an den Fingern der rechten Hand klarmachen. Der ausgestreckte Daumen entspricht der x-Achse, der Zeigefinger der y-Achse und der abgewinkelte Mittelfinger der z-Achse.

Dasselbe Beispiel mit relativen Koordinaten für den Endpunkt lautet:

```
Befehl: LINIE
Von Punkt: 30,20,50
Nach Punkt: @20,20,20
```

Meist arbeitet man in rechtwinkligen Koordinaten, aber es gibt auch Aufgabenstellungen, für die andere Systeme besser geeignet sind. So wird man zum Beispiel für eine Schraubenlinie für Gewinde oder Wendeltreppen stets Zylinderkoordinaten bevorzugen. Man richtet sich immer nach der Symmetrie der Problemstellung. Die verschiedenen Eingabemöglichkeiten sind in den nachfolgenden Grafiken gezeigt.

	Koordinatenart	absolut	relativ
2D			
	Rechtwinklig	X,Y	@ΔX,ΔY
	Polar	R<W	@ΔR<W
3D			

Koordinatenart	absolut	relativ
Rechtwinklig	X,Y,Z	@ΔX,ΔY,ΔZ
Zylinderkoordinaten	R<W,Z	@ΔR<W,ΔZ
Kugelkoordinaten	R<W<A	@ΔR<W<A

Bedeutung:

X,Y,Z: absolute x- ,y- ,z-Koordinate

ΔX,ΔY,ΔZ: Abstand in X,Y,Z vom letzten Punkt

R: absoluter Abstand vom Nullpunkt

ΔR: Abstand vom letzten Punkt

W: Winkel in xy-Ebene, zählt von der x-Achse weg gegen den Uhrzeigersinn

A: Winkel zur xy-Ebene

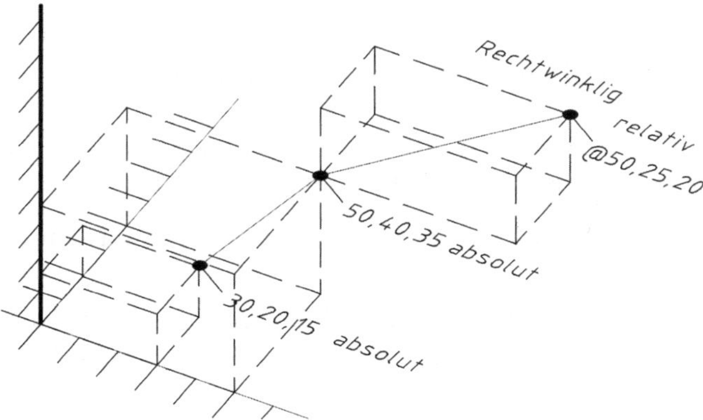

Abb. 13.9: Beispiel für rechtwinklige 3D-Koordinaten

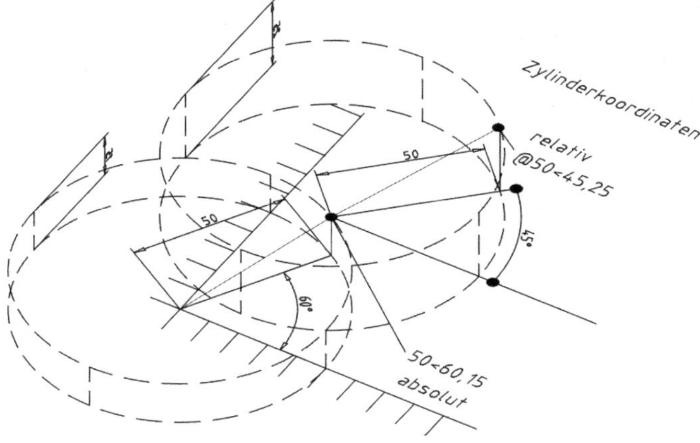

Abb. 13.10: Beispiel für 3D-Zylinderkoordinaten

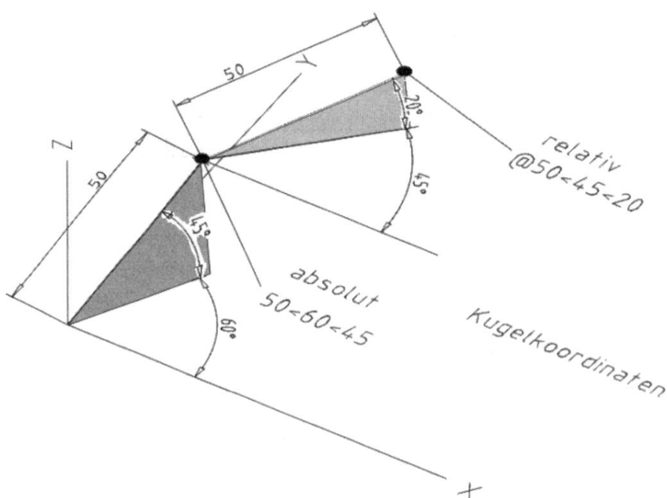

Abb. 13.11: Beispiel für 3D-Kugelkoordinaten

13.5 Übersicht über die Volumenkörper-Erzeugung

AutoCAD bietet eine Vielzahl von Methoden, mit denen Volumenkörper erzeugt werden können. Man kann die Methoden in zwei Kategorien einteilen:

- Grundkörper – werden direkt aus den eingegebenen Koordinaten und Abmessungen erstellt.
- Bewegungs- und Interpolationskörper – entstehen durch Bewegung und/oder Interpolation von Profilen. Die Interpolationsrichtung kann dabei durch Pfadkurven bestimmt werden.

13.5.1 Grundkörper

Die Grundkörper werden durch die Befehle Quader, Keil, Zylinder, Kegel, Kugel, Torus, Pyramide und Polykörper erstellt. Die Pyramide kann ein beliebiges regelmäßiges Polygon als Grundfläche haben. Der Polykörper ist eine Art Wand, der eine Polylinie zugrunde liegt, mit wählbarer Breite und Höhe.

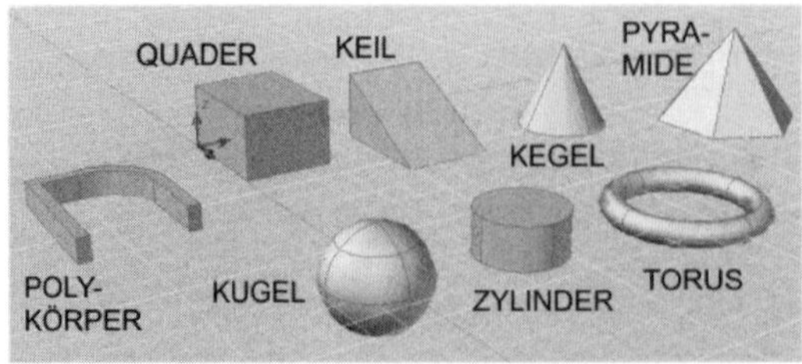

Abb. 13.12: Grundkörper in AutoCAD

13.5.2 Bewegungs- und Interpolationskörper

Die Bewegungskörper entstehen durch EXTRUSION, KLICKZIEHEN und ROTATION. Interpoliert wird bei den Befehlen SWEEP und ANHEBEN (*Lofting*). Die EXTRUSION setzt ein geschlossenes Profil voraus und kann in die *Z-Höhe* gehen, einer *Richtung durch zwei Punkte* oder einem *Pfad* folgen. KLICKZIEHEN erlaubt eine Extrusion in Z-Richtung, ohne vorher ein geschlossenes Profil zu konstruieren. Das Profil wird automatisch nach Klicken in eine abgeschlossene Kontur erzeugt, die aus mehreren einzelnen Kurven bestehen kann. ANHEBEN – im üblichen CAD-Jargon nach dem Englischen meist als *Lofting* bezeichnet – bildet ein Volumen aus mehreren unterschiedlichen Querschnitten auf verschiedenen Höhen.

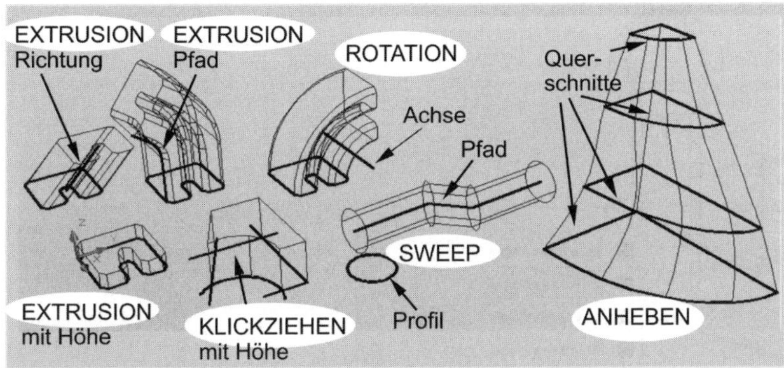

Abb. 13.13: Bewegungs- und Interpolationskörper

Hinweis

Wenn Sie bei den Bewegungsbefehlen *keine geschlossenen Profile* wählen, werden anstelle von Volumenkörpern mit denselben Befehlen *Flächen* erzeugt. Flächen erkennt man leicht an der *netzartigen Struktur* der angezeigten Isolinien.

Wichtig: Profile verschwinden

Bei normaler Einstellung von AutoCAD werden Profile bei Erstellung von Volumenkörpern automatisch gelöscht. Wenn Sie also die Profile noch für weitere Aktionen brauchen, sollten Sie im Befehl OPTIONEN im Register 3D-MODELLIERUNG, Bereich 3D-OBJEKTE bei LÖSCHKONTROLLE WÄHREND ERSTELLUNG VON 3D-OBJEKTEN die Einstellung PROFIL- UND PFADKURVEN NUR FÜR VOLUMENKÖRPER LÖSCHEN umändern in DEFINIERENDE GEOMETRIE BEIBEHALTEN.

13.5.3 Übereinander liegende Objekte wählen

Wenn mehrere Objekte übereinander liegen, dann wird in der Regel das zuletzt erzeugte Objekt gewählt.

Brauchen Sie ein anderes, dann halten Sie vor der Objektwahl die Tastenkombination [Shift]+[Leertaste], klicken das gewünschte Objekt an und klicken erneut so oft, bis das richtige Objekt markiert erscheint. Dann beenden Sie die Auswahl mit [Enter].

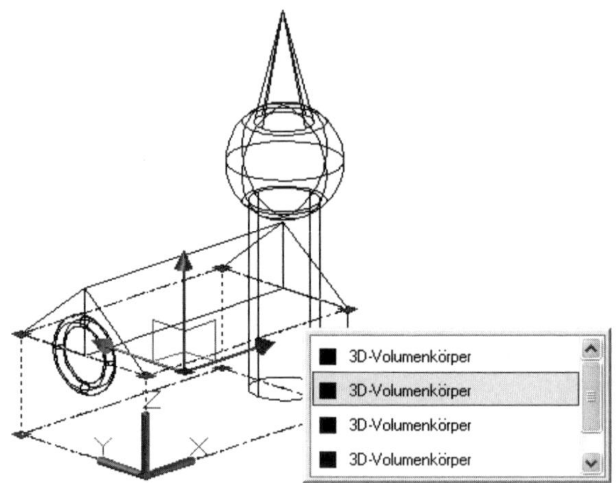

Abb. 13.14: Wechselnde Auswahl bei übereinander liegenden Volumenkörpern

Eine elegantere Art der Objektwahl ist in der Statusleiste die WECHSELNDE AUSWAHL. Sobald dieses Werkzeug aktiviert ist, erscheint bei mehrfachen Wahlmöglichkeiten eine Liste, in der Sie das beabsichtigte Objekt auswählen können. Parallel zum Listeneintrag wird auch immer das betreffende Objekt hervorgehoben. Wenn keine Liste erscheint, können Sie diese über das Kontextmenü von aktivieren.

13.6 Konstruieren mit Grundkörpern

Im Folgenden will ich Ihnen einen kurzen Überblick über die verfügbaren Befehle zur Volumenmodellierung anhand eines Konstruktionsbeispiels (Abbildung 13.15) verschaffen.

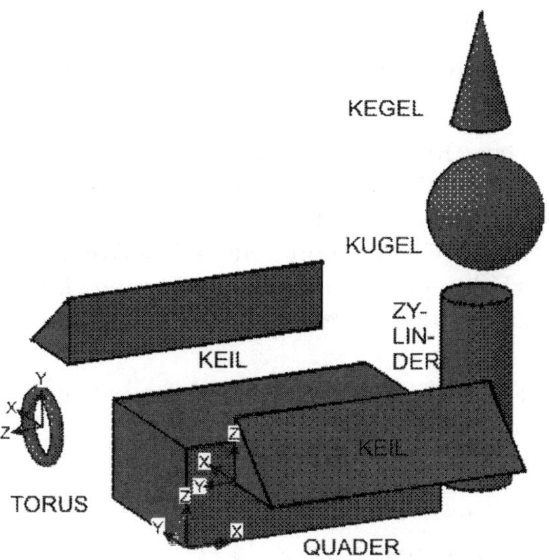

Abb. 13.15: Volumenmodellierung aus Grundkörpern

Für die 3D-Konstruktion haben Sie nun folgende Möglichkeiten, die Befehlswerkzeuge aufzurufen (Abbildung 13.16):

- im Arbeitsbereich 3D-GRUNDLAGEN unter START|ERSTELLEN
- im Arbeitsbereich 3D-MODELLIERUNG unter Register START|MODELLIEREN

Der Arbeitsbereich 3D-GRUNDLAGEN ist der einfachste Einstieg für 3D, weil er nur die wichtigsten 3D-Werkzeuge enthält.

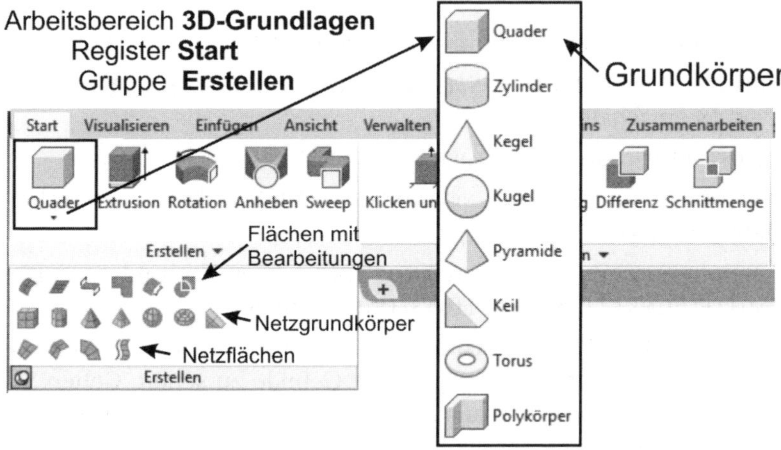

Abb. 13.16: Werkzeuge für das Erstellen von 3D-Volumenkörpern im Arbeitsbereich 3D-GRUNDLAGEN

13.6.1 Voreinstellungen für den 3D-Start

Für Ihre ersten Schritte im 3D-Bereich sollten Sie Folgendes zur besseren Unterstützung aktivieren:

- Statusleiste: DYNAMISCHES BKS bzw. BKS AN AKTIVE VOLUMENKÖRPEREBENE ANHEFTEN. Damit wird am Cursor ein Benutzerkoordinatensystem aktiviert, das sich an bestehende Geometrie automatisch anpasst. In allen Zeichenfunktionen wird sich dann das mit dem Cursor verknüpfte Achsenkreuz stets in die gerade berührte Fläche eines Volumenkörpers legen. Bei ebenen Flächen legt sich die x-Achse parallel zur zuletzt überfahrenen Kante und die z-Achse steht senkrecht auf der Fläche.
- Statusleiste: DYNAMISCHE EINGABE. Unter EINSTELLUNGEN dieser Funktion aktivieren Sie Folgendes:
  - ZEIGEREINGABE AKTIVIEREN
  - WO MÖGLICH BEMAẞUNGSEINGABE AKTIVIEREN
  - BEFEHLSZEILE ... IN DER NÄHE DES FADENKREUZES
  - EINSTELLUNGEN (links): KARTESISCHES FORMAT, ABSOLUTE KOORDINATEN, SICHTBARKEIT: WENN EIN BEFEHL EINEN PUNKT ERWARTET.
- A CAD |OPTIONEN, Register 3D-MODELLIERUNG:
  - Auf der linken Seite alle Optionen aktivieren
  - rechts im Bereich 3D-OBJEKTE unter LÖSCHKONTROLLE... die Option DEFINIERENDE GEOMETRIE BEIBEHALTEN wählen
  - rechts unten im Bereich DYNAMISCHE EINGABE: Z-FELD FÜR ZEIGEREINGABE ANZEIGEN aktivieren
- Statusleiste FANGMODUS und ZEICHNUNGSRASTER ANZEIGEN. Die Einstellungen sollten wie folgt gewählt werden:
  - Alle Raster- und Fang-Abstände *für dieses Beispiel* auf **1**
  - RASTERVERHALTEN: ADAPTIVES RASTER ausschalten, RASTER ÜBER BEGRENZUNG ANZEIGEN einschalten.
  - FANGTYP: RASTERFANG, RECHTECKIGER FANG
  - Sobald FANGMODUS und ZEICHNUNGSRASTER ANZEIGEN aber stören, schalten Sie beide wieder ab.
- Statusleiste OBJEKTFANG. Zusätzlich zu ENDPUNKT, ZENTRUM und SCHNITTPUNKT noch MITTELPUNKT aktivieren, HILFSLINIE deaktivieren.
- Vielleicht ist es auch hilfreich, die Volumenkörper nicht mehr als einfache Drahtkörper, sondern als schattierte körperhafte Gebilde zu sehen. Gehen Sie dazu links oben auf der Zeichenfläche in die Ansichtssteuerung und wählen Sie in der rechten eckigen Klammer die Option KONZEPTUELL.

13.6.2 Die Konstruktion

In den nachfolgenden Listing-Beispielen werden die absoluten Koordinaten der betreffenden Punkte angegeben, damit die Eingabe eindeutig ist. Sie können aber unter Ausnutzung von OBJEKTFANG oder kombiniert mit OBJEKTFANGSPUR und reiner Eingabe eines Abstandswertes auch etliche Positionen viel schneller eingeben. Auch müssen Sie keine Koordinatensysteme umschalten, wenn Sie das dynamische BKS ausnutzen.

QUADER

Ein Quader kann ausgehend von einem Eckpunkt oder – sehr selten – von seinem räumlichen Mittelpunkt definiert werden. Der Quader wird entlang der Achsen des aktuellen Koordinatensystems ausgerichtet. Nach dem ersten Punkt muss dann noch ein zweiter Punkt mit unterschiedlichen x-, y- und z-Koordinaten eingegeben werden, also der räumlich diagonal gegenüberliegende Punkt. Sie können aber auch einen zweiten Punkt in der gleichen xy-Ebene und dann die Höhe in z extra eingeben. Es gibt auch die Option WÜRFEL, bei der Sie nur einen zweiten Punkt oder die Kantenlänge eingeben.

Sofern noch nicht geschehen, stellen Sie mit dem VIEWCUBE oder dem 3DORBIT eine quasi-isometrische Ansicht ein.

```
Befehl:
QUADER Erste Ecke angeben oder [MIttelpunkt]: 0,0,0 Enter   Erster Punkt mit
den Koordinaten 0,0,0
QUADER Andere Ecke angeben oder [Würfel Länge]: 24,12 Enter   Gegenüberliegen-
den Punkt eingeben oder am Raster anklicken
QUADER Höhe angeben oder [2Punkt]: 9 Enter   Höhe eingeben oder im Modus SPUR-
VERFOLGUNG in die Höhe ziehen, in Z-Richtung greift das Raster nur dann kor-
rekt, wenn Sie in exakter isometrischer Ansicht sind und in 3D-
Parallelprojektion (über Kontextmenü des ViewCube).
```

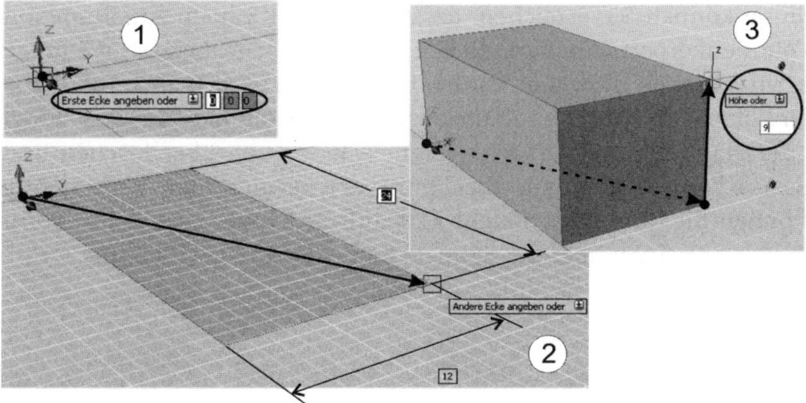

Abb. 13.17: Quaderkonstruktion mit Raster und dynamischer Eingabe

KEIL

Der Keil wird ähnlich wie der Quader definiert. Nur ist es eben ein schräg abgeschnittener Quader. Die Dreiecksseite des Keils erstreckt sich stets in der xz-Ebene (Abbildung 13.20). Deshalb brauchen Sie für die Keile, die das Dach darstellen sollen, ein Koordinatensystem, das gegenüber dem aktuellen um 90° um die z-Achse gedreht ist. Man gibt normalerweise zwei diagonale Punkte der Grundfläche ein. Die hohe Kante des Keils liegt beim ersten Punkt und läuft parallel zur y-Richtung. Nach Eingabe der beiden Punkte wird die Höhe erfragt.

Im Prinzip können Sie das Koordinatensystem über Griffmenüs oder mit dem Befehl BKS so hindrehen, dass die Keile fürs Dach einfach zu erstellen sind:

```
Befehl: BKS[Enter]    Es wird ein um 90° um die z-Achse gedrehtes BKS (Benutzer-
koordinatensystem) erstellt
Aktueller BKS-Name:  *WELT*
BKS Ursprung des neuen BKS angeben oder [FLäche bENannt Objekt VOrher ANsicht
Welt X Y Z ZAchse] <Welt>: Z[Enter]
BKS Drehwinkel um Z-Achse angeben <90>: [Enter]
```

Wenn Sie im um 90° verdrehten BKS arbeiten, wären die Eingaben für die Keile wie folgt:

```
Befehl:
Erste Ecke des Keils angeben oder [MIttelpunkt]  <0,0,0>: 6,0,9
Ecke angeben oder [Würfel Länge]: 0,-24,9
Höhe angeben: 6
Befehl:
Erste Ecke des Keils angeben oder [MIttelpunkt]  <0,0,0>: 6,0,9
Ecke angeben oder [...]: 12,-24,9
Höhe angeben: 6
```

Andererseits gibt es das Werkzeug *Dynamisches BKS* in der Statusleiste. Mit dieser Einstellung können Sie erreichen, dass sich das BKS beim Anfahren von Flächen auf Volumenkörpern automatisch mit seiner xy-Ebene anpasst. Wenn Sie nun mit dem dynamischen BKS über Kanten fahren, wird es sich auch mit der x-Achse nach der zuletzt überfahrenen Kante ausrichten. Damit haben Sie alle Möglichkeiten in der Hand, das BKS durch geeignete Bewegung über Flächen und Kanten so auszurichten, dass es zur Erzeugung der gewünschten Keile richtig steht. Dann können Sie direkt den Befehl KEIL aufrufen und müssen nur vorm Anklicken der ersten Position über die schmale Kante des Quaders fahren.

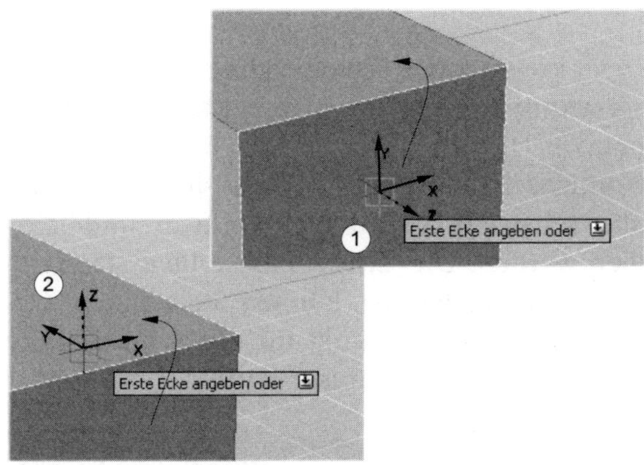

Abb. 13.18: Ausrichten des dynamischen BKS an Fläche und Kanten

Wenn Sie mit dem dynamischen BKS arbeiten, gehen Sie wie folgt vor:

- Sie rufen den Befehl KEIL auf, um einen Keil auf der oberen Fläche des Quaders zu konstruieren.
- Fahren Sie auf die vordere Seitenfläche und *über die Kante* auf die obere Fläche. Die x-Achse wird wie gewünscht nach der Kante ausgerichtet und die z-Achse richtet sich senkrecht zur oberen Fläche aus.
- Mit diesem dynamischen BKS klicken Sie den Mittelpunkt der Kante als ersten Punkt an, dann die hintere Ecke als zweiten Punkt.
- Abschließend geben Sie die Höhe ein.
- Beim zweiten Keil verfahren Sie ähnlich und können sogar die Höhe vom ersten abgreifen.

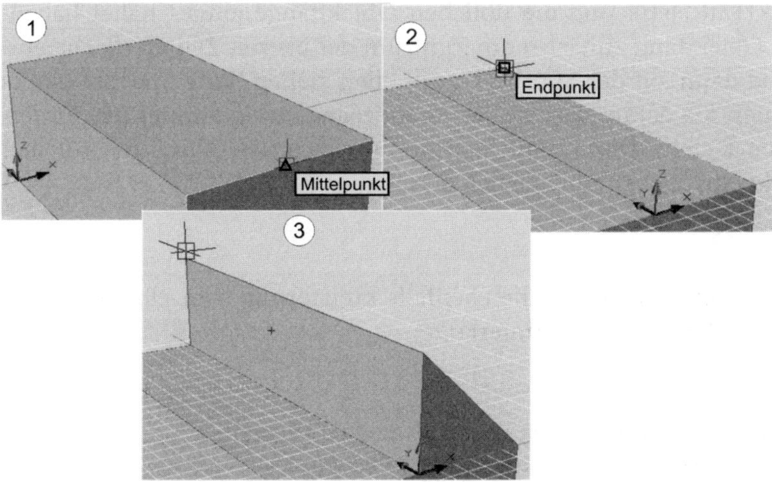

Abb. 13.19: Keil konstruieren mit erstem Punkt (1), zweitem Punkt (2) und Höhe (3)

ZYLINDER

Der Zylinder kann eine elliptische oder kreisförmige Grundfläche haben. Die Definition für den kreisförmigen Querschnitt läuft mit den vom KREIS-Befehl her bekannten Optionen. Mit der Option ELLIPTISCH wird auf die Eingabe der Bestimmungsstücke für die Ellipse umgeschaltet, üblicherweise die Punkte der Hauptachse und der Abstand für die Nebenachse. Aber auch Zentrum und beide Achsenabstände können eingegeben werden. Die Zylinderachse liegt standardmäßig in z-Richtung. Wenn die Höhe einzugeben ist, können Sie auch die Option ACHSENENDPUNKT wählen und einen zweiten Punkt für die Zylinderachse eingeben, der dann nicht mehr in z-Richtung liegen muss.

```
Befehl: _cylinder
ZYLINDER Mittelpunkt für Basis angeben oder [3P 2P Ttr Elliptisch]: 6,-24,0 Enter
Mittelpunkt für Zylinderbasis eingeben oder über Mitte der Quaderkante anklicken
ZYLINDER Radius für Basis angeben oder [Durchmesser]: 3 Enter
ZYLINDER Höhe oder [2Punkt Achsenendpunkt] angeben: 17 Enter
```

KUGEL

Der KUGEL-Befehl zeigt wieder die bekannten Optionen wie der Kreisbefehl. Standardmäßig wird sie über den Mittelpunkt und den Radius – oder optional den Durchmesser – definiert.

```
Befehl: _sphere
KUGEL Mittelpunkt angeben oder [3P 2P Ttr]: _from KUGEL Basispunkt: _cen
von Zylinderzentrum oben anklicken <Abstand>: @0,0,4 Enter
KUGEL Radius oder [Durchmesser] angeben <4.0000>:5 Enter
```

Wenn Sie OBJEKTFANGSPUR und die üblichen Objektfänge eingeschaltet haben, können Sie den Objektfang zunächst am Zentrum der oberen Zylinderfläche einrasten lassen und dann auf der Spurlinie nach oben ziehen. Eine Spurlinie in Z-Richtung erkennen Sie daran, dass in der Koordinatenanzeige hinter der Entfernung die Angabe **T** steht. Dann brauchen Sie nur noch den Abstand 4 für den Kugelmittelpunkt einzugeben und danach den Radius 5.

KEGEL

Der Kegel kann in seiner Grundfläche ebenfalls kreisförmig oder elliptisch sein. Er wird ähnlich wie der Zylinder definiert.

```
Befehl: _cone
KEGEL Mittelpunkt für Basis angeben oder [3P 2P Ttr Elliptisch]: _from
Basispunkt: _cen von Kugel anklicken <Abstand>: @0,0,4 Enter
```

```
KEGEL Radius für Basis oder [Durchmesser] angeben <5.0000>: 2.5[Enter]
KEGEL Höhe oder [2Punkt Achsenendpunkt Oberen radius] <17.0000> angeben:
10[Enter]
```

Auch hier können Sie unter Ausnutzung von OBJEKTFANGSPUR und den üblichen Objektfängen schneller vorwärtskommen. Lassen Sie im Befehl KEGEL den Objektfang zunächst am Zentrum der Kugel einrasten und ziehen Sie dann auf der Spurlinie nach oben. Dann brauchen Sie nur noch den Abstand 4 für den Kegelmittelpunkt einzugeben, dann den Radius 2.5 und am Schluss die Höhe 10.

TORUS

Der Torus wird zunächst wieder mit Optionen wie beim KREIS und dann durch zwei Radien definiert. Der erste, große Radius legt den Ring selbst fest, der kleine Rohrradius ist der Radius für den Ringquerschnitt. Der Torus liegt in der xy-Ebene. Deshalb muss für den Torus, der hier in der Giebelwand liegen soll, das orthogonale Koordinatensystem der linken Ansicht aktiviert werden, am besten mit aktiviertem DYNAMISCHEN BKS in der Statusleiste.

```
Befehl: _torus
TORUS Mittelpunkt angeben oder [3P 2P Ttr]: -6,9,0[Enter]
TORUS Radius oder [Durchmesser] angeben <3.0000>: 3[Enter]
TORUS Rohrradius angeben oder [2Punkt Durchmesser]: 0.5[Enter]
```

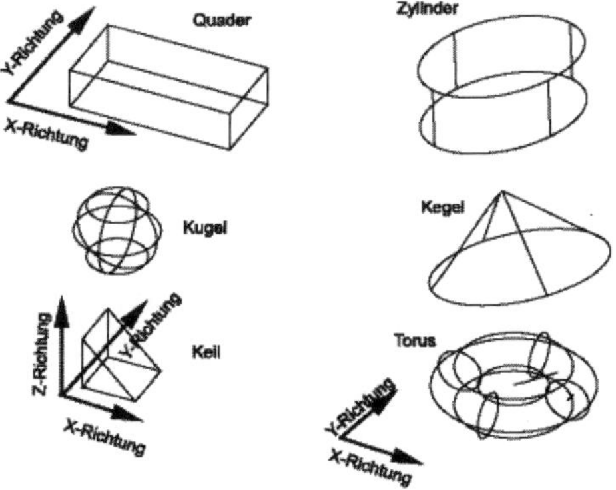

Abb. 13.20: Die Grundkörper und ihre Ausrichtung

Nutzen Sie hier möglichst auch die Fähigkeit des dynamischen BKS aus und fahren Sie im TORUS-Befehl einfach auf die Giebelwand. Sofort richtet sich das BKS mit seiner xy-Ebene nach der Wand aus. Sie müssen nur noch mit Objektfang MITTELPUNKT die Kante des Quaders anklicken und die Radien eingeben.

PYRAMIDE

Die Pyramide bietet zahlreiche Optionen zur Definition der Grundfläche. Die normale Vorgabe ist die Pyramide mit 4 Seiten definiert über den MITTELPUNKT der Basis und den INKREIS. Normalerweise ist der INKREIS ein Kreis, der durch die Seitenmitten geht (siehe auch Befehl POLYGON), hier jedoch ist die Bedeutung von *In- und Umkreis vertauscht.* Bei der Option INKREIS geben Sie den Abstand zwischen Mittelpunkt und Eckpunkt an, bei UMKREIS dagegen den Abstand zwischen Mittelpunkt und Seitenmitte. Die Option KANTE verwenden Sie, um das Grundflächenpolygon durch die Länge einer Kante zu bestimmen. Mit der Option SEITEN wird die Anzahl der Polygonseiten neu festgelegt. Die Pyramide kann auch als Pyramidenstumpf entstehen, wenn Sie mit der Option OBEREN RADIUS den Radius für das obere Polygon eingeben. Mit ACHSENENDPUNKT kann die Richtung der Pyramide abweichend von der z-Richtung durch einen beliebigen Punkt gezwungen werden.

```
Befehl: _pyramid
 4 Seiten  Inkreis
PYRAMIDE Mittelpunkt der Basis oder [Kante Seiten] angeben: s[Enter]
PYRAMIDE Anzahl der Seiten angeben <4>: 6[Enter]
PYRAMIDE Mittelpunkt der Basis oder [...] angeben:
PYRAMIDE Basisradius oder [Umkreis] angeben <3.0000>: 10[Enter]
PYRAMIDE Höhe oder [2Punkt Achsenendpunkt Oberen radius] <5.000> angeben:
20[Enter]
```

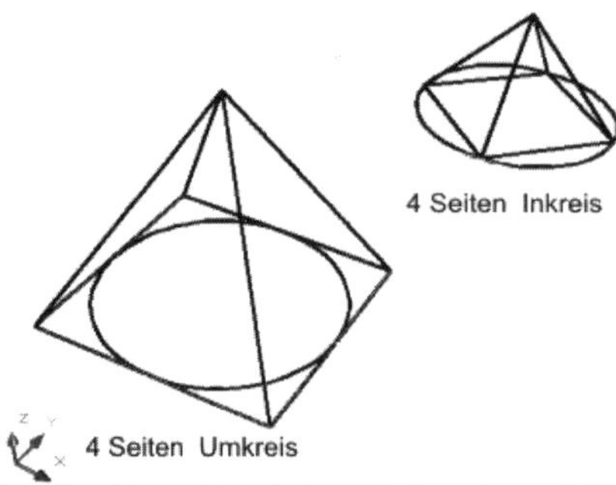

Abb. 13.21: Pyramide mit Inkreis-/Umkreis-Methode

13.7 Die Bewegungs- und Interpolationskörper

Im Folgenden werden die Körper vorgestellt, die durch Bewegen von Profilen oder durch Interpolieren zwischen mehreren Profilen entstehen (Abbildung 13.13):

- Bewegungskörper: EXTRUSION, ROTATION, SWEEP, KLICKZIEHEN, POLYKÖRPER
- Interpolationskörper: ANHEBEN

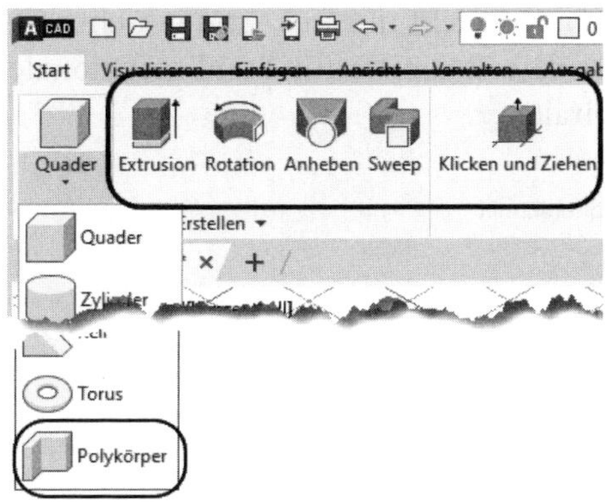

Abb. 13.22: Bewegungskörper in AutoCAD

EXTRUSION

Mit dem Befehl EXTRUSION können geschlossene 2D-Kurven wie Kreise, Ellipsen, geschlossene Polylinien, Splines oder Regionen zu Körpern durch Ausdehnung (= Extrusion) in z-Richtung, einer anderen Richtung oder entlang einem Pfad ausgeformt werden. Dabei kann ein Verjüngungswinkel festgesetzt werden, um einen konischen Verlauf zu erhalten. Ein positiver Verjüngungswinkel bedeutet eine Verjüngung mit zunehmender Höhe.

Die für die Profile nötigen geschlossenen Objekte POLYLINIE oder REGION erstellen Sie am schnellsten mit dem Befehl UMGRENZUNG oder Kürzel UM, indem Sie wie bei der Schraffur verfahren und in ein durch beliebige Kurven »wasserdicht« umschlossenes Gebiet hineinklicken. Einen geschlossenen Spline, also eine Kurve, die wie ein biegsames Kurvenlineal durch vorgegebene Stützpunkte gelegt werden kann, erstellen Sie mit dem Befehl SPLINE oder über die Gruppe START|ZEICHNEN|SPLINE-ANGLEICHUNG. Eine REGION kann auch aus beliebigen geschlossenen Kurven mit dem Befehl REGION erstellt werden. Die Kontur muss wasserdicht sein und kann auch Inseln, also Löcher, enthalten.

Ein Profil kann mit der Option PFAD auch entlang einer Kurve extrudiert werden. Die Kurve für den Pfad darf zwei- oder dreidimensional sein. So sind Rohrleitungen mit beliebigen Querschnitten und Richtungen möglich (Abbildung 13.23). Damit das Profil senkrecht zum Pfad steht, müssen Sie es in einem entsprechend gedrehten Koordinatensystem erstellen oder mit dem Befehl 3DDREHEN in die richtige Lage drehen. Klicken Sie zuerst das zu drehende Objekt an, wählen Sie nach der Objektwahl die Option für die Drehachse, beispielsweise Y-ACHSE, dann den Drehpunkt und schließlich den Winkel.

Einen dreidimensionalen Pfad können Sie beispielsweise als 3D-POLYLINIE erstellen. Bei dem Beispiel in Abbildung 13.23 wurden die einzelnen Segmente entlang den Koordinatenachsen konstruiert, indem die Spurlinien von POLARE SPUR und OBJEKTFANGSPUR ausgenutzt wurden, die nicht nur in x- und y-Richtung, sondern auch in z-Richtung erscheinen. Andere Beispiele für dreidimensionale Pfade wären die Splinekurve und die Spirale.

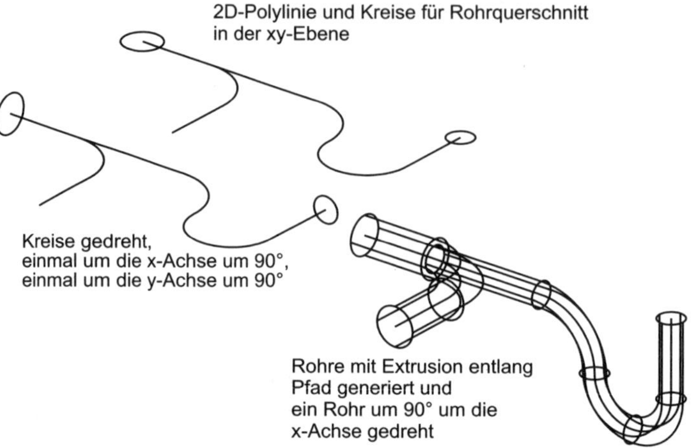

Abb. 13.23: EXTRUSION von Profilen entlang von Pfaden

Mit der Option RICHTUNG können Sie die Extrusionsrichtung über zwei Punkte abweichend von der z-Richtung vorgeben.

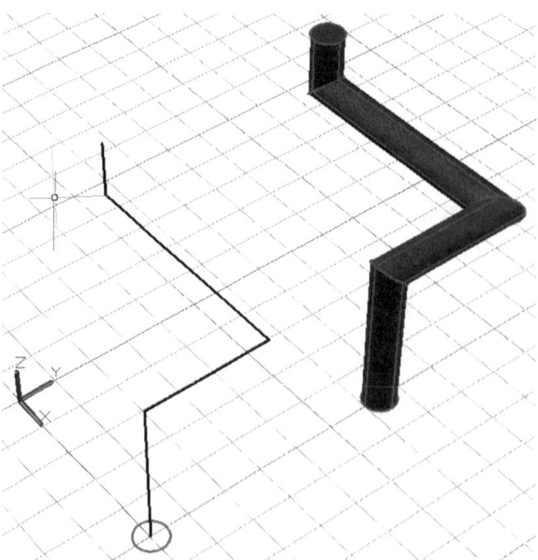

Abb. 13.24: 3D-Polylinie als Pfad und Extrusion mit Kreis als Profil

ROTATION

Zweidimensionale geschlossene Kurven können mit dem Befehl ROTATION durch Rotieren um eine Achse zu Körpern werden (Abbildung 13.25 links). Eine geschlossene Kurve ist ein Kreis, eine Ellipse oder eine geschlossene Polylinie. Die beiden Körper, die durch Rotation oder Extrusion von Profilen entstehen, nennt man auch wegen der Art ihrer Entstehung Bewegungskörper.

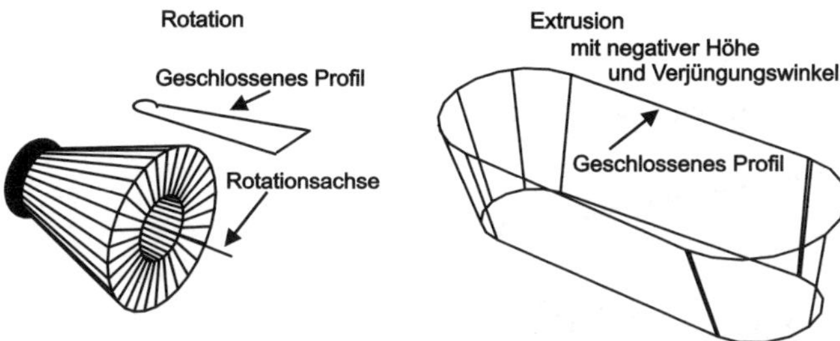

Abb. 13.25: ROTATION und EXTRUSION

KLICKZIEHEN

Der Befehl KLICKZIEHEN ist eigentlich eine angenehme Kombination mehrerer Befehle. Er erlaubt, in ein geschlossenes beliebig begrenztes ebenes Gebiet hineinzuklicken (*Klick*), und erzeugt damit dann automatisch die passende Kontur wie der Einzelbefehl UMGRENZUNG. Anschließend bietet der Befehl die EXTRUSION senkrecht zur Grundebene der gefundenen Kontur an. Sie können sogar in mehrere verschiedene Konturen hineinklicken, um alle mit demselben Abstand zu extrudieren. Wenn Sie mit KLICKZIEHEN in eine Kontur klicken, die auf einer Körperfläche liegt, und dann in den Körper hineinziehen, wird das neue Volumen automatisch vom Körper abgezogen: Es entsteht ein Loch.

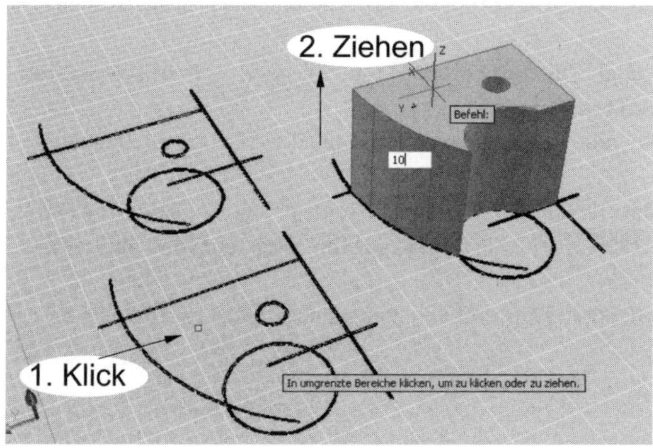

Abb. 13.26: Befehl KLICKZIEHEN

SWEEP

Der Befehl SWEEP erlaubt ähnlich wie EXTRUSION mit Option PFAD, ein Profil an einem Pfad zu führen. Bei SWEEP können auch mehrere Profile angegeben werden. Die Profile werden senkrecht zum Pfad ausgerichtet und können auch mit den Optionen SKALIERUNG und DREHUNG entlang des Pfades im Querschnitt variiert werden.

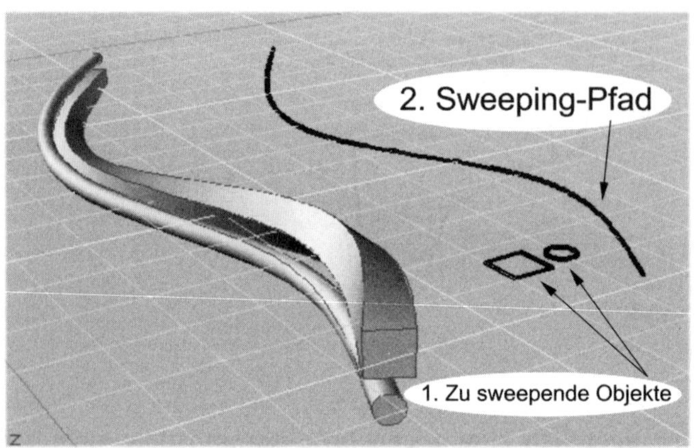

Abb. 13.27: Objekte mit SKALIEREN und DREHEN gesweept

```
Befehl: _sweep
Aktuelle Dichte des Drahtmodells:  ISOLINES=4
SWEEP Zu sweepende Objekte wählen: Die zwei Profile anklicken 2 gefunden
SWEEP Sweeping-Pfad auswählen oder [Ausrichten Basispunkt Skalieren Drehen]:
B[Enter]
SWEEP Basispunkt angeben: legt den Basispunkt der Profile fest, der auf dem
Pfad laufen soll
SWEEP Sweeping-Pfad auswählen oder [Ausrichten Basispunkt Skalieren Drehen]:
S[Enter]
SWEEP Skalierfaktor angeben oder [Bezug]<1.0000>: 0.5[Enter]    Profile sollen
entlang des Pfades auf die Hälfte schrumpfen
SWEEP Sweeping-Pfad auswählen oder [Ausrichten Basispunkt Skalieren Drehen]:
D[Enter]
SWEEP Drehwinkel eingeben oder Neigung für einen nicht-planaren Sweeping-Pfad
zulassen [Neigung]<0.0000>: 180[Enter]    Profile sollen sich entlang des Pfa-
des um 180° drehen
SWEEP Sweeping-Pfad auswählen oder [Ausrichten Basispunkt Skalieren Drehen]:
Pfad anklicken
```

POLYKÖRPER

Der Befehl POLYKÖRPER läuft eigentlich wie der Befehl PLINIE zur Erzeugung einer Polylinie ab. Er erzeugt aber einen Volumenkörper mit rechteckigem Querschnitt basierend auf einer Polylinie. Der Querschnitt wird durch die Optionen BREITE und HÖHE definiert. Mit der Option AUSRICHTUNG kann gewählt werden, ob die zugrunde liegende Polylinie LINKS, RECHTS oder in der MITTE verläuft. Diese Angabe gilt natürlich immer in Fahrtrichtung gesehen. Eine Option OBJEKT erlaubt auch, einen Polykörper auf schon bestehende ebene Kurven aufzusetzen.

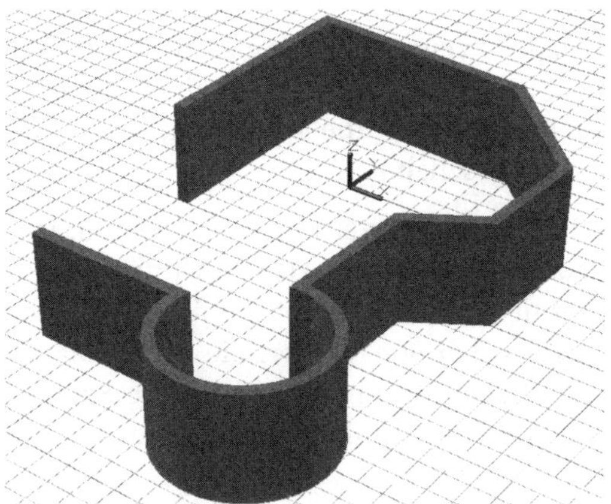

Abb. 13.28: Konstruktion mit POLYKÖRPER

```
Befehl: _Polysolid
POLYKÖRPER Startpunkt festlegen oder [Objekt Höhe Breite Ausrichten] <Objekt>:
H[Enter]   Höhe eingeben
POLYKÖRPER Höhe angeben <80.0000>: 220[Enter]
POLYKÖRPER Startpunkt festlegen oder [...Breite ...] <Objekt>: B[Enter]
Breite eingeben
POLYKÖRPER Breite angeben <36.5000>: 24[Enter]
POLYKÖRPER Startpunkt festlegen oder [... Ausrichten] <Objekt>: A[Enter]   Aus-
richtung wählen
POLYKÖRPER Ausrichtung eingeben [Links Mitte Rechts] <Rechts>: L[Enter]   Aus-
richtung Links
POLYKÖRPER Startpunkt festlegen oder [Objekt ...] <Objekt>: Startpunkt einge-
ben oder O und Objekt wählen
POLYKÖRPER Nächsten Punkt angeben oder [Bogen Zurück]:
...
POLYKÖRPER Nächsten Punkt angeben oder [Bogen Schließen Zurück]: B[Enter]
Umschalten in den Bogen-Modus
POLYKÖRPER Endpunkt des Bogens angeben oder [Schließen Richtung Linie zWeiter
punkt Zurück]:
POLYKÖRPER Endpunkt des Bogens angeben oder [...Linie ...]: L[Enter]   Umschal-
ten in den Linien-Modus
POLYKÖRPER Nächsten Punkt angeben oder [Bogen Schließen Zurück]:
...
```

ANHEBEN

Diese Funktion wird üblicherweise im Flugzeugbau angewendet, um über die Spanten des Rumpfes eine glatte Außenhautfläche zu ziehen. Sie wird auch oft mit dem englischen Originalnamen *Lofting* bezeichnet. Im Schiffsbau hat man dafür die Bezeichnung *Straken*.

Die Daten für die Querschnitte eines Beispiels zeigt Abbildung 13.30. Es ist vielleicht einfacher, die Querschnitte zunächst in der Ansicht Oben in einer Ebene zu konstruieren. Auch der Befehl Drsicht bringt Sie in die Draufsicht, allerdings wird dabei die perspektivische Darstellung abgeschaltet.

Dann können Sie die Querschnitte mit 3D-Drehen (Drehen3D) drehen. Dieser Befehl ist allerdings erst im Arbeitsbereich 3D-Modellierung unter Start|Ändern verfügbar. Abbildung 13.29 zeigt den Ablauf. Damit Sie den Start- und Endwinkel dynamisch am Bildschirm wählen können, sollten Sie in der Statuszeile den Modus Polare Spur aktiviert haben. Dann können Sie die Spanten wie gezeigt interaktiv drehen. Anstelle des Winkelstartpunkts können Sie übrigens auch einen Winkelwert für den Drehwinkel eingeben.

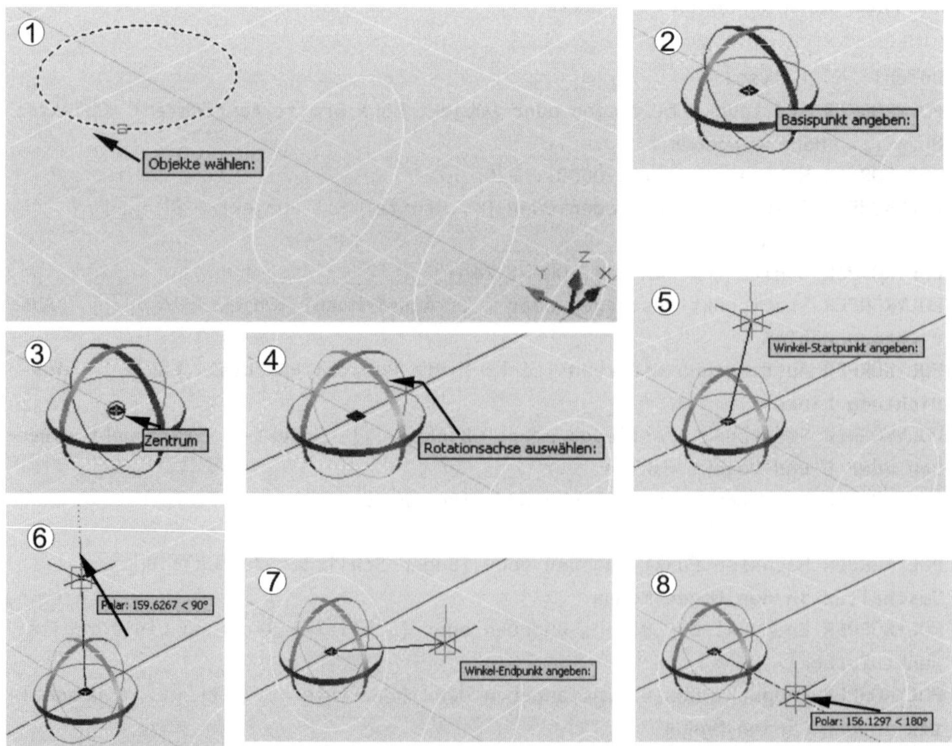

Abb. 13.29: Befehl Drehen3D mit interaktiver Bedienung

Wählen Sie im Befehl ANHEBEN die Querschnitte in korrekter Reihenfolge. Am Schluss erscheint dann ein Auswahlgriff am Objekt, mit dessen Optionen Sie die Winkeleinstellungen und Glättung einstellen können:

- GEREGELT – Zwischen den Spanten wird geradlinig verbunden, es entstehen Knickstellen.
- GLATTE ANPASSUNG – Zwischen den Spanten findet ein tangentialer Übergang statt.
- NORMAL ZU ALLEN SCHNITTEN – An jedem Spant startet und endet die Oberfläche mit 90° dazu.
- NORMAL ZUM ANFANGSSCHNITT – Am ersten Spant startet die Oberfläche mit 90° dazu.
- NORMAL ZUM ENDSCHNITT – Am letzten Spant endet die Oberfläche mit 90° dazu.
- NORMAL ZUM ANFANGS. UND ENDSCHNITT – Am ersten und letzten Spant startet und endet die Oberfläche mit 90° dazu.
- FORMSCHRÄGE – Sie können hier für den ersten und letzten Spant die Winkel dynamisch am Bildschirm eingeben, um Entformungsschrägen zu definieren.

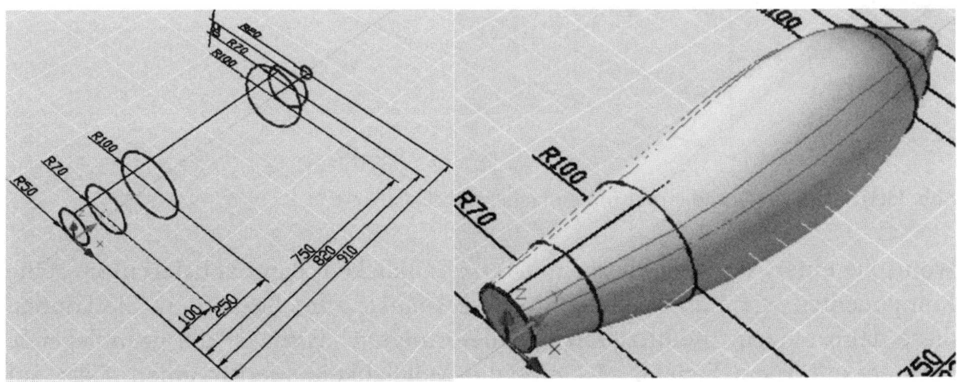

Abb. 13.30: Beispiel für ANHEBEN

13.8 Volumenkörper bearbeiten

Die Volumenkörper können nun auch mit dem EIGENSCHAFTEN-MANAGER und mit den GRIFFEN bearbeitet werden.

- Bei Grundkörpern erscheinen bei einfachem Anklicken diverse Griffe zum Modifizieren (Abbildung 13.31). Die Griffe deuten durch ihre Form verschiedene Deformationsmöglichkeiten an. Griffe an den Basispunkten des Körpers sind quadratisch und erlauben Verschiebungen des Gesamtkörpers in alle Richtungen.

- Griffe für Verschiebungen, das Strecken in einer Richtung oder radial sind dreieckig.
- Griffe an Eckpunkten sind wieder quadratisch und erlauben *Verschiebungen in alle Richtungen unter Beibehaltung der Form des* Volumenkörpers.

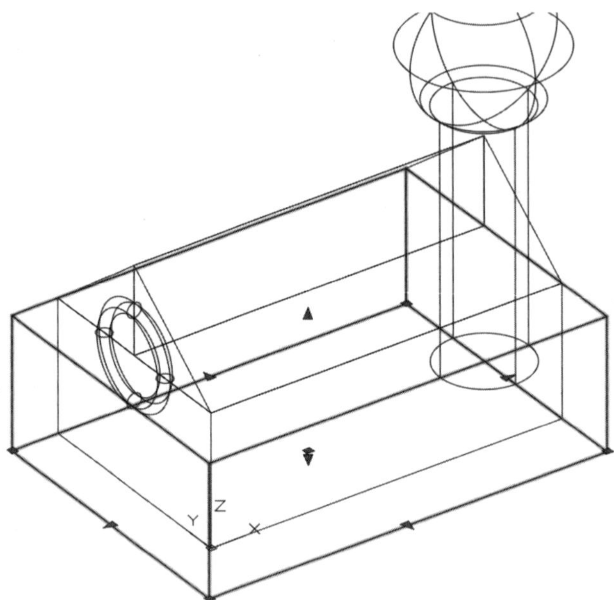

Abb. 13.31: Griffe an Grundkörper mit einfachem Klick aktiviert

Wenn Sie einen Volumenkörper mit [Strg] anklicken, dann aktivieren Sie seine Komponenten wie *Flächen, Kanten* oder *Eckpunkte* zum Bearbeiten. Sie können diese dann einzeln modifizieren und deformieren, damit ist die grundlegende Form des Körpers beliebig. Es gibt die Möglichkeit, hierfür einen *Filter* auf bestimmte Komponenten wie SCHEITELPUNKTE, KANTEN oder FLÄCHEN über das allgemeine *Kontextmenü* oder in der Oberfläche 3D-MODELLIERUNG unter START|AUSWAHL|KEIN FILTER▼ zu setzen.

- Griffe in Flächen (sind die Schwerpunkte) erscheinen rund.
- Griffe an Eckpunkten sind quadratisch und erlauben Verschiebungen in alle Richtungen unter Verzerrung des Volumenkörpers.
- Griffe an Kanten sind länglich und erlauben Kantenverschiebungen, wobei Flächen gekippt werden.

Abb. 13.32: Auswahl-Filter

Bei Volumenkörpern, die aus Einzelkörpern zusammengesetzt wurden, zum Beispiel durch die booleschen Operationen, können Sie auch auf die einzelnen Teilkörper zugreifen, wenn Sie

- bei Erzeugung der Volumenkörper die Systemvariable SOLIDHIST auf **1** gesetzt hatten (oder unter der Benutzeroberfläche 3D-MODELLIERUNG die Funktion VOLUMENKÖRPER|GRUNDKÖRPER|VOLUMENKÖRPERPROTOKOLL aktiviert hatten) und
- sie mit gedrückter Strg-Taste anklicken.

Sie können dann z.B. die einzelnen Teilkörper mit den GIZMOS verschieben oder anderweitig modifizieren. Viele Bearbeitungs-Funktionen sind im einfachen Arbeitsbereich 3D-GRUNDLAGEN nicht mehr vollständig enthalten. Deshalb wäre es jetzt sinnvoll, den Arbeitsbereich 3D-MODELLIERUNG zu aktivieren. Viele Befehle zum Modifizieren der Volumenkörper sind dort in START|ÄNDERN zu finden. Hier gibt es vier Arten von Editierbefehlen:

- Editierbefehle, die sowohl auf 3D-Volumenkörper angewendet werden können als auch auf 2D-Kurven oder auf Flächen. Beispiele hierfür wären SCHIEBEN, KOPIEREN oder DREHEN. Sie brauchen nicht erneut erklärt zu werden.
- Editierbefehle, die Sie für Kurven kennengelernt haben, die aber für Volumenkörper anders ablaufen. Hier wären ABRUNDEN und FASE zu nennen.
- Editierbefehle, die auch auf andere Objekte angewendet werden könnten, aber für Volumenkörper eher typisch sind, wie 3DDREHEN, 3DSPIEGELN, 3D-AUSRICHTEN und AUSRICHTEN.
- Die booleschen Operationen zum Kombinieren von Volumenkörpern: Zwar könnten Sie VEREINIG, DIFFERENZ und SCHNITTMENGE auch auf zweidimensio-

nale Regionen anwenden, aber in der Praxis spielen sie hauptsächlich für Volumenkörper eine Rolle.

- Editierbefehle, die ganz spezifisch sind für Volumenkörper. Hier wäre ein einziger Befehl zu nennen, nämlich VOLKÖRPERBEARB, dessen Optionen ein eigenes Untermenü einnehmen: START|VOLUMENKÖRPER BEARBEITEN|... Damit werden einzelne Flächen und Kanten bearbeitet oder der Volumenkörper im Ganzen.

13.8.1 ABRUNDEN und FASE: Bekannte Befehle mit anderem 3D-Ablauf

Die 2D-Befehle ABRUNDEN und FASE aus START|ÄNDERN▼|ABRUNDEN und START|ÄNDERN▼|FASE haben für Volumenkörper einen etwas anderen Ablauf:

ABRUNDEN

Eine oder mehrere Kanten des Volumenkörpers können hiermit abgerundet werden. Es können sehr komplizierte Kanten behandelt werden, wie sie sich bei Kombinationen von Volumenkörpern ergeben. Auch drei Kanten, die an einer Ecke zusammenstoßen, können gemeinsam abgerundet werden. Es entsteht dann in der gemeinsamen Ecke eine kugelförmige Ausrundung, die auch als Kofferecke bezeichnet wird. Sie können ferner umlaufende Kanten mit der Option KETTE abrunden, wenn die einzelnen Segmente tangential ineinander übergehen. Mit der Option SCHLEIFE können Sie Kanten abrunden, die eine Körperfläche umlaufend begrenzen und *auch Ecken* einschließen. Bei SCHLEIFE wird eine Fläche mittels der Kante gewählt. Wenn die andere an die Kante angrenzende Fläche gemeint war, schalten Sie mit NÄCHSTE weiter.

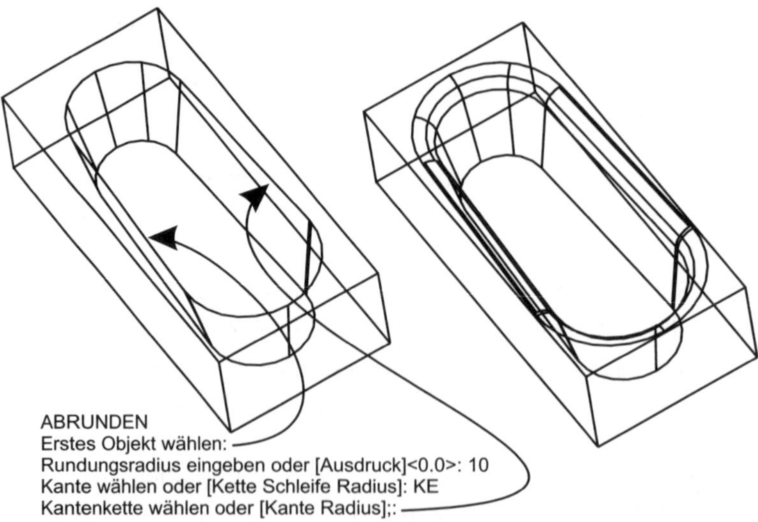

Abb. 13.33: Abrunden einer umlaufenden Kante

FASE

Sie wählen zunächst über eine Kante eine *Basisfläche*, von der aus dann die Kante bestimmt wird, die mit einer Fase versehen werden soll. Wenn die angebotene Basisfläche nicht die gewünschte ist, gehen Sie mit der Option NÄCHSTE zur zweiten Alternative weiter. Die Option KONTUR erlaubt, eine komplette umlaufende Kante einer Basisfläche zu fasen. Ansonsten können Sie jede einzelne Kante der Basisfläche wählen, die dann gefast wird.

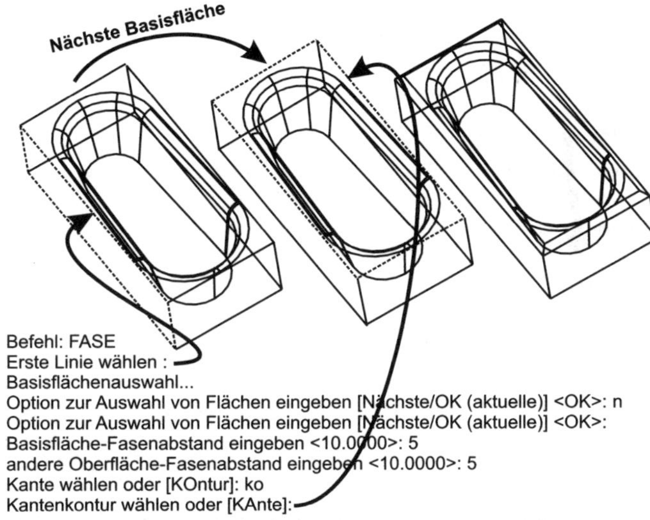

Abb. 13.34: Fase mit Wahl der Basisfläche und Bearbeitung einer Kontur

13.8.2 Für 3D-Konstruktionen nützliche Befehle

Im Arbeitsbereich 3D-MODELLIERUNG gibt es unter START|ÄNDERN und START|VOLUMENKÖRPER BEARBEITEN folgende nützliche Bearbeitungs-Befehle:

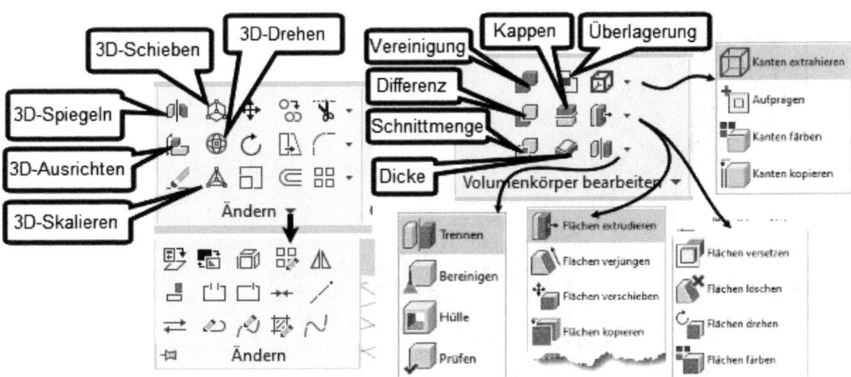

Abb. 13.35: 3D-Bearbeitungsbefehle

Die speziellen 3D-Bearbeitungsbefehle sind mit den bisher bekannten 2D-Bearbeitungsbefehlen durchmischt, weil auch die 2D-Bearbeitungsbefehle für Volumenkörper und Flächen interessant sind.

Die drei Befehle 3D-SCHIEBEN, 3D-DREHEN und 3D-SKALIEREN können Sie auch in Form von GIZMOS aktivieren. Die GIZMOS können Sie unter START|AUSWAHL aktivieren. Sie sind dann als lokale Achsenmarkierung bei der Bearbeitung durch Anklicken mit Griffen zusammen sichtbar. Allerdings wirken sie nicht im visuellen Stil 2D-DRAHTKÖRPER.

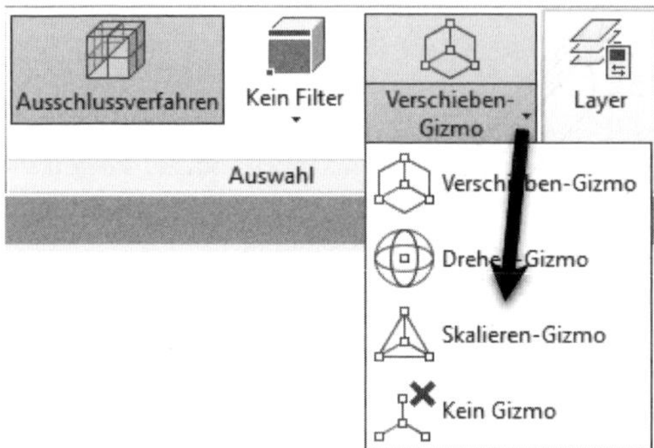

Abb. 13.36: Aktivieren der GIZMOS in der Gruppe AUSWAHL

3D-Schieben

Der Befehl 3DSCHIEBEN zeigt nach der Objektwahl ein Achsenkreuzsymbol als Verschieben-Griffwerkzeug zur Auswahl der Bewegungsrichtung oder auch -ebene (Abbildung 13.37). Wenn Sie anstelle der Wahl des Basispunkts auf eine der Achsen klicken (gelbe Markierung erscheint), wird die Verschiebung auf diese Achse beschränkt. Wenn Sie auf die kleinen Ecken zwischen den Achsen klicken (gelbe Markierung als Bestätigung), wird auf die betreffende Ebene umgeschaltet und die Cursorbewegung auf diese Ebene beschränkt.

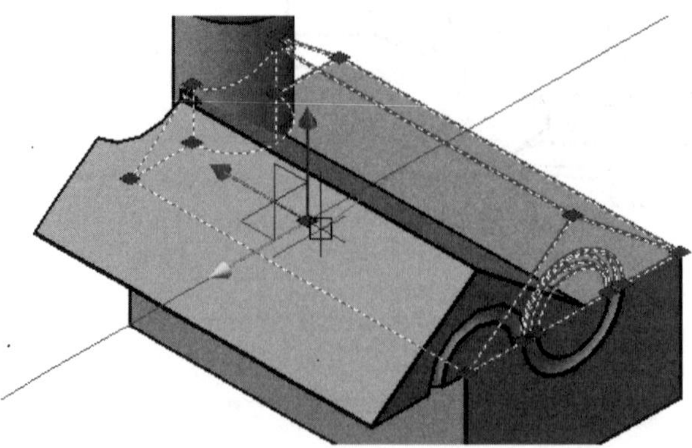

Abb. 13.37: 3D-SCHIEBEN mit GIZMO, y-Achse aktiviert

Wenn Sie das Griffwerkzeug nicht benutzen bzw. anklicken, können Sie ganz normal einen BASISPUNKT und einen ZWEITEN PUNKT DER VERSCHIEBUNG wählen oder die VERSCHIEBUNG direkt spezifizieren.

3D-Drehen

Der Befehl verlangt zuerst die Positionierung des gezeigten Drehsymbols am Basispunkt. Dann muss hier noch interaktiv eine Drehachse gewählt werden, wie in Abbildung 13.29 gezeigt wurde. Der Drehwinkel kann entweder über Winkel-Start- und -Endpunkt definiert werden oder einfach über den Drehwinkel. Der getippte Befehl heißt übrigens aber DREHEN3D.

3D-Skalieren

Der Befehl positioniert das Skaliersymbol am Schwerpunkt. Dann kann es noch auf einen anderen Basispunkt gelegt werden, um einen Skalierfaktor für eine gleichmäßige Skalierung in allen Achsrichtungen einzugeben.

AUSRICHTEN

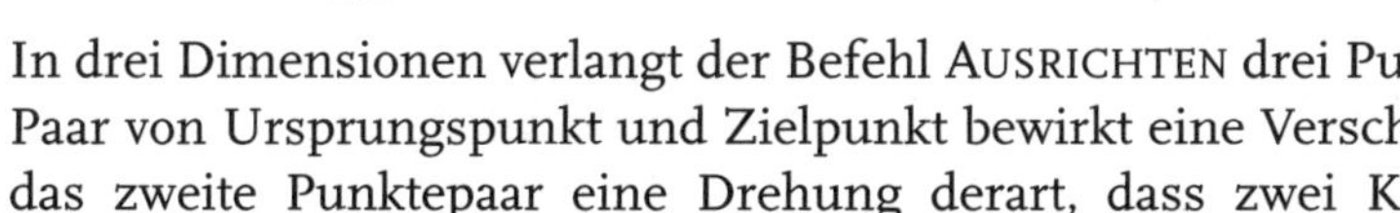

In drei Dimensionen verlangt der Befehl AUSRICHTEN drei Punktepaare. Das erste Paar von Ursprungspunkt und Zielpunkt bewirkt eine Verschiebung des Objekts, das zweite Punktepaar eine Drehung derart, dass zwei Kanten zur Deckung gebracht werden, und das dritte Punktepaar schließlich führt zur Übereinstimmung von zwei Objektebenen. In der Abbildung 13.38 wird ein Dachfenster mit der Dachfläche ausgerichtet.

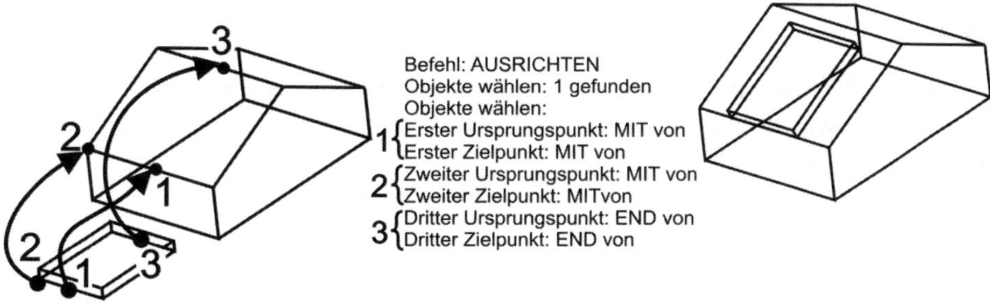

Abb. 13.38: AUSRICHTEN

> **Hinweis**
>
> Hier ist nicht der Befehl 3D-AUSRICHTEN gemeint, sondern der Befehl AUSRICHTEN aus dem Aufklappmenü der Gruppe ÄNDERN.

3D-Spiegeln

Findet das normale SPIEGELN an einer Linie statt, so ist für das dreidimensionale 3DSPIEGELN eine Spiegelebene anzugeben. Dazu sind entweder drei Punkte nötig, die eine Ebene festlegen, oder Sie wählen eine der orthogonalen Ebenen und fixieren sie an einem Punkt.

Rechteckige Anordnung, Pfadanordnung, Polaranordnung

In allen drei Befehlen, die bereits oben als 2D-Befehle beschrieben wurden, gibt es die Möglichkeit, auch eine Vervielfachung mit Ebenen in z-Richtung einzugeben.

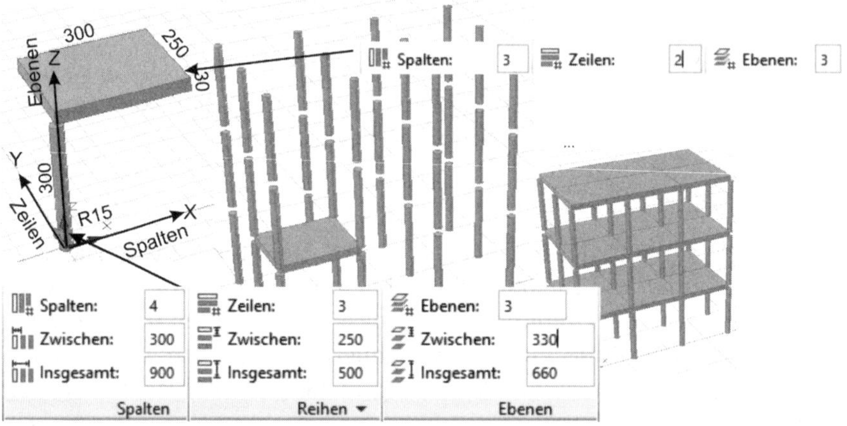

Abb. 13.39: Rechteckige Anordnungen mit mehreren Ebenen

KAPPEN

Das KAPPEN (Abbildung 13.40) ist eine Modifikation des Körpers, bei der er durch eine Fläche in zwei Teile geschnitten wird. Sie können wahlweise einen der beiden Teile entfernen lassen oder behalten.

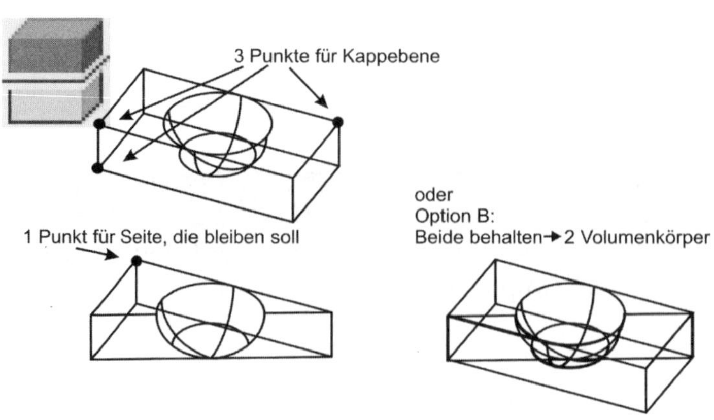

Abb. 13.40: KAPPEN

Die Kapp-Ebene wird entweder durch drei Punkte festgelegt oder durch eine der orthogonalen Ebenen (xy-, yz- oder xz-Ebene) und einen zusätzlichen Punkt zur Ebenenfestlegung. Zum KAPPEN können mit der Option OBERFLÄCHE auch gewölbte Flächen verwendet werden.

ÜBERLAG

Hiermit wird der Bereich angezeigt, der der Überlagerung zweier Körper entspricht (Abbildung 13.42). Dieser Bereich kann auch als neuer Körper generiert werden. Dann können Sie ihn zum Beispiel abmessen oder auslitern, um neue Informationen über den Kollisionsbereich zwischen zwei Teilen zu erhalten.

Der Befehl ÜBERLAG arbeitet ähnlich wie die Operation SCHNITTMENGE (Abbildung 13.41), nur bleiben bei diesem Befehl die Ausgangsobjekte erhalten. Sie wählen zunächst einen Volumenkörper (oder einen ganzen Satz), drücken dann [Enter], wählen danach den zweiten Volumenkörper (oder einen ganzen Satz) und drücken wieder [Enter]. Nun prüft das Programm auf Überlagerungen und gibt bekannt, ob sich Paare von Körpern überlagern. Wenn das zutrifft, können Sie sich den Überlagerungskörper erstellen lassen. Dies ist im Beispiel in der Abbildung so geschehen. Der Überlagerungskörper wird hier dazu benutzt, das Dach dort auszuschneiden, wo der Turm durchläuft. Es ist auch möglich, bei der ersten Objektwahl alle beteiligten Körper zu wählen und die zweite Anfrage mit [Enter] zu beenden.

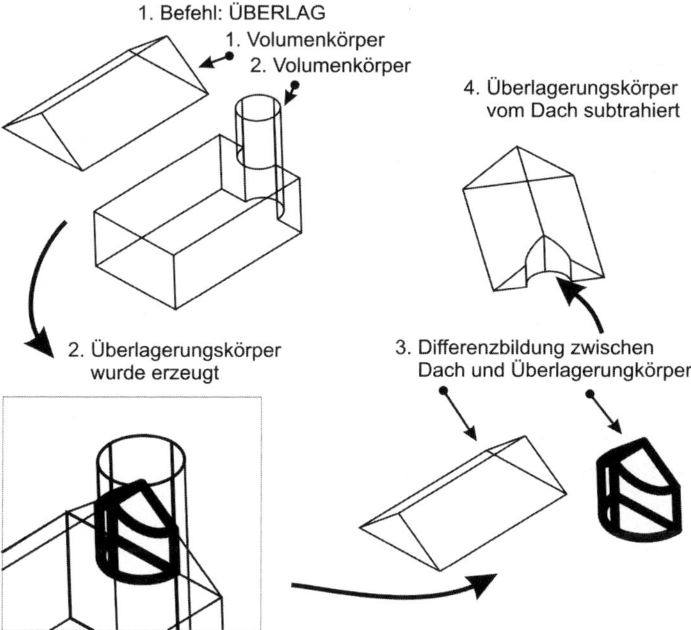

Abb. 13.41: Überlagerung zwischen zwei Volumenkörpern

DICKE

Der Befehl dient dazu, Flächen durch Zugabe einer Dicke zu Volumenkörpern zu machen.

- Zugelassene Flächen sind einerseits (gewölbte) Flächen, die beim Zerlegen eines Volumenkörpers mit URSPRUNG entstehen. Die Richtung für positive Verdickung geht vom ursprünglichen Volumenkörper nach außen. Das ist die Richtung der positiven Flächennormale.
- Ebene flächenartige Objekte wie geschlossene Kurven, (ebene) Regionen oder ebene Flächen nach Zerlegung eines Volumenkörpers müssen Sie zuerst mit dem Befehl PLANFLÄCHE und Option OBJEKT in eine bearbeitbare Fläche umwandeln. Die positive Flächennormale entspricht der z-Richtung.
- Andere nicht ebene Flächen müssen Sie vorher mit dem Befehl INFLÄCHKONV umwandeln. Die positive Normalenrichtung ist dann nicht einfach vorherzusagen, deshalb probieren!

QUERSCHNITT

Diese Funktion generiert einen Schnitt durch das Teil. Es entsteht eine REGION, die später mit dem Befehl URSPRUNG in einzelne Kurven zerlegt werden kann. Damit kann man Schnitte erzeugen, die sich auch bemaßen lassen. Solch ein Schnitt lässt sich beispielsweise mit dem Befehl AUSRICHTEN in die Ebene legen. Beim Bemaßen der Region werden Bögen erkannt und können radial bemaßt werden.

13.8.3 Boolesche Operationen

Die booleschen Operationen dienen zum Kombinieren von Volumenkörpern. Der Name stammt aus der Mengenlehre, wo analoge Operationen vorkommen. Sie liegen unter START|VOLUMENKÖRPER BEARBEITEN. Testen Sie diese Operationen anhand des Konstruktionsbeispiels mit dem Kirchlein aus.

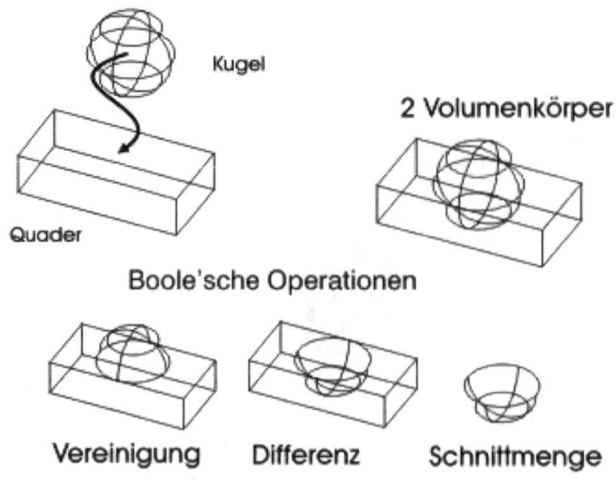

Abb. 13.42: VEREINIG, DIFFERENZ und SCHNITTMENGE

VEREINIG

Diese Operation dient zur Zusammenfügung von Volumenkörpern zu einem einzigen Gesamtkörper. Sie vereinigen aus dem Konstruktionsbeispiel *Kirchlein* die beiden Keile des Dachs miteinander, dann Kugel und Kegel miteinander und schließlich Quader und Zylinder:

```
Befehl: _union
Objekte wählen:  Ersten Keil wählen  1 gefunden
Objekte wählen:  Zweiten Keil wählen  1 gefunden, 2 gesamt
Objekte wählen: Enter
```

DIFFERENZ

Hiermit werden Volumenkörper volumenmäßig voneinander subtrahiert. Das beste Beispiel hierfür ist die Differenz zwischen dem Quader und dem Torus. Da der Torus aber noch ein zweites Mal für die Differenzbildung mit dem Dach gebraucht wird, sollten Sie ihn vorher einmal kopieren, damit Sie zwei Exemplare haben. So entstehen dann die Einkerbungen im Giebel. Schauen Sie sich das Ergebnis ggf. mit dem 3DORBIT und mit Schnittebenen an.

```
Befehl: _subtract
Volumenkörper und Regionen, von denen subtrahiert werden soll, wählen...
Objekte wählen: Quader anklicken  1 gefunden
Objekte wählen: Enter
Volumenkörper und Regionen für Subtraktion wählen ..
Objekte wählen: Torus anklicken  1 gefunden
Objekte wählen: Enter
```

SCHNITTMENGE

Dies ist eine typische Operation aus der Mengenlehre zwischen zwei oder mehreren Körpern. Die Schnittmenge ist das Volumen, das allen Körpern gemeinsam ist.

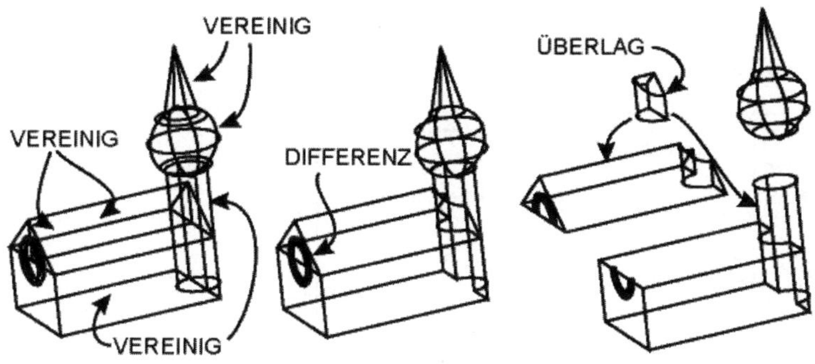

Abb. 13.43: Kombination einzelner Grundkörper mit booleschen Operationen

Anders ausgedrückt: Es ist die Überlappung der beteiligten Körper. Hiermit können Sie auch Kollisionen zwischen Körpern prüfen. Ist die Schnittmenge leer, so gibt es keine Kollision.

13.8.4 Volumenspezifische Editierbefehle

Diese Befehle ermöglichen nachträgliche Modifikationen der Flächen und Kanten von Volumenkörpern. Sie sind alle in einem einzigen Befehl mit zahlreichen Optionen enthalten: VOLKÖRPERBEARB. Sie finden die einzelnen Funktionen im Register START in der Gruppe VOLUMENKÖRPER BEARBEITEN (Abbildung 13.44). Bei allen Modifikationen der einzelnen Flächen eines Volumenkörpers ist zu beachten, dass nur solche Änderungen möglich sind, die zu geometrisch sinnvollen Ergebnissen führen. Insbesondere muss sich bei Veränderungen an *einer* Oberfläche des Volumenkörpers durch Verlängern oder Verkürzen der *übrigen* Flächen wieder eine sinnvolle Geometrie ergeben. Sie dürfen auch mehrere Flächen zugleich mit den nachfolgenden Funktionen bearbeiten. Auch dann gilt wieder, dass sich durch Verlängern oder Verkürzen der Restflächen ein geometrisch geschlossenes Volumen ergeben muss.

Wichtig: Objektwahl bei Flächen von Volumenkörpern

Gegenüber der normalen Objektwahl in AutoCAD, wo ein Objekt immer durch Anklicken einer sichtbaren Kante gewählt werden muss, können Flächen von Volumenkörpern durch Klicken *in die Fläche hinein* gewählt werden. Damit erreichen Sie *die in Blickrichtung nächstliegende Fläche*, mit einem weiteren Klick noch die dahinter liegende dazu usw. Wenn Sie bei gedrückter `Shift`-Taste anklicken, werden die Objekte auch von vorne her wieder aus der Auswahl entfernt.

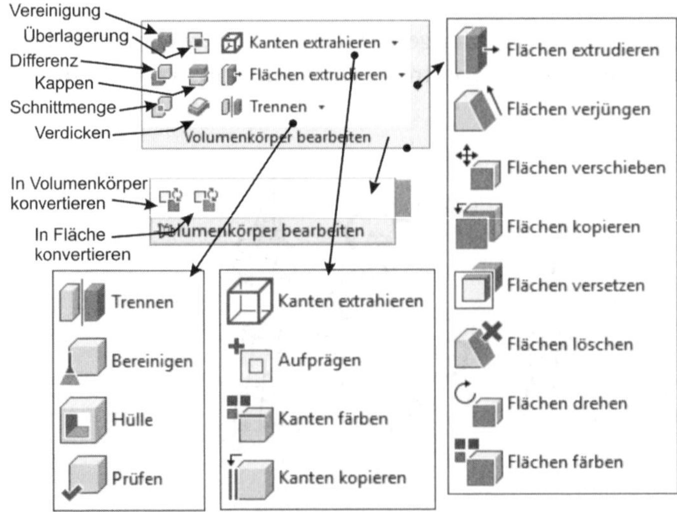

Abb. 13.44: Funktionen für die Volumenkörperbearbeitung

Befehle für Flächen eines Volumenkörpers

FLÄCHEN EXTRUDIEREN . Sie können hiermit einzelne Flächen eines Volumenkörpers extrudieren wie beim Befehl EXTRUSION. Es kann standardmäßig senkrecht zur Fläche oder entlang einer Kurve (Pfad) extrudiert werden. Das Beispiel zeigt eine Flächenextrusion um 20 mm mit 45° Verjüngung bei der Oberfläche und zwei Extrusionen bei der Bodenfläche. Die erste Flächenextrusion beträgt 20 mm mit -45° und bewirkt eine Verbreiterung der Grundfläche, die zweite beträgt 50 mm mit 0° und erzeugt den Sockel.

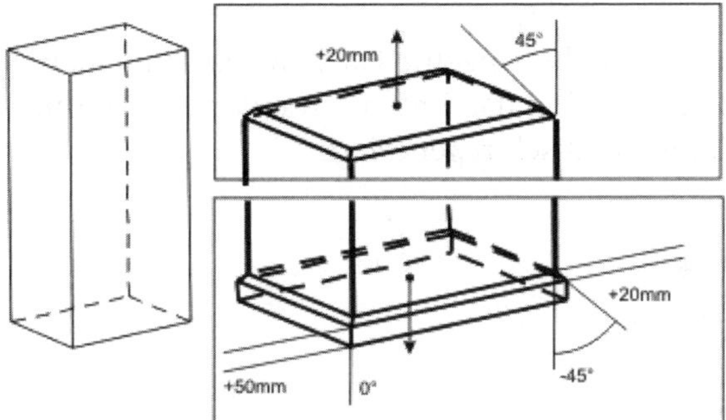

Abb. 13.45: Schränkchen (600 x 450 x 1200 mm) mit drei Flächenextrusionen

FLÄCHEN VERSCHIEBEN . Diese Funktion ist insbesondere für innere Flächen wie Durchbrüche oder Bohrungen interessant. Diese Durchbruchsflächen, und damit der gesamte Durchbruch, können verschoben werden.

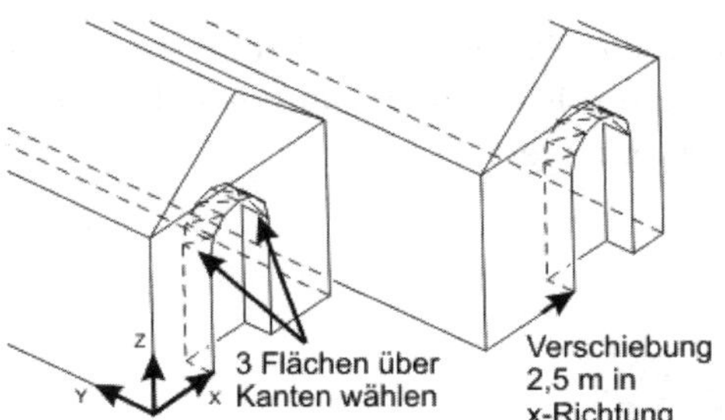

Abb. 13.46: Verschieben eines Torbogens

FLÄCHEN VERSETZEN . Auch diese Funktion ist wieder interessant für innere Flächen oder Durchbrüche. Es kann die Oberfläche eines Durchbruchs versetzt werden und damit der Durchbruch verengt oder erweitert werden. Das Vorzeichen für den Versetzabstand richtet sich danach, ob der Volumenkörper größer (+) oder kleiner (-) wird. Im Beispiel wird er durch Vergrößern des Bogens kleiner.

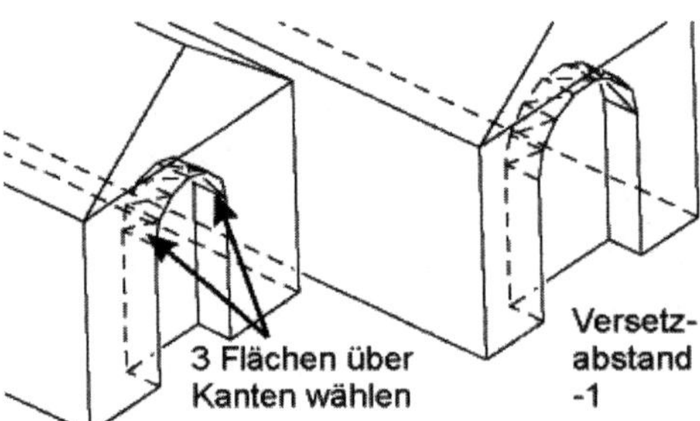

Abb. 13.47: Flächen des Torbogens mit Abstand -1 versetzt

FLÄCHEN LÖSCHEN. Diese Funktion erlaubt, einzelne Flächen aus dem Oberflächenverband zu lösen. Typische Beispiele sind das Entfernen einer Abrundungsfläche oder Fase. Damit wird die Kante praktisch regeneriert.

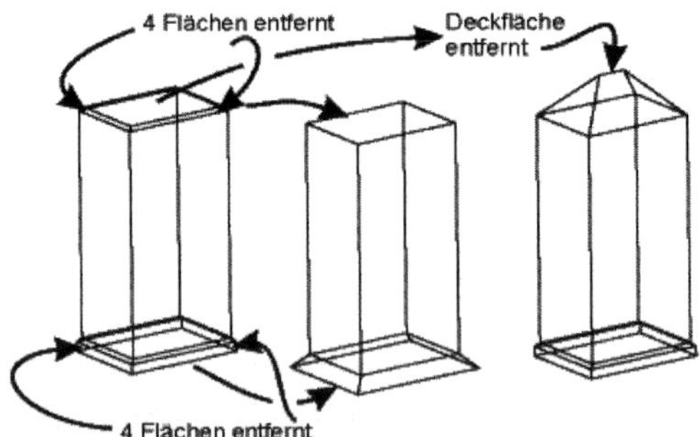

Abb. 13.48: Löschen von Flächen

FLÄCHEN DREHEN. Hier wird eine gewählte Fläche durch Drehen um eine Achse durch zwei Punkte verändert. Die anderen Flächen werden unter Beibehaltung ihrer Lage entsprechend verkürzt oder verlängert.

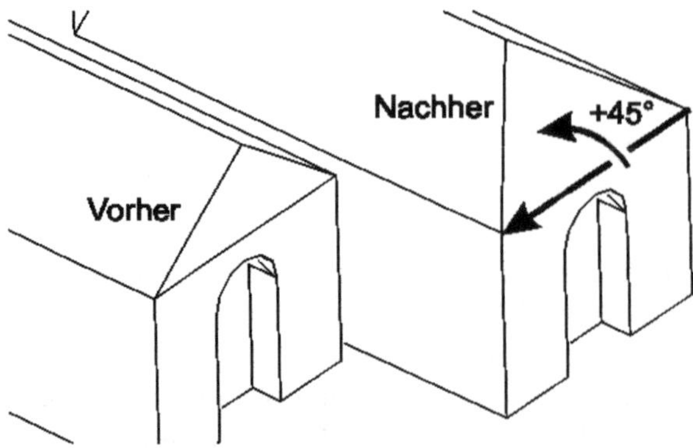

Abb. 13.49: Giebelfläche mit 45° drehen

FLÄCHEN VERJÜNGEN. Hiermit können Sie verschiedenen Flächen, beispielsweise auch zylindrischen Bohrungen, nachträglich eine konische Form verleihen. Als Referenz für den Konikwinkel wird eine Bezugslinie verlangt, die sich Verjüngungsachse nennt.

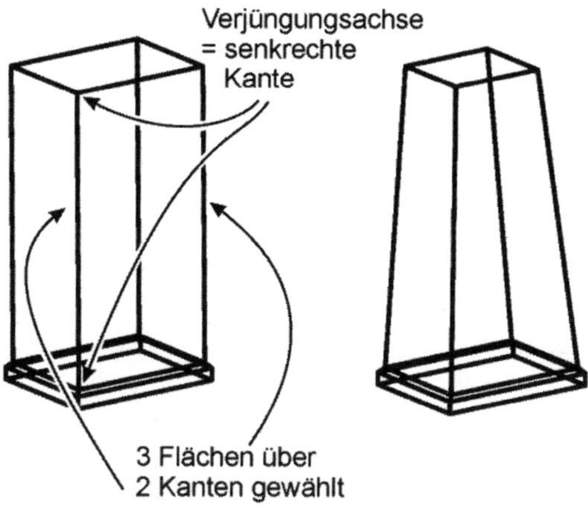

Abb. 13.50: Verjüngung von drei Flächen eines Quaders um 5°

FLÄCHEN FARBIG AUSFÜLLEN. Diese Funktion hat Bedeutung hinsichtlich der Schattierungs- und Render-Funktionen, mit denen die Oberflächen farbig, mit Beleuchtungseffekten und schattiert dargestellt werden können. Dadurch kann erreicht werden, dass nicht alle Oberflächen eines Volumenkörpers die Objektfarbe haben, sondern individuell unterschiedlich eingefärbt werden.

FLÄCHEN KOPIEREN. Mit dieser Funktion lassen sich aus einem Volumenkörper einzelne Oberflächen herauskopieren. Sie können dann beispielsweise zum Bemaßen verwendet werden oder für weitere Aktionen in ihre Randkurven zerlegt werden.

Befehle für Kanten eines Volumenkörpers

KANTEN FARBIG AUSFÜLLEN. Diese Funktion erlaubt es, einzelne Kanten farbig anders zu gestalten als die Objektfarbe des Volumenkörpers.

KANTEN KOPIEREN. Hiermit können einzelne Randkurven des Volumenkörpers für weitere Untersuchungen oder Konstruktionen herauskopiert werden.

Befehle für den gesamten Volumenkörper

AUFPRÄGEN. Mit dieser Option können ebene Kurven auf ebene Flächen des Volumenkörpers gleichsam wie ein Abdruck aufgetragen werden. Alternativ können hiermit auch die Schnittkurven mit einem anderen Volumenkörper gebildet werden. Diese zunächst in der Fläche liegenden Konturen bilden dann Teilflächen, die ihrerseits mit den obigen Funktionen extrudiert, verschoben etc. werden können. Damit ist eine weitere Detaillierung möglich. In diesem Zusammenhang ist natürlich auch die Funktion KLICKZIEHEN zusammen mit dem dynamischen BKS sehr nützlich.

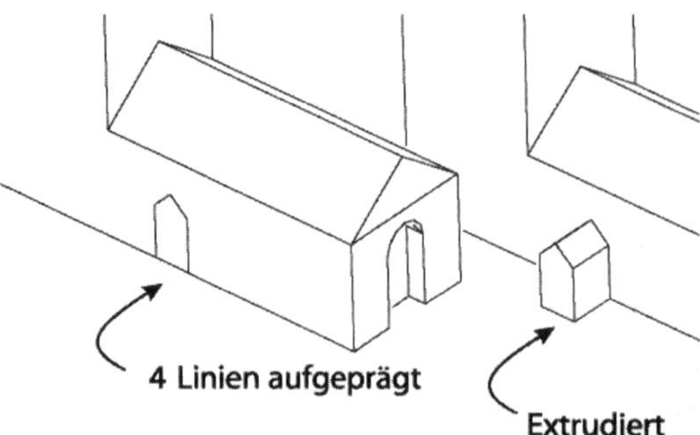

Abb. 13.51: Anwendung aufgeprägter Objekte

BEREINIGEN. Diese Funktion entfernt unnötige geometrische Merkmale, die keine funktionale Bedeutung für die Geometrie haben. In seltenen Fällen kann es dazu kommen, dass auch nach dem Vereinigen von Volumenkörpern noch interne Begrenzungsflächen stehen bleiben. Um solche Dinge zu vereinfachen, können Sie BEREINIGEN aufrufen.

TRENNEN. Hiermit können Volumenkörper, die zwar logisch eine Einheit bilden, aber geometrisch zwei getrennte Volumina bilden, auch im logischen Sinne getrennt werden. So etwas kann entstehen, wenn beispielsweise ein Volumenkörper durch Differenzbildung mit einem anderen durchgeschnitten wird. Die beiden Volumenkörperreste bilden dann immer noch ein einziges Volumen, aber nur logisch, nicht mehr geometrisch. Um beide Teile dann unabhängig voneinander verschieben zu können, müssen Sie sie mit dieser Funktion trennen.

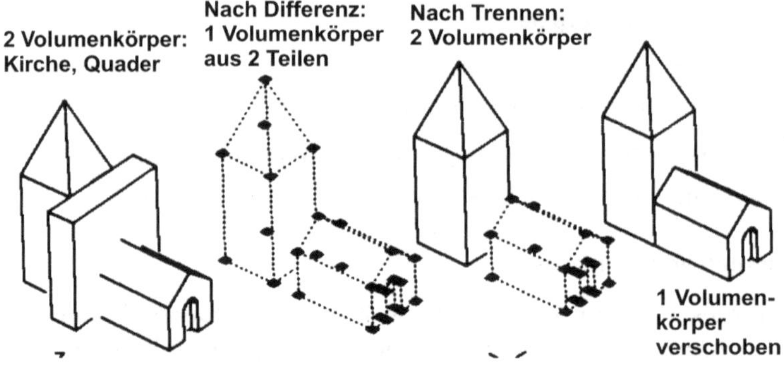

Abb. 13.52: Trennen von Volumenkörpern

WANDSTÄRKE. Diese Funktion erlaubt, einen Volumenkörper bzw. ausgewählte Wandflächen davon so umzuwandeln, dass nur noch ein Körper aus Wänden mit vorgegebener Dicke übrig bleibt. Flächen, die offen bleiben sollen, können Sie aus der Auswahl entfernen. Die Funktion versetzt praktisch alle gewählten Wandflächen um den angegebenen Betrag nach innen. Entfernte Flächen bleiben offen.

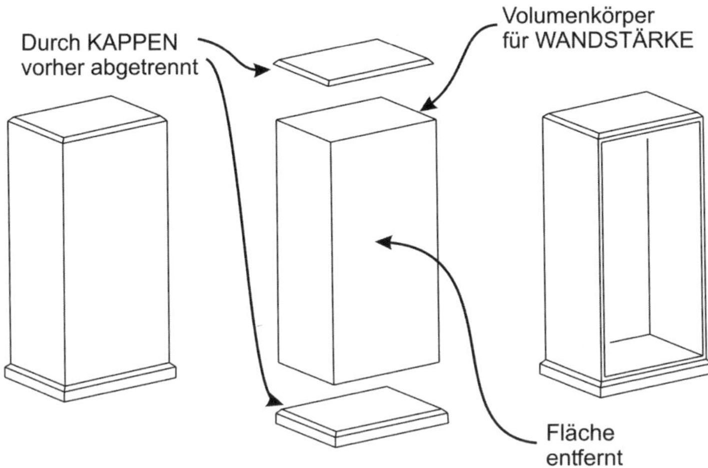

Abb. 13.53: Wandstärke-Funktion auf das Schränkchen angewendet

ÜBERPRÜFEN. Diese Funktion erlaubt eine Überprüfung der Volumenkonstruktion auf logische Konsistenz mit dem ACIS-Modell. Da AutoCAD über die Systemvariable SOLIDCHECK mit Wert **1** so eingestellt ist, dass sowieso nach jedem Volumenkörper-Bearbeitungsbefehl diese Konsistenz überprüft wird, ist dieser Befehl nur in solchen Fällen nötig, wo Sie absichtlich SOLIDCHECK abgeschaltet haben.

Masseneigenschaften

Den alten Befehl MASSEIG zur Volumenberechnung gibt es nicht in den Multifunktionsleisten, sondern nur noch im alten Menü EXTRAS|ABFRAGE|REGION-/MASSENEIGENSCHAFTEN. Das Menü müssten Sie sich über den SCHNELLZUGRIFF-WERKZEUGKASTEN aktivieren. Hiermit können Sie sich die typischen Eigenschaften des Körpers wie Volumen, Schwerpunkt, Trägheitsmomente und die einhüllende Box anzeigen lassen sowie Trägheitsradien und den Trägheitstensor berechnen.

13.9 Übungsteil: Greifer in 3D

Als Beispiel aus dem Maschinenbau sollten Sie die gezeigten zwei Ansichten eines Greifers konstruieren. Hier soll nun aus diesen beiden Ansichten das Volumenmodell erstellt werden. Extrudieren Sie die Vorderansicht um 75 mm und die Draufsicht um 60 mm. Dann drehen Sie die Draufsicht um -90° um die x-Achse mit DREHEN3D. Schieben Sie danach beide Volumenkörper mit der Kante übereinander. Nun brauchen Sie nur noch die Schnittmenge zwischen den beiden Volumenkörpern zu erzeugen. Damit wäre das Teil im Groben fertig.

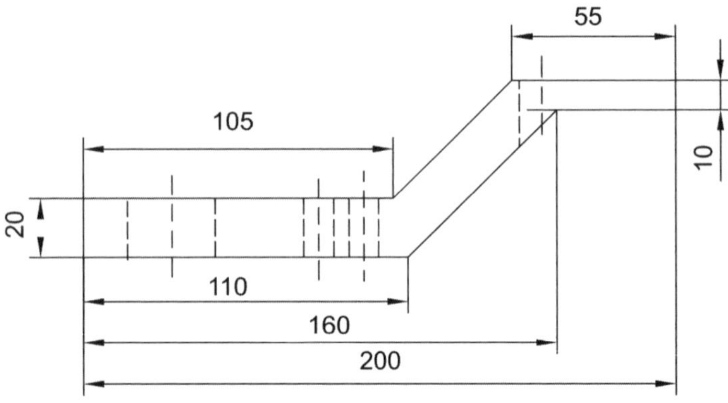

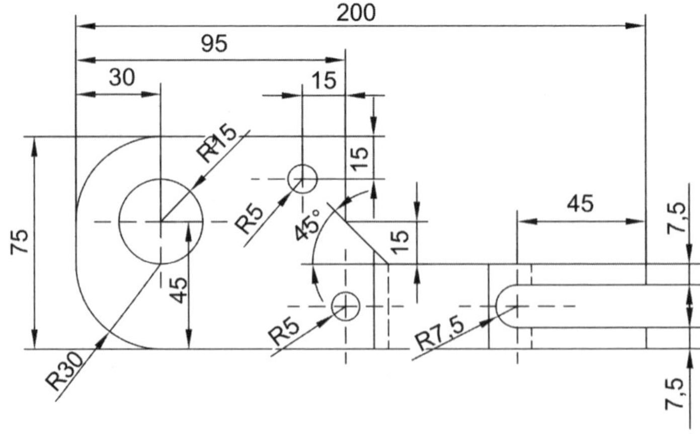

Abb. 13.54: Greifer in zwei Ansichten

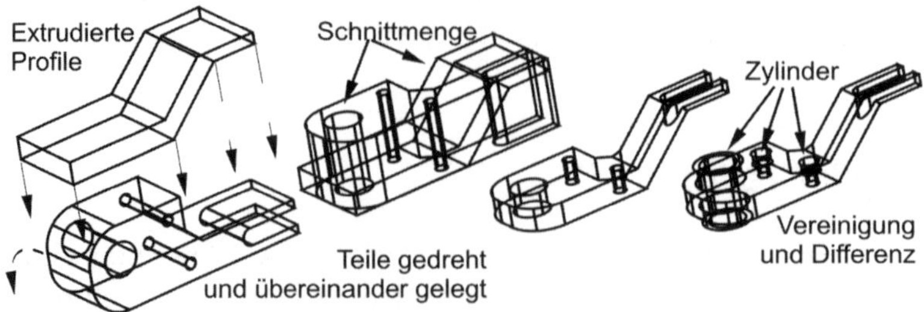

Abb. 13.55: Vom 2D-Profil zum Volumenkörper

Ergänzt wird die Konstruktion noch durch den Hohlzylinder für die Buchse links und durch die Senkungen für die beiden Schraublöcher. Dazu müssen Sie geeignete Zylinder hinzufügen (VEREINIG) bzw. abziehen (DIFFERENZ). Die nötigen Maße finden Sie in Abbildung 13.56.

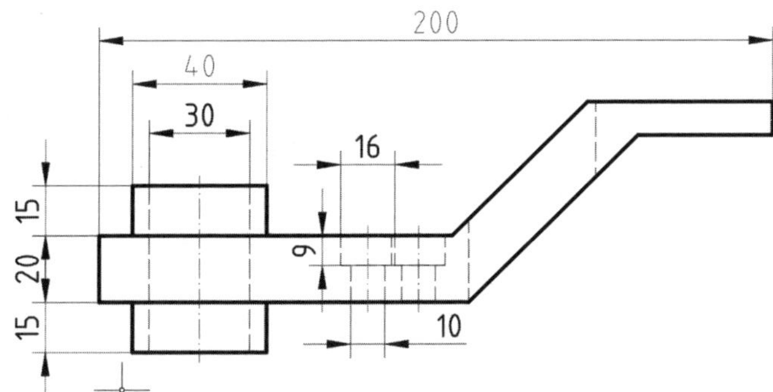

Abb. 13.56: Maße für Buchse und Senkungen

13.10 Übungsfragen

1. Welche Volumenkörper, auch Grundkörper genannt, bietet AutoCAD?
2. Was versteht man unter Bewegungskörpern?
3. Was versteht man unter booleschen Operationen?
4. Wie verhält sich bei VEREINIG das Endvolumen zur Summe der einzelnen Volumina?
5. Wie unterscheiden sich KAPPEN und QUERSCHNITT?
6. Welche 2D-Editierbefehle können auch auf Volumenkörper angewendet werden?
7. Was versteht man unter dem Kofferecken-Problem bei Volumenkörpern?

Kapitel 14

Modellieren mit Volumenkörpern, NURBS und Netzen (nicht LT)

14.1 Gründe für Volumenmodellierung

Bei der Modellierung von Volumenkörpern geht es darum, die Form bzw. die Oberflächen von Volumenkörpern mit Design-Werkzeugen völlig frei zu gestalten. Man spricht in diesem Sinne auch von Freiformflächen, beliebig formbaren Flächen.

Bei den *Netzkörpern* geht die Konstruktion von einer *vorgegebenen Netztopologie* wie Quader oder Zylinder etc. aus, die dann modelliert wird. Dagegen bieten die *NURBS-Flächen* sehr detaillierte Formgebungswerkzeuge. Wie bei Splinekurven möglich, können diese NURBS-Flächen über die *Kontrollscheitelpunkte* sehr flexibel geformt werden. Diese NURBS-Flächen können zur Gestaltung von Volumenkörpern verwendet werden und erschließen damit das ganze Spektrum der Design-Konstruktionen.

Das Volumenmodell bietet auch Möglichkeiten zur Überprüfung des Designs durch *Analyse-Werkzeuge*. Eine realistische schattierte 3D-Darstellung für Präsentationen wird durch zahlreiche visuelle Stile und einen gut bestückten Material-Browser möglich.

Die umfassenderen Werkzeuge zur kompletten 3D-Modellierung finden Sie im Arbeitsbereich 3D-MODELLIERUNG, den Sie für die folgenden Abschnitte aktivieren sollten.

14.2 Der Arbeitsbereich 3D-Modellierung – Übersicht

AutoCAD bietet neben dem Arbeitsbereich 3D-GRUNDLAGEN den Arbeitsbereich 3D-MODELLIERUNG an. Während 3D-GRUNDLAGEN für die konventionellen 3D-Aufgaben zum Erstellen von Volumenkörpern aus Grundkörpern und Bewegungskörpern geeignet ist, enthält der Bereich 3D-MODELLIERUNG das volle 3D-Funktionsspektrum. Wie schon im vorangegangenen Kapitel sollten Sie auch für die folgenden 3D-Konstruktionen die spezielle Vorlage `acadiso3D.dwt` verwenden, die bereits auf eine isometrische Ansicht mit perspektivischer Projektion und realistischer Oberflächendarstellung eingestellt ist. Wenn Sie mit Hintergrundfarbe

Weiß arbeiten, sollten Sie die Farbe des *Layers 0* von Farbe `Weiß` auf ein besser sichtbares `Blau` ändern. Die wichtigen neuen Gruppen im Bereich 3D-MODELLIERUNG sind in Abbildung 14.1 zu sehen.

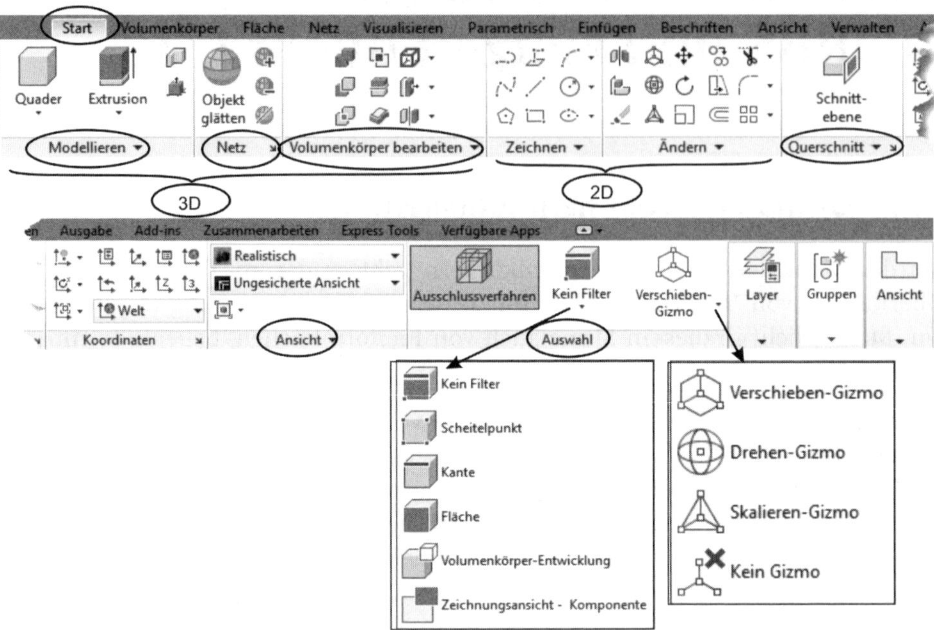

Abb. 14.1: Arbeitsbereich 3D-MODELLIERUNG, Register START

- Register START
  - MODELLIEREN – mit den wichtigsten Befehlen zum Erstellen von Volumenkörpern aus Grundkörpern oder Bewegungskörpern. Unter MODELLIEREN▼ finden sich seltene Befehle zur Berechnung von 2D-Ansichten mit projizierten Kanten.
  - NETZ – mit Funktionen zum Umwandeln von Volumenkörpern in Netze und zum Glätten derselben.
  - VOLUMENKÖRPER BEARBEITEN – mit Funktionen zur Kombination mehrerer Volumenkörper mit booleschen Operationen, zur Nachbearbeitung fertiger Volumenkörper an Flächen und Kanten.
  - ZEICHNEN und ÄNDERN – mit den normalen Zeichen- und Änderungsfunktionen.
  - QUERSCHNITT – mit Werkzeugen zur Erstellung von Schnitten und 2D-Ansichten.
  - KOORDINATEN – mit Funktionen zur Manipulation und Einstellung benutzerspezifischer Koordinatensysteme.

- ANSICHT – mit der Auswahl der Darstellung über VISUELLE STILE (2D-DRAHTKÖRPER, VERDECKT, DRAHTKÖRPER, KONZEPTUELL und REALISTISCH) und Auswahl von Standard-Ansichten oder eigenen. Sie können hier auch schnell zwischen 1 Ansicht und 4 Ansichten im Modellbereich umschalten. Unter dem Gruppentitel ANSICHT▼ finden sich die KAMERA-Einstellungen mit Position und Brennweite, die *Kamera* finden Sie aber im Register VISUALISIEREN.
- AUSWAHL – In dieser Gruppe sind die wichtigsten Werkzeuge die GIZMOS im rechten Flyout: VERSCHIEBEN-GIZMO, DREHEN-GIZMO, SKALIEREN-GIZMO und KEIN GIZMO. Die Bezeichnung bedeutet so viel wie hilfreiche wandlungsfähige kleine Monster. Das jeweils aktivierte GIZMO bietet beim Anklicken von Objekten an deren Schwerpunkt angehängt ein Koordinaten-Dreibein, mit dem man eine der orthogonalen Achsen als Richtung fürs Verschieben, Drehen oder Skalieren anklicken und dann Entfernung, Winkel oder Faktor eingeben kann. Links daneben kann die AUSWAHL eingeschränkt werden auf FLÄCHEN, KANTEN, SCHEITELPUNKTE (Eckpunkte) oder auf Einzelobjekte aus der Volumenkörper-Entwicklungs-Historie bei zusammengesetzten Volumina (VOLUMENKÖRPER-ENTWICKLUNG). Je nach Einstellung des Filters können Sie diese Unterobjekte von Volumenkörpern gemäß der GIZMO-Einstellung verschieben, drehen oder skalieren. Eine weitere Filterung bezieht sich auf Zeichnungsansichtskomponenten, also Teile der seit Version 2013 neuen Ansichtsfenster-Objekte im LAYOUT.

Tipp: GIZMOS

Die GIZMOS sind im visuellen Stil 2D-DRAHTKÖRPER *nicht* aktiv! Damit Sie alle besonderen Funktionen im 3D-Bereich nutzen können, sollten Sie also links oben auf dem Bildschirm bei den eckigen Klammern [-][ISO-ANSICHT SW][2D-DRAHTKÖRPER] den visuellen Stil mit einem Klick auf einen der übrigen Stile von [KONZEPTUELL] bis [RÖNTGEN] umstellen.

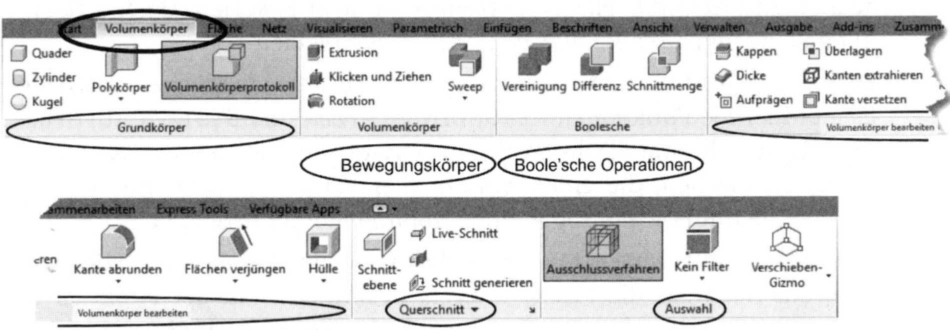

Abb. 14.2: Arbeitsbereich 3D-MODELLIERUNG, Register VOLUMENKÖRPER

- Register VOLUMENKÖRPER

  Hier finden Sie die im vorhergehenden Kapitel vorgestellten GRUNDKÖRPER UND BEWEGUNGSKÖRPER und die dazugehörigen Kombinationsfunktionen wie boolesche Operationen und Bearbeitungsfunktionen für Einzelflächen.

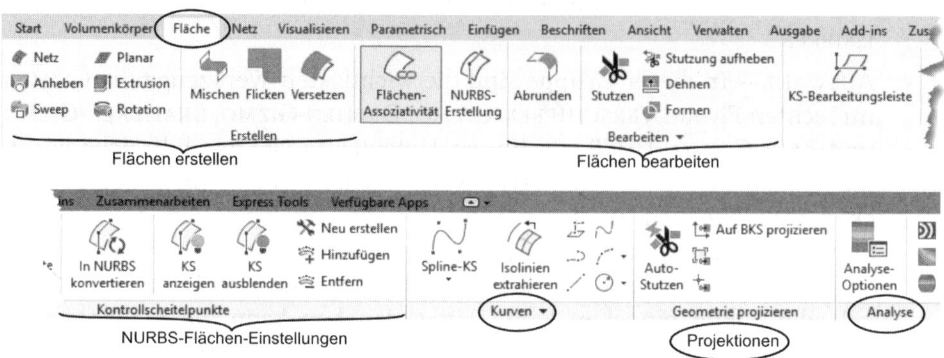

Abb. 14.3: Arbeitsbereich 3D-MODELLIERUNG, Register FLÄCHE

- Register FLÄCHE
  - ERSTELLEN – Hiermit können Flächen aus Kurven erzeugt werden. Mit NETZ wird eine Fläche aus zwei Scharen von Kurven erzeugt, die den Flächenkanten und ggf. zusätzlichen Kurven dazwischen entsprechen. Mit PLANAR wird dagegen eine total ebene Fläche entweder aus einer ebenen Kontur erzeugt oder viereckig aus zwei diagonalen Punkten. Die übrigen vier Konstruktionsmethoden kennen Sie schon von den Volumenkörpern: ANHEBEN, EXTRUSION, SWEEP, ROTATION. Weitere neue Flächentypen können aus bestehenden Flächen abgeleitet werden. MISCHEN ist eine Übergangsfläche zwischen den Rändern bestehender Flächen, FLICKEN ist ein Abschluss für eine Öffnung in einer Fläche. VERSETZEN erzeugt eine Fläche parallel zu einer bestehenden. Beim Erzeugen dieser Flächen können Sie wählen, ob es eine NURBS-Fläche (NURBS-ERSTELLUNG ein) werden soll oder eine prozedurale Fläche. Letztere kann über FLÄCHEN-ASSOZIATIVITÄT mit den erzeugenden Randkurven verbunden bleiben.
  - BEARBEITEN – Mit dieser Funktion werden bestehende Flächen bearbeitet. Es gibt hier die Funktionen ABRUNDEN, STUTZEN und STUTZEN AUFHEBEN. Auch lässt sich eine Fläche in ihrem Verlauf mit DEHNEN fortsetzen. Aus mehreren Flächen, die einen Volumenbereich wasserdicht umschließen, können Sie mit FORMEN sogar einen Volumenkörper erzeugen.
  - KONTROLLSCHEITELPUNKTE – *Kontrollscheitelpunkte* bilden bei NURBS-Flächen ein Netz, das die Fläche indirekt beeinflusst. Mit der Funktion KS-BEARBEITUNGSLEISTE können Sie einen **Punkt in der Fläche** wählen und verschieben. KONVERTIEREN IN NURBS konvertiert eine normale Fläche.

Mit ANZEIGEN KS und AUSBLENDEN KS schalten Sie die Sichtbarkeit der Kontrollscheitelpunkte ein und aus. Diese können Sie zur Flächenmodellierung einzeln verschieben. Die Anzahl der Kontrollscheitelpunkte können Sie mit den übrigen Funktionen FLÄCHE-NEU ERSTELLEN, FLÄCHE-KS-HINZUFÜGEN und FLÄCHE-KS-ENTFERNEN verändern. Durch Absenken der Kontrollpunktzahl wird die Fläche dann insgesamt glatter.

- KURVEN – enthält die üblichen AutoCAD-Kurven, die auch als Basis für Flächen genutzt werden können. Mit ISOLINIEN EXTRAHIEREN können in einem wählbaren Punkt Flächenkurven in einer der beiden internen Laufrichtungen der Flächenparameter erzeugt werden.
- GEOMETRIE PROJIZIEREN – Diese Funktionen projizieren Geometrie auf Flächen. Als Richtung kann das aktuelle BKS mit seiner Z-Richtung dienen, die Ansichtsrichtung oder eine Richtung durch zwei Punkte. Mit AUTO-STUTZEN kann dann auch gleich mit dieser projizierten Kurve gestutzt werden.
- ANALYSE – Zur Analyse der gewölbten Flächen gibt es drei Verfahren: Mit ZEBRA wird ein schwarz-weißes Streifenmuster auf die Fläche projiziert und macht Knickstellen gut sichtbar. KRÜMMUNG zeigt über Farbcodierung die Krümmungen oder Radien an. Mit FORMSCHRÄGE lassen sich für Gussteile die Entformungswinkel farblich sichtbar machen.

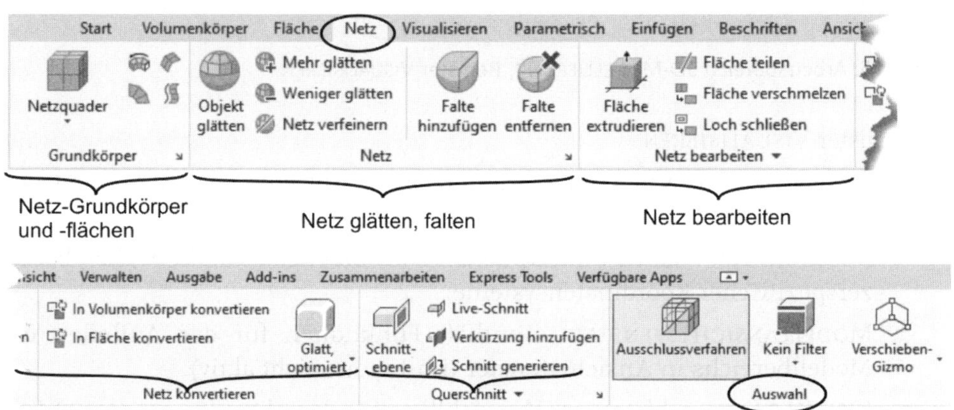

Abb. 14.4: Arbeitsbereich 3D-MODELLIERUNG, Register NETZ

- Register NETZ
  - GRUNDKÖRPER – Hiermit können analog zu den Volumenkörpern im Register START *Grundkörper* als *Netze* erzeugt werden, die dann in ihren einzelnen Netzfacetten mit den GIZMO-Werkzeugen aus der Gruppe AUSWAHL modellierbar sind. Auch *Netzflächen* wurden hier integriert, die es schon lange in AutoCAD gibt.

- NETZ – Netzobjekte können geglättet werden, Partien aus der Glättung mit FALTE HINZUFÜGEN herausgenommen werden.
- NETZ BEARBEITEN – bietet Werkzeuge, um Netzmaschen zu unterteilen und einzeln zu extrudieren oder mehrere Netzmaschen zusammenzufügen. Damit wird die Netztopologie – die Einteilung in Netzmaschen – verändert und damit die Formbarkeit.
- NETZ KONVERTIEREN – bietet Funktionen zum Umwandeln von Netzkörpern und Netzflächen in Volumenkörper und Flächen. Dabei ist der Glättungsgrad einstellbar.
- QUERSCHNITT – siehe START|QUERSCHNITT.
- AUSWAHL – siehe START|AUSWAHL.

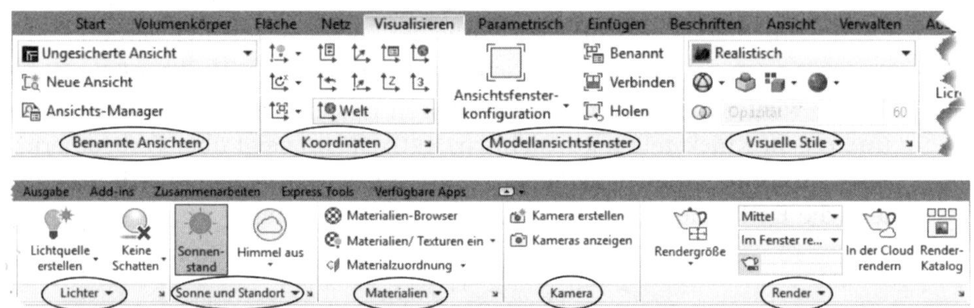

Abb. 14.5: Arbeitsbereich 3D-MODELLIERUNG, Register VISUALISIEREN

- Register VISUALISIEREN
  - ANSICHTEN – verwaltet Standard- und eigene Ansichten in einer Dropdown-Liste.
  - KOORDINATEN – enthält die Optionen zum Erzeugen und Verwalten benutzerspezifischer Koordinatensysteme.
  - MODELLANSICHTSFENSTER – enthält Funktionen für das Aufteilen des Modellbereichs in Ansichtsfenster (im Layout nicht aktiv).
  - VISUELLE STILE – bietet eine Auswahlliste für den aktuellen VISUELLEN STIL und Werkzeuge zum Feintuning der Darstellung. Darunter ein wichtiges Werkzeug zum Ein- und Ausschalten von Isolinien (in gewölbten Flächen) und Facettenkanten (Flächenbegrenzungen). Hier finden Sie auch den interessanten RÖNTGEN-MODUS zur halbdurchsichtigen Modelldarstellung. Über ↘ erreichen Sie den MANAGER FÜR VISUELLE STILE.
  - LICHTER – bietet Optionen zum Erstellen von PUNKT-, SPOT-Lichtern (Scheinwerfer), ENTFERNT-(Parallel-)Lichtquellen und flächenartigem NETZLICHT. Auch der Schattenwurf für die Modellansicht kann hier eingestellt werden.

Die Vorgabebeleuchtung wird im LICHTER-Flyout angeboten. Das ist eine uhrzeitunabhängige Beleuchtung von oben. Diese sollten Sie abschalten, wenn Sie eine vom Sonnenstand abhängige Beleuchtung verwenden wollen.

- SONNE UND STANDORT – verwaltet die Sonneneigenschaften, inklusive Datum, Uhrzeit und Ort, und die Möglichkeit, den Sonnenstand *und* die Tönung der Himmelsfarbe zu aktivieren. Wenn Sonnenstand und Vorgabebeleuchtung eingeschaltet sind, dient die Uhrzeit nur dazu, die Helligkeit zu regeln, nicht aber den Schattenwurf. Deshalb ist es sinnvoll, beim Einschalten von Sonnenstand, wie empfohlen, die Vorgabebeleuchtung abzuschalten. Sie können dann die Einstellung der Sonnenbeleuchtung abhängig vom geografischen Ort, dem Kalendertag und der Uhrzeit wählen.
- MATERIALIEN – enthält oben den MATERIALIEN-BROWSER mit einer sehr großen Materialien-Auswahl. Die nächste Zeile ist ein Schalter zum Aktivieren/Deaktivieren von Materialien und/oder Texturen. Über die unterste Zeile wählen Sie das MAPPING, die Art der Projektion von Materialien auf die Oberflächen. Über ↘ erhalten Sie den MATERIALIEN-EDITOR für die Erstellung eigener Materialien.
- RENDER – enthält die Werkzeuge zum Einstellen und Erzeugen der fotorealistischen Renderdarstellung. Hier werden die fotorealistischen Bilder berechnet. Sie können hier auch Ihre Zeichnungen zum Rendern in die Cloud schicken. Eine E-Mail-Nachricht informiert Sie, wenn die Bilder fertig sind.

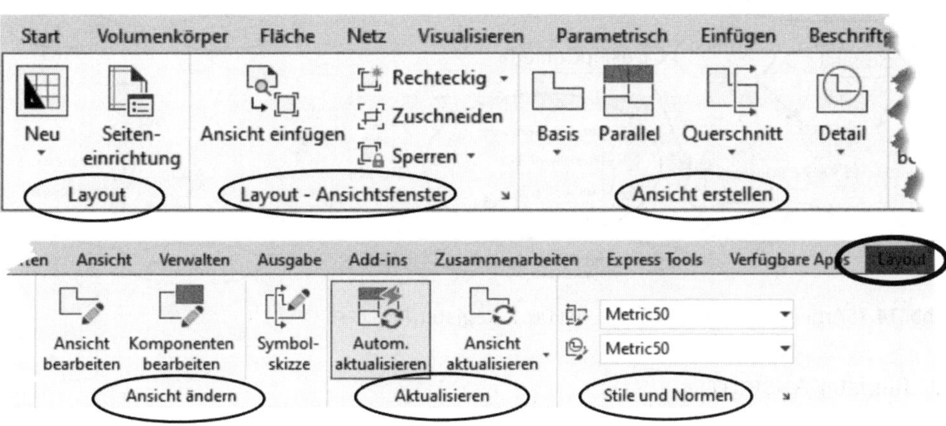

Abb. 14.6: Arbeitsbereich 3D-MODELLIERUNG, Register LAYOUT

- Register LAYOUT (Register erscheint nur im LAYOUT-Bereich)
  - LAYOUT – dient zum Erstellen neuer LAYOUTS und zum Verwalten von SEITENEINRICHTUNGEN, die Papierformat, Plotter und Plotstil zum Plotten enthalten.

- LAYOUT-ANSICHTSFENSTER – erlaubt das Einrichten von rechteckigen oder anders geformten Ansichtsfenstern im Layout, um die Modellbereichs-Objekte im Layout anzuzeigen.
- ANSICHT ERSTELLEN – erzeugt aus 3D-Modellen oder auch Inventor-Modellen Standard-Ansichten und auch Detail- und Schnitt-Ansichten. Die Funktion BASIS ist auch im MODELLBEREICH im Register START aktiv und erzeugt aus gewählten Objekten ein LAYOUT *und* ein ANSICHTSFENSTER der Standard-Ansicht VORNE (entspricht der xz-Ebene) mit der Möglichkeit, andere orthogonale Ansichten sofort davon abzuleiten. Die übrigen Funktionen sind nur im Layout zur Erzeugung einzelner Ansichten verfügbar.
- ANSICHT ÄNDERN – Die Sichtbarkeitskriterien der Objekte in verschiedenen Ansichten lassen sich hiermit nachträglich verändern.
- AKTUALISIEREN – aktualisiert automatisch oder manuell Ansichten nach Änderungen.
- STILE UND NORMEN – Die Stile für die Darstellung von Schnitt- und Detailansichten können verändert werden.

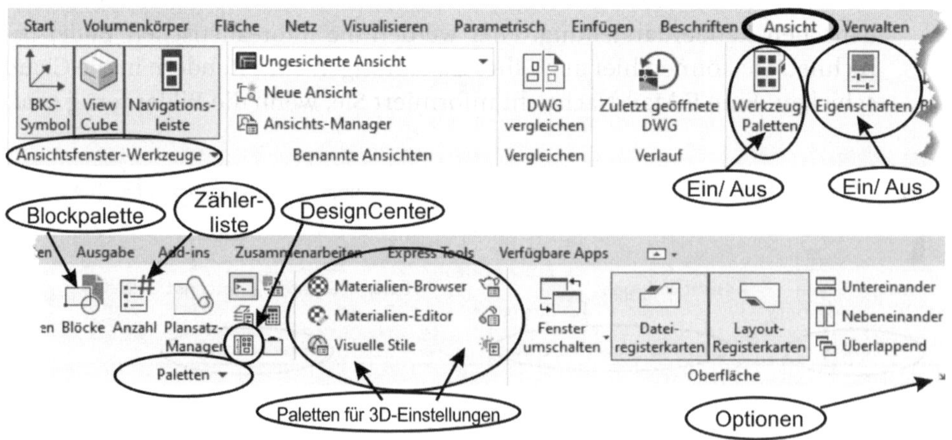

Abb. 14.7: Arbeitsbereich 3D-MODELLIERUNG, Register ANSICHT

- Register ANSICHT
  - ANSICHTSFENSTER-WERKZEUGE – enthält die ganz wichtigen Werkzeuge zum Ein- und Ausschalten des Koordinatensymbols (BKS-Symbol), des VIEWCUBE (ANSICHTSWÜRFEL) und der NAVIGATIONSLEISTE mit den ZOOM- und PAN-Befehlen.
  - PALETTEN – verwaltet u.a. die wichtigen Paletten WERKZEUGPALETTEN, EIGENSCHAFTEN-MANAGER, BLOCKPALETTE, ZÄHLERLISTE und DESIGNCENTER. Für den 3D-Bereich sind aus den WERKZEUGPALETTEN insbesondere diejenigen mit fotometrisch angepassten Lichtquellen interessant: ALLGEMEINE LICHTER,

FLUORESZIEREND (Leuchtstoffröhren), ENTLADUNG MIT HOHER INTENSITÄT (Metalldampf-Lampen), GLÜHLICHT (Glühbirnen), NATRIUM-NIEDERDRUCK (Natriumdampf-Lampen). In der rechten Sechsergruppe gibt es unter den 3D-spezifischen Paletten insbesondere den MATERIALIEN-BROWSER und -EDITOR, den (MANAGER FÜR) VISUELLE STILE, die ERWEITERTEN RENDEREINSTELLUNGEN, die LICHTER IN MODELLPALETTE (Lichtliste) und die TAGESLICHTEINSTELLUNGEN-PALETTE (Sonneneigenschaften).

- OBERFLÄCHE – enthält die Fensterverwaltung, um ggf. mehrere Zeichnungen zugleich nebeneinander anzuzeigen.

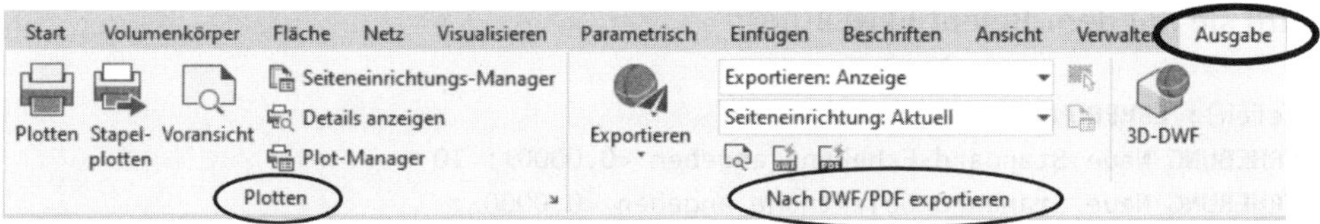

Abb. 14.8: Arbeitsbereich 3D-MODELLIERUNG, Register AUSGABE

- Register AUSGABE
  - PLOTTEN – bietet die Standard-Ausgaben mit PLOT-Befehl oder STAPELPLOTTEN-Befehl. Letzteres dient zur Ausgabe mehrerer Zeichnungen und/oder Layouts.
  - NACH DWF/PDF EXPORTIEREN – Die Gruppe bietet ebenso das Ausgeben als DWF- oder PDF-Datei an. Eine DWF-Datei kann mit dem freien Programm AUTODESK DESIGN REVIEW auch ohne AutoCAD betrachtet, geplottet und kommentiert werden. Die Kommentare und Anmerkungen können mit dem Werkzeug ANSICHT|PALETTEN|MARKIERUNGSSATZ-MANAGER bzw. Strg+8 in die AutoCAD-Zeichnung re-importiert werden. Eine 3D-DWF-Datei kann auch geschwenkt und von allen Seiten betrachtet werden. Für das PDF-Format ist nur eine Ausgabe in 2D aus dem Layout heraus sinnvoll. Es stehen die gleichen Optionen wie im 2D-Bereich zur Verfügung (siehe Abschnitt 8.7.1, *Plot-Befehl*, Abschnitt 16.2, *PDF ex- und importieren*). Layer werden übernommen und Hyperlinks wie Verweise zu einzelnen Ansichten oder bei Plansätzen mit Inhaltsverzeichnis die Verweise auf die Planansichten erscheinen als Lesezeichen im PDF.

14.3 2D-Objekte dreidimensional machen (auch in LT)

14.3.1 Objekthöhe

Jeder Kurve kann in AutoCAD eine Höhenausdehnung zugeordnet werden. Sie bewirkt, dass aus der Kurve praktisch eine Wand mit der angegebenen Höhe wird.

Die Richtung dieser Wand ist immer senkrecht zur xy-Ebene bei Objekterstellung, also parallel zur z-Richtung. Diese OBJEKTHÖHE können Sie nachträglich mit dem EIGENSCHAFTEN-MANAGER bzw. [Strg]+[1] jedem Objekt, auch mehreren gleichzeitig, zuordnen. Als Voreinstellung können Sie die OBJEKTHÖHE auch eingeben, wenn im EIGENSCHAFTEN-MANAGER *keine* Objekte gewählt sind. Dann gilt diese Einstellung als Vorgabe für alle künftigen Objekte.

14.3.2 Erhebung

Ebene Objekte können auch in verschiedenen z-Höhen liegen. Dies nennt man die ERHEBUNG. Beim Start von AutoCAD ist sie auf den Wert 0.0 gesetzt. Geändert wird sie mit dem Befehl ERHEBUNG:

```
Befehl: ERHEBUNG
ERHEBUNG Neue Standard-Erhebung angeben <0.0000>: 10
ERHEBUNG Neue Standard-Objekthöhe angeben <0.0000>:
```

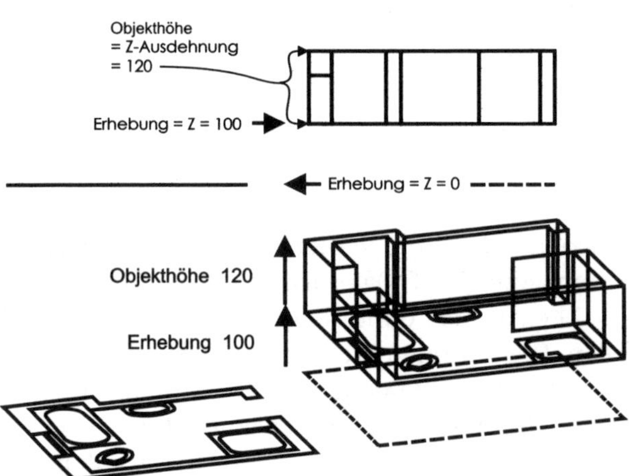

Abb. 14.9: Erhebung und Objekthöhe bei 3D-Konstruktionen

Sie sehen, dass Sie in diesem Befehl hier auch gleichzeitig die OBJEKTHÖHE, also die Ausdehnung der Objekte in z-Richtung, einstellen können. Die ERHEBUNG legt praktisch die Arbeitsebene fest. Alle 2D-Objekte entstehen in dieser Arbeitsebene. Auch bei 3D-Objekten wird der Wert der ERHEBUNG als z-Koordinate verwendet, wenn nur x und y angegeben werden. Viele 3D-Konstruktionen werden zunächst als 2D-Ansicht vorbereitet und dann durch Ändern der ERHEBUNG und gegebenenfalls der OBJEKTHÖHE zu 3D-Teilen aufgebaut (Abbildung 14.9).

Das Ändern von ERHEBUNG und OBJEKTHÖHE zugleich können Sie mit dem EIGENSCHAFTEN-MANAGER durchführen – der sollte eigentlich immer im SCHNELLZUGRIFF-WERKZEUGKASTEN über ▼ aktiviert sein. Sie finden dort den Eintrag OBJEKTHÖHE für die z-Ausdehnung. Die ERHEBUNG spiegelt sich in den z-Koordinaten wider, die Sie dann unter den angezeigten Koordinaten ändern können. Auch mehrere Erhebungen gleichzeitig lassen sich so ändern.

Die mit Objekthöhe erzeugten Objekte erscheinen zwar auch wie Flächen oder – bei Polylinien mit Breite und Objekthöhe – sogar wie Volumenkörper. Sie sind das aber nicht im echten Sinne. Sie können aber mit START|VOLUMENKÖRPER BEARBEITEN▼|IN FLÄCHE KONVERTIEREN bzw. ...|...|IN VOLUMENKÖRPER KONVERTIEREN in echte 3D-Objekte umgewandelt werden.

14.3.3 Drahtmodell – Konstruktionen mit Kurven

Es soll nun zunächst das reine 3D-Drahtmodell behandelt werden, bei dem die Objekte aus Kurven bestehen, die die Kanten des Teils repräsentieren. Falls noch von den vorhergehenden Betrachtungen die Vorgaben für ERHEBUNG und OBJEKTHÖHE eingestellt sind, sollten sie nun mit dem Befehl ERHEBUNG wieder auf null gesetzt werden.

Vollwertige dreidimensionale Kurven, das heißt, Kurven, bei denen jeder Definitionspunkt beliebig im dreidimensionalen Raum angegeben werden kann, sind LINIE, 3DPOLY, SPLINE und SPIRALE.

3D-Modellierung	Icon	Befehl
START|ZEICHNEN		LINIE
START|ZEICHNEN		3DPOLY
START|ZEICHNEN		SPLINE
START|ZEICHNEN▼		SPIRALE

Im Befehl LINIE lassen sich jederzeit beliebige x-, y- und z-Koordinaten für die Endpunkte eingeben und damit beliebige Linien im dreidimensionalen Raum erzeugen. Der Vorteil einer solchen Konstruktion ist, dass sie, soweit sie mit Linien durchgeführt werden kann, sehr einfach ist. Der Nachteil ist, dass – wie der Name Drahtmodell sagt – das Objekt durchsichtig ist, weil es nur aus den Kanten besteht. Es ist, zum Beispiel bei einem einfachen Würfel, keine Füllung zwischen diesen Kanten vorhanden. Das erreicht man erst mit Flächen- und Volumenmodellen.

Die 3D-Polylinie ist eigentlich nichts anderes als eine zusammengesetzte Kurve, bestehend nur aus Liniensegmenten. Die 3D-Polylinie kann wie die normale zweidimensionale Polylinie auch mit PEDIT geglättet werden und für Designzwecke genutzt werden.

Die Splinekurve ist eine glatte Kurve, die durch Stützpunkte sowie durch die Richtung am Start- und Endpunkt (Starttangente und Endtangente) definiert wird.

Die Spirale eignet sich beispielsweise für die Konstruktion einer Schraubenlinie.

Wenn Sie im Drahtmodell auch Kreise und Bögen zeichnen, werden diese 2D-Objekte immer in der xy-Ebene oder parallel dazu erzeugt werden. Um schräg im Raum stehende Kreise, Bögen oder 2D-Polylinien zu konstruieren, müssen Sie deshalb immer erst die Konstruktionsebene, also die xy-Ebene des aktuellen Koordinatensystems ist, entsprechend verschieben oder neigen. Ganz korrekt gesagt ist die *Konstruktions-* oder *Arbeitsebene* eine zur *xy-Ebene parallele Ebene*, deren Höhe in z-Richtung durch die ERHEBUNG angegeben wird.

Einfache Drahtmodelle, wie das in Abbildung 14.10 dargestellte Badezimmermodell, können Sie leicht durch Konstruieren in einer Ebene und Kopieren von Geometrien in parallele Ebenen erstellen. Beim Befehl KOPIEREN geben Sie dann nur eine z-Verschiebung an. Dabei geben Sie auf die Anfrage nach BASISPUNKT oder VERSCHIEBUNG den Verschiebungsbetrag in allen drei Koordinatenrichtungen an, aber absolut, also ohne @, und bei ZWEITER PUNKT der Verschiebung antworten Sie einfach mit [Enter]:

```
Befehl: _copy
KOPIEREN Objekte wählen: Objekte anklicken. 21 gefunden
KOPIEREN Objekte wählen: [Enter]
KOPIEREN Aktuelle Einstellungen:  Kopiermodus = Mehrere
KOPIEREN Basispunkt oder [Verschiebung/mOdus] <Verschiebung>: [Enter]
KOPIEREN Verschiebung angeben <0.0000, 0.0000, 0.0000>: 0,0,250     Verschiebung um 250 in z-Richtung
```

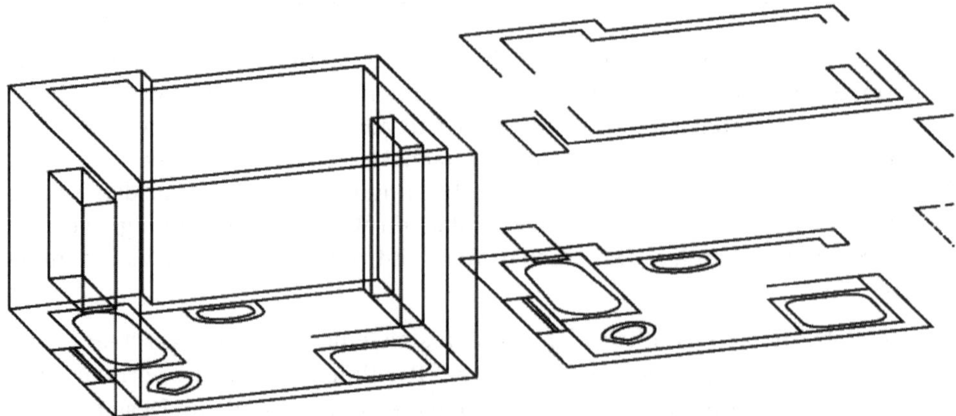

Abb. 14.10: 3D-Drahtmodell; rechts kopierte 2D-Konturen, links mit Linien verbunden

14.4 Modellieren mit Flächen

Seit Version 2011 ist nun das Modellieren mit Flächen möglich geworden. Die Flächen können als NURBS-Flächen erzeugt oder in NURBS-Flächen umgewandelt werden. Diese NURBS-Flächen werden durch ein internes Polygon von Kontrollscheitelpunkten (KS) gesteuert. Dieses Netz beeinflusst die NURBS-Fläche relativ indirekt, lediglich die vier Eckpunkte liegen exakt auf der Fläche. Die indirekte Wirkung der Kontrollscheitelpunkte bedingt, dass ein Knick im Kontrollscheitelpunkt-Polygon eine sanfte Biegung in der Fläche bewirkt. Die Änderungen wirken damit immer relativ sanft und erzeugen ästhetische Formen.

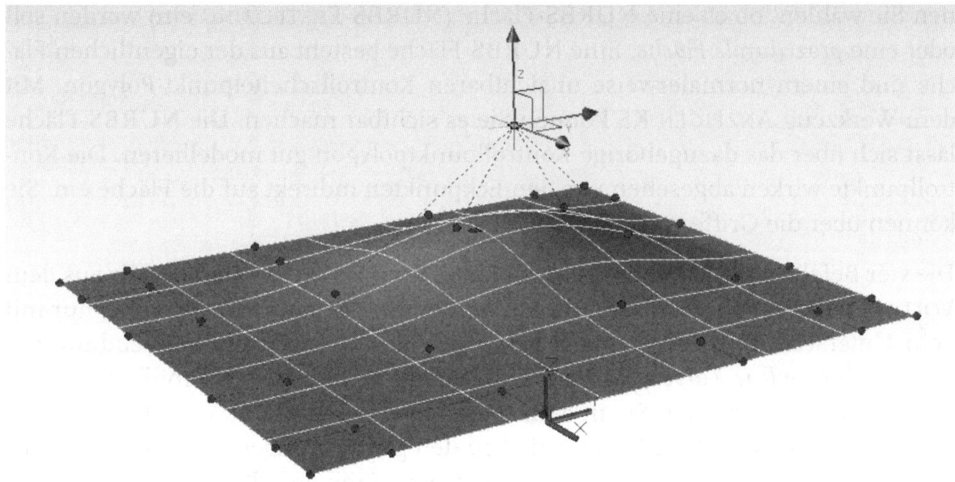

Abb. 14.11: Ebene NURBS-Fläche mit Kontrollscheitelpunkten und einem in z-Richtung verschobenen Punkt

Die Abkürzung NURBS steht für Non-Uniform-Rational-B-Splines. Es sind sozusagen die ultimativen Freiformgeometrien, die auch konventionelle Geometrie wie Bögen, Kreise und Ellipsen als exakte Varianten enthalten. Andere Freiformgeometrien wie Bézier oder Spline und B-Spline können keine kreisförmigen Geometrien beliebig genau approximieren. Deshalb muss jedes CAD-System, das *alle* Kurvenformen abdecken will, NURBS-Geometrien enthalten. In AutoCAD sind die Flächenmodellierfunktionen im Register FLÄCHE enthalten.

14.4.1 Register FLÄCHE Gruppe ERSTELLEN

Die Gruppe ERSTELLEN enthält die Werkzeuge zum Erstellen von Flächen. Die Flächen können aus Kurven erzeugt werden oder durch Anpassen an andere Flächen erstellt werden. Auch aus Netzflächen (siehe nächstes Register) können durch

Umwandlung solche Flächen erzeugt werden. Die Flächen können wieder weiterverwendet werden, um Volumenkörper zu erstellen oder zu modifizieren.

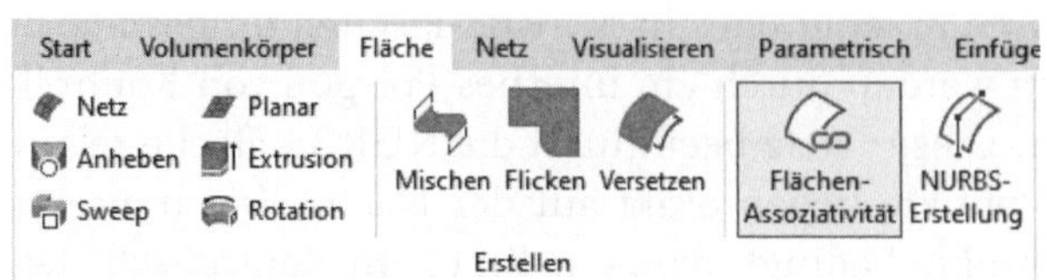

Abb. 14.12: Register FLÄCHE, Gruppe ERSTELLEN

Beim Erzeugen der Flächen über die Funktionen in der Gruppe ERSTELLEN können Sie wählen, ob es eine NURBS-Fläche (NURBS-ERSTELLUNG ein) werden soll oder eine *prozedurale Fläche*. Eine NURBS-Fläche besteht aus der eigentlichen Fläche und einem normalerweise unsichtbaren Kontrollscheitelpunkt-Polygon. Mit dem Werkzeug ANZEIGEN KS können Sie es sichtbar machen. Die NURBS-Fläche lässt sich über das dazugehörige Kontrollpunktpolygon gut modellieren. Die Kontrollpunkte wirken abgesehen von den Eckpunkten indirekt auf die Fläche ein. Sie können über die Griffe verschoben werden.

Die vier Befehle ANHEBEN, EXTRUSION, SWEEP und ROTATION sind bereits aus dem VOLUMENKÖRPER-Register bekannt. Sie werden hier genauso angewendet, nur mit dem Unterschied, dass hier meist keine geschlossenen Profile Verwendung finden, sondern *offene Kurven*. Wenn Sie aus einem geschlossenen Profil eine Fläche erstellen wollen, müssten Sie in dem Befehl die Option MODUS wählen und FLÄCHE aktivieren. Das ist im Unterschied zu den gleichnamigen Befehlen im Register VOLUMENKÖRPER in den Befehlen hier schon voreingestellt.

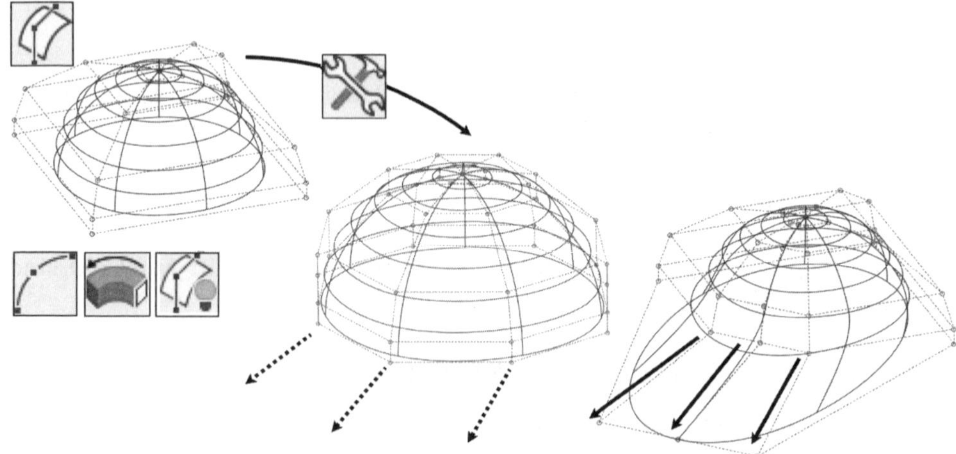

Abb. 14.13: Modifikation einer NURBS-Fläche durch Verschieben der Kontrollscheitelpunkte

Im Beispiel von Abbildung 14.13 wurde eine NURBS-Fläche mit ROTATION durch Rotieren eines Bogens erzeugt, die Anzahl der Kontrollscheitelpunkte erhöht und dann einige verschoben:

- NURBS-ERSTELLUNG aktiviert,
- Halbkreis gezeichnet,
- ROTATION aufrufen,
- ANZEIGEN KS aktivieren,
- FLÄCHE - NEU ERSTELLEN mit je 6 Kontrollpunkten,
- mit den Griffen vorne die 3 Kontrollscheitelpunkte mit den Griffen verschieben.

Weitere neue Flächentypen können aus bestehenden Flächen abgeleitet werden. MISCHEN ist eine Übergangsfläche (Blending surface) zwischen den Rändern bestehender Flächen, FLICKEN ist ein Abschluss für eine Öffnung in einer Fläche. VERSETZEN erzeugt eine Art parallel laufende Fläche zu einer bestehenden. Diese Flächen sind prozedurale Flächen.

Eine prozedurale Fläche kann bei vorgewählter Option FLÄCHEN-ASSOZIATIVITÄT mit den erzeugenden Randkurven verbunden bleiben. Sie bilden dann mit diesen Flächen einen logischen Zusammenhang. Wenn eine der definierenden Flächen verschoben wird, geht die prozedurale Fläche mit. Wenn FLÄCHEN-ASSOZIATIVITÄT und NURBS-ERSTELLUNG aktiviert ist, entsteht eine nichtassoziative NURBS-Fläche. Die Einstellung NURBS-ERSTELLUNG dominiert FLÄCHEN-ASSOZIATIVITÄT. Wenn Sie aus einer assoziativen Fläche nachträglich durch Umwandlung eine NURBS-Fläche machen, geht die Assoziativität verloren.

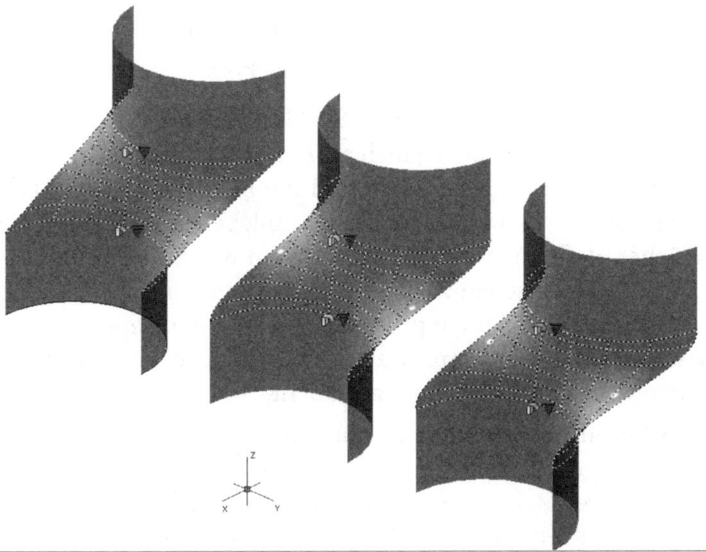

Abb. 14.14: Prozedurale Flächen zwischen 2 halbkreisförmigen Flächen

Für den Flächenübergang können Sie verschiedene *Stetigkeitsbedingungen* angeben (siehe Abbildung 14.14):

- Die niedrigste Stufe ist die Positionsstetigkeit (auch G0 genannt). Dabei schließen die Flächen mit einem Knick an.
- Die nächste Stufe ist die Tangentenstetigkeit (G1), bei der der Übergang glatt verläuft.
- Als höchste Stufe der Stetigkeit gibt es den krümmungsstetigen Übergang (G2). Beide Flächen haben am Übergang gleiche Krümmung. Das bedeutet im obigen Beispiel, dass die Originalflächen in Richtung der Verbindung keine Krümmung haben, dass auch die Verbindungsfläche mit Krümmung 0 beginnt.

Nun die Flächen im Einzelnen:

1. NETZ – Die NETZ-Fläche entsteht aus zwei Scharen von Kurven. Das können zwei Randkurven in einer Richtung sein und zwei weitere in der anderen Richtung, sodass sie die Randkurven einer vierseitigen Fläche bilden können. Es können aber auch zwei Scharen von Kurven sein, also auch Kurven, die die Fläche im Innern zwischen den Rändern noch mitbestimmen sollen. Wenn Sie als Kurven SPLINES verwenden, können Sie sehr frei gestaltete Flächen erzeugen.
2. PLANAR – erzeugt eine ebene Fläche. Sie wählen zwei diagonal gegenüberliegende Punkte, um eine rechteckige Fläche zu erstellen. Alternativ können Sie ein ebenes Objekt in eine ebene Fläche mit gleicher Kontur erzeugen. Sie können dafür Kreise, Ellipsen, geschlossene Polylinien, Regionen und geschlossene ebene Splines verwenden.
3. ANHEBEN – wie Register VOLUMENKÖRPER, erzeugt aber Flächen.
4. EXTRUSION – wie Register VOLUMENKÖRPER, erzeugt aber Flächen.
5. SWEEP – wie Register VOLUMENKÖRPER, erzeugt aber Flächen.
6. ROTATION – wie Register VOLUMENKÖRPER, erzeugt aber Flächen.
7. MISCHEN – erzeugt eine Übergangsfläche (auch als *blending surface* bezeichnet) zwischen vorhandenen Flächenrändern. Diese und die beiden folgenden Flächen sind prozedurale Flächen. Insbesondere können solche Flächen, wenn sie nicht als NURBS-Flächen definiert werden, sondern mit der Einstellung FLÄCHEN-ASSOZIATIVITÄT, einen logischen Zusammenhang mit den erzeugenden Flächen erhalten. Verschiebungen der Ursprungsflächen würden dann also den Zusammenhang der Flächen beibehalten. Die Übergangsfläche wird dann wie eine Gummihaut entsprechend gedehnt oder gestaucht.
8. FLICKEN – schließt Löcher in Konstruktionen. Auch hier kann wieder der Grad der Stetigkeit am Rand angegeben werden. Um den glattesten Übergang zu erhalten, wurde in Abbildung 14.15 *Krümmungsstetigkeit* gewählt. Bei *Positionsstetigkeit* würden hier ebene Kreisflächen als Deckel und Boden entstehen.

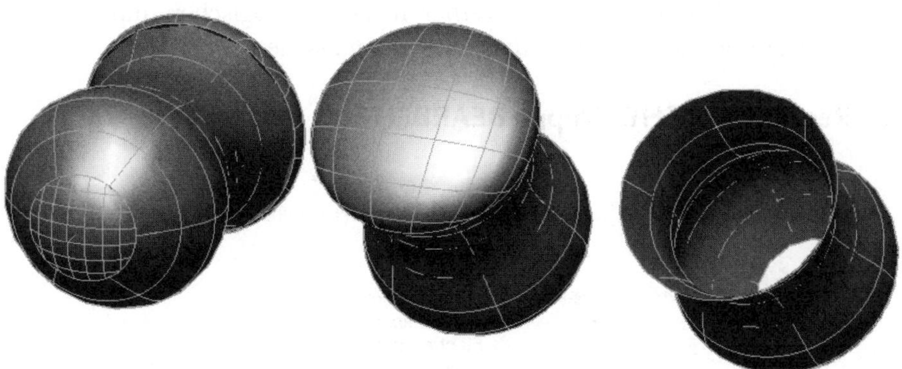

Abb. 14.15: Rotationsfläche, Deckel und Boden mit FLICKEN hinzugefügt

9. VERSETZEN – erzeugt eine Parallelfläche zur Originalfläche. Auch dies ist eine prozedurale Fläche, die Assoziativität zur Ursprungsfläche haben kann. Die Funktion zeigt nach der Flächenwahl zunächst die Flächennormalen an, um anzudeuten, nach welcher Seite bei positivem Abstand versetzt wird. Mit der Option UMKEHREN können Sie ggf. die Flächennormalen umdrehen.

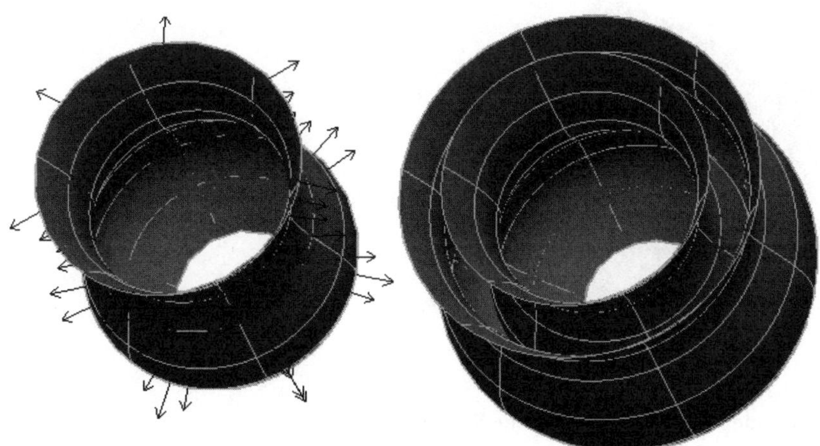

Abb. 14.16: VERSETZEN für Flächen, vorher Anzeige der Flächennormalen

10. FLÄCHEN-ASSOZIATIVITÄT – Diese Einstellung sichert für Flächen, die *nicht* mit der Option NURBS-ERSTELLUNG erzeugt wurden, zu, dass sie mit den Randkurven der Ursprungsflächen verknüpft bleiben. Das sind dann prozedurale assoziative Flächen. Sie bleiben logisch und geometrisch verknüpft mit den Originalflächen.
11. NURBS-ERSTELLUNG – Mit dieser Einstellung werden NURBS-Flächen mit einem internen Kontrollscheitelpunktpolygon erstellt. Diese können dann rela-

tiv bequem modelliert werden. Sie verlieren aber den logischen und geometrischen Zusammenhang mit den anschließenden Flächen.

14.4.2 Register FLÄCHE Gruppe BEARBEITEN

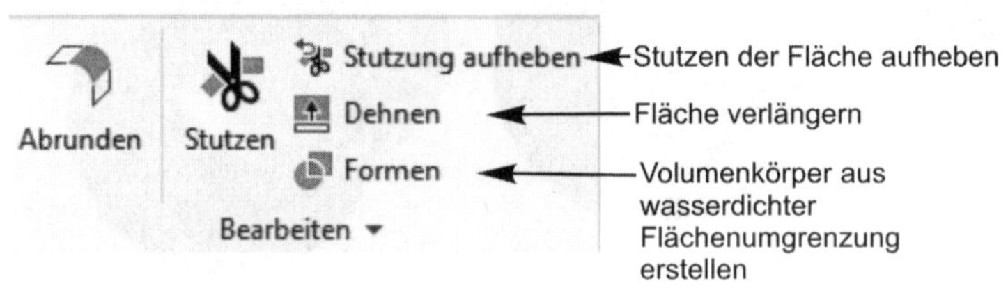

Abb. 14.17: Gruppe BEARBEITEN

ABRUNDEN – Kanten zwischen Flächen können abgerundet werden. Mit der Option RADIUS wird der Radius eingestellt, mit der Option FLÄCHE STUTZEN kann das automatische Stutzen ein- und ausgeschaltet werden. Klicken Sie die Flächen ungefähr da an, wo die Ausrundung berühren wird.

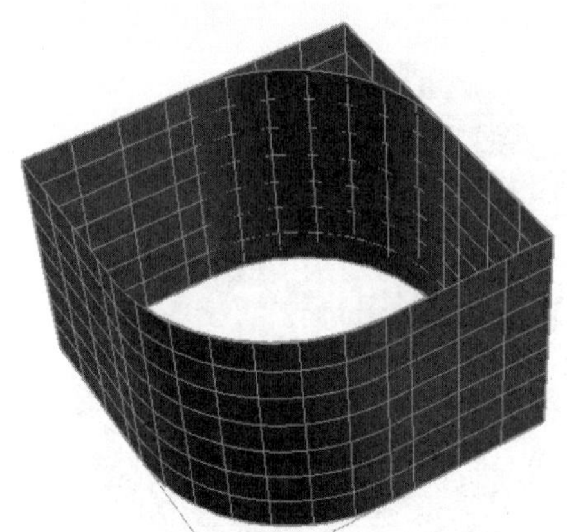

Abb. 14.18: Abrunden von Flächen mit/ohne Stutzen

STUTZEN – Beim STUTZEN werden Flächen an anderen Flächen, Regionen, Kurven oder projizierten Konturen gestutzt. Die Projektionsrichtung richtet sich

- in einer orthogonalen Ansicht mit Parallelprojektion nach der *Ansichtsrichtung,*
- in einer beliebigen anderen Ansicht bei einer ebenen Kontur nach der Richtung *lotrecht zur Konturebene* – das ist im Beispiel der Fall – und
- in einer beliebigen Ansicht und bei einer nicht ebenen Kontur nach der *z-Richtung* des aktuellen Koordinatensystems.

Zuerst wählen Sie die zu stutzenden Flächen, dann die Kontur und dann klicken Sie in die auf die Fläche sichtbare Stutzkontur hinein, um den zu stutzenden Bereich zu definieren, bei mehreren Flächen auch mehrfach.

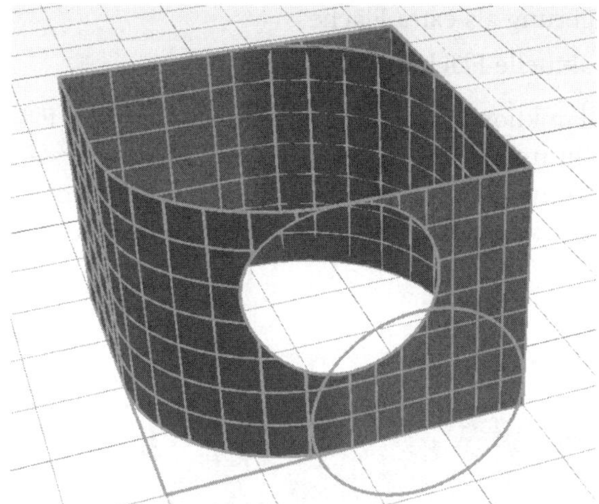

Abb. 14.19: Stutzen von Flächen

Befehl: **FLÄCHESTUTZ** oder **SURFTRIM**
Flächen verlängern = Ja, Projektion = Automatisch.
FLÄCHESTUTZ Zu stutzende Flächen oder Regionen wählen oder [ERweitern Projektionsrichtung]: **Klick auf ebene Zielfläche** 1 gefunden
FLÄCHESTUTZ Zu stutzende Flächen oder Regionen wählen oder [...]: **Klick auf gewölbte Zielfläche** 1 gefunden, 2 gesamt
FLÄCHESTUTZ Zu stutzende Flächen oder Regionen wählen oder [ERweitern Projektionsrichtung]: Enter
FLÄCHESTUTZ Schneidende Kurven, Flächen oder Regionen wählen: **Kreis anklicken** 1 gefunden
FLÄCHESTUTZ Schneidende Kurven, Flächen oder Regionen wählen: Enter
FLÄCHESTUTZ Zu stutzenden Bereich wählen [Zurück]: **Klick in markierte Stutzregion auf ebener Fläche**
FLÄCHESTUTZ Zu stutzenden Bereich wählen [...]: **Klick in markierte Stutzregion auf gewölbter Fläche**

STUTZEN DER FLÄCHE AUFHEBEN – Die Funktion fordert zum Anklicken der Stutzkante auf und nimmt dann für jede Kante die Stutzaktion zurück. Wenn sich die Kante über mehrere Flächen erstreckt, können Sie für jedes Kantenstück das Stutzen einzeln aufheben.

FLÄCHE DEHNEN – Der Befehl verlängert unter Beibehaltung der bisherigen Form eine Fläche weiter. Es gibt zwei ERWEITERUNGSMODI:

- ERWEITERN – erhält die Form der Fläche,
- STRECKEN – erhält die Form der Fläche nicht unbedingt.

Außerdem gibt es zwei ERSTELLUNGSTYPEN:

- ANHÄNGEN – erzeugt die Verlängerung als extra Fläche,
- VERSCHMELZEN – verlängert die aktuelle Fläche.

FORMEN – Mit dieser fantastischen Funktion können Sie aus einem Netz von Flächen, die ein Raumgebiet wasserdicht umschließen, einen Volumenkörper erstellen. In Abbildung 14.21 wurde der Volumenkörper nach Erstellung aus dem Gebiet herausgezogen. Achten Sie unbedingt darauf, dass das Gebiet absolut lückenlos geschlossen ist.

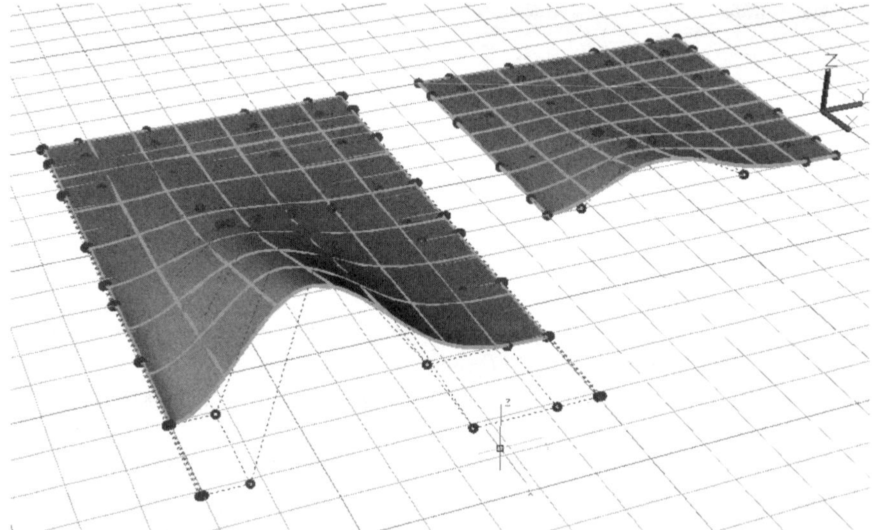

Abb. 14.20: Verlängern einer Fläche

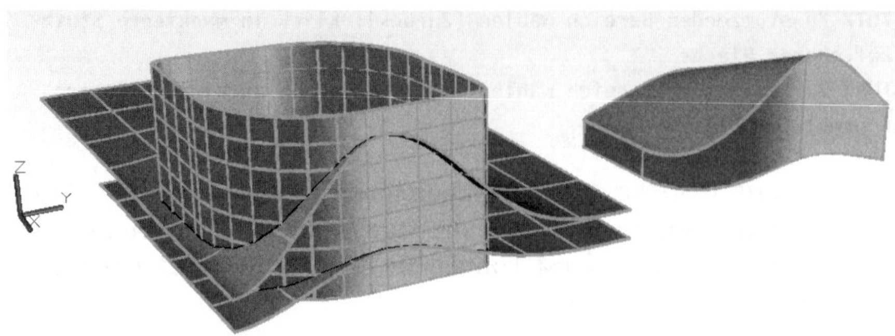

Abb. 14.21: Volumen aus umhüllenden Flächen erzeugt

14.4.3 Register FLÄCHE Gruppe KONTROLLSCHEITELPUNKTE

Mit den Funktionen der Gruppe KONTROLLSCHEITELPUNKTE können Sie die Kontrollscheitelpunkte der NURBS-Flächen verwalten.

Abb. 14.22: Gruppe KONTROLLSCHEITELPUNKTE

KS-BEARBEITUNGSLEISTE – Hiermit kann ein Punkt *in der Fläche* anhand der flächeninternen u- und v-Koordinaten angeklickt und dann mit dem erscheinenden Verschiebungs-GIZMO verschoben werden, um die Fläche zu deformieren. Die internen u- und v-Richtungen erscheinen zunächst als rote Linien, danach als gestrichelte gelbe Linien. Im GIZMO markieren Sie die Richtung, in der sich die Verschiebung bewegen soll, durch Anklicken einer Achse oder einer Ebene.

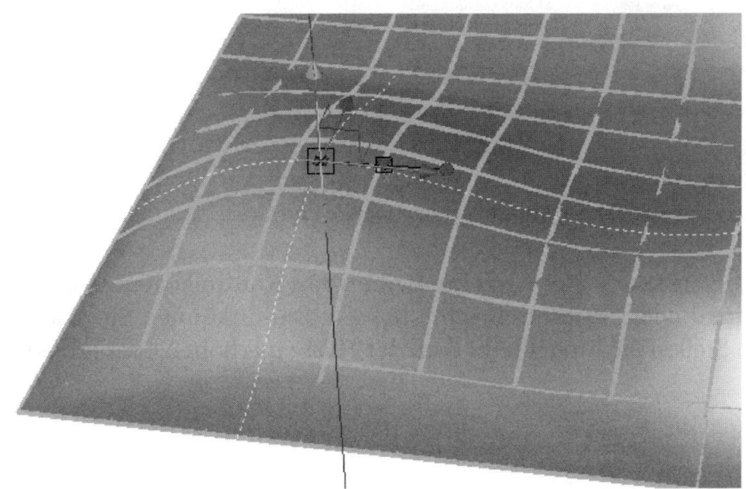

Abb. 14.23: Punkt in der Fläche in z-Richtung verschoben

IN NURBS KONVERTIEREN – Damit kann eine Fläche in eine NURBS-Fläche konvertiert werden. Fläche meint hier aber eine Fläche, die mit den Funktionen dieses Registers FLÄCHE erstellt wurden. Wenn Sie Netzflächen mit Funktionen aus dem Register NETZ erstellt haben, müssen Sie diese erst in Flächen umwandeln. Dazu gibt es die Funktion NETZ|NETZ KONVERTIEREN|IN FLÄCHE KONVERTIEREN oder Befehl INFLÄCHKONV. Danach können Sie dann die Fläche in eine NURBS-Fläche umwandeln.

KS ANZEIGEN / KS AUSBLENDEN – Diese beiden Funktionen dienen dazu, das Kontrollscheitelpunktpolygon von NURBS-Flächen sichtbar bzw. unsichtbar zu machen. Da das Kontrollstützpunktpolygon ein wichtiges Hilfsmittel zur Modellierung von NURBS-Flächen ist, spielt die Sichtbarkeit des Polygons eine wichtige Rolle. Diese sichtbaren Punkte können Sie dann mit den Griffen verschieben, um die Fläche zu gestalten.

NEU ERSTELLEN – Mit dieser Funktion können die Anzahl der Kontrollscheitelpunkte und/oder der Grad einer NURBS-Fläche erhöht werden. Die Erhöhung der Anzahl von Kontrollscheitelpunkten bedeutet eine höhere Flexibilität bei der Modellierung. Verringert man die Anzahl der Kontrollscheitelpunkte, dann wird die Fläche glatter, die Krümmung wird kontinuierlicher. Der Grad gibt an, ob eine Änderung an einem Kontrollscheitelpunkt mehr lokal wirkt – bei einem niedrigen Grad – oder ob sie globaleren Einfluss hat – bei einem hohen Grad. Bei hohem Grad besteht allerdings die Gefahr sogenannter Schwingungen (Abbildung 14.24 rechts).

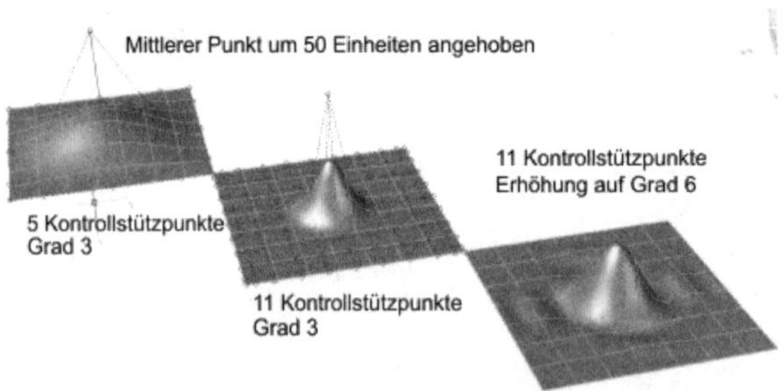

Abb. 14.24: Einfluss von Anzahl der Kontrollscheitelpunkte und Grad

HINZUFÜGEN / ENTFERN – fügt einzelne Reihen von Kontrollscheitelpunkten zu einer Fläche hinzu oder entfernt einzelne Reihen. Damit können Sie also gezielt an bestimmten Stellen die Modellierbarkeit der Flächen erhöhen oder erniedrigen.

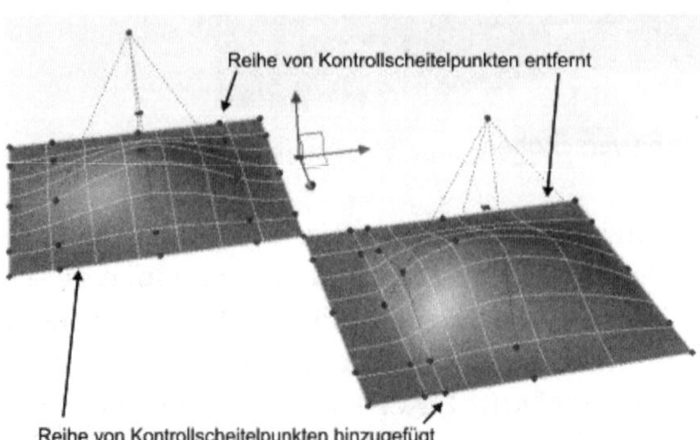

Abb. 14.25: Wirkung von zusätzlichen bzw. entfernten Kontrollscheitelpunkten

14.4.4 Register FLÄCHE Gruppe GEOMETRIE PROJIZIEREN

In derselben Weise wie bei der Funktion STUTZEN (Abbildung 14.19) die Kontur einer Kurve außerhalb der Fläche projiziert wird, kann auch mit diesen Funktionen projiziert werden. Sie können wählen, ob Sie nur projizieren wollen oder auch gleich stutzen. Außerdem können Sie über die Funktionswahl direkt vorgeben, mit welcher Projektionsrichtung gearbeitet werden soll.

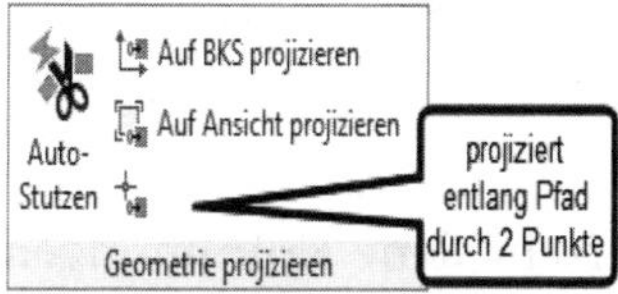

Abb. 14.26: Gruppe GEOMETRIE PROJIZIEREN

AUTO STUTZEN – ist ein Schalter, mit dem Sie wählen können, ob *nur* eine Kontur auf die Fläche *projiziert* werden soll oder ob auch zugleich mit dieser Kontur *gestutzt* werden soll.

AUF BKS PROJIZIEREN / ...ANSICHT... / ...2 PUNKTE... – Mit diesen Optionen legen Sie fest, in welcher Weise die Projektionsrichtung bestimmt werden soll: Projektion in BKS-Richtung, senkrecht zur Ansicht oder Richtung durch zwei Punkte bestimmen.

14.4.5 Register FLÄCHE Gruppe ANALYSE

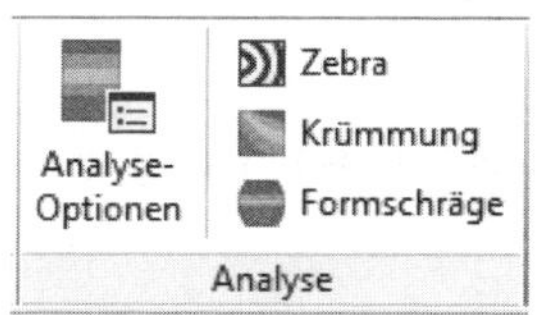

Abb. 14.27: Gruppe ANALYSE

ANALYSE-OPTIONEN – Mit diesen Einstellungen für die drei ANALYSE-Funktionen können Sie festlegen, wie fein das ZEBRA-Muster werden soll, welchen Bereich von Krümmungen oder Radien bei Analyse der KRÜMMUNG das Farbspektrum abdecken soll und welchen Winkelbereich für die Analyse der FORMSCHRÄGE das Farbspektrum darstellen soll.

ZEBRA – Die ZEBRA-Analyse projiziert ein schwarz-weißes Streifenmuster auf die gewählten Oberflächen oder Volumenkörper. Dadurch wird es leicht möglich, Unregelmäßigkeiten im Flächenverlauf und Knickstellen zu lokalisieren.

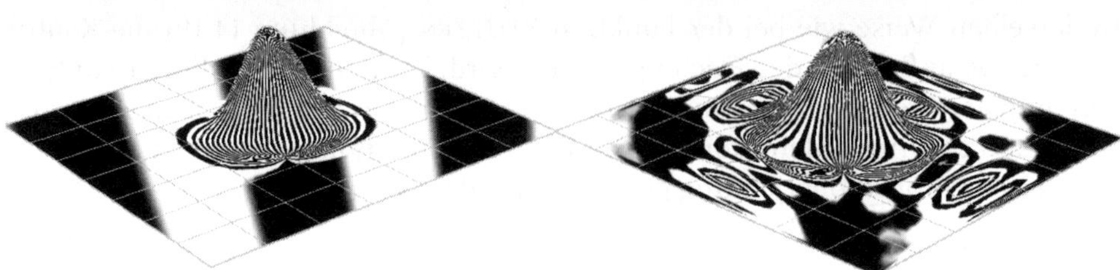

Abb. 14.28: Zebra-Analyse

KRÜMMUNG – Bei der KRÜMMUNGS-Analyse werden verschiedene Krümmungen durch verschiedene Farben dargestellt. Eine zylinderförmige Fläche wäre also einfarbig, weil sie einen festen Radius oder eine feste Krümmung hat.

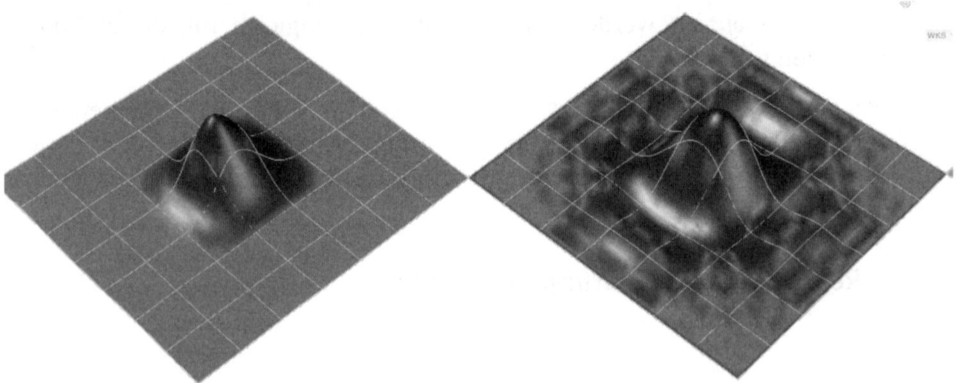

Abb. 14.29: Krümmungsanalyse mit Radien zwischen -30 und 300 (leider hier nicht farbig sichtbar)

FORMSCHRÄGE – Die FORMSCHRÄGE-Analyse verteilt ein Farbspektrum über einen engen Winkelbereich von etwa 3° bis -3°, um Abweichungen von der gewünschten Formschräge farblich genau anzuzeigen.

14.4.6 Beispiel: Flächenmodell mit Lofting-Flächen

Abbildung 14.30 zeigt eine Flächenmodellkonstruktion für eine Sporthalle, die dann mit dem Lofting-Befehl ANHEBEN mit Flächen überzogen wurde.

Eine solche Konstruktion erfordert einige Übung im dreidimensionalen Arbeiten, insbesondere bei der Manipulation der Koordinatensysteme. Sie beginnen am besten mit der halben elliptischen Grundfläche, also einem Ellipsenbogen, in der xy-Ebene des Weltkoordinatensystems. Die ganze Ellipse misst dann in x-Richtung 130 m und in y-Richtung 150 m. Dann kopieren Sie den Ellipsenbogen in die z-

Höhe 10 m und versetzen sie um 5 m nach außen. Dann verschieben Sie das BKS mit der Option URSPRUNG auf die Nebenachse der oberen Ellipse. Dort drehen Sie das BKS um -40° um die y-Achse. In der neuen xy-Ebene konstruieren Sie den nächsten Ellipsenbogen für das Dach.

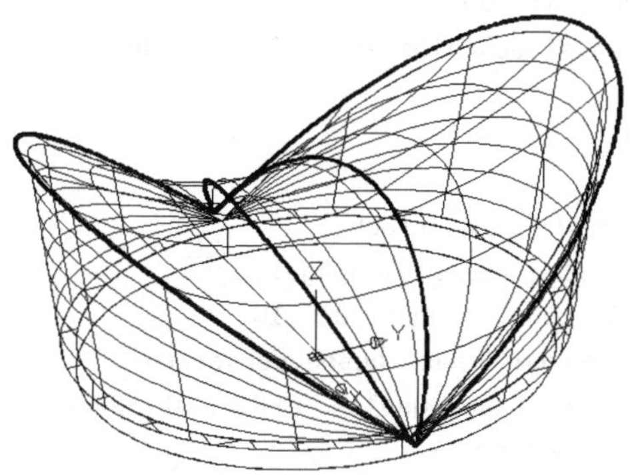

Abb. 14.30: Konstruktion einer Sporthalle

Starten Sie also mit der Vorlage **`acadiso3D.dwt`** eine neue Zeichnung. Schalten Sie mit dem LAYER-MANAGER (Befehl LAYER) die Farbe des Layers **`0`** auf **`Blau`**. Klicken Sie den VIEWCUBE so an, dass Sie die Ansicht ISO-SW erhalten (Ecke zwischen LINKS, VORNE und OBEN). Aktivieren Sie den visuellen Stil SCHATTIERUNG MIT KANTEN über das Ansichtsmenü [-][ISO-ANSICHT SW][SCHATTIERUNG MIT KANTEN] oder über START|ANSICHT.

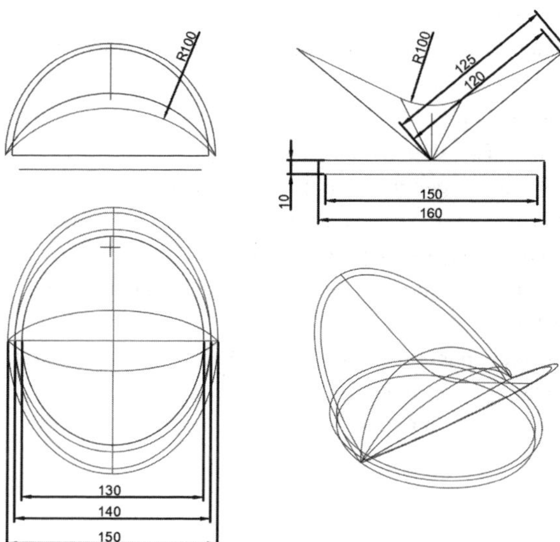

Abb. 14.31: Abmessungen

```
Befehl: _ellipse Ellipsenbogen mit Hauptachse 150 und Nebenachse 130
ELLIPSE Achsenendpunkt der Ellipse angeben oder [Bogen Zentrum]: B
ELLIPSE Achsenendpunkt des elliptischen Bogens angeben oder [Zentrum]: 65,0
ELLIPSE Anderen Endpunkt der Achse angeben: -65,0
ELLIPSE Abstand zur anderen Achse angeben oder [Drehung]: 75
ELLIPSE Startwinkel angeben oder [Parameter]: -90
ELLIPSE Endwinkel angeben oder [Parameter einGeschlossener winkel]: 90
Befehl: _copy    Kopieren nach Z=10
KOPIEREN Objekte wählen: L   1 gefunden
KOPIEREN Objekte wählen: Enter
KOPIEREN Aktuelle Einstellungen:  Kopiermodus = Mehrfach
KOPIEREN Basispunkt oder [Verschiebung mOdus] <Verschiebung>: Enter
KOPIEREN Verschiebung angeben <0.0000, 0.0000, 0.0000>: 0,0,10
Befehl: _offset     oberen Ellipsenbogen um 5 nach außen versetzen
Aktuelle Einstellungen: Quelle löschen=Nein  Layer=Quelle  OFFSETGAPTYPE=0
VERSETZ Abstand angeben oder [...] <Durch punkt>: 5
Zu versetzendes Objekt wählen oder [...] <...>: oberen Ellipsenbogen anklicken
VERSETZ Punkt auf Seite angeben, auf die versetzt werden soll, ... [...]
<...>: nach außen klicken
VERSETZ Zu versetzendes Objekt wählen oder [Beenden ...] <Beenden>: Enter
Befehl: BKS     BKS auf Endpunkt des oberen Ellipsenbogens setzen (ENDPUNKT)
Aktueller BKS-Name:  *WELT*
BKS     Ursprung des neuen BKS angeben oder [...] <...>: END von oberer Ellip-
senbogen
BKS     Punkt auf X-Achse angeben oder <Akzeptieren>: Enter
Befehl: BKS     BKS um 40° um die x-Achse drehen
BKS     Aktueller BKS-Name:  *KEIN NAME*
BKS     Ursprung des neuen BKS angeben oder [FLäche bENannt Objekt VOrher
ANsicht Welt X Y Z ZAchse] <Welt>: X
BKS     Drehwinkel um Y-Achse angeben <90>: 40
Befehl: _ellipse     Ellipsenbogen für die Fassadenkante
ELLIPSE     Achsenendpunkt der Ellipse angeben oder [Bogen Zentrum]: B
ELLIPSE     Achsenendpunkt des elliptischen Bogens angeben oder [...]: END von
Vorderen Endpunkt des oberen äußeren Ellipsenbogens anklicken
ELLIPSE     Achsenendpunkt der Achse angeben: END von Hinteren Endpunkt des
oberen äußeren Ellipsenbogens anklicken
ELLIPSE     Abstand zur anderen Achse angeben oder [...]: 120
ELLIPSE     Startwinkel angeben oder [...]: -90
ELLIPSE     Endwinkel angeben oder [...]: 90
```

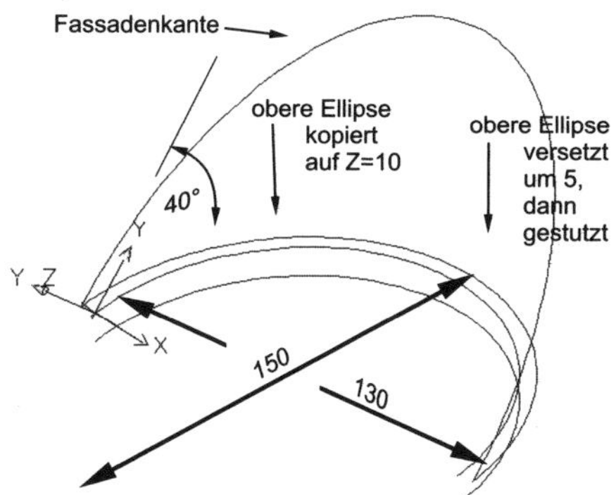

Abb. 14.32: Ellipse für Sockel und Fassade

Versetzen Sie dann mit dem gedrehten BKS noch die obere geneigte Fassadenkante um 5 nach außen, um die Dachkante zu erhalten. Als Nächstes brauchen Sie das orthogonale BKS VORNE, um den Bogen mit R100 mit der Option STARTPUNKT, ENDPUNKT, RADIUS zu konstruieren. Zeichnen Sie nun die Linie, die die Mitte der Dachkante mit der Kreisbogenmitte verbindet.

```
Befehl: _offset
Aktuelle Einstellungen: Quelle löschen=Nein  Layer=Quelle  OFFSETGAPTYPE=0
VERSETZ    Abstand angeben oder [...] <5.0000>: Enter
VERSETZ    Zu versetzendes Objekt wählen oder [...] <Beenden>: Fassadenkante wählen
VERSETZ    Punkt auf Seite angeben, auf die versetzt werden soll, ... [...] <...>: nach außen klicken
VERSETZ    Zu versetzendes Objekt wählen ... [Beenden ...] <Beenden>: Enter
Befehl: BKS    BKS VORNE einstellen, um den Bogen in der Symmetrieebene mit R=100 zu konstruieren
Aktueller BKS-Name:  *WELT*
BKS    Ursprung des neuen BKS angeben ... [...bENannt ...] <...>: EN
BKS    Option eingeben [HOlen SPeichern Löschen ?]: VORNE
Befehl: _arc
BOGEN    Startpunkt für Bogen angeben ... [...]: Startpunkt am vorderen Ende der Dachkante
BOGEN    Zweiten Punkt für Bogen angeben ... [...Endpunkt]: E
BOGEN    Endpunkt für Bogen angeben: Startpunkt am hinteren Ende der Dachkante
BOGEN    Zentrum für Bogen angeben ... [...Radius]: R
BOGEN    Radius für Bogen angeben: 100
Befehl: _line    von Mitte Dachkante bis Mitte Bogen LINIE    Ersten Punkt angeben: Mitte Dachkante
LINIE    Nächsten Punkt angeben ... [...]: Mitte Bogen
LINIE    Nächsten Punkt angeben ... [...]: Enter
```

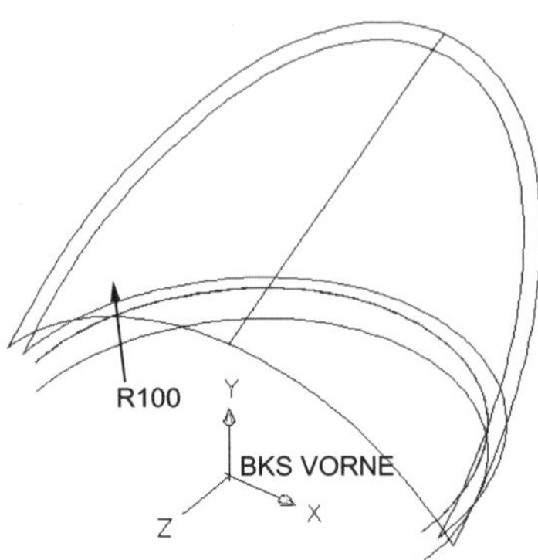

Abb. 14.33: Hilfskonstruktionen für Dach

Gehen Sie ins Weltkoordinatensystem zurück und spiegeln Sie alles außer dem R100. Wechseln Sie dann zu dem orthogonalen BKS RECHTS und zeichnen Sie mit ABRUNDEN den Radius R50 ein. Den unter ca. 60° schräg stehenden Kreisbogen können Sie erstellen, nachdem Sie ein BKS nach der Methode 3 PUNKTE erstellt haben.

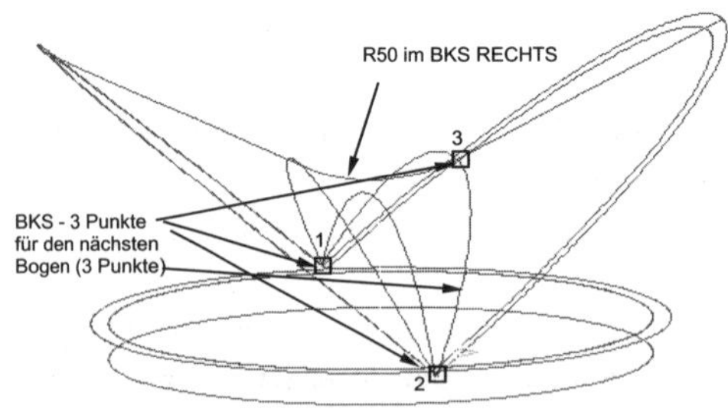

Abb. 14.34: Abmessungen

```
Befehl: BKS      BKS zurücksetzen auf WELT zum Spiegeln
Aktueller BKS-Name:   *LINKS*
BKS     Ursprung des neuen BKS angeben oder [...] <Welt>: Enter
Befehl: _mirror
SPIEGELN     Objekte wählen: Alles außer R100 wählen
SPIEGELN     Objekte wählen: Enter
SPIEGELN     Ersten Punkt der Spiegelachse angeben: Startpunkt des R100-
Bogens
SPIEGELN     Zweiten Punkt der Spiegelachse angeben: Endpunkt des R100-Bogens
SPIEGELN     Quellobjekte löschen? [Ja Nein] <N>: Enter
Befehl: BKS      BKS RECHTS. Um zwischen beiden Linien abzurunden
Aktueller BKS-Name:   *WELT*
```

```
BKS      Ursprung des neuen BKS angeben oder [...bENannt ...] <Welt>: EN
BKS      Option eingeben [HOlen SPeichern Löschen ?]: RECHTS
Befehl: _fillet      Linien mit R=50 abrunden
Aktuelle Einstellungen: Modus = STUTZEN, Radius = 0.0000
ABRUNDEN     Erstes Objekt wählen ... [...Radius ...]: R ABRUNDEN      Rundungsradius angeben <0.0000>: 50
ABRUNDEN     Erstes Objekt wählen ... [...]: erste Linie anklicken
ABRUNDEN     Zweites Objekt wählen...: zweite Linie anklicken
Befehl: BKS      BKS mit 3 Punkten durch die Endpunkte des 100er-Bogens und der 50er-Abrundung legen
Aktueller BKS-Name:   *VORNE*
BKS      Ursprung des neuen BKS angeben oder [FLäche bENannt Objekt VOrher ANsicht Welt X Y Z ZAchse] <Welt>: 3
BKS      Neuen Ursprung angeben <0,0,0>: Endpunkt des 100er-Bogens
BKS      Punkt auf der positiven X-Achse angeben: anderen Endpunkt des 100er-Bogens
BKS      Punkt mit positiven Y-Wert in der XY-Ebene des BKS angeben: Endpunkt der 50er-Abrundung
Befehl: _arc      Bogen durch diese 3 Punkte legen
BOGEN      Startpunkt für Bogen angeben oder [...]: Endpunkt des 100er-Bogens
BOGEN      Zweiten Punkt für Bogen angeben oder [...]: Endpunkt der 50er-Abrundung
BOGEN      Endpunkt für Bogen angeben: anderen Endpunkt des 100er-Bogens
Befehl: BKS      BKS WELT zum Spiegeln einstellen
Aktueller BKS-Name:   *KEIN NAME*
BKS      Ursprung des neuen BKS angeben oder [...] <Welt>: Enter
Befehl: _mirror      den letzten Bogen spiegeln
SPIEGELN      Objekte wählen: letzten Bogen wählen
SPIEGELN      Objekte wählen: Enter
SPIEGELN      Ersten Punkt der Spiegelachse angeben: Endpunkt des 100er-Bogens
SPIEGELN      Zweiten Punkt der Spiegelachse angeben: anderen Endpunkt des 100er-Bogens
SPIEGELN      Quellobjekte löschen? [Ja Nein] <N>: Enter
```

Sie können nun alle Flächen mit FLÄCHE|ERSTELLEN|ANHEBEN erzeugen. Beginnen Sie mit der Dachfläche. Für diese Funktion wählen Sie die vier Querschnittskurven (siehe Abbildung 14.34) und lassen dann eine Fläche mit glatter Oberfläche erstellen. Weitere Eingaben sind nicht nötig. Wenn Sie die Querschnittskurven eventuell behalten wollen, müssen Sie das automatische Löschen von Kurven, die zur Erzeugung von Volumenkörpern oder Flächen dienen, abschalten. Das geschieht durch Eingabe des Wertes **0** für die Systemvariable DELOBJ.

```
Befehl: DELOBJ      automatisches Löschen der für die Flächenerzeugung verwendeten Profilkurven verhindern
Neuen Wert für DELOBJ eingeben <1>: 0
```

```
Befehl: _loft
Aktuelle Drahtmodelldichte: ISOLINES=4, Erstellungsmodus für geschlossene Profile =Volumenkörper
ANHEBEN    Querschnitte in Reihenfolge der Erhebung wählen oder [Punkt mehrere kurven VErbinden MOdus]: _MO Erstellungsmodus für geschlossene Profile [Volumenkörper Fläche] <Volumenkörper>: _SO
ANHEBEN    Querschnitte in Reihenfolge der Erhebung wählen oder [Punkt mehrere kurven VErbinden MOdus]: Dachkanten und Bögen in der richtigen Reihenfolge für das Dach wählen
ANHEBEN    Querschnitte in Reihenfolge der Erhebung wählen oder [Punkt mehrere kurven VErbinden MOdus]: [Enter]
ANHEBEN    Option eingeben [Führungen Pfad nur Querschnitte Einstellungen] <nur Querschnitte>: [Enter]
```

Auch die anderen Flächen der Sporthalle können mit ANHEBEN erstellt werden. Wählen Sie für die nächste Fläche auf einer Seite dann zuerst den unteren inneren Ellipsenbogen, dann den darüber liegenden, dann den äußeren versetzten, dann am Dach den inneren Ellipsenbogen und dann am Dach wieder den äußeren versetzten. Nun sollen diese vier Flächenteile aber nicht wie beim Dach glatt ineinander übergehen, sondern mit Knick. Dazu benutzen Sie nach der Auswahl die Option EINSTELLUNGEN und ändern im Dialogfenster von GLATT ANPASSEN auf GEREGELT. Damit erhalten Sie Übergänge zwischen den Teilflächen, als wären es einzelne Regelflächen (wie bei Befehl REGELOB).

Das Flächenmodell hat den Vorteil, dass Sie eine schattierte Darstellung erzeugen oder verdeckte Kanten ausblenden können. Verdeckte Kanten können Sie mit dem Befehl VERDECKT ausblenden. Sie finden diesen Befehl unter START|ANSICHT in der Dropdown-Liste für VISUELLE STILE.

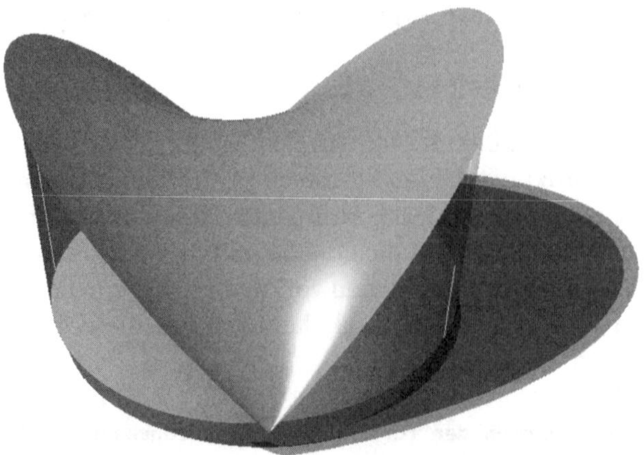

Abb. 14.35: Darstellung mit Materialien, Sonnenlicht und Bodenschatten

Zusätzlich können Sie mit dem MATERIALIEN-BROWSER noch den einzelnen Flächen Oberflächenmaterialien zuordnen, im Register VISUALISIEREN in den Gruppen LICHTER und SONNE UND STANDORT den Schattenwurf aktivieren, die Sonne einschalten und die Uhrzeit für den Sonnenstand einstellen.

14.5 Modellieren mit Netzen

Seit Version 2010 gibt es die Möglichkeit, mithilfe von Netzkörpern freie Oberflächen zu modellieren. Die Netzkörper bestehen aus mehreren Netzmaschen, die geglättet und manipuliert werden können. Wenn einzelne Netzknoten, -kanten oder -maschen beispielsweise verschoben werden, dann wirkt sich diese Verformung auf den gesamten Netzkörper aus, wobei natürlich der Einfluss der Modifikation mit der Entfernung abnimmt. Diese Art der Modellierung geglätteter Oberflächen bezeichnet man auch als Freiformmodellierung. Neben der Modellierbarkeit gibt es auch noch die Möglichkeit, einzelne Teilobjekte wie Knoten, Kanten oder Flächen aus dieser Deformation auszuschließen, indem man sie sozusagen versteift.

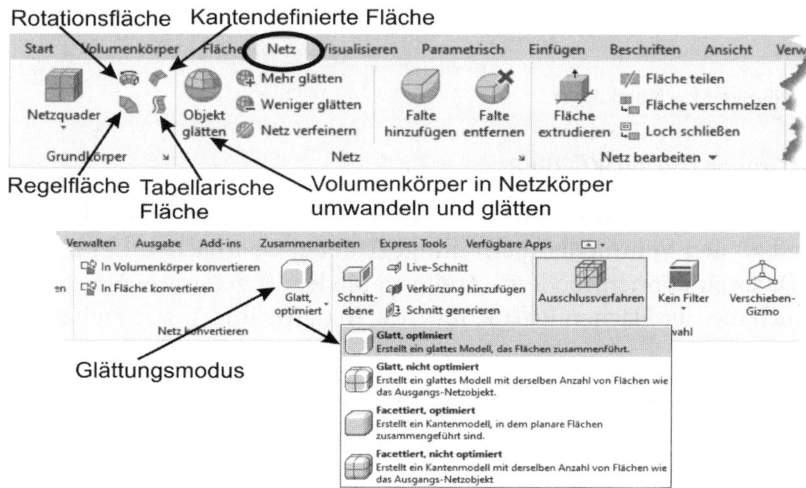

Abb. 14.36: Register NETZ

Die Funktionen für die Freiformmodellierung sind im Register NETZ zusammengefasst. In der ersten Gruppe GRUNDKÖRPER finden sich alle Grundobjekte, die modellierbar sind. Da sind einerseits dieselben Objekte wie bei den Volumenkörpern im Register START unter MODELLIEREN zu finden: NETZQUADER, NETZKEGEL, NETZZYLINDER, NETZPYRAMIDE, NETZKUGEL, NETZKEIL und NETZTORUS. Daneben gibt es auch modellierbare Flächen: Rotationsfläche ROTOB, kantendefinierte Fläche KANTOB, Regeloberfläche REGELOB und tabellarische Fläche TABOB. Mit dem Werkzeug ↘ erreichen Sie die OPTIONEN FÜR NETZ-GRUNDKÖRPER (ABBILDUNG 14.37). Hier wird definiert, mit wie vielen Netzmaschen die Netzkörper erstellt werden sollen. Damit wird auch vorbestimmt, wie sehr sich der Körper später beim Modellieren deformieren lässt. Auch der Glättungsgrad kann bei der Voransicht eingestellt und beurteilt werden. Die Vorgabe ist null, also ungeglättet, und so werden die Netzkörper auch zuerst eingefügt.

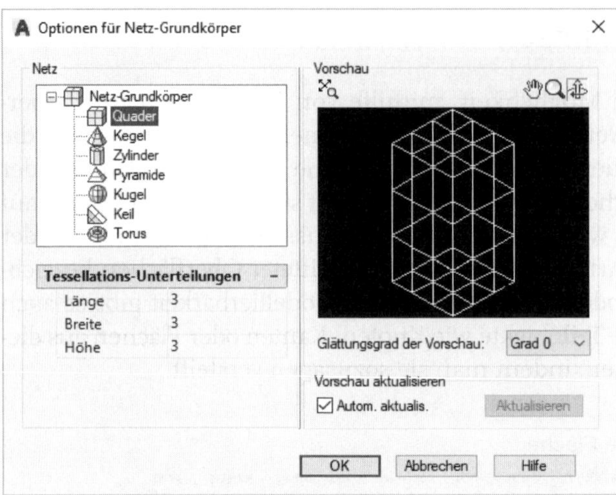

Abb. 14.37: Einstellungen für Netzkörper

Register NETZ Gruppe GRUNDKÖRPER

Sie enthält die Werkzeuge zum Erstellen von Netzkörpern. Die Netzkörper können im Unterschied zu den Volumenkörpern mit geglätteten Oberflächen frei modelliert werden. Dadurch können moderne Freiform-Modelle erzeugt werden. In der Gruppe sind auch die vier Flächen ROTOB, KANTOB, REGELOB und TABOB enthalten.

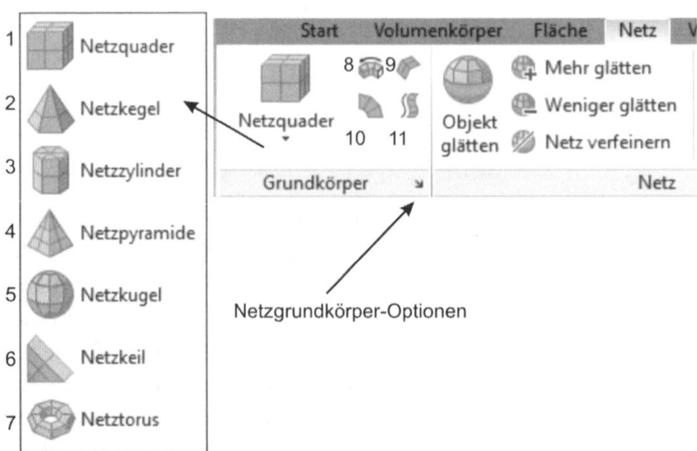

Abb. 14.38: Gruppe GRUNDKÖRPER

1. NETZQUADER – Der Grundkörper wird entweder über zwei räumlich diagonale Punkte oder zwei in der Ebene diagonale Punkte zuzüglich z-Höhe erzeugt.
2. NETZKEGEL – Der Netzkegel wird über Zentrum und Radius für die Grundfläche sowie die Höhe in Z-Richtung erstellt. Es kann ein oberer Radius für einen Kegelstumpf eingegeben werden. Ein liegender Kegel entsteht mit der Option ACHSENENDPUNKT.
3. NETZZYLINDER – Den Netzzylinder über ZENTRUM, RADIUS und HÖHE in z-Richtung erstellen. Auch ein liegender Zylinder ist mit der Option ACHSENENDPUNKT über den zweiten Endpunkt beliebig auszurichten.
4. NETZPYRAMIDE – Ein pyramidenförmiger Körper basierend auf polygonaler Grundfläche ähnlich POLYGON wird erzeugt.
5. NETZKUGEL – Die Kugel wird über ZENTRUM und RADIUS erzeugt.
6. NETZKEIL – Der Grundkörper Keil entsteht mit rechteckiger Grundfläche und Höhe am ersten Eckpunkt. Die Dreiecksfläche liegt immer in der xz-Ebene.
7. NETZTORUS – Der Grundkörper Torus in Form eines Schwimmreifens wird über ZENTRUM, großen RADIUS der Rohrmitte und kleinen Rohrradius erstellt.
8. ROTOB – Durch Rotation eines Profils um eine Achse wird eine Rotationsfläche erzeugt.
9. KANTOB – Die kantendefinierte Fläche entsteht durch glatte Interpolation zwischen vier Randkurven.
10. REGELOB – Die Regelfläche wird durch geradlinige Verbindung zweier beliebig geformter Kurven generiert.
11. TABOB – Die tabellarische Fläche entsteht über eine Art Extrusion eines Profils.

Register NETZ Gruppe NETZ

In der Gruppe NETZ liegen verschiedene Werkzeuge zum Glätten und Versteifen:

- OBJEKT GLÄTTEN – kann Volumenkörper in Netzkörper umwandeln und gleichzeitig glätten.
- MEHR GLÄTTEN/WENIGER GLÄTTEN – erhöht oder verringert den Glättungsgrad.
- NETZ VERFEINERN – erhöht die Netzmaschen in jeder Richtung. Die Funktion ist aber erst ab Glättungsgrad 1 sinnvoll. Hierbei können Sie die Unterobjektauswahl aus der Gruppe AUSWAHL auch auf FLÄCHE schalten, um nur einzelne Flächen zu verfeinern.
- FALTE HINZUFÜGEN/FALTE ENTFERNEN – dient zum *Versteifen* von Flächen oder Kanten, die dann entweder nicht geglättet werden können oder schwächer geglättet werden (Abbildung 14.39). Ein hoher Faltwert bedeutet hohe Steifigkeit.
- Unter ↘ finden Sie die NETZ-TESSELLATIONSOPTIONEN, mit denen Sie die Feinheiten für die Netz-Verfeinerung einstellen können. Insbesondere können Sie hier auch festlegen, ob Sie Dreiecks- oder Vierecksfacetten vorschreiben oder optimiert die Flächen unterteilen lassen.

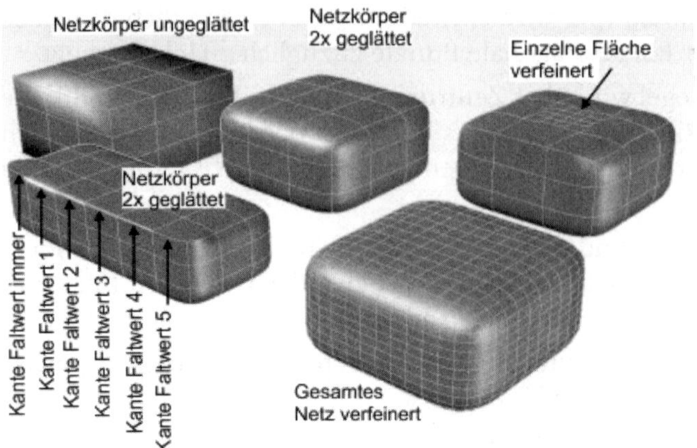

Abb. 14.39: Netze mit Glättung, Verfeinerung und verschiedenen Faltwerten

Register NETZ Gruppe NETZ BEARBEITEN

Die Gruppe NETZ BEARBEITEN enthält mehrere Funktionen zur Bearbeitung von *Einzelflächen* des Netzkörpers:

- FLÄCHE EXTRUDIEREN – ermöglicht es, einzelne Netzflächen zu extrudieren. Nicht gewählte Nachbarflächen werden nur wenig an den Rändern deformiert, wie es dem Glättungsgrad des Gesamtkörpers entspricht. Die mitgewählten Flächen können einzeln extrudiert werden oder im Verbund (Abbildung 14.40). Wenn Sie dagegen mit dem VERSCHIEBEN-GIZMO aus der Gruppe AUSWAHL dieselben drei Flächen verschieben, ergibt sich eine globale Verformung des Volumenkörpers.

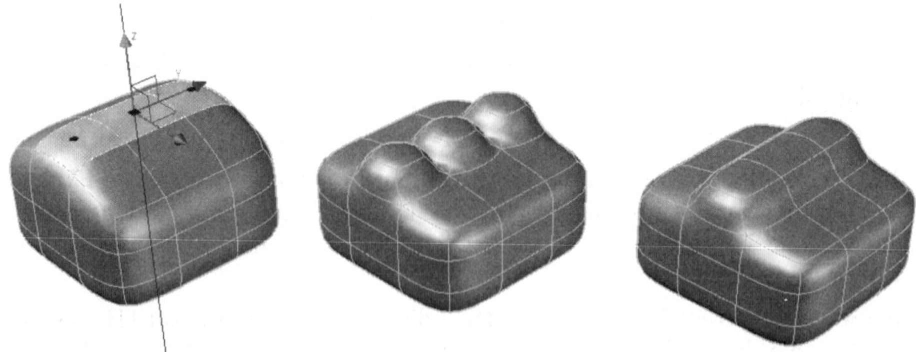

Abb. 14.40: Dieselben drei Netzflächen mit Gizmo verschoben (links), extrudiert ohne (Mitte) und mit Verbindung (rechts)

- FLÄCHE TEILEN – dient zur Unterteilung einer Netzfläche über eine Trennlinie, die Sie selbst einfügen können. Die Trennung kann von Kante zu Kante gehen oder von Scheitelpunkt zu Scheitelpunkt (sprich: Eckpunkt der Teilfläche) und auch gemischt. Dadurch können Sie die Flexibilität der Fläche für Glättungen erhöhen.

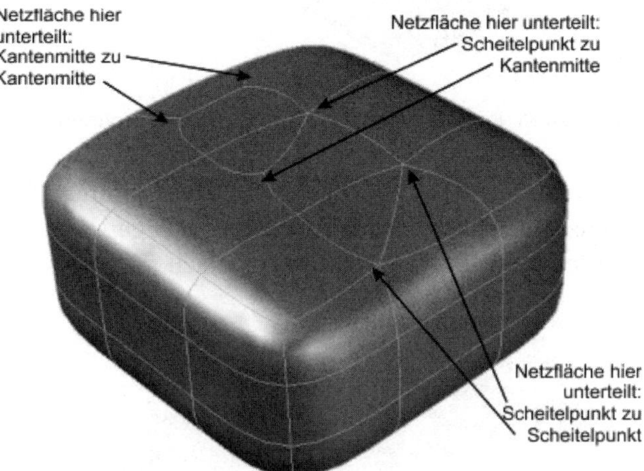

Abb. 14.41: Quader geglättet, oben Flächen unterschiedlich geteilt

- FLÄCHE VERSCHMELZEN – macht aus mehreren gewählten Flächen eine Gesamtfläche.

Abb. 14.42: Drei Netzflächen zu einer verschmolzen

- LOCH SCHLIEßEN – Wenn in einem Netz ein Loch entstanden ist, wie im Beispiel (Abbildung 14.43) durch LÖSCHEN einer Fläche, kann es mit LOCH SCHLIEßEN und nach Wahl der Randkurven wieder geschlossen werden.

Abb. 14.43: Loch in Netzfläche (durch LÖSCHEN entstanden) mit LOCH SCHLIEßEN repariert

- FLÄCHE/KANTE KOMPRIMIEREN (unter ▼) – Mit dieser Funktion können Flächen oder einzelne Kanten aus Ausdehnung null zusammengezogen werden. Benachbarte Flächen werden teilweise dadurch zu Dreiecksflächen.

Abb. 14.44: Mittlere Fläche komprimiert (links), vier Eckflächen komprimiert (rechts)

- DREIECKSFLÄCHE DREHEN (unter ▼) – Bei benachbarten Dreiecksflächen gibt es die Möglichkeit, die Ausrichtung der Dreiecke umzukehren. Das verändert natürlich auch etwas die Oberflächenglättung.

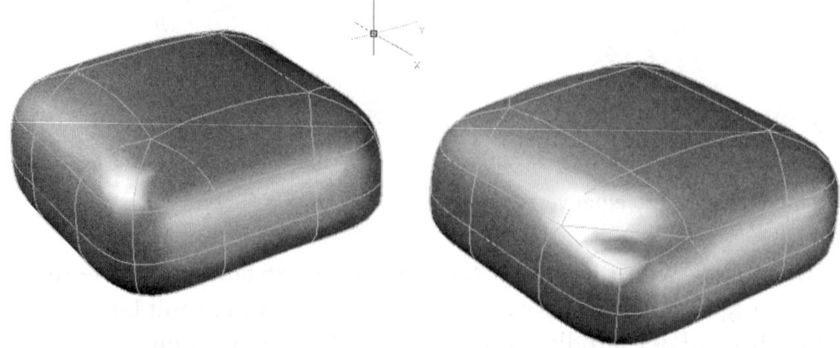

Abb. 14.45: Dreiecksflächen an der vorderen Ecke gedreht

Register NETZ Gruppe NETZ KONVERTIEREN

In der Gruppe NETZ KONVERTIEREN finden Sie zwei Funktionen zur Umwandlung von Netzkörpern und Netzflächen in normale Volumenkörper und Flächen. Dies ist dann sinnvoll, wenn danach Volumenkörperfunktionen angewendet werden sollen. Als weitere Option ist hier der Glättungsmodus wählbar. Meist wird man die beste Glättung GLÄTTEN OPTIMIERT wählen.

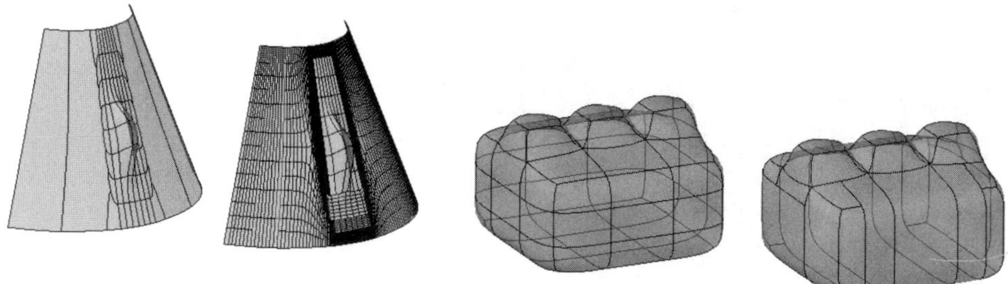

Abb. 14.46: Netzflächen und -körper (jeweils links) in Flächen bzw. Volumenkörper konvertiert

Register NETZ Gruppe AUSWAHL

Die letzte Gruppe AUSWAHL steuert die Aktionen, die Sie zum Modellieren verwenden können. Hier finden Sie links Filteroptionen. Damit legen Sie fest, welche Unterobjekte der Netzkörper Sie modifizieren möchten. Die Wahl besteht zwischen KEIN FILTER, SCHEITELPUNKT, KANTE und FLÄCHE. Eine weitere Filteroption, VOLUMENKÖRPERENTWICKLUNG, ermöglicht die Wahl von Teilobjekten eines komplexen Volumenkörpers, der durch boolesche Operationen aus mehreren anderen zusammengesetzt wurde.

Die GIZMOS sind Hilfsfunktionen, über die Sie die Modellierfunktionen auf bestimmte Aktionen, nämlich VERSCHIEBEN, DREHEN und SKALIEREN, schalten können. Die Funktionen werden dann durch Anklicken der als Unterobjekt voreingestellten Flächen, Kanten oder Scheitelpunkte ausgeführt. Dabei erscheint auch stets ein Achsenkreuz-Symbol, mit dem Sie durch Markieren einzelner Achsen die Bewegung kontrolliert beispielsweise nur auf eine Achsenrichtung beschränken können. Es ist auch möglich, durch Markieren einer Ebene im Achsenkreuz die Bewegung auf eine Ebene zu beschränken. Beim DREHEN-GIZMO wählen Sie die Drehachse. Beim SKALIEREN-GIZMO können Sie eine Achsenrichtung zur Skalierung, eine Ebene oder auch das Zentrum wählen.

Im Beispiel (Abbildung 14.47) wurde die AUSWAHL auf FLÄCHE geschaltet und das GIZMO auf SKALIEREN. Nach Anklicken der Fläche erscheint das Achsensymbol in der Flächenmitte. Dort können Sie noch die Skalierungsrichtung auswählen. Hier wurde keine bestimmte Achse, sondern die Fläche zwischen x- und y-Achse markiert, um eine gleichmäßige Skalierung in der xy-Ebene zu erhalten. Der Abstand zwischen Achsenkreuz und Fadenkreuz steuert den Skalierfaktor.

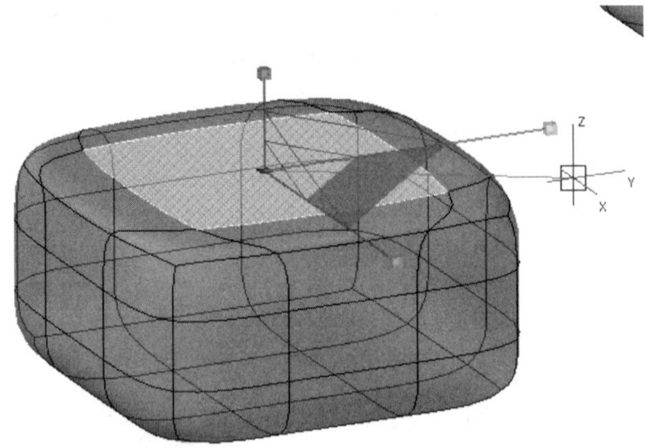

Abb. 14.47: SKALIEREN-GIZMO in der xy-Ebene in Aktion

14.5.1 Beispiel für 3D-Modellierung

Mit dem in Abbildung 14.48 gezeigten Modell eines Kegels sollen einige Schritte der 3D-Modellierung demonstriert werden. Zuerst wird die grobe Form aus Volumenkörpern, nämlich zwei Zylindern und einer Kugel erstellt (Abbildung 14.48 links). Wenn man diese Körper vereinigt und dann aus dem komplexen Gesamtkörper mit OBJEKT GLÄTTEN einen geglätteten Netzkörper erzeugt, ergeben sich oft Unregelmäßigkeiten in der Glättung.

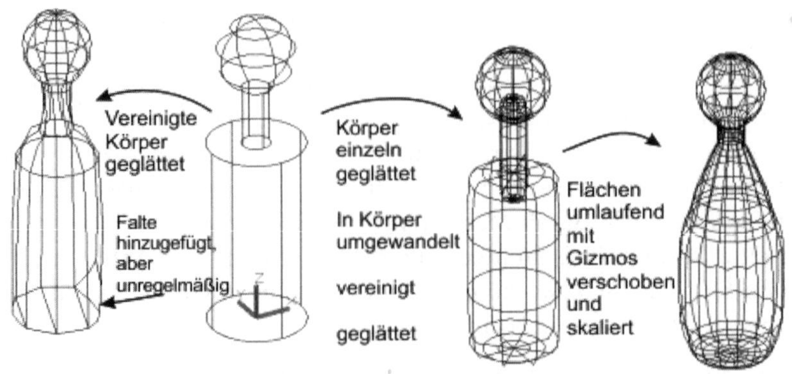

Abb. 14.48: Volumenkörper-Modell, vernetzt, Boden versteift

Es entstehen hier am Boden unsymmetrische Teilflächen, die man mit FALTE HINZUFÜGEN wieder glatt klopfen kann. Besser ist es, aus dem großen Zylinder allein erst einen Netzkörper zu machen (OBJEKT GLÄTTEN), dann diesen wieder in einen Volumenkörper umzuwandeln (IN VOLUMENKÖRPER KONVERTIEREN) und dann alle zu vereinigen und zu glätten. Dieser Netzkörper wird dann überall vernünftig glatt, auch unten am Boden.

Nun soll der Kegel noch an der Kante zwischen Körper und Hals etwas modelliert werden. Dazu wird die AUSWAHL auf FLÄCHE eingestellt und das SCHIEBEN-GIZMO aktiviert. Nach Markieren der umlaufenden Einzelflächen wurde im Gizmo die z-Achse markiert und dann alle Flächen nach oben verschoben (Abbildung 14.49). Dies wurde für einen zweiten Flächenkranz mit Verschiebung nach unten wiederholt. Zum Schluss wurden noch in der Mitte jeweils drei Flächen zu einem langen Streifen verschmolzen (FLÄCHEN VERSCHMELZEN) und dann diese Streifen umlaufend mit dem SKALIEREN-GIZMO etwas bauchig ausgeformt. Dazu war es nötig, das Gizmo über die Kontext-Funktion GIZMO NEU POSITIONIEREN mit Objektfang MITTE ZWISCHEN 2 PUNKTEN (über [Strg]+Rechtsklick) mittig zu positionieren und durch Klick zwischen seine x- und y-Achsen das flächige Skalieren zu aktivieren (Abbildung 14.51).

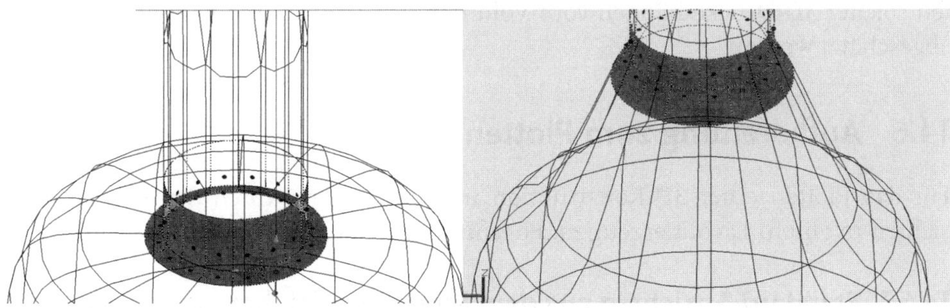

Abb. 14.49: Zu modifizierende Flächen gewählt und in z-Richtung verschoben

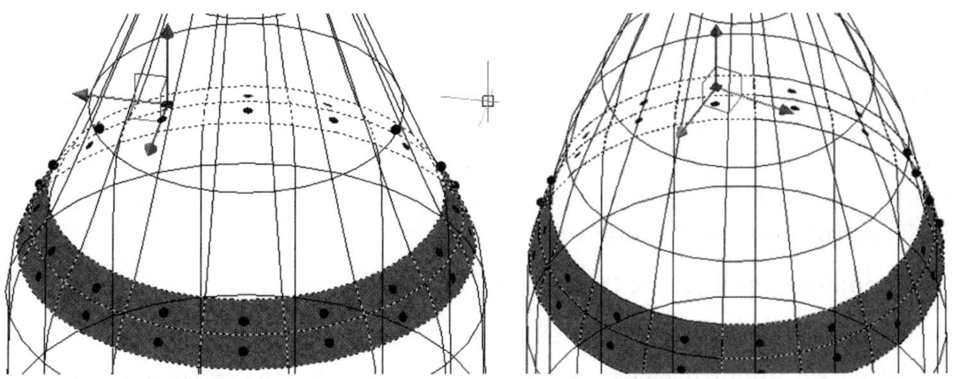

Abb. 14.50: Zweiter Flächenverband mit GIZMO nach unten verschoben

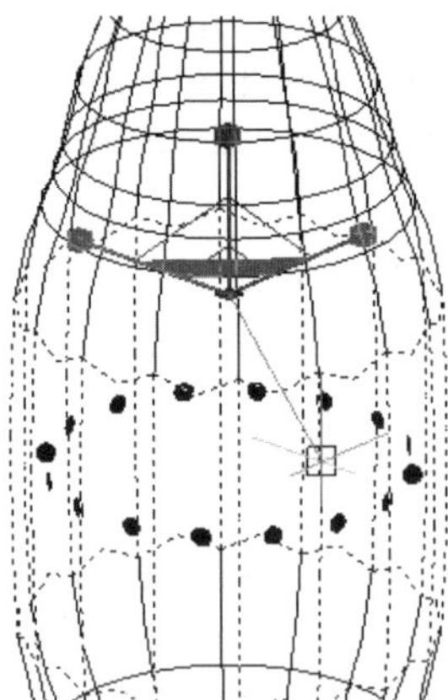

Abb. 14.51: SKALIEREN-GIZMO mittig positioniert und auf xy-Ebene beschränkt

Eine Funktion zur Ausgabe der nötigen Datei für 3D-Drucker finden Sie unter A CAD |EXPORTIEREN|ANDERE FORMATE. Sie müssen dann das Format STEREOLITHOGRAPHIE (*.STL) wählen und dann die Volumen- oder Netzkörper wählen. Die Kosten solcher 3D-Drucke hängen vom Volumen des Teils ab und können vorher gut abgeschätzt werden.

14.6 Aufbereitung zum Plotten

Für das Plotten einer 3D-Konstruktion möchten Sie natürlich die Standard-Ansichten in einem Layout erzeugen. Hierfür gibt es die Registerleiste LAYOUT.

14.6.1 Standard-Ansichten aus dem Modellbereich heraus erstellen

Das Register LAYOUT ist nur im Layout-Bereich aktiviert. Mit LAYOUT|NEU können Sie neue Layouts erstellen, mit LAYOUT|SEITENEINRICHTUNG können Sie eine SEITENEINRICHTUNG für das Plotten aus dem Modellbereich erstellen und mit ANSICHT ERSTELLEN|BASIS haben Sie ins Schwarze getroffen: Diese Funktion erzeugt *automatisch* ein neues Ansichtsfenster von einer Standard-Ansicht Ihrer Modellbereichs-Konstruktion (Vorgabe *VORNE*) in einem vorhandenen oder zu erstellenden neuen LAYOUT – und bietet darin dann auch noch die automatische Erzeugung weiterer normgerechter Ansichten (*OBEN*, *LINKS* etc.) durch Ziehen in die entsprechende Richtung an.

Hier kommen also mehrere Funktionen zusammen:

- Es wird ein neues LAYOUT erstellt,
- darin wird automatisch der *aktuelle Systemdrucker* für eine *automatische* SEITENEINRICHTUNG verwendet,

- und es wird für die Ansicht *VORNE*, entsprechend der *xz-Ebene* des Weltkoordinatensystems (WKS) ein ANSICHTSFENSTER erstellt mit einem *automatisch ermittelten Maßstab*, sodass die übrigen Standard-Ansichten noch daneben aufs Blatt passen.
- Sie können hier in einer eigenen Multifunktionsleiste (Abbildung 14.52 unten) auch andere vorgegebene Ansichten (auch eigene, falls schon selbst erzeugt) aus der Liste unter AUSRICHTUNG wählen. Mit der Funktion MODELLBEREICHSAUSWAHL lassen sich die anzuzeigenden Objekte gezielt auswählen. Die Gruppe DARSTELLUNG erlaubt noch die Wahl eines anderen MAßSTABS und unterschiedlicher Darstellungen bzgl. verdeckter Kante und Schattierung. Die Position dieser Ansicht kann mit VERSCHIEBEN noch geändert werden, bevor Sie OK wählen.

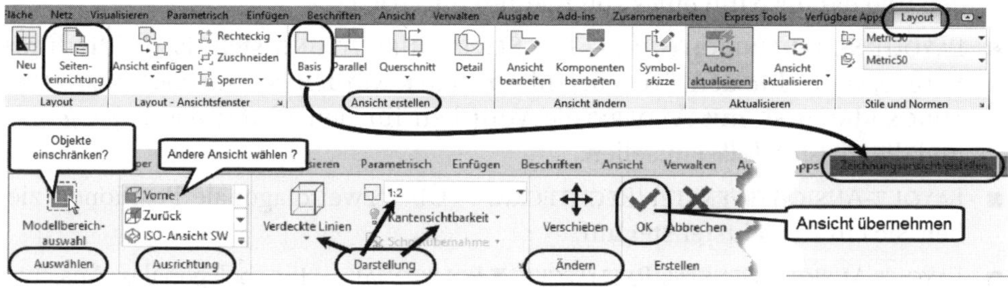

Abb. 14.52: Register LAYOUT mit BASISANSICHT

- Nach Positionieren dieser Basis-Ansicht erscheint die Anfrage nach weiteren Ansichten, und Sie brauchen mit dem Cursor nur noch auf die übrigen Positionen für die Ansichten *LINKS* und *OBEN* oder auch eine Iso-Ansicht zu klicken.

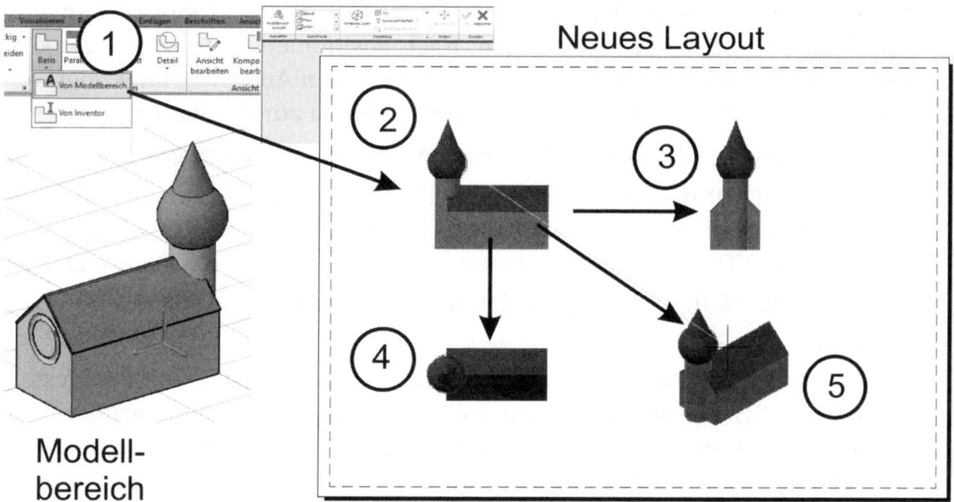

Abb. 14.53: Erstellen eines Layouts mit Standard-Ansichten

Die erzeugten Ansichten haben Griffe zum Verschieben, aber die orthogonalen Ansichten bleiben miteinander fluchtend gekoppelt. Sie haben auch einen dreieckigen Griff zur Änderung des Maßstabs. Die Darstellung zeigt nach Abschluss der Aktion Sichtkanten und gestrichelte verdeckte Kanten an.

14.6.2 Ansichtsverwaltung im Layout

Sie können die Ansichten auch direkt im aktuellen Layout mit den Werkzeugen der Multifunktionsleiste LAYOUT erstellen und bearbeiten. Die Funktionen seien hier in einer Kurzübersicht vorgestellt.

- LAYOUT|NEU – Mit NEUES LAYOUT erstellen Sie nach *Namenseingabe* ein neues Layout. Mit der Option VON VORLAGE kann eine *Vorlagendatei* ausgewählt werden und daraus dann eines von mehreren LAYOUTS.
- LAYOUT|SEITENEINRICHTUNG – Die SEITENEINRICHTUNG stellt ja praktisch die Vorgabewerte für den PLOT-Befehl ein. Hier würden Sie im SEITENEINRICHTUNGS-MANAGER mit ÄNDERN die Vorgaben für den *Plotter*, das *Papierformat* und die *Plotstiltabelle* einstellen.
- LAYOUT-ANSICHTSFENSTER|RECHTECKIG – Über zwei diagonale Positionen ziehen Sie ein Ansichtsfenster auf.
- LAYOUT-ANSICHTSFENSTER|RECHTECKIG▼POLYGONAL – Ein polygonales Ansichtsfenster ziehen Sie über mehrere Punkte auf ähnlich wie eine geschlossene Polylinie.
- LAYOUT-ANSICHTSFENSTER|RECHTECKIG▼OBJEKT – Aus einem geschlossenen Objekt wie einem Kreis, einer Ellipse oder einem Rechteck macht diese Option ein Ansichtsfenster.
- ANSICHT ERSTELLEN|BASIS – Sie können hiermit aus 3D-Objekten des Modellbereichs oder aus einer Inventor-Datei (`*.ipt`, `*.iam`, `*.ipn`) die Standard-Ansicht *VORNE* (xy-Ebene) erzeugen. Nach Positionieren dieser Ansicht können weitere Positionen für die anderen orthogonalen Ansichten angezeigt werden (*OBEN*, *LINKS* etc.). Folgende Optionen stehen zur Verfügung:
  - AUSRICHTUNG – Es kann auch eine andere Standard-Ansicht gewählt werden.
  - VERDECKTE LINIEN – Sie können wählen, ob verdeckte Linien gestrichelt angezeigt werden, mit SCHATTIERT... die Schattierung eingeschaltet wird oder SCHATTIERT MIT SICHTBAREN UND VERDECKTEN KANTEN angezeigt wird.
  - MAẞSTAB – Wählen Sie den Maßstab anders als die sinnvoll berechnete Vorgabe.
  - SICHTBARKEIT – Die Darstellung der Kanten kann differenziert eingestellt werden. Beispielsweise können tangentiale Kanten an Kantenrundungen aktiviert werden oder aus Inventor-Dateien die Gewindeelemente angezeigt werden, auch Präsentationspfade aus Präsentationen (`*.ipn`-Dateien).
- ANSICHT ERSTELLEN|PARALLEL – Sie leiten mit dieser Funktion aus einer bestehenden Ansicht die dazu orthogonalen ab.

- ANSICHT ERSTELLEN|QUERSCHNITT – Für eine bestehende Ansicht können Sie einen *Schnittverlauf* angeben und dann eine Position für die Schnittansicht. Mit der Option TIEFE können Sie auch die Schnitttiefe steuern oder gar mit KAPPEN einen ebenen Schnitt spezifizieren.

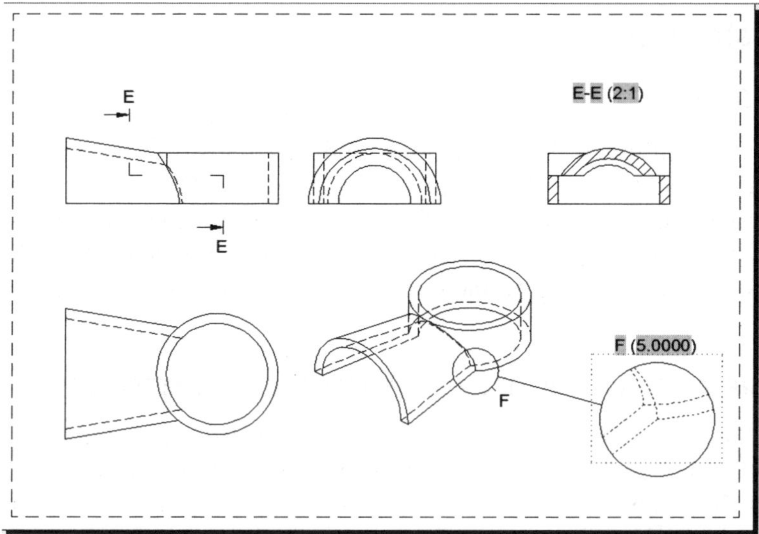

Abb. 14.54: Layout mit mehreren Ansichten von einem Inventor-Teil

- ANSICHT ERSTELLEN|DETAIL – Sie wählen zuerst die Ansicht, von der Sie einen Ausschnitt vergrößern wollen, dann geben Sie den Mittelpunkt des Ausschnitts an und ziehen den Ausschnittskreis auf. Danach folgt die Position für die Detailansicht. Mit der Option BEGRENZUNG können Sie zwischen kreisförmig und rechteckig wählen. Über MODELLKANTE wählen Sie zwischen vier Darstellungsarten der Detailansicht:
  - GLATT erzeugt einen glatten Rand, nicht umlaufend,
  - GLATT MIT RAHMEN generiert einen umlaufenden glatten Rand,
  - GLATT MIT VERBINDUNG zeigt zusätzlich noch die Verbindungslinie zwischen Ausschnitt und Detailansicht an,
  - GEZACKT zeichnet einen gezackten Ansichtsrahmen.
- ANSICHT ÄNDERN|ANSICHT BEARBEITEN – dient zum Ändern der Komponentensichtbarkeit in einer Ansicht, Maßstabsänderungen und Darstellungsart.
- ANSICHT ÄNDERN|KOMPONENTEN BEARBEITEN – ist für Schnittansichten interessant, um die Schnittbeteiligung einzelner Komponenten zu steuern, beispielsweise Normteile nicht zu schneiden.
- ANSICHT ÄNDERN|SYMBOLSKIZZE – Hiermit kann die Detail- oder Schnittgeometrie an Kanten des zu schneidenden oder zu vergrößernden Objekts ausgerichtet werden, beispielsweise mit geometrischen Abhängigkeiten.

- AKTUALISIEREN – dient zum manuellen Aktualisieren von Ansichten. Hier ist standardmäßig die AUTOMATISCHE AKTUALISIERUNG eingeschaltet.
- STILE UND NORMEN|↘ – Mit dem Werkzeug ↘ können hier die Darstellungsstile für Details und Schnitte geändert werden. Die Vorgabe ist aber normgerecht.

14.7 3D-Darstellung

14.7.1 Visuelle Stile

Die visuellen Stile beeinflussen die Darstellung und Schattierung von Oberflächen, Schattenwurf, Art der Kantendarstellung und Färbung der Flächen. Sie können die Einstellungen an verschiedenen Stellen vornehmen. Im Register START|ANSICHT und in VISUALISIEREN|VISUELLE STILE finden Sie viele nützliche Stile. Mit REGEN3 können Sie bei Darstellungsproblemen die Visualisierung neu berechnen lassen.

Register VISUALISIEREN Gruppen VISUELLE STILE, LICHTER und MATERIALIEN

Hiermit können Sie die Darstellung der Volumenkörper-Oberflächen, der Schattierung und der Materialien bestimmen. Man bezeichnet diese Darstellungseigenschaften auch als »Visuelle Stile«. Auch können Sie hier die Flächenkanten zur besseren Darstellung ausblenden oder Isolinien oder Facetten der Flächen aktivieren.

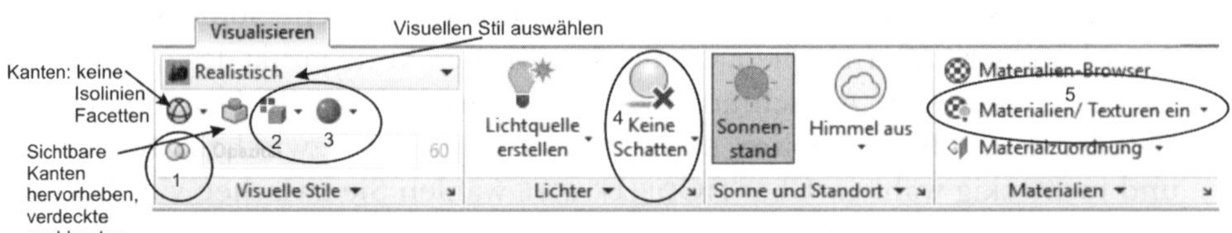

Abb. 14.55: Multifunktionsleiste VISUALISIEREN

1. RÖNTGEN-MODUS – Oberflächen werden schattiert, bleiben aber trotzdem teilweise durchsichtig, um die Kanten anzuzeigen.
2. FLÄCHENFARBEN – stellt die Intensität der Färbung der Flächen ein: Normal / Monochrom / Färbung / Sättigung verringern.
3. FLÄCHENSTIL – Kein / Realistischer / Warm-Kalt-Flächenstil
4. SCHATTENWURF – Keine Schatten / Schatten auf Grundebene / Vollständige Schatten – Der Modus SCHATTEN AUF GRUNDEBENE zeigt im Zeichenfenster den Schattenwurf auf die Ebene mit z=0 an; damit VOLLSTÄNDIGER SCHATTEN wirkt, sollten Sie eine Grundebene zur Darstellung des Schattens zeichnen.

5. MATERIAL- UND TEXTURDARSTELLUNG – Hier können Sie Materialien und/oder Texturen für die Oberflächen ein- und ausschalten.

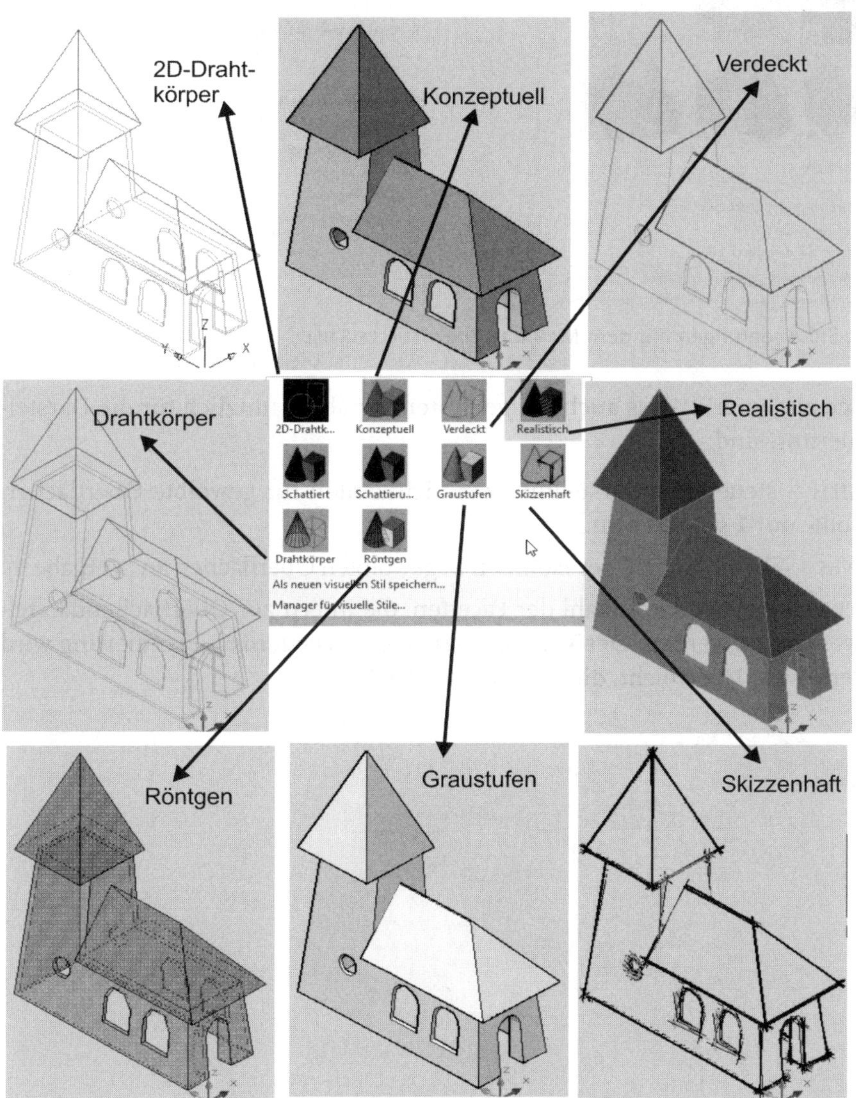

Abb. 14.56: Vordefinierte visuelle Stile aus der Multifunktionsleisten-Gruppe VISUELLE STILE

Über zahlreiche Optionen im MANAGER FÜR VISUELLE STILE können noch die Art der Kanten, die Kanten-Präzision oder ein Entwurfsstil mit Kantenzufallswert eingestellt werden. Die verschiedenen Möglichkeiten zeigt Abbildung 14.56. Mit dem MANAGER FÜR VISUELLE STILE können Sie sich neben den gezeigten Stilen mit dem Werkzeug mit Sternchen noch weitere neue einstellen.

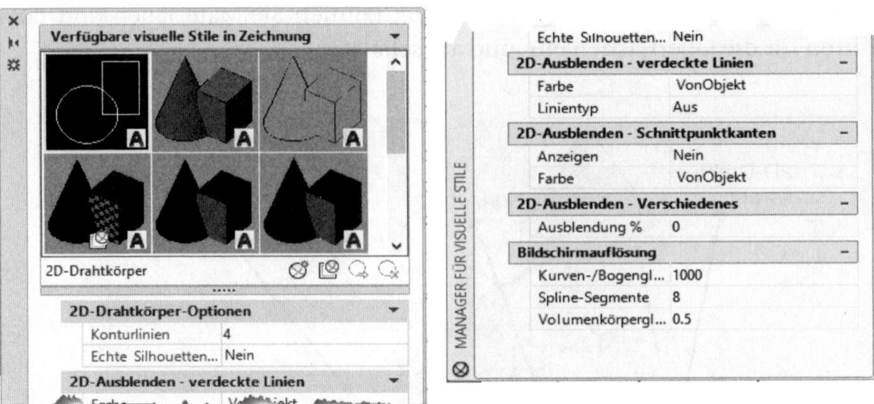

Abb. 14.57: Stil-Änderungen mit dem MANAGER FÜR VISUELLE STILE

Es sei noch angemerkt, dass auch einige Systemvariablen nützlich für die Darstellungssteuerung sind:

- DISPSILH – steuert die Darstellung von Sichtkanten für gewölbte Oberflächen und sollte auf **1** gesetzt sein.
- ISOLINES – gibt die Anzahl der Isolinien in gewölbten Oberflächen an (Vorgabe 4).
- FACETRES – steuert die Anzahl der Facetten, die intern zur Oberflächendarstellung verwendet werden. Der Vorgabewert ist `0.5`. Die feinste Facettierung wird mit dem Wert **10** erreicht, die gröbste mit **`0.01`**.

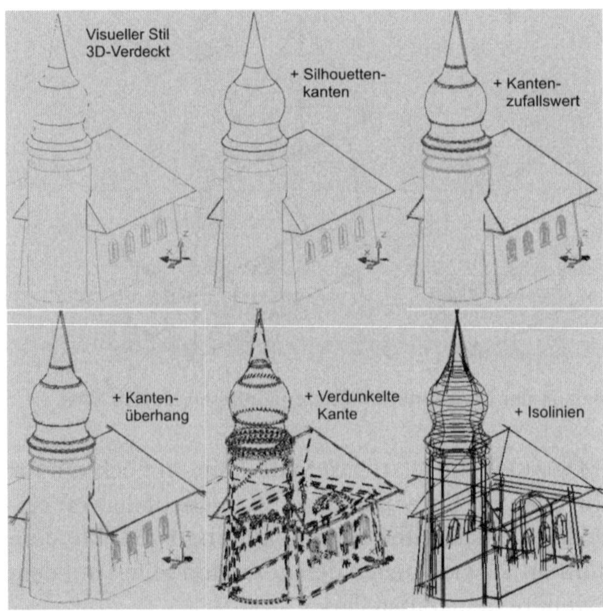

Abb. 14.58: Visueller Stil VERDECKT mit verschiedenen Kantendarstellungen

14.7.2 Rendern mit Materialien und Beleuchtung

Register VISUALISIEREN Gruppe MATERIALIEN

Diese Funktionen dienen zum Verwalten der Oberflächen-Texturen und Materialien. Außerdem wird die Art der Materialzuordnung zum Volumenkörper hier bestimmt.

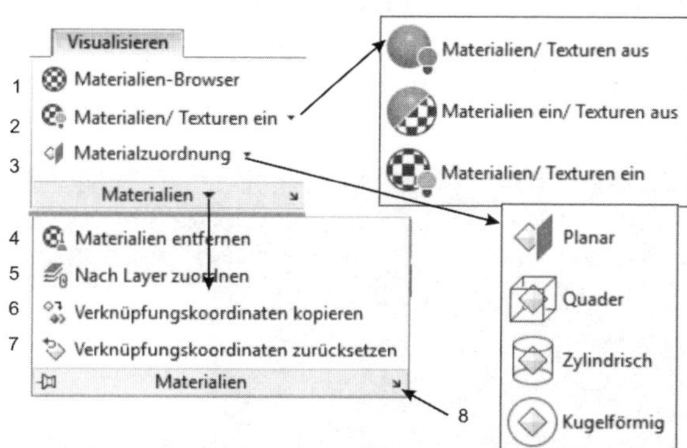

Abb. 14.59: Multifunktionsleisten-Gruppe MATERIALIEN

1. MATERIALIEN-BROWSER – startet den MATERIALIEN-BROWSER, aus dem Sie zahlreiche Materialien Ihren Flächen und Volumenkörpern zuordnen können.
2. MATERIALIEN/TEXTUREN EIN – Hier können Sie Materialien und/oder Texturen für die Oberflächen ein- und ausschalten.
3. MATERIALZUORDNUNG (auf Oberflächen): PLANAR, QUADERFÖRMIG, ZYLINDRISCH, KUGELFÖRMIG – Wählen Sie das sogenannte Materialmapping nach dem Grundtyp des Volumenkörpers.
4. MATERIALIEN ENTFERNEN – entfernt Materialien von gewählten Objekten.
5. NACH LAYER ANHÄNGEN – allen Objekten auf einem Layer das gleiche Material zuordnen.
6. VERKNÜPFUNGSKOORDINATEN KOPIEREN – Zuordnungskoordinaten von einem Objekt auf ein anderes kopieren.
7. VERKNÜPFUNGSKOORDINATEN ZURÜCKSETZEN – Zuordnungskoordinaten zurücksetzen.
8. MATERIALIEN↘ – startet den Materialeditor zur Erstellung eigener Materialien.

Sie können auch eine dynamische Simulation mit Sonnenstand und Schattenwurf vornehmen. Ordnen Sie dafür den Objekten zunächst Materialien zu. Da die Ziegelstein-Materialien beim Muster MAUERWERK-ZIEGEL (BLOCKVERBAND) auf *8,5 cm x 2,5 cm* skaliert sind und auch mit den *Zeichnungs-Einheiten* skaliert werden, sollten Sie spätestens jetzt die korrekten Zeichnungseinheiten, nämlich Meter, einstellen (A CAD |ZEICHNUNGSPROGRAMME|EINHEITEN).

Zum Auswählen eines Materials rufen Sie den MATERIALIEN-BROWSER unter VISUALISIEREN|MATERIALIEN|MATERIALIEN-BROWSER auf. Wählen Sie ein Material aus und klicken Sie dann den oder die Volumenkörper an, um das Material zuzuordnen.

Wenn Sie eine Ziegelwand etwas gröber darstellen wollen, müssten Sie das Material in jeder Richtung noch mit einem Faktor multiplizieren. Man kann auf der Gruppe VISUALISIEREN|MATERIALIEN|MATERIALZUORDNUNG dazu beispielsweise QUADERFÖRMIG aufrufen. Dann erscheint die in Abbildung 14.60 gezeigte Mapping-Box, über deren Größe ein Material in allen Richtungen variiert werden kann. Wenn nötig, können Sie diese Box auch drehen.

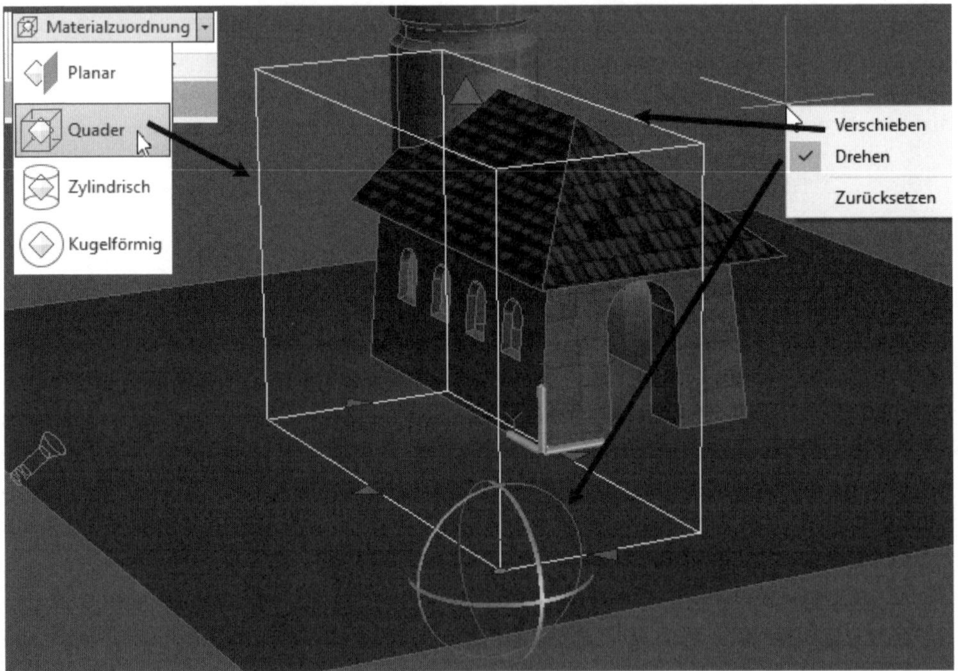

Abb. 14.60: Anpassen eines Ziegelmaterials

Register VISUALISIEREN Gruppen LICHTER und SONNE und STANDORT

Hiermit können Sie die Beleuchtung der Volumenkörper, insbesondere auch den Sonnenstand und sogar den Sonnenlauf mit Schattensimulation direkt steuern.

1. LICHTER ↘ LICHTER IM MODELL – Liste aller bisher erstellten Lichtquellen
2. VORGABE-BELEUCHTUNG – Für realistische Lichtverhältnisse wird die VORGABE-BELEUCHTUNG *abgeschaltet* und durch Sonnenstand und Standortangaben eine natürliche Beleuchtung mit Schattenwurf ermöglicht.

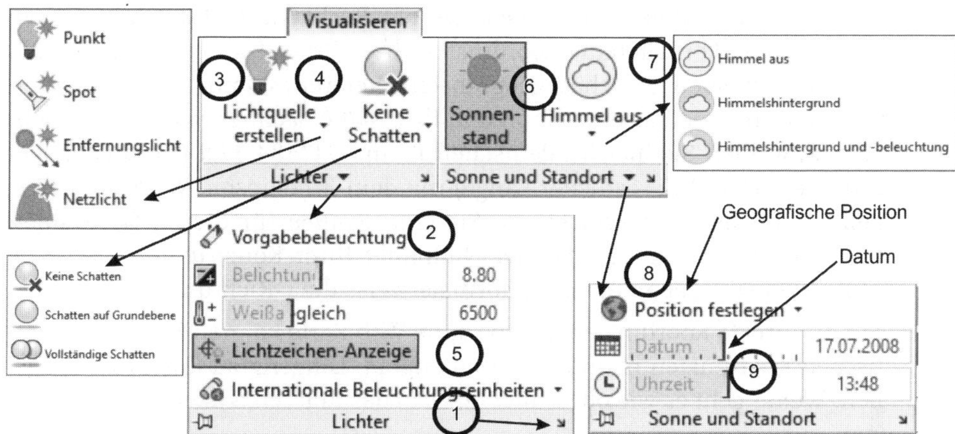

Abb. 14.61: Multifunktionsleisten-Gruppen LICHTER und SONNE UND STANDORT

3. LICHT ERSTELLEN – Sie erstellen hier eine *punktförmige Lichtquelle* wie z.B. eine Glühbirne mit PUNKT, einen *Scheinwerfer* mit SPOT, eine Lichtquelle mit *parallelen Strahlen* über ENTFERNT oder Lichtquellen mit *flächiger Ausdehnung* über NETZ.
4. Schatteneinstellungen – KEINE SCHATTEN zeigt keinen Schattenwurf an, SCHATTEN AUF GRUNDEBENE erzeugt bei aktiviertem Sonnenstand den Schattenwurf auf die Ebene mit z=0, VOLLSTÄNDIGER SCHATTEN berechnet den korrekten Schattenwurf für mehrere komplexe Volumenkörper untereinander.
5. LICHTZEICHEN-ANZEIGE – ein/aus, macht alle Beleuchtungskörper durch Logos sichtbar.
6. SONNENSTAND – schaltet die Sonne ein und die Vorgabebeleuchtung aus.
7. Himmelsdarstellung – bietet noch Feinheiten zur Beleuchtung. Die Optionen sind nur bei perspektivischer Darstellung wählbar (PERSPEKTIVE über Kontextmenü des VIEWCUBE wählen): HIMMEL DEAKTIVIEREN zeigt keine Himmelsfärbung an, HIMMELSHINTERGRUND zeigt den Himmel farbig an, HIMMEL UND -BELEUCHTUNG bewirkt diffuse Beleuchtung durch den Himmelhintergrund.
8. POSITION FESTLEGEN – Geben Sie die geografische Position für die automatische Sonnenstandberechnung ein über: Karte eines Webdienstes (nach Anmeldung bei Autodesk ACCOUNT), direkte Eingabe der bekannten geografischen Koordinaten oder Google-Earth-Datei (`*.KML`- oder `*.KMZ`-Datei).
   - Bei der Option KARTE können Sie noch entscheiden, ob Sie die Online-Karte verwenden wollen oder nicht. Die Online-Karte setzt voraus, dass Sie bei AUTODESK ACCOUNT angemeldet sind. Beim ersten Mal werden Sie gefragt, ob Sie die *Live-Karteneinstellungen* verwenden wollen. Dann erscheint eine Weltkarte, auf der Sie sich an jeden beliebigen Ort zoomen können. Am oberen Rand kann auch eine Adresse für eine Suchfunktion eingegeben

werden. Am richtigen Ort wählen Sie per Rechtsklick MARKIERUNG HIER ERSTELLEN und erhalten die Koordinaten Ihres Ortes. Dann müssen Sie sich noch entscheiden, welches geografische Referenzsystem Sie verwenden wollen. Damit die Kartenposition und Ihre Maße nachher exakt zusammenpassen, wählen Sie hier im deutschen Raum UTM84-32N (Nordhalbkugel zwischen 6° und 12° östlicher Länge) mit dem Erdellipsoid WGS84. Weiter geht es auf dem Bildschirm, wo Sie eine *Position* für diesen Ort wählen müssen, in der Regel ist das der Nullpunkt Ihrer Konstruktion, und eine *Nordrichtung* angeben müssen, normalerweise die y-Richtung.

- Für die direkte Koordinateneingabe ohne Web-Karte können Sie Ihre geografischen Koordinaten manuell als Breitengrad, Längengrad und Höhe eingeben. Weiter geht es wie oben mit der Wahl des Referenzsystems.

Abb. 14.62: Dialogfeld zur Georeferenzierung

9. Nun können Sie mit den Schiebereglern Datum und Uhrzeit einstellen und damit Sonnenstand und Schattenwurf simulieren (Abbildung 14.63).

Tipp

Wenn Sie keinen vollständigen Schattenwurf bekommen, müssen Sie ggf. die HARDWAREBESCHLEUNIGUNG in der Statusleiste einschalten. Über dessen Kontextmenü finden Sie auch einen Schalter für VOLLSTÄNDIGE SCHATTENANZEIGE. Wenn das nichts bringt, sollten Sie sich eine kompatible Grafikkarte beschaffen

Tipp

Sie können nach der Georeferenzierung auch einen Landkartenausschnitt in der Zeichnung zum späteren Plotten speichern. Dazu wählen Sie im Register GEOPOSITION die Funktion ONLINE-KARTE|BEREICH ERFASSEN. Danach können Sie die restliche Kartendarstellung mit GEOPOSITION|ONLINE-KARTE| KARTE AUS deaktivieren.

Abb. 14.63: Simulation von Sonnenstand und Schattenwurf

14.7.3 Render-Optimierung

Die vornehmste Darstellung von Volumenkörpern und/oder Flächen erreichen Sie unter AutoCAD in der Multifunktionsleisten-Gruppe VISUALISIEREN|RENDER (Abbildung 14.64). Unter *Rendern* versteht man eine Bildgenerierung für ein statisches fotorealistisches Bild, die Folgendes berücksichtigt:

- Lichtquellen
- Oberflächenmaterialien
- die aktuelle Ansicht
- ein Hintergrundbild
- ggf. Schnitte

Die Voraussetzungen dafür sind natürlich die Einstellungen für Schattierung, Beleuchtung und Material in den restlichen Gruppen des Registers VISUALISIEREN (Abbildung 14.64).

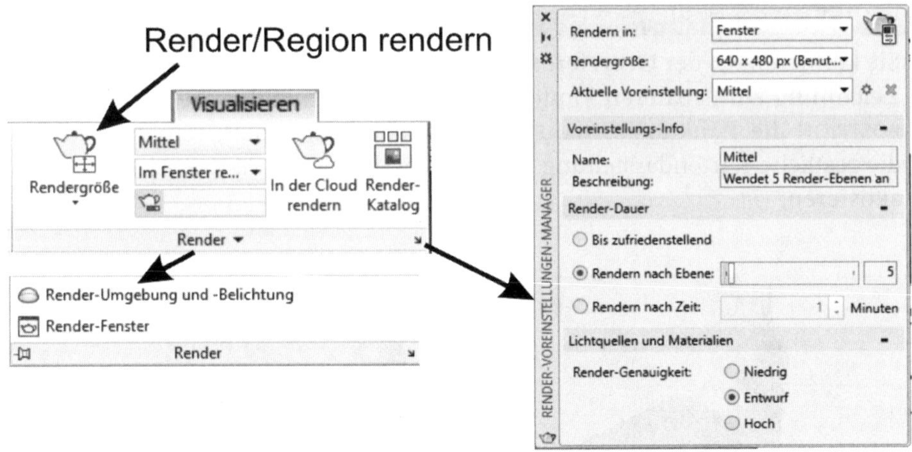

Abb. 14.64: Multifunktionsleisten-Gruppe VISUALISIEREN

Lichtquellen

Zunächst sollten Sie die zu verwendenden Lichtquellen definieren und positionieren. Die wichtigste Lichtquelle, die Sonne, sollten Sie sowieso über die Multifunktionsleisten-Gruppe SONNE UND STANDORT schon eingeschaltet haben und auch die geografische Position schon festgelegt haben.

Es gibt nun vier verschiedene künstliche Lichtarten: PUNKT, SPOT, ENTFERNT und NETZ. Die Erstellung einer Lichtquelle findet über die Gruppe LICHT oder verschiedene WERKZEUGPALETTEN (Strg+3) mit vordefinierten Lichtquellen statt. Für die Lichtquellen werden Symbole in die Zeichnung gesetzt, damit Sie deren Position oder Richtung erkennen können. Mit den Werkzeugen fügen Sie die Lichtquellen einfach ein und ändern die Feinheiten am besten nachträglich nach Anklicken über die Eigenschaften. Auch mithilfe des Werkzeugs LICHTLISTE haben Sie schnellen Zugriff auf die Einstellungen aller Lichtquellen. Für jedes Licht können Sie die Farbzusammensetzung frei bestimmen.

Das PUNKT-Licht entspricht einer nackten Glühlampe, die eine punktförmige Lichtquelle darstellt und überallhin leuchtet. Sie wird über ihre Position definiert. Sie können über die Eigenschaften in der Kategorie LICHTABNAHME bei TYP noch wählen, wie stark die Intensität mit der Entfernung abnehmen soll. Physikalisch korrekt ist eine invers quadratische Abnahme, aber der Wirklichkeit kommt in der

Computergrafik eine invers lineare Abnahme meist näher, weil sie praktisch noch übrige Streulichter und Restlichter berücksichtigt.

Das SPOT-Licht stellt einen Scheinwerfer dar. Deshalb legt man für SPOT nicht nur eine Quellposition fest, sondern auch eine Zielposition: Damit wird angegeben, was ausgeleuchtet wird. Der Lichtkegel geht nicht abrupt in Dunkelheit über, sondern wird über zwei Winkel so gesteuert, dass ein kontinuierlicher Übergang stattfindet. Dazu definieren Sie über die Eigenschaften einen HOTSPOT-WINKEL für die maximale Helligkeit und einen etwas größeren Winkel für die minimale Helligkeit, genannt LICHTABNAHME-WINKEL. Auch hier können Sie wieder die Intensitätsabnahme mit der Entfernung wie beim Punktlicht steuern.

ENTFERNT ähnelt dem Sonnenlicht. Es kommt aus unendlicher Entfernung und sendet deshalb parallele Strahlen. Es gibt keine Position zu bestimmen, sondern nur eine Richtung über zwei Punkte.

NETZLICHT erlaubt die Erstellung einer Lichtquelle, für die eine Intensitätsverteilung als IES-Datei im EIGENSCHAFTEN-MANAGER geladen werden kann. Damit lassen sich Lichtquellen besonders realistisch darstellen.

Materialien

Die *Oberflächenmaterialien* können Sie über VISUALISIEREN|MATERIALIEN|MATERIALIENBROWSER den Objekten durch Anklicken zuordnen. Mit dem Werkzeug MATERIALZUORDNUNG aus derselben Gruppe lassen sich auch die Materialien den Körper- oder Flächengeometrien anpassen.

Register VISUALISIEREN Gruppe RENDER

Das Rendern findet normalerweise in einem eigenen Render-Fenster statt.

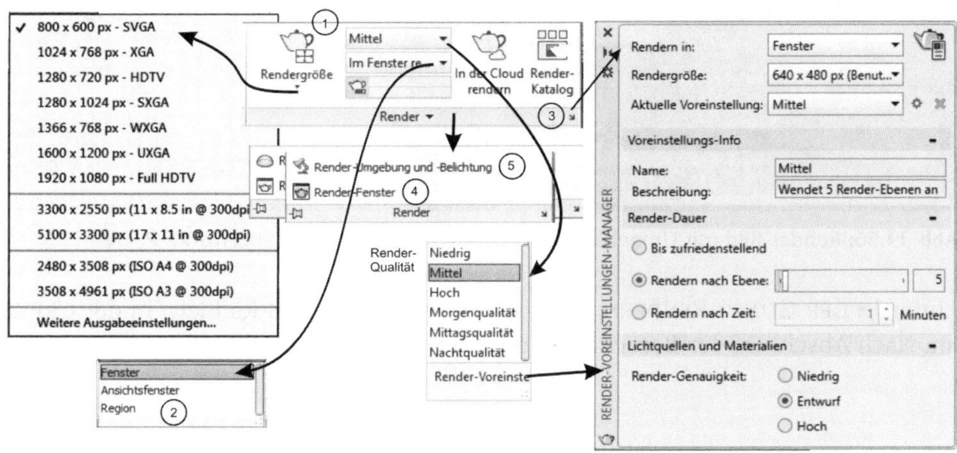

Abb. 14.65: Multifunktionsleisten-Gruppe RENDER

1. RENDER – startet die Berechnung der fotorealistischen Darstellung im Render-Fenster.
2. REGION RENDERN – rendert vom Zeichenbereich einen wählbaren rechteckigen Bereich.
3. ERWEITERTE RENDER-EINSTELLUNGEN – zeigt alle fürs Rendern verwendeten Einstellungen an.
4. RENDER-FENSTER – schaltet ins Render-Fenster um.
5. RENDER-UMGEBUNG UND BELICHTUNG ANPASSEN – Zur Hintergrundgestaltung können hier Bilder aktiviert werden sowie die Farbe der Hintergrundbeleuchtung. Im Verzeichnis `C:\Windows\Web\Wallpaper` finden Sie weitere Bilder. Besonders interessant ist die Einstellung IBL-BILD ALS HINTERGRUND VERWENDEN. Diese Option ist aber nur wählbar, wenn die *perspektivische* Ansicht aktiviert ist. Das geht z.B. im Kontextmenü des VIEWCUBE. IBL steht für Image Based Lightning, also »bildbasierte Beleuchtung«. Dabei kann ein Hintergrundbild mit passender Beleuchtung ausgewählt werden. In Abbildung 14.66 wurde der Hintergrund **`Platz`** gewählt. Über DREHUNG kann die komplette Ansicht geschwenkt werden.

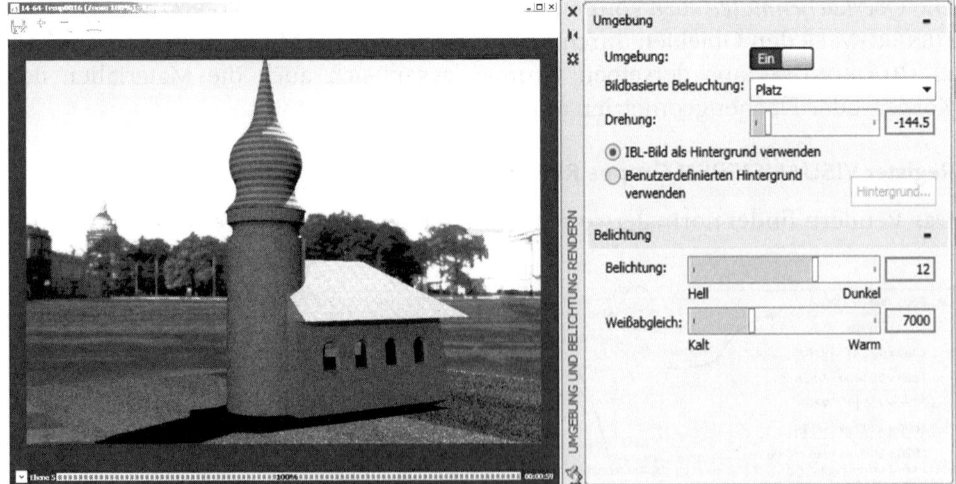

Abb. 14.66: Render-Bild mit Umgebungseinstellung BILDBASIERTE BELEUCHTUNG: PLATZ

Unter IN DER CLOUD RENDERN bietet sich eine Option zum Rendern in der Cloud an. Nach Abschluss der Berechnung erhalten Sie dann eine E-Mail.

Ansicht mit Hintergrundbild

Ein normales Hintergrundbild lässt sich auch ohne Render-Bild in eine *Ansicht* integrieren. Stellen Sie dafür zunächst die zu rendernde Ansicht mit VIEWCUBE, 3DORBIT, ZOOM und PAN ein. Dann rufen Sie VISUALISIEREN|ANSICHTEN|ANSICHTS-MANAGER auf und definieren diese als neue Ansicht mit NEU. Geben Sie im Dialogfenster einen ANSICHTSNAMEN wie etwa **Realistisch** ein und ggf. eine ANSICHTSKATEGORIE wie **Rendern**. Unter UMGRENZUNG wählen Sie AKTUELLE ANZEIGE. Bei EINSTELLUNGEN sollte LAYERSCHNAPPSCHUSS MIT ANSICHT SPEICHERN aktiviert sein, damit die Layermodi mit der Ansicht erhalten bleiben. Wählen Sie dann den VISUELLEN STIL aus, meist wird es **Realistisch** sein. Im Bereich HINTERGRUND aktivieren Sie die Option BILD. Mit der Schaltfläche DURCHSUCHEN holen Sie sich ein passendes Hintergrundbild aus `C:\Windows\Web\Wallpaper`.

3D-Modellierung		Befehl
VISUALISIEREN|ANSICHTEN|ANSICHTS-MANAGER oder START|ANSICHT|UNGESICHERTE ANSICHT ▼ |ANSICHTS-MANAGER		AUSSCHNT

Ansicht und Schnittflächen

Im ANSICHTS-MANAGER können Sie auch Schnittflächen zur Begrenzung der Sichtbarkeit einstellen. Wenn Sie die oben erzeugte Ansicht anklicken, können Sie dort die Eigenschaften der Ansicht sehen. Eine Ansicht entspricht übrigens immer auch einer Kamera. Deshalb können Sie die Schnittflächen auch über das zugehörige Kamera-Logo einstellen, aber das soll später geschehen. Im ANSICHTS-MANAGER wählen Sie nun die Rubrik SCHNITTFLÄCHE, dort nochmals SCHNITTFLÄCHE und aktivieren HINTERER UND VORDERER AKTIVIERT und geben dann Werte ein. Dabei ist zu beachten, dass die Entfernungen für vorderen und hinteren Schnitt vom Kameraziel nach vorne rechnen. HINTERER SCHNITT **0** bedeutet, dass der HINTERE SCHNITT im Kameraziel liegt. Im Beispiel wurde VORDERER SCHNITT **41** eingestellt. Das bedeutet, dass der vordere Schnitt 41 m (bzw. 41 Einheiten) vor dem Kameraziel liegt. Nach Abbildung 14.67 führt dieser Schnitt zum Aufschneiden des Modells. Für den hinteren Schnitt geben Sie die Entfernung vom Kameraziel nach hinten als negative Zahl in Ihren Zeicheneinheiten an.

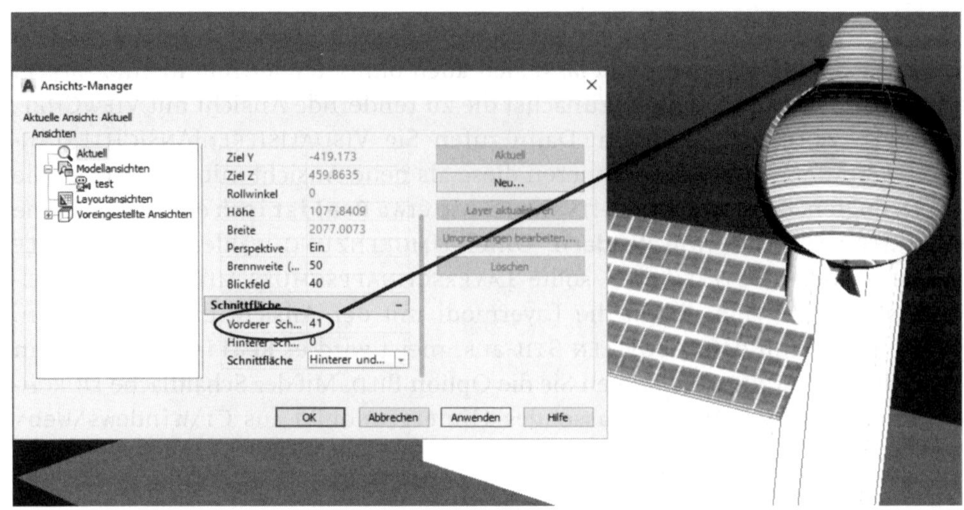

Abb. 14.67: Schnittflächen über Ansichtseigenschaften festlegen

Kamera und Schnittflächen

Register VISUALISIEREN Gruppe KAMERA

Abb. 14.68: Multifunktionsleisten-Gruppe VISUALISIEREN|KAMERA

1. KAMERA ERSTELLEN – erlaubt, eine Kamera auf eine Punktposition zu setzen und einen Zielpunkt zu definieren. Dieser Kamera entspricht dann eine Ansicht, die unter START|ANSICHT gewählt werden kann.
2. KAMERAS ZEIGEN – aktiviert die Anzeige der Kamerasymbole.

Schnittflächen sind stets mit Kameras verknüpft und werden über die Kamera-Eigenschaften definiert (siehe Abbildung 14.69). Die Schnitte können Sie auch nach Anklicken der Kamera-Anzeige sichtbar machen und dynamisch am Bildschirm verschieben. In der Voransicht sehen Sie auch gleich die Wirkung.

Sie können aber auch den Befehl 3DSCHNITT eintippen, um Schnittebenen für die aktuelle Ansicht zu definieren. Gehen Sie vorher wieder in die zu rendernde Ansicht 3D-RENDER und tippen Sie den Befehl 3DSCHNITT ein. Es erscheint ein Fenster, das eine Ansicht anzeigt, die senkrecht von oben auf der Bildschirmfläche steht. Dort erscheinen vorderer und hinterer Schnitt als Linien. Sie können nun die beiden Schnitte verschieben und aktivieren.

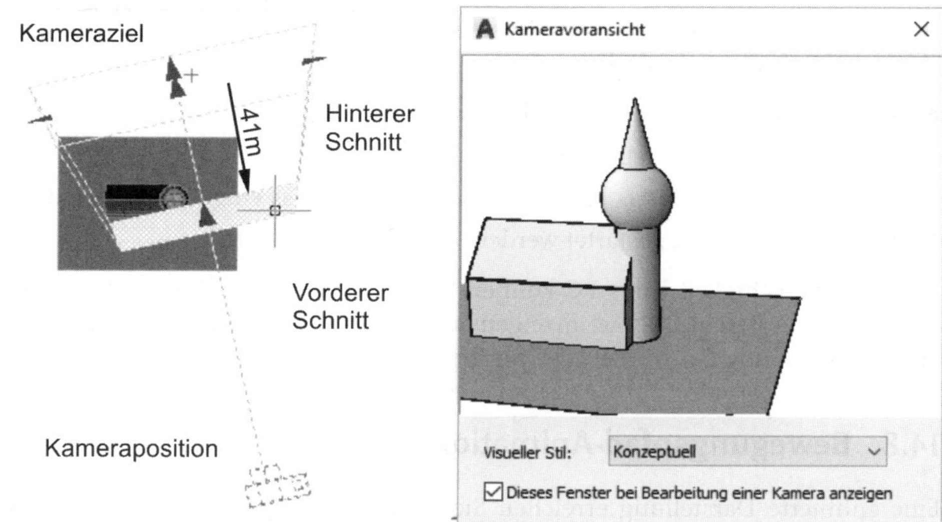

Abb. 14.69: Schnittebene in der Kamera-Anzeige

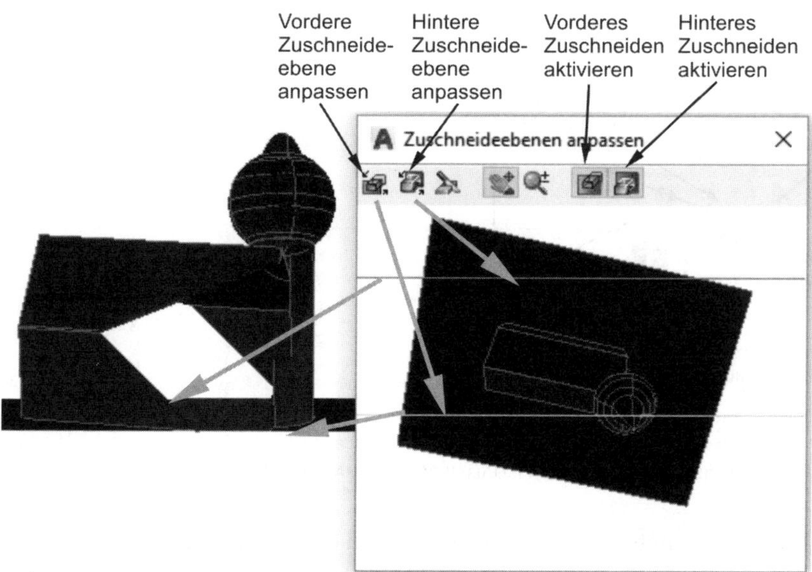

Abb. 14.70: Vorderen und hinteren Schnitt im Befehl 3DSCHNITT verschieben

14.7.4 Neue Grafikdarstellung (Testversion)

Es gibt eine neue Grafikdarstellungsfunktion als sogenannte technische Vorschau-Version. Sie soll eine bessere Performance bei Grafikdarstellungen komplexer großtechnischer Anlagen bieten. Dazu sind bestimmte Vorbedingungen bzgl. Hard- und Software erforderlich:

- DirectX-12-fähige Hardware und Software
- mindestens Funktionsebene 11
- die Systemvariable 3DTECHPREVIEW in AutoCAD muss eingeschaltet werden
- AutoCAD muss neu gestartet werden

Die DIRECTX-Fähigkeit Ihres PC können Sie in der Windows-EINGABEAUFFORDERUNG mit dem Befehl DXDIAG anzeigen lassen. AutoCAD zeigt dann in der schattierten Darstellung das Kürzel GSF für diese neue Darstellung an.

14.8 Bewegungspfad-Animation

Eine animierte Darstellung erreichen Sie über den Befehl ANIPFAD bzw. in der Multifunktionsleisten-Gruppe VISUALISIEREN|ANIMATIONEN (diese Gruppe müssen Sie über Rechtsklick im Register erst aktivieren, da sie standardmäßig nicht aktiv ist).

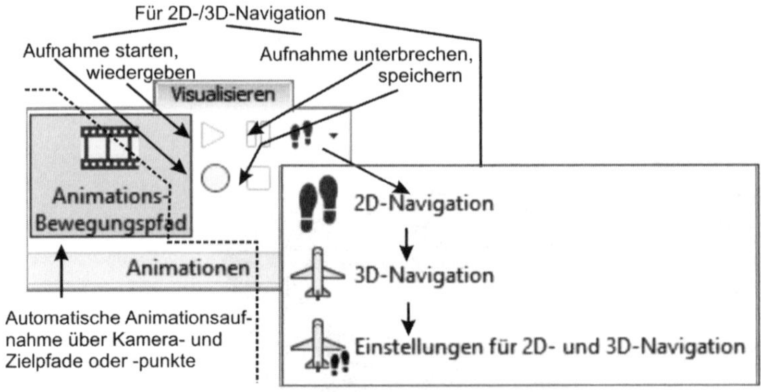

Abb. 14.71: Multifunktionsleisten-Gruppe VISUALISIEREN|ANIMATIONEN

Im Einstellungsdialogfenster können Sie einen Pfad oder eine Punktposition wählen, um die Kamera zu führen (Abbildung 14.72). Die Zielposition der Kamera können Sie gleichfalls über Punktposition oder Pfad angeben. In Abbildung 14.72 wurden zwei Pfade mit dem Befehl SPLINE konstruiert. Damit erhalten Sie schöne glatte Pfade. Für das aktuelle Beispiel wurde der innere Pfad mit VERSETZ erzeugt und danach noch um einige Meter mit SCHIEBEN nach oben geschoben, damit der Blick aufwärtsgeht. Als Kameraziel wäre anstelle des inneren Pfades auch der Mittelpunkt vom Dachfirst sehr geeignet. Damit erhalten Sie eine ruhigere Kameraführung.

Bei den Einstellungen ist noch die Dauer der Animation wichtig. Sie sollte je nach Größe des Pfades mindestens einige Sekunden betragen. Eine Bildfrequenz von 30 Bildern pro Sekunde ergibt einen ruhigen Bildübergang. Nun wäre noch der VISUELLE STIL für die Animation zu wählen und die Auflösung. Als Stil werden Sie wohl meist REALISTISCH wählen, um die echten Oberflächen mit Materialien zu erhalten. Bei der Auflösung ist zu bedenken, dass bei bewegten Bildern die Auflösung immer viel geringer sein darf als bei einem statischen Bild. Das wird auch beim Fernsehen mit seiner relativ groben Zeilenauflösung ausgenutzt. Das Auge interpoliert bei den bewegten Bildern sowie zwischen den Einzelbildern und merkt deshalb Ungenauigkeiten im Raster nicht so sehr. Wenn der Pfad Ecken enthält, sollte auf jeden Fall VERZÖGERUNG IN ECKEN aktiviert sein, damit die Kamera nicht ruckelt. Die Option UMKEHRUNG führt zu einem Kameralauf entgegen der Konstruktionsrichtung des Pfades.

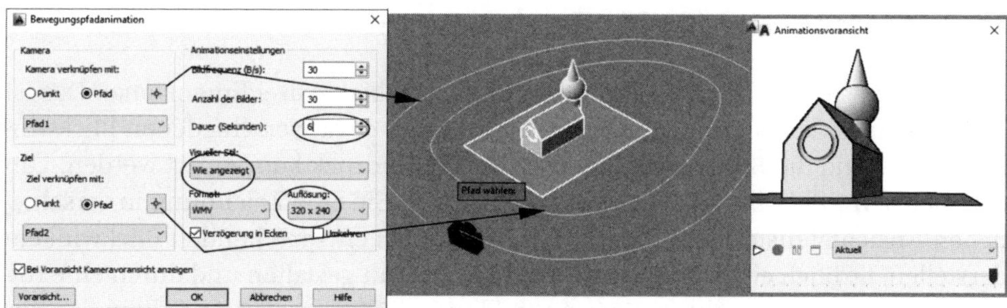

Abb. 14.72: Bewegungspfad-Animation mit Einstellungen, Pfaden und Voransicht

Im Vorschau-Fenster können Sie die Animation begutachten. Wenn Sie das Vorschau-Fenster schließen, können Sie im Einstellungsdialogfenster mit OK die Animation erzeugen lassen. Es wird das Dateiformat `*.WMV` angeboten, das mit dem Windows-Media-Player abgespielt werden kann.

Die Art der Ausgabedatei wird über die ANIMATIONSEINSTELLUNGEN geregelt. Dort wählen Sie auch den VISUELLEN STIL und die Bildfrequenz für die Ausgabe. Vor Beginn der Animation sollte die Schrittlänge Ihrer Modellgröße angepasst werden.

Weitere Möglichkeiten zur 3D-Betrachtung werden durch die Werkzeuge 2D-NAVIGATION bzw. 3D-NAVIGATION im Register VISUALISIEREN Gruppe ANIMATIONEN erschlossen. In diesem Modus können Sie

- mit den Pfeiltasten Ihren Standpunkt nach vorn, hinten, links und rechts bewegen,
- bei gedrückter Maustaste die Blickrichtung schwenken,
- bei gedrücktem Mausrad Ihre z-Höhe auf und ab schwenken,
- im POSITIONSLOKALISIERER Standpunkt und Zielpunkt verändern.

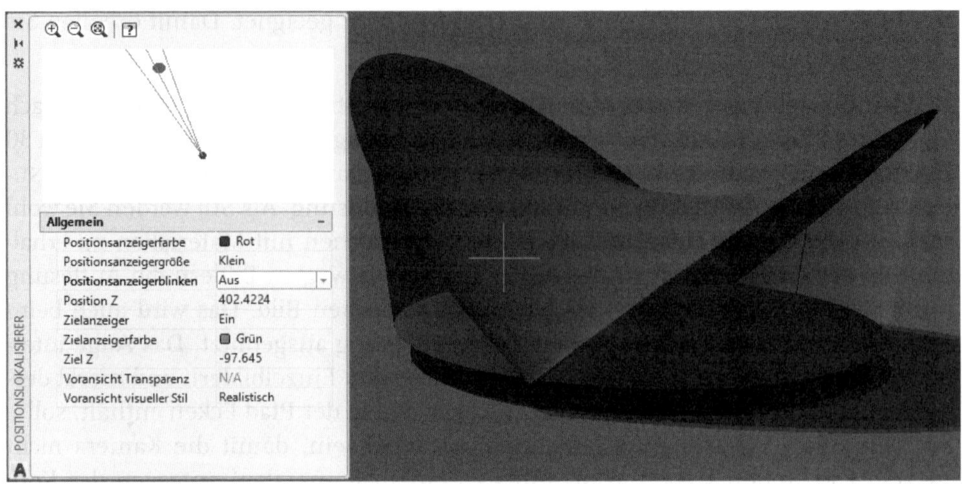

Abb. 14.73: Positionslokalisierer während einer 3D-Navigation

14.9 Stereobilder für 3D-Zeichnungen

Der Mensch sieht bis etwa 50 m Entfernung alle Objekte dreidimensional. Das ist dadurch möglich, dass die Augen die Objekte unter etwas verschiedenen Blickwinkeln sehen und die Bilder vom Gehirn zum 3D-Eindruck kombiniert werden. Um den gleichen Effekt im CAD zu erzeugen, können Sie eine Zeichnung in verschiedenen Ansichtsfenstern des Papierbereichs mit den entsprechenden Blickwinkeln darstellen, farblich einmal in Rot und einmal in Blau gestalten und durch eine rotblaue Stereobrille betrachten. Die in Abbildung 14.75 gezeigten Ansichten des Kirchenmodells sind nur im Buch in Grautönen, erscheinen aber auf dem Bildschirm in Rot und Blau.

Wählen Sie die in Abschnitt 13.6, *Konstruieren mit Grundkörpern* konstruierte Kirche als Beispiel aus und gehen Sie in die 2D-Drahtkörperdarstellung. Zeichnen Sie noch um die Kirche herum ein großes Rechteck auf der Ebene mit Z=0. Es sollte etwa fünfmal größer sein als der Grundriss. Dann erzeugen Sie im Layout1 zwei Ansichtsfenster vertikal nebeneinander mit LAYOUT| LAYOUT-ANSICHTSFENSTER|RECHTECKIG und KOPIEREN.

```
Befehl: Layout1 über Reiter aktivieren.
Befehl: _delete
LÖSCHEN Objekte wählen: automatisch erzeugtes Ansichtsfenster anklicken. 1
gefunden
LÖSCHEN Objekte wählen: [Enter]
Befehl: _-vports
Ecke des Ansichtsfensters angeben oder [...] <...>: erste Ecke für Ansichts-
fenster anklicken
```

```
Entgegengesetzte Ecke angeben: diagonal gegenüberliegende Ecke für Ansichts-
fenster anklicken Regeneriert Modell.
Befehl: KOPIEREN
Objekte wählen: l  Letztes Objekt wählen (das Ansichtsfenster)
1 gefunden
Objekte wählen: (Enter)
Aktuelle Einstellungen:  Kopiermodus = Mehrere
Basispunkt angeben oder [...] <...>: Ecke links unten am Ansichtsfenster an-
klicken
Zweiten Punkt angeben oder [...] <...>: Ecke rechts unten am Ansichtsfenster
anklicken
```

Richten Sie zugleich auch zwei Layer ein, die sinnvollerweise die Namen **BLAU** und **ROT** bekommen und auch die entsprechenden Farben tragen. Nun gehen Sie mit einem Doppelklick ins linke Fenster, damit es als aktives Ansichtsfenster dicker umrahmt erscheint und dort das Fadenkreuz sichtbar wird. Das Kirchenmodell kopieren Sie mit der Verschiebung 0,0,0 und legen die Kopie auf den roten Layer. Zunächst sehen beide Ansichten im Papierbereich gleich aus. In diesem Zustand rufen Sie die kleine Layersteuerung auf und frieren im aktuellen Ansichtsfenster den blauen Layer, indem Sie in der dritten Spalte IN AKTUELLEM ANSICHTSFENSTER FRIEREN anklicken. Analog schalten Sie im rechten Fenster den roten Layer aus.

```
Befehl: _layer    Layer ROT und BLAU einrichten.
Befehl:  Doppelklick ins linke Fenster
Befehl:  Kirche markieren.
Befehl:  Über kleine Layersteuerung die Kirche auf Layer BLAU legen.
Befehl: _copy   Objekte wählen: Kirche markieren.
KOPIEREN Objekte wählen: Enter
KOPIEREN Basispunkt oder [...]<Verschiebung>: Enter
KOPIEREN Verschiebung angeben <0,0,0>:  Enter
Befehl: _properties   Eigenschaften-Manager aufrufen, dort rechts oben das
mittlere Objektwahlwerkzeug anklicken.
Objekte wählen: V Enter Enter     Die eben kopierte Kirche ist damit gewählt.
Legen Sie sie nun durch Ändern der Layer-Eintragung auf den Layer ROT.
Befehl:  Im aktiven Ansichtsfenster den Layer BLAU über die kleine Layersteue-
rung Ansichtsfenster-spezifisch frieren.
Befehl: Ins rechte Ansichtsfenster durch Hineinklicken wechseln und im akti-
ven Ansichtsfenster den Layer ROT Ansichtsfenster-spezifisch frieren.
```

Jetzt sollten Sie *in beiden Fenstern* die Ansicht optimieren mit ZOOM, Option GRENZEN und danach ZOOM, Option SKALIEREN mit Faktor **0.8x**. Nun können Sie für die linke Ansicht eine geeignete Sicht einstellen: Befehl APUNKT. Geben

Sie als Winkel **314** Grad von der x-Achse und **45** Grad zur xy-Ebene ein. Rechts stellen Sie etwas unterschiedlich ein: **316** Grad von der x-Achse und **45** Grad zur xy-Ebene.

```
Befehl: ,_zoom
Fensterecke angeben... oder[...] <...>: _e auf Zeichnungsgrenzen zoomen.
Befehl:
Fensterecke angeben... [...] <...>: _s
Skalierfaktor eingeben (nX oder nXP): 0.8x mit Faktor zoomen.
Befehl: APUNKT
```

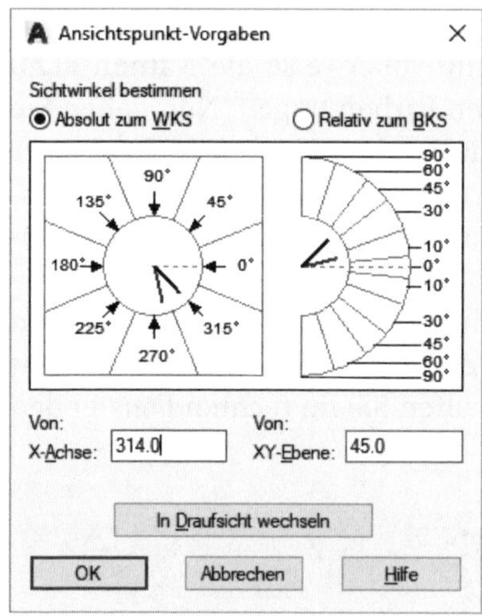

Abb. 14.74: Befehl APUNKT zur gezielten Ansichtssteuerung

```
Winkel 314° und 45° einstellen, Visuellen Stil 2D-DRAHTKÖRPER wählen und zum
anderen Ansichtsfenster durch Hineinklicken wechseln.
Befehl: APUNKT
Winkel 316° und 45° einstellen, Visuellen Stil 2D-DRAHTKÖRPER wählen und mit
Doppelklick neben die Ansichtsfenster in den Papierbereich wechseln.
Befehl: Griffe an einem Ansichtsfenster aktivieren und Ansichtsfenster im
Papierbereich so übereinander schieben, dass beide mit dem entferntesten
Punkt übereinander liegen.
```

Sie müssen nun die Ansichtsfenster nur noch übereinander schieben. Gehen Sie dazu zuerst in den Papierbereich des Layouts, indem Sie neben die Ansichtsfenster doppelklicken. Rufen Sie SCHIEBEN auf und wählen Sie im rechten Ansichtsfenster mit Objektfang ENDPUNKT den entferntesten Punkt des zuerst gezeichneten Rechtecks als BASISPUNKT und den entsprechenden Punkt im zweiten Ansichtsfenster als ZWEITEN PUNKT DER VERSCHIEBUNG.

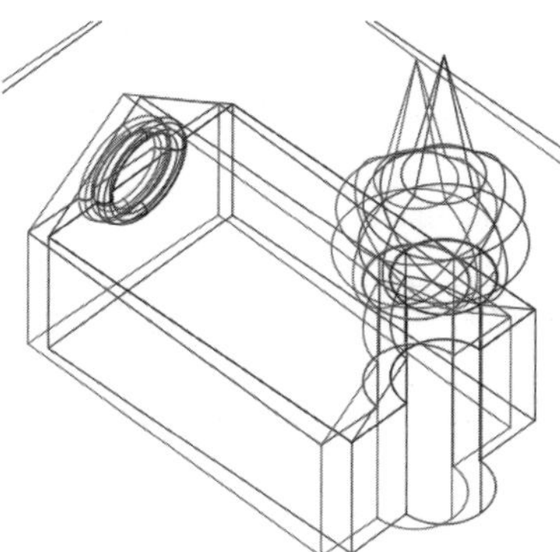

Abb. 14.75: Stereoansichten im Papierbereich

Schauen Sie sich beide übereinander liegenden Bilder nun mit einer rot-blauen Stereobrille an, so sehen Sie eine plastische Darstellung. Sie sollten ggf. die Farben der Layer den Farben der Stereobrille anpassen, sodass der rote Layer kaum durch das rote Glas zu sehen ist und der blaue Layer kaum durch das blaue Glas.

Tipp: Ansichtsfenster wechseln

Wenn Sie die Ansichtsfenster in solch komplizierten Fällen wechseln wollen, wo sie übereinander oder ineinander liegen, dann können Sie das nicht mehr durch einfaches Hineinklicken bewerkstelligen, sondern Sie müssen mit einer Tastenkombination ins nächste Ansichtsfenster springen. Das erreicht man mit [Strg]+[R].

14.10 Was noch zu bemerken wäre

- 3D-OBJEKTFANG – Obwohl es in den Beispielen oben nirgends echt nötig war, sollten doch die neuen 3D-OBJEKTFÄNGE erwähnt werden. Es gibt für 3D-Konstruktionen zusätzliche Objektfänge, die sich dann speziell auf Ecken, Kanten und Flächen von Volumenkörpern beziehen. Sie müssten diese in der Statusleiste über das Konfigurationsmenü extra aktivieren oder können sie temporär im Objektfangmenü mit [Shift]+Rechtsklick oder [Strg]+Rechtsklick unter 3D-OFANG aktivieren.

Icon	Kürzel	Bezeichnung	Wirkung
	ZVERT	Scheitelpunkt	Eckpunkte von Flächen, Körpern und Splines, auch NURBS-Kontrollscheitelpunkte
	ZMIT	Mittelpunkt auf Kante	Mittelpunkt auf einer Kante
	ZZEN	Zentrum der Fläche	Schwerpunkt einer Körperfläche (nicht bei allen Flächen möglich)

Icon	Kürzel	Bezeichnung	Wirkung
	ZKNOT	Knoten	Sichtbarer Knotenpunkt eines Splines oder einer NURBS-Fläche
	ZLOT	Lotrecht	Fällt das Lot auf eine Fläche
	ZNÄH	Möglichst nah an Fläche	Nächster Punkt vom Cursor aus auf einer Fläche
	ZKEIN	3D-Objektfang aus	Schaltet 3D-Objektfang für nächste Punkteingabe aus

- PUNKTWOLKEN – Weil es mittlerweile 3D-Laserscanner gibt, mit denen Sie Objekte über Tausende bis Millionen von Punkten erfassen und dann später im Computer nachmodellieren können, hat AutoCAD im Register EINFÜGEN eine Gruppe PUNKTWOLKEN zum Import von Punktwolken. Zur Bearbeitung dieser Punktwolken und für die Umwandlung in ein AutoCAD-spezifisches Format gibt es das Gratis-Zusatzprogramm RECAP (Reality Capture). Dieses Programm liest eine Vielzahl gängiger 3D-Scan-Dateiformate ein. Auch allgemeine ASCII-Daten für x,y,z-Koordinaten können verarbeitet werden.

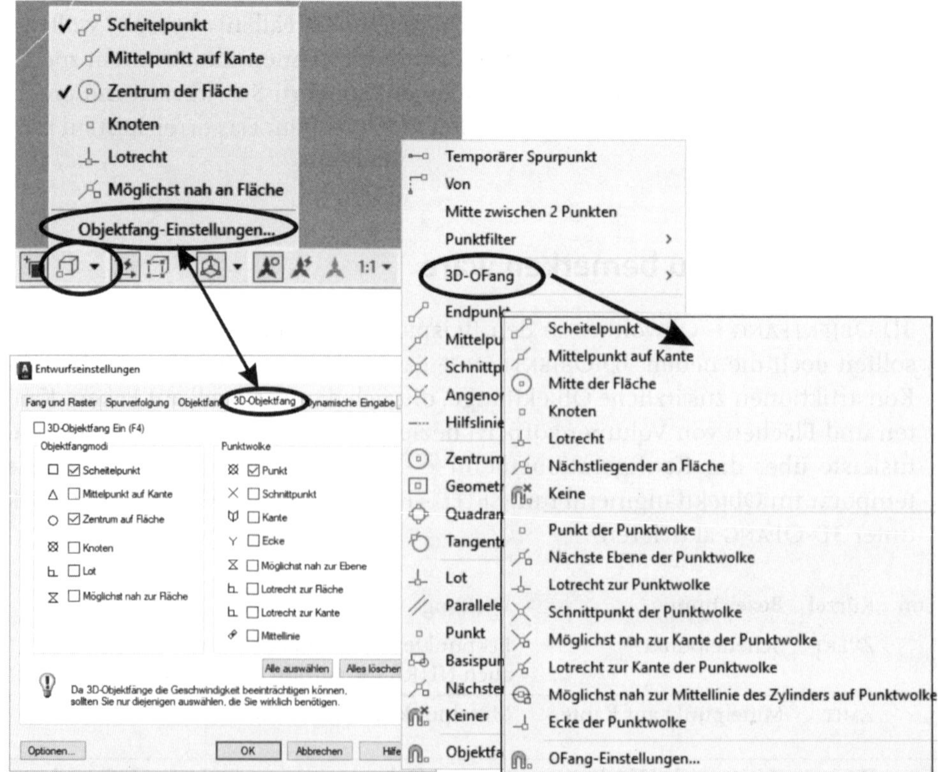

Abb. 14.76: Objektfang für 3D-Objekte und Punktwolken

- OBJEKTFÄNGE FÜR PUNKTWOLKEN – Auch für Punktwolken gibt es nun Objektfänge. Sie können temporär aktiviert werden wie oben oder permanent beim 3D-OBJEKTFANG über das Aufklappmenü ▼ und OBJEKTFANG-EINSTELLUNGEN in der Statusleiste.

14.11 Übungsfragen

1. Was bedeutet BKS und WKS?
2. Was ist die OBJEKTHÖHE?
3. Welche Bedeutung hat die ERHEBUNG?
4. Welches sind echte dreidimensionale Kurven?
5. Was müssen Sie unternehmen, um Kurven wie KREIS, BOGEN oder PLINIE beliebig schräg im 3D-Raum zu konstruieren?
6. Was versteht man unter einer Regelfläche?
7. Was sind VISUELLE STILE?
8. Was versteht man unter RENDER?
9. Was ist bei der Erzeugung von Schattenwürfen zu beachten?

Kapitel 15

Benutzeranpassungen

Die Möglichkeiten zur Anpassung an die Benutzeranforderungen und zur individuellen Gestaltung der Bedienoberfläche werden seit Langem von vielen Anwendern geschätzt. *AutoCAD ist ein offenes System* in dem Sinne, dass es eine Basis-Software darstellt, die in vielerlei Hinsicht modifiziert werden kann. Das beginnt bei der Konfiguration des Programms über die OPTIONEN und endet bei der Entwicklung maßgeschneiderter CAD-Branchenlösungen über die Programmierschnittstellen (nur bei der Vollversion). Die Möglichkeiten sind sehr umfangreich, ich möchte mich deshalb auf einige wesentliche Punkte beschränken, die für jeden Benutzer machbar sind.

Menüs, Werkzeugkästen und Multifunktionsleisten lassen sich über das Werkzeug VERWALTEN|BENUTZERANPASSUNG|BENUTZER-OBERFLÄCHE (ABI) umgestalten und durch eigene Befehle und Befehlsabläufe ergänzen. Sie können auch Standard-AutoCAD-Befehle mit BFLÖSCH entfernen. Mit BFRÜCK lassen sie sich aber wieder zurückholen. Sie können den Befehlsumfang durch *AutoLISP*-Programme erweitern, die neue Befehle definieren. Befehle, die durch BFLÖSCH eliminiert wurden, können durch gleichlautende AutoLISP-Routinen ersetzt werden. Dadurch können Sie sehr individuelle Anpassungen vornehmen.

15.1 Hilfe in AutoCAD

Die Hilfe-Funktion können Sie mit [F1] aufrufen oder in der Programmleiste rechts oben in der INFO-LEISTE über oder (?). Es wird dann in der ONLINE-HILFE, also im Internet, nach den Informationen für den aktiven Befehl oder für eine unter STICHWORT ODER FRAGE EINGEBEN formulierte Anfrage gesucht (Abbildung 15.1). Das setzt natürlich eine Internet-Verbindung voraus. Da die ONLINE-HILFE mittlerweile sehr umfangreich geworden ist, werden Sie die einfachsten Befehlsinformationen nicht so leicht finden. Um die reine *Befehlsinformation* zu erhalten, müssten Sie in der ONLINE-HILFE auf der linken Seite erst unter INHALTSTYP auf BEFEHL klicken und danach rechts KREIS(BEFEHL) auswählen (Abbildung 15.1). In der Befehlsreferenz sehen Sie einen Button FINDEN an, der *mit einem Pfeil direkt auf die Funktion in Ihrer Benutzeroberfläche zeigt.* Wenn Sie öfter mal keine Internet-Verbindung haben, dann sollten Sie sich rechtzeitig mit (?)▼|OFFLINE-HILFE HERUNTERLADEN die Hilfetexte herunterladen.

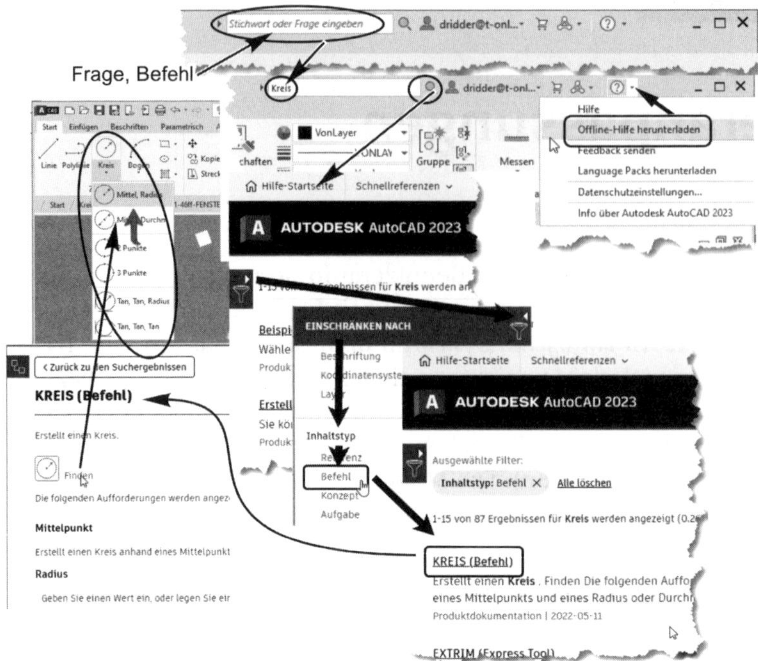

Abb. 15.1: AutoCAD-Hilfe

15.2 Schnelle Bedienung mit Tastenkürzeln

Neben der Möglichkeit, Befehlsabkürzungen zu verwenden und Befehle nur teilweise einzutippen und automatisch vervollständigen zu lassen, gibt es für besonders wichtige Aktionen einige nützliche Tastenkürzel mit der Strg-Taste. Sie sind in Tabelle 15.1 unten zusammengefasst. Weitere nützliche Tastenkürzel können Sie sich über den Befehl ABI anzeigen lassen, wenn Sie dort in der angezeigten Menüstruktur in die Rubrik TASTATURKURZBEFEHLE ❶ ❷ klicken und die Anzeige auf der rechten Seite studieren ❸ (Abbildung 15.2). Die Liste können Sie drucken lassen ❹!

Tasten	Funktionsbezeichnung	Beschreibung
Strg+0	Vollbild	Maximiert den Zeichnungsbereich, indem alle Multifunktionsleisten, Werkzeugkästen und Paletten abgeschaltet werden, nur noch Befehlszeile und die ggf. aktivierte Menüleiste bleiben eingeschaltet, schaltet auch wieder zurück
Strg+1	Eigenschaften	Ruft den EIGENSCHAFTEN-MANAGER auf und beendet ihn
Strg+2	DesignCenter	Startet und beendet das DESIGNCENTER

Tabelle 15.1: Nützliche Tastenkürzel

Tasten	Funktionsbezeichnung	Beschreibung
Strg+3	Werkzeugpaletten-Fenster	Aktiviert und deaktiviert die WERKZEUGPALETTEN
Strg+4	Manager für Planungsunterlagen (nicht LT)	Startet und beendet den MANAGER FÜR PLANUNGSUNTERLAGEN, der mehrere Zeichnungen in hierarchischen Strukturen zu verwalten hilft
Strg+7	Markierungssatz-Manager	Startet und beendet den MANAGER FÜR MARKIERUNGSSÄTZE. Damit können Markierungen importiert werden, die mit dem Zusatzprogramm AUTODESK DESIGN REVIEW in DWF-Dateien erstellt werden können. AUTODESK DESIGN REVIEW kann aus dem Internet gratis von der Autodesk-Homepage heruntergeladen werden. Es erstellt Markierungen in DWF-Dateien, die nicht direkt bearbeitet, sondern nur mit Anmerkungen versehen werden können.
Strg+8	Taschenrechner	Aktiviert und deaktiviert den Taschenrechner
Strg+9	Befehlszeile	Schaltet die Befehlszeile aus und ein

Tabelle 15.1: Nützliche Tastenkürzel (Forts.)

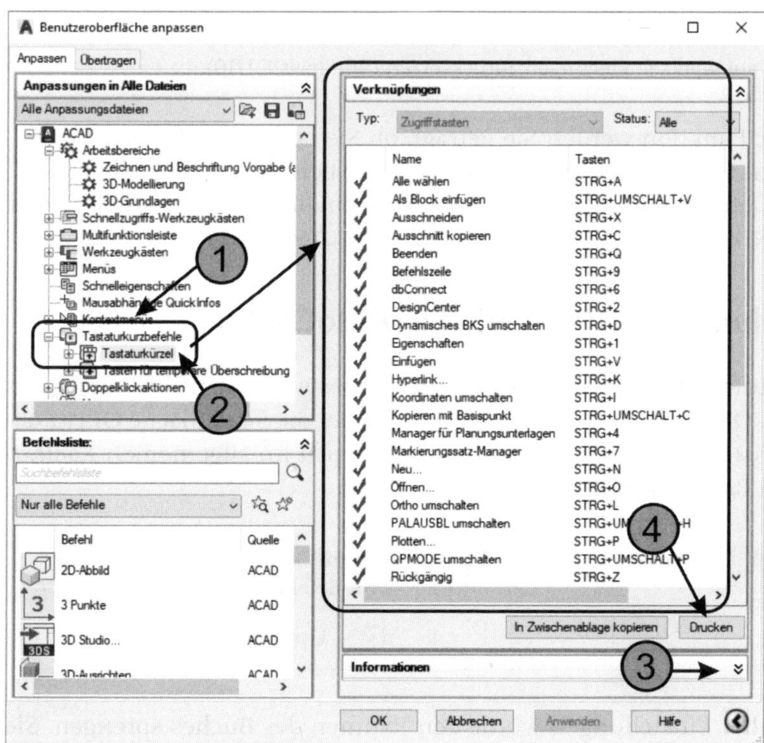

Abb. 15.2: Liste der Tastaturkürzel

15.3 AutoCAD zurücksetzen

Vielleicht haben Sie sich auch schon mal gewünscht, AutoCAD auf die Einstellungen wie vorm ersten Start zurückzusetzen. Man hat manchmal irgendetwas verstellt, und AutoCAD verhält es sich ganz unvorhergesehen. Dazu beenden Sie zunächst das Programm und starten unter Windows ❶, ❷ folgenden Programmaufruf ❸:

Abb. 15.3: AutoCAD auf Werkseinstellungen zurücksetzen (Windows 8.1/10)

Bei Aufruf dieser Funktion werden Sie gefragt, ob Sie benutzerdefinierte Einstellungen vorm Zurücksetzen sichern wollen. Wenn Sie bejahen, werden alle Einstellungen, die in Dateien gesichert sind, in einer gemeinsamen Zip-Datei unter EIGENE DOKUMENTE gespeichert (AUTOCAD 2023 - DEUTSCH_CUST_SETTINGS.ZIP).

15.4 Einstellung der OPTIONEN in AutoCAD

Die einfachste Stufe der Anpassung von AutoCAD besteht in der Einstellung von Systemvariablen. Die meisten davon erreichen Sie über die Schaltfläche OPTIONEN im ANWENDUNGSMENÜ [A CAD]. OPTIONEN finden Sie auch im allgemeinen *Kontextmenü*, wenn kein Befehl aktiv ist.

Anwendungsmenü	Befehl	Kürzel	Kontextmenü (Rechtsklick, wenn kein Befehl aktiv ist)
OPTIONEN	OPTIONEN	O	Optionen...

Eine Erklärung aller Einstellungen würde den Rahmen des Buches sprengen. Sie können sich selbst Informationen besorgen, indem Sie auf einen Eintrag klicken und den Cursor etwas darauf stehen lassen (Abbildung 15.4). Eine Informationszeile erscheint dann automatisch. Sie werden nun die wichtigsten Einstellungen der Optionen kurz kennenlernen.

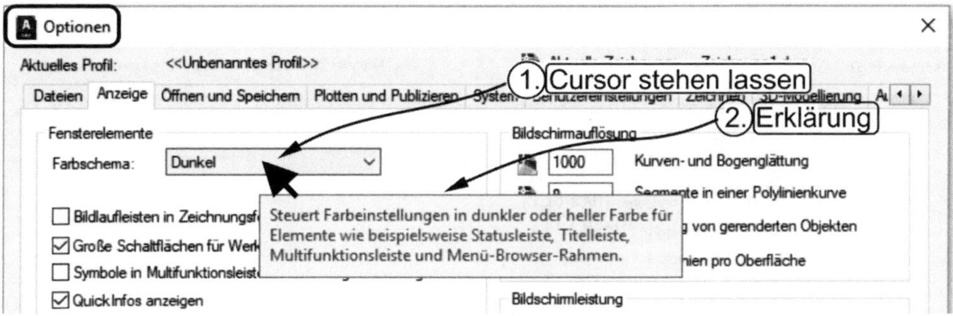

Abb. 15.4: Hilfe aktivieren

Die Einstellungen unter OPTIONEN werden entweder im aktuellen Benutzerprofil der Registrierungsdatenbank (REGISTRY) des Betriebssystems gespeichert oder in der aktuellen Zeichnung. Letztere sind stets durch das blau-gelbe AutoCAD-Icon gekennzeichnet. Die Einstellungen in der Registrierungsdatenbank sind dann für *alle* Zeichnungen wirksam, sozusagen zeichnungsübergreifend. Die übrigen Einstellungen mit dem AutoCAD-Logo sollten Sie sinnvollerweise bereits in Ihren *Zeichnungsvorlagen* (`*.DWT`-Dateien) einstellen, damit sie automatisch in die neuen Zeichnungen eingehen. Optionen, die in der LT-Version *nicht* vorkommen, sind in den folgenden Abbildungen umrahmt.

15.4.1 Register DATEIEN

Die zahlreichen Dateien des AutoCAD-Programms werden bei der Installation in das Verzeichnis `C:\Programme\Autodesk\AutoCAD 2023` und dort in verschiedene Unterverzeichnisse kopiert. Für die LT-Version lautet es `C:\Programme\Autodesk\AutoCAD LT 2023`. Beim ersten Aufruf von AutoCAD durch einen Anwender werden die typischen benutzerspezifischen Dateien dann in benutzerspezifische Verzeichnisse kopiert, damit jeder Anwender unabhängig eigene Änderungen vornehmen kann, ohne anderen Anwendern etwas zu verstellen. Die benutzerspezifischen Verzeichnisse sind:

- für *Systemdateien* wie die Menü- bzw. Anpassungsdateien und die PGP-Dateien mit den Befehlsabkürzungen oder die Schraffur- oder Linientypdateien
  - `C:\Benutzer\`*`Benutzername`*`\AppData\Roaming\Autodesk\AutoCAD 2023\R24.2\deu\Support\`
- für *Zeichnungsrahmen und Zeichnungsvorlagen*
  - `C:\Benutzer\`*`Benutzername`*`\AppData\Local\Autodesk\AutoCAD 2023\R29\deu\Template\`

Bei AutoCAD LT 2023 lautet die Release-Nummer anders, und deshalb erscheint im Verzeichnispfad statt R24.2 dort R29.

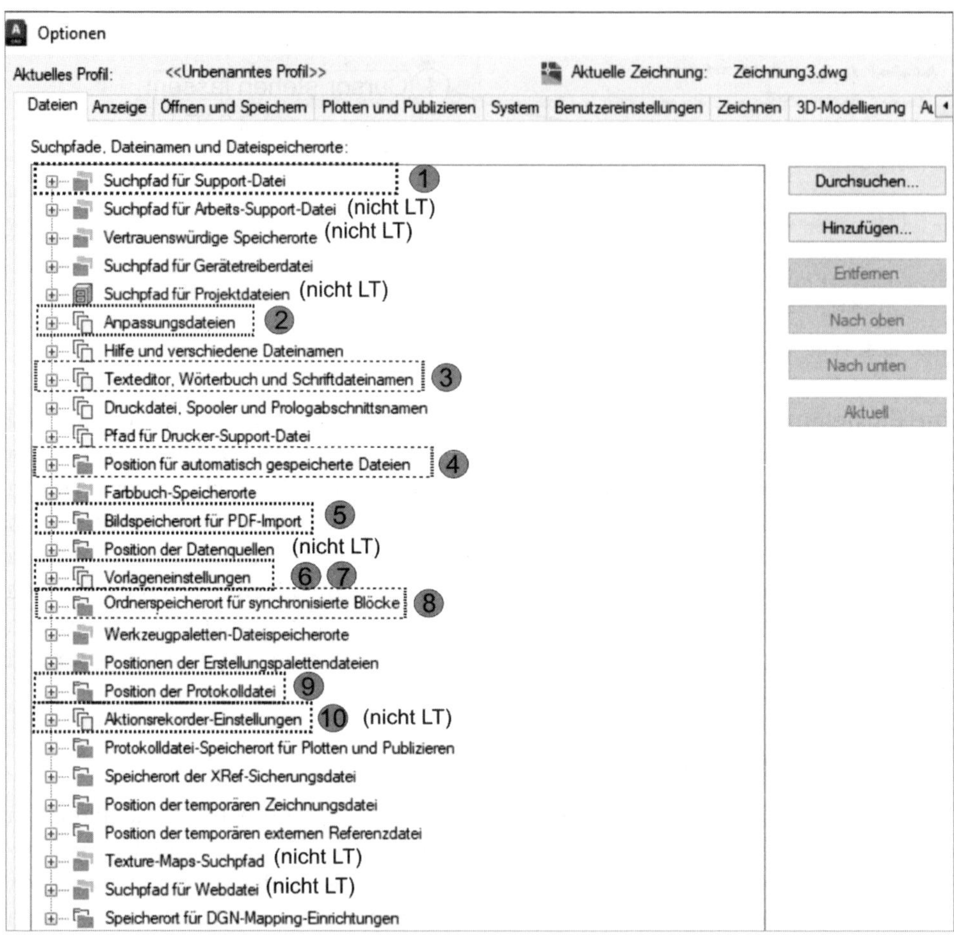

Abb. 15.5: Register DATEIEN

Im Register DATEIEN sehen Sie, wo wichtige Dateien Ihres AutoCAD-Systems gespeichert werden. Wenn Sie auf die Pluszeichen vor den Suchpfaden klicken, werden die Informationen angezeigt.

1. Unter SUCHPFAD FÜR SUPPORT-DATEI steht der Suchpfad, den AutoCAD nach Linientyp-, Schrift-, Schraffur- und Menüdateien durchsucht. Ihr *Arbeitsverzeichnis* ist hier nicht angegeben, *zählt aber automatisch an erster Stelle dazu.* Denken Sie ggf. daran, dass Ihr Pfad EIGENE DATEIEN bzw. DOKUMENTE immer

Priorität hat, das heißt unsichtbar vor allen anderen oben steht. Mit der Schaltfläche NACH OBEN kann man einen Pfad in der Priorität erhöhen.

2. Bei ANPASSUNGSDATEI|HAUPTANPASSUNGSDATEI (*.CUIX) ist die aktuelle Menü- oder ANPASSUNGSDATEI eingetragen. Der Name *Anpassungsdatei* ist etwas unglücklich gewählt, weil fast jede der vielen Dateien des AutoCAD-Systems anpassbar ist. Diese Bezeichnung ist nicht sehr aussagekräftig! Bearbeitet wird diese Datei am besten mit dem grafischen Editor über den Befehl ABI.
3. Unter TEXTEDITOR, WÖRTERBUCH UND SCHRIFTDATEINAMEN finden Sie auch Ihre Benutzerwörterbuchdatei `sample.cus`. Wenn Sie fehlerhafte Wörter in diese Datei aufgenommen haben, können Sie sie mit einem einfachen Editor korrigieren.
4. Unter POSITION FÜR AUTOMATISCH GESPEICHERTE DATEIEN steht das Verzeichnis für die automatische Sicherungsdatei `*.SV$`, die im Register ÖFFNEN UND SPEICHERN aktiviert ist. Normalerweise ist es `C:\Benutzer\`*`Benutzername`*`\AppData\Local\Temp`. Die Datei bekommt den Namen von der aktuellen Zeichnung, ergänzt um einige zusätzliche Zeichen und die Endung **`.SV$`**. Diese Sicherungsdatei wird Ihnen nach einem Absturz vom WIEDERHERSTELLUNGSMANAGER ggf. zusammen mit den `*.BAK`- und `*.DWG`-Dateien angeboten. Dort können Sie mittels einer Vorschau entscheiden, welche Datei Sie weiterverwenden wollen. Die gewählte Datei wird dann in `*.DWG` umbenannt.
5. Für den PDF-Import legt AutoCAD für dadurch evtl. importierte Rasterbilder unter EIGENE DOKUMENTE ein Verzeichnis namens PDF-IMAGES an. Dieses Verzeichnis können Sie unter BILDSPEICHERORT FÜR PDF-IMPORT ändern.
6. Unter VORLAGENEINSTELLUNGEN|POSITION DER ZEICHNUNGSVORLAGENDATEI ist Ihr benutzerspezifisches Verzeichnis für Vorlagen eingetragen, das auch automatisch beim Aufruf über |DATEI|NEU verwendet wird.
7. Unter VORLAGENEINSTELLUNGEN|EINSTELLUNGEN DER ZEICHNUNGSVORLAGE|VORGEGEBENER VORLAGENDATEINAME FÜR SNEU können Sie eine konkrete Vorlage eintragen, die bei Aufruf des Befehls SNEU (im SCHNELLZUGRIFF-WERKZEUGKASTEN) automatisch verwendet werden soll. Die vorgegebene Einstellung KEINE müssen Sie nur doppelt anklicken, um dann aus dem angebotenen Ordner TEMPLATE eine Vorlage auszuwählen.
8. Dies ist der Speicherort, unter dem die Blöcke aus dem Register ZULETZT VERWENDET für die Blockpalette abgelegt werden.
9. An diesem Ort wird die *Protokolldatei* abgelegt, die Sie mit LOGFILEON aktivieren können..
10. Die Befehlsmakros, die Sie mit dem Aktionsrekorder erstellen können, werden hier abgelegt.

15.4.2 Register ANZEIGE

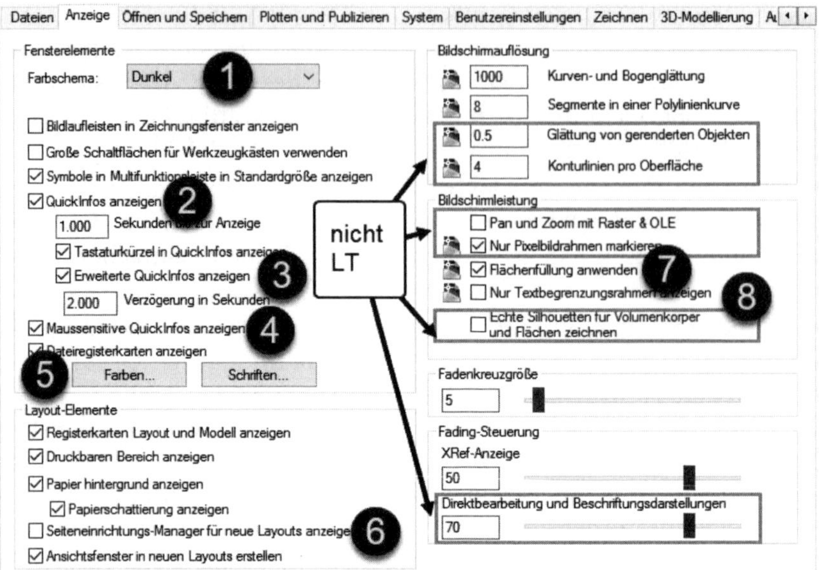

Abb. 15.6: Register ANZEIGE

Mit diesem Register steuern Sie Feinheiten der Bildschirmanzeige.

1. FARBSCHEMA – Hier können Sie bei Bedarf in das Farbschema für die Multifunktionsleisten auf HELL umschalten.
2. QUICKINFOS ANZEIGEN, SEKUNDEN BIS ZUR ANZEIGE – Für die Tooltips, die nach einer Sekunde Verweilzeit auf einem Werkzeug erscheinen, könnten Sie als geübter Benutzer eine längere Wartezeit einstellen.
3. ERWEITERTE QUICKINFO – Sie erhalten nach den normalen Tooltips eine umfangreichere Funktionsbeschreibung, wenn Sie länger als zwei Sekunden verweilen. Auch diese Zeitschwelle können Sie höher drehen, wenn Ihnen diese Infos lästig werden.
4. MAUSSENSITIVE QUICKINFO – Die MAUSSENSITIVEN QUICKINFOS zeigen die wichtigsten Objektdaten an, wenn Sie Objekte berühren. Dies können Sie aber auch abschalten.
5. FARBEN – Unter der Schaltfläche FARBEN lassen sich die Farben für den Bildschirmhintergrund und alle übrigen Elemente der AutoCAD-Benutzeroberfläche umstellen. Stellen Sie sich hier angenehme Farben ein, damit Sie eine gute Arbeitsumgebung haben, z.B. weiß statt dunkel.
6. SEITENEINRICHTUNGSMANAGER FÜR NEUE LAYOUTS ANZEIGEN – Diese Option startet immer den SEITENEINRICHTUNGSMANAGER, wenn Sie das erste Mal in ein neues Layout gehen. Damit können Sie dann *Plotter, Papierformat* und *Plotstil-*

tabelle fürs zukünftige Plotten einstellen. Das ist eine sehr empfehlenswerte Option.

7. FLÄCHENFÜLLUNG ANWENDEN – Es gibt in AutoCAD gefüllte Objekte (siehe Befehle PLINIE, RING, SOLID, BAND), die vollständig mit der Layerfarbe ausgefüllt werden. UNGEFÜLLT sollten Sie dann wählen, wenn sehr viele Objekte in der Zeichnung sind und AutoCAD beim Neuzeichnen, Zoomen oder Regenerieren zu langsam wird. Diese Option *wirkt aber auch auf Schraffuren!* Eine Änderung der Flächenfüllung wird erst nach REGEN bzw. Kürzel RG wirksam.
8. NUR TEXTBEGRENZUNGSRAHMEN ANZEIGEN – Dieser Modus betrifft die Darstellung von Texten und Maßtexten. Wenn sehr viele Texte in der Zeichnung vorliegen, können Sie eine weitere Beschleunigung der Bildschirmperformance erreichen, indem Sie hier anstelle von Texten nur die Begrenzungsrahmen anzeigen lassen. Sie können diesen Schnelltextmodus auch mit dem Befehl QTEXT schalten. Die Umstellung wird erst nach dem Befehl REGEN oder RG sichtbar.

15.4.3 Register ÖFFNEN UND SPEICHERN

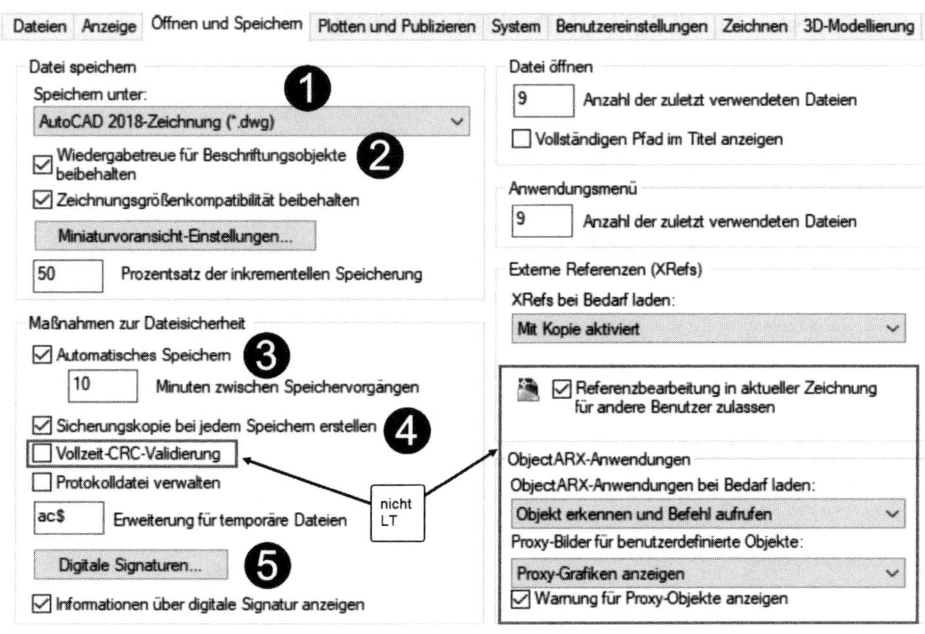

Abb. 15.7: Register ÖFFNEN UND SPEICHERN

1. Zuerst können Sie hier entscheiden, ob Sie stets das aktuelle 2018er DWG-Format wählen oder evtl. wegen Zusammenarbeit mit anderen Firmen ein älteres DWG-Format nutzen müssen. Ein 2023er Format gibt es nicht, weil das Dateiformat nicht jedes Jahr Neuerungen benötigt.

2. Wenn Sie auch ältere DWG-Formate (2010 und früher) ausgeben müssen, sollten WIEDERGABETREUE... und ZEICHNUNGSGRÖẞENKOMPATIBILITÄT... aktiviert sein, damit Beschriftungsobjekte richtig umgesetzt werden können und die Beschränkung auf maximale Objektgröße von 256 MB eingehalten werden.
3. Die Einstellungen zur temporären Sicherung sind sinnvoll. Wenn Sie eine regelmäßige Sicherung Ihres Zeichnungsstandes wünschen, sollten Sie AUTOMATISCHES SPEICHERN aktiviert halten. Die Zeit ist auf **10** Minuten voreingestellt. Dann wird regelmäßig in dem Verzeichnis gesichert, das im Register DATEIEN bei POSITION DER TEMPORÄREN ZEICHNUNGSDATEI eingetragen ist (Abbildung 15.5). Diese Sicherungsdatei erhält den Namen Ihrer Zeichnung mit einigen Anhängen und die Endung `.SV$`. Wenn Sie auf diese Sicherung selbst zurückgreifen wollen, müssen Sie die Endung in `.DWG` umbenennen.
4. Die Möglichkeit SICHERUNGSKOPIE BEI JEDEM SPEICHERN ERSTELLEN sorgt dafür, dass eine Kopie des vorherigen Stands der Zeichnung mit der Endung `.BAK` angelegt wird, wenn Sie die Zeichnung geändert haben und sichern.
5. Schließlich kann die Zeichnung mit einer *digitalen Signatur* versehen werden, damit Sie prüfen können, ob sie unberechtigt verändert wurde.

15.4.4 Register PLOTTEN UND PUBLIZIEREN

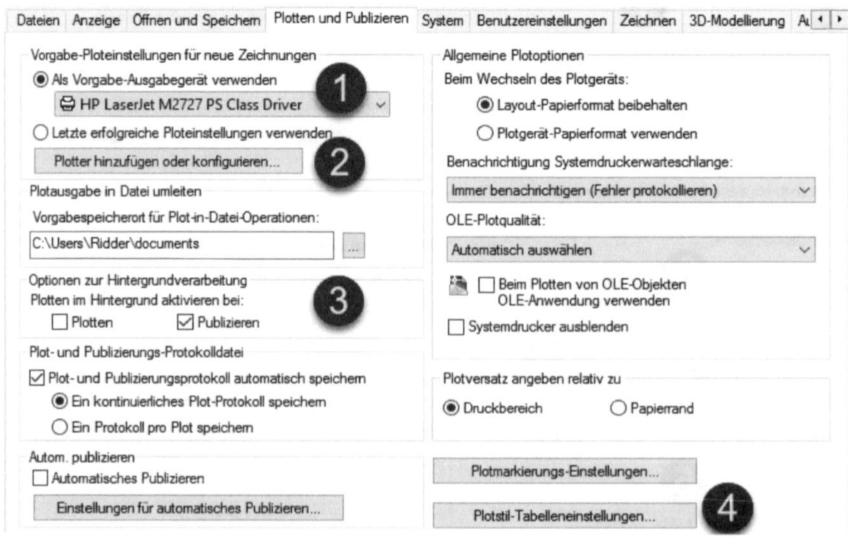

Abb. 15.8: Register PLOTTEN UND PUBLIZIEREN

1. Voreinstellungen für Ihren Standardplotter und Ihre Plotstiltabelle sollten Sie nicht hier, sondern im LAYOUT über den Befehl SEITENEINR bzw. LAYOUT|LAYOUT|SEITENEINRICHTUNG vornehmen und in einer Zeichnungsvorlage speichern, damit sie auch stets effektiv werden.

2. Unter PLOTTER HINZUFÜGEN ODER KONFIGURIEREN verbirgt sich der PLOTTER-MANAGER, mit dem Sie Plotter zu AutoCAD hinzufügen können. Das gilt nicht nur für physisch vorhandene Plotter, sondern auch für virtuelle Plotter, die zur *Ausgabe in verschiedenen Rasterformaten und Dateien* definiert werden können.
3. Im Register PLOTTEN UND PUBLIZIEREN sind die Einstellungen für OPTIONEN ZUR HINTERGRUNDVERARBEITUNG interessant. Unter *Plotten* sind die einzelnen Plots zu verstehen, die Sie mit dem PLOT-Befehl abschicken. Dies geschieht hier *nicht im Hintergrund*, sondern im *Vordergrund* und damit sofort. Beim PUBLIZIEREN wird durch AUSGABE|PLOTTEN|STAPELPLOTTEN der Befehl PUBLIZIEREN mit einer ganzen Plotliste gestartet. Das geschieht sinnvollerweise im *Hintergrund*.

Vorsicht: Publizieren

Der Begriff *Publizieren* ist in AutoCAD *nicht eindeutig*. *Hier* wird er als Bezeichnung für das *Plotten mehrerer Zeichnungen oder Layouts* verwendet, aber im ANWENDUNGSMENÜ finden Sie unter dem Titel PUBLIZIEREN das Übertragen der Zeichnung an 3D-Druckfirmen, das Versenden mittels des ETRANSMIT-Befehls oder Funktionen zur Archivierung oder Online-Freigabe. Das STAPELPLOTTEN ist dort dagegen unter dem Titel DRUCKEN zu finden.

4. Eigene spezielle Plotstile können Sie unter PLOTSTIL-TABELLENEINSTELLUNGEN erzeugen.

15.4.5 Register SYSTEM

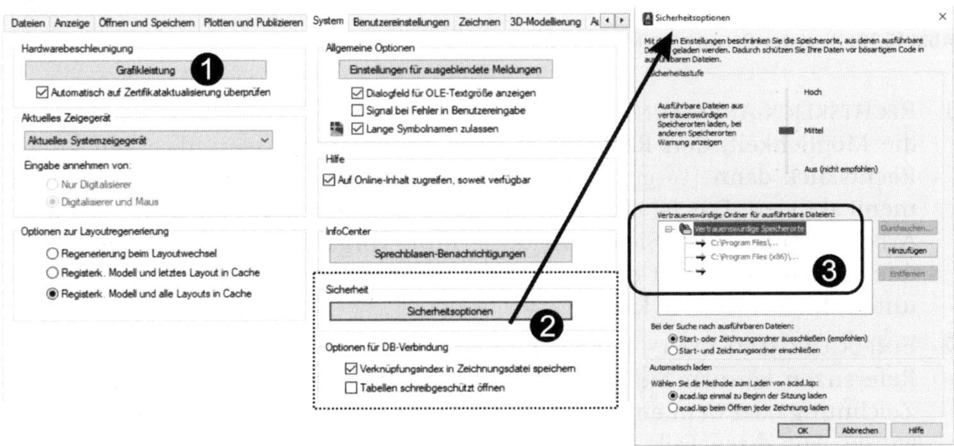

Abb. 15.9: Register SYSTEM

1. GRAFIKLEISTUNG (bei LT gibt es hier keine Einstellungen für 3D-Effekte) – Für optimale 2D/3D-Darstellungen sollten Sie hier alle Optionen der Hardware-

Beschleunigung für Ihre Grafikkarte aktivieren können. Dieselben Einstellungen können Sie auch über Rechtsklick auf GRAFIKLEISTUNG in der STATUSLEISTE vornehmen. Die aktuelle Version unterstützt auch hochauflösende 4K-Monitore. Wenn es bei älteren Monitoren Probleme mit der Grafikleistung gibt, kann die Darstellung für glatte Linien abgeschaltet werden.

2. Unter SICHERHEITSOPTIONEN (nicht LT) können Sie die Pfade angeben, aus denen Zusatzprogramme und Applikationen für Autodesk dazugeladen werden dürfen. Beim Laden von AutoLISP-Programmen aus anderen als den hier spezifizierten Pfaden ❸ erhalten Sie eine Warnmeldung.

15.4.6 Register BENUTZEREINSTELLUNGEN

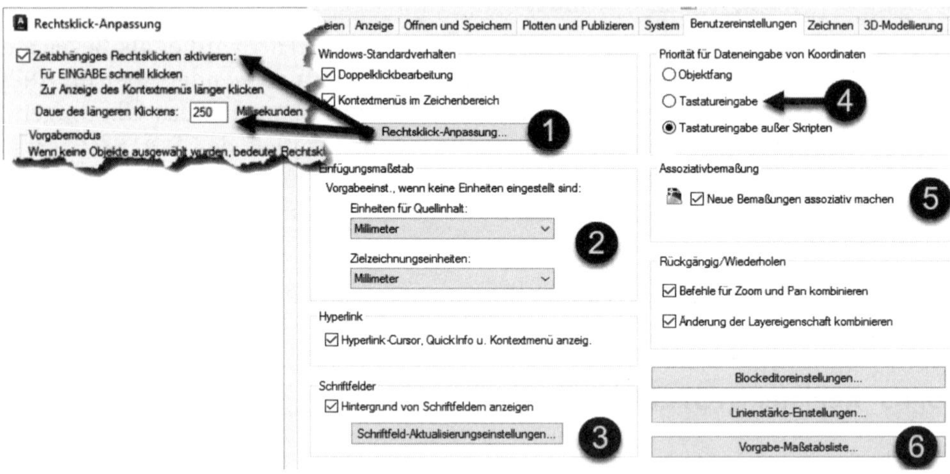

Abb. 15.10: Register BENUTZEREINSTELLUNGEN

1. RECHTSKLICK-ANPASSUNG – Für den versierten AutoCAD-Benutzer gibt es hier die Möglichkeit, den Rechtsklick noch derart anzupassen, dass ein kurzer Rechtsklick dann [Enter] bedeutet, ein langer Rechtsklick aber das Kontextmenü aktiviert. Das ist eine sehr nützliche Einstellung für effektives schnelles Arbeiten. Nur sollten Sie das Zeitkriterium (Vorgabe 250 msec) sauber individuell anpassen, damit eindeutig zwischen kurzem und langem Rechtsklick unterschieden werden kann.
2. EINFÜGUNGSMAẞSTAB – Für alle Einfügeoperationen von Blöcken und externen Referenzen können Sie hier Einheiten für den Fall vorgeben, dass in Ihrer Zeichnung oder dem einzufügenden Objekt explizit »*Keine Einheiten*« gewählt wurde. Für diese Fälle sind hier die *zu benutzenden Einheiten* einzutragen. Ansonsten werden natürlich die im Befehl EINHEITEN (|ZEICHNUNGSPROGRAMME|EINHEITEN) eingestellten Einheiten zur Skalierung verwendet.
3. Unter SCHRIFTFELD-AKTUALISIERUNGSEINSTELLUNGEN (nicht LT) sind sinnvollerweise schon alle Möglichkeiten der Aktualisierung standardmäßig aktiviert.

4. PRIORITÄT FÜR DATENEINGABE VON KOORDINATEN. Sinnvollerweise sollte *immer* die TASTATUREINGABE Priorität haben. Sonst reagieren eigene Menüfunktionen, Skript-Dateien oder AutoLISP-Programme, die Koordinaten benutzen, manchmal unerwartet.
5. ASSOZIATIVBEMAẞUNG. Die Assoziativität sollte hier stets eingeschaltet sein, auf jeden Fall, wenn im Layout bemaßt wird.
6. VORGABE-MAẞSTABSLISTE. Sie können hier eine zentrale Maßstabsliste derart bearbeiten, dass unnötige Maßstäbe entfernt und neue hinzugefügt werden. Beispiel für Architektur-Maßstäbe: *Maßstabsname* **`1:100(cm)`** mit *Papiereinheiten* **1** und *Zeichnungseinheiten* **10** wäre korrekt. Vermeiden Sie Leerzeichen in den Namen! Diese Maßstabsliste wird in der Registry gespeichert und automatisch geladen, wenn Sie bei NEU keine Vorlage öffnen, sondern OHNE VORLAGE - METRISCH BEGINNEN wählen. Sie wird auch beim Zurücksetzen der Maßstabsliste in MSTABSLISTEBEARB verwendet. Hier wäre es sinnvoll, beispielsweise die in Europa nicht üblichen Maßstäbe 1:4, 1:8, 1:16, 1:30, 1:40, 4:1 und 8:1 zu entfernen und dafür 5:1 hinzuzufügen. Wenn Sie stets in Metern oder Zentimetern arbeiten, sollten Sie hier gleich die gesamte Maßstabsliste entsprechend anpassen. Den Maßstab 1:1 sollten Sie auf keinen Fall löschen, weil er im PLOT-Befehl benötigt wird.

15.4.7 Register ZEICHNEN

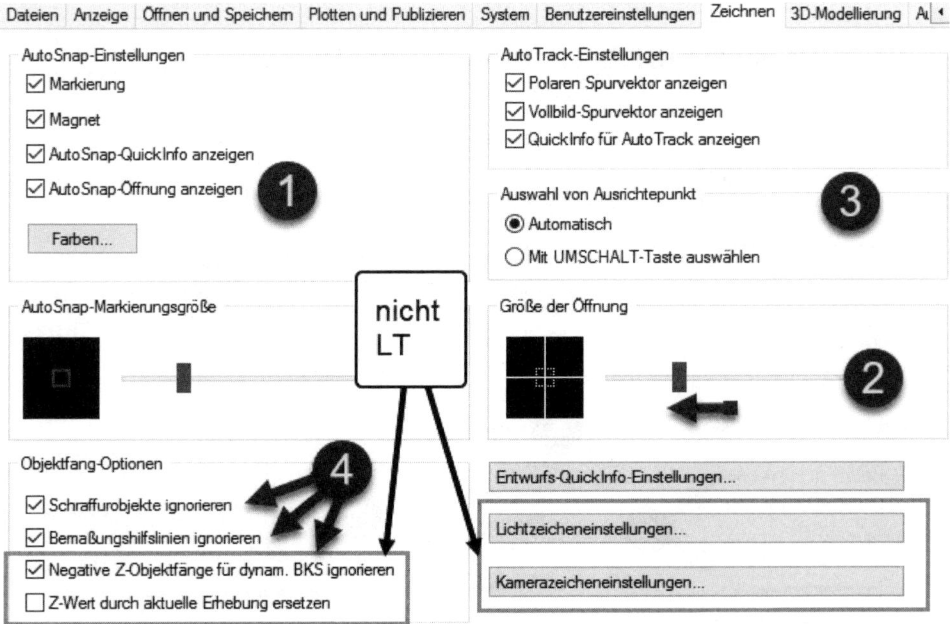

Abb. 15.11: Register ZEICHNEN

Hierunter sind alle Einstellungen für den AUTOSNAP-Modus, also den OBJEKTFANG, vereint.

1. Empfehlenswert ist immer, die AUTOSNAP-ÖFFNUNG ANZEIGEN zu lassen.
2. Ferner sollte die GRÖSSE DER ÖFFNUNG an die verfügbare Bildschirmgröße und an die Komplexität Ihrer Zeichnung angepasst werden. Wichtig ist natürlich, die AUTOSNAP-MARKIERUNGSFARBE auf den Bildschirmhintergrund abzustimmen.
3. Eine andere interessante Einstellung betrifft die AUSWAHL VON AUSRICHTEPUNKT. Das sind die Punkte, durch die sich die automatischen Hilfslinien im OBJEKTFANGSPUR-Modus ziehen lassen. Im Normalfall erzeugt man diese Punkte, indem man auf dem betreffenden charakteristischen Punkt (einer potenziellen Objektfangposition) etwas verweilt. Das ist die Vorgabe AUTOMATISCH. Sie können aber hier auch wählen, dass diese Ausrichtepunkte gezielt erst durch Drücken der Umschalttaste `Shift` aktiviert werden.
4. Alle drei OBJEKTFANG-OPTIONEN sind interessant. Schraffierte Objekte und Maßhilfslinien sollten immer vom Objektfang ausgeschlossen werden. Sonst rastet der Objektfang auf falschen Endpunkten ein. Bei Benutzung des dynamischen BKS im 3D-Modus sollte man negative Z-Objektfänge ignorieren (nicht bei LT). Weil beim dynamischen BKS die Z-Achse in der Nähe von Körperflächen immer nach außen zeigt, können dadurch Objektfänge im Innern oder auf der Rückseite von Körpern ausgeschlossen werden. Das ist oft praktisch. Bei 3D-Konstruktionen kann der Wert der ERHEBUNG anstelle des Z-Wertes der Fangposition verwendet werden (nicht bei LT).

15.4.8 Register 3D-MODELLIERUNG (nicht LT)

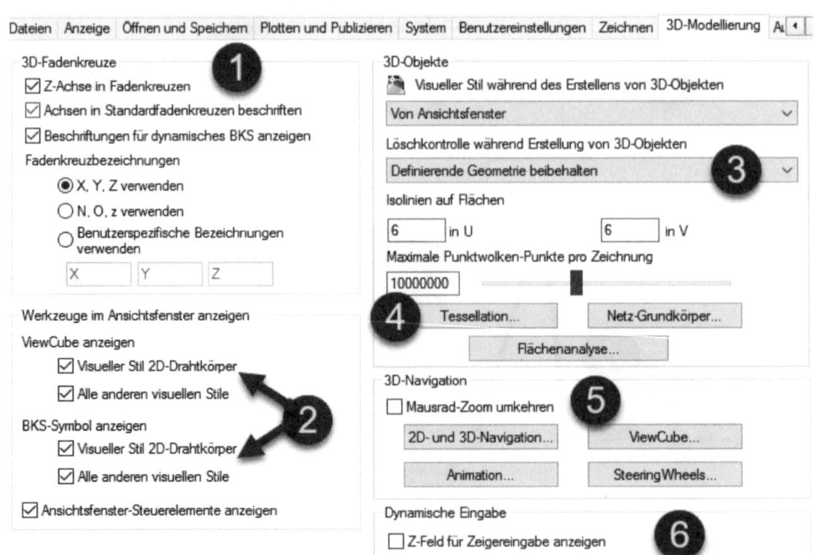

Abb. 15.12: Register 3D-MODELLIERUNG

1. Hier sollten Sie die Z-ACHSE IN FADENKREUZEN aktivieren und auch die ACHSEN IN STANDARDFADENKREUZEN BESCHRIFTEN sowie die BESCHRIFTUNGEN FÜR DYNAMISCHES BKS ANZEIGEN lassen, damit Sie in 3D-Konstruktionen insbesondere bei Benutzung des dynamischen BKS immer über die Achsenrichtungen informiert sind.
2. VIEWCUBE und BKS-SYMBOL sind für 2D und 3D immer nützlich.
3. Unter 3D-OBJEKTE gibt es die LÖSCHKONTROLLE WÄHREND ERSTELLUNG VON 3D-OBJEKTEN, um nach Wunsch Profil und Pfadkurven, die zur Erstellung eines Volumenkörpers gedient haben, automatisch zu löschen, nicht zu löschen oder erst nach Abfrage im Einzelfall zu löschen oder nicht. Für die ersten Übungen wäre DEFINIERENDE GEOMETRIE BEIBEHALTEN am besten. Hinter den U- UND V-ISOLINIEN AUF FLÄCHEN UND NETZEN stecken die Systemvariablen SURFU und SURFV, die für gewölbte Flächen, aber nicht für die Flächennetze zuständig sind. Die Flächennetze benutzen die Systemvariablen SURFTAB1 und SURFTAB2, die hier nicht eingestellt werden können.
4. Bei TESSELLATION geht es um die Glättung von Netzkörpern. Die eingestellte OPTIMIERTE GLÄTTUNG ist meist am besten zu gebrauchen. Unter NETZ-GRUNDKÖRPER kann die Anzahl der Netzknoten für die verschiedenen Netz-Grundkörper festgelegt werden. Die Einstellung hier gibt dann vor, wie stark und wie detailliert ein Netzkörper deformiert werden kann. Die Einstellungen von FLÄCHENANALYSE dienen zur Justierung der Einstellungen für die Zebra-Analyse gewölbter Volumenkörper, für die Krümmungsanalyse und für die Untersuchung von Formschrägen.
5. MAUSRAD UND ZOOM UMKEHREN ist für Konstrukteure interessant, die auch mit anderen Programmen mit entgegengesetzter Mausradfunktion arbeiten wie etwa INVENTOR.
6. Für die DYNAMISCHE EINGABE der Koordinaten können Sie das Z-Eingabefeld dazuschalten.

15.4.9 Register AUSWAHL

Dieses Register betrifft die Objektwahl und die GRIFFE. Die Standardeinstellungen sind alle sinnvoll.

1. Die Größe der Objektwahlbox stellen Sie unter PICKBOX-GRÖSSE ein.
2. OBJEKT VOR BEFEHL erlaubt Ihnen, auch Objekte vor Aufruf des eigentlichen Bearbeitungsbefehls zu wählen.
3. Wenn MIT UMSCHALTTASTE ZUR AUSWAHL HINZUFÜGEN aktiviert wäre, könnten Sie nur mit `Shift` weitere Objekte zu bereits gewählten hinzufügen (PICKADD = 0). Das erwarten Sie im Normalfall (PICKADD = 2) nicht.
4. Die Option OBJEKTGRUPPE besagt, dass beim Anklicken eines Gruppenelements die gesamte Gruppe gewählt wird.

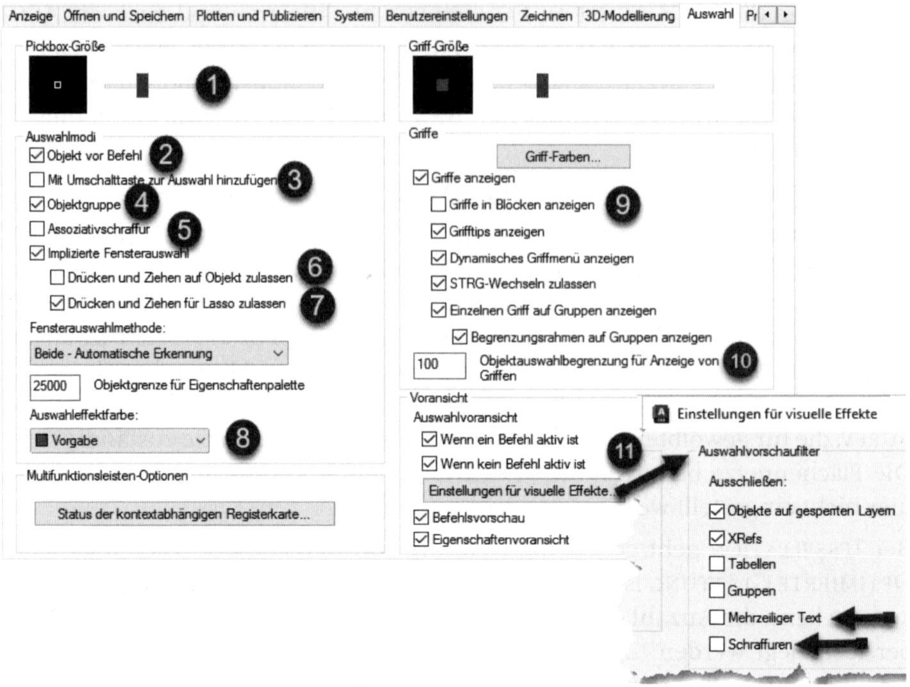

Abb. 15.13: Register AUSWAHL

5. Das Einschalten der Option ASSOZIATIVSCHRAFFUR bewirkt, dass bei Wahl einer Assoziativschraffur auch die dafür verwendeten Grenzobjekte mitgewählt werden. Das hat beim z.B. LÖSCHEN die Konsequenz, dass Sie nicht nur die Schraffur löschen, sondern auch die Begrenzungsobjekte (Vorsicht!).
6. Wenn Sie DRÜCKEN UND ZIEHEN AUF OBJEKT ZULASSEN aktivieren, können Sie auch, wenn der Cursor auf einem Objekt wie beispielsweise einer Schraffur liegt, die LASSO-Wahl starten.
7. Mit DRÜCKEN UND ZIEHEN FÜR LASSO ZULASSEN schalten Sie das LASSO ein. Ist es deaktiviert, dann entsteht mit gedrückter Maustaste statt LASSO eine KREUZEN/FENSTER-Box.
8. Unter AUSWAHLEFFEKTFARBE können Sie eine eigene Farbe für die Vorschau gewählter Objekte einstellen.
9. Bei den GRIFFEN sollten Sie sich immer genau überlegen, ob Sie GRIFFE IN BLÖCKEN AKTIVIEREN einstellen möchten. Wenn Sie diese Option nicht einschalten, hat ein Block nur *einen* Griff, nämlich am Basis-/Einfügepunkt. Wenn aber die GRIFFE IN BLÖCKEN aktiviert sind, ist *an jedem charakteristischen Punkt jedes Einzelobjekts* des Blocks ein Griff verfügbar. Das ist manchmal sehr nützlich, wenn Sie Blöcke mit Griffen positionieren wollen und mehr Möglichkeiten brauchen.
10. Die Anzahl der Objekte, die mit Griffen versehen werden können, ist standardmäßig auf 100 begrenzt. Sie kann hier angepasst werden.

11. Unter der Schaltfläche EINSTELLUNGEN FÜR VISUELLE EFFEKTE können Sie neben OBJEKTEN AUF GESPERRTEN LAYERN und XREFS ggf. noch SCHRAFFUREN oder MEHRZEILIGEN TEXT aus der automatischen Markierung bei Mauskontakt herausnehmen.

15.4.10 Register PROFIL (nicht LT)

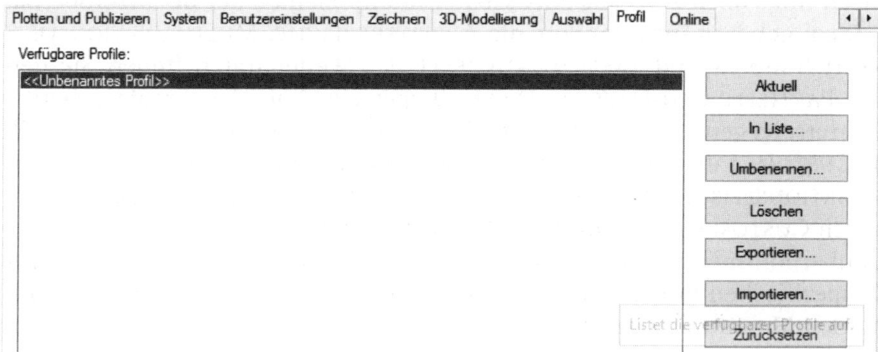

Abb. 15.14: Register PROFIL

Hier legen Sie fest, unter welchem Namen Ihre AutoCAD-Umgebungseinstellungen in der Registrierungsdatenbank des Betriebssystems gespeichert werden sollen. Wenn Sie einmal schauen wollen, was da alles gespeichert wird, dann können Sie die Einstellungen auch mit EXPORTIEREN als lesbare Textdatei hinausschreiben und mit einem Editor ansehen. Das ist auch nützlich, wenn Sie Ihre Einstellungen auf einen anderen Rechner mit IMPORTIEREN übertragen möchten.

15.5 CUIx-Datei für AutoCAD anpassen

Die Anpassung der AutoCAD-Benutzeroberfläche in der Datei **`acad.cuix`** geschieht über ein grafisches Werkzeug, das mit dem Befehl ABI (Angepasstes Benutzer-Interface) gestartet wird.

ZEICHNEN UND BESCHRIFTUNG	Icon	Befehl
VERWALTEN|BENUTZERANPASSUNG|BENUTZER-OBERFLÄCHE	CUI	ABI

Das Dialogfenster zeigt je nach Situation drei bis vier Bereiche (Abbildung 15.15):

- ANPASSEN IN ALLE DATEIEN links oben zeigt alle vorhandenen Menüstrukturen an.
- BEFEHLSLISTE links unten listet vorhandene Befehle auf, aus denen Sie sich welche für die Bestückung eigener Werkzeugkästen etc. wählen können. Hier

gibt es auch eine Kategorie BENUTZERDEFINIERTE BEFEHLE für die Programmierung eigener Befehlsfolgen.

- rechts oben werden verschiedene Voransichten angezeigt, abhängig davon, was Sie auf der linken Seite bearbeiten.
- rechts unten werden bei Bearbeitung eines Befehls dessen EIGENSCHAFTEN angegeben.

Das Fenster links oben zeigt alle anpassbaren Komponenten der Benutzeroberfläche an. Dazu gehören insbesondere die ARBEITSBEREICHE, MULTIFUNKTIONSLEISTEN, KONTEXTMENÜS und TASTATURKURZBEFEHLE. Weiter unten finden Sie den Abschnitt PARTIELLE CUI-DATEIEN. Das sind spezielle Teile der Benutzeroberfläche, die ihrerseits genauso untergliedert sind wie der Hauptbereich ACAD. Im Teilbereich CUSTOM (Abbildung 15.16) können Sie beispielsweise Ihre eigenen MULTIFUNKTIONSLEISTEN, WERKZEUGKÄSTEN oder TASTENKÜRZEL programmieren. Der Bereich CUSTOM kann beim Release-Wechsel zur nächsten AutoCAD-Version nämlich übernommen werden, wenn Sie dann die Frage nach dem Migrieren der benutzerspezifischen Einstellungen bejahen. Damit bleiben dann Ihre selbst programmierten Menüfunktionen erhalten.

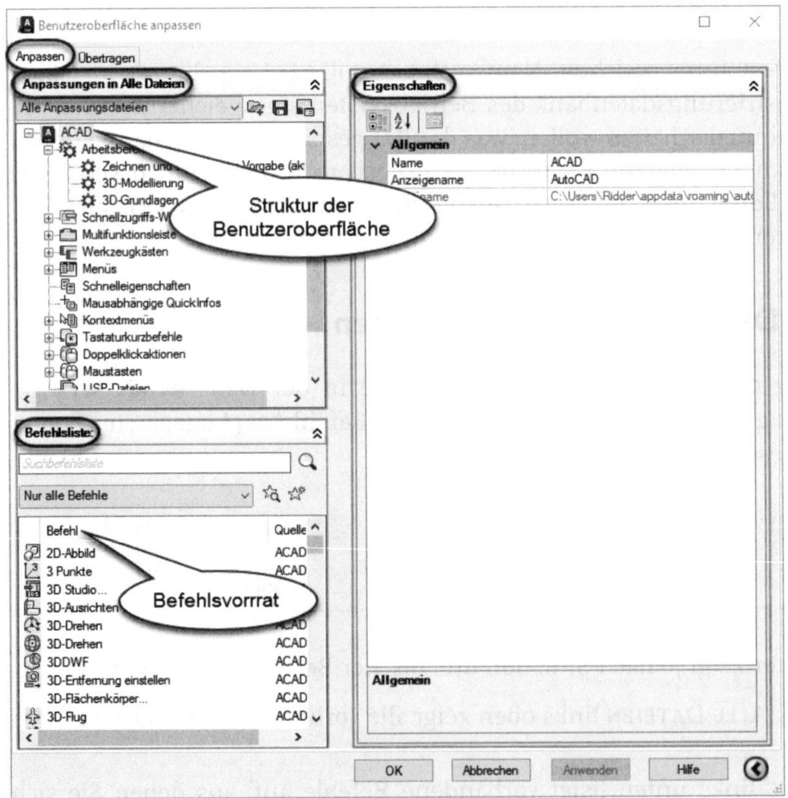

Abb. 15.15: Oberfläche des Befehls ABI

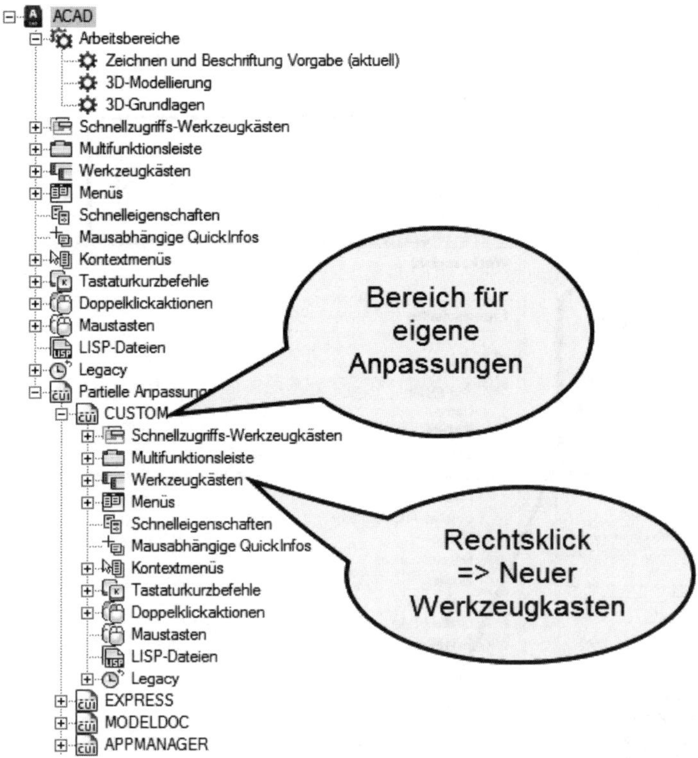

Abb. 15.16: Struktur der Benutzeroberfläche und Bereich CUSTOM

15.5.1 Neuer Werkzeugkasten

Es soll zunächst ein neuer Werkzeugkasten erstellt werden (Abbildung 15.17). Mit einem Rechtsklick auf WERKZEUGKÄSTEN unter PARTIELLE ANPASSUNGSDATEIEN| CUSTOM erhalten Sie die Funktion NEUER WERKZEUGKASTEN. Nach Anklicken wird der Werkzeugkasten mit dem Namen **`Werkzeugkasten1`** automatisch angelegt. Den Namen können Sie sofort überschreiben, zum Beispiel mit **`Spezial`** ❶.

Nun soll der Werkzeugkasten mit Werkzeugen bestückt werden. Dazu wählen Sie links unten in der Liste NUR ALLE BEFEHLE zunächst eine Kategorie wie etwa ZEICHNEN und dann einen Befehl ❷, den Sie in den neuen Werkzeugkasten ziehen. Der neue Werkzeugkasten soll probehalber mit allen Kreisbefehlen gefüllt werden. Ziehen Sie also alle Kreisbefehle, die Sie unter der Kategorie ZEICHNEN finden können, in diesen Werkzeugkasten hinein. Jedes neue Werkzeug wird dann dort mit einem Sternchen angezeigt.

Sie können hier schon in der grafischen Gestaltung die Position jedes Werkzeugs innerhalb des Kastens bestimmen. Verlassen Sie nun das ABI-Dialogfeld mit OK. Die ABI-Anpassungen werden gespeichert und sind sofort aktiv.

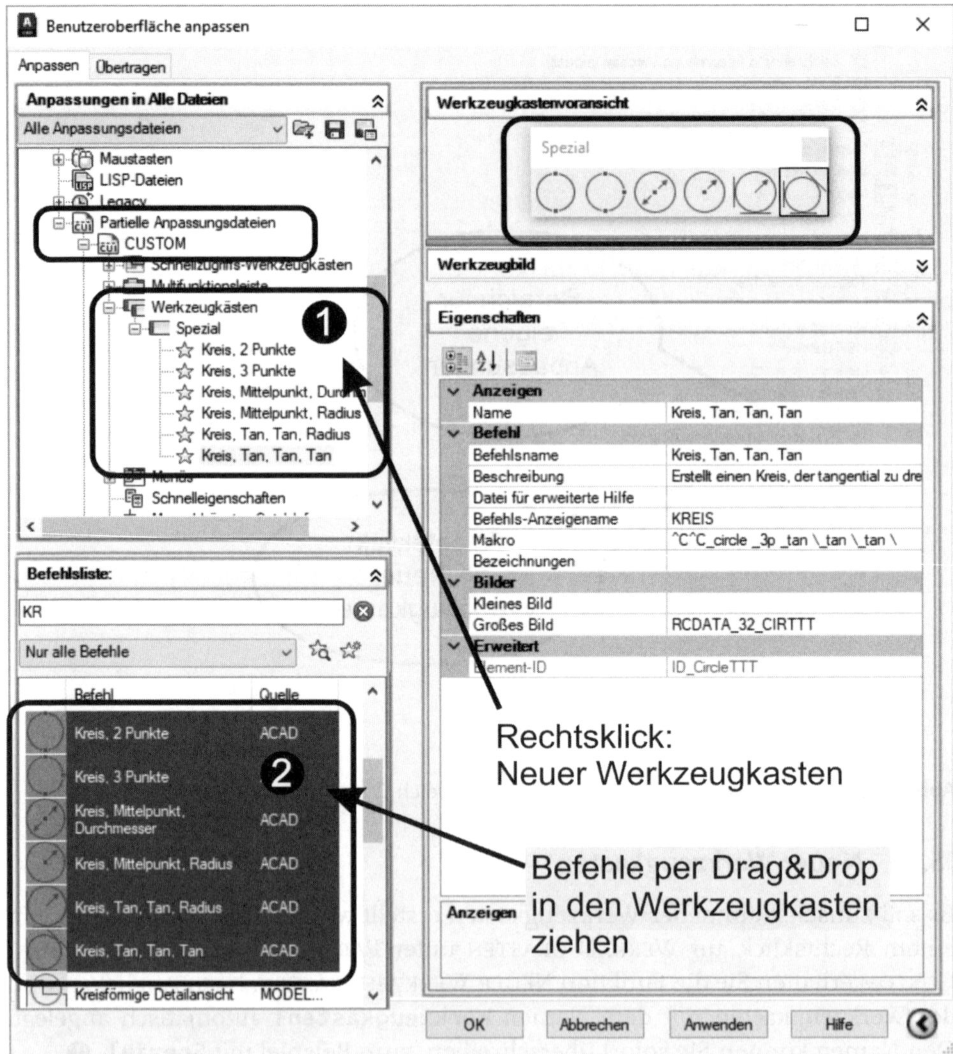

Abb. 15.17: Neuer Werkzeugkasten mit Kreisbefehlen

Sie können natürlich auch in die existierenden Werkzeugkästen weitere Werkzeuge stecken. Wenn Sie ein Werkzeug entfernen wollen, gehen Sie mit einem Rechtsklick darauf und wählen ENTFERNEN. Sie können auch nach einem Werkzeug einen Trennstrich erzeugen, indem Sie im Kontextmenü TRENNZEICHEN EINFÜGEN wählen.

15.5.2 Eigene Multifunktionsleisten

Auch eigene Multifunktionsleisten können Sie sich im Bereich CUSTOM erstellen. Dazu blättern Sie den Bereich MULTIFUNKTIONSLEISTE mit Klick auf das +-Zeichen auf. Mit Rechtsklick auf den Abschnitt REGISTERKARTEN erstellen Sie eine neue Multifunktionsleiste und geben ihr einen Namen: **`Eigene Funktionen`**. Da eine Registerkarte sich aus einzelnen Gruppen aufbaut, müssen Sie dann als Nächstes die gewünschten Gruppen erstellen. Wenn diese fertig sind, können Sie sie per *Drag&Drop* in die Registerkarte ziehen.

Deshalb erstellen Sie jetzt nach Rechtsklick auf den Abschnitt GRUPPEN mit der Option NEUE LEISTE eine neue Gruppe und nennen Sie beispielsweise **`Spezial`**. Hier können Sie nun nach Rechtsklick einzelne Zeilen erstellen und dort die gewünschten Befehle wieder unten aus der BEFEHLSLISTE hineinziehen. Das ist in Abbildung 15.18 in **`Zeile 3`** der Fall. Die Werkzeuge werden dann später in der Gruppe nebeneinander angezeigt.

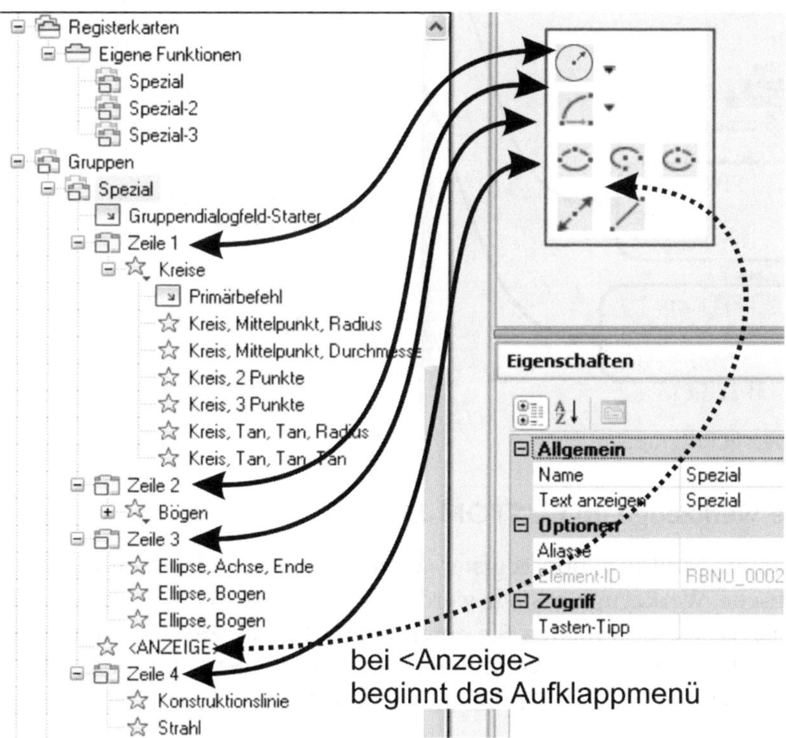

Abb. 15.18: Gruppe mit 3+1 Zeilen und Dropdown-Menüs

Wenn Sie in die Zeile per Rechtsklick ein NEUES DROPDOWN-MENÜ einfügen und dort dann die Befehle hineinziehen, entsteht ein *Flyout* wie in **`Zeile 1`** und **`Zeile 2`**. Der Befehl, der direkt auf PRIMÄRBEFEHL folgt, wird der oberste und sichtbare Befehl des Flyouts. Die beiden Dropdown-Menüs wurden **`Kreise`** bzw. **`Bögen`** genannt und enthalten entsprechend alle Kreis- und alle Bogenbefehle.

Wenn Sie eine Zeile *unter* den Gruppentitel ziehen, der durch <ANZEIGE> markiert ist, erscheint diese Zeile erst unter dem aufgeklappten Gruppentitel. Das ist bei **`Zeile 4`** der Fall.

Sie können in eine Zeile auch eine NEUE FALTGRUPPE hineinsetzen. Das sind dann große Werkzeuge mit Beschriftung wie in der Gruppe **`Spezial-2`** in Abbildung 15.19. Ohne diese Faltgruppe hätte man kleine Werkzeuge ohne Text.

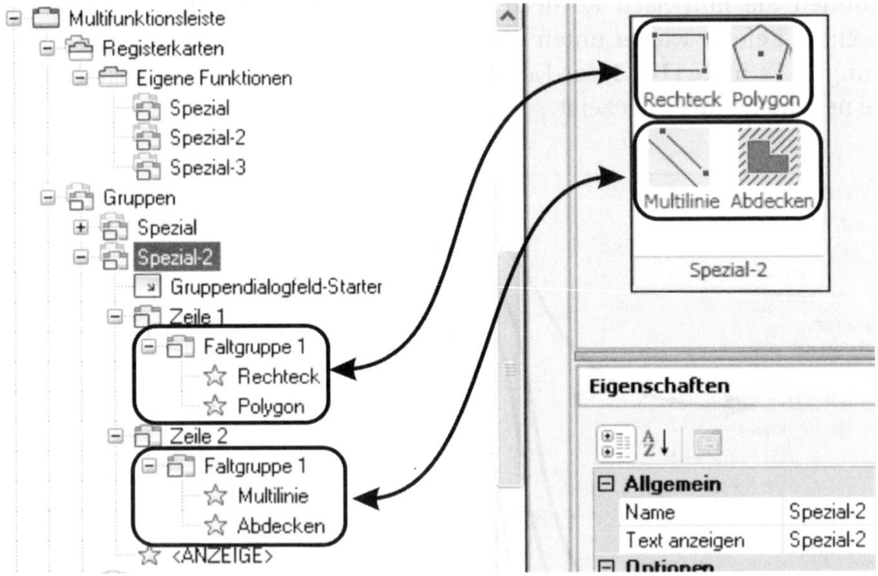

Abb. 15.19: Gruppe mit Faltgruppen

15.5.3 Eigene Werkzeuge im CUSTOM-Menü

Nun sollen aber für Multifunktionsregister, Werkzeugkästen oder Menüs eigene benutzerspezifische Werkzeuge erstellt werden. Mit einem Klick auf das Werkzeug BEFEHL ERSTELLEN erhalten Sie einen neuen Befehl, zunächst ohne Bild und konkreten Inhalt. Er hat den vorläufigen Namen `Befehl1`. Auf der rechten Seite des Dialogbereichs können Sie ihn nun unter WERKZEUGBILD und EIGENSCHAFTEN bearbeiten.

Der neue Befehl soll nun eine Befehlsfolge enthalten, die Ihre komplette Zeichnung derart zoomt, dass sie 80% des Bildschirms einnimmt, sodass oben, unten, rechts und links noch je 10% Platz zum Arbeiten bleibt. Bei EIGENSCHAFTEN geben Sie deshalb ein:

	Eingabe	Bedeutung
NAME	`Zoomi`	Erscheint als Tooltip
BESCHREIBUNG	Zoomt alle Objekte auf 80% des Bildschirmbereichs	Erscheint als Hilfetext in der Quickinfo
BEFEHLSANZEIGENAME	`ZOOMI`	Erscheint als Befehlsname in der Quickinfo
MAKRO	`'ZOOM;G;'ZOOM;0.8X;`	Befehlsfolge
BEZEICHNUNGEN	`Zoomi`	Suchbegriffe für Suche in der BEFEHLSLISTE.

Tabelle 15.2: Eingabezeilen für den neuen Befehl

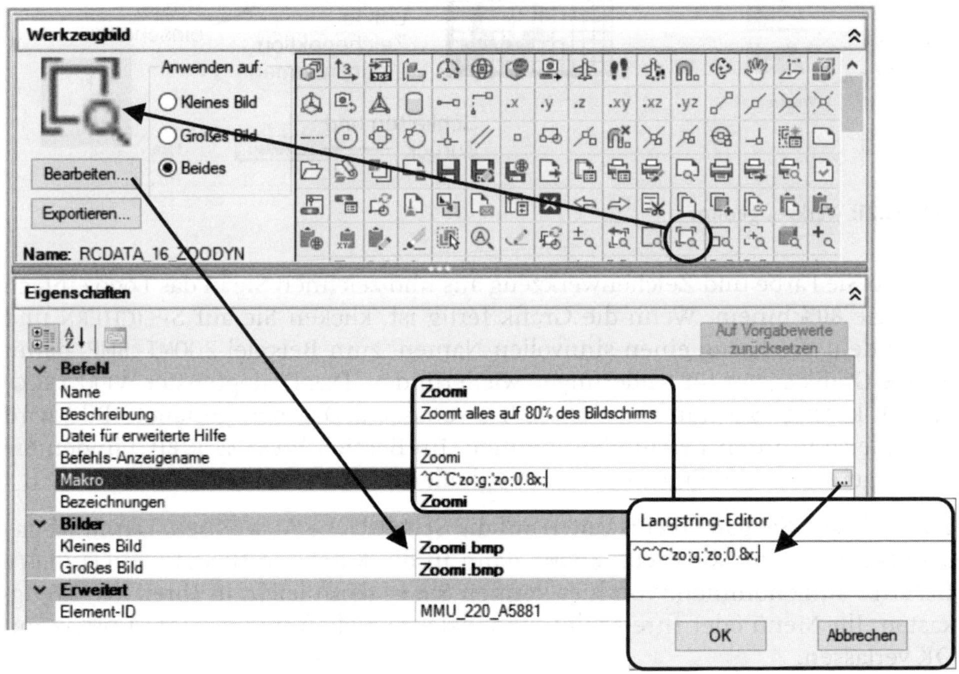

Abb. 15.20: Benutzerdefiniertes Werkzeug ZOOMI

Oben bei WERKZEUGBILD wählen Sie als Vorlage zunächst ein Bild aus der Auflistung aus, das dem gewünschten schon möglichst nahe kommt wie das Bild des Befehls ZOOM Option DYNAMISCH. Dieses ändern Sie über BEARBEITEN mit dem WERKZEUGEDITOR ab.

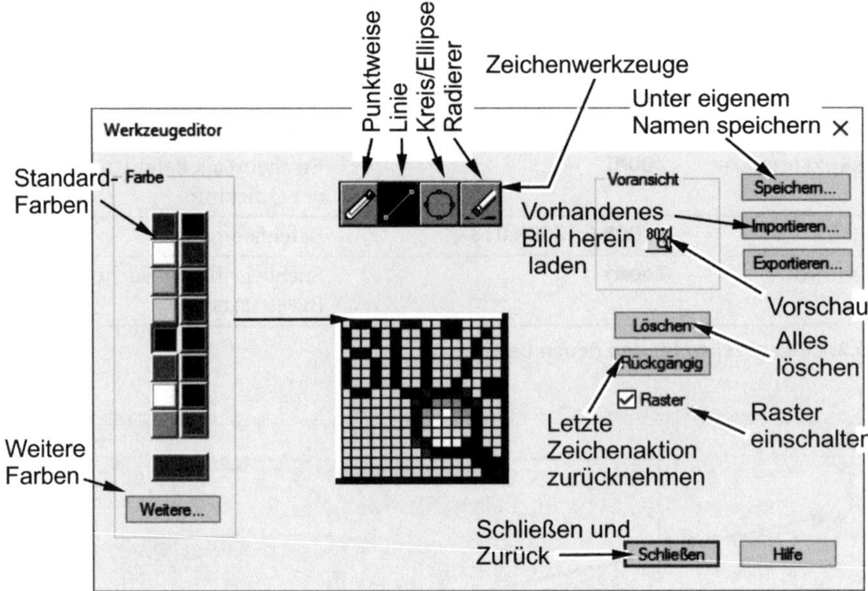

Abb. 15.21: Werkzeugeditor

Wählen Sie Farbe und Zeichenwerkzeug aus und zeichnen Sie in das Logo einfach noch die **80%** hinein. Wenn die Grafik fertig ist, klicken Sie auf SPEICHERN und geben dem Werkzeug einen sinnvollen Namen, zum Beispiel `ZOOMI.BMP`, damit Sie die Grafik später für Änderungen wiederfinden. Das Dialogfenster WERKZEUGEDITOR können Sie nun mit SCHLIEẞEN verlassen. Das neu gestaltete Bild wird auch gleich in Ihren Befehl übernommen. Im Bereich WERKZEUGBILD finden Sie es übrigens ganz am Ende der Werkzeugbilder.

Dann klicken Sie ganz rechts unten auf die Schaltfläche ANWENDEN. Damit ist das benutzerdefinierte Werkzeug **`Zoomi`** dann in die Kategorie BENUTZERDEFINIERTE BEFEHLE aufgenommen. Von hier können Sie es dann leicht in Ihren Werkzeugkasten, Ihr Menü oder Ihre Multifunktionsleiste ziehen und den ABI-EDITOR mit OK verlassen.

Die programmierte Befehlsfolge wird als Makro im Prinzip so eingegeben wie an der Befehlszeile. Nur einige Dinge werden durch Sonderzeichen ersetzt:

Tastatureingabe	Menüsyntax	Bedeutung
[Enter]	**;** oder **`^M`** oder **`Leerzeichen`**	Eingabe beenden
Benutzereingabe	\	Menü wartet auf Benutzereingabe.
[ESC]	**^C**	Abbruchfunktion
[-]	**-**	Nachfolgender Befehl läuft ohne Dialogfenster ab.

Tabelle 15.3: Zeichen für Menüsyntax

Tastatureingabe	Menüsyntax	Bedeutung
[Strg]+[R]	**^V**	Ansicht wechseln
NOCHMAL ...	***^C^C**	Endlose Befehlswiederholung

Tabelle 15.3: Zeichen für Menüsyntax (Forts.)

Wenn Sie weitere Menüfunktionen programmieren, sollten Sie nach den Syntaxregeln aus Tabelle 15.3 Folgendes beachten:

- [Enter]-Taste – Immer, wenn Sie in einem normalen Befehlsablauf die [Enter]-Taste drücken würden, müssen Sie im Befehls-Makro **;** oder ein Leerzeichen oder **^M** schreiben. Zusätzliche Leerzeichen zur Gliederung oder Ähnlichem dürfen Sie nicht verwenden, weil sie als [Enter] gedeutet werden.
- Wenn Sie Benutzereingaben tätigen, wie einen Punkt eingeben oder eine Zahl oder einen Blocknamen, dann steht dafür in der Menüdatei \.
- Bevor die meisten Befehlsabläufe starten können, sollte kein anderer Befehl mehr aktiv sein. Deshalb steht am Anfang der meisten Menüabläufe zweimal ^C, was dem Drücken der [Esc]-Taste entspricht und einen Abbruch jeder gerade laufenden Funktion, auch eines eventuell zusätzlich aktiven transparenten Befehls bedeutet. Ausnahme sind hier transparente Befehle wie 'ZOOM oder 'PAN, die ja gerade auch bei laufenden anderen Befehlen aufgerufen werden können.
- Sie können über die Menüsyntax *keine* Dialogfelder bedienen. Die meisten Befehle, die Dialogfelder verwenden, können auch als reine Befehlszeilendialoge gestartet werden, wenn man dem Befehlsnamen ein Minuszeichen voranstellt. Bei Befehlen, die Dateidialoge starten, können diese über die Systemvariable FILEDIA mit Wert **0** abgeschaltet werden.
- Tastaturkürzel, die mit einer Tastenkombination [Strg]+Taste aufgerufen werden, können im Befehls-Makro mit **^** vor dem Tastenkürzel aktiviert werden. Ausnahme ist das Weiterschalten von einem Ansichtsfenster zum nächsten, was bei Tastatureingabe [Strg]+[R] ist und im Befehls-Makro **^V**.
- Wenn Sie Befehle automatisch endlos wiederholen wollen, geben Sie über die Tastatur vor dem zu wiederholenden Befehl NOCHMAL ein und dann den zu wiederholenden Befehl. In der Menüdatei schreiben Sie dafür ***^C^CBefehlsfolge**. In der Menüdatei wirkt diese automatische Wiederholung auf den kompletten nachfolgenden Befehlsablauf.

Vorsicht

Es gibt einige wenige Befehle, die unter Menüsteuerung nicht so ablaufen werden, wie sie vorher per Tastatureingabe auch bei penibler Nachverfolgung geklappt hatten. Dies sind ABRUNDEN, FASE, STUTZEN, DEHNEN, URSPRUNG, FARBE, LAYOUT und LÄNGE. Vor diese Befehle müssen Sie ^R setzen (ohne Leerzeichen), damit sie so ablaufen, wie per Tastatureingabe ausgetestet.

15.5.4 Beispiele

Mehrfaches Einfügen eines Blocks:

```
*^C^C-EINFÜGE;M10;\;;\
```

fügt einen Block namens **M10** ein und fragt den Benutzer nach dem Einfügepunkt (erster \) und nach dem Drehwinkel (zweiter \). Wenn Sie Befehle benutzen, die Sie nur über Dialogfenster kennen, müssen Sie sie an der Befehlszeile austesten, um zu wissen, was an welcher Stelle einzugeben ist. Beispielsweise wurde hier für die Skalierungsfaktoren in x- und y-Richtung einfach [Enter] (also **;**) eingegeben, weil die automatisch immer auf Wert 1 stehen.

Block im Ortho-Modus einfügen

```
^C^CORTHO;E;-EINFÜGE;Fenster;\;;\
```

fügt auch einen Block namens *Fenster* ein. Da diese in Bauzeichnungen oft nur in orthogonalen Richtungen eingebaut werden, wurde hier vorher mit dem Befehl ORTHO und Option EIN der ORTHO-Modus aktiviert.

Noch eleganter wäre es, mit einem Ausdruck der Diesel-Programmierung zunächst abzufragen, ob der Ortho-Modus geschaltet ist. Wenn dieser aktiv ist, dann rastet der -EINFÜGE-Befehl (hier mit –E abgekürzt) orthogonal ein, ansonsten wird mit ^O der Ortho-Modus ein- und nach dem Einfügen wieder ausgeschaltet:

```
^C^C$M=$(if,$(getvar,ORTHOMODE),-E;Fenster;\;;\,^O-E;-E;Fenster;\;;\^O)
```

Layer 0 aktuell setzen

```
-LAYER;SE;0;;
```

Ein nützlicher Befehl, der den Layer 0 aktuell setzt. Man beachte, dass hier zum Beenden des Befehls –LAYER zweimal [Enter] nötig ist. Also ausprobieren!

Layer einrichten und aktuell setzen

```
-LAYER;M;KONTUR;;
```

Mit der Option MACH des Befehls –LAYER wird ein Layer aktuell gesetzt wie oben bei der Option SETZEN. Sollte der Layer aber noch gar nicht existieren, wird er hierdurch auch erzeugt.

Eingabe für @-Zeichen

```
@^Z
```

Wenn Sie diesen Befehl auf einen Button oder Ähnliches legen, wird das Zeichen @ für die Eingabe relativer Koordinaten generiert. Dann brauchen Sie nicht die Tastenkombination [AltGr]+[q] zu drücken. Das abschließende ^Z ist unbedingt nötig, weil sonst automatisch ein [Enter] von AutoCAD angehängt wird, und Sie den @-Ausdruck nicht fortsetzen können.

Schraffur mit Voreinstellung ANSI31

```
^C^CHPNAME;ANSI31;SCHRAFF;
```

Mit HPNAME wird die Systemvariable für das Schraffurmuster auf `ANSI31` eingestellt und dann erst der Schraffur-Befehl aktiviert.

Mittellinien-Kreuz optimiert

Der Befehl BESCHRIFTEN|MITTELLINIEN|MITTELPUNKTMARKIERUNG ist standardmäßig nicht für Millimeter angepasst.

```
^C^CCENTEREXE;2;CENTERLTYPE;.;ZENTRUMSMARKIERUNG;
```

Hier wird deshalb über Systemvariablen die Verlängerung (CENTEREXE) der Mittellinien auf 2 Einheiten eingestellt und der Linientyp (CENTERLTYPE) mit `.` auf `VonLayer`. Danach kann der Originalbefehl aktiviert werden. Mit dieser Änderung können Sie den Befehl dann auf dem Layer `Mittellinien` sinnvoll aufrufen.

15.5.5 Anpassen von Werkzeugpaletten

Die Werkzeugpaletten sind ein optimales Konstruktionshilfsmittel, mit denen nicht nur Blöcke für Normteile verwaltet werden, sondern über die auch Befehle und Befehlsfolgen aufgerufen werden können.

ZEICHNEN UND BESCHRIFTUNG	Icon	Befehl	Kürzel
ANSICHT|PALETTEN|WERKZEUG-PALETTEN		WERKZPALETTEN bzw. [Strg]+[3]	WP

Die Paletten, die AutoCAD standardmäßig mitliefert, zeigen typische Beispiele für Normteile, Schraffuren und Befehlsaufrufe. Viele Normteile sind in Varianten für britische und metrische Einheiten vorhanden.

Die Werkzeugpaletten können wie so viele Dinge über das Kontextmenü gestaltet werden. Da gibt es Werkzeuge nicht nur, um Normteile hinzuzufügen, sondern auch für das Einfügen von Text (TEXT HINZUFÜGEN) und Trennlinien (TRENNUNG HINZUFÜGEN). Außerdem können Sie im Kontextmenü einfach auch neue Paletten hinzufügen (NEUE PALETTE).

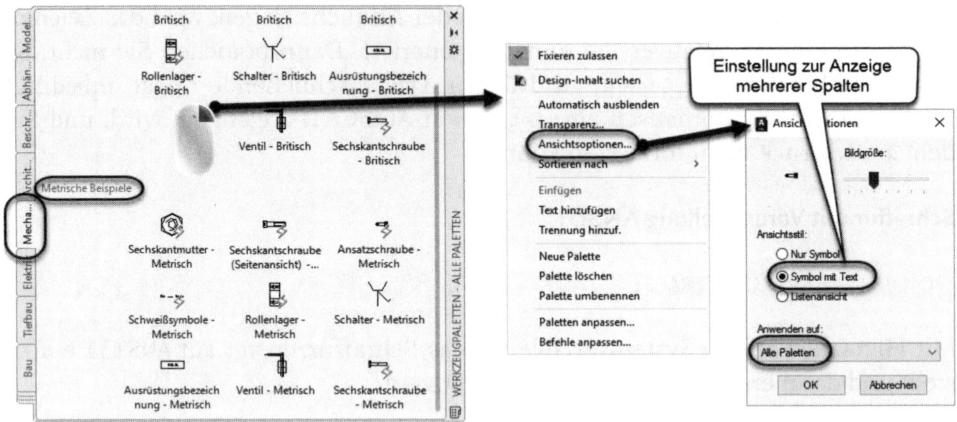

Abb. 15.22: Werkzeugpaletten

Zur Gestaltung der Paletten sollten Sie auch im Kontextmenü die ANSICHTSOPTIONEN wählen und SYMBOL MIT TEXT anstelle von LISTENANSICHT wählen. Die Logos für die einzelnen Werkzeuge sollten aber nicht zu groß gestaltet werden. Dann können Sie viel in einer Palette unterbringen. Standardmäßig enthalten die Paletten schon eine Vielzahl von dynamischen Blöcken. Sie sollten diese studieren, wenn Sie etwas über die Gestaltung von dynamischen Blöcken wissen wollen.

Die wichtigste Frage ist, wie man die Palette nun füllt. Sie können Objekte aus der aktuellen Zeichnung verwenden, um Befehle, Schraffuren und Blöcke hineinzubringen. Das geschieht am einfachsten über die Windows-Zwischenablage. Klicken Sie ein Objekt aus der Zeichnung an und klicken Sie mit der rechten Maustaste. Im Kontextmenü wählen Sie KOPIEREN. Damit schaffen Sie das Objekt in die Zwischenablage. Nun machen Sie auf der Werkzeugpalette einen Rechtsklick und wählen EINFÜGEN. Wenn das Objekt ein Block war, wird der Block in die Palette gelegt; war es eine Schraffur, dann kommt die Schraffur hinein, bei anderen Objekten wird der Befehl in die Palette eingebaut, der zur Erstellung des Objekts gedient hat. Bei fundamentalen Zeichen- oder Bemaßungsbefehlen kommt gleich ein ganzer Werkzeugkasten in die Werkzeugpalette. Sie können die Objekte in der Werkzeugpalette über Rechtsklick dann noch in ihren Eigenschaften editieren. Beispielsweise können Sie bei einer Schraffur noch nachträglich Muster und Farbe ändern. Auch Beschreibungen lassen sich hinzufügen. Objekte können aus einer Palette auch wieder über die Funktion LÖSCHEN im Kontextmenü entfernt werden.

Es gibt zwei Funktionen im Kontextmenü zum Anpassen der Werkzeugpaletten. Mit PALETTEN ANPASSEN können Sie die Gruppierung der Paletten verwalten. Im dazugehörigen Dialogfenster ANPASSEN lassen sich auch Palettengruppen exportieren und importieren. Mit BEFEHLE ANPASSEN aktivieren Sie das Dialogfenster BENUTZEROBERFLÄCHE ANPASSEN. Aus der Befehlsliste dort können Sie dann Befehle in die Werkzeugpalette ziehen.

Oft werden die Werkzeugpaletten auch über das DESIGNCENTER gefüllt oder komplett erstellt. Dazu aktivieren Sie das DESIGNCENTER und wählen entweder ein Verzeichnis oder eine Zeichnungsdatei.

Wenn Sie ein *Verzeichnis* im DESIGNCENTER mit Rechtsklick markieren, finden Sie dort die Funktion WERKZEUGPALETTE VON BLÖCKEN ERSTELLEN. Damit wird aus *allen Zeichnungen in diesem Verzeichnis* automatisch eine neue Werkzeugpalette erstellt, die diese Zeichnungen als Blöcke enthält.

Klicken Sie eine *Zeichnung* im DESIGNCENTER mit Rechtsklick an, dann bekommen Sie im Kontextmenü die Option WERKZEUGPALETTE ERSTELLEN. Damit werden *alle internen Blöcke dieser Zeichnung* in eine neue Palette importiert. Sie können aus dem DESIGNCENTER auch direkt einzelne interne Blöcke mit *Drag&Drop* in eine Palette ziehen.

15.6 Befehlsskripte

Eine Skriptdatei kann verwendet werden, um bestimmte individuelle Voreinstellungen beim Beginn Ihrer Arbeit vorzunehmen oder oft benutzte Befehlsfolgen damit aufzurufen. Eine Skriptdatei erstellen Sie mit dem Editor. Sie können den einfachen Editor aus AutoCAD (nicht LT) heraus auch mit dem Befehl NOTEPAD aufrufen, weil er in der Datei ACAD.PGP als externer Befehl definiert ist. Dann geben Sie einen Dateinamen an, der auf `.SCR` endet: **TEST.SCR**.

Die folgende nützliche Skriptdatei können Sie verwenden, um auf metrische Einheiten umzustellen:

```
LIMITEN      Limiten werden als Grenzen für das Raster gesetzt.
0,0          Linke Ecke der Limiten ist 0,0.
420,297      Rechte obere Ecke der Limiten entspricht A3-Format.
-EINHEIT       Einheiten einstellen
2              Dezimalzahlen für lineare Einheiten
4              4 Nachkommastellen
1              Dezimalzahlen für Winkel
1              1 Nachkommastelle
0              Winkelrichtung für 0° in x-Richtung
N              Positive Winkelrichtung gegen den Uhrzeiger
INSUNITS      Einheiten für Zeichnung zum Skalieren von Blöcken
4              4 = mm, 5 = cm, 6 = m
MEASUREMENT    Einheitensystem für Linientypen, Schraffurmuster und Vorgabe-Maß-
stabsliste
1            1 = metrisch (acadiso.lin und acadiso.pat), 0 = Zoll
```

Geben Sie diese Skriptdatei mit dem NOTEPAD-Editor ein und speichern Sie sie unter dem Namen `voreinstell`.SCR in Ihrem Arbeitsverzeichnis ab. Sie können sie anschließend mit VERWALTEN|ANWENDUNGEN|SKRIPT AUSFÜHREN starten.

15.7 Der Aktions-Rekorder (nicht LT)

Der Aktionsrekorder ist ein Werkzeug, das es erlaubt, Konstruktionsabläufe als Programmablauf aufzunehmen und später wieder identisch abzuspielen. Für die Wiedergabe eines solchen Makros können für die eingegebenen Werte auch Benutzereingaben vorgesehen werden und zusätzliche Meldungen für den späteren Benutzer eingebaut werden.

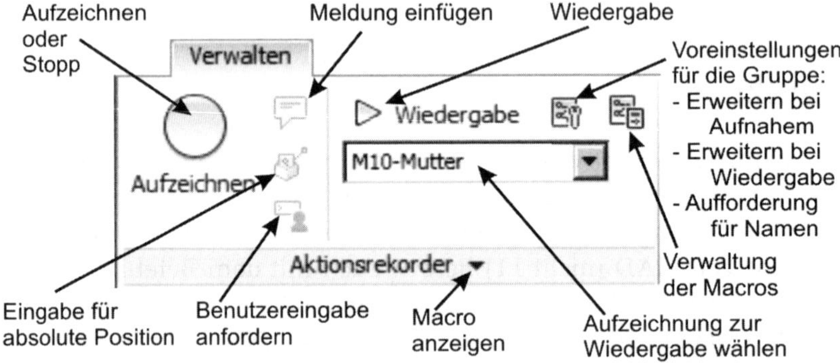

Abb. 15.23: Aktionsrekorder

Als Beispiel wurde eine M10-Mutter konstruiert und dann mit Meldungen und Benutzereingaben für den Startpunkt versehen. Der Ablauf sieht wie folgt aus:

1. Starten Sie den Aktionsrekorder mit dem Button AUFZEICHNEN.
2. Zeichnen Sie die Bohrung als Kreis mit Durchmesser 8.5.
3. Zeichnen Sie mit Objektfang ZENTRUM einen zweiten Kreis mit Durchmesser **10**.
4. Zeichnen Sie mit POLYGON ein Sechseck mit der Methode INKREIS und Radius **17/2**.
5. Aktivieren Sie BRUCH und klicken Sie die erste Bruch-Position am Gewindekreis an.
6. Aktivieren Sie mit [Strg] und Rechtsklick den OBJEKTFANG und wählen Sie KEINER.
7. Klicken Sie nun die zweite Bruchposition im Gegenuhrzeigersinn auf dem Gewindekreis an.
8. Stoppen Sie die Makro-Aufzeichnung und geben Sie nach Aufforderung einen Namen dafür ein.

Danach können Sie mit MELDUNG EINFÜGEN noch einen Erklärungstext am Anfang eingeben und einen Text für die Anfrage nach dem Kreismittelpunkt. Dann klicken Sie auf die Koordinaten des ersten Kreiszentrums und wählen BENUTZEREINGABE ANFORDERN. Damit erhalten Sie nun ein Makro, das an jedem beliebigen Punkt ausgeführt werden kann. AutoCAD registriert standardmäßig alle Positionen im Makro als relative Koordinaten. Deshalb ist das Makro an jedem anderen Punkt Ihrer Zeichnung ebenfalls aufrufbar, wenn Sie nur den ersten Punkt entsprechend eingeben.

Sie können die Benutzermeldung auch über Rechtsklick auf die betreffenden Stellen anhängen. Genauso können Sie mit Rechtsklick jede Eingabe mit der Option BENUTZEREINGABE ANFORDERN versehen oder die Eingabedaten ändern, beispielsweise auf glatte Koordinaten legen.

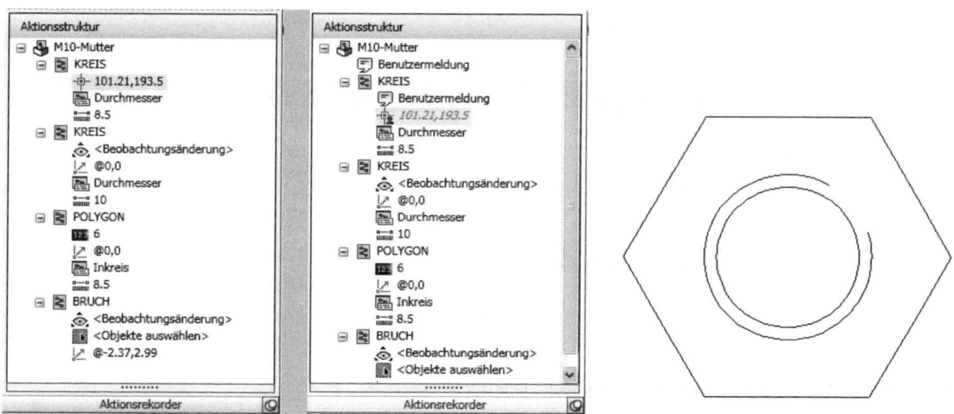

Abb. 15.24: Aufgezeichnetes und modifiziertes Aktionsmakro mit Benutzermeldung und Benutzeranfrage

15.8 Die Express Tools (nicht LT)

Es gibt in AutoCAD 2023 wieder die aus Vorgängerversionen bekannten Zusatzfunktionen, die nicht nur als Multifunktionsregister EXPRESS TOOLS, sondern auch als Menü zusammengefasst sind. Wenn Sie sie bei der Installation gewählt haben, erscheinen sie beim AutoCAD-Start automatisch in der Multifunktionsleiste und Menüleiste und mit einigen Werkzeugkästen. Diese Funktionen sind oft von Anwendern programmierte, meist sehr raffinierte, spezielle und nicht von Autodesk in die normale Benutzeroberfläche übernommene Werkzeuge.

Hinweis Menüleiste

Die *Menüleiste* können Sie über SCHNELLZUGRIFF-WERKZEUGKASTEN|▼MENÜLEISTE ANZEIGEN aktivieren.

Die EXPRESS TOOLS gibt es nur in englischer Sprache. Hier sollen die wichtigsten dieser Werkzeuge deshalb mit einer deutschen Kurzbeschreibung vorgestellt werden. Vorzugsweise wird die Reihenfolge in der Multifunktionsleiste benutzt. Die Funktionsaufrufe für das Menü stehen in Klammern. Allerdings erhalten Sie in den Hilfefunktionen die ausführlichen Erklärungen auf Deutsch.

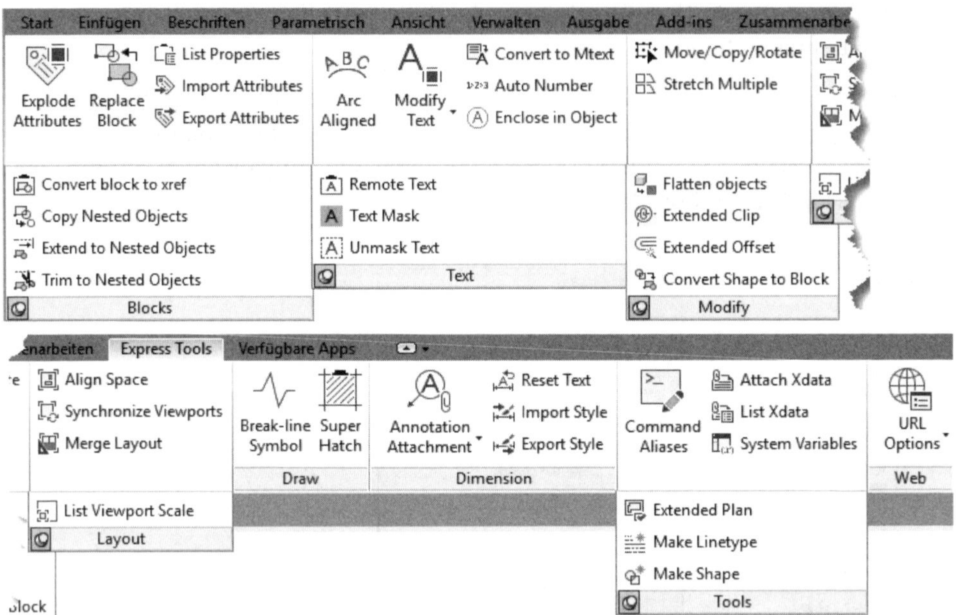

Abb. 15.25: Multifunktionsleiste EXPRESS-TOOLS

15.8.1 Blocks (Blöcke)

- EXPLODE ATTRIBUTES (EXPLODE ATTRIBUTES TO TEXT) – zerlegt Block (wie URSPRUNG); aus den Attributwerten werden dabei Texte.
- REPLACE BLOCK (REPLACE BLOCK WITH ANOTHER BLOCK) – ersetzt alle Einfügungen eines Blocks durch die eines anderen. Mit PURGE...? und Y werden die Blöcke bereinigt.
- LIST PROPERTIES (LIST XREF/BLOCK PROPERTIES) – zeigt Eigenschaften einzelner Objekte innerhalb von XRef oder Block an.
- IMPORT ATTRIBUTES (IMPORT ATTRIBUTE INFORMATION) – aktualisiert Attributwerte aus der Texttabelle in der Zeichnung. Die Blöcke werden über die HANDLE-Eintragung gefunden. Damit können extern editierte Tabellen zum Aktualisieren der Zeichnung verwendet werden.
- EXPORT ATTRIBUTES (EXPORT ATTRIBUTE INFORMATION) – exportiert Attributwerte in Texttabelle.

- ▼ CONVERT BLOCK TO XREF – ersetzt alle Einfügungen eines Blocks durch eine zu wählende Zeichnungsdatei als Xref. Mit PURGE...? und Y werden die Blöcke bereinigt.
- ▼ COPY NESTED OBJECTS – kopiert Objekte aus XREF oder BLOCK in die Zeichnung.
- ▼ EXTEND TO NESTED OBJECTS – dehnt auf Grenzkanten in Blöcken oder XRefs.
- ▼ TRIM TO NESTED OBJECTS – stutzt auf Schnittkanten in Blöcken oder XRefs.

15.8.2 Text (Text)

- ARC-ALIGNED (ARC-ALIGNED TEXT) – erzeugt Text, der einem Bogen folgt.
- MODIFY TEXT
  - EXPLODE (EXPLODE TEXT) – wandelt Texte in Polylinien um.
  - ▼Aa CHANGE CASE (CHANGE TEXT CASE) – ändert Groß- und Kleinschreibung der gewählten Texte: SENTENCE CASE Anfangsbuchstabe des ersten Wortes groß, sonst alles klein, LOWERCASE alles klein, UPPERCASE alles groß, TITLE jeder Anfangsbuchstabe eines Wortes groß, tOGGLE cASE schaltet die Groß-/Kleinschreibung jedes Buchstabens um.
  - ▼ ROTATE (ROTATE TEXT) – dreht Textobjekte in neue Winkelposition. Die Option MOST READABLE bestimmt die optimale Leseposition.
  - ▼ FIT (TEXT FIT) – verändert die Textbreite (DTEXT) durch Neuposition des Endpunkts. Die Option START POINT erlaubt die Neufestlegung des Startpunkts.
  - ▼ JUSTIFY (JUSTIFY TEXT) – verändert Positionierung eines Textes (wie ZENTRTEXTAUSR).
- CONVERT TO MTEXT (CONVERT TEXT TO MTEXT) – wandelt Texte (DTEXT), auch mehrere Zeilen, in MTEXT um. Mehrere DTEXT-Objekte können zu einem einzigen MTEXT-Absatz zusammengefasst werden.
- AUTO NUMBER (AUTOMATIC TEXT NUMBERING) – versieht mehrere wählbare Textzeilen (DTEXT) mit Nummerierungen.
- ENCLOSE IN OBJECT (ENCLOSE TEXT WITH OBJECT) – umrahmt einen Text durch verschiedene Objekte: CIRCLE (Kreis), SLOT (rechteckige Box mit Halbkreisen rechts und links), RECTANGLE (Rechteck).
- ▼ REMOTE TEXT – fügt Textzeilen aus einer Datei als neues RText-Objekt ein. Mit der Option DIESEL können Ausdrücke mit der DIESEL-Sprache geschrieben werden, die aktuelle Werte anzeigen wie zum Beispiel:
  `$(getvar, "dwgprefix")$(getvar, "dwgname")`
  zur Anzeige von Zeichnungspfad und -name.

- ▼ TEXT MASK – versieht Texte (DTEXT) mit verschiedenen Hintergrundobjekten als Maske: WIPEOUT (Befehl ABDECKEN), 3DFACE (Befehl 3DFLÄCHE), SOLID (Befehl SOLID).
- ▼ UNMASK TEXT – entfernt Textmaske.

15.8.3 Modify (Ändern)

- MOVE/COPY/ROTATE – führt mehrere Transformationen mit denselben Objekten durch: MOVE Schieben, COPY Kopieren, ROTATE Drehen, SCALE Skalieren, BASE neuen Basispunkt für die obigen Aktionen festlegen, UNDO Zurück.
- STRETCH MULTIPLE (MULTIPLE OBJECT STRETCH) – arbeitet ähnlich wie STRECKEN, aber es können mehrere zu streckende Bereiche gewählt werden, bis die Objektwahl mit [Enter] beendet wird.
- ▼ FLATTEN OBJECTS – konvertiert 3D-Kurven und netzartige Flächen in 2D-Geometrie.
- ▼ EXTENDED CLIP – stutzt mehrere Objekte (Pixelbild, Wipeout [Abdecken], XRef, Block) an Polylinie, Linie, Kreis, Bogen, Ellipse oder Text.
- ▼ EXTENDED OFFSET – entspricht dem Befehl VERSETZ.
- ▼ CONVERT SHAPE TO BLOCK – wandelt Symbol (erzeugt über Befehle SYMBOL, LADEN) in Block um.
- Nur über Menüleiste aufrufbar: DRAW ORDER BY COLOR – ordnet Zeichnungsobjekte in ihrer Anzeigereihenfolge nach Farbe.
- Nur über Menüleiste aufrufbar: MULTIPLE COPY – kopiert die gewählten Objekte mehrfach mit folgenden Optionen: REPEAT verwendet den letzten Kopierabstand erneut, DIVIDE arbeitet wie Teilen, MEASURE arbeitet wie Messen, ARRAY ermöglicht ein rechteckiges Muster unter einem Winkel ähnlich wie REIHE. Optionen im Modus ARRAY:
  - PICK – Die Wiederholabstände werden über ein Rechteck mit diagonalen Punkten in x und y zugleich angegeben. Die Kopien werden nur auf *die* Positionen des Rasters gesetzt, die Sie explizit anklicken.
  - MEASURE – Die Kopien werden auf alle Positionen gesetzt, die durch einen zweiten Punkt begrenzt werden.
  - DIVIDE – Es wird ein zweiter Punkt zur Begrenzung des auszufüllenden Bereichs angegeben und dann die Anzahl der Spalten (colums) und Zeilen (rows).

15.8.4 Layout (Layout-Werkzeuge)

- ALIGN SPACE – dreht den Inhalt eines Ansichtsfensters. Sie wählen über zwei Punkte im Modellbereich des Fensters eine Richtung und geben über zwei Punkte im Papierbereich eine neue Ausrichtung an.

- SYNCHRONIZE VIEWPORTS – dreht und skaliert den Inhalt des zweiten Ansichtsfensters so, dass er zum ersten Ansichtsfenster passt.
- MERGE LAYOUTS – transportiert die Ansichtsfenster des zuerst gewählten Layouts in das zweite Layout. Das erste Layout kann auf Anfrage PURGE... bereinigt werden.
- ▼ LIST VIEWPORT SCALE – zeigt den Maßstab des gewählten Ansichtsfensters in der Form 1:x an.

15.8.5 Draw (Zeichnen)

- BREAK-LINE SYMBOL – erzeugt eine Bruchlinie als Zickzacklinie. Die Länge wird über zwei Punkte angegeben. Es wird für das Symbol ein vorgegebener Block vorgeschlagen. Die Position des Bruchsymbols kann mit `Enter` auf Mittelpunkt (MIDPOINT) gesetzt werden oder mit dem automatisch aktiven Objektfang NÄCHSTER gewählt werden. Optionen: SIZE: Änderung der Zackenlänge (Vorgabe 0.5), EXTENSION Verlängerung an beiden Enden (Vorgabe 1.25), BLOCK Wahl eines anderen Bruchsymbols (mit Punktobjekt auf dem Layer *Def-Points* an jedem Ende).
- SUPER HATCH... – erzeugt eine Superschraffur aus folgenden Objekten durch kachelartige Aneinanderreihung: IMAGE: Rasterbild, BLOCK: interner oder externer Block, XREF ATTACH: externe Referenz, WIPEOUT: Abdeckungsfläche (Befehl ABDECKEN).

15.8.6 Dimension (Bemaßung)

- ANNOTATION ATTACHMENT (LEADER TOOLS) – dient zur Bearbeitung von Führungspfeilen mit Texten:
  - ▼ ATTACH LEADER TO ANNOTATION verknüpft einen losgelösten Text wieder mit einem Führungspfeil,
  - ▼ GLOBAL ATTACH LEADER TO ANNOTATION verknüpft alle losgelösten Texte wieder mit den Führungspfeilen,
  - ▼ DETACH LEADERS FROM ANNOTATION löst Text und Führungspfeil voneinander.
- RESET TEXT (RESET DIM TEXT VALUE) – setzt einen überschriebenen Maßtext wieder auf den ursprünglichen assoziativen Wert zurück.
- IMPORT STYLE (DIMSTYLE IMPORT) – importiert einen Bemaßungsstil aus einer Datei mit der Endung `*.dim`.
- EXPORT STYLE (DIMSTYLE EXPORT) – exportiert einen Bemaßungsstil in eine Datei mit der Endung `*.dim`.

15.8.7 Tools (Werkzeuge)

- COMMAND ALIASES (COMMAND ALIAS EDITOR) – Mit diesem Werkzeug können Befehlsabkürzungen in der benutzerspezifischen Datei `acad.pgp` bearbeitet werden. Hier können Sie durch Klick in die Spaltenköpfe auch die alphabetische Reihenfolge einstellen und Befehle wie Abkürzungen schneller finden. Die Optionen: ADD hinzufügen, REMOVE entfernen, EDIT ändern.
- ATTACH XDATA – An ein Objekt können »Extended Data« angehängt werden, wie es bei applikationsabhängigen Objekten üblich ist. Folgende Typen gibt es:
- LIST XDATA (LIST OBJECT DATA) – Die »Extended Data« von applikationsabhängigen Objekten können angezeigt werden.
- SYSTEM VARIABLES– Systemvariablen können hiermit bequem untersucht und editiert werden.
- ▼ EXTENDED PLAN – wählt neuen Zoom-Bereich durch Wahl der anzuzeigenden Objekte.
- ▼ MAKE LINETYPE – erzeugt eigene Linientypen aus mehreren Liniensegmenten und Symbolen. Sie werden in eine eigene Linientypdatei geschrieben und gleich in die aktuelle Zeichnung geladen.
- ▼ MAKE SHAPE – erzeugt eigene Symbole aus mehreren Liniensegmenten, Kreisen und Bögen. Sie werden in eine eigene Symboldatei geschrieben und gleich in die aktuelle Zeichnung geladen. Mit SYMBOL können sie eingefügt werden.
- Nur über Menüleiste aufrufbar: REAL-TIME UCS – Das Koordinatensystem kann durch Ziehen mit der Maustaste gedreht werden. Die vorgegebene Drehachse ist die x-Achse. Mit [Tab] kann auf die y- oder z-Achse als Drehachse umgeschaltet werden. Optionen: SAVE mit Namen speichern, RESTORE letztes BKS wiederherstellen, DELETE BKS löschen, CYCLE orthogonale BKS durchblättern, ANGLE Winkelinkrement für das Ziehen mit der Maustaste definieren, ORIGIN neuen Nullpunkt anklicken, VIEW xy-Ebene wird in die Ansichtsebene gelegt, WORLD Weltkoordinatensystem (WKS) eingeschaltet, UNDO Zurück.
- Nur über Menüleiste aufrufbar: DWG EDITING TIME – bedient eine Benutzer-Stoppuhr.

15.8.8 WEB-Tools (Internet-Werkzeuge)

- SHOW URLS – Hyperlinkadressen werden angezeigt und können editiert werden.
- CHANGE URLS – Hyperlinkadressen können editiert werden.
- FIND AND REPLACE URLS – Nur Objekte mit Hyperlinks lassen sich wählen, und in diesen Adressen können Zeichenketten ersetzt werden.

15.8.9 Nur über Menüleiste aufrufbar: Selection Tools (Objektwahl)

- GET SELECTION SET – stellt einen Auswahlsatz nach zwei Kriterien zusammen. Das erste gewählte Objekt spezifiziert den Layer, das zweite Objekt den Objekttyp. Die Objekte können in einem nachfolgenden Befehl mit der Objektwahlmethode V verwendet werden.
- FAST SELECT – wählt das angeklickte Objekt sowie alle, die es direkt berühren.

15.8.10 Nur über Menüleiste aufrufbar: File Tools (Dateiwerkzeuge)

- MOVE BACKUP FILES – Eingabe für ein neues Verzeichnis für die Sicherungsdatei (`Zeichnungsname.bak`), die beim Speichern automatisch abgelegt wird. Beginnt der Verzeichnisname nicht mit »\«, dann wird es als Unterverzeichnis des aktuellen Arbeitsverzeichnisses angenommen.
- CONVERT PLT TO DWG – Eine Plotdatei im HPGL-Format kann in eine DWG-Datei umgewandelt werden.
- EDIT IMAGE – startet für ein eingefügtes Bild das passende Editierprogramm Ihres Rechners zum Bearbeiten.
- REDEFINE PATH – Es lässt sich ein neues Verzeichnis für die benutzten Stile, Symbole, XRefs, Bilder und RText-Objekte angeben.
- UPDATE DRAWING PROPERTY DATA – verwaltet Zeichnungseigenschaften ähnlich dem Befehl DWGEIGEN.
- SAVE ALL DRAWINGS – speichert alle geöffneten Zeichnungen.
- CLOSE ALL DRAWINGS – schließt alle geöffneten Zeichnungen.
- QUICK EXIT – entspricht dem Befehl QUIT.
- REVERT TO ORIGINAL – lädt den zuletzt gespeicherten Stand der Zeichnung zurück und verwirft alle aktuellen Änderungen.

15.8.11 Nur über Menüleiste aufrufbar: Tools (Werkzeuge)

- REAL-TIME UCS – Ein Werkzeug zum interaktiven Schwenken des Koordinatensystems, mit [Tab] kann die Drehachse variiert werden.
- DWG EDITING TIME – Ein Werkzeug zum Bedienen der Benutzerstoppuhr. Mit Option TIMEOUT kann festgelegt werden, nach welcher Zeitspanne der Inaktivität die Stoppuhr automatisch anhält.

15.8.12 Befehle zur Eingabe im Textfenster

- ACADINFO – schreibt alle Informationen der AutoCAD-Installation, auch die aktuellen Systemvariablen, in eine Textdatei. Sie kann beispielsweise später benutzt werden, um verstellte Systemvariablen zu lokalisieren. Ein Vergleich unter einem Textprogramm wie Word kann die Unterschiede schnell lokalisieren.

Tipp

Vielleicht sollten Sie diesen Befehl mal ganz am Beginn Ihrer Arbeit mit AutoCAD geben, damit die Standard-Einstellungen aller Systemvariablen gesichert sind. Teile dieser Textdatei können Sie als Skript verwenden, um später alle Systemvariablen wieder herzustellen!

- BLOCK? – zeigt die AutoLISP-Objektliste für den Block oder einzelne Objekte im Block an. Mit [Enter] können Sie die Objekte durchblättern.
- BCOUNT – zählt Blöcke innerhalb Ihrer Auswahl ab.
- DWGLOG – schaltet eine Protokolldatei über die Zeichnungsbenutzung ein/aus. Damit kann verfolgt werden, wer eine Datei wann bearbeitet hat. Die zugehörigen Programme `dwglog.arx` und `dwglog.lsp` sollten vorher dafür in die AutoLISP-Startdatei gesetzt werden.
- EXPRESSTOOLS – installiert und deinstalliert die Multifunktionsleiste und das Menü für die Express Tools, auch nachträglich.
- EXTRIM – stutzt *alle* Objekte jenseits einer gewählten Grenzkurve.
- GATTE – ersetzt global Attributwerte für einen bestimmten Block.
- LSP – zeigt verfügbare AutoLISP-Aufrufe geladener Programme an.
- LSPSURF – listet Aufruf oder Inhalt einer externen AutoLISP-Datei in einem Dialogfenster auf.
- MPEDIT – editiert mehrere Polylinien zugleich, ähnlich PEDIT.
- REDIRMODE – steuert, welche Pfade durch das Menü EXPRESS|FILE TOOLS|REDEFINE PATH umdefiniert werden dürfen.
- SSX – erstellt einen Auswahlsatz gemäß einem gewählten Objekt und weiteren Kriterien.
- TFRAMES – schaltet Rahmen für Images/Wipeouts (s. Befehl BILD/ABDECKEN) ein/aus.
- DUMPSHX – ist als Befehl in der WINDOWS-EINGABEAUFFORDERUNG einzugeben. Diese erreichen Sie aus AutoCAD heraus mit dem SHELL-Befehl:

  Sh [Enter] [Enter]

  DUMPSHX wandelt binäre, nicht editierbare Symbolbibliotheken bzw. Zeichensatzdateien (`*.shx`) in editierbare (`*.shp`) um. Das Beispiel erstellt die `simplex.shp` aus der `shx`-Datei:

  ```
  dumpshx -o simplex.shp simplex.shx.
  ```

  Das ist nötig, wenn Sie eine Schriftdatei um weitere Zeichen ergänzen wollen: zuerst die *.SHP erstellen, dann mit Texteditor darin das Zeichen erstellen (siehe *Handbuch für Benutzeranpassungen* über die ONLINE-HILFE), zuletzt wieder die *.SHP mit dem AutoCAD-Befehl KMPILIER in die *.SHX umwandeln.

15.9 Wichtige Systemvariablen

Diese Liste »überlebenswichtiger« Systemvariablen soll Ihnen bei Problemen helfen, AutoCAD wieder flott zu bekommen, wenn Sie mal etwas verstellt haben. Die Liste gibt für einige Variablen einen Vorschlag für eine sinnvollere Einstellung wieder als in der Standard-Vorgabe.

Systemvariable	Vorgabe	Vorschlag	
APERTURE	10	6	BOXGRÖßE FÜR OBJEKTFANG IN PIXELN
BLOCKEDITLOCK	0		ERLAUBT/VERBIETET BEARBEITEN DYNAMISCHER BLÖCKE.
CURSORSIZE	5		FADENKREUZGRÖßE 5%
DIMASSOC	2		ASSOZIATIVITÄT DER BEMAßUNG
ELEVATION	0.0		VORGABEWERT FÜR FEHLENDE Z-KOORDINATEN
FILEDIA	1		DATEIDIALOGE BEI BEFEHLEN MIT DATEIVERWALTUNG EINGESCHALTET, (0 = IN BEFEHLSZEILE)
FILLMODE	1		FLÄCHENFÜLLUNGEN UND SCHRAFFUREN ANZEIGEN
GALLERYVIEW	1		GALERIEANSICHTEN ZEIGEN (0 FÜR NICHT ZEIGEN)
HIGHLIGHT	1		MARKIERTE BZW. GEWÄHLTE OBJEKTE BLAU HERVORHEBEN
LAYOUTTAB	1		LAYOUTREGISTER ANZEIGEN (0 FÜR NICHT ZEIGEN)
MEASUREMENT	1		METRISCHE EINHEITEN (BEI ALTEN ZEICHNUNGEN VOR 2000 EINSTELLEN!!!) FÜR LINIENTYPEN, SCHRAFFURMUSTER UND VORGABE-MAßSTABSLISTE
MIRRHATCH	0	(1)	SPIEGELN VON SCHRAFFUREN: 0 FÜR FORTSETZEN DER SCHRAFFUR IN SPIEGELKONTUR
MIRRTEXT	0	(1)	SPIEGELN VON TEXTEN OHNE SPIEGELSCHRIFT

Tabelle 15.4: Einige wichtige Systemvariablen

Systemvariable	Vorgabe	Vorschlag	
OSNAPCOORD	2	1	1 = Koordinaten haben Vorrang vor Objektfang, auch für Menüfunktionen, AutoLISP und Skripten (empfohlen). 2 = Koordinaten haben nur bei Tastatureingabe Vorrang, bei programmierten Abläufen nicht (Vorgabe)!
PICKADD	2		Objektwahl erlaubt, mehrfach Objekte zu wählen (wird oft versehentlich im Eigenschaften-Manager abgeschaltet).
PICKBOX	3		Boxgröße für Objektwahl in Pixeln
PICKFIRST	1		Objektwahl vor Befehl möglich
PICKSTYLE	1		Gruppenwahl aktiv (umschalten mit Strg+H)
QTEXTMODE	0	(1)	Textanzeige (Text durch umrandende Box repräsentieren)
SAVETIME	10		Sicherungsintervall in Minuten (*.SV$)
SDI	0		Bearbeiten mehrerer Zeichnungen möglich
SELECTIONPREVIEW	3		Steuert die Markierung gewählter Objekte
STARTMODE	1		Register Start anzeigen (0 nicht anzeigen)
THICKNESS	0.0		Objekthöhe (Ausdehnung in Z) für 2D-Objekte
VPCONTROL	EIN	(AUS)	Aktiviert die Anzeige der Ansichtsfenster-Steuerelemente im Zeichenbereich links oben: [-][Oben][2D-Drahtkörper]
ZOOMFACTOR	60	3...100	Sensibilität des Mausrads
ZOOMWHEEL	0	(1)	Übliche/entgegengesetzte Mausaktion beim Zoomen (1 entspricht der Richtung im Programm *Inventor*)

Tabelle 15.4: Einige wichtige Systemvariablen (Forts.)

Mit dem Befehl SYSVARÜBERW wird eine Überwachung für wichtige Systemvariablen möglich. Die Liste zu überwachender Variablen können Sie selbst ergänzen. Bei Änderung überwachter Variablen erhalten Sie eine Warnmeldung und das Überwachungssymbol erscheint in der STATUSLEISTE. Dort erhalten Sie auch ein Kontextmenü zum Rücksetzen.

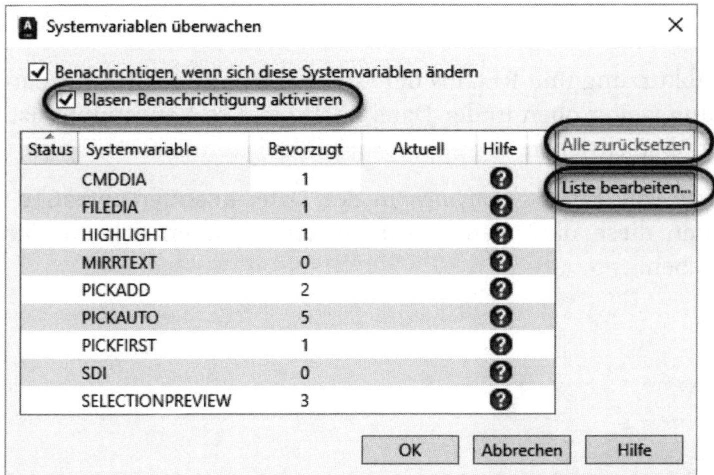

Abb. 15.26: Monitor zur Überwachung von Systemvariablen

15.10 Nützliche Befehle zur Benutzeroberfläche

- DATEIREG/DATEIREGSCHL – aktiviert/deaktiviert die Zeichnungsregister oben am Zeichenbereich,
- MFLEISTE/MFLEISTESCHL – aktiviert/deaktiviert die Multifunktionsleisten,
- BEFEHLSZEILE/BEFEHLSZEILEAUSBL – aktiviert/deaktiviert die Befehlszeile (kann auch eingetippt werden, wenn die Befehlszeile nicht aktiv ist!), alternativ: `Strg`+`9`.

15.11 Befehlsabkürzungen bearbeiten

Unter VERWALTEN|BENUTZERANPASSUNG|ALIASSE BEARBEITEN haben Sie Zugriff auf die Liste der Befehlsabkürzungen (Aliasse) in der Datei ACAD.PGP. Außerdem sind dort auch sogenannte externe Befehle enthalten, die AutoCAD direkt an das Betriebssystem weitergibt. Damit ist beispielsweise in AutoCAD die Eingabe von Notepad möglich. Das ist eigentlich gar kein AutoCAD-Befehl, sondern der Aufruf des Windows-Notizblock-Editors. Die dafür nötige Definition lautet in der PGP-Datei:

```
NOTEPAD,    START NOTEPAD, 1, Zu bearbeitende Datei:,
```

Eigene Befehlsabkürzungen sollten Sie ganz ans Ende der Datei setzen, damit sie beim Release-Wechsel beim Migrieren (Übernahme) in die neue Version nicht verloren gehen. Die Schreibweise für eine eigene Abkürzung sieht folgendermaßen aus:

```
R,  *REGEN.
```

Dabei ist R die neue Abkürzung und REGEN der Original-Befehl. Achten Sie darauf, dass die Abkürzung weiter oben in der Datei noch nicht in Verwendung ist. Sie wird sonst hiermit überschrieben.

Es gibt auch eine Liste von *Befehlssynonymen* in der Datei acadSynonymsGlobalDB.PGP. Sie können diese nach demselben Muster anpassen, wie für die Befehlsaliasse beschrieben.

Abb. 15.27: Zugriff auf Befehlsabkürzungen (Aliasse) und Synonyme

Auch die *Autokorrekturliste*(AutoCorrectUserDB.PGP), die automatisch aus Ihren erkannten Fehleingaben entsteht, kann hier bearbeitet werden. Die Eintragungen in die *Autokorrekturliste* entstehen dann, wenn Sie einen Befehl fehlerhaft (oder in Ihrem Dialekt) eintippen und dann in den angebotenen ähnlichen Befehlen den beabsichtigten anklicken. Wenn Sie das dreimal gemacht haben, wird Ihre fehlerhafte Befehlsbezeichnung in der *Autokorrekturliste* notiert und in Zukunft automatisch erkannt.

15.12 Apps für AutoCAD laden

Mit dem Register ADD-INS können Sie mit dem APP MANGER über die Zeile AUTODESK APP STORE WEBSITE AUFRUFEN (unter dem Dialogfenster des Managers) zum *Autodesk App Store* verzweigen und dann nach Apps suchen und sie downloaden.

Sie sind teils kostenfrei, teils gegen Gebühr erhältlich, und erscheinen nach Download und Installatioin im Register ADD-INS. Im Beispiel wird eine nützliche App zum Importieren von SketchUp-Dateien geladen (Abschnitt 15.13, *Apps managen*).

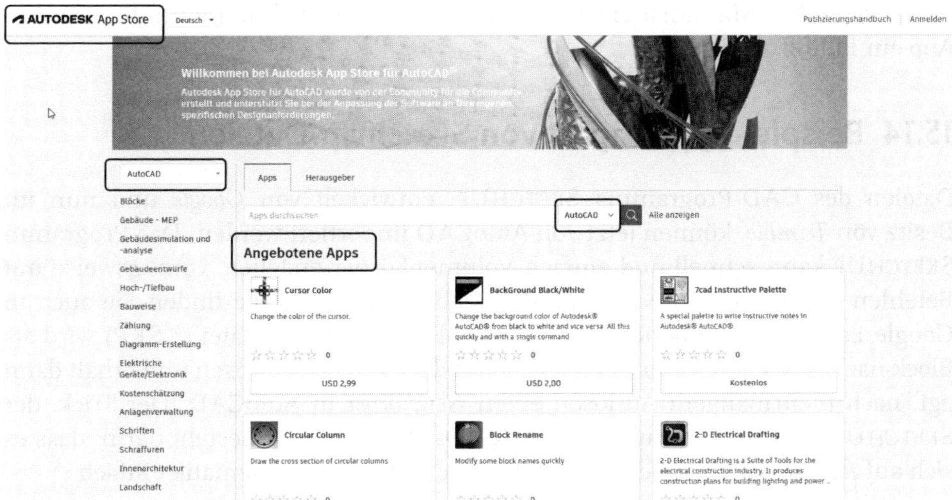

Abb. 15.28: AUTODESK APP STORE – der Laden für Apps bei Autodesk

15.13 Apps managen

Im Register ADD-INS liefert das Werkzeug APP MANAGER ein Dialogfenster mit mehreren Zeilen, die nach Doppelklick zu Informationen über die geladenen Apps führen (Abbildung 15.29).

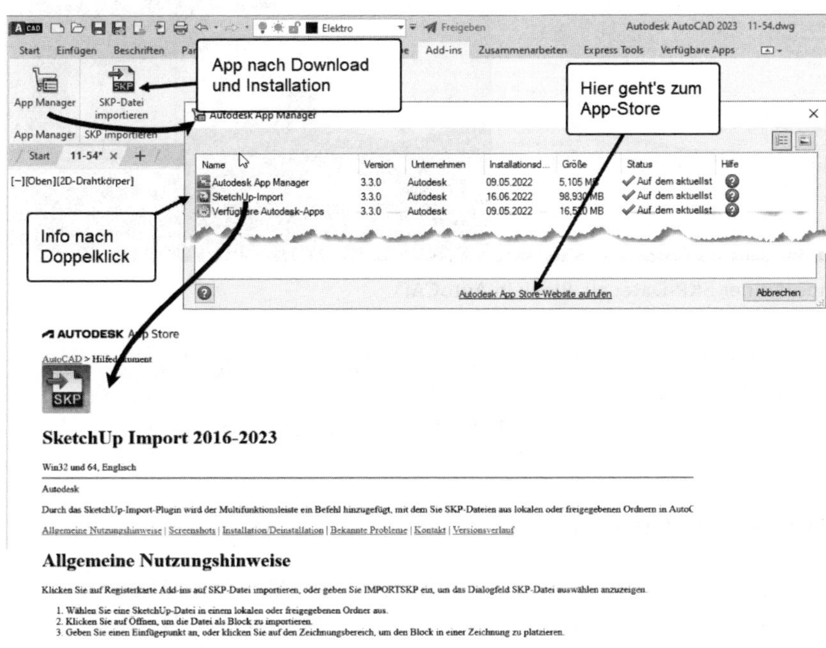

Abb. 15.29: App Manager mit Info-Werkzeug

Neben dem APP MANAGER erscheint dann für jede von Ihnen heruntergeladene App ein Button zum Aufruf.

15.14 Beispiel-App: Import von SketchUp-Dateien

Dateien des CAD-Programms SKETCHUP, entwickelt von *Google* und nun im Besitz von *Trimble*, können jetzt von AutoCAD importiert werden. Das Programm SKETCHUP kann schnell und einfach Volumenkörper erstellen, vorzugsweise mit Befehlen wie KLICKZIEHEN bei AutoCAD. SKETCHUP-Modelle finden Sie auch in Google Earth für viele berühmte Gebäude. Eine SketchUp-Datei (*.SKP) wird als Block nach AutoCAD importiert. Man kann diesen Block auflösen und erhält dann ggf. nach mehrmaligem Auflösen einen *Netzkörper* in AutoCAD. Der Trick, der SKETCHUP zu einem relativ einfachen CAD-System macht, besteht darin, dass es sich auf *facettierte Körper* beschränkt. Dadurch wird die Mathematik einfach.

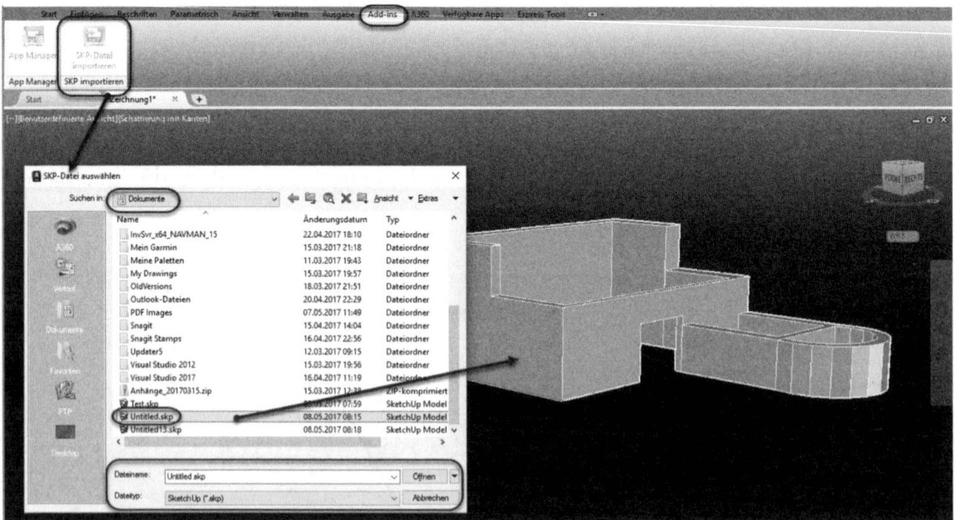

Abb. 15.30: Import einer SKP-Datei als Block in AutoCAD

> **Tipp**
>
> Zu SketchUp siehe auch mein Buch **SketchUp 8.0** aus dem Verlag mitp.

15.15 AutoCAD unter Mac

Auf der Homepage von Autodesk wird neben der Windows-Version auch AUTOCAD FOR MAC angeboten, natürlich ebenfalls als Testversion. Der Titel klingt zwar englisch, aber die installierte Version redet dann deutsch mit Ihnen.

In dieser AutoCAD-Version laufen zwar die grundlegenden Zeichen- und Bearbeitungsbefehle ganz analog zur Windows-Version, auch mit gleichen Icons bis auf wenige Ausnahmen. Es ist aber keine 1:1-Übernahme in ein anderes Betriebssystem, sondern schon in vielen Bereichen eine überarbeitete Version, die auch manch alten Befehl und gewachsene doppelt vorhandene Verfahren reduziert und vereinfacht hat.

An dieser Stelle soll eine kurze Übersicht der Befehlsgruppen gegeben werden, die an die Stelle der Windows-Multifunktionsleisten treten. Außerdem finden Sie hier einige nützliche Hinweise auf die Anpassungen, die AutoCAD auf dem Mac erfahren hat.

Alle Funktionen, die gegenüber der Vorgängerversion verändert wurden, tragen vorgabemäßig eine orange Markierung.

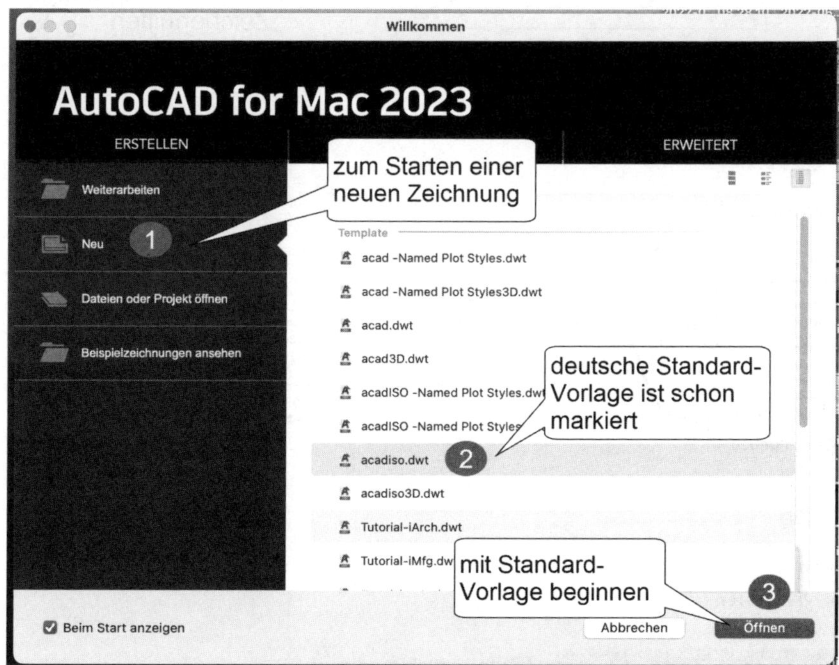

Abb. 15.31: Starten einer Zeichnung mit Standard-Vorlage

Tipp

Mit dem +-Zeichen links neben der Registerfahne ZEICHNUNG1 können Sie nicht nur eine neue Zeichnung starten, sondern auch gleichzeitig die *Standard-Vorlage* neu festlegen.

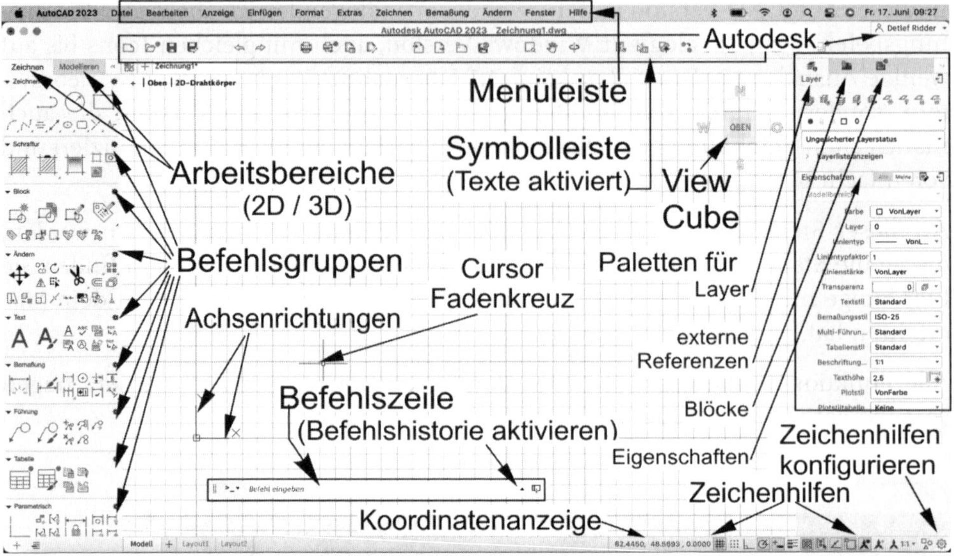

Abb. 15.32: Benutzeroberfläche AutoCAD for Mac

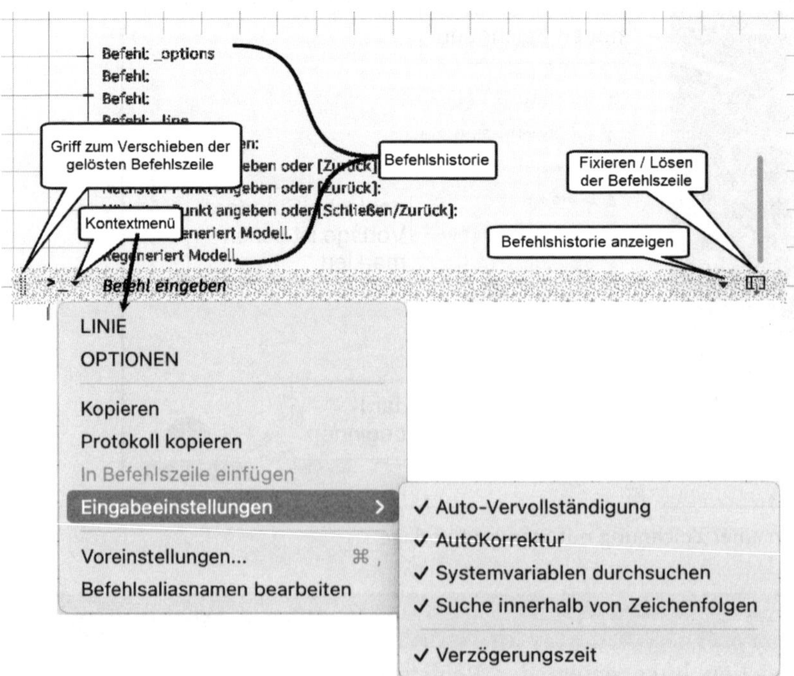

Abb. 15.33: Befehlszeileneinstellungen und Kontextmenü

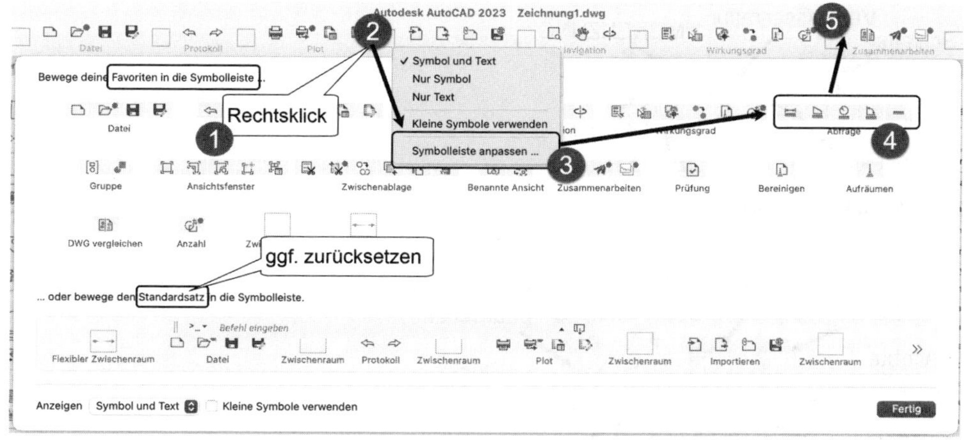

Abb. 15.34: Beispiel für Anpassung der Symbolleiste

15.15.1 Befehlsgruppen

Die Gruppen enthalten die wichtigsten Befehle, einige mit Drop-down-Liste für verwandte Befehle. Über das ANPASSEN-WERKZEUG können bei einigen Gruppen noch weitere Befehle aktiviert werden, die hier am unteren Rand der Abbildungen extra angezeigt werden. Falls Sie von Windows her Befehle vermissen, versuchen Sie, diese im KONTEXTMENÜ zu finden, oder aktivieren Sie die MENÜLEISTE und suchen Sie dort.

Insbesondere die Bildleisten in den Befehlen MTEXT und BLOCKEDITOR sind viel kleiner. Die fehlenden Funktionen finden Sie dann wieder im Kontextmenü. Bei den Blöcken sind keine parametrischen Blöcke möglich, es ist alles über die dynamischen Blöcke zu realisieren.

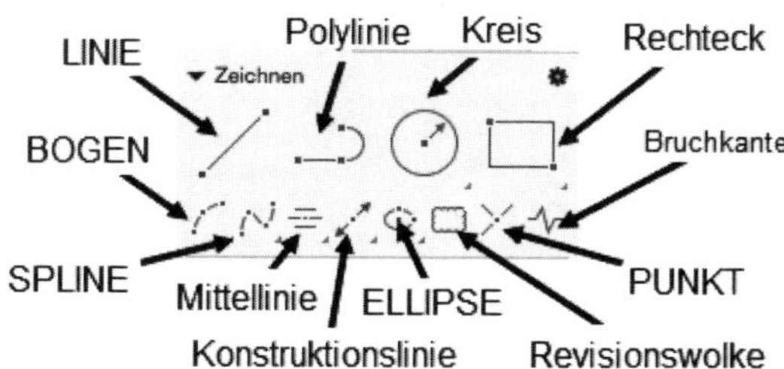

Abb. 15.35: Gruppe Zeichnen

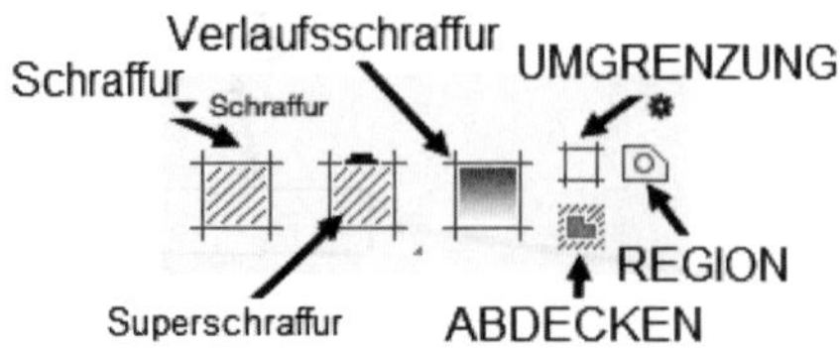

Abb. 15.36: Gruppe Schraffur

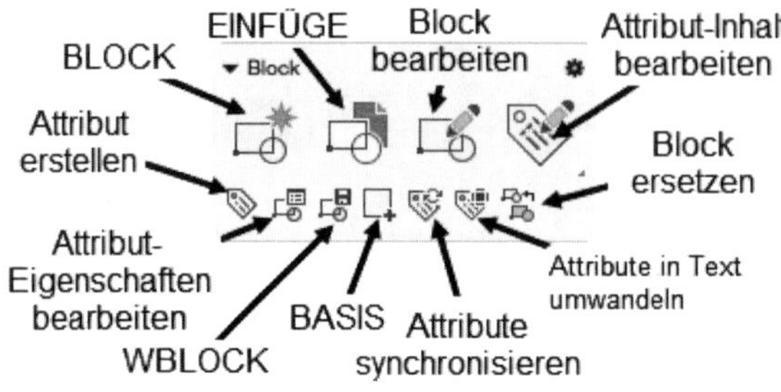

Abb. 15.37: Gruppe Block

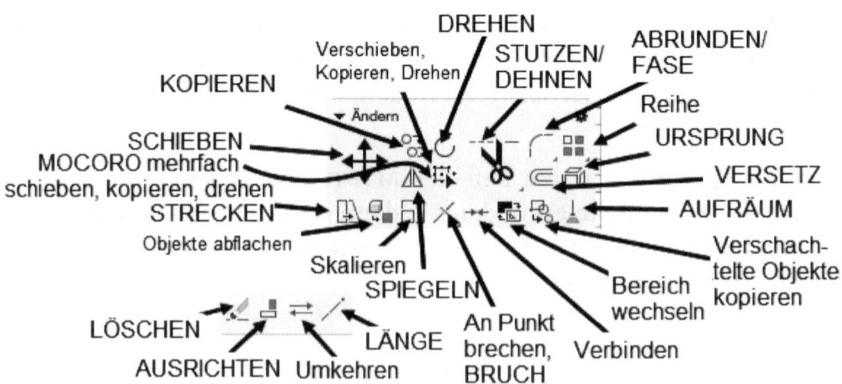

Abb. 15.38: Gruppe Ändern

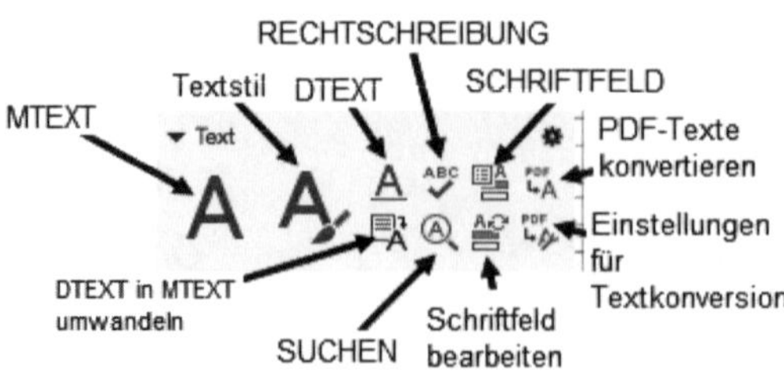

Abb. 15.39: Gruppe Text

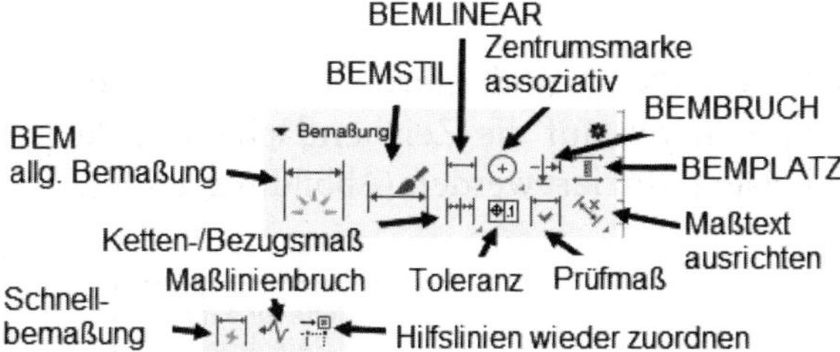

Abb. 15.40: Gruppe Bemaßung

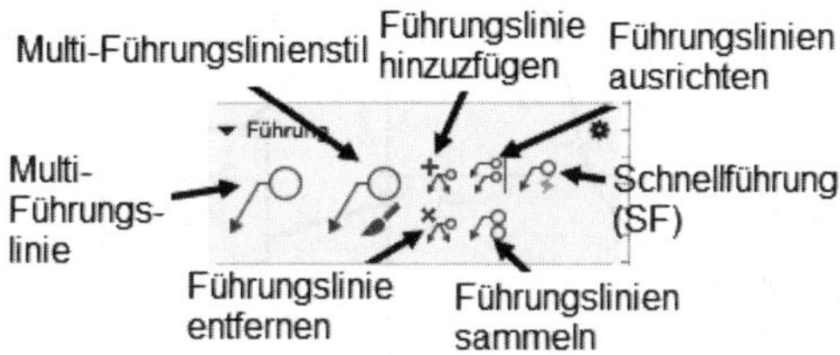

Abb. 15.41: Gruppe Führung

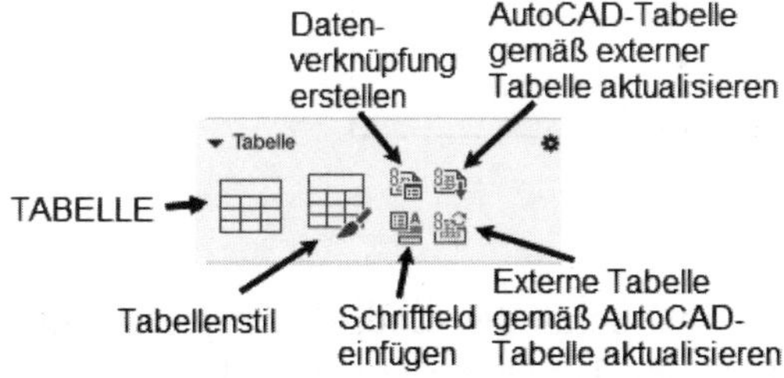

Abb. 15.42: Gruppe Tabelle

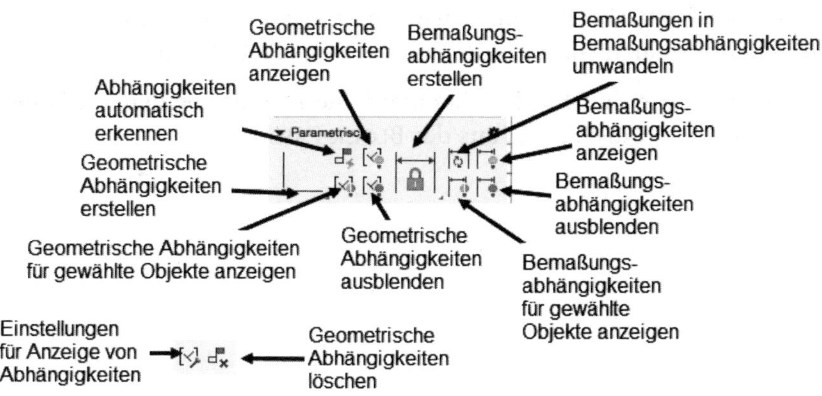

Abb. 15.43: Gruppe Parametrisch

15.15.2 Paletten

Die vier Paletten für Layer, Eigenschaften, Blöcke und externe Referenzen sind auf der rechten Seite angedockt. Sie können voll auf die Zeichenfläche aufgeklappt werden oder komplett auf die Randleiste reduziert werden (Abbildung 15.44).

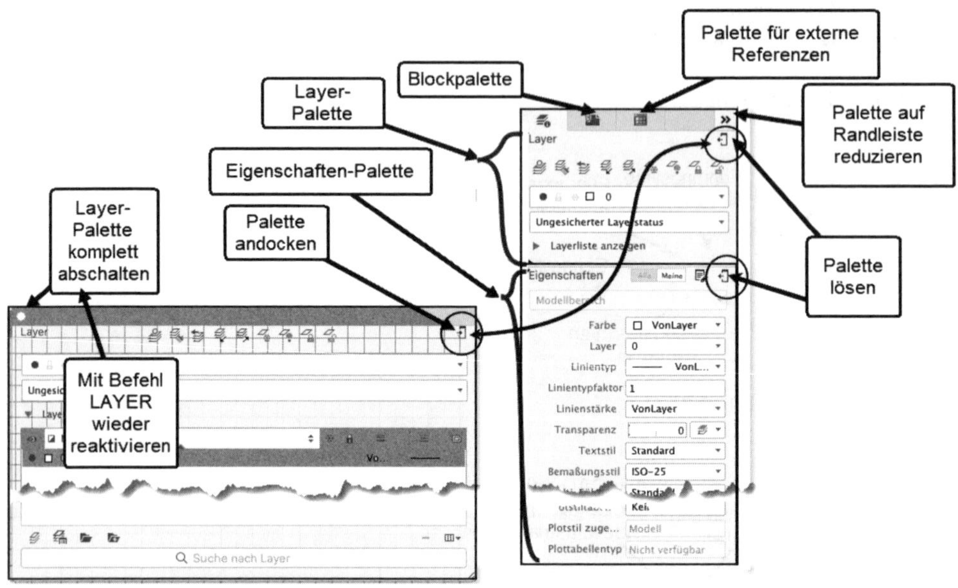

Abb. 15.44: Die Paletten auf dem Mac

Sie können aber auch durch Klick auf das rote Schließen-Gadget komplett ausgeschaltet werden. Mit den zugehörigen Befehlen LAYER, EIGENSCHAFTEN, EINFÜGE und XREF können sie dann wieder aktiviert werden.

Bei den Layern gibt es anstelle der *Filter* unter Windows hier die *Gruppen*. Die Bezeichnung DYNAMISCHE GRUPPE entspricht unter Windows dem EIGENSCHAFTEN-FILTER und der normalen GRUPPE hier der GRUPPEN-FILTER dort.

Für das Einfügen von externen Blöcken benutzen Sie eins der beiden speziellen Icons NACH ZEICHNUNG SUCHEN... aus der BLOCK-PALETTE.

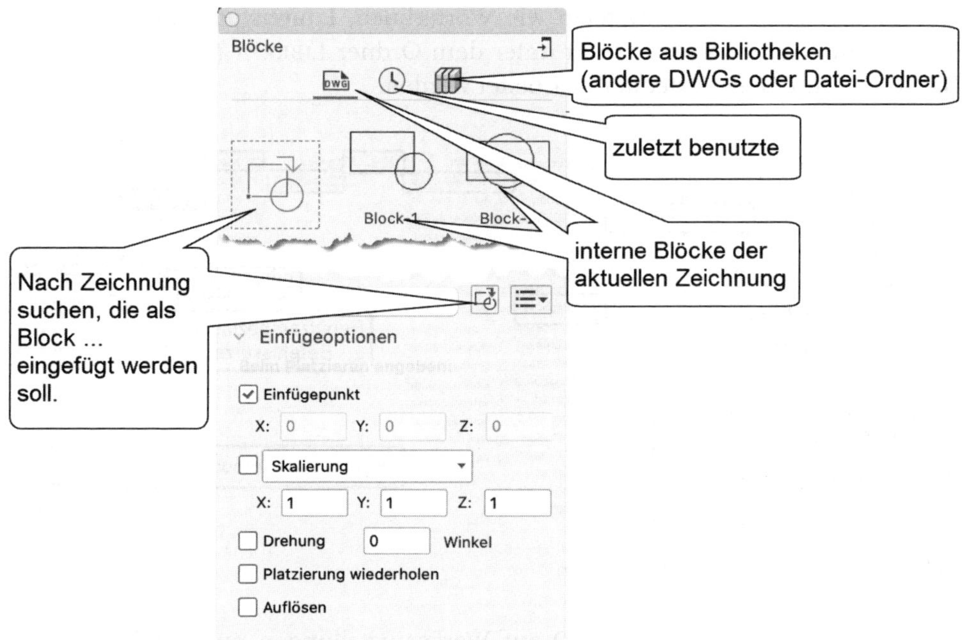

Abb. 15.45: Externen Block einfügen

15.15.3 Sonstige Hinweise

Zusammen mit AutoCAD werden bei der Installation noch der AUTOCAD PLOT STYLE EDITOR 2023 und die LICENSE TRANSFER UTILITY sowie eine App zum Entfernen des AutoCAD-Programms eingerichtet. Der PLOT STYLE EDITOR entspricht hier dem AutoCAD-Befehl PLOTTERMANAGER der Windows-Version. Die LICENSE TRANSFER UTILITY entspricht dem DIENSTPROGRAMM FÜR LIZENZÜBERTRAGUNG unter Windows.

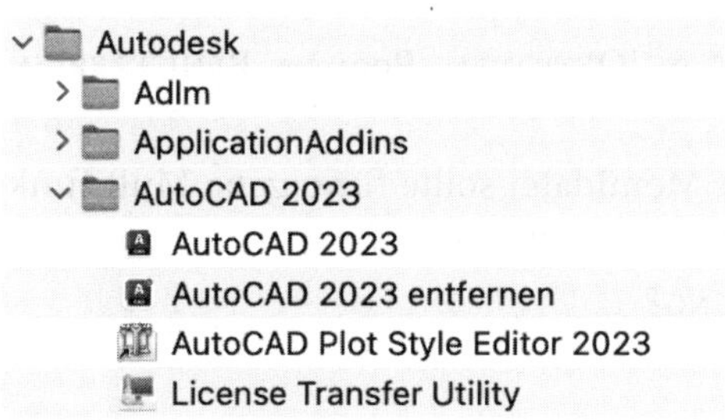

Abb. 15.46: Installierte Programme

Die benutzerspezifischen Dateien wie Wörterbuch, Linientypen und Befehlsabkürzungen liegen etwas versteckt unter dem Ordner LIBRARY (Abbildung 15.47). Sie können mit dem Texteditor bearbeitet werden.

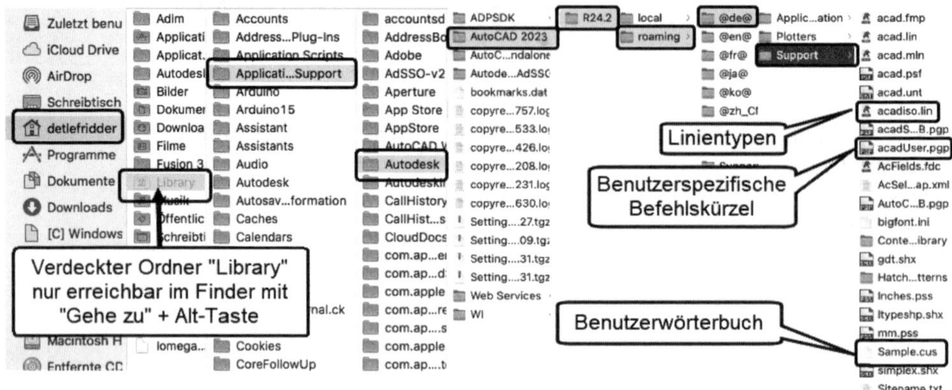

Abb. 15.47: Pfad zu den Benutzerdateien

Zum Zurücksetzen von AutoCAD auf Werkseinstellungen müssen Sie die entsprechende Funktion in der Apple-Menüleiste anklicken.

15.16 Übungsfragen

1. Wo stellt man die Farbe für den Bildschirmhintergrund ein?
2. Wie aktiviert man für 3D-Drahtmodellanzeige die Sichtkanten?
3. Was schaltet die Checkbox FLÄCHENFÜLLUNG unter |OPTIONEN, Register ANZEIGE ein und aus?
4. Womit ersetzt man alle Texte der Zeichnung durch rechteckige Boxen?
5. Wie lautet die Endung der automatischen Sicherungsdatei?
6. Was wird unter ASSOZIATIVBEMAẞUNG in |OPTIONEN, Register BENUTZEREINSTELLUNGEN eingestellt?
7. Welcher Bereich der Anpassungs- oder Menüdatei sollte für eigene Multifunktionsleisten, Menüs und Werkzeugkästen benutzt werden?
8. Was bewirkt die RECHTSKLICK-ANPASSUNG?

Kapitel 16

Zusammenarbeit

In einer immer komplexer werdenden Welt wird die Zusammenarbeit zwischen Konstrukteuren und der Austausch von Konstruktionsdaten immer wichtiger. Aus diesem Grund sind in diesem Kapitel die Möglichkeiten für Daten- und Informationsaustausch zusammengefasst. In diesem Zusammenhang spielt natürlich die Kommunikation über das Internet und die Nutzung einer Cloud eine besondere Rolle.

Die hier vorgestellten Funktionen finden sich unter:

Zeichnen und Beschriftung	Icon	Befehl
Ausgabe|Nach DWF/PDF Exportieren|Exportieren ▼ PDF oder A CAD |Exportieren|PDF		ExportPDF
Einfügen|Importieren|PDF importieren ▼ PDF importieren A CAD |Importieren|PDF		PDFImport
Ausgabe|Nach DWF/PDF Exportieren|Exportieren ▼ DWFx oder A CAD |Exportieren| Exportieren ▼ DWFx		ExportDWFx
Ausgabe|Nach DWF/PDF Exportieren |DWF oder A CAD |Exportieren|DWF		ExportDWF
A CAD |Exportieren|3D-DWF		3DDWF
Ausgabe|Plotten|Stapelplotten oder A CAD |Drucken|Stapelplotten		Publizieren
A CAD |Exportieren|Andere Formate		Export

16.1 DWG für Nicht-AutoCAD-Besitzer

Sie können DWG-Dateien auch an Geschäftspartner weitergeben, die kein AutoCAD besitzen. Mit dem Programm DWG TrueView 2023 können dann die Zeichnungsdateien betrachtet und geplottet werden. Sie können auch in ältere AutoCAD-Versionen bis zurück ins Jahr 2000 konvertiert werden oder als DWF,

DWFx oder PDF ausgegeben werden. DWG TRUEVIEW 2023 kann kostenlos von Autodesk heruntergeladen werden, allerdings nur in einer englischen Version.

Tipp: Autodesk Viewer

Es gibt noch das Online-Werkzeug AUTODESK-VIEWER, mit dem Sie viele Dateiformate betrachten können. Nicht nur die Autodesk Formate DWG und RVT, sondern auch das Austausch-Format STEP und Fremdformate wie SOLIDWORKS können angezeigt werden, insgesamt sind es 83 Formate. Weil es online läuft, benötigen Sie dafür ein Autodesk-Konto.

16.2 PDF ex- und importieren

Zeichnungen können als PDF-Dateien ex- und importiert werden. Im Prinzip ist eine PDF-Ausgabe ❶ immer eine ungenaue Ausgabe, die nur so präzise ist wie für die Wiedergabe nötig. Im Normalfall wird das durch die Lesbarkeit des betreffenden Dokuments durch GENAUIGKEIT KEIN festgelegt.

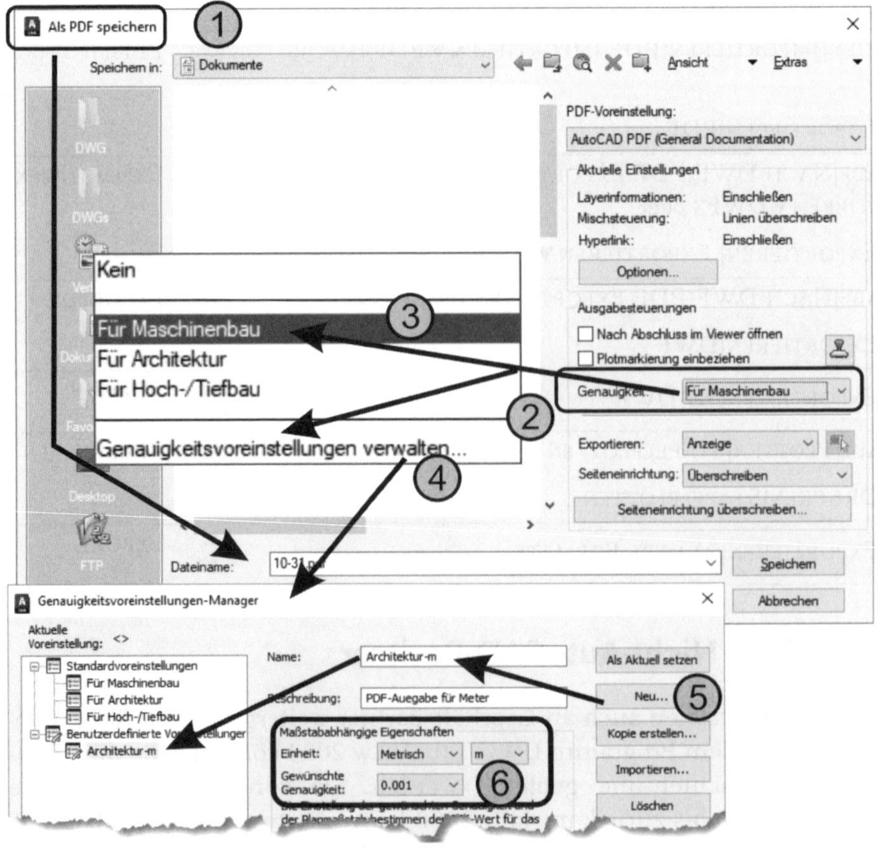

Abb. 16.1: Einstellungen für PDF-Export mit Genauigkeit

Damit hier für die verschiedenen Branchen wie Maschinenbau und Architektur die nötige Konstruktions-Genauigkeit erreicht wird, können Sie unter GENAUIGKEIT ❷ verschiedene Voreinstellungen wählen. Bei FÜR MASCHINENBAU ist die Einheit auf Millimeter und die Genauigkeit auf drei Nachkommastellen eingestellt ❸. Für ARCHITEKTUR und HOCH- UND TIEFBAU sollten Sie unbedingt neue benutzerdefinierte Voreinstellungen ❹ ❺ anlegen und die EINHEITEN von den britischen auf **`Zentimeter`** oder **`Meter`** umstellen und die GEWÜNSCHTE GENAUIGKEIT dann auf **`0.1`** bzw. **`0.001`** setzen ❻. Trotzdem ist zu beachten, dass die eingestellte Genauigkeit evtl. nicht immer erreicht wird, weil die interne Genauigkeit des PDF-Formats im Vergleich zu AutoCAD nur halb so viel Dezimalstellen beträgt und von daher schon Abweichungen entstehen.

Beim Import von PDF-Dateien können Sie wahlweise den Einfügepunkt, die Skalierung und eine Drehung aktivieren. Außerdem können Sie noch wählen, welche Komponenten der PDF-Datei importiert werden sollen, welche Layer verwendet werden, und weitere Importoptionen bestimmen. Da gestrichelte oder strichpunktierte Linien beim Export in Einzelsegmente zerfallen, ist es sinnvoll, beim Import die Option ABLEITEN VON LINIENTYPEN AUS KOLLINEAREN STRICHEN zu aktivieren. Die Option LINIEN- UND BOGENSEGMENTE VERBINDEN führt dazu, dass *durchgehende Konturen* zu *Polylinien* verbunden werden.

Wenn Sie über PDF eingefügte Objekte genauer bemaßen, als durch die Genauigkeit bei Erstellung vorgegeben wurde, werden Sie natürlich Abweichungen von der CAD-Präzision feststellen. Bei Schriften, die mit `shx`-Zeichensätzen (AutoCAD-Zeichensätze) erstellt wurden, funktioniert die Schrifterkennung nicht automatisch, sie müssen manuell in Schriften umgewandelt werden. `ttf`-Schriften werden automatisch als Text erkannt.

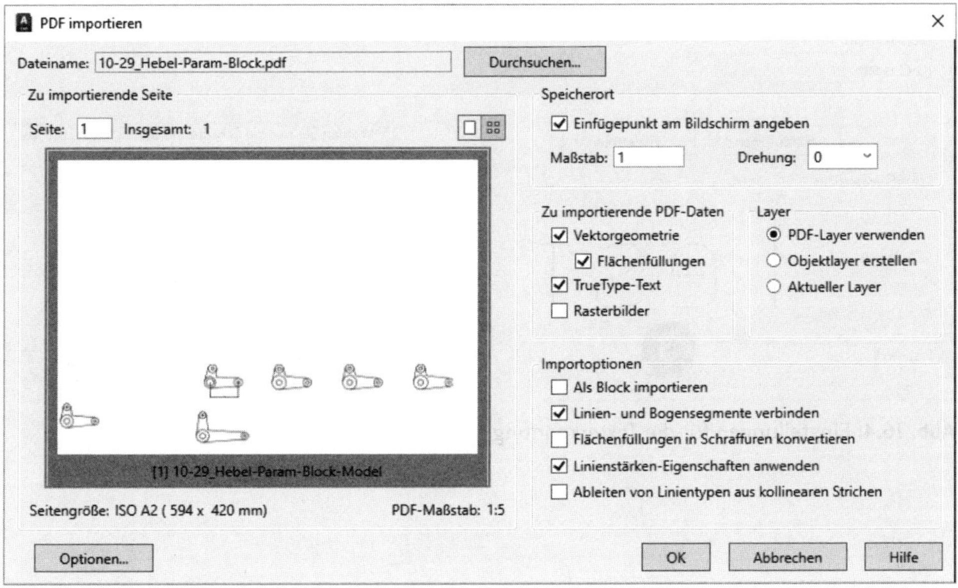

Abb. 16.2: PDF-Import

Die shx-Zeichensätze werden beim Import in normale Geometrieobjekte, also in Polylinien, umgewandelt. Mit EINFÜGEN|IMPORTIEREN|SHX-TEXT ERKENNEN können Sie diese Objekte wählen und wieder in Texte umwandeln (Abbildung 16.3).

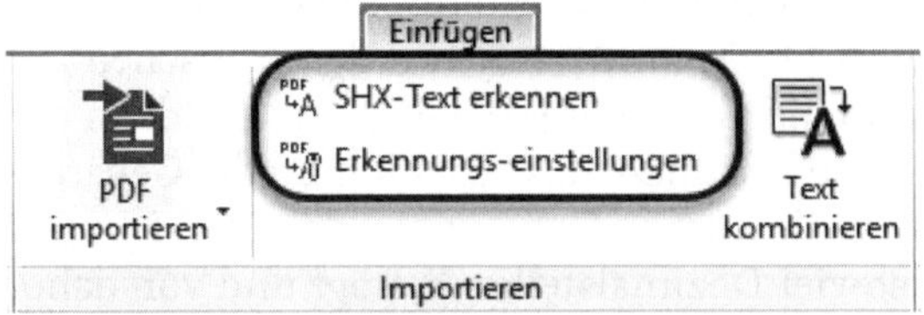

Abb. 16.3: PDF-Import und Umwandlung von shx-Texten

Die Funktion ERKENNUNGS-EINSTELLUNGEN dient zur Unterstützung der Texterkennung. Sie schränkt die Suche nach passenden Zeichensätzen ein und beschleunigt damit den Algorithmus. Zuerst wählen Sie die Layerzuordnung für den neu zu erzeugenden Text ❶, dann aktivieren Sie eine oder mehrere Schriften ❷, die für die Umwandlung infrage kommen.

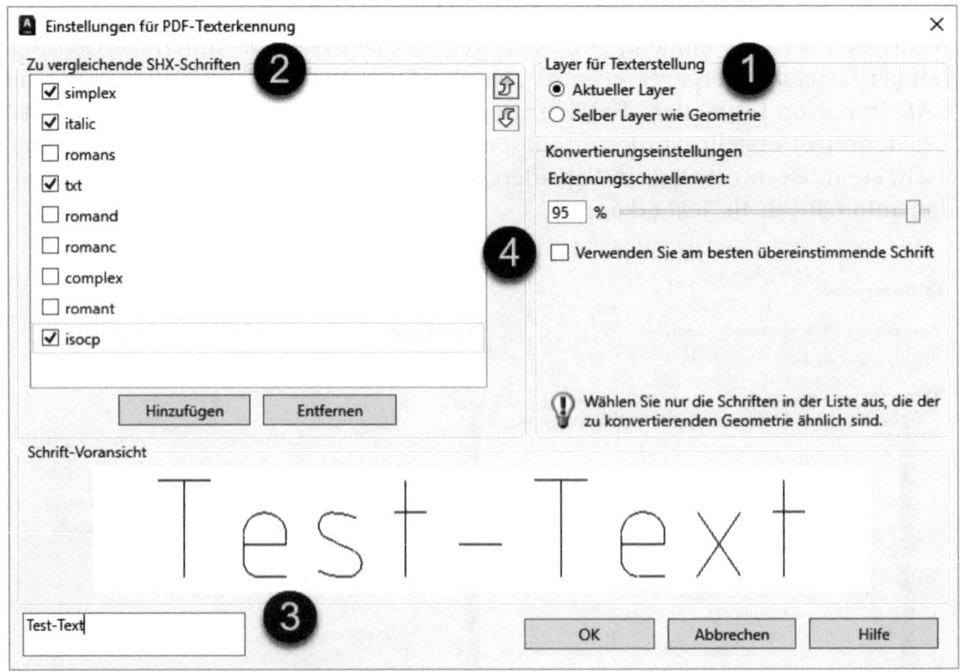

Abb. 16.4: Einstellungen für die Texterkennung

Mit einer Test-Eingabe ❸ können Sie auch die Schrift ausprobieren und vergleichen. Wenn mehrere Schriften infrage kommen, aktivieren Sie mehrere Schriften und lassen mit VERWENDEN SIE AM BESTEN ÜBEREINSTIMMENDE SCHRIFT die passendste auswählen ❹. Wenn dann die Umsetzung noch nicht klappt, sollten Sie den Prozentsatz der Übereinstimmung heruntersetzen oder vielleicht nur einzelne Zeilen umsetzen. Falls Sie die Schrift zeilenweise umgesetzt haben und daraus einen Absatztext (MTEXT) machen möchten, dann hilft die Funktion EINFÜGEN|IMPORTIEREN|TEXT KOMBINIEREN. Dieser Befehl stammt aus den EXPRESS-TOOLS und wird in Abschnitt 15.8.2 *Text (Text)* unter *Convert to Mtext* beschrieben.

Die PDF-Ausgabe wird oft auch verwendet, um eine schnelle Rück-Umwandlung in das DWG-Format zu unterbinden. Für solche Fälle verwenden Sie entweder das DWF-Format oder erstellen eine PDF-Datei mit GENAUIGKEIT KEIN oder eine reine Raster-PDF-Datei. Mit dem PLOT-Befehl lässt sich eine Raster-PDF-Datei generieren, wenn Sie als Plotter ADOBE PDF wählen.

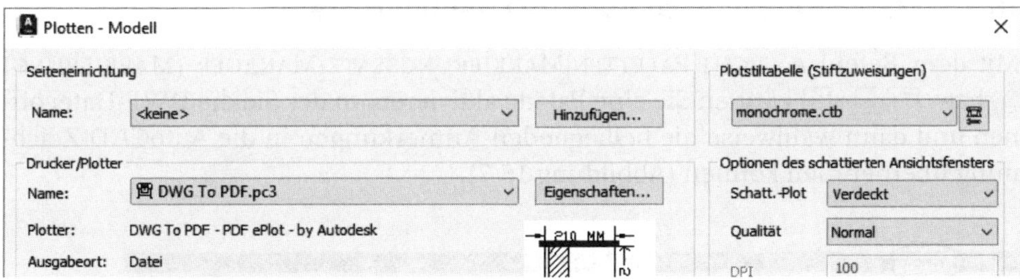

Abb. 16.5: Einstellungen für Raster-PDF-Datei

16.3 DWF-Datei

16.3.1 DWF erstellen und mit Markierungen versehen

Das DWF-Format kann nicht weiterbearbeitet werden, aber es können im gratis verfügbaren Programm AUTODESK DESIGN REVIEW (das Programm kann frei heruntergeladen werden) diverse Anmerkungen hinzugefügt werden, die später in die Original-AutoCAD-Zeichnung wieder importiert werden können. Damit ist für die DWF-Datei sichergestellt, dass sie von niemand bearbeitet und verändert werden kann. Andererseits können Änderungswünsche über Anmerkungen formuliert werden, die dem Eigentümer des Originals zurückgegeben werden können.

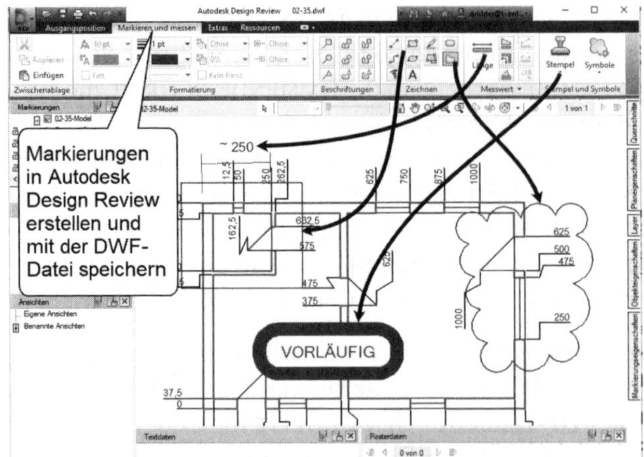

Abb. 16.6: Markierungen in AUTODESK DESIGN REVIEW erstellen

16.3.2 Markierungen nach AutoCAD re-importieren

Mit dem Befehl ANSICHT|PALETTEN|MARKIERUNGSSATZ-MANAGER (MARKIERUNG) bzw. [Strg]+[8] können Sie eine Palette aktivieren, in der Sie die DWF-Datei öffnen und dann wahlweise die beiliegenden Anmerkungen in die AutoCAD-Zeichnung übernehmen können (Abbildung 16.7).

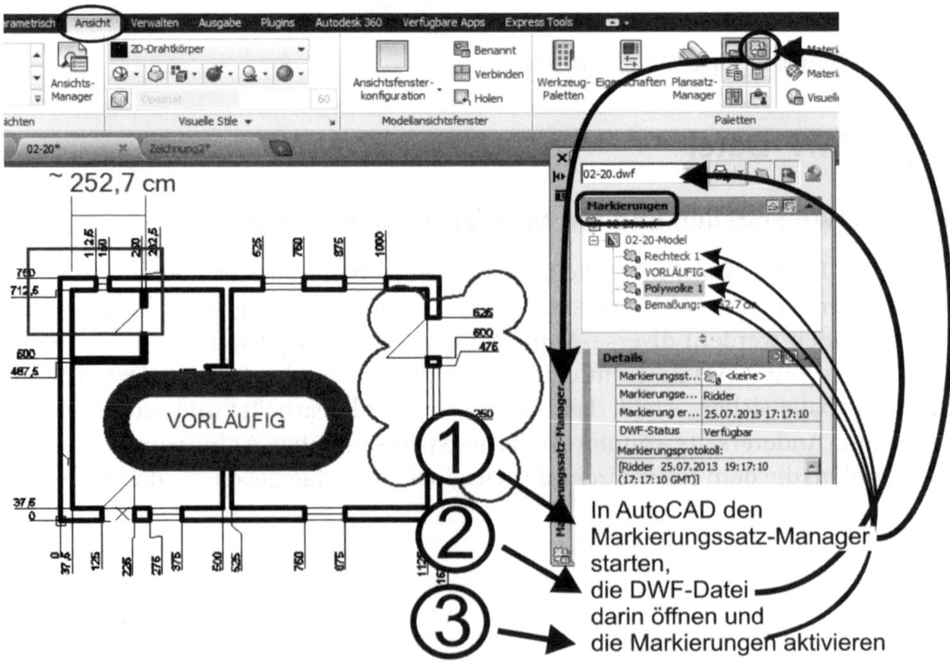

Abb. 16.7: Markierungen aus DWF in DWG importieren

16.3.3 3D-DWF

Mit der Funktion 3DDWF können Sie dreidimensional darstellbare DWF-Dateien erzeugen, die in AUTODESK DESIGN REVIEW geschwenkt und auch in verschiedenen Schnitten angezeigt werden können. Sie können Schnitte dynamisch durch die Konstruktion bewegen.

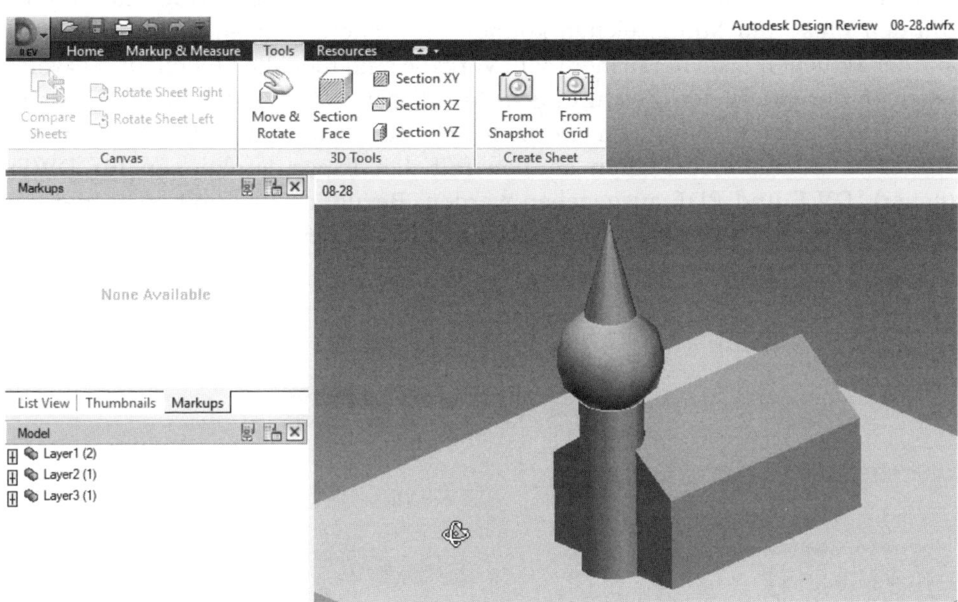

Abb. 16.8: 3D-DWF-Datei in AUTODESK DESIGN REVIEW

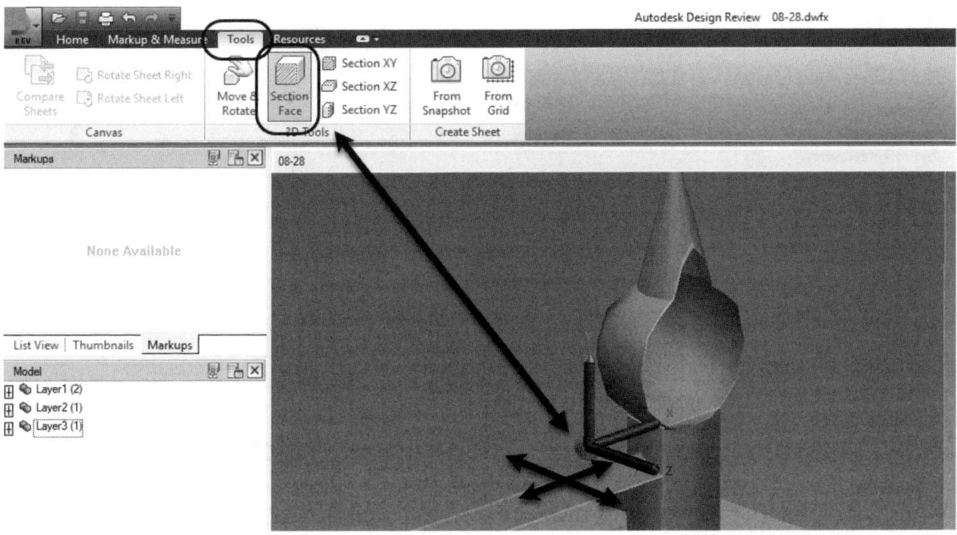

Abb. 16.9: Mit 3DDWF erzeugte Datei in AUTODESK DESIGN REVIEW mit dynamischem Schnitt

16.4 Stapelplotten

Für die Ausgabe mehrerer Zeichnungen, sei es aus einer einzigen Zeichnung mit mehreren Layouts oder aus mehreren einzelnen Zeichnungen, gibt es die Funktion STAPEPLOTTEN. Sie erstellt über ein Dialogfenster Plots oder Ausgaben in Dateien in verschiedenen Formaten. Im Dialogfeld wählen Sie einfach unter PUBLIZIEREN IN den Plotter oder das gewünschte Dateiformat aus. Über die Buttons mit den Plus- und Minuszeichen können Sie weitere Dateien hinzufügen oder aus der aktuellen Liste herausnehmen. Vorgabe sind hier alle Modell- und Layoutbereiche der geöffneten Zeichnungen. Mit diesem Werkzeug können Sie dann auch DWF- oder PDF-Dateien mit mehreren Seiten und mit Layer-Information ausgeben. Einzelne Ansichten können mit den Export-Funktionen für DWFx (neuer), DWF und PDF ausgegeben werden. Bezüglich PDF gilt auch hier der Hinweis wie oben (Abschnitt 16.2), dass im allgemeinen PDF nicht die Präzision von CAD-Vektordaten bieten kann.

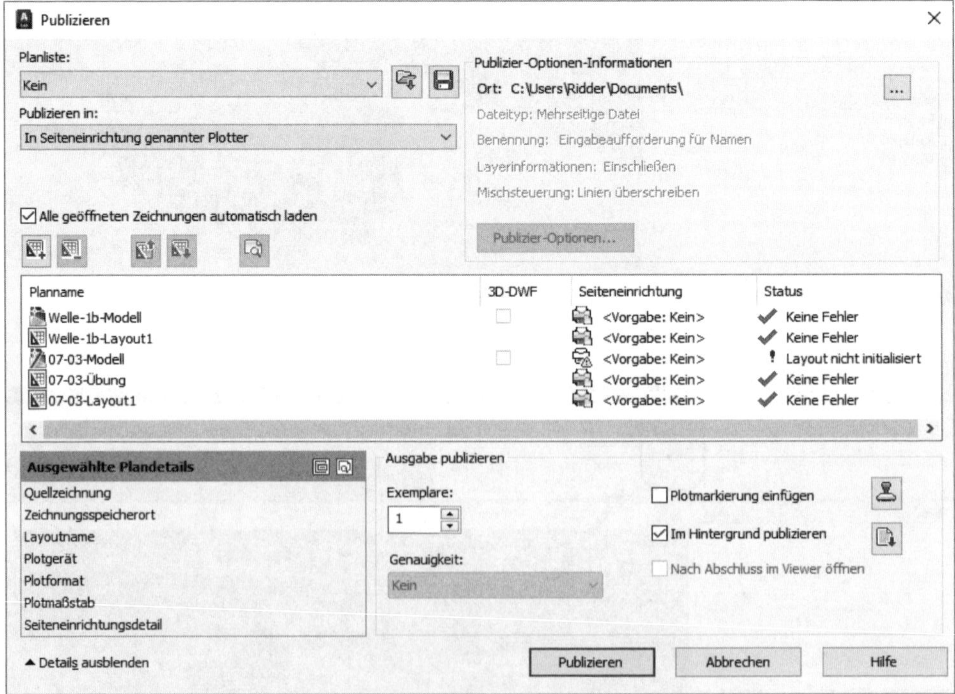

Abb. 16.10: Auswahl der Dateien und Layouts für PUBLIZIEREN

16.5 Verwaltung mehrerer Zeichnungen (nicht LT)

Wenn Sie für ein Projekt eine größere Anzahl Zeichnungen verwalten müssen, wird es sich lohnen, diese in hierarchischen Strukturen zu ordnen. Dafür gibt es den MANAGER FÜR PLANUNGSUNTERLAGEN. Nur Zeichnungen mit Layouts können in den Plansatz aufgenommen werden. Zeichnungen im Plansatz werden mit Doppelklick geöffnet oder angewählt. Geöffnete Zeichnungen werden mit einem Vorhängeschloss markiert, um zu zeigen, dass sie nicht ein zweites Mal zur Bearbeitung geöffnet werden können. Die wichtigsten Verwaltungsfunktionen finden sich im Register PLANLISTE.

ZEICHNEN UND BESCHRIFTUNG	Icon	Befehl	Kürzel
ANSICHT|PALETTEN|PLANSATZ-MANAGER		PLANSATZ bzw. Strg+4	MPU

Im obersten Listenfeld des Plansatzmanagers wählen Sie NEUER PLANSATZ, um einen neuen Plansatz zu erstellen. Ein Plansatz besteht aus einer logischen Struktur und aus den dazugehörigen Plänen bzw. DWGs. Es gibt nun zwei Möglichkeiten, einen Plansatz zu erstellen:

- BEISPIEL-PLANSATZ – Diese Option liefert aus fachspezifischen Beispielen die logische Struktur für verschiedene Plansätze. Beispiele für metrische Einheiten sind für die Bereiche Architektur (Architectural ...), Hoch-/Tiefbau (Civil ...) und Maschinenbau (Manufacturing ...) vorhanden. Diese Beispiele liefern eine logische Struktur von fachspezifischen Themen in Form einer Hierarchie von *untergeordneten Sätzen*.

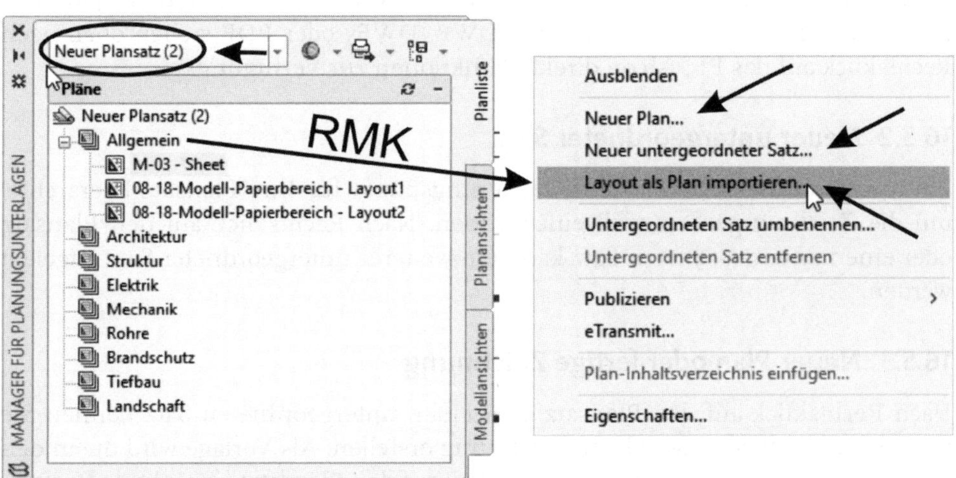

Abb. 16.11: Plansatz-Manager mit einem Beispiel-Plansatz für ARCHITEKTUR und importierten Layouts in der Kategorie ALLGEMEIN

- VORHANDENE ZEICHNUNGEN – Bei dieser Option fügen Sie vorhandene Zeichnungen in einen zunächst unstrukturierten Plansatz ein. Sie geben zuerst einen Namen und eine Beschreibung für den Plansatz ein, dann wählen Sie die

Zeichnungen und Layouts aus, die auf der nächsten Dialogseite unter DURCHSUCHEN angeboten werden. Es werden dann automatisch ausgehend vom gewählten Dateiverzeichnis alle Unterverzeichnisse nach Zeichnungen durchsucht. Zeichnungen ohne Layout können nicht gewählt werden. Sie müssen dann nur noch bei nicht erwünschten Zeichnungen das Häkchen entfernen und diese Auswahl bestätigen.

Ist der Plansatz eingerichtet, dann sind noch die Plansatzeigenschaften einzustellen, weitere Pläne hinzuzufügen, weitere untergeordnete Sätze (logische Gliederungen) hinzuzufügen oder Zeichnungen zu verschieben und zu nummerieren.

Voransichten der Zeichnungen bzw. Layouts aus dem Plansatz erscheinen, wenn Sie mit dem Cursor über dem Namen etwas verweilen.

16.5.1 Plansatzeigenschaften

Mit Rechtsklick auf den Plansatznamen finden Sie im Kontextmenü die EIGENSCHAFTEN. Hier können Sie noch Namen oder Beschreibung ändern. Interessant ist hier die DATEI FÜR SEITENEINRICHTUNGS-ÜBERSCHREIBUNGEN. Sie können hier eine Datei angeben, die eine Seiteneinrichtung enthält, mit der Sie mehrere Zeichnungen unabhängig von deren individueller Seiteneinrichtung plotten wollen. Man verwendet das, um beispielsweise Übersichts- oder Probeplots auf ein kleineres Format für mehrere Zeichnungen des Plansatzes zu erzeugen. Die Datei muss die gewünschte Seiteneinrichtung im Layout mit einem eigenen Namen besitzen. Diese Seiteneinrichtung kann dann beim Plot-Aufruf gewählt werden. Für Ausgabe des Plansatzes in den Formaten DWF, DWFx oder PDF stehen oben nach Rechtsklick auf das PLOT-Icon direkte Funktionen zur Verfügung.

16.5.2 Neuer untergeordneter Satz

Ein untergeordneter Satz ist ein Gliederungspunkt für Ihre Plansatz-Hierarchie, um die Zeichnungen sinnvoll einzuordnen. Nach Rechtsklick auf den Plansatz oder einen untergeordneten Satz kann ein weiterer untergeordneter Satz angelegt werden.

16.5.3 Neuer Plan oder fertige Zeichnung

Nach Rechtsklick auf den Plansatz oder einen untergeordneten Satz können Sie mit NEUER PLAN eine neue leere Zeichnung erstellen. Als Vorlage wird die in den PLANSATZEIGENSCHAFTEN (nach Rechtsklick auf den Plansatz) vereinbarte PLANERSTELLUNGSVORLAGE benutzt. Dort wurde auch festgelegt, ob eine AUFFORDERUNG FÜR VORLAGE erscheinen soll oder nicht. Gespeichert wird in dem dort ebenfalls festgelegten PLANSPEICHERORT. Der Dateiname setzt sich aus der angegebenen Plannummer und dem Plantitel zusammen.

Eine existierende Zeichnung holen Sie mit LAYOUT ALS PLAN IMPORTIEREN in den Plansatz herein. AutoCAD prüft, ob der Plan ein Layout besitzt und ob er nicht etwa schon in einen anderen Plansatz integriert ist. Dann steht er nämlich nicht zum Import zur Verfügung.

16.5.4 Pläne verschieben und nummerieren

Innerhalb des Plansatzes können Sie Pläne oder komplette untergeordnete Sätze mitsamt Plänen beliebig mit gedrückter Maustaste verschieben. Nach Rechtsklick auf einen Plan können Sie UMBENENNEN & NEU NUMMERIEREN wählen. Die Plannummer können Sie beliebig vorgeben. Mit WEITER wird der nächste Plan im aktuellen untergeordneten Satz angeboten.

16.5.5 Titelliste erstellen

Bevor Sie eine Liste der Plantitel erstellen, sollten Sie einen neuen Plan erstellen, der dann die Titelliste enthalten soll. Diesen Plan öffnen Sie mit einem Doppelklick im Plansatzmanager. Dann wählen Sie im Kontextmenü des Plansatzes die Funktion PLAN-INHALTSVERZEICHNIS EINFÜGEN. Die Titelliste wird dann als Tabelle mit entsprechenden Schriftfeldern erzeugt. Grundeintragungen sind Plannummer und Plantitel. Sie können weitere Schriftfelder über HINZUFÜGEN noch dazunehmen. Außerdem werden Hyperlinks zu den einzelnen Layouts hinzugefügt, sodass Sie über die Titelliste mit [Strg]+[Klick] zu den Zeichnungen springen können.

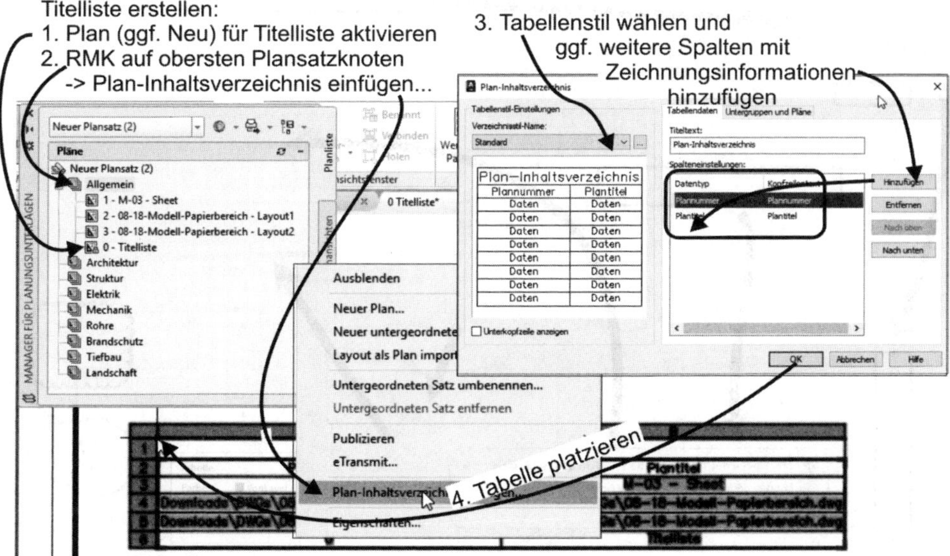

Abb. 16.12: Titelliste mit Plansatzmanager erstellen

16.6 Ausgabe für 3D-Druck

Es gibt zwei Befehle zum Ausgeben von 3D-Druck-Dateien:

Unter |Publizieren|An 3D-Druck-Service werden Ihre Daten als STL-Datei gespeichert und Sie können sie Sie an eine 3D-Druck-Firma schicken. Genauso können Sie auch |Drucken|3D-Druck aufrufen.

16.7 Ansichten oder Zeichnungen freigeben

Für die Freigabe von Zeichnungsansichten oder kompletten Zeichnungen für die Betrachtung und Bearbeitung durch andere gibt es die Befehle

- Zusammenarbeit|Freigeben|Freigegebene Ansichten oder
- |Publizieren|Ansicht freigeben

bzw.

- Zusammenarbeit|Freigeben|Zeichnung freigeben oder
- |Publizieren|Zeichnung freigeben oder
- Schnellzugriff-Werkzeugkasten Freigeben.

Mit der Freigabe (Abbildung 16.13) wird die betreffende Ansicht im Cloud-Speicher für eine bestimmte Zeit abgelegt.

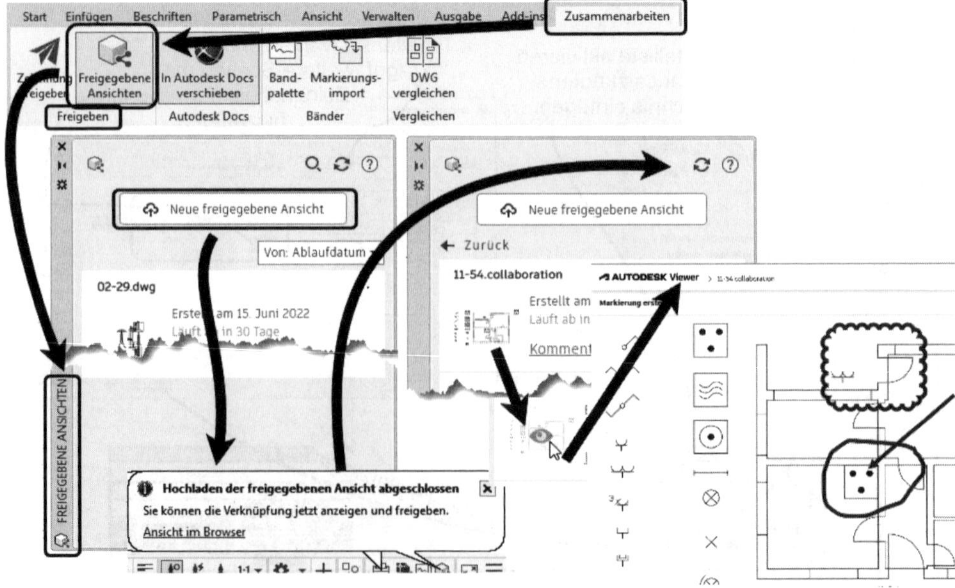

Abb. 16.13: Ansichten freigeben

Nach erfolgter Freigabe, die etwas Zeit kostet, erhalten Sie eine Meldung und eine E-Mail mit dem Link zu dieser Ansicht. Diesen Link können Sie dann Geschäftspartnern zusenden. Die Freigabe kann mit Markierungen und Kommentaren versehen werden und wird dann in Ihrer Freigabe-Palette angezeigt.

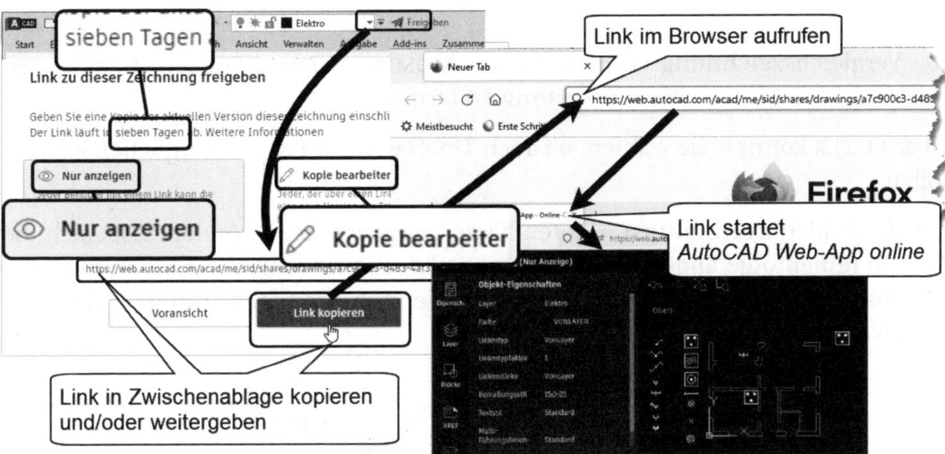

Abb. 16.14: Zeichnung über Link freigeben

16.8 Zeichnungen vergleichen

Um in Zeichnungen Detailunterschiede zu finden, gibt es die in der aktuellen Version stark verbesserte Funktion ZUSAMMENARBEIT|VERGLEICHEN|DWG VERGLEICHEN (VERGLEICH). Sie befinden sich in einer Datei und wählen dann mit dem Befehl VERGLEICH die damit zu vergleichende Zeichnung hinzu. Das Vergleichsergebnis wird in der aktuellen Zeichnung mit beiden Varianten in verschiedenen Farben dargestellt und die Unterschiede durch Umrahmungen hervorgehoben (Abbildung 16.17).

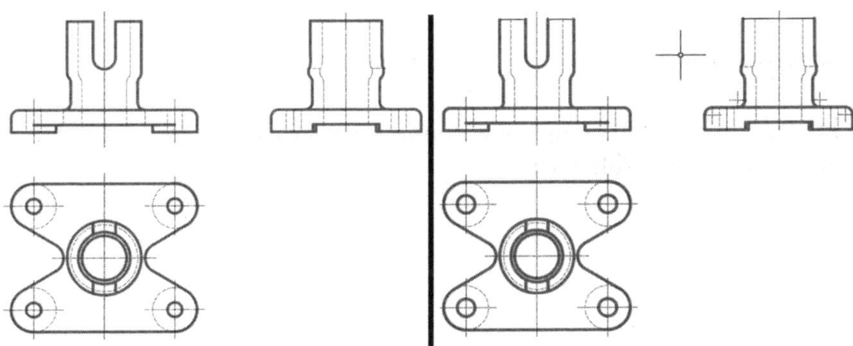

Abb. 16.15: Zwei Zeichnungen mit Detailabweichungen

Zudem erscheint eine Werkzeugleiste im Zeichenfenster für die Feineinstellungen des Vergleichs. Die Unterschiede werden mit gelben Revisionswolken umrahmt. Bei den Revisionswolken, hier als Cloud bezeichnet, haben Sie die Wahl zwischen POLYGONAL und RECHTECKIG. Die polygonale Umrahmung folgt den markierten Objekten viel enger und weist damit eindeutiger auf die kritischen Objekte hin.

Die Vergleichszeichnung können Sie mit MOMENTAUFNAHME EXPORTIEREN speichern und später noch die Auswertung ändern.

Über FILTER können Sie wählen, ob auch TEXT oder SCHRAFFUR verglichen werden sollen.

Um die beiden Zeichnungsvarianten besser vergleichen zu können, lässt sich die Anzeigereihenfolge ändern, und es lassen sich die einzelnen Varianten ein- und ausschalten (Abbildung 16.16). Elemente, die in beiden Zeichnungen identisch sind, werden in Grau angezeigt.

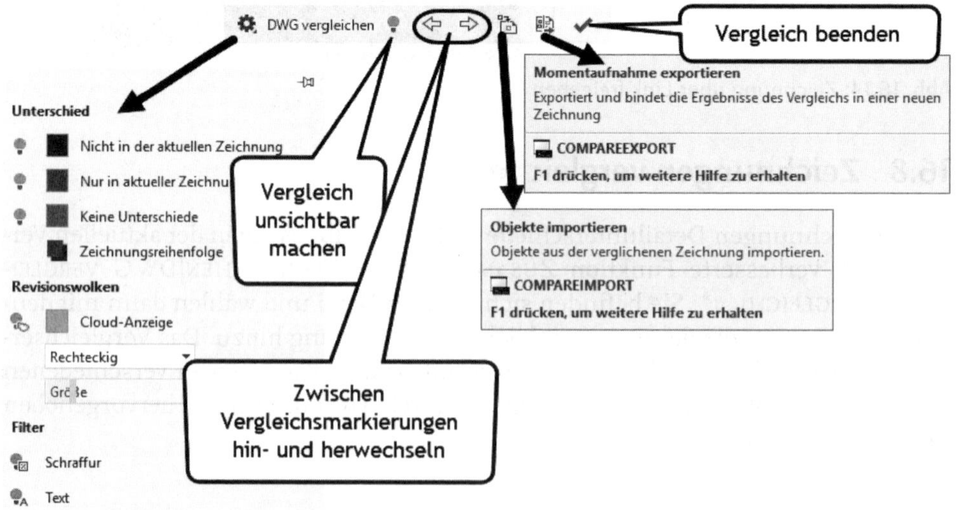

Abb. 16.16: Werkzeuge beim Vergleichen von Zeichnungen

Mit den Pfeilen in der Werkzeugleiste können Sie zwischen den gefundenen Abweichungen hin- und herblättern.

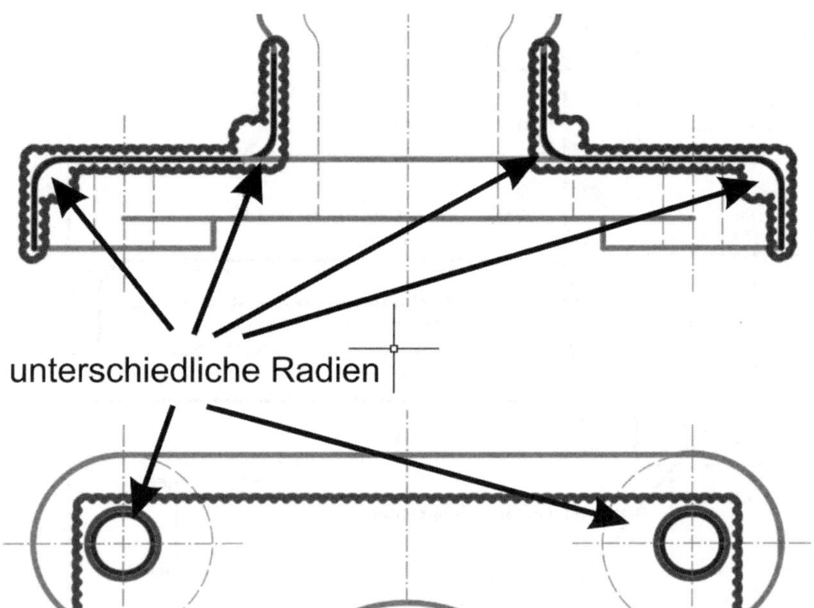

Abb. 16.17: Einige der gefundenen Abweichungen der beiden Zeichnungen mit Markierungen

16.9 Nutzung der Cloud

Es gibt mehrere Möglichkeiten der Cloud-Speicherung:

1. Sie können einen der gängigen Cloud-Anbieter nutzen wie BOX, DROPBOX und MICROSOFT ONEDRIVE und dort Ihre Zeichnungen speichern. Das wurde in Abschnitt 2.3.3 *Speichern in Cloud-Diensten* beschrieben.
2. Sie können mit den Funktionen für WEB UND MOBILE in der AutoCAD-Umgebung mit dem Pfad **`web.autocad.com`** speichern und öffnen, um mit PC und Smartphone zu korrespondieren.
3. Sie können AUTODESK DRIVE unter **`drive.autodesk.com`** benutzen.

16.9.1 AutoCAD Web und Mobile

Nachdem Sie sich bei Autodesk angemeldet haben und eine *Autodesk-ID* besitzen, können Sie diese Cloud AUTOCAD WEB UND MOBILE benutzen. Die Funktionen zum Öffnen und Speichern in der Cloud befinden sich im SCHNELLZUGRIFF-WERKZEUGKASTEN und im ANWENDUNGSMENÜ A CAD unter ÖFFNEN und SPEICHERN UNTER (Abbildung 16.18).

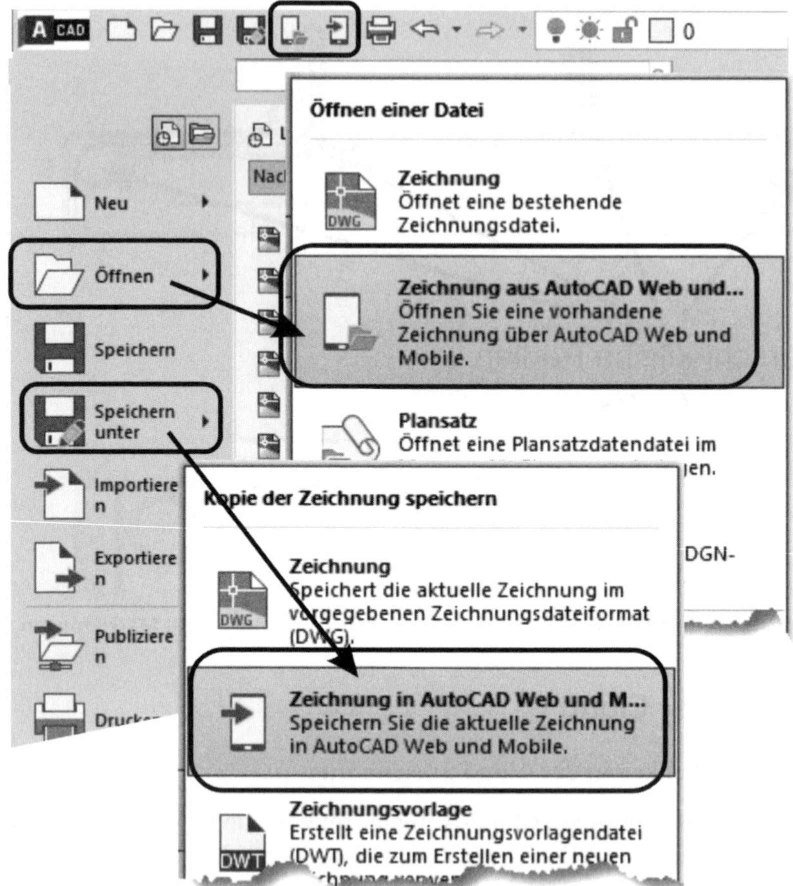

Abb. 16.18: Zugriffe auf die Cloud

Sie können von einem beliebigen PC auch ohne AutoCAD dann auf diesen Speicherplatz über den Browser zugreifen. Der Link ist dann **`web.autocad.com`**. Nicht jeder Browser kann hier verwendet werden, FIREFOX, GOOGLE CHROME und MICROSOFT EDGE können funktionieren auf jeden Fall.

Auch können Sie fürs Smartphone die WEB APP von Autodesk herunterladen, um dort zugreifen zu können. Das ist besonders dann interessant, wenn Sie unterwegs sind, etwa beim Kunden, und Ihre Zeichnung zeigen und in gewissem Umfang auch bearbeiten wollen (Abbildung 16.19). Natürlich lassen sich die bearbeiteten Zeichnungen wieder von dort herunterladen.

Sie können aber die Zeichnungen auch direkt in der Cloud mit einigen Grundfunktionen bearbeiten oder auch mit der Funktion OPEN IN DESKTOP mit AutoCAD auf Ihrem PC daran weiterarbeiten. Am besten eignet sich hier der GOOGLE CHROME-Browser.

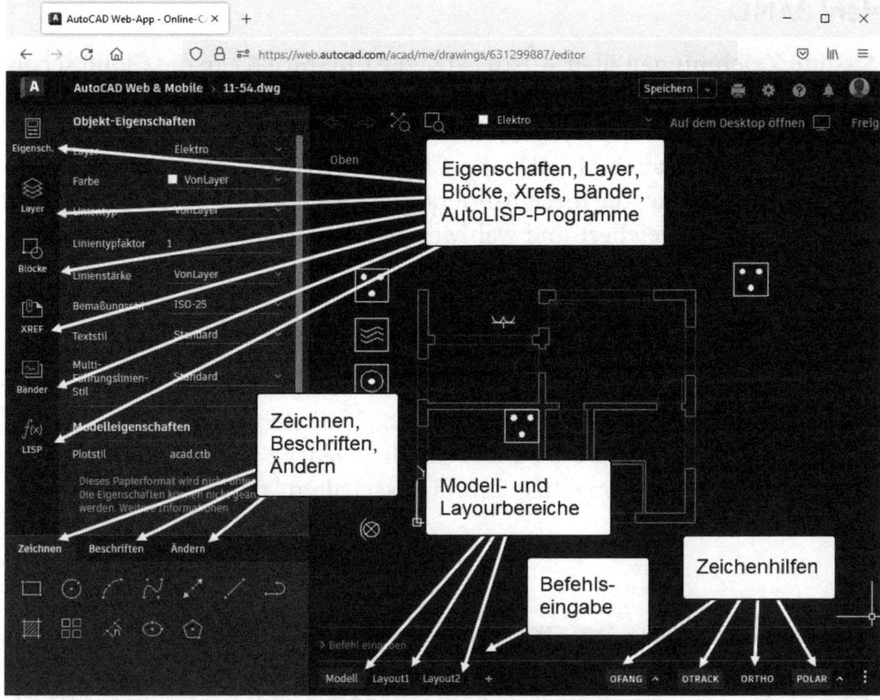

Abb. 16.19: Bearbeitung in der Cloud unter `web.autocad.com`

In dieser Umgebung AutoCAD Web und Mobile können Sie auch den Zugriff auf weitere gängige Cloud-Services einrichten, die dann als parallele Verzeichnisstrukturen benutzt werden können (Abbildung 16.20).

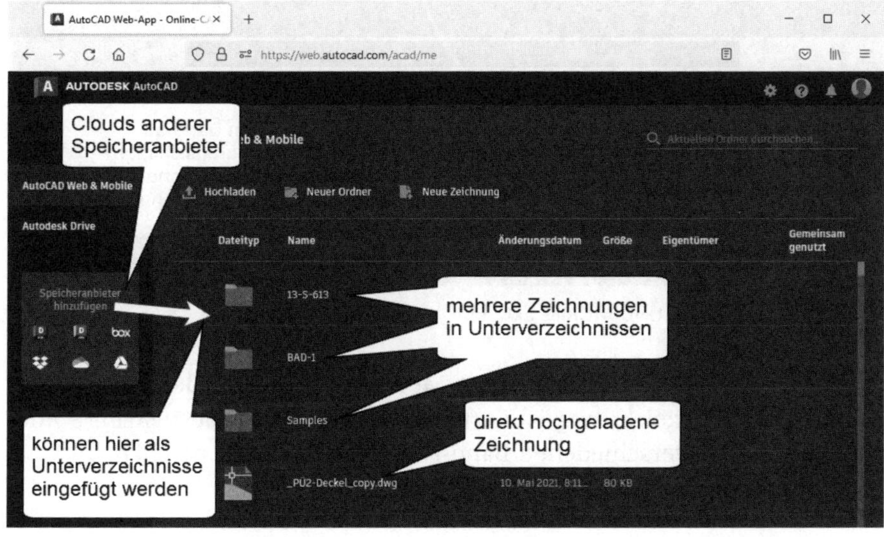

Abb. 16.20: AutoCAD Web und Mobile mit hochgeladenen Dateien und Ordnern

Der Befehl BAND

Sobald Sie nun Zeichnungen über AUTOCAD WEB UND MOBILE in die Cloud schaffen und auch für andere Benutzer freigeben, ist es sinnvoll, Anmerkungen und Kommentare dazu mit anderen austauschen zu können. Zu diesem Zweck wurde der BAND-Befehl (früher auch als *Ablaufverfolgung* bezeichnet) entwickelt. Er etabliert eine neue Oberfläche, die diese Anmerkungen und Kommentare der einzelnen Benutzer getrennt speichert und wahlweise sichtbar und unsichtbar machen kann.

Unter AUTOCAD WEB UND MOBILE können Sie nicht nur die Zeichnungen bearbeiten, sondern auch Änderungsvorschläge oder -anmerkungen auf einer transparenten Extra-Ebene der Zeichnung hinzufügen. In der Cloud aktivieren Sie dazu BAND, wo Sie alle Zeichen-, Bemaßungs- und Textbefehle benutzen können (Abbildung 16.21). Es sind mehrere Bänder möglich, jedes Band bildet eine eigene transparente Ebene, die sich einzeln ein- und ausschalten lässt.

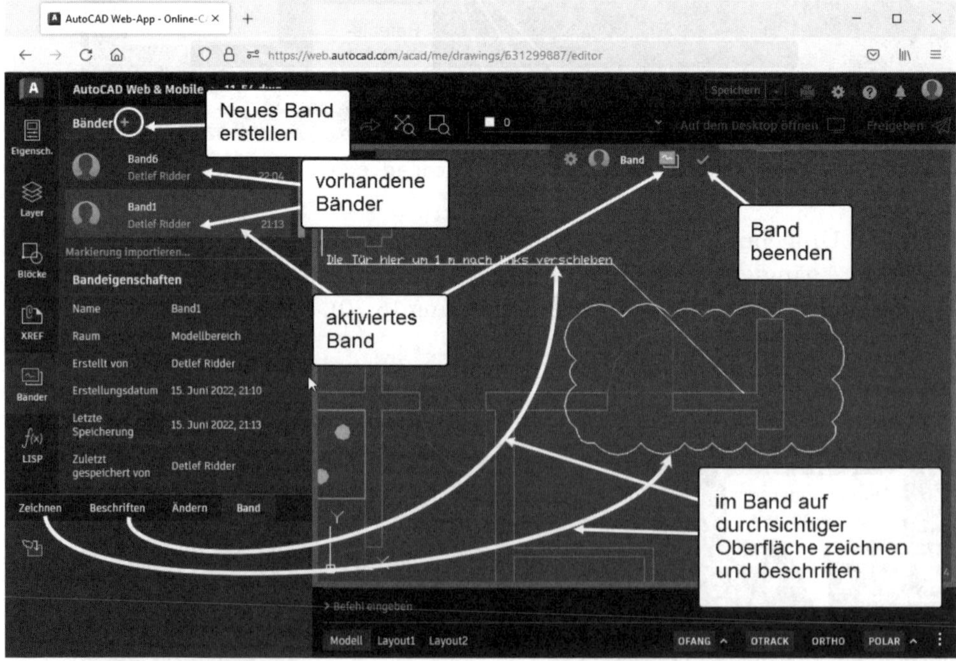

Abb. 16.21: BAND1 unter WEB UND MOBILE aktiviert

Nachdem Sie die Zeichnung aus WEB UND MOBILE heruntergeladen haben, können Sie in der Originalzeichnung ZUSAMMENARBEIT|BÄNDER|BANDPALETTE AUFRUFEN, um darüber die verschiedenen Band-Notizen sichtbar zu machen.

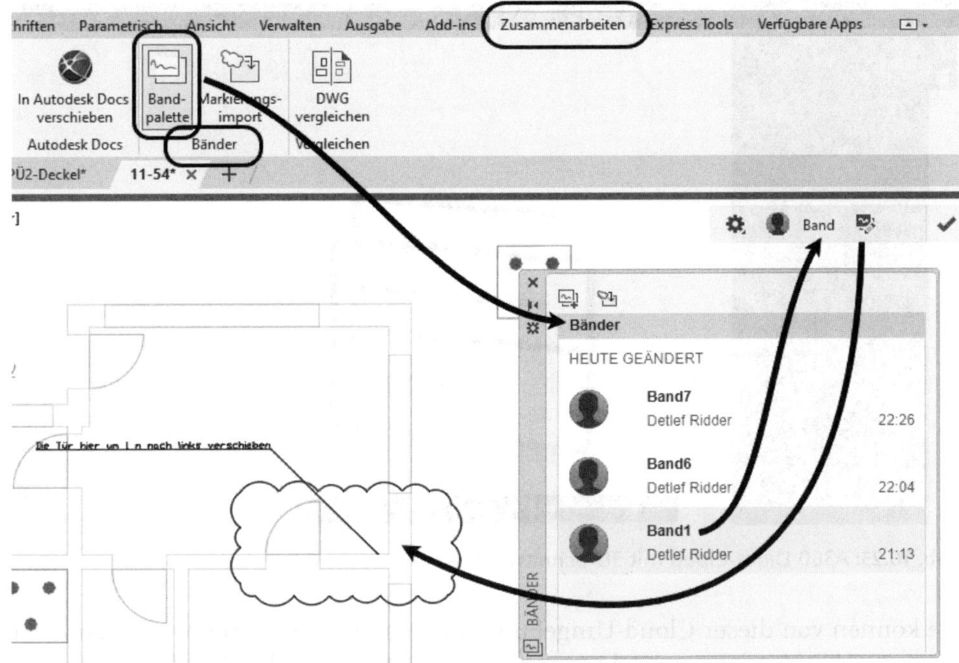

Abb. 16.22: BAND-Befehl zur Anzeige der BÄNDER aus WEB UND MOBILE

16.9.2 Autodesk Drive

Der früher bereits angebotene Cloud-Speicher A360 nennt sich nun AUTODESK DRIVE mit der Adresse **drive.autodesk.com**. Sie können diesen Bereich auch in WEB UND MOBILE öffnen. Wenn Sie die von A360 übertragenen Dateien dann dort suchen, finden Sie sie im Ordner A360 DRIVE MIGRATION.

Zum Bearbeiten im Browser können Sie dort eine Datei mit Doppelklick aktivieren und dann das Bild noch einmal anklicken. Dann erscheinen einige Bearbeitungsfunktionen für:

- Modell- und Layout-Ansicht,
- Zoom und Pan,
- Messen, Layer verwalten, Eigenschaften anzeigen.

Bei 3D-Objekten können Sie auch dynamische Schnitte erzeugen (Abbildung 16.23). Für Anzeige- und Analyse-Funktionen sind diese Cloud-Funktionen recht nützlich.

Die Oberfläche von AUTODESK DRIVE erscheint mit einer Auflistung Ihrer Zeichnungen (Abbildung 16.23). Sie können diese nach Namen, Datum oder Zeichnungsgröße ordnen. Es gibt hier auch die Möglichkeit, Zeichnungen für andere Benutzer per E-Mail-Adresse freizugeben.

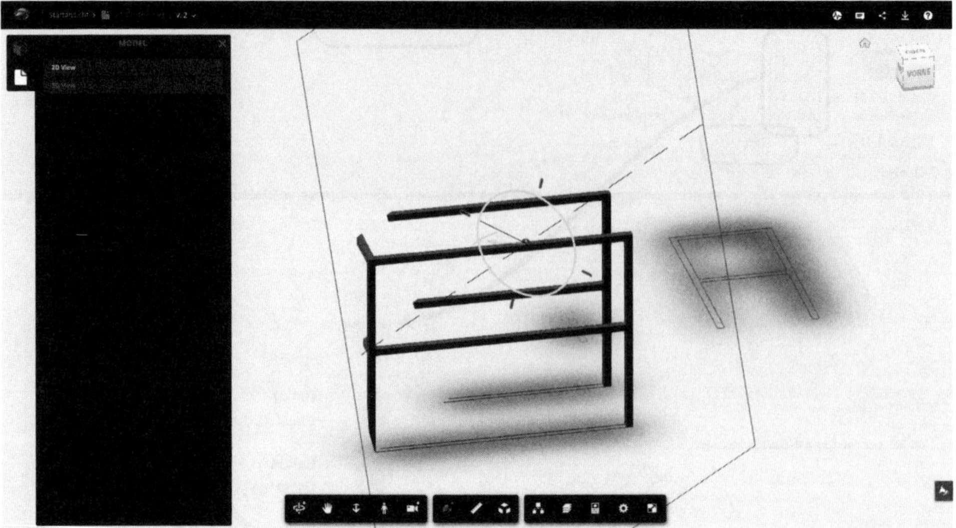

Abb. 16.23: A360 DRIVE-Cloud mit 3D-Schnittwerkzeug

Sie können von dieser Cloud-Umgebung mit AUF DEM DESKTOP ÖFFNEN zu Ihrer PC-AutoCAD-Version wechseln, wenn Sie die Datei lieber dort bearbeiten wollen.

16.9.3 Autodesk Docs

Für die Zusammenarbeit mit Programmen aus dem Architekturbereich gibt es die Cloud AUTODESK DOCS. Dieser Cloudbereich ist mit dem Abonnement entsprechender Programme verknüpft. Um dann von AutoCAD dorthin Zeichnungen zu übertragen, gibt es die Funktion ZUSAMMENARBEIT|AUTODESK DOCS|IN AUTODESK DOCS VERSCHIEBEN. Der Bereich AUTODESK DOCS wird als erstes Icon oben links in den Cloud-Speicherorten angezeigt (Abbildung 16.24). Von dort können Sie den Bereich wieder zu AUTODESK WEB UND MOBILE hinzufügen.

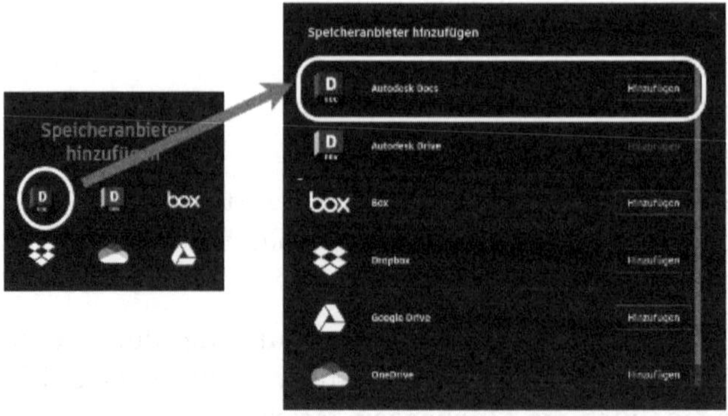

Abb. 16.24: AUTODESK DOCS zu AUTOCAD WEB UND MOBILE hinzufügen

16.10 Übungsfragen

1. Welches Format benutzen Sie, wenn Sie eine Zeichnung nur zum Betrachten weitergeben wollen, nicht zum Bearbeiten?
2. Womit öffnen Sie eine DWF-Datei mit Markierungen in AutoCAD?
3. Wie kann jemand eine AutoCAD-Zeichnung öffnen, der selbst kein AutoCAD besitzt?
4. Wie können Sie auf die Zeichnungen in der Cloud zugreifen?
5. Können die Ergebnisse eines Zeichnungsvergleichs langfristig gespeichert werden?
6. Können Sie Zeichnungen in der Cloud dort direkt auch ohne AutoCAD bearbeiten?
7. Was müssen Sie berücksichtigen, wenn Sie eine PDF-Datei ausgeben wollen, die später in AutoCAD weiterverwendet werden soll?
8. Was können Sie für das Stapelplotten auswählen?
9. Wie lautet das Standard-Format für 3D-Druck?

Anhang A

Fragen und Antworten

A.1 Kapitel 1

A.1.1 Übungsfragen

1. Wie unterscheiden sich Testversion, Studentenversion und lizenzierte Version?
2. Wo liegen die wichtigsten benutzerspezifischen Dateien?
3. Was sind neben dem Preis die wichtigsten Unterschiede zwischen LT- und Vollversion?
4. Was versteht man unter Migrieren?
5. Wie reaktivieren Sie eine »verlorene« Befehlszeile?
6. Was ist der Unterschied zwischen *Befehlsoptionen* und *Befehlsvorgaben*?
7. Was ist der Unterschied zwischen *Kontextmenüs* und *Griffmenüs*?
8. Wo erscheint die *Koordinatenanzeige* der Fadenkreuzposition?
9. Womit können Sie die STATUSLEISTE konfigurieren?
10. Wo finden Sie die ANSICHTSSTEUERUNG und was ist enthalten?

A.1.2 Antworten

1. Die Testversion kann über `www.autodesk.de` heruntergeladen und dann 30 Kalendertage ohne Lizenz zum Testen verwendet werden. Die Studentenversion ist über `students.autodesk.com` zu erhalten und kann mindestens ein Jahr nur zum Üben und Lernen verwendet werden. Die gekaufte lizenzierte Version kann als Abonnement dauerhaft für kommerzielle Projekte verwendet werden.
2. **`C:\Benutzer\Benutzername\AppData\Local\...Template`** und **`C:\Benutzer\Benutzername\AppData\Roaming\...Support`**
3. In der LT-Version fehlen:
   - Befehle zur Erzeugung und Bearbeitung von *Volumenkörpern,*
   - *Schnittstellen* für Programmiersprachen,
   - Lizenzierung für *Netzwerke,*
   - der *Aktionsrekorder* und
   - Befehle zum *Erstellen parametrischer Abhängigkeiten.*

4. Die Übernahme von Einstellungen einer alten Version in die aktuelle beim ersten Aufruf
5. Mit [Strg]+[9] oder mit dem Befehl BEFEHLSZEILE
6. Befehlsoptionen werden in eckigen Klammern **[...,...,...]** angeboten und können durch Anklicken oder Eingabe des/der Großbuchstaben aktiviert werden. Befehlsvorgaben erscheinen in spitzen Klammern **<...>** und werden mit [Enter] akzeptiert.
7. Kontextmenüs werden über *Rechtsklick* aktiviert, *Griffmenüs* erscheinen (nicht bei allen Objekten) nach Anklicken eines Objekts und *Anfahren* (nicht Klicken) eines der blauen Griffe.
8. Am linken Ende der STATUSLEISTEN-Symbole unten rechts, sofern mit ☰ aktiviert
9. Mit ☰ ganz rechts in der STATUSLEISTE
10. Links oben in Zeichenbereich bei **[..][....][......]**. In der ersten Klammer können die Bedienelemente VIEW-CUBE und NAVIGATIONSLEISTE verwaltet werden, in der zweiten die *Ansichtsrichtung* gewählt werden und in der dritten die Darstellung schattierter Flächen und Körper gestaltet werden.

A.2 Kapitel 2

A.2.1 Übungsfragen

1. Für welchen der Befehle NEU oder SNEU können Sie eine Zeichnungsvorlage für spätere Verwendung dauerhaft vorgeben?
2. Mit welchem Befehl können Sie ein gefülltes Viereck zeichnen?
3. Mit welchem Befehl kann man den Anzeigebereich für das ZEICHNUNGSRASTER # anders einstellen?
4. Welcher Befehl speichert *immer* mit Anfrage nach einem neuen Dateinamen?
5. Welche Optionen gibt es beim KREIS-Befehl?
6. Was ist der Unterschied zwischen POLYLINIE und LINIE?
7. Welcher Befehl macht das letzte LÖSCHEN rückgängig?
8. Wie oft können Sie im Befehl LINIE die Option ZURÜCK eingeben?
9. Welche Eingaben verlangt der Befehl RING?
10. Wie erreichen Sie den OPTIONEN-Befehl?

A.2.2 Antworten

1. Für SNEU im SCHNELLZUGRIFF-WERKZEUGKASTEN
2. SOLID

3. Der Befehl LIMITEN gibt den Bereich für die Rasteranzeige vor, sofern in den ENTWURFSEINSTELLUNGEN die Option RASTER ÜBER BEGRENZUNG ANZEIGEN deaktiviert ist.
4. SICHALS oder SCHNELLZUGRIFF-WERKZEUGKASTEN oder A CAD |SPEICHERN UNTER|ZEICHNUNG
5. KREIS
   - MITTELPUNKT, RADIUS
   - MITTELPUNKT, DURCHM
   - 2 PUNKTE
   - 3 PUNKTE
   - TAN, TAN, RADIUS
   - TAN, TAN, TAN
6. Eine POLYLINIE ist eine zusammengesetzte Kurve bestehend aus ebenen Linien- und Bogensegmenten. Eine LINIE ist eine einzelne geradlinige Kurve. Der Befehl LINIE erzeugt zwar über entsprechend viele Punkteingaben mehrere Liniensegmente, sie hängen aber nicht zusammen, sondern sind einzeln bearbeitbar.
7. HOPPLA
8. Bis der erste Punkt zurückgenommen wurde
9. Innendurchmesser und Außendurchmesser und dann die Mittelpunkte
10. Über das Standard-Kontextmenü, d.h. per Rechtsklick ohne einen aktiven Befehl, in der untersten Zeile oder mit dem Kürzel O oder über A CAD |OPTIONEN.

A.3 Kapitel 3

A.3.1 Übungsfragen

1. Auf welchen Punkt bezieht sich die Koordinatenangabe, die mit @ beginnt?
2. Welcher Objektfang liefert den Kreismittelpunkt?
3. Mit welchem Objektfang können Sie eine Position in Richtung einer Linie, aber 10 Einheiten vom Linienende entfernt angeben?
4. Welches Zeichen garantiert, dass die Koordinaten als absolute im Weltkoordinatensystem gelten, unabhängig davon, wie die DYNAMISCHE EINGABE voreingestellt ist?
5. Wie bezeichnet man rechtwinklige Koordinaten sonst noch?
6. Müssen Sie selbst den Objektfang TANGENTE einstellen, wenn Sie die Kreisoption ZEICHNEN|KREIS|TAN,TAN,TAN benutzen?

7. Unter welcher Bedingung können Sie drei Punkte *nicht* für die Option ZEICHNEN|KREIS|3 PUNKTE verwenden?
8. Wo wird eingestellt, wie weit der Objektfang vom Fadenkreuzmittelpunkt aus reicht?
9. Welcher Objektfang erzeugt Positionen auf der Verlängerung einer Kurve?
10. Welchen Objektfang können Sie nutzen, um den Mittelpunkt eines Sechsecks zu erhalten?

A.3.2 Antworten

1. Auf den letzten konstruierten Punkt, gespeichert in der Systemvariablen LASTPOINT
2. ZENTRUM
3. Mit Objektfang HILFSLINIE, nachdem Sie kurz mit dem Fadenkreuz auf dem Linienendpunkt (ohne Klick) verweilt sind und dann in der richtigen Richtung weitergezogen sind. Mit Fadenkreuz auf der Spurlinie geben Sie dann den Wert **10** ein.
4. *
5. Kartesische Koordinaten nach dem französischen Mathematiker Descartes
6. Nein
7. Wenn die drei Punkte kollinear sind, d.h. exakt auf einer Linie liegen
8. Unter |OPTIONEN im Register ZEICHNEN unter GRÖSSE DER ÖFFNUNG
9. Objektfang HILFSLINIE
10. Objektfang GZE bzw. GEOMETRISCHES ZENTRUM im Objektfang-Kontextmenü (über Strg+Rechtsklick oder Shift+Rechtsklick).

A.4 Kapitel 4

A.4.1 Übungsfragen

1. Wie kürzen Sie die Befehle SCHIEBEN, KOPIEREN, DREHEN und SPIEGELN ab?
2. Sie wollen ein Objekt, zum Beispiel eine Linie, auf 45° drehen und kennen den Winkel nicht, unter dem es momentan liegt. Wie gehen Sie vor?
3. Bei BRUCH wird normalerweise der Punkt, mit dem Sie die Kurve wählen, gleichzeitig als erster Brechpunkt verwendet. Sie sollen eine waagerechte Linie von der Mitte an 10 Einheiten nach rechts aufbrechen. Was werden Sie tun?
4. Welcher Objektfang erlaubt eine relative Punktposition?
5. Können Sie beim Befehl DREHEN das Original unverändert erhalten?

6. Wo müssen Sie einen Kreis anklicken, um von 90° bis 180° ein Stück mit BRUCH herauszunehmen?
7. Welche bisherigen Editierbefehle erhalten die gewählte Originalgeometrie, zumindest auf Wunsch?
8. Wann kann man die Koordinatenanzeige auf relative Koordinaten umschalten?
9. Wie kann man länger zurückliegende Befehle aufrufen?
10. Wie oft müssen Sie ein Objekt anklicken, damit die Griffe erscheinen?
11. Welche Farbe hat ein heißer Griff?
12. Welche Befehle gibt es im GRIFF-Menü beim heißen Griff?
13. Welche Optionen gibt es im GRIFF-Menü beim heißen Griff?
14. Wie kürzt man den Befehl EIGENSCHAFTEN ab?
15. Mit welcher Einstellung bleibt vom EIGENSCHAFTEN-MANAGER nur die Randleiste sichtbar?
16. Kann man den EIGENSCHAFTEN-MANAGER durchsichtig gestalten?
17. Wann sieht man im EIGENSCHAFTEN-MANAGER nur die ALLGEMEINEN EIGENSCHAFTEN?
18. Weshalb ist KEINE AUSWAHL im EIGENSCHAFTEN-MANAGER so gefährlich?
19. In welchen Registergruppen liegen EIGENSCHAFTEN und EIGANPASS?

A.4.2 Antworten

1. S, KO, DH und SP
2. DREHEN
   - `Basispunkt:` **`Drehpunkt wählen`**
   - `Drehwinkel ... [ /Bezug]:` **`B`** [Enter]
   - `Bezugswinkel:` **`zwei Punkte wählen, nämlich Drehpunkt und einen zweiten Punkt, der den Winkel charakterisiert`**
   - `Neuer Winkel:` **`45`** [Enter]
3. BRUCH
   - `Objekt wählen:` **`MIT`**[Enter] **`und Linie anklicken`**
   - `Zweiter Punkt:` **`@10,0`**
   - Anmerkung: Da hier sowohl Objektwahl als auch Objektfang vorliegt, sind sowohl die Objektfang-Box als auch die Objektwahl-Box sichtbar, bei etwas unterschiedlicher Größe als ein doppeltes Quadrat.
4. VON [Enter] . Dieser Objektfang fragt nach einem BASISPUNKT (oder Bezugspunkt) und dann nach einem ABSTAND, der immer relativ mit @ davor eingegeben werden muss.

5. Ja, mit der Option KOPIE
6. Mit Objektfang QUADRANT erst bei 90°, dann erneut mit QUADRANT bei 180°, also immer im mathematisch positiven Sinn bzw. gegen den Uhrzeigersinn (GUZ)
7. KOPIEREN, SPIEGELN (auf Anfrage), DREHEN (mit Option KOPIE), VERSETZ
8. Wenn man im Befehl LINIE oder PLINIE den ersten Punkt eingegeben hat
9. Über das Kontextmenü auf der Zeichenfläche unter LETZTE EINGABE
10. Einmal
11. Rot
12. VERSCHIEBEN, SPIEGELN, DREHEN, SKALIEREN und STRECKEN, manchmal auch LÄNGE
13. BASISPUNKT (d.h. neuer Basispunkt), KOPIE (erstellt Kopie), REFERENZ (entspricht der Option BEZUG in den normalen Befehlen)
14. E
15. AUTOMATISCH AUSBLENDEN (im Kontextmenü der Randleiste) oder
16. Ja, mit der Option TRANSPARENZ im Rechtsklickmenü
17. Wenn Objekte verschiedenen Typs gewählt wurden
18. Änderungen an den Einstellungen gelten dann als Vorgabe für alle danach neu gezeichneten Objekte.
19. EIGENSCHAFTEN liegt in der Multifunktionsleisten-Gruppe START|EIGENSCHAFTEN↘, EIGANPASS liegt in der Multifunktionsleisten-Gruppe START|EIGENSCHAFTEN.

A.5 Kapitel 5

A.5.1 Übungsfragen

1. Wozu verwendet man verschiedene Farben?
2. Mit welcher Schaltfläche in der Statusleiste schaltet man die Linienstärken-Anzeige ein/aus?
3. Nennen Sie die fünf Modi eines Layers.
4. Welche Linientypfaktoren gibt es?
5. Welcher Linientypfaktor wird über den EIGENSCHAFTEN-MANAGER eingestellt?
6. Mit welcher Funktionstaste schaltet man den FANGMODUS ein oder aus?
7. Welche Dateiendung hat die Zeichnungsvorlage, und in welchem Verzeichnis sucht sie AutoCAD standardmäßig?

8. Welchen globalen Linientypfaktor brauchen Sie für die Liniengruppe 0,5?
9. Welche Dateiendung hat die Standards-Datei?
10. Welche Layereinstellungen können Sie in der Dropdown-Liste der kleinen Layersteuerung ändern?

A.5.2 Antworten

1. Zur Unterscheidung der Layer
2. [Symbol]
3. a) Aktuell
   b) Ein/Aus
   c) Tauen/Frieren
   d) Entsperren/Sperren
   e) Plotten/Nicht plotten
4. Einen globalen (LTFAKTOR oder kurz LK) und für jedes Objekt noch einen individuellen
5. Der individuelle
6. [F9]
7. Die Endung ist `.DWT`, das Verzeichnis heißt: `C:\Benutzer\`*`Benutzername`*`\AppData\Local\Autodesk\AutoCAD 2023\R24.2\deu\Template` bzw. `...\Autodesk\AutoCAD LT 2023\R29\deu\Template`.
8. Der nötige Linientypfaktor lautet **`0.5`**.
9. `*.DWS`
10. Ein/Aus, Tauen/Frieren, in aktuellem AF tauen/frieren, Entsperren/Sperren, Farbe und Aktuell-Setzen durch Anklicken des Namens

A.6 Kapitel 6

A.6.1 Übungsfragen

1. Erzeugt der Befehl UMGRENZUNG [Symbol] ein neues Objekt oder fasst er nur existierende Kurven zusammen? Sind die Ursprungsobjekte danach noch einzeln vorhanden?
2. Wie viele Dimensionen hat die Polylinie, ist sie ein ebenes Objekt oder ein dreidimensionales Objekt?
3. Welche Befehle erzeugen Polylinien?
4. Dürfen Multilinien mehr als zwei Linien beinhalten?
5. Welches ist die einfachste Option, um in einer Polylinie ein Kreisbogensegment nicht mit tangentialem Anschluss starten zu lassen?

6. Nennen Sie die drei Methoden, die Größe eines Polygons zu spezifizieren.
7. Schildern Sie den Unterschied zwischen Inkreis und Umkreis beim Polygon.
8. Mit welchem Befehl erzeugen Sie eine Freihandkurve?
9. Welche Breiteneinstellungen gibt es bei Polylinien?

A.6.2 Antworten

1. UMGRENZUNG erzeugt eine neue Polylinie. Die Kurven, von denen ausgegangen wird, bleiben als Einzelobjekte unverändert.
2. Die Polylinie ist ein zweidimensionales Objekt.
3. PLINIE, UMGRENZUNG, PEDIT, RECHTECK, POLYGON, RING. Der Schraffurbefehl SCHRAFF erzeugt intern Polylinien als Schraffurbegrenzungen.
4. Ja, das kann mit dem Multilinien-Stil MLSTIL frei eingestellt werden.
5. RI für die Option RICHTUNG. Sie wird in Grad oder als Zielpunkt angegeben.
6. Über die Option SEITE kann die Seitenlänge vorgegeben werden bzw. zwei Punkte, über INKREIS kann der Durchmesser des Kreises angegeben werden, der alle Polygonseiten in der Mitte berührt, und über UMKREIS kann der Durchmesser des Kreises vorgegeben werden, der durch alle Eckpunkte geht.
7. Der Inkreis geht durch die Seitenmittelpunkte, der Umkreis durch die Eckpunkte.
8. Mit SKIZZE erzeugt man eine Freihandkurve.
9. Bei Polylinien kann eine globale Breite für die gesamte Polylinie eingestellt werden oder segmentweise für Start- und Endpunkt verschiedene Breiten.

A.7 Kapitel 7

A.7.1 Übungsfragen

1. Sie sollen mit REIHERECHTECK ein Objekt dreimal nebeneinander, also in x-Richtung, vervielfachen. Geben Sie drei ZEILEN oder drei SPALTEN (REIHEN) an?
2. Welche Objektwahlmodi sind bei STRECKEN erlaubt?
3. Können Sie eine Kontur mit VARIA nur in x-Richtung skalieren?
4. Ein Bogen soll mit dem Befehl LÄNGE an einem Ende so verlängert werden, dass er doppelt so lang ist. Was müssen Sie bei der Option PROZENT eingeben?
5. Sie haben beim Befehl STRECKEN durch den vorgeschriebenen Objektwahlmodus auch Objekte erfasst, die gar nicht verändert werden sollen. Wie können Sie das während der Objektwahl noch korrigieren?
6. Können Sie bei REIHEKREIS einen Startwinkel eingeben?

7. Können Sie mit LÄNGE auch die Länge einer Kurve *messen*?
8. Wie heißen die speziellen Bearbeitungsbefehle für Regionen?
9. Welche Daten liefert der Befehl START|DIENSTPROGRAMME|MESSEN|ABSTAND (BEMGEOM, Option ABSTAND)?
10. Wie heißt die Systemvariable, in der automatisch Ihre zuletzt konstruierte Position gespeichert wird? Hinweis: Sie kann mit ID überschrieben werden.

A.7.2 Antworten

1. Drei Spalten
2. KREUZEN oder KREUZEN-POLYGON
3. Nein, VARIA skaliert in allen drei Koordinatenrichtungen gleichmäßig.
4. 200, da die neue Länge 200% der alten Länge betragen soll
5. Klicken Sie die Objekte, die zu viel sind, bei gedrückter `Shift`-Taste an.
6. Nein, die polare Anordnung beginnt immer an Ihren gewählten Objekten. Sie können nur den auszufüllenden Winkel eingeben.
7. Ja, wenn Sie LÄNGE aufrufen, keine Option wählen und einfach die betreffende Kurve anklicken.
8. VEREINIG, DIFFERENZ, SCHNITTMENGE
9. Räumlicher Abstand, projizierte Abstände auf die x-, y- und z-Richtungen (Delta-Werte), Winkel in der xy-Ebene und Winkel relativ zur xy-Ebene bei dreidimensionalen Punkten
10. LASTPOINT

A.8 Kapitel 8

A.8.1 Übungsfragen

1. Sind Plots ohne Papierbereich möglich?
2. Was ist eine Seiteneinrichtung?
3. Wozu legt man Layouts an?
4. Kann man Layouts löschen?
5. Wann benötigt man den Plotstil `MONOCHROME.CTB`?
6. Sie haben einen Farbplotter als Systemplotter eingestellt. Sie wollen Ihre Zeichnung mit Linienstärken aus der Layertabelle und mit den dortigen Farben ausgeben. Welchen Plotstil müssen Sie aufrufen?
7. Was bedeuten Ansichtsfenster-spezifische Layer?
8. Wohin gehört der Zeichnungsrahmen in einem Layout?

9. Wie wird der plotbare Bereich im Layout gekennzeichnet?
10. Kann man aus dem Papierbereich heraus Punkte des Modellbereichs mit dem Objektfang erreichen?

A.8.2 Antworten

1. Ja, ohne Papierbereich können Sie aus dem Modellbereich heraus plotten. Dort müssen Sie Texte, Bemaßungen und Rahmen mit dem Beschriftungsmaßstab skalieren und den Zeichnungsrahmen entsprechend anpassen.
2. Eine *Seiteneinrichtung* ist eine vordefinierte Einstellung fast aller Eingaben für einen PLOT-Befehl. Sie definiert hauptsächlich die Größe des Papierbereichs im Layout.
3. Layouts dienen der grafischen Gestaltung eines Plots. Hier werden insbesondere der Rahmen eingefügt, die Ansichtsfenster erstellt, Maßstäbe für die Ansichtsfenster festgelegt und ggf. in jedem Ansichtsfenster die Sichtbarkeit der Layer eingestellt.
4. Ja, über das Kontextmenü auf dem LAYOUT-Reiter
5. Wenn beim Plotten die Einstellungen der Layer berücksichtigt werden sollen, aber alle Farben in Schwarz umgesetzt werden sollen.
6. `acad.ctb`
7. Unter Ansichtsfenster-spezifischen Layern versteht man das individuelle Frieren oder Tauen eines Layers in einzelnen Ansichtsfenstern.
8. In den Papierbereich
9. Mit einem gestrichelten Rahmen
10. Ja, der Objektfang greift aus dem Papierbereich im Ansichtsfenster in den Modellbereich hindurch.

A.9 Kapitel 9

A.9.1 Übungsfragen

1. Mit welchem Befehl können Sie die Textanzeige auf die Textberandung reduzieren?
2. Mit welchem der Befehle DTEXT oder MTEXT können Sie *im* Befehl die Bildschirmposition wechseln?
3. Wie geben Sie die Sonderzeichen für Durchmesser, Grad und Plus-Minus ein?
4. Wann erzeugt MTEXT einen automatischen Umbruch und wann schreibt man notfalls über die Grenzen der Textbox hinaus?
5. In welchen Objekten sucht die allgemeine Suchfunktion BESCHRIFTEN|TEXT|TEXT SUCHEN?

6. Wo hat man Zugriff auf das Benutzerwörterbuch?
7. Welche Option von DTEXT verwenden Sie, um einen Text genau mittig in ein Rechteck einzupassen?
8. Sie geben mit DTEXT einen mehrzeiligen Text ein. Auf welche Zeile beziehen sich die Positionierungsangaben?
9. Mit welchem Textbefehl können Sie einen ganzen Absatz rechtsbündig schreiben?

A.9.2 Antworten

1. QTEXT, Option EIN
2. Beim Befehl TEXT bzw. DTEXT können Sie während des Schreibens neue Textpositionen zum Weiterschreiben anklicken. Voraussetzung ist, dass die Systemvariable DTEXTED auf **1** oder **2** gesetzt (Vorgabe) ist und nicht auf **0**.
3. %%c, %%d, %%p
4. MTEXT erzeugt einen automatischen Umbruch nur an Wortgrenzen, wenn ein Leerzeichen kommt. Wenn mehr Zeilen zu schreiben sind, als in die Textbox passen, wird die Box nach unten erweitert.
5. In Texten, Attributen, Tabellen, Hyperlinks und Bemaßungen.
6. Es heißt `SAMPLE.CUS` und liegt im Verzeichnis: `C:\Benutzer\`*`Benutzername`*`\AppData\Roaming\Autodesk\AutoCAD 2023\R24.2\deu\Support\` bzw. `...Autodesk\AutoCAD LT 2023\R29\deu\Support\`. Der Zugriff ist auch im Dialogfeld des Befehls RECHTSCHREIBUNG möglich.
7. TEXT, Option I für POSITION, Option MI für MITTEL
8. Auf die erste Zeile
9. Mit DTEXT und Positionsoption R, mit MTEXT und der entsprechenden Formatierungsoption RECHTS.

A.10 Kapitel 10

A.10.1 Übungsfragen

1. Welche Arten von Abhängigkeiten kennen Sie?
2. Wie wirkt die Abhängigkeit GLEICH ?
3. Auf welches Objekt wirkt die Abhängigkeit GLATT und wie kann man die Wirkung beschreiben?
4. Was ist der Unterschied bei der Abhängigkeit SYMMETRISCH zwischen der Option OBJEKTE WÄHLEN und 2 PUNKTE?
5. Wie wirkt TANGENTIAL auf verschiedene Objekte (Linie, Bogen, Kreis)?

6. Welche Folge hat die Abhängigkeit TANGENTIAL?
7. Nennen Sie die sieben Bemaßungsabhängigkeiten.
8. Was bedeutet bei der Bemaßungsabhängigkeit die Form BESCHRIFTEND?
9. Wie wird eine überflüssige Bemaßungsabhängigkeit verarbeitet?
10. Kann man aus einer normalen Bemaßung eine Bemaßungsabhängigkeit machen?

A.10.2 Antworten

1. Geometrische Abhängigkeiten und Bemaßungsabhängigkeiten
2. GLEICH = setzt die Längen von Linien gleich oder die Radien von Kreisen und Bögen.
3. GLATT verbindet zwei Splinekurven mit einem tangentialen und krümmungsstetigen Übergang.
4. Bei der Option OBJEKTE WÄHLEN werden Linien in ihrer Richtung symmetrisch ausgerichtet, bei 2 PUNKTE wird die 2. Linie so verschoben, dass ihr gewählter Endpunkt symmetrisch zum Punkt auf der ersten Linie liegt.
5. Das zuerst gewählte Objekt bleibt in seiner Lage, das zweite Objekt wird so verschoben, dass es entweder *direkt* tangential berührt oder dass seine *Verlängerung* berühren würde.
6. Bei Positions- oder Richtungsänderungen eines der beiden Objekte läuft das zweite immer tangential mit.
7. Linear, Ausgerichtet, Horizontal,Vertikal, Radial, Durchmesser, Winkel
8. Eine solche Bemaßungsabhängigkeit wird wie eine normale Bemaßung mit dem aktuellen Bemaßungsstil dargestellt.
9. Überflüssige Bemaßungsabhängigkeiten werden nur als sogenannte *Referenzabhängigkeiten* geführt, die zur Eindeutigkeit der Geometrie nicht mehr nötig sind, aber in weiteren Teilen der Zeichnung und deren Formeln eventuell als Referenz Verwendung finden können.
10. Ja, mit PARAMETRISCH|BEMAßUNG|KONVERTIEREN oder dem Befehl BAKONVERTIER bzw BEMABHÄNG Option KONVERTIEREN.

A.11 Kapitel 11

A.11.1 Übungsfragen

1. Welche zusammengesetzten Objekte kennen Sie?
2. Welche davon kann man mit URSPRUNG auflösen?
3. Was sind die Vorteile von Blöcken?

4. Wie ändert man einen externen Block (WBLOCK)?
5. Wie aktualisiert man einen externen Block (WBLOCK)?
6. Wie ändert man eine externe Referenz?
7. Kann man Attributwerte nachträglich ändern?
8. Mit welchem Befehl werden Attribute in externe Dateien geschrieben?
9. Wie kann man eine externe Referenz zum Bestandteil der eigenen Zeichnung machen?

A.11.2 Antworten

1. BLOCK, WBLOCK und externe Referenz (XREF) sind die traditionellen zusammengesetzten Objekte. Auch die POLYLINIE und die REGION sind in gewissem Sinn zusammengesetzte Objekte aus Linien- und Bogensegmenten bzw. Splines. Ferner ist jedes *Bemaßungsobjekt* ein spezieller Block. Auch die SCHRAFFUR ist aus Linien zusammengesetzt. Die GRUPPE könnte man auch als zusammengesetztes Objekt zum Zwecke einfacherer Objektwahl bezeichnen.
2. Mit dem Befehl URSPRUNG lassen sich Blockeinfügungen, Bemaßungen, Schraffuren, Regionen und Polylinien zerlegen, nicht aber externe Referenzen, weil die nur als Phantombilder in der eigenen Zeichnung vorhanden sind. Volumenkörper lassen sich in ihre Flächen zerlegen. Darauf deutet insbesondere das Befehlssymbol hin. Flächen können in die Randkurven zerlegt werden. Eine GRUPPE kann nur mit START|GRUPPEN▼|GRUPPENMANAGER (Befehl KLASSISCHGRUPPE) oder mit dem Befehl GRUPPEAUFHEB wieder aufgelöst werden.
3. Durch die Verwendung von Blöcken spart man Speicherplatz, da die Geometrie auch bei mehrfacher Verwendung nur einmal in der Blockdefinition gespeichert ist. Blöcke lassen sich einfach ändern und aktualisieren, indem man die Blockdefinition ändert.
4. Einen WBLOCK ändert man, indem man die Zeichnung des WBLOCKS öffnet, die Änderungen durchführt und sie wieder speichert.
5. Ein eingefügter WBLOCK wird aktualisiert, indem man ihn noch einmal mit einer Pro-forma-Einfügeoperation einfügt, diese aber abbricht, nachdem die Blockdefinition aktualisiert ist.
6. Eine externe Referenz wird genauso geändert wie ein WBLOCK. Eine Aktualisierung ist nicht nötig, da beim nächsten Öffnen einer Zeichnung, die diese externe Referenz benutzt, sowieso das aktuelle Bild herangezogen wird. Die externe Referenz kann auch mit Doppelklick editiert werden.
7. Ja
8. ATTEXT oder EATTEXT (nicht LT) oder DATENEXTRAKT (nicht LT)
9. Durch BINDEN kann man aus einer externen Referenz einen internen Block machen und ist dadurch von der externen Datei unabhängig.

A.12 Kapitel 12

A.12.1 Übungsfragen

1. Wie wird Bezugsbemaßung erstellt?
2. Mit welchem Befehl generiert man praktischerweise die Form- und Lagetoleranzen?
3. Wie erhält man bei der Winkelbemaßung mit die Option, um die drei Punkte Scheitelpunkt, erster Winkelendpunkt und zweiter Winkelendpunkt eingeben zu können?
4. Wie nennt man die Bemaßung, die mit BEMWEITER erstellt wird?
5. Beschreiben Sie die Bemaßung mit dem Befehl BEMAUSG .
6. Was stellt die Bemaßungsfunktion SCHRÄG unter BESCHRIFTEN|BEMAßUNGEN▼|SCHRÄG eigentlich schräg, die Maßlinie oder die Hilfslinien?
7. Wie lautet das Sonderzeichen für Durchmesser, das man ggf. als Präfix in einer Linearbemaßung braucht?
8. Woran erkennt man, dass in einem Bemaßungsstil Einstellungen überschrieben wurden?
9. Was bedeutet die *Assoziativität der Bemaßung*?
10. Wird beim Schraffieren ein Maßtext automatisch ausgespart?

A.12.2 Antworten

1. Eine Bezugsbemaßung wird in der Weise erstellt, dass die erste Bemaßung als normale Linearbemaßung mit BEM oder BEMLINEAR ausgeführt wird und dann für die nachfolgenden Maße im Griffmenü der Maßlinie die Option BASISLINIENBEMAßUNG verwendet wird.
2. Die Form- und Lagetoleranzen sind als Option TOLERANZ im Befehl SFÜHRUNG enthalten. Bei diesem Befehl wird praktischerweise auch der Führungspfeil miterzeugt.
3. Die Winkelbemaßung über drei Punkte erhält man, indem man im Befehl die Option WINKEL und dann die Option SCHEITELPUNKT wählt oder im Befehl BEMWINKEL zu Beginn Enter für die Vorgabe <SCHEITELPUNKT ANGEBEN>.
4. BEMWEITER erstellt eine Kettenbemaßung.
5. BEMAUSG erzeugt eine ausgerichtete Bemaßung, deren Maßlinie parallel zur Ausrichtung der gewählten Hilfslinienpositionen läuft.
6. SCHRÄG stellt die *Hilfslinien* auf den eingegebenen Winkel ein.
7. Das Sonderzeichen für Durchmesser schreibt sich %%c.
8. Ein Bemaßungsstil mit überschriebenen Einstellungen wird als abgeleitete Variante, als Unterstil mit dem Titel *Stilüberschreibung* grafisch angezeigt.

9. Die Assoziativität der Bemaßung bewirkt, dass sich die Maßzahl ändert, sobald die Hilfslinienpositionen bzw. die bemaßten Objekte verändert werden.
10. Ja, Maßtexte werden beim Schraffieren automatisch ausgespart.

A.13 Kapitel 13

A.13.1 Übungsfragen

1. Welche Volumenkörper, auch Grundkörper genannt, bietet AutoCAD?
2. Was versteht man unter Bewegungskörpern?
3. Was versteht man unter booleschen Operationen?
4. Wie verhält sich bei VEREINIG das Endvolumen zur Summe der einzelnen Volumina?
5. Wie unterscheiden sich KAPPEN und QUERSCHNITT?
6. Welche 2D-Editierbefehle können auch auf Volumenkörper angewendet werden?
7. Was versteht man unter dem Kofferecken-Problem bei Volumenkörpern?

A.13.2 Antworten

1. AutoCAD kennt die Grundkörper POLYKÖRPER, QUADER, KUGEL, ZYLINDER, KEGEL, KEIL, PYRAMIDE und TORUS.
2. Bewegungskörper entstehen durch die Bewegung einer geschlossenen Polylinie oder einer Region in einer Richtung oder entlang von Pfaden oder Polylinien (EXTRUSION, SWEEPING) oder um eine Achse (ROTATION). Durch Interpolation zwischen Profilen erzeugt die Funktion ANHEBEN einen Lofting-Körper. Mit KLICKZIEHEN werden Extrusionen elegant und schnell aus geschlossenen Bereichen erzeugt.
3. Boolesche Operationen sind Begriffe aus der Mengenlehre, die Kombinationen von Volumenkörpern beschreiben. AutoCAD verwendet VEREINIG, DIFFERENZ und SCHNITTMENGE.
4. VEREINIG ist die Zusammenführung mehrerer Volumina, wobei sich überlappende Bereiche nur einfach zählen. Das Gesamtvolumen ist also immer kleiner oder gleich der Summe der Einzelvolumina.
5. Bei KAPPEN wird ein Volumenkörper in zwei Teile geschnitten, die entweder beide behalten werden oder von denen einer verworfen wird. Bei QUERSCHNITT wird eine Schnittfläche durch einen Volumenkörper erzeugt. Der Volumenkörper selbst wird aber nicht modifiziert. Die erzeugte Schnittfläche ist eine REGION.
6. ABRUNDEN und FASE lassen sich mit angepasster Funktionalität auch auf Volumenkörper anwenden.

7. Wenn in einer Ecke eines Volumenkörpers drei Abrundungen zusammentreffen, entsteht eine sogenannte Kofferecke.

A.14 Kapitel 14

A.14.1 Übungsfragen

1. Was bedeutet BKS und WKS?
2. Was ist die OBJEKTHÖHE?
3. Welche Bedeutung hat die ERHEBUNG?
4. Welches sind echte dreidimensionale Kurven?
5. Was müssen Sie unternehmen, um Kurven wie KREIS, BOGEN oder PLINIE beliebig schräg im 3D-Raum zu konstruieren?
6. Was versteht man unter einer Regelfläche?
7. Was sind VISUELLE STILE?
8. Was versteht man unter RENDER?
9. Was ist bei der Erzeugung von Schattenwürfen zu beachten?

A.14.2 Antworten

1. BKS bedeutet Benutzerkoordinatensystem, WKS ist das eindeutige Weltkoordinatensystem, mit dem Sie jede Zeichnung beginnen.
2. Die OBJEKTHÖHE ist eine z-Ausdehnung, die vielen 2D-Objekten eine Ausdehnung in der dritten Achsenrichtung gibt und damit eine schnelle Erweiterung zum 3D-Modell simuliert. 2D-Objekte mit OBJEKTHÖHE können in echte Flächen umgewandelt werden.
3. Die ERHEBUNG legt die z-Arbeitsebene fest: Immer, wenn bei einer Koordinateneingabe keine z-Koordinate eingegeben wird, wird für z der Wert der ERHEBUNG verwendet.
4. 3D-Kurven, bei denen jeder einzelne Punkt mit beliebigen dreidimensionalen Koordinaten angegeben werden kann, sind LINIE, 3DPOLY, SPIRALE und SPLINE.
5. Man muss ein entsprechend schräg liegendes BKS einrichten.
6. Eine Regelfläche (REGELOB) verbindet zwei Randkurven Punkt für Punkt in geradliniger Weise.
7. VISUELLE STILE sind Einstellungen für die Darstellung von Oberflächen als Drahtmodell, mit verdeckten Kanten oder mit unterschiedlich schattierten Flächen.

8. RENDER generiert eine fotorealistische Darstellung einer 3D-Konstruktion mit schattierten Oberflächen unter Berücksichtigung von Lichtquellen, Oberflächenmaterialien und Schattenwürfen.
9. Gehen Sie zum Multifunktionsregister VISUALISIEREN. In der Gruppe VISUELLE STILE wählen Sie den Stil REALISTISCH oder KONZEPTUELL. In der Gruppe LICHTER wählen Sie SCHATTEN AUF GRUNDEBENE. In der Gruppe SONNE UND STANDORT aktivieren Sie SONNENSTAND. Dort finden Sie im Aufklappmenü das Werkzeug POSITION FESTLEGEN zur Wahl der Ortsposition auf der Landkarte. Dann können Sie den Tag im Datums-Skalenbalken einstellen und darunter die Uhrzeit. Der vollständige Schatten kann allerdings nur angezeigt werden, wenn Sie die Hardwarebeschleunigung Ihrer Grafikkarte mit Schattendarstellung aktiviert haben. Dazu finden Sie rechts in der Statusleiste das Icon HARDWAREBESCHLEUNIGUNG bzw. GRAFIKLEISTUNG. Aktivieren Sie dort per Rechtsklick HARDWARE-BESCHLEUNIGUNG EIN und nach Rechtsklick VOLLSTÄNDIGE SCHATTENANZEIGE.

A.15 Kapitel 15

A.15.1 Übungsfragen

1. Wo stellt man die Farbe für den Bildschirmhintergrund ein?
2. Wie aktiviert man für 3D-Drahtmodellanzeige die Sichtkanten?
3. Was schaltet die Checkbox FLÄCHENFÜLLUNG unter A CAD |OPTIONEN, Register ANZEIGE ein und aus?
4. Womit ersetzt man alle Texte der Zeichnung durch rechteckige Boxen?
5. Wie lautet die Endung der automatischen Sicherungsdatei?
6. Was wird unter ASSOZIATIVBEMAßUNG in A CAD |OPTIONEN, Register BENUTZEREINSTELLUNGEN eingestellt?
7. Welcher Bereich der Anpassungs- oder Menüdatei sollte für eigene Multifunktionsleisten, Menüs und Werkzeugkästen benutzt werden?
8. Was bewirkt die RECHTSKLICK-ANPASSUNG?

A.15.2 Antworten

1. Unter A CAD |OPTIONEN, Register ANZEIGE, Schaltfläche FARBEN, Kontext 2D-MODELLBEREICH, 3D-PARALLELPROJEKTION oder PERSPEKTIVISCHE 3D-PROJEKTION
2. Unter A CAD |OPTIONEN, Register ANZEIGE, Bereich BILDSCHIRMLEISTUNG, Checkbox ECHTE SILHOUETTEN FÜR VOLUMENKÖRPER UND FLÄCHEN ZEICHNEN (nicht bei LT)
3. Die Füllung bei Polylinien, Solids, Ringen sowie generell Schraffuren. Eine Änderung wird erst nach dem Befehl REGEN sichtbar.

4. Unter A CAD |OPTIONEN, Register ANZEIGE, Bereich BILDSCHIRMLEISTUNG, Checkbox NUR TEXTBEGRENZUNGSRAHMEN ANZEIGEN.
5. SV$
6. Dort wird die Assoziativität der Bemaßung zu den bemaßten Objekten eingestellt.
7. Der Bereich CUSTOM sollte für benutzerspezifische Änderungen verwendet werden, weil er bei späteren Versionswechseln dann übernommen – sprich migriert – werden kann.
8. Man kann unter A CAD |OPTIONEN im Register BENUTZEREINSTELLUNGEN über die Schaltfläche RECHTSKLICKANPASSUNG eine zeitabhängige Funktion einstellen, sodass ein schneller Rechtsklick [Enter] bedeutet, ein langsamer Rechtsklick aber das Kontextmenü aktiviert.

A.16 Kapitel 16

A.16.1 Übungsfragen

1. Welches Format benutzen Sie, wenn Sie eine Zeichnung nur zum Betrachten weitergeben wollen, nicht zum Bearbeiten?
2. Womit öffnen Sie eine DWF-Datei mit Markierungen in AutoCAD?
3. Wie kann jemand eine AutoCAD-Zeichnung öffnen, der selbst kein AutoCAD besitzt?
4. Wie können Sie auf die Zeichnungen in der Cloud zugreifen?
5. Können die Ergebnisse eines Zeichnungsvergleichs langfristig gespeichert werden?
6. Können Sie Zeichnungen in der Cloud dort direkt auch ohne AutoCAD bearbeiten?
7. Was müssen Sie berücksichtigen, wenn Sie eine PDF-Datei ausgeben wollen, die später in AutoCAD weiterverwendet werden soll?
8. Was können Sie für das Stapelplotten auswählen?
9. Wie lautet das Standard-Format für 3D-Druck?

A.16.2 Antworten

1. Als DWF-Datei oder als Raster-PDF
2. Mit ANSICHT|PALETTEN|MARKIERUNGSSATZ-MANAGER (MARKIERUNG) bzw. [Strg]+[8]
3. Mit DWG TRUE-VIEW 2023
4. Mit den AutoCAD-Befehlen in der Statusleiste ÜBER WEB UND MOBILE ÖFFNEN bzw. SPEICHERN BEI WEB UND MOBILE

5. Ja, beim Vergleich kann über MOMENTAUFNAHME EXPORTIEREN eine neue Zeichnung mit dem Namen *Vergleich_Zeichnung1 vs Zeichnung2* erstellt werden.
6. Die Zeichnungen in der Cloud können *direkt* entweder mit der AutoCAD-App auf dem mobilen Gerät oder über den Browser unter `web.autocad.com` bearbeitet werden.
7. Die PDF-Datei muss mit der nötigen Genauigkeitseinstellung und nicht als allgemeine Raster-PDF ausgegeben werden.
8. Zum Stapelplotten werden automatisch die Layouts und der Modellbereich der aktuell geöffneten Zeichnungen angeboten, Sie können aber auch Layouts und Modellbereiche aus anderen Zeichnungen hinzufügen.
9. STL

Stichwortverzeichnis

Numerisch

Symbole

A

C

D

E

M

Q

R

S

T

Detlef Ridder

Autodesk Fusion 360

Praxiswissen für Konstruktion, 3D-Druck und CNC

4. Auflage

komplett in Farbe

3D-Modelle professionell konstruieren, rendern, animieren und simulieren

Aufbereitung der Modelle für 3D-Druck und CNC-Bearbeitungen sowie Einführung in den Fertigungsprozess

Alle wichtigen Funktionen anhand praktischer Beispiele Schritt für Schritt erklärt

Mit dem cloudbasierten CAD/CAM-Programmsystem Fusion 360 lassen sich schnell und einfach professionelle 3D-Modelle und 2D-Fertigungszeichnungen erstellen und für CNC-Bearbeitungen und 3D-Druck vorbereiten.

Dieses Buch bietet eine praktische Einführung in die wichtigsten Funktionen der umfangreichen Software. Dabei setzt der Autor folgende Themenschwerpunkte:

- 3D-Modelle zweidimensional skizzieren und aus der Skizze heraus erzeugen
- Volumenkörper-, Flächen-, Freiform- und Netzmodellierung
- 2D-Fertigungszeichnungen mit Beschriftung und Stücklisten ableiten
- Bauteile und Baugruppen rendern, animieren und Mechanismen simulieren
- Erstellen von Fertigungsdaten für 3D-Drucker und CNC-Bearbeitungsmaschinen
- 3D-Druck und CNC-Bearbeitungen (wie CNC-Fräsen, CNC-Drehen und Laserschneiden)
- Elektronik-Schaltpläne entwerfen und Leiterplatten-Layouts in 2D und 3D ableiten

Alle Funktionen und Arbeitsweisen werden Schritt für Schritt demonstriert und eingeübt. Zahlreiche praktische Beispiele helfen, die verschiedenen Techniken nachzuvollziehen und zu verinnerlichen.

Nach der Lektüre dieses Buches sind Sie bestens gerüstet, individuelle 3D-Modelle sowie die entsprechenden Fertigungsdaten zu erstellen und eigene Projekte umzusetzen.

Probekapitel und Infos erhalten Sie unter:
www.mitp.de/0535

ISBN 978-3-7475-0535-9